Strahlungsmessung und Dosimetrie

Hanno Krieger

Strahlungsmessung und Dosimetrie

3., erweiterte und aktualisierte Auflage

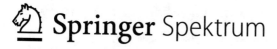 Springer Spektrum

Hanno Krieger
Ingolstadt, Deutschland

ISBN 978-3-658-33388-1   ISBN 978-3-658-33389-8   (eBook)
https://doi.org/10.1007/978-3-658-33389-8

Die Deutsche Nationalbibliothek verzeichnet diese Publikation in der Deutschen Nationalbibliografie; detaillierte bibliografische Daten sind im Internet über http://dnb.d-nb.de abrufbar.

Planung/Lektorat: Lisa Edelhäuser
Springer Spektrum ist ein Imprint der eingetragenen Gesellschaft Springer Fachmedien Wiesbaden GmbH und ist ein Teil von Springer Nature.
Die Anschrift der Gesellschaft ist: Abraham-Lincoln-Str. 46, 65189 Wiesbaden, Germany

Vorwort zur dritten Auflage

Das vorliegende Buch ist die überarbeitete, erweiterte und wegen der neuen EU-Vorgaben zum Strahlenschutz und den SI-Einheiten aktualisierte Band der dreibändigen Lehrbuchreihe zur Strahlungsphysik und zum Strahlenschutz. Er enthält Ausführungen zu den Strahlungsdetektoren, zur Dosimetrie der medizinisch angewendeten Strahlungsarten, zur sonstigen Strahlungsmesstechnik und zur Personendosimetrie. Ausführlich behandelt werden die Dosimetrie von Photonen-, Elektronen,- Protonen- und Ionenstrahlungen sowie die Dosisverteilungen dieser Strahlungsarten. Im letzten Kapitel werden die Grundlagen und die Prinzipien der bildgebenden Verfahren der Projektionsradiografie und der Computertomografie dargestellt.

Dieses Lehrbuch richtet sich an alle diejenigen, die als Anwender, Lehrer oder Lernende mit ionisierender Strahlung zu tun haben, und soll eine ausführliche praxisorientierte Einführung in die Grundlagen der Strahlungsmessung und Dosimetrie geben. Mögliche Interessenten sind Medizinphysiker und sonstige Medizinphysikexperten in Beruf und Ausbildung, Techniker und Strahlenschutzingenieure, Radiologen und Radiologieassistenten, medizinische und technische Strahlenschutzbeauftragte und alle mit der Strahlenkunde befassten Lehrkräfte.

Das Buch gliedert sich in vier große Abschnitte. Der erste Teil befasst sich mit den physikalischen Grundlagen der Strahlungsdetektoren und der Strahlungsmessung. Im zweiten aktualisierten Teil werden die Konzepte und Verfahren der klinischen Dosimetrie dargestellt. Der dritte erweiterte Abschnitt erläutert ausführlich die Dosimetrie und die Dosisverteilungen der klinisch angewendeten Strahlungsarten. Dabei werden aus didaktischen Gründen neben den modernen Strahlungsquellen auch Dosisverteilungen von Kobaltbestrahlungsanlagen und Röntgentherapiegeräten erklärt. Im vierten Teil werden weitere Messaufgaben der Strahlungsphysik und des Strahlenschutzes einschließlich der Messsysteme der Projektionsradiografie und der Computertomografie für die Bildgebung mit Röntgenstrahlung besprochen.

Neben den grundlegenden Ausführungen enthält dieser Band im laufenden Text zahlreiche Tabellen und Grafiken zur technischen und medizinischen Radiologie, die bei der praktischen Arbeit sehr hilfreich sein können. Im letzten Teil findet sich ein Tabellenanhang mit den wichtigsten für die Strahlungsmessung und Dosimetrie erforderlichen Basisdaten.

Um den unterschiedlichen Anforderungen und Erwartungen der Leser an ein solches Lehrbuch gerecht zu werden, wurde der zu vermittelnde Stoff wie schon in den beiden vorherigen Auflagen in grundlegende Sachverhalte und weiterführende Ausführungen aufgeteilt. Letztere befinden sich entweder gesondert in den mit einem Stern (*) markierten Kapiteln oder in den entsprechend markierten Passagen innerhalb des laufenden Texts. Sie enthalten Stoffvertiefungen zu speziellen radiologischen und physikalischen

Problemen und können bei der ersten Lektüre ohne Nachteil und Verständnisschwierigkeiten übergangen werden. Soweit wie möglich wurde in den grundlegenden Abschnitten auf mathematische Ausführungen verzichtet. Wenn dennoch mathematische Darstellungen zur Erläuterung unumgänglich waren, wurden nur einfache Mathematikkenntnisse vorausgesetzt.

Jedes Kapitel beginnt mit einem kurzen Überblick über die dargestellten Themen. Im laufenden Text gibt es zahlreiche einschlägige Beispiele. Am Ende der meisten Abschnitte finden sich als Gedächtnisstütze knappe Zusammenfassungen und Wiederholungen der wichtigsten Inhalte sowie ein erweiterter und aktualisierter Anhang mit einschlägigen Übungsaufgaben. Die Lösungen dieser Aufgaben wurden anders als bei den früheren Auflagen zur Arbeitserleichterung unmittelbar am Ende der jeweiligen Kapitel eingefügt.

Die Literaturangaben wurden wie in den früheren Ausgaben im Wesentlichen auf die im Buch zitierten Fundstellen beschränkt. Wegen der hohen Bedeutung des deutschen Normenwerkes DIN findet sich im Literaturverzeichnis eine aktualisierte Liste einschlägiger deutscher Normen zur Radiologie und zum Strahlenschutz. Für Interessierte gibt es darüber hinaus im laufenden Text und im Literaturverzeichnis Hinweise auf weiterführende Literatur und empfehlenswerte Lehrbücher. Solche Hinweise finden sich auch in den Publikationen der ICRP, der ICRU, der SSK und der DIN und in allen zitierten Lehrbüchern. Für die praktische Arbeit in der technischen oder medizinischen Dosimetrie und Strahlungsmessung sollten die aktuellen einschlägigen Gesetze und Verordnungen, insbesondere das neue Strahlenschutzgesetz und die neue Strahlenschutzverordnung, sowie die neuesten DIN-Normen und internationalen Reports zu Rate gezogen werden.

Ich danke den Fachkolleginnen und Fachkollegen für ihre Anregungen und Hinweise und hoffe auch zukünftig auf konstruktive Kritik.

Ingolstadt, im Dezember 2020   Hanno Krieger

Inhaltsverzeichnis

Abschnitt I: Strahlungsdetektoren

Abschnitt II: Konzepte und Verfahren der Dosimetrie

Abschnitt III: Dosisverteilungen

16   Inhaltsverzeichnis

1 Überblick über Messaufgaben und Strahlungsdetektoren

In diesem Kapitel wird zuerst ein kurzer Überblick über die verschiedenen Strahlungsmessaufgaben und die Anforderungen an Strahlungsmessungen gegeben. Es folgt eine Zusammenstellung der unterschiedlichen Detektorarten und ihrer Haupteinsatzgebiete.

1.1 Aufgaben der Strahlungsmessung

Aufgaben der Strahlungsmesstechnik für ionisierende Strahlungen umfassen den Bereich von einfachen qualitativen Untersuchungen wie dem Nachweis eines Strahlungsfeldes oder einer Kontamination bis hin zu hochpräzisen, die Energie analysierenden Messungen an Strahlenbündeln und zur Dosimetrie. Man unterscheidet im Einzelnen folgende Aufgaben:

- **Teilchennachweis**

- **Aktivitätsmessungen**

- **Spektrometrie**

- **Strahlungsfeldanalyse**

- **Dosimetrie**

- **Strahlenschutzmessungen**

- **Personendosimetrie**

Beim einfachen **Teilchennachweis** soll nur die Anwesenheit von Strahlungsquanten oder von "Strahlenpegeln" nachgewiesen werden. Meistens genügt dafür eine rein qualitative Messung, wie sie beispielsweise mit Kontaminationsmonitoren in der Kerntechnik vorgenommen wird. Eine Bedingung für das Funktionieren dieser einfachen Messtechnik sind Kenntnisse der Strahlungsart und der Strahlungsqualität der nachzuweisenden Quanten. Ein typischer Vertreter dieser Messaufgaben ist das Feststellen einer Kontamination nuklearmedizinischer Arbeitsflächen, bei denen sowohl das Nuklid (meistens ^{99m}Tc) als auch die Abwesenheit anderer Radionuklide schon vor der Messung bekannt sind. Bei solchen Untersuchungen ist das einzige Ziel festzustellen, ob die Anzeige unterhalb oder oberhalb eines bestimmten Wertes liegt, bei dem geeignete Maßnahmen wie die Dekontamination eingeleitet werden müssen.

Quantitativer Teilchennachweis muss dagegen exakte Angaben über den Teilchenfluss, die Teilchenart sowie die räumliche und zeitliche Verteilung der Strahlungsquanten ermöglichen. In besonders schwierigen Fällen müssen einzelne Teilchen dabei aus einem

© Springer Fachmedien Wiesbaden GmbH, ein Teil von Springer Nature 2021
H. Krieger, *Strahlungsmessung und Dosimetrie*,
https://doi.org/10.1007/978-3-658-33389-8_1

dominierenden Untergrund an anderen Strahlungsquanten herausgefunden und nachgewiesen werden. Solche Messaufgaben findet man meistens in der physikalischen Grundlagenforschung und im Strahlenschutz bei der Analyse gemischter Felder mit unterschiedlichen Strahlungsarten.

Aktivitätsmessungen dienen der Erfassung von Präparatstärken und der Zerfallsraten radioaktiver Substanzen. In der Medizin spielen sie nur noch in der diagnostischen und therapeutischen Nuklearmedizin eine Rolle. Dort werden die für die bildgebende Szintigrafie oder die Labordiagnostik geeigneten Radionuklidmengen vor der Applikation überprüft, wobei an die Genauigkeit dieser Messungen in der Regel keine allzu großen Anforderungen gestellt werden müssen. Bei therapeutischen Radionuklidanwendungen ist allerdings eine wesentlich höhere Genauigkeit der Aktivitätsmessungen erforderlich. Messungen der Aktivität sonstiger radioaktiver Strahler der medizinischen Radiologie sind heute weitgehend durch die Messungen der so genannten Kenndosisleistungen der Strahlungsquellen ersetzt worden.

Unter **Spektrometrie** versteht man den quantitativen Nachweis der Energien oder der Impulse von Strahlungsquanten sowie deren Verteilungen. Bei Photonenstrahlungen müssen dazu die Photonenenergien gemessen werden, bei Korpuskularstrahlung die Bewegungsenergien der Teilchen. Werden die Ergebnisse grafisch dargestellt, bezeichnet man das Verfahren als Photonen- oder Korpuskularspektroskopie. Wichtig bei diesen Methoden ist zum einen eine hohe Nachweiswahrscheinlichkeit (Empfindlichkeit, efficiency) des Messsystems und zum anderen die Fähigkeit, Energien, Impulse und Teilchen diskriminierend zu messen, also eine Analyse der Zusammensetzung des Strahlungsfeldes und eine Energie- oder Impulsanalyse der Messsignale durchführen und dem Strahlungsquant zuordnen zu können. In der radiologischen Routine ist Spektrometrie immer dann erforderlich, wenn bestimmte Strahlungsquanten z. B. anhand ihrer Energie aus einem Untergrund anderer Strahlungsquanten herausgefunden werden müssen. Das wichtigste medizinische Beispiel liefert die nuklearmedizinische in-vivo-Diagnostik. Bei der dort verwendeten Szintigrafie am Patienten müssen primäre Photonen eines inkorporierten Radionuklids aus einem dominierenden Untergrund an comptongestreuten Sekundärphotonen herausgefunden und für die Bildgebung ihrem Entstehungsort eindeutig zugeordnet werden. In der Strahlungsphysik werden spektrometrische Informationen über Strahlenbündel und Strahlungsfelder zur Bestimmung dosimetrischer Umrechnungsfaktoren und zur Berechnung von Strahlungsabschirmungen benötigt.

Messungen an Strahlungsfeldern dienen zum einen zur Erfassung der räumlichen Ausbreitung der Strahlung in Luft oder dichteren Absorbern wie menschlichem Gewebe, Wasser oder Phantommaterialien. Zum anderen muss jedes Strahlungsfeld bezüglich seiner Zusammensetzung und dem Energietransport vor der Anwendung am Menschen bekannt sein und daher analysiert werden. Soll vor allem die geometrische Ausbreitung von Strahlungsfeldern untersucht werden, können halbquantitative Detektoren wie Filme oder Farbfolien verwendet werden. Sollen die Strahlungsfelder dagegen nach Teilchenart, Quantenenergie, Energieverteilung im Strahlenbündel oder nach Strahlungsfeldgrößen wie Intensität, Fluss oder Fluenz untersucht werden, müssen Detektoren und Verfahren mit quantitativ verwertbaren Messanzeigen eingesetzt werden.

Dosimetrie ist die Messung der von einem Strahlungsfeld in bestimmten Substanzen erzeugten Dosen, also der pro Masseneinheit absorbierten oder auf die Substanzen übertragenen Energie oder der durch das Strahlungsfeld erzeugten elektrischen Ladung (bzgl. der Definition von Dosisgrößen s. Kap. 9). Dabei ist zwischen den Fundamentalmethoden, bei denen die Dosen unmittelbar entsprechend den Definitionen der Dosisgrößen ermittelt werden, und den Relativverfahren zu unterscheiden, bei denen die Dosen indirekt aus anderen Strahlungsfeldgrößen mit Hilfe von Kalibrierfaktoren und Umrechnungen bestimmt werden.

Der wichtigste Arbeitsbereich der Dosimetrie ist die klinische Dosimetrie an therapeutischen Strahlungsquellen im Rahmen der Radioonkologie und Strahlentherapie sowie der nuklearmedizinischen Radionuklidtherapie. Dosismessungen in diesen Arbeitsfeldern dienen zur quantitativen Bestimmung der im Patienten erzeugten Energiedosisverteilungen, also der physikalischen Einwirkung mit Hilfe der Strahlungsfelder. Ausführliche Erläuterungen zur klinischen Dosimetrie an Photonen-, Elektronen-, Neutronen- und Protonenstrahlungsfeldern finden sich in den Kapiteln (17 - 21). In der Grundlagenforschung und im Strahlenschutz werden neben der Energiedosis auch Größen wie der Lineare Energietransfer (LET), die mit der Strahlungsart und Strahlungsqualität gewichtete Mess-Äquivalentdosis und die "biologischen" Strahlenschutzdosisgrößen Organ-Äquivalentdosis und Effektive Dosis verwendet. Die Messung bzw. Berechnung dieser Größen dienen im Strahlenschutz zur quantitativen Erfassung von Strahlenexpositionen, aus denen ein stochastisches Strahlenrisiko für exponierte Personen wie radiologisches Personal, Patienten oder Bevölkerung berechnet werden kann.

Strahlenschutzmessungen dienen zur Feststellung der Anwesenheit eines Strahlungsfeldes, zur Quantifizierung von Strahlungsfeldern (z. B. Streustrahlungsfelder um Röntgenröhren) und zur Überprüfung eventueller Radionuklidkontaminationen. Sie erfordern im Allgemeinen keine so hohe Präzision der Messergebnisse wie in der klinischen Dosimetrie oder der Spektrometrie. Dagegen müssen Strahlenschutzmessgeräte in der Regel eine hohe Empfindlichkeit der Messsysteme bei gleichzeitig sehr großem Messbereich aufweisen.

Personendosismessungen dienen der Überwachung beruflich strahlenexponierten Personals. Dabei ist neben der Feststellung repräsentativer Körperdosen auf die Einhaltung und, wenn mit vernünftigem Aufwand erreichbar, auf die Unterschreitung der gesetzlichen Dosisgrenzwerte zu achten. Die Beschränkung auf den "vernünftigen Aufwand" wird als ALARA-Prinzip bezeichnet (as low as reasonably achievable) und ist die Grundlage der internationalen Strahlenschutzphilosophie.

1.2 Anforderungen an die Strahlungsmessungen

Je nach Aufgabengebiet und Genauigkeitsanforderungen unterscheiden sich also die eingesetzten Messverfahren und Detektoren. Es ergeben sich die folgenden grundsätzlichen Forderungen an ein Strahlungsmesssystem:

- **Reproduzierbarkeit**

- **Spezifität**

- **Empfindlichkeit**

- **Messgenauigkeit und großer Umfang des Messbereichs**

- **Linearität, Proportionalität**

Gute **Reproduzierbarkeit** bedeutet, dass wiederholte Messungen der gleichen physikalischen Größe innerhalb der Fehlergrenzen den gleichen Messwert, also das gleiche Produkt aus Zahlenwert und Einheit der Messgröße liefern. Unter **Spezifität** versteht man die eindeutige Zuordnung des Messsignals zur physikalischen Messgröße. Die **Empfindlichkeit** (efficiency) eines Detektors ist ein Maß für das Verhältnis von Messgröße und Wahrscheinlichkeit für ein Messsignal. Eine große Empfindlichkeit des Detektors ist oft erwünscht, um Messwerte mit kleinen statistischen Fehlern zu erhalten. In manchen Messsituationen kann eine zu hohe Empfindlichkeit aber auch von Nachteil sein. Wichtig ist immer eine deutliche Abgrenzung des Messsignals vom Signaluntergrund, der durch Rauschen des Detektorsignals und der Nachweiselektronik oder durch natürliche oder sonstige Strahlungspegel entsteht. Auch der **Messbereich** der Messeinrichtungen muss an die jeweilige Messaufgabe angepasst sein. So müssen in der Dosimetrie ionisierender Strahlung die sehr geringen Dosen aus natürlicher Strahlenexposition ebenso zuverlässig gemessen werden können wie die hohen Dosen in der Strahlentherapie oder in Katastrophenfällen. Die verwendeten Messgeräte müssen unter Umständen über einen Messbereich verfügen, der sich bei einer hohen Messgenauigkeit über viele Zehnerpotenzen erstreckt.

Die **Messgenauigkeit** eines Systems wird nicht allein durch die Nachweisempfindlichkeit des Detektors und die statistische Reproduzierbarkeit des Messsignals bestimmt. Eine Rolle spielen auch systematische Einflüsse durch klimatische Bedingungen wie Luftdruck, Luftfeuchte, Temperatur, Schwankungen der Versorgungsspannung der Messgeräte, elektrische und magnetische Felder u. ä., die bei der Messung nur mit einer bestimmten Genauigkeit erfasst und korrigiert werden können. Dazu zählen auch nicht korrigierbare Veränderungen des Messsignals durch die Abhängigkeit der Dosimeteranzeige von der unbekannten Energie und Einfallsrichtung der nachzuweisenden Korpuskeln oder Photonen. Auch Eigenschaften der Detektoren selbst können zu systematischen Veränderungen des Messwertes führen. Beispiele sind die Alterung des Detektormaterials, der Selbstablauf bei Ionisationskammern und Stabdosimetern im Strahlenschutz durch Isolationsströme oder das Fading bei speichernden Detektoren. Unter Fading versteht man die Abnahme der im Detektor gespeicherten Energie in der Zeitspanne zwischen Bestrahlung und Auswertung wie beispielsweise bei Thermolumineszenzdosimetern, Speicherfolien oder Filmen.

In der Regel ist eine **Linearität** der Messanzeige erwünscht. Die Anzeige des Messgerätes soll also wenn möglich über eine lineare Funktion (Geradengleichung) mit der Messgröße verknüpft sein. In vielen realen Messanordnungen ist die Linearität nur für bestimmte Bereiche gültig. Beim Überschreiten dieser Bereiche kommt es zu Abweichungen von der linearen Sollkurve. Beispiele sind der Übergang in eine Sättigung bei Teilchenzählern, die durch Totzeiteffekte verursacht werden, oder Veränderungen der Messsignale mit zunehmender Zählrate durch Überlagerungseffekte (pile-up). Ein Sonderfall der Linearität ist die strenge **Proportionalität** zwischen Anzeige und Messgröße. In diesem Fall verschwindet die Messanzeige, wenn auch die Messgröße gegen Null geht.

1.3 Überblick über die Detektorarten

Als Detektoren für ionisierende Strahlungen können alle Materialien oder Anordnungen eingesetzt werden, in denen ein Signal durch die Strahlenexposition entsteht. Es lässt sich daher grundsätzlich jeder physikalische, chemische oder sogar biologische Effekt ausnutzen, der durch die ionisierende Strahlung verursacht wird. Nach dem für den Nachweis der ionisierenden Strahlung genutzten physikalischen, chemischen oder biologischen Prozess lassen sich die heute in der Strahlungsmesstechnik verwendeten Detektoren in einige typische Gruppen zusammenfassen (Tab. 1.1).

Die größte Bedeutung haben wegen ihrer einfachen Bauweise, universellen Verwendbarkeit und großen Reproduzierbarkeit alle Formen von Gasionisationsdetektoren erlangt. In ihnen werden die durch Strahlungswechselwirkungen im Füllgas erzeugten Ladungen nachgewiesen. Gasionisationsdetektoren werden je nach Aufgabenstellung, Bauart und Betriebsweise als Ionisationskammern, Proportionalzählrohre oder Auslösedetektoren verwendet. Nach dem gleichen Prinzip arbeiten die mit dielektrischen Flüssigkeiten gefüllten Ionisationsdetektoren, die Flüssigionisationskammern.

Festkörper-Ladungsdetektoren sind wegen ihrer im Allgemeinen hohen Empfindlichkeit und Energieauflösung besonders gut für die Spektrometrie, also die Messung der Energie von Strahlungsquanten, geeignet. Sie können auch als besonders kompakte Detektoren gefertigt werden. Andere Festkörper speichern die bei der Bestrahlung absorbierte Energie in mehr oder weniger langlebigen atomaren Zuständen des Kristalls (Fehlstellen). Diese gespeicherte Energie kann durch Erwärmen, durch UV-Exposition und andere nachträgliche Manipulationen freigesetzt und häufig in Form sichtbaren Lichts nachgewiesen werden.

Strahlungseffekte	Nachweisgrößen	Detektoren
Ionisation in Gasen oder Flüssigkeiten	elektrische Ladung, Strom	Elektrometer, Ionisationskammern, Proportionalzählrohr, Auslösezählrohr
Ionisation in Festkörpern	elektrische Ladung, Strom	Halbleiter, Leitfähigkeitsdetektor
Lumineszenz	spontane Lichtemission	Szintillationsdetektor, Leuchtschirm, Verstärkungsfolie
	UV-Emission bei Lichtexposition	Speicherfolien
	Lichtemission beim Aufheizen (Thermolumineszenz)	Thermolumineszenzdosimeter (LiF, $CaSO_4$, BeO, CaF_2, Al_2O_3, $Li_2B_4O_7$)
	Lichtemission bei UV-Exposition (Radiophotolumineszenz)	Phosphatgläser
	Lichtemission beim Auflösen in geeigneten Lösungsmitteln (Lyolumineszenz)	organische Verbindungen, Alkalihalogenide
Chemische Reaktionen	Farbumschläge durch Oxidation, Bruch von Kettenmolekülen mit Farbänderung und Radikalbildung	Eisensulfatdosimeter, Verfärbungsdosimeter aus organischen Verbindungen
	Polymerisation von organischen Molekülen	Radiochromfilme mit quantitativer Einfärbung
	Nachweis von chemischen Radikalen mittels Elektronenspinresonanz (ESR)	kristalline Substanzen (Alanin)
Fotografische Wirkung	Schwärzung (opt. Dichte), Spuren	Filmemulsionen
Exoelektronenemission	Oberflächenladungsemission nach thermischer oder optischer Anregung	Kristalline Substanzen z. B. BeO, LiF, Al_2O_3, $CaSO_4$
Wärme	Temperaturdifferenz	Kalorimeter
Biologische Effekte	zelluläre Veränderungen, DNS-Veränderungen	dizentrische + ringförmige Chromosomen, Fluoreszenzanalyse DNS
Auffangen der Ladungen eines Strahlenbündels	gesammelte primäre elektrische Ladung	Faradaybecher (-cup)
Erzeugung von Spannungs- bzw. Stromimpulsen in elektrischen Leitern durch Induktion	elektrische Impulse, Ströme	Induktionsmonitore (Ferritkerne, Spulenwicklungen)

Tab. 1.1: Überblick über die Strahlungseffekte, Nachweisgrößen und Detektorarten zum Nachweis und zur Dosimetrie ionisierender Strahlungen.

Eine besonders für die Spektrometrie wichtige Detektorart sind die Szintillationsdetektoren, in denen durch Bestrahlung prompte Lichtblitze ausgelöst werden. Diese Lichtblitze werden durch geeignete Lichtdetektoren wie Photomultiplier oder Photodioden nachgewiesen. Andere Verfahren weisen die Anwesenheit und Intensität der Strahlenbündel durch Sammlung bzw. Messung der im Strahlenbündel transportierten Ladungen nach (Faradaycup, Induktionsmonitore).

Besonders in den letzten Jahren wurden auch einige biologische Methoden zur Dosismessung im Strahlenschutz entwickelt und zur Reife gebracht. Neben den eher qualitativen, überkommenen Methoden (Feststellen einer Hautrötung, Bestrahlung von pflanzlichen oder tierischen Populationen und Beurteilung der ausgelösten Wirkungen) zählen dazu der quantitative Nachweis von dizentrischen Chromosomen oder Ringchromosomen und die Fluoreszenzanalyse an chemisch markierten DNS-Strängen.

Nicht jedes zum Nachweis ionisierender Strahlung geeignete Detektorsystem ist auch für Messaufgaben der klinischen Dosimetrie zu verwenden. Klinische Dosimeter sollen genau sein, ihre Anzeigen reproduzierbar und weitgehend unabhängig von der verwendeten Strahlungsart und -qualität. Das ideale klinische Dosimeter ist darüber hinaus gewebeäquivalent, verhält sich also wie menschliches Gewebe oder wie die dafür verwendeten Ersatzsubstanzen (Phantommaterialien). Die Messanzeige soll möglichst unabhängig von der Dosisleistung (z. B. bei gepulster Strahlung) und proportional zur Dosis (Linearität) sein. Neben diesen Anforderungen an die Genauigkeit der Dosismessung ist es nicht zuletzt der mit der Messung verbundene Aufwand, der die Anwendbarkeit von Dosimetern im klinischen Betrieb einschränkt.

Personendosimeter für den Strahlenschutz müssen leicht, beweglich, robust und kostengünstig sein. Die Anforderungen an ihre Genauigkeit und Energieabhängigkeit sind vergleichsweise gering. Bei den Dosimetern für die Strahlenschutzüberwachung kommt es besonders auf die Langzeitkonstanz der Messanzeige und geringen Signalverlust (Fading) an. Bei tragbaren Personendosimetern ist auch die Unabhängigkeit von einer externen elektrischen Versorgung während der Nutzung von Bedeutung (z. B. Filmdosimeter, Thermolumineszenzdetektoren, elektronische Personendosimeter EPD, Kontaminationsmonitore). Dosimeter für die Strahlentherapie sollen dagegen wegen der medizinischen Anwendung der mit ihnen untersuchten Strahlungsquellen nicht nur individuell kalibrierbar und sehr zuverlässig sein, sie müssen auch für die Dosimetrie aller klinisch bedeutsamen Strahlungsarten und Strahlungsqualitäten bei hoher Präzision der Messergebnisse geeignet sein. Ihre Kosten spielen im Vergleich zu den Beschaffungskosten der Strahlentherapieanlagen nur eine nachgeordnete Rolle. Steht die räumliche Auflösung bei der Dosismessung im Vordergrund, müssen besonders kompakte Dosimeter verwendet werden.

Die ursprünglichste Art, absorbierte Energien nachzuweisen, ist die Kalorimetrie, deren Einsatz aber in klinischen Situationen in der Regel zu aufwendig ist. Die Wasserkalorimetrie wurde aber in den letzten Jahren international zu einem Primärdosimetrie-standard entwickelt.

Die Basismethode der klinischen Dosimetrie ist die **Ionisationskammerdosimetrie**. Mit Ionisationssonden sind Messungen nicht nur an allen therapeutisch genutzten Strahlungsquellen möglich, sie wurden auch im Personen-Strahlenschutz in Form der Füllhalterdosimeter und werden nach wie vor in der Röntgendiagnostik als Durchstrahlionisationskammern zur Messung des Dosisflächenproduktes oder als Belichtungsautomatik verwendet. Der Detektor ist in den meisten Fällen eine Ionisationskammer, die in verschiedenen Größen und Formen gebaut wird (s. Kap. 2 und 3). Neben ihrer vom Messvolumen abhängigen Empfindlichkeit sind die weitgehende Unabhängigkeit ihrer Anzeige von der Strahlungsqualität und der Einstrahlrichtung (Richtungscharakteristik) sowie die Linearität der Dosisanzeige von großer Bedeutung. Ionisationsdosimeter sind zwar für Absolutmessungen geeignet, werden in der klinischen Routine aber meistens als Relativdosimeter verwendet, die durch Kalibriermessungen an Standarddosimeter angeschlossen werden müssen (vgl. dazu [DIN 6800-2] und Kap. 12 in diesem Band).

In letzter Zeit hat sich als zweite wichtige klinische Dosimetriemethode die **Thermolumineszenzdosimetrie** durchgesetzt. Thermolumineszenzdetektoren (TLD) sind Relativdosimeter. Sie sind wegen der individuellen Eigenschaften der Dosimeter auf keinen Fall zur Absolutdosimetrie geeignet. Thermolumineszenzdosimeter sind integrierende Dosimeter, die in besonders kompakten Bauformen hergestellt werden können. Sie sind deshalb gut zur Messung von Dosisverteilungen geeignet, bei denen es auf ein hohes räumliches Auflösungsvermögen ankommt. Da Thermolumineszenzdetektoren unabhängig von einer elektrischen Versorgung sind, können sie auch als mobile Dosimeter für die physikalische Strahlenschutzkontrolle oder bei der in-vivo Dosimetrie am Patienten eingesetzt werden. In der klinischen Dosimetrie wird bevorzugt Lithiumfluorid (LiF) als Thermolumineszenzmaterial verwendet, da dessen dosimetrische Eigenschaften etwa denen menschlichen Gewebes entsprechen. Die Thermolumineszenzdosimetrie ist apparativ recht aufwendig und erfordert eine erhebliche dosimetrische Routine (vgl. dazu Kap. 15 und [DIN 6800-5]). Durch aufwendige Kalibrierungen ist es mittlerweile gelungen, TLD-Verfahren sogar als nationale Vergleichsdosimetriemethode zu etablieren, mit deren Hilfe die vom Anwender klinisch eingesetzten Dosimetrieverfahren überprüft werden können. Diese Aufgabe wurde bis vor wenigen Jahren noch mit der Eisensulfatdosimetrie der Physikalisch-Technischen Bundesanstalt PTB durchgeführt.

Zunehmende Bedeutung hat der Einsatz von Halbleiterdetektoren in der klinischen Dosimetrie, der Personendosimetrie und für sonstige Strahlenschutzmessungen. Gründe sind die kompakte Bauform solcher Detektoren und ihre hohe Nachweiswahrscheinlichkeit für die meisten Strahlungsarten.

2 Detektoren mit Gasfüllung

Luftgefüllte Ionisationskammern sind die wichtigsten Detektoren für die Strahlungsmessung und die klinische Dosimetrie. In diesem Kapitel werden zunächst die Funktionsweisen und Bauformen von Ionisationskammern erläutert. Anschließend folgt eine Darstellung der weiteren Gasdetektoren Proportionalkammern und Geiger-Müller-Zählrohre.

Wie schon **W. C. Röntgen** in seiner 2. Mitteilung "Über eine neue Art von Strahlen" berichtete [Röntgen II], werden Luft und andere Gase bei der Exposition in einem Strahlenfeld ionisiert[1]. Dabei entstehen negativ geladene Elektronen und positiv geladene Atomrümpfe (Ionen). Anordnungen, in denen diese Ionisationsladungen durch elektrische Felder getrennt und gesammelt werden, bezeichnet man als Ionisationskammern. Die Empfindlichkeit von Ionisationssonden ist vor allem durch das Messvolumen der Kammer und die Art und den Druck des Füllgases, also der für die Ionisation zur Verfügung stehenden Gasmasse bestimmt. Je nach Anwendungszweck werden deshalb verschiedene Formen und Abmessungen der Detektoren aber auch unterschiedliche Gase verwendet. Bei sehr niedrigen Dosisleistungen müssen großvolumige Kammern verwendet werden, die zur Erhöhung der Nachweiswahrscheinlichkeit mit Gasen höherer Ordnungszahl als Luft z. B. mit den Edelgasen Xenon oder Argon gefüllt werden können, und die deshalb als geschlossene Kammern ausgeführt werden müssen. Gleichzeitig kann bei solchen Kammerausführungen auch der Gasdruck erheblich erhöht werden. Bei höheren Dosisleistungen können die Messvolumina verkleinert werden; die kleinsten Ionisationskammern enthalten Messvolumina von nur wenigen hundertstel cm^3. Die Funktionsweise von Gasdetektoren hängt neben der Kammerbauform und ihrer Geometrie auch von den angelegten Spannungen zur Ladungssammlung ab. Werden ausschließlich die primär erzeugten Ladungen gesammelt, bezeichnet man die Detektoren als Ionisationskammern. Werden die Spannungen so erhöht, dass die durch die erhöhte Feldstärke beschleunigten Ladungen selbst weitere Ladungen im Füllgas erzeugen, werden die Gasdetektoren als Proportionalkammern bezeichnet. Gasdetektoren, bei denen die primären Ladungen durch Gasverstärkung zu vollständigen Entladungen von Teilen des Füllgases führen, bezeichnet man als Geiger-Müller Zählrohre.

2.1 Ionisationskammern

Gasgefüllte Ionisationskammern sind die wichtigsten Detektoren für die klinische Dosimetrie. Das häufigste Füllgas ist Luft, das erstens kostenlos zur Verfügung steht und zweitens dosimetrisch weitgehend äquivalent zu menschlichem Weichteilgewebe oder Wasser ist. Ionisationskammern sind wegen ihrer vergleichsweise einfachen Bauart, dem unkomplizierten Umgang, ihrer Langzeitstabilität, dem guten physikalischen Ver-

---

[1] W. C. Röntgen nutzt in der zitierten Literaturstelle die folgende Formulierung: *„Die unter a, b, c mitgetheilten Beobachtungen deuten darauf hin, dass die von den X-Strahlen bestrahlte Luft die Eigenschaft erhalten hat, electrische Körper, mit denen sie in Berührung kommt, zu entladen."*

© Springer Fachmedien Wiesbaden GmbH, ein Teil von Springer Nature 2021
H. Krieger, *Strahlungsmessung und Dosimetrie*,
https://doi.org/10.1007/978-3-658-33389-8_2

ständnis ihrer Funktionsweise und wegen des geringen Aufwandes bei der Strom- oder Ladungsmessung heute die am weitesten verbreiteten Strahlungsdetektoren. Sie eignen sich wegen der freien Wählbarkeit von Kammerform und Kammervolumina, Füllgasen, Gasdrucken und Kammerspannungen für nahezu beliebige Messaufgaben. Ihr Einsatz erstreckt sich deshalb von der Messung extrem niedriger Strahlenpegel in der Umgebungsüberwachung bis hin zur Dosimetrie künstlicher Strahlungsquellen mit hohen gepulsten Dosisleistungen. In Kammern zur Messung von Präparatstärken ("Aktivimetern" mit Schachtionisationskammern) wird beispielsweise eine Xenon- oder Argonfüllung mit einem Druck von etwa 1013 kPa (10 bar) verwendet. Zur Überwachung der Umgebungsaktivitäten von kerntechnischen Anlagen sind Kugelkammern im Einsatz, die Messvolumina von bis zu 10 Litern bei einem Gasdruck von bis zu 25 bar enthalten. Tabelle (2.1) gibt einen Eindruck von typischen Einsatzmöglichkeiten von Ionisationskammern, den dabei erzeugten Ionisationsströmen und den mit Ionisationskammern messtechnisch erfassbaren Dosisleistungsbereichen.

Anwendung	Kammervolumen (cm³)	typ. Dosisleistung*	Ionisationsstrom [A]
Umgebungs-strahlung	$\geq 10^4$ + hoher Gasdruck	0,1 µSv/h	10^{-15} bis 10^{-13}
Strahlenschutz (Ortsdosisleis-tung)	10^2 bis 10^3	10 µSv/h bis 1 mSv/h	10^{-13} bis 10^{-11}
Diagnostik	1 bis 5	0,1 Gy/min	$\approx 10^{-11}$
Hartstrahl-Therapie	0,1 bis 0,5	1 Gy/min	$\approx 10^{-10}$
Weichstrahl-Therapie	0,03 bis 0,1	10 Gy/min	$\approx 10^{-10}$

Tab. 2.1: Kammervolumina, Messbereiche (Dosisleistungen) und Kammerströme für typische Anwendungen von Ionisationskammern (nach: [Kohlrausch], Bd. II). *: Photonen-Äquivalentdosisleistung bzw. Wasser-Energiedosisleistung.

Da die für die Dosimetrie verwendeten Ionisationskammern Ladung sammelnde Systeme sind, ergibt sich allerdings wie bei allen anderen Ladungsdetektoren ein sehr grundlegendes Problem bei der klinischen Dosimetrie. Es muss unter allen Messbedingungen sichergestellt sein, dass die im Messvolumen erzeugten Ladungen vollständig gesammelt werden bzw. der Grad der Ladungssammlung und eventuelle Verluste in allen Messverfahren quantifizierbar und somit korrigierbar sind. Ionisationskammern müssen also eine geeignete Bauform zur möglich vollständigen Ladungssammlung aufweisen und mit einer an ihre Bauform und Größe und das Strahlungsfeld angepassten Spannung betrieben werden. Jedes Dosimetrieverfahren benötigt darüber hinaus quantitative Verfahren zur Minimierung bzw. Korrektur von Ladungssammlungsverlusten. Selbst bei vollständiger Ladungssammlung im Detektorvolumen ist aus der gesammelten Ladung nicht unmittelbar auf die interessierende Energiedosis im bestrahlten Füllmedium der Ionisationssonde zu schließen. Dieser Schritt ist erst möglich, wenn die mittlere Energie zur Erzeugung eines Ionenpaares im verwendeten Detektormaterial bekannt ist. Für das Füllmedium Luft wird diese Größe als **Ionisierungskonstante W** bezeichnet. Sie gibt den Zusammenhang zwischen Ladungserzeugung im Medium Luft, dem häufigsten Füllgas von Ionisationskammern, und dem dazu benötigten Energieaufwand an. Die möglichst fehlerfreie Bestimmung dieser Ionisierungskonstanten unter allen denkbaren Dosimetriebedingungen ist seit Jahrzehnten Gegenstand internationaler Forschungen [ICRU 31]. Ist die Ionendosis bzw. die Energiedosis im Füllgas des Detektors bekannt, muss es möglich sein, durch Umrechnungen oder geeignete Materialwahl aus der Dosis im Detektor auf die Energiedosis im bestrahlten Phantommaterial zu schließen. Neben dem Energieaufwand zur Erzeugung eines Ionenpaares in den unterschiedlichen Kammer- bzw. Phantommaterialien sind auch die eventuell abweichenden Abhängigkeiten der Wechselwirkungen des Strahlungsfeldes von der Art und Energie der Strahlungsteilchen sowie der Ordnungszahl der Absorber zu beachten.

2.1.1 Funktionsweise von Ionisationskammern

Die einfachste Ionisationskammerform ist ein elektrisch geladener Plattenkondensator. Dieser besteht aus zwei parallel angeordneten metallischen Platten oder Folien, die an eine Gleichspannungsquelle angeschlossen sind (Fig. 2.1). Wird das Füllgas zwischen den Elektroden einem ionisierenden Strahlungsfeld ausgesetzt, entstehen durch die Wechselwirkungen der Einschussteilchen mit dem Gas primäre Elektron-Ionenpaare. Die angelegte Spannung hat die Aufgabe, diese durch die Ionisation des Füllgases erzeugten primären Ladungen möglichst verlustfrei zu sammeln und in einem Strom- oder Ladungsmessgerät nachzuweisen.

Je nach Gasdruck, Art des Füllgases und angelegtem elektrischen Feld kommt es in realen Anordnungen auch bei konstanter Strahlungsintensität zu Veränderungen der Zahl und der Art der primären Ladungsträger im Gasvolumen. Bei niedrigen Spannungen und den dadurch bewirkten kleinen Geschwindigkeiten der Ladungsträger (Ionen, Elektronen) sind deren Stoßwahrscheinlichkeiten und damit die Rekombinationsraten erhöht, da die durch ionisierende Strahlung erzeugten Ladungsträger in schwachen elektrischen Feldern nicht schnell genug getrennt werden. Sie können sich dann wegen ihrer räumlichen Nähe miteinander verbinden. Dabei kommt es zu Anlagerungen der freien Ladungen an neutrale Atome oder Moleküle oder zur Neutralisation freier Ladungen durch Verbindung mit Ladungsträgern entgegen gesetzter Polarität. Durch beide Prozesse werden die durch Ionisation erzeugten primären Ladungen teilweise dem Sammlungsprozess entzogen. Diese Vorgänge werden als Rekombination, der entsprechende von der Kammerspannung und der Kammergeometrie abhängige Betriebsbereich der Ionisationskammer als **Rekombinationsbereich** bezeichnet.

Die Rekombinationsrate ist außer vom elektrischen Feld auch vom Gasdruck und den chemischen Eigenschaften des Füllgases (der Reaktivität) abhängig. So sind Füllungen mit inerten Gasen wie Edelgasen oder reinem Stickstoff günstiger für kleine Rekombinationsraten als reine Luftfüllungen. In der Theorie der Ionisationskammern wird nach der Volumenrekombination bei homogener Verteilung der Ionisationsprodukte im Gasvolumen und der Anfangsrekombination entlang der Bahnspur des eingeschossenen Teilchens (Photon, Korpuskel) unterschieden.

Wird die Kammerspannung erhöht, nimmt die Rekombinationsrate allmählich ab; der durch die Ladungssammlung bewirkte Strom durch die Kammer nimmt deshalb auch bei konstanter Strahlungsintensität zu. Wird die Spannung über den typischen Rekombinationsbereich hinaus erhöht, kommt es zu einer schnellen und weitgehend vollständigen Trennung der Ladungsträgerpaare, so dass die Rekombinationsverluste nahezu verschwinden. Der Kammerstrom erhöht sich dann nicht mehr mit der Kammerspannung, da bereits die meisten von der Strahlung erzeugten Ladungsträger zu den Elektroden abgesaugt werden. Der Strom strebt asymptotisch gegen einen Sättigungswert, der bis auf geringfügige Verluste der Zahl der erzeugten Ladungsträger entspricht. Sein Wert hängt allerdings von der Dosisleistung, der Strahlungsart, dem bestrahlten Kammervolumen und der Masse und Art des Füllgases ab. Die Ionisationsammer wird

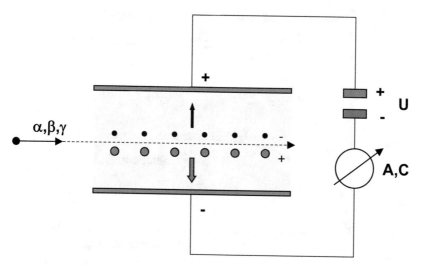

Fig. 2.1: Prinzipieller Aufbau einer Ionisationskammer. Die in einem Gasvolumen zwischen zwei an eine Gleichspannung angeschlossenen Metallelektroden durch Beschuss mit ionisierender Strahlung entstehenden positiven oder negativen Ladungen werden durch das angelegte elektrische Feld von der jeweils entgegengesetzt gepolten Metallplatte eingesammelt. Dadurch entsteht ein Ionisationsstrom, der in einem Strom- oder Ladungsmessgerät (A,C) nachgewiesen wird.

dann im **Sättigungsbereich**, dem Sollarbeitsbereich von Ionisationskammern, betrieben.

Eine schematische Strom-Spannungs-Charakteristik zeigt (Fig. 2.2). Die untere Spannungsgrenze des etwa horizontalen Bereichs heißt **Sättigungsspannung**. Bei großer Dosisleistung sind höhere Sättigungsspannungen erforderlich als bei kleinerer Strahlungsintensität, da die räumliche Ladungsträgerdichte und damit die lokale Rekombinationsrate selbstverständlich auch von der Dosisleistung abhängt. Die kleinen verbleibenden Rekombinationsverluste im Sättigungsbereich von Ionisationskammern werden in der Regel anhand empirischer Korrekturfaktoren rechnerisch berücksichtigt. Die Sättigungsströme sind bei ansonsten konstanten Bedingungen proportional zu den Dosisleistungen der Strahlungsquelle. Die Theorie der Ionisationskammern wird ausführlich in (Kap. 3) behandelt. Wird die Kammerspannung deutlich über die Sättigungsspannung hinaus erhöht, werden die durch die Strahlenexposition des Kammergases gebildeten Elektronen und Ionen durch das elektrische Feld so sehr beschleunigt, dass sie wegen ihrer erhöhten kinetischen Energie ihrerseits teilweise Sekundärelektronen oder Ionen durch Stoßionisation des Füllgases erzeugen können. Der Kammerstrom wächst dabei trotz konstanter Dosisleistung an, so dass eine höhere Dosisleistung vorgetäuscht wird. Durch geeignete Wahl der Arbeitsspannung (des Arbeitspunktes) etwa in der Mitte des Sättigungsbereiches des Ionisationsbetriebes der Kammer können solche Fehler mit Sicherheit ausgeschlossen werden. Die Bereiche der an den jeweiligen Verwendungszweck angepassten Kammerspannungen und die

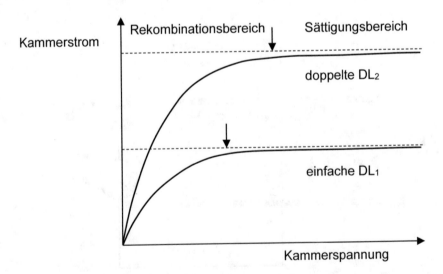

Fig. 2.2: Strom-Spannungs-Charakteristik einer Ionisationskammer für zwei verschiedene Dosisleistungen DL$_1$ und DL$_2$. Der Kammerstrom nimmt zunächst stetig mit der Kammerspannung bis zur Sättigung zu (Rekombinationsbereich). Der von der Dosisleistung abhängige Sättigungsbereich beginnt etwa bei den Pfeilen. Im Sättigungsbereich ist der Kammerstrom dann nur noch geringfügig abhängig von der Kammerspannung; der Strom ist hier proportional zur Dosisleistung.

Korrekturfaktoren für Sättigungsverluste für die unterschiedlichsten Bestrahlungsbedingungen werden bei kommerziellen Ionisationskammern durch die Hersteller empfohlen.

2.1.2 Bauformen von Ionisationskammern

Die Wahl der Bauform von Ionisationskammern hängt von der jeweiligen Messaufgabe ab. Neben der Größe des Messvolumens ist dabei besonders die Richtungsabhängigkeit der Dosimeteranzeige von Bedeutung. Die ursprünglichste und geometrisch einfachste Bauform ist die schon erwähnte **Parallelplattenkammer**, die in ihrem Aufbau im Wesentlichen einem Plattenkondensator gleicht. Ihre Empfindlichkeit kann aus einfachen physikalischen Gesetzmäßigkeiten abgeleitet werden. Sie ist deshalb für

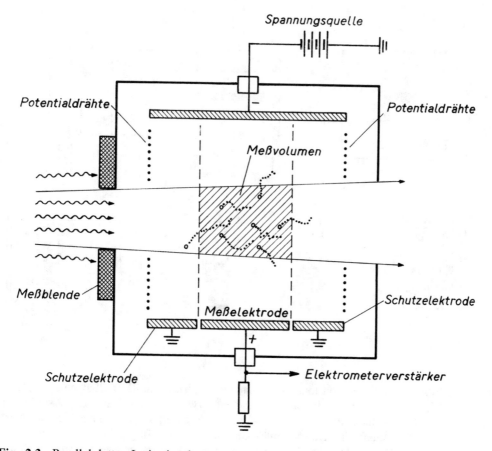

Fig. 2.3: Parallelplatten-Ionisationskammer zur Messung der Standardionendosis (schematisch) für Röntgenstrahlungen bis 400 kV Spannung. Das Messvolumen ist so angeordnet, dass Sekundärelektronengleichgewicht gewährleistet ist. Der Elektrodenabstand beträgt deshalb 60 cm, die Kammerspannung für das Arbeiten im Sättigungsbereich mehr als 10 kV. Die Schutzelektroden dienen zur Homogenisierung des elektrischen Feldlinienverlaufs im eigentlichen Messvolumen.

die absolute Dosimetrie besonders gut geeignet und dient in den nationalen Laboratorien als Standardkammer für die Primärnormaldosimeter zur Absolutdosimetrie und zu Eich- und Kalibrierzwecken. Direkt oder indirekt sind alle klinischen Dosimeter an solche Standarddosimeter angeschlossen (vgl. dazu [Hohlfeld 1985]). Standarddosimeterkammern sind wegen ihrer Größe für die praktische klinische Dosimetrie zu unhandlich und zu empfindlich. Sie zeigen außerdem eine ausgeprägte Richtungsabhängigkeit (die vorgeschriebene Einstrahlrichtung ist parallel zu den Kondensatorplatten) und sind schon aus diesem Grund für klinische Messaufgaben wenig geeignet.

Eine Parallelplatten-Ionisationskammer, wie sie als Standardkammer in nationalen Laboratorien zu Eich- und Kalibrierzwecken für Röntgenstrahlungen mit Spannungen zwischen 50 und 400 kV verwendet wird, ist schematisch in (Fig. 2.3) dargestellt.

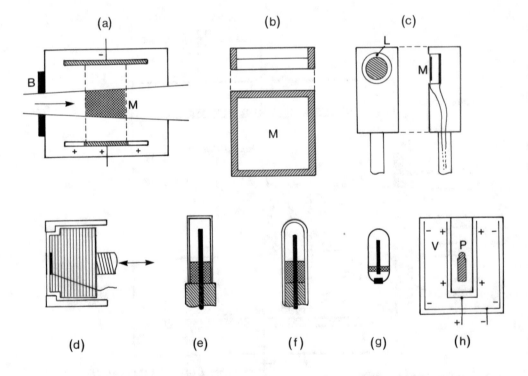

Fig. 2.4: Einige Bauformen von Ionisationskammern (vereinfachte Darstellungen). (a): Parallelplattenkammer für die Standarddosimetrie (vgl. auch Fig. 2.3, M: Messvolumen, B: Strahlblenden, Pfeil: Einstrahlrichtung, schraffiert: an Spannung liegende Kondensatorplatten). (b): Durchstrahlkammer (M: Messfeld). (c): Flachkammer (L: Belüftungsöffnung, M: Messfeld). (d): Extrapolationskammer (der schraffierte Kammerkörper kann durch eine Mikrometerschraube zurückgezogen werden). (e): Zylinderkammer. (f): Fingerhutkammer. (g): Kondensatorkammer (zum Aufladen wird der untere Kontakt an die Spannungsquelle angeschlossen, punktiert Isolation). (h): Schachtionisationskammer mit 4π-Geometrie (P: Probe, V: Messvolumen).

Eine Messblende begrenzt das in die Kammer eintretende Photonenstrahlungsbündel derart, dass im eigentlichen Messvolumen Sekundärelektronengleichgewicht entsteht (vgl. dazu Kap. 10). Die Sammelelektrode der Kammer wird von zwei Schutzelektroden umgeben, die in Verbindung mit Potentialdrähten für ein homogenes Feld im Bereich des Messvolumens sorgen. Dieses Messvolumen ist der schraffierte zentrale Bereich in (Fig. 2.3). Beschreibungen und Abbildungen dieser Kammer und weiterer Primärnormalkammern, einer zusätzlichen Parallelplattenkammer für niedrige Röhrenspannungen zwischen 7 und 150 kV sowie einer Fasskammer für Röntgenstrahlungsqualitäten zwischen 30 und 300 kV, finden sich bei ([PTB], Abt. 6). Ein Gehäuse mit Strahlaustrittsfenster dient der elektrischen Abschirmung. Der gemessene Kammerstrom ist proportional zur im Messvolumen erzeugten Dosisleistung.

Weitere Ausführungen von Parallelplattenkammern sind die **Durchstrahlkammern** und die **Flachkammern**. Bei Durchstrahlkammern sind die Kondensatorplatten aus strahlungstransparenten dünnen Folien gefertigt, die mit einer elektrisch gut leitenden Schicht aus Aluminium, Kupfer oder Gold bedampft sind. Die bevorzugte Einstrahlrichtung ist senkrecht zu diesen Membranen. Anwendungsbereiche der Durchstrahlkammern sind die Monitorkammern von medizinischen Beschleunigern, die Kammern zur Messung des Dosisflächenproduktes in der Röntgendiagnostik und Kammern zur Belichtungssteuerung bei Röntgenaufnahmen (Belichtungsautomatik).

Bei Flachkammern ist nur eine Kondensatorplatte als strahlungsdurchlässige, meistens graphitbelegte Membran ausgebildet, die andere Elektrode ist mit dem massiven Kammerkörper verbunden. Sie haben den Vorteil des exakt definierten Messortes (Rückseite der Strahleintrittsfolie) und sind deshalb gut zur Dosimetrie in räumlich variablen Strahlungsfeldern geeignet. Allerdings zeigen sie eine ausgeprägte Richtungscharakteristik und sollten daher bevorzugt bei senkrechtem Einfall des Strahlenbündels auf das Eintrittsfenster verwendet werden. Die Messvolumina können durch unterschiedlich ausgelegte Elektrodenabstände an die jeweiligen Messaufgaben angepasst werden.

Die kleinsten Messvolumina (0,03 bis 0,1 cm^3) werden in der Weichstrahldosimetrie oder zur Dosimetrie von Betastrahlung benötigt. Flachkammern mit größeren Messvolumina (einige zehntel Kubikzentimeter) werden vor allem in der Dosimetrie schneller Elektronen eingesetzt. Eine besonders vielseitige aber auch teure Bauform einer Parallelplattenkammer ist die so genannte **Extrapolationskammer**, bei der der Elektrodenabstand mittels einer Mikrometerschraube verstellt werden kann. Solche Kammern sind besonders zur Dosimetrie von Beta- und Elektronenstrahlung sowie für Messungen bei hohen Dosisleistungsgradienten z. B. im Aufbaubereich von Photonentiefendosiskurven geeignet.

Entspricht die Anordnung der Elektroden einem Zylinderkondensator, werden die Ionisationskammern als **Zylinderkammern** bezeichnet. Sie sind die wichtigsten Gebrauchsdosimeter für die Strahlentherapie. Ihre Messvolumina betragen $0,1$ cm^3 bei "Mikrokammern" für die in-vivo-Dosimetrie an Patienten, wenige zehntel bis etwa 1 cm^3 für die Messung von Kenndosisleistungen harter oder ultraharter Photonenstrahlungsquellen bei hoher Dosisleistung und bis zu 30 cm^3 für Messungen niedriger Dosisleistungen an radioaktiven Strahlern (z. B. Afterloadingquellen in großen Abständen) oder für Messungen von Streustrahlung oder Ortsdosisleistungen im Strahlenschutz. Wegen ihres rotationssymmetrischen Aufbaus sind die Anzeigen von Zylinderkammern bei seitlicher Einstrahlung weitgehend unabhängig von der Einstrahlrichtung, sie zeigen jedoch eine deutliche Abnahme der Anzeige bei Einstrahlung parallel zur zentralen Elektrode. Bei der praktischen Konstruktion von Zylinderkammern muss man darauf achten, dass die Feldgradienten um die zentrale Elektrode nicht zu hoch werden. Andernfalls könnte es zu zusätzlichen Ionisationen durch beschleunigte Gas-Ionen kommen, die das Messergebnis verfälschen. Zentralelektroden von Zylinderionisationskammern werden deshalb nicht als dünne Drähte sondern als ausgedehnte Zylinder gefertigt (s. z. B. Fig. 2.4e, f und Fig. 2.5c).

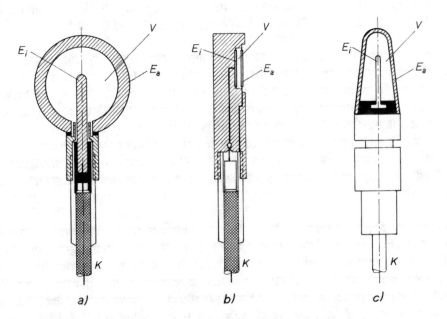

Fig. 2.5: Details zum Aufbau einiger handelsüblicher Ionisationskammern (schraffiert: luftäquivalentes Material mit leitender Oberfläche, schwarz: Isolatoren. V: Messvolumen, E_a: Außenelektrode; E_i: Innenelektrode, K: Koaxialkabel zum Elektrometerverstärker). (a): Kugelkammer mit einem Volumen von 5 cm^3 mit nur geringer Richtungsabhängigkeit. (b): Flachkammer mit einem Volumen von $0,1$ cm^3 für die Weichstrahl- und Elektronendosimetrie. (c): Fingerhutkammer mit einem Volumen von 3 cm^3.

Werden die Spitzen von Zylinderkammern abgerundet, erhält man eine weitere Bauform, die anschaulich als **Fingerhutkammer** bezeichnet wird. Fingerhutkammern zeigen im Allgemeinen eine etwas geringere Richtungsabhängigkeit bei der Einstrahlung von der Kammerspitze her als Zylinderkammern, da das elektrische Feld im Inneren der Kammerkalotte ungefähr kugelsymmetrisch ist.

Durch die abgerundete Form eignen sich kleinvolumige Fingerhutkammern auch zur Einführung in Körperhöhlen. Sie werden deshalb häufig als wasserdichte Ausführungen ausgelegt. **Kugelkammern** zeichnen sich durch ihre besonders geringe Richtungsabhängigkeit aus. Sie enthalten als Innenelektrode eine kleine kugel- oder stabförmige Elektrode. Zwischen Außenwand und Innenelektrode entsteht dadurch ein

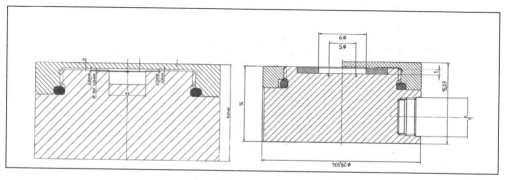

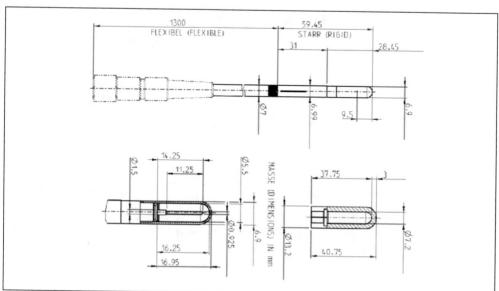

Fig. 2.6: Technische Details einiger moderner Ionisationskammern für Therapiedosimeter. Oben: Flachkammern zur Elektronendosimetrie (links: Markus-Kammer alter Bauart, rechts: Advanced Markus Kammer mit zusätzlichem Schutzring, zum besseren visuellen Vergleich um 180° gedreht, Einstrahlung von oben). Unten: Moderne Fingerhutkammer mit Kammerhalterung und Aufbaukappe rechts (alle Maßangaben in mm, mit freundlicher Genehmigung der PTW-Freiburg).

weitgehend kugelsymmetrisches, radiales elektrisches Feld. Kugelkammern können Messvolumina bis zu 10 Litern aufweisen und werden insbesondere für die Umgebungsüberwachung im Strahlenschutz verwendet. In der klinischen Dosimetrie haben sie keine große Bedeutung.

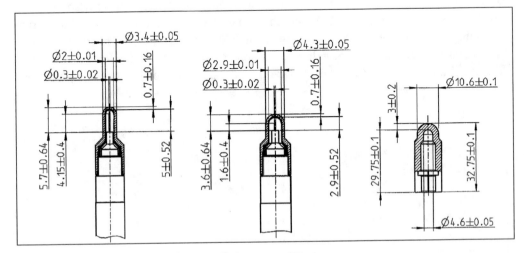

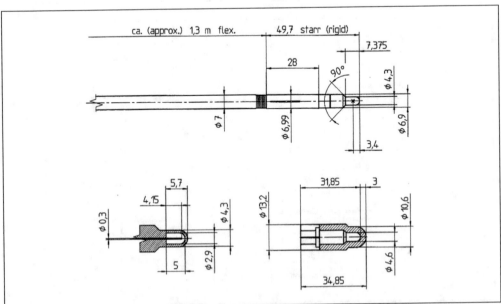

Fig. 2.7: Technische Details einiger Ionisationskammern für Therapiedosimeter. Dargestellt sind die so genannten Pinpointkammern (pinpoint: engl. für Punkt) mit sehr kleinen Messvolumina zur Dosimetrie kleiner Felder (alle Maßangaben in mm, mit freundlicher Genehmigung der PTW-Freiburg).

Schutzelektroden: Ionisationskammern bestehen unabhängig von ihrer speziellen Bauform immer aus zwei Elektroden, die ein Volumen definieren, einem Füllgas im Messvolumen und zwei Anschlüssen für die anzulegende Kammerspannung. Typische Ionisationskammerströme liegen in der Größenordnung von einigen 10^{-12}A (pA) bis etwa 10^{-6} A (µA). Die Höhe der Ströme hängt dabei vom Messvolumen, dem verwendeten Füllgas und seinem Gasdruck sowie von der Dosisleistung im untersuchten Strahlungsfeld ab. Um die Ionisationskammer im Sättigungsbereich zu betreiben, müssen geometrieabhängige Kammerspannungen zwischen 100V und wenigen kV eingesetzt werden.

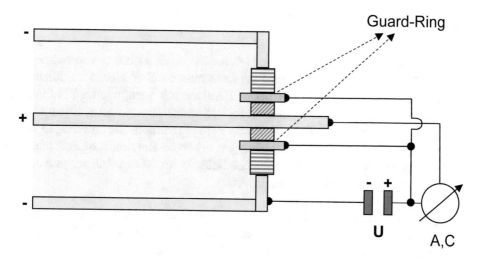

Fig. 2.8: Funktionsweise einer Schutzelektrode zur Vermeidung von Leckströmen am Beispiel einer Zylinderkammer. Zwischen Guard-Ring und Zentralelektrode liegt nur die durch den Ionisationsstrom ausgelöste Spannung am Elektrometereingang (A/C) an. Die Spannung ist so niedrig, dass kein Leckstrom fließt. Der Hauptspannungsanteil liegt am äußeren Isolatorteil an. Falls dort ein Leckstrom fließt, wird er nicht über das Amperemeter abgeleitet.

Dabei tritt ein prinzipielles Problem auf. Die Spannung führenden elektrischen Anschlüsse müssen durch Isolatoren getrennt werden. Der ohmsche Widerstand dieser Isolatoren muss in der Größenordnung von 10^{14}-10^{16} Ohm liegen, um die sehr kleinen Messströme der Ionisationskammer nicht durch Leckströme zu verfälschen. Insbesondere bei kleinvolumigen Kammern, wie sie in der klinischen Dosimetrie verwendet werden, sind die Abmessungen so kompakt, dass die beiden elektrischen Anschlüsse nur wenige Millimeter voneinander getrennt sind. Zwischen diesen Anschlüssen liegt dann die volle Betriebsspannung der Ionisationskammer an. Selbst bei hervorragenden

Isolatoren, die die obige Bedingung für ihren Widerstand gut erfüllen, kann es durch Feuchtigkeit im Füllgas oder durch Alterungsprozesse des Isolatormaterials nach Strahlungseinwirkung zu unzulässigen Leckströmen kommen.

Abhilfe schafft die Verwendung von elektrisch leitenden Schutzringanordnungen (guard rings) in den Isolatoren, die die Isolatoren in zwei Bereiche trennen. Der äußere Bereich trennt die negative Elektrode vom elektrisch leitenden Schutzring, der zweite innere Bereich trennt den Schutzring von der positiv aufgeladenen Elektrode (s. Fig. 2.8). Am Schutzring liegt nur die Spannung an, die durch den Ionisationskammerstrom am Messinstrument abfällt. Wegen der kleinen Ionisationsströme sind diese Spannungen so niedrig, dass im inneren Teil des Isolators keine Leckströme ausgelöst werden. Der Hauptspannungsanteil liegt zwischen Schutzelektroden und äußerer Kammerelektrode an. Falls dort ein Leckstrom entstehen sollte, wird er nicht über das Messinstrument abgeleitet, kann also die Messanzeige nicht verfälschen.

Durch geeignete Formung der Sammelelektroden und den Einsatz von entsprechenden Schutzelektroden (Guard-Elektroden) versucht man darüber hinaus bei allen Ionisationskammern, feldfreie "tote" Ecken oder Bereiche mit verminderter Feldliniendichte zu vermeiden. Ladungsträger in solchen feldschwachen Bereichen würden zu langsam und nur unvollständig durch das elektrische Feld gesammelt. Sie unterliegen in diesem Fall daher von der Dosisleistung abhängigen erhöhten Rekombinationsraten, was die klare Festlegung der Nachweiswahrscheinlichkeit im Messvolumen und somit die Definition von Kalibrierfaktoren erschwert.

Wichtig ist auch die präzise Definition des Messvolumens insbesondere bei Kammern für die Standarddosimetrie durch die Abgrenzung des Bereichs mit dem elektrischen Feld vom feldfreien Raum außerhalb. Bei den dazu verwendeten Parallelplattenkammern werden zur Feldlinienhomogenisierung vor und hinter dem eigentlichen Messvolumen flache Schutzelektroden und Äquipotentialdrähte angebracht, die das Ausbeulen der Feldlinien am Kammerrand verhindern und die Feldliniendichte auch am Rande des Messvolumens homogenisieren. Sie sind nicht mit dem Elektrometer zur Ladungssammlung verbunden (Beispiele s. Fign. 2.3 und 2.4), so dass eventuell auf ihnen gesammelte Ladungen nicht im Ionisationsstrom nachgewiesen werden.

Bei runden Flachkammern haben die Guard-Elektroden Ringform. Sie umgeben und definieren wie bei Parallelplattenkammern das eigentliche Messvolumen und verhindern durch entsprechende Formung der Feldlinien auch den Nachweis von Streuelektronen von Bereichen außerhalb des eigentlichen Messvolumens z. B. aus der Kammerhalterung. Bei Zylinderkammern oder Kugelkammern umschließen sie ringförmig die zentrale Sammelelektrode.

Weitere Bauformen von Ionisationskammern: Für Messungen der Aktivitäten niederaktiver offener Radionuklide für die Nuklearmedizin oder für die Afterloading- und Spickquellen mit schwach aktiven offenen Strahlern (Seeds, Drähte) werden großvolumige **Schachtionisationskammern** verwendet, die den Strahler fast völlig umgeben. Sie enthalten meistens Argon als Füllgas und werden zum Erreichen einer besseren Nachweiswahrscheinlichkeit mit erhöhtem Gasdruck betrieben. Die Proben werden zur Messung in einen Schacht in das Innere der Ionisationskammer gebracht. Da die Proben allseits vom Messvolumen umgeben sind, besteht nahezu eine 4π-Geometrie. Dadurch wird die Nachweiswahrscheinlichkeit und damit das Signal in der Ionisationskammer so erhöht, dass auch die Messungen kleinerer Aktivitätsmengen, wie sie beispielsweise in der nuklearmedizinischen Diagnostik notwendig und üblich sind, ermöglicht werden.

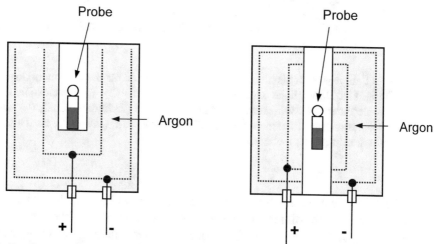

Fig. 2.9: Bauformen von Schachtionisationskammern zur Messung von Aktivitäten. Als Füllgas werden bevorzugt Edelgase mit hohem Druck wie Argon oder Xenon verwendet. Die linke Anordnung ist etwas unempfindlicher gegen Lageverschiebungen der Probe als die rechte Bauform, da das Präparat besser als rechts vom Messvolumen umgeben ist.

Eine Sonderform der Ionisationskammern sind die kleinvolumigen **Kondensatorkammern**, die ohne Kabelanschluss betrieben werden (Fig. 2.4g). Heute sind diese Kondensatorkammern in der klinischen Dosimetrie weitgehend durch Thermolumineszenzdetektoren oder Radiophotolumineszenzdetektoren verdrängt. Ein weiterer, sehr verbreiteter Kondensatorkammertyp ist das **Stabdosimeter** oder **Füllhalterdosimeter** (Fig. 2.10). Es wird für die Personendosimetrie als tragbares, direkt ablesbares Dosimeter verwendet. Die Dosimeter enthalten als Detektor eine mit Luft gefüllte, luftdichte Ionisationskammer und ein Elektrometer, an dem die Messanzeige über ein integriertes Mikroskop abgelesen werden kann. Stabdosimeter (Länge 10 bis 12 cm, Durchmesser etwa 15 mm) bestehen aus einem Luftkondensator mit einem zylinderförmigen Mantel als Außenelektrode und einem Drahtbügel als Innenelektrode. Der

Kondensator wird vor der Messung auf eine Spannung von 100 bis 150 V aufgeladen, die etwas oberhalb der Sättigungsspannung der Ionisationskammer liegt, und anschließend von der Spannungsquelle getrennt. An dem steifen Drahtbügel im Inneren der Kammer ist ein beweglicher Elektrometerfaden aus metallisiertem Quarz angebracht, der sich bei aufgeladener Kammer wegen der elektrostatischen Abstoßung wegspreizt.

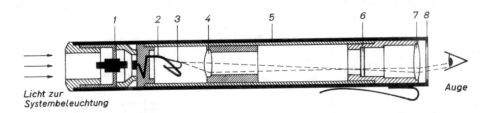

Fig. 2.10: Direkt ablesbares Ionisationskammer-Stabdosimeter für die Personen-Dosisüberwachung. (1): Bewegliche Membran mit Kontaktstift, (2): Innenelektrode, (3): Elektrometerfaden, (4): Objektiv, (5): Außenelektrode (Zylindermantel), (6): Glasplatte mit eingravierter Skaleneinteilung, (7): Okular, (8): Glasplatte als Dosimeterabschluss, schraffiert: Isolatormaterial.

Wird das Stabdosimeter einem Strahlungsfeld ausgesetzt, entlädt sich der Kondensator proportional zur im Luftvolumen durch Ionisation erzeugten Ladung. Durch die verminderte Ladung auf der zentralen Elektrode wird der Quarzfaden weniger abgestoßen. Im Kondensator ist eine Optik mit etwa 30facher Vergrößerung integriert, die es ermöglicht, jederzeit die Position des Quarzfadens relativ zum Drahtbügel abzulesen, ohne dabei den Ladezustand des Dosimeters zu verändern. Die Anzeige eines Stabdosimeters ist wegen der energieabhängigen Absorption von der Photonenenergie abhängig. Empfindliche moderne Stabdosimeter haben einen typischen Messbereich um 2 mSv. Nachteile der direkt ablesbaren Stabdosimeter sind der hohe Preis (über 300 € pro Stück), die vergleichsweise hohe Empfindlichkeit gegen Stöße und Feuchtigkeit und die dadurch bedingte Selbstentladung. Sie sind seit 2011 keine amtlichen Dosimeter mehr. Sie wurden durch Dosimeter ersetzt, die $H_p(10)$ anzeigen.

In den meisten Ionisationskammern werden zur Dosismessung entweder die Ionisationsströme oder die Ladungen nachgewiesen. Für spezielle Aufgaben in der Teilchenspektroskopie und bei großflächigen Detektoren werden durch einzelne Teilchen erzeugte Pulse gemessen (Pulsmodus). Ionisationskammern können dann zum Einzelteilchennachweis verwendet werden. In diesen Fällen ist die Pulshöhe proportional zur im Messvolumen deponierten Teilchenenergie. Werden Pulsionisationskammern statt mit 2 Elektroden mit flächenhaften Elektrodengittern versehen, kann neben der Spektrometrie auch die Lage des eingetretenen Teilchen festgestellt werden. Beispiele sind die Spektrometrie von Alphateilchen oder Neutronen in der Grundlagenforschung. In der klinischen Dosimetrie und im Strahlenschutz sind pulsbetriebene Ionisationskammern ohne Bedeutung und werden deshalb hier nicht weiter besprochen.

2.2 Detektoren mit Gasverstärkung - Zählrohre

Die beim Ionisationsakt im Gasvolumen eines Gasdetektors erzeugten primären Ladungen werden bei den in Ionisationskammern üblichen Feldstärken lediglich zu den Elektroden hingezogen. Auf ihrem Weg stoßen sie mit den Gasmolekülen zusammen und verlieren bei Stößen immer wieder einen Teil ihrer Bewegungsenergie. Wegen der geringen Beweglichkeit schwerer positiv oder negativ geladener Ionen ist ihr Energiegewinn durch das elektrische Feld zwischen den Stößen sehr gering. Sie driften deshalb mit vergleichsweise geringer Bewegungsenergie zu den Sammelelektroden. Die weit beweglicheren Elektronen können zwischen den Stößen mehr kinetische Energie aufnehmen. Solange die durch Elektronen auf die Moleküle bei Stößen übertragenen Energiebeträge kleiner bleiben als die Bindungsenergien der Molekülelektronen, sind die Energieüberträge nicht ausreichend für Ionisationen der Stoßpartner. Deshalb verändert sich die Zahl der Ladungen im Gasvolumen nicht. Es werden ausschließlich die primären Ladungen gesammelt. Dieser im vorigen Kapitel beschriebene Betrieb eines Gasdetektors wird als **Ionisationskammerbetrieb** bezeichnet.

Wird die Spannung an den Elektroden und damit die Feldstärke einer Ionisationskammer erhöht, können die durch die eingestrahlte ionisierende Strahlung im Gasvolumen erzeugten primären Ladungen zwischen den Stößen ausreichend Energie aus dem elektrischen Feld aufnehmen, um bei Stößen mit den Atomen oder Molekülen des Kammergases ihrerseits weitere sekundäre Ionisierungen auszulösen. Nach dem ersten Stoß eines Primärelektrons oder Ions entsteht also ein zusätzliches sekundäres Elektron-Ion-Paar. Die Schwelle für die Feldstärke liegt bei üblichen Füllgasen wie Luft oder Edelgase bei etwa 1 MV/m. Übersetzt auf die typischen Größen von Gasdetekto-

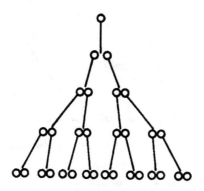

Fig. 2.11: Schematische Darstellung der Bildung einer Ladungslawine in einem Zählrohrgas durch Sekundärionisationen. Das primäre Elektron befindet sich oben im Bild.

ren sind das etwa 10000 V/cm oder 1000 V/mm. Sobald diese Feldstärkenschwelle überschritten ist, kommt es also zu einer zunehmenden Abfolge von weiteren Ionisationen. Hat das resultierende sekundäre Elektron erneut soviel Energie aus dem elektrischen Feld der Kammer aufgenommen, dass es selbst wieder ionisieren kann, erhält man eventuell eine weitere Ionisation und eine weitere Erhöhung der Zahl der freien Ladungsträger. Nach n Verdopplungen hat man (2^n-1) zusätzliche Ladungen. Es kommt also zur Ausbildung einer regelrechten Entladungslawine (Fig. 2.11). Diese Art der Ladungserzeugung wird als **Stoßmultiplikation** bezeichnet. Der Detektor arbeitet im **Gasverstärkungsbereich**. Werden alle diese Ladungen auf den Sammelelektroden eingefangen, erhält man am Ausgang des Detektors hohe Ströme oder Stromimpulse, die die Höhe der Primärladungen um viele Größenordnungen übertreffen können. Die Strom- oder Spannungsimpulse am Ausgang eines solchen Detektors sind durch die Stoßmultiplikation so groß, dass der Aufwand für weitere Verstärkung der Signale in der Nachfolgeelektronik gering gehalten werden kann.

Die Zunahme der relativen Elektronenzahl mit zunehmender Entfernung dx vom primären Ionisationsort wird mit der Townsend-Gleichung beschrieben.

$$\frac{dN_e}{dx} = \alpha \cdot N_e \qquad (2.1)$$

Der Koeffizient α wird als **erster Townsend-Koeffizient** bezeichnet. Sein Wert hängt von der Art des Füllgases ab. Unterhalb der Ionisationsschwelle für das jeweilige Füllgas hat er den Wert Null und steigt dann mit zunehmender elektrischer Feldstärke

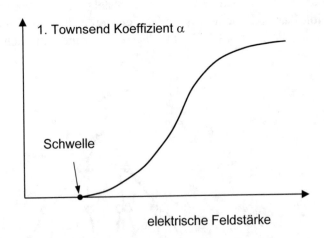

Fig. 2.12: Verlauf des Townsend-Koeffizienten α mit der Feldstärke in einem Gasverstärkungsdetektor. Unterhalb der Schwelle können keine Sekundärionisationen im Gasvolumen stattfinden. Oberhalb der Schwelle kommt es zur Zunahme der Zahl der Townsend-Entladungslawinen mit der elektrischen Feldstärke.

bis zum Erreichen einer Sättigung an. Der Kehrwert des Townsend-Koeffizienten ist gerade die mittlere freie Weglänge λ der Elektronen im Füllgas, also die mittlere Strecke, die bis zur nächsten Stoßionisation vom Elektron zurückgelegt wird.

$$\lambda = \frac{1}{\alpha} \qquad (2.2)$$

Unter Bedingungen einer konstanten Feldstärke im gesamten Kammervolumen, wie sie beispielsweise in Parallelplattenkammern besteht, ist der Townsend-Koeffizient ortsunabhängig. Man kann dann (Gl. 2.1) auflösen und erhält die folgende Exponentialgleichung für die Zunahme der Elektronen bei der Bewegung zur Sammelelektrode.

$$N_e(x) = N_e(0) \cdot e^{\alpha \cdot x} \qquad (2.3)$$

Die für den Gasverstärkungsbetrieb erforderlichen Kammerspannungen in Parallelplattendetektoren sind für den Alltagsbetrieb zu hoch. Deshalb sind Gasverstärkungskammern in der Regel als Zylinderkammern mit einem schmalen Anodendraht als Sammelelektrode für die Elektronen ausgelegt (Fig. 2.13). Die zentrale Elektrode wird anders als bei Ionisationskammern in der Regel als sehr dünner Metalldraht aus Wolfram, Molybdän oder Eisen mit weniger als 50 µm Durchmesser ausgelegt, da nur so sehr hohe, lokale Feldstärken direkt um die Zentralelektrode erreicht werden können. In der Praxis wird der Zählrohrmantel als Kathode, der Zähldraht als Anode geschaltet. Aus Sicherheitsgründen wird der Zählrohrmantel auf Erdpotential gelegt. Er besteht aus Kupfer, Eisen oder Aluminium oder aus innen metallisierten Glaszylindern.

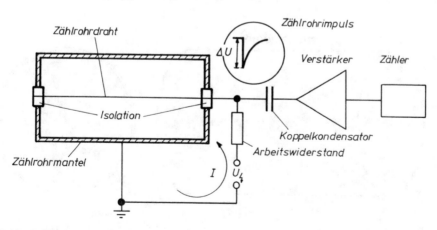

Fig. 2.13: Schema eines Zählrohres mit Kopplung an die folgende Nachweiselektronik (U: Kammerspannung, ΔU: Höhe des durch den Stromimpuls am Arbeitswiderstand erzeugten Zählrohrspannungsimpulses, zur Erläuterung s. Text).

Wird durch ionisierende Strahlung im Zählrohr eine Entladungslawine ausgelöst, fließt in ihm kurzzeitig ein Strom, der am externen Arbeitswiderstand zu einem Spannungsimpuls führt (vgl. dazu Fig. 2.13). Er wird über einen Koppelkondensator zur weiteren elektronischen Verarbeitung an einen Verstärker mit nachfolgendem Impulszähler übertragen. Die Einschaltung dieses Koppelkondensators ist notwendig, um den Verstärkereingang vor der Zerstörung durch die Hochspannung zu schützen. Die elektrische Feldstärke zeigt in Zylinderkammern den folgenden Abstandsverlauf.

$$\left| \vec{E}(r) \right| = \frac{U}{r \cdot ln(\frac{a}{b})} \qquad (2.4)$$

Dabei ist U die angelegte Spannung, r der Abstand von der Mitte des Zähldrahtes, b der Radius des Zähldrahtes und a der Innenradius des Kammerkörpers. In dieser Zylindergeometrie nimmt die Feldstärke bei Annäherung an die Zentralelektrode um viele Größenordnungen zu. Um den Zähldraht herum besteht ein kleines zylinderförmiges Volumen, innerhalb dessen die Feldstärkenschwelle für den Beginn der Gasentladung überschritten ist. Der Durchmesser dieses Lawinenzylinders beträgt nur wenige Drahtradien, so dass sein Volumen im Vergleich zum sonstigen Gasvolumen vernachlässigbar klein bleibt (Fig. 2.14). Dies hat zur Folge, dass in ihm praktisch keine primären Ladungen erzeugt werden; die primären Ladungen entstammen also im Wesentlichen dem Gasvolumen außerhalb des zentralen Gasverstärkungs-Zylinders.

Durch die Zylindergeometrie entstehen die gewünschten Entladungslawinen erst in unmittelbarer Nachbarschaft der Zentralelektrode. Die Ladungsvervielfachung mit dem entsprechenden Verstärkungsgewinn wird weitgehend unabhängig vom primären Wechselwirkungsort des externen Strahlungsteilchens, da bis zum Erreichen des

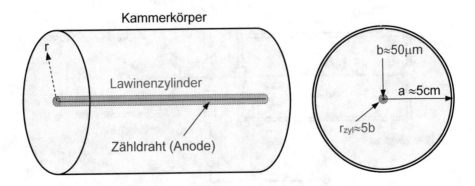

Fig. 2.14: Typische Geometrie eines Zählrohrs: Zähldrahtradius b: 25-50 µm, Radius des Entladungszylinders (rot): ≈5b, also 5 Drahtradien, abhängig von der angelegten Spannung, Kammer-Innenradius a: einige cm. Die Zeichnung ist nicht maßstäblich.

Townsend-Bereichs die primären Elektronen alle mit einer vergleichbaren Bewegungsenergie zur Anode driften. Ab dann lösen diese primären Elektronen Entladungslawinen mit dem gleichen mittleren Gasverstärkungsfaktor aus.

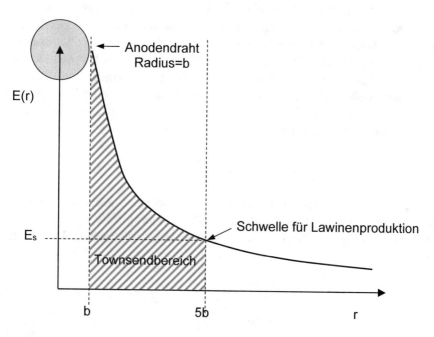

Fig. 2.15: Feldstärkenverhältnisse im Zylinderzählrohr: E(r): Betrag der elektrischen Feldstärke, r: Abstand von der Mitte der Zentralelektrode, b: Zähldrahtradius, E_s: Schwellenfeldstärke für den Beginn der Gasverstärkung.

Die Lawinen sind räumlich begrenzt und voneinander unabhängig. Da die Elektronen wegen ihrer geringen Massen höhere Beweglichkeiten als die schwereren Ionen aufweisen, driften sie schneller als die Ionen. Es kommt deshalb zu einem Auseinanderlaufen (Verbreiterung) der Lawinen auf der Elektronenseite. Die Entladungslawine nimmt eine tropfenähnliche Form an mit den Elektronen auf der breiten Seite (Fig. 2.16 links). Wegen des statistischen Charakters der Ionisationsakte ähneln die Lawinen real dieser Tropfenform mit überlagerten Mustern, wie sie auch bei elektrischen Überschlägen beobachtet werden (Fig. 2.16 rechts).

Sowohl bei Ionisationen als auch bei Anregungen der Gasmoleküle innerhalb der Entladungslawinen entstehen neben den Elektronen auch Photonen, die aus den Abregungen der Gasmoleküle stammen. Bei reinen Gasen reicht die Abregungsenergie zur Ionisation anderer Gasmoleküle nicht aus, da die erforderliche Ionisationsenergie einer inneren Schale immer größer ist die Energiedifferenz bei der Abregung in diesen Elektronenzustand. Werden aber Gasmischungen in den Kammern verwendet, können die Abregungsphotonen eines angeregten oder ionisierten Gasmoleküls ein Molekül der anderen Zusammensetzung über den Photoeffekt ionisieren. Diese Photoelektronen werden dann den Lawinenelektronen beigemischt.

Bezeichnet man die mittlere Wahrscheinlichkeit für die Produktion eines Photoelektrons mit γ, können die n Elektronen in einer Townsend-Lawine (γ·n) zusätzliche Photoelektronen auslösen. Die Wahrscheinlichkeit, dass einem einzelnen Ionisations- oder Anregungsakt ein Photoeffekt folgt, ist immer sehr klein, es gilt also γ«1. Jedes dieser Photoelektronen kann seinerseits dann n weitere tertiäre Lawinenelektronen auslösen. Man kann diese Reihe gedanklich fortsetzen und erhält dann für die Gesamtzahl M der Elektronen nach einem einzelnen primären Wechselwirkungsakt mit der Erzeugung eines Elektron-Ionenpaares folgende Elektronenzahlbilanz.

$$M = n + \gamma \cdot n^2 + \gamma^2 \cdot n^3 + \gamma^3 \cdot n^4 + ... \qquad (2.5)$$

Diese Zahl M wird als **Gasverstärkungsfaktor** bezeichnet. Wenn die Feldstärke im Zählrohr so niedrig bleibt, dass das Produkt (γ·n)<1 bleibt, stellt (Gl. 2.5) eine einfache konvergierende geometrische Reihe dar und kann folgendermaßen geschrieben werden.

$$M = \frac{n}{1 - \gamma \cdot n} \qquad (2.6)$$

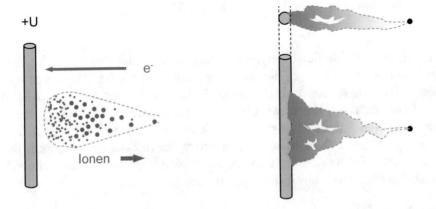

Fig. 2.16: Ladungslawinen in Proportionalkammern. Links: Durch unterschiedliche Driftgeschwindigkeiten von Elektronen und Ionen erzeugte Tropfenform der Lawine mit verschiedenen räumlichen Ladungskonzentrationen. Rechts: Typische zerrissene Muster der Entladungslawinen durch die statistisch verteilten Ladungsverdopplungen. Die grauen Stäbe stellen die positiv geladenen Zentralelektroden dar.

Für kleine Zahlen der Lawinenelektronen bei niedrigen Kammerspannungen und kleine γ-Werte bleibt die Zahl der Lawinenelektronen nach (Gl. 2.6) praktisch unverändert bei M = n. Die Zahl der Lawinenelektronen und somit die Höhe der Ladungsimpulse ist in diesem Fall proportional zur primär auf das Kammergas übertragenen Energie. Die Kammer wird deshalb bei dieser Betriebsart als **Proportionalkammer,** der Arbeitsbereich als **Proportionalbereich** bezeichnet.

Nimmt die Zahl der Lawinenelektronen und damit die absolute Zahl der Photoelektronen mit ansteigender Feldstärke jedoch so zu, dass das Produkt ($\gamma \cdot$n) $\geq$ 1 wird, divergiert die Reihe in (Gl. 2.6), der Gasverstärkungsfaktor M strebt dann gegen ∞. Dieses bedeutet physikalisch die Totalentladung des Kammergases innerhalb des Townsend-Zylinders. Die Kammer wird in diesem Fall im so genannten Auslösebereich betrieben. Zählrohre, die in diesem Arbeitsbereich betrieben werden, heißen daher **Auslöse-Zählrohre** oder **Geiger-Müller-Detektoren.**

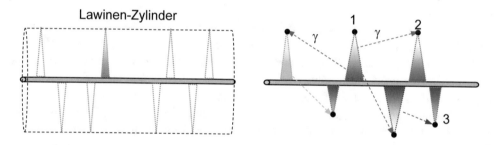

Fig. 2.17: Links: Lawinenmuster im Proportionalbetrieb einer Zylinderkammer. Die Lawinen sind voneinander unabhängig und getrennt. Sie haben für eine bestimmte Betriebsart eine einheitliche Größe. **Rechts:** Vorgänge im Auslösezählrohr. Eine primäre Lawine (1, rot) emittiert UV-Photonen, die beim Auffüllen von Löchern in den inneren Schalen entstehen. Diese UV-Photonen ionisieren Atome durch Photoeffekt und sonstige ionisierende Stöße an schwächer gebunden äußeren Elektronen, die dann nach ausreichendem Energiegewinn durch das elektrische Feld ebenfalls Lawinen (2, 3,...) im gesamten Volumen um den Zähldraht auslösen. Die Summe aller durch diese Lawinen erzeugten Ladungen führt zu einem Einheitsimpuls am Ausgang des Zählrohrs unabhängig von der beim primären Wechselwirkungsakt übertragenen Energie.

Hauptverantwortlich für die seitliche Entladungsausbreitung sind die bei der Wechselwirkung der Lawinenelektronen mit der Gasfüllung entstehenden niederenergetischen Photonen im UV-Bereich, die ihrerseits durch Ionisation weitere Entladungslawinen auslösen. Dies führt dazu, dass jede Lawine mindestens eine Nachfolgelawine produzieren kann. Es kommt also ähnlich wie im Proportionalzähler zu einer exponentiellen Vermehrung, dieses Mal aber von ganzen Lawinen, die sich dann seitlich entlang des Zähldrahtes ausbreiten. Dies führt zu einer Totalentladung des Kammergases in einem schmalen Zylindervolumen um die Zentralelektrode.

Da die Zahl dieser zusätzlichen Lawinen bei einer bestimmten Betriebsart des Geiger-zählers konstant ist, ist die Höhe des Ladungs- oder Stromimpulses unabhängig von der primär auf das Kammergas übertragenen Energie bzw. der Zahl der primär erzeugten Ladungsträger. Das einzelne Quant oder Teilchen löst bei fest eingestellter Zählrohrspannung einen Einheitsimpuls am Zähleraurgang aus. Deshalb lässt sich die Art der Strahlen und deren Energie an Hand der Impulshöhen nicht mehr ohne weiteres unterscheiden. Mit Geiger-Zählern lässt sich daher nur die Zahl der das Zählrohr treffenden Korpuskeln oder Photonen, nicht jedoch ihre Energie messen. Die Impulshöhen sind zwar unabhängig von der vom externen Teilchen im Gasvolumen erzeugten primären Ladung aber abhängig von der eingestellten Zählrohrspannung. Kammern im Auslösebereich können wegen der einheitlichen Impulshöhe nicht für die Dosimetrie oder die Spektrometrie eingesetzt werden. Die großen Impulshöhen - je nach Auslegung und elektrischer Schaltung können die Ausgangspulse Höhen von einigen Volt haben - halten den Aufwand für die nachfolgende Elektronik und Signalaufbereitung gering. Geigerzähler sind deshalb im Vergleich zu Proportionalkammern einfacher herzustellen und deutlich preiswerter.

Ohne weitere Maßnahmen bricht die Entladung in einem Auslösezählrohr nicht mehr von selbst ab. Um das Zählrohr wieder einsatzbereit zu machen, muss die Entladung gelöscht werden. Dazu sind zwei Verfahren üblich. Durch Verwenden eines sehr hochohmigen, externen Arbeitswiderstands von einigen Gigaohm sinkt die Hochspannung bei Auftreten einer Entladungslawine durch den Stromimpuls so ab, dass die Entladung durch geringe Feldstärken von selbst beendet wird. Der Zähler befindet sich bei diesem **nicht-selbst-löschenden** Betrieb bis zur Widerstands-Löschung für etwa 10^{-2} s in einem nicht betriebsbereiten Zustand, in dem keine weiteren Ereignisse nachgewiesen werden können. Man bezeichnet diese Pausenzeit als **Totzeit** des Zählrohres. Moderne Schaltungen ermöglichen durch geeignete schnelle elektronische Hochspannungsschalter wesentlich kürzere Totzeiten als bei einfacher Widerstandslöschung.

Die zweite Löschmethode ist die so genannte **Selbstlöschung**. Sie wird durch den Zusatz geringer Mengen von Löschgasen zum Kammergas erreicht, die die niederenergetischen Photonen absorbieren können, ohne dabei selbst ionisiert zu werden. Solche Substanzen sind Gase oder Dämpfe hochatomiger organischer Verbindungen wie ein zehnprozentiger Ethylalkoholzusatz zur Argonfüllung oder andere hochatomige organische Substanzen. Organische Löschzusätze verbrauchen sich beim Betrieb eines Zählrohres im Auslösebereich durch Zerstörung der Moleküle allmählich, sie müssen deshalb nach einer bestimmten von der Strahlenexposition abhängigen Betriebszeit erneuert werden. Auslösezählrohre werden daher entweder permanent an eine Gasversorgung angeschlossen und ständig "gespült", oder sie müssen von Zeit zu Zeit mit frischem Gas gefüllt werden. Auch Gase oder Spuren von Halogenen z. B. in Form von wenigen Promillen an Chlorgas, Jod- oder Bromdampf werden als Löschzusatz verwendet. Halogenzusätze reagieren allerdings chemisch mit dem Wandmaterial und der zentralen Elektrode und zerstören so allmählich das Zählrohr.

Bei Geiger-Müller-Zählrohren sind zwei Zeiteffekte zu beobachten. Solange eine Entladungslawine besteht, können keine weiteren Zählimpulse ausgelöst werden. Diese Wartezeit wird als eigentliche **Totzeit** eines Geigerzählers bezeichnet. Sie ist die Zeit für die Verarbeitung (Bildung und Löschung) eines voll ausgebildeten Primärimpulses. Der zweite Effekt beruht auf der Verminderung der wirksamen Feldstärke durch Abschirmung von Raumladungen. Verantwortlich dafür sind die langsam zur Kathode driftenden schweren Ionen. Sind die Ionenwolken ausreichend weit vom Zähldraht entfernt, können zwar erneut Entladungen ausgelöst werden. Allerdings sind die Lawinen dann weniger intensiv, da die vorhandenen positiven Restladungen die Feldstärken vermindern und somit die neuen Lawinen früher beenden. Geigerzähler zeigen daher eine zusätzliche Wartezeit, bis die Zählimpulse wieder durch vollständiges Absaugen der positiven Ionenladungen die ursprüngliche maximale Einheitshöhe erreicht haben. Die damit verbunden Zeit wird als **Erholungszeit** bezeichnet.

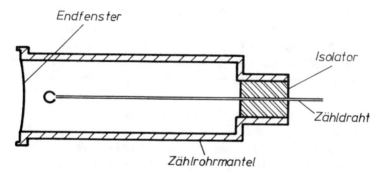

Fig. 2.18: Endfensterzählrohr zur Messung von weicher Röntgen- und Elektronenstrahlung und zum Nachweis von α-Teilchen. Die Stirnseite des Metallzylinders ist mit einer dünnen Folie (Endfenster) abgeschlossen, durch die die Strahlung in das Zählrohr eintreten kann.

In tragbaren Monitoren für Strahlenschutzzwecke werden Zählrohre wegen ihrer hohen Nachweisempfindlichkeit häufig eingesetzt. Bei Photonenstrahlung hängt der Bruchteil der Photonen, der in das Zählrohr gelangt und so Impulse auslöst, vom Wandmaterial (Auslösung von Sekundärelektronen, die das Füllgas ionisieren) und von der Wandstärke (Schwächung des externen Strahlungsfeldes) ab. Durch geeignete Wahl der Betriebsparameter und der Wandmaterialien lässt sich die Energieabhängigkeit der Detektoren bei Strahlenschutzüberwachungen meist so weit herabsetzen, dass sie vernachlässigt werden kann. Bei höheren Ansprüchen an die Genauigkeit muss der Detektor für den speziellen Einsatzzweck allerdings kalibriert werden.

Mit der sehr hohen Gasverstärkung wird die Nachweisempfindlichkeit des Zählrohres gegenüber einer Ionisationskammer so sehr gesteigert, dass es sogar gelingt, einzelne niederenergetische ionisierende Strahlungsquanten wie weiche Photonen, Elektronen und α-Teilchen nachzuweisen, sofern diese das Messvolumen erreichen können. Um

z. B. Alphateilchen mit ihren geringen Reichweiten in das Messvolumen gelangen zu lassen, müssen die Wandstärken der Auslösezähler allerdings ausreichend dünn sein. Aus mechanischen Gründen werden für die Alphazählung deshalb Zählrohre verwendet, deren eine Stirnseite mit einer sehr dünnen Folie aus einem Material niedriger Ordnungszahl für geringe Absorption und Teilchenbremsung versehen ist. Solche Zählrohre werden als **Endfensterzählrohre** bezeichnet (Fig. 2.18). Als Fenstermaterial dient Glimmer, den man in Massenbedeckungen bis herab zu 2 mg/cm^2, das sind Dicken von nur noch ca. 10 μm, spalten kann. Es werden auch Kunststoff-Folien aus Nylon oder Mylar (Hostaphan) mit Massenbedeckungen bis herab zu 0,3 mg/cm^2 verwendet. Als Füllgas dienen häufig Edelgase mit geeigneten Zusätzen zur Stabilisierung der chemischen Beschaffenheit der Füllung (z. B. 90% Argon mit 10% Methan, 96% Helium mit 4% Isobutan).

Impulshöhencharakteristik bei Gasdetektoren: Die Impulshöhen an einem Gasdetektor, der für Teilchenzählungen verwendet wird, hängen also von der elektrischen Feldstärke, dem Gasdruck, der Zusammensetzung des Gases und der nachzuweisenden Teilchenart ab. Man kann diesen Sachverhalt in einer so genannten Impulshöhencharakteristik darstellen, in der die Impulshöhe am Arbeitswiderstand des Detektors als Funktion der Zählrohrspannung aufgetragen wird (Fig. 2.19).

Zunächst findet man den schon bei den Ionisationsströmen in der Ionisationskammer beschriebenen Anstieg der Impulshöhe mit der Kammerspannung (Bereich 1). In diesem **Rekombinationsbereich** können nicht alle von der ionisierenden Strahlung erzeugten primären Ladungsträger an die Elektroden gelangen, weil sie bereits vorher partiell rekombinieren. Ihm schließt sich der so genannte **Sättigungsbereich** (Bereich 2) an, in dem bis auf kleine Rekombinationsverluste alle durch die externe Strahlenexposition erzeugten primär gebildeten Ladungsträger an die Elektroden gelangen. Dieser Bereich entspricht dem Betrieb des Zählrohres als **Ionisationskammer**. Die Impulshöhe ist sehr klein, sie ist jedoch unabhängig von der Spannung zwischen den Kammerelektroden.

Bei weiterer Erhöhung der Kammerspannung setzt die oben beschriebene Gasverstärkung ein. Das Maß der Gasverstärkung (der Verstärkungsfaktor) ist zunächst unabhängig von der Zahl der primär erzeugten Ladungsträger. Die Gasverstärkung kann Werte bis 10^5 annehmen. Die Entladungslawinen sind jeweils einem einzelnen primären Elektron zugeordnet. Die Lawinen sind streng um den Zähldraht lokalisiert, ihre Ausdehnung bleibt auf einen nur kleinen Abschnitt des Zähldrahtes beschränkt. Die einzelnen Entladungslawinen beeinflussen sich nicht. Dadurch kommt es auch zu keiner merklichen Verminderung der elektrischen Feldstärke um den Zähldraht. Für eine feste Zählrohrspannung ist die Impulsamplitude daher proportional zur primär erzeugten Ladung. Zählrohre, die in diesem Arbeitsbereich, dem Proportionalbereich (Bereich 3), betrieben werden, werden deshalb **Proportionalzählrohre** genannt.

Wegen der unterschiedlichen Ionisierungsdichte von Photonen und geladenen Teilchen, also der verschieden großen im Gasvolumen erzeugten Primärladung, kann durch eine Impulshöhenanalyse bei Proportionalzählern auf die Strahlungsart des eingeschossenen Quants geschlossen werden. Für den Sonderfall, dass ein ionisierendes Quant seine gesamte Energie im Zählrohr deponiert, ist die Zahl der erzeugten Ladungsträger sogar proportional zur Energie der eingeschossenen Photonen oder Korpuskeln. Neben der Zahl der Ereignisse und der Strahlungsart lassen sich dann auch die entsprechenden Korpuskel- oder Photonenenergien ermitteln.

Dem Proportionalbereich schließt sich bei weiterer Erhöhung der Feldstärke ein messtechnisch bedeutungsloser **Übergangsbereich** an (Bereich 4). In ihm vergrößert sich die Ausdehnung der lokalen Entladungslawinen. Dies führt zu einer partiellen Ab-

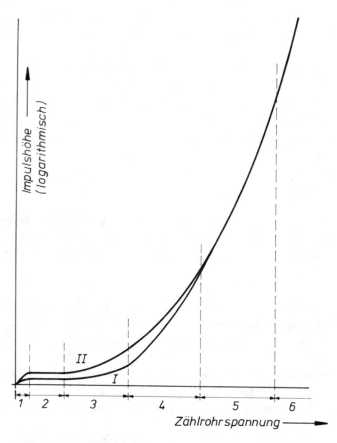

Fig. 2.19: Impulshöhencharakteristik von Zählrohren für zwei verschiedene Photonenenergien ($E_{II} = 2 \cdot E_I$, nicht maßstäblich). (1): Rekombinationsbereich, (2): Sättigungsbereich (Ionisationskammer), (3): Proportionalbereich (4): eingeschränkter Proportionalbereich (Übergangsbereich), (5): Auslösebereich (Geiger-Müller-Bereich), (6): Beginn selbständiger Dauerentladung.

schirmung des zentralen positiven elektrischen Feldes durch die von der Lawine erzeugte Raumladung. Die effektive Feldstärke und damit der Verstärkungsfaktor des Zählrohres werden dadurch abhängig von der Zahl der primären Ladungen, so dass nicht ohne weiteres von der Impulshöhe auf die Primärionisation geschlossen werden kann. Der Übergangsbereich wird deshalb auch als **beschränkter Proportionalbereich** bezeichnet.

Bei zylinderförmigen Kammern mit einer zentralen Sammelelektrode kommt es bei zusätzlicher Erhöhung der Kammerspannung zu so hohen Gasverstärkungen, dass sich wie oben schon erläutert, die entstehenden Entladungslawinen seitlich entlang des Zähldrahtes im gesamten Kammervolumen ausbreiten können. Es kommt im Bereich der höchsten Feldstärken zu einer Totalentladung des dort vorhandenen Kammergases. Bei einer solchen Entladung im **Auslösebereich** werden typischerweise je nach Bauform und Feldstärke 10^9- 10^{10} Ionenpaare pro primärem Wechselwirkungsakt erzeugt. Die Kammer arbeitet dann im Auslösebereich. Zählrohre, die in diesem Arbeitsbereich betrieben werden, heißen daher Auslösezählrohre oder Geiger-Müller-Zählrohre.

Wird die Kammerspannung über den Auslösebereich hinaus erhöht, kommt es im Kammervolumen zur Ausbildung selbständiger, spontaner Entladungen (Bereich 6 in Fig. 2.19), die auch ohne externe Einwirkung stattfinden und selbständig weiter brennen. Dieser unerwünschte Spannungsbereich, der die Kammer durch Dauerentladungen zerstören kann, wird als **Entladungsbereich** bezeichnet und ist beim Betrieb von Zählrohren tunlichst zu vermeiden.

Zusammenfassung

- **Gasgefüllte Detektoren sind meistens mit Luft gefüllt. Sie können zur Erhöhung des Ansprechvermögens bei geschlossenen Bauformen auch mit Gasen höherer Ordnungszahl und mit erhöhtem Gasdruck betrieben werden.**

- **Werden in Detektoren ausschließlich die bei der Strahlenexposition primär erzeugten Ladungen gesammelt, bezeichnet man die Detektoren als Ionisationssonden oder Ionisationskammern.**

- **Um reproduzierbare Messergebnisse zu erreichen, müssen Ionisationskammern im Sättigungsbereich betrieben werden, da bei zu niedriger Betriebsspannung die Rekombinationsrate im Füllgas zu hoch ist.**

- **Ionisationskammern werden in vier wichtigen Bauformen verwendet, als Parallelplattenkammern, als Zylinder- oder Fingerhutkammern und als Kugelkammern.**

- **Kleinvolumige Ionisationskammern** sind die wichtigsten Detektoren für die klinische Dosimetrie.

- Als mit Argon gefüllte **Schachtionisationskammern** dienen sie zur Aktivitätsmessung in der Nuklearmedizin.

- **Kugelkammern** mit hohem Messvolumen werden für den messtechnischen Strahlenschutz z. B. für die Umgebungsüberwachung eingesetzt.

- Bei höheren Feldstärken der Kammerspannung kann es zur **Gasverstärkung** oder zur partiellen oder vollständigen Gasentladung kommen.

- **Gasverstärkungskammern** haben meistens Zylinderform mit einem sehr dünnen, positiv vorgespannten Zähldraht als Sammelelektrode für die Elektronenlawinen, da nur so die erforderlichen Feldstärken erzeugt werden können.

- Das gasverstärkende Volumen ist ein schmaler Zylinder um den Zähldraht, dessen Radius nur wenige Zähldrahtradien beträgt.

- Als **Füllgase** werden Edelgase und Mischungen organischer Gase verwendet.

- Da die organischen Gase beim Betrieb zerstört werden, sind die meisten Gasverstärkungsdetektoren entweder permanent mit einer externen Gasversorgung verbunden oder sie müssen je nach Einsatz nachgefüllt gefüllt werden.

- Lösen ausschließlich die nach einem Wechselwirkungsakt entstandenen primären Elektron-Ionen-Paare im Füllgas individuelle räumlich begrenzte Ladungslawinen aus, bezeichnet man die Detektoren als **Proportionalkammern**.

- Die Signalhöhe ist dann proportional zur Zahl der erzeugten primären Ladungen.

- Man kann solche Proportionaldetektoren zur Teilchenspektrometrie oder für Teilchenzählungen verwenden. Bei völliger oder bekanntem Anteil der Absorption der Teilchenenergien kann man mit ihnen sogar Dosimetrie betreiben.

- Werden die Ladungen aller Impulse in Proportionalkammern integriert, erhält man in der angeschlossenen Elektronik Anzeigen, die in Dosisgrößen umgerechnet werden können.

- Werden die Impulse einzeln gezählt, erhält man Aussagen über die Anzahl der nachgewiesenen Teilchen im Strahlungsfeld. Die Detektoren heißen dann Proportional-Zählrohre.

- Lösen die Lawinen durch Übertrag von UV-Photonenenergie auf Moleküle des Füllgases oder der Kammerwand weitere Entladungslawinen aus, bezeichnet man die Detektoren als Geiger-Müller-Zählrohre.

- Günstig für die Entstehung von Entladungslawinen durch diese Photonen ist dabei die Verwendung von Gasgemischen, da die Anregungsenergien in Molekülen oder Atomen eines bestimmten Gases immer kleiner sind als seine Ionisierungsenergien. Die für die weitere Erzeugung freier Ladungen erforderlichen UV-Quanten müssten dann von Wechselwirkungen mit dem Elektrodenmaterial herrühren.

- Entladungen in Geigerzählern müssen gelöscht werden, da sonst die Gasentladung fortdauert.

- Dazu werden zwei Methoden verwendet. Die eine ist das nicht selbstlöschende Widerstands- oder Elektronikverfahren, bei dem die Kammerspannung nach einem Impuls kurzfristig durch eine Schaltung so herabgesetzt wird, dass die Entladung zum Stehen kommt.

- Das zweite, selbstlöschende Verfahren verwendet Löschgase, deren Moleküle oder Atome die die Lawinen auslösenden UV-Quanten absorbieren ohne selbst ionisiert zu werden.

- Diese Zähler mit Gaslöschung müssen ständig mit Löschgasen versorgt werden.

- Die Signalhöhe in GM-Zählrohren ist unabhängig vom Energieübertrag beim primären Wechselwirkungsakt.

- Geiger-Müller-Zähler sind deshalb weder zur Spektrometrie noch zur Dosismessung zu verwenden.

- Ihr Haupteinsatzgebiet ist deshalb die Teilchenzählung.

Aufgaben

1. Welche Bauformen von Ionisationskammern sind üblich und was sind deren typische Anwendungen?

2. Was ist der Rekombinationsbereich, was der Sättigungsbereich beim Betrieb einer Ionisationskammer? Erklären Sie, warum bei hohen Dosisleistungen höhere Kammerspannungen zum Verlassen des Rekombinationsbereichs erforderlich sind und ob eine vollständige Sättigung prinzipiell erreichbar ist.

3. Welche Aufgaben haben die Schutzelektroden (guard rings) in einer Ionisationskammer?

4. Nennen Sie das häufigste Füllgas von Ionisationskammern für die klinische Dosimetrie und geben Sie Gründe für die Verwendung dieses Gases an.

5. Welche Vorteile bietet die Verwendung schwerer Edelgase in Ionisationskammern?

6. Was versteht man unter Stoßmultiplikation, was bedeutet Gasverstärkungsfaktor?

7. Was ist der erste Townsend Koeffizient, wie ist sein typischer Verlauf mit der Feldstärke? Was beschreibt sein Kehrwert?

8. Ist der Townsend-Koeffizient in einem Gasdetektor ortsunabhängig?

9. Was ist die häufigste Bauform von Gasverstärkungsdetektoren? Geben Sie Gründe dafür an.

10. Wie groß ist das gasverstärkende Volumen in einem Gasverstärkungsdetektor? Wozu benötigt man das restliche Gasvolumen?

11. Wann arbeitet ein Gasverstärkungsdetektor als Proportionalzählrohr, wann als Geiger-Müller-Zählrohr?

12. Erklären Sie die Aufgaben von Gasmischungen und besonderen Gaszusätzen in Geiger-Müller-Zählrohren.

13. Erklären Sie die beiden Löschmethoden eines Geiger-Müllerzählrohres.

14. Kann man mit einem Geiger-Müller-Zählrohr Teilchenspektrometrie oder Dosismessungen vornehmen (Gründe), kann man das mit Proportionalzählrohren?

Aufgabenlösungen

1. Flachkammern, Zylinderkammern und Kugelkammern. Flachkammern werden zur Messung der Kenndosisleistung und des Tiefendosisverlaufs von Strahlungsarten mit sehr steilen Tiefendosisverläufen oder als Durchstrahlkammern z. B. als Strahlmonitore in Beschleunigern oder bei Belichtungsautomaten oder zur Messung des Dosisflächenprodukts an Röntgeneinrichtungen eingesetzt. Zylinderkammern zur Messung von Kenndosisleistungen ultraharter Photonen-, Elektronen- oder Protonenstrahlungen. Kugelkammern dienen vor allem als großvolumige Messsonden mit erhöhter Gasdruck-Füllung für die Umgebungsüberwachung.

2. Der Rekombinationsbereich ist der Bereich der Feldstärke in einer Ionisationskammer, bei dem die Wiedervereinigung von freigesetzten Elektronen und Ionen dominiert. Im Sättigungsbereich wird eine zu hohe Rekombinationsrate durch schnelle Ladungstrennung mit stärkeren elektrischen Feldern minimiert. Bei höheren Dosisleistungen erhöht sich die Ladungsträgerdichte. Zum Verlassen des Rekombinationsbereichs müssten deshalb höhere Kammerspannungen verwendet werden. Vollständige Sättigung ist nicht erreichbar, da die Kammerspannung so erhöht werden müsste, dass die Gasdetektoren als Proportionalkammern, Zählrohre oder sogar mit selbständigen Gasentladungen arbeiten würden.

3. Guard rings haben zwei Aufgaben. Zum einen sollen sie die Wirkung der Isolatoren erhöhen, indem die Feldstärken "geteilt" werden. Zum anderen sollen sie feldverminderte oder feldfreie Räume in den Ionisationssonden verhindern, da dort sonst dosisleistungsabhängige Rekombinationsverluste auftreten würden.

4. Das häufigste Füllgas von Ionisationskammern ist Luft. Sie ist kostenlos und außerdem weitgehend äquivalent zu Weichteilgewebe.

5. Edelgase zeigen eine verringerte Wahrscheinlichkeit für chemische Veränderungen, schwere Edelgase haben höhere Ordnungszahlen als Luft und somit auch höhere Wirkungsquerschnitte für den Photoeffekt.

6. Stoßmultiplikation ist die Erzeugung weiterer freier Ladungsträger durch die sekundären Ladungsträgerpaare durch Stöße, sobald diese durch das elektrische Feld ausreichend Energie aufgenommen haben. Gasverstärkungsfaktor ist der Multiplikationsfaktor für diese Ladungen.

7. Der erste Townsend-Koeffizient ist ein Exponentialkoeffizient, der die Zunahme der Elektronenzahl der höheren Generationen quantitativ beschreibt. Sein typischer Verlauf ist: Null bis zur Feldstärkenschwelle, dann sigmoider Anstieg bis in einen "Sättigungsbereich". Sein Kehrwert ist die mittlere freie Weglänge der Elektronen im Kammergas.

8. Der Townsend Koeffizient ist nur in Anordnungen mit parallelen Elektroden und ohne Feldstärkenverminderungen durch Raumladungseffekte ortsunabhängig.

9. Die häufigste Bauform von Gasverstärkungsdetektoren ist die Zylinderform mit einem dünnen Zähldraht (Durchmesser ca. 50 µm), da nur so die für die Gasverstärkung erforderlichen hohen Feldstärken zu erzeugen sind.

10. Das gasverstärkende Volumen hat einen Radius von nur wenigen Zähldrahtdurchmessern. Das restliche Gasvolumen ist für die Lieferung der Ladungsträger der ersten Generation zuständig, dient also eigentlich als alleiniges Messvolumen.

11. Proportionalzähler erzeugen räumlich getrennte und voneinander unabhängige Ladungslawinen mit einer von der primär absorbierten Energie abhängigen Größe. In Geigerzählern kommt es durch UV-Photonenemission zur Erzeugung von lateralen Ladungslawinen durch die anderen Ladungslawinen und dadurch zu einer seitlichen Ausbreitung der Entladungen in das gesamte gasverstärkende Volumen um den Zähldraht.

12. Gasmischungen in Geiger-Zählern sind zum einen erforderlich, damit die Abregungsquanten einer Molekülart bei anderen Molekülen Ionisationen auslösen können (wird für die Initiierung weiterer Lawinen benötigt). Zum anderen gibt es Gaszusätze, die UV-Quanten ohne Ionisationen absorbieren und so die Dauerentladung anhalten können (Löschgase).

13. Die Löschmethoden in Geiger-Zählerrohren sind die Vermischung des Kammergases mit Löschzusätzen (s. Frage 12) und elektronische oder Widerstandslöschung durch kurzzeitiges Vermindern der wirksamen Zählrohrspannung.

14. Teilchenspektrometrie ist mit Geiger-Müller-Zählrohren nicht möglich, da diese unabhängig von der absorbierten Primärenergie Standardimpulshöhen liefern (Totalentladung). Mit Proportionalzählern ist dies möglich, da die Ausgangssignale proportional zur absorbierten Energie sind. Allerdings ist die Randbedingung dafür die vollständige Teilchenabsorption oder zumindest eines konstanten Anteils der Quantenenergie.

3 Grundlagen zur Theorie von Ionisationskammern*

In diesem Kapitel werden die Grundlagen der Theorie der gasgefüllten Ionisationskammern erläutert. Es werden zunächst die thermische Diffusion und die Beweglichkeiten der Ladungen im Kammergas sowie die Vorgänge zur Ionenerzeugung dargestellt. Es folgen eine ausführliche Erläuterung der Mechanismen der Rekombination und der Ladungsverluste sowie eine Darstellung der Grundlagen der Rekombinationstheorie.

Die primär bei der Dosimetrie mit Ionisationskammern interessierende Größe ist die Zahl der Ladungsträgerpaare entlang der Bahnspur eines in das Füllgas eingeschossenen Teilchens. Gelingt es, die Ladungen eines Vorzeichens vollständig und ausschließlich nachzuweisen, kann aus der gesammelten Ladung mit Hilfe der benötigten Energie zur Erzeugung eines Ladungsträgerpaares (in Luft ist dies die Ionisierungskonstante W) auf die im Kammervolumen deponierte Energie geschlossen werden. Das Verhältnis dieser absorbierten Energie und der Masse des Füllgases ist dann die gesuchte Energiedosis.

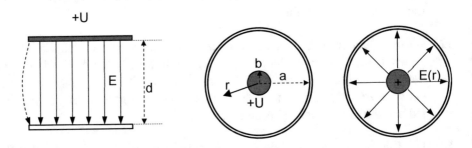

Fig. 3.1: Geometrie und Feldstärkeverteilungen in Ionisationskammern: Links: Parallelplattenkammer mit idealisiertem ortsunabhängigem Feldlinienverlauf E im Inneren der Kammer. Der Elektrodenabstand beträgt d, die angelegte Spannung U. Auf der linken Seite ist das Ausbeulen einer Feldlinie am Kammerrand und die dadurch abnehmende Kraft angedeutet. Mitte: Geometrie in einer Zylinder- oder Kugel-Ionisationskammer mit dem Radius der Zentralelektrode b, dem Radius der äußeren Elektrode a und der Entfernung des Aufpunkts r von der Kammermitte. Rechts: Idealisierter transversaler Feldlinienverlauf einer Kugel- oder Zylinderkammer.

Die Ladungssammlung geschieht mit Hilfe von Spannungen, die an die Kammerelektroden angelegt werden. Dadurch entsteht ein ausgerichtetes elektrisches Feld mit einer Feldstärke E, die die Ladungen auf die jeweils entgegengesetzt gepolte Elektrode beschleunigt und sie dort dem Elektrometer zuführt. Die Feldstärken werden durch Linien dargestellt, deren räumliche Dichte ein Maß für die Kraft auf ein elektrisch geladenes Teilchen im elektrischen Feld symbolisiert. Je höher die lokale Feldliniendichte ist, umso höher ist die dort ausgeübte Kraft. Der Höhe der Feldstärke und der räumliche Feldstärkenverlauf im Messvolumen einer Ionisationskammer ist von wesentlicher

© Springer Fachmedien Wiesbaden GmbH, ein Teil von Springer Nature 2021
H. Krieger, *Strahlungsmessung und Dosimetrie*,
https://doi.org/10.1007/978-3-658-33389-8_3

Bedeutung für die Nachweiswahrscheinlichkeit der geladenen Teilchen und für eine möglichst vollständige Ladungssammlung. Für Parallelplattenkammern kann die Feldstärke als Quotient aus Plattenabstand d und angelegter Spannung U berechnet werden (Fig. 3.1 links). Sie ist unabhängig vom Ort r im Kammervolumen.

$$\left|\vec{E}\right| = \frac{U}{d} \neq f(r) \qquad \text{für Parallelplattenkammern} \qquad (3.1)$$

Für Zylinderkammern erhält man wegen der radial divergierenden Feldlinien eine von den Elektrodendurchmessern und dem Ort abhängige Feldstärkenverteilung. Für die beiden Elektrodenradien, b für die zentrale- und a für die äußere Elektrode, erhält man am Ort r (Fig. 3.1 Mitte) den Feldstärkebetrag nach der folgenden Gleichung:

$$\left|\vec{E}(r)\right| = \frac{U}{r \cdot ln(\frac{a}{b})} \propto \frac{1}{r} \qquad \text{für Zylinderkammern} \qquad (3.2)$$

Für Kugelkammern mit Elektrodenradien a für die äußere Elektrode und b für die Zentralelektrode erhält man am Ort r den mit dem Quadrat des Abstandes r abnehmenden Feldstärkebetrag nach der folgenden, etwas abgewandelten Formel:

$$\left|\vec{E}(r)\right| = \frac{U \cdot a \cdot b}{r^2 \cdot (a-b)} \propto \frac{1}{r^2} \qquad \text{für Kugelkammern} \qquad (3.3)$$

Für alle drei Geometrien sind die Feldstärken also proportional zur angelegten Spannung. Für eine effektive Ladungssammlung mit geringen Rekombinationsverlusten sind möglichst hohe Spannungen zu verwenden. Es muss allerdings sichergestellt sein, dass der Arbeitspunkt der Ionisationskammer immer im Sättigungsbereich liegt, und nicht durch Gasverstärkung (beginnender Proportionalbereich) sekundäre Ladungen erzeugt werden.

3.1 Thermische Diffusion und Beweglichkeit der Ladungen im Füllgas*

Geladene Teilchen unterliegen wie alle Atome oder Moleküle zunächst einer von der Gastemperatur abhängigen thermischen Bewegung, die durch gegenseitige elastische Stöße mit anderen Teilchen ausgelöst wird. Diese stochastische Bewegung führt zu einer räumlichen gaußförmigen Verteilung der primären Ladungsträger um ihren ursprünglichen Entstehungsort. Eine punktförmige Ladungserzeugungsstelle wird also in eine räumliche radiale Gaußverteilung verwandelt, eine linienförmige Ladungsquelle wie die Ionisationsspur eines Teilchens im Füllgas ergibt eine zylinderförmige radiale Gaußverteilung der Ladungsträgerpaare um die Bahnspur des Teilchens. Die Breite der Gaußverteilung nimmt mit der Zeit zu. Die kinetische Gastheorie liefert dazu einen

einfachen Zusammenhang zwischen Halbwertbreite σ der Gaußverteilung und der abgelaufenen Zeit Δt nach der Erzeugung der Ladungen.

$$\sigma = \sqrt{2 \cdot D \cdot \Delta t} \qquad\qquad (3.4)$$

Die Proportionalitätskonstante D heißt Diffusionskoeffizient. Ihr Wert kann aus der kinetischen Gastheorie vorhergesagt werden. Nach einer ausreichend langen Wartezeit Δt
kommt es für neutrale Atome oder Moleküle zu einer Gleichverteilung im Kammervolumen. Diese thermische Verteilung ist unabhängig von der Bauform der Ionisationskammer und überlagert sich der Ionenbewegung durch eventuell angelegte Kammerspannungen. Die kompakte Bahnspur geladener Teilchen in einem Kammergas verbreitert sich mit der Zeit daher stochastisch. Ohne weitere Wechselwirkungen oder Be-
schleunigungen durch das elektrische Feld im Kammervolumen wären die Ladungsträger wie die neutralen Teilchen des Kammergases nach einer ausreichend langen Zeit
deshalb ebenfalls gleichmäßig über das Kammervolumen verteilt.

Driftgeschwindigkeit von Ladungen im elektrischen Feld: Anders als im Vakuum werden geladene Teilchen in einem Füllgas durch ein externes elektrisches Feld
nur solange beschleunigt, wie sie keiner Wechselwirkung mit anderen Teilchen unterliegen. Solche Wechselwirkungen können einfache Stöße oder auch Stöße mit einer
Änderung des Ladungszustandes sein. Die Strecke im Füllgas bis zur nächsten Wechselwirkung kann mit der mittleren freien Weglänge beschrieben werden. Geladene Teilchen bewegen sich trotz angelegter Sammelspannung dadurch im Mittel nur mit einer
bestimmten Geschwindigkeit, der so genannten **Driftgeschwindigkeit** v_{dr}, die aus der
Überlagerung der thermischen Bewegung und der durch das elektrische Feld bestimmten gerichteten Bewegung entsteht. Dabei werden die geladenen Teilchen nur im Mittel
entlang der Feldlinien beschleunigt, durch die begleitenden Stöße kommt es, wie oben
schon geschildert, zusätzlich zu einer gaußförmigen Verbreiterung der Bahnspur. Die
Driftgeschwindigkeiten hängen vom Betrag der beschleunigenden Feldstärke E, der
Teilchenart, der Teilchenladung, vom Gasdruck p und der Art des Füllgases ab.

$$v_{dr} = \frac{\mu \cdot E}{p} \qquad\qquad (3.5)$$

Die Proportionalitätskonstante μ dieser Gleichung wird als **Beweglichkeit** (engl.: mo-
bility) bezeichnet. Für einfach geladene Ionen hat μ Werte zwischen 0,1 und 0,15
($m^2 \cdot hPa \cdot s^{-1} \cdot V^{-1}$). Die Beweglichkeit positiv oder negativ geladener Ionen unterscheiden
sich nur wenig. Die Beweglichkeit von Elektronen ist dagegen etwa um den Faktor 1000
größer, hat also Werte um 100 ($m^2 \cdot hPa \cdot s^{-1} \cdot V^{-1}$). Für Parallelplattenkammern mit dem
Elektrodenabstand d und einer angelegten Spannung U, also einer räumlich konstanten
Feldstärke E, erhält man mit (Gl. 3.1) für die Driftgeschwindigkeiten die folgende Beziehung.

$$v_{dr} = \frac{\mu \cdot U}{p \cdot d} \qquad (3.6)$$

In der Literatur werden gelegentlich auch die Quotienten von Beweglichkeit und Gasdruck als Beweglichkeit bezeichnet. Sie werden dann mit dem Symbol "k" gekennzeichnet und haben die Einheit ($m^2 \cdot s^{-1} \cdot V^{-1}$), was die Analysen der Verhältnisse bei konstantem Gasdruck z. B. atmosphärischen Standardbedingungen vereinfacht.

$$k = \frac{\mu}{p} \qquad (3.7)$$

Man hat daher bei der Ableitung von Formeln streng auf die jeweilige Definition der Beweglichkeit zu achten (s. z. B. die Theorie der Rekombinationen unten).

Beispiel 3.1: Driftgeschwindigkeiten einfach geladener Ionen und Elektronen in der Luft einer Parallelplattenkammer bei Normaldruck. Bei einer Kammerspannung von 300 V und einem Plattenabstand von 1 cm (10^{-2} m) erhält man aus (Gl. 3.6) für Ionen die Driftgeschwindigkeit $v_{dr} = 0{,}1 \cdot 300/(1013 \cdot 0{,}01) = 3$ m/s. Für Elektronen beträgt unter sonst gleichen Bedingungen wegen der um den Faktor 1000 höheren Beweglichkeit die Driftgeschwindigkeit bereits 3000 m/s. Die Transferzeiten bzw. die maximalen Aufenthaltsdauern der geladenen Teilchen im Gasvolumen berechnen sich für dieses Beispiel bei einem Plattenabstand von 1 cm für Ionen zu 3 ms, für Elektronen zu 3 µs. Verwendet man handelsübliche Parallelplattenkammern wie beispielsweise eine Markuskammer für die Elektronendosimetrie mit einem Elektrodenabstand von nur etwa 2 mm, vermindern sich die Transferzeiten auf 0,6 ms für Ionen und 0,6 µs für Elektronen.

3.2 Ladungsaustausch und Rekombination*

Bei Anwesenheit geladener Teilchen kommt es zu elektrostatischen Wechselwirkungen zwischen den geladenen Teilchen. Die thermischen Bewegungen und die Bewegungen im externen elektrischen Feld werden deshalb von einer Reihe besonderer Stoßprozesse mit simultanem Ladungstransfer begleitet (s. Fig. 3.2). Bei Stößen zwischen freien Elektronen und ungeladenen Teilchen kann es zum **Einfang eines Elektrons** durch ein neutrales Teilchen kommen. Aus einem neutralen Atom oder Molekül und dem stoßenden Elektron entsteht also ein negativ geladenes Ion. Diese Elektronenanlagerung ist mit keinem Netto-Ladungsverlust verbunden; das schwere Teilchen ist wegen seiner deutlich größeren Masse aber wesentlich unbeweglicher als ein freies Elektron (Fig. 3.2a). Bevorzugte Reaktionspartner für diesen Prozess sind neutrale Atome oder Moleküle des Gasvolumens, die eine hohe Elektronenaffinität besitzen. Bei luftgefüllten Ionisationskammern sind das vor allem die Sauerstoffatome. Edelgase oder Stickstoff weisen dagegen eine geringere Elektronenaffinität auf. Die negativen Ladungen in solchen inerten Füllgasen bleiben daher vorwiegend freie Elektronen. In Luft ist der wichtigste neutrale Elektronenfänger das Sauerstoffmolekül (O_2).

$$O_2 + e^- \rightarrow O_2^-$$ (3.8)

Es kann auch zu einem **Ladungsaustausch** zwischen einem negativ geladenen Teilchen (Ion) und einem neutralen Stoßpartner kommen. Bei diesem Prozess wird ein Elektron vom negativen Ion auf das neutrale Teilchen übertragen. Sind beide Stoßpartner dieses Prozesses etwa gleich schwer, ändert sich nichts oder nur wenig an der Beweglichkeit der Ladungsträger (Fig. 3.2b). Auch hier bleibt die Ladungsbilanz unbeeinflusst.

Letztlich kann es auch zur Vereinigung entgegen gesetzter Ladungen zu neutralen Teilchen, zur so genannten **Rekombination mit Ladungsverlust**, kommen. Unter Rekombination versteht man den Ladungstransfer mit dem Ergebnis ausschließlich ladungsneutraler Atome oder Moleküle. Sind die beteiligten Teilchen entgegengesetzt geladene Ionen, wechselt einfach ein Elektron seinen Partner. Das Reaktionsergebnis sind dann zwei schwere ungeladene Teilchen (Fig. 3.2c). Wird ein freies Elektron durch ein einfach positiv geladenes Ion eingefangen, entsteht ein einzelnes schweres ungeladenes Ausgangsteilchen (Fig. 3.2d).

Ein Sonderfall ist der Einfang des bei der Ionisation ausgelösten Elektrons durch sein Mutteratom, also die **unmittelbare Wiedervereinigung** der beiden Ladungen. Bei allen Rekombinationsprozessen mit Ladungsneutralisation "verschwinden" also die

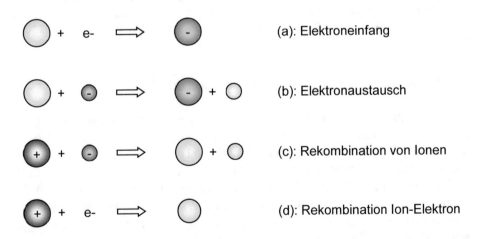

Fig. 3.2: Ladungstransferprozesse bei Stößen geladener und ungeladener Teilchen im Füllgas einer Ionisationskammer. (a): Elektroneneinfang durch ein neutrales schweres Teilchen, (b): Elektron-Transfer zwischen 2 schweren Teilchen, (c): Ladungsaustausch zweier entgegengesetzt geladener schwerer Teilchen, (d): Rekombination eines freien Elektrons mit einem positiven Ion. Die Prozesse (a) und (b) sind ladungsneutral, die Rekombinationen (c) und (d) sind dagegen mit einem Verlust freier Ladungen verbunden.

primär beim Beschuss des Füllgases erzeugten freien Ladungen und mindern auf diese Art die Zahl der auf den Elektroden der Ionisationskammer sammelbaren Ladungen.

Die Wahrscheinlichkeiten für die verschiedenen Ladungstransferprozesse hängen von den räumlichen Konzentrationen der jeweils beteiligten Teilchen (den Teilchendichten), speziell von der Ionen- und Elektronendichte, der Elektronenaffinität von Ionen oder neutralen Teilchen, dem Füllgasdruck und der zur Verfügung stehenden Wechselwirkungszeit ab, die unter anderem von der Kammerspannung bzw. durch die damit erzeugte Feldstärke beeinflusst wird.

Beim Elektroneneinfang durch neutrale Sauerstoffmoleküle (Gl. 3.8) verändert sich die Zahl der Sauerstoffmoleküle und damit die Sauerstoffkonzentration im Füllgas wegen der geringen Reaktionsraten nur sehr wenig. Die Zahl der Rekombinationen zu einem bestimmten Zeitpunkt t ist daher nahezu ausschließlich proportional zur Dichte der zu diesem Zeitpunkt verfügbaren freien Elektronen, der Elektronenkonzentration $N_e(t)$. Für die Rekombinationsrate dN_e/dt pro Volumenelement erhält man deshalb die folgende Beziehung:

$$\frac{dN_e}{dt} = -\alpha_e \cdot N_e(t) \qquad (3.9)$$

Die Proportionalitätskonstante dieser Gleichung α_e ist der Rekombinationskoeffizient für den betrachteten Prozess. Integration von (Gl. 3.9) ergibt für die Konzentration der freien Elektronen im Füllgas eine exponentielle Abnahme mit der Zeit.

$$N_e(t) = N_{e,0} \cdot e^{-\alpha_e \cdot t} = N_{e,0} \cdot e^{-t/\tau_e} \qquad (3.10)$$

Der Kehrwert des Rekombinationskoeffizienten α_e wird als mittlere Lebensdauer τ_e der freien Elektronen bezeichnet. Sie hat in trockener Luft unter atmosphärischen Normalbedingungen nach experimentellen Untersuchungen Werte zwischen $1 \cdot 10^{-8}$ und $3 \cdot 10^{-8}$ s. Mit Hilfe der Driftgeschwindigkeit der freien Elektronen $v_{dr,e}$ (s. Gl. 3.6 und Beispiel 3.1) kann man aus der mittleren Lebensdauer die mittlere freie Weglänge der Elektronen ℓ berechnen.

$$\ell = v_{dr,e} \cdot \tau_e \qquad (3.11)$$

Die Wahrscheinlichkeit p für ein Elektron, nach Durchlaufen einer Strecke x im elektrischen Feld der Ionisationskammer noch frei zu sein, ist dann gerade:

$$p(x) = e^{-\frac{x}{\ell}} \qquad (3.12)$$

Die Konzentration der freien Elektronen nach Durchlaufen einer Strecke x erhält man damit zu:

$$N_e(x) = N_{e,0} \cdot e^{-\frac{x}{\ell}} = N_{e,0} \cdot e^{-\frac{x}{v_{dr,e} \cdot \tau}} \qquad (3.13)$$

Mittelt man die freien Weglängen aller Elektronen in einem homogen bestrahlten Kammervolumen in einer Plattenionisationskammer, erhält man für einen Plattenabstand d mit (Gl. 3.14) eine mittlere Sammelwahrscheinlichkeit für Elektronen von:

$$p(d) = \frac{v_{dr,e} \cdot \tau}{d} \cdot (1 - e^{-\frac{d}{v_{dr,e} \cdot \tau}}) \qquad (3.14)$$

Da die Driftgeschwindigkeiten proportional zur Feldstärke zunehmen, sind die Anzahl der freien Elektronen und der an den Elektroden nachweisbare Prozentsatz der erzeugten Elektronen abhängig von der angelegten Kammerspannung und dem Elektrodenabstand. Berechnungen nach (Gl. 3.14) ergeben Werte je nach Feldstärke zwischen wenigen Prozent (E um 300 V/cm, Plattenabstand 5 mm) bis etwa 75% freier Elektronen (E um 10000 V/cm, Plattenabstand 1 mm, [Boag 1987]).

Für die beiden Rekombinationsprozesse (c + d in Fig. 3.2) kann die zeitliche Veränderung der Ladungsträgerdichten N^+ und N^- (Anzahl der Ionen pro Volumeneinheit) zweier Teilchenarten mit folgender Gleichung beschrieben werden.

$$\frac{dN^+}{dt} = \frac{dN^-}{dt} = -\alpha_{ion} \cdot N^+ \cdot N^- \qquad (3.15)$$

Die Rekombination ist also proportional zu den jeweiligen Konzentrationen der beiden beteiligten Ionenarten mit positiver und negativer Ladung. Der Koeffizient α_{ion} wird als Rekombinationskoeffizient für die Ionenrekombination bezeichnet. Betrachtet man statt der Ladungsträgerkonzentrationen die Ladungskonzentrationen $C^\pm$ der beiden Ionenarten, muss (Gl. 3.15) mit einem modifizierten Rekombinationskoeffizienten $\alpha_{ion,e}$ (= α_{ion}/e) berechnet werden.

$$\frac{dN}{dt} = -\alpha_{ion,e} \cdot C^+ \cdot C^- \qquad (3.16)$$

Rekombination etwa gleich schwerer Ionen ist um viele Größenordnungen häufiger als diejenige von Elektronen mit positiven Ionen, da die Elektronen wegen ihrer höheren Beweglichkeit entweder schnell durch das in der Ionisationskammer befindliche elektrische Feld abgesaugt werden oder sich bei ausreichender Elektronenaffinität des Füllgases schnell und dauerhaft an dessen neutrale Atome oder Moleküle anlagern. Die freien Elektronen werden also durch eine gleiche Anzahl negativer Ionen ersetzt, die wegen ihrer größeren Masse weniger stark durch das anliegende elektrische Feld beschleunigt werden können. In der Theorie der Ionisationskammern wird nach der Anfangsrekombination entlang der Bahnspur des eingeschossenen Strahlungsquants und nach der Volumenrekombination bei homogener Verteilung der Ionisationsprodukte im Gasvolumen unterschieden.

Anfangsrekombination: Entlang der Bahnspur eines einzelnen Teilchens im Füllgas der Ionisationskammer bilden sich lokale Ladungsanhäufungen, die so genannten **Cluster**. In diesen Clustern befinden sich die entgegengesetzt geladenen Teilchen (Elektronen und positiv oder negativ geladene Ionen) in großer räumlicher Nähe. Sie haben daher eine große Wahrscheinlichkeit zur Rekombination. Da die lokale Ladungsdichte von der Ionisierungsdichte bzw. dem linearen Energietransfer LET abhängt, haben dicht ionisierende Strahlungsarten wie Alphateilchen, Spaltfragmente oder sonstige schwere Ionen höhere Anfangsrekombinationsraten als locker ionisierende Strahlungsarten. Die Anfangsrekombinationsrate (engl. initial recombination oder columnar recombination) nimmt deshalb deutlich mit dem LET der Teilchen zu.

Für atmosphärische Normalbedingungen und bei den üblichen Feldstärken in klinischen Ionisationskammern (Feldstärken größer als 100 V/cm) spielt die Anfangsrekombination für locker ionisierende Strahlungen dagegen kaum eine Rolle. Da für die Anfangsrekombination nur die Rekombination innerhalb einer einzelnen Bahnspur betrachtet wird, ist die Anfangsrekombinationsrate unabhängig von der Dosisleistung (DL) und der Teilchenfluenz im Strahlungsfeld.

Wird ein externes elektrisches Feld an die Elektroden der Ionisationskammer angelegt, trennt dieses die entgegengesetzt geladenen Teilchen und vermindert so die lokale Rekombinationsrate innerhalb der Bahnspur. Die Spuren werden zusätzlich über die durch Diffusion stochastisch entstehende seitliche "Ausfransung" hinaus geometrisch verbreitert. Die Anfangsrekombinationsrate nimmt wegen der kürzeren Verweildauern der Teilchen in der Bahnspur mit zunehmender Feldstärke ab. Nach der Theorie ist sie umgekehrt proportional zum Betrag der senkrecht zur Bahnspur wirkenden Komponente $E_\perp$ der Feldstärke $\vec{E}$.

$$R_c \propto \frac{1}{E_\perp} \qquad \text{und} \qquad R_c \neq f(DL) \qquad (3.17)$$

Volumenrekombination: Verlassen die Ladungsträger ihre eigene Bahnspur, kommt es zu Wechselwirkungen von Ionen aus unterschiedlichen Bahnspuren und zu deren teilweiser Rekombination. Dieser Vorgang wird als **Volumenrekombination** bezeichnet (engl.: volume recombination). Da die Ladungsträgerdichte im Gasvolumen mit zunehmender Dosisleistung ansteigt, ist die Volumenrekombinationsrate R_v abhängig von der Dosisleistung im Strahlungsfeld. Für kontinuierliche Bestrahlung ergibt die

Theorie eine umgekehrte Proportionalität zum Quadrat der senkrechten Komponente der Feldstärke und eine direkte Proportionalität zur Dosisleistung DL.

$$R_v \propto \frac{DL}{E_\perp^2} \qquad \text{für kontinuierliche Bestrahlung} \qquad (3.18)$$

Die Volumenrekombination spielt insbesondere bei gepulster Niedrig-LET-Strahlung aus Beschleunigern wegen der zeitlichen Konzentration der Ionisationen im Füllgas und der dadurch entstehenden hohen Ladungsträgerdichten die dominierende Rolle. Für gepulste Strahlung ist die Volumenrekombinationsrate wie die Anfangsrekombinationsrate (Gl. 3.18) umgekehrt proportional zum Feldstärkebetrag.

$$R_v \propto \frac{DL}{E_\perp} \qquad \text{für gepulste Bestrahlung} \qquad (3.19)$$

Bei sehr hohen Ladungsträgerdichten kommt es auch zur teilweisen Abschirmung (Verdrängung) des externen elektrischen Feldes der Ionisationskammerelektroden, was wegen der dann verminderten Teilchengeschwindigkeiten zu einer Verlängerung der Aufenthaltsdauern und somit zu einer zusätzlichen Erhöhung der Rekombinationsraten und der Ladungssammlungsverluste führen kann. Sättigungsverluste in Ionisationskammern müssen daher insbesondere bei der Dosimetrie gepulster Strahlung aus Linearbeschleunigern wegen der hohen zeitlichen und räumlichen Ladungsdichten sowie bei Hoch-LET-Strahlungen beachtet werden.

3.3 Grundzüge der Ionen-Rekombinationstheorie*

Zur Ableitung der Formeln zur Abschätzung der Rekombinationsverluste betrachtet man (nach [Boag 1987]) Ionisationskammern bestimmter Geometrie, die Parallelplattenkammern, Kugelkammern und Zylinderkammern sowie Mischformen wie die Fingerhutkammer. Besonderheiten wie die speziellen Feldformungen durch Schutzelektroden, Guard-Ringe u. ä. werden nicht berücksichtigt. Die entsprechende Theorie ist deshalb nicht imstande, Details konkreter Ionisationskammern mit hoher Genauigkeit zu beschreiben. Sie zeigt vielmehr typische Trends des Sättigungsverhaltens der Ionisationskammern auf. Bei der Theorie ist nach kontinuierlichen Strahlungen und gepulsten Strahlungen zu unterscheiden. Der Grund für die Unterschiede liegt vor allem in den typischen Dosisleistungen, die bei gepulster Strahlung wegen der kurzen Strahlimpulsdauern deutlich höher sind als bei kontinuierlichen Strahlungsquellen.

Theorie bei kontinuierlicher Bestrahlung: Bei kontinuierlicher Bestrahlung mit konstanter Dosisleistung entsteht eine homogene Verteilung von Ladungsträgern beider Vorzeichen im Kammervolumen. Die pro Zeit- und Volumeneinheit erzeugten Ladungen, die Ladungsdichten q der Ionen beider Vorzeichen, sind für positive und negative Ionen gleich groß. Man betrachtet ein schlauchförmiges Teilvolumen (engl. tube of force), das durch Feldlinien begrenzt wird und Teilchen beider Ladungsvorzeichen enthält. In einer Parallelplatten-Ionisationskammer ist dieser Schlauch ein von Feldlinien begrenzter Zylinder. Bei anderen Kammergeometrien hat die "tube of force" i. a. keine exakte Zylinderform (wie aus Darstellungsgründen in Fig. 3.3 unterstellt), sondern kann die Form eines Schlauchs mit örtlich wechselnder Querschnittsfläche haben. Bewegen sich die Ionen in Richtung der Elektroden, bleiben sie eingeschlossen durch die Feldlinien innerhalb dieses Kraftschlauchs. Unabhängig von der Dichte der Feldlinien bleibt dabei die Ionenanzahl bzw. die elektrische Ladung in einem Volumenelement - die Ionendichte - innerhalb dieser "tube of force" konstant.

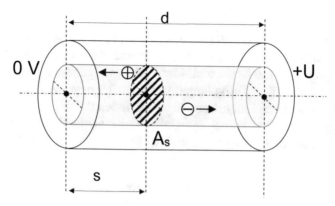

Fig. 3.3: Geometrie zur Berechnung der Rekombinationsraten bei kontinuierlicher Bestrahlung: Der innere Zylinder stellt die "tube of force" dar, innerhalb derer die geladenen Teilchen gefangen bleiben, während sie sich in Richtung zu den Elektroden bewegen. Er hat die Querschnittsfläche A_s an der Stelle s (schraffierte Fläche), die i. a. anders als in der vorliegenden vereinfachten Zeichnung auch mit dem Ort s wechseln kann. Der Zylinder kann also auch divergent oder mit anders wechselndem Querschnitt versehen sein. Der Elektrodenabstand beträgt d. Die pro Sekunde und Volumeneinheit im bestrahlten Volumen durch Bestrahlung erzeugte Ladungsträgerdichte pro Zeiteinheit beider Vorzeichen ist q. An den Elektroden liegt die Spannung U mit positiver Polarität auf der rechten Elektrode.

Der Grund ist die mit den Veränderungen der Feldliniendichte verbundene Krafterhöhung, die bei einer Querschnittsverringerung des Kraftschlauchs zu höheren Ionengeschwindigkeiten und somit zu einer größeren Längenausdehnung des Ionenschlauchs führt. Die Zahl der Ionen und somit auch die Zahl der Rekombinationen kann also durch einfache Volumenintegration über die Ionendichten berechnet werden. Diese Ionendichten sind zwar unabhängig von der jeweiligen Querschnittsfläche, aber selbstverständlich proportional zur Dosisleistung im Kammervolumen.

Sind q die pro Zeiteinheit und Volumenelement unter den gegebenen Bedingungen erzeugten Ladungsträgerdichten für positive und negativ geladenen Ionen, erhält man die in der "tube of force" zwischen der linken und der rechten Elektrode im Abstand d erzeugten Ladungen pro Zeiteinheit beider Vorzeichen, die Produktionsrate P, aus dem Produkt der Ionenkonzentration q und dem Integral über die - möglicherweise je nach Geometrie der Ionisationskammer auch mit dem Ort veränderliche - Querschnittsfläche A_s. Ohne Rekombinationen entspricht diese Erzeugungsrate P gerade dem Ionenstrom an den beiden Elektroden.

$$P = q \cdot \int_0^d A_s\, ds \qquad (3.20)$$

Um die Rekombinationsverluste zu bestimmen, müssen die Ionenströme an jedem Ort s des Kraftschlauchs berechnet werden. Die durch die Querschnittsfläche A_s fließenden negativen Ladungen pro Zeiteinheit (der Ladungsträgerstrom) entstammen den Ionisationsprozessen im linken Teilvolumen zwischen der negativen Elektrode und der Stelle s. Man erhält daher den Ionenstrom negativer Ionen durch die Fläche A_s (die erzeugten Ladungen pro Zeiteinheit) durch Integration der Ionenkonzentration über das Teilvolumen zwischen der linken Elektrode und der Stelle s.

$$I_s^- = q \cdot \int_0^s A_s\, ds \qquad (3.21)$$

Entsprechend berechnet man den Ionenstrom in entgegen gesetzter Richtung, also den Strom positiver Ionen durch die Fläche A_s, durch Integration über das Teilvolumen zwischen der rechten positiven Elektrode und dem Ort s.

$$I_{d-s}^+ = q \cdot \int_s^d A_s\, ds \qquad (3.22)$$

Die Geschwindigkeiten v der Ionen sind an der Stelle s (s. Gl. 3.5) bei konstantem Gasdruck proportional zu den Beweglichkeiten k^- bzw. k^+ und zur lokalen Feldstärke E_s.

$$v^-(s) = k^- \cdot E_s \qquad\qquad v^+(s) = k^+ \cdot E_s \qquad (3.23)$$

Da die Feldstärke innerhalb des Ionenschlauchs umgekehrt proportional zur lokalen Querschnittsfläche A_s ist, erhält man für die Driftgeschwindigkeiten der Ionen an der Stelle s die Beziehungen.

$$v^-(s) = k^- \cdot \frac{K}{A_s} \qquad\qquad v^+(s) = k^+ \cdot \frac{K}{A_s} \qquad (3.24)$$

Die Proportionalitätskonstante K dieser Beziehung kann man aus dem Zusammenhang von Spannung U und Feldstärke berechnen.

$$U = \int_0^d E \cdot ds = K \cdot \int_0^d \frac{1}{A_s} \cdot ds \qquad (3.25)$$

Durch Umstellung dieser Beziehung erhält man für die Konstante K:

$$K = \frac{U}{\int_0^d \frac{1}{A_s} \cdot ds} \qquad (3.26)$$

und für die Driftgeschwindigkeiten der Ionen zusammen mit (Gln. 3.24):

$$v^-(s) = k^- \cdot \frac{U}{A_s \cdot \int_0^d \frac{1}{A_s} \cdot ds} \qquad v^+(s) = k^+ \cdot \frac{U}{A_s \cdot \int_0^d \frac{1}{A_s} \cdot ds} \qquad (3.27)$$

Die Konzentrationen der Ionenladungen $C^-(s)$ und $C^+(s)$ an der Stelle s erhält man als Quotienten der Ionenströme (Gl. 3.21 und Gl. 3.22) und dem Produkt aus Querschnittsfläche A_s und Ionengeschwindigkeit (Gl. 3.27).

$$C^-(s) = \frac{I_s^-}{A_s \cdot v^-(s)} = \frac{q \cdot \int_0^s A_s \cdot ds \cdot \int_0^d \frac{1}{A_s} \cdot ds}{k^- \cdot A_s \cdot U} \qquad (3.28)$$

$$C^+(s) = \frac{I_s^+}{A_s \cdot v^+(s)} = \frac{q \cdot \int_0^d A_s \cdot ds \cdot \int_s^d \frac{1}{A_s} \cdot ds}{k^+ \cdot A_s \cdot U} \qquad (3.29)$$

Die Anzahl der Rekombinationen pro Sekunde im Volumenelement $A_s \cdot ds$ ist nach (Gl. 3.16) proportional zu den Ladungskonzentrationen der beiden Ionenarten und dem Rekombinationskoeffizienten $\alpha_{ion,e}$ für die beteiligten Ionenarten.

$$\frac{dN(s)}{dt} = \alpha_{ion,e} \cdot C^+(s) \cdot C^-(s) \cdot A_s \cdot ds \qquad (3.30)$$

Die Gesamtrekombinationsrate im Ionenschlauch R ist das Integral der ortsabhängigen Teilrekombinationsrate (Gl. 3.30) über das Schlauchvolumen.

$$R = \frac{dN}{dt} = \int_0^d \alpha_{ion,e} \cdot C^+(s) \cdot C^-(s) \cdot A_s \cdot ds \qquad (3.31)$$

Den relativen Rekombinationsverlust im Gesamtvolumen erhält man als Verhältnis der Rekombinationsrate R (Gl. 3.31) und der Ionenproduktionsrate P (Gl. 3.20).

$$\frac{dN_{rec}}{dt} = \frac{R}{P} = \frac{\int_0^d \alpha_{ion,e} \cdot C^+(s) \cdot C^-(s) \cdot A_s \cdot ds}{q \cdot \int_0^d A_s \cdot ds} \qquad (3.32)$$

Diese von der Form der Ionisationskammer unabhängige Formel kann jetzt auf typische Geometrien wie Parallelplattenkammer, Zylinderkammer oder Kugelkammer sowie beliebige Kombinationen der Kammerformen (z. B. Fingerhutkammer, bestehend aus Zylinderanteil und Kugelkalotte) angewendet werden.

Rekombinationsverluste in der Parallelplattenkammer: In Parallelplattenkammern ist der Querschnitt der "tube of force" unabhängig vom Ort (der gewählten Lage der Querschnittsfläche) und hat den konstanten Wert A (statt A_s). Durch diese Vereinfachung reduzieren sich die Gleichungen. (3.28 und 3.29) für die Ladungskonzentrationen zu:

$$C^-(s) = \frac{q \cdot s \cdot d}{k^- \cdot U} \qquad\qquad C^+(s) = \frac{q \cdot d \cdot (d-s)}{k^+ \cdot U} \qquad (3.33)$$

Für die Rekombinationsrate R erhält man deshalb die Beziehung:

$$R = \frac{dN}{dt} = \int_0^d \alpha_{ion,e} \cdot C^+(s) \cdot C^-(s) \cdot A_s \cdot ds \qquad (3.34)$$

Einsetzen der Konzentrationen aus (Gl. 3.33) in (Gl. 3.32) und Ausführen des Integrals liefert die Beziehung für den relativen Rekombinationsverlust ξ_{par}^2.

$$\xi_{par}^2 = \frac{R}{P} = \frac{\alpha_{ion,e}}{6 \cdot k^+ \cdot k^-} \cdot \frac{d^4 \cdot q}{U^2} \qquad (3.35)$$

Der Rekombinationsverlust in Parallelplattenkammern ist für kontinuierliche Strahlungen also umgekehrt proportional zum Quadrat der Sammelspannung U an den Elektroden der Ionisationskammer und hängt zudem von der Ionendichte q, der Ionenbeweglichkeit k und dem Rekombinationskoeffizienten α des betrachteten Prozesses ab (das griechische Alphabet findet sich in Tab. 25.17 im Anhang). Bei gegebener Spannung U vergrößern sich die Rekombinationsverluste zudem mit der 4. Potenz des Plattenabstandes d.

$$f_{par} = 1 - \xi_{par}^2 \qquad (3.36)$$

Diese Differenz von 1 (100%) und der relativen Verlustrate ξ^2 (nach Gl. 3.35) wäre der Wirkungsgrad f_{par} (efficiency) für die Ionensammlung, wenn die im Folgenden dargestellten Raumladungseffekte vernachlässigt würden. Bei Rekombinationsraten größer als 5% kommt es durch Raumladungseffekte zu einer deutlichen Verdrängung des externen von den Elektroden herrührenden elektrischen Feldes. Dies führt zu einer zusätzlichen Erhöhung der Rekombinationsrate, da die Verluste umgekehrt zum Quadrat der Feldstärke bzw. Plattenspannung abnehmen. Die Theorie liefert für Sammelwahrscheinlichkeiten oberhalb von 70% dafür den folgenden Ausdruck.

$$\frac{1}{\xi_{par}^2} = \frac{f_{par}}{1 - f_{par}} \cdot \left[1 - \frac{4 - \lambda}{10} \cdot (1 - f_{par})^2 \right] \qquad (3.37)$$

Der dimensionslose Parameter λ hat für dosimetrische Standardbedingungen der Wert $\lambda = 3{,}56$, so dass für realistische Dosimetriebedingungen der Ausdruck in der eckigen Klammer mit nur kleinem Fehler durch 1 ersetzt werden kann. Dies ergibt:

$$\frac{1}{\xi_{par}^2} = \frac{f_{par}}{1 - f_{par}} \qquad (3.38)$$

Nach geringer Umstellung der (Gl. 3.38) erhält man für den Sammlungswirkungsgrad f_{par} (im Bereich $0{,}7 < f_{par} < 1$) die Gleichung:

$$f_{par} = \frac{1}{1 + \xi_{par}^2} \qquad (3.39)$$

Die Zahl der erzeugten Ladungen q ist in der Regel nicht experimentell zugänglich, da bei Messungen nur die durch Rekombinationen verminderte Ladung $f_{par} \cdot q$ nachgewiesen wird. Ersetzt man in (Gl. 3.35) q durch $f_{par} \cdot q$, erhält man die reduzierte Sammel-Efficiency η^2, die aus den nachgewiesenen Ladungen $f_{par} \cdot q$ berechnet wird.

$$\eta^2 = f_{par} \cdot \xi_{par}^2 = \frac{\alpha_e}{6 \cdot k^+ \cdot k^-} \cdot \frac{d^4 \cdot f_{par} \cdot q}{U^2} \qquad (3.40)$$

Aus den Gleichungen (3.39) und (3.40) berechnet man als Zusammenhang dieser Efficiency und dem Wirkungsgrad f_{par}:

$$f_{par} = 1 - \eta_{par}^2 \qquad \text{bzw.} \qquad 1 = f_{par} + \eta_{par}^2 \qquad (3.41)$$

Teilt man beide Seiten der rechten (Gl. 3.41) durch $f_{par}\cdot q$ und setzt man (Gl. 3.40) für η^2 ein, erhält man nach leichter Umstellung die wichtige Beziehung:

$$\frac{1}{f_{par} \cdot q} = \frac{1}{q} + \frac{\alpha_{ion,e}}{6 \cdot k^+ \cdot k^-} \cdot \frac{d^4}{U^2} \qquad (3.42)$$

Rekombinationsverluste in der Zylinderkammer: Die Gleichungen für Zylinderkammern und Kammern mit sphärischer Geometrie (Kugelkammern) unterscheiden sich durch unterschiedliche Beziehungen für den äquivalenten Elektrodenabstand. Für Zylinderkammern ergibt die Theorie als äquivalenten Elektrodenabstand das Produkt aus Radiendifferenz (a-b, s. Fig. 3.1) und dem folgenden Geometriefaktor k_{zyl} (Gl. 3.43).

$$k_{zyl} = \left[\frac{a+b}{a-b} \cdot \frac{ln(\frac{a}{b})}{2} \right]^{1/2} \qquad (3.43)$$

Für die Rekombinationsverluste erhält man damit:

$$\xi_{zyl}^2 = \frac{\alpha_{ion,e}}{6 \cdot k^+ \cdot k^-} \cdot \frac{[(a-b) \cdot k_{zyl}]^4 \cdot q}{U^2} \qquad (3.44)$$

Und für den Sammlungswirkungsgrad für Zylinderkammern in Analogie zu (Gl. 3.39):

$$f_{zyl} = \frac{1}{1 + \xi_{zyl}^2} \qquad (3.45)$$

Rekombinationsverluste in der Kugelkammer: Für Kugelkammern ist der äquivalente Radius das Produkt aus Radiendifferenz (a-b) und einem sphärischen Geometriefaktor k_{kug}. Der sphärische Geometriefaktor hat den Wert:

$$k_{kug} = \left[\frac{1}{3} \cdot \left(\frac{a}{b} + 1 + \frac{b}{a} \right) \right]^{1/2} \qquad (3.46)$$

Für die Rekombinationsverluste in Kugelkammern erhält man damit:

$$\xi_{kug}^2 = \frac{\alpha_{ion,e}}{6 \cdot k^+ \cdot k^-} \cdot \frac{[(a-b) \cdot k_{kug}]^4 \cdot q}{U^2} \qquad (3.47)$$

und für den Sammlungswirkungsgrad für Kugelkammern wieder in Analogie zu (Gl. 3.39):

$$f_{kug} = \frac{1}{1 + \xi_{kug}^2}$$ (3.48)

Die gleichen Umwandlungen wie für (Gl. 3.42) ergeben für Zylinderkammern die Formel:

$$\frac{1}{f_{zyl} \cdot q} = \frac{1}{q} + \frac{\alpha_{ion,e}}{6 \cdot k^+ \cdot k^-} \cdot \frac{\left[(a-b) \cdot k_{zyl}\right]^4}{U^2}$$ (3.49)

und für Kugelkammern die Formel:

$$\frac{1}{f_{kug} \cdot q} = \frac{1}{q} + \frac{\alpha_{ion,e}}{6 \cdot k^+ \cdot k^-} \cdot \frac{\left[(a-b) \cdot k_{kug}\right]^4}{U^2}$$ (3.50)

Die Gleichungen (3.42, 3.49 und 3.50) sind also alle von einer ähnlichen Form:

$$\frac{1}{f \cdot q} = \frac{1}{q} + const \cdot \frac{\left[\Delta_{eff}\right]^4}{U^2}$$ (3.51)

Dabei steht Δ_{eff} für die jeweiligen äquivalenten Elektrodenabstände (d, (a-b)·k_{zyl}, (a-b)·k_{kug}). Die Größe q steht für die real erzeugten Ladungen im Puls, der Faktor f für den Sättigungsverlust. Das Produkt f·q ist also die tatsächlich durch die Kammer gesammelte Ladung. Die Konstante "const" enthält alle Informationen über die Beweglichkeiten der Ionen, Δ_{eff} die Informationen über die Kammergeometrien, U ist die angelegte Kammerspannung. Gleichung (3.51) ist die Grundlage für die so genannten Jaffé-Diagramme und die daraus abgeleitete Zwei-Spannungs-Methode, mit Hilfe derer die Sammlungsverluste in der praktischen Ionisationsdosimetrie näherungsweise experimentell bestimmt werden können (s. Kap. 12.2.5).

Ergebnisse der Rekombinationstheorie bei gepulster Bestrahlung: Zur Ableitung der Rekombinationsformeln für gepulste Strahlenfelder muss zwischen langen und kurzen Strahlpulsen unterschieden werden. Die Bezeichnungen "lang" und "kurz" beziehen sich dabei auf die Ionen- und Elektronensammelzeiten in der vorgegebenen Geometrie. Sind die Pulse lang im Vergleich zur Ionensammelzeit, können die Formeln für kontinuierliche Strahlungsfelder verwendet werden. Dabei ist die mittlere Ladungsdichte während der Pulse zu verwenden. Sind die Pulse dagegen in der Größenordnung oder kürzer als die typischen Sammelzeiten, sind andere Verfahren von Bedeutung. Der

Grund sind die wegen der zeitlich variablen Ladungsträgerdichten veränderten Rekombinationsverluste.

Typische Pulslängen an Elektronenlinearbeschleunigern liegen bei wenigen µs, die Ionensammelzeiten liegen für handelsübliche Ionisationskammern für die klinische Dosimetrie bei 100 µs bis zu mehreren Hundert µs (s. Beispiel 3.1). In der Regel hat man also den Fall der kurzen Pulse zu betrachten. Da die Dosisleistungen in den kurzen Strahlimpulsen vergleichsweise hoch sind, ist entsprechend auch mit großen Rekombinationsraten zu rechnen. Für die theoretische Analyse muss außerdem die Bedingung

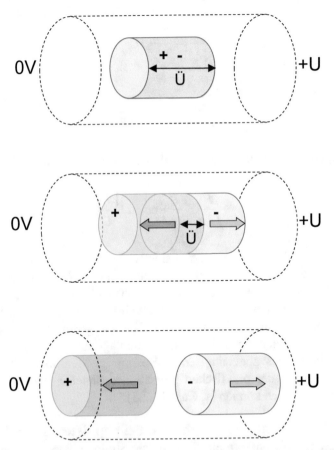

Fig. 3.4: Zeitliche Entwicklung der Ladungsverteilung in einem bestrahlten Gasvolumen einer Ionisationskammer nach einem einzelnen Puls. Oben: Teilvolumen zum Zeitpunkt der Bestrahlung mit homogen verteilten Ionen positiver und negativer Ladungen. Der Überlapp (Ü) ist maximal. Mitte: Durch die angelegte Kammerspannung kommt es zur teilweisen Trennung der Ladungen entgegen gesetzten Vorzeichens. Der Überlapp ist deutlich verringert, die Rekombinationswahrscheinlichkeit nimmt ab. Unten: Die Teilladungsvolumina sind völlig getrennt. Rekombinationen sind nicht mehr möglich.

gelten, dass die Pausenzeiten zwischen den Pulsen größer sind als die typischen Ladungssammelzeiten, da sonst bei nachfolgenden Pulsen Restladungen vorheriger Pulse vorhanden sind. Typische Puls-Pausenzeiten an modernen Beschleunigern liegen in der Größenordnung einiger ms.

Wird ein Gasvolumen einmalig in einem kurzen Puls bestrahlt, führt dies zunächst zu einer uniformen, also gleichmäßigen Verteilung der Ionen im Kammervolumen (Fig. 3.4 oben), also einer räumlich konstanten Ladungsdichte. Durch Anlegen einer externen Spannung an die Ionisationskammer werden die in einem Strahlimpuls erzeugten Ionen und Elektronen räumlich getrennt und zu den entgegengesetzt gepolten Elektroden verschoben. Dadurch kommt es zu einer zeitlich gestaffelten Ladungstrennung im betrachteten Gasvolumen (Fig. 3.4 Mitte und unten). Rekombinationen sind nur solange möglich, wie die Teilladungsvolumina einen Überlapp aufweisen. Diese Überlappzeit hängt von der zur Verfügung stehenden Feldstärke und den Ionenbeweglichkeiten ab. Neben den geometrischen Beziehungen, die denen bei kontinuierlicher Strahlung ähneln, müssen die durch die Trennung der Teilladungen bedingten unterschiedlichen zeitlich abhängigen Rekombinationsraten durch Zeitintegration berechnet werden.

Die ausführliche Theorie soll hier aus Platzgründen nicht explizit dargestellt werden. Als Ergebnis der theoretischen Analyse erhält man für gepulste Strahlungen Beziehungen der Form:

$$\frac{1}{f \cdot q} = \frac{1}{q} + \frac{konst}{U} \tag{3.52}$$

die sich im Wesentlichen durch den linearen Spannungsterm im Nenner auf der rechten Gleichungsseite von der Beziehung für kontinuierliche Strahlungen (Gl. 3.51) unterscheiden. Die Konstante "konst" enthält wieder die Informationen über die Kammergeometrien und die Ioneneigenschaften. Wie Gleichung (3.51) ist auch die Beziehung (3.52) nur näherungsweise dazu geeignet, Sättigungsverluste experimentell zu bestimmen (s. u.). Exakt gültig sind die beiden Gleichungen erst bei nahezu unendlich großer Kammerspannung, eine Forderung, die in realen Geometrien schon wegen der Gasverstärkung illusorisch ist. Ein zweiter Grund für Abweichungen im Fall einer konkreten Ionisationskammer sind für die Funktion eigentlich unwesentliche Abweichungen in der Geometrie der Kammern, wie beispielsweise minimale radiale oder longitudinale Verschiebungen der Zentralelektrode. Dadurch kommt es zu erheblichen lokalen Feldstärkeänderungen mit daraus folgenden unterschiedlichen Ionengeschwindigkeiten, Beweglichkeiten und Rekombinationsverlusten. Eine weitere Kritik für gepulste Strahlungen betrifft die vernachlässigten Raumladungen außerhalb des Überlapps der beiden Teilzonen für positive und negative Ionen, die die Kontraktion des Überlapps behindern und somit zu höheren hier nicht berücksichtigten Rekombinationsraten führen. Die beiden Formeln (3.51) und (3.52) sind unabhängig von der Strahlungsart, gelten also gleichermaßen für primäre Elektronen- oder Photonenstrahlungen.

Zusammenfassung

- Ionisationskammern dienen zum Ladungsnachweis der durch ionisie-rende Strahlungen in einem Gasvolumen erzeugten Ladungen mit Hilfe von Sammel-Elektroden, an denen eine Gleichspannung anliegt.

- Je nach Bauform spricht man von Flachkammern, Zylinderkammern, Kugelkammern oder Fingerhutkammern.

- Ionisationskammern müssen im so genannten Sättigungsbereich betrie-ben werden, in dem durch geeignete Kammerspannungen eine weitge-hend vollständige Ladungssammlung erreicht wird, ohne durch Gas-verstärkungseffekte Zusatzladungen zu erzeugen.

- Eine vollständige Ladungssammlung ist nur näherungsweise möglich, da wegen der endlichen Zeitintervalle bis zum Erreichen der Elektro-den die primären Ladungen im Kammervolumen teilweise rekombinie-ren können. Sie gehen dadurch dem Sammlungsprozess verloren.

- Man unterscheidet die Anfangsrekombination entlang der Bahnspur ei-nes einzelnen Teilchens und die Volumenrekombination, bei der die La-dungen verschiedener Bahnspuren miteinander wechselwirken.

- Anfangsrekombinationen sind unabhängig von der Dosisleistung im Strahlungsfeld; Volumenrekombination hängen wegen der gegenseiti-gen Beeinflussung einzelner Teilchenspuren von der Dosisleistung ab.

- Rekombination von Elektronen mit Ionen oder ungeladenen Atomen oder Moleküle ist wesentlich seltener als die Rekombination schwerer Teilchen, da Elektronen sehr schnell durch die elektrischen Felder in Ionisationskammern abgesaugt werden.

- Das zentrale Problem bei der Ionisationsdosimetrie ist die Minimierung dieser Rekombinationsverluste durch geeignete Bauformen. Dazu zäh-len der Einbau von Schutzelektroden und das Vermeiden feldfreier oder feldstärkeverminderter Räume in den Kammervolumina.

- Rekombinationsverluste, die nicht vermieden werden können, müssen durch Sättigungsverlust-Faktoren korrigiert werden.

Aufgaben

1. Welches sind die drei wichtigsten Bauformen von Ionisationskammern? Geben Sie für alle Formen die Ortsabhängigkeit der Feldstärken an.

2. Berechnen Sie die Feldstärkebeträge für die beiden Kammerformen mit Zentralelektrode und dem Elektrodenradius von 1 mm für a = 2b, a = 10b, und a =100b bei einer Kammerspannung von 500 V jeweils an der Oberfläche der Zentralelektrode und an der Innenseite des Kammeraußenwand.

3. Was versteht man unter dem Sättigungsbereich bei einem Ionisationsdetektor?

4. Was ist die Beweglichkeit von Ladungen in einem Gasvolumen und wie hängt sie von der Teilchenmasse ab?

5. Was passiert mit der Driftgeschwindigkeit von Ladungen bei einer Veränderung des Gasdrucks in einem Gasdetektor?

6. Wenn an einer Ionisationskammer eine Spannung von 300 V angelegt wird, haben die durch Strahlenexposition erzeugten Ladungsträger dann 300 eV Bewegungsenergie, wenn sie auf die jeweils entgegengesetzt geladene Kammerelektrode auftreffen?

7. Erklären Sie die Begriffe Anfangsrekombination und Volumenrekombination.

8. Hängt die Anfangsrekombination von der Dosisleistung ab?

9. Hängt die Volumenrekombinationsrate von der Dosisleistung ab?

10. Welche Teilchen haben die höheren Anfangsrekombinationsraten, Elektronen oder Alphateilchen? Begründen Sie Ihre Aussage.

11. Geben Sie die Abhängigkeiten der Anfangsrekombination und der Volumenrekombination von der Dosisleistung und der elektrischen Feldstärke für kontinuierliche und gepulste Bestrahlungen an.

12. In welchem Bereich einer gleichmäßig bestrahlten Kugelkammer treten die höchsten lokalen Rekombinationsverluste auf?

13. Geben Sie den Grund für das Überwiegen der Ionen-Ionen-Rekombination im Vergleich zur Elektron-Ionen-Rekombination in Ionisationskammern an.

Aufgabenlösungen

1. Die wichtigsten Bauformen von Ionisationskammern sind die Parallelplattenkammer, die Zylinderkammer und die Kugelkammer. Die Parallelplattenkammer zeigt im Idealfall keine Ortsabhängigkeit ihrer Feldstärke. Der Wert ist gerade der Quotient aus Spannung und Elektrodenabstand. Die Zylinderkammer hat folgende radiale Feldstärkenabhängigkeit

$$\left|\vec{E}(r)\right| = \frac{U}{r \cdot ln(\frac{a}{b})} \text{, die Kugelkammer } \left|\vec{E}(r)\right| = \frac{U \cdot a \cdot b}{r^2 \cdot (a-b)} \text{, wobei b der Radius der}$$

Innenelektrode und a der Innenradius der Außenelektrode ist.

2. Für die Zylinderkammer erhält man die Feldstärken für a=2b in der Einheit (V/cm): 7213 und 3607, für a =10b zu 2172 und 217 und für a=100b: 1086, und 10,9. Für die Kugelkammer sind die Feldstärken für a=2b ebenfalls in (V/cm): 10000 und 2500, für a=10b erhält man 5556 und 55,6. Für a=100b sind die Werte 5051 und 0,5.

3. Der Sättigungsbereich einer Ionisationskammer ist der Spannungs- bzw. Feldstärkebereich, in dem die Ladungssammlung maximal ist, ohne bereits Gasentladungen auszulösen.

4. Die Beweglichkeit ist eine von der Teilchenmasse abhängige Konstante, die die Drift-Geschwindigkeiten eines Teilchens bei Vorhandensein einer Feldstärke im Gasvolumen bestimmt (s. Gl. 3.5). Sie ist für Elektronen etwa 1000mal so groß wie für Ionen.

5. Die Driftgeschwindigkeiten elektrisch geladener Teilchen sind umgekehrt proportional zum Gasdruck, nehmen also mit zunehmendem Gasdruck ab, nehmen aber linear mit der Feldstärke zu (s. Gl. 3.5).

6. Nein, da die Ladungsträger ständig durch Stöße mit dem Gas des Detektors Bewegungsenergie verlieren. Sie würden außerdem ionisierende Stöße auslösen und so unbeabsichtigt die primär erzeugten Ladungen vermehren.

7. Die Anfangsrekombination ist die Wiedervereinigung von Ladungen beider Vorzeichen innerhalb einer Teilchenspur. Die Volumenrekombination ist die Vereinigung von Ladungsträgern aus verschiedenen Bahnspuren.

8. Die Anfangsrekombination ist unabhängig von der Dosisleistung, da sie auf die primäre Teilchenspur beschränkt ist.

9. Die Volumenrekombination ist dosisleistungsabhängig, da die Ionendichte im Kammervolumen mit der Dosisleistung zunimmt.

10. Schwere Teilchen bewegen sich im elektrischen Feld wegen ihrer größeren Masse deutlich langsamer als Elektronen. Sie stehen daher längere Zeit für Rekombinationen innerhalb der Teilchenspur zur Verfügung.

11. Bei der Anfangsrekombination ist die Rekombinationsrate unabhängig vom Zeitmuster der Strahlung (kontinuierlich oder gepulst) umgekehrt proportional zur senkrechten Feldstärke-Komponente, also proportional $1/E$. Für die Volumenrekombination gilt bei kontinuierlicher Bestrahlung eine $1/E^2$-Abhängigkeit, für gepulste Bestrahlung gilt wieder die einfache umgekehrte Proportionalität $1/E$. Anfangsrekombinationen sind unabhängig von der Dosisleistung im Strahlungsfeld; Volumenrekombination hängen wegen der gegenseitigen Beeinflussung einzelner Teilchenspuren von der Dosisleistung ab.

12. Die Rekombinationsverluste in Kugelkammern sind am größten im Bereich der Kammerwand, da dort die trennenden Feldstärken am niedrigsten und somit die Kontaktzeiten der Ladungen am längsten sind.

13. Der Grund ist die höhere Beweglichkeit von Elektronen im elektrischen Feld.

4 Festkörperdetektoren

Nach einem kurzen Überblick über das Bändermodell für Festkörper und den Aufbau von Kristallen werden die verschiedenen Mechanismen zur Anregung von Festkörpern erläutert. Es folgen die Darstellungen der unterschiedlichen Festkörperdetektoren. Dazu zählen die Halbleiterdetektoren, die Leitfähigkeitsdetektoren und die verschiedenen Lumineszenzdetektoren. Nach einer Darstellung der Szintillatoren, Leuchtschirme und Speicherfolien folgen die Ausführungen zur Thermolumineszenz und zur Radiophotolumineszenz.

Werden kristalline Festkörper ionisierender Strahlung ausgesetzt, entstehen in ihnen wie auch in den Gasen Ladungsträgerpaare aus Elektronen und Ionen. Sollen Festkörper als Ionisations-Detektoren verwendet werden, müssen diese durch Bestrahlung erzeugten beweglichen Ladungen durch externe elektrische Felder abgeleitet und gesammelt werden. Dazu ist der Detektor in der Regel ähnlich wie gasgefüllte Ionisationskammern an eine Spannungsquelle mit geeigneter Elektronik anzuschließen. Kann ein Festkörper als Ladungsdetektor verwendet werden - dies hängt vor allem von der elektrischen Leitfähigkeit des Festkörpermaterials ab -, bezeichnet man solche Anordnungen anschaulich als **Festkörperionisationskammern**.

Sind die Festkörper elektrisch leitend wie **Metalle**, ist die durch Bestrahlung erzeugte geringe Ladungsmenge von dem durch die angelegte Spannung sowieso erzeugten ohmschen Stromfluss nicht zu unterscheiden. Metallische Festkörper sind also unter diesen Bedingungen nicht als Strahlungsdetektoren zu verwenden. Dotierte **Halbleiter** sind dagegen wegen ihrer speziellen elektrischen Eigenschaften im Allgemeinen sehr gut als Detektoren zum Ionisationsladungsnachweis geeignet. **Isolatoren** weisen unter Normalbedingungen eine äußerst geringe elektrische Leitfähigkeit auf. Werden sie an Spannungsquellen angeschlossen, entsteht dadurch nur ein vernachlässigbar kleiner Stromfluss, der Isolationsstrom. Bei der Bestrahlung mit einem ionisierenden Strahlungsfeld werden Isolatoren leitend, die in ihnen erzeugte Ladung kann durch externe Spannungen abgesaugt und zum Nachweis verwendet werden. Ob der induzierte Stromfluss für einen ordentlichen Detektorbetrieb ausreicht, hängt von den individuellen Festkörpereigenschaften des Isolators ab. In manchen geeignet dotierten und vorbehandelten Isolatorsubstanzen kommt es durch ionisierende Bestrahlung sogar zu einer deutlichen, andauernden Erhöhung der elektrischen Leitfähigkeit. Eine externe Spannungsquelle kann dadurch einen länger anhaltenden Strom durch den Detektor verursachen, dessen insgesamt transportierte Ladung deutlich höher werden kann als die durch Ionisation im Kristall primär erzeugten Ladungen. Solche Substanzen werden als **Leitfähigkeitsdetektoren** bezeichnet.

Neben dem Ladungsnachweis aus Festkörpern gibt es noch eine Reihe weiterer Strahlungseffekte von anorganischen und organischen Festkörpern und sogar Flüssigkeiten, bei denen auf verschiedene Weise Strahlungsenergie auf den Absorber übertragen oder gespeichert wird. Die Mechanismen dieser Energieübertragung und -speicherung sind

© Springer Fachmedien Wiesbaden GmbH, ein Teil von Springer Nature 2021
H. Krieger, *Strahlungsmessung und Dosimetrie*,
https://doi.org/10.1007/978-3-658-33389-8_4

bis heute nur teilweise verstanden. Das am weitesten ausgearbeitete physikalische Modell ist das Bändermodell für Festkörper, dessen Grundzüge im folgenden Abschnitt dargestellt werden. Gelingt der quantitative Nachweis der übertragenen Energie, kann das entsprechende Material als Strahlungsdetektor oder sogar als Dosimeter verwendet werden. Bei vielen Substanzen ist die Wechselwirkung mit einem ionisierenden Strahlungsfeld mit prompter oder verzögerter Lichtemission verbunden. Die wichtigsten Vertreter dieser Strahlungsdetektoren mit promptem Lichtnachweis sind die **Szintillatoren**, diejenigen mit verzögerter, induzierter Lichtemission verbundenen Substanzen die **Speicherfolien**, die **Thermolumineszenzdetektoren** und die **Phosphatgläser**.

4.1 Das Bändermodell für Festkörper

Kristalline Festkörper können entweder als Einkristalle, also als massive Kristallblöcke, oder als polykristalline Substanzen vorliegen. Die Vorgänge in beiden Erscheinungsformen dieser Festkörper können mit Hilfe des im Folgenden vereinfacht dargestellten Bändermodells verstanden werden (Fig. 4.1). In isolierten Atomen befinden sich die Hüllenelektronen in klar voneinander getrennten, scharfen Energieniveaus, deren energetische Lage charakteristisch für das jeweilige Atom ist. Anorganische Kristalle bestehen aus einer regelmäßigen, periodischen Anordnung vieler Atome, dem so genannten Kristallgitter. Die Elektronen der inneren Schalen bleiben den einzelnen Atomen (Gitterplätzen) auch im Festkörper eindeutig zugeordnet. Die äußeren Elektronenniveaus werden dagegen durch die gegenseitige Wechselwirkung der Kristallatome energetisch so sehr verbreitert, dass man von Energiebändern spricht. Elektronen in diesen erlaubten Energiebändern sind einzelnen Gitterplätzen nicht mehr zuzuordnen, sie sind Elektronen "des ganzen Kristalls". Zwischen den Energiebändern befinden sich ähnlich wie zwischen den diskreten Zuständen im isolierten Atom energetisch verbotene Zonen, die so genannten Bandlücken (engl.: gaps), in denen sich keine Elektronen aufhalten können. Das physikalische Modell, das auf diese Weise die Eigenschaften des Festkörpers beschreibt, wird wegen der Bandstruktur der Energieniveaus anschaulich als **Bändermodell** der Festkörper bezeichnet. Es gilt in strenger Form nur für reine, unendlich große, kristalline Festkörper, macht aber viele, wenn auch zum Teil nur qualitative Aussagen zum Verhalten realer Substanzen.

Die äußersten Elektronen der Einzelatome, die Valenzelektronen, befinden sich im Festkörper in den Bändern mit den höchsten Energien. Das letzte vollständig gefüllte Energieband des Kristalls wird **Valenzband** genannt (Fig. 4.1c). Energetisch oberhalb dieses im Grundzustand in den meisten Festkörpern mit Elektronen voll besetzten Valenzbandes befindet sich ein weiteres Band möglicher energetischer Elektronen-Zustände. Elektronen, die durch Anregung in dieses Band gelangen oder sich wie bei den einwertigen Metallen bereits im Grundzustand in diesem Band befinden, können sich frei im Kristall bewegen. Der Kristall ist dann elektrisch leitend. Dieses Band wird deshalb als **Leitungsband** bezeichnet. Damit Elektronen vom Valenzband in das Leitungsband überwechseln können, muss ihnen die Differenzenergie zwischen den Bändern als

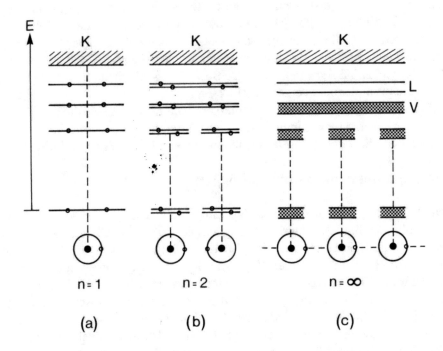

Fig. 4.1: Entstehung der Energiebänder im Kristall (E: Energieachse, K: Bereich kontinuierlicher Zustände oberhalb der Ionisierungsenergie, V: Valenzband, L: Leitungsband). (a) Elektronenenergieniveaus im einzelnen Atom (n = 1). (b) Zweifach aufgespaltete Energieniveaus im zweiatomigen Molekül (n = 2). (c): Energiebänder des gesamten Kristalls (n = ∞). Die doppelt eingezeichneten Elektronenbesetzungen der äußeren Elektronenniveaus sind nur symbolisch markiert.

Anregungsenergie zur Verfügung stehen. Diese Energie kann z. B. aus der Wärmebewegung oder aus Anregungen der Elektronen durch Licht, aus mechanischer Einwirkung auf den Festkörper, aus chemischen Prozessen oder von ionisierender Strahlung herrühren. Ist die Energielücke so groß, dass durch thermische Anregung kein Elektronenübergang in das Leitungsband möglich ist, bezeichnet man den Festkörper als **Isolator** (Fig. 4.2). Die Breite des Energiegaps beträgt in den meisten Isolatoren zwischen 2 und 6 eV, in einigen anorganischen kristallinen Verbindungen wie dem NaI sogar etwa 8 eV.

Wird die Energielücke - also der für Elektronen verbotene Energiebereich - auf deutlich unter 2 Elektronvolt verkleinert, ist bereits bei Zimmertemperatur eine gewisse thermisch verursachte Übergangsrate der Elektronen zwischen den Bändern möglich. Der Festkörper wird dann als **Halbleiter** bezeichnet. Der Übergang zwischen Isolatoren und Halbleitern ist fließend, d. h. es können keine festen Grenzen für den Bandabstand angegeben werden. Typische Energiebreiten des Gaps bei Halbleitern liegen zwischen 0,2 und 2 Elektronvolt. Kennzeichnend für Halbleiter ist die starke Temperaturabhängigkeit der elektrischen Eigenleitfähigkeit, die bei einer gegebenen Temperatur umso größer ist, je kleiner der energetische Abstand zwischen Valenz- und Leitungsband ist. Die exponentiell mit der Temperatur ansteigende Eigenleitung kann bei Temperaturerhöhung durch Überschreiten der zulässigen Ströme leicht zur thermischen Zerstörung des Halbleiters führen. Am absoluten Temperaturnullpunkt verhalten sich Halbleiter wie Isolatoren.

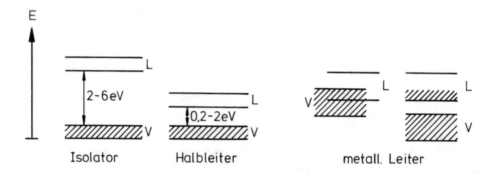

Fig. 4.2: Anordnung von Valenzband und Leitungsband in Festkörpern (V: Valenzband, L: Leitungsband). Beim Isolator ist der Bandabstand typisch ca. 2-6 eV, beim Halbleiter etwa 0,2-2 eV. Beim Metallgitter überlappen entweder V- und L-Band oder das L-Band ist nur zur Hälfte gefüllt. In diesen beiden Fällen sind Elektronen frei im Kristall beweglich.

Bei Kristallgittern aus Metallen ohne ungepaarte Elektronen ist das Valenzband ebenfalls vollständig gefüllt. Da Leitungsband und Valenzband aber teilweise energetisch übereinander liegen, können Elektronen im Valenzband ohne externe Energiezufuhr ins Leitungsband überwechseln und sich dort frei bewegen (Fig. 4.2). Bei Metallen mit einem ungepaarten Elektron ist das letzte mit Elektronen besetzte Energieband nur halb mit Elektronen besetzt. In beiden Fällen sind die Elektronen also auch ohne Anregung frei beweglich. Die elektrische Leitung bei solchen Bänderkonfigurationen wird deshalb als **metallische** Leitung bezeichnet.

Wird ein Elektron durch Anregung aus dem Valenzband entfernt, entsteht gleichzeitig dort immer auch ein Elektronenloch, das wie eine lokalisierte positive Ladung wirkt. Elektronen und Elektronenlöcher werden daher immer paarweise erzeugt. Man bezeichnet die Elektronenlöcher auch als **Defektelektronen**. Durch Elektron-Loch-Erzeugung wird zwar das lokale Ladungsgleichgewicht gestört; verlässt aber das Elektron bei der Anregung den Kristall nicht, bleibt dieser insgesamt elektrisch neutral. Für Elektronenlöcher existieren nach dem Bändermodell ebenfalls erlaubte und verbotene Energiebereiche, die Defektelektronenbänder. Durch Übergang von Elektronen zu Atomen auf den benachbarten Gitterplätzen können die positiv geladenen Elektronenfehlstellen innerhalb dieser Bänder ähnlich wie die negativen Elektronen im Kristall wandern. Die durch sie verursachte elektrische Leitung wird als **Löcherleitung** bezeichnet.

Treffen die im Leitungsband beweglichen Elektronen auf ein Elektronenloch im Valenzband, können sie sich mit diesem vereinigen (rekombinieren); sie nehmen wieder einen Platz im Valenzband ein. Die bei der Rekombination freiwerdende Energiedifferenz wird in Form von elektromagnetischer Strahlung (Photonen mit für den Kristall charakteristischen Energien) emittiert oder sie wird durch den ganzen Kristall in Form kollektiver Gitterschwingungen aufgenommen und erhöht damit die thermische Energie des Kristalls. Elektronen und Defektelektronen treten also immer paarweise auf und verhalten sich formal nahezu identisch. Alle Aussagen zu Elektronen gelten daher in formal gleicher Weise auch für die Elektronenlöcher.

4.1.1 Ideale und reale Kristalle

Ideale anorganische Kristalle bestehen aus periodischen Anordnungen ruhender Atome oder Moleküle (Fig. 4.3a). Die Bindung an einen Gitterplatz kann z. B. durch ionische Bindung (Beispiel Kochsalz), durch kovalente Bindung der Gitteratome (Beispiel Diamant) und durch Wasserstoffbrücken bewirkt werden. Ideale Kristalle sind außerdem unendlich groß, d. h. sie haben keine Oberflächen. Dadurch hat jedes Atom an einem Gitterplatz die gleiche Zahl von Nachbarn, die Periodizität wird nicht durch Oberflächen gestört. Reale Kristalle dagegen sind endlich, sie haben also Oberflächen. Ihre Atome schwingen wegen der thermischen Bewegung um ihre Ruhelagen. Die Schwingungsamplituden der Gitteratome erreichen knapp unterhalb des Schmelzpunktes des Kristalls etwa 10% des Abstandes zum nächsten Gitterplatz. Die elektrischen Potentiale um die Atome in einem Kristallgitter, die für die Entstehung der Energiebänder verantwortlich sind, oszillieren etwa mit den gleichen Amplituden.

Die Periodizität des Kristalls kann in realen Kristallen außerdem durch Einbau fremder Atome an Gitterplätze (4.3b), durch Fehlbesetzungen von Gitterplätzen durch zwar zum Kristall gehörige, aber an der falschen Stelle eingebaute Atome (Fig. 4.3d), durch besetzte Zwischengitterplätze (Fig. 4.3e), durch unbesetzte Gitterplätze (Fehlstellen, Fig. 4.3c) oder durch sonstige Unregelmäßigkeiten im Gitteraufbau, z. B. Versatz von Kristallebenen (Fig. 4.3f), gestört werden. Diese Kristallfehler, d. h. die Abweichungen von der idealen periodischen Kristallstruktur, sind von wesentlicher Bedeutung für die Speicherfähigkeit der Kristalle für Strahlungs- oder Anregungsenergie.

Die meisten Kristallfehlstellen sind mit Störungen der lokalen Ladungsneutralität verbunden, d. h. sie sind durch Überschuss oder Mangel an Ladungsträgern gekennzeichnet. Bleibt der Kristall als ganzer elektrisch neutral, befinden sich die entsprechenden positiven oder negativen Überschussladungen in der Nachbarschaft der Störstellen. Durch Kristallfehlstellen entstehen zusätzliche Energieniveaus in der verbotenen Zone zwischen Valenz- und Leitungsband (Fig. 4.4). Diese Zustände sind in aller Regel ortsfest. Sofern diese Niveaus eine positive Überschussladung tragen, weil sie z. B. durch den Einbau eines Atomions mit anderer Wertigkeit oder das Fehlen eines negativen

Gitteratoms entstanden sind, können sie frei bewegliche Elcktronen einfangen, die vorher ins Leitungsband angeregt wurden und in diesem wandern.

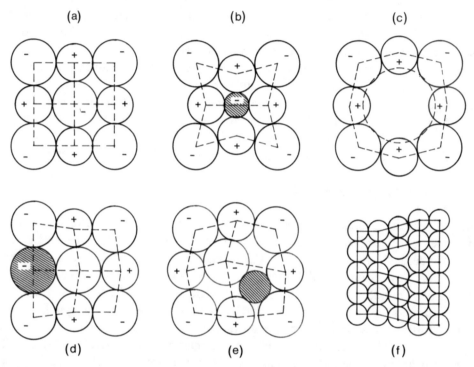

Fig. 4.3: Störstellen im Kristall, (a): Idealer Ionenkristall. (b): Einlagerung von Fremdatomen auf einen Gitterplatz. (c): Unbesetzter Gitterplatz (Fehlstelle). Das durch das fehlende Anion erzeugte Trap fängt frei bewegliche Elektronen ein, die sich mit größter Wahrscheinlichkeit in der Nähe der Kationen (+) aufhalten. (d): Mit einem Gitteratom fehlbesetzter Gitterplatz (lokaler negativer Ladungsüberschuss). (e): Zwischengittereinbau eines Fremdatoms (z. B. bei der Dotierung). (f): Versatz von Kristallebenen (Fehlstelle am Übergang der beiden Ebenen).

Solche Kristallfehlstellen werden deshalb **Elektronenfallen** (engl.: traps) genannt. Innerhalb der Traps können die eingefangenen Elektronen ähnlich wie in der Hülle einzelner Atome diskrete Anregungszustände einnehmen. Die bei Elektronenübergängen zwischen diesen ortsfesten Trap-Niveaus absorbierten Photonen sind u. a. für die Farbe von Kristallen bei Bestrahlung mit weißem Licht verantwortlich. Um Elektronen wieder aus den Traps zu befreien, muss mindestens die Energiedifferenz vom Trap zum Leitungsband aufgebracht werden. Diese Anregungsenergie kann durch thermische Energie (Erhitzen), Lichtenergie, UV oder ionisierende Strahlung aufgebracht werden. Der Vorgang entspricht formal der Ionisation von Elektronenhüllen, die erst oberhalb einer Mindestenergie, der Bindungsenergie des betroffenen Elektrons, stattfinden kann.

Fehlstellen in Kristallen können durch chemische Verunreinigung (Dotierung) mit anderen Atomarten, durch mechanische Einwirkung auf den Kristall und durch Bestrahlung mit ionisierender Strahlung künstlich erzeugt werden. Eine besondere Bedeutung haben die so genannten **Leuchtzentren** in Kristallen, die durch Dotierung mit geeigneten Metallatomen entstehen. Leuchtzentren bestehen oft aus Löchertraps, also eigentlich verbotenen Lochzuständen in der Bandlücke, die durch vorheriges Einfangen von Defektelektronen angeregt, also aktiviert wurden. Sie werden deshalb auch **Aktivatorzentren** genannt. Werden Elektronen beim Rücksprung aus dem Leitungsband in solchen Aktivatorzentren eingefangen, werden diese deaktiviert. Sie senden dabei die überschüssige Energie in Form sichtbaren Lichts aus. Die Leuchtintensität solcher Substanzen hängt von der Konzentration der Leuchtzentren und damit von der Dotierung mit den entsprechenden Fremdatomen ab. Im wichtigsten Thermolumineszenzmaterial, dem LiF, sind Mg^{2+}-Ionen verantwortlich für die Entstehung von Leuchtzentren.

4.1.2 Anregung von Festkörpern

Werden Festkörper ionisierender Strahlung ausgesetzt, erzeugen die Strahlungsquanten (Photonen oder geladene Teilchen) entlang ihrer Bahn freie Elektronen im Leitungsband und zurückbleibende Löcher im Valenzband (Fig. 4.4b). Beide können sich unabhängig voneinander im Kristall bewegen. Sie tragen deshalb zur Leitfähigkeit des Festkörpers bei. Direkte strahlende Übergänge von Elektronen im Leitungsband in Löcher im Valenzband sind wegen der unterschiedlichen Impulse der beweglichen Elektronen im Leitungsband und der Löcher eher unwahrscheinlich. Diffundieren die Elektronen dagegen in die Nähe eines Aktivatorzentrums, können sie dort eingefangen werden. Ihre dabei freiwerdende Energie wird dann entweder in Form von Licht abgestrahlt oder strahlungslos auf den ganzen Kristall übertragen. Der Kristall übernimmt die Energiedifferenz als kollektive Schwingungsenergie. Solche kollektiven Schwingungen werden als **Phononen** bezeichnet. Elektronen können auch in bisher nicht besetzte Elektronenfallen eingefangen werden. Aus diesen Traps können sie erst durch erneute Energiezufuhr wieder befreit werden.

Reicht die auf ein Valenzbandelektron beim Anregungsakt übertragene Energie nicht aus, um dieses ins Leitungsband anzuheben, können Elektronen in realen Kristallen auch in Zustände knapp unterhalb des Leitungsbandes angeregt werden. Elektron und zugehöriges Loch bleiben dann miteinander gekoppelt, so dass wegen der Ladungsneutralität keine elektrische Leitfähigkeit im Kristall entsteht. Ein solcher zugeordneter Elektron-Loch-Zustand wird **Exziton** genannt. Die energetischen Plätze der Elektronen im Exzitonenzustand befinden sich in einem schmalen Energiebereich unmittelbar unterhalb des Leitungsbandes. Die Exzitonen können wie freie Elektronen oder Löcher durch den Kristall diffundieren. Bei einer weiteren Energieaufnahme und Anregung eines Exzitons kann das Elektron in das Leitungsband angehoben werden und sich dort entweder frei bewegen oder mit einem Aktivatorzentrum rekombinieren.

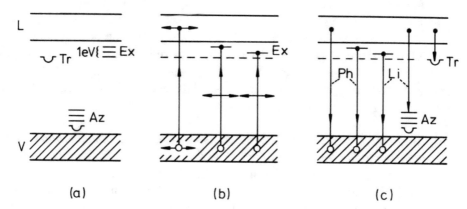

Fig. 4.4: Vorgänge bei der An- und Abregung von Festkörpern mit ionisierender Strahlung. (a): Festkörper vor der Strahlungsexposition: V: vollbesetztes Valenzband, L: leeres Leitungsband, Tr: Unbesetztes Elektron-Trap, Az: angeregtes Loch-Trap (Aktivatorzentrum), Ex: mögliche Exzitonenzustände unmittelbar unterhalb des Leitungsbandes. (b): Anregung eines Elektrons in das Leitungsband mit Entstehung eines frei beweglichen Elektron-Loch-Paares oder Anregung eines Elektrons in Exzitonenzustände unterhalb des Leitungsbandes. (c): Strahlungsloser Übergang eines Elektrons zurück ins Valenzband unter Bildung eines Phonons (Ph), Rekombination eines Exzitons unter Lichtemission oder Phonon-Bildung (Li, Ph) und Einfang eines freien Elektrons in ein angeregtes Lochtrap (Az) unter Abgabe von Licht (Li), Trappen eines Elektrons in vorher nicht besetzte Elektronentrapzustände (Tr).

Lumineszenz: Unter Lumineszenz versteht man die Emission von Photonen im sichtbaren Spektralbereich in Festkörpern während oder nach einem Einwirken auf den Kristall, bei dem Energie in irgendeiner Form auf den Kristall übertragen wird. Dies kann durch Einstrahlung von sichtbarem Licht oder UV-Strahlung, durch Beschuss mit Korpuskeln oder Anregung durch sonstige ionisierende Strahlung und durch chemische, mechanische oder thermische Einwirkung auf den Kristall geschehen. Ist die Abklingzeit der Lichtemission unabhängig von der Temperatur des Festkörpers, bezeichnet man dies als Fluoreszenz. Lumineszenz, die erst nach Beendigung der Anregung eintritt, und deren Intensität von der Temperatur des Festkörpers abhängt, wird dagegen Phosphoreszenz genannt. Das Bändermodell liefert einfache Erklärungen für diese beiden Erscheinungsformen der Lumineszenz.

Fluoreszenz: Werden Elektronen durch Anregung eines Kristalls vom Valenzband in das Leitungsband angeregt, können sie entsprechend der Lebensdauer der angeregten Zustände im Leitungsband mit Lochzuständen im Kristall, den Aktivatorzuständen, oder mit Löchern im Valenzband rekombinieren (Fig. 4.4c). Die in den Aktivatorzentren bei der Abregung emittierte Licht wird als Fluoreszenzlicht bezeichnet. Für die wichtigste Übergangsart, den elektrischen Dipolübergang, beträgt die mittlere Lebensdauer der angeregten Zustände etwa 10^{-8} s. Sie bestimmt die Übergangsrate und damit die Lichtintensität bei der Fluoreszenz. Da die quantenmechanischen Auswahlregeln der beteiligten Übergänge völlig unabhängig von der Temperatur des Kristalls sind, ist die Fluoreszenzintensität bei einem gegebenen Kristall nur von der Zahl der dem Kristall zugefügten Anregungen, also der insgesamt zugeführten Energie abhängig. Fluoreszenz findet vorwiegend bereits während der Anregung des Kristalls statt und hört kurz nach Beendigung der Aktivierung des Kristalls durch äußere Energiezufuhr wieder auf. Fluoreszenz ist "prompte Lichtemission".

Phosphoreszenz: Befinden sich durch Störstellen verursachte metastabile Zwischenniveaus (Traps) in der verbotenen Zone (Fig. 4.4a,c), können Elektronen nach der Anregung in das Leitungsband in diesen Traps im Valenzband eingefangen werden, also ohne Rekombination mit Löchern lokal fixiert werden. Ohne weitere Energiezufuhr können sie die Traps nicht mehr verlassen, da direkte Rekombinationen von Trapelektronen mit Löchern im Valenzband in der Regel nicht möglich sind. Wird dem Kristall erneut Energie zugeführt, z. B. als Wärmeenergie wie bei den Thermolumineszenzdetektoren, können die Elektronen von den Traps zurück in das Leitungsband gelangen. Von dort aus können sie wegen ihrer Beweglichkeit prompt mit den Lochzuständen im Kristall rekombinieren. Zum Teil werden sie auch wieder in Elektronenfallen eingefangen. Die Lumineszenzrate (Zahl der Übergänge pro Zeiteinheit) aus den langlebigen Zwischenniveaus zurück ins Leitungsband mit anschließender Lichtemission hängt bei einer gegebenen Trap-Tiefe (der energetischen Lage der Traps in der Bandlücke) nur von der Temperatur und der Zahl der vorher eingefangenen Elektronen ab. Die Intensität des Lumineszenzlichts nimmt wegen der kontinuierlichen Entvölkerung der Traps mit der Zeit ab, sie dauert solange an, bis alle Traps geleert sind. Die Übergangsrate und damit die Lichtintensität sind umso größer, je höher die Temperatur ist, da bei höheren Temperaturen die Traps schneller geleert werden können. Je weiter die Traps energetisch vom Leitungsband entfernt sind, umso höher müssen die Temperaturen sein, um die Lumineszenz auszulösen. Die Lebensdauern phosphoreszierender Kristallzustände erstrecken sich von 10^{-8} s bis zu vielen Jahren.

4.1.3 Halbleiter

Halbleiter sind Festkörpersubstanzen, bei denen der Energieaufwand zur Erzeugung freier Ladungsträger wegen des kleinen Abstandes von Valenzband und Leitungsband (0,2 - 2 eV) so gering ist, dass schon durch Erwärmung einige Elektronen das Valenzband verlassen und sich im Leitungsband aufhalten können. Der reine Halbleiter hat dadurch schon bei Zimmertemperatur eine mehr oder weniger ausgeprägte Eigenleitfähigkeit. Da die durch Wärmezufuhr auf den Kristall übertragene Energie mit der Temperatur zunimmt, nimmt die elektrische Leitfähigkeit von Halbleiterkristallen deutlich mit der Temperatur zu. Bei abnehmenden Temperaturen verhalten sich Halbleiter dagegen zunehmend wie Isolatoren. Die Bandlücke bei Zimmertemperatur beträgt 1,12 eV bei Silizium und 0,67 eV bei Germanium.

Dotierung von Halbleitern: Die wichtigsten Halbleitermaterialien, Germanium und Silizium, sind 4-wertige Elemente und durch vier kovalente Bindungen an die Nachbar-Atome im Kristall gebunden. Ersetzt man einzelne Atome dieser beiden Elemente durch 5-wertige Substanzen wie Phosphor, Antimon oder Arsen, wird das Fremdatom zwar

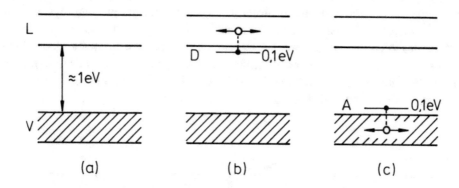

Fig. 4.5: Vorgänge im Halbleiterkristall bei der Dotierung. (a): Reiner Halbleiter mit einem Bandabstand von etwa 1 eV. (b): Erzeugung eines n-Halbleiters durch Dotierung mit einer 5-wertigen Substanz. Das Donatorniveau D befindet sich unmittelbar unter dem Leitungsband. Nach thermischer Anregung des Elektrons ins Leitungsband mit nur 0,1 eV bleiben ein ortsfester positiv geladener Donatorplatz und ein im Leitungsband beweglicher Elektron zurück. (c): Erzeugung eines p-Halbleiters durch Dotierung mit einer 3-wertigen Substanz. Thermische Anregung eines Elektrons aus dem Valenzband in das Akzeptorniveau A erzeugt einen ortsfesten, negativ geladenen Akzeptorplatz und ein bewegliches Loch im Valenzband. Die n- und p-Leitfähigkeit übertrifft die Eigenleitfähigkeit des Halbleiters.

regulär eingefügt, das fünfte Elektron wird jedoch nicht zur Kristallbindung benötigt. Dieses Elektron wird vom Spenderatom, dem Donator, an den Kristall abgegeben. Wegen des Überschusses an negativen Ladungen werden mit Donatoren dotierte Halbleiter als Überschuss-Halbleiter bezeichnet. In der Bandlücke entsteht ein mit dem überzähligen Elektron besetztes Zwischenniveau. Es wird als **Donatorniveau** bezeichnet und befindet sich in einem Energieabstand von weniger als 0,1 eV zum Leitungsband. Das Donatorelektron kann thermisch leicht aus diesem Zustand befreit werden und ist dann frei im Kristall beweglich. Das Donatoratom bleibt dagegen ortsfest und trägt eine nicht abgesättigte positive Ladung. Wegen der negativen Ladung der so geschaffenen freien Elektronen nennt man die auf diese Weise dotierten Halbleiter **n-leitend**.

Dotiert man dagegen mit 3-wertigen Fremdatomen wie Aluminium, Bor, Gallium oder Indium, den so genannten **Akzeptoren**, fehlt ein Elektron für eine ausreichend abgesättigte Bindung, das von diesen Akzeptoren deshalb dem Kristall entzogen wird. Etwa 0,1 eV oberhalb des Valenzbandes entsteht in Analogie zum n-Halbleiter ein Lochzustand, das so genannte **Akzeptorniveau**. Wird durch thermische Anregung ein Elektron aus dem naheliegenden Valenzband in dieses Akzeptorniveau hinein angeregt, bleibt ein bewegliches Loch im Valenzband zurück, das die Leitfähigkeit des Kristalls erhöht. An der Stelle des Akzeptoratoms entsteht dagegen eine negative ortsfeste Überschussladung, also ein negativ geladener Gitterplatz. Halbleiter mit 3-wertiger Dotierung werden als **p-Halbleiter** bezeichnet. Da die elektrische Leitfähigkeit durch Löcher erzeugt wird, werden p-Halbleiter auch Mangel-Halbleiter genannt.

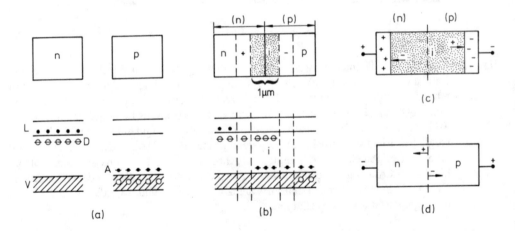

Fig. 4.6: Entstehung eines p-n-Überganges (Halbleiterdiode) beim Zusammenfügen eines p- und eines n-leitenden Halbleiters. (a): Räumlich getrennte, ladungsneutrale n- und p-leitende Kristalle mit entsprechendem Bändermodellbild. (b): Bildung einer intrinsischen Zone i ohne Majoritätsladungsträger durch Neutralisation der jeweiligen Majoritätsladungsträger durch aus der Nachbarzone diffundierende entgegengesetzte Ladungen. Entstehung eines die Diffusion behindernden elektrischen Gegenfeldes durch zurückbleibende lokal fixierte, geladene Gitterplätze. (c): Verbreiterung der i-Zone nach Anschluss einer externen Spannung (Pluspol bei n, Minuspol bei p, Sperrbetrieb der Diode). (d): Verschwinden der i-Zonen bei umgedrehter Polarität der externen Spannung (Minuspol an n, Pluspol an p, Durchlassbetrieb der Diode).

Die durch die Dotierung erzeugte erhöhte Leitfähigkeit von Halbleitern ist wegen der kleinen Energiedifferenz von nur wenig mehr als die mittlere thermische Energie kaum abhängig von der Temperatur. Sie ist außerdem bis zu 10 Größenordnungen (also den Faktor 10^{10}) größer als die von der Temperatur stark abhängige nach wie vor bestehende thermische Eigenleitfähigkeit des Halbleiters. Die durch Dotierung erzeugten freien Ladungen werden deshalb auch als **Majoritätsladungsträger**, die durch Eigenleitung erzeugten Ladungen **Minoritätsladungsträger** genannt. Obwohl n-leitende Halbleiter freie Elektronen und p-leitende Halbleiter freie Löcher enthalten, sind die Kristalle als ganze elektrisch neutral, da in beiden Fällen zu den freien beweglichen Ladungen immer exakt die gleiche Anzahl allerdings ortsfester Gegenladungen existiert.

Der p-n-Übergang: Verbindet man einen p-leitenden ("löcherhaltigen") und einen n-leitenden ("elektronenhaltigen") Kristall miteinander, neutralisieren sich in einer Übergangszone zwischen den beiden Kristallen die jeweiligen Überschussladungsträger durch Ladungsanziehung und Diffusion gegenseitig. Es entsteht eine ladungsträgerfreie neutrale Zone, die nur die typische temperaturabhängige Eigenleitung der Halbleiter aufweist (Fig. 4.6b). Der Ladungsträgerausgleich ist allerdings auf eine kleine zentrale Zone, die so genannte intrinsische Zone "i", beschränkt. Durch Verschieben der Ladungen der Gegenseite entsteht auf der p-Seite ein lokaler negativer, auf der n-Seite ein lokaler positiver Ladungsüberschuss, der von den ortsfest verbleibenden Donator- und Akzeptoratomen stammt. Dieser verhindert die weitere Ausbreitung der i-Zone in die p- und n-Zonen durch den Aufbau eines elektrischen Gegenpotentials, das die jeweiligen beweglichen Überschussladungsträger der anderen Seite abstößt und so die Diffusion zum Stehen bringt. Um in einem solchen Halbleiterverbund elektrische Leitfähigkeit zu erzeugen, muss der Potentialberg durch die gleich geladenen Ladungsträger der jeweils anderen Seite überwunden werden.

Legt man jetzt an die n-Seite den positiven Pol, an die p-Seite den negativen Pol einer externen Spannungsquelle an (Fig. 4.6c), wird das durch Diffusion entstandene elektrische Potentialgefälle zusätzlich verstärkt. Die negative Potential im p-Bereich wird also um den Spannungsbetrag U weiter abgesenkt, das positive Potential auf der n-Seite entsprechend erhöht. Leitungselektronen der n-Seite können das negative Potential der p-Seite, Löcher das positive Potential der n-Seite nicht überwinden. Gleichzeitig werden die jeweiligen Majoritätsladungsträger durch die auf der eigenen Seite angelegte Spannung angezogen. Die intrinsische, ladungsträgerfreie Zone verbreitert sich, und der p-n-Übergang wird für einen externen Stromfluss gesperrt.

Dreht man die Polarität der Spannung um (Fig. 4.6d), baut die die externe Spannung das durch Diffusion der freien Ladungsträger entstandene interne Sperrpotential dagegen ab. Das Potentialgefälle zwischen den Zonen und die Breite der Intrinsic-Zonen verkleinern sich so lange, bis sie völlig verschwinden. Der p-n-Übergang wird insgesamt elektrisch leitend, er befindet sich im Durchlassbetrieb. Anordnungen mit einem solchen Verhalten nennt man **Dioden**, die also je nach Spannungspolung leitend, also in Durchlassrichtung, oder sperrend, d. h. in Sperrrichtung geschaltet sind.

4.2 Halbleiter-Ionisationsdetektoren

Um die kleinen, durch Bestrahlung in reinen Halbleitern erzeugten Ionisationsströme nachweisen zu können, muss die thermische Leitfähigkeit der Halbleiter, also die Zahl der im Kristall spontan frei beweglichen Ladungen so verringert werden, dass der Strom durch thermische Eigenleitung klein wird gegen die Zahl der bei der Bestrahlung erzeugten Ladungen. Dies erreicht man durch Kombination entgegengesetzt dotierter Halbleitermaterialien. Als Strahlungsdetektoren verwendet man deshalb p-i-n-Kombinationen, also Halbleiterdioden mit einer ladungsträgerfreien intrinsischen Zone. Diese **intrinsischen** Zonen oder Verarmungsschichten der Dioden wirken bei Bestrahlung wie das Volumen einer Ionisationskammer. Das Volumen der Verarmungszone von p-i-n-Übergängen ist durch die Höhe der Dotierung und die angelegte Sperrspannung zu steuern. Die Zahl der durch Ionisation in der Intrinsic-Zone erzeugten Ladungen kann bei guter Dotierung des Kristalls die durch Eigenleitung entstehenden, temperaturabhängigen Ströme um viele Größenordnungen übertreffen.

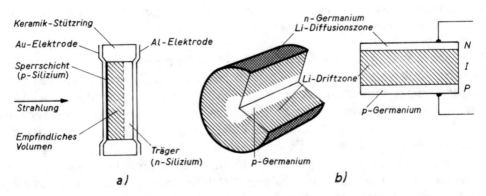

Fig. 4.7: Bauformen von Halbleiterdetektoren. (a) Oberflächen-Sperrschichtdetektor (p-n-Diode). (b) Lithiumgedriftete Germaniumdetektoren (Ge(Li)s) mit p-i-n-Struktur in koaxialer (links) und planarer (rechts) Ausführung.

Bauformen von Halbleiterdetektoren: Halbleiterdetektoren werden in verschiedenen Bauformen gefertigt. Eine spezielle Bauform sind die **Oberflächensperrschichtzähler** (Fig. 4.7a). Sie bestehen aus einer großflächigen n-leitenden Silizium-Trägerscheibe mit Flächen bis zu 5 cm². Auf der einen Seite befindet sich eine sehr dünne p-leitende und mit einer Goldauflage von nur 40 μg/cm² bedampfte Schicht. Auf der Rückseite trägt die Siliziumscheibe als Kontaktierung einen Aluminiumfilm. Bei Anlegen einer elektrischen Spannung bildet sich im Innern der Diode die raumladungsfreie, strahlungsempfindliche Zone. Deren Dicke ist von der angelegten Detektorspannung abhängig und nimmt etwa mit der Wurzel der Spannung zu. Je dünner die Sperrschicht am Eintrittsfenster des Detektors wird, umso weniger Energieverluste haben die in das intrinsische Volumen eintretenden Strahlungsteilchen. Die geringe Schichtdicke moderner Oberflächensperrschichtzähler erlaubt sogar den Eintritt schwerer geladener Teilchen (Alphateilchen, Spaltfragmente) ohne merklichen Energieverlust. Oberflächensperrschichtzähler werden deshalb zur Teilchenspektroskopie benutzt.

Eine zweite, sehr aufwendige Bauform sind die **lithiumgedrifteten** Halbleiterdetektoren (Fig. 4.7b). Sie werden aus Germanium oder Silizium hergestellt und je nach Material salopp als "Ge(Li)s" oder "Si(Li)s" bezeichnet. Zu ihrer Erzeugung (Dotierung) werden unter Spannung und bei höheren Temperaturen Lithiumionen in das Halbleitermaterial eindiffundiert ("gedriftet"). Diese kompensieren die im Halbleitermaterial durch vorhandene Verunreinigungen erzeugten Ladungsträger so wirksam, dass raumladungsfreie Messvolumina von bis zu 100 cm^3 entstehen können. Gedriftete Halbleiter besitzen wie alle anderen Halbleiterdioden eine p-i-n-Zonenfolge. Die Dicke der i-Schicht reicht bei planaren Germaniumdetektoren bis zu etwa 25 mm, bei koaxialen Bauformen erreicht man durch den Strahleneintritt von der Stirnseite her sogar Strahlwege in der Intrinsic-Zone von 50 mm und mehr. Da der Driftvorgang bei höheren Temperaturen durch Wärmebewegung partiell rückgängig gemacht wird, müssen lithiumgedriftete Halbleiterdetektoren während ihrer gesamten Lebensdauer bei tiefen Temperaturen, z. B. der Temperatur flüssigen Stickstoffs, aufbewahrt werden. Sie sind deshalb meistens direkt mit einem Tank für flüssigen Stickstoff verbunden.

Moderne Halbleiterfertigungstechniken haben auch die Produktion von **ultrareinen** Germanium- oder Silizium-Detektoren ermöglicht, bei denen ohne zusätzliche Dotierungen nahezu ladungsträgerfreie intrinsische Zonen erzeugt werden können. Solche Reinkristalldetektoren benötigen für den Erhalt ihrer Funktionsfähigkeit keine Kühlung. Allerdings werden auch sie wie die lithiumgedrifteten Detektoren für Spektrometriezwecke bei niedrigen Temperaturen betrieben, um die thermisch bedingte Eigenleitung der Detektoren, das so genannte thermische Rauschen, klein zu halten. Reinkristalldetektoren haben intrinsische Dicken von bis zu 1 cm und Messvolumina von ebenfalls bis zu 100 cm^3.

In den wichtigsten Halbleitermaterialien Germanium und Silizium beträgt der Energieaufwand zur Erzeugung eines Ionenpaares nur 2,8 eV bzw. 3,8 eV, in Luft werden etwa 34 eV benötigt. Die Dichte reinen Germaniummetalls beträgt ρ = 5,33 g/cm^3, die für Silizium ρ = 2,33 g/cm^3. Die Dichten sind also mehr als etwa 4000 bzw. knapp 2000mal so groß wie die Dichte von Gasen bei Normalbedingungen (ρ = 0,0013 g/cm^3 für Luft). Zusammen mit dem um den Faktor 10 geringeren Ionisierungsenergieaufwand bei Halbleitern ergibt sich ein Empfindlichkeitsgewinn von mehr als1:40000 für Germanium bzw. 1:20000 für Silizium im Vergleich zu gleich großen, mit Normaldruck gasgefüllten Ionisationskammern. Halbleiterdetektoren zählen also zu den besonders effektiven und daher energetisch gut auflösenden Detektoren und können sehr kompakt gebaut werden.

Für nicht zu hochenergetische geladene Teilchen sind die Ansprechwahrscheinlichkeiten wegen der geringen Reichweiten geladener Teilchen in den dichten Materialien von Halbleiterdetektoren nahezu 100%, vorausgesetzt, das Eintrittsfenster ist hinreichend dünn. Die Ansprechwahrscheinlichkeit solcher Detektoren für hochenergetische Photonenstrahlung (1 MeV) beträgt bei typischen Detektorabmessungen dagegen nur 10% bis 20%, ist also deutlich geringer als beim Szintillationszähler. Wegen der schwer zu quantifizierenden Festkörpereigenschaften und der in der Regel im Einzelfall nicht exakt bekannten Größe des intrinsischen Messvolumens können Halbleiterdetektoren nicht als Absolutdosimeter verwendet werden. Für Dosis- und Dosisleistungsmessungen werden deshalb Halbleiterdetektoren nur in speziellen Einzelfällen eingesetzt. Andererseits sind sie wegen ihrer herausragenden Energieauflösung, der hohen Ionisationsdichte und dadurch erreichten guten Ortsauflösung in der Photonen- und Korpuskelspektrometrie allen anderen Detektortypen weit überlegen.

4.3 Leitfähigkeitsdetektoren

Bei der Bestrahlung isolierender Festkörper mit ionisierenden Strahlungen entstehen durch Ionisation freie Elektronen im Leitungsband. Der Festkörper wird dadurch leitend. Die Theorie zeigt, dass die Leitfähigkeit reiner Isolatoren und damit die erreichbaren Ionisationsströme etwa mit der Wurzel aus der Strahlungsintensität zunehmen (J. F. Fowler in [Attix/Roesch/Tochilin]). Hochreine Isolatorkristalle könnten deshalb tatsächlich als - allerdings nichtlineare - Festkörperionisationskammern verwendet werden. Die Leitfähigkeit von Isolatoren bleibt jedoch nur solange erhalten, wie frei bewegliche Ladungsträger im Kristall zur Verfügung stehen. Um eine ausreichende Ladungsausbeute, d. h. messtechnisch verwertbare Ionisationsströme, zu erzeugen, muss die Lebensdauer der Leitungsband-Elektronen deutlich größer sein als deren Transferzeit durch den Kristall. In realen Isolatoren befinden sich zwischen den Elektronenbändern zahlreiche Traps, die freie Leitungsbandelektronen einfangen können. Diese Rekombinationsprozesse konkurrieren mit dem Abtransport der Elektronen durch eine externe Spannungsquelle. Je höher die möglichen Rekombinationsraten sind, umso kleiner wird auch die Lebensdauer der freien Elektronen und umso geringer wird deshalb die externe Ionisationsstromausbeute bei der Strahlungsexposition von Isolatoren.

Die Traps in realen Kristallen sind ortsfest im Kristall fixiert; energetisch befinden sie sich zwischen Valenz- und Leitungsband. Bei einem nicht bestrahlten Kristall sind die Traps leer, sie enthalten also keine Elektronen. Wird ein solcher "leerer" Kristall mit ionisierender Strahlung bestrahlt, füllen die meisten Leitungsband-Elektronen zunächst bevorzugt die Traps auf. Die Elektronen stehen nicht für einen externen Ladungsnachweis zur Verfügung. Nach einer ausreichenden Vorbestrahlungszeit sind nahezu alle Traps mit Elektronen besetzt ("gefüllt"). Weitere durch Bestrahlung erzeugte Elektronen haben dann kaum eine Rekombinationsmöglichkeit und verbleiben daher länger im Leitungsband. Sie haben deshalb eine für die elektrische Leitung ausreichende Lebensdauer. Da sie frei beweglich sind, können sie durch eine externe Spannungsquelle abgesaugt werden.

Reale Kristalle zeigen bei Erstbestrahlung tatsächlich zunächst nur einen geringfügig erhöhten "Isolationsstrom". Bei weiterer Strahlenexposition steigt der am Detektor durch Bestrahlung erzeugte und extern nachweisbare Strom deutlich an. Sind alle Traps besetzt, erhöht sich die Lebensdauer der Elektronen im Leitungsband so sehr, dass die Transferrate durch den Kristall zur externen Spannungsquelle deutlich größer wird als die Rekombinationsrate. Solange die Traps im Kristall besetzt bleiben, können die Leitungsbandelektronen bis auf die selteneren Elektron-Loch-Rekombinationen weitgehend ungehindert das Leitungsband durchqueren.

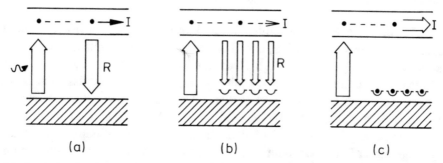

(a)   (b)   (c)

Fig. 4.8: Vorgänge im Leitfähigkeitsdetektor bei Strahlenexposition. (a): Elektron-Locherzeugung bei der Strahlenexposition eines reinen Isolatorkristalls. Entstehung eines kleinen Isolationsstromes I in Konkurrenz zur Rekombination R. (b): Bevorzugtes Auffüllen von Traps bei der Erstbestrahlung realer Kristalle. Mit zunehmender Besetzung der Traps allmählich ansteigende Lebensdauer der Leitungsbandelektronen mit simultanem Stromanstieg. (c): Erhöhung der Lebensdauer von Leitungsbandelektronen durch unterbundene Rekombination wegen vollbesetzter Traps. Alle durch Ionisation erzeugten Elektronen werden abtransportiert. Zusätzlich kommt es durch die hohe Lebensdauer der freien Elektronen zur Stromverstärkung. Der Strom durch den Kristall wird dadurch höher als die durch Bestrahlung erzeugte Rate an Leitungsbandelektronen.

Wenn sie den Kristall auf der einen Seite des Detektors verlassen, treten an der entgegengesetzt gepolten Elektrode als Ersatz wieder Elektronen aus der Spannungsquelle in den Kristall ein. Solange die Rate der durch Bestrahlung primär erzeugten Ladungsträger im Leitungsband nicht kleiner wird als der in realen Kristallen immer verbleibende kleine Rekombinationsverlust, bleibt dieser Elektronenstrom bestehen. Der Stromfluss erreicht einen zur Dosisleistung proportionalen Sättigungswert, der die pro Zeiteinheit durch Ionisationen im Detektor erzeugte Ladung je nach Material und Dotierung des Festkörpers sogar um viele Zehnerpotenzen übertreffen kann. Diese Erscheinung wird als **Leitfähigkeitsverstärkung** des Detektors bezeichnet. Der Stromverstärkungsfaktor kann in manchen Substanzen Werte von 10^3 bis 10^4 annehmen.

Wird die Bestrahlung beendet, werden natürlich keine neuen Ladungsträger mehr erzeugt. Die Zahl der im Leitungsband verbleibenden Elektronen verringert sich dann durch Rekombinationen mit unbesetzten Traps. Der Strom nimmt mit einer für die Kristallstruktur und die Trapkonzentration typischen Zeitkonstante solange ab, bis der ursprüngliche kleine Isolationsstrom wieder erreicht ist. Will man die Wartezeit bis zum Erreichen des Sättigungsstromes eines Detektors abkürzen, müssen die Traps der Leitfähigkeitsdetektoren schon vor ihrer Benutzung mit Elektronen aufgefüllt werden, also alle Traps vor Nutzungsbeginn besetzt und ständig besetzt gehalten werden. Dies geschieht in der Praxis durch kurzfristige Bestrahlung vor Messbeginn oder permanente Bestrahlung in einem schwachen Strahlungsfeld eines radioaktiven Präparates, das die thermische Entleerung der Traps kompensieren soll, dem so genannten **"Priming"**.

Vertreter dieser Art von Leitfähigkeitsdetektoren sind die Isolatoren Kadmiumsulfid (CdS), Kadmiumselenid (CdSe) und Diamanten. Bei ihnen stellt sich nach einer Vorbestrahlung von einigen Sekunden bis Minuten ein zur externen Strahlungsintensität proportionaler Detektorstrom ein, der die Ströme von reinen Ionisationsdetektoren um mehrere Zehnerpotenzen übertreffen kann. Um ausreichende Ausbeuten zu erhalten, müssen Leitfähigkeitsdetektoren wie CdS oder CdSe aus den oben genannten Gründen allerdings ständig vorbestrahlt werden. Kadmiumhaltige Leitfähigkeitsdetektoren zeigen wegen ihrer hohen Ordnungzahl eine ausgeprägte Energieabhängigkeit ihrer Empfindlichkeit, die im Wesentlichen von der Energieabhängigkeit der Energieabsorptionskoeffizienten herrührt. Diamantdetektoren werden entweder aus Bruchstücken natürlicher Diamanten oder aus künstlich erzeugten Industriediamanten hergestellt. Sie haben den Vorteil, dass sie wegen ihrer niedrigen Ordnungszahl (Diamanten sind reiner Kohlenstoff, $Z = 6$) weitgehend äquivalent zu menschlichem Weichteilgewebe sind und ihr Ansprechvermögen nur wenig von der Strahlungsenergie abhängt. Natürliche Diamanten enthalten u. a. Verunreinigungen aus Stickstoff und Sauerstoff, die für die Trapbildung zuständig sind. Künstliche Diamanten werden gezielt mit solchen Substanzen verunreinigt, um das erwünschte lineare Verhalten bei der Bestrahlung zu erreichen. Bei der Produktion eignen sich nur etwa 0,3% aller Diamanten als Leitfähigkeitsdetektoren, eine Tatsache, die selbstverständlich Auswirkungen auf die Preisgestaltung kommerzieller Diamantdetektoren hat.

4.4 Lumineszenzdetektoren - Luminophore

Luminophore sind Substanzen, die nach ausreichender Energiezufuhr durch UV-Licht, ionisierende Strahlungen oder chemische Einwirkungen Licht im sichtbaren Bereich emittieren. Grund sind die in Festkörpern bei Bestrahlung stattfindende Erzeugung von Elektron-Loch-Zuständen und Exzitonen und die bei deren Rekombination in Aktivatorzuständen entstehende Fluoreszenz. Diese kann zum qualitativen und quantitativen

Strahlungsnachweis verwendet werden. Typische Vertreter dieser Detektorart sind die Leuchtschirme, die Verstärkungsfolien und die opto-direkten Detektoren für die Bildgebung in der Röntgendiagnostik sowie die zur Teilchen- und Photonenzählung und zur Spektroskopie eingesetzten Szintillationskristalle wie der NaI(Tl)-Detektor. Neben diesen anorganischen fluoreszierenden Festkörpern sind auch eine Reihe organischer Flüssigkeiten und Kristalle bekannt, die ebenfalls als Szintillatoren verwendet werden können. Das nachgewiesene Licht liegt bei allen Szintillatoren im sichtbaren Spektralbereich oder im nahen UV. Es muss wegen der kurzen Fluoreszenzzeiten noch während der Strahlungsexposition nachgewiesen werden.

Wird die Strahlungsenergie im Kristall dagegen in langlebigen Kristallzuständen gespeichert, kann der Detektor zeitlich versetzt ausgewertet werden. Solche Festkörper zählen zu den Phosphoreszenzdetektoren; die Substanzen selbst werden deshalb vereinfachend als **Phosphore** bezeichnet. Werden beim Ausleseprozess durch die freigesetzten Elektronen erneut Traps in den Kristallen bevölkert, bleibt ein Teil der Information erhalten. Die erneute Einfangrate beträgt je nach Material zwischen 1 und 50%. Solche Detektoren müssen daher nach dem Ausleseprozess vor der Wiederverwendung gelöscht werden. Kann die gespeicherte Energie durch Erwärmen des Detektors freigesetzt werden und entstehen dabei Lichtquanten im sichtbaren Bereich des Spektrums, werden die Detektoren als Thermolumineszenzdetektoren (TLD) bezeichnet. Die in TLDs gespeicherte Strahlungsenergie wird beim Auslesen weitgehend (bis auf etwa 1%) gelöscht. Ein Beispiel für einen mit sichtbarem Licht auslesbaren Phosphor (mit 50% Retraprate) ist die Speicherfolie der bildgebenden Radiologie.

Andere Detektoren behalten ihre Information vollständig, da in ihnen beim Auslesen nur langlebige durch die Bestrahlung entstandene Zustände angeregt werden, die bei ihrer Abregung sichtbare Lichtquanten emittieren. Das wichtigste Beispiel sind die Radiophotolumineszenz-Detektoren (RPL-Detektoren). Sie werden zum Auslesen mit UV-Licht bestrahlt und senden daraufhin sichtbare Quanten aus, deren Intensität proportional zur gespeicherten Dosis ist. Solche Detektoren können ohne Löschung wiederholt ausgelesen werden. Sie eignen sich daher sehr gut für integrierende Strahlenschutzmessungen.

4.4.1 Szintillatoren

Ein Szintillator ist eine Substanz, in der durch ionisierende Strahlung prompte Lichtblitze im sichtbaren Bereich entstehen. Diese Lichtblitze - die Szintillationen - können zum Nachweis von Photonen und Elementarteilchen verwendet werden. Szintillatoren werden in die anorganischen und die organischen Szintillatoren eingeteilt. Anorganische Szintillatoren können entweder Kristallform haben oder in Form von Gläsern und selbst als Gase vorliegen. Anorganische Kristalle werden als großvolumige Einkristalle oder als kristalline Pulver verwendet. In beiden Fällen lässt sich der Szintillationsmechanismus gut mit Hilfe der oben dargestellten Bändermodellvorstellungen beschreiben, nämlich der Erzeugung freier Elektron-Lochzustände und deren prompter Abregung an Aktivatorzentren.

Gläser sind dagegen amorphe Substanzen, für die das Bändermodell nur teilweise verwendet werden kann. Sie ähneln in ihrer Struktur eher den Lösungen als den Kristallen. Glas-Szintillatoren haben zwar eine geringere Ansprechwahrscheinlichkeit als kristalline Szintillatoren, sie sind dafür sehr viel robuster im Umgang. Sie sind chemisch inert - also säurefest und basenfest - und sehr preiswert in nahezu beliebigen Formen herzustellen. Als anorganische Gas-Szintillatoren werden vor allem Edelgase verwendet, deren Ansprechwahrscheinlichkeit über den Gasdruck gesteuert werden kann. Kristalline anorganische Szintillatoren haben wegen ihrer Dichte und hohen Ordnungszahl in der Regel eine hohe Wechselwirkungswahrscheinlichkeit und große Lichtausbeuten, die Nachleuchtdauern (die Zeitkonstanten des Fluoreszenzlichts) sind dagegen vergleichsweise groß (s. Tab. 4.1).

Anorganische Szintillatoren

Szintilla-tor	Z_{eff}	λ_{max} (nm)	Ausbeute (%)	Abklingzeit (ns)	Dichte (g/cm³)	Bemerkungen
NaI(Tl)	50	410	10	250	3,67	sehr hygroskopisch, große + reine Kristalle
CsI(Tl)	54	420-450	7,5	550	4,51	nicht hygroskopisch
ZnS(Ag)	27	450	10	3000	4,1	sehr kleine Kristalle
CdS(Ag)	44	760	10	>1000	4,8	gelb
CaWO₄	59	430	5	>1000	6,06	kleine Kristalle
Gläser	20	400	0,5	40 - 50	2,0	chemisch inert, preiswert

Tabelle 4.1: Daten einiger anorganischer Szintillatoren (Daten nach [Kohlrausch], II).

Organische Szintillatoren bestehen aus organischen Kristallen oder aus festen (Plastik) oder flüssigen Lösungen (Tab. 4.2). Bei der Deutung der Vorgänge in organischen Kristallsubstanzen versagt das Bändermodell weitgehend. Die Spektren sowohl von organischen Kristallen als auch von festen oder flüssigen organischen Lösungen szintillierender Materialien unterscheiden sich deutlich von denen der anorganischen Festkörper. Sie zeigen die typischen Bandenspektren angeregter organischer Moleküle und ähneln sich untereinander so sehr, dass davon auszugehen ist, dass der Entstehungsmechanismus von Szintillationen in organischen Substanzen weitgehend unabhängig vom Aggregatzustand ist. Szintillationen in kristallinen organischen Substanzen sind deshalb auf Vorgänge in einzelnen voneinander unabhängigen Molekülen zurückzuführen und nicht auf Abläufe im gesamten Kristall. Die Nachweiswahrscheinlichkeit der organischen Szintillatoren ist kleiner als die der anorganischen, kristallinen Substanzen. Sie zeigen allerdings wesentlich kürzere Abklingzeiten der Szintillationen, sie sind also besonders für schnelle Zählexperimente geeignet. Ihre energetische Auflösung ist aber deutlich schlechter als bei den anorganischen Festkörperdetektoren, so dass sie für energiediskriminierende Messungen z. B. von Photonenstrahlungen weniger geeignet sind als anorganische Szintillatoren.

Organische Szintillatoren

Szintillator	Z_{eff}	λ_{max} (nm)	Ausbeute (%)	Abklingzeit (ns)	Dichte (g/cm³)	Bemerkungen
Anthrazen	5,8	445	5	25	1,25	org. Kristalle
Stilben	5,7	438	3,7	7	1,16	org. Kristalle
Terphenyl	5,8	415	2,75	12	1,12	org. Kristalle
Diphenylazetylen	5,8	390	1,3 - 4,6	7	1,18	org. Kristalle
Polyvinyltoluol	5,6	380	2	3	1,0	fester Kunststoff mit 4% gelöstem Terphenyl und 0,1% Diphenylstilben als Aktivatoren
Toluol	5,6	430	2-3	<3	0,87	org. Flüssigkeit mit gelöstem p-Terphenyl als Aktivator
Xylol	5,6	365-380	2,5-3,5	3	0,87	org. Flüssigkeit mit gelöstem Terphenyl, PBD oder DPO als Aktivatoren

Tabelle 4.2: Eigenschaften einiger organischer Szintillatoren (Daten nach [Kohlrausch], II).

Der Szintillationszähler: Ein Szintillationszähler besteht aus dem Szintillatorkristall, einer lichtdichten Umhüllung, die das Szintillatorlicht diffus reflektiert, und einer Anordnung zum Nachweis des entstehenden Fluoreszenzlichts (Fig. 4.9). Als Lichtdetektoren werden heute meistens Sekundärelektronenvervielfacher (SEV, Photomultiplier) verwendet. Als Szintillator können alle oben beschriebenen Substanzen verwendet werden. Die Auswahl hängt von der jeweiligen Aufgabenstellung ab. Der am häufigsten verwendete Szintillator ist der NaI(Tl)-Kristall, der nicht nur wegen seiner hohen effektiven Ordnungszahl sondern auch wegen seiner großen Volumina eine sehr hohe Lichtausbeute hat. Da NaI-Kristalle hygroskopisch sind und der nachfolgende Lichtdetektor sehr lichtempfindlich ist, müssen diese Szintillatorkristalle licht- und feuchtigkeitsdicht verpackt werden.

Sollen niederenergetische Elektronen oder Photonen nachgewiesen werden, müssen zur Vermeidung unerwünschter Absorptionen sehr dünne Eintrittsfenster verwendet werden. Der Kristall ist deshalb an seiner Vorderseite nur mit einer dünnen Folie (z. B. aus Beryllium: $Z = 4$, Dicke unter 0,2 mm) abgedeckt. Um das im Kristall entstehende sichtbare Szintillationslicht möglichst vollständig auf die Photokathode des Photomultipliers zu überführen, werden die Umhüllungen der Szintillatoren innen mit gut reflektierenden Materialien wie Aluminiumfolie, Aluminiumoxid oder Magnesiumoxid ausgekleidet. Die Ummantelung des Szintillationskristalls wird in Richtung zum Photomultiplier mit einem Glasfenster abgeschlossen, das zur Vermeidung von Reflexionsverlusten mit Hilfe eines zähen Öls (z. B. Silikonöl mit dem gleichem Brechungsindex wie Glas) auf das Eingangsfenster des Multipliers geklebt wird.

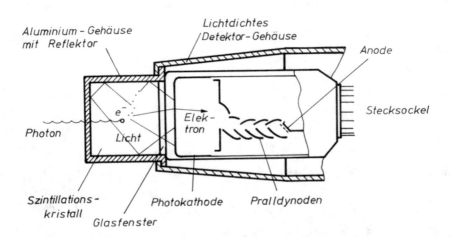

Fig. 4.9: Aufbau eines Szintillationsdetektors: Das einfallende Photon erzeugt in einem Szintillator sichtbares Licht. Dieses löst in einer Photokathode Elektronen aus, die durch Stoßprozesse in den Dynoden des Sekundärelektronenvervielfachers (Photomultiplier) vervielfacht werden. Der mit der Zahl der Dynodenstufen exponentiell anwachsende Elektronenstrom wird als Spannungsimpuls an der Anode nachgewiesen.

Sekundärelektronenvervielfacher enthalten ein halbdurchsichtiges, geeignet beschichtetes Eintrittsfenster und einen Verstärkerteil, in dem die Photoelektronen vervielfacht werden. Die Photokathode selbst besteht aus einer mit Alkaliverbindungen wie CsSb oder ähnlichen Halbleitermaterialien beschichteten Glasplatte. Werden solche Photobeschichtungen mit sichtbarem Licht geeigneter Wellenlänge bestrahlt, löst dieses durch den Photoeffekt Elektronen aus. Die Elektronen verlassen die Photokathode in Richtung zur Anode des SEV. Die Elektronenausbeute an der Photokathode beträgt etwa 20%. Von 5 bis 6 auftreffenden Lichtquanten setzt also ungefähr eines ein Elektron an der Photokathode frei.

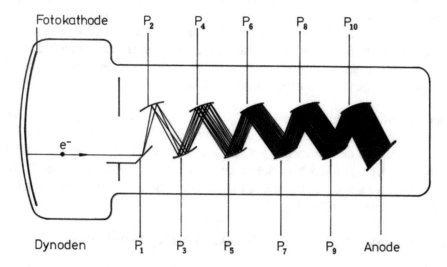

Fig. 4.10: Prinzip der Elektronenvervielfachung im Photomultiplier: Erzeugung der Elektronenlawine durch sukzessive Elektronenstöße an den Dynoden P1 bis P10. Die Elektronen werden an der Anode am Ausgang des Photomultipliers gesammelt. Die Photokathode befindet sich links, die auf positive Spannung (etwa 1000 V) gelegte Anode rechts.

Hinter der Photokathode befindet sich eine Anordnung von metallischen Blechen, den so genannten Prallanoden (Dynoden, Fig. 4.9, 4.10). Sie werden so an eine Spannungsquelle angeschlossen, dass an ihnen gegenüber der Kathode positive und von Dynode zu Dynode um etwa 100 V ansteigende Spannungen anliegen. Elektronen, die die Photokathode verlassen haben, werden durch eine geeignete Fokussiereinrichtung auf die erste Dynode geleitet. Beim Durchlaufen des Spannungsgefälles von 100 V wird das primäre Elektron auf 100 eV kinetischer Energie beschleunigt. Die Dynoden bestehen aus Metalllegierungen wie CsSb oder CuBe. Die beschleunigten Elektronen setzten in ihnen durch Stöße weitere sekundäre Elektronen frei. Diese Sekundärelektronen werden durch geeignete Formgebung der Dynoden möglichst verlustfrei auf die nächste Dynode fokussiert und lösen ihrerseits eine ihrer Energie entsprechende Zahl von Elektronen der nächsten Generation aus. In jeder Stufe des Photomultipliers wird die Elektronenzahl also um den gleichen Faktor vergrößert. Für ein primäres Photokathoden-Elektron erhält man bei insgesamt n Dynoden und einem mittleren Ausbeutefaktor von f Elektronen pro Dynode am Ausgang des Photomultipliers f^n Elektronen. Realistische Gesamtverstärkungsfaktoren liegen bei 10^6 und höher.

$$V = f \cdot f \cdot f \cdot f \cdot f \cdot f \cdot f \cdots \cdots = f^n \geq 10^6 \qquad \textit{(für n = 10 bis 14)} \qquad (4.1)$$

Die an der Anode des Sekundärelektronenvervielfachers gesammelte Ladung fließt über einen Arbeitswiderstand ab und erzeugt dort einen Spannungsimpuls, der über einen Kondensator an die weiterverarbeitende Elektronik übertragen wird. Da die Höhen der Ausgangsimpulse eines Photomultipliers der Lichtmenge im Szintillatorkristall proportional sind, kann mit Szintillationsdetektoren die im Szintillationskristall in Lichtblitze umgesetzte Strahlungsenergie quantitativ nachgewiesen werden. Szintillationszähler können daher als Spektrometer verwendet werden.

Plastikszintillatoren werden wegen ihres geringen Gewichts gerne für tragbare Dosisleistungsmessgeräte verwendet. Flüssigszintillatoren sind preiswert und erlauben beliebig große Volumina und Formen. Eine besondere Anwendung flüssiger Szintillatoren ist die Beigabe der szintillierenden Substanzen direkt in die zu untersuchende Probe, die sogar den Nachweis sehr kurzreichweitiger, niederenergetischer Betastrahlung ermöglicht (Beispiel: Tritiumnachweis).

4.4.2 Leuchtschirme, Bildverstärker, Verstärkungsfolien

Prompt emittierende Luminophore werden in der Radiologie als Verstärkungsfolien zur Erhöhung der "Lichtausbeute" in der Röntgenfotografie, als Leuchtmaterial in der Eingangsstufe von Bildverstärkern und mit allerdings verschwindender Bedeutung als Leuchtschirme zur direkten Beobachtung bei der Röntgendurchleuchtung verwendet.

Leuchtschirme: Historische Leuchtschirme bestanden aus einer Trägerschicht aus Karton, Kunststoff, Glas oder Plexiglas, aus dem eigentlichen Leuchtstoff, der durch eine geeignete Klebeschicht mit dem Träger verbunden wird, und aus einer Oberflächenschutzschicht. Bei lichtundurchlässigen Trägern muss die Leuchtstoffschicht dem Beobachter zugewandt sein. Bei Glas- und Plexiglasträgern kann dagegen die Leuchtstoffschicht der Strahlenquelle zugewandt werden, wodurch weiche niederenergetische Strahlung ohne eine die Intensität schwächende Absorption unmittelbar den Leuchtstoff treffen kann. W. C. Röntgen hatte an einer zufällig mit Röntgenstrahlung beleuchteten "Barium-Platin-Zyanür"-Probe (Barium-Platin(II)-Cyanid) die Röntgenstrahlung entdeckt und später auch Leuchtschirme mit dieser Substanz bei seinen Experimenten als quantitative Detektoren verwendet. Barium-Platin-Cyanid ist chemisch sehr unbeständig und wurde später durch das stabile Zinksilikat oder durch Kadmiumwolframat ersetzt. Heute werden Leuchtschirme vor allem mit silberdotiertem Zink-Kadmiumsulfid gefertigt (ZnCdS:Ag, aus 65% ZnS, 35% CdS). Auch diese Substanz ist feuchtigkeitsempfindlich und zersetzt sich unter Sonnenlicht (Photolyse).

Da Leuchtschirme direkt vom Arzt beobachtet werden sollten, kam es vor allem auf hohe Lichtausbeute und weniger auf eine gute Ortsauflösung an. Die Dicke der Leuchtschicht ist deshalb hoch (zwischen 0,5 und 1 mm), die Korngröße der Leuchtsubstanz beträgt typischerweise 30 - 60 μm. Zwischen Beobachter und Leuchtschirm muss sich aus Strahlenschutzgründen eine ausreichend dicke Bleiglasschicht befinden.

Leuchtschirme werden heute wegen der nur geringen Leuchtdichte auch moderner Leuchtstoffe (Intensität etwa wie Mondlicht, reines Stäbchensehen), aus Strahlenschutzgründen und wegen der Notwendigkeit zur umständlichen Helligkeitsadaption des Betrachterauges für die direkte Durchleuchtung in der medizinischen Radiologie nicht mehr verwendet. Sie haben allerdings eine große historische Bedeutung, da sie die "Live-Beobachtung" von Patienten einschließlich aller Bewegungsvorgänge ermöglichten. In der heute gelegentlich eingesetzten Bildschirmfotografie werden Leuchtschirme - allerdings ohne Bleiglasfenster - benutzt, da die Bilderfassung nur mit Filmen durchgeführt wird. Je nach Filmmaterial werden blau leuchtende Zinksulfidschirme oder grün leuchtende Zink-Kadmiumsulfid-Schirme eingesetzt. Die Bildschirmfotografie hatte eine große Bedeutung als Standardmethode zur Tuberkulose-Reihenuntersuchung der Bevölkerung.

Bildverstärker: Die modernen Nachfolger der Leuchtschirme sind die elektronischen Bildverstärker. Auf ihrem Eintrittsfenster befindet sich eine Leuchtschicht, die von den Röntgenquanten zum Fluoreszieren angeregt wird. Diese Leuchtschicht ist mit einer Photokathode verbunden, aus der proportional zur Lichtintensität des Fluoreszenzlichts Elektronen freigesetzt werden. Diese Elektronen werden durch eine Hochspannung beschleunigt und durch eine Elektronenoptik auf einen Ausgangsleuchtschirm eingeschossen. Dieser wird durch diese Elektronen seinerseits zur Lumineszenz angeregt. Wegen der höheren Bewegungsenergie der beschleunigten Elektronen weist er etwa die 10000-fache Helligkeit wie der Eingangsleuchtschirm auf. Das Bild des Ausgangsleuchtschirms wird dann entweder von analogen oder von digitalen Kameras aufgezeichnet und steht zur Weiterleitung oder Weiterverarbeitung zur Verfügung. Eine ausführliche Schilderung der Bildverstärker findet sich in (Kap. 22).

Verstärkungsfolien: Verstärkungsfolien sind Leuchtfolien, deren Leuchtbild durch Kontaktbelichtung direkt auf Fotoemulsionen übertragen wird. Die hochenergetische Röntgenstrahlung wird dabei in niederenergetisches sichtbares Licht transformiert, für das der Film eine wesentlich höhere Nachweisempfindlichkeit besitzt. Bei direkter Filmbelichtung wird in handelsüblichen, modernen Röntgenfilmen nur etwa 1% der Röntgenintensität in der Filmemulsion absorbiert, die Schwärzung durch das Lumineszenzlicht ist dagegen bis zum Faktor 30 höher. Bei der medizinischen Röntgenaufnahme kann durch Einsatz von Verstärkungsfolien also je nach Folienmaterial etwa der Faktor

10-30 an Dosis eingespart werden. Die Dosisersparnis wird allerdings mit einer Verschlechterung der Bildqualität bezahlt.

Die Verstärkungswirkung eines Leuchtstoffs hängt von seiner Dichte, der effektiven Ordnungszahl, der Korngröße der verwendeten Kristalle und der Transparenz der verschiedenen Schichten und des Bindemittels ab. Wegen der Energieabhängigkeit der Photonenabsorption nimmt sie mit zunehmender Energie der Röntgenstrahlung ab. Die Bildschärfe, also die räumliche Auflösung und die Detailauflösung einer Verstärkungsfolie nehmen mit zunehmender Korngröße und zunehmender Schichtdicke ab. Für hoch auflösende Aufnahmen, wie sie beispielsweise in der Mammografie benötigt werden, können deshalb nur besonders fein zeichnende und damit unempfindliche Verstärkungsfolien verwendet werden. Kommt es dagegen auf besonders niedrige Strahlenexposition des Patienten an (Aufnahmen an Schwangeren, Kindern, etc.), oder benötigt man zur Vermeidung von Bewegungsunschärfen besonders kurze Belichtungszeiten, muss die Verstärkungswirkung hoch sein. Man verwendet dann nicht nur doppelt beschichtete Filme sondern auch zwei Verstärkungsfolien, eine so genannte Vorderfolie und eine zusätzliche hinter dem Film angeordnete Rückfolie oder Hinterfolie. Eine ausführliche Darstellung der Verstärkungsfolien findet man ebenfalls im (Kap. 24) über die Röntgendetektoren.

4.4.3 Thermolumineszenz-Detektoren

Eine Reihe von natürlichen oder künstlich erzeugten kristallinen Substanzen speichert die bei einer Bestrahlung mit ionisierender Strahlung auf den Kristall übertragene Energie in langlebigen Zuständen (metastabilen Energieniveaus) von Kristallelektronen, die ohne äußere Energiezufuhr nicht mehr aus diesen Zuständen befreit werden können. Durch Erhitzen kann die gespeicherte Energie in Form von sichtbaren Lichtquanten wieder freigesetzt werden. Diesen Vorgang bezeichnet man als **Thermolumineszenz**, die Substanzen, die Thermolumineszenz zeigen, als Thermolumineszenz-Detektoren (TLD). Das beim Erhitzen freigesetzte Licht wird mit Photomultipliern in lichtdichten Auswertegeräten nachgewiesen. Der Lichtstrom bzw. die über die Zeit integrierte Lichtmenge ist ein Maß für die im Kristall gespeicherte Dosis.

Die für die Strahlungsmesstechnik wichtigsten Verbindungen sind Lithiumfluorid, Kalziumfluorid, Kalziumsulfat und Lithiumborat, die mit verschiedenen Fremdatomen wie Mn, Mg, Ti u. ä. gezielt verunreinigt (dotiert) sind. Diese Dotierungen dienen der Erzeugung von Fehlstellen im Kristall, in denen die bei der Bestrahlung im Kristall freigesetzten Elektronen eingefangen werden. Thermolumineszenzdetektoren können nur als Relativ-Dosimeter verwendet werden, da ihre Anzeige in quantitativ nicht vorhersagbarer Weise von den individuellen Eigenschaften und der Strahlungsvorgeschichte des Detektormaterials abhängt. Die verschiedenen Detektormaterialien zeigen unterschiedliche Speicherfähigkeiten für die Strahlungsenergie und zum Teil erhebliche Abhängigkeiten ihrer Nachweiswahrscheinlichkeit von der Strahlungsqualität. Der Dosismessbereich üblicher Thermolumineszenz-Detektoren erstreckt sich von wenigen mGy bis zu einigen 10'000 Gy.

Einige Substanzen sind wegen der empirisch festgestellten LET-Abhängigkeit der Anzeigen einzelner Glowpeaks sogar zur Diskriminierung verschiedener Strahlungsarten geeignet. Sie können also in gemischten Strahlungsfeldern (Neutronen und Photonen) zum quantitativen Nachweis der einzelnen Strahlungsfeldanteile verwendet werden. Der Anwendungsbereich der Thermolumineszenz-Dosimeter in der Medizin ist die in-vivo Dosimetrie am Menschen (klinische Dosimetrie, Strahlenschutzmessungen) und die Untersuchung von Dosisverteilungen als Kontrolle der Therapieplanung. Dazu werden in der Regel sehr kleinvolumige Detektoren verwendet, die für Zwecke der in-vivo-Dosimetrie auch in Glas eingeschmolzen oder in Teflonhüllen eingeschweißt werden. Wegen der Langzeitspeicherung der Dosisinformation werden TLD auch für die Personendosisüberwachung im Strahlenschutz verwendet (z. B. als Fingerringdosimeter oder in Kassetten). TLD spielen außerdem eine bedeutsame Rolle in der Neutronendosimetrie in der Kerntechnik und bei der Umgebungsüberwachung kerntechnischer Anlagen. Da viele natürliche Substanzen wie Knochen, Keramiken, Gesteinsarten und Meteoriten wegen ihrer Langzeitexposition im kosmischen oder terrestrischen Strahlungsfeld erhebliche Thermolumineszenz zeigen, kann die Thermolumineszenzdosimetrie auch zur Alters- und Herkunftsbestimmung dieser Substanzen verwendet werden. Ausführliche Informationen zu Thermolumineszenzdetektoren und zur TL-Dosimetrie finden sich in (Kap. 15).

4.4.4 Radiophotolumineszenz-Detektoren

Bei einer Bestrahlung mit ionisierender Strahlung werden in silberdotierten Aluminium-Metaphosphatgläsern Aktivatorzentren besetzt, die bei anschließender UV-Exposition mit 365 nm im sichtbaren Bereich (orange, 640 nm) fluoreszieren. Diesen Vorgang nennt man **Radiophotolumineszenz**, die Detektoren Radiophotolumineszenz-Dosimeter oder RPL-Dosimeter. Das Fluoreszenzlicht wird mit Photomultipliern mit geeigneter spektraler Filterung nachgewiesen. Da die Bestrahlung mit ultraviolettem Licht die bei der Strahlenexposition besetzten Aktivatorzentren nicht zerstört oder deaktiviert, können solche Detektoren wiederholt und ohne merkliche Löschung ausgelesen werden. Die Intensität der Fluoreszenzstrahlung und damit der Multiplierstrom sind weitgehend dosisproportional (Messbereich etwa $5 \cdot 10^{-4}$ Sv bis 10^3 Sv). Metaphosphatgläser zeigen eine deutliche Energieabhängigkeit vor allem bei kleinen Photonenenergien. Ihre Leuchtintensität ist außerdem von der Bauform (meistens kleine Quader oder Zylinder) abhängig. Durch geeignete Kapselung der Gläser lässt sich diese Richtungs- und Energieabhängigkeit der Anzeige für Strahlenschutzzwecke hinreichend ausgleichen.

Die Anzeigen von Glasdosimetern sind allerdings temperaturabhängig. Dies gilt sowohl für die Dosisspeicherung beim Tragen der Dosimeter als auch für die Lagerzeit zwischen Exposition und Auswertung und den Auswertevorgang selbst. Erwärmung während der Strahlenexposition erhöht oberhalb der Zimmertemperatur die Fluoreszenzausbeute um nur etwa 0,2% pro Grad Celsius, kann also für Strahlenschutzmessungen im allgemeinen vernachlässigt werden. Dagegen macht das thermische Verhalten nach Beenden der Strahlenexposition größere Probleme. Zunächst nimmt die Lichtausbeute bei Zimmertemperatur innerhalb von etwa 24 Stunden bis zu einem Sättigungswert zu. Anschließend kommt es durch thermisches Fading zu einem allmählichen temperaturabhängigen Signalverlust. Um die dadurch bedingten Messunsicherheiten zu vermeiden, werden Glasdosimeter vor der Auswertung gezielt thermisch vorbehandelt. Man erhitzt sie für 10 min auf 100°C und kann so die 24-stündige Wartezeit verkürzen. Zur Sicherheit werden sie zusammen mit Referenzgläsern ausgewertet, deren thermisches Verhalten exakt bekannt ist.

Sollen die Glasdosimeter gelöscht werden, werden sie für mindestens 30 Minuten Temperaturen um 300° bis 400°C ausgesetzt. Dabei werden die besetzten Aktivatorzentren vollständig gelöscht. Sollen die Glasdetektoren als integrierende Dosimeter verwendet werden, dürfen sie natürlich nicht durch Wärmebehandlung gelöscht werden. Das thermische Fading bei normalen Umgebungstemperaturen ist kleiner als 10% in 10 Jahren.

Zusammenfassung

- **Das Bändermodell dient zur schematischen Beschreibung der atomaren Vorgänge in kristallinen oder amorphen Festkörpern.**

- **Aus den diskreten äußeren Energiezuständen im Einzelatom werden durch die Anordnung im Festkörper gemeinsame Elektronenzustände aller im Kristall vorhandenen Atome, die so genannten Energiebänder.**

- **Der letzte mit Elektronen völlig gefüllte Elektronenzustand eines Festkörpers wird als Valenzband bezeichnet, der nächst höher liegende Energiezustand als Leitungsband.**

- **In Isolatoren ist das Leitungsband frei von Elektronen, der energetische Abstand zum Valenzband beträgt mehrere eV (2-8 eV).**

- **In Halbleitern ist energetische Abstand zwischen Valenzband und Leitungsband so gering, dass schon durch thermische Anregung der Festkörper leitend wird.**

- **In Leitern ist entweder das Leitungsband halb mit Elektronen gefüllt oder Valenzband und Leitungsband überlappen energetisch. Dadurch können Elektronen durch externe Spannungen abgesaugt werden oder bei Bandüberlapp ohne äußere Energiezufuhr das Band wechseln.**

- Die gezielte Verunreinigung von Festkörpern mit Fremdatomen wird als Dotierung bezeichnet.

- Durch die Dotierung entstehen zwischen Valenzband und Leitungsband eigentlich verbotene ortsfeste Elektronen- oder Loch-Zustände, die Traps und Aktivatorzentren.

- Bei der Strahlenexposition von isolierenden Festkörpern entstehen frei bewegliche Elektronen oder Lochzustände, die durch Spannungen an externen Elektroden abgesaugt und zum Strahlungsnachweis verwendet werden können. Solche Detektoren werden als Leitfähigkeitsdetektoren bezeichnet.

- In manchen Festkörpern werden angeregte Elektronen aus dem Leitungsband in Störstellen (Traps) eingefangen.

- Das dabei prompt (Fluoreszenz) oder verzögert (Phosphoreszenz) emittierte Licht kann zum Strahlungsnachweis verwendet werden.

- Die prompt emittierenden Detektoren werden als Szintillatoren klassifiziert.

- Szintillatoren haben eine hohe Bedeutung in der Radiologie und Messtechnik als Leuchtschirme, als Gammakameras in der bildgebenden Nuklearmedizin und als Messsonden in der medizinischen Anwendung oder im Strahlenschutz.

- Sind die mit Elektronen bevölkerten Zustände in Traps oder Aktivatorzentren langlebig, kann der Festkörper als speichernder und integrierender Detektor verwendet und zeitversetzt ausgelesen werden.

- Bei der Befreiung der Elektronen oder der Anregung in solchen Zuständen durch erneute Energiezufuhr mit Licht, UV-Strahlung oder Wärmeenergie kann der Festkörper Lumineszenzstrahlung aussenden, die zum quantitativen Nachweis der Strahlenexposition verwendet werden kann.

- Typische Beispiele speichernder Festkörperdetektoren sind die Thermolumineszenzdetektoren, die Speicherfolien für die Röntgendiagnostik und die Radiophotolumineszenzgläser.

Aufgaben

1. Erklären Sie die Begriffe Leitungsband und Valenzband in Festkörpern.

2. Geben sie die typischen energetischen Abstände von Leitungsband zum Valenzband für Isolatoren, Halbleiter und metallische Leiter an.

3. Was sind Traps, was Akzeptorniveaus in Festkörpern? Was versteht man unter einer Störstelle?

4. Erklären Sie die Begriffe Lumineszenz, Fluoreszenz und Phosphoreszenz.

5. Was versteht man unter der Dotierung von Halbleitern? Benennen Sie die beiden unterschiedlich dotierten Halbleitertypen.

6. Was sind die wichtigsten Materialien für Halbleiter-Ionisationsdetektoren?

7. Warum können Isolatoren als Leitfähigkeitsdetektoren verwendet werden, obwohl sie doch isolierend und daher elektrisch nicht leitend sind?

8. Was bedeutet das "Priming" von Leitfähigkeitsdetektoren?

9. Was ist eine Szintillation? Geben Sie die Zusammensetzung der wichtigsten anorganischen Szintillatoren an. Müssen Szintillatoren unbedingt in Form eines Einkristalls vorliegen?

10. Wie funktioniert ein Szintillationszähler? Erklären Sie seinen Aufbau und geben Sie typische Anwendungen in der Strahlungsmesstechnik an.

11. Werden in einem Photomultiplier die Photonen vervielfältigt?

12. Was ist das Prinzip eines Röntgenbildverstärkers?

13. Auf welchem Mechanismus beruht die Verstärkungswirkung einer Verstärkungsfolie?

14. Was versteht man unter einem speichernden Festkörperdetektor? Benennen Sie ein paar typische Detektoren.

15. Geben speichernde Detektoren nur während der Ausleseprozedur Licht ab?

16. Erklären Sie, warum Detektoren wie TLD, Radiophotolumineszenzdetektoren oder Speicherfolien nach jedem Gebrauch gründlich gelöscht werden müssen.

Aufgabenlösungen

1. Das Valenzband ist die Überlagerung der Valenzelektronenzustände der einzelnen im Kristall vorhandenen Atome. Durch die sehr große Anzahl der Valenzelektronen werden die Einzelelektronenzustände zu einem Energieband. Das Leitungsband ist der energetisch nächst höhere Elektronenzustand im Festkörper, der sich aus den Anregungszuständen der Einzelatome zusammensetzt.

2. Die Bandabstände sind bei Isolatoren: 2 - 8 eV, bei Halbleitern: 0,2 - 2 eV. Bei Leitern gibt es entweder einen energetischen Überlapp von Valenzband und Leitungsband oder ein nur halb gefülltes Leitungsband (einwertige Metalle).

3. Traps sind Elektronenzustände zwischen Valenz- und Leitungsband. In ihnen können einzelne Elektronen eingefangen werden. Ihre Zustände sind im Festkörper lokal fixiert. Akzeptorzustände oder Defektelektronenzustände sind die entsprechenden Zustände für Löcher. In ihnen können ebenfalls Anregungszustände bestehen.

4. Lumineszenz ist die Emission von sichtbarem Licht in Festkörpern nach Wiederauffüllen von Elektronen- oder Lochzuständen. Fluoreszenz ist die prompte Lichtemission, Phosphoreszenz die verzögerte Lichtemission. Die Zeitverzögerung kommt bei der Phosphoreszenz durch thermische "Entladung" der angeregten Störstellen zustande.

5. Dotierung von Halbleitern ist der Einbau anderswertiger Fremdatome in einen Halbleiterkristall. Dadurch entstehen Störstellen und örtliche Verformungen des Leitungs- und Valenzbandes. Halbleiter mit 4-wertigen Strukturen und eingebauten 3-wertigen Fremdatomen werden als p-Halbleiter bezeichnet. Werden stattdessen 5-wertige Fremdatome eingebaut, erhält man einen n-Halbleiter.

6. Die wichtigsten Materialien für Halbleiter sind Germanium und Silizium.

7. Isolierende Leitfähigkeitsdetektoren erzeugen bei der Bestrahlung frei bewegliche Elektronen im Leitungsband, die durch am Detektor angelegte Spannung abgesaugt werden können. Prominentes Beispiel ist der Diamantdetektor.

8. Unter Priming versteht man die Vorbestrahlung von Leitfähigkeitsdetektoren vor der dosimetrischen Anwendung. Grund dafür ist das gezielte Auffüllen leerer Traps, um bei Beginn der eigentlichen Messungen ausreichend große und vor allem konstante Signalhöhen zu bewirken. Die Vorbestrahlung kann entweder mit einer Dauerbestrahlung mit schwachen radioaktiven Präparaten bei der Lagerung des Detektors (bei CdS- und CdSe-Detektoren) oder durch kurzfristige Vorbestrahlung unmittelbar vor der eigentlichen Dosimetrie direkt an der zu untersuchenden Strahlungsquelle vorgenommen werden (üblich bei Diamanten).

9. Szintillation ist die Erzeugung von Licht in Festkörpern, die durch fluoreszierende Abregung von Traps oder Exzitonen sichtbares Licht erzeugen. Wichtige anorganische Szintillatoren sind mit Thallium dotierte Alkalihalogenide wie NaI:Tl oder CsI:Tl. Szintillatoren können auch aus Gläsern oder gemahlenen Kristallen bestehen. Voraussetzung für ihr Funktionieren ist allerdings die ungestörte Lichtabgabe an die lichtempfindlichen Detektoren wie z. B. Photomultiplier.

10. Ein Szintillationszähler besteht aus einem auf drei Seiten lichtdicht gekapselten Szintillationsmaterial, z. B. einem Kristall, einem angekoppelten lichtempfindlichen Detektor wie einem Photomultiplier und einer nachgeschalteten Verstärkungs- und Nachweiselektronik. Typische Einsatzgebiete sind die Spektrometrie, Dosismessungen im Strahlenschutz, Bohrlochdetektoren zum Nachweis kleiner Aktivitäten und Gammakameras in der Nuklearmedizin.

11. Nein, vervielfältigt werden die in einer Photokathode ausgelösten "primären" Photoelektronen, die durch eine angelegte Stufenspannung auf eine Abfolge von Dynodenblechen beschleunigt werden und mit ihrer erhöhten Geschwindigkeit dort selbst weitere Elektronen auslösen können. Vervielfältigt werden also die Photoelektronen. Der Photomultiplier ist also ein Sekundärelektronenvervielfältiger SEV.

12. In einem Röntgenbildverstärker werden auf einer Photokathode ausgelöste Elektronen mit einigen 10 kV (typisch 25 kV) auf einen Ausgangsleuchtschirm beschleunigt und fokussiert. Wegen ihrer höheren Bewegungsenergie erzeugen sie dort ein wesentlich helleres Bild als auf dem Eingangsleuchtschirm. Durch diesen Verstärkungseffekt kann im Vergleich zu einem einfachen Leuchtschirm sehr viel Dosis gespart werden.

13. Verstärkungsfolien übersetzen das "Röntgenlicht" in einen für Filme günstigeren Spektralbereich (sichtbares Licht). Dort sind die Filme durch erhöhte Wechselwirkungsraten wesentlich empfindlicher für Schwärzungen.

14. In speichernden Festkörperdetektoren werden Trapzustände oder Akzeptorzustände mit den jeweiligen Ladungsträgern (Elektronen, Löcher) bei Bestrahlung dauerhaft besetzt. Zum Auslesen müssen diese Ladungsträger durch geeignete Energiezufuhr angeregt werden. Die Abregungsquanten (Licht, UV) werden dann in lichtempfindlichen Detektoren nachgewiesen. Wichtige speichernde Festkörperdetektoren sind die Thermolumineszenzdetektoren, die Speicherfolien und die Phosphatgläser.

15. Nein, auch bei speichernden Detektoren kommt es wie bei anderen Szintillatormaterialien zur prompten Lichtemission während der Bestrahlung. TLDs oder Speicherfolien leuchten also ähnlich wie Verstärkungsfolien während der Bestrahlung auf.

16. Der Grund für die intensive Löschung an speichernden Detektoren nach dem Auslesen des Nutzsignals ist der mögliche Wiedereinfang der beim Auslesen in das
Leitungsband angehobenen Trapelektronen. Bei TLDs wird die intensive Löschpro-
zedur als Postannealing bezeichnet. Etwa 1% der angeregten Traps wird in TLDs
beim Ausheizen erneut gespeichert, so dass ohne Löschung ein ständig zunehmender Untergrund entstehen würde. Bei bildgebenden Detektoren wie den Speicherfolien werden bis zu 50% der angehobenen Elektronen erneut eingefangen, so dass
das vorherige Bild mit der halben ursprünglichen Intensität neben der neuen Bildinformation erhalten bliebe. Speicherfolien werden deshalb nach jedem Auslesen
durch intensive Laserbestrahlung gelöscht.

5 Weitere Detektorarten

In diesem Kapitel werden weitere für die Dosimetrie und die Strahlungsmessung wichtige Detektorprinzipien dargestellt. Neben den chemischen Detektoren, die auf dem Auslösen einer makroskopisch nachweisbaren chemischen Reaktion beruhen, wird die Filmemulsion, ein bis heute wichtiger Detektor der Dosimetrie und der bildgebenden Radiologie, detailliert beschrieben. Die anschließend dargestellten Kalorimeter werden zunehmend als Primärnormalstandard für die Dosimetrie eingesetzt. Die für die Strahlungsmessung weniger bedeutenden Nachweisverfahren wie Elektronenspinresonanz, die Exoelektronenemission und das Lyolumineszenzverfahren werden nur kurz erläutert.

5.1 Chemische Detektoren

Der Nachweis ionisierender Strahlung durch chemische Reaktionen beruht auf einer makroskopisch beobachtbaren und quantifizierbaren Reaktion in einem geeigneten Medium. Solche Reaktionen können die Oxidation gelöster Substanzen und eine damit verbundene Einfärbung sein, die Radikalerzeugung im bestrahlten Medium, der Bruch von Kettenmolekülen in organischen Festkörpern, mit Farb- oder Transparenzänderungen verbundene Modifikationen anorganischer Substanzen wie Kristalle oder Gläser oder Polymerisationsprozesse mit einer Änderung des Absorptionsverhaltens bei der Bestrahlung mit sichtbarem Licht. Einige chemische Detektoren dienen deshalb im Wesentlichen zum Nachweis hoher Dosen wie beispielsweise in der industriellen Fertigung. Sie sind wegen ihrer Unempfindlichkeit nicht für Niedrigdosismessungen geeignet, wie sie z. B. in der Personenüberwachung im Strahlenschutz benötigt werden.

Oxidationsdosimeter: Das bis vor kurzem am meisten verwendete chemische Oxidationsdosimeter ist das **Eisensulfatdosimeter**. Es beruht auf der strahleninduzierten Oxidation von zweiwertigen Eisenionen (Fe^{2+}) in einer luftgesättigten, wässrigen Schwefelsäurelösung. Die Oxidation verläuft irreversibel. Die Konzentration der produzierten Fe^{3+}-Ionen ist zur Energiedosis proportional. Sie wird über die Extinktion der Messlösung in einem Spektralphotometer bei einer Wellenlänge von 304 nm (ultraviolett) gemessen. Mit Eisensulfatdosimetern lassen sich Energiedosen von etwa 10 Gy bis 400 Gy erfassen. Die Messlösung für Photonenstrahlung mit effektiven Energien oberhalb von 50 keV und für Elektronenstrahlung besteht aus einer schwefelsauren Eisen(II)-Sulfat-Lösung mit einem Zusatz von NaCl. Die Messunsicherheit dieses Verfahrens hängt sehr wesentlich vom sauberem Arbeiten und der genauen Einhaltung der präparativen Bedingungen ab. Reduziert man alle möglichen Fehler auf den kleinsten erreichbaren Wert, lassen sich Energiedosen mit Genauigkeiten im Prozentbereich messen (Reproduzierbarkeit ±1%, Unsicherheit im Ausbeutefaktor und im molaren Extinktionskoeffizienten der Messlösung etwa ±2%).

Eisensulfatkalibrierung: Wegen der hohen Anforderungen an die absolute Genauigkeit der klinischen Dosimetrie (vgl. Kap. 7.2) müssen nach dem Medizinprodukte-Gesetz neben den täglichen Routinekontrollen der Dosimeter in regelmäßigen Ab-

© Springer Fachmedien Wiesbaden GmbH, ein Teil von Springer Nature 2021
H. Krieger, *Strahlungsmessung und Dosimetrie*,
https://doi.org/10.1007/978-3-658-33389-8_5

ständen Dosimetrievergleiche auf nationaler Ebene durchgeführt werden. Die Physika-lisch-Technische Bundesanstalt (PTB) bot dazu bis zum Jahr 2000 ein- bis zweimal jährlich den so genannten **Eisensulfatdienst** an. Dabei wurde von der PTB Frickedosi-meter (Eisensulfatlösungen in abgeschmolzenen Glasampullen) verschickt, die unter festgelegten Bedingungen zusammen mit Ionisationsdosimetern bestrahlt wurden. Das für die Bestrahlung benötigte Wasserphantom und die Halterungen für Ionisationskam-mern und Ampullen konnten entweder von der PTB gegen geringe Gebühren ausgelie-hen oder auch käuflich erworben werden. Die Dosimeter mussten aus Gründen der Ge-nauigkeit und wegen der geringen Empfindlichkeit der Eisensulfatdosimeter mit Ener-giedosen von etwa 40 Gy bestrahlt werden. Kalibrierungen wurden für ultraharte Pho-tonenstrahlungen (^{60}Co-Gammastrahlung und Photonen aus Beschleunigern) sowie für schnelle Elektronen (ab 12 MeV) durchgeführt. Ein Teil der Ampullen (mindestens 4 Stück) blieb unbestrahlt und wurde zu Vergleichszwecken mit ausgewertet. Nach der Auswertung durch das nationale Dosimetrielabor erhielt der Einsender ein Zertifikat, in dem die tatsächlich auf die Dosimeter eingestrahlten Energiedosen bescheinigt wurden.

Der Eisensulfatdienst durch die Physikalisch-Technische Bundesanstalt wurde einge-stellt. Die zentralen Dosimetriekontrollen werden jetzt durch die Messtechnischen Kon-trollen (MTK) zugelassener Dosimetrielabors ersetzt, die sich in der Regel bei den Do-simeterherstellern befinden. Stehen in den Strahlentherapieabteilungen noch Kobaltan-lagen zur Verfügung, kann durch eigene Anschlussmessungen während der an diesen Anlagen gesetzlich vorgeschriebenen halbjährlichen dosimetrischen Überprüfungen wenigstens die Richtigkeit der Anzeige der für die klinische Dosimetrie verwendeten Dosimeter für Kobalt-Gammastrahlung überprüft werden (Konstanzprüfung), sofern früher mindestens eine Eisensulfatkalibrierung oder eine sonstige nationale Anschluss-messung an den im Einsatz befindlichen Ionisationskammern durchgeführt wurde. In diesem Zusammenhang ist es günstig, eine der so kalibrierten Kammern aus dem Rou-tinebetrieb herauszunehmen und als hauseigenen, internen Standard zu verwenden, so-fern die finanzielle Lage dies ermöglicht. Ohne eigene Kobaltanlage entfällt diese ein-fache und preiswerte Prüfmöglichkeit.

Weitere chemische Oxidationsdosimeter enthalten gelöstes Kupfersulfat oder Cersulfat und sind je nach Konzentration und Reinheit der verwendeten Substanzen für die Dosi-metrie von Dosen bis 10^5 Gy zu verwenden. Praktische Details zur Oxidationsdosimet-rie finden sich in ([Kohlrausch], II) und in [DIN 6800-3].

Verfärbungsdetektoren: Optisch transparente Festkörper wie Kristalle, Gläser oder Kunststoffe mit Beimengungen farbgebender Spurenelemente können durch Strahlen-exposition verfärbt werden oder ihre optische Dichte (die Transparenz) ändern. Diese Änderungen der optischen Eigenschaften sind in der Regel nicht dosisproportional und erst bei hohen Dosen mit ausreichender Genauigkeit nachzuweisen. Ihr Nachweis ge-schieht entweder durch Analyse der Farbdichte und Farbe mit Kolorimetern oder besser durch Messungen der optischen Dichte bei materialabhängigen Wellenlängen mit Hilfe von Densitometern. Praktische Bedeutung haben Gläser, die mit Spuren von Silber,

Kobalt, Magnesium, Mangan oder anderen Schwermetallen verunreinigt sind. Durch die Strahlenexposition bilden sich aktivierte Farbzentren. Der Nachweis der Strahlenexposition geschieht mit Hilfe von Photometern. Eine Reihe transparenter Kunststoffe verfärbt sich ebenfalls bei einer Strahlenexposition durch Bildung von Farbzentren. Solche Farbzentren entstehen z. B. durch Bruch organischer Kettenmoleküle oder durch Radikalbildung. Organische Verfärbungsdosimeter zeigen einen von den Umgebungsbedingungen wie Temperatur, Sauerstoffdruck, Luftfeuchte und Lichtintensität abhängigen Signalverlust (Fading). Die Detektoren sollten deshalb so schnell wie möglich nach der Strahlenexposition ausgewertet werden. Die wichtigsten organischen Detektormaterialien sind klares oder eingefärbtes Plexiglas (PMMA: Polymethylmethacrylat), Zelluloseacetat, Zellophan und verschiedene Polyamide. Um eine signifikante Anzeige der Verfärbungsdosimeter zu bewirken, müssen Dosen im Bereich von 10^3 bis 10^8 Gy angewendet werden. Die Extinktion der organischen Substanzen wird je nach Material bei Wellenlängen zwischen etwa 300 nm (UV) und 650 nm (rot) bestimmt. Details und Literaturhinweise finden sich in [Reich] und ([Kohlrausch], Band II).

Radiochromfilme: Radiochromfilme enthalten kurze zur Polymerisation fähige ungesättigte Kohlenwasserstoffverbindungen in der Regel in der Form von Dimeren des Acetylens (Ethin: C_2H_2) in kristalliner Anordnung. Werden solche Moleküle UV-Licht, ionisierender Strahlung oder ausreichend intensiver Wärmestrahlung ausgesetzt, verbinden sich die Kohlenstoffverbindungen zu langen Ketten, sie polymerisieren. Dabei ändert sich das optische Absorptionsverhalten der Substanz. Die Filme färben ohne weitere farbfilternde Maßnahmen blau ein und zeigen dann bei der Auswertung in einem

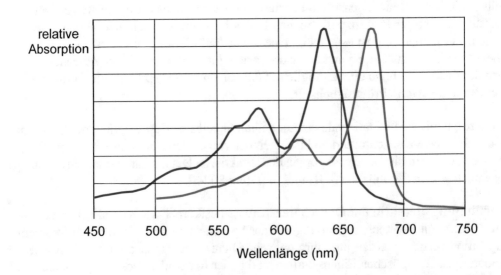

Fig. 5.1: Typisches Absorptionsverhalten verschiedener bestrahlter Radiochromfilme als Funktion der Wellenlänge (Daten nach Firmenunterlagen des Herstellers der Gafchromic Filme Fa. ISP).

Scanner oder einem Densitometer je nach Konfektionierung der Folien und verwendeten Farbfiltern ein weitgehend dosisproportionales Absorptionsverhalten bei Wellenlängen im Rotbereich (Wellenlängen zwischen etwa 550 und 700 nm).

Die Filme bestehen aus zwei aktiven Schichten des eigentlichen Detektormaterials zwischen zwei verschweißten Polyesterfolien. Die Filme können in beliebige Formen ge-
schnitten und unter Tageslichtbedingungen hantiert werden. Allerdings muss die Orientierung der Filme markiert werden, da die Signale bei der Auswertung im Scanner wegen der Kristallausrichtung etwas unterschiedliche Ansprechvermögen je nach Orientierung zur Scanrichtung zeigen. Der Markenname der zurzeit auf dem Markt befindlichen Radiochrom-Filme ist "Gafchromic". Der Hersteller (ISP) beschreibt in seiner Pro-
duktbeschreibung sehr ausführlich das Handling, die dosimetrischen Eigenschaften und
die Auswerteprozeduren seines Produktes. Für weitere Details sei deshalb auf die Firmenunterlagen verwiesen. Aktuelle Hinweise zur Dosimetrie mit Radiochromfilmen
finden sich in [AAPM TG 235, 2020].

5.2 Elektronenspinresonanz

Werden kristalline Festkörper einem ionisierenden Strahlungsfeld ausgesetzt, entstehen
unter anderem freie, elektrisch neutrale Molekülfragmente, die Radikale. Wegen ihrer
räumlichen Fixierung im Kristall bleiben sie trotz ihrer chemischen Reaktivität als freie
Radikale bestehen, da sie keine geeigneten Reaktionspartner finden. Ihr Nachweis geschieht mit der so genannten Elektronenspinresonanz (ESR). Dabei werden Proben mit
freien Radikalen in ein statisches Magnetfeld gebracht, so dass die Energiezustände
freier Elektronen in den Radikalen energetisch aufspalten. Durch ein überlagertes hoch-
frequentes magnetisches Wechselfeld können resonanzartige Übergänge zwischen diesen Elektronenniveaus angeregt werden. Der Nachweis geschieht durch Messung der
bei der Resonanzfrequenz absorbierten Mikrowellenleistung. Das magnetische Wechselfeld hat Frequenzen im Mikrowellenbereich (Frequenz etwa 1 GHz). Die Resonanz-
amplitude ist proportional zur Zahl der freien Radikale im Festkörper. Die wichtigste
Dosimetersubstanz ist die Aminosäure Alanin[1], die leicht in sehr reiner Form und als
großvolumige Kristalle hergestellt werden kann. In Alanindosimetern wird die Dosimetersubstanz allerdings in Pulverform verwendet, um eventuelle Richtungsabhängigkeiten bei der Auswertung auszuschließen. Mit Alanin können Dosen zwischen etwa 5 Gy
und 10^6 Gy mit ausreichender Genauigkeit nachgewiesen werden. Alanindosimeter zeigen ein von der Temperatur und der Luftfeuchte abhängiges Fading. Ihre Anzeigen sind
außerdem nur für Dosen bis etwa 10^4 Gy dosisproportional, bei höheren Dosen wird
allmählich eine Sättigung erreicht. Alanindosimeter werden also wie auch chemische
Dosimeter vor allem zum quantitativen Nachweis hoher Dosen z. B. in der industriellen
Fertigung oder Forschung verwendet.

---

[1] Die Summenformel von Alanin ist $C_3H_7NO_2$.

5.3 Filmemulsionen

Mit Fotoemulsionen lassen sich alle Arten ionisierender Strahlung nachweisen. Sie bestehen meist aus Bromsilberkristallen (AgBr, Durchmesser 0,2 μm bis 2 μm), die in fein verteilter Form in Bindemittel (Gelatine, Kunststoffe) eingebettet und auf einen geeigneten Träger aufgebracht werden. Als Träger für solche Schichten dienen Kunststofffolien (z. B. Acetylzellulose für fotografische Filme), Papier oder Glasscheiben (fotografische Platten). Mit Fotoemulsionen lassen sich Spuren einzelner Strahlungsteilchen oder auch Dosisverteilungen über ausgedehnte Flächen, die nicht notwendig eben sein müssen, bestimmen. Davon macht man z. B. in der Strahlentherapie Gebrauch, um Dosisverteilungen im Strahlenbündel einer Therapieanlage zu messen. In der Strahlendiagnostik und bei technischen Anwendungen nutzt man Dosisverteilungen zur Abbildung von Körperstrukturen (Röntgenaufnahmen). Im Strahlenschutz werden in erheblichem Umfang Filmdosimeter zur Messung der Personendosis strahlenexponierter Personen nach der Strahlenschutzgesetzgebung eingesetzt.

Ein in der Filmemulsion freigesetztes primäres Elektron aus einer Photoeffekt- oder Comptonwechselwirkung kann auf seinem Weg durch die Emulsion je nach Energie zwischen 10^8 und 10^{11} Silberatome aktivieren, die dann bei der Entwicklung chemisch zu elementarem Silber reduziert werden. Dieses bewirkt eine makroskopisch feststellbare Schwärzung des Filmes. Diese Schwärzung ist also ein Maß für die bei der Belichtung des Filmes eingestrahlte "Strahlungsmenge". Sie wird in der Filmdosimetrie als Maß für die absorbierte Energiedosis, in der sonstigen Photometrie als Maß für die absorbierte Lichtmenge mit Hilfe **Densitometern** bestimmt.

5.3.1 Transmission und optische Dichte

Das Verhältnis des Lichtstromes hinter dem Film und des auf den Film einfallenden Lichtstromes wird als **Transmission T** bezeichnet[2]. Die **optische Dichte S** einer fotografischen Schicht, die früher als Schwärzung bezeichnet wurde, ist definiert als der negative dekadische Logarithmus dieser Transmission. Bezeichnet man den auftreffenden Lichtstrom mit Φ_0, den Lichtstrom hinter der Filmemulsion mit Φ, erhält man für die optische Dichte:

$$S = -^{10}log(T) = {}^{10}log\,(1/T) = {}^{10}log(\Phi_0/\Phi) \qquad (5.1)$$

Werden zwei Schichten mit den optischen Dichten S_1 und S_2 hintereinander betrachtet, erhält man für die Gesamttransmission T_{tot} das Produkt der Einzeltransmissionen T_1 und T_2, für die resultierende optische Dichte S_{tot} wegen der Logarithmenbildung die Summe der beiden optischen Dichten.

---

[2] Der Kehrwert der Transmission wird auch als Opazität bezeichnet.

$$T_{tot} = T_1 \cdot T_2 \tag{5.2}$$

$$S_{tot} = -{}^{10}log(T_1 \cdot T_2) = -({}^{10}logT_1 + {}^{10}logT_2) = S_1 + S_2 \tag{5.3}$$

Schwächt ein Film die Lichtintensität auf 1/10, beträgt die Transmission $1/10 = 10^{-1}$. Die optische Dichte ist dann $S = -log(10^{-1}) = 1$. Röntgenfilme für die bildgebende Diagnostik sollen in der Regel so belichtet werden, dass sie etwa die optische Dichte 1 über Grundschleier aufweisen, da dann die Fähigkeiten des menschlichen Auges zur Auflösung und zur Erkennung unterschiedlicher Graustufen optimal sind. Bei einer 1:100-Schwächung ist die optische Dichte $S = 2$; bei einer Transmission von nur noch ein Promille hat die optische Dichte den Wert $S = 3$. Filme mit einer optischen Dichte von 3 erscheinen dem normal adaptierten menschlichen Auge bei Tageslichtverhältnissen bereits völlig undurchsichtig. Werden zwei Filme hintereinander gelegt, deren Einzeltransmissionen jeweils $T = 1$ betragen, ist die Gesamttransmission $T_{tot} = 1/10 \times 1/10 = 1/100$, die optische Dichte beider Filme zusammen beträgt deshalb $S = 2$.

5.3.2 Messung der optischen Dichte

Optische Dichten werden mit speziellen Photometern, den Densitometern gemessen. Ein Densitometer besteht im Prinzip aus einer Beleuchtungslampe zur Erzeugung eines Lichtbündels, einer Photozelle zur Messung des Lichtstromes hinter dem Film (Fig. 5.2) und einer logarithmischen Anzeige der Lichtintensitäten. Die Messung der optischen

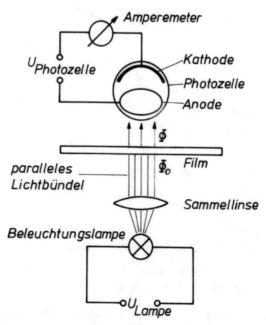

Fig. 5.2: Prinzip eines Densitometers zur Messung der optischen Dichte (Schwärzung) von fotografischen Schichten.

Dichte erfolgt in zwei Schritten. Jeder Film hat eine gewisse Grundschwärzung, die man als **Grundschleier** bezeichnet. Er wird durch die natürliche radioaktive Umweltstrahlung, durch eine Grundtrübung der Emulsionen und andere thermisch und chemisch bedingte Abläufe hervorgerufen. Zur Verringerung des temperaturabhängigen Anteils des Grundschleiers sollen frische Filme für die Dosimetrie im Kühlschrank oder kühler Atmosphäre, wegen der chemischen Empfindlichkeit abseits von Chemikalien gelagert werden.

Der negative dekadische Logarithmus der Transmission eines unbelichteten, aber entwickelten Films ist die optische Dichte der Filmunterlage einschließlich des Grundschleiers des Films. Der belichtete, durch Strahlung geschwärzte Film liefert einen geringeren Lichtstrom und eine entsprechende höhere optische Dichte. Die durch Bestrahlung allein erzeugte optische Dichte ist dann die Differenz beider Dichtewerte. Moderne Densitometer erlauben die automatische Subtraktion des Grundschleiers.

Trägt man die optische Dichte über der Dosis auf, erhält man die **optische Dichtekurve** eines Films. Den typischen S-förmigen Verlauf einer Dichtekurve zeigt Fig. (5.3). In der gewählten doppeltlogarithmischen Darstellung gibt es vier typische Bereiche. Die Kurve beginnt mit einem Dichtewert, der durch den **Grundschleier** des Filmes bewirkt wird. Wird dieser Grundschleier bei der Auswertung bereits automatisch korrigiert (s. o.), beginnt die Ordinate bei $S = 0$. Dem anschließenden **Übergangsbereich**

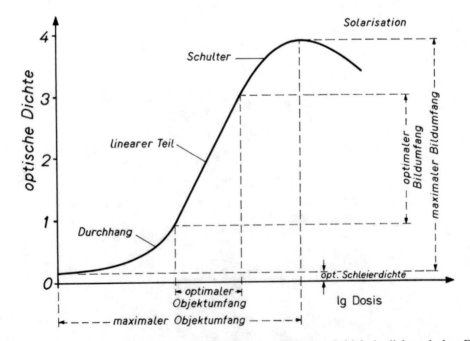

Fig. 5.3: Schematische optische Dichtekurve einer fotografischen Schicht im lichtoptischen Bereich. In der Photometrie wird auch die Belichtung als Abszisse verwendet.

(Durchhang) folgt ein quasilinearer Bereich, in dem die optische Dichte in guter Näherung proportional zum Logarithmus der Dosis ist. Dieser **lineare Bereich** wird als Messbereich in der Filmdosimetrie benutzt, da in ihm eine eindeutige und messtechnisch signifikante Zuordnung einer Strahlenexposition zur optischen Dichte möglich ist.

Nach der deutschen Norm [DIN 6800-4] beginnt der nutzbare Messbereich eines Films bei der optischen Dichtedifferenz von 0,05 über dem Grundschleier und endet bei 80% der maximalen Schwärzung des Films. Im streng linearen Bereich führt die Erhöhung der Dosis um einen bestimmten Faktor unabhängig von ihrem absoluten Wert immer zu einem konstanten Dichteunterschied. Das Verhältnis von optischer Dichtedifferenz und Logarithmus des Dosisverhältnisses wird als Kontrastfaktor, als Steilheit oder als **Gradation γ** bezeichnet.

$$S_2 - S_1 = \Delta S = \gamma \cdot \Delta log\ (D_2/D_1) = \gamma \cdot (log\ D_2 - log\ D_1) \tag{5.4}$$

Die Gradation ist für eine bestimmte Filmemulsion charakteristisch. Filme mit hoher Gradation liefern sehr kontrastreiche Bilder, die im Grenzfall fast reine Schwarz-Weiß-Darstellungen sein können. Emulsionen mit kleiner Gradation zeichnen dagegen weicher, sie erlauben die simultane Darstellung vieler Graustufen. Der lineare Teil der Dichtekurve geht bei höheren Dosen in eine **Dichteschulter** über. Werden Filme in diesem Bereich belichtet, führt dies zu flauen, kontrastarmen Bildern. Die optische Dichtekurve geht danach in einen Sättigungsbereich über, in dem die Dichte unabhängig von der Exposition wird. Bei noch höheren Dosen nimmt die optische Dichte wieder ab. Diesen Bereich nennt man den **Solarisationsbereich**.

Die Gradation und der gesamte Verlauf einer Dichtekurve hängen von der Herstellungscharge, den individuellen Entwicklungsbedingungen und der Energie und Art des eingestrahlten Strahlungsfeldes ab. Filmemulsionen sind deshalb untauglich für die absolute Dosimetrie. Sollen sie für die Dosimetrie eingesetzt werden, müssen sie vorher "individuell", d. h. chargenweise kalibriert werden. Dazu wird die optische Dichte von Filmen der gleichen Charge unter konstanten Entwicklungsbedingungen als Funktion der Filmdosis gemessen und der Empfindlichkeitsfaktor bestimmt.

Das **Ansprechvermögen** einer Filmemulsion ist definiert als das Verhältnis der durch eine Strahlenexposition bewirkten, auf den Grundschleier korrigierten optischen Dichte zur Energiedosis am Ort des Films. Für Photonenstrahlung zeigt es ein durch die atomare Zusammensetzung der Emulsion begründetes Maximum bei etwa 35 keV Photonenenergie und fällt dann fast um den Faktor 40 auf nahezu konstante Werte bei Photonenenergien um 500 keV. Oberhalb von 500 keV ist die Abhängigkeit von der Photonenenergie vergleichsweise gering. Für Elektronenstrahlung fällt das Ansprechvermögen von einem Maximum bei etwa 100 keV auf ungefähr die Hälfte bei 500 keV und bleibt dann ebenfalls ziemlich konstant. Filme mit einem hohen Ansprechvermögen werden in der Fotografie als "schnell" bezeichnet. Sie besitzen besonders große

Silberbromid-Kristalle und haben deshalb nur eine verminderte räumliche Auflösung. Filme mit kleinem Ansprechvermögen haben ein feineres Korn, sie sind feinzeichnend.

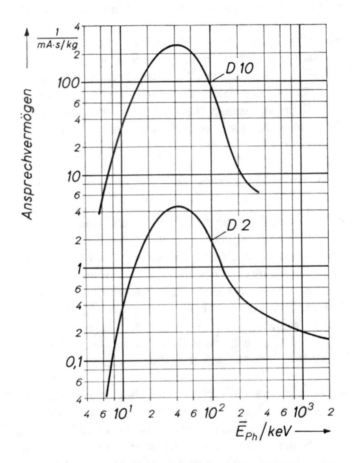

Fig. 5.4: Ansprechvermögen von Dosimeterfilmen für Photonenstrahlung (D2: unempfindlich; D10: empfindlich) für die durch Strahlung verursachte optische Dichte S = 1 nach Messdaten der GSF in Neuherberg.

Wegen der ausgeprägten Abhängigkeit der Dosisanzeige von der Strahlungsart und der Strahlungsqualität ist der kritiklose Einsatz von Filmen für die Messung von Dosisverteilungen weicher Röntgen- oder Elektronenstrahlung in Materie besonders problematisch, da sich bei diesen Strahlungsarten und -qualitäten die spektrale Zusammensetzung des Strahlenbündels erheblich mit der Tiefe im Phantom ändert und damit auch die Nachweisempfindlichkeit der Filmemulsion. Das Ansprechvermögen ist bei Strahlenexposition mit ionisierender Strahlung anders als bei einer Bestrahlung mit sichtbarem Licht weitgehend unabhängig von der Dosisleistung. Filme zeigen nach der Belichtung ein Nachlassen des latenten Bildes. Dieses Fading nimmt mit der Empfindlichkeit des Filmes zu und hängt von der Temperatur bei der Aufbewahrung und sonstigen Umgebungsbedingungen ab. Filme, mit denen eine hohe Messgenauigkeit erreicht werden soll, müssen deshalb unmittelbar nach der Belichtung entwickelt werden. Sollen Filme wie bei Personendosismessungen über längere Zeit exponiert werden, vermindert dies die erreichbare Dosisgenauigkeit.

5.4 Kalorimeter

Wird Absorbern Energie zugeführt und dort vollständig absorbiert, führt dies zu einer Erwärmung der bestrahlten Substanz und einer Erhöhung ihrer Temperatur. Durch Messung der Temperaturdifferenz vor und nach einer Strahlenexposition sollte es also möglich sein, die absorbierte Energie pro Masse, die Energiedosis, zu bestimmen. Voraussetzung für eine präzise kalorimetrische Messung ist, dass bei der Bestrahlung der überwiegende Anteil der absorbierten Energie tatsächlich in Wärme umgesetzt wird und die nicht zur Erhöhung der Temperatur verbrauchte Energie entweder verschwindend gering oder sehr genau bekannt ist. Werden reale Absorber bestrahlt, wird allerdings je nach Material und seiner physikalischen und chemischen Beschaffenheit ein Teil der absorbierten Energie tatsächlich in chemischen Umwandlungen oder für strukturelle Veränderungen im Kristallgitter verbraucht. Dieser Anteil, der so genannte **kalorische Defekt h**, verfälscht kalorimetrische Messungen. Er ist definiert als die relative Differenz von absorbierter Energie E_a und dem Energieanteil E_h, der als Wärme erscheint.

$$h = \frac{E_a - E_h}{E_a} \qquad (5.5)$$

Dieser kalorische Effekt kann endotherm sein, sich also als Verlust an Energie darstellen, er kann aber bei entsprechender Zusammensetzung und Verunreinigung der Proben auch exotherm werden, also zusätzliche Energie liefern. Ein typisches Beispiel in Wasser ist die Erzeugung von Wasserstoffperoxid H_2O_2 nach Radikalbildung, das bei der nächsten Bestrahlung durch chemische Umwandlung dann zusätzlich Energie liefert. Die erforderlichen Korrekturen des kalorischen Defektes erhöhen prinzipiell die Messunsicherheit der Kalorimetrie. Im Idealfall findet man eine strenge Proportionalität von Dosis und Temperaturdifferenz. Die Temperaturdifferenz ist bei einer gegebenen Energiedosis umso größer, je kleiner die Masse und die spezifische Wärmekapazität des Absorbers ist.

Mit Hilfe des massenspezifischen Energiebedarfs zur Temperaturerhöhung um 1 °C, dem mechanischen Wärmeäquivalent (spezifische Wärmekapazität), kann man die Größenordnung einer Temperaturerhöhung bei der Bestrahlung eines Probekörpers abschätzen. Sein Zahlenwert ist für Wasser 4186,8 J/(K·kg), für Graphit beträgt er nur 700 J/(K·kg). Bei einer Energiedosis von beispielsweise 1 Gy = 1 J/kg in Wasser, erhöht sich die Wassertemperatur um 1/4186,8 (K·Gy·kg/J) = 0,00024 K, in Graphit dagegen um etwa 0,0014 K, also um fast das Sechsfache. Solche kleinen Temperaturdifferenzen sind nur mit großem Aufwand exakt zu messen. Sollen z. B. die Temperaturunterschiede mit nur 1% Fehler bestimmt werden, müssen die Temperaturen mit etwa 10^{-6} bis 10^{-5} K Genauigkeit gemessen werden. Kalorimetrische Methoden sind deshalb keine dosimetrischen Routineverfahren für die alltägliche Praxis, sondern werden vor allem in der Fundamentaldosimetrie und zu Eich- und Kalibrierzwecken verwendet.

In der praktischen Kalorimetrie werden meistens Graphit oder Wasser als Probekörper benutzt. Graphit hat eine hohe Wärmeleitfähigkeit, eine kleine spezifische Wärmekapazität und einen verschwindend kleinen kalorischen Defekt. Dies führt einerseits zu einem vergleichsweise schnellen thermischen Ausgleich im Probekörper und andererseits zu deutlichen Temperaturdifferenzen durch die Exposition. Allerdings müssen Graphitprobekörper wegen der guten Wärmeleitfähigkeit thermisch sehr gut gegen die Umgebung isoliert werden. Die Wärmeleitfähigkeit von Wasser ist dagegen fast um den Faktor 200 kleiner, seine spezifische Wärmekapazität aber um den Faktor 600 größer. In Wasserprobekörpern findet der thermische Ausgleich deshalb langsamer statt, die absorbierte Energie bleibt über eine bestimmte Zeit lokal "gespeichert". Der Isolieraufwand ist bei Wasser wegen der schlechteren Wärmeleitfähigkeit auch wesentlich geringer als bei Graphit. Die erwartete Temperaturerhöhung ist wegen der großen Wärmekapazität des Wassers kleiner als in Graphit. Die Temperaturdifferenzen werden mit

Fig. 5.5: Das Wasserkalorimeter der Physikalisch-Technischen Bundesanstalt in Braunschweig (PTB). Links im Bild befindet sich die ^{60}Co-Quelle, in der Mitte befindet sich der Container mit dem Wasserkalorimeter. Das rot markierte Quadrat ist das Strahleintrittsfenster. Rechts daneben befindet sich das Kühlaggregat, mit dem das Wasser im Phantom zunächst auf 4°C gekühlt wird, um die Wärmeumverteilung durch Konvektion zu mindern (die höchste Wasserdichte besteht bei dieser Temperatur). In der rechten Abbildung sieht man den hinten geöffneten Container mit dem Wasserkalorimeter und einigen Versorgungsaggregaten (mit freundlicher Genehmigung der PTB).

hochempfindlichen Thermowiderständen (Thermistoren) oder mit Thermoelementen gemessen. Wasser zeigt wegen der bekannten Radikalbildung allerdings einen deutlichen kalorischen Defekt.

Die Physikalisch-Technische Bundesanstalt PTB in Braunschweig hat einen nationalen Wasserenergiedosisstandard als Primärnormal-Messeinrichtung mit Hilfe eines Wasserkalorimeters realisiert (s. Fig. 5.5). Dies gelingt trotz der großen Probleme mit dem kalorischen Defekt des Wassers unter anderem durch eine ausgeklügelte Methode zur Verminderung der Wasserradikale nach Radiolyse des Wassers im Messvolumen ([Krauss 2006], private Mitteilung A. Krauss). Zur Minimierung des kalorischen Defekts durch Radikalbildung besteht das Messvolumen aus hoch reinem destilliertem Wasser mit einer Stickstoff- oder Wasserstoffsättigung und einer maximalen relativen Beimischung organischer Substanzen von $<4\cdot10^{-9}$. Für diese Konfiguration zeigen Modellrechnungen einen verschwindenden kalorischen Defekt (h = 0) bei einer einmaligen Vorbestrahlung des Detektorinhaltes. Der Zusammenhang von Energiedosis und Temperaturerhöhung wird durch die folgende Gleichung beschrieben.

$$D_w = c_p \cdot \frac{1}{1-h} \cdot \prod_i k_i \cdot \Delta\vartheta \qquad (5.6)$$

Fig. 5.6: Der Detektor des Wasserkalorimeters der PTB. Der Flachzylinder aus dünnem Glas (Fensterstärke 0,7 mm, Zylinderwand 2,5 mm) enthält das hochreine und präparierte Wasser und zwei in Glaspipetten eingeschmolzene Thermistoren, die den Temperaturanstieg des Detektorwassers messen (mit freundlicher Genehmigung der PTB).

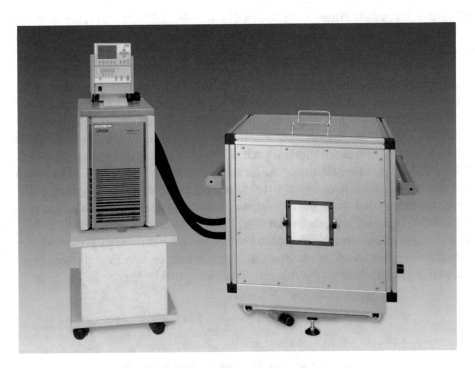

Fig. 5.7: Das transportable Wasserkalorimeter der PTB. Das Kalorimeter hat Würfelform mit einer Kantenlänge von 30 cm. Der Container hat eine Kantenlänge von 60 cm. Das rot markierte Feld ist das Strahleintrittsfenster. Links gezeigt ist das zugehörige Kühlaggregat (mit freundlicher Genehmigung der PTB).

Dabei ist c_p die spezifische Wärmekapazität von Wasser, das Produkt an weiteren Korrekturfaktoren k_i berücksichtigt u. a. Einflüsse durch Wärmeleitungsverluste und Feldstörungen durch Anwesenheit der Sonde im Strahlungsfeld. Die eigentliche Messgröße ist die Temperaturerhöhung $\Delta\vartheta$. Das Kalorimeter wird mit ^{60}Co-Strahlung kalibriert und weist eine Standardmessunsicherheit von nur 0,2% auf. Es existiert mittlerweile auch in zwei transportablen Versionen (s. Fig. 5.7), um dadurch auch Messungen an den jeweiligen Strahlungseinrichtungen vor Ort zu ermöglichen.

5.5 Lyolumineszenz

Manche einem Strahlenfeld ausgesetzte organische oder anorganische Festkörper emittieren beim Auflösen in Wasser oder organischen Lösungsmitteln einen Teil ihrer gespeicherten Energie in Form sichtbaren Lichtes. Dieser Vorgang wird als **Lyolumineszenz** bezeichnet. Die Lichtemission entsteht bei der Reaktion der durch die Strahlenexposition erzeugten Radikale mit freiem Sauerstoff im Lösungsmittel. Die Wellenlängen sind abhängig vom bestrahlten Material. Sie liegen zwischen 520 und 670 nm. Typische Lyolumineszenzmaterialien sind Kohlehydrate wie Lactose, Mannose und

Glukose, verschiedene Amino- und Nukleinsäuren, Akryl- und Vinylpolymere und einige Alkalihalogenide. Die Lichtausbeute ist in weiten Bereichen dosisproportional (streng linear zwischen etwa 0,5 Gy bis 10^5 Gy), zeigt allerdings eine deutliche LET-Abhängigkeit. Wie bei anderen Festkörpereffekten findet man auch bei der Lyolumineszenz zunächst einen temperaturabhängigen Anstieg der Lichtausbeute nach der Exposition, die wohl durch thermische Trapwanderung oder andere Umordnungsprozesse im Festkörper bewirkt wird, und ein anschließendes Fading. Beide können durch Kühlen der Proben auf 4°C nahezu unterdrückt werden. Als Messsignal wird der in einem Photomultiplier nachgewiesene Lichtstrom oder die Multiplierladung verwendet, die unmittelbar während der Lösung der bestrahlten Substanz gemessen werden muss. In Pulverform vorliegende Lyolumineszenzdetektoren sind wegen ihrer atomaren Zusammensetzung ausreichend gewebeäquivalent. Sie können also für die Personendosimetrie z. B. in der Nuklearmedizin verwendet werden. Wegen ihres hohen Dosismessbereichs werden sie aber vor allem in der Überwachung industrieller Fertigungsprozesse eingesetzt.

5.6 Exoelektronenemission

Manche Festkörper emittieren einen Teil der bei der Strahlenexposition absorbierten Energie bei nachfolgender thermischer oder optischer Anregung in Form niederenergetischer Elektronen, den so genannten **Exoelektronen**. Da die bei thermischer Anregung auf den Festkörper übertragene Energie nicht ausreicht, die Exoelektronenenergien von einigen eV zu erklären, muss deren Bewegungsenergie der bei der Strahlenexposition im Kristall gespeicherten Energie entstammen. Exoelektronen könnten z. B. nach einer Anregung energetisch hoch liegender Elektronenzustände (wie Traps) in das Leitungsband entstehen, wenn die bei der Rekombination freiwerdende Energie direkt auf andere schwach gebundene Elektronen übertragen und nicht wie z. B. bei den TLDs in Form elektromagnetischer Strahlung emittiert wird (Augereffekt). Die übertragene Energie muss ausreichen, um die Austrittsarbeit der Elektronen aus der Kristalloberfläche aufzubringen. Exoelektronen entstammen den oberflächennahen Schichten des Festkörpers. Elektronen aus größeren Tiefen als etwa 10^{-6} m können den Festkörper wegen ihrer geringen Energie dagegen nicht verlassen. Beim praktischen Nachweis von Exoelektronen muss daher besonders darauf geachtet werden, dass weder absorbierende Materialien noch irgendwelche Sperrpotentiale (Gegenspannungen) den Elektronenaustritt verhindern. Exoelektronen werden mit Auslöse- oder Proportionalzählern mit dünnen Eintrittsfenstern oder mit offenen Photomultipliern nachgewiesen. Als Messsignal dient entweder der Zahl der einzeln nachgewiesenen Elektronen oder die Messung der bei der Stimulation insgesamt emittierten elektrischen Ladung.

Typische Materialien sind die auch für die Thermolumineszenzdosimetrie eingesetzten kristallinen Verbindungen BeO, LiF, $CaSO_4$ und Al_2O_3 sowie einige Alkalihalogenide. Sie werden auf dünnen Schichten aus Filmfolien oder Papier aufgetragen. Die Exoelektronendosimetrie kann für Dosen zwischen 10 nGy bis 10^5 Gy verwendet werden, die

Strahlungsausbeuten sind jedoch stark vom LET abhängig. Einsatzbereiche sind die Personendosimetrie und die Messung von Oberflächendosen in der Mikrodosimetrie.

5.7 Flüssigkeits-Ionisationsdetektoren

Auch Flüssigkeiten können als Füllmaterial von Ionisationskammern verwendet werden. Wegen der im Vergleich mit Gasfüllungen höheren Dichten nehmen die Nachweiswahrscheinlichkeiten solcher Flüssigionisationskammern gegenüber den Gasdetektoren zu. Die verwendeten Flüssigkeiten müssen zum einen elektrisch isolierend sein, da sonst keine externen Saugspannungen angelegt werden können. Zum anderen müssen die durch Bestrahlung erzeugten Ionisierungsladungen eine so hohe Beweglichkeit im Füllmedium aufweisen, dass die Ladungsträgerpaare die Elektroden vor der Rekombination getrennt erreichen können. Man verwendet daher so genannte dielektrische und chemisch hochreine Flüssigkeiten mit geringer Rekombinationsrate. Eine typische Substanz ist Isooktan, eine lineare Kohlenwasserstoffverbindung. Füllflüssigkeiten müssen für einen sinnvollen Messbetrieb so strahlenresistent sein, dass die Anzeigen der Ionisationskammer keine durch Zerstörung der Füllung verursachten Signalverluste zeigen. In der radiologischen Messtechnik spielen Flüssigkeits-Ionisationskammern wegen einiger praktischer Probleme nur eine geringe Rolle. Ausnahmen sind der Einsatz von großflächigen, ortsauflösenden Flüssigkeits-Ionisationskammern für Portal-Imaging-Systeme an Beschleunigern. Neuerdings werden diese Detektoren auch als Detektorarray in Form linearer Anordnungen von bis zu 50 kleinvolumigen Flüssigkeitsionisationskammern verwendet. Solche Arrays dienen der Untersuchung von Dosisprofilen von Strahlungsfeldern oder der simultanen Erfassung mehrerer Tiefendosen an Beschleunigern.

Zusammenfassung

- **Chemische Detektoren werden durch eine Strahlenexposition so verändert, dass makroskopische chemische Reaktionen zum Strahlungsnachweis dienen können.**

- **Typische Beispiel sind die Oxidationsdetektoren, die Verfärbungsdetektoren und die Filme.**

- **Ein bedeutender Oxidationsdetektor ist das Eisensulfatdosimeter. In ihm werden bei der Bestrahlung in wässriger Schwefelsäurelösung gelöste zweiwertige Eisenionen irreversibel zu dreiwertigen Eisenionen oxidiert. Deren Konzentration kann durch die Extinktion von UV-Strahlung (304 nm) quantitativ nachgewiesen werden.**

- **Eisensulfatdosimetrie diente über viele Jahre als nationaler Kalibrierstandard für klinische Ionisationsdosimeter.**

- Ein sehr moderner chemischer Detektor ist der Radiochromfilm, dessen parallel ausgerichtete Dimere von Acetylenmolekülen während der Strahlenexposition zu langen Kettenmolekülen polymerisieren und dabei einen Farbumschlag des Films erzeugen.

- Das Maß dieser Verfärbung wird mit Scannern oder Densitometern ausgemessen und kann zum quantitativen Strahlungsnachweis in der Dosimetrie verwendet werden.

- Radiochromfilme können bei Tageslicht und den üblichen Raumtemperaturen angewendet werden.

- Die bei einer Bestrahlung von manchen Festkörpern entstehenden freien Radikale können ebenfalls zum Strahlungsnachweis dienen. Dazu werden die Detektoren einem statischen Magnetfeld ausgesetzt, das die Elektronenzustände der Radikale energetisch aufspaltet. Zwischen diesen Elektronenniveaus können dann durch hochfrequente magnetische Wechselfelder Übergänge ausgelöst werden.

- Die dabei aus dem Wechselfeld dabei absorbierte Energie dient zum Bestrahlungsnachweis. Das Verfahren wird Elektronenspinresonanz (ESR) genannt.

- Der historisch bedeutendste Strahlungsdetektor ist die Filmemulsion, in der Entwicklungskeime an Silberbromid-Molekülen ausgelöst werden.

- Eine weitere Detektorart sind die Kalorimeter, bei denen die bei einer Bestrahlung absorbierte Energie direkt über die Erwärmung des Detektors quantitativ nachgewiesen wird.

- Ein solches als Primärnormal ausgelegtes Wasserkalorimeter der PTB mit einer Messunsicherheit von nur 0,2% existiert mittlerweile auch in zwei transportablen Versionen.

- Einige organische oder anorganische Festkörper emittieren die bei der Strahlenexposition in Störstellen gespeicherte Energie beim Auflösen in Flüssigkeiten in Form sichtbaren Lichts. Sie zeigen die so genannte Lyolumineszenz, die ebenfalls für dosimetrische Zwecke verwendet werden kann.

- Manche strahlenexponierten Festkörper emittieren bei einer thermischen oder optischen Anregung an ihrer Oberfläche Elektronen, die so genannten Exoelektronen. Deren Nachweis dient zur quantitativen Erfassung der Dosen.

- Eine Besonderheit sind Flüssig-Ionisationskammern, bei denen das Füllmedium aus strahlungsresistenten organischen Verbindungen besteht. Sie werden entweder für die Bildgebung an Beschleunigern verwendet oder dienen in der Forschung zum Einzelteilchennachweis.

Aufgaben

1. Erklären Sie die Vorgänge bei der Strahlenexposition eines Eisensulfatdetektors.

2. Welcher chemische Vorgang macht Radiochromfilme zu Strahlungsdetektoren?

3. Was ist die wichtigste Substanz für den Nachweis einer Strahlenexposition in Röntgenfilmen?

4. Definieren Sie den Begriff der optischen Dichte von Filmen.

5. Was passiert mit den optischen Dichten, wenn Sie zwei Filme mit je OD = 1,5 hintereinander anordnen? Wie groß ist die Transmission durch diese doppelte Filmlage?

6. Erklären Sie den Begriff der Gradation bei Filmen. Wie ist der Zusammenhang zwischen Gradation und Objektkontrast in der Radiologie mit Röntgenfilmen?

7. Auf welchem Prinzip beruht die Wirkungsweise eines Kalorimeters?

8. Was versteht man unter dem kalorischen Defekt bei Kalorimetern?

9. Benennen Sie die wesentlichen physikalischen Unterschiede zwischen einem Graphit- und einem Wasserkalorimeter.

10. Sind Kalorimeter für den Nachweis kleiner Strahlendosen im Strahlenschutz oder für die klinische Routinedosimetrie geeignet?

11. Sie verwenden einen Exoelektronendetektor für eine Dosismessung und wollen ihn gegen Verschmutzung und Beschädigung mit einer handelsüblichen Kunststofffolie schützen.

Aufgabenlösungen

1. Bei der Strahlenexposition einer wässrigen Schwefelsäurelösung von Fe-II-Sulfat kommt es zur irreversiblen Oxidation zu Fe-III-Ionen. Bei der Belichtung mit UV-Licht erhält man eine dosisproportionale vermehrte Extinktion durch diese Eisen-III-Ionen.

2. Der chemische Vorgang in Radiochromfilmen ist der mit der strahleninduzierten Polymerisation von Acetylendimeren verbundene quantitative Farbumschlag, der mit Photometern oder Scannern nachgewiesen wird.

3. Die Detektorsubstanz in Röntgenfilmen besteht aus kleinen Silberbromidkristallen, die durch Belichtung und anschließende chemische Einwirkung (Entwicklung) zu elementarem schwärzendem Silber reduziert werden.

4. Optische Dichte von Filmen ist der negative dekadische Logarithmus der Transmission bzw. der positive dekadische Logarithmus der Opazität (dem Kehrwert der Transmission).

5. Die Gesamte optische Dichte ist die Summe der beiden einzelnen optischen Dichten, also OD = 3. Da die optische Dichte ein logarithmisches Maß ist, müssen die jeweiligen Einzeltransmissionen multipliziert werden. Die totale Transmission beträgt daher nur 1 Promille.

6. Unter Gradation eines Filmes versteht man die Steigung der optischen Dichtekurve im linearen Arbeitsbereich. Eine Kurve mit geringer Steigung benötigt große Dichteunterschiede des Objekts, um einen signifikanten Unterschied der OD zu erzeugen. Werden Objekte mit geringem Objektkontrast untersucht, benötigt man für merkliche optische Dichteunterschiede eine hohe Gradation. Beispiele aus der medizinischen Radiologie sind Thoraxaufnahmen (kleine Gradation wegen hohen Objektkontrastes: Lunge, Weichteilgewebe, Knochen) und die Mammografien (steile OD-Kurve wegen sehr kleinen Objektkontrastes: im Wesentlichen Weichteilgewebe mit geringen Dichteunterschieden und nur mäßiger Variation der Ordnungszahl).

7. Die Kalorimetrie beruht auf dem Nachweis der möglichst verlustfrei absorbierten Energie aus einem Strahlungsfeld, das zur Temperaturerhöhung des Absorbers führt. Der Energiedosis-Nachweis geschieht durch genaue Messung des Temperaturanstiegs im Detektor des Kalorimeters.

8. Der kalorische Defekt in Kalorimetern ist die Speicherung oder die Freisetzung von eingestrahlter Energie in oder aus chemischen Verbindungen oder Kristallstrukturen bei Festkörpern. Der kalorische Defekt kann endotherm sein, sich also als Energieverlust und somit geringerem Temperaturanstieg darstellen. Dabei

"verschwindet" also Energie in inneren Strukturen des Detektors. Er kann auch exotherm sein, also zusätzliche vorher z. B. in chemischen Verbindungen gespeicherte Energie bei der Bestrahlung freisetzen und so den Temperaturanstieg erhöhen.

9.   Wasser hat eine nachteilige spezifische hohe Wärmekapazität und einen hohen kalorischen Defekt, aber eine geringe Wärmeleitfähigkeit. Man muss also hohe Dosen einstrahlen um eine Temperaturdifferenz zu erzeugen und muss sorgfältig auf die Unterdrückung des kalorischen Defektes achten. Man hat aber wegen der schlechten Wärmeleitfähigkeit nur wenig Verlust durch Wärmeabtransport. Grafit hat eine um den Faktor 6 kleinere spezifische Wärmekapazität, zeigt also deutlich höhere Temperaturanstiege pro absorbierter Dosis. Der kalorische Defekt ist verschwindend gering. Das Problem bei Graphit-Kalorimetern ist die hohe Wärmeleitfähigkeit und die daher erforderliche aufwendige thermische Isolation.

10. Nein, Kalorimeter sind keine geeigneten Detektoren für den praktischen Strahlenschutz, da der Strahleneffekt die signifikante makroskopische Erwärmung des Detektors ist. Es können nur Dosen im Gray-Bereich quantitativ, also mit ausreichend kleinen Unsicherheiten, nachgewiesen werden. Für die klinische Routinedosimetrie sind die viele Stunden benötigenden Akklimatisierungsprozeduren hinderlich.

11. Stabile handelsübliche Plastikumhüllungen von Exoelektronendetektoren sind wegen der geringen Reichweiten der Exoelektronen (wenige μm in Plastikmaterialien) besser zu vermeiden, da sonst das nachgewiesene Signal Null ist.

6 Messreihen und Messfehler

Nach einer Vorstellung der verschiedenen Fehlerarten werden zunächst die Eigenschaften von Messreihen und die Klasseneinteilungen beschrieben. Im nächsten Abschnitt folgen Ausführungen zu den Maßzahlen (Lagemaße und Streumaße). Nach einer Erläuterung der statistischen Modelle und der entsprechenden Verteilungsfunktionen werden im darauf folgenden Abschnitt Fehlerfortpflanzungen und die einschlägigen Rechenvorschriften dargestellt. Das letzte Kapitel beschreibt die Totzeiten von Zählsystemen.

Bei allen physikalischen, biologischen oder sonstigen Messaufgaben können Fehler auftreten. Sie werden in drei Klassen eingeteilt, die groben Fehler, die systematischen Fehler und die zufälligen oder statistischen Fehler. **Grobe Fehler** sind grundsätzlich falsche Vorgehensweisen bei einer Messaufgabe. Beispiele aus der Strahlungsphysik wären die Messung einer Energiedosis mit einem Geigerzähler oder die Messung der Aktivität einer Probe mit einem Kontaminationsmonitor mit angeheftetem Prüfstrahler. Bei sorgfältiger Arbeit und ausreichender Fachkenntnis sind solche Fehler leicht zu vermeiden und geben durch die oft signifikant falschen Messergebnisse deutliche Hinweise auf die falsche Messmethode und Vorgehensweise.

Systematische Fehler sind Fehler, die zwar bei Wiederholungen die gleichen Messergebnisse liefern, aber dennoch falsch sind. Der Grund sind beispielsweise die Verwendung falscher Kalibrierungsfaktoren von Detektoren (z. B. Luftkermakalibrierung statt Wasserenergiedosiskalibrierung einer Ionisationskammer), nicht berücksichtigte Totzeiten und Sättigungseffekte bei Aktivitätsmessungen oder Zählverfahren, übersehene Rekombinationsverluste oder fehlerhafte Korrekturen der klimatischen Einflüsse durch nicht ausreichende klimatische Anpassung der Dosimetrieausrüstung bei der Ionisationsdosimetrie, fehlerhaftes Ablesen analoger Instrumente durch Parallaxe (falscher Ablesewinkel, da Zeiger und Skala ohne Spiegel) und Längenmessungen mit verformten oder falsch skalierten Maßstäben z. B. bei der Messung von Tiefendosiskurven an Bestrahlungsanlagen.

Systematische Fehler in Messreihen sind oft schwer auszumachen, da die Messergebnisse reproduzierbar sind und in ihrem Verlauf auch oft die erwartete Abhängigkeit von Einflussparametern zeigen. Beispiele aus der klinischen Dosimetrie sind die plausiblen Verläufe der Absolutdosisleistung mit der Feldgröße der Bestrahlungsfelder, die fast korrekten Tiefendosisverläufe von Strahlungen in Phantomen oder das Abklingverhalten radioaktiver Strahler mit der Zeit. Das Auftreten systematischer Fehler kann durch regelmäßige Kontrollen wie die Überprüfung von Kalibrierungen durch standardisierte Verfahren, Eichungen und beispielsweise laborübergreifende Dosimetrievergleiche verhindert werden. Eine wichtige und im Messalltag sehr geeignete und empfehlenswerte Methode zur Minimierung von systematischen Fehlern ist die Verwendung von Kalibrierstrahlern, mit denen vor Beginn der eigentlichen Messreihe standardisierte Anzeigen des Messsystems erzeugt werden müssen. Bei Abweichun-

© Springer Fachmedien Wiesbaden GmbH, ein Teil von Springer Nature 2021
H. Krieger, *Strahlungsmessung und Dosimetrie*,
https://doi.org/10.1007/978-3-658-33389-8_6

gen der Istanzeigen dieser Prüfstrahler von den Sollwerten muss dann entweder nach Gründen wie beispielsweise nicht korrekt berücksichtigte klimatische Einflüsse oder Fehlfunktionen der Messanordnung gesucht werden, oder die Abweichungen von der Sollanzeige müssen bei den Auswertungen als Korrekturfaktoren benutzt werden.

Die letzte Art von Fehlern sind die **zufälligen Fehler**. Viele Messaufgaben der Strahlungsphysik bestehen aus einzelnen Zählexperimenten oder wiederholten Einzelmessungen derselben Messgröße. In beiden Fällen stellt man experimentell Schwankungen der Messanzeigen auch bei sorgfältigem und reproduzierbarem Versuchsaufbau fest. Gründe dafür sind zum einen die statistischen Schwankungen der untersuchten Messgröße selbst oder zufällige statistische Variationen der Anzeigen der verwendeten Messsysteme. Ein besonders einprägsames Beispiel ist der statistische Charakter der Detektoranzeigen bei Radioaktivitätsmessungen z. B. bei Kontaminationsprüfungen. Gründe sind einerseits die zufälligen Zeitpunkte der Zerfallsereignisse und andererseits die statistische Variation der Nachweiswahrscheinlichkeiten des Detektorsystems. Zufällige Fehler sind nicht zu vermeiden, können aber durch geeignete Verfahren minimiert bzw. analysiert werden.

Die bei Zählexperimenten erzeugten Messreihen bestehen aus diskreten und quantitativen Einzelaussagen, die wegen des statistischen Charakters um den "wahren" Wert streuen. Zur Interpretation solcher Zählexperimente sind die Messergebnisse daher geeignet darzustellen und zu charakterisieren und mit Hilfe statistischer Modelle zu analysieren. Der erste Schritt dazu ist die tabellarische oder grafische Darstellung der experimentellen Einzelergebnisse in geeigneten Messklassen, die Bestimmung von durchschnittlichen Werten (z. B. Mittelwerten) und die Angabe von Fehlermaßen wie Varianz und Streuung. Diese Angaben beruhen ausschließlich auf den experimentellen Ergebnissen und sind deshalb zunächst unabhängig von zugrunde liegenden statistischen Modellen. Im zweiten Schritt werden die Ergebnisse mit Hilfe statistischer Modellvorstellungen analysiert. Diese statistischen Methoden dienen zur Überprüfung der Aussagekraft der experimentellen Ergebnisse bzw. als Check für die Korrektheit der experimentellen Verfahren. Typische Beispiele sind die Konstanzprüfung bei bildgebenden Verfahren der medizinischen Radiologie, die Überprüfung dosimetrischer Messanordnungen in der klinischen oder technischen Dosimetrie und die Analyse der Messergebnisse von Zählexperimenten wie bei Messungen der Zerfallsraten radioaktiver Substanzen.

6.1 Eigenschaften von Messreihen

Messreihen bei der Strahlungsmessung bestehen in der Regel aus einer ungeordneten Abfolge von statistisch schwankenden diskreten Messwerten oder Messwertgruppen (Zählraten). Im einfachsten Fall erhält man deshalb eine ungeordnete eindimensionale Folge von n diskreten Messergebnissen mit dem jeweiligen Wert x_i.

$$x_1, x_2, x_3, \ldots, x_n \qquad (6.1)$$

Diese nicht nach den Größen der Messwerte angeordnete Messwertreihe wird in eine geordnete Messwertreihe umgewandelt, indem die Größen nach aufsteigendem Messwert sortiert werden. Man erhält so die Reihe der geordneten Messwerte $x_{(i)}$.

$$x_{(1)} \leq x_{(2)} \leq x_{(3)} \leq ..... \leq x_{(n)} \tag{6.2}$$

In dieser geordneten Reihe können sich auch mehrere gleiche Werte befinden, z. B. mehrere Vertreter der minimalen und maximalen Werte.

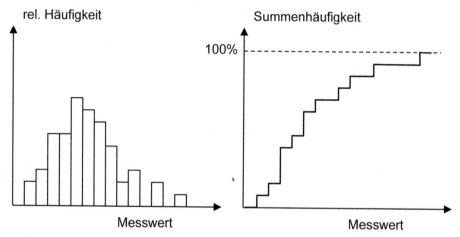

Fig. 6.1: Häufigkeitsverteilungen bei diskreten eindimensionalen Messreihen. Links: rel. Häufigkeit als Wert der Klasse mit einer bei Zählexperimenten häufig auftretenden Glockenform. Rechts: relative Summenhäufigkeit als Funktion der Klasse als Treppendiagramm. Die beiden hier dargestellten Verteilungen sind nicht korreliert.

Sollen solche diskreten eindimensionalen und geordneten Reihen grafisch oder tabellarisch dargestellt werden, können die Einzelwerte aus Gründen der Übersichtlichkeit in Werteklassen zusammengefasst werden, die für die Darstellung besonders geeignet sind. Eine solche Klasseneinteilung sollte sich an der Genauigkeit der Messwerte und der natürlichen Schwankungsbreite der Messwerte orientieren. Zur Verdeutlichung des Vorgehens seien zwei extreme Beispiele genannt. Beim ersten Fall sollen als Messwerte Zählraten zwischen 0 und 10 klassifiziert werden. Wird als Klassenbreite 10 gewählt, fallen grundsätzlich alle Messwerte in diese eine Klasse. Eine solche Klasseneinteilung ist also offensichtlich unsinnig. Das andere Extrem sei eine Messung von Ereignissen, die einen typischen Einzelwert im Bereich um 100000 aufweisen. Wird hier als Klasseneinteilung die Breite 1 gewählt, werden viele der Klassen keinerlei Ereignis enthalten. Eine solche "zu fein aufgelöste" Klasseneinteilung ist also ebenfalls wenig hilfreich. Sinnvolle Klasseneinteilungen nutzen stattdessen Klassenbreiten, die sich an der "Messgenauigkeit" des Verfahrens orientieren. Da diese Genauigkeit oft vorher nicht eindeutig abzuschätzen oder bekannt ist, muss man bei der Klasseneinteilung einer geordneten Messreihe unter Umständen mehrere Versuche zur Klassifizierung vornehmen.

Die in Klassen eingeteilten Messwerte tauchen in den verschiedenen Klassen mit unterschiedlichen Häufigkeiten auf. Werden die Häufigkeiten absolut angegeben, erhält man unnormierte absolute Klassenhäufigkeiten. Werden die Häufigkeiten auf die Gesamtzahl n der Messungen bezogen, erhält man relative Häufigkeitsverteilungen. Darstellungen der Häufigkeiten können entweder differentiell oder integral angegeben werden. Bei differentiellen Häufigkeiten werden die Anzahlen in der jeweiligen Klasse angegeben. Bei grafischen Darstellungen werden dazu die Messwerte auf der Abszisse, die Häufigkeiten auf der Ordinate aufgetragen. Man erhält bei Zählexperimenten also Stabdiagramme, die häufig symmetrischen oder asymmetrischen "Glockenkurven" ähneln (Fig. 6.1 links). Die relativen Einzelhäufigkeiten werden so normiert, dass ihre Summe gerade 1 bzw. 100% ergibt. Es gilt also:

$$H_{rel,tot} = \sum_{i=1}^{n} H_{rel,i} = 1 \qquad (6.3)$$

Zur Berechnung der individuellen relativen Häufigkeit einer Klasse $H_{rel,i}$ wird die absolute Anzahl der Messwerte in dieser Klasse durch die Zahl aller Messwerte n geteilt. Man erhält:

$$H_{rel,i} = \frac{H_{abs,i}}{n} \leq 1 \qquad (6.4)$$

Dieses Verfahren kann auch bei Einzelmesswerten ohne Klasseneinteilung verwendet werden. Bei integralen Häufigkeitsangaben werden alle Messwerte, die kleiner oder gleich dem jeweiligen Klassenwert sind, zusammengefasst. Die integrale Häufigkeitsverteilung wird dann als **Summenhäufigkeit** bezeichnet. Das grafische Ergebnis ist in diesem Fall eine Stufen- bzw. Treppenfunktion. Auch Summenhäufigkeiten können als absolute oder relative Verteilungen berechnet werden. Bei normierten relativen Summenhäufigkeiten strebt diese Treppenkurve mit zunehmenden Messwerten dem Wert 1 bzw. 100% zu (Fig. 6.1 rechts). Bei unnormierten Messwerten nimmt sie den Wert n an, entspricht also gerade wieder der Zahl der Messungen.

In vielen Messaufgaben entstehen keine eindimensionalen Messwertreihen wie bei einfachen Zählexperimenten, sondern Paare oder multiple Zuordnungen von Messwerten. Dabei können die einzelnen Größen unabhängig oder abhängig von einander sein. Im letzten Fall bezeichnet man die Größen als **korreliert**. Ein Beispiel für einen korrelierten Datensatz sind die Messergebnisse bei Untersuchungen der Tiefendosiskurven durchdringender Strahlungen in Phantommaterialien, bei denen die Energiedosis als Funktion der Tiefe in einem Phantom gemessen wird. Solche Messreihen bestehen also nicht aus wiederholten Einzelmessungen in einer bestimmten Geometrie sondern aus einer Folge von Messungen, bei denen die Messbedingungen definiert verändert werden. Im angegebenen Beispiel ist diese Veränderung die Variation der Messtiefe im Phantom. Ein weiteres Beispiel ist die Messung der Aktivität einer radioaktiven Strahlungsquelle mit einer kurzen Lebensdauer, bei der die nachgewiesenen Zählraten als Funktion der Zeit ermittelt und aufgetragen werden (Fig. 6.2).

Variationen der Messergebnisse können bei solchen mehrparametrigen Anordnungen aus Fehlern einzelner Messgrößen entstehen. Im Beispiel der Tiefendosismessung also entweder aus Fehlern bei der Dosismessung, bei der Tiefenbestimmung im Phantom oder aus einer Kombination beider Messunsicherheiten. Im Fall der Aktivitätsmessung wären es Zählratenunsicherheiten und/oder Fehler bei der Zeitbestimmung. Häufig ist nur eine der Messreihen mit einem Fehler behaftet. Der korrelierte andere Datensatz kann dagegen entweder mit sehr hoher Genauigkeit oder wenigstens mit vernachlässigbar kleinen Toleranzen bestimmt werden. Da es sich bei mehrdimensionalen Messreihen in der Regel nicht um wiederholte Einzelmessungen unter identischen Bedingungen handelt, ist die Klasseneinteilung der Messwerte nicht sehr sinnvoll. Es werden stattdessen grafische oder rechnerische Verfahren bevorzugt, die die Mittelung des Verlaufs eines Parameters als Funktion der veränderten Eingangsvariablen ermöglichen (Fig. 6.2).

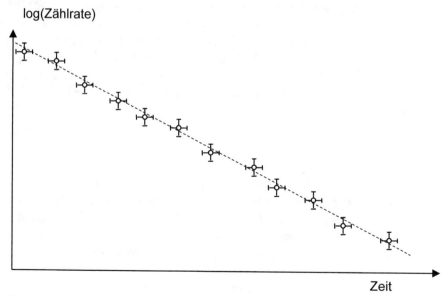

Fig. 6.2: Typisches zweidimensionales Zählexperiment (Beispiel Aktivitätsmessung als Funktion der Zeit). Die Messpunkte sind symbolisch mit zweidimensionalen Fehlerbalken versehen, um die Unsicherheiten bei der Zählung und der Zeitbestimmung anzudeuten. Die gestrichelte Gerade deutet eine Ausgleichskurve an, die bei exponentiellem Zerfall als "wahrer Verlauf" erwartet wird.

Zusammenfassung

- Kollektive von Messwerten können ungeordnet sein oder in geordneten Reihen nach ihrer Größe sortiert werden.

- Sollen Messwerte grafisch oder tabellarisch dargestellt werden, können sie in Klassen eingeteilt werden, die jeweils eine bestimmte Messwertbreite (Klassenbreite) zusammenfassen.

- Darstellungen solcher Messwertklassen können differentielle Häufigkeitsverteilungen sein, bei denen das Auftreten der Messwerte in einer bestimmten Klasse über dem Klassenmittel aufgetragen wird.

- Wird dagegen die Summe aller bis zu einer bestimmten Klasse aufgetretenen Häufigkeiten über der Klassenlage aufgetragen, erhält man die so genannte integrale Häufigkeit.

6.2 Maßzahlen zur Beschreibung von Messreihen

6.2.1 Die Lagemaße

Bei wiederholten Messungen in eindimensionalen Messreihen ist man in der Regel primär am wahren Ergebnis interessiert. Da die einzelnen Messwerte jedoch streuen, sucht man ein repräsentatives Maß für den "wahren" Wert der untersuchten physikalischen oder statistischen Größe. Die dazu verwendeten Größen werden als **Lagemaße** bezeichnet. Die wichtigsten Lagemaße sind das arithmetische Mittel (der empirische Mittelwert), der Median (das Lagemittel) und der Modalwert (der häufigste Wert). Das **arithmetische Mittel** wird als Quotient aus der Messwertsumme und der Zahl der Messwerte n berechnet.

$$\overline{x}_e = \frac{1}{n} \sum_{i=1}^{n} x_i \qquad (6.5)$$

Da die Reihenfolge der Messwerte bei der Summenbildung keine Rolle spielt, kann das arithmetische Mittel aus ungeordneten oder geordneten Messreihen bestimmt werden. Sind die relativen Häufigkeiten H_i jedes Messwertes bekannt, kann man das arithmetische empirische Mittel $\overline{x}_e$ auch folgendermaßen berechnen.

$$\overline{x}_e = \sum_{i=1}^{n} H(x_i) \cdot x_i \qquad (6.6)$$

Der **Median** oder Lagemittel ist definiert als der Wert, unterhalb und oberhalb dessen sich gleich viele Messwerte befinden. Zur Bestimmung des Medians muss also zunächst der Messwertsatz geordnet, also eine geordnete Messreihe erzeugt werden. Die Definition des Medians unterscheidet sich je nach gerader oder ungerader Anzahl der Messpunkte. Seine Bestimmung geschieht deshalb nach den folgenden Gleichungen:

$$\widetilde{x} = x_{(n+1)/2} \qquad \textit{für ungerade n} \qquad (6.7)$$

$$\widetilde{x} = \frac{1}{2} \cdot (x_{n/2} + x_{n/2+1}) \qquad \textit{für gerade n} \qquad (6.8)$$

Beispiel 6.1: Der Median einer Messreihe aus 11 Messwerten ist der 6. Messwert. Dies ist unmittelbar ersichtlich, kann aber auch aus (Gl. 6.7) mit n = 11 berechnet werden. Liegen 12 Messwerte vor, ergibt sich als Median der arithmetische Mittelwert des sechsten und des siebten Messwerts. Auch dieses Ergebnis ist wegen der überschaubaren kleinen Zahl an Messwerten unmittelbar einleuchtend.

Der **Modalwert** oder Modus gibt den häufigsten Wert einer Messwertverteilung an. Wenn mehrere Messwerte gleich häufig sind, existieren auch mehrere Modalwerte. In solchen Fällen spricht man von multimodalen Messwertreihen. Lagewerte wie das arithmetische Mittel oder der Median werden als Vertreter des echten wahren Wertes

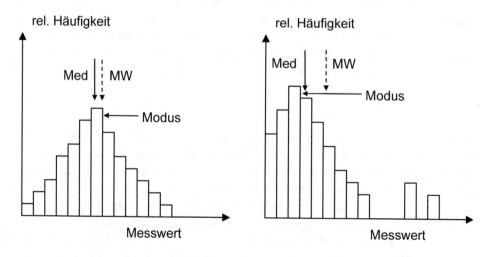

Fig. 6.3: Empirischer Mittelwert (MW), Median (Med) und Modus von zwei eindimensionalen Messwertverteilungen. Links: Wegen der symmetrischen Form sind Mittelwert, Median und Modalwert nahezu gleich und repräsentieren in vergleichbarer Weise den "wahren" Wert. Rechts: Wegen der asymmetrischen Form der Verteilung und der "Ausreißer" bei hohen Messwerten unterscheiden sich Mittel und Median deutlich. In diesem Fall entspricht der Median besser dem wahrscheinlichen "wahren" Wert. Der Modus liegt wegen der Linksschiefe der Verteilung links vom Median. Bei rechtsschiefen Verteilungen läge er dagegen rechts vom Median.

einer Messvariablen interpretiert. Sind die Ergebnisse einer eindimensionalen Messreihe weitgehend symmetrisch um den arithmetischen Mittelwert gruppiert, unterscheiden sich arithmetisches Mittel und Median nur wenig. Dies ist beispielsweise der
Fall, wenn die Messwertverteilung einer Glockenkurve (Gaußverteilung) entspricht
(Fig. 6.3 links). In diesem Fall wird man intuitiv den häufigsten Messwert der Verteilung auch als einen typischen Wert, also als eine gute Näherung für den wahren Wert
interpretieren. Sind die Häufigkeiten dagegen asymmetrisch um das arithmetische
Mittel verteilt, können sich die beiden Lagemaße Median und Mittelwert deutlich unterscheiden. Diese asymmetrische Verteilung kann entweder stetig sein oder durch
isolierte Messwerte weit entfernt vom Kollektiv der anderen Messwerte, die so genannten "Ausreißer", entstehen (Fig. 6.3 rechts). In diesem Fall ist es oft sinnvoller,
den Median als den realistischeren Repräsentanten des wahren Wertes eines Experi-
ments zu akzeptieren, da er sich in der Mitte der Häufigkeitsverteilung befindet. Der
Mittelwert wird in solchen Fällen dagegen deutlich durch Ausreißer geprägt und ist in
soweit untypisch für die Verteilung der Messwerte.

Die Unempfindlichkeit von Lagemaßen gegen einzelne Ausreißer oder Gruppen von
extrem kleinen oder großen Messwerten wird als **Robustheit** des Lagemaßes bezeichnet. In diesem Sinne ist der Median gegen Ausreißer robuster als das arithmetische
Mittel. Da das Auftreten extremer Messwerte durch zufällige Messfehler, versehentlich veränderte Versuchsbedingungen oder fehlerhafte Aufzeichnungen nicht selten ist
und nicht in jedem Fall die Versuchsreihen oder Messreihen wiederholt werden können, hat man weitere robuste Lagemaße eingeführt. Sie beruhen im Wesentlichen auf
der Unterdrückung von Ausreißern am unteren oder oberen Ende der Messwertverteilungen und sind eine Verallgemeinerung der Unterdrückung einzelner Ausreißer. Dazu teilt man die Messwerte in drei Gruppen ein (Gl. 6.9).

$$x_{(1)}, \dots x_{(k)}, \qquad x_{(k+1)}, \dots x_{(n-k)}, \qquad x_{(n-k+1)}, \dots, x_{(n)} \qquad (6.9)$$

Die Breiten der Ausreißergruppen werden je nach Verteilung festgelegt. Dazu wird
der Parameter α verwendet, der einen Wert zwischen Null und 0,5 annehmen kann.
Die linke Ausreißergruppe mit den kleinsten und die rechte Gruppe mit den größten
Messwerten enthalten dann jeweils $k = n \cdot \alpha$ Messwerte. Die mittlere Gruppe dient jetzt
zur Bestimmung von arithmetischem Mittel und/oder Median. Die entsprechenden
arithmetischen Mittelwerte werden als **α-gestutzte Mittelwerte** bezeichnet. Für
$k = n \cdot \alpha < 1$ verschwinden die linken und rechten Gruppen, so dass die gestutzten Mittelwerte wieder den normalen Mittelwerten entsprechen. Die Verwendung gestutzter
Mittelwerte kann sehr hilfreich sein. Es ist aber bei der Interpretation von Messwerten
als Ausreißer und bei der Festlegung des Stutzparameters α große Sorgfalt aufzuwen-
den, da andernfalls durch willkürliche Einschränkung der Messwertreihen nahezu beliebige Mittelwerte erzeugt werden können. Zur Beurteilung der "Rechtmäßigkeit"
von Datensatzbeschränkungen müssen die Methoden der Wahrscheinlichkeitsrech-
nung oder zumindest eine qualitative Analyse der Messreihen nach statistischen Verfahren herangezogen werden.

Zusammenfassung

- Streuende Werte einer Messreihe werden mit den so genannten Lagemaßen beschrieben.

- Das wichtigste Lagemaß ist der empirische Mittelwert, der den Durchschnittswert aller Messwerte einer Reihe angibt.

- Ein weiteres Lagemaß ist der Median (Lagemittel), der den Wert angibt, der in einer geordneten Reihe in der Mitte "liegt", also gleich viele Werte oberhalb und unterhalb aufweist.

- Der Modalwert oder Modus gibt den häufigsten Wert (unimodal) oder die häufigsten Werte (multimodal) einer Verteilung an.

- Messwerte, die weit entfernt vom Kollektiv der anderen Messwerte liegen, werden als Ausreißer bezeichnet.

- Die Unempfindlichkeit von Lagemaßen gegen einzelne Ausreißer wird als Robustheit des Lagemaßes bezeichnet.

- Werden solche Ausreißer bei der Mittelwertbildung oder Medianbestimmung vernachlässigt, erhält man die so genannten gestutzten Lagemaße, also den gestutzten Mittelwert und den gestutzten Median. Stutzung von Messreihen muss mit äußerster Sorgfalt vorgenommen werden, da sonst beliebige und falsche gestutzte Lagemaße erzeugt werden können.

6.2.2 Die Streumaße

Zur Charakterisierung von Datenreihen werden neben den Lagemaßen auch Größen benötigt, die Auskunft über die Variation der Messwerte innerhalb der Messreihe geben. Diese Größen werden als **Streumaße** bezeichnet. Das einfachste Streumaß ist die Spannweite der Messwerte. Sie wird auch als **Variationsbreite v** bezeichnet. Sie ist definiert als Differenz des größten und des kleinsten Messwertes der Datenreihe.

$$v = x_{max} - x_{min} \tag{6.10}$$

Im Fall einer geordneten Messreihe aus n Messwerten ist die Variationsbreite gerade die Differenz des letzten und des ersten Messwertes.

$$v = x_{(n)} - x_{(1)} \tag{6.11}$$

Die Abweichung eines einzelnen Messwertes einer Datenreihe zum "wahren" Mittelwert $\bar{x}$ wird als **Abweichung d** (d wie Differenz, deviation) bezeichnet.

$$d_i = x_i - \bar{x} \tag{6.12}$$

Da der wahre Mittelwert $\bar{x}$ in der Regel nicht bekannt ist, muss er in der Praxis durch das empirische Mittel $\bar{x}_e$ nach (Gl. 6.5) ersetzt werden. Man erhält dann näherungsweise als individuelle Abweichung d_i:

$$d_i = x_i - \bar{x}_e \tag{6.13}$$

Soll ein kollektives Maß für die Abweichungen vom Mittelwert bestimmt werden, sind wegen der möglichen positiven und negativen Abweichungen zum wahren Mittel $\bar{x}$ entweder die Beträge der individuellen Abweichungen oder ein quadratisches Streumaß zu verwenden[1]. Der **mittlere Abweichungsbetrag** ist:

$$\bar{d} = \frac{1}{n} \sum_{i=1}^{n} |x_i - \bar{x}| \tag{6.14}$$

Die entsprechende Größe für das quadratische Fehlermaß ist die **Varianz s^2**.

$$s^2 = \frac{1}{n} \sum_{i=1}^{n} (x_i - \bar{x})^2 \tag{6.15}$$

Ersetzt man in dieser Gleichung das wahre Mittel durch das empirische arithmetische Mittel, erhält man eine leicht modifizierte Beziehung für die Varianz[2], die sich für kleine Messreihen wegen des $(n-1)$-Nenners deutlich, für große Anzahlen von Messwerten aber nur geringfügig von Gl. (6.15) unterscheidet. Sie wird zur Unterscheidung als **empirische Varianz** bezeichnet.

$$s^2 = \frac{1}{n-1} \cdot \sum_{i=1}^{n} (x_i - \bar{x}_e)^2 \tag{6.16}$$

In der Praxis wird oft eine leicht veränderte Form der (Gl. 6.16) verwendet, die die Berechnungen der Varianz deutlich vereinfacht.

---

[1] Die Summe der Abweichungen $\sum_{i=1}^{n} (x_i - \bar{x}) = \sum_{i=1}^{n} x_i - n \cdot \bar{x}$ hat wegen (Gl. 6.5) immer den Wert Null, ist also als kollektives Fehlermaß nicht geeignet.

[2] Zur Begründung siehe beispielsweise [Knoll] oder [Lehn].

$$s^2 = \frac{1}{n-1} \cdot \left(\sum_{i=1}^{n} x_i^2 - n \cdot \overline{x}_e^2\right) \tag{6.17}$$

Beispiel 6.2: Gleichung (6.17) kann leicht abgeleitet werden, wenn man den Quadratterm unter dem Summenzeichen in (Gl. 6.16) berechnet. Da die Summe der Messwerte gerade das n-fache des arithmetischen Mittels ist, erhält man:

$$\sum_{i=1}^{n}(x_i - \overline{x}_e)^2 = \sum_{i=1}^{n} x_i^2 - 2\sum_{i=1}^{n} x_i \cdot \overline{x}_e + \sum_{i=1}^{n} \overline{x}_e^2 = \sum_{i=1}^{n} x_i^2 - 2n \cdot \overline{x}_e \cdot \overline{x}_e + n \cdot \overline{x}_e^2 = \sum_{i=1}^{n} x_i^2 - n \cdot \overline{x}_e^2$$

Die positive Quadratwurzel der empirischen Varianz wird als **Streuung s** bzw. **empirische Standardabweichung s** der Messwertverteilung bezeichnet.

$$s = \sqrt{\frac{1}{n-1}\sum_{i=1}^{n}(x_i - \overline{x}_e)^2} \tag{6.18}$$

Hat man zweidimensionale Datenreihen vorliegen, müssen für beide Variablen (x,y) die Varianzen und die Streuungen berechnet werden. In Analogie zu (Gl. 6.18) erhält man dann:

$$s_x^2 = \frac{1}{n-1}\sum_{i=1}^{n}(x_i - \overline{x}_e)^2 \tag{6.19}$$

$$s_y^2 = \frac{1}{n-1}\sum_{i=1}^{n}(y_i - \overline{y}_e)^2 \tag{6.20}$$

Die entsprechenden Streuungen erhält man wieder analog zu (Gl. 6.18) als positive Quadratwurzeln der jeweiligen Varianzen. Zusätzlich tritt als gemischt quadratisches Lagemaß die **empirische Kovarianz** der zweidimensionalen Messreihe auf.

$$s_{xy} = \frac{1}{n-1}\sum_{i=1}^{n}(x_i - \overline{x}_e) \cdot (y_i - \overline{y}_e) \tag{6.21}$$

Zusammenfassung

- **Sollen Aussagen zur Variation von Messwerten in einer Datenreihe gemacht werden, verwendet man die so genannten Streumaße.**

- **Das einfachste Streumaß ist die Variationsbreite einer Datenreihe. Sie wird aus der Differenz des größten und des kleinsten Messwertes berechnet.**

- Der Unterschied eines einzelnen Messwertes zum wahren Mittelwert ist seine Abweichung. Die Summe aller Abweichungen ist Null.

- Das wichtigste Streumaß eines Kollektivs von Messwerten ist die Varianz. Sie wird aus dem Quotienten der Summe der Abweichungsquadrate der Einzelmesswerte und der Anzahl der Messwerte berechnet.

- Die positive Quadratwurzel der Varianz ist die Standardabweichung oder Streuung.

- Werden zur Berechnung oder Beschreibung der Streumaße die wahren Mittelwerte verwendet, bezeichnet man die Streumaße als "wahre" Streumaße.

- So spricht man beispielsweise von der "wahren" Varianz (oder einfach: Varianz).

- Müssen stattdessen wegen mangelnder Kenntnis der wahren Mittelwerte die experimentellen Mittel zur Beschreibung der Streumaße herangezogen werden, spricht man von "empirischen" Streumaßen wie der "empirischen" Varianz und der "empirischen" Standardabweichung.

6.3 Statistische Modelle für Zufallsexperimente

Die statistische Theorie liefert eine Reihe von Modellen zur Beschreibung von Zufallsexperimenten. Beispiele für Zufallsergebnisse sind Würfelspiele, statistische Erhebungen oder physikalische Zählexperimente z. B. bei der Messung der Radioaktivität. Die statistischen Modelle beschreiben die Verteilungen der Ergebniswahrscheinlichkeiten bei solchen Untersuchungen und werden deshalb als Verteilungsfunktionen bezeichnet. Theoretische Verteilungsfunktionen dienen zur Annäherung und mathematischen Beschreibung der realen Häufigkeiten von Zufallsvariablen. Die wichtigsten Verteilungsfunktionen sind die Binomialverteilung, die Poissonverteilung und die Gaußverteilung.

Ein typisches Messbeispiel ist die Untersuchung eines radioaktiven Präparats. Hier ist die Wahrscheinlichkeit des Zerfalls eines im Präparat enthaltenen Atomkerns das untersuchte Ereignis. Sind die Lebensdauer des Radionuklids und die Anzahl der simultan untersuchten Kerne ausreichend groß und werden systematische Fehler durch sorgfältiges Arbeiten ausgeschlossen, kann aus wiederholten Messungen der Aktivität ein Mittelwert berechnet werden, der bei einer ausreichenden Anzahl von Einzelmessungen die wahre Aktivität sehr gut repräsentiert. Oft sind zahlreiche Wiederholungen der Messungen allerdings zu zeitaufwendig, es bleibt also bei der Einzelmessung. Ist die

Lebensdauer des Präparates klein, ändern sich aus prinzipiellen Gründen ständig die Zählraten. Wiederholte Messungen bei gleicher Präparatstärke sind dann kaum möglich. Natürlich kann dann auch eine Datenreihe erstellt werden, bei der die Zeiten variiert werden und die nach dem Zerfallsgesetz abnehmenden Aktivitäten als Funktion der Zeiten analysiert werden (zweidimensionale Messreihen).

Wenn multiple Messungen nicht möglich sind oder zu zeitaufwendig wären, ist man jedoch auf einen einzelnen Messwert als Repräsentanten des tatsächlichen wahren Wertes zum Zeitpunkt der Untersuchung angewiesen. Verteilungsfunktionen dienen bei solchen Einzelmessungen dann dazu, statistische Abschätzungen der Korrektheit dieses einzelnen Messergebnisses zu liefern.

Um gedankliche Probleme zu vermeiden, soll vor der Darstellung der verschiedenen Verteilungsfunktionen die Aussagekraft und die Bedeutung der einzelnen Zufallsgrößen an einfachen Beispielen wie dem Würfelspiel oder Münzwurf erläutert werden. Es ist unmittelbar einleuchtend, dass beim Münzwurf entweder "Kopf" oder "Zahl" als Ergebnis vorliegt. Intuitiv erwartet man für den einzelnen Prozess eine 50% Wahrscheinlichkeit, da ja nur zwei Möglichkeiten bestehen. Beim Würfelspiel ist die Wahrscheinlichkeit eine "3" zu werfen wegen der 6 möglichen Würfelseiten 1/6. Die Größe für diese Einzelwahrscheinlichkeit wird in der statistischen Theorie als **probability p** bezeichnet. Ihr Wert ist für das Würfelbeispiel p = 0,167 =1/6 und für den Münzwurf p = 0,5. Die Anzahl der möglichen Treffer (Erfolge nach einer Vorgabe wie "beim Würfeln eine 3") wird mit x gekennzeichnet.

Die theoretische Häufigkeitsverteilung eines solchen Treffers ist die **Verteilungsfunktion P(x)**. Sie beschreibt die relative Häufigkeit, die vorgegebene Aufgabe zu erledigen, also Treffer zu erzielen, wie eine 3 zu würfeln oder einen Kopf zu werfen. Die Summe über alle möglichen Fallwahrscheinlichkeiten beträgt immer 1 (100%).

$$\sum_{x=0}^{n} P(x) = 1 \qquad\qquad (6.22)$$

Zeigt die Verteilungsfunktion für eine bestimmte Aufgabe bei x = 0 (d. h. kein Treffer) den Wert P(0) = 0,01, bedeutet dies, dass nur einer von 100 Versuchen unter gleichen Bedingungen keinen Treffer erzielt. P(3) = 0,25 bedeutet dagegen, dass jeder vierte Versuch drei Treffer erzielt. Je höher der Wert der Zufallsfunktion P(x) ist, umso häufiger treten Treffer für eine bestimmte Trefferanzahl auf.

In jedem realen Zufallsexperiment gibt es Abweichungen von der theoretischen Verteilungsfunktion. So kennt jeder die Situation, sechsmal hintereinander keine 3 zu würfeln, obwohl die Verteilungsfunktion eine Wahrscheinlichkeit von einem Treffer bei 6 Würfen erwarten lässt. Die Zahl der Versuche wird mit n beschrieben. Je mehr

Versuche man startet, je größer also n wird, umso mehr nähert sich die experimentelle Verteilung der theoretischen Trefferverteilung P an.

6.3.1 Die Binomialverteilung

Die grundlegendste eindimensionale statistische Verteilungsfunktion einer Zufallsvariablen ist die Binomialverteilung. Sie hat die folgende mathematische Form:

$$P(x) = \frac{n!}{(n-x)! \cdot x!} \cdot p^x \cdot (1-p)^{n-x} \tag{6.23}$$

Dabei sind x die Zahl der Treffer, n die Anzahl der Versuche, p die theoretische Wahrscheinlichkeit für einen Treffer bei einem einzigen Versuch. P(x) stellt die die Wahrscheinlichkeitsfunktion dar, also die relative Häufigkeit für das Auftreten des Zufallsergebnisses x bei n Versuchen. "n!" ist die Fakultät[3] der Zahl der Versuche n. Die Binomialverteilung ist eine Verteilungsfunktion für ganzzahlige Variable x (Integerzahlen, x ≥ 0).

$$\bar{x} = \sum_{x=0}^{n} x \cdot P(x) = p \cdot n \tag{6.24}$$

Der wahre Mittelwert $\bar{x}$ der Trefferzahl kann aus der Wahrscheinlichkeitsfunktion P(x) und der Zahl der Versuche n nach (Gl. 6.24) durch Summation über alle mögli-

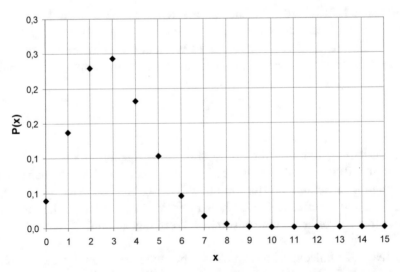

Fig. 6.4: Binomialverteilung für eine Einzelwahrscheinlichkeit von 0,15 pro Treffer, für n = 20 Versuche und den höchsten Wahrscheinlichkeitswert P(x) für x = 3.

---

[3] Die Fakultät einer ganzzahligen Variablen n ist das Produkt n! = 1·2·3·...·n

chen x-Werte (Trefferzahlen) berechnet werden und ist einfach das Produkt der Einzelwahrscheinlichkeit und der Zahl der Versuche. Die Summe der Wahrscheinlichkeiten P ist auf 1 (100%) normiert (s. Gl. 6.22).

Die wahre Varianz σ^2 kann durch Produktbildung der Summe der quadratischen Abweichungen der Trefferzahlen vom Mittelwert mit der Häufigkeitsfunktion P(x) berechnet werden.

$$\sigma^2 = \sum_{x=0}^{n} (x - \bar{x})^2 \cdot P(x) = n \cdot p \cdot (1 - p) \tag{6.25}$$

Wegen (Gl. 6.24) ist das Produkt (n·p) gerade der wahre Mittelwert der Treffer. Man erhält deshalb:

$$\sigma^2 = \bar{x} \cdot (1 - p) \tag{6.26}$$

Die wahre Standardabweichung σ ergibt sich durch Wurzelbildung zu:

$$\sigma = \sqrt{\bar{x} \cdot (1 - p)} \tag{6.27}$$

Die Binomialverteilung ist gut geeignet zur Beschreibung von Zufallsexperimenten mit geringen Wiederholungszahlen n. Wegen der sehr hohen Anzahl der betroffenen Atomkerne in realen Untersuchungssituationen zur Radioaktivität ist die Fakultätsbildung und somit die Binomialverteilung mathematisch schwierig anzuwenden.

Die Binomialverteilung wird deshalb nur selten bei Zählexperimenten in der Strahlungsphysik angewendet. Man ist für Zählexperimente der geschilderten Art auf die folgenden Vereinfachungen der Binomialgleichung wie die Poissonverteilung und die Gaußverteilung angewiesen. Für sehr kleine Wahrscheinlichkeiten p und große Versuchszahlen n ergeben alle Verteilungsfunktionen identische Ergebnisse.

6.3.2 Die Poissonverteilung

Die Poissonverteilung ist eine solche vereinfachte Form der Binomialverteilung für sehr kleine und konstante Einzelwahrscheinlichkeiten p für eine diskrete Zufallsvariable x. Sie hat die Form:

$$P(x) = \frac{(pn)^x}{x!} \cdot e^{-pn} \tag{6.28}$$

Hier sind p wieder die Einzelwahrscheinlichkeiten für einen Treffer, P(x) die Häufigkeitsfunktion für das Auftreten des Variablenwertes x und n die Anzahl der Versuche. Wegen Gleichung (6.24) kann das Produkt (p·n) wieder durch den Mittelwert der Verteilung $\bar{x}$ ersetzt werden. Die Poissonverteilung kann damit auch folgendermaßen geschrieben werden:

$$P(x) = \frac{(\bar{x})^x}{x!} \cdot e^{-\bar{x}} \tag{6.29}$$

Auch die Poissonverteilung ist mit der Summe der Einzelwahrscheinlichkeiten auf 1

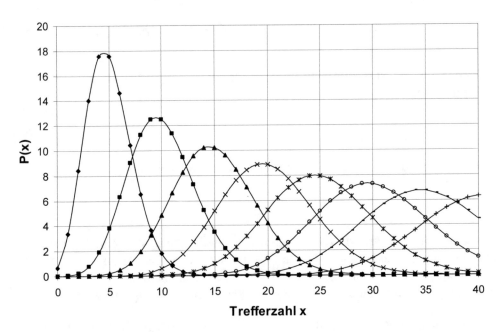

Fig. 6.5: Poissonverteilungen für unterschiedliche wahre Mittelwerte $\bar{x}$ (5 und 40 in 5er Schritten) und n = 40 Versuche berechnet nach (Gl. 6.29). Die durchgezogenen Linien dienen nur zur Führung des Auges, die Poissonverteilung ist keine kontinuierliche Funktion.

normiert und hat außerdem den gleichen Mittelwert wie die Binomialverteilung (Gl. 6.24). Die Form und Lage der Poissonverteilungen hängen nach (Gl. 6.28 und 6.29) entweder vom wahren Mittelwert $\bar{x}$ für die Zufallsvariable oder von dem Produkt (n·p) aus der Zahl der Versuche und der Einzelwahrscheinlichkeit ab. Die Variation berechneter Poissonverteilungen bezüglich ihrer Lage und Breite für unterschiedliche Mittelwerte und jeweils 40 Versuche zeigt exemplarisch (Fig. 6.5). Die Vertrauensintervalle korrelieren nach den obigen Gleichungen mit den wahren Mittelwerten. Je kleiner der Mittelwert ist, umso schmaler sind daher die berechneten Poissonverteilungen.

Will man überprüfen, wie dicht ein Ergebnis am tatsächlichen Mittelwert bzw. dem wahren Mittelwert liegt, benötigt man ein geeignetes Streumaß. Für Poissonverteilungen verwendet man wieder das quadratische Streumaß, die Varianz σ^2. Die Varianz ist dadurch definiert, dass 68,3% aller Werte in einen Bereich von $\pm\sigma$ um den wahren Mittelwert $\bar{x}$ der Verteilung fallen. Dies bedeutet, dass 68,3% aller Ergebnisse im Intervall

$$\bar{x} \pm \sigma = \bar{x} \pm \sqrt{x} \qquad (6.30)$$

zu erwarten sind. Für die Poissonverteilung hat die Varianz den folgenden Wert.

$$\sigma^2 = \bar{x} \qquad (6.31)$$

Dieser Wert unterscheidet sich bei kleinen Einzelwahrscheinlichkeiten p praktisch nicht von dem für Binomialverteilungen (in Gl. 6.26).

Der Zusammenhang von Varianz und wahrem Mittelwert in (Gl. 6.31) ist von großem praktischem Nutzen für das Abschätzen der Zuverlässigkeit des Ergebnisses einer einzelnen Untersuchung. Wenn das Ergebnis eines von systematischen Fehlern freien Zählexperiments x beträgt und man unterstellt, dass x das unbekannte wahre Mittel $\bar{x}$ gut repräsentiert, kann man davon ausgehen, dass der wahre Wert $\bar{x}$ mit einer Wahrscheinlichkeit von 68,3% im Intervall von ($x \pm \sqrt{x}$) zu finden ist. Das so abgeschätzte Intervall wird als "68,3%-Vertrauensintervall" der einzelnen Messung bezeichnet. ($\pm\sqrt{x}$) ist dann die Unsicherheit des einzelnen Wertes. Die relative (prozentuale) Unsicherheit V erhält man durch Verhältnisbildung mit dem Messwert N.

$$V(x) = \frac{\sqrt{x}}{x} = \frac{1}{\sqrt{x}} \qquad (6.32)$$

In einem Vertrauensintervall mit der Breite von ($\pm 2\sigma$) um x befinden sich bei einer Poissonverteilung bereits 95%, im Intervall mit der Breite $\pm 3\sigma$ um x sogar 99,7% aller Werte.

Da in der praktischen Arbeit die wahren Mittel $\bar{x}$ nicht bekannt sind, werden statt der Varianz σ^2 näherungsweise die empirische Varianz s^2 (s. Gl. 6.16) und als Streumaß die Wurzel aus der empirischen Varianz verwendet. Es wird also unterstellt:

$$\sigma^2 = s^2 \qquad \text{und} \qquad \sigma = s \qquad (6.33)$$

Die Größe s wird als empirische Standardabweichung einer experimentellen Verteilung bezeichnet (s. Kap. 6.2.2). Für n wiederholte Untersuchungen kann man die Standardabweichungen aus (Gl. 6.18) berechnen. Ist n ausreichend groß, kann die empirische Standardabweichung näherungsweise durch Wurzelbildung aus der experimentellen Trefferzahl bestimmt werden.

$$s \approx \sqrt{x} \qquad (6.34)$$

Beispiel 6.3: Wie groß sind die relativen Fehler und die Standardabweichungen bei einem Zählexperiment für Trefferzahlen von x = 10, 100, 10000 und 1000000? Die Standardabweichungen erhält man nach (Gl. 6.34) durch Wurzelbildung aus der Ereignisanzahl. Man erhält also folgende s-Werte: 3,16 / 10 / 100 und 1000. Für die relativen Fehler erhält durch Kehrwertbildung nach (Gl. 6.32) 31,6% / 10% / 1% und 0,1%. Die einzelnen Werte würde man mit diesen Ergebnissen also folgendermaßen schreiben: x±Δx = 10±3,16 / 100 ±10 / 10000±100 und 1000000±1000. Diese Fehlerangaben beziehen sich auf eine einfache Standardabweichung. Bei 2 Standardabweichungen verdoppeln sich die Fehlerbreiten.

Die Ergebnisse des Beispiels (6.3) zeigen, dass für eine ausreichende Vertrauenswürdigkeit einer Reihe oder einer einzelnen Untersuchung ausreichend hohe Trefferzahlen x erforderlich sind. Bei kleinen Ereignisraten können die Einzelergebnisse nicht mit den tatsächlichen wahren Mittelwerten gleichgesetzt werden, oder die berechneten Mittelwerte einer Reihe sind wegen der großen individuellen Fehler nicht vertrauenswürdig genug für eine zuverlässige empirische Mittelbildung.

6.3.3 Die Gaußverteilung

Bei sehr kleinen Wahrscheinlichkeiten p für ein bestimmtes Ereignis und "größeren" Mittelwerten werden statt der Poissonverteilungen die Gaußverteilungen bevorzugt. Gaußverteilungen werden auch als **Normalverteilungen** bezeichnet. Sie haben die folgende mathematische Form:

$$P(x) = \frac{1}{\sqrt{2\pi\bar{x}}} \cdot e^{-\frac{(x-\bar{x})^2}{2\bar{x}}} \qquad (6.35)$$

P(x) ist in dieser Form eine Verteilung für diskrete Variable x. Dabei ist $\bar{x}$ wieder das wahre Mittel aller Werte. Die Gaußverteilung ist symmetrisch um dieses wahre Mittel angeordnet, das der einzige veränderliche und die Form der Gaußverteilung beeinflussende Parameter ist. Wegen des quadratischen Zusammenhangs von Varianz und wahrem Mittelwert (Gl. 6.31) kann man die Gaußverteilung auch so schreiben:

$$P(x) = \frac{1}{\sqrt{2\pi\sigma^2}} \cdot e^{-\frac{(x-\sigma^2)^2}{2\sigma^2}} \qquad (6.36)$$

Die Halbwertbreite einer Gaußverteilung wird also wie üblich mit der Varianz σ^2 bzw. der Standardabweichung σ beschrieben. Bei 50% des Maximalwertes hat die Gaußverteilung eine Breite von 2σ. Die Summe aller Häufigkeiten über die gesamte Gaußverteilung beträgt jeweils wieder 1 (bzw. 100%), da die Gaußverteilung ja wieder die

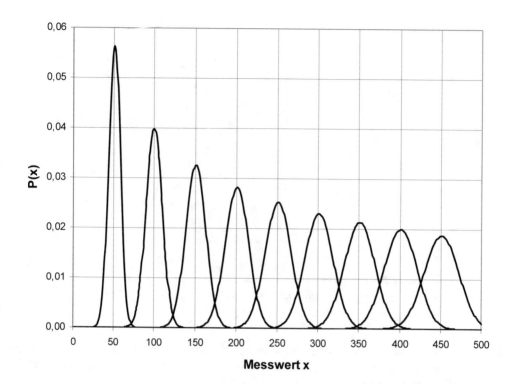

Fig. 6.6: Gaußverteilungen für verschiedene Mittelwerte zwischen 50 und 450. Die Verteilungen sind symmetrisch um den jeweiligen wahren Mittelwert $\bar{x}$. Die "Breiten" der Verteilungen entsprechen jeweils den doppelten Standardabweichungen 2σ (σ = Wurzel der wahren Mittelwerte $\bar{x}$). Die Standardabweichungen nehmen in ihren Werten zwar absolut zu, die relativen Breiten nehmen dagegen mit der Wurzel des Mittelwertes ab. Die nur für ganzzahlige x-Werte definierten Verteilungen sind aus Darstellungsgründen als kontinuierliche Kurven gezeichnet.

relativen Häufigkeiten aller möglichen Fälle beschreiben soll. Die Summe der Häufigkeiten für den Bereich von $\pm\sigma$ um den Maximalwert entspricht wieder 68,3%. Das bedeutet, dass statistisch 68,3% aller Treffer in diesem Bereich erwartet werden.

Im Bereich von $\pm1{,}64\sigma$ um den Mittelwert befinden sich 90% und im Bereich von $\pm2{,}58\sigma$ schon 99% aller Treffer (s. Fig. 6.7). Diese Aussage ist unabhängig von der Lage des Maximums und der individuellen Breite einer Gaußverteilung. Gaußverteilungen werden bevorzugt wegen der leichten Berechenbarkeit für Zählexperimente mit kleinen Wahrscheinlichkeiten, wie beispielsweise zum Nachweis radioaktiver Zerfälle, genutzt.

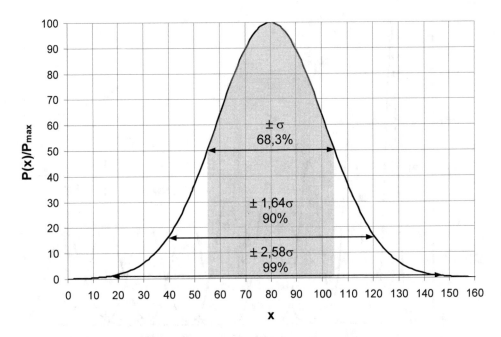

Fig. 6.7: Auf den Maximalwert normierte Gaußverteilung. Im Bereich von ±σ um den Mittelwert befinden sich 68,3%, im Bereich von ±1,64σ um den Mittelwert 90% und im
Bereich von ±2,58σ schon 99% aller Treffer.

Werden Gaußverteilungen nur auf die Abweichungen der Werte vom Mittelwert be-
zogen, also statt x nur der Betrag der Abweichung $d = |x - \bar{x}|$ betrachtet, verändert sich
die mathematische Form. Man erhält:

$$G(d) = \sqrt{\frac{2}{\pi\sigma^2}} \cdot e^{-\frac{d^2}{2\sigma^2}} \qquad (6.37)$$

Diese Form beschreibt jetzt nicht mehr die absoluten Werte der einzelnen Ergebnisse
und die Wahrscheinlichkeiten für ihr Auftreten in einem bestimmten Bereich um den
Mittelwert, sondern die Wahrscheinlichkeiten für das Auftreten der Abweichung. Die
Variable d kann beliebige reelle Werte (≥0) annehmen. Die Gaußverteilung wird deshalb zu einer kontinuierlichen Gaußkurve. Gaußkurven hängen von zwei Größen ab,
der Varianz σ^2 bzw. der Standardabweichung σ und der Abweichung d. Der Faktor 2
im Vergleich zu (Gl. 6.36) rührt von der gleichzeitigen Betrachtung positiver wie negativer Abweichungen vom Mittelwert her, da statt der absoluten Werte die Beträge
der Abweichungen heran gezogen werden. Das Maximum dieser Verteilungen liegt
bei Null. Bis auf den Skalierungsfaktor von 2 für die G-Werte und die Stetigkeit haben
die Gaußkurven den gleichen Verlauf wie die Gaußverteilungen. Wie bei allen steti-

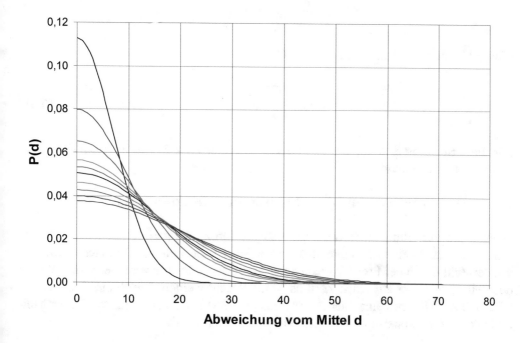

Fig. 6.8: Gaußkurven der Abweichungen d (nach Gl. 6.37) für die gleichen Verteilungen wie in Fig. 6.6), also Verteilungen für unterschiedliche wahre Mittelwerte $\bar{x}$ (zwischen 50 und 450 in 50er Schritten).

gen Funktionen müssen die bisher vorgenommenen Summenbildungen über die Einzelwahrscheinlichkeiten durch Integrale über die Flächen unter den Kurven ersetzt werden. Die gesamte Fläche unter der Gaußkurve wird also als Integral über alle möglichen d-Werte berechnet. Sie beträgt wieder 1 (100%).

$$\int_0^\infty G(d) = 1 \qquad (6.38)$$

Die Wahrscheinlichkeit für alle Fälle innerhalb einer Standardabweichung ist wieder:

$$\int_0^\sigma G(d) = 0{,}683 \qquad (6.39)$$

Gaußkurven können in ihrer Darstellung weiter vereinfacht werden, wenn man die Abweichungen d in Einheiten der Standardabweichung σ angibt.

$$t = \frac{d}{\sigma} \tag{6.40}$$

Man erhält dann die folgende Form der Gaußkurve:

$$G(t) = \sqrt{\frac{2}{\pi}} \cdot e^{-\frac{t^2}{2}} \tag{6.41}$$

Für diese Schreibweise der Gaußkurve sind vorberechnete Werte in den meisten Tabellenwerken vorhanden.

6.3.4 Anwendungen auf die Messung der Radioaktivität

Werden die Verteilungsfunktionen zur Analyse von Zählexperimenten wie den Nachweis des Zerfalls eines Atomkerns angewendet, ist die Zahl der Versuche identisch mit der Zahl der in der Probe vorhandenen Atomkerne, die alle vom Detektor während des Zeitintervalls Δt auf einen Zerfallsakt untersucht werden. Die Wahrscheinlichkeit p für den Zerfall eines einzelnen Atomkerns (Treffer) kann aus dem Zerfallsgesetz mit Hilfe der Zerfallskonstanten λ berechnet werden. Man erhält:

$$p = 1 - e^{-\lambda \cdot \Delta t} \tag{6.42}$$

Der Mittelwert der Zahl der zerfallenden Kerne im Intervall Δt ist dann die gesuchte Trefferzahl. Man kann sie aus der Wahrscheinlichkeitsfunktion P(x) und der Zahl der Versuche (Atomkerne) n durch Summation über alle möglichen x-Werte berechnen. Bei sehr großer Lebensdauer ist der Exponentialausdruck in (Gl. 6.42) dicht bei 1 und deshalb die Zerfallswahrscheinlichkeit p sehr klein. Andererseits ist die Zahl der Atomkerne in der Probe dann sehr groß und während der Untersuchung nahezu konstant. Wegen der hohen Versuchszahlen (Atomkerne) ist die Binomialverteilung nicht geeignet.

Um die Verteilungsfunktionen besser verständlich für die Anwendung in Zählexperimenten der Radioaktivität zu machen, ersetzt man an besten die Zufallsvariable x (Trefferanzahl) durch die Zahl der nachgewiesenen Zerfälle N im Zeitintervall. Den wahren Mittelwert der Verteilung $\bar{x}$ durch den für die Zählrate erwarteten wahren Mittelwert m. Für die Poissonverteilung erhält man dann die folgende Beziehung.

$$P(N,m) = \frac{(m)^N}{N!} \cdot e^{-N} \tag{6.43}$$

Verwendet man die Gaußverteilung zur Beschreibung der Zerfallsereignisse, muss man (Gl. 6.35) wie folgt umschreiben.

$$P(N) = \frac{1}{\sqrt{2\pi m}} \cdot e^{-\frac{(N-m)^2}{2m}} \qquad (6.44)$$

Alle Überlegungen zu den Varianzen und zu den Standardabweichungen sind unverändert, es müssen nur die Mittelwerte der Trefferzahlen durch die wahren oder empirischen Mittelwerte der Zählraten ersetzt werden. Es gilt also:

$$\sigma^2 = m \qquad \text{und} \qquad \sigma = \sqrt{m} \qquad (6.45)$$

$$s^2 = \overline{N} \qquad \text{und} \qquad s = \sqrt{\overline{N}} \qquad (6.46)$$

$$m \pm \sigma = m \pm \sqrt{m} \qquad (6.47)$$

$$\overline{N} \pm s = \overline{N} \pm \sqrt{\overline{N}} \qquad (6.48)$$

Für die relative (prozentuale) Unsicherheit V des empirischen Mittelwertes erhält man aus (Gln. 6.32) durch entsprechende Ersetzungen die folgende Gleichung, die **"1/Wurzel-Regel"**.

$$V(\overline{N}) = \frac{1}{\sqrt{\overline{N}}} \qquad (6.49)$$

6.3.5 Anwendung auf die Verteilung von Zeitintervallen

Beim Nachweis von Ereignissen ist man oft am Zeitintervall bis zum nächsten Ereignis interessiert. Auch für eine konstante mittlere Zählrate, also eine konstante Zerfallswahrscheinlichkeit pro Zeitintervall, wie sie beispielsweise beim Nachweis radioaktiver Umwandlungen mit großer Halbwertzeit des Präparats auftreten, folgen die einzelnen Zählereignisse natürlich den üblichen statistischen Mustern. Die geeignete Verteilungsfunktion ist wieder die Poissonverteilung. Die differentielle Wahrscheinlichkeit dp für einen Zerfall im Zeitintervall dt berechnet man mit Hilfe der mittleren Zerfallsrate r zu:

$$dp = r \cdot dt \qquad (6.50)$$

Zur Ableitung einer Wahrscheinlichkeitsfunktion Z(t) wird zunächst unterstellt, dass zur Zeit $t = 0$ ein Ereignis stattgefunden hat. In der Zeit t danach soll kein Ereignis stattfinden, das nächste Ereignis aber im Zeitintervall $t + dt$. Man erhält die folgende Gleichung.

$$Z(t) \cdot dt = P(0) \cdot r \cdot dt \qquad (6.51)$$

Dabei ist P(0) die Wahrscheinlichkeit, dass kein Zerfall im Zeitintervall t stattfindet. P wird mit der Poissongleichung beschrieben (s. Gl. 6.28). Man erhält mit den hier verwendeten Variablen:

$$P(0) = \frac{(rt)^0}{0!} \cdot e^{-rt} = e^{-rt} \tag{6.52}$$

Einsetzen in (Gl. 6.51) ergibt den einfachen exponentiellen Verlauf der Funktion Z(t).

$$Z(t) \cdot dt = r \cdot e^{-rt} dt \tag{6.53}$$

Z(t) beschreibt also die Zeitverteilungsfunktion für aufeinanderfolgende Zerfälle bei konstanter mittlerer Zerfallsrate eines Präparats. Verblüffend wirkt zunächst die Feststellung, dass das wahrscheinlichste Zeitintervall t = 0 ist, also ein Zerfall mit höchster Wahrscheinlichkeit unmittelbar dem Vorgängerzerfall folgt. Das mittlere Zeitintervall $\bar{t}$ bis zum nächsten Zerfall berechnet man durch Integration des Produktes aus Zeit t und Verteilungsfunktion über alle Zeiten erwartungsgemäß zu:

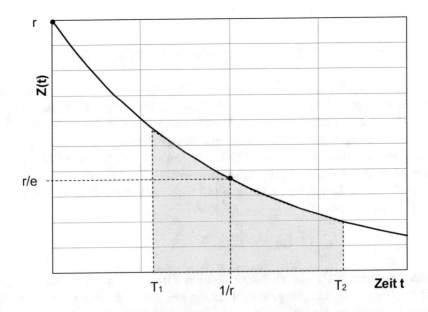

Fig. 6.9: Zeitverteilungsfunktion Z(t) für aufeinanderfolgende Zerfallsereignisse radioaktiver Strahler mit großer Halbwertzeit und einer mittleren Zerfallsrate r. 1/r ist gerade die mittlere Zeitspanne bis zum nächsten Zerfall. Die totale Zerfallswahrscheinlichkeit zwischen T_1 und T_2 entspricht der Fläche unter der Zeitfunktion (Gl. 6.55).

$$\bar{t} = \frac{\int\limits_{t=0}^{\infty} t \cdot Z(t) \cdot dt}{\int\limits_{t=0}^{\infty} Z(t) \cdot dt} = \frac{\int\limits_{t=0}^{\infty} t \cdot Z(t) \cdot dt}{1} = \frac{1}{r}$$ (6.54)

Da das Integral über eine Verteilungsfunktion immer 1 ist, verschwindet der Nenner in (Gl. 6.54 links) und man erhält als mittleres Zeitintervall den Kehrwert der mittleren Zerfallsrate r, was natürlich exakt der Definition dieser Größe entspricht. Die gleiche theoretische Ableitung kann man auch durchführen, ohne den Zeitpunkt des letzten Zerfalls auf t = 0 zu legen. Das Ergebnis bleibt dadurch unverändert.

Ist man an der Gesamtwahrscheinlichkeit für Ereignisse interessiert, die im Zeitintervall T_1 bis T_2 nach dem letzten Zerfall stattfinden, muss die Zeitverteilungsfunktion entsprechend integriert werden. Man erhält dann:

$$P(T_1 / T_2) = \int\limits_{T_1}^{T_2} Z(t) \cdot dt = e^{-rT_2} - e^{-rT_1}$$ (6.55)

Die Gesamtwahrscheinlichkeit für alle Ereignisse, die nach der Zeit T nach dem letzten Zerfall stattfinden, berechnet man durch Integration der Zeitverteilungsfunktion zwischen T und Unendlich.

$$P(T) = \int\limits_{T}^{\infty} Z(t) \cdot dt = e^{-rT}$$ (6.56)

Zusammenfassung

- **Das Auftreten zufälliger (stochastischer) Ereignisse kann theoretisch mit statistischen Verteilungsfunktionen beschrieben werden.**

- **Verteilungsfunktionen beschreiben die Häufigkeit des Auftretens eines bestimmten Wertes (Treffers) als Funktion dieses Wertes.**

- **Die wichtigsten Verteilungsfunktionen sind die Binomialverteilung, die Poissonverteilung und die Gaußverteilung.**

- **Für große Fallzahlen und kleine Einzelwahrscheinlichkeiten der Ereignisse liefern alle Verteilungsfunktionen identische Ergebnisse.**

- **Die zur Beschreibung der Messung von Zufallsgrößen am häufigsten herangezogene Verteilungsfunktion ist die Gaußverteilung.**

- **Die Lagemaße für Verteilungsfunktionen sind die wahren Mittelwerte eines Messwertkollektivs.**

- **Die Streumaße für Verteilungsfunktionen sind die Varianz σ^2 und ihr Quadratwurzelbetrag, die Standardabweichung σ.**

- **Werden Verteilungsfunktionen zur Analyse von Messungen der Radioaktivität verwendet, korrelieren die Streu- und Lagemaße unmittelbar mit den Zählergebnissen (Zählraten N).**

- **Die Standardabweichungen σ entsprechen der Quadratwurzel der Zählraten N. Der Fehler beträgt also $\pm\sqrt{N}$.**

- **Der relative Fehler ist unter der gleichen Voraussetzung gerade der Kehrwert der Standardabweichung. Dies wird als die "1/Wurzel-Regel" bezeichnet.**

6.4 Fehlerfortpflanzung

Ist man nicht ausschließlich am unmittelbaren Messergebnis wie der in einem Zeitintervall festgestellten Zerfallsanzahl interessiert sondern an der Kombination verschiedener Einzelresultate, müssen die Fehler und Standardabweichungen solcher kombinierter Ergebnisse auf besondere Weise berechnet werden. Zur Entwicklung eines entsprechenden Formalismus werden die folgenden Voraussetzungen gemacht.

1. **Die Einzelergebnisse sind völlig voneinander unabhängig.**

2. **Jede einzelne Messgröße folgt in ihrer ursprünglichen Verteilung in guter Näherung einer Gaußverteilung.**

3. **Die Fehler der Einzelergebnisse sind nicht zu groß und sind symmetrisch um den wahren Mittelwert der jeweiligen Verteilung gruppiert.**

Ein Ergebnis, das **Resultat**, das unter diesen Bedingungen von mehreren Einzelergebnissen (x, y, z,...) abhängt, soll mit **r** bezeichnet werden.

$$r = r(x, y, z,...)\qquad(6.57)$$

Dabei kann die Funktion r(...) verschiedene Formen annehmen. Die einfachste Form ist die Entstehung aus einer Summe oder Differenz von Einzelergebnissen. r(...) kann beispielsweise auch als Produkt oder Quotient aus den einzelnen Ergebnissen zusammengesetzt sein. Betrachtet man als charakteristisches Maß für die Fehlerbreite oder Vertrauenswürdigkeit des Endresultats die wahre Gesamtvarianz des Ergebnisses σ_r^2, kann man theoretisch folgende allgemein gültige Beziehung für die Berechnung der Gesamtvarianz aus den Varianzen der Einzelergebnisse (x, y, z,...) ableiten.

$$\sigma_r^2 = (\frac{\partial r}{\partial x})^2 \cdot \sigma_x^2 + (\frac{\partial r}{\partial y})^2 \cdot \sigma_y^2 + (\frac{\partial r}{\partial z})^2 \cdot \sigma_z^2 + ... \qquad (6.58)$$

Die Klammerausdrücke sind die partiellen Ableitungen des Gesamtresultats nach den einzelnen Teilvariablen. Die Gesamtvarianz berechnet sich nach (Gl. 6.58) als mit den quadratischen Ableitungen gewichtete Summe der Einzelvarianzen. In den folgenden Abschnitten wird diese Beziehung für typische Fälle angewendet.

6.4.1 Summe oder Differenz von Messwerten

Setzt sich das Endergebnis aus einer einfachen ungewichteten Summe oder Differenz der Teilergebnisse (z. B. Zählereignisse) zusammen, gilt:

$$r = x \pm y \pm z \pm ... \qquad (6.59)$$

Für die partiellen Ableitungen erhält man dann jeweils den Wert 1 oder ± 1.

$$\frac{\delta r}{\delta x} = 1 \qquad \text{und} \qquad \frac{\delta r}{\delta y} = \frac{\delta r}{\delta z} = ... = \pm 1 \qquad (6.60)$$

Für die Varianz des Resultats erhält man dann:

$$\sigma_r^2 = (1)^2 \cdot \sigma_x^2 + (\pm 1)^2 \cdot \sigma_y^2 + (\pm 1)^2 \cdot \sigma_z^2 + ... \qquad (6.61)$$

Man muss also lediglich die Einzelvarianzen addieren. Für die Standardabweichung erhält man dann die Quadratwurzel aus der Summe der Einzelvarianzen.

$$\sigma_r = \sqrt{\sigma_x^2 + \sigma_y^2 + \sigma_z^2 + ...} \qquad (6.62)$$

Da die Standardabweichungen gerade die Wurzelbeträge aus den Zählraten sind, erhält man:

$$\sigma_r = \sqrt{x + y + z + ...} \qquad (6.63)$$

Beispiel 6.4: Berechnung einer Nettoanzahl r aus Bruttoanzeige N_g und Untergrundmessung N_u. Die Gesamtanzeige betrage N_g = 900 cts (counts), die Untergrundanzahl N_u = 100 cts. Die Nettoanzahl liegt dann bei 800 cts. Nach (Gl. 6.48) sind die Einzelstandardabweichungen gerade die Wurzeln aus den Anzahlen ($\sigma_g = (900)^{0,5} = 30$ und $\sigma_u = (100)^{0,5} = 10$). Die Gesamtstandardabweichung σ_r erhält man nach (Gl. 6.62 und 6.63) zu:

$$\sigma_r = \sqrt{\sigma_g^2 + \sigma_u^2} = \sqrt{N_g + N_u} = \sqrt{900 + 100} = 31,6$$

6.4.2 Multiplikation oder Division mit einer Konstanten

Oft müssen Endergebnisse durch Multiplikation des Messergebnisses x mit einer Konstanten A oder durch Division durch eine Konstante B ermittelt werden. Da die Division durch eine Konstante die Multiplikation mit ihrem Kehrwert ist (dann gilt A = 1/B), muss tatsächlich nur der Fall der Multiplikation mit einer Konstanten untersucht werden. Ein typischer Fall ist die Verwendung von Kalibrierfaktoren oder die Umrechnung auf ein anderes Zeitintervall. Werden diese Konstanten als fehlerfrei unterstellt, gilt folgende Beziehung für das Resultat.

$$r = A \cdot x \tag{6.64}$$

Für die Varianzen gilt dann mit (Gl. 6.58):

$$\sigma_r^2 = (\frac{\delta r}{\delta x})^2 \cdot \sigma_x^2 = A^2 \cdot \sigma_x^2 \tag{6.65}$$

Man erhält die Varianz des Resultats also durch einfache Multiplikation oder Division der Einzelvarianz mit dem Quadrat der jeweiligen Konstanten. Und für die Standardabweichungen erhält man nach Wurzelbildung:

$$\sigma_r = A \cdot \sigma_x \tag{6.66}$$

Beispiel 6.5: Umrechnung der in 10 Minuten erfassten Zählrate auf 1 Stunde. N_{10} = 1600 cts/10 min. Pro Stunde erhält man dann 9600 cts, also N_{60} = 9600 cts/h. Die Standardabweichung für das Messresultat der 10 Minuten-Messung beträgt σ_{10} = ±40, die Standardabweichung für den Stundenwert σ_{60} = ±6·40 cts = ±240 cts. Hätte man das Experiment eine Stunde lang fortgesetzt und eine Messung mit dem Gesamtergebnis N_{60} = 9600 cts/h direkt ermittelt, berechnet man eine deutlich geringere Standardabweichung von nur σ_{60} = ±98 cts.

6.4.3 Multiplikation oder Division von Messergebnissen

Oft müssen Endergebnisse durch Multiplikation oder Division zweier Messergebnisse ermittelt werden. Ein realistischer Fall ist beispielsweise die Verhältnisbildung eines Ganzkörperzählrate und der Zählrate in einem bestimmten Organ wie bei einer nuklearmedizinischen Nierenuntersuchung. Für das als Produkt berechnete Resultat bedeutet das:

$$r = x \cdot y \tag{6.67}$$

Für die partiellen Ableitungen beim Produkt erhält man:

$$\frac{\delta r}{\delta x} = y \quad \text{und} \quad \frac{\delta r}{\delta y} = x \tag{6.68}$$

Für die Gesamtvarianz also:

$$\sigma_r^2 = y^2 \cdot \sigma_x^2 + x^2 \cdot \sigma_y^2 \tag{6.69}$$

Beim Quotienten gilt für das Gesamtresultat:

$$r = x/y \tag{6.70}$$

und für die partiellen Ableitungen erhält man:

$$\frac{\delta r}{\delta x} = \frac{1}{y} \quad \text{und} \quad \frac{\delta r}{\delta y} = -\frac{x}{y^2} \tag{6.71}$$

Für die Gesamtvarianz beim Quotienten ergibt dies:

$$\sigma_r^2 = \frac{1}{y^2} \cdot \sigma_x^2 + (\frac{-x}{y^2})^2 \cdot \sigma_y^2 \tag{6.72}$$

Teilt man die Gleichungen (6.69) und (6.72) zur Berechnung der relativen Varianzen auf beiden Seiten durch r^2 (nach Gl. 6.67 bzw. 6.70), erhält man für beide Fälle die gleiche Beziehung für die relative Varianz des Endergebnisses.

$$\frac{\sigma_r^2}{r^2} = \frac{\sigma_x^2}{x^2} + \frac{\sigma_y^2}{y^2} \tag{6.73}$$

Beispiel 6.6: Bei einem Patienten soll der relative Aufnahme, der "Uptake" r in einem bestimmten Organ bestimmt werden. Dazu wird in diesem Organ ein Messwert von $N_0 = 10000$ cts registriert. Der entsprechende Ganzkörperwert betrage $N_{gk} = 20000$ cts. Das Messwertverhältnis Organ zu Ganzkörper beträgt also $r = 10000/20000 = 0,5$. Für die relativen Varianzen erhält man:

$$\frac{\sigma_r^2}{r^2} = \frac{\sigma_{or}^2}{N_{or}^2} + \frac{\sigma_{gk}^2}{N_{gk}^2} = \frac{N_{or}}{N_{or}^2} + \frac{N_{gk}}{N_{gk}^2} = \frac{1}{N_{or}} + \frac{1}{N_{gk}}$$

Einsetzen der Zahlenwerte ergibt für die relative Gesamtvarianz den Wert $(\sigma_r/r)^2 = 1,5 \cdot 10^{-4}$ und für den Betrag der relativen Unsicherheit $\sigma_r/r = 1,22 \cdot 10^{-2} = 0,0122$. Multipliziert man diesen Wert mit r, erhält man als Gesamtstandardabweichung $\sigma_r = 0,0061$ und für das Resultat also den relativen Uptake im untersuchten Organ zu $r = 0,5 \pm 0,0061$.

6.4.4 Varianz und Mittelwertbildung bei unabhängigen Ergebnissen

Ein Präparat soll auf seine Aktivität untersucht werden. Dies ist entweder mit einer Einzelmessung mit großem Zeitintervall oder mit wiederholten Messungen mit kleinerem Zeitintervall möglich. Für den zweiten Fall werden mehrere unabhängige Messungen mit den Zählergebnissen (x_1, x_2, x_3, ...) in einer sonst identischen Messanordnung durchgeführt. Die Summe der Einzelergebnisse soll mit S bezeichnet werden, die Anzahl der Messungen mit n.

$$S = x_1 + x_2 + x_3 + ... = \sum_{i=1}^{n} x_i \qquad (6.74)$$

Für die Gesamtvarianz zur Summe S erhält man die Summe der Einzelvarianzen, da die einzelnen Messungen unabhängig von einander sind (s. Kap. 6.4.1).

$$\sigma_S^2 = \sigma_1^2 + \sigma_2^2 + \sigma_3^2 + ... = \sum_{i=1}^{n} \sigma_i^2 \qquad (6.75)$$

Da die Einzelvarianzen bei Zählexperimenten mit geringen Fehlern durch die Messwerte x_i ersetzt werden können (es wird dabei unterstellt, dass das wahre Mittel immer gut getroffen wird), erhält man:

$$\sigma_S^2 = x_1 + x_2 + x_3 + ... = S \qquad \text{bzw.} \qquad \sigma_S = \sqrt{S} \qquad (6.76)$$

Die Standardabweichung einer Messreihe aus n Messungen mit dem Summenergebnis S hat also den gleichen Wert wie die Standardabweichung einer Einzelmessung mit dem gleichen Messresultat, nämlich gerade die Wurzel aus der Gesamtzählrate. Bei der Mittelwertbildung muss die Summe der Einzelmesswerte S durch die Anzahl n der Messungen geteilt werden.

$$\bar{x} = \frac{1}{n} \sum_{i=1}^{n} x_i = \frac{S}{n} \qquad (6.77)$$

Soll jetzt die Varianz des Mittelwertes gebildet werden, sind die Regeln zur Varianzberechnung bei Division des Messwertes durch eine Konstante heranzuziehen (Kap. 6.4.2). Man erhält die Standardabweichung des Mittelwertes also durch Division der Gesamtstandardabweichung der Summe S durch die Zahl der Messungen n.

$$\sigma_{\bar{x}} = \frac{\sigma_S}{n} = \frac{\sqrt{S}}{n} = \frac{\sqrt{n \cdot \bar{x}}}{n} = \sqrt{\frac{\bar{x}}{n}} \qquad (6.78)$$

Da die einzelnen Messwerte bei sorgfältigem Vorgehen und ausreichend großer Zählrate nur wenig vom wahren Mittelwert $\bar{x}$ abweichen, gilt in guter Näherung $x_i \cong \bar{x}$

und die Faustregel, dass der statistische empirische Fehler mit dem Kehrwert der Wurzel aus der Versuchsanzahl ($1/\sqrt{n}$) abnimmt. Will man also den systematischen Fehler halbieren oder dritteln, muss man viermal bzw. neunmal solange messen.

Beispiel 6.7: Wie groß sind der Mittelwert, die einzelnen Standardabweichungen und die Gesamtstandardabweichung einer wiederholten Zählmessreihe mit folgenden Ergebnissen der n = 9 Einzelmessungen: x_i = 11 / 8 / 12 / 15 / 7 / 10 / 9 / 9 / 13. Als Mittelwert erhält man aus (Gl. 6.77) $\overline{x} = 10{,}44$. Die Standardabweichungen der Einzelmesswerte erhält man durch Wurzelbildung zu σ_i = 3,32 / 2,83 / 3,46 / 3,87 / 3,16 / 3 / 3 und 3,61. Die Standardabweichung der Gesamtzählrate berechnet man zu σ_S = 9,7. Die Standardabweichung des Mittelwertes beträgt nach (Gl. 6.78) $\sigma_x = 1{,}077$. Würde man stattdessen nur eine einzelne Messung vornehmen mit dem Ergebnis 10 (etwa der Mittelwert der Messreihe), erhielte man als Standardabweichung den Wert σ_{einzel} = 3,16, also eine beinahe um den Faktor 3 geringere "Vertrauenswürdigkeit".

6.4.5 Fehlergewichtete Mittelwerte

Soll der Mittelwert einer Reihe von Messwerten gebildet werden, unterscheiden sich die Einzelwerte aber deutlich in ihrer Genauigkeit, ist die einfache Mittelwertbildung in (Gl. 6.5) fragwürdig. Ein typisches Beispiel wären einzelne Ausreißer in einer Messserie oder Messergebnisse mit stark unterschiedlicher Messdauer. In solchen Fällen sollten stark fehlerbehaftete Einzelwerte weniger berücksichtigt werden als präzisere Messwerte. Bei der Mittelwertbildung muss also eine fehlerbezogene Wichtung der einzelnen Ergebnisse vorgenommen werden. Die gewichtete Mittelung wird nach folgender Gleichung vorgenommen.

$$\overline{x}_w = \frac{\sum\limits_{i=1}^{n} w_i \cdot x_i}{\sum\limits_{i=1}^{n} w_i} \qquad (6.79)$$

Dabei sind die x_i die n Messwerte und die w_i die zu bestimmenden Wichtungsfaktoren. Die Summe über die einzelnen Wichtungsfaktoren im Nenner der (Gl. 6.79) dient lediglich zur Normierung der Wichtungsfaktoren. Es ist naheliegend für die Wichtungsfaktoren die Varianzen oder Standardabweichungen der Einzelergebnisse heranzuziehen. Tatsächlich liefert die Theorie, die hier aus Platzgründen nicht ausgeführt werden soll, einen einfachen Zusammenhang zwischen Wichtungsfaktor und Varianz. Bezeichnet man mit σ_i die wie üblich berechnete Varianz des i-ten Einzelergebnisses x_i, erhält man den folgenden Wichtungsfaktor des k-ten Messwertes.

$$w_k = \frac{1}{\sigma_k^2} \cdot \frac{1}{\sum\limits_{i=1}^{n} \dfrac{1}{\sigma_i^2}} \qquad (6.80)$$

Jeder Messwert muss also mit dem Kehrwert seiner eigenen Varianz gewichtet werden. Ergebnisse mit großen Fehlern werden so automatisch geringer bei der Mittelwertbildung berücksichtigt als Werte mit kleinen Varianzen. Der Kehrwert der Vari-
anz-Summe in (Gl. 6.80) dient wieder zur Normierung. Für die Varianz des gewichteten Mittelwertes $\bar{x}_w$ liefert die Theorie:

$$\frac{1}{\sigma_{\bar{x}_w}^2} = \sum_{i=1}^{n} \frac{1}{\sigma_i^2} \tag{6.81}$$

Es sind also zur Varianzberechnung lediglich die die Kehrwerte der Einzelvarianzen
zu addieren. Wichtung einzelner Messwerte mit ihrer Varianz ist der "willkürlichen"
Stutzung von Messwerten vorzuziehen.

6.4.6 Typische Anwendungen der Fehlerfortpflanzung

Unter Zählrate R bei einem Experiment versteht man das Verhältnis der Ereignisse ΔN
(counts) und der Zeit Δt, in der diese Ereignisse registriert wurden. Typische Einheiten
bei Zählexperimenten sind also Ereignisse/s (cts/s oder cts/min). Die exakte Definition
der Zählrate lautet:

$$R = \frac{dN}{dt} \tag{6.82}$$

Sind die Zählraten R zeitlich konstant, kann man sie auch einfach als Verhältnis der
Ereignisse und der Messzeit berechnen.

$$R = \frac{N}{t} \qquad \text{für } R \neq f(t) \tag{6.83}$$

Unsicherheit der mittleren Zählrate: Nach (Gl. 6.83) ist die mittlere Zählrate in
einer Zeit R gerade das Verhältnis von Ereigniszahl und Messzeit. Betrachtet man die
Feststellung der Messzeit t als fehlerfrei, liegt gerade der Fall der Multiplikation einer
Variablen mit einer Konstanten vor. Für die Varianz der Zählrate erhält man deshalb
nach (Gl. 6.65):

$$\sigma_R^2 = \frac{\sigma_N^2}{t^2} = \frac{N}{t^2} \tag{6.84}$$

Und für die Standardabweichung der Zählrate erhält man wegen R =N/t:

$$\sigma_R = \sqrt{\frac{N}{t^2}} = \sqrt{\frac{R}{t}} \tag{6.85}$$

Optimierung der Messzeiten bei vorhandenem Untergrund: Bei der Auslegung eines Experimentes muss neben geringen Fehlern auch der Zeitaufwand für die Messung optimiert werden. Eine typische Situation ist die Verteilung der Messzeiten auf die Messung der Gesamtrate R_G (aus Nutzsignal und Untergrund) in der Zeit t_G und die getrennte Feststellung der Untergrundrate R_u in der Zeit t_u. Gesucht ist die Nettoereignisrate R_n. Unterstellt man wieder zeitlich konstante Raten so wird die Nettoereignisrate folgendermaßen berechnet:

$$R_n = \frac{R_G}{t_G} - \frac{R_u}{t_u}$$

(6.86)

Für die Berechnung der Varianz und Standardabweichung ist eine Kombination aus "Multiplikation mit einer Konstanten" und "Differenzbildung" heranzuziehen. Für die Varianz $(\sigma_n)^2$ der Nutzrate R_n erhält man mit dem üblichen Formalismus:

$$\sigma_n^2 = \frac{\sigma_G^2}{t_G^2} + \frac{\sigma_u^2}{t_u^2} = \frac{N_G}{t_G^2} + \frac{N_u}{t_u^2} = \frac{N_n + N_u}{t_G^2} + \frac{N_u}{t_u^2}$$

(6.87)

Hat man eine konstante Gesamtzeit T für beide Messungen zur Verfügung, gilt also T = $t_G + t_u$, muss man die für die obige (Gl. 6.87) das Optimum für eine der beiden Zeiten suchen[4]. Das Ergebnis dieser Rechnung ist das folgende optimale Messzeitenverhältnis, das bei gegebener Gesamtmesszeit die kleinsten Fehler (Varianz des Nutzsignals) liefert.

$$\frac{t_G}{t_u} = \sqrt{\frac{R_G}{R_u}}$$

(6.88)

Die Anwendung dieser Gleichung soll an drei Beispielen dargestellt werden.

Beispiel 6.8: Als Gesamtmesszeit stehe 1 Stunde zur Verfügung. Die Zählraten betragen für den Gesamtwert 900/min, für den Untergrund 100/min. Das optimale Zeitverhältnis beträgt dann nach (Gl. 6.88):

$$\frac{t_G}{t_u} = \sqrt{\frac{900}{100}} = 3 : 1$$

(6.89)

Teilt man die zur Verfügung stehende Stunde entsprechend auf, entfallen auf die Untergrundmessung 15 min und für die Messung der Gesamtereignisse 45 min.

Beispiel 6.9: Als Gesamtmesszeit stehe wieder eine Stunde zur Verfügung. Der Untergrundrate sei aber verschwindend gering R_u = 5cts/min, R_G = 900 cts/min. Berechnung mit (Gl. 6.88)

---

[4] Erste Ableitung nach einer der beiden Zeiten berechnen, auf Null setzen und mit der Randbedingung T = const auflösen.

liefert als optimales Zeitverhältnis $t_G/t_u = 13,4:1$. Die Stunde muss also in diesem Verhältnis aufgeteilt werden. Man erhält für optimale Bedingungen 56 min für die Gesamtmessung und 4 min für den Untergrund.

Beispiel 6.10: Als Gesamtmesszeit stehe wieder eine Stunde zur Verfügung. Der Untergrundrate sei aber doppelt so hoch wie die Nutzrate. Beträgt die Gesamtrate wieder $R_G = 900$ cts/min, entfallen davon 600 cts/min auf den Untergrund. Als optimales Zeitverhältnis $t_G/t_u = 1,225:1$. Die Stunde muss also in diesem Verhältnis aufgeteilt werden. Man erhält für optimale Bedingungen 33 min für die Gesamtmessung und 27 min für den Untergrund.

Diese Ergebnisse sind auch unmittelbar einleuchtend. Ist der Untergrund sehr klein, kann selbstverständlich der Hauptzeitaufwand für die Messung der Gesamtrate aufgewendet werden, die dann im Wesentlichen aus Nutzrate besteht. Ist der Untergrund dagegen vergleichbar mit der Nutzrate oder sogar größer, wird zu eindeutigen Bestimmung des Untergrundes und zur Minimierung seiner Schwankungen der Großteil der Messzeit für den Untergrund benötigt.

Zusammenfassung

- **Sind Ergebnisse aus mehreren Einzelergebnissen zusammengesetzt, die erst in ihrer Kombination das gewünschte Resultat ergeben, müssen die Fehler der einzelnen Bestandteile bei der Berechnung und Fehlerbeurteilung des Endergebnisses berücksichtigt werden.**

- **Die Theorie dazu ist die so genannte Fehlerfortpflanzung.**

- **Voraussetzung für ihre Anwendbarkeit ist die völlige Unabhängigkeit der einzelnen Komponenten, ihre Darstellbarkeit mit Hilfe der Gaußverteilungen und nicht zu große und im Wesentlichen symmetrische Abweichungen von den jeweiligen wahren Mittelwerten.**

- **Besteht das Endergebnis aus einer Summe oder Differenz von Einzelwerten, erhält man die Varianz als Summe der Einzelvarianzen.**

- **Müssen Messwerte mit einer Konstanten multipliziert werden, sind die Varianzen des Messergebnisses mit dem Quadrat dieser Konstanten zu multiplizieren.**

- **Entsteht das Endresultat als Produkt oder Quotient der Einzelergebnisse, erhält man die relative Varianz des Resultats als Summe der relativen Varianzen der einzelnen Ergebnisse.**

- **Wird aus einer Reihe von Messwerten der einfache Mittelwert gebildet, ist die Varianz des Mittelwertes die Summe der Einzelvarianzen.**

- **Soll wegen unterschiedlicher Fehlerbehaftung einzelner Werte das
  fehlergewichtete Mittel gebildet werden, müssen als Wichtungsfaktoren der einzelnen Messwerte die Kehrwerte der normierten jeweiligen
  Einzelvarianzen verwendet werden.**

- **Den Kehrwert der Varianz des gewichteten Mittels erhält man aus der
  Summe über die Kehrwerte der Einzelvarianzen.**

6.5 Totzeiten

Werden Detektoren zum Nachweis oder zur Spektrometrie von Teilchen gepulst betrieben, kommt es in vielen experimentellen Situationen zu Zählverlusten im Vergleich zu den wahren Zählraten. Grund für diese Verluste können zeitkritische Vorgänge im Detektor und/oder die benötigten Mindestverarbeitungszeiten für die Signale
in der angeschlossenen Elektronik sein. Die vom System benötigten Mindestzeiten,
während denen keine erneute Verarbeitung möglich ist, werden als **Totzeiten** des
Messsystems bezeichnet. Totzeitverluste sind vernachlässigbar bei kleinen Zählraten,
also mittleren zeitlichen Pulsabständen, die deutlich größer als die Totzeiten des
Messsystems sind. Bei sehr hohen Pulsraten, also entsprechend kleinen mittleren Puls-
folgezeiten, die mit den Totzeiten vergleichbar sind, können Totzeitverluste zu erheblichen Fehlern der Anzeigen im Vergleich zu den tatsächlichen Ereignisraten führen.
Man benötigt deshalb Korrekturverfahren, mit denen man die gemessenen Raten in die
wahren Raten umrechnen kann.

Detektorsysteme werden nach ihrem Totzeitverhalten in zwei extreme Klassen eingeteilt, in die nichtparalysierenden und die paralysierenden Systeme. **Nichtparalysierende** Systeme werden auch als Systeme mit Totzeitverlusten der 1. Art bezeichnet.
Sie sind nach einem Nachweisereignis solange für den Nachweis weiterer Ereignisse
blockiert, bis die gesamte Verarbeitungszeit (die Totzeit τ) des ersten Zählereignisses
beendet ist. In diese Totzeit des Systems fallende weitere Ereignisse werden vom System übersehen und hinterlassen keinerlei Spuren am System. Unmittelbar nach Ende
des Totzeitintervalls kann dann das nächste Ereignis verarbeitet werden (Fig. 6.10
Mitte oben). Messsysteme mit **paralysierender** Totzeit werden auch als Systeme mit
Totzeitverlusten der 2. Art bezeichnet. Bei diesen Detektorsystemen verlängert ein
zweites Ereignis innerhalb der Totzeit des Vorgängers die Totzeit additiv (Fig. 6.10
Mitte unten). Sind diese Summentotzeiten abgelaufen, kann das paralysierende System neue Ereignisse verarbeiten. Folgt jedoch vor Ablauf der "verlängerten" Totzeit
ein erneutes Ereignis, kommt zur wiederholten Totzeitverlängerung. Bei ausreichend
hohen Zählraten und im Vergleich dazu großen Totzeiten kommt es zum völligen Er-

liegen der Nachweistätigkeit des Messsystems (Fig. 6.10 unten). Dieses Verhalten ist verantwortlich für die Namensgebung (Paralyse = Lähmung).

Nichtparalysierende Systeme: Zur Berechnung der Totzeitverluste bzw. der Korrekturfaktoren für beide Modelle macht man folgende Annahmen und Definitionen. Die wahre Ereignisrate sei n, die nachgewiesene, also gemessene Rate m. Die Totzeit sei τ. Der Zeitanteil, während dessen das Messsystem bei einem nichtparalysierenden System tot ist, beträgt dann gerade (m·τ). Die Verlustrate v ist deshalb:

$$v = n \cdot m \cdot \tau \qquad (6.90)$$

Da v die Differenz zwischen wahrer Rate und gemessener Rate ist erhält man direkt:

$$n - m = n \cdot m \cdot \tau \qquad (6.91)$$

Diese Gleichung kann man jetzt entweder nach n, der wahren Rate auflösen und erhält dann einen Korrekturfaktor, oder man löst nach m auf und erhält so die Zählratenverluste. Eine leichte Umstellung der (Gl. 6.91) liefert für die wahre Rate n:

$$n = \frac{m}{1 - m \cdot \tau} \qquad (6.92)$$

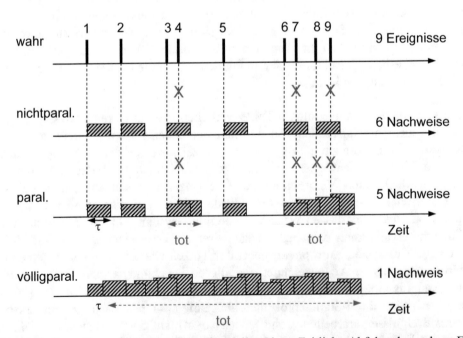

Fig. 6.10: Darstellung der beiden Totzeitmodelle: Oben: Zeitliche Abfolge der wahren Ereignisse, Mitte oben: nichtparalysierendes System mit 3 Nachweisverlusten, Mitte unten: paralysierendes System mit 4 Nachweisverlusten. Unten: völlige Paralyse bei zu hoher Ereignisrate (innerhalb von τ folgt immer schon das nächste Ereignis).

Man sieht, dass für sehr kleine Totzeiten und nicht zu hohe experimentelle Zählraten (also m·τ«1) der Nenner in guter Näherung den Wert 1 hat. Die wahre Rate n und die nachgewiesene Rate m sind also nahezu gleich. Löst man (Gl. 6.91) nach m auf, erhält man die experimentellen Zählraten als Funktion der wahren Zählrate n.

$$m = \frac{n}{1 + n \cdot \tau} \tag{6.93}$$

Paralysierende Systeme: Der wesentliche Unterschied zum nichtparalysierenden System sind die zeitlich variierenden Totzeitintervalle. Die tatsächlichen Messraten m sind identisch mit den Wahrscheinlichkeiten, dass wahre Ereignisse n in einem größeren zeitlichen Abstand als τ aufeinander folgen. Die Wahrscheinlichkeit für alle Ereignisse mit Zeiten größer als τ wird durch Integration der Zeitfunktion (Gl. 6.56) berechnet. Man erhält mit den hier verwendeten Parametern als Integral:

$$P(\tau) = \int_{\tau}^{\infty} Z(t) \cdot dt = e^{-n\tau} \tag{6.94}$$

Die gemessene Rate m ergibt sich einfach als Produkt dieser Gesamtwahrscheinlichkeit P(τ) mit den wahren Raten n.

$$m = n \cdot e^{-n\tau} \tag{6.95}$$

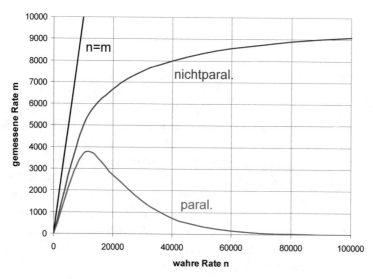

Fig. 6.11: Darstellung der gemessenen Raten m als Funktion der wahren Raten n für eine totzeitfreie Messanordnung (schwarze Gerade m = n), ein nichtparalysierendes System (blaue Kurve) und ein paralysierendes Messsystem (rote Kurve). Als Totzeit wurde in dieser Grafik τ = 100μs unterstellt.

Probleme beim Umgang mit totzeitbehafteten Messanordnungen: Idealerweise sollten Messanordnungen frei von Totzeiteffekten sein. In diesem Fall wären gemessene und wahre Zählraten identisch (m = n). Da dies realistischerweise nicht möglich ist, sollte man durch geeigneten Messaufbau (Abstände Strahler-Detektor, Geometrien, Detektortyp) diesem Idealfall so nahe wie möglich kommen. Ist das Produkt aus Totzeit und wahrer Rate sehr viel kleiner als 1, gilt also:

$$n \cdot \tau \ll 1 \tag{6.96}$$

nähern sich die gemessenen Raten beider Totzeitsysteme einander an. Die Reihenentwicklung liefert für beide Fälle (Gl. 6.93 und 6.95) den vereinfachten Zusammenhang:

$$m = n \cdot (1 - n \cdot \tau) \tag{6.97}$$

Unter diesen Bedingungen ist die Art der Totzeit der experimentellen Anordnung offensichtlich ohne wesentliche Bedeutung. Erhöht man dagegen die Totzeiten und die wahren Raten z. B. durch Anheben der Aktivität des Präparats und Verminderung der Abstände zwischen Detektor und Präparat, spielt die Art der Totzeit sehr wohl eine entscheidende Rolle. Für ein nichtparalysierendes System nähert sich die gemessene Rate bei zunehmender wahrer Rate einem Sättigungswert an. Die Sättigung kann aus (Gl. 6.93) durch Grenzwertbildung leicht berechnet werden. Für sehr hohe wahre Raten n spielt der Summand 1 im Nenner keine Rolle mehr. Man erhält als Sättigungsmesswert deshalb gerade den Kehrwert der Totzeit.

$$m_{sätt} = \frac{1}{\tau} \tag{6.98}$$

Dies ist auch unmittelbar einzusehen, da nicht paralysierende Systeme je nach jeder abgelaufenen Totzeit sofort wieder einsatzbereit sind. Befindet man sich bei nichtparalysierenden Systemen bereits auf dem Sättigungsplateau, machen bereits geringe experimentelle Schwankungen der Messraten (Zählstatistik, elektronischer Offset,...) eine Berechnung der wahren Raten nach (Gl. 6.92) fragwürdig (Fig. 6.12). Betrieb der Messanordnung im Sättigungsbereich ist also tunlichst zu vermeiden. Ein typisches Beispiel dieser Art ist die Messung hoher Aktivitätskonzentrationen in der nuklearmedizinischen Qualitätskontrolle. So ist es kein seltener Fall, dass experimentelle Zählraten bei ungeeigneter Geometrie konstante Werte zeigen, obwohl das untersuchte Präparat wegen seiner kurzen Halbwertzeit geringere Aktivitäten aufweisen sollte. Ein typisches Beispiel ist die Messung von Aktivitäten mit Bohrlochsonden mit ihrer besonders hohen Nachweiswahrscheinlichkeit (Efficiency).

Die Kurven bei paralysierender Totzeit zeigen einen völlig anderen Verlauf. Die nachgewiesen Raten steigen zunächst ähnlich wie die nichtparalysierenden Kurven steil an, durchlaufen dann ein Maximum und nähern sich bei sehr großen wahren Raten asymptotisch dem Wert Null. Im Bereich des Maximums gelten die gleichen Überlegungen bei einer Änderung der wahren Raten z. B. durch radioaktiven Zerfall des Präparats, die sich nicht auf die nachgewiesenen Ereigniszahlen auswirken. Realistische paralysierende Systeme zeigen oft breitere Maxima als in (Fig. 6.11 und 6.12) aus Darstellungsgründen unterstellt wurde. Eine weitere Schwierigkeit tritt dadurch

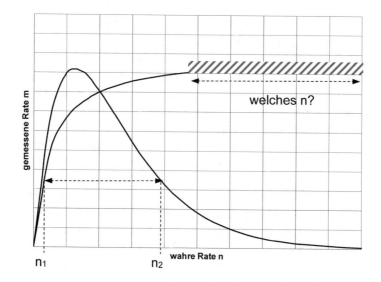

Fig. 6.12: Mangelnde Eindeutigkeiten bei Totzeitkurven: Bei der paralysierenden Variante gibt es keine eindeutige Lösung für die wahre Rate, da n_1 und n_2 demselben m entsprechen. Bei der nichtparalysierenden Kurve erlauben experimentelle Unsicherheiten der Messwerte (rot: symbolischer Fehlerbalken) keine klare Zuordnung zum wahren Wert n.

auf, dass Kurvenverläufe, die ein Maximum durchlaufen nicht eindeutig in der Abszissenzuordnung ihrer Ordinatenwerte sind ("zu einem y-Wert können mehrere x-Werte gehören"). Im Fall der Messung von Zählereignissen kann also unklar sein, ob man sich auf dem ansteigenden oder abfallenden Kurventeil der Messratenkurve befindet. Experimentell kann man das leicht dadurch herausfinden, dass man die Stärke des untersuchten Präparats z. B. durch Wahl einer höheren Aktivität oder eine Abstandsminderung erhöht. Im Falle der abfallenden Kurve hinter dem Maximum nimmt die Messanzeige wegen der Paralyse ab, im ansteigenden Kurventeil vor dem Maximum steigt sie dagegen an.

Experimentelle Verfahren zur Bestimmung von Totzeiten: Je nach angewendetem Detektorsystem ist mit unterschiedlichen Totzeiten zu rechnen. So ist beim Einsatz von Geiger-Müller-Zählrohren im Strahlenschutz zwar mit paralysierendem Tot-zeitverhalten zu rechnen, der genaue Zahlenwert der Totzeit ist jedoch unbekannt. Ähnliches gilt für Totzeitabschätzungen bei nichtparalysierenden Systeme aus den Systemeigenschaften heraus, wie Pulsverarbeitungszeit der Elektronik u. ä.. Der bes-sere Weg ist die experimentelle Untersuchung der zählratenbedingten Anzeigen des untersuchten Systems. Da alle totzeitbehafteten Anordnungen ein nicht lineares Ver-halten bei Veränderungen der wahren Raten zeigen, bieten sich mehrere mögliche Verfahren an, diese Nichtlinearitäten zu quantifizieren. Sie alle beruhen auf der geziel-ten Veränderung der Nutzraten und der Beobachtung und Analyse der Systemantwort.

Die einfachste Methode ist die Veränderung des **Abstandes** zwischen Strahler und Detektor. Unter idealen Bedingungen (Punktstrahler, isotrope Abstrahlung, keine Ab-sorption im Medium zwischen Strahler und Detektor, keine Streustrahlungsbeiträge) folgen die wahren Raten dem Abstandsquadratgesetz. Trägt man die gemessenen Ra-ten über den erwarteten Raten grafisch auf, kann man unmittelbar das Totzeitverhalten des Detektorsystems feststellen. Je nach Totzeitmodell erhält man unterschiedliche Kurvenverläufe der gemessenen Raten und kann auf diese Weise direkt experimentelle Totzeitkorrekturen festlegen. Dazu löst man dann entweder die zugehörigen Glei-chungen nach τ auf oder bestimmt z. B. grafisch den numerischen Totzeitwert.

Ein gängiges Verfahren ist die **Zwei-Quellenmethode**. Man verwendet zwei ver-schiedene Strahler mit den wahren Raten n_1 und n_2. Die wahre Rate mit beiden Strah-lern, die Kombinationsrate, betrage n_{12}. In diesen wahren Raten sei der Untergrund (Background b) enthalten. Dieser Untergrund sei n_b für die wahren Raten und m_b für die gemessenen Raten. Man erhält vier Messwerte: m_1, m_2, m_{12} und m_b. Für die Kom-binationsrate ergibt dies folgende Gleichungen:

$$n_{12} - n_b = (n_1 - n_b) + (n_2 - n_b) \qquad \text{bzw.} \qquad n_{12} + nb = n_1 + n_2 \qquad (6.99)$$

Unterstellt man das nichtparalysierende Totzeitmodell (Gl. 6.92) und setzt die entspre-chenden Werte m in die rechte (Gl. 6.99) ein, erhält man folgende Beziehung:

$$\frac{m_{12}}{1 - m_{12} \cdot \tau} + \frac{m_b}{1 - m_b \cdot \tau} = \frac{m_1}{1 - m_1 \cdot \tau} + \frac{m_2}{1 - m_2 \cdot \tau} \qquad (6.100)$$

Diese Gleichung ist nach der Totzeit τ aufzulösen. Man erhält folgendes Ergebnis:

$$\tau = \frac{A \cdot (1 - \sqrt{1 - C}}{B} \qquad (6.101)$$

Die Variablen A, B und C sind Abkürzungen für die folgenden Ausdrücke.

$$A = m_1 \cdot m_2 - m_b \cdot m_{12} \qquad (6.102)$$

$$B = m_1 \cdot m_2 (m_{12} + m_b) - m_b \cdot m_{12} (m_1 + m_2)$$ (6.103)

$$C = \frac{B \cdot (m_1 + m_2 - m_{12} - m_b)}{A^2}$$ (6.104)

Für den Fall des verschwindenden Untergrunds ($m_b = 0$, keine Kontaminationen, gute Energieanalyse) kann dieses umständliche Gleichungssystem deutlich vereinfacht werden. Man erhält dann:

$$\tau = \frac{m_1 \cdot m_2 - \sqrt{m_1 \cdot m_2 \cdot (m_{12} - m_1) \cdot (m_{12} - m_2)}}{m_1 \cdot m_2 \cdot m_{12}}$$ (6.105)

Die dritte Analysemethode verwendet die Abnahme der wahren Rate eines Präparats mit der Halbwertzeit. Sie wird als Methode der **zerfallenden Quelle** bezeichnet. Dieses Verfahren ist nur durchführbar, wenn ausreichend kurzlebige Präparate zu Verfügung stehen. Die wahre Rate eines solchen Präparates berechnet sich in Anwesenheit eines Untergrundes nach dem Zerfallsgesetz zu:

$$n = n_0 \cdot e^{\lambda \cdot t} + n_b$$ (6.106)

Für den Fall des verschwindenden Untergrunds ($m_b = 0$) und für das nichtparalysierende System erhält man zusammen mit (Gl. 6.92) nach einigen Umformungen:

$$m \cdot e^{\lambda \cdot t} = -n_0 \cdot \tau \cdot m + n_0$$ (6.107)

Für das paralysierende Modell ist (Gl. 6.106) in (Gl. 6.95) einzusetzen. Umformungen ergeben dann die Beziehung:

$$\lambda \cdot t + ln(m) = -n_0 \cdot \tau \cdot e^{-\lambda \cdot t} + ln(n_0)$$ (6.108)

Durch geeignete Auftragungsweise der Messwerte kann aus den Steigungen der Graphen τ berechnet werden. Die Verfahren sind auch für gepulste Strahlungen ausführlich in ([Knoll], [Neuert]) begründet und dargestellt.

Zusammenfassung

- Reale Messsysteme können die anfallenden Ereignisse eventuell nicht alle verarbeiten, wenn sie wegen ihrer Verarbeitungszeit unter Umständen für bestimmte Zeiten blockiert sind.

- Gründe für die zeitliche Blockade können spezielle Detektoreigenschaften sein oder sie können ihren Grund in der Nachweiselektronik haben.

- Diese anlagenspezifische Blockadezeit wird als Totzeit des Systems bezeichnet.

- Es gibt zwei extreme Modelle des Totzeitverhaltens, die nichtparalysierenden und die paralysierenden Systeme.

- Bei nichtparalysierenden Systemen ist nach einem Ereignis das Messsystem nur während des aktuellen Totzeitintervalls blockiert. Ereignisse in dieser Zeit werden vom System nicht beachtet. Nach Ende der Totzeit ist das System wieder einsatzbereit.

- Paralysierende Systeme verlängern dagegen ihre Totzeit, falls während der Signalverarbeitung ein erneutes Ereignis stattfindet. Bei ungünstiger zeitlicher Abfolge und langer Totzeit kann es zum völligen Aussetzen der Nachweistätigkeit kommen.

- Ein typisches Beispiel für ein paralysierendes System ist das einfache Geiger-Müller-Zählrohr.

- In realen experimentellen Situationen muss durch geeignete Tests festgestellt werden, ob das eingesetzte System merkliche Totzeiten aufweist und welcher Art diese gegebenenfalls sind.

- Es gibt dazu drei gängige Methoden, die auf dem nicht linearen Zusammenhang zwischen wahrer Ereignisrate und nachgewiesener Rate beruhen.

- Es sind dies die Abstandsvariation zwischen Strahler und Detektor, die Zwei-Quellenmethode und das Verfahren der zerfallenden Quelle bei ausreichend kurzen Halbwertzeiten.

- Die experimentellen Zählraten sind dann mit Hilfe geeigneter Verfahren so zu korrigieren, dass die wahren Ereignisraten abgeleitet werden können.

Aufgaben

1. Können systematische Fehler durch einfaches Wiederholen einer Messserie ausgeschlossen oder behoben werden?

2. Erklären Sie den Unterschied zwischen empirischem und wahrem Mittelwert.

3. Müssen Messwerte vor einer Mittelwertbildung geordnet werden?

4. Welches Mittel beschreibt der Median einer Datenreihe?

5. Ist die Summe der Abweichungen einer Reihe von Messwerten vom empirischen Mittelwert ein geeignetes Fehlermaß für eine Messreihe? Geben Sie eine Begründung an. Was ist ein geeignetes Fehlermaß?

6. Geben Sie die Formeln für die empirische Standardabweichung und die empirische Varianz an und berechnen Sie beide Größen sowie den Mittelwert und die Varianz bzw. Standardabweichung der Gesamtmessreihe für die folgende Serie von Zählergebnissen: $x = 12, 13, 9, 12, 10, 10, 29, 15$. Geben Sie einen Kommentar zum vorletzten Messwert ab. Wie geht man bei der Mittelwertbildung mit einem solchen Messwert um?

7. Nennen Sie die drei theoretischen Verteilungsfunktionen. Welche der drei Funktionen sind zur Beschreibung der zufälligen Zählraten eines radioaktiven Präparats geeignet?

8. Wie berechnet man den Gesamtfehler (Varianz) einer Summe oder Differenz von Messwerten?

9. Was versteht man unter der 1/Wurzel-Regel?

10. Sie haben in einer Messreihe zur Aktivitätsbestimmung eines langlebigen radioaktiven Präparats 10 Messungen mit sehr unterschiedlicher Messdauer vorgenommen. Welches Verfahren bietet sich bei der Mittelwertbildung an?

11. Sie haben in Ihrem Detektor ein Strahlungsquant einer radioaktiven Quelle nachgewiesen. In welcher Zeit nach diesem Ereignis ist die Wahrscheinlichkeit für das Auftreten des nächsten Zählereignisses am höchsten?

12. Bei einem Zählexperiment stellen Sie fest, dass bei Erhöhung der Aktivität die nachgewiesene Zählrate absolut abnimmt. Welche Art von Totzeit zeigt Ihr Messsystem?

Aufgabenlösungen

1. Nein, zur Vermeidung von systematischen Fehlern müssen die Messbedingungen analysiert und ggf. korrigiert werden.

2. Der empirische Mittelwert entstammt der realen Serie von Messwerten, der wahre Mittelwert ist der nach statistischen Modellen erwartete Mittelwert. Empirisches Mittel und wahres Mittel würden bei unendlich vielen Messungen übereinstimmen.

3. Nein, Messwerte müssen vor einer Mittelwertbildung nicht geordnet werden, da lediglich die Summe der Werte gebildet und durch die Anzahl der Messwerte geteilt wird. Die Summenbildung ist kommutativ.

4. Der Median ist das Lagemittel.

5. Nein, da die einfache Summe der Abweichungen zum Mittelwert immer den Wert Null ergibt. Geeignete Fehlermaße sind entweder die Summe der Abweichungsbeträge oder besser noch ein quadratisches Fehlermaß wie die Varianz.

6. Siehe die Gleichungen (6.16) und (6.18). Zur Berechnung gehen Sie vor wie in Beispiel 7. Der empirische Mittelwert beträgt 13,75. Die Standardabweichungen (Streuungen) der Einzelmesswerte betragen 3,46 , 3,61 , 3 , 3,16 , 3,16 , 5,385 , 3,87. Die Varianzen der Einzelwerte sind bei unterstellter Glaubwürdigkeit der Messwerte ("Mittel gut getroffen") gerade die Messwerte selbst. Die Standardabweichung der gesamten Messreihe beträgt $(110)^{1/2}/8 = 1,31$. Der vorletzte Messwert ist ein offensichtlicher Ausreißer (grober Messfehler oder zwei Werte addiert durch Vergessen der Anzeigelöschung). Hier empfiehlt sich die Stutzung des Mittelwertes (Ergebnis 29 weglassen) oder besser noch Wiederholung der Messreihe. Das Ergebnis der Stutzung wäre der glaubwürdigere Mittelwert 11,57.

7. Theoretische Verteilungsfunktionen sind Binomialverteilung, Poissonverteilung und Gaußverteilung. Die beiden letzten sind bei Radioaktivitätsmessungen zu verwenden, Binomialverteilungen sind mühselig bei sehr großen Fallzahlen.

8. Die Varianz erhält man als Summe der Einzelvarianzen. Die Standardabweichung als Quadratwurzel aus dieser Summe.

9. Die 1/Wurzel-Regel ist die Vorschrift zur Berechnung der relativen Fehler (für eine einfache Standardabweichung) bei Zählexperimenten.

10. Bei sehr unterschiedlichen Messdauern bietet sich bei der Mittelwertbildung eine gewichtete Mittelwertbildung an.

11. Die höchste Wahrscheinlichkeit für das nächste Zählereignis besteht sofort.

12. Bei der Abnahme der Zählrate bei einer Aktivitätserhöhung liegt ein System mit paralysierender Totzeit vor.

7 Aufgaben und Genauigkeit der klinischen Dosimetrie

In diesem Kapitel werden die Aufgaben der klinischen Dosimetrie für die verschiedenen radiologischen Disziplinen zusammengestellt. Die wichtigste Aufgabe ist die Messung der im bestrahlten Medium entstandenen Energiedosis für die verschiedenen Strahlungsquellen. Die am weitesten verbreitete dazu verwendete Methode ist die Dosismessung mit gasgefüllten Ionisationskammern. Im zweiten Teil des Kapitels werden die Genauigkeitsanforderungen der klinischen Dosimetrie diskutiert.

Unter klinischer Dosimetrie versteht man die Anwendung quantitativer Dosismessverfahren im Zusammenhang mit der medizinischen Nutzung ionisierender Strahlungen. Sie befasst sich neben den dosimetrischen Untersuchungen an therapeutischen Strahlungsquellen wie Elektronenbeschleunigern, Kobaltbestrahlungsanlagen, Röntgentherapie- und Afterloadinganlagen auch mit Messungen an offenen nuklearmedizinischen Radionukliden für Diagnostik und Therapie sowie mit Messungen zum Strahlenschutz in der Röntgendiagnostik. Klinische Dosimetrie dient der zuverlässigen und vergleichbaren Anwendung ionisierender Strahlungen in der Medizin und ist ein wichtiger Beitrag zur physikalischen Qualitätssicherung. Deshalb sind bzw. werden die Dosimetrieverfahren im nationalen (DIN) wie internationalen Bereich (z. B. ICRU) heute weitgehend standardisiert. Im Bereich der strahlentherapeutischen Anwendungen ionisierender Strahlungen werden in der Bundesrepublik sogar die getrennten Verantwortlichkeiten für den medizinischen und den physikalischen Bereich explizit vom Gesetzgeber geregelt (s. [StrlSchV], [RL-StrlSchMed]).

7.1 Aufgaben der klinischen Dosimetrie

Die zentrale Fragestellung der klinischen Dosimetrie ist die Erfassung der Energiedosis und ihrer Verteilung im Körper des Patienten, die weitgehend die biologischen Wirkungen der ionisierenden Strahlungen bestimmen. In diesem Sinne erscheinen Informationen über spektrale Verteilungen von Strahlungsfeldern, d. h. über die Elektronen-, Röntgen- oder Gammaspektren auf den ersten Blick zweitrangig. Die Kenntnis der Eigenschaften der verwendeten Strahlungsfelder ist jedoch von großer Bedeutung für die Umrechnung der Messanzeigen der verschiedenen Dosimeterarten in die Energiedosis und für das Verständnis der Entstehung von Dosisverteilungen in homogenen und heterogenen Medien. So muss beispielsweise die Anzeige einer Ionisationskammer (Ionendosis) bei der Messung der Tiefendosisverteilung von Elektronenstrahlung in Wasser über vom Energiespektrum der Elektronen abhängige Faktoren in die gesuchte Energietiefendosisverteilung umgerechnet werden. Ähnliches gilt für Umrechnungsfaktoren der Ionendosis in die Energiedosis für Photonenstrahlung. Die dazu benötigten Informationen über die Strahlungsfelder können nur mit Hilfe spektrometrischer Messverfahren beschafft werden, die allerdings mit den Mitteln der klinischen Dosimetrie im Allgemeinen nicht möglich sind. Spektrale Untersuchungen sind Bestandteil der Grund-

© Springer Fachmedien Wiesbaden GmbH, ein Teil von Springer Nature 2021
H. Krieger, *Strahlungsmessung und Dosimetrie*,
https://doi.org/10.1007/978-3-658-33389-8_7

lagendosimetrie, deren Erkenntnisse deshalb für die in den folgenden Kapiteln ausgeführten Überlegungen vorausgesetzt werden müssen.

Quantitative Aussagen zur klinischen Dosimetrie wie Kalibrierfaktoren, Korrekturfaktoren und Umrechnungsfaktoren sind nur solange als richtig zu betrachten, wie keine neueren Erkenntnisse der Grundlagendosimetrie zur Verfügung stehen. Deren Ergebnisse finden regelmäßig Eingang in die nationalen und internationalen Normen zur Radiologie, die deshalb als Orientierung und Hilfe zur exakten klinischen Dosimetrie unbedingt erforderlich sind.

Die wichtigste Aufgabe der klinischen Dosimetrie ist die Bestimmung der Energiedosis oder Energiedosisleistung in geeigneten Ersatzsubstanzen für den Patienten (Phantomen) für alle in der Strahlentherapie verwendeten Strahlungsarten und Strahlungsqualitäten. Da die Energiedosis die pro Massenelement absorbierte Energie ist, sind im Prinzip alle solche Messverfahren zur Dosimetrie geeignet, bei denen Energie vom Strahlenbündel auf den Absorber übertragen wird. Typische klinisch angewendete Verfahren sind die Ionisationsdosimetrie, die Festkörper- und die Halbleiterdosimetrie, die Thermolumineszenzdosimetrie, Verfahren mit fotografischen Filmen (Filmdosimetrie) oder chemischen Folien, die einen quantitativen Farbumschlag bei der Bestrahlung erzeugen (Gafchromic-Filme). Allen Verfahren ist gemeinsam, dass aus ihrer Messanzeige quantitativ und mit geringen Fehlern auf die im bestrahlten Material absorbierte Energie zurück geschlossen werden muss. Die experimentelle Bestimmung der Energiedosis wird am besten mit Ionisationsdosimetern (Ionisationskammer und Anzeigegerät) durchgeführt, die im Routinebetrieb leicht und zuverlässig zu handhaben sind.

Bei der Einstrahlung von Photonen erfolgt die Erzeugung einer Energiedosis oder Energiedosisleistung in Materie in zwei Stufen. Zunächst wird über die elementaren Wechselwirkungen (Photoeffekt, Comptoneffekt, Paarbildung) ein Fluss bzw. eine Fluenz an geladenen Sekundärteilchen (Elektronen, Positronen) erzeugt. Bei Neutroneneinstrahlung entsteht durch Stöße mit den Absorberatomen eine Fluenz von Protonen. Die dieser ersten Wechselwirkungsstufe zugeordnete Messgröße ist die **Kerma**.

Diese geladenen Sekundärteilchen geben in einem zweiten Schritt in einer Vielzahl von Wechselwirkungen (Stöße, Anregung, Bremsstrahlungserzeugung, chemische Prozesse) ihre Bewegungsenergie an das umgebende Medium ab. Dabei erzeugen sie auch weitere Elektronen (Elektronen der zweiten Generation), die den größten Teil der Bewegungsenergie der Sekundärteilchen übernehmen. Mit wachsender Energie der Primärstrahlung werden die Sekundärteilchen und δ-Elektronen sowie die von ihnen erzeugte Bremsstrahlung vor allem in Vorwärtsrichtung emittiert. Dadurch wird auch die Abgabe der Bewegungsenergie an das umgebende Medium im Mittel in Vorwärtsrichtung des Sekundärteilchenflusses verlagert. Entstehungsort der Sekundär- und δ-Teilchen und Übergabeort ihrer Bewegungsenergie an das bestrahlte Medium sind deshalb i. a. nicht identisch. Die zur zweiten Stufe gehörigen Messgrößen sind die Ionendosis und die **Energiedosis**, von denen letztere auch ein Maß für die biologischen Wirkungen der Strahlung im Gewebe ist. Ihre räumliche Verteilung unterscheidet sich vor allem bei höheren Photonenenergien wegen der "Energiewanderung" von der der Kerma. Bei Elektronenstrahlung entfällt wie bei allen anderen direkt ionisierenden Strahlungsarten die erste Wechselwirkungsstufe, die Energiedosis ist deshalb auch für Elektronen die korrekte Messgröße zur Beschreibung der Energieabgabe der Elektronen an das umgebende Medium.

Strahlentherapie: Typische Messaufgaben an therapeutischen Strahlungsquellen sind die Ermittlung der Strahlungsqualität, die Messung von Dosis- und Dosisleistungsverteilungen in Ersatzsubstanzen (Phantomen), Messungen der Kenndosisleistungen von Strahlungsquellen und die Ermittlung von Bestrahlungszeiten und Monitoranzeigen zur Erzielung bestimmter Dosen und Dosisverteilungen im Patienten. Die für die Bestrahlungsplanungssysteme benötigten physikalischen Basisdaten der therapeutischen Strahlenbündel und ihre Abhängigkeiten von der Geometrie und den sonstigen Eigenschaften der Strahler müssen vor der therapeutischen Anwendung experimentell bestimmt werden. Die wichtigsten Einflüsse auf die von einem therapeutischen Strahlenbündel im Patienten erzeugte Dosisverteilung sind der Abstand der Strahlungsquelle vom Patienten, die Kenndosisleistung des Strahlers, die Bestrahlungsfeldgröße, die Form und Geometrie der strahlformenden Elemente (Kollimatoren, Blenden, Filter) und die Dichteverteilung im Patientengewebe (Inhomogenitäten). Alle diese Abhängigkeiten müssen vor der medizinischen Verwendung von Strahlungsquellen sorgfältig dosimetrisch untersucht und die Ergebnisse in die Bestrahlungsplanungsrechner implementiert werden. Die in den Bestrahlungsplanungsprogrammen verwendeten Algorithmen müssen durch geeignete Messverfahren in Phantomen und im Patienten verifiziert werden.

Nuklearmedizin: In der Nuklearmedizin beschränkt sich die Aufgabe der klinischen Dosimetrie vor allem auf die Bestimmung der Präparatstärken (Aktivitäten) der verwendeten Radionuklide und Messungen zum Strahlenschutz (Kontaminationsüberprüfungen, Messungen der Ortsdosisleistungen) und die Qualitätskontrolle. Mit Ausnahme der Radionuklidtherapien (Beispiel Radiojodtherapie) sind die Anforderungen an die Genauigkeit der verwendeten dosimetrischen Messverfahren in der Nuklearmedizin geringer als für den strahlentherapeutischen Bereich. Einige wichtige Messaufgaben der Nuklearmedizin und des Strahlenschutzes und ihre Lösung werden in (Kap. 22 und 23) beschrieben.

Röntgendiagnostik: In der Röntgendiagnostik befasst sich die klinische Dosimetrie vorwiegend mit der Ermittlung der Strahlungsqualität der diagnostischen Röntgenstrahlung und der Messung der Kenndosisleistung von Röntgenstrahlern und der Qualitätskontrolle. Ersteres dient der Kennzeichnung der Strahlungsqualität der Nutzstrahlenbündel durch Angabe von beispielsweise Röhrenspannung und Filterung oder der ersten und zweiten Halbwertschichtdicke. Messungen der Kenndosisleistungen von Röntgenstrahlern dienen wie die Messungen des Dosisflächenprodukts, der Ortsdosisleistungen um die Röntgenanlage, der Dosisleistungen am Bildverstärkereingang bei Durchleuchtungsanlagen und die patientenspezifischen Dosismessaufgaben im wesentlichem dem Strahlenschutz und der apparativen und diagnostischen Qualitätssicherung.

7.2 Anforderungen an die Genauigkeit der klinischen Dosimetrie

Der materielle und personelle Aufwand für die klinische Dosimetrie an therapeutischen Strahlungsquellen hängt stark von der angestrebten Präzision der Messergebnisse ab. Das Maß für die Genauigkeit der klinischen Dosimetrie müssen die Erfordernisse der Strahlentherapie, d. h. der strahlenbiologischen Dosiswirkungsbeziehungen sein. Fehler, die sich auf die Dosis und Dosisverteilung im Zielvolumen beziehen, können während jeder Phase einer Strahlenbehandlung auftreten. Dies beginnt bereits bei der Diagnose, während derer nicht nur das Zielvolumen der strahlentherapeutischen Behandlung festgelegt wird, sondern auch Aussagen zur Charakterisierung des Malignoms (Gewebeuntersuchung) und des Zustands und Stadiums der Erkrankung getroffen werden. Bei der physikalischen Bestrahlungsplanung können Dosisfehler durch mängelbehaftete Algorithmen, durch Vernachlässigung von Dichteinhomogenitäten im Patienten bei der Planung oder durch die Wahl ungeeigneter bzw. zu komplizierter Bestrahlungstechniken entstehen. Weitere Fehlerquellen sind die ungenaue Übertragung der Planungsvorgaben im Laufe der prätherapeutischen Simulation oder während der Bestrahlung selbst (Einstellfehler). Und letztlich können sich alle systematischen Fehler bei der Basisdosimetrie der Bestrahlungsanlagen (Kalibrierung des Dosimeters, Ermittlung der Kenndosisleistung in Phantomen, Erstellung von Bestrahlungszeit- oder Monitortabellen) unmittelbar auf die Dosisgenauigkeit auswirken. Alle medizinischen, verfahrenstechnischen und dosimetrischen Fehlerquellen erzeugen insgesamt eine Unsicherheit in der Dosis und Dosisverteilung, die unter Umständen den therapeutischen Erfolg in Frage stellen kann.

Die Grundlage der strahlentherapeutischen Dosierungsschemata sind empirische, d. h. klinisch abgeleitete Dosiswirkungsbeziehungen für die verschiedenen Tumorerkrankungen. Sie werden in der Fachliteratur für Tumoren als **tumor control probability** (TCP), für die gesunden Gewebe als **normal tissue complication probability** (NTCP) bezeichnet. Sie beschreiben also die Wirkung von Bestrahlungen auf den Tumor und die Nebenwirkungen auf die umgebenden Gewebe und das Blut in Abhängigkeit von der applizierten Dosis. Werden sie grafisch dargestellt, bezeichnet man sie als **Dosiswirkungskurven** (s. Fig. 7.1).

Diese deterministischen Dosiswirkungskurven beginnen erst oberhalb charakteristischer Dosisschwellen, die für den Tumor und die Nebenwirkungen im gesunden umgebenden Gewebe im Allgemeinen verschieden sind. Typische klinische Dosiswirkungskurven haben eine sigmoide Form mit einem nahezu linearen Bereich zwischen etwa 10 und 70%. Zu ihrer Charakterisierung kann man den 50%-Wert und die Steigung der Kurven angeben. Die Steigung von Tumor-Dosiswirkungskurven ist in der Regel größer als diejenige für die Nebenwirkungen, da Tumorzellen in der Regel über weniger effektive Reparaturmechanismen für Strahlenschäden verfügen und wegen der höheren Zellteilungsrate (Proliferation) oft auch strahlenempfindlicher sind.

Zudem werden die Tumoren mit der therapeutisch erwünschten Dosis bestrahlt, während vor allem bei Mehrfelder-Techniken die umliegenden Gewebe geringer strahlenexponiert werden. Die Unterschiede der Dosiswirkungskurven für Tumoren und gesunde Gewebe ermöglichen die therapeutische Verwendung ionisierender Strahlungen

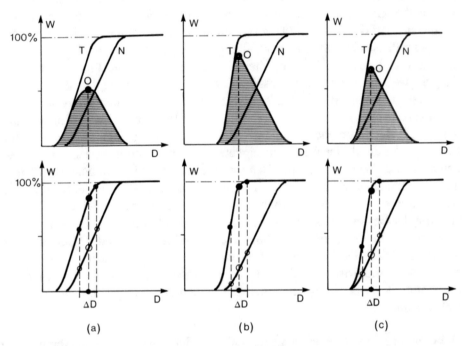

Fig. 7.1: Schematische klinische Dosiswirkungskurven für Tumoren und Nebenwirkungen einer Strahlenbehandlung (W: Wirkung, D: Dosis, T: Kurve für den Tumor, N: Kurve für Nebenwirkungen, O: optimaler Arbeitspunkt). Oben: Dosiswirkungskurven und Differenzkurven (T-N) für den therapeutischen "Nutzen" (schraffiert). (a): Mäßig steile, dicht beieinander liegende Dosiswirkungskurven, die beiden Kurven überlappen weitgehend. Eine ausreichende Wirkung auf den Tumor ist also nicht ohne nennenswerte Nebenwirkungen zu erreichen. (b): Steilere Tumorkurve mit unterschiedlichen Schwellen für Tumorwirkung und Nebenwirkungen, das Dosisoptimum verlagert sich zu niedrigen Dosiswerten; die Nebenwirkungen nehmen deshalb ab. (c): Steigungen wie bei (b), aber gleiche Schwellendosis: Die Nebenwirkungen nehmen bei gleicher Tumorwirkung zu. Unten: Einfluss eines Dosierungsfehlers (Abweichung vom Dosisoptimum) auf Tumorwirkung (geschlossene Kreise) und Nebenwirkungen (offene Kreise). Bei Unterdosierung nimmt die Wirkung auf den Tumor wegen der größeren Steigungen der Tumorkurven schneller ab als die Nebenwirkungen (Gefahr des Tumorrezidivs). Überdosierung führt zu keiner merklichen Vergrößerung der Tumorwirkung, erhöht aber die Nebenwirkung (Gefahr radiogener Schäden).

in der Radioonkologie. In der Regel ist eine Wirkung auf den Tumor nicht ohne Nebenwirkungen möglich, da die Dosiswirkungskurven für den Tumor und die Kurve für die Nebenwirkungen je nach Tumorart und -größe mehr oder weniger überlappen (Fig. 7.1).

Der Dosisbereich zwischen der für die Heilung oder Tumorkontrolle mindestens notwendigen Wirkung auf den Tumor und der tolerablen Nebenwirkung (z. B. auf das gesunde Gewebe in der Umgebung des therapeutischen Zielvolumens) wird als **therapeutische Breite** oder **therapeutisches Fenster** bezeichnet. Die für eine Behandlung optimale Dosis (maximale Wirkung auf den Tumor bei gleichzeitiger minimaler Nebenwirkung) kann aus einem Vergleich der klinischen Dosiswirkungskurven für Tumor und Nebenwirkungen auf das gesunde Gewebe ermittelt werden, sofern diese beiden Kurven im konkreten Fall bekannt sind.

Man erhält durch Subtraktion der Dosiswirkungskurven eine Kurve für den therapeutischen Nutzen, die je nach den Steigungen und der relativen Lage der beiden Dosiswirkungskurven ein mehr oder weniger ausgeprägtes Maximum bei der für den Behandlungszweck optimalen Dosis aufweist (Fig. 7.1, oben). Die ideale Nutzkurve hat ein breites und hohes Maximum (bei 100% Nutzen) bei niedrigen Dosiswerten, d. h. eine vollständige Tumorkontrolle ohne Nebenwirkung. Je breiter das Maximum ist, umso weniger wirken sich Dosisfehler auf den therapeutischen Erfolg aus. Bei realistischen Nutzkurven sind die Maxima schmal und liegen in der Regel deutlich unter 100%; eine Tumorkontrolle ist also nicht ohne Nebenwirkungen möglich.

Abweichungen von der optimalen Dosis verschlechtern den therapeutischen Nutzen der Strahlenbehandlung, da der Tumor nicht ausreichend versorgt wird oder die Nebenwirkungen nicht tolerierbar zunehmen. Bei Unterdosierungen (aus medizinischen oder physikalischen Gründen) besteht das Risiko von Tumorrezidiven, also des Verfehlens des therapeutischen Ziels. Bei Überdosierungen wird zwar der Tumor ausreichend mit Dosis versorgt, es besteht aber im gesunden Gewebe die Gefahr des radiogenen Schadens. Da Dosiswirkungskurven für den Tumor i. a. steiler sind als die Nebenwirkungskurven, nehmen bei einer Verkleinerung der Dosis die Nebenwirkungen langsamer ab als die Wirkung auf den Tumor; der therapeutische Nutzen wird geringer. Je schneller die Dosiswirkungskurven mit der Dosis ansteigen, umso geringer sind die für einen Heilungserfolg zulässigen Dosis-Toleranzen. Sie hängen von den im Einzelfall als tolerabel erachteten Nebenwirkungen und der relativen Lage der Dosiswirkungskurven für den Tumor und die Nebenwirkungen auf das gesunde Gewebe in der Nachbarschaft des therapeutischen Zielvolumens ab.

Aus strahlenbiologischen Überlegungen wird eine Gesamtdosisunsicherheit bei nicht zu steil verlaufenden Dosiswirkungskurven von höchstens etwa 8%, bei steil verlaufenden Dosiswirkungsbeziehungen sogar nur von 5% gefordert [Brahme 1984]. Diese geringen Fehlerbreiten müssen auf die verschiedenen oben erwähnten Schritte der Dosiserzeugung und Dosismessung verteilt werden. Ausführliche internationale Analysen der Fehlerquellen bei der Strahlentherapie haben gezeigt, dass allgemeingültige Fehlerabschätzungen bei Tumor-Diagnostik und Tumor-Behandlung, also dem medizinischen Part der Strahlentherapie, prinzipiell kaum möglich sind, da die therapeutische Situation nicht nur vom Vorgehen des medizinischen Personals sondern auch von der Mitarbeit des Patienten und den apparativen Möglichkeiten abhängt. Unter günstigsten strahlentherapeutischen Bedingungen beläuft sich der über alle medizinischen Maßnahmen kumulierte "medizinische" Dosisfehler im Zielvolumen auf etwa 7% (vgl. Tab. 7.1). Für den "physikalischen" Fehler bei der Dosimetrie bleiben bei quadratischer Fehleraddition im Maximum etwa 3-4%, in denen alle Unsicherheiten bei der Kalibrierung des Dosimeters und bei der Kenndosisleistungsmessung enthalten sein müssen.

Unsicherheit der Bestrahlungsplanung	5,3%
Unsicherheit der Bestrahlung	4%
lagerungsbedingte Unsicherheit	2%
Kalibrierung des Dosimeters	2,1%
Kenndosisleistung am Referenzpunkt	3%
Gesamtunsicherheit:	7,8%

Tab. 7.1: Abschätzung der Fehler der Dosisbestimmung bei strahlentherapeutischen Behandlungen in der klinischen Routine (der Gesamtfehler ist quadratisch addiert, nach [Hassenstein/Nüsslin]).

Da die oben erwähnten medizinischen Fehlerquellen in der Routine im Mittel in ihrem Ausmaß eher unterschätzt sind, bleiben in der Regel also kaum noch "Fehlerreserven" für die klinische Dosimetrie. Bei der Dosimetrie strahlentherapeutisch verwendeter Strahlungsquellen und der physikalischen Therapieplanung müssen daher große Anstrengungen unternommen werden, die absolute Genauigkeit und die Reproduzierbarkeit der Dosisbestimmungen durch Messung oder Rechnung zu erhöhen. In diesem Zusammenhang gewinnen Dosisvergleiche auf nationaler Ebene z. B. im Rahmen des Kalibrierdienstes der Physikalisch-Technischen Bundesanstalt PTB, der messtechnischen Kontrollen (MTK) von Dosimetrielabors und sonstige gegenseitige Kontrollen der dosimetrischen Ergebnisse und Verfahren ihre besondere Bedeutung.

8 Beschreibung von Strahlungsfeldern

In diesem Kapitel werden die wichtigsten Größen zur Beschreibung von Strahlungsfeldern dargestellt. Diese Größen können sowohl auf die Teilchenzahl als auch auf die Teilchenenergie bezogen sein.

Unter einem Strahlungsfeld[1] versteht man die räumliche und zeitliche Verteilung von Strahlungsteilchen, die von einer Strahlungsquelle wie der Anode einer Röntgenröhre oder einem radioaktiven Präparat emittiert werden. Es kann Photonen oder Korpuskeln aber auch Mischungen beider Teilchenarten enthalten. Die Strahlungsfelder können monoenergetisch, polyenergetisch oder kontinuierlich sein. Die Teilchen haben also alle die gleiche Energie oder ihre Energien können auf mehrere einzelne Energien oder kontinuierlich verteilt sein. Ein monoenergetisches Strahlungsfeld entsteht z. B. bei der Emission von Photonen einer singulären Gammaenergie aus einem radioaktiven Atomkern (^{137}Ba). Im Spektrum taucht dann eine einzelne Gammalinie auf. Polyenergetische Spektren entstehen beispielsweise bei der Emission mehrerer energetisch unterschiedlicher Gammaquanten oder bei der Emission charakteristischer Hüllenstrahlungen. Beispiele sind die Emissionen der Gammaquanten aus den Tochternukliden des ^{192}Ir oder des ^{60}Co. Polyenergetische Teilchenspektren entstehen auch bei Alphazerfällen mit mehreren Zerfallskanälen. Beispiele für kontinuierliche Spektren sind die Bremsspektren aus der Anode von Röntgenröhren, den Bremstargets von Elektronenbeschleunigern oder die energetischen Verteilungen von Betastrahlung.

Die Beschreibung von Strahlungsfeldern kann mit Hilfe ungerichteter (skalarer) oder gerichteter (vektorieller) Strahlungsfeldgrößen vorgenommen werden. Mit **skalaren** Strahlungsfeldgrößen werden vor allem die energetischen Verteilungen der Teilchen und die Teilchenzahlen dargestellt. Sollen dagegen Transportphänomene und Richtungsverteilungen der Quanten untersucht werden, benötigt man zusätzliche Informationen über die Bewegungsrichtung jedes Teilchens; in diesem Fall ist man auf **vektorielle** Strahlungsfeldgrößen angewiesen. Bei zeitlichen Veränderungen der Strahlungsintensität oder der Teilchenzahl werden zusätzliche Informationen über die zeitlichen Entwicklungen benötigt. Bei der Wechselwirkung der Strahlungsteilchen mit Materie unterliegen Strahlungsfelder in der Regel räumlichen und energetischen Veränderungen. Trifft ein Strahlungsfeld auf Materie, kommt es zu Wechselwirkungen zwischen den Teilchen und der bestrahlten Materie. Dies beeinflusst die Art, Zahl, Bewegungsrichtung und Energie der Teilchen und ist in der Regel auch mit dem Übertrag von Strahlungsenergie auf den Absorber verbunden. Ein typisches Beispiel sind die energetischen und räumlichen Veränderungen eines heterogenen Photonenspektrums beim Auftreffen auf Materie, was meistens zu einer Aufhärtung des Spektrums, also einer

---

[1] Während der Begriff des Strahlungsfeldes zur Beschreibung der Eigenschaften der Strahlungsteilchen dient, wird der Ausdruck Strahlenfeld zur Kennzeichnung der geometrischen Eigenschaften eines Strahlungsfeldes verwendet. Ein Strahlenfeld ist also ein räumlicher Bereich, der z. B. durch einen Strahlfokus und die das Strahlenbündel begrenzenden Blenden definiert wird und ein Strahlungsfeld enthält.

© Springer Fachmedien Wiesbaden GmbH, ein Teil von Springer Nature 2021
H. Krieger, *Strahlungsmessung und Dosimetrie*,
https://doi.org/10.1007/978-3-658-33389-8_8

Verminderung der Photonenzahlen bei niedrigen Energien, und zu einer geometrischen Verbreiterung des Strahlenfeldes durch Streuprozesse führt. Durch die Wechselwirkungen werden dem ursprünglichen Photonenfeld zusätzlich Sekundärelektronen z. B. nach einem Compton- oder Photoeffekt und charakteristische Hüllenstrahlungen beigemischt. Das Strahlungsfeld wird also durch die Verringerung von Teilchenenergien und die Beimischung anderer Strahlungsarten verändert.

Die Emission von Strahlungsteilchen aus einer Strahlungsquelle oder die Zusammensetzung des Strahlungsfeldes kann sich auch mit der Zeit ändern. Beispiele sind die Abnahme der emittierten Teilchen aus einem radioaktiven Präparat mit der Lebensdauer des Radionuklids oder die zeitliche Modulation der Intensität eines Röntgenstrahlungsfeldes bei einer gepulsten Röntgenröhre oder bei einer modernen Röntgenanlage, deren Emission über den gesehenen Patientendurchmesser geregelt wird.

In allen solchen Fällen können Strahlungsfelder nicht mehr mit zeitlich, räumlich und energetisch konstanten Größen beschrieben werden. Man ist auf **differentielle** Angaben angewiesen. Darunter versteht man die auf die Flächeneinheit, die Zeiteinheit, das

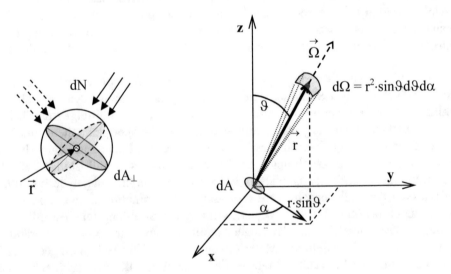

Fig. 8.1: Links: Infinitesimales Wechselwirkungsvolumen zur Beschreibung nicht stochastischer Strahlungsfeldgrößen. Im Beispiel dient es zur Veranschaulichung der skalaren Größe Teilchenfluenz, also der Zahl der Teilchen, die ein Flächenelement $dA_\perp$ der infinitesimalen Einheitskugel aus einer beliebigen Richtung durchsetzen. Rechts: Darstellung der infinitesimalen Größe $d\Omega$ (Raumwinkelelement) und seine Definition durch den Radiusvektor $\vec{r}$ und die Winkel ϑ und α.

Energie- oder Impulsintervall oder das Raumwinkelelement bezogene Größen. Diese können einfach oder mehrfach differentiell angegeben werden[2]. Zur vollständigen Darstellung eines Strahlungsfeldes benötigt man also die Kenntnis der räumlichen, zeitlichen und energetischen Verteilung aller im Feld vorhandenen Strahlungsteilchen.

Beschreibungen von Strahlungsfeldern sind über die Zahl der Strahlungsquanten oder die transportierte Energie möglich. Für die skalaren Größen zur Beschreibung eines Strahlungsfeldes wird dabei folgende Terminologie verwendet (s. Tab. 8.1). Integrale Größen sind die die insgesamt im Strahlungsfeld enthaltene **Teilchenzahl N** und die Summe der Teilchenenergien, die **Strahlungsenergie R**. Zeitlich veränderliche Größen müssen zeitdifferentiell angegeben werden. Sie werden also auf das Zeitintervall bezogen und als **Fluss** bezeichnet. Man spricht beispielsweise vom Teilchenfluss oder vom Energiefluss, wenn man die pro Zeiteinheit transportierte Teilchenzahl oder Energie beschreiben will. Werden Strahlungsfeldgrößen auf die Flächeneinheit bezogen, also flächendifferentielle Größen verwendet, werden sie als **Fluenz** bezeichnet. Als differentielle Bezugsfläche wird dabei die Querschnittsfläche eines Einheitskreises betrachtet, die jeweils senkrecht zur Ausbreitungsrichtung des Strahlungsfeldes steht (s. Fig. 8.1 links). Die nach Fläche und Zeit doppelt differentiellen Größen werden als **Flussdichten** und die zusätzlich nach der Energie unterschiedenen dreifach differentiellen Größen als **spektrale Flussdichten** bezeichnet.

Dabei werden folgende Kennzeichnungen verwendet: Flüsse werden als zeitliche Ableitungen mit einem Ableitungspunkt versehen ($\dot{N}$ für den Teilchenfluss, $\dot{R}$ für den Energiefluss). Fluenzen werden mit großen griechischen Buchstaben (Φ = phi für Teilchen, Ψ = psi für die Energien) bezeichnet, Flussdichten mit den entsprechenden kleinen griechischen Lettern (φ für Teilchen, ψ für die Energien). Energiespektrale Größen erhalten den Index E (Beispiele φ_E, ψ_E).

Auf die Teilchenzahl bezogene Strahlungsfeldgrößen: Die erste Größe ist der **Teilchenfluss**, also die Zahl der Teilchen, die pro Zeitintervall im Strahlungsfeld transportiert werden.

$$\dot{N} = \frac{dN}{dt} \tag{8.1}$$

Die **Teilchenfluenz Φ** gibt dagegen den Differentialquotienten aus der Teilchenzahl N, die ein Flächenelement insgesamt durchsetzen, und diesem Flächenelement an.

$$\Phi = \frac{dN}{dA} \tag{8.2}$$

---

[2] Der Bezug auf Zeit-, Orts- oder Energieintervalle meint die statistischen Erwartungswerte oder die Mittelwerte der jeweiligen Größen.

Aus der Fluenz lässt sich abhängig von der Teilchenart und der Teilchenenergie die Wechselwirkungswahrscheinlichkeit der Teilchen mit einem Absorber berechnen.

Die Zahl der Teilchen eines Strahlungsfeldes, die pro Zeitelement dt eine differentielle Kugel mit der Querschnittsfläche dA durchsetzen, wird als **Teilchenflussdichte** φ bezeichnet.

$$\varphi = \frac{d^2 N}{dt \cdot dA} \qquad (8.3)$$

Auch die Teilchenflussdichte wird in der Regel für eine bestimmte Teilchenart angegeben, wie beispielsweise die Neutronenflussdichte oder die Photonenflussdichte. Das Integral von φ über alle Zeiten ergibt wieder die Teilchenfluenz Φ.

$$\Phi = \int_0^\infty \varphi(t)dt = \frac{dN}{dA} \qquad (8.4)$$

Integriert man die Teilchenflussdichte φ über das Zeitintervall (t_1, t_2), erhält man die Teilchenfluenz $\Phi_{1,2}$ in dieser Zeitspanne.

$$\Phi_{1,2} = \int_{t1}^{t2} \varphi(t)dt = \frac{dN(t_1, t_2)}{dA} \qquad (8.5)$$

Sie gibt also an, wie viele Teilchen im Zeitintervall Δt (t_2-t_1) die Flächeneinheit dA durchsetzt haben. Die auf ein infinitesimales Energieintervall dE bezogene Teilchenflussdichte wird als **spektrale Teilchenflussdichte** φ_E bezeichnet.

$$\varphi_E = \frac{d\varphi(E)}{dE} \qquad (8.6)$$

Integriert man diese spektrale Teilchenflussdichte über alle im Spektrum enthaltenen Teilchenenergien erhält man natürlich wieder die Teilchenflussdichte φ.

$$\varphi = \int_0^\infty \varphi_E dE \qquad (8.7)$$

Integriert man die spektrale Teilchenflussdichte nur über ein bestimmtes Energieintervall (E_1, E_2), ergibt dies die so genannte **Gruppenflussdichte** $\varphi(E_1, E_2)$.

$$\varphi(E_1, E_2) = \int_{E1}^{E2} \varphi_E dE \qquad (8.8)$$

Die Gruppenflussdichte gibt also die Zahl aller Teilchen eines Strahlungsfeldes an, die Energien zwischen E_1 und E_2 aufweisen. Bezieht man die Teilchenfluenz auf ein bestimmtes Energieintervall, erhält man die **spektrale Teilchenfluenz** Φ_E.

$$\Phi_E = \frac{d\Phi(E)}{dE} \tag{8.9}$$

Name	Formelzeichen	SI-Einheit
Teilchenzahl	N	-
Teilchenfluss	$dN/dt = \dot{N}$	s^{-1}
Teilchenfluenz	$dN/dA = \Phi(\vec{r})$	m^{-2}
Teilchenflussdichte	$d^2N/dt{\cdot}dA = \varphi(\vec{r},t)$	$s^{-1}{\cdot}m^{-2}$
spektrale Teilchenfluenz	$d^2N/dA{\cdot}dE = \Phi_E(E,\vec{r})$	$m^{-2}{\cdot}J^{-1}$
spektrale Teilchenflussdichte	$d^3N/dt{\cdot}dA{\cdot}dE = \varphi_E(\vec{r},t)$	$s^{-1}{\cdot}m^{-2}{\cdot}J^{-1}$
Strahlungsenergie	R	J
Energiefluss	$dR/dt = \dot{R}$	$J{\cdot}s^{-1} = W$
Energiefluenz	$dR/dA = \Psi(\vec{r})$	$J{\cdot}m^{-2}$
Energieflussdichte	$d^2R/dt{\cdot}dA = \psi(t,\vec{r})$	$W{\cdot}m^{-2}$
spektrale Energiefluenz	$d^2R/dA{\cdot}dE = \psi(E,\vec{r})$	m^{-2}
spektrale Energieflussdichte	$d^3R/dt{\cdot}dA{\cdot}dE = \psi(t,E,\vec{r})$	$s^{-1}{\cdot}m^{-2}$

Tab. 8.1: Skalare Strahlungsfeldgrößen. dA: Kreisquerschnitt einer differentiellen Kugel um den Aufpunkt senkrecht zur Strahlrichtung. R: Bezeichnung für Strahlungsenergie (englisch radiant energy). Sie ist nicht identisch mit der individuellen Energie des einzelnen Strahlungsquants. $\vec{r}$: Ortsvektor des Aufpunkts (Terminologie und Symbole der einzelnen Größen gemäß [DIN 6814-2]).

Der Quotient der spektralen Teilchenflussdichte und der Flussdichte ergibt die **relative spektrale Teilchenflussdichte**.

$$\varphi_{E,rel} = \frac{\varphi_E(E)}{\varphi} \tag{8.10}$$

Sie beschreibt also die relative Zahl der Teilchen einer bestimmten Energie E, die die Einheitsfläche dA pro Zeitintervall dt durchsetzen. Die relative spektrale Teilchenflussdichte kennzeichnet die Strahlungsqualität eines Strahlungsfeldes.

Auf die Teilchenenergie[3] bezogene Strahlungsfeldgrößen: Wird die im Strahlungsfeld transportierte Energie R betrachtet, ergibt dies die folgenden Strahlungsfeldgrößen. Der **Energiefluss** $\dot{R}$ ist die Änderung der Strahlungsenergie pro Zeiteinheit, also die durch die Teilchen des Strahlungsfeldes im Zeitintervall transportierte Strahlungsenergie.

$$\dot{R} = \frac{dR}{dt} \tag{8.11}$$

Die **Energiefluenz** $\Psi(\vec{r})$ ist der Differentialquotient aus der Energie dR, die durch ein Flächenelement dA transportiert wird, und diesem Flächenelement.

$$\Psi(\vec{r}) = \frac{dR}{dA} \tag{8.12}$$

Für ein monoenergetisches Strahlungsfeld, das also nur Teilchen einer bestimmten Energie E_0 enthält, lässt sich der Energiefluss aus dem Teilchenfluss und der Teilchenenergie berechnen. Man erhält:

$$\Psi(\vec{r}) = \frac{dN \cdot E_0}{dA} \tag{8.13}$$

Die Energiefluenz ist eine Basis zur Berechnung von Energiedosen im bestrahlten Absorber. Die **Energieflussdichte** $\psi(t,\vec{r})$ ist die doppelt differentielle Strahlungsfeldgröße.

$$\psi(t,\vec{r}) = \frac{d^2 R}{dt \cdot dA} \tag{8.14}$$

Die Integration der Energieflussdichte über alle Zeiten von Null bis ∞ ergibt wieder die Energiefluenz.

$$\Psi(\vec{r}) = \int_0^\infty \psi(t)dt = \frac{dR}{dA} \tag{8.15}$$

---

[3] Unter Teilchenenergie wird die Energie eines Teilchens ohne seine Ruheenergie verstanden. Sie ist also bei Photonen identisch mit der Gesamtenergie des Photons $E_\gamma = h \cdot \nu$, bei Korpuskeln ist sie die Differenz von Gesamtenergie und Ruheenergie $E_{tot} - E_0$, also die Bewegungsenergie.

Die dreifach nach Fläche, Zeit und Energie differentielle Größe wird als spektrale Energieflussdichte $\psi(t,E,\vec{r}\,)$ bezeichnet.

$$\psi(t,E,\vec{r},) = \frac{d^3 R}{dt \cdot dA \cdot dE} \qquad (8.16)$$

Die wichtigsten skalaren Feldgrößen sind in (Tabelle 8.1) mit ihren Einheiten nach dem SI-System zusammengestellt.

Vektorielle Strahlungsfeldgrößen: Aus den skalaren Strahlungsfeldgrößen werden die vektoriellen Strahlungsfeldgrößen abgeleitet. Sie beziehen sich jeweils auf die in ein Raumwinkelelement $d\Omega$ emittierte Teilchenzahl bzw. Energie (s. Fig. 8.1 rechts). Auch die vektoriellen Strahlungsfeldgrößen werden als einfach oder mehrfach differentielle Größen bzw. als integrale Größen verwendet. Ein Beispiel ist die spektrale Fluenz-Richtungsverteilung $\Phi_{\Omega,E}$, also die in das Raumwinkelelement im Energieintervall emittierte Teilchenfluenz.

$$\Phi_{\Omega,E} = \frac{d^2 \Phi(\Omega,E)}{d\Omega \cdot dE} \qquad (8.17)$$

Die Teilchenflussdichte aller Teilchen, die in eine bestimmte Raumrichtung in ein Raumwinkelelement $d\Omega$ emittiert werden, wird als **Teilchenradianz** φ_Ω bezeichnet (zur Winkeldefinition s. Fig. 8.1 rechts).

$$\varphi_\Omega = \frac{d\varphi(\vartheta,\alpha)}{d\Omega} \qquad (8.18)$$

Für die vektorielle Energiefluenz $G(\vec{r},\vec{\Omega},E)$, das ist die in den Raumwinkel pro Energieintervall emittierte Energie, erhält man:

$$\vec{G}(\vec{r},\vec{\Omega},E) = \iint R \cdot \vec{\Omega} \cdot \Phi_{\Omega,E} \cdot dE \cdot d\Omega \qquad (8.19)$$

Den vektoriellen Energiefluss durch eine Fläche A ("Nettoenergiefluss") erhält man daher als Integral dieser vektoriellen Energiefluenz über die Fläche A.

$$\frac{d\vec{R}(\vec{r})}{dt} = \int \vec{G}(\vec{r},\vec{\Omega},E)d\vec{A} \qquad (8.20)$$

Weitere Darstellungen zu dieser Thematik sowie zum Zusammenhang von Strahlungsfeldgrößen und Dosisgrößen befinden sich in [Reich], [DIN 6814 Teil 2] und in [Krie-
ger1].

Zusammenfassung

- **Strahlungsfelder können mit skalaren und vektoriellen Strahlungsfeldgrößen beschrieben werden.**

- **Die Strahlungsfeldgrößen können auf die Teilchenzahl N oder die Teilchenenergie E bezogen sein.**

- **Man unterscheidet zwischen den integralen Größen Gesamtteilchenzahl
  N und Gesamtenergie R und den einfach oder mehrfach differentiellen
  Größen.**

- **Differentielle Strahlungsfeldgrößen können auf die durchsetze Fläche bezogen sein. Sie werden dann als Fluenz bezeichnet.**

- **Sind sie nur zeitlich differentiell, heißen sie Fluss.**

- **Die nach der Zeit und der Fläche doppelt differentiellen Größen werden
  als Flussdichten bezeichnet.**

- **Dreifach differentielle Strahlungsfeldgrößen, also auch bzgl. der Energie,
  werden spektrale Flussdichten genannt.**

Aufgaben

1. Erklären Sie die Begriffe Teilchenfluenz, Teilchenfluss und Teilchenflussdichte.
   Geben Sie für alle Größen die jeweiligen Symbole und die SI-Einheiten an.

2. Nennen Sie die beiden integralen Strahlungsfeldgrößen.

3. Wozu benötigt man vektorielle Strahlungsfeldgrößen?

Aufgabenlösungen

1. Teilchenfluenz ist der Differentialquotient von Teilchenzahl und durchsetztem Flächenelement (Teilchen pro Fläche), Teilchenfluss ist die zeitdifferentielle Teilchenzahl (Teilchen pro Zeit), Teilchenflussdichte ist differentiell bezüglich Zeit und Fläche (Teilchen pro Zeit und pro Fläche). Symbole und Einheiten s. Tab. 8.1.

2. Es sind die Größen Gesamtenergie R und die Gesamtteilchenzahl N, die die im Strahlungsfeld insgesamt enthaltene Energie bzw. Teilchenzahl beschreiben.

3. Vektorielle Strahlungsfeldgrößen benötigt man, wenn Transportphänomene und Richtungsverteilungen der Quanten untersucht werden sollen.

9 Dosisgrößen

Dieses Kapitel gibt zunächst einen Überblick über die physikalischen Dosisgrößen Ionendosis, Energiedosis und Kerma. Es folgt eine Darstellung der von den physikalischen Dosisgrößen abgeleiteten spezialisierten Dosisgrößen in der bildgebenden Radiologie, die zur Abschätzung der Patientendosen dienen. Das Dosisflächen-Produkt DFP wird bei Röntgenaufnahmen oder Durchleuchtungen im Rahmen der Bildgebung oder interventionellen Radiologie benötigt. Der CT-Dosisindex CTDI und das Dosislängenprodukt DLP dienen zur Abschätzung der Patientenexposition bei der Computer-Tomografie. Die Strahlenschutz-Dosisgrößen zur Beschreibung des stochastischen Strahlenrisikos werden am Ende des Kapitels erläutert.

Die fundamentale physikalische Dosisgröße der klinischen Dosimetrie ist die Energiedosis, da diese proportional zur biologischen Wirkung ist. Daneben werden als weitere Dosisgrößen die Ionendosis und die Kerma verwendet, die entweder messtechnischen oder rechnerischen Bedürfnissen mehr entgegenkommen. Im Strahlenschutz und der Strahlenbiologie werden weitere spezielle Dosisbegriffe benötigt. Es sind dies die Mess-Äquivalentdosis, die Organ-Äquivalentdosis und die Effektive Dosis. Alle diese Dosisgrößen sind massenspezifische Größen. Integrale Dosisgrößen sind die insgesamt auf einen Absorber übertragene Energie W_D sowie das Dosisflächenprodukt DFP und das Dosislängenprodukt DLP, die neben dem nur massenspezifischen CT-Dosisindex CTDI vor allem in der Röntgendiagnostik eine Rolle spielen.

Alle im Folgenden detailliert beschriebenen Dosisgrößen sind nichtstochastische Größen, also Erwartungswerte oder Mittelwerte der mikroskopischen stochastischen Größen. Ein Beispiel für eine stochastische Dosisgröße ist die spezifische Energie, die die in einer Einzelmessung bestimmte, statistisch schwankende absorbierte Energie darstellt. Eine ausführliche Zusammenstellung und Darstellung der physikalischen Dosisgrößen sowie der Dosisgrößen für den Strahlenschutz enthält [Krieger1] (dortige Kap. 10 und 11). Weitere Details zur Definition von Dosisgrößen finden sich in [Reich] und in den einschlägigen DIN-Ausgaben.

9.1 Die physikalischen Dosisgrößen

Die **Energiedosis D** ist der Erwartungswert der bei einer Exposition mit ionisierender Strahlung von einem Absorbermaterial (Index: med, Dichte ρ) lokal absorbierten Energie dE_{abs} dividiert durch die Masse dm des bestrahlten Volumenelements dV.

$$D_{med} = \frac{dE_{abs}}{dm_{med}} = \frac{dE_{abs}}{\rho_{med} \cdot dV} \tag{9.1}$$

Die SI-Einheit der Energiedosis ist das Joule durch Kilogramm (1 J/kg = 1 Gy). Bei der Energieabsorption in den Atomhüllen kommt es zu Anregungen und zu Ionisationen. Da die Bindungsenergien vom jeweiligen Absorbermaterial abhängen, werden bei gleicher Zahl von Ionisationsakten oder Anregungsprozessen in verschiedenen Materialien unterschiedliche Energiebeträge benötigt. Die Energiedosen sind deshalb abhängig von der atomaren Zusammensetzung der Absorber. Zur vollständigen Angabe einer Energiedosis gehört daher immer die Spezifikation des Absorbermaterials.

Unter **Kerma K** versteht man den Quotienten aus der durch indirekt ionisierende Strahlung in einem bestrahlten Volumen im Medium "med" auf geladene Sekundärteilchen der ersten Generation übertragene Bewegungsenergie E_{tran} und der Masse dm des bestrahlten Volumenelements.

$$K_{med} = \frac{dE_{trans}}{dm_{med}} = \frac{dE_{trans}}{\rho_{med} \cdot dV} \qquad (9.2)$$

Bei Photonenstrahlungen können die Sekundärteilchen Elektronen oder Positronen sein, bei Neutronenstrahlungen aus dem Kern gelöste oder freie Protonen, Alphateilchen oder schwerere geladene Kernfragmente. Die SI-Einheit der Kerma ist ebenfalls das Gray. Die Kerma wird vor allem aus messtechnischen und rechnerischen[1] Erwägungen oft bei niederenergetischer Photonenstrahlung und bei Neutronenstrahlungsfeldern der Energiedosis vorgezogen. Kerma ist ein von der ICRU 1962 übernommenes englisches Kunstwort, das 1958 nach einem Vorschlag von *W. C. Roesch* [Roesch] aus "kinetic **e**nergy **r**eleased per unit **ma**ss" gebildet wurde. Die Kerma ist im Allgemeinen kein direktes Maß für die Energiedosis, da die Sekundärteilchen ihre Energie auch teilweise außerhalb des Sondenvolumens und durch Bremsstrahlung sogar an ihre weitere Umgebung abgeben können. Die Kerma ändert sich bei gleicher Strahlungsqualität und Strahlungsart wie auch die Energiedosis mit dem betroffenen Material der Sonde, da die Bindungsenergien der Sekundärteilchen, also Hüllenelektronen und Kernprotonen, die Erzeugungsrate dieser Sekundärteilchen und damit auch die insgesamt freigesetzte Bewegungsenergie von den Eigenschaften des bestrahlten Mediums abhängen.

Die **Ionendosis J** ist der Differentialquotient der durch Bestrahlung eines Luftvolumens durch ionisierende Strahlung unmittelbar oder mittelbar erzeugten elektrischen Ladung eines Vorzeichens geteilt durch die Masse der bestrahlten Luft (Index: a).

$$J = \frac{dQ}{dm_a} = \frac{dQ}{\rho_a \cdot dV} \qquad (9.3)$$

Die SI-Einheit der Ionendosis ist das Coulomb durch Kilogramm (C/kg). Die historische, heute aber nicht mehr zugelassene Einheit war das Röntgen (R). Es war definiert als die Strahlungsmenge, die in einem Kubikzentimeter trockener Luft der Dichte $\rho = 1,293$ mg/cm^3 eine elektrostatische Ladungseinheit ($3,3362 \cdot 10^{-10}$ C) an Ladungen eines

---

[1] Ein wichtiger rechnerischer Grund ist z. B. die Einfachheit der "Kerma"-Näherung bei Berechnungen von Dosisverteilungen nach der Monte-Carlo-Methode.

Vorzeichens erzeugte. Dies entspricht $2{,}082{\cdot}10^9$ Ionenpaaren pro cm^3 trockener Luft. Der gesetzlich festgelegte Umrechnungsfaktor ist:

$$1\ R = 2{,}58 \cdot 10^{-4} C/kg \tag{9.4}$$

Weitere von der Ionendosis abgeleitete Dosisgrößen sind die Standardionendosis, die Hohlraumionendosis und die vor allem im englischsprachigen Raum verwendete Exposure. Bei allen diesen Größen wurden spezielle Bedingungen für die Strahlungsfeldbedingungen, die Bezugsmaterialien und die Messbedingungen festgelegt und nationale Standards zur Kalibrierung von Messsonden vorgehalten. Die Definition der **Standardionendosis J_s** lautet nach [DIN 6814-3]:

Die Standardionendosis J_s an einem Punkt in einem beliebigen Material ist diejenige Ionendosis, die von der dort vorhandenen spektralen Photonenfluenz bei Sekundärelektronengleichgewicht in Luft erzeugt würde.

Dabei kann sich der Entstehungsort der Sekundärelektronen außerhalb oder innerhalb des Messvolumens mit der Masse dm_a befinden. Gemeint ist hierbei nicht unbedingt die Frei-Luft-Messung sondern der dosimetrische Bezug auf das Material Luft, für das ein Gleichgewichtswert der Elektronenfluenz, das Sekundärelektronengleichgewicht, erreicht werden soll. Ein Sonderfall ist die Realisierung der Standardionendosis mit einer so genannten "Frei-Luft-Kammer", die sich tatsächlich im nahezu streustrahlungsfreien Umgebungsmedium Luft befindet.

Wird die Ionendosis dagegen in einem luftgefüllten Hohlraum unter BRAGG-GRAY-Bedingungen gemessen, wird sie als **Hohlraumionendosis J_c** bezeichnet. Da in realen Messsituationen die BRAGG-GRAY-Bedingungen in der Regel ebenfalls nicht exakt erfüllt sind, müssen eventuelle Abweichungen wieder entsprechend korrigiert werden. Die Bedeutungen und Definitionen von Sekundärelektronengleichgewicht (SEG) und der BRAGG-GRAY-Bedingungen werden in (Kap. 10) erläutert.

Die dritte mit der Standardionendosis und der Luftkerma verwandte, heute allerdings nur noch selten verwendete Größe ist die **Exposure X**. Sie ist auf Photonenstrahlungen und das Medium Luft als Bezugsmedium und als Umgebung beschränkt. Die Exposure X gibt den Betrag der Ladungen eines Vorzeichens an, die von den durch Photonen ausschließlich im Massenelement dm_a ausgelösten Sekundärelektronen in Luft insgesamt erzeugt werden, sofern diese Sekundärelektronen vollständig in Luft abgebremst werden. Als zu betrachtendes Luftvolumen dient dabei ein Volumen, das den praktischen Reichweiten der Sekundärelektronen entspricht.

$$X = \frac{dQ}{dm_a} = \frac{dQ}{\rho_a \cdot dV} \tag{9.5}$$

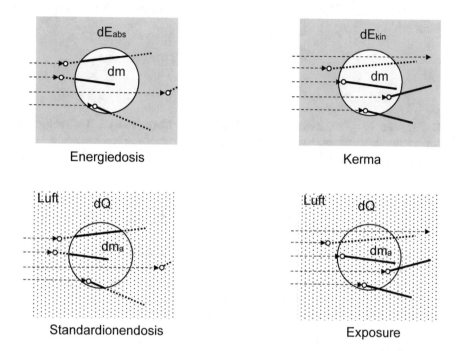

Fig. 9.1: Zur Definition der Dosisgrößen. Obere Reihe: Links Energiedosis, rechts Kerma für beliebige Medien für Umgebung und/oder Bezugsvolumen. Untere Reihe: Links Standardionendosis, rechts Exposure für Bezugs- und Umgebungsmedium Luft. Die gestrichelten Linien deuten die Primärphotonen an. Die kleinen Kreise markieren die Entstehungsorte für die Sekundärelektronen. Gepunktete Linien stellen die Energieüberträge bzw. die durch Sekundärelektronen erzeugten Ladungen dar. Dicke Linien stehen für die bei der jeweiligen Dosisgröße zu berücksichtigenden Energieüberträge bzw. für die durch Sekundärelektronen freigesetzten elektrischen Ladungen.

Dosisleistungen sind Erwartungswerte der Differentialquotienten der Dosen nach der Zeit. Sie können für alle Dosisgrößen definiert werden. Da die Dosisleistungen zeitbezogene Größen sind, erhält man als Einheit (Gy/s), (Gy/min) oder (Gy/h) für die Energiedosis- und Kermaleistung und (A/kg) für die Ionendosisleistung. Für die Energiedosisleistung gilt beispielsweise:

$$\dot{D} = \frac{dD}{dt} \tag{9.6}$$

Soll die im Absorber insgesamt **absorbierte** Energie, die etwas unpräzise auch als integrale Energiedosis oder auch als Integraldosis bezeichnet wird, berechnet werden, muss das Massenintegral der Energiedosis über das bestrahlte Volumen ausgeführt werden. Man erhält:

$$W_D = \int\limits_{vol} dD \cdot dm = \int\limits_{vol} dE \qquad (9.7)$$

Dosisgröße	Zeichen	SI-Einheit	Einheit alt	Umrechnung
Ionendosis	J	C/kg	R (Röntgen)	1 R = 2,58·10⁻⁴ C/kg
Exposure	X	C/kg	-	-
Energiedosis	D	Gy (Gray)	rd (Rad)	1 Gy = 100 rd
Kerma	K	Gy (Gray)	rd (Rad)	1 Gy = 100 rd
Absorbierte Energie	W	J	nicht massenbezogen	

Dosisleistungen	Zeichen	SI-Einheit
Ionendosisleistung	$\dot{J}$	A/kg = C/(s·kg)
Energiedosisleistung	$\dot{D}$	Watt/kg
Kermaleistung	$\dot{K}$	Watt/kg

Tab. 9.1: Einheiten und Zeichen der physikalischen Dosisgrößen.

9.2 Der Zusammenhang von Kerma und Teilchenfluenz*

Trifft ein Strahlungsbündel ungeladener monoenergetischer Teilchen wie Photonen auf einen Absorber, wird nach dem Schwächungsgesetz die Zahl der Photonen N auf der Wegstrecke dx um dN vermindert. Die Zahl der auf der Wegstrecke dx wechselwirkenden Teilchen beträgt daher dN = μ·N·dx. Im Mittel übertragen diese Teilchen dabei jeweils die Energie $E_{tr,m}$ auf Sekundärelektronen. Die gesamte pro Wegstrecke dx übertragene Energie dE_{trans} ist gerade das Produkt aus der wechselwirkenden Teilchenzahl dN und dem mittleren Energieübertrag pro Wechselwirkung. Man erhält dE_{trans} = dN·$E_{tr,m}$ = μ·N·dx·$E_{tr,m}$. Setzt man diesen Ausdruck in die Definitionsgleichung für die Kerma ein (Gl. 9.2), erhält man folgende Beziehung:

$$K_{med} = \frac{dE_{trans}}{dm_{med}} = \frac{dE_{trans}}{\rho_{med} \cdot dV} = \frac{\mu \cdot E_{tr,m} \cdot N \cdot dx}{\rho_{med} \cdot dV} = \frac{\mu \cdot E_{tr,m} \cdot N}{\rho_{med} \cdot dA} \qquad (9.8)$$

Das Produkt $\mu \cdot E_{tr,m}$ ist gerade gleich dem Produkt von Energieübertragungskoeffizient μ_{tr} und Energie E_γ der Photonen (s. Kap. 6 in [Krieger1]). Der Quotient aus auftreffender Teilchenzahl und durchsetzter Fläche dA ist (nach Gl. 8.2) die Fluenz. Für monoenergetische Photonenstrahlungsbündel erhält man daher den Zusammenhang von Fluenz und Kerma zu

$$K_{med} = \frac{\mu_{tr} \cdot E_\gamma}{\rho_{med}} \cdot \Phi \qquad (9.9)$$

Das Produkt aus Fluenz und Energie ist (nach Gl. 8.13) die Energiefluenz Ψ. Also gilt:

$$K_{med} = \frac{\mu_{tr}}{\rho_{med}} \cdot \Psi \qquad (9.10)$$

Für eine spektrale Fluenzverteilung $\Phi(E)$ und den energieabhängigen Energietransfer-koeffizienten $\mu_{tr}(E)$ erhält man den Zusammenhang von Kerma und Fluenz durch Integration über alle im Spektrum vorhandenen Photonenenergien.

$$K_{med} = \int_0^{E_{max}} E \cdot \Phi(E) \frac{\mu_{tr}(E)}{\rho_{med}} dE \qquad (9.11)$$

Beispiele für Energiespektren sind Bremsstrahlungsspektren oder Neutronenspektren. Im Allgemeinen sind deren Energieverteilungen im Spektrum weitgehend unbekannt oder sie verändern sich mit der Tiefe im Absorber durch Sekundärprozesse oder Moderation bei den Neutronen. Deshalb besteht nur für den Fall monoenergetischer Teilchen die einfache Proportionalität von Kerma und Fluenz in den Gln. (9.9 und 9.10).

9.3 Spezielle Dosisgrößen in der bildgebenden Radiologie

In der bildgebenden Radiologie mit Röntgenstrahlungen werden zur Vereinfachung eine Reihe spezieller Dosisgrößen verwendet, die zur leichteren Abschätzung der Strahlenexpositionen der untersuchten Patienten dienen sollen. Es sind dies das Dosisflächenprodukt, der CT-Dosisindex und das Dosislängenprodukt.

9.3.1 Dosisgrößen in der Projektionsradiographie

Unter **Dosisflächenprodukt DFP** versteht man das Flächenintegral der Luftkerma über ein Strahlungsfeld mit der Fläche F. Es wird in der Projektionsradiographie zu Dosisabschätzungen für strahlenexponierte Patienten benötigt.

$$DFP = \int_F K_a dF \qquad (9.12)$$

Bei konstanter Luftkerma innerhalb der durchstrahlten Fläche A ist das DFP gerade das Produkt aus Fläche und Kerma (DFP = K·A). Das Dosisflächenprodukt hat die SI-Einheit (Gy·m²) und entsprechende Untereinheiten wie (cGy·cm²) oder (mGy·μm²). Das Dosisflächenprodukt wird ohne rückstreuendes Medium (außer Luft) ermittelt (Fig. 9.2). Bei der Verwendung zur Abschätzung von Strahlenexpositionen von Patienten sind daher die energie- und strahlenqualitätsabhängigen Rückstreubeiträge zu beachten. Zur Dosisabschätzung eines beispielsweise mit Röntgenstrahlung untersuchten Patienten, muss aus dem Dosisflächenprodukt die Feldgröße am Bezugsort herausgerechnet werden. Außerdem ist die Luftkerma in Wasserenergiedosis umzurechnen. Eine Voraussetzung für die sinnvolle Verwendung des Dosisflächenproduktes ist die Gültigkeit des Abstandsquadratgesetzes für die Dosisleistungen, also eine näherungsweise Punktgeometrie der Strahlungsquelle, isotrope Abstrahlung und eine vernachlässigbare Schwächung des Strahlungsbündels in Luft. Neuerdings wird von Herstellerfirmen auch ein pauschaler Rückstreufaktor mit in das Dosisflächenprodukt eingerechnet. Dies ist zwar weniger präzise, da die Rückstreuung von der Bestrahlungsgeometrie und den Absorbereigenschaften abhängt, es erleichtert aber die praktische Arbeit.

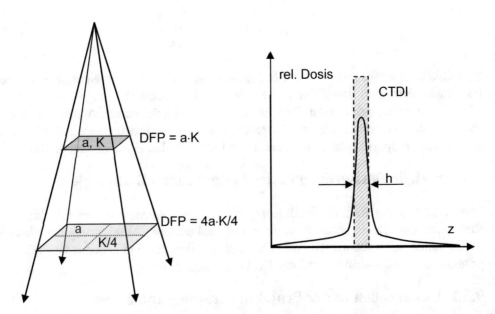

Fig. 9.2: Links: Bei Gültigkeit des Abstandsquadratgesetzes für die Dosisleistung ist das Dosisflächenprodukt, also das Produkt aus Kerma und durchstrahlter Fläche, unabhängig vom Abstand von der Strahlungsquelle (Gl. 9.12). Rechts: Darstellung des CTDI (schraffierte Fläche) als schichtdickenbezogenes Längenintegral über das Dosislängsprofil einer einzelnen CT-Schicht in Luft mit der nominellen Schichtdicke h und den typischen Streustrahlungsausläufern rechts und links der CT-Schicht (Gl. 9.13). In dichten Medien erhöht sich der Streustrahlungsanteil je nach Schichtdicke h bis maximal etwa 40% des Maximumwertes innerhalb des CT-Schnittes.

Das Dosisflächenprodukt dient auch in der Dosimetrie kleiner oder irregulärer Felder der intensitätsmodulierten Strahlentherapie (IMRT) als Dosisgröße zur Normierung der relativen Querprofile, also zur Bestimmung der absoluten Dosisleistungen dieser Felder [Djouguela 2006].

Beispiel 9.1: Das Dosisflächenprodukt bei einer Röntgendurchleuchtung betrage DFP = 1400 mGy·cm^2. Wie groß ist die Dosis auf der Strahleintrittsseite bei einem 20x20 cm^2-Feld auf der Haut des Patienten? Man teilt dazu das DFP durch die Feldfläche auf der Haut (400 cm^2) und multipliziert dann mit dem pauschalen Rückstreufaktor 1,5. Man erhält also: 1400 mGy·cm^2 /400 cm^2 · 1,5 = 5,25 mGy. Dieser Wert entspricht der typischen Hautdosis bei einer Minute Durchleuchtung ohne Pulsung (Dosis mindernd) oder Zoomfaktor (Dosis erhöhend) an einem schlanken Patienten (Umrechnungen der Kerma in Energiedosis wurden hier ausgelassen).

9.3.2 Dosisgrößen für CT-Untersuchungen

Der **Pitch-Faktor p** gibt den Überlapp bzw. die relative Lückenbreite von CT-Schichten an (p: englisch für Lücke). Er kann sowohl bei Einzel-Schichtverfahren als auch helikalen Techniken (Spiral-Computertomografie) verwendet werden. Er ist definiert r als Verhältnis von Tischvorschub TV und nomineller Schichtdicke h.

$$p = TV/h \tag{9.13}$$

Der **CT-Dosisindex CTDI** ist heute definiert als Quotient des Längenintegrals der Energiedosisbeiträge im Festkörperphantom (also nicht mehr in Luft) für einen einzelnen CT-Schnitt und der Schichtdicke h:4

$$CTDI = \frac{1}{h} \cdot \int_{-\infty}^{+\infty} D(z) \cdot dz \tag{9.14}$$

International ist vereinbart, das Integral in (Gl. 9.14) auf 10 cm (rechts und links je 5 cm von der Schichtdickenmitte) zu begrenzen. Der CTDI wird der Schicht mit der Schichtdicke h zugeordnet (Fig. 9.2). Seine Einheit ist das Gray mit seinen praktischeren Untereinheiten cGy oder mGy. Da die Dosisbeiträge bei CT-Untersuchungen vom Röhrenstrom-Zeitprodukt und der Messtiefe im Phantom sowie der Strahlungsqualität abhängen, wurden noch eine Reihe weiterer CTDI-Größen definiert, die entweder auf das mAs-Produkt oder auf unterschiedliche Messtiefen bezogen sind (Details dazu s. [Krieger1], Kap. 19.2). Der auf das mAs-Produkt bezogene $_n$CTDI ist das Verhältnis des CDTI und der bei der Untersuchung auf die Anode auftreffenden Ladung Q. Er wird als **normierter** CTDI bezeichnet.

$$_nCTDI = \frac{CTDI}{Q} \tag{9.15}$$

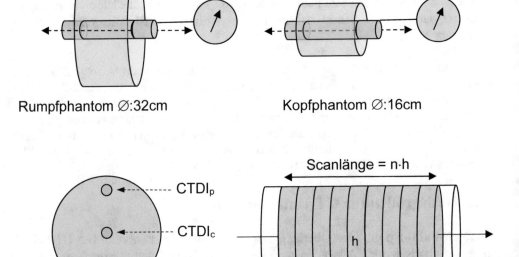

Rumpfphantom ⌀:32cm   Kopfphantom ⌀:16cm

Fig. 9.3: Messung des CTDI im Rumpfphantom (Durchmesser 30 cm) und im Schädelphantom (Durchmesser 16 cm) mit einer 10 cm langen integrierenden Stabionisationskammer (blau). Dabei wird die gesamte Anzeige der Schnittebene zugeordnet. Unten links: Messung des peripheren und des zentralen CTDI. Unten rechts: Geometrie zur Bestimmung des DLP.

Der CTDI im Phantom unterscheidet sich außerdem je nach Lage der Messsonde im Zentrum, oder der Peripherie der bei der Messung verwendeten Festkörperphantome (Durchmesser Schädelphantom 16 cm, Rumpfphantom 32 cm, Kindphantom 10 cm). Bei der Angabe des CTDI muss daher sowohl die Phantomgröße als auch die Position innerhalb der Phantome spezifiziert werden. Um dem Positionierungsproblem aus dem Weg zu gehen kann man den lagegewichteten **CTDI$_w$** bilden, der aus einer gewichteten Summe des zentralen (Index c) und des peripheren CTDI (Index p) berechnet wird.

$$CTDI_w = \frac{1}{3} CTDI_c + \frac{2}{3} CTDI_p \qquad (9.16)$$

Wird der CTDI pro Pitchfaktor spezifiziert, heißt er effektiver CT-Dosisindex CTDI$_{eff}$ oder Volumen-CT-Dosisindex CTDI$_{vol}$.

Das **Dosislängenprodukt DLP** ist definiert als die Summe der Werte des CT-Dosisindexes über die Gesamtanzahl der bestrahlten Schichten n mit der jeweiligen Dicke h. Im Falle eines lageunabhängigen CTDI erhält man

$$DLP = CTDI \cdot n \cdot h \tag{9.17}$$

Für den Fall eines CTDI, der mit der Lage x im Patienten variiert (z.B. bei der Röhrenstrommodulation), muss das Längenintegral über den CTDI(x) gebildet werden.

$$DLP = \int_L CTDI(x) \cdot dx \tag{9.18}$$

L steht dabei für die Gesamtlänge des Scans. Das Dosislängenprodukt hat die Einheit (Gy·m) bzw. die praktischere Untereinheit (cGy·cm).

Bezeichnung	Symbol	Einheit	Definition
Dosisflächenprodukt	DFP	Gy·m²	mit oder ohne bestrahltes Medium spezifiziert
CT-Dosisindex	CTDI	Gy	integrale Gesamtdosisbeiträge einer einzelnen CT-Schicht, international auf 10cm beschränkt
zentraler CT-Dosisindex	CTDIc	Gy	im Zentrum des Phantoms gemessener CTDI
peripherer CT-Dosisindex	CTDIp	Gy	in der Peripherie des Phantoms gemessener CTDI
gewichteter CT-Dosisindex	CTDIw	Gy	gewichteter Mittelwert des CTDI: 1/3 CDTIc + 2/3 CTDIp
normierter CT-Dosisindex	$_n$CTDI	Gy/mAs	auf 100 mAs bezogener CTDI
effektiver CT-Dosisindex	CTDI$_{eff}$	Gy	auf den Pitchfaktor p bezogener CTDI
Dosislängenprodukt	DLP	Gy·m	Scan-Längenintegral des CTDI

Tab. 9.2: Bezeichnungen, Symbole und Definitionen der speziellen radiologischen Dosisgrößen.

Auch das Dosislängenprodukt kann in verschiedenen Formen bestimmt werden. Wird beispielsweise ein auf ein bestimmtes Röhrenstrom-Zeit-Produkt normierter CT-Dosisindex wie der $_{100}$CTDI verwendet, erhält man das Dosislängenprodukt als Summe der Produkte aus Schichtdicken h_i, dem jeweiligen normierten CTDI$_i$ und dem zugehörigen Röhrenstrom-Zeit-Produkt mAs$_i$, jeweils angegeben in Einheiten von 100 mAs, also:

$$DLP = \sum_i \frac{mAs_i}{100} \cdot_{100} CTDI_i \cdot h_i \qquad (9.19)$$

Wird das DLP für mehrere Scans bestimmt, kann durch zusätzliche Multiplikation mit der Häufigkeit N_i für die einzelne Schichtdicke i das Gesamt-Dosislängenprodukt für eine vollständige auch komplexe CT-Untersuchung bestimmt werden.

$$DLP = \sum_i mAs_i \cdot CTDI_i \cdot N_i \cdot h_i \qquad (9.20)$$

9.4 Dosisgrößen im Strahlenschutz

Im praktischen Strahlenschutz werden zwei Kategorien von Dosisgrößen benötigt. Zum einen braucht man operative Dosisgrößen, die so genannten Messgrößen, die für Messungen in der Orts- und Personendosimetrie geeignet sind. Zum anderen braucht man Dosisangaben, die im Zusammenhang mit den stochastischen Risiken (Krebsinduktion, vererbbare Schäden) einer Strahlenexposition des Menschen stehen. Diese Größen der zweiten Kategorie werden als Schutzgrößen bezeichnet. Alle Strahlenschutzdosisgrößen haben die Einheit Sv (Sievert, J/kg).

Kategorie	Bezeichnung	Kurzzeichen	Bemerkung
Messgrößen	Mess-Äquivalentdosis	H	neue Qualitätsfaktoren Q als f(LET)
	Ortsdosen	H*(d)	Umgebungs-Äquivalentdosis
		$H'(d, \vec{\Omega})$	Richtungs-Äquivalentdosis
	Personendosen	$H_p(10)$	Personentiefendosis für durchdringende Strahlungen
		$H_p(0.07)$	Personenoberflächendosis für Strahlung geringer Eindringtiefe
		$H_p(3)$	Augenlinsen-Personendosis
Schutzgrößen	Organ-Äquivalentdosen	H_T	berechnete Größen mit Strahlungswichtungsfaktoren w_R
	Effektive Dosis	E	berechnete Größe mit Organ-Wichtungsfaktoren w_T

Tab. 9.3: Die Dosisgrößen im Strahlenschutz ab 2016, alle haben die Einheit Sv, nach [ICRU 43], [DIN 6814-3]. Das Symbol H ist abgeleitet vom englischen Wort "hazard" (Gefährdung).

Die Ausgangsgröße für die operativen Dosismessgrößen ist die **Mess-Äquivalentdosis H**, die man aus der Weichteilenergiedosis und einem Wichtungsfaktor für die Strahlungsqualität berechnen kann. Mit ihrer Hilfe sollen die weiteren operativen Dosisgrößen, die Ortsdosis und die Personendosis, zu Strahlenschutzzwecken experimentell bestimmt werden. Die **Ortsdosen** sind als *"Äquivalentdosen an einem bestimmten Raumpunkt"* definiert. Mit Hilfe von Ortsdosismessungen werden die Strahlenschutzbereiche (Kontroll-, Sperr- und Überwachungsbereich) festgelegt. Die zweite Gruppe der operativen Äquivalentdosisgrößen sind die **Personendosen**. Sie sind ein personenbezogenes, also individuelles Maß für die Strahlenexposition einer bestimmten Person durch externe Strahlungsfelder. Personendosen werden am Körper der strahlenexponierten Personen mit so genannten Personendosimetern ermittelt. Gemessene Personendosen für durchdringende Strahlungsarten werden zu administrativen Strahlenschutzzwecken unterhalb bestimmter Personendosiswerte in grober Näherung der Effektiven Dosis dieser Person gleichgesetzt, obwohl der menschliche Körper natürlich das ohne ihn bestehende Strahlungsfeld durch Absorption, Schwächung und Streuung verändert. Die **Mess-Äquivalentdosis** H ist das Produkt aus Weichteilgewebe-Energiedosis D_w und Qualitätsfaktor Q an einem Punkt im Gewebe.

$$H = Q \cdot D_w \tag{9.21}$$

Der Qualitätsfaktor ist dimensionslos. Für Röntgen- und Gammastrahlung gilt definitionsgemäß Q = 1. Die Qualitätsfaktoren sind anhand des unbeschränkten LET L_∞ nach (Tab. 9.4) zu bestimmen. Liegt am interessierenden Messpunkt eine spektrale Verteilung des unbeschränkten Energieübertragungsvermögens vor, ist der Qualitätsfaktor durch eine LET-Mittelung über das Energiedosisspektrum zu berechnen.

L_∞ (keV/μm) in Wasser	Q(L)
< 10	1
10 - 100	$0{,}32 \cdot L - 2{,}2$
> 100	$300/L^{1/2}$

Tab. 9.4: Zusammenhang von unbeschränktem LET und Qualitätsfaktor Q(L).

Personendosen sind die Mess-Äquivalentdosen in Weichteilgewebe, gemessen an einer für die Strahlenexposition repräsentativen Stelle der Körperoberfläche. Als Personendosis wird bei durchdringender Strahlung die Mess-Äquivalentdosis in ICRU-Weichteilgewebe in 10 mm Tiefe im Körper an der Tragestelle des Personendosimeters **$H_p(10)$** verwendet. Bei Strahlung geringer Eindringtiefe ist die Personendosisgröße die Mess-Äquivalentdosis für ICRU-Weichteilgewebe in der Tiefe von 0,07 mm im Körper **$H_p(0{,}07)$** an der Tragestelle des Personendosimeters. Diese Größe dient der Abschätzung der Hautdosis auf der Trageseite des Dosimeters.

Die **Schutzgrößen** (früher als Körperdosisgrößen bezeichnet) werden zur stochastischen Risikoabschätzung und für die Festlegung von Personendosisgrenzwerten verwendet. Schutzgröße ist ein Sammelbegriff für die beiden Dosisgrößen Organ-Äquivalentdosis H_T und Effektive Dosis E. Sie sind messtechnisch nicht unmittelbar erfassbar, weil sie über die Organe gemittelt sind oder wie die Effektive Dosis als risikogewichtete Größe zur Abschätzung des Strahlenrisikos dienen sollen.

Die **Organ-Äquivalentdosen** sind definiert als Produkt aus der **mittleren** Energiedosis D_T der jeweils bestrahlten Körperpartie ("Organ") und einem Strahlungs-Wichtungsfaktor w_R für die vorliegende Strahlungsqualität R.

$$H_T = w_R \cdot D_T \qquad (9.22)$$

Im Falle der stochastischen Strahlenwirkungen ist D_T über das Volumen des exponierten Organs, sonstigen Körperteils T oder im Falle der Haut über deren gesamte Oberfläche zu mitteln. Bei paarigen Organen (z. B. Nieren, Lungen) sind beide Teil-Organe bei der Mittelung zu berücksichtigen. Der Index T steht für ein bestimmtes Gewebe (T: tissue, engl. Gewebe). Die dimensionslosen Strahlungsqualitätsfaktoren heißen Strahlungswichtungsfaktoren w_R. Rührt die Organdosis von mehreren Strahlungsqualitäten her, ist pro "Zielorgan" T über diese Strahlungsqualitäten zu summieren. Sind mehrere Strahlungsarten oder Strahlungsqualitäten beteiligt, wird die Organdosis als gewichtete Summe dieser mittleren Organ-Energiedosen berechnet.

$$H_T = \sum_R w_R \cdot D_{T,R} \qquad (9.23)$$

Strahlungsart	Strahlungswichtungsfaktor w_R
Photonen	1
Elektronen und Myonen*	1
Protonen und geladene Pionen	2
Alphateilchen, Spaltfragmente, Schwerionen	20
Neutronen	stetige Funktionen (s. Krieger 1, Kap. 11)), bei unbekannter Neutronenenergie ist als Mittelwert $w_R = 10$ geeignet.

Tab. 9.5: Aktuelle pauschalierte Strahlungswichtungsfaktoren w_R als Funktion der Strahlungsart nach [ICRP 103]. *: gilt nicht für Augerelektronen aus Atomkernzerfall innerhalb der DNS, da dort die sonst durchgeführte Mittelung über ein großes Volumen unsinnig ist (Details dazu in [ICRP 60]).

Die **Effektive Dosis E** ist wie die Organ-Äquivalentdosen nicht unmittelbar messbar sondern muss aus den verschiedenen Organdosen berechnet werden. Sie ist definiert als Summe der mit den zugehörigen Gewebewichtungsfaktoren w_T multiplizierten Organ-Äquivalentdosen H_T in 14 relevanten Organen und Geweben und einem Rest von 13 weiteren Geweben.

$$E = \sum_T w_T \cdot H_T \qquad (9.24)$$

Gewebeart, Organ	w_T-Faktor
Keimdrüsen	0,08
Colon	0,12
Lunge	0,12
Magen	0,12
rotes Knochenmark	0,12
Brust	0,12
Summe restl. Gewebe	0,12
Blase	0,04
Oesophagus	0,04
Leber	0,04
Schilddrüse	0,04
Knochenoberfläche	0,01
Gehirn	0,01
Speicheldrüsen	0,01
Haut	0,01

Tab. 9.6: Gewebewichtungsfaktoren w_T zur Berechnung der Effektiven Dosis (IRP 103).

Bei gemischten Strahlungsfeldern können die Organdosen von verschiedenen Strahlungsqualitäten herrühren. In diesem Fall sind die Beiträge der jeweiligen Strahlungsqualitäten zu summieren. Man erhält dann die folgende Doppelsumme:

$$E = \sum_T w_T \cdot H_T = \sum_T w_T \cdot \left(\sum_R w_R \cdot D_{T,R} \right) \qquad (9.25)$$

Die Strahlenrisiken, die durch die Effektive Dosis abgeschätzt werden, sind das **heriditäre Risiko**, also das Risiko für die Erzeugung über die Keimbahn vererbbarer dominanter Schäden durch Bestrahlung der Gonaden, und das **Krebs-Morbiditäts-Risiko**, das Krebserkrankungsrisiko für einen strahlungsinduzierten Tumor im Gewebe oder im blutbildenden System. Sehr viele Details und Erläuterungen zu den physikalischen

Dosisgrößen und den Strahlenschutzdosisgrößen finden sich in [Krieger1] und den dort zitierten Literaturstellen.

Zusammenfassung

- Alle Dosisgrößen sind massenspezifisch, also jeweils auf die Masseneinheit des bestrahlten Mediums bezogen. Dosisleistungen sind zusätzlich auf die Zeiteinheit bezogen, also einfach zeitdifferentiell.

- Bei der Angabe von physikalischen Dosisgrößen ist sowohl das Umgebungsmedium als auch das Bezugsmedium explizit zu spezifizieren.

- Die beschriebenen Dosis- und Dosisleistungsgrößen sind nichtstochastische Größen. Sie sind also Erwartungswerte bzw. Mittelwerte statistisch verteilter Größen über nicht mikroskopische Volumina.

- Kerma und Energiedosis unterscheiden sich in ihren Zahlenwerten nur, wenn die geladenen Sekundärteilchen der ersten Generation nicht sofort wieder lokal absorbiert werden, sondern ihre Energie aus dem Bezugsvolumen hinaus transportieren können.

- Ein typisches Beispiel "gleicher" Kerma und Energiedosis ist die Erzeugung von Sekundärelektronen bei diagnostischer Röntgenstrahlung, auf die nur wenige Prozent der Photonenenergie übertragen werden, deren Winkelverteilung im Absorber im Wesentlichen isotrop ist und deren Energieabsorption durch Bremsung lokal stattfindet.

- Ein typisches Beispiel "ungleicher" Kerma und Energiedosis tritt bei der Bestrahlung mit ultraharter Photonenstrahlung auf. Der örtliche Unterschied zwischen Kerma (Wechselwirkungsort) und Energiedosis (Absorptionsweg) führt hier zur Ausbildung des Aufbaueffektes (s. Kap. 17.2.2).

- In der bildgebenden Radiologie werden die spezialisierten Dosisgrößen Dosisflächenprodukt DFP, die verschiedenen CT-Dosisindizes CTDI, der Pitchfaktor p und das Dosislängenprodukt DLP verwendet.

- Sie dienen zur Abschätzung der Patientenexposition bei diagnostischen oder interventionellen Maßnahmen mit Röntgenstrahlung.

- Neben den beschriebenen physikalischen Dosisgrößen Ionendosis, Energiedosis und Kerma existiert eine Reihe weiterer Dosisgrößen für den praktischen Strahlenschutz.

- Es sind dies die Größen Mess-Äquivalentdosis und die davon abgeleiteten operativen Strahlenschutzdosisgrößen Ortsdosis und Personendosis sowie die beiden Schutzgrößen Organ-Äquivalentdosis und Effektive Dosis zur Beschreibung des stochastischen Strahlenrisikos.

- Letztere haben in der Dosimetrie klinischer Strahlungsquellen für die Strahlentherapie keine Bedeutung (Details s. [Krieger1], Kap. 11).

Aufgaben

1. Was versteht man unter der Massenspezifität von Dosisgrößen?

2. Unter welchen Bedingungen stimmen die Zahlenwerte von Kerma und Energiedosis überein?

3. Welche Dosisgrößen sind ausschließlich für das Bezugsmedium Luft definiert?

4. Geben sie die Einheiten des DLP, DFP und des normierten CT-Dosisindexes an.

5. Bei welchem Pitchfaktor haben sie einen Schichtüberlapp? Erhöht sich die mittlere Dosis im Patienten bei einem Pitchfaktor, der größer ist als 1?

6. Unter welchen Voraussetzungen ist das Dosisflächenprodukt in der Röntgendiagnostik eine sinnvolle Dosisgröße? Gibt es in ausreichender Weise die Strahlenexposition des Patienten an?

7. Geben Sie eine Erklärung für die Verwendung des gewichteten CT-Dosisindexes.

8. Reicht die alleinige Angabe die Energiedosis zur Beurteilung des Strahlenrisikos bei einer Strahlenexposition aus?

9. Warum verwenden Strahlentherapeuten nicht die Effektive Dosis zur Beschreibung ihrer strahlentherapeutischen Maßnahmen?

10. Was ist mit einer stochastischen Dosisgröße gemeint?

Aufgabenlösungen

1. Massenspezifität bedeutet den Bezug der Messgröße auf die Masse des bestrahlten Volumenelements, also Energie pro Masse, Ladung pro Masse.

2. Kerma und Energiedosis unterscheiden sich in ihren Zahlenwerten nur, wenn die Sekundärteilchen der ersten Generation nicht sofort wieder lokal absorbiert werden, sondern ihre Energie aus dem Bezugsvolumen hinaus transportieren können. Außerdem müssen selbstverständlich das Bezugsmedium und das Umgebungsmedium übereinstimmen.

3. Die Ionendosis, die Standardionendosis und die Exposure.

4. Die Einheiten sind für das DLP (Gy·m), das DFP (Gy·m^2) und für $_n$CTDI (Gy/C) oder praktischer (Gy/100mAs).

5. Bei p <1 überlappen sich die einzelnen CT-Schichten oder Spiralen. Bei p >1 bilden sich Lücken und die mittlere Dosis im Patienten und das DLP sinken.

6. Wenn das Abstandsquadratgesetz mit ausreichender Genauigkeit gilt. Dies ist in der Regel der Fall bei der Verwendung diagnostischer Röntgenstrahlung in der Projektionsradiografie. Außerdem ist bei größeren Anforderungen an die Genauigkeit die Luftkerma in die Wasserenergiedosis umzurechnen. Zur Beschreibung der Strahlenexposition eines Patienten muss zusätzlich zur Einfallsdosisleistung (berechnet als Quotient aus DFP und Feldfläche) der Rückstreubeitrag berücksichtigt werden. Ein typischer Wert ist 30-50%. Vorsicht, manchmal ist ein pauschaler Rückstreubeitrag bereits in das DFP eingerechnet!

7. Der gewichtete CTDI$_w$ berücksichtigt die unterschiedlichen Dosiswerte in oberflächennahen Schichten und in der Tiefe des Phantoms.

8. Nein, die Angabe der Energiedosis reicht nicht aus. Das deterministische Risiko kann zwar mit der Energiedosis beschrieben werden, es fehlt aber die Aussage über das bestrahlte Volumen, das Zeitmuster, die Strahlungsart und die Gewebeart. Stochastische Risiken können mit der Energiedosis nicht ausreichend beschrieben werden. Man benötigt zusätzliche Risikofaktoren.

9. Weil sie deterministische Strahlenschäden bewirken und beschreiben wollen.

10. Stochastische Dosisgrößen sollen das stochastische Strahlenrisiko (Krebsinduktion, heriditäre Schäden) beschreiben. Sie müssen deshalb sowohl das räumliche und zeitliche Verteilungsmuster als auch die organspezifischen Risikofaktoren berücksichtigen.

10 Strahlungsfeldbedingungen und dosimetrische Konzepte bei der Ionisationsdosimetrie

Bei der Dosimetrie von Photonenstrahlungen mit luftgefüllten Ionisationskammern werden in diesem Kapitel zwei Grenzfälle unterschieden. Der eine Fall ist die Bedingung des Sekundärelektronengleichwichts im Kammervolumen. In diesem Fall bestimmen ausschließlich die Photonen im Messvolumen die dosimetrische Anzeige. Der zweite Grenzfall ist gegeben, wenn das Luftvolumen und die Kammer das Strahlungsfeld im Phantom so wenig stören, dass der Sekundärelektronenfluss unverändert bleibt. Diese Bedingungen nennt man BRAGG-GRAY-Bedingungen. Beide Grenzfälle sind in der Praxis nur näherungsweise zu verwirklichen. Abweichungen müssen durch entsprechende Korrekturen oder Kalibrierungen berücksichtigt werden. Der zweite Teil des Kapitels befasst sich mit den daraus abgeleiteten dosimetrischen Konzepten.

10.1 Strahlungsfeldbedingungen für Photonenstrahlungen

Die Energiedosis von Photonenstrahlung im Medium (Gewebe, Phantom) kann auf zwei Arten bestimmt werden. Man kann zunächst eine Dosisgröße an einem bestimmten Punkt des Strahlungsfeldes in Abwesenheit des Gewebes oder Phantoms messen. Dies wird als **Frei-Luft-Messung** bezeichnet und geschieht zum Beispiel als Messung der Standardionendosis, der Exposure oder der Luft- oder Wasserkerma frei im Medium Luft. Die Dosis im Phantom wird danach aus diesen Messwerten mit Hilfe von material- und sondenspezifischen Umrechnungsfaktoren rechnerisch bestimmt. Benötigt wird dazu also für jede Strahlungsart, Strahlungsqualität und Medium ein Satz von Umrechnungsfaktoren, die aus der Frei-Luft-Dosis die Phantomdosis berechnen.

Die zweite Methode ist die so genannte **Sondenmethode**. Bei dieser wird in das zu untersuchende Medium eine Sonde gebracht, in deren Material ersatzweise für das umgebende Medium eine Sondenenergiedosis erzeugt wird (Fig. 10.1). Das Messvolumen hat eine Innenhöhe t, die Wand der Sonde hat die Dicke d. Die Anzeige des

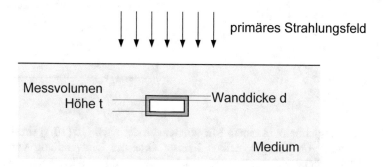

Fig. 10.1: Geometrie bei der Sondenmethode mit einer Flachkammer: Der Hohlraum besteht aus einem Messvolumen mit der Höhe t und einer Wand der Dicke d auf der dem Strahl zugewandten Seite.

© Springer Fachmedien Wiesbaden GmbH, ein Teil von Springer Nature 2021
H. Krieger, *Strahlungsmessung und Dosimetrie*,
https://doi.org/10.1007/978-3-658-33389-8_10

Dosimeters muss mit Hilfe von Korrekturen in die Energiedosis im umgebenden Material, die ohne Anwesenheit dieser Sonde entstehen würde, umgerechnet werden. Bei der Anwendung der Sondenmethode darf das zu untersuchende Strahlungsfeld im Idealfall nicht durch die Sonde selbst verändert werden, da sonst einfache und von der Sondengeometrie unabhängige Umrechnungen der Sondendosis in die Gewebedosis nicht mehr möglich sind. Zum Verständnis der dabei einzuhaltenden Messbedingungen bei Photonenstrahlung verwendet man am besten eine von **D. Harder** [Harder 1966b] aufgestellte Energiebilanz (Gl. 10.1). Danach gilt für die Entstehung der mittleren Energiedosis im Material der Sonde die anschauliche Beziehung (Fig. 10.2a):

$$D_s = \frac{1}{dm} \cdot (E_{in}^{\gamma} - E_{ex}^{\gamma} - E_{ex}^{\gamma,e} + E_{in}^{e} - E_{ex}^{e} - E_{ex}^{e,\delta} + E_{in}^{\delta} - E_{ex}^{\delta}) \qquad (10.1)$$

Der Index "in" bedeutet Energiezufuhr in das Massenelement dm, der Index "ex" Energie-Abtransport. "γ" steht für Photonen, "e" für Sekundärelektronen und "δ" für Deltaelektronen. "γ,e" kennzeichnet den Energieabtransport durch Elektronen, denen von Photonen innerhalb des Massenelements dm Energie übertragen wurde, "e,δ" denjenigen von Deltateilchen, die ihre Energie von Sekundärelektronen erhalten haben.

Anhand dieser Energiebilanz können zwei wichtige, idealisierte Grenzbedingungen für das Strahlungsfeld bei der Ionisationsdosimetrie definiert werden, das **Sekundär-**

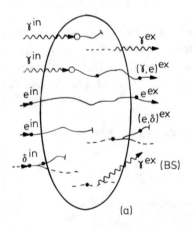 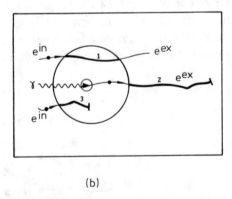

Fig. 10.2: (a): Energiebilanz in einem Massenelement dm nach Gl. (10.1) (in: Zufuhr, ex: Abtransport von Energie, offene Kreise: Orte der Umwandlung von Photonen- in Elektronenenergie, senkrechte Striche: Ende von Elektronenbahnen, BS: Bremsstrahlungserzeugung), (b): Sonderfall des Sekundärelektronengleichgewichts nach (Gl. 10.4) in einem strahlenexponierten Volumenelement. Die dicken Linien stehen für die im Volumen verbleibenden bzw. aus dem Volumen durch Sekundärelektronen abtransportierten Energieanteile. Die Summe der entlang der dicken Linien 1+3 abgegebenen Energien entspricht der Energieabgabe bei 2.

elektronengleichgewicht und die **BRAGG-GRAY-Bedingungen**. Ionisationskammern, die näherungsweise unter solchen Bedingungen verwendet werden, werden dementsprechend als Gleichgewichtssonden (Photonensonden) bzw. als Hohlraumsonden (Elektronensonden) bezeichnet.

10.1.1 Sekundärelektronengleichgewicht

Wenn ein Gleichgewicht zwischen der durch jede Art von Elektronen in das empfindliche Sondenvolumen hineintransportierten und der durch Elektronen aus dem Sondenvolumen abtransportierten Bewegungsenergie besteht, bestimmen offensichtlich ausschließlich die Photonen die Sondendosis[1]. Für diesen Fall sind zur Berechnung der verschiedenen Dosisgrößen der den Photonenwechselwirkungen entsprechende Massenenergieumwandlungskoeffizient (μ_{tr}/ρ) für die Kerma und der Massenenergieabsorptionskoeffizient (μ_{en}/ρ) für die Energiedosis zu verwenden. Wegen der ausgeglichenen Bilanz für die Elektronenenergien bezeichnet man diese Dosimetriebedingung als **Elektronengleichgewicht**. Für die Energiebilanz in (Gl. 10.1) gilt daher unter Elektronengleichgewicht die folgende Zusatzbedingung:

$$-E_{ex}^{\gamma,e} + E_{in}^{e} - E_{ex}^{e} - E_{ex}^{e,\delta} + E_{in}^{\delta} - E_{ex}^{\delta} = 0 \tag{10.2}$$

Für die Energiedosis im Sondenvolumen erhält man damit beispielsweise:

$$D_s = \frac{1}{dm} \cdot (E_{in}^{\gamma} - E_{ex}^{\gamma}) \tag{10.3}$$

Ein Spezialfall ist das **Sekundärelektronengleichgewicht** (SEG, Gl. 10.4, Fig. 10.2b), bei dem für die Deltaelektronen kein Gleichgewicht gefordert wird. Gleichung (10.1) enthält dann nur noch die Sekundärelektronenbeiträge. Gleichung (10.2) wird deshalb eingeschränkt auf:

$$-E_{ex}^{\gamma,e} + E_{in}^{e} - E_{ex}^{e} = 0 \tag{10.4}$$

Nach dieser Beziehung ist die Energieabsorption im Sondenvolumen unabhängig von der durch Sekundärelektronen in das Sondenvolumen hinein oder hinaus transportierten Energie. Die beiden ersten Photonenglieder und die Deltaelektronenterme in Gleichung (10.1) sind deshalb in der Bilanz ausschließlich für die Energieübertragung oder Energieabsorption in der Sonde und damit für die Entstehung des Messeffekts und dessen räumliche Zuordnung verantwortlich. Definitionen der Strahlungsfeldbedingungen sind in der deutschen Norm [DIN 6814-3] enthalten. Sie lauten für das Sekundärelektronengleichgewicht:

---

[1] Um Missverständnissen vorzubeugen: Da Photonen zur indirekt ionisierenden Strahlung zählen, ist die vom Absorber unter den verschiedenen Gleichgewichtsbedingungen absorbierte Energie selbstverständlich Elektronenbewegungsenergie. Die Gleichungen beschreiben lediglich die Energiebilanzen.

Sekundärelektronengleichgewicht an einem Punkt innerhalb eines Materials besteht, wenn die in einem kleinen Volumenelement von Photonen auf Sekundärelektronen übertragene, von diesen aus dem Volumenelement heraustransportierte und nicht in Bremsstrahlung umgewandelte Energie gleich der von Sekundärelektronen in das Volumenelement hineintransportierten und darin verbleibenden Energie ist.

Vernachlässigt man zur Vereinfachung die Deltaelektronenbeiträge, hat die Verwendung luftgefüllter Ionisationssonden, bei denen Sekundärelektronengleichgewicht mit der Kammerwand herrscht, mehrere Vorzüge. Zum einen wird durch die Gleichgewichtsbedingung der Einfluss (auch beliebiger Kammerwände) auf das Messsignal verhindert. Zum anderen zeigt eine unter Sekundärelektronengleichgewicht betriebene Kammer unabhängig vom Wandmaterial ein Ansprechen, das proportional zur Luftkerma ist. Der Grund ist die Tatsache, dass die im Sondenvolumen auf geladene Sekundärteilchen der ersten Generation (s. die Definition der Kerma in Kap. 9.1) übertragene Energie tatsächlich wegen der SEG-Bedingung unmittelbar dem Sondenvolumen selbst entstammt. Sollen die Ionisationssonden in beliebiger Umgebung (Phantomen), deren Zusammensetzung sich vom empfindlichen Sondenvolumen unterscheidet, unter Sekundärelektronengleichgewicht verwendet werden, muss die Kammerwand eine Stärke haben, die größer als die maximale Reichweite der Sekundärelektronen in diesem Wandmaterial ist (d ≥ R). Dadurch wird sichergestellt, dass Sekundärelektronen aus der Umgebung das Sondenvolumen nicht erreichen können.

Die Sekundärelektronengleichgewichtsbedingung hat also praktische Konsequenzen für die Bauformen von Ionisationskammern. Typische Wandstärken kommerzieller Ionisationskammern, deren Wände aus näherungsweise luftäquivalenten Materialien wie Plexiglas, Polyethylen oder Graphit hergestellt sind, betragen je nach Energie der Photonenstrahlung etwa 0,01-0,5 g/cm^2, was einer Dicke von ungefähr 0,1 mm bei 300 keV bis etwa 5 mm bei ^{60}Co-Gammastrahlung entspricht. Kammern mit diesen Wanddicken erfüllen damit automatisch die zusätzliche Bedingung des δ-Elektronengleichgewichts, sofern die Wandmaterialien ausreichend luftäquivalent sind. Reicht die Kammerwandstärke der Ionisationskammer für die untersuchte Strahlungsqualität nicht aus, werden zur Herstellung des Sekundärelektronengleichgewichts so genannte Verstärkungskappen (Aufbaukappen) eingesetzt. Kammerwände können aber nicht beliebig dick gemacht werden, da die Forderung nach der Konstanz des Photonenstrahlungsfeldes innerhalb des Messvolumens eine obere Grenze für die Kammerabmessungen bedeutet. Die Massenbelegung der Wanddicke d der Messsonde muss klein bleiben gegenüber der Massenschwächungslänge der Photonenstrahlung (Fig. 10.2) in diesem Material. Es wird also gefordert:

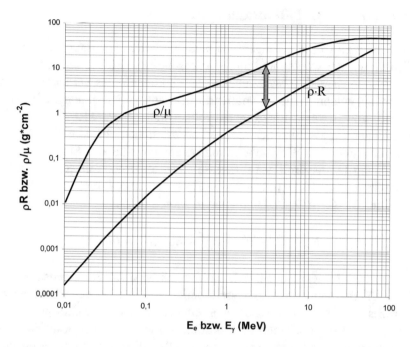

Fig. 10.3: Massenreichweiten ($\rho \cdot R$), also Mindestmassenbelegungen der Kammerwand, für Elektronen als Funktion der Bewegungsenergie E und Massenschwächungslänge für Photonen (ρ/μ) in Wasser als Funktion der Photonenenergie. Der Pfeil zeigt die akzeptierte Grenze für das SEG (Schwächungslänge zu Reichweite = 10:1).

$$(\rho \cdot d) \ll (\rho/\mu) \tag{10.5}$$

Ist dies nicht der Fall, erstreckt sich das Sondenvolumen also über ein durch Schwächung räumlich zu sehr verändertes Photonenstrahlungsfeld, kann die Gleichgewichtsbedingung für die Sekundärelektronen nicht mehr eingehalten werden, da auf der Strahleintrittsseite wegen der verschiedenen Photonenintensität ein anderer Elektronenfluss ausgelöst wird als auf der Strahlaustrittsseite der Kammer. Zum anderen entspricht die Messanzeige einem räumlichen Integral über ein veränderliches Strahlungsfeld, so dass die Messanzeige nicht eindeutig einem Raumpunkt und damit einem Massenelement zugeordnet werden kann. Die Forderung nach einer für das Sekundärelektronengleichgewicht notwendigen Mindestwandstärke d = R_{max} und die nach einer für die Konstanz des Strahlungsfeldes benötigten Begrenzung der Kammerabmessungen (Messvolumenstärke t) beschränkt die Möglichkeit von Messungen unter Gleichgewichtsbedingungen auf den Photonenenergiebereich bis etwa 3 MeV. Für diese Photonenenergie gilt (s. Fig. 10.3):

$$(\rho \cdot R_{max}) = 0{,}1 \cdot (\rho/\mu) \tag{10.6}$$

so dass die Bedingung in (Gl. 10.5) nicht mehr ausreichend erfüllt ist.

10.1.2 BRAGG-GRAY-Bedingungen

Der andere Grenzfall tritt näherungsweise dann ein, wenn Hohlraumsonden innerhalb von Medien verwendet werden und ihre Abmessungen so klein sind, dass Energiebeiträge durch Photonen und Schwächungen des Photonenfeldes vernachlässigbar werden. Wird durch entsprechende Kammerkonstruktion (z. B. Innengraphitierung der Kammerwand) zudem für δ-Elektronengleichgewicht gesorgt, ist die Dosis bestimmende Komponente ausschließlich das Sekundärteilchenfeld. Die für Dosisberechnungen zu verwendenden Wechselwirkungsparameter sind das Stoßbremsvermögen und das Strahlungsbremsvermögen dieser Sekundärelektronen im Sondenmaterial. In der Energiebilanz (Gl. 10.1) müssen alle Photonen und δ-Elektronenbeiträge verschwinden. Die BRAGG-GRAY-Bedingungen lauten deshalb:

$$E_{in}^\gamma - E_{ex}^\gamma - E_{ex}^{\gamma,e} - E_{ex}^{e,\delta} + E_{in}^\delta - E_{ex}^\delta = 0 \qquad (10.7)$$

Die Dosisbilanz im Material des Sondenhohlraums wird für Photonenstrahlung unter BRAGG-GRAY-Bedingungen also ausschließlich von den bei den Photonenwechselwirkungsprozessen entstandenen Sekundärteilchen wie Photoelektronen, Comptonelektronen und Elektron-Positronpaaren bestimmt. Bei Elektronenstrahlung sind unter Hohlraumbedingungen selbstverständlich unmittelbar die Elektronen der ersten Generation für die Dosisentstehung verantwortlich. Die BRAGG-GRAY-Bedingungen für die Hohlraum-Sondendosimetrie sind ebenfalls in [DIN 6814-3] festgelegt.

Ist ein Hohlraum innerhalb eines Materials A mit einem Material B gefüllt, besteht ein Strahlungsfeld unter BRAGG-GRAY-Bedingungen, wenn

a) die Flussdichte der Elektronen der ersten Generation sowie ihre Energie- und Richtungsverteilung durch den mit dem Material B gefüllten Hohlraum nicht verändert wird,

b) die Energie, die von den im Material B durch Photonen ausgelösten Sekundärelektronen auf dieses Material übertragen wird, im Verhältnis zu der insgesamt auf das Material B übertragenen Energie verschwindend klein ist,

c) die spektrale Flussdichteverteilung der Elektronen aller Generationen innerhalb des Materials B ortsunabhängig ist.

Hohlraumionisationssonden unter BRAGG-GRAY-Bedingungen müssen so beschaffen sein, dass ihre Abmessungen (Wandstärken, Sondenvolumina) klein gegen die mittlere Reichweite der die Dosis bestimmenden Sekundärteilchen aus der Sondenumgebung sind. Ideal wären deshalb fast wandlose, kleinvolumige Kammern, die das Strahlungsfeld der Sekundärelektronen nicht stören. Die zusätzliche Forderung nach δ-Elektronengleichgewicht bedeutet andererseits, dass das Sondenvolumen von einer luftäquivalenten Wand umgeben sein muss, deren Massenbelegung größer als die Massenreichweite der meisten δ-Elektronen ist. Diese δ-Elektronen können dann nicht vom umgebenden Medium in die Sonde gelangen und somit keinen Beitrag zur Energieübertragung liefern. In der Praxis wird dies für höhere Photonenenergien und Elektronenstrahlung durch eine dünne Graphitierung der Innenwände des Sondenvolumens erreicht. Hohlraumsonden zur Verwendung unter BRAGG-GRAY-Bedingungen sind deshalb dünnwandige, kleinvolumige Ionisationskammern, deren Messvolumen von luft- oder umgebungsäquivalentem Wandmaterial umgeben ist, so genannte "Luftwändekammern". Hohlraumsonden können für Photonenstrahlungen ab etwa 0,6 MeV eingesetzt werden. Die Theorien zum Bragg-Gray-Prinzip werden als Hohlraumtheorien bezeichnet. Die Darstellung dieser Theorien sprengt den Rahmen dieses Buches. Ausführliche Darstellungen finden sich in [Reich], [Attix] und der dort zitierten Literatur.

In der praktischen Dosimetrie sind die beiden Strahlungsfeldbedingungen des Sekundärelektronengleichgewichts oder der BRAGG-GRAY-Bedingungen bis auf wenige Ausnahmen nur näherungsweise zu erfüllen. In der Absolutdosimetrie müssen deshalb Korrekturen angewendet werden, die diesen Abweichungen Rechnung tragen. Werden kalibrierte Dosimeter verwendet, werden diese Korrekturen bereits bei der Kalibrierung berücksichtigt. Unter Dosimetriebedingungen, die von denen bei der Kalibrierung abweichen (anderes Umgebungsmaterial, andere Strahlungsqualität, unterschiedliches Energiespektrum des untersuchten Strahlungsfeldes, andere Messtiefe im Phantom) müssen allerdings wieder Korrekturen durchgeführt werden. Ionisationskammern können wegen der unterschiedlichen Reichweiten der die Dosis bestimmenden Sekundär- oder Primärstrahlung je nach Strahlungsart, Strahlungsqualität und Messanordnung einmal als Gleichgewichtssonden unter Elektronengleichgewicht, das andere Mal als Hohlraumsonden unter BRAGG-GRAY-Bedingungen verwendet werden, sofern ihre Abmessungen und Bauformen dies zulassen und die Kammern in geeigneter Weise kalibriert sind.

Wegen der Unsicherheiten bei der Bestimmung bzw. Festlegung von Korrekturfaktoren unter den konkreten Bedingungen der praktischen klinischen Dosimetrie sollten die verwendeten Ionisationsdosimeter, wenn irgend möglich, sowohl bezüglich der Strahlungsqualität und Strahlungsart als auch bezüglich der zu messenden Dosisgröße in der "richtigen Weise" kalibriert sein. Direkte Kalibrierungen der Ionisationskammern in der gewünschten Dosisgröße und Strahlungsqualität sind immer mit kleineren Fehlern behaftet als "indirekte Anschlüsse". So empfiehlt sich beispielsweise die unmittelbare Wasserenergiedosis-Kalibrierung klinischer Dosimeter für ultraharte Photonen- oder schnelle Elektronenstrahlung in der Strahlentherapie, da man bei der Dosisermittlung ja an der Wasserenergiedosis interessiert ist. Für den Bereich der Röntgendiagnostik oder Afterloadingdosimetrie ist dagegen auch die Verwendung von "Luftkermasonden" möglich.

10.2 Dosimetrische Konzepte

In diesem Kapitel wird zunächst der Begriff des dosimetrischen Konzepts erläutert. Dann werden für die verschiedenen Photonenstrahlungen die Messungen unter Sekundärelektronengleichgewicht oder unter Hohlraumbedingungen sowie die dosimetrischen Konzepte bei der Elektronen- und Protonendosimetrie dargestellt. Es werden jeweils vorwiegend die Methoden zur Bestimmung der Energiedosis aber auch der Kerma und eventuell der Ionendosis unter den verschiedenen Strahlungsfeldbedingungen und Kalibrierverfahren behandelt.

Bei der Anwendung von Ionisationskammern für dosimetrische Aufgaben sind zunächst Entscheidungen zu treffen, welche Bauform und Kalibrierungsart der Ionisationskammer verwendet werden soll. Während die Bauform weitgehend durch das Ansprechvermögen der Ionisationskammer über ein geeignetes Volumen und eine ausreichende Ortsauflösung vorgegeben ist, ist die Wahl der Kalibrierungsart schwieriger zu entscheiden. Wünschenswert wäre die Kalibrierung direkt in der zu ermittelnden Dosisgröße im richtigen Material. Gemeint ist also beispielsweise die unmittelbare Kalibrierung des Dosimeters in "Wasserenergiedosis", wenn man an der Energiedosis in Wasser bei der vorliegenden Messaufgabe interessiert ist. Schwieriger ist die Wahl der geeigneten Strahlungsart und Strahlungsqualität beim Kalibrierungsprozess. Optimal wäre auch hier die Kalibrierung eines Dosimeters immer in derjenigen Strahlungsart und Strahlungsqualität, die auch bei der Dosimetrie vorliegt. Direkte Anschlüsse dieser Art sind immer mit den kleinsten systematischen Fehlern verbunden. Diese Forderung ist allerdings bei der Vielzahl der Strahlungsquellen völlig illusorisch. In den Kalibrierlabors müssten sonst unüberschaubare Mengen an genormten Referenzstrahlungsquellen und Referenzdosimetern existieren. Man ist in der Praxis daher auf indirekte Anschlüsse der Kalibrierungen der Ionisationskammer angewiesen.

Unter dosimetrischem Konzept versteht man die Umrechnung der Messanzeigen eines kalibrierten Dosimeters in die für die spezielle Anwendung gewünschte Dosisgröße im interessierenden Absorbermaterial. Die dosimetrischen Konzepte unterscheiden sich deshalb bei den unterschiedlichen Kalibrierungsverfahren nach der Strahlungsart (Photonen, Elektronen, Protonen und Ionen), der Strahlungsqualität des zu untersuchenden Strahlungsfeldes und dem vorliegenden Absorbermaterial. Bei der Dosimetrie von Photonenstrahlungen ist dabei zusätzlich zwischen den beiden Grenzbedingungen Sekundärelektronengleichgewicht und Hohlraum-Bedingungen zu unterscheiden.

10.2.1 Photonendosismessungen unter Elektronengleichgewicht

10.2.1.1 Messung der Standardionendosis

Die unmittelbare Messgröße mit Ionisationskammern ist die Ionendosis. Wird diese im Luftvolumen einer Sonde an einem beliebigen Punkt eines Photonenstrahlungsfeldes unter Sekundärelektronengleichgewicht frei in Luft gemessen, wird sie als Standard-Ionendosis J_s bezeichnet. Unter Laborbedingungen wird sie mit wändelosen Fassionisationskammern oder Parallelplatten-Ionisationskammern gemessen und dient in den Laboratorien der nationalen Institute für das Eichwesen - in der Bundesrepublik ist dies das Nationallabor der Physikalisch-Technischen Bundesanstalt PTB in Braunschweig - zur Kalibrierung und Eichung der Gebrauchsdosimeter.

Die Standardionendosis kann prinzipiell in beliebigen Umgebungsmaterialien ermittelt werden, allerdings muss der Messpunkt zur Einhaltung der Gleichgewichtsbedingung für Sekundärelektronen von einer Luftschicht umgeben sein, deren Dicke mindestens der maximalen Reichweite dieser Elektronen in Luft entspricht. Ionisationskammern zur Messung der Standardionendosis können daher erhebliche Abmessungen erreichen. Sekundärteilchengleichgewicht wird in der Praxis leicht erreicht, wenn das Umgebungsmaterial ebenfalls Luft ist, was deshalb die übliche Methode zur Messung der Standardionendosis darstellt (Frei-Luft-Messung). Präzisionskammern, wie sie in den Nationallabors eingesetzt werden (die "Sekundärstandards"), sind für die praktische klinische Dosimetrie zu unhandlich. Stattdessen verwendet man kleinvolumige Messkammern, die von einer Kammerwandung umschlossen sind. Diese werden in einem Strahlungsfeld mit bekannter Standardionendosisleistung kalibriert, wobei eventuelle Abweichungen von den für die Standardionendosis vorgeschriebenen Messbedingungen durch Korrekturfaktoren zu berücksichtigen oder bereits in der Kalibrierung enthalten sind. Mit Ionisationskammern, die auf diese Weise kalibriert wurden, kann unter Einhaltung der bei der Kalibrierung bestehenden Bedingungen trotz der von den Standard-Ionisationskammern unterschiedlichen Bauart und Anordnung die Standardionendosis gemessen werden.

10.2.1.2 Messung der Luftkerma

Wegen der für die Messung der Kerma unbedingt notwendigen Gleichgewichtsbedingung für die geladenen Sekundärteilchen und wegen der Einflüsse auf dieses Gleichgewicht bei klinischen Dosimetern muss auch das Umgebungsmaterial berücksichtigt werden. Zur Angabe der Kerma gehört deshalb immer auch die Angabe des Sondenmediums und der Umgebung. Vollständige und korrekte Bezeichnungen der Kerma würden demnach beispielsweise so lauten:

Luftkerma gemessen in Luft: $(K_a)_a$
Wasserkerma gemessen in Luft: $(K_w)_a$
Wasserkerma gemessen in Wasser: $(K_w)_w$.

Dabei gibt der jeweils außerhalb der Klammerung stehende Index das Umgebungsmaterial, der Index innerhalb das Mess- bzw. Bezugsmedium an. Die Verwendung der Kerma ohne sorgfältige Beachtung dieser terminologischen Regeln kann leicht zu Fehlern in der klinischen Dosimetrie führen. Die Luftkerma in Luft kann nach der unmittelbar einleuchtenden Formel aus der Standardionendosis berechnet werden.

$$(K_a)_a = W/e_0 \cdot 1/(1-G_a) \cdot J_s \qquad (10.1)$$

W/e_0 heißt Ionisierungskonstante für Luft. Sie ist die mittlere Energie, die zur Erzeugung eines Ionenpaars in trockener Luft unter Normalbedingungen benötigt wird, dividiert durch die Elementarladung e_0. Ihr Wert wurde 1985 international neu festgelegt [CCEMRI].

$$W/e_0 = 33{,}97 \ (J/C) = 33{,}97 \ (V) \qquad (10.2)$$

Dieser Wert ist etwa doppelt so groß wie die mittlere Ionisierungsenergie eines Luftmoleküls (ca. 15 eV), da etwa die Hälfte der bei Stößen der geladenen Teilchen mit den Luftmolekülen übertragenen Bewegungsenergie für nicht ionisierende Anregungen der Absorberatome bzw. -moleküle verloren geht. Die Korrektur $(1-G_a)$ soll den Bremsstrahlungsverlust der die Dosis bestimmenden Sekundärelektronen in Luft berücksichtigen. Die Größe G_a (Index "a" vom englischen Wort für Luft "air") stellt also den relativen Anteil der Anfangsenergie der Sekundärelektronen dar, der in Luft in das Messvolumen verlassende Bremsstrahlung umgewandelt wird. Bei der Bestimmung des Bremsstrahlungsverlustes ist zu beachten, dass sich die Photonenenergie und die mittlere Sekundärelektronenenergie am Messort je nach den im Absorber dominierenden Photonen-Wechselwirkungen deutlich unterscheiden können (vgl. dazu die Bemerkungen in (Kap. 12) und die Ordnungszahl- und Energieabhängigkeiten der Photonenwechselwirkungen in [Krieger1], Kap. 6).

Da im Allgemeinen die mittlere Anfangsenergie der Sekundärelektronen nicht bekannt ist, können G-Werte nicht einfach aus Tabellen für die Bremsstrahlungsausbeute entnommen werden. Sie müssen statt dessen entweder experimentell bestimmt oder durch aufwendige theoretische Verfahren für jede Photonen-Strahlungsqualität berechnet werden. Allerdings kann die Größenordnung der Bremsstrahlungsverluste aus Tabellen für die Ausbeuten monoenergetischer Elektronen grob abgeschätzt werden (s. [Krieger1], Tab, 20.9). Der Bremsstrahlungsverlust beträgt für die Photonenstrahlung des ^{60}Co jedoch nur etwa 0,3% [Roos/Großwendt]. Für Röntgenstrahlungen bis 400 kV Röhrenspannung ist er für die praktische Dosimetrie völlig zu vernachlässigen, da die Fehler dann unter 1 Promille bleiben. Vorberechnete Faktoren zur Umrechnung der Standardionendosis in die Luftkerma in Luft nach Gleichung (10.1) und Bremsstrahlungsverlustfaktoren sind im Anhang dieses Bandes enthalten (Tab. 25.5).

Beispiel 10.1: Die Standardionendosis eines ^{137}Cs-Strahlers in 1 m Abstand frei in Luft betrage (aus Übungsgründen in alten Einheiten, in denen Ionisationskammern auch heute oft noch kalibriert sind) 10 R. Die Luftkerma in Luft berechnet man mit dem Umrechnungsfaktor (Gl. 9.4), (Gl. 10.1) und dem Tabellenwert aus dem Anhang (Tab. 24.5) für den Bremsstrahlungskorrekturfaktor zu: $(K_a)_a = 33{,}97$ (V) $\cdot$ 1/0,998 $\cdot$ 2,58$\cdot 10^{-4}$ (C/kg $\cdot$ R^{-1}) $\cdot$ 10 (R) = 87,8 mGy.

Statt der Kalibrierung von Gebrauchsdosimetern in Standardionendosis ist für die praktische Arbeit die unmittelbare Kalibrierung der Dosimeter in Luftkerma vorzuziehen, da dann die Beschaffung der Konstanten W/e_0 und G_a in die Verantwortung der Standardlabors übergeht.

Soll mit in Luftkerma frei in Luft kalibrierten Ionisationskammern die Luftkerma in Phantomen gemessen werden, müssen die Anzeigen M des Dosimeters wegen der Einflüsse der unterschiedlichen Umgebungsbedingungen mit empirischen Faktoren $k_{a \to m}$ für den Übergang vom Umgebungsmedium Luft (a) in das Umgebungsmedium (m) korrigiert werden. Diese Korrekturen hängen von der Bauart der Kammer und der Strahlungsqualität ab (s. die Tabellen 25.3 im Tabellenanhang und [DIN 6809-4]). Die Luftkerma, gemessen im Phantommaterial m, beträgt dann mit dem Kalibrierfaktor für die Luftkerma in Luft ($N_{K,a}$) und der auf alle Einflüsse wie Luftdruck, Temperatur u. ä. korrigierten Dosimeteranzeige M (vgl. dazu die Ausführungen in Kap. 12):

$$(K_a)_m = k_{a \to m} \cdot N_{K,a} \cdot M \tag{10.3}$$

Aus der Luftkerma kann die Kerma für andere Medien berechnet werden, indem das Verhältnis der entsprechenden Massenenergieumwandlungskoeffizienten (μ_{tr}/ρ) im entsprechenden Medium und in Luft als Korrektur verwendet wird (vgl. [DIN 6814-3] und Tabelle 25.4 im Anhang). Die in der klinischen Dosimetrie wichtige Wasserkerma gemessen in Luft berechnet man beispielsweise aus der Luftkerma gemessen in Luft zu:

$$(K_w)_a = \frac{(\mu_{tr}/\rho)_w}{(\mu_{tr}/\rho)_a} \cdot (K_a)_a \tag{10.4}$$

Beispiel 10.2: Die Luftkerma der ^{137}Cs-Quelle (aus Beispiel 10.1) soll in die Wasserkerma in Luft umgerechnet werden. Gleichung (10.4) ergibt mit $(\mu_{tr}/\rho)_w/(\mu_{tr}/\rho)_a = 1{,}112$ für 662 keV (s. Anhang Tabelle 25.4 und Bemerkungen dazu) $(K_w)_a = 1{,}112 \cdot (K_a)_a = 1{,}112 \cdot 87{,}8$ mGy = 97,63 mGy. Analoge Umrechnungen sind auch für andere Phantommaterialien möglich.

10.2.1.3 Das Luftkermakonzept für Photonenstrahlung unter 600 keV

Unter diesem Verfahren versteht man die Berechnung der Wasserenergiedosis aus dem Messwert für die Luftkerma unter Sekundärelektronengleichgewichtsbedingungen [DIN 6809-4], die vor allem im Bereich der Röntgenstrahlung von Bedeutung ist.

Benötigt wird dazu ein in Luftkerma in Luft oder in Wasser für diesen Energiebereich kalibriertes Ionisationsdosimeter. Die Wasserenergiedosis berechnet man aus der im Wasserphantom gemessenen Luftkerma durch folgende Gleichung:

$$D_w = \frac{(\mu_{en}/\rho)_w}{(\mu_{en}/\rho)_a} \cdot (1 - G_a) \cdot (K_a)_w \qquad (10.5)$$

Die Bremsstrahlungskorrektur $(1-G_a)$ berücksichtigt wieder den Verlust an Energie durch Bremsstrahlungserzeugung. Sie kann in Wasser oder gewebeähnlichen Phantomen und für den Bereich der weichen Röntgenstrahlung, wie oben schon erwähnt, numerisch allerdings vernachlässigt werden. Das Verhältnis der über das Photonenenergiespektrum gemittelten Massenenergieabsorptionskoeffizienten (μ_{en}/ρ) für Wasser und Luft dient zur Korrektur der unterschiedlichen Energieabsorptionen in den beiden Medien. Diese Korrektur unterscheidet sich grundsätzlich von der entsprechenden formgleichen Korrektur für die Wasserkerma (Gl. 10.4), da hier bei der Berechnung der Energiedosis die lokale Absorption und nicht wie dort die Umwandlung von Photonen- in Sekundärteilchenenergie von Bedeutung ist. Die numerischen Unterschiede der Koeffizientenverhältnisse für die Energieabsorption und die Energieübertragung sind jedoch für den Bereich niederenergetischer Photonenstrahlungen sehr gering (vgl. dazu die Ausführungen zu Tabelle 25.4 im Anhang und [Reich], Tab. C6).

Beispiel 10.3: Die in Wasserumgebung gemessene Luftkerma einer ^{137}Cs-Quelle betrage 4 Gy. Die Wasserenergiedosis erhält man mit Gleichung (10.5) aus der Luftkerma in Wasser durch Korrektur mit dem Bremsstrahlungsverlustfaktor $(1-G_a)$ = 0,998 aus (Tab. 25.5) und wieder dem Verhältnis der Massenenergieabsorptionskoeffizienten in Wasser und Luft (Wert 1,112, Tab. 25.4) zu D_w = 1,112·0,998·4 Gy = 4,44 Gy.

Ist das Dosimeter bereits in Wasserkerma frei in Luft kalibriert, darf natürlich das Verhältnis der Massenenergieumwandlungskoeffizienten nicht nochmals verwendet werden, da der Einfluss des Mediums Wasser schon in der Kalibrierung enthalten ist. Für den Weichstrahlbereich $(G \approx 0)$ und eine Kalibrierung der Kammer in Wasserkerma in Luft wird Gleichung (10.5) dann mit dem wie üblich auf Einflüsse korrigierten Messwert M zu der besonders einfachen Beziehung:

$$D_w = k_{a \to w} \cdot N_{K,w} \cdot M \qquad (10.6)$$

Die Bestimmung der Energiedosis nach dem Luftkermakonzept für Energien unter 600 keV erfordert also eine Reihe von Tabellenwerten für Bremsstrahlungskorrekturen, Umgebungskorrekturen und Umwandlungs- und Absorptionskoeffizienten für die jeweils untersuchten Bestrahlungsbedingungen (Gleichungen 10.1 bis 10.5). Da die Photonenspektren und ihre mittleren oder effektiven Energien bei klinisch verwendeten Strahlungsqualitäten oft nur unvollständig bekannt sind, ist die Tabellenentnahme der notwendigen Korrekturen und Koeffizienten in der Praxis nicht immer ohne Probleme. Bei in Kerma kalibrierten Dosimetern müssen außerdem die speziellen Kalibrierbedingungen (z. B. die Umgebungsmedien) besonders sorgfältig beachtet werden.

10.2.1.4 Das Wasserenergiedosiskonzept für Photonenenergien unter 3 MeV

Der größte Teil dieser Schwierigkeiten kann vermieden werden, wenn ein alternatives Verfahren, das so genannte "Wasserenergiedosiskonzept" verwendet wird. Das Wasserenergiedosiskonzept ist das heute international bis auf wenige Ausnahmen vorgeschlagene Dosimetrie- und Kalibrierverfahren. Verwendet man die Wasserenergiedosis der zu untersuchenden Strahlungsqualität direkt als Kalibriergröße, hat man besonders einfache Dosimetriebedingungen (Gl. 10.7). Für Gleichgewichtssonden unter Sekundärelektronengleichgewicht kann damit für Photonenenergien bis etwa 3 MeV die Wasserenergiedosis ohne Umrechnungsfaktoren aus der korrigierten Messanzeige des Dosimeters berechnet werden, sofern direkt mit der entsprechenden Strahlungsqualität Q kalibriert wurde.

$$D_w(Q) = N_w(Q) \cdot M \qquad (10.7)$$

$N_w(Q)$ ist der von der Strahlungsqualität Q und den Kalibrierbedingungen (Phantomtiefe, Phantommaterial) abhängige sondenspezifische Wasserenergiedosiskalibrierfaktor, M ist die wie üblich auf Luftdruck, Temperatur und Luftfeuchte korrigierte Messanzeige des Dosimeters (s. Kapitel 12). Wird als Kalibrierstrahlungsqualität Q_0 eine andere Strahlungsqualität als die vorliegende Strahlungsqualität Q verwendet, sind die Anzeigen mit entsprechenden Qualitätskorrekturen $k_Q(Q_0)$ zu korrigieren.

$$D_w(Q) = k_Q(Q_0) \cdot N_w(Q_0) \cdot M \qquad (10.8)$$

Dieses Verfahren wird bei der Weichstrahldosimetrie (Röhrenspannungen 10 - 100kV) und der Hartstrahldosimetrie für Röhrenspannungen zwischen 100 und 300 kV eingesetzt. Die Methoden sind in [DIN 6809-4] und [DIN 6809-5] beschrieben. Als Kalibrierstrahlungsqualitäten werden von den Kalibrierlabors standardisierte Referenzstrahlungen vorgehalten, die in den Kalibrierprotokollen der Hersteller aufgeführt sind. Im Tabellenanhang 25.2) sind für einige handelsübliche Ionisationskammern die Kalibrierstrahlungsqualitäten und die entsprechenden Korrekturfaktoren bei abweichender Strahlungsqualität zusammengestellt. Eine heute international übliche Methode ist die Verwendung von ^{60}Co-Gammastrahlung als Kalibrierstrahler. Der Kalibrierfaktor dann als $N_w(Co)$ bezeichnet. Für abweichende Strahlungsqualitäten Q müssen dann wieder empirische Kalibrierfaktorkorrekturen k_Q verwenden werden. Solche Faktoren sind in den nationalen und internationalen Dosimetrieprotokollen gelistet und unterscheiden sich je nach Kammerform, Hersteller und dem Volumen der Kammern (s. z. B. [DIN 6800-2], [IAEA 398], [AAPM 51]).

$$D_w(Q) = k_Q \cdot N_w(Co) \cdot M \qquad (10.9)$$

Soll aus der unter Sekundärelektronengleichgewicht gemessenen Wasserenergiedosis D_w die Energiedosis in einem anderen Material (menschliches Gewebe, Phantome) berechnet werden, muss als Korrektur das Verhältnis der Massenenergieabsorptions-koeffizienten der beiden Medien (gemittelt über das Photonenenergiespektrum am Messort) verwendet werden. Die Energiedosis im Medium m berechnet man dann mit der Gleichung (10.10). Die dazu benötigten Verhältnisse von Massenenergieabsorptions- und Massenenergieumwandlungskoeffizienten sind in der einschlägigen Literatur (z. B. [Hubbell 1982], [Hubbell 1996], [Jaeger/Hübner]) und auszugsweise für verschiedene Medien im Anhang (Tab. 25.4) zu finden. Absolutwerte der Massen-energieabsorptionskoeffizienten sind in ([Krieger1], Tab. 20.6) enthalten.

$$D_m = \frac{(\mu_{en}/\rho)_m}{(\mu_{en}/\rho)_w} \cdot D_w \qquad (10.10)$$

Beispiel 10.4: Die Energiedosis von ^{60}Co-Gammastrahlung in Wasser betrage 1 Gy. Für Fett ergibt Gleichung (10.10) zusammen mit dem Verhältnis der Massenenergieabsorptionskoeffizienten für ^{60}Co (Tabelle 25.4) die Fett-Energiedosis $D_{fett} = 1{,}007 \cdot 1$ Gy $= 1{,}007$ Gy. Die Energiedosis in Fett ist also geringfügig höher als die in Wasser.

10.3 Photonendosismessungen unter BRAGG-GRAY-Bedingungen

Dosismessungen unter BRAGG-GRAY-Bedingungen sind nur nach der Sondenme-thode möglich, also mit allseitig von Umgebungsmaterial umgebenen, umgebungs-äquivalenten Hohlraumsonden. Die im Hohlraum der Sonde die Dosis bestimmende Strahlungskomponente ist bei Photonenstrahlung das Sekundärelektronenfeld, bei Elektronenstrahlung sind es die primären Elektronen des Strahlungsbündels selbst. Hohlraumsonden unter BRAGG-GRAY-Bedingungen werden deshalb auch als Elek-tronensonden bezeichnet. Da früher die meisten Kalibrierungen in Standardionendosis durchgeführt wurden, benötigte man Verfahren zur Umrechnung der Messanzeigen solchermaßen kalibrierter Sonden in die Hohlraumenergiedosis in verschiedenen Me-dien. Eine Methode ist die C_λ-Methode. Heute wird vom DIN empfohlen, Hohlraum-sonden ebenfalls in Wasserenergiedosis mit ^{60}Co-Strahlung zu kalibrieren, also ein ähnliches Konzept zu verwenden wie in der Photonendosimetrie bis 3 MeV unter Se-kundärelektronengleichgewichtsbedingungen (s. dazu Abschnitt 10.1.3, "Wasserener-giedosiskonzept für Photonenenergien unter 3 MeV").

10.3.1 Die C_λ-Methode für Photonenstrahlung*

Dieses Verfahren, das auch als "Luftdosiskonzept unter Hohlraumbedingungen" be-zeichnet wird, wurde angewendet, wenn die zur Messung der Photonenenergiedosis unter BRAGG-GRAY-Bedingungen eingesetzte Messkammer unter Gleichgewichts-bedingungen in Luft, beispielsweise in Standardionendosis, kalibriert war. Wird dazu wie üblich die ^{60}Co-Gamma-Strahlung verwendet, muss die Kammer bei der Kalibrierung mit einer kammerwand-äquivalenten Aufbaukappe z. B. aus Plexiglas versehen sein. Der entsprechende Kalibrierfaktor für die Standardionendosis wird dann mit $N_{J,c}$ bezeichnet. Die Wasserenergiedosis für die Strahlungsqualität "λ" berechnet man aus der korrigierten Messanzeige M der Kammer (ohne Aufbaukappe) im Wasserphantom zu

$$D_w(\lambda) = C_\lambda \cdot N_{J,c} \cdot M \qquad (10.11)$$

Die Größe C_λ enthält die Ionisierungskonstante in Luft (W/e_0) zur Berechnung der Energiedosis in Luft aus der Ionendosis (s. Gl. 10.2). Um den Wechsel der Bezugssubstanz zu berücksichtigen, enthält sie außerdem das Verhältnis der Massenstoßbremsvermögen in Luft und in Wasser für Kobaltstrahlung, sowie eine empirische kammerabhängige Korrektur p_c für die im Vergleich zur Kalibriersituation (Luftumgebung) erhöhte Streuung von Elektronen im Wasserphantom in das Luftvolumen der Kammer und die Störung des Strahlungsfeldes für ^{60}Co-Strahlung (s. Tab. 25.6). Diese drei Faktoren wurden oft zu einem Kobalt-C_λ-Faktor $C_{\lambda,c}$ zusammengefasst (Gl. 10.12). Des Weiteren enthält C_λ noch einen Strahlungsqualitätsfaktor k_λ, der die Veränderung des relativen Massenstoßbremsvermögens und der Strahlfeldstörung durch die Messsonde beim Wechsel der Strahlungsqualität von der Kalibrierung (^{60}Co) zur aktuellen Messung ("λ") berücksichtigt.

$$C_\lambda = \frac{W}{e_0} \cdot \left(\frac{(S/\rho)_w}{(S/\rho)_a} \right)_c \cdot p_c \cdot k_\lambda = C_{\lambda,c} \cdot k_\lambda \qquad (10.12)$$

Experimentelle und berechnete C_λ-Faktoren sind für wichtige handelsübliche Ionisationskammern im einschlägigen Schrifttum [Trier/Reich 1985] und in Tabelle (25.6) im Anhang aufgelistet.

Beispiel 10.5: Die korrigierte Messanzeige einer Ionisationskammer im Wasserphantom für ultraharte Photonenstrahlung aus einem Elektronenlinearbeschleuniger betrage 100 Ziffernschritte (Skalenteile: Skt), der Kalibrierfaktor für die Hohlraumionendosis für ^{60}Co-Strahlung 1,0 R/Skt. Der Strahlungsqualitätsindex ist $M_{20}/M_{10} = 0{,}74$. Nach der Tabelle im Anhang (25.6, Spalte 2) handelt es sich also um "12-MV-Photonen" (X12-Photonen). Der C_λ-Faktor beträgt 9,45 mGy/R, die Wasserenergiedosis also $D_w = 9{,}45 \cdot 1{,}0 \cdot 100$ mGy = 945 mGy = 0,945 Gy.

10.3.2 Das Wasserenergiedosiskonzept für Photonenstrahlung unter Hohlraumbedingungen

Werden Dosimetersonden im Wasserphantom in genügender Tiefe (d. h. im oder hinter dem Dosismaximum) bestrahlt, ändert sich der Sekundärteilchenfluss innerhalb des Sondenvolumens nur geringfügig. Wird das Dosimeter für eine bestimmte Strahlungsqualität (in der Regel wieder ^{60}Co-Gamma-Strahlung) unmittelbar in Wasserenergiedosis kalibriert, erhält man die Wasserenergiedosis für andere Photonenenergien (λ) oberhalb von 3 MeV unter sonst gleichen Bedingungen durch Korrektur der Messanzeige mit dem Korrekturfaktor für die Strahlungsqualität k_λ und dem Kalibrierfaktor $N_{w,c}$ für die Wasserenergiedosis:

$$D_w(\lambda) = k_\lambda \cdot N_{w,c} \cdot M \qquad (10.13)$$

Der k_λ-Faktor (in Gl. 10.13) enthält wieder den Quotienten der Massenstoßbremsvermögensverhältnisse $s_{w,a}$ in Wasser und Luft für die bei der Kalibrierung ($E_c = {}^{60}$Co-Gammastrahlung) und bei der Messung (E_λ) verwendeten Strahlungsqualitäten und einen Störungskorrekturterm p_λ/p_c für den Dichteeffekt und die Veränderung des Strahlungsfeldes ("perturbation") für die beiden Messbedingungen (vgl. Gl. 10.12). Strahlungsqualitätsfaktoren können experimentell durch Vergleichsmessungen mit absoluten Energiedosismessungen (z. B. mit Eisensulfatdosimetern oder durch TL-Dosimetrievergleiche im Rahmen der messtechnischen Kontrollen MTK) und unter Verwendung von Gleichung (10.14) als Verhältnisse der C_λ-Faktoren zum $C_{\lambda,c}$-Faktor individuell für jede gewünschte Ionisationskammer und Strahlungsqualität bestimmt werden.

$$k_\lambda = \frac{p_\lambda}{p_c} \cdot \frac{s_{w,a}(E_\lambda)}{s_{w,a}(E_c)} \qquad \text{mit} \qquad s_{w,a} = \frac{(S/\rho)_w}{(S/\rho)_a} \qquad (10.14)$$

Die Energiedosis von Photonenstrahlung unter Hohlraumbedingungen in anderen Bezugsmedien als Wasser berechnet man nach (Gl. 10.15) aus der Wasserenergiedosis D_w und einem Korrekturfaktor $s_{m,w}$, dem Verhältnis des gemittelten Stoßbremsvermögens im entsprechenden Medium und in Wasser.

$$D_m = s_{m,w} \cdot D_w \qquad (10.15)$$

Tabellen der in den Gleichungen (10.14) und (10.15) benötigten Größen als Funktion der Strahlungsqualität finden sich im Schrifttum ([ICRU 14], [AAPM 21], [AAPM 51], [Trier/Reich 1985], [Reich]), im Tabellenanhang (Tabellen 25.6 und 25.7) und in [DIN 6800-2].

10.4 Elektronendosismessungen unter BRAGG-GRAY-Bedingungen

Elektronendosisverteilungen unterscheiden sich von den Verteilungen der Sekundärelektronen aus Wechselwirkungen ultraharter Photonen durch zwei Besonderheiten, nämlich den schnellen Abfall der Tiefendosis und die stetige Abnahme der Elektronenenergie mit der Tiefe im Phantom. Die hohen Dosisgradienten der abfallenden Tiefendosiskurve hinter dem Tiefendosismaximum erschweren die Verwendung handelsüblicher zylinderförmiger Ionisationskammern, deren Volumina zu groß für die Konstanzbedingung des Sekundärteilchenflusses innerhalb des Messvolumens nach den BRAGG-GRAY-Bedingungen sind. Da die Dosisgradienten bei niedrigen Elektronenenergien (bis etwa 10-15 MeV) besonders groß sind, werden für die Elektronendosimetrie am besten Flachkammern verwendet. Sie haben neben den kleinen Messvolumina auch den Vorteil des wohl definierten Messortes. Allerdings zeigen sie wegen ihrer Bauart mit paralleler Anordnung der Elektroden eine ausgeprägte Richtungsabhängigkeit, so dass sie nur bei Bestrahlungsrichtungen senkrecht zu ihrer Eintrittsfolie verwendet werden sollten. Ein weiterer Vorteil ist die durch ihre Bauart bedingte weitgehende Unempfindlichkeit gegenüber seitlicher Elektronen-Einstreuung, was die Störungskorrekturen sehr erleichtert (s. u.). Zur Elektronendosimetrie werden von der deutschen Norm [DIN 6800-2] deshalb Flachkammern empfohlen. Oberhalb von 10 MeV Nennenergie können auch kleinvolumige Zylinderkammern (Kompaktkammern) verwendet werden, bei denen dann allerdings Streu- und Messortkorrekturen durchgeführt werden müssen.

Die zweite Schwierigkeit bei der Elektronendosimetrie rührt daher, dass sich das Elektronenspektrum und damit die mittlere und wahrscheinlichste Elektronenenergie anders als bei Photonenstrahlung sehr schnell mit der Tiefe im Medium ändern. Die für die dosimetrischen Umrechnungen wichtige wahrscheinlichste Energie am Messort E_p nimmt für gewebeähnliche Phantomsubstanzen etwa linear mit der Tiefe im Phantom ab (vgl. [Krieger1], Kap. 9). Für Elektronenenergien von wenigen MeV bis etwa 40 MeV kann die wahrscheinlichste Energie am Messort in guter Näherung durch die mittlere Energie am Ort der Sonde ersetzt und durch die folgende empirische Formel beschrieben werden:

$$\overline{E}(z) \approx E_p(z) = E_p(0) \cdot (1 - \frac{z}{R_p}) \qquad (10.16)$$

Dabei ist $E_p(0)$ die wahrscheinlichste Energie des Elektronenstrahlenbündels beim Eintritt in das Medium (Tiefe $z = 0$), die zum Beispiel aus Reichweitemessungen und den empirischen Konversionsformeln von Elektronen-Eintrittsenergie und Elektronen-Reichweiten im Absorbermedium zu bestimmen ist. R_p ist die im betrachteten Medium experimentell oder rechnerisch bestimmte praktische Reichweite (vgl. Kap. 18.2 und die Ausführungen zu Tabelle 25.8 im Anhang), und z ist die Tiefe im Phantom.

10.4.1 Das Wasserenergiedosiskonzept für Elektronenstrahlung

Zur Messung der Energiedosis von Elektronenstrahlung in Wasser unter Hohlraumbe-dingungen verwendet man am besten direkt in Wasserenergiedosis für Elektronen-strahlung der gewünschten Strahlungsqualität kalibrierte Ionisationsdosimeter. Stehen solche Dosimeter nicht zur Verfügung, kann man auch Ionisationskammern verwen-den, die in Wasserenergiedosis für eine gut verfügbare Photonenstrahlungsqualität (meistens ^{60}Co-Gammastrahlung) kalibriert wurden, und rechnet aus der Messanzeige dieses Dosimeters nach der folgenden Formel in die Elektronenenergiedosis in Wasser um:

$$D_w = k_E \cdot N_{w,c} \cdot M \tag{10.17}$$

$N_{w,c}$ ist der Faktor für die ^{60}Co-Wasserenergiedosiskalibrierung im Wasserphantom unter Hohlraumbedingungen, M die Messanzeige des Dosimeters. Der Faktor k_E ent-hält das Verhältnis der Stoßbremsvermögen am Messort unter Kalibrier- und Messbe-dingungen und eine Reihe von Korrekturen für die Bauart der Messsonde. Der gesam-te Energie-Korrekturfaktor k_E wird dazu in einen von der Bauart der Ionisationskam-mer unabhängigen Faktor k'$_E$ und einen kammerspezifischen Faktor k''$_E$ zerlegt.

$$k_E = k_E^{'} \cdot k_E^{''} \tag{10.18}$$

Der erste Faktor k'$_E$ enthält die Verhältnisse der Stoßbremsvermögen in Wasser und Luft, einmal für die mittlere Elektronenenergie am Messort während der Dosismes-sung ($s_{w,a}$)$_e$, das andere Mal für den Sekundärteilchenfluss der ^{60}Co-Photonenstrahlung unter Kalibrierbedingungen ($s_{w,a}$)$_c$.

$$k_E^{'} = \frac{(s_{w,a})_e}{(s_{w,a})_c} \tag{10.19}$$

Der s_{wa}-Wert für ^{60}Co-Strahlung im Nenner der (Gl. 10.19) wird aus dem Verhältnis der Stoßbremsvermögen in Wasser und Luft berechnet. Man erhält:

$$(s_{w,a})_c = \frac{(S/\rho)_{c,w}}{(S/\rho)_{c,a}} = 1{,}133 \tag{10.20}$$

Die s_{wa}-Werte für die Elektronenenergien am Referenzort z_{ref} können entweder (Tab. 25.9) im Anhang entnommen werden oder mit der folgenden Näherungsgleichung (aus [IAEA 398]) berechnet werden.

$$(s_{w,a})_e = \frac{(S/\rho)_{e,w}}{(S/\rho)_{e,a}} = 1{,}253 - 0{,}1487 \cdot (R_{50})^{0,214} \tag{10.21}$$

Für die Korrektur k'_E, das Verhältnis der s_{wa}-Werte (entsprechend Gl. 10.19), erhält man mit (Gl. 10.20) somit:

$$k'_E = 1{,}106 - 0{,}1312 \cdot (R_{50})^{0{,}214} \qquad (10.22)$$

Der zweite Faktor in (Gl. 10.18) enthält das Verhältnis der Störfaktoren für die Elektronenenergie an z_{ref} und für ^{60}Co. Diese Störfaktoren treten auf, da reale Messsonden nicht unter idealen Hohlraumbedingungen arbeiten, also keine idealen BRAGG-GRAY-Sonden sind. Sie setzten sich aus einzelnen Teilstörfaktoren für u. a. den Verdrängungseffekt, Wandstöreffekte und Störeinflüsse durch das Material der Mittelelektrode bei Kompaktkammern (oft Aluminium).

$$k''_E = \frac{p_e}{p_c} \qquad (10.23)$$

Die Störeffekte sind unterschiedlich bei Kompaktkammern und Flachkammern und unterscheiden sich außerdem nach der Strahlungsart und Strahlungsenergie am Messort. Für kleinvolumige Flachkammern liegen die Störfaktoren dicht beim Wert $p = 1{,}0$ haben. Numerische Werte für die einzelnen Störfaktoren und Gesamtkorrekturfaktoren k''_E finden sind in [DIN 6800-2], [IAEA 398] und in den Protokollen der Kammerhersteller.

Soll die Energiedosis für Elektronenstrahlung in anderen Medien m aus der Wasserenergiedosis berechnet werden, müssen wieder die unterschiedlichen Stoßbremsvermögen für die mittlere Elektronenenergie am Messort (Tab. 25.9 im Anhang) berücksichtigt werden. Man erhält dann:

$$D_m = s_{m,w} \cdot \frac{p_{e,m}}{p_{e,w}} \cdot D_w \qquad (10.24)$$

Da sich die Störkorrekturen $p_{e,m}$ für die gängigen gewebeähnlichen Medien und Wasser kaum unterscheiden, ist ihr Verhältnis etwa 1 und kann deshalb in den meisten Fällen in Gleichung (10.24) vernachlässigt werden. $s_{m,w}$ ist wie üblich für die mittlere Elektronenenergie am Messort zu bestimmen (s. a. Anhang Tab. 25.9).

$$s_{m,w} = \frac{(S/\rho)_{m,col}}{(S/\rho)_{w,col}} (\overline{E}) \qquad (10.25)$$

Tabellierungen der für die obigen Formeln benötigten Massenstoßbremsvermögen finden sich in [ICRU 35] und im Tabellenanhang (Tabellen 25.9, 25.11), Störkorrekturen für verschiedene Kammertypen in [DIN 6800-2], bei [Reich 1985] und in der Tabelle (25.10). Die in diesem Abschnitt beschriebene Methode der Elektronendosimetrie entspricht exakt dem neuesten Vorschlag der DIN [DIN 6800-2], in dem sich auch Formeln zur Elektronenenergieberechnung finden.

10.4.2 Die C_E-Methode*

In formaler Analogie zur C_λ-Methode bei der Dosimetrie von Photonenstrahlung kann man auch zur Messung der Energiedosis von Elektronenstrahlung Messsonden verwenden, die in Standardionendosis für ^{60}Co-Strahlung kalibriert wurden. Aus der wie üblich korrigierten Messanzeige M des Dosimeters im Wasserphantom bei Bestrahlung mit Elektronen und mit dem Kalibrierfaktor $N_{J,c}$ erhält man die Wasserenergiedosis nach der C_E-Methode aus:

$$D_w = C_E \cdot N_{J,c} \cdot M \tag{10.26}$$

Der Umrechnungsfaktor C_E ist ähnlich zusammengesetzt wie der C_λ-Faktor für Photonenstrahlung (vgl. Gl. 10.12), der Korrekturfaktor k_λ ist jetzt aber durch den Faktor k_E nach Gleichung (10.18) ersetzt, der die entsprechenden Umrechnungen der Stoßbremsvermögen und empirische Perturbationskorrekturen enthält.

$$C_E = k_E \cdot C_{\lambda,c} = k_E \cdot \frac{W}{e_0} \cdot \left(\frac{(S/\rho)_w}{(S/\rho)_a} \right)_c \cdot p_c \tag{10.27}$$

Zur Umrechnung der Wasserenergiedosis in die Energiedosis in anderen Medien verfährt man bei der C_E-Methode wie beim Wasserenergiedosiskonzept für Elektronenstrahlung gemäß Gleichung (10.24). Die für die Elektronendosimetrie benötigten Umrechnungs- und Korrekturfaktoren sind in (Tab. 25.10 im Anhang) zusammengefasst.

10.5 Protonendosismessungen unter BRAGG-GRAY-Bedingungen

Wie bei allen Ionisationsmessungen unter BRAGG-GRAY-Bedingungen muss auch bei der Protonendosimetrie die Messanzeige der Ionisationskammer mit Hilfe der Verhältnisse des Massenstoßbremsvermögens in Wasser und Luft s_{wa} in die Energiedosis umgerechnet werden. Da in der Regel keine Primärstandards für Protonenstrahlungen verfügbar sind, werden die für die Protonendosimetrie eingesetzten Ionisationskammern mit anderen Strahlungsqualitäten (meistens ^{60}Co) kalibriert. Sowohl für diese Strahlungsqualität als auch für die Protonenstrahlungsqualitäten müssen die jeweiligen s_{wa}-Werte bestimmt werden. Ihr Verhältnis ermöglicht dann die Berechnung der Energiedosen aus den Messanzeigen.

Für die Protonendosimetrie existierten bis 2019 keine für die Bundesrepublik ausgearbeiteten nationalen Dosimetrieprotokolle. Es werden deshalb im Folgenden nur die Konzepte der ICRU [ICRU 59] und der IAEA [IAEA 398] vorgestellt. Die neue [DIN 6801-1]) ist bis auf geringfügige Änderungen identisch mit dem IAEA Protokoll.

10.5.1 Protonendosimetrie nach dem Luftkermakonzept

Verwendet werden luftgefüllte Zylinderkammern mit Graphit- oder A150-Plastik-Wänden. Die Kammern sind in Luftkerma mit ^{60}Co in trockener Luft kalibriert. Das Verfahren wird in Analogie zur C_λ-Methode bei Photonen auch als C_p-Verfahren bezeichnet. Die Energiedosis für Protonen in Wasser erhält man mit der wie üblich auf Luftdruck, Temperatur und Rekombinationsverluste korrigierten Messanzeige M somit aus der folgenden Gleichung.

$$D_{w,p} = N_{K,c} \cdot (1 - G_a) \cdot C_p \cdot M \qquad (10.28)$$

Der Ausdruck $(1-G_a)$ berücksichtigt Verminderung der Bewegungsenergie der geladenen Teilchenenergie durch Bremsstrahlungsverluste. G hat für ^{60}Co-Strahlung den Wert G = 0,003. Der C_p-Faktor enthält das Verhältnis der Stoßbremsvermögen Wasser/Luft für die Protonenenergie am Referenzort und das Verhältnis der Ionisierungskonstanten in Luft für ^{60}Co und Protonen, da diese sich bei ^{60}Co-Photonen und Protonen unterscheiden.

$$C_p = (s_{w,a})_p \cdot \frac{(w_a / e)_p}{(W_a / e)_C} \qquad (10.29)$$

Die Ionisierungskonstante für Co-Strahlung, also die benötigte mittlere Energie zur Erzeugung eines Ionenpaares in trockener Luft, hat den Wert

$$(W_a/e)_C = 33{,}97 \; J/C \qquad (10.30)$$

Für die Ionisierungskonstante in trockener Luft für Protonenstrahlung wird von ICRU folgender Wert vorgeschlagen [ICRU 59].

$$(w_a/e)_p = 34{,}8 \; J/C \qquad (10.31)$$

Wenn der Luftkermakalibrierfaktor, wie im amerikanischen Raum üblich, in trockener Luft bestimmt wurde, muss er aus dem unkorrigierten Kalibrierfaktor N_K nach der folgenden Gleichung berechnet werden.

$$N_{K,c} = N_K \cdot \frac{A_{wall} \cdot A_{ion}}{s_{wall,air} \cdot (\mu / \rho)_{air,wall} \cdot K_{hum}} \qquad (10.32)$$

Der Faktor K_{hum} korrigiert vom Kalibriermodus (trockene Luft) auf die realen Bedingungen während der Protonendosimetrie (50% rel. Luftfeuchte). Der Bruch der (Gl. 10.32) enthält außerdem Korrekturen, die bei der ^{60}Co-Kalibrierung der Ionisationskammer nicht durchgeführt wurden, wie Korrekturen der Rekombinationsverluste und der Streu- und Aufbaueffekte durch die Kammerwand. Details zu den Korrekturfaktoren finden sich in [IAEA 2000].

10.5.2 Protonendosimetrie nach dem Wasserenergiedosiskonzept

Sind die Ionisationskammern in Wasserenergiedosis mit ^{60}Co-Strahlung kalibriert, wird die Protonenenergiedosis am Referenzort mit (Gl. 10.33) bestimmt.

$$D_{w,p} = N_{D,w,c} \cdot k_p \cdot M \qquad (10.33)$$

Der k_p-Faktor enthält die Umrechnungen der Stoßbremsvermögen in Wasser und Luft für ^{60}Co-Strahlung und die Protonen sowie wieder die unterschiedlichen Ionisierungskonstanten in Luft von ^{60}Co-Strahlung (W_a) und Protonen (w_a).

$$k_p = \frac{(s_{w,a})_p}{(s_{w,a})_C} \cdot \frac{(w_a/e)_p}{(W_a/e)_C} \qquad (10.34)$$

Während die s_{wa}-Werte für ^{60}Co-Strahlung sehr genau bekannt sind, sind ihre Werte für Protonenstrahlung nur schwer zu bestimmen. Die Schwierigkeiten bei der Protonendosimetrie rühren von den unbekannten bzw. unscharfen Energien am Referenzort z_{ref} auf dem Braggplateau her. Das Dosisplateau entsteht durch Überlagerung einzelner Tiefendosiskurven mit veränderlicher Energie und wird deshalb als SOBP (Spread out bragg peak) bezeichnet. In der Referenztiefe finden sich daher unterschiedliche Protonenenergien als "Energiemix". Entsprechend variabel sind die Werte der Stoßbremsvermögen am Referenzpunkt. Glücklicherweise sind für die Dosimetrie unter BRAGG-GRAY-Bedingungen nicht die absoluten Werte sondern die Verhältnisse der Stoßbremsvermögen für Protonen in Wasser und in Luft zu bestimmen. Monte Carlo Berechnungen haben gezeigt, dass für übliche Protonenenergien und Restreichweiten die Fehler der s_{wa}-Verhältnisse nur um 0,3% betragen. Details zur Berechnung der s_{wa}-Verhältnisse finden sich im Kapitel (13.2.4) zur praktischen Protonen-Referenzdosimetrie und im Report der IAEA [IAEA 2000].

Zusammenfassung

- **Unter dosimetrischem Konzept versteht man das Umrechnungsverfahren der Messanzeige einer kalibrierten Ionisationssonde in die gewünschte Dosisgröße.**

- **Es werden zwei idealisierte Messbedingungen unterschieden, die Messungen unter Sekundärelektronengleichgewicht und unter BRAGG-GRAY-Bedingungen.**

- Die Bedingung des Sekundärelektronengleichgewichts wird für Photonenstrahlungen unter 3 MeV Nennenergie verwendet.

- Für höher energetische Photonenstrahlungen, Elektronen und Protonenstrahlung wird unter BRAGG-GRAY-Bedingungen dosimetriert.

- Sekundärelektronengleichgewicht und BRAGG-GRAY-Bedingungen sind in realen Messsituation nur näherungsweise gültig.

- Es werden also Verfahren benötigt, Abweichungen von den idealen Bedingungen zu korrigieren.

- Alle in diesem Kapitel zusammengestellten Umrechnungsformeln gehen von den auf alle Einflussbedingungen korrigierten Messwerten aus (s. dazu die Ausführungen in Kap. 12).

Aufgaben

1. Warum müssen bei der Berechnung der "Wasserkerma in Luft" aus dem Messwert der "Luftkerma in Luft" Umrechnungsfaktoren verwendet werden?

2. Unter welchen dosimetrischen Bedingungen müssen Massenenergieübertragungskoeffizienten, wann Massenstoßbremsvermögen zur Berechnung der gewünschten Dosiswerte herangezogen werden?

3. Was ist im Bereich der DIN das bevorzugte Dosimetriekonzept für die klinische Dosimetrie ultraharter Photonen und Elektronen und was bedeutet dies?

4. Ist der mittlere Dosisbedarf zur Erzeugung eines Ionenpaares abhängig vom Material und von der Strahlungsart? Begründung! Wie groß ist sein Wert für ^{60}Co-Gammastrahlung und trockene Luft? Wie wird er genannt?

5. Was ist mit dem Bremsstrahlungskorrekturfaktor bei der Dosimetrie harter Photonenstrahlung gemeint?

6. Erklären Sie, warum die Bremsstrahlungskorrekturfaktoren G in den Gleichungen (10.1) und (10.5) nur wenige Zehntel Promille betragen, also fast zu vernachlässigen sind.

7. Die Kerma ist die auf geladene Sekundärteilchen übertragene Energie pro Masse des bestrahlten Volumens. Wieso können bei bestimmten Photonenenergien zur Berechnung der Kerma Energieabsorptionskoeffizienten statt der eigentlich erforderlichen Energieübertragungsverhältnisse verwendet werden (s. Beispiele 10.5 und 10.6)?

8. Wieso nimmt die Elektronenenergie stetig, sogar weitgehend linear mit der Tiefe im Phantom ab (s. Gl. 10.16)?

Aufgabenlösungen

1. Umrechnungen sind erforderlich, weil sich die Massenenergieübertragungskoeffizienten in den beiden Medien um mehr als 12% unterscheiden.

2. Massenenergieübertragungskoeffizienten müssen bei Sekundärelektronengleichgewicht verwendet werden, da bei SEG die Photonen für Energieüberträge zuständig sind. Verhältnisse von Stoßbremsvermögen müssen bei BRAGG-GRAY-Bedingungen verwendet werden, da hierbei die Abbremsung von Sekundärelektronen die Energieüberträge bewirkt und die Energiebilanz bestimmt.

3. Das Wasserenergiedosiskonzept. Darunter versteht man die direkte Kalibrierung der Ionisationskammern in Wasserenergiedosis mit ^{60}Co-Gammastrahlung.

4. Der mittlere Energieaufwand zur Erzeugung eines Ionenpaares in Wasser ist wegen der unterschiedlichen Bindungsenergie der Hüllenelektronen in beiden Medien unterschiedlich. Von der Strahlungsart hängt er ab, da u. a. positive oder negative Teilchenladungen andere Wirkungen auf passierte Atome ausüben. Der Wert für Luft und ^{60}Co heißt Ionisierungskonstante und hat den international festgelegten Zahlenwert 33,97 (J/C) = 33,97 (V).

5. Da Photonen unmittelbar keine Bremsstrahlung auslösen können, sind natürlich die Bremsstrahlungsproduktionen der Sekundärelektronen im Luftvolumen der Ionisationskammern gemeint. Da diese Bremsstrahlung durchdringend ist, wird sie nicht vollständig lokal absorbiert. Die Dosimeteranzeige muss deshalb auf Verluste aus dem endlichen Volumen der Ionisationskammer korrigiert werden.

6. Die Bremsstrahlungsproduktion in Luft ist im betrachteten Energiebereich wegen der niedrigen Ordnungszahl fast zu vernachlässigen. Das Strahlungsbremsvermögen ist proportional zur Gesamtenergie der durch Photonenwechselwirkungen erzeugten Sekundärelektronen E_{tot} (Bewegungsenergie und Ruheenergie) und deshalb im betrachteten Energiebereich von der Ruheenergie dominiert, zeigt also nur eine geringe Zunahme mit der Photonenenergie. Die Bremsstrahlungsproduktion ist proportional zum Quadrat der effektiven Ordnungszahl des exponierten Mediums. Die niedrige Ordnungszahl von Luft und Wasser um $Z = 7$ sorgt für geringe Ablenkungen der Elektronen im Coulombfeld der Atomkerne und daher für kleine Bremsstrahlungsausbeuten (Zahlenwerte in Tab. 25.5 im Anhang, Details in [Krieger1], Kap. 9).

7. Der Grund für die Verwendung der Energieabsorptionskoeffizienten ist die geringe Reichweite der geladenen Sekundärteilchen (Elektronen) im betrachteten Energiebereich, die zu einer lokalen Absorption der Elektronenbewegungsenergie am Entstehungsort führt (vgl. dazu die Bemerkungen im Anhang zu Tab.25.4).

8. Der Grund für die lineare Energieabnahme der Elektronen in Phantommaterialien
    mit niedriger Ordnungszahl ist die dominierende stetige Abbremsung der Elek-
    tronen durch Stöße mit den Hüllenelektronen des Absorbers, die Stoßbremsung.
    Dieser Vorgang wird im englischen Sprachgebrauch als "continuous slowing
    down" bezeichnet (ausführlich in [Krieger1], Kap. 9). Danach ist der Energiever-
    lust eines relativistischen Elektrons weitgehend unabhängig von der Energie. In
    Wasser beträgt er beispielsweise 2 MeV/cm.

11 Strahlungsqualitäten

In diesem Kapitel wird zunächst die Einteilung von Photonen in unterschiedliche Härteklassen beschrieben. Es folgen Definitionen der Strahlungsqualitäten und ihrer messtechnischen Erfassung für die verschiedenen Härteklassen von Photonenstrahlungen. Anschließend werden die Strahlungsqualitäten von Elektronen- und Betastrahlungen sowie die Strahlungsqualitäten von Neutronen-, Protonen- und Ionenstrahlungen dargestellt.

11.1 Charakterisierungen der Strahlungsqualität

Unter Strahlungsqualität eines Teilchenstrahlungsbündels versteht man die relative spektrale Teilchenflussdichte an einem bestimmten Ort. In der Regel ist die Bestimmung dieser Größe nur mit erheblichem Aufwand möglich, so dass man die Strahlungsqualitäten in der Praxis je nach Strahlungsquelle mit einfacheren Mitteln angeben muss. Die Verfahren unterscheiden sich nach der Teilchenart und dem Energiebereich. Oft werden die Tiefendosisverläufe, Schwächungsparameter wie Halb- oder Viertelwertschichtdicken in verschiedenen Materialien oder die nominellen Energien (Maximalenergie, Beschleunigungsspannungen, Erzeugerspannungen) zur einfachen Charakterisierung der Strahlungsqualitäten herangezogen.

Einer der einleuchtenden Gründe für eine klare Festlegung der Strahlungsqualitäten ist die Dosimetrie von Photonenstrahlungen. So wird beispielsweise in deren Dosimetrie unter BRAGG-GRAY-Bedingungen das in der Ionisationskammer durch die Wechselwirkung der Sekundärelektronen aus dem umgebenden Phantommaterial mit dem Gasvolumen der Sonde erzeugte Messsignal bestimmt. Der Energiefluss und die räumliche und energetische Verteilung dieser Elektronen hängen von der lokalen Strahlungsqualität der eingeschossenen Teilchen ab. Die dosisbestimmende Größe ist deshalb das (eingeschränkte) Massenstoßbremsvermögen dieser Sekundärelektronen in Luft, das bei heterogenen Teilchenspektren nicht einfach aus Tabellen für monoenergetische Teilchenstrahlung entnommen werden kann. Die Werte müssen stattdessen rechnerisch über die Teilchenspektren gemittelt oder experimentell abgeleitet werden. Für die praktische dosimetrische Arbeit und den Vergleich der Teilchenstrahlungen an verschiedenen Bestrahlungsanlagen wird zur Bestimmung des Stoßbremsvermögens also entweder die exakte Kenntnis der Teilchenspektren und ihrer räumlichen Verteilung oder zumindest eine sehr eindeutige Kennzeichnung der Strahlungsqualität benötigt.

11.2 Strahlungsqualitäten von Photonenstrahlungen

Die umfassendste Beschreibung der Strahlungsqualität von Photonenstrahlung ist die vollständige Angabe des Photonenspektrums beim Eintritt in das Phantom und seiner Veränderungen in der Tiefe und Breite des Mediums. Die entsprechende Strahlungsfeldgröße ist die relative spektrale Photonenflussdichte (s. Gl. 8.10). Die spektralen

© Springer Fachmedien Wiesbaden GmbH, ein Teil von Springer Nature 2021
H. Krieger, *Strahlungsmessung und Dosimetrie*,
https://doi.org/10.1007/978-3-658-33389-8_11

Verteilungen der Photonen sind in der Regel allerdings weitgehend unbekannt und können mit den vergleichsweise einfachen Mitteln der klinischen Dosimetrie auch nicht experimentell bestimmt werden. Man ist deshalb auf Näherungsverfahren zur Beschreibung der Strahlungsqualitäten von Photonenstrahlungsbündeln angewiesen. Diese Charakterisierungen unterscheiden sich je nach Photonenenergie, also nach Strahlungsenergie des Photonenstrahlungsbündels, der Bestrahlungsgeometrie (Feldgrößen, Fokusabstände, Ausdehnung der Strahlungsquellen) sowie dem Verhalten und den Veränderungen des Photonenstrahlungsbündels beim Durchgang durch Materie. Zur einfachen Charakterisierung von Photonenstrahlungen wird die **Strahlungshärte** herangezogen. Man teilt als Maß für die Schwächung eines Photonenstrahlungsbündels die Energien dazu grob in weiche, harte und ultraharte Photonenstrahlungen ein. Dies gilt sowohl für Röntgenstrahlungen als auch für Gammastrahlungen aus radioaktiven Strahlern. Zur Unterscheidung der Herkunft der Photonenstrahlungen wird oft der Zusatz "Röntgenstrahlung" oder "Gammastrahlung" bei der Charakterisierung der Strahlungsqualität mit verwendet. So spricht man beispielsweise von ultraharter Röntgenstrahlung oder von weicher Gammastrahlung.

Zur **weichen** Photonenstrahlung zählt Röntgenstrahlung mit Erzeugerspannungen bis 100 kV und Gammastrahlungen bis zu einer Photonenenergie von 50 keV. So wird Röntgenstrahlung mit einer Nennspannung von 80 kV für den Körperstamm oder für die Mammografie (Spannungen 28 bis 45 kV) ebenso als weiche Photonenstrahlung bezeichnet wie die niederenergetischen Gammastrahlungen aus Radionukliden wie beispielsweise ^{125}I ($E_\gamma = 35$ keV).

Härteklassifikation	Röntgenstrahlung	Gammastrahlung
weiche Photonenstrahlung	E_{max} bis 100 keV	E_γ bis 50 keV
harte Photonenstrahlung	E_{max} über 100 keV bis 1 MeV	E_γ bis 500 keV
ultraharte Photonenstrahlung	$E_{max} > 1$ MeV	$E_\gamma > 500$ keV
Halbwertschichtdicken	s_1, s_2, (auch HWSD, $d_{1/2}$)	s_1
Homogenitätsgrad	$H = s_1/s_2$	-
Strahlungsqualitätsindex	$Q = M_{20}/M_{10}$ (nur für ultraharte Photonenstrahlungen)	-

Tab. 11.1: Übersicht über die Klassifikationen der Strahlungshärten von Photonenstrahlungen (teilweise nach [DIN 6814-2]). Für Röntgenstrahlungen werden umgangssprachlich auch Bezeichnungen wie "weiche Röntgenstrahlung" usw. verwendet.

Photonenstrahlungen mit Erzeugerspannungen bis 1 MV und Gammastrahlungen bis 500 keV werden **harte** Photonenstrahlungen genannt. Beispiele sind Röntgenstrahlungen von CT-Anlagen (typische Erzeugerspannung bei 125 kV) und Gammastrahlungen des ^{99m}Tc ($E_\gamma = 140$ keV) oder des ^{131}I ($E_\gamma = 364$ keV).

Als **ultraharte** Photonenstrahlung werden Röntgenstrahlungen mit Erzeugerspannungen oberhalb 1 MV und Gammastrahlungen mit mehr als 500 keV Photonenenergie bezeichnet. So zählen X6- oder X18-Photonenstrahlungen aus medizinischen Beschleunigern ebenso wie die Gammastrahlung des ^{60}Co ($E_\gamma = 1,173$ und $1,332$ MeV) oder des ^{137}Cs mit $E_\gamma = 662$ keV zu den ultraharten Photonenstrahlungen. Die auf den ersten Blick unterschiedlichen Energiecharakterisierungen und Energiezuordnungen zu den drei Härteklassen von Röntgenstrahlung und monoenergetischer Gammastrahlung hängen mit der Faustregel zusammen, die besagt, dass die mittlere Energie in einem klinisch wie üblich gefilterten Röntgenbremsspektrum etwa der halben Maximalenergie entspricht (kV/2-Regel, s. Gl. 11.3). So hat beispielsweise ein Röntgenspektrum mit einer Nennspannung von 70 kV durch geeignete Filterung und Aufhärtung eine mittlere Photonenenergie um 35 keV.

Bei allen Arten von Röntgenstrahlungen reicht allerdings die pauschale Zuordnung zu einer der drei Härteklassen - also die Angabe der nominellen Beschleunigungsspannung - zur vollständigen Kennzeichnung der Strahlungsqualität in der Regel nicht aus, da in dieser Angabe weder die spektrale Verteilung der primären Elektronen vor der Konversion in Röntgenstrahlung im Bremstarget oder in der Anode, noch der Einfluss von Bremstargetdicke, Anodenwinkel, Filterung bzw. Ausgleichskörper enthalten sind.

Wie in [Krieger2] ausführlich begründet, hängt beispielsweise die spektrale Verteilung der ultraharten Photonen aus medizinischen Linearbeschleunigern empfindlich von der Zusammensetzung und Form der Ausgleichskörper und der Abstrahlrichtung ab. Ähnlich wie bei Photonenstrahlung aus Röntgenröhren wird auch bei ultraharter Photonenstrahlung die Strahlungsqualität deshalb am besten dosimetrisch definiert. Dazu können entweder die Angaben der Halbwertschichtdicken oder sonstige beliebige dosimetrische Messgrößen verwendet werden.

11.2.1 Strahlungsqualitäten weicher und harter Röntgenstrahlung

Die Strahlungsqualitäten weicher und harter Röntgenstrahlungen werden bevorzugt durch Angaben der Röhrenspannung, der Gesamtfilterung (Materialien und Dicken der Filter) und der ersten Halbwertschichtdicke gekennzeichnet. Als zusätzliche Informationen können das Anodenmaterial (u. a. wegen der Lage der charakteristischen Strahlungen) und Details zur Röhrenspannung angegeben werden. Die wichtigste Kennzeichnung ist jedoch diejenige über die Halbwertschichtdicke.

Unter der Halbwertschichtdicke (s, HWSD, $d_{1/2}$, auch Halbwertdicke) versteht man die Schichtdicke s eines bestimmten Materials, die die Luftkermaleistung eines Photonenstrahlungsbündels unter bestimmten festgelegten Messbedingungen und Geometrien auf die Hälfte reduziert.

Man unterscheidet bei Röntgenstrahlungen die erste und die zweite Halbwertschichtdicke (s_1 und s_2), die sich in der Regel vor allem bei niederenergetischen (weichen und harten) Strahlungen durch Wechselwirkungen mit dem Bezugsmaterial wegen der Aufhärtung deutlich unterscheiden. Die zweite Halbwertschichtdicke s_2 ist die Materialdicke, die zusätzlich zur ersten Halbwertschichtdicke benötigt wird, um den bereits auf die Hälfte geschwächten Strahl nochmals auf die Hälfte zu vermindern, also eine relative Dosisleistung von 25% zu erzeugen. Zweite Halbwertschichtdicken unterscheiden sich je nach Filterung des Röntgenstrahlungsbündels wegen der mit der Filterung verbundenen spektralen Veränderung teilweise erheblich von den entsprechenden ersten Halbwertschichtdicken (s. Fig. 11.1). Das Verhältnis von erster und zweiter Halbwertschichtdicke wird als **Homogenitätsgrad H** bezeichnet.

$$H = \frac{s_1}{s_2} \tag{11.1}$$

Wegen der Aufhärtung ist die zweite Halbwertschichtdicke für weiche und harte Röntgenstrahlung in der Regel größer als die erste, man erhält deshalb für diesen Bereich der Strahlungsqualitäten Werte des Homogenitätsgrades kleiner als 1. Strahlungsfelder, deren Homogenitätsgrad größer als 90% ist, werden für die praktische Arbeit als "quasi homogen" betrachtet.

Zur experimentellen Bestimmung der Halbwertschichtdicken für weiche und harte Röntgenstrahlungen werden Aluminium (U bis 120 kV) und Kupfer (U > 120 kV) als Absorbermaterialien verwendet. Diese Materialien müssen wegen des erheblichen Wechselwirkungsanteils des Photoeffekts in diesem Energiebereich und wegen dessen hoher Z-Abhängigkeit ($\tau_{ph} \propto Z^{4-5}/A$) sehr rein, also frei von Beimischungen von Substanzen anderer Ordnungszahl sein. Bei Aluminiumabsorbern soll für einen durch Verunreinigungen bewirkten Messfehler von weniger als 1% die Fremdkontamination <0,2 %, bei Kupfer <0,5 % sein. Der Messaufbau muss durch geeignete Blenden so gestaltet werden, dass praktisch in schmaler Geometrie, also mit minimierten Streustrahlungsbeiträgen aus dem Phantom gemessen wird.

Mittlere und effektive Photonenenergie*: Eine weitere Möglichkeit zur Beschreibung der heterogenen Röntgenspektren ist die Angabe der mittleren Energie $E_{\gamma,m}$ oder der effektiven Photonenenergie $E_{\gamma,eff}$. Diese Kennzeichnung ist besonders bei Orientierungsrechnungen von Schwächungsfaktoren bei der Entnahme von mittleren Schwächungskoeffizienten von Vorteil. Zur Berechnung der **mittleren Photonenenergie** verwendet man am besten die spektrale Energiefluenz Ψ (Definition s. Tab. 8.1).

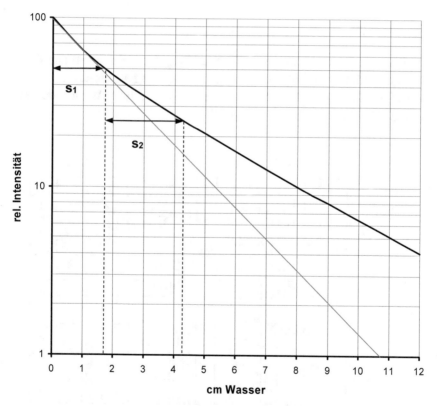

Fig.11.1: Darstellung des Schwächungsgesetzes in Wasser für ein nur eigengefiltertes 150-kV-Röntgenspektrum. Die erste Halbwertschichtdicke hat den Wert $s_1 = 1,75$ cm Wasser. Die zweite Halbwertschichtdicke beträgt $s_2 = 2,6$ cm Wasser. Deutlich zu sehen ist die Abweichung der Schwächungskurve vom rein exponentiellen Verlauf (Gerade) für größere Wassertiefen durch die sukzessive Aufhärtung des Spektrums im Phantom. Die Halbwertschichtdicken gleichen sich mit zunehmender Filterung der Röntgenspektren an und werden dabei insgesamt zu höheren Werten verschoben.

$$E_{\gamma,m} = \frac{\int_0^{E_{max}} E_\gamma \cdot \Psi_{E\gamma} \cdot dE_\gamma}{\int_0^{E_{max}} \Psi_{E\gamma} \cdot dE_\gamma} \qquad (11.2)$$

Die so berechnete mittlere Photonenenergie entspricht der Lage des energetischen Schwerpunktes der Fluenzverteilung. Bei üblicher Filterung der Röntgenspektren liegt der Schwerpunkt etwa in der energetischen Mitte des Spektrums. Dies ergibt als grobe Faustregel:

$$E_{\gamma,m} \approx \frac{E_{max}}{2} \qquad (11.3)$$

Diese Beziehung wird anschaulich als **"kV/2"-Regel** bezeichnet. Wenn die Energie-fluenzverteilung nicht bekannt ist, kann die Berechnung der mittleren Energie nach (Gl. 11.2) nicht durchgeführt werden. Sie kann aber durch Angabe der **effektiven Energie** angenähert werden [Jaeger/Hübner].

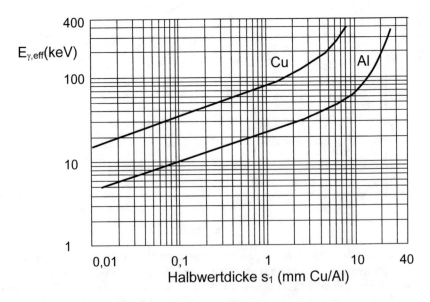

Fig. 11.2: Berechneter Zusammenhang zwischen erster Halbwertschichtdicke in Al oder Cu und effektiver Photonenenergie (nach [Berger/Hubbell 1987], in Anlehnung an eine Darstellung in [DGMP 15]).

Unter der effektiven Energie eines Röntgenspektrums versteht man die Energie eines homogenen Photonenstrahlers, für die der Massenschwächungskoeffizient μ/ρ gleich dem mittleren Massenschwächungskoeffizienten μ_m/ρ des heterogenen Photonenspektrums ist.

Der folgende Zusammenhang von erster Halbwertschichtdicke s_1 und mittlerem linearen Schwächungskoeffizienten nach dem Schwächungsgesetz liefert eine weitere Definition der effektiven Energie [Reich].

$$\mu_m = \frac{ln\,2}{s_1} \qquad\qquad (11.4)$$

Die effektive Energie eines Röntgenspektrums ist gleich derjenigen Energie einer energiehomogenen Strahlung, die die gleiche Halbwertschichtdicke in dem Absorbermaterial besitzt.

Aus (Fig. 11.2) können bei bekannter erster Halbwertschichtdicke s_1 in Al oder Cu die effektiven Photonenenergien $E_{\gamma,eff}$ entnommen werden.

Strahlungsqualitätsindex für harte Röntgenstrahlungen: Für therapeutische oder technische harte Röntgenstrahlungen kann als dosimetrisch bestimmbarer Qualitätsindex Q das Verhältnis der Messanzeigen in 5 und 10 cm Tiefe in einem Wasserphantom verwendet werden [Wucherer 1996]. Die Kammer soll sich in einem Abstand von 50 cm vom Fokus befinden, die Feldgröße am Messort soll 125 cm^2 betragen. Dies entspricht einer Feldgröße von 8x10 cm^2 an der Phantomoberfläche.

$$Q_R = \frac{M_{10}}{M_5} \qquad\qquad (11.5)$$

Bei der Dosimetrie von Röntgenstrahlungen sind die bisher beschriebenen Klassifikationen nicht ausreichend für die Festlegung dosimetrischer Faktoren. In DIN wurden deshalb standardisierte Strahlungsqualitäten für die einheitliche Kalibrierung von Dosimetersonden festgelegt [PTB-DOS-34]. Diese Strahlungsqualitäten werden durch definierte Filterung je nach Energiebereich und Anwendungsgebiet als Referenzstrahlung von der Physikalisch-Technischen Bundesanstalt angeboten.

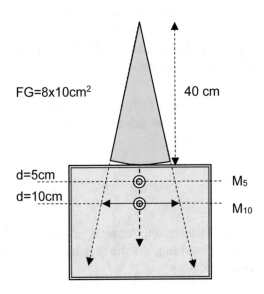

Fig. 11.3: Messanordnung im Wasserphantom oder Plattenphantom aus wasseräquivalentem
Material zur Bestimmung des Strahlungsqualitätsindexes Q_R für harte Röntgenstrahlungen zwischen 100 und 400 kV (Gl. 11.5, nach [Wucherer 1996]). Messungen in 5 und 10 cm Wassertiefe. Die Feldgröße in 10 cm Wassertiefe beträgt 125
cm²; dies entspricht einer FG an der Phantomoberfläche von 8x10 cm².

Die Kalibrierqualitäten für therapeutische Röntgenstrahlung für die Weichstrahldosimetrie im niederen Energiebereich werden mit einer Kombination von Anwendungsbereich und Erzeugerspannung gekennzeichnet. Die Bezeichnungen haben z. B. die
Form "TW 30". Dabei steht T für Therapie, W für die Strahlungsqualität, also den
Energiebereich (Weichstrahl) und 30 für die Erzeugerspannung (30 kV). Da die Form
der Röntgenspektren extrem von der Filterung (Material, Filterstärken) abhängt, sind
die Kalibrierstrahlungsqualitäten eindeutig festgelegt. Eine Zusammenstellung der
wichtigsten Referenzstrahlungsqualitäten für Photonenstrahlungen findet sich in (Tab.
25.1.1) im Tabellenanhang, Beispiele für grafische Darstellungen von Spektren der
Referenzstrahlungen findet man in ([Krieger2], Kap. 4).

11.2.2 Strahlungsqualität ultraharter Röntgenstrahlung

Bei höheren Photonenenergien kann die Kennzeichnung der Strahlungsqualität durch
das Verhältnis der Messanzeigen einer Ionisationssonde (zylinderförmige Kompaktkammer) in zwei unterschiedlichen Tiefen eines Phantoms bei konstantem Fokus-
Oberflächenabstand gekennzeichnet werden. So wurden beispielsweise die Messanzeigen einer Ionisationssonde in 100 und 200 mm Wassertiefe J_{100}/J_{200} für ultraharte

Photonenstrahlung aus Elektronenlinearbeschleunigern bei konstantem Fokus-Oberflächenabstand von 100 cm (vgl. Tabelle 25.7 im Anhang, Spalte 2 der Tabelle) zur Kennzeichnung herangezogen. Wird als eine Messtiefe die Lage des Dosismaximums gewählt und bei gleichem Fokus-Oberflächenabstand die Messanzeige in 10 cm Wassertiefe, entspricht dies der Charakterisierung der Strahlungsqualität über die relative Tiefendosis. Es hat auch Versuche gegeben, die Qualität ultraharter Photonenstrahlung allein über die Tiefe des Dosismaximums zu charakterisieren. Diese Arten der Kennzeichnung hängen jedoch stark von der jeweiligen Messgeometrie (Fokusabstand, Feldgröße, Strahldivergenz) und je nach Anordnung und Strahlerkopf-Konstruktion auch von etwaigen Kontaminationen des primären Strahlungsbündels mit Elektronen ab und führen deshalb meistens zu Zweideutigkeiten.

Strahlungsqualitätsindex nach DIN und IAEA: Heute werden international zwei Verfahren angewendet. Die eine Methode ist die Charakterisierung der Strahlungsqualität ultraharter Photonen über das Verhältnis der Messanzeigen einer Ionisationskammer in Wasser für Vorschaltschichten von 20 bzw. 10 cm Wasser bei festem Kammerort in der Nähe der Drehachse des Beschleunigers (dem Isozentrum, Fig. 11.4). Die Feldgröße am Sondenort soll 10x10 cm^2 betragen. Nach [DIN 6800-2] sollen die Sonden mit ihrem effektiven Messort (s. Kap. 12.1) und nicht mit den Kammermitten in den Solltiefen positioniert werden. Dieses Verfahren ist verbindlich im

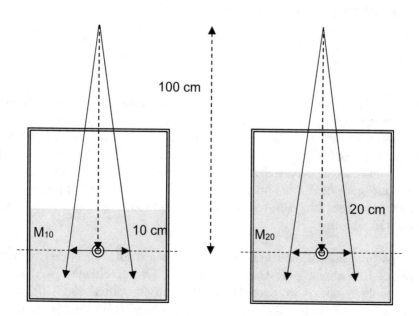

Fig. 11.4: Messanordnung im Wasserphantom zur Bestimmung des Strahlungsqualitätsindexes Q für ultraharte Photonenstrahlungen nach (Gl. 11.6). Links: Messung in 10 cm Wassertiefe, rechts bei unveränderter Sondenposition Messtiefe 20 cm Wasser. Die Sonde befindet sich in beiden Fällen im Isozentrum der Anlage (100 cm Entfernung vom Bremstarget). Die isozentrische Feldgröße beträgt jeweils 10x10 cm^2.

Gültigkeitsbereich der DIN. Es wird außerdem von IAEA vorgeschlagen [IAEA 398], wobei die Kammern jetzt aber mit den Kammermitten in den Solltiefen positioniert werden müssen. Die korrekte Bestimmung der Strahlungsqualität Q wird in den jeweiligen Dosimetrieprotokollen vorausgesetzt (s. Kap. 12.3). Das Wasserphantom soll wegen der Streustrahlungsbeiträge als "praktisch unendlich" dimensioniert werden. Wegen der gewählten Messtiefen von 20 und 10 cm sind die Strahlungsfelder an den Messorten weitgehend unabhängig von eventuellen niederenergetischen Kontaminationen der primären Strahlungsbündel mit Fremdstrahlung wie Sekundärelektronen aus dem Aufbau u. ä., die die Dosiswerte in der Nähe der Phantomoberfläche verfälschen können. Das experimentelle Verhältnis der Messanzeigen wird als **Strahlungsqualitätsindex Q** bezeichnet (Spalte 2 der Tabelle 25.7 im Anhang).

$$Q = \frac{M_{20}}{M_{10}} \qquad (11.6)$$

Falls die Messwerte M_{10} und M_{20} nicht verfügbar sein sollten, kann der Strahlungsqualitätsindex Q auch aus dem Verhältnis relativer Tiefendosisdaten berechnet werden. Dazu sind die Tiefendosiswerte TD_{10} und TD_{20} im Wasserphantom in 10 cm und 20 cm Tiefe bei konstantem Fokus-Oberflächenabstand von 100 cm für eine Feldgröße von 10x10 cm^2 an der Phantomoberfläche zu messen. Q berechnet man dann näherungsweise nach der folgenden Gleichung.

$$Q = 1{,}2261 \cdot \frac{TD_{20}}{TD_{10}} - 0{,}0595 \qquad (11.7)$$

Der Strahlungsqualitätsindex Q entspricht als Dosisverhältnis in zwei Wassertiefen mit konstantem Kammerabstand übrigens formal dem Verhältnis der Gewebe-Maximum-Verhältnisse in Wasser (vgl. dazu Kap. 17.2.5) und ist deshalb unter den dort gemachten Voraussetzungen unabhängig von der Fokus-Sonden-Entfernung. Er ist also zur eindeutigen Kennzeichnung der Strahlungsqualität ultraharter Photonenstrahlung gut geeignet. Die Angaben der nominellen Beschleunigungsspannung (Grenzenergie in Tab. 25.7) im Anhang dienen wegen ihrer geringen Aussagekraft nur zur groben Orientierung.

Strahlungsqualitätsindex nach AAPM*: Das zweite Verfahren wird von der amerikanischen Medizinphysik-Gesellschaft AAPM vorgeschlagen [AAPM 51]. Der Strahlungsqualitätsindex wird dort als "beam quality specifier" %dd(10)$_x$ bezeichnet. Diese Bezeichnung bedeutet die Angabe der relativen Tiefendosis (percentual depth dose = %dd) in 10 cm Wasser, gemessen für den Fokus-Oberflächenabstand von 100 cm für eine Feldgröße an der Phantomoberfläche von 10x10 cm^2, die ausschließlich durch Photonen (Index x) bewirkt wird. Für Erzeugerspannungen unterhalb von 10 MV ist der beam quality specifier damit bestimmt.

$$Q = \%dd(10)_x \qquad \text{(für } X \leq 10 \text{ MV)} \qquad (11.8)$$

Bei den Tiefendosismessungen sind die Kammern um den 0,6fachen Innenradius des Luftvolumens weg vom Fokus zu verschieben, es wird also eine ähnliche Positionierung wie beim DIN-Verfahren benutzt. Da relative Tiefendosen auf die Maximumsdosis bezogen sind (s. Kap. 17.2), muss durch einen geeigneten Messaufbau dafür Sorge getragen werden, Elektronenkontaminationen in der Maximumstiefe zu vermeiden. Ab Nennenergien oberhalb von 10 MV muss deshalb eine 1 mm dicke Bleifolie am Ort x_{Pb} = 50 cm (mindestens 30 cm) oberhalb der Phantomoberfläche in den Strahlengang gebracht werden, die die Kontamination des Strahlenbündels mit Sekundärelektronen aus dem Strahlerkopf der Beschleuniger verhindern soll. Die so gemessenen Tiefendosiswerte (Maximumsanzeige, Anzeige in 10 cm Wassertiefe) werden als $\%dd(10)_{Pb}$ bezeichnet. Sollte sich bei den Messungen mit x_{Pb} = (50±1cm) herausstellen, dass $\%dd(10)_{Pb}$ <0,73 ist, gilt:

$$Q = \%dd(10)_x = \%dd(10)_{Pb} \qquad \qquad 11.9)$$

Für größere $\%dd(10)_{Pb}$-Werte ist Q mit der folgenden Gleichung zu berechnen.

$$\%dd(10)_x = [0{,}8905 + 0{,}00150 \cdot \%dd(19)_{Pb}] \cdot \%dd(10)_{Pb} \qquad (11.10)$$

Für x_{Pb} = (30±1 cm) ist der Grenzwert bei $\%dd(10)_{Pb}$ <0,71. Es gilt dann wieder:

$$Q = \%dd(10)_x = \%dd(10)_{Pb} \qquad (11.11)$$

Für größere Tiefendosiswerte verwendet man die folgende Formel:

$$\%dd(10)_x = [0{,}8116 + 0{,}00264 \cdot \%dd(19)_{Pb}] \cdot \%dd(10)_{Pb} \qquad (11.12)$$

Bei **radioaktiven Strahlern** (z. B. ^{60}Co-Gammastrahlung) reicht die Angabe der Gammaenergien zur Kennzeichnung der primären Strahlungsqualität aus. Entwicklungen des Spektrums durch Streuprozesse im Strahlerkopf und in der Tiefe eines bestrahlten Mediums können für Gammastrahler theoretisch nach Monte-Carlo-Methoden ermittelt werden. Dabei errechnet man je nach Aufbau der Quelle und des Strahlerkopfes von Kobaltanlagen relative Streubeiträge zwischen 1-24 % für die Luftkerma [DIN 6809-1]. Eine wichtige Größe ist die erste Halbwertschichtdicke s_1 in einer bestimmten Bestrahlungsgeometrie und einem bestimmten Medium. Das Standardmedium zur Angabe von Halbwertschichtdicken ist Wasser. Dazu müssen die Tiefendosisverläufe für einen bestimmten Fokus-Oberflächen-Abstand ermittelt werden. Ein typischer Wert für die Halbwertschichtdicke von ^{60}Co-Gammastrahlung bei einem Fokus-Oberflächenabstand von 60 cm und mittleren Feldgrößen im Medium Wasser beträgt 10 cm.

11.3 Strahlungsqualitäten von Elektronenstrahlung und Betastrahlungen

Bei Elektronenstrahlungen wird zwischen den mit Beschleunigern erzeugten "monoenergetischen" Elektronen und den aus radioaktiven Umwandlungen entstandenen Betaspektren unterschieden. Hochenergetische Elektronenstrahlung - das ist Elektronenstrahlung mit mehr als 1 MeV Maximalenergie - wird durch Angaben der Nennenergie und der mittleren und praktischen Reichweite in Wasser charakterisiert.

Die Nennenergie E_{nenn} ist die wahrscheinlichste Energie der Elektronen unmittelbar nach Verlassen des Elektronenstrahlaustrittsfensters im Strahlerkopf des Beschleunigers. Die mittlere Reichweite ist die Tiefe in Wasser, bei der die Tiefendosiskurve in auf die Hälfte des Maximalwertes abgenommen hat. Die praktische Reichweite wird aus dem Schnittpunkt der extrapolierten Geraden im mittleren linearen Teil der abfallenden Tiefendosiskurve hinter dem Maximum mit dem Bremsstrahlungsausläufer bestimmt. Details zur Analyse und Messung von Tiefendosiskurven von Elektronenstrahlungen aus Beschleunigern finden sich in (Kap. 18).

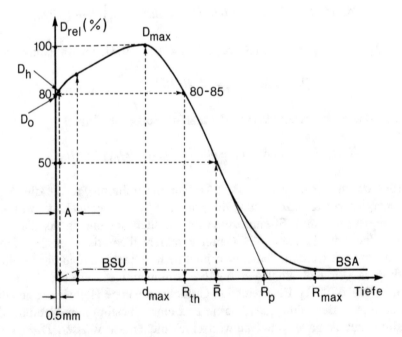

Fig. 11.5: Definition der Reichweiten bei Elektronentiefendosiskurven: $\overline{R}$: mittlere, R_p: praktische, R_{max}: maximale, R_{th}: therapeutische Reichweite,

Elektronenstrahlung	Symbol	Bemerkung
Nennenergie	E_{nenn}	wahrscheinlichste Energie nach Strahlaustrittsfenster im Beschleuniger
mittlere Reichweite	$\overline{R}$	Tiefe der zentralen 50% Isodose in Wasser
Strahlungsqualität	$\overline{R}$, R_{50}	FHA = 100 cm, FG = 10x10 bis 20x20 cm²
praktische Reichweite	R_p	Schnittpunkt extrapolierter Gerade mit Bremsstrahlungsausläufer
Betastrahlungen		
Zerfallsart	β^+, β^-	Positronen-Umwandlung, Beta-minus-Umwandlung, Mutternuklid
maximale Betaenergie	$E_{\beta,max}$	
mittlere Betaenergie	$\overline{E}_\beta$	näherungsweise = 1/3 $E_{\beta,max}$

Tab. 11.2: Angaben zur Klassifikation von Elektronenstrahlung aus Beschleunigern und Betastrahlungen aus radioaktiven Umwandlungen.

Nach [DIN 6800-2], [AAPM 51] und [IAEA 398] dient die experimentell vorzugsweise mit einer Flachkammer ermittelte mittlere Reichweite (R_{50} oder $\overline{R}$) unter Referenzbedingungen (Feldgröße am Messort 20x20 cm², FOA = 100 cm) zur Kennzeichnung der Strahlungsqualität der perkutanen Elektronenstrahlung. Reichweiten müssen aus den Energiedosis-Tiefenkurven entnommen werden, die sich wegen der Energieabhängigkeit des Massenstoßbremsvermögens deutlich von den Ionen-Tiefendosisverläufen unterscheiden (vgl. dazu Kap. 18.2). Die experimentellen Ionen-Tiefendosiskurven müssen deshalb zunächst in Energiedosisverläufe umgerechnet werden. R_{50} muss dazu aus den $R_{50,ion}$-Werten nach den folgenden Gleichungen berechnet werden.

$$R_{50} = 1{,}029 \cdot R_{50,ion} - 0{,}06\,cm \qquad \textit{(für } R_{50,ion} \leq 10\ cm) \qquad (11.13)$$

$$R_{50} = 1{,}059 \cdot R_{50,ion} - 0{,}37\,cm \qquad \textit{(für } R_{50,ion} > 10\ cm) \qquad (11.14)$$

Die Klassifikation von **Betastrahlungen** ist wegen der Vielfalt der spektralen Formen schwieriger. Geeignete und nachvollziehbare Einteilungen sind die vollständige Angabe der Zerfallsdaten (Mutternuklid, Zerfallszweige, Halbwertzeiten) und die Kennzeichnung der maximalen Energie $E_{\beta,max}$ und der mittleren Energie $\overline{E}_\beta$ der Betateilchen. Die mittlere Energie wird nach (Gl. 11.15) aus der maximalen Energie und der spektralen Verteilung (genau: der spektralen Fluenzverteilung) N(E) der Betateilchen berechnet.

$$\overline{E}_\beta = \frac{\int_0^{E_{max}} E \cdot N(E) \cdot dE}{\int_0^{E_{max}} N(E) \cdot dE} \qquad (11.15)$$

Näherungsweise ist die mittlere Betaenergie ein Drittel der Maximalenergie.

$$\overline{E}_\beta \approx \frac{1}{3} \cdot E_{\beta,max} \qquad (11.16)$$

Details zu Betaspektren finden sich in (Kap. 3 in [Krieger1]). Die maximale und die mittlere Betaenergie werden wie die Angaben für Beschleunigerelektronen für die Festlegung der Kalibrierfaktoren in der klinischen Dosimetrie benötigt.

11.4 Strahlungsqualität von Neutronenstrahlung

Die Klassifikationen der Neutronen für Zwecke der Dosimetrie unterscheiden sich deutlich von denen für die sonstige Neutronenphysik. In der Dosimetrie werden die in Tabelle (11.3) zusammengestellten Einteilungen verwendet.

Als **thermische** Neutronen werden Neutronen bezeichnet, deren energetische Verteilung einer Maxwellverteilung mit einer wahrscheinlichsten Energie von 0,025 eV entspricht. **Langsame** Neutronen sind Neutronen mit einer Bewegungsenergie ≤0,5 eV. **Intermediäre** Neutronen haben kinetische Energien zwischen 0,5 eV und 10 keV, **schnelle** Neutronen Energien zwischen 10 keV und 20 MeV. **Hochenergetische** Neutronen haben Energien oberhalb 20 MeV.

Neutronenklassifikation	Energie	
thermische Neutronen	0,025 eV	wahrscheinlichste Energie des Maxwellspektrums
langsame Neutronen	≤0,5 eV	
intermediäre Neutronen	0,5 eV - ≤10 keV	
schnelle Neutronen	10 keV - ≤ 20 MeV	
hochenergetische Neutronen	> 20 MeV	

Tab. 11.3: Energieangaben zur Klassifikation von Neutronenstrahlungen für die Dosimetrie [DIN 6814-2].

Diese Einteilung ist notwendig, da Neutronen indirekt ionisierende Strahlungen sind. Die Wechselwirkungsraten und die dabei auftretenden Energieüberträge auf geladene Teilchen und letztlich das Absorbermaterial sind extrem abhängig von der Neutronenenergie und den bestrahlten Medien. Details zur Neutronenphysik finden sich in ([Krieger1], Kap. 8).

11.5 Strahlungsqualität von Protonen- und Ionenstrahlung

Die Angabe der Strahlungsqualität Q von Protonen und Ionenstrahlungen (Z = 2-10) ist national durch ([DIN 6801-1] seit 2019), international durch die Dosimetrieprotokolle [ICRU 78], [ICRU 59] und [IAEA 398] geregelt. Zur Bestimmung der Strahlungsqualität sind die Energie-Tiefendosiskurven entweder mit einer luftgefüllten Flachkammer (effektiver Messort: Innenseite der Frontmembran) oder mit zylindrischen Kompaktkammern (effektiver Messort: Mitte der zentralen Elektrode) zu ermitteln. Die Feldgröße soll 10x10 cm² an der Phantomoberfläche betragen.

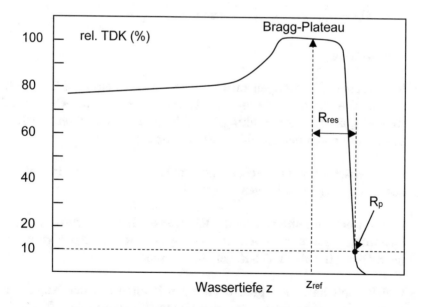

Fig. 11.6: Relative auf das Dosismaximum bezogene Tiefendosiskurve eines energiemodulierten Protonenstrahlungsfeldes in Wasser mit einem breiten Bragg-Plateau mit der praktischen Reichweite R_p (Schnittpunkt der 10%-Linie mit der TDK, der Referenztiefe z_{ref} in der Mitte des Bragg-Plateaus und der Restreichweite R_{res}.

Bei Protonen- oder Ionenstrahlungen muss zwischen den monoenergetischen und den energiemodulierten Strahlungen unterschieden werden. Um ein für die Strahlentherapie geeignetes breites Bragg-Plateau (SOBP: spread out bragg peak) zu erzeugen, wird der Protonen- oder Ionenstrahl durch geeignete Maßnahmen sukzessive energievermindert (Details s. Kap. 21.6 und [Krieger2] Kap. 9).

Da sich die Energie der Protonen und Ionen und somit das Stoßbremsvermögen im jeweiligen Medium mit der Tiefe verändern, werden Strahlungsqualitäten von Protonen und Ionen nach der Strahlungsqualität beim Eintritt des Teilchenstrahls in das Phantom und der Qualität an einem Messort in der Tiefe unterschieden. Für die Eintritts-Strahlungsqualität von Protonen und Ionen Q_o wird nach DIN die praktische Reichweite R_p verwendet. Die praktische Reichweite für Protonen wird durch den Schnittpunkt der 10%-Linie im Energiedosis-TDK-Diagramm, für Ionen durch den Schnittpunkt der 50%-Linie mit der abfallenden BRAGG-Kurve bestimmt. Zur Charakterisierung der Strahlungsqualität Q in der Tiefe z im Phantom wird die so genannte Restreichweite (engl. residual range) R_{res} als Differenz der praktischen Reichweite und der Messtiefe berechnet. Das Beispiel in (Fig. 11.6) zeigt diese Restreichweite von Protonen an der für die Strahlentherapie wichtigen Referenztiefe z_{ref} in der Mitte des Bragg-Plateaus.

$$Q_O = R_p \qquad\qquad Q(z) = R_{res} = R_p - z \qquad\qquad (11.17)$$

Zusammenfassung

- **Ionisierende Strahlungen müssen wegen der Energieabhängigkeiten der in der Dosimetrie verwendeten Kalibrier- und Umrechnungsfaktoren eindeutig über ihre Strahlungsqualität Q gekennzeichnet werden, deren Bestimmung von der jeweiligen Strahlungsart abhängt.**

- **Photonenstrahlungen werden zur groben Klassifikation in weiche, harte und ultraharte Strahlungen eingeteilt.**

- **Dabei werden kontinuierliche Röntgenstrahlungen monoenergetischen Strahlungen mit der halben Nennenergie des Röntgenspektrums gleichgesetzt. Dies wird als "kV/2-Regel" bezeichnet.**

- **Weiche und harte Röntgenstrahlungen können mit der Angabe der Beschleunigungsspannung (kV), der Gesamtfilterung oder durch die erste Halbwertschichtdicke in Wasser, die in schmaler Geometrie gemessen wurde, beschrieben werden.**

- **Eine weitere Möglichkeit ist die Angabe der mittleren oder effektiven Energie eines Röntgenspektrums.**

- **Harte und ultraharte heterogene Photonenspektren werden am besten dosimetrisch durch das Verhältnis der Messanzeigen in verschiedenen**

Phantomtiefen bei vorgeschriebener standardisierter Messgeometrie gekennzeichnet. Dieses Messwertverhältnis wird als Strahlungsqualitätsindex Q bezeichnet.

- Für harte Röntgenstrahlungen (mit Röhrenspannungen von 100 bis 400 kV) wird als Strahlungsqualitätsindex Q das Verhältnis der Energiedosen in 10 und 5 cm Wassertiefe bei konstantem Fokus-Phantomabstand verwendet.

- Bei ultraharten Röntgenstrahlungen wird das Messwertverhältnis bei konstantem Kammer-Fokus-Abstand (1 m) mit 20 und 10 cm Vorschaltschicht in Wasser als Strahlungsqualitätsindex Q verwendet.

- Elektronenstrahlungen aus Beschleunigern werden mit der mittleren Reichweite in Wasser charakterisiert. Diese Reichweite muss aus den Energietiefendosiskurven entnommen werden, da sich bei Elektronenstrahlungen Ionendosis-Tiefenverläufe und Energiedosis-Tiefenverläufe wegen der Energieabhängigkeit des Stoßbremsvermögens deutlich unterscheiden.

- Neutronenstrahlungen werden für dosimetrische Zwecke durch Zugehörigkeit zu einem Energiebereich gekennzeichnet.

- Monoenergetische Protonen- oder Ionenstrahlungen könnten beim Eintritt in ein Medium durch die Angabe ihrer Nennenergie eindeutig gekennzeichnet werden.

- Die Bewegungsenergie von Protonen und das Stoßbremsvermögen verändern sich aber mit zunehmender Tiefe. Die Strahlungsqualität muss also auch tiefenabhängig angegeben werden.

- Nach DIN wird für die Charakterisierung der Strahlungsqualität Q monoenergetischer und energiemodulierter Protonen- und Ionenstrahlungsfelder beim Eintritt in Phantommedium statt der Nennenergie die praktische Reichweite R_p verwendet. In der Tiefe z wird die Restreichweite R_{res} (die Differenz von praktischer Reichweite R_p und der jeweiligen Messtiefe) zur Beschreibung der Strahlungsqualität angegeben.

- Will man beispielsweise die Strahlungsqualität therapeutischer energiemodulierter Strahlungsfelder angeben, muss man als Tiefenangabe die Referenztiefe z_{ref} in der Mitte des Bragg-Plateaus (SOBP) verwenden, also die Differenz von praktischer Reichweite und Referenztiefe berechnen.

Aufgaben

1. Was versteht man unter der "kV/2-Regel"?

2. Wie spezifizieren Sie die Strahlungsqualität ultraharter Photonenstrahlungen? Warum reicht die Angabe der Beschleunigungsspannung ("die MV") für die Dosimetrie nicht aus?

3. Geben Sie eine Einteilung der Strahlungsqualitätsklassen von Röntgenstrahlung an.

4. Für welche Strahlungsart wird die mittlere Energie im Spektrum zur Klassifikation verwendet?

5. Geben Sie einen Grund für die klare energetische Klassifikation von Beschleunigerelektronen und die von DIN vorgegebene Klassifizierungsmethode an.

6. Wann haben eine monoenergetische Photonenstrahlung und ein Röntgenspektrum die gleiche effektive Energie.

7. Geben Sie eine Begründung für den Unterschied zwischen der ersten und der zweiten Halbwertschichtdicke für harte Röntgenstrahlung in Wasser an. Wie nennt man das Verhältnis dieser beiden Halbwertschichtdicken?

8. Warum werden zur Bestimmung der Strahlungsqualitäten von harten bis ultraharten Photonenstrahlungen Messungen mit konstantem Fokus-Kammerabstand und variabler Vorschaltschichtdicke vorgezogen und nicht einfach Messungen der Tiefendosisverläufe?

9. Warum sollen Wasserphantome zur Strahlungsqualitätsbestimmung ultraharter Photonen deutlich größer als die Nennfeldgröße von 10×10 cm^2 sein?

10. Erklären Sie die $E_{max}/3$-Regel. Für welche Strahlungsart gilt sie? Reicht die Verwendung der $E_{max}/3$-Energie für Strahlenabschirmungen dieser Strahlenart aus?

11. Wie sind die praktischen Reichweiten R_p für Protonen und für Ionen definiert?

12. Erklären Sie das merkwürdige von einer einfachen Bragg-Kurve deutlich abweichende Aussehen der Protonentiefendosisverteilung in (Fig. 11.6).

13. Versuchen Sie eine Erläuterung der Verwendung der Restreichweite zur Beschreibung der Strahlungsqualität von Protonen.

Aufgabenlösungen

1. Bei klinisch wie üblich gefilterten Röntgenspektren entspricht die mittlere Energie etwa der halben Maximalenergie $E_{max} = e_0 \cdot U$, also "Nennspannung U(kV)/2".

2. Mit dem Strahlungsqualitätsindex $Q = M_{20}/M_{10}$ in einer vorgeschriebenen isozentrischen Messgeometrie im Wasserphantom (20 und 10 cm vorgeschaltete Wasserschicht mit konstanter Einstellfeldgröße). Die alleinige Angabe der Erzeugerspannung reicht zur Charakterisierung der Strahlungsqualität wegen der vielfältigen Einflüsse wie Dicke des Bremstargets, Streubeiträge aus dem Strahlerkopf und spektrale Veränderungen im Ausgleichskörper nicht aus.

3. Eine einfache Klassifikation ist weiche, harte, ultraharte Röntgenstrahlung. Genaue Definitionen (s. Tab. 11.1).

4. Für diagnostische Röntgenstrahlung (s. kV/2-Regel).

5. Der Hauptgrund für die notwendige eindeutige Klassifikation der Beschleunigerelektronen ist die deutliche Abhängigkeit des Stoßbremsvermögens für Elektronen in Luft und in Wasser, die für die Dosimetrie benötigt werden. Die DIN-Klassifikation mit den verschiedenen Reichweiten beschreibt in einer "Kurzversion" den Tiefendosisverlauf der Elektronen in Wasser.

6. Gleiche effektive Energie bedeutet gleichen Schwächungskoeffizienten.

7. Der Grund für die unterschiedlichen Halbwertschichtdicken harter Röntgenstrahlung in Wasser ist die mit der durchstrahlten Materieschicht zunehmende Aufhärtung der Spektren. Das Verhältnis der ersten und der zweiten Halbwertschichtdicke wird als Homogenitätsgrad H bezeichnet.

8. Verwendet man zur Klassifikation der Strahlungsqualität von Photonenstrahlungen die erste Halbwertschichtdicke, muss die Tiefe der 50% Isodose bestimmt werden. Dazu müssen die Tiefendosiskurven auf das Dosismaximum normiert werden. Harte und ultraharte Photonenstrahlungen erzeugen beim Verlassen der Strahlungsquelle und der Passage von Strukturmaterialien wie Blenden, Halterung aber einen Fluss von Sekundärelektronen, der die Tiefenlage und den Wert des Dosismaximums verfälschen kann. Sollen also die TDKs zur Strahlungsqualitätsbestimmung verwendet werden, muss durch sorgfältigen Aufbau, dosimetrische Überprüfung und eventuelle Filtermaterialien für vernachlässigbare Sekundärelektronen gesorgt werden.

9. Weil bei der Strahlungsqualitätsbestimmung auch die energetisch unterschiedlichen Streustrahlungen aus dem Phantomvolumen mit erfasst werden müssen. Bei

extrem kleinen Wasserphantomen würde die energieverminderte Streustrahlung das Phantom verlassen und so eine höhere Photonenenergie vortäuschen.

10. Die $E_{max}/3$ Regel gilt für Betaspektren und gibt näherungsweise die mittlere Energie im Betaspektrum an. Sie ist für die Dosimetrie eine Orientierungshilfe, aber völlig untauglich zur Berechnung benötigter Abschirmdicken für Strahlenschutzabschirmungen. Im Strahlenschutz soll die völlige Absorption der Betateilchen erreicht werden und nicht lediglich eine Verminderung der Betateilchenzahl. Es muss deshalb bei der Berechnung von Strahlenabschirmungen immer die maximale Betaenergie zu Grunde gelegt werden. Details finden sich in [Krieger1] im Kap. 18 über den praktischen Strahlenschutz.

11. Die praktische Reichweite von Protonenstrahlung wird am Ort der 10%- Dosis auf der abfallenden Flanke des Bragg-Peaks, für Ionen bei 50% definiert.

12. Die angesprochene Protonentiefendosisverteilung ist durch Überlagerung monoenergetischer Protonenfelder entstanden, um eine homogene Energiedosis-Verteilung im Tumorvolumen zu erreichen (SOBP, s. Kap. 21.6.2).

13. Die Restreichweite wird als Charakterisierung für die Strahlungsqualität von Protonen oder Ionen in der Tiefe des Phantoms verwendet, da sie Rückschlüsse auf die verbleibende Bewegungsenergie der Teilchen, ihren LET und die relative biologische Wirksamkeit (RBW) ermöglicht.

12 Praktische Dosimetrie mit Ionisationskammern

Die Positionierung luftgefüllter Ionisationskammern zur Messung der Kenndosisleistungen von Strahlungsquellen unter Referenzbedingungen hängt von der Bauform der Ionisationskammer und von den untersuchten Strahlungsqualitäten ab. Die Positionierungsmethoden werden im ersten Teil dieses Kapitels beschrieben. Außerdem sind bei der praktischen Dosimetrie einige typische Messwertkorrekturen vorzunehmen, die mit den klimatischen Bedingungen und dem Verhalten von Ionisationskammern in Strahlungsfeldern begründet sind. Sie werden im zweiten Teil dieses Kapitels dargestellt.

In der Dosimetrie ionisierender Strahlungen unterscheidet man die Messungen von Kenndosisleistungen, die unmittelbar die Strahlerstärke definieren (s. Kap. 13) und ihrer Variation mit der Feldgröße, sowie die Messungen von relativen Dosisverteilungen wie Tiefendosiskurven, Dosisquerprofile und deren Feldgrößenabhängigkeiten. Beide Messaufgaben unterscheiden sich in den Ansprüchen an die Genauigkeit und die Korrektur der Rohmesswerte. Besonders aufwändig sind die Messungen der "absoluten" Kenndosisleistungen. Bei den anderen Messaufgaben muss vor allem darauf geachtet werden, dass unter reproduzierbaren geometrischen und klimatischen Verhältnissen gemessen wird und welche Messgröße erfasst werden soll.

Bei dosimetrischen Aufgaben ist zunächst das Dosimetriekonzept festzulegen. Es ist also zu entscheiden, welche Dosisgröße, welches Dosimeter, welche Kammerart, welche Kammerkalibrierung und Messgeometrie im konkreten Fall verwendet werden sollen. Es beginnt mit der Wahl des geeigneten Phantommaterials (Wasser, Festkörperphantome). Dabei muss die Materialäquivalenz mit dem zu bestrahlenden Gewebe beachtet werden. In der Regel wird Wasser als Bezugssubstanz verwendet. Zudem müssen die Phantome Abmessungen haben, die Streustrahlungsverluste minimieren. Der zweite Schritt ist die Festlegung der geometrischen Verhältnisse beim Einsatz unterschiedlicher Bauformen von Ionisationskammern. Dabei werden Messort, Referenzpunkt und effektiver Messort der Ionisationskammern definiert. (s. Tab. 12.3). Diese Messortfestlegungen sind abhängig von den untersuchten Strahlungsqualitäten Q und unterscheiden sich zudem in den verschiedenen nationalen Kalibrierprotokollen.

Bei der Durchführung der Messungen entstehen zunächst Rohmesswerte, die bezüglich verschiedener Einflussparameter zu korrigieren sind. Bei realen Dosimetrieaufgaben sind in der Regel die im (Kap. 10) beschriebenen idealen Strahlungsfeldbedingungen nicht gegeben. Es sind also entsprechende Korrekturen für die Abweichungen von diesen Bedingungen und Korrekturen für Störungen der Strahlungsfelder durch Einbringen der Messsonden in das Phantomvolumen zu berücksichtigen. Weitere Korrekturen betreffen klimatische Einflüsse und Eigenschaften der Messkammern und Messsysteme. Mit Hilfe dieser korrigierten Messwerte können die gewünschten Dosisgrößen berechnet werden.

© Springer Fachmedien Wiesbaden GmbH, ein Teil von Springer Nature 2021
H. Krieger, *Strahlungsmessung und Dosimetrie*,
https://doi.org/10.1007/978-3-658-33389-8_12

12.1 Kammerpositionierung

Bei der Dosimetrie ist man an den absoluten oder relativen Dosisverteilungen interessiert. Der Ort der Dosisermittlung im ungestörten Phantom wird als "**Messort**" (point of interest) bezeichnet. Wird eine Ionisationskammer im Phantom positioniert, kommt es zu einer von der Bauform und Größe der Ionisationskammer und der Strahlungsqualität abhängigen Störung des Strahlungsfeldes im Phantom. Messort und Kammerort sind deshalb im Allgemeinen nicht identisch. Messkammern müssen daher bei Dosismessungen so im Phantom positioniert werden, dass ihre Anzeigen der Energiedosis am interessierenden Ort, dem Messort, also im durch die Kammer ungestörten Phantom entsprechen.

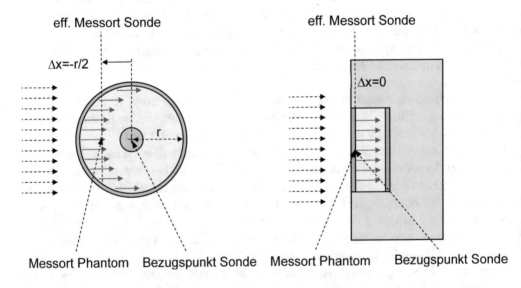

Fig. 12.1: Zur Geometrie von Kompaktkammern mit dem Innenradius r und von Flachkammern bei Bestrahlung von links. Der "Messort Phantom" ist der point of interest. Der Bezugspunkt der Sonden ist die Kammermitte bei Kompaktkammern und die Mitte der Rückseite der vorderen Membran bei Flachkammern. Der effektive Messort von Kompaktkammern ist für ultraharte Photonenstrahlungen von der Kammermitte um $\Delta x = -r/2$, also zur Strahlungsquelle (Fokus) hin verschoben. Bei Flachkammern ist er identisch mit dem Bezugspunkt. Die linken Enden der roten Pfeile symbolisieren den Entstehungsort der Sekundärelektronen in der Kammerwand.

Man unterscheidet bei der Kammerpositionierung den Bezugspunkt der Ionisationskammer (Referenzort: reference point) und den effektiven Messort der Sonde (Fig. 12.1, Tab. 12.1). Der **Bezugspunkt** kennzeichnet die Lage der Ionisationskammer im Raum.

Er ist bei zylindrischen Ionisationskammern üblicherweise die Mitte der zentralen Elektrode in der Kammermitte, bei Flachkammern die Rückseite des dem Strahl zugewandten Strahleintrittsfensters.

Der **effektive Messort** ist bei Flachkammern grundsätzlich die Mitte der Rückseite der Eintrittsmembran, also identisch mit dem Bezugspunkt der Kammer. Der effektive Messort für Zylinderkammern hängt dagegen von der Strahlungsqualität ab. Für harte Photonenstrahlungen (Photonenenergien bis 1 MeV) befindet er sich in der Mitte der Zentralelektrode. Bei höheren Photonenenergien wandert der effektive Messort in Richtung Strahlfokus, er ist also ein Punkt, der von der Mitte der Zentralelektrode in Richtung Fokus verschoben ist. Gleiche Ortsverschiebungen gelten auch für Hochenergie-Elektronenfelder.

Je nach Kalibrierverfahren und Kalibrierprotokoll müssen am Messort (point of interest) der effektive Messort oder der Bezugspunkt der Sonden positioniert werden. Die Wahl dieses Bezugsortes hängt vom nationalen Kalibrierprotokoll, dem Kalibrierverfahren, von der Strahlungsqualität und der Kammerbauform ab. Er wird in den Kalibrierprotokollen der Kammerhersteller angegeben (ausführliche Begründungen und Berechnungen der Bezugsorte s. u.).

Ort	Definition
Messort (point of interest)	- Punkt im durch die Messsonde ungestörten Phantom, an dem die Energiedosis ermittelt werden soll.
Referenzpunkt der Sonde (Bezugspunkt)	- Mitte der Zentralelektrode bei Kompaktkammern - Mitte der Rückseite des Eintrittsfensters bei Flachkammern
effektiver Messort der Sonde	- Mitte der Zentralelektrode bei Kompaktkammern für harte Photonenstrahlungen (bis 1 MeV) - Punkt vor der Mitte der Zentralelektrode, der um den halben Innenradius r des Kammervolumens in Richtung Fokus verschoben ist bei Zylinderkammern und ultraharten Photonenstrahlungen. - Mitte der Rückseite des Eintrittsfensters bei Flachkammern

Tab. 12.1: Größen zur Beschreibung der Kammerpositionierungen (nach [DIN 6800-2]).

Der bei ultraharten Photonenstrahlungen und hochenergetischen Elektronen auftretende Unterschied zwischen dem effektiven Messort der Sonde und dem wirklichen Zuordnungspunkt im Medium wird als **Messortverschiebung** der Sonde bezeichnet. Sie kommt u. a. dadurch zustande, dass der effektive Messort bei Messungen mit Ionisationskammern etwa der Ort der dem Strahl zugewandten Vorderseite des empfindlichen Sondenvolumens ist, da hier das im Wesentlichen nach vorne ausgerichtete Elektronen- oder Sekundärelektronenfeld auf das Messvolumen trifft. Zur Bestimmung des effektiven Messortes muss daher über diese Eintrittsfläche gemittelt werden. Bei Flachkammern und senkrechter Einstrahlung auf die Kammervorderseite ist deshalb der Messort gleich dem effektiven Messort. Die Messortverschiebung ist Null. Bei zylinderförmigen Kammern ist die Eintrittsfläche die gekrümmte dem Strahl zugewandte Innenseite des Kammerzylinders.

Zur experimentellen Überprüfung der strahlungsqualitätsabhängigen Messortverschiebungen von Kompaktkammern werden zunächst die Dosisleistungswerte in verschiedenen Phantomtiefen und verschiedenen Strahlungsfeldbedingungen mit einer kleinvolumigen Flachkammer mit Schutzring ermittelt, deren Bezugspunkt ja die dem Strahl zugewandte Eintrittsseite des Messvolumens ist, also die Rückseite der Kammermembran. Dann wird die zu untersuchende Kompaktkammer unter sonst gleichen Bedingungen statt der Flachkammer so in das Phantom eingebracht, dass ihr Bezugspunkt - bei Zylinderkammern also die Kammermitte - sich am gleichen Ort wie derjenige der Flachkammer befindet (Fig. 12.3).

Außerhalb des breiten Dosismaximums der Tiefendosiskurven bei hochenergetischen Strahlungen werden sich die korrigierten und kalibrierten Anzeigen der Flachkammer und der zu untersuchenden Kompaktkammer unterscheiden. Da der effektive Messort der Kompaktkammer zum Fokus hin verschoben ist, sind die Anzeigen der Kompaktkammer vor dem Dosismaximum im Aufbaubereich der Tiefendosiskurve kleiner als diejenigen der Flachkammer. Hinter dem Dosismaximum, also im abfallenden Bereich der Tiefendosiskurve, sind die Anzeigen wegen der größeren Fokusnähe des effektiven Messortes der Kompaktkammer größer als die der Flachkammer. Die Position der Zylinderkammer wird jetzt solange verändert, bis diese die gleiche Messanzeige wie die Flachkammer ergibt. Der Positionsunterschied ist die gesuchte experimentelle Messortverschiebung Δr.

Solche experimentellen und theoretischen Untersuchungen haben gezeigt, dass die Messortverschiebung für weiche und harte Photonenstrahlung etwa den Wert Null hat. Für ultraharte Photonenstrahlung und hochenergetische Elektronen entspricht die Messortverschiebung dagegen etwa dem halben Innenradius der Kompaktkammer.

$$\Delta r = 0,5 \cdot r \qquad (12.1)$$

Die Messortverschiebung hängt außer von der jeweiligen Bauform der Ionisationskammer auch von den Strahlungsfeldbedingungen ab (Strahlrichtung, Streuanteile im Strahlungsfeld, Strahlungsqualität am Messort), so dass für spezielle Messsituationen geringfügige Abweichungen vom Wert nach Gleichung (12.1) auftreten können. Im Bereich der DIN [6800-2] wird beim ^{60}Co-Kalibriervorgang der Kompaktkammern der

Bezugspunkt der Kammer in die Bezugstiefe gebracht. Bei der Messung der Energie-dosis wird dagegen der effektive Messort zur Positionierung verwendet. Die Dosime-teranzeigen sind deshalb grundsätzlich wegen der Ortsverschiebung in (Gl. 12.1) zu korrigieren. Die entsprechenden Korrekturfaktoren, die k_r-Faktoren, sind in Kap. (12.2.1) erläutert und können [DIN 6800-2] entnommen werden. Alternativ sind die Angaben der Kammerhersteller zu verwenden.

Da die Messortverschiebungen handelsüblicher Zylinder- oder anderer Kompaktkam-mern in der Größenordnung weniger Millimeter liegen, erfordern sowohl die experi-mentellen Untersuchungen der Messortverschiebungen nach der genannten Methode als auch die Kammerpositionierung in der praktischen Dosimetrie äußerste Präzision so-wohl in der Geometrie als auch in den sonstigen dosimetrischen Randbedingungen.

Stoff	Dichte ρ (g/cm^3)	eff. Ordnungszahl $(Z/A)_{eff}$	Elektronendichte ρ_e ($\cdot 10^{23}$ cm^{-3})	$\rho_e/\rho_{e,w}$
Wasser (20°C)	0,998	0,555	3,336	1,000
Graphit	2,25	0,500	3,01	0,899
Polystyrol	1,029	0,537	3,332	0,999
RW3	1,045	0,536	3,376	1,012
Polyethylen	0,92-0,94	0,570	3,16-3,228	0,947-0,968
PMMA	1,19	0,539	3,833	1,149

Tab. 12.2: Elektronendichten einiger in Ionisationskammern verwendeter Stoffe zur Berech-nung der äquivalenten Wassertiefen nach (Gl. 12.2), teilweise nach [DIN 6800-2].

Während Kompaktkammern nach der obigen Vorschrift leicht am Bezugspunkt (ihrer geometrischen Mitte) positioniert werden können, ist die korrekte Anordnung bei Flach-kammern problematischer. Sie sind mit ihrem Eingangsfenster senkrecht zum Zentral-strahl auszurichten. Für die Ortsberechnung sind die äquivalenten Wassertiefen der Ma-terialien vor dem Bezugspunkt zu verwenden. Flachkammern bestehen an ihrer Vorder-seite je nach Bauform eventuell aus einer wasserdichten Schutzkappe aus Plexiglas, ei-nem schmalen Luftspalt, der eigentlichen Eingangsfolie (Membran) und einer elektrisch leitenden Beschichtung auf der Innenseite dieser Membran (s. das Beispiel in Fig. 2.6). Zur Berechnung der äquivalenten Wasserdicke sind nach [DIN 6800-2] die mit den auf Wasser bezogenen relativen Elektronendichten ρ_e gewichteten Materialstärken zu ver-wenden (Gl. 12.2).

$$d_{äq} = \sum_i \frac{\rho_{e,i}}{\rho_{e,w}} \cdot d_i \tag{12.2}$$

Die Verwendung der äquivalenten Wasserdicken gewährleistet bei Photonenstrahlungsfeldern die gleiche Comptonstreuwahrscheinlichkeit und bei Elektronenfeldern den gleichen Elektronenenergieverlust wie im interessierenden Phantommaterial Wasser. Physikalische Dichten, Elektronendichten und effektive Ordnungszahlen der wichtigsten Materialien sind in [DIN 6800-2] tabelliert und auszugsweise in der Tabelle (12.2) zusammengestellt. Elektronendichten für weitere Materialien können mit der folgenden Beziehung berechnet werden[1].

$$\rho_e = \frac{\rho}{m_u} \cdot \left(\frac{Z}{A}\right)_{eff} \tag{12.3}$$

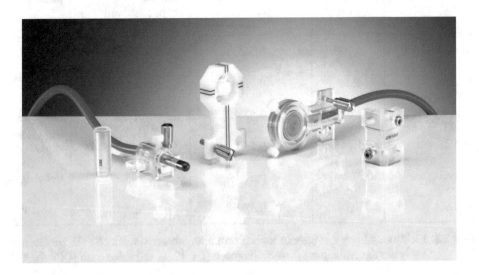

Fig. 12.2: Patentierte Kammerhalterungen zur exakten Positionierung verschiedener Ionisationskammern am effektiven Messort im Wasserphantom (mit freundlicher Genehmigung der PTW-Freiburg).

Die Bestimmung äquivalenter Wassertiefen kann im dosimetrischen Alltag sehr mühselig sein, zumal in der Regel die verschiedenen Materialien und die exakten Massenbelegungen bei den verschiedenen kommerziellen Ionisationskammern nicht bekannt sind oder vom Hersteller nicht deklariert werden. Hilfreich sind deshalb von den Kammerherstellern angebotene Kammerhalterungen, die bei Messungen im Wasserphantom

---

[1] m_u ist die Atommassenkonstante. Sie ist 1/12 der Masse eines neutralen chemisch ungebundenen C-12-Atoms in Ruhe und hat den Zahlenwert m_u = 1,66054·10^{-23} kg.

automatisch die äquivalenten Wassertiefen berücksichtigen und so die Positionierung der Ionisationskammern am effektiven Messort sehr erleichtern (s. z. B. Fig. 12.2).

Bei sehr hohen Ansprüchen an die Genauigkeit der Messortbestimmung müssen auch die Störungen und Verdrängungseffekte durch die Materialien der Kammerhinterwand berücksichtigt werden (s. dazu Kap. 12.2.1 und [DIN 6800-2], Anhang B).

Zusammenfassung

- **Der Bezugspunkt der Kenndosisbestimmung ist der Raumpunkt, dessen Dosis gemessen werden soll.**

- **Der effektive Messort einer Ionisationssonde ist der geometrische Ort in einer Ionisationssonde, dem in einer praktischen Messung der Messwert zugeordnet wird.**

12.2 Messwertkorrekturen bei der praktischen Ionisationsdosimetrie

Bei der praktischen Dosimetrie mit offenen Ionisationssonden ist mit einer Reihe von Einflüssen auf die Messanzeige des Dosimeters zu rechnen, die in (Tab. 12.3) zusammengefasst sind. Unabhängig von der Kalibriermethode der Kammer müssen deshalb beim Betrieb der Dosimeter bestimmte Randbedingungen eingehalten werden. Diese betreffen das Messphantom (Material, Abmessungen), den Messaufbau, die Positionierung der Messsonde im Phantom (Einstrahlrichtung, Definition des effektiven Messortes der Sonde im Phantom) und die klimatischen Bedingungen.

In der Regel sollte Wasser als Messphantom verwendet werden, da die Messsonden meistens in Wasserumgebung kalibriert werden. Eine Ausnahme ist die Dosimetrie weicher therapeutischer Röntgenstrahlungen in PMMA-Phantomen bei der Weichstrahldosimetrie. Bei abweichenden Phantommaterialien müssen wasseräquivalente Bedingungen hergestellt oder entsprechende Kalibrierfaktoren zur Verfügung gestellt werden (zur dosimetrischen Äquivalenz von Phantommaterialien s. die Ausführungen in Kap. 14). Weitere Einflüsse sind vor allem die klimatischen Bedingungen (Luftdruck, Temperatur, Luftfeuchte), die Rekombinationsverluste, Auswirkungen der Kammerpolarität und die Konstanz der Verstärkung des Elektrometers.

Im praktischen Einsatz müssen die Anzeigen und die Funktionstüchtigkeit von Dosimetern aus Gründen der Genauigkeit und Reproduzierbarkeit der dosimetrischen Ergebnisse durch laufende routinemäßige Kontrollmessungen überprüft werden. Diese Kontrollen müssen sowohl das Anzeigegerät als auch die verwendeten Messsonden umfassen. Man verwendet deshalb am besten radioaktive Kontrollvorrichtungen (KV), die den Anzeigegeräten und Sonden fest zugeordnet sind. Sie enthalten langlebige radioaktive Strahler (meistens ^{90}Sr), in deren Strahlungsfeld die Messsonden unter dosimetrischen Normalbedingungen eine bestimmte Anzeige des Dosimeters bewirken müssen, die so genannte Kontrollanzeige. Mit Hilfe dieser Kontrollanzeige können Abweichungen von den im Prüfprotokoll dokumentierten Ergebnissen der Kalibrierung rechnerisch sehr einfach korrigiert werden.

Effekte	Ursachen	Korrekturmethoden
Verdrängung des Absorbers durch Kammer	Kammerform, Kammervolumen,	rechnerisch, exp.
Messortverschiebung	Kammerform, Strahlungsqualität	rechnerisch, exp.
Luftdruck-, Temperaturabhängigkeit	Gasgesetz	KV, rechnerisch
Luftfeuchte	Änderung Masse + atomare Zusammensetzung	rechnerisch
Verstärkung des Anzeigegeräts	elektronische Veränderungen	KV
Leeranzeige	elektronischer Selbstablauf	exp.
Aufladungseffekte	Polarität der Kammerspannung	exp., rechnerisch
Rekombinationsverluste	Höhe der Kammerspannung, Dichte der Ionisationen	exp., rechnerisch
Strahlungsfeldstörung durch Kammer	Kammerform, Kammervolumen	rechnerisch, exp.
Anisotropie des Ansprechvermögens der Sonde	Bauform	rechnerisch, Einhalten einer Standardgeometrie

Tab. 12.3: Gründe und Methoden für Korrekturen bei der Ionisationsdosimetrie.

Solche Abweichungen können je nach Bauart der Dosimetersonde ihre Ursache in Änderungen der Umgebungsbedingungen haben oder von elektronischen oder sonstigen Veränderungen im Anzeigegerät (Verstärkung, Eingangswiderstand, usw.) herrühren. Früher waren auch Stromnormale üblich, die anstelle der Messsonden unmittelbar an das Anzeigegerät angeschlossen werden konnten. Sie bestanden entweder aus elektronisch stabilisierten Strom- oder Spannungsquellen oder aus geschlossenen Ionisationssonden, in denen ein kleines, langlebiges radioaktives Präparat (z. B. ^{14}C) direkt im Gasvolumen untergebracht wurde. Diese radioaktiven Stromnormale erzeugten einen konstanten Ionisationsstrom, mit dem das Anzeigegerät auf Konstanz der elektronischen Verstärkung überprüft werden konnte. Da solche Prüfungen die Kontrolle der Messsonden jedoch nicht mit einschließen, werden heute die oben erwähnten externen radioaktiven Kontrollvorrichtungen bevorzugt.

Auch bei richtigem Dosimetrieaufbau und Verwendung der korrekten Phantome müssen die Rohmesswerte M_{uncorr} bei der Ionisationsdosimetrie also unabhängig von der Kalibriermethode mit Korrekturen verändert werden. Die korrigierte Dosimeteranzeige wird nach (Gl. 12.4) aus dem unkorrigierten Messwert berechnet.

$$M = (M_{uncorr} - M_0) \cdot k_{elec} \cdot k_r \cdot k_{pT} \cdot k_T \cdot k_h \cdot k_s \cdot k_{pol} \qquad (12.4)$$

Alle in den vorherigen Kapiteln aufgeführten Formeln der Dosimetriekonzepte zur Berechnung der Wasserenergiedosis oder anderer Dosisgrößen für die verschiedenen Strahlungsqualitäten und Strahlungsarten und in die in den folgenden Dosimetriekapiteln verwendeten Formeln gehen von den nach (Gl. 12.4) korrigierten Messwerten M aus.

Symbol	Bedeutung
M	korrigierter Messwert
M_{uncorr}	unkorrigierter Messwert
M_0	Selbstablauf, Nullanzeige
k_{elec}	Korrektur nur bei Ladungs- oder Stromanzeige des Dosimeters*
k_r	Korrektur der Messortverschiebung
k_{pT}	Luftdruck- und Temperaturkorrektur
k_T	sonstige Temperaturabhängigkeit der Sonde und des Dosimeters
k_h	Luftfeuchtekorrektur
k_s	Sättigungskorrektur wegen Rekombinationsverlusten
k_{pol}	Polaritätskorrektur

Tab. 12.4: Größen zur Korrektur des Rohmesswertes nach (Gl. 12.4) bei der Dosimetrie mit Ionisationskammern nach [DIN 6800-2], *: nicht erforderlich bei Sonden, die in Dosisgrößen kalibriert sind (in Anlehnung an die Dosimetrieanleitung des Herstellers PTW-Freiburg von E. Schüle).

12.2.1 Feldstörung, Feldverdrängung

Beim Einbringen einer Ionisationskammer in ein dichtes Medium kommt es zu zwei Arten der Veränderung des ursprünglichen Strahlungsfeldes: der Feldstörung (engl.: perturbation) und der Feldverdrängung (engl.: displacement). Beide spielen in der Dosimetrie mit Kompaktkammern eine Rolle, bei der Verwendung von Flachkammern insbesondere bei modernen Bauformen mit Schutzring-Elektrode können diese Effekte in der Praxis dagegen weitgehend vernachlässigt werden.

Bei Photonenfeldern entsteht die Ionisation im Gasvolumen vor allem durch Sekundärelektronen, die im Material der Kammerwand ausgelöst werden. Wenn Kammerwand und umgebendes Medium verschiedene Zusammensetzungen haben, führt dies bei Photonenstrahlung zu einer **Feldstörung**, also zu einer Veränderung des ursprünglichen Strahlungsfeldes. Werden Messungen in einem primären Elektronenfeld durchgeführt, führt das Einbringen eines luftgefüllten Hohlraums durch verminderte Streuung ebenfalls zu Veränderungen des ungestörten Strahlungsfeldes. Aus dem dichteren Umge-

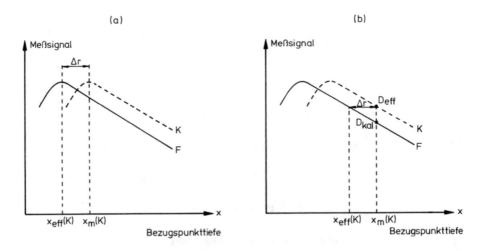

Fig. 12.3: (a) Zur Messortverschiebung Δr von zylinderförmigen Ionisationskammern (Kompaktkammern): Variiert man den Messort, d. h. die Tiefenlage des Bezugspunktes einer Flachkammer F und einer Kompaktkammer K im gleichen Strahlungsfeld, zeigt das Messsignal für die Kompaktkammer infolge des Verdrängungseffektes eine verschobene Tiefenabhängigkeit. Es entspricht nicht dem Messort $x_m(K)$ sondern dem effektiven Messort $x_{eff}(K)$, also einer geringeren Tiefe.
(b) Zur Kalibrierkorrektur zylinderförmiger Kompaktkammern: Unter Kalibrierbedingungen (also hinter dem Dosismaximum) wird der Kompaktkammer, deren Signal dem Dosiswert D_{eff} entspricht, der Wert D_{kal} als richtiger Wert zugeordnet. D_{eff} ist um den Faktor k_r (Gl. 12.5) größer als D_{kal}. Soll die so kalibrierte Kammer unter "Nichtkalibrierbedingungen " verwendet werden, muss man das Produkt aus Kalibrierfaktor N und Messsignal M mit dem Faktor k_r multiplizieren und den so erhaltenen korrigierten Messwert dem effektiven Messort zuordnen.

bungsmaterial werden mehr Elektronen in das Kammervolumen eingestreut als das Kammervolumen selbst in die Umgebung streut. Diese Störungen können durch Korrekturfaktoren (Perturbationskorrekturen p_c, p_λ oder p_e) berücksichtigt werden, die entweder berechnet oder experimentell durch Vergleich mit Flachkammermessungen bestimmt werden. Bei der Kalibrierung werden diese Feldstörungen in der Regel in die Kalibrierfaktoren eingearbeitet. Korrekturen sind deshalb nur durchzuführen, wenn sich die Messbedingungen (Phantomtiefe, Strahlungsqualität) von den Kalibrierbedingungen, den Referenzbedingungen, unterscheiden.

Der zweite Effekt ist der so genannte **Verdrängungseffekt**. Wird eine ausgedehnte luftgefüllte Sonde in das Phantommaterial eingebracht, verändert sich durch die geringere Dichte der Sonde die Wechselwirkungsrate in diesem verdrängten Volumen. Das Kammersignal entspricht deshalb nicht mehr der Energiedosis des Umgebungsmediums an diesem Punkt sondern an einem verschobenen Ort im Phantom. Die räumliche Zuordnung der Anzeige eines Dosimeters geschieht in der Regel über den Bezugspunkt der Messsonde und dessen Anordnung an einem Messort (Details s. Kap. 12.1). Bei sehr inhomogenen Feldern, d. h. bei großen örtlichen Dosisgradienten, kann es wegen des endlichen Sondenvolumens daher zu räumlichen Fehlzuordnungen der Messanzeige kommen.

Der Verdrängungseffekt wird in der Regel bei der Kalibrierung von Kompaktkammern (also unter Referenzbedingungen) in den Kalibrierfaktor eingearbeitet (Fig. 12.3b). Da die Sonde luftgefüllt ist, ist die Dosimeteranzeige auf der abfallenden Seite der Tiefendosiskurve größer, als sie bei einer punktförmigen Sonde am Messort der Sonde wäre. Daher wird der Kalibrierfaktor um den entsprechenden Dosisbetrag verkleinert. Solange also bei der richtigen Strahlungsqualität und in der korrekten Phantomtiefe gemessen wird, ist keine Verdrängungskorrektur nötig. Weichen die Messbedingungen in der praktischen Dosimetrie aber von der Referenzsituation ab, ändert sich der Verdrängungseffekt entsprechend der Durchdringungsfähigkeit der Strahlung. Um dies zu korrigieren, muss bei relativen Tiefendosismessungen nur der effektive Messort der Sonde verwendet werden. Sollen dagegen absolute Dosiswerte bestimmt werden, muss außerdem die Verkleinerung des Messwertes durch den Kalibrierfaktor wieder aufgehoben werden (Fig. 12.3b). Hierzu wird bei ^{60}Co-Kalibrierungen von Kompaktkammern für die Dosimetrie ultraharter Photonenstrahlungen die folgende experimentell und theoretisch begründbare Korrektion verwendet (Gl. 12.5, [DIN 6800-2]).

$$k_r = 1 + \frac{r}{2} \cdot \delta \qquad (12.5)$$

In dieser Gleichung ist r wieder der Innenradius der Kompaktkammer; δ kann aus der Steigung der Tiefendosis der Kalibrierstrahlung am Kalibrierort berechnet werden und hat bei den üblichen Strahlungsqualitäten den typischen Wert von $\delta = 0{,}06$ cm^{-1}.

12.2.2 Luftdruck- und Temperaturkorrekturen

Luftgefüllte Ionisationskammern können entweder als offene oder als geschlossene Systeme ausgelegt sein. Offene Systeme stehen durch Bohrungen in der Kammerwandung oder über das elektrische Verbindungskabel mit der umgebenden Atmosphäre in Verbindung. Das für den Nachweis des Messsignals verwendete Luftvolumen kann dadurch seine dosimetrischen Eigenschaften (atomare Zusammensetzung, z. B. Wasserdampfgehalt) wie auch seine Dichte mit der Außenluft verändern und damit auch die Messanzeige des Dosimeters. Dosimeter, deren Luftvolumen bei der Messung anderen Bedingungen unterliegt als bei der Kalibrierung, zeigen unter Umständen durch Luftmassenänderungen verfälschte Messergebnisse an.

Geschlossene Systeme werden deshalb immer dann verwendet, wenn man von den dosimetrischen Umgebungsbedingungen unabhängig sein will. Werden Ionisationsdosimeter beispielsweise für Messungen im Patienten benutzt (in-vivo-Messungen), unterscheiden sich in der Regel die Temperaturen während der Kalibrierung des Dosimeters (Zimmertemperatur) und der Anwendung (Kerntemperatur des Menschen, etwa 37° C). Daher müssen entweder in der klinischen Routine lästige Temperaturmessungen und Korrekturrechnungen der Messanzeigen durchgeführt werden oder die Messergebnisse weisen systematische Fehler bis zu 6% auf (vgl. dazu Beispiel 12.1). Ähnliches gilt für die Monitorkammern in Elektronenlinearbeschleunigern, die je nach Hersteller als geschlossene oder offene Systeme ausgelegt werden. Da in den Strahlerköpfen der Beschleuniger in der Regel konstante, aber höhere Temperaturen als in der Umgebung herrschen, ist bei offenen Monitorkammern zumindest auf Luftdruckschwankungen zu achten. Eine Erhöhung der Luftdichte durch erhöhten Druck oder erniedrigte Temperatur erhöht die Zahl der Atome in der Sonde und damit die Anzahl der Ionisationen im Messvolumen. Auch bei einem unveränderten Strahlungsfeld erhöht sich dadurch die Dosimeteranzeige.

Zur Korrektur der Luftdruck- und Temperatureinflüsse gibt es zwei Möglichkeiten. Die eine Methode ist die Verwendung thermisch akklimatisierter radioaktiver Präparate, der so genannten Kontrollvorrichtungen (KV). In diesem Fall genügt der einfache Vergleich zwischen Soll- und Istwert der Kontrollanzeige für das Bezugsdatum. Die Messwertkorrektur, die auch eventuelle Veränderungen des elektrischen und elektronischen Teils des Dosimeters enthält, lautet dann:

$$k_{pT} = \frac{Sollwert_{kv}}{Istwert_{kv}} \qquad \text{oder} \qquad k_{pT} = \frac{Istzeit_{kv}}{Sollzeit_{kv}} \qquad (12.6)$$

Die Kontrollanzeigen (Index "kv") können also je nach Bauart und Dosimetriekonzept des Herstellers entweder die Anzeige des Dosimeters pro Zeitintervall (Gl. 12.6 links) oder die für eine bestimmte Dosimeteranzeige erforderliche Messzeit (Gl. 12.6 rechts) sein.

Die zweite Möglichkeit ist die Bestimmung von Korrekturfaktoren durch direkte Messung der klimatischen Bedingungen. In diesem Fall müssen rechnerische Korrekturen nach dem Gasgesetz durchgeführt werden. Dabei werden die Anzeigen auf die dosimetrischen **Normalbedingungen**[2] umgerechnet. Im deutschsprachigen Raum und bei Orientierung an den Messvorgaben der DIN bedeutet dies den Bezug auf einen Luftdruck von 1013,25 hPa, eine Temperatur von 293,15 K und eine relative Luftfeuchtigkeit von 50%. Der Korrekturfaktor lautet dann in Anlehnung an die allgemeine Gasgleichung:

$$k_{p,T} = \frac{p_0}{p} \cdot \frac{T}{T_0} \qquad (12.7)$$

Dabei bedeuten p und T Luftdruck und absolute Temperatur bei der Messung, p_0 und T_0 diejenigen während der Kalibrierung, die in der Regel unter dosimetrischen Normalbedingungen durchgeführt oder für diese Bedingungen berechnet wird.

Der absolute Luftdruck kann aus den vom Deutschen Wetterdienst zur Verfügung gestellten Daten mit Hilfe der barometrischen Höhenformel auf die lokale Höhe über dem Meeresspiegel (Normal-Null) umgerechnet werden (s. z. B. [Christ 2004]). Allerdings werden dadurch Luftdruckschwankungen durch lokale Wetteränderungen oder durch den Einfluss von Klimaanlagen nur unzureichend berücksichtigt. Der Luftdruck kann durch Präzisionsbarometer auch direkt vor Ort gemessen werden. Auf diese Weise können auch Luftdruckänderungen während der dosimetrischen Arbeit leicht verfolgt und korrigiert werden.

Die Bestimmung der Temperatur am Messort muss mit Präzisionsthermometern vorgenommen werden. Bei der praktischen Dosimetrie ist darüber hinaus darauf zu achten, dass die Messsonde und das sie umgebende Phantommaterial tatsächlich die für die T-Korrektur unterstellte Temperatur aufweisen. Bei Festkörperphantomen ist das Phantom und der Messaufbau dazu ausreichend lange (mehrere Stunden) zu akklimatisieren. Die Akklimatisierung ist durch eine Temperaturbestimmung im Phantom zu überprüfen. Bei Wasserphantomen ist auch nach eigentlich ausreichender Akklimatisierung wegen der Wärmeverluste durch Verdunstung an der Wasseroberfläche je nach Größe der Oberfläche und den klimatischen Verhältnissen im Bestrahlungsraum mit Temperaturdifferenzen bis -1°C gegenüber der Umgebungsluft zu rechnen. Hier sind die Messung der Phantomtemperatur und die entsprechende T-Korrektur also obligatorisch. Bei Thermometer und Barometer ist sicherzustellen, dass die verwendeten Messgeräte nur eine zu vernachlässigende Abhängigkeit von der Lufttemperatur oder dem Wasserdampfgehalt aufweisen und außerdem ausreichend langzeitstabil sind.

---

[2] Die dosimetrischen Normalbedingungen sind je nach Land und Dosimetrieprotokoll teilweise unterschiedlich festgelegt. Die Normaltemperatur liegt hin und wieder bei 22°C und der Normaldruck bei 1013,3 hPa.

Beispiel 12.1: Die Kenndosisleistung einer Kobaltbestrahlungsanlage wird bei 23° Celsius und bei einem Luftdruck von 1003 hPa (mbar) gemessen. Normalbedingungen für die Kalibrierung waren 20° Celsius und 1013 hPa. Der Korrekturfaktor für die Temperatur beträgt $k_T =$ (273,15+23)/(273,15+20) = 296,15/293,15 = 1,01. Der Korrekturfaktor für den Luftdruck ist k_p = 1013,25/1003 = 1,01. Zusammen ergibt das eine pT-Korrektur von 2%, um die jeder Messwert bei der Ionisationsdosimetrie im konkreten Beispiel zu korrigieren ist.

Man erhält nach diesem Beispiel folgende Faustregeln für offene Ionisationskammern.

- **Drei Grad Celsius zu wenig oder 10 hPa (mbar) Druck zu viel erhöhen die Dosimeteranzeige um 1 Prozent.**

- **Drei Grad Celsius zu viel oder 10 hPa Druck zu wenig vermindern die Dosimeteranzeige dagegen um 1 Prozent.**

Temperaturänderungen beeinflussen das Ansprechvermögen einer Dosimetrieeinrichtung nicht nur über die Luftdichteänderungen. So ist denkbar, dass bei sorgloser Konstruktion der Ionisationskammern Temperaturabhängigkeiten des Messvolumens und des Messortes durch thermisch bedingte Geometrieänderungen in der Kammer auftreten können. Auch können Temperaturschwankungen Änderungen der elektronischen Dosimeteranzeigen bewirken. Durch sorgfältige Konstruktion der Dosimeterbestandteile kann für eine ausreichende Stabilität im Nenngebrauchsbereich gesorgt werden. Wenn eventuelle diesbezügliche Abhängigkeiten des Messsystems im Einzelfall nicht erfasst werden können, ist der zugehörige Korrekturfaktor k_T auf 1 zu setzen.

Um langsame Empfindlichkeitsänderungen der Ionisationskammer und eventuelle Verstärkungsänderungen im Dosimeter frühzeitig zu diagnostizieren, empfiehlt sich auch bei Verwendung radioaktiver Kontrollvorrichtungen hin und wieder die von den anderen Einflüssen unabhängige exakte Luftdruck- und Temperatur-Korrektur über (Gl. 12.7). Falls nach der rechnerischen Korrektur der Anzeigen auf Luftdruck und Temperatur verbleibende Abweichungen der Kontrollanzeigen von den Sollwerten auftreten, sollte das Dosimeter auf Funktionstüchtigkeit überprüft werden.

12.2.3 Luftfeuchtekorrektur

Beimengung von Wasserdampf in der Luft in Ionisationskammern hat mehrere Einflüsse auf die Messanzeigen. Die erste ist die Veränderung der Ionisierungskonstanten W. Die Ionisierungskonstante für trockene Luft hat den Wert $(W/e)_a = 33{,}97$ J/C. Wird trockener Luft eine bestimmte Menge Wasserdampf beigemischt, verringert sich der Energiebedarf pro Ionenpaar (Fig. 12.4 oben). Der Grund sind die unterschiedlichen Ionisierungskonstanten für Wasserdampf und Luft ($W_{wasserdampf}/W_a \approx 0{,}9$). Bei Wasserdampfsättigung vermindert sich der W-Wert um etwa 0,9%.

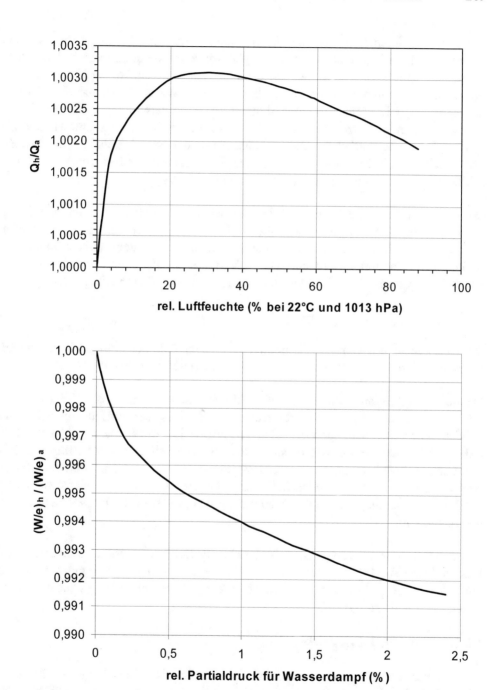

Fig. 12.4: Oben: Relativer mittlerer Energiebedarf zur Erzeugung eines Ionenpaares in feuchter und trockener Luft als Funktion des zunehmenden Wasserdampfgehaltes der Luft. Unten: Verhältnis der dadurch erzeugten Ionisationen als Funktion der relativen Luftfeuchte (nach Daten aus [Niatel], zur Orientierung: 0,5% rel. Partialdruck entsprechen 19% rel. Luftfeuchte).

Die Zahl der durch Ionisation des Luftvolumens erzeugten Ladungen bei gegebener Strahlungsintensität erhöht sich daher wegen des verminderten Energiebedarfs mit zunehmender Luftfeuchte. Zum zweiten vermindert sich die Dichte der Luft im Messvolumen mit zunehmender Wasserdampfbeimischung (Wasserdampf hat eine geringere Dichte als Luft). Dies führt zu einer Abnahme der Wechselwirkungswahrscheinlichkeit und somit zu einer Verminderung der Messanzeige der Ionisationskammer. Bei Wasserdampfsättigung beträgt die Dichteabnahme und die Anzeigeabnahme ca. 1%. Zum dritten erhöht sich das Stoßbremsvermögen des Füllgases für Elektronen geringfügig mit dem Wasserdampfgehalt der Luft um maximal 0,2%.

Die drei Effekte sind gegenläufig und kompensieren sich daher bei Referenzbedingungen weitgehend. Bei Präzisionsmessungen sollten die Messwerte allerdings dennoch auf Luftfeuchte korrigiert werden. Die geschieht mit dem **Luftfeuchtekorrekturfaktor** k_h (h: humidity), der gerade der Kehrwert des Verhältnisses der experimentell bestimmten Ionisationen Q_h und Q_a in feuchter und trockener Luft ist (Daten s. Fig. 12.4).

$$k_h = Q_a/Q_h \tag{12.8}$$

Der Luftfeuchtekorrekturfaktor k_h beträgt bei unseren üblichen klimatischen Bedingungen maximal $k_{h,max} = 0{,}997$ (nach Fig. 12.4 unten, [DIN 6814-3]).

Da die Ionisationskammern bei typischen klimatischen Bedingungen (20°C, 1013 hPa, rel. Luftfeuchte um 50%) kalibriert werden, sind Einflüsse der Luftfeuchtekorrektur nur bei deutlichen Abweichungen der relativen Luftfeuchte zu beachten. Fehler durch unterlassene Luftfeuchtekorrekturen sind unter typischen klinischen Verhältnissen daher so gering, dass sie in der Regel vernachlässigt werden können. Als Luftfeuchtekorrektur wird dann $k_h = 1{,}000$ verwendet. Selbstverständlich muss die Luftfeuchte bei extrem feuchten Klimabedingungen berücksichtigt werden (s. [DIN 6817], [DIN 6814-3], dortige Anmerkung 5).

Die Luftfeuchte ist allerdings auch dann zu korrigieren, wenn, wie es nach dem IAEA-Protokoll [IAEA 398] vorgesehen ist, die Kalibrierung grundsätzlich in trockener Luft mit ^{60}Co-Strahlung durchgeführt wurde. Luftfeuchtekorrekturen an geschlossenen Systemen sind nicht erforderlich.

12.2.4 Polaritätskorrektur

Das Ansprechvermögen von Ionisationskammern ändert sich bei den meisten Kammern mit der Polarität der Kammerspannung. Die Gründe dafür sind unterschiedliche Bilanzen für primäre und sekundäre Elektronen, die aus dem Sondenmaterial in das Messvolumen ein- und austreten. Es wird vermutet, dass lokale elektrostatische Aufladungen von isolierenden Teilen der Ionisationssonde die elektrischen Felder in der Kammer in Abhängigkeit von der Kammerpolarität verzerren. Der Polaritätseffekt hängt außer von der Kammerbauart auch von den Strahlungsfeldbedingungen ab. Er ändert sich also unter sonst gleichen Bedingungen auch mit der Strahlungsenergie oder bei gegebener Strahlungsart mit der in der Tiefe des Phantoms durch Wechselwirkungen veränderten Strahlungsqualität. Im Aufbaubereich und hinter dem Dosismaximum kann der Polaritätseffekt nicht nur seine Größe sondern sogar sein Vorzeichen wechseln.

Zur Vermeidung solcher Effekte gibt es zwei Maßnahmen. Zum einen sind die Hersteller in der Herstellungsnorm [DIN 6817] gehalten, durch entsprechende Bauart den Polaritätseffekt unter allen realistisch vorkommenden Strahlungsfeldbedingungen kleiner als 1% zu halten. Zum anderen sollte die Umpolung der Kammerspannungen im Routinedosimetriebetrieb am besten völlig unterlassen werden. Die meisten kommerziellen Dosimeter bieten sowieso keine Möglichkeit, Kammerspannungen umzupolen. Sollte eine Polaritätsänderung dennoch notwendig sein, muss nach dem Umpolen einige Minuten abgewartet werden, um wenigstens zum Teil lokale elektrostatische Aufladungen zu mindern. Polaritätskorrekturen sind wegen ihrer Energieabhängigkeit prinzipiell auch dann erforderlich, wenn die Messsonde für eine andere Strahlungsqualität als bei der Kalibrierung durch den Hersteller eingesetzt wird. Die Polaritätskorrektur kann experimentell bestimmt werden, indem man für eine bestimmte individuelle Bestrahlungssituation (ind) und die Referenzsituation (z. B. ^{60}Co-Kalibrierung) die Anzeigen des Dosimeters für die übliche auch bei der Kalibrierung verwendete Spannungspolarität (1) und die entgegen gesetzte Polarität (2) bestimmt und nach der folgenden unmittelbar einleuchtenden Formel korrigiert (s. auch [DIN 6800-2]).

$$k_{pol} = \frac{\left[(M_1 + M_2)/M_1\right]_{ind}}{\left[(M_1 + M_2)/M_1\right]_{Co}} \qquad (12.9)$$

Falls im Kalibrierzertifikat keine Angaben zur Co-Polarität gemacht werden, wird unterstellt, dass M_{1Co} und M_{2Co} gleich sind. (Gl. 12.9) reduziert sich dann auf

$$k_{pol} = \frac{M_1 + M_2}{2M_1} \qquad (12.10)$$

12.2.5 Sättigungskorrekturen

Bei hohen Dosisleistungen und bei gepulster Strahlung von Beschleunigern kommt es vor allem bei niedrigen Feldstärken in Ionisationskammern durch Rekombination der erzeugten Ladungsträger zu Signalverlusten. Der Grund liegt u. a. in einer Verdrängung des externen, Ladung sammelnden elektrischen Feldes bei hoher Ionisationsdichte im Gasvolumen der Sonde (vgl. dazu die Ausführungen in Kap. 3). Dadurch werden die Ladungssammelzeiten in der Kammer so groß, dass in ungünstigen Fällen in erheblichem Maß Rekombinationen der Ionenpaare stattfinden können. Werden weniger als 100% der durch ionisierende Strahlung erzeugten Ladungsträgerpaare auf den Elektroden der Ionisationskammer gesammelt, bezeichnet man dies als **mangelnde Sättigung**.

Solche Rekombinationsverluste nehmen mit der Größe des Messvolumens der Sonde zu, mit der Feldstärke in der Kammer ab und sind umso größer, je höher die mittlere Dosisleistung der Strahlungsquelle am Messort ist. Sie sind außerdem abhängig von der

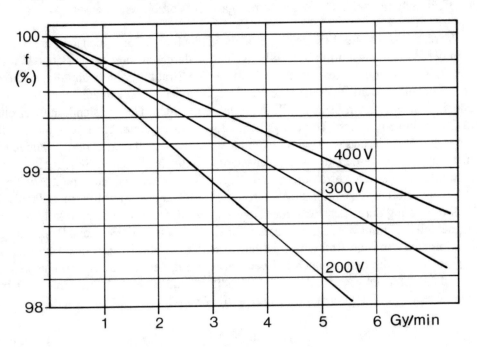

Fig. 12.5: Beispiel einer experimentellen Sättigungsfunktion f als Funktion von Kammerspannung und Dosisleistung für eine kommerzielle Flachkammer (alte Markuskammer PTW-Freiburg, für f = 100% werden alle Ladungen gesammelt). Der Korrekturfaktor k_s ist der Kehrwert der Sättigungsfunktion f.

Bauart der Ionisationskammer. Nicht bei der Kalibrierung berücksichtigte Rekombinationsverluste werden durch einen Korrekturfaktor k_s berücksichtigt. Diese Faktoren findet man in den Begleitdokumenten der verwendeten Dosimetrieausrüstung, die die Korrekturfaktoren in der Regel in Kurvenform oder als Tabellen enthalten (vgl. das Beispiel in Fig. 12.5). Sättigungskorrekturfaktoren können für die verschiedenen Bestrahlungssituationen und Kammerformen experimentell bestimmt oder theoretisch berechnet werden.

Für die praktische Dosimetrie existieren drei Verfahren zur Bestimmung des Sättigungskorrekturfaktors: Die Jaffé-Diagramme, die Zwei-Spannungsmethode und das "dose per pulse"-Verfahren (DPP). Das DPP-Verfahren ist die von der DIN vorgeschlagene Korrekturmethode für gepulste Strahlung [DIN 6800-2]. Details zu diesen Verfahren finden sich u. a. in [Boag 1987], [DIN 6800-2], [IAEA 398], [AAPM 51], der Dosimetrieanleitung des Dosimeterherstellers PTW-Freiburg sowie dem Dosimetriereport der Schweizer Gesellschaft für Strahlenbiologie und Medizinische Physik [SGSMP Nr.8]. Um die Terminologie für das praktische Vorgehen etwas zu erleichtern, werden die Gleichungen (3.50) und (3.51) aus (Kap. 3) mit Hilfe der realen Messwerte M und der bei 100%iger Sättigungskorrektur resultierenden zu erwartenden "wahren" Dosisleistungsmesswerte M_s (Index s bedeutet Sättigung) umgeschrieben. Man erhält dann zusammen mit den üblichen Konstanten (const bzw. konst) die beiden Gleichungen:

$$\frac{1}{M} = \frac{1}{M_s} + \frac{const}{U^2} \qquad \textit{für kontinuierliche Strahlung} \quad (12.11)$$

$$\frac{1}{M} = \frac{1}{M_s} + \frac{konst}{U} \qquad \textit{für gepulste Strahlung} \qquad (12.12)$$

Jaffé-Diagramme: Trägt man in einem Diagramm die reziproken Messwerte (1/M) über den Kehrwerten von U^2 (für kontinuierliche Strahlung) bzw. U (für gepulste Strahlung) auf, erhält man bei Gültigkeit der beiden obigen Formeln Geraden. Diese Darstellungen werden als Jaffé-Diagramme bezeichnet [Jaffé]. Aus dem Schnittpunkt der Ausgleichsgeraden durch die Messpunkte aus dem linearen Bereich dieser Jaffé-Diagramme mit der 1/M-Achse kann die auf Sättigungsverluste korrigierte Anzeige entnommen werden (Fig. 3.4 oben). Dieser Punkt entspricht einer unendlich hohen Kammerspannung U. Die Gültigkeit der so erhaltenen Sättigungskorrekturen ist wegen der linearen Extrapolation allerdings auf den Bereich der Proportionalität von 1/M und $1/U^n$ (n = 1 oder 2) beschränkt. Jaffé-Diagramme realer Ionisationskammern bei gepulsten Strahlungen zeigen oft charakteristische Abweichungen vom linearen Verlauf bei hohen Spannungen, also für kleine 1/U-Werte (vgl. dazu Fig. 12.7). Dies ist im Allgemeinen ein Zeichen für die bei hohen Spannungen einsetzenden Gasverstärkungen der Ionisationskammern und gibt einen deutlichen Hinweis auf die maximal zulässigen Betriebsspannungen der verwendeten Ionisationskammern.

Die in der praktischen Dosimetrie benötigten Korrekturfaktoren für die Rekombinationsverluste werden als Kehrwert des f-Faktors im Nenner der Gleichung (3.51) in (Kap. 3) verwendet. Führen beispielsweise die Sammelverluste durch Rekombination zu einem um den Faktor f reduzierten Messwert, ist der experimentelle Messwert mit dem Kehrwert k_s = 1/f zu korrigieren. Die Jaffé-Diagramme können durch geeignete Normierungen der Spannungen und Messwerte umgezeichnet werden (s. Fig. 12.6 unten), so dass sie unmittelbar die gewünschten Korrekturfaktoren ergeben.

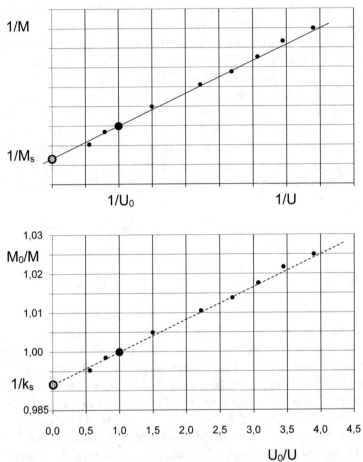

Fig. 12.6: Darstellungen eines Jaffé-Diagramms für gepulste Strahlungen. Oben: experimentelle Messwerte als Funktion der reziproken Kammerspannung. Unten: Darstellung der normierten Messwertverhältnisse $M_0(U_0)/M(U)$ über der normierten Kammerspannung U_0/U. U_0 ist die vom Hersteller vorgegeben Sollarbeitsspannung, die unter sonst regulären Bedingungen den Messwert M_0 erzeugt. Der Schnittpunkt der Ausgleichsgeraden mit der reziproken Messwertachse (offener Kreis) liefert oben den "wahren" Messwert, also den auf Sättigungsverluste korrigierten Messwert, in der unteren Grafik den Kehrwert des Sättigungskorrekturfaktors k_s für gepulste Strahlung.

Die Erstellung solcher Jaffé-Diagramme ist sehr zeitraubend, da die Messungen für alle klinisch verwendeten Ionisationskammern, die gängigen Strahlungsquellen und Strahlungsarten und Pulsdosisleistungen mit geeigneten Referenzdosimetern zur Festlegung der von den Strahlungsquellen emittierten Dosisleistungen mit hoher Präzision vorgenommen werden müssen.

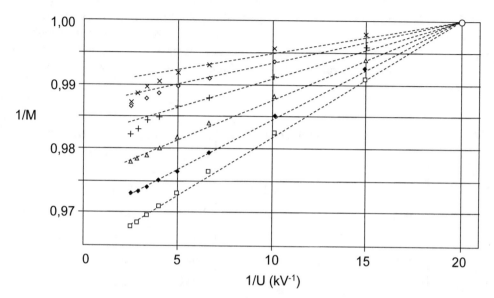

Fig.12.7: Experimentelle Jaffé-Diagramme für eine moderne Parallelplatten-Ionisationskammer (PTW-Roos-Kammer) für verschiedene Pulsdosisleistungen zwischen 0,28 und 1,18 mGy/Puls und Kammerspannungen zwischen 50 und 400 V. Die Pulsdosisleistungen sind von oben: 0,28, 0,35, 0,56, 0,78 und 1,18 mGy/Puls. Je höher die Pulsdosisleistungen an dieser Kammer sind, umso größer sind die Rekombinationsverluste. Die 1/M-Werte wurden zur Übersichtlichkeit auf den 50 V Messwert normiert (offener Kreis). Die oberen drei Diagramme zeigen deutlich die typischen Abweichungen von der Linearität bei hohen Kammerspannungen, also kleinen 1/U-Werten, die durch den Beginn der Gasverstärkung bedingt sind (nach Daten aus [Bruggmoser]).

Die Zwei-Spannungsmethode: Das aufwendige Jaffé-Verfahren kann unter üblichen dosimetrischen Bedingungen bei bekanntem Kammerverhalten und definiertem Pulsverhalten der Strahlungsquelle gut durch die Zwei-Spannungs-Methode ersetzt werden. Dabei sind nur zwei Messwerte zu erfassen, der Messwert M_1 bei der üblichen Arbeitsspannung U_1 und ein weiterer Messwert M_2 mit einer Spannung U_2, die um den Faktor 2 bis 5, bevorzugt zwischen 3 und 5, gegenüber der Sollspannung erniedrigt ist. Beide Messwerte sind vorher auf eventuelle Polaritätseffekte zu korrigieren. Voraussetzung ist die Entnahme der Messwerte bzw. Spannungen aus dem linearen Bereich des Jaffé-Diagramms. Den Sättigungsfaktor für gepulste Strahlungen erhält man dann nach [IAEA 398] mit Hilfe der folgenden Gleichung (12.13).

$$k_s = a_0 + a_1 \cdot \left[\frac{M_1}{M_2}\right] + a_3 \cdot \left[\frac{M_1}{M_2}\right]^2 \qquad \textit{für gepulste Strahlung} \qquad (12.13)$$

Die von IAEA angegebenen Koeffizienten a_i sind in Tabelle (12.5) für gepulste und gepulst-gescannte Strahlungen zusammengefasst. Bei diesen Messungen sollen die Monitoreinheiten der Beschleuniger nicht mit dem internen Dosismonitor des Beschleunigers sondern mit einem im Phantom positionierten externen Dosismonitor gemessen werden, der etwa 3-4 cm lateral zu der untersuchten Kammer aber in der gleichen Messtiefe angeordnet werden soll.

U_1/U_2	gepulste Strahlungen			gepulst-gescannte Strahlungen		
	a_0	a_1	a_2	a_0	a_1	a_2
2,0	2,377	-3,636	2,299	4,711	-8,242	4,533
2,5	1,474	-1,587	1,114	2,719	-3,997	2,261
3,0	1,198	-0,875	0,677	2,001	-2,402	1,404
3,5	1,080	-0,542	0,463	1,665	-1,647	0,984
4,0	1,022	-0,363	0,341	1,468	-1,200	0,734
5,0	0,975	-0,188	0,214	1,279	-0,750	0,474

Tab. 12.5: Koeffizienten zur Berechnung des Sättigungskorrekturfaktors nach der Zwei-Spannungsmethode entsprechend (Gl. 12.13), nach [IAEA 398].

Für Sättigungskorrekturfaktoren $k_s < 1,03$ kann (Gl. 12.13) mit Abweichungen von weniger als 0,1% durch (Gl. 12.14) ersetzt werden.

$$k_s = \frac{M_1/M_2 - 1}{U_1/U_2 - 1} + 1 \qquad \textit{für gepulste Strahlung} \qquad (12.14)$$

Für kontinuierliche Strahlungen wie ^{60}Co- oder ^{192}Ir-Gammastrahlung kann (Gl. 12.13) für $k_s < 1,03$ durch (Gl. 12.15) angenähert werden.

$$k_s = \frac{(U_1/U_2)^2 - 1}{(U_1/U_2)^2 - M_1/M_2} \qquad \textit{für kontinuierliche Strahlung} \quad (12.15)$$

Dieses Verfahren zur experimentellen Bestimmung von Sättigungskorrekturfaktoren entspricht der in [IAEA 398] vorgeschlagenen Methode.

Die "dose per pulse"-Methode (DPP): Berechnungen des Korrekturfaktors nach der Boagschen Theorie berücksichtigen die unterschiedlichen Pulsdosisleistungen und individuellen Konstruktionsmerkmale der Ionisationskammern nicht ausreichend. Experimentelle Untersuchungen haben gezeigt (s. die Daten in Fig. 12.7, [Bruggmoser]), dass je nach Pulsdosisleistung und Kammerbauform die experimentellen Ergebnisse unterschiedliche Korrekturfaktoren ergeben.

Bauart Ionisationskammer	γ (V)	δ (V/mGy)	D_{H2O}/Puls (mGy)	U_{kammer}(V)
PTW 30006/30013 Farmer	0,01	3,44	0,15-0,35	100-300
			>0,35-42	300-400
PTW 23332 rigid	0,13	1,05	0,15-0,5	100-250
			>0,5-5,5	250-400
PTW 31002/31010 flexible	0,38	2,40	0,15-0,6	100-300
			>0,6-5,5	300-400
PTW 34001 Roos	0,06	1,69	0,15-0,5	50-200
			>0,5-42	200-300
PTW 34045 advanced Markus	0,43	0,49	0,25-1,0	50-200
			>1,0-5,5	200-300
Scdx-Wellhöfer NACP02	0,48	2,37	0,25-1,0	100-150
			>1,0-1,3	150-200
			>1,3-2,0	

Tab. 12.6: Koeffizienten zur Berechnung des Sättigungskorrekturfaktors nach der DPP-Methode (Auszug einiger Daten aus [DIN 6800-2], entsprechend Gl. 12.16).

Von den Autoren dieser Arbeit wird ein Verfahren vorgestellt, das experimentelle Korrekturfaktoren für alle verfügbaren Ionisationskammern für die klinische Dosimetrie liefert, das mit nur kleinem Fehler die Korrektur der Sättigungsverluste durch Rekombination ermöglicht. Zugrunde liegt dabei die Wasserenergiedosis. Das Verfahren wird als "dose per pulse" Verfahren (DPP) bezeichnet und ist die mittlerweile von der DIN vorgeschlagene Korrekturmethode [DIN 6800-2]. Man bestimmt zunächst die Dosis pro Puls des Beschleunigers $D_{DPP,w}$. Dann sind für die verwendete Ionisationskammer das zugehörige Konstantenpaar γ und δ und die zur vorliegenden Pulsdosisleistung zugehörigen Kammerspannungen der (Tab. 12.6) zu entnehmen. Anschließend berechnet man den Sättigungskorrekturfaktor nach der folgenden Gleichung (12.16).

$$k_s = 1 + (\gamma + \delta \cdot D_{DPP,w})/U \qquad (12.16)$$

Die Koeffizienten in (Gl. 12.16) sind nach den experimentellen Ergebnissen weder von der Strahlungsart (Elektronen, Photonen) noch von der Strahlungsenergie abhängig. Die

Konstanten für alle marktüblichen Ionisationskammern sind komplett in [DIN 6800-2] und auszugsweise in Tab. (12.6) dargestellt. Vollständige Ausführungen zur Problematik der Rekombinationsverluste und Tabellen mit Korrekturfaktoren für verschiedene Kammerformen finden sich im Report [ICRU 34], weitere praktische Tipps und Literatur in [Reich] und [DIN 6800-2].

12.2.6 Richtungsabhängigkeit der Dosimeteranzeigen

Alle in der klinischen Dosimetrie üblichen Ionisationskammern und auch die anderen zur Strahlungsmessung oder zur Dosimetrie verwendeten Detektoren zeigen ausgeprägte, von ihrer Bauart abhängige Richtungsabhängigkeiten ihrer Anzeigen, die bei der Anwendung der Dosimeter unbedingt beachtet werden müssen. Flachkammern für die Elektronen- oder Weichstrahldosimetrie dürfen nur bei nahezu senkrechtem Einfall des Strahlenbündels auf die Vorderseite der Kammer betrieben werden. Sie zeigen die größte Variation ihrer Anzeige bei einer Veränderung ihrer Kammerausrichtung relativ zum Nutzstrahlenbündel (Fig. 12.8a). Gründe sind die Verschiebungen des effektiven Messortes bei schräger Transmission und die vor allem bei sehr weicher Röntgenstrahlung auftretenden Schwächungsverluste. Weichstrahlionisationskammern, die von hinten bestrahlt werden, können je nach Strahlungsqualität unter Umständen nahezu keine Anzeige mehr aufweisen. Durchstrahlkammern (Transmissionskammern) müssen ebenfalls senkrecht zu ihren Kammerfolien bestrahlt werden. Zylinder- und Fingerhutkammern sind wegen ihrer Bauart (Zylindersymmetrie) bei ordentlichen Fertigungstechniken bezüglich ihrer Anzeigen weitgehend unempfindlich gegen Rotationen um ihre

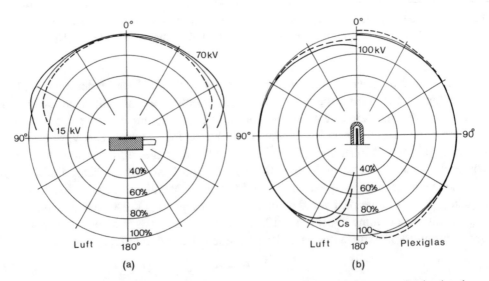

(a)   (b)

Fig. 12.8: Beispiele für die Richtungsabhängigkeiten der Messanzeigen von Ionisationskammern, (a): Weichstrahlkammer (in Luft, Anzeige bei 0° auf 100% normiert), (b): gestreckte Fingerhutkammer (Volumen 0,3 cm³), links in Luft, rechts in Plexiglas, Anzeige bei 90° auf 100% normiert, Cs: ¹³⁷Cs-Gammastrahlung).

Längsachse, für Präzisionsmessungen und die Ermittlung der Kontrollanzeige empfiehlt sich dennoch die Einhaltung standardisierter Positionen.

Bei einer Bestrahlung von Zylinderkammern oder Fingerhutkammern von der Kammerspitze her treten zum Teil erhebliche bauartbedingte richtungsabhängige Abweichungen der Anzeigen auf (vgl. Fig. 12.8b). Sie sind besonders dann deutlich ausgeprägt, wenn sich die Länge und der Durchmesser des Messvolumens stark unterscheiden. Bei symmetrischer Geometrie sind die Richtungsabhängigkeiten dagegen deutlich geringer. Diese Abweichungen hängen auch von der Strahlungsqualität und dem Umgebungsmedium ab. Werden Messungen in wenig dichten Medien wie Luft durchgeführt, wird der primäre Teilchenfluss nur geringfügig durch das Medium gestört, da wenig isotrope Streustrahlung erzeugt wird. Dichte Medien wie Plexiglas oder Wasser erhöhen dagegen den Streustrahlungsanteil, der zu einer Minderung der Winkelabhängigkeit des Messsignals führen kann.

Je härter die Strahlungsqualität der untersuchten Strahlungsquelle ist, umso weniger Einfluss haben geometrische Details der Kammer auf das Messsignal. Die Richtungsabhängigkeiten für harte und ultraharte Strahlungsqualitäten sind daher deutlich weniger ausgeprägt als die für weiche Strahlungen (vgl. Fig. 12.8). Veränderungen der Kammerorientierung relativ zur Strahlungsquelle führen eventuell auch zu Verschiebungen des effektiven Messortes der Kammern, die besonders bei der Dosimetrie nahezu punktförmiger Strahler (Beispiel: Afterloading) im Nahbereich der Quellen zu erheblichen Fehlern führen können. Seriöse Hersteller legen deshalb jeder Ionisationskammer neben dem Prüfprotokoll über die Kammerkalibrierung auch Datenblätter zu den Abmessungen der Ionisationskammer, dem effektiven Messort, dem Bezugsort für die Kalibrierung und Diagramme über die Richtungsabhängigkeit der Dosimeteranzeige bei.

Zusammenfassung

- **Unabhängig vom Dosimetriekonzept sind die Anzeigen des Dosimeters auf verschiedene Einflüsse zu überprüfen und eventuell zu korrigieren.**

- **Die elektronische Konstanz des Dosimeters und der Ionisationskammer sind in regelmäßigen Abständen am besten mit radioaktiven Kontrollvorrichtungen (KV) zu überprüfen.**

- **Verschiebungen des Messortes werden entweder in den Kalibrierfaktor eingearbeitet oder sie müssen mit einem Verschiebungsfaktor k_r berücksichtigt werden.**

- **Luftdruck- und Temperatureinflüsse können entweder mit radioaktiven Kontrollvorrichtungen oder mit einem Faktor nach dem Gasgesetz korrigiert werden.**

- Luftfeuchtekorrekturen sind bei den hiesigen klimatischen Bedingungen ohne Bedeutung.

- Polaritätskorrekturen werden nur benötigt, falls Ionisationskammern unter anderen Spannungsverhältnissen und Strahlungsqualitäten als bei der Kalibrierung betrieben werden.

- Rekombinationsverluste, die nicht vermieden werden können, müssen durch Sättigungsverlust-Faktoren korrigiert werden.

- Die Methoden zur Sättigungskorrektur basieren auf experimentellen Verfahren, bei denen für die jeweilige Messaufgabe in standardisierten Geometrien die Kammerspannungen variiert werden.

- Aus dem Messergebnissen können durch geeignete Auftragungsweise die so genannten Jaffé-Diagramme erstellt werden, aus denen die Sättigungskorrekturfaktoren entnommen werden können.

- Davon abgeleitet ist die vereinfachte experimentelle Zwei-Spannungsmethode, bei der nur zwei Kammerspannungen eingestellt werden müssen. Der messtechnische Aufwand verringert sich dadurch.

- Bei gepulsten Strahlungen aus Beschleunigern empfiehlt sich die "dose-per-pulse"-Methode (DPP). Bei diesem Verfahren sind durch ausführliche experimentelle und theoretische Untersuchungen für alle marktüblichen Ionisationskammern Korrekturfaktoren bestimmt worden, die mit einer einfachen Formel aus den Pulsdosisleistungen berechnet werden können.

- Das "dose per pulse"-Verfahren ist kann für ultraharte Photonenstrahlung und Elektronenstrahlung aus Beschleunigern verwendet werden und ist unabhängig von der Strahlungsenergie.

- Vor allem beim Einsatz von Flachkammern und bei von den Referenzbedingungen abweichenden Messgeometrien bei Verwendung von Kompaktkammern ist auf die Richtungsabhängigkeit der Sondenanzeigen zu achten und gegebenenfalls zu korrigieren.

Aufgaben

1. Erklären Sie die beiden Begriffe Messort und Bezugspunkt (Referenzpunkt) von Ionisationskammern bei der klinischen Dosimetrie. Bei welcher Kammerbauform sind beide Orte grundsätzlich identisch?

2. Wie groß ist die Messortverschiebung bei Zylinderkammern?

3. Nennen Sie die beiden Verfahren zur Korrektur der Anzeige einer luftgefüllten Ionisationskammer bezüglich Luftdruck und Temperaturschwankungen und geben Sie die entsprechenden Formeln an.

4. Wie groß ist der Klimakorrekturfaktor bei folgenden Bedingungen: Luftdruck 986 hPa, Raumtemperatur 24,5°C?

5. Sind bei den bei uns üblichen Raumklimabedingungen Luftfeuchtekorrekturen an offenen Ionisationskammern erforderlich?

6. Was versteht man bei der Dosimetrie mit Ionisationskammern unter mangelnder Sättigung?

7. Erläutern Sie den Begriff des Jaffé-Diagramms und geben Sie die Gründe für die Darstellung für kontinuierliche Strahlung und gepulste Strahlungen an.

8. Wie würden Jaffé-Diagramme bei Messungen ohne Rekombinationsverluste aussehen?

9. Wieso zeigen Jaffé-Diagramme bei kleinen 1/U-Werten oft Abweichungen vom linearen Verlauf (vgl. Fig. 12.7)?

10. Nach welchem Verfahren sollen im Bereich der DIN Sättigungskorrekturen der Ionisationskammeranzeigen bei gepulster Strahlung durchgeführt werden?

11. Können Flachkammern bei der Messung der Kenndosisleistung aus beliebigen Richtungen bestrahlt werden?

Aufgabenlösungen

1. Der Messort ist der Punkt im ungestörten Phantom, an dem die Dosis bestimmt werden soll. Der Bezugspunkt (Referenzpunkt) der Sonde ist ein Ort in der Sonde, bei Flachkammern die Rückseite der Eintrittsfolie, bei Zylinderkammern die Mitte der Zentralelektrode.

2. Die Messortverschiebung bei Zylinderkammern mit dem Innenradius r beträgt etwa Null für weiche und harte Photonenstrahlungen. Für ultraharte Photonenstrahlung beträgt sie r/2 vom Kammermittelpunkt in Richtung Strahlenquelle.

3. Entweder mit einer radioaktiven Kontrollvorrichtung (KV), die Formel für den Korrekturfaktor lautet dann: $k_{pT} = \dfrac{Sollwert_{kv}}{Istwert_{kv}}$, oder mit der "Klimaformel"

    $k_{p,T} = \dfrac{p_0}{p} \cdot \dfrac{T}{T_0}$, wobei p und T den Luftdruck und die absolute Temperatur bei der Messung bedeuten. Die Korrektur mit einer KV bietet den Vorteil, dass gleichzeitig das elektronische Dosimeter und seine Verstärkung mit überprüft werden.

4. Der Klimakorrekturfaktor hat den Wert 1,043.

5. Nein, Luftfeuchtekorrekturen sind bei der hier üblichen DIN-Kalibrierung mit normalem Feuchtigkeitsgehalt der Luft nicht erforderlich (s. die Ausführungen in Kap. 12.2.3).

6. Unter mangelnder Sättigung bei der Dosimetrie mit Ionisationskammern versteht man den Ladungsverlust durch Rekombinationsprozesse im Kammervolumen, bevor die primär erzeugten Ladungen die Sammelelektroden erreichen.

7. Jaffé-Diagramme sind linearisierte Darstellungen der Messanzeigen als Funktion der Kammerspannung. Dazu werden für kontinuierliche Strahlungen die Kehrwerte der Messwerte über dem Kehrwert des Kammerspannungsquadrates, für gepulste Strahlungen über dem Kehrwert der Kammerspannungen aufgetragen. (s. Gln. 12.11 und 12.12 und die dortige Begründung). Reale Kammern weichen vom Idealverhalten einer Ionisationskammer nach diesen Gleichungen ab. Die Sättigungskorrekturen müssen deshalb für jede Ionisationskammer mit experimentellen Jaffé-Diagrammen überprüft werden.

8. Alle Linien wären horizontale Geraden. Die Abweichungen der abfallenden Geraden beschreiben ja gerade die Faktoren zur Berechnung der Rekombinationsverluste.

9. Die Abweichungen der Jaffé-Diagramme vom linearen Verlauf bei kleinen 1/U-Werten sind wahrscheinlich auf das Einsetzen der Gasverstärkung bei hohen Kammerspannungen zurück zu führen.

10. Sättigungskorrekturen bei der Dosimetrie gepulster Photonen- oder Elektronenstrahlung sind nach der "dose per pulse" Methode zu berechnen.

11. Sie können zwar aus allen Richtungen bestrahlt werden, zeigen dann aber wegen der Richtungsabhängigkeit ihrer Anzeige unterschiedliche Dosiswerte an. Die Vorzugs- und Kalibrierorientierung ist die Bestrahlung in senkrechter Richtung zur Eintrittsfolie.

13 Definition und Messung von Kenndosisleistungen

Dieses Kapitel beschreibt die Definition von Kenndosisleistungen und die Methoden zur Kenn-dosisleistungsmessung klinisch verwendeter Strahlungsarten. Die entsprechenden internationa-len "codes of practice" werden soweit vorhanden für jede Aufgabe der Referenzdosimetrie mit den DIN-Verfahren verglichen und eventuelle Abweichungen erläutert.

Zur Charakterisierung von Strahlungsquellen wird neben der Strahlungsqualität ihre Dosisleistung unter festgelegten dosimetrischen Referenzbedingungen benötigt, die so-genannte **Kenndosisleistung**. Die Definitionen und die Bedingungen zur Ermittlung der Kenndosisleistung unterscheiden sich je nach Art und Strahlungsqualität der Strah-lungsquelle.

13.1 Definition der Kenndosisleistungen

Nach deutscher Norm [DIN 6814-3] soll zur Kennzeichnung perkutaner Strahlungs-quellen die Kenndosisleistung verwendet werden. Ihre Definitionen für unterschiedli-che Strahlungsquellen und Verwendungszweck finden sich in (Tab. 13.1). Die Vor-schriften zur Angabe der Kenndosisleistungen bedeuten nicht, dass die Kenndosisleis-tungen auch entsprechend experimentell zu ermitteln sind. In manchen Fällen ist es sinnvoll, bei der dosimetrischen Erfassung der Strahlereigenschaften aus messtechni-schen Gründen von den Vorschriften zur Deklaration der Kenndosisleistung abzuwei-chen. Dann sind allerdings zusätzlich die jeweiligen Bezugsbedingungen anzugeben.

Anlagen	Kenndosisgröße	Abstand/Feldgröße
Röntgendiagnostikeinrichtungen	Luftkermaleistung	1m / frei in Luft
Röntgenbestrahlungseinrichtungen	Wasserenergiedosisleis-tung	1m / 10x10 cm^2 SSD kleinerer Abstand / FG bei weicher Rönt-genstrahlung sinnvoll
Gammabestrahlungseinrichtungen	Wasserenergiedosisleis-tung	1m / 10x10 cm^2 am Messort, SAD
Elektronenbeschleuniger Photonen	Wasserenergiedosisleis-tung	1m / 10x10 cm^2, SSD
Brachytherapiestrahler	Luftkermaleistung	1m / frei in Luft

Tab. 13.1: Definition der Kenndosisleistungen von Strahlungsquellen nach [DIN 6814/3]. SSD: FG an Phantomoberfläche, SAD: FG in Referenztiefe

© Springer Fachmedien Wiesbaden GmbH, ein Teil von Springer Nature 2021
H. Krieger, *Strahlungsmessung und Dosimetrie*,
https://doi.org/10.1007/978-3-658-33389-8_13

Für **diagnostische** Röntgen- und Gammastrahler soll die Kenndosisleistung bevorzugt als Luftkermaleistung in 1m Abstand vom Ort des Strahlers angegeben werden. Sie ist auf der Achse des Nutzstrahlenbündels für eine Feldgröße in diesem Abstand von 10x10 cm^2 ohne Streukörper aber mit dem in der diagnostischen Routine verwendeten Aufbau in Luft zu deklarieren. In dieser Angabe ist die Schwächung und Streuung in Luft bereits enthalten.

Therapeutische Röntgenstrahler sollen durch ihre Wasser-Energiedosisleistung in 1 m Abstand vom Fokus gekennzeichnet werden. Ausnahmen im Abstand und der Feldgröße sind nach DIN für Therapieanlagen mit weicher Röntgenstrahlung erlaubt, da bei diesen in 1m Entfernung je nach eingestellter Röhrenspannung und Filterung bereits ein erheblicher Anteil des Photonenflusses durch die Luft absorbiert oder gestreut werden kann. Alleinige Angabe von Röhren-Strömen oder Röhren-Spannungen zur Charakterisierung der Dosisleistungen von therapeutischen Röntgenstrahlern sind fragwürdig. Gründe dafür sind hier die Schwächungen der Strahlungsbündel und die Veränderungen der Strahlungsqualität durch die Eigenfilterung in der Röntgenröhre, durch die externen Materialien zur Filterung der Röntgenstrahlenbündel sowie die Streuprozesse beispielsweise an den Blendensystemen, die alle zusammen die Dosisleistungen und die Strahlungsqualität merklich verändern können.

Für **therapeutische perkutane** Photonenstrahlungsquellen wie Kobaltanlagen oder Beschleuniger soll die Kenndosisleistung bevorzugt als Wasser-Energiedosisleistung in einem Messortabstand von 1 m in einem rückstreugesättigten, also ausreichend großen Phantom in bestimmten Messtiefen auf der Zentralstrahl-Tiefendosiskurve für eine Hautfeldgröße von 10x10 cm^2 angegeben werden. Für Kobaltanlagen ist auch die Deklaration der Kenndosisleistung in 80 cm Messortentfernung zulässig.

Bei umschlossenen **radioaktiven Photonen-Strahlern** für die Brachytherapie kann die Quellstärke nur sehr ungenau mit Hilfe der Aktivität und der Dosisleistungskonstanten charakterisiert werden. Ausschließliche Aktivitätsangaben der verwendeten radioaktiven Strahler sind wegen der Selbstabsorption in der Quelle und der Schwächung in den Kapselungen zur Angabe der Kenndosisleistungen ungeeignet. Für Zwecke der Strahlentherapie konnten bisher nicht umbaute aber umschlossene radioaktive Strahler wie beispielsweise Afterloadingquellen auch über ihre effektive Aktivität und die entsprechende Dosisleistungskonstante Γ gekennzeichnet werden. Die effektive Aktivität enthielt die Streuungen und Absorptionen in den Strahlungsquellen und den entsprechenden Halterungen. Sie waren also nur für einen bestimmten Applikatortyp zu verwenden. Aus der effektiven Aktivität können mit Hilfe des Abstandsquadratgesetzes charakteristische Dosisleistungen berechnet werden. Heute wird für perkutane Photonen-Brachytherapiestrahler international die Kennzeichnung über die Luftkermaleistung frei in Luft in 1 m seitlichem Abstand vom Schwerpunkt des Strahlers vorgeschrieben.

13.2 Messung der Kenndosisleistungen

Kenndosisleistungen werden in der Praxis meistens in Wasser-Phantomen genügender Ausdehnung oder in Phantomen aus Plexiglas oder sonstigen gewebeähnlichen Festkörpern ionometrisch, d. h. mit Ionisationskammern, bestimmt. Als Abstand der Messsonde von der Strahlungsquelle wird der häufigste therapeutische Abstand gewählt oder die Entfernung des Isozentrums (Drehachse der Bestrahlungsanlage) vom Quellenort der Strahlungsquelle.

Die Messungen könnten im Prinzip im Dosismaximum auf dem Zentralstrahl durchgeführt werden. Der Vorteil dieses Verfahrens bei hochenergetischen Strahlungsquellen wäre die Unempfindlichkeit der Messung gegenüber kleinen Verschiebungen der Sonde oder Unsicherheiten über die exakte Lage des effektiven Messortes, die im Dosismaxi-

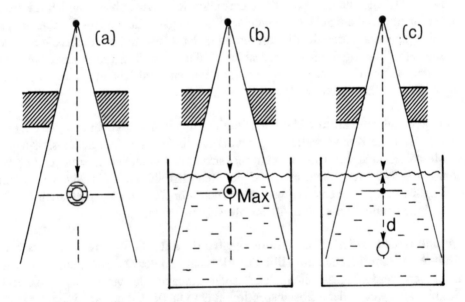

Fig. 13.1: Anordnungen zur Angabe und Messung von Kenndosisleistungen perkutaner Therapie-Strahlungsquellen. (a): Frei-Luft-Messung, je nach Photonenenergie auch mit Aufbaukappen um die Sonde. (b): Messung im Wasserphantom im Tiefendosismaximum. (c). Messung im Wasserphantom in beliebiger Referenztiefe d.

mum wegen des dort flachen Dosisverlaufs nur wenig Einfluss auf die Messergebnisse haben. In der Regel ist es bei hochenergetischer Photonenstrahlung aus Beschleunigern jedoch vorteilhafter, die absoluten Photonen-Dosisleistungen - wie von DIN vorgeschlagen - hinter dem Maximum zu messen, z. B. in 5 oder 10 cm Wassertiefe. Kontaminationen des primären Photonenstrahlenbündels mit bereits gestreuten Photonen oder aus ungewollten Wechselwirkungen mit dem Dosimetrieaufbau herrührende Elektronen können zwar die Maximumsdosisleistung erhöhen; diese sekundäre Strahlung erreicht aber wegen ihrer niedrigeren Energie auf keinen Fall größere Phantomtiefen. Dosisleistungen in der Tiefe sind deshalb weitgehend unabhängig von zufälligen verursachten Verunreinigungen des Photonenstrahlungsfeldes. Außerdem werden die Ionisationskammern für ultraharte Photonenstrahlungen in der Regel in 5 oder 10 cm Wassertiefe kalibriert, da die Spektren dort nur noch geringfügigen Änderungen unterliegen.

Für die Dosimetrie weicher Röntgenstrahlungen mit Weichstrahlkammern reichen wegen der geringeren Reichweite der Sekundärstrahlung niederenergetischer Röntgenstrahlung kleine handliche Festkörperphantome zur Kenndosisleistungsmessung aus, die in den typischen kurzen therapeutischen Entfernungen (etwa 10 bis 30 cm) bestrahlt werden. Neben den unter Standardbedingungen erfassten Kenndosisleistungen in diesem Energiebereich müssen die Dosisleistungen auch für alle verfügbaren Tubusse direkt gemessen werden, da wegen der Aufsättigung der Strahlungsfelder durch Streuung der primären Photonen an den Tubuswänden keine einfache Systematik der Feldgrößenabhängigkeit der Dosisleistungen existiert. Frei-Luft-Messungen der Kenndosisleistung therapeutischer weicher Röntgenstrahler im Nahbereich sind wegen der merklichen Dosisleistungsfehler bei Fehlpositionierungen und wegen der schwer kontrollierbaren Streuung des Nutzstrahlungsbündels an Kammerkörper und Kammerhalterungen zu unsicher.

Zur Dosimetrie harter Röntgenstrahlungen werden kleine Wasser- oder Festkörperphantome verwendet. Die Messungen werden mit Kompaktkammern durchgeführt. Auch hier sind beim Vorliegen von Tubussen starrer Geometrie die Dosisleistungen für alle Feldgrößen einzeln auszumessen.

Bei der Messung der Kenndosisleistung perkutaner therapeutischer Bestrahlungsanlagen ist nach **zeitgesteuerten** und **monitorüberwachten** Anlagen zu unterscheiden. Zur ersten Kategorie zählen die Anlagen mit radioaktiven Strahlern und die Röntgenbestrahlungsanlagen wie Brachytherapiestrahler und Kobaltanlagen. Bei diesen bleibt die Dosisleistung der Strahlungsquelle während der kurzen Zeitspanne während der Behandlung oder der Dosimetrie weitgehend zeitlich konstant. Die Bestrahlungszeiten werden über Doppeluhren gesteuert und kontrolliert. Die Kenndosisleistungen vermindern sich allerdings durch die radioaktiven Zerfälle mit der Zeit und müssen deshalb in geeigneten Zeitintervallen neu bestimmt oder berechnet werden.

Bei Röntgentherapieröhren die Konstanz der Kenndosisleistungen durch die zeitliche Konstanz der elektrischen Betriebsbedingungen der Röntgenröhre bewirkt (Röhrenstrom, Hochspannung). Dabei ist zu beachten, dass die Dosisleistung eines Röntgenstrahlers etwa quadratisch mit der eingestellten Hochspannung (den kV) und linear mit dem Röhrenstrom (den mA) variiert. Zur Erstellung von Bestrahlungszeittabellen kann bei solchen Strahlungsquellen die Dauer des Messintervalls direkt mit den geräteinternen oder externen Uhren gesteuert werden. Die Messgröße "Dosisleistung" ist in allen diesen Fällen physikalisch korrekt eine "Dosis pro Zeit", die in den üblichen Einheiten (z. B. in Gy/min o. ä.) angegeben wird.

Bei der zweiten Gruppe von Bestrahlungsanlagen, den Beschleunigern, können trotz der maschineninternen Regelungen die Dosisleistungen vor allem während der Startphase erheblich mit der Zeit schwanken. Die wichtigsten Vertreter dieser klinischen Beschleuniger sind die Elektronenlinearbeschleuniger (engl.: electron linear accelerators, Linacs). Die Dosisleistung des primären Strahlenbündels ist bei Beschleunigern und bei konstanter Einstellung der strahlformenden Elemente (Spulen, Extraktion aus der Elektronenkanone) etwa proportional zum Kanonenstrom bzw. zum Elektronenstrom im Beschleunigungsrohr. Um die Dosisleistung des Beschleunigers konstant zu halten, wird der Kanonenstrom während der Bestrahlung geregelt. Die Dosisleistungen und die dem Patienten applizierte Dosis muss deshalb durch interne Strahlmonitore ständig überwacht werden. Wird für die Regelung das feldgrößenabhängige Signal eines der beiden Doppelmonitore verwendet, ändern sich auch der Strom in der Kanone und damit die primäre Dosisleistung je nach Regelcharakteristik mit der Kollimatoröffnung.

Angaben der Kenndosisleistung von Beschleunigern werden immer auf die Anzeige des internen Monitors bezogen, der unabhängig von den zeitlichen Schwankungen der Dosisleistung die in der Monitorkammer erzeugte Dosis dokumentiert. Bei der periodischen dosimetrischen Überprüfung dieses Strahlüberwachungssystems, der Monitorkalibrierung, werden die Dosisanzeigen externer Dosimeter gegen die so genannte Monitoreinheit (die Zähleinheit des Dosismonitors ME, engl. MU monitor unit) gemessen. Die Anzeigen von Strahlmonitoren hängen von vielfältigen anlagenbedingten Einflüssen ab; sie stehen deshalb im Allgemeinen in keinem festen Zusammenhang zur Bestrahlungszeit. "Kenndosisleistungen" von Beschleunigern werden daher immer als Dosis pro Monitoreinheit (z. B. in der Einheit Gy/100 ME) angegeben. Sie sind also streng genommen keine auf die Zeit bezogenen Dosisleistungen sondern Dosisangaben pro Messanzeige des Monitors.

Für therapeutische Strahlungsquellen werden für die Referenzdosimetrie Standardbedingungen für Geometrien im Aufbau, für Feldgrößen, Messtiefen und zu verwendete Dosimeter festgelegt (Tab. 13.2). Die für die Messung der Kenndosisleistung verwendeten Dosimeter bestehen aus drei wesentlichen Baugruppen: der Messsonde, dem Anzeigegerät und der Kontrollvorrichtung. Bis auf wenige absolut messende Dosimeter müssen alle Dosimeter durch Vergleich ihrer Messanzeige mit absolut messenden Primär- oder Sekundär-Dosimetern **kalibriert** werden. Klinische Dosimeter werden meistens von den Herstellern kalibriert, indem sie mittelbar oder unmittelbar mit nationalen Normaldosimetern verglichen werden. Sie unterliegen für den Bereich der strahlentherapeutischen Nutzung außerdem einer gesetzlichen **Eichpflicht**, die von den regionalen Eichämtern wahrgenommen wird. Die folgenden Ausführungen beziehen sich auf die fertig formulierten praktischen Konzepte zur Messung von Kenndosisleistungen klinischer Photonen-Strahlungsquellen von DIN, IAEA und AAPM. Die zu kalibrierenden Ionisationssonden werden dazu in einem Kalibrierverfahren einer Referenzstrahlungsquelle mit einer bestimmten Strahlungsqualität Q_0 ausgesetzt. Dabei werden Kalibrierfaktoren N_w zur Berechnung der Wasserenergiedosis oder N_K für die Luftkermaleistung aus den Messwerten für diese Strahlungsqualitäten Q_0 erzeugt.

Strahlungsqualität	Kenndosisleistung	Referenzstrahlung
weiche Röntgenstrahlung	Wasserenergiedosisleistung	kalibrierte Röntgenstrahler (TW-X)
harte Röntgenstrahlung	Wasserenergiedosisleistung	Kalibrierte Röntgenstrahler (TH-X)
ultraharte Photonenstrahlung (Co-60, Beschleuniger)	Wasserenergiedosisleistung	Co-60 (Q_0)
Elektronenstrahlung (Beschleuniger)	Wasserenergiedosisleistung	Co-60 (Q_0)
Protonenstrahlung (Beschleuniger)	Wasserenergiedosisleistung	Co-60 (Q_0)
Afterloading-Photonenstrahler	Luftkermaleistung	kalibrierte Referenzstrahler

Tab. 13.2: Übersicht über die Kenndosisleistungen und die für die Kalibrierung zu verwendeten Referenzstrahlungen für therapeutische Photonenstrahlungsquellen. Details zu den Referenzstrahlern für weiche und harte Röntgenstrahlungen finden sich im Tabellenanhang (Tab. 25.2)

Bei der Dosimetrie weicher und harter therapeutischer Röntgenstrahlungen wird dazu mit speziellen Röntgen-Referenzstrahlungsqualitäten kalibriert. In allen anderen perkutan verwendeten Strahlungsarten Fällen wird die Wasserenergiedosiskalibrierung entweder an einer ^{60}Co-Quelle oder einer anderen Strahlungsquelle mit der Strahlungsqualität Q_0 unterstellt. Der entsprechenden Kalibrierfaktoren werden mit $N_w(Q_0)$ angegeben. Abweichungen der untersuchten Strahlungsqualitäten von der Strahlungsqualität der Referenzstrahlung werden mit dem Korrekturfaktor k_Q berücksichtigt.

Bei Photonen emittierenden Afterloadingstrahlern wird die Kalibrierung mit genormten Strahlern des zu untersuchenden Radionuklids vorgenommen. Der Kalibrierfaktor wird als N_K bezeichnet.

Die in den folgenden Formeln zur Berechnung der Kenndosisleistungen verwendeten Messwerte M sind die auf die üblichen Einflüsse korrigierten Rohmesswerte mit Ionisationskammern nach den Verfahren in Kap. (12.2, Gl. 12.4). Die meisten kammerspezifischen Korrekturen werden bereits im Kalibrierverfahren erfasst. Ein Restfaktor k_{rest} steht für nicht im Kalibrierverfahren integrierte Korrekturen und sonstige nicht berücksichtigte Besonderheiten der einzelnen nationalen Kalibrierprotokolle. Die wichtigste Korrektur vor Ort ist wegen der offenen Bauweise der Ionisationskammern die Luftdruck- und Temperaturkorrektur. Alle Berechnungsformeln für die Kenndosisleistungen haben außer für Afterloadingstrahler daher die Form:

$$\dot{D}_w(Q) = k_{rest} \cdot k_Q \cdot N_w(Q_0) \cdot M \tag{13.1}$$

Für Afterloadingstrahler gilt entsprechend:

$$\dot{K}_a(Q) = k_{rest} \cdot N_K(Q) \cdot M \tag{13.2}$$

Die Parameter in (Gl. 13.1 und Gl. 13.2) haben die in (Tab. 13.3) zusammengestellten Bedeutungen.

Symbol	Bedeutung
M	korrigierter Messwert (nach Kap. 12)
$N_w(Q_0)$	Kalibrierfaktor in Wasserenergiedosis für die Kalibrierstrahlungsqualität
$N_K(Q)$	Kalibrierfaktor in Luftkerma für die Afterloadingstrahlungsqualität Q
Q_0	Strahlungsqualität der Kalibrierquelle
k_Q	Korrekturfaktor für die Abweichung von der Kalibrier-Strahlungsqualität Q_0 von der Qualität der untersuchte Strahlungsart
k_{rest}	Sonstige Korrekturen je nach Protokoll
Q	Strahlungsart und Strahlungsqualität des untersuchten Strahlungsfeldes
$\dot{D}_w$	Wasserenergiedosisleistung der untersuchten Strahlungsquelle
$\dot{K}_a$	Luftkermaleistung des Afterloadingstrahlers

Tab. 13.3: Größen zur Berechnung der Wasserenergiedosis- bzw. Luftkermaleistung für Strahlungsquellen nach dem Wasserenergiedosiskonzept (Gl. 13.1) bzw. dem Luftkermakonzept (Gl. 13.2) bei der Dosimetrie mit Ionisationskammern.

13.2.1 Referenz-Dosimetrie weicher und harter Röntgenstrahlungen

Verfahren der Weichstrahldosimetrie: Die zugehörigen Normen sind [DIN 6809-4] und [IAEA 398 (dortiges Kap. 8). Bestrahlungen mit weicher Röntgenstrahlung dienen zur Behandlung oberflächennaher Erkrankungen (Hauttumoren, gutartige Erkrankungen). Die Ionisationskammern sind kompakte Flachkammern mit kleinen Bautiefen, die so genannten Weichstrahlkammern. Die Messsonden müssen wegen der klinischen Dosierung auf die Hautoberfläche an der Oberfläche von wasseräquivalenten Phantomen, dem Ort des Dosismaximums angeordnet werden. Da dies im allgemeinen wegen der dünnen Eintrittsfenster der Ionisationskammern und wegen der Schwierigkeiten bei oberflächenbündiger Positionierung in Wasser kaum möglich ist, werden die Messungen in Abweichung zu den sonstigen Strahlungsqualitäten in kleinen Festkörperphantomen durchgeführt. Die Weichstrahlkammern selbst sind aus Gründen der besseren Hantierbarkeit in kleine Festkörperblöcke eingebettet, die bei Einbringen in das Messphantom Teil dieses Phantoms werden. Die Wahl der Festkörpersubstanz ist unkritisch, da Wasseräquivalenz nur bezüglich der Rückstreuung gegeben sein muss.

Die Phantomdicke hinter der Ionisationskammer sollte dazu mindestens $5 g/cm^2$ betragen, also einer Wasserdicke von 5 cm entsprechen. Um eine ausreichende Rückstreusättigung zu erreichen, darf das Strahlenbündel das Phantom erst auf der Unterseite verlassen, das Phantom muss also ausreichend seitliche Ausdehnungen haben. Das gängige Material ist Plexiglas (PMMA).

Der Bezugspunkt der Weichstrahlkammern ist in Abweichung zur Dosimetrie hochenergetischer Strahlungen die äußere Oberfläche des Eintrittsfensters, da die Dosis an der Phantomoberfläche angegeben werden muss. Bei der Referenzdosimetrie wird eine Feldgröße von $3x3 cm^2$ an der Phantomoberfläche vorgeschlagen. Empfehlenswert ist die Dosimetrie aller Tubusgrößen, da dann keine form- und flächenabhängigen Umrechnungen auf andere Tubusgrößen nötig sind. Die Tubusse, die bei solchen Weichstrahltherapieanlagen in der Regel zur Feldbegrenzung verwendet werden, müssen bei der Dosimetrie und bei der Anwendung am Patienten allseitig bündig mit der Oberfläche des Phantoms abschließen[1].

Um das Eindringen von Streuelektronen aus dem Strahlerkopf und einen ausreichenden Dosisaufbau durch Sekundärelektronen im Phantom zu gewährleisten, schreibt DIN oberhalb von 50 kV Erzeugerspannung eine 0,1 mm dicke wasseräquivalente Folie vor der äußeren Kammermembran vor. Diese Zusatzfolie wird nicht bei der Kammerkalibrierung eingesetzt, ihre Wirkung ist also nicht in den Kalibrierfaktoren enthalten. Ihr Einfluss muss vom Anwender selbst durch experimentelle Untersuchungen korrigiert werden. IAEA schreibt oberhalb von 50 kV Erzeugerspannung sogar von der

---

[1] Bei einem Positionierungsfehler von 1 mm bei einem FHA von 10 cm ergibt das Abstandsquadratgesetz bereits einen systematischen Messfehler von 2%.

Strahlungsqualität abhängige Vorschaltschichten verschiedener Materialien vor (Polyethylen, PMMA, Mylar, s. Tab. (25.1.2) im Tabellenanhang).

Die Ionisationskammern werden für die Weichstrahldosimetrie nach [DIN 6809-4] mit standardisierten Röntgenstrahlungsqualitäten Q_0 von TW-7,5 bis TH-100 oder, wenn nicht ausreichend Kalibrierstrahlungsquellen zur Verfügung stehen, auch mit einem eingeschränkten Strahlungsqualitätsbereich (TW-15, TW-30, TW-50 und TW-70, s. Tab. 25.1.1) direkt in Wasserenergiedosis kalibriert.

$$D_w(Q) = k_Q \cdot N_w \cdot M \tag{13.3}$$

Weichen die vorliegenden Strahlungsqualitäten Q von diesen Kalibrier-Strahlungsqualitäten ab, muss der entsprechende Q-Faktor durch Interpolation bestimmt werden.

Kalibrierungen der Dosimeter in Standardionendosis oder Luftkerma sind ebenfalls möglich. Für die Umrechnungen der Anzeigen so kalibrierter Weichstrahlkammern in die gewünschte Wasserenergiedosis wird auf die Darstellung dieser Dosimetriekon-

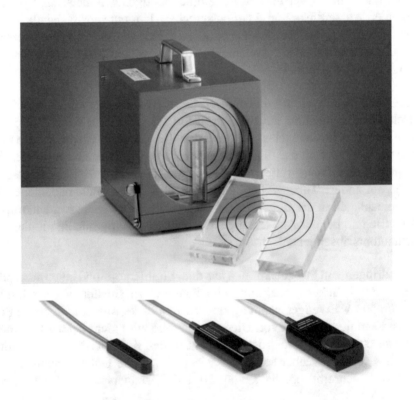

Fig. 13.2: Phantom aus Plexiglas und Flachkammern für die Weichstrahldosimetrie therapeutischer Röntgenstrahlungen (mit freundlicher Genehmigung der PTW-Freiburg).

zepte in (Kap. 10.2.1.3) und die Daten im Tabellenanhang (25.2) verwiesen. Wegen der bei indirekten Anschlüssen größeren Fehlerbreiten sollten solche Kalibrierungen möglichst nicht mehr verwendet werden.

Verfahren der Hartstrahldosimetrie: Die zugehörigen Normen sind [DIN 6809-5] und [IAEA 398] (dortiges Kap. 9). Bestrahlungen mit harter Röntgenstrahlung dienen zur Halbtiefentherapie, also oberflächennaher aber nicht oberflächlicher Tumoren (Orthovolttherapie). Typische Gewebetiefen betragen zwischen wenigen mm und einigen cm. Diese Strahlungsart wurde vor der breiten Verfügbarkeit von Beschleunigern auch teilweise zur Tiefentherapie eingesetzt, ist heute aber dafür nicht mehr zugelassen. Die Ionisationskammern sind zylinderförmige Kompaktkammern mit Messvolumina zwischen 0,1 cm^3 und 1 cm^3. Die Messungen werden in Wasserphantomen oder wasseräquivalenten Festkörperphantomen durchgeführt. Am Messort sollte die Ionisationskammer in alle seitlichen Richtungen mindestens von 5 cm wasseräquivalenten Schichten umgeben sein. Die Rückstreuschicht hinter der Messsonde soll mindestens 10 cm betragen. Werden die Phantome horizontal, also durch die Phantomwand bestrahlt, sollte die Wandstärke in Strahlrichtung zwischen 0,2 und 0,5 cm wasseräquivalenter Dicke betragen. Diese wasseräquivalente Dicke muss bei der Tiefenberechnung zur Positionierung der Ionisationskammer berücksichtigt werden.

Bei Messungen im Wasserphantom müssen wasserdichte Schutzkappen über die Kammern gestülpt werden. Sie sollten aus maximal 1 mm Plexiglas gefertigt sein und zwischen Kammerwand und Kappe einen zum Druckausgleich ausreichenden Luftspalt aufweisen. Als Fokus-Phantomoberflächenabstand wird 1 m verwendet. Die Feldgröße soll 10x10 cm^2 an der Oberfläche des Phantoms betragen. Die Messsonden müssen nach DIN in 5 cm Wassertiefe angeordnet werden. IAEA schreibt in Abweichung dazu eine Wassertiefe der Sondenposition von 2 cm vor und legt sich bezüglich des Fokus-Oberflächenabstandes nicht fest. Als Referenzpunkt wird die Mitte der Kompaktkammer (Kammerachse) verwendet. Dieser Ort entspricht auch dem Messort und wegen der vergleichsweise weichen Strahlungsqualität und der damit verbundenen hohen Streustrahlungsanteile des umgebenden Materials auch dem effektiven Messort.

Die Ionisationskammern werden für die Hartstrahldosimetrie nach [DIN 6809-5] entweder mit ^{60}Co-Strahlung oder mit standardisierten Röntgenstrahlungsqualitäten Q_0 zwischen TH-100 und TH-280 direkt in Wasserenergiedosis kalibriert.

$$D_w(Q) = k_F \cdot k_Q \cdot N_w \cdot M \qquad (13.4)$$

Liegt eine ^{60}Co-Kalibrierung vor, müssen für die vorliegenden Strahlungsqualitäten wie üblich spezielle k_Q-Faktoren verwendet werden. Bei einer Kalibrierung mit den Standardqualitäten TH-X, sind die entsprechenden Strahlungsqualitätsfaktoren selbstverständlich $k_Q = 1,0$. Weichen die vorliegenden Strahlungsqualitäten Q_λ von diesen Kalibrier-Strahlungsqualitäten ab, muss der entsprechende Q-Faktor für die interessierenden Strahlungsqualitäten wieder durch Interpolation bestimmt werden. Abweichungen der Feldgröße von der Referenzbedingung (FG 10x10 cm^2) werden mit einem Flächen-korrekturfaktor k_F korrigiert. Die Zahlenwerte dieser Korrekturfaktoren sind im Tabellenanhang (Tab. 25.2) zusammengestellt.

- **Die Kenndosisleistungen werden für weiche Röntgenstrahlungen mit speziellen Flachkammern (Weichstrahlkammern) an der Oberfläche von kompakten Festkörperphantomen gemessen**

- **Kenndosisleistungsmessungen harter Röntgenstrahlung werden mit zylinderförmigen Kompaktkammern in vorgegeben Tiefen in Wasserphantomen durchgeführt.**

- **Für weiche und harte Röntgenstrahlungen werden als Referenz für die Kammerkalibrierung national und international speziell gefilterte Röntgenstrahlungsquellen vorgehalten, die in den Kalibrierlabors zur Verfügung stehen.**

- **Sie werden für weiche Röntgenstrahlung mit den Kürzeln TW-X, für harte Röntgenstrahlungen mit TH-X bezeichnet, wobei der Buchstabe X jeweils für die Nennspannung der Röntgenspektren steht.**

13.2.2 Kenndosisleistungsmessung ultraharter Photonenstrahlungen

Die Verfahren sind national [DIN 6800-2] und international ([IAEA 398], [AAPM 51]) etwas unterschiedlich geregelt. Die Kenndosisleistung wird grundsätzlich als Wasser-energiedosis spezifiziert. Es werden zwei Möglichkeiten zur Messgeometrie verwendet. Bei dem einen Verfahren wird die Feldgröße an der Phantomoberfläche definiert. Dies wird als SSD-Setup bezeichnet (SSD: source-surface-distance). Bei der anderen Methode wird die Feldgröße im Isozentrum der Anlage vorgegeben. Diese isozentrische Technik entspricht heute den meisten Bestrahlungssituationen an Patienten und wird als SAD-Technik bezeichnet (SAD: source-axis-distance). Die Energiedosis wird im Phantommaterial Wasser gemessen. Das Wasserphantom soll bezüglich der Streuung quasi unendlich sein. In der Praxis bedeutet dies Abmessungen des Wasservolumens von mindestens 40x40x40 cm³. Wenn die Ionisationskammern nicht wasserdicht sind, müssen sie mit wasserdichten Schutzkappen versehen werden, deren Wandstärken wie bei der Hartstrahldosimetrie 1 mm Plexiglas betragen sollen. Außerdem ist wieder ein ausreichender Luftspalt zum Druckausgleich vorzusehen.

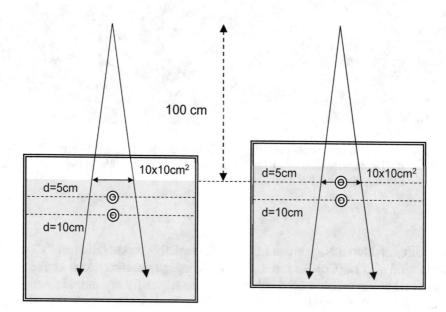

Fig. 13.3: Geometrien zur Messung der Kenndosisleistungen ultraharter Photonenstrahlungen. Links: SSD-Technik mit an der Oberfläche definierter Feldgröße und einem Fokus-Oberflächenabstand von 100 cm. Rechts: SAD-Technik mit Feldgrößendefinition im Isozentrum und je nach Messtiefe unterschiedlichem Fokus-Oberflächenabstand. Dargestellt ist rechts der SAD-Aufbau für 5 cm Messtiefe, also zur Messung der Kenndosisleistung eines ⁶⁰Co-Strahlers. Die Kammermitten sind aus Darstellungs-gründen in den jeweiligen Messtiefen positioniert. Für die genauen Positionierungen der Kammern s. Kap. (12.1).

DIN-Vorgaben: Die Kenndosisleistungen sollen nach DIN für ^{60}Co-Strahler in SAD-Technik gemessen werden. Dazu ist eine Messtiefe von 5 cm Wasser und eine Quadratfeldgröße am Messort von 10x10 cm^2 zu wählen. Der Quellen-Oberflächenabstand muss bei Co-Messungen also 95 cm betragen. Ultraharte Photonenfelder aus Beschleunigern sollen dagegen in SSD-Technik in 10 cm Wassertiefe gemessen werden mit einer Feldgröße von 10x10 cm^2 an der Oberfläche des Phantoms bei einem Fokus-Oberflächenabstand von SSD = 100 cm. Die Solltiefen entsprechen anders als bei den internationalen Protokollen den effektiven Messorten der Kammern und nicht den jeweiligen Bezugspunkten der Kammern (Kammermitten). Die Kammern sind also um $\Delta r = 0{,}5 \cdot r$ vom Fokus weg zu verschieben (s. Gl. 12.1).

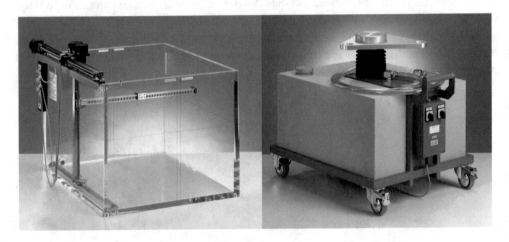

Fig. 13.4: Großvolumiges quasi-unendliches Wasserphantom mit zugehörigem Hubwagen für die Dosimetrie ultraharter Photonen- und Elektronenstrahlung (mit freundlicher Genehmigung der PTW-Freiburg).

Die Kalibrierfaktoren N_w werden im Bereich der DIN grundsätzlich an ^{60}Co-Strahlern erstellt, sind also $N_w(Co)$-Faktoren. Die Strahlungsqualitätskorrektur k_λ für die untersuchte Strahlungsqualität wird durch einen kammerspezifischen empirischen Faktor k_Q ersetzt. Die k_Q-Werte sind in [DIN 6800-2] als Funktion des nach DIN bestimmten Strahlungsqualitätsindexes Q (Gl. 11.6 in Kap. 11) für die handelsüblichen Ionisationskammern tabelliert und auszugsweise im Anhang (Tab. 25.6) zusammengefasst. Da bei der Kammerkalibrierung in den Referenzlabors die Kammer grundsätzlich am Messort, also bezüglich der Kammermitte positioniert wird, sind wegen der abweichenden Geometrie bei den klinischen Messungen die Auswirkungen der Unterschiede zwischen Referenzort und effektivem Messort zu korrigieren. Dies geschieht mit dem von der Kammerbauform und dem Strahlungsqualitätsindex abhängigen Displacementkorrekturfaktor k_r, der von den Kammerherstellern experimentell bestimmt wird und mit dem Prüfprotokoll zur jeweiligen Ionisationskammer mitgeliefert wird.

$$D_w(Q) = k_r \cdot k_{Q,DIN} \cdot N_w(Co) \cdot M \tag{13.5}$$

Verschiebungskorrekturfaktoren sind in [DIN 6800-2] für alle gängigen Kompaktkammern aufgelistet. Näherungsweise kann k_r mit (s. Gl. 12.5) abgeschätzt werden.

$$k_r = 1 + \frac{r}{2} \cdot \delta \tag{13.6}$$

Parameter	DIN 6800-2	IAEA 398	AAPM 51
Material	Wasser	Wasser	Wasser
Kammer	Zylinderkammer	Zylinderkammer	Zylinderkammer
Kalibrierstrahlung Q_0	^{60}Co	^{60}Co, sonstige	^{60}Co
Strahlungsqualität Q	M20/M10	M20/M10	%dd$_x$
Aufbau	SSD, SAD	SSD, SAD	SSD, SAD
Messtiefe d (cm)	5 cm ^{60}Co	5 cm Q< 0,7	10 cm ^{60}Co
	10 cm sonstige	10 cm Q≥ 0,7	10 cm sonstige
Feldgrößen (cm^2)	10x10 am Messort ^{60}Co	10x10 am Messort oder Oberfläche für alle Q	10x10 am Messort oder an der Oberfläche
	10x10 an der Oberfläche sonstige		
Kammerposition	eff. Messort	Kammerachse	Kammerachse
Verdrängungskorrektur k_r	1+δ·r/2	1,0	1,0
k_Q	exp., kammerspezif.	exp. incl. k_r	exp. incl. k_r

Tab. 13.4: Parameter und Geometrien bei der Messung der Kenndosisleistungen ultraharter Photonenstrahlungen.

IAEA-Vorgaben:* Nach IAEA werden die Messungen ebenfalls im Phantommaterial Wasser vorgenommen. Als Geometrien sind sowohl SSD-Techniken als auch SAD-Techniken zugelassen, wobei die Feldgröße von 10x10 cm² entweder an der Oberfläche des Phantoms (SSD) oder in der Tiefe (SAD) festgelegt wird. Die Solltiefen unterscheiden sich nicht nach der Strahlungsart sondern nach dem Strahlungsqualitätsindex. Für $Q < 0,7$ ist die Solltiefe 5 cm, für größere Q-Werte 10 cm Wassertiefe. Die Kammer wird mit der Kammerachse in der Solltiefe positioniert, also nicht am effektiven Messort. Als Referenzstrahlungsquelle wird wie in der DIN ein ^{60}Co-Strahler vorgeschlagen. Andere Referenzstrahlungen werden aber ausdrücklich nicht ausgeschlossen. Für ^{60}Co-Kalibrierungen werden Strahlungsqualitätskorrekturen k_Q als Funktion der zu untersuchenden Strahlungsqualität Q aus kammerspezifischen Faktoren entnommen, die sich von denen nach DIN leicht unterscheiden. Der Grund ist die wegen der speziellen Positionierung eingearbeitete Verdrängungskorrektur k_r und die unterschiedlichen Verfahren zur Festlegung des Strahlungsqualitätsindexes Q.

$$D_w(Q) = k_{Q,IAEA} \cdot N_w(Co) \cdot M \qquad (1376)$$

AAPM-Vorgaben:* Nach AAPM werden die Kenndosisleistungsmessungen ebenfalls im Phantommaterial Wasser vorgenommen. Die Messtiefe im Wasserphantom beträgt grundsätzlich für alle Strahlungsqualitäten, also auch für ^{60}Co, 10 cm Wasser. Die Ionisationskammer wird mit ihrer Kammerachse wie bei IAEA in der Messtiefe positioniert. Die Kenndosisleistungsmessungen können wieder in SSD- oder SAD-Technik vorgenommen werden. Sie werden also entweder mit 100 cm Fokus-Oberflächenabstand mit einer FG von 10x10 cm² an der Oberfläche durchgeführt oder die Kammer kann alternativ auch in einem Abstand von 100 cm vom Fokus mit einer Feldgröße am Kammerort von 10x10 cm² positioniert werden (dies entspricht dann einer isozentrischen Technik mit einem FOA von 90 cm). Die Strahlungsqualitätskorrekturen k_Q werden auch nach dem AAPM-Protokoll als Funktion der Strahlungsqualität Q als kammerspezifische Faktoren entnommen, die sich von denen in DIN ebenfalls leicht unterscheiden. Der Grund ist auch hier die eingearbeitete Verdrängungskorrektur k_r und die unterschiedlichen Verfahren zur Festlegung des Strahlungsqualitätsindexes Q.

$$D_w(Q) = k_{Q,AAPM} \cdot N_w \cdot M \qquad (13.8)$$

Zusammenfassung

- **Beim Wasserenergiedosiskonzept für Photonenstrahlungen müssen die Ionisationskammern grundsätzlich in Wasserenergiedosis kalibriert sein.**

- **Kenndosisleistungen werden in Wasserenergiedosis spezifiziert.**

- **Kenndosisleistungsmessungen an ultraharten Photonenstrahlungsquellen werden mit zylinderförmigen Kompaktkammern vorgenommen.**

- Die Kalibrierung zur Dosimetrie ultraharter Photonenstrahlungen beruht in der Regel auf Kalibrierungen der Ionisationskammern mit ^{60}Co-Strahlern.

- Zur Berechnung der Energiedosen aus dem Messanzeigen für beliebige Photonenstrahlungen muss mit Strahlungsqualitätsfaktoren korrigiert werden, die die Unterschiede zwischen der untersuchten Strahlungsqualität Q und der Referenzstrahlung Q_0 bei der Kalibrierung berücksichtigen.

- Die entsprechenden Umrechnungsfaktoren k_Q werden von den Kalibrierlabors für die von ihnen gefertigten Kammern zur Verfügung gestellt.

- Die Messung der Photonen-Kenndosisleistungen soll für standardisierte Strahlenfeldgrößen in der Regel in Wasserphantomen vorgenommen werden.

- Die Messungen sind in Abhängigkeit von der Photonen-Strahlungsqualität in genormten Tiefen auf der abfallenden Flanke der Tiefendosiskurven im Wasserphantom durchzuführen, um so Fehlmessungen durch eventuelle Elektronenkontaminationen in der Nähe der Oberflächen der Phantome zu vermeiden.

- Bei der Kammerpositionierung ist sorgfältig darauf zu achten, welcher Punkt der Ionisationskammern in der Solltiefe zu positionieren ist, da die Protokolle nationale Unterschiede sowohl bei der Kalibrierung als auch im anzuwendenden Dosimetrieprotokoll aufweisen.

- Die wichtigsten "codes of practice" für die Photonendosimetrie sind im Gültigkeitsbereich der DIN die Norm [DIN 6800-2] und international das Dosimetrieprotokoll der IAEA [IAEA 398] sowie der Report [AAPM 51].

13.2.3 Kenndosisleistungsmessungen für Elektronenstrahlung

Die Verfahren sind auch für die Elektronendosimetrie in [DIN 6800-2], [IAEA 398] und [AAPM 51]) wieder etwas unterschiedlich geregelt. Die Kenndosisleistung wird als Wasserenergiedosisleistung spezifiziert. Als Messsonden sollen in der Regel Parallel-plattenkammern verwendet werden oder bei höheren Elektronenenergien auch Kom-paktkammern. Die Kammern sollen an einer Referenzquelle mit einem ^{60}Co-Strahler in Wasserenergiedosis kalibriert sein. Als Besonderheit schlagen IAEA und AAPM die Möglichkeit zur Kreuzkalibrierung der Flachkammern vor (cross calibration). Darunter versteht man den dosimetrischen Anschluss der Flachkammern bei hohen Elektronen-energien an eine mit ^{60}Co kalibrierte Kompaktkammer (s. u.).

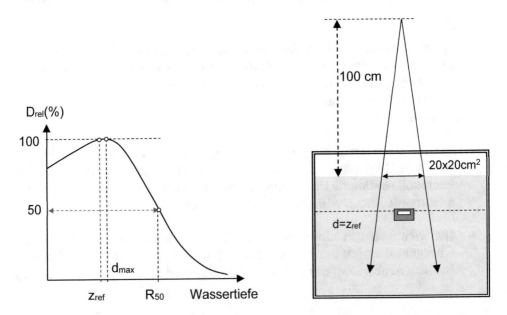

Fig. 13.5: Geometrie zur Messung der Kenndosisleistungen von Elektronenstrahlungen (nach DIN). Links: Schematischer Verlauf der Energiedosis mit der Tiefe im Wasserphan-tom mit den für die Dosimetrie wichtigen Größen R_{50} und z_{ref} (ca. d_{max}). Rechts: Po-sitionierung der Flachkammer in der Wassertiefe z_{ref} mit an der Oberfläche definierter Feldgröße von 20x20 cm^2 und einem SSD von 100 cm.

Als Messgeometrie wird grundsätzlich die SSD-Technik verwendet, also die Definition der Feldgrößen an der Oberfläche des Phantoms. Die Energiedosis wird in der Regel im Phantommaterial Wasser gemessen. Für kleine Energien ist im AAPM-Protokoll auch die Messung in einem Plastikphantom vorgesehen. Das Wasserphantom soll bezüglich der Rückstreuung ausreichend dimensioniert sein. In der Praxis bedeutet dies für Elektronenstrahlungen Abmessungen des Wasservolumens von etwa 30x30x30 cm^3. Die Ionisationskammern müssen in der Referenztiefe z_{ref} positioniert werden. Sie wird aus der mittleren Reichweite in Wasser R_{50} (s. Kap. 11.3, Gln. 11.13 und 11.14) berechnet.

$$z_{ref} = 0,6 \cdot R_{50} - 0,1 \; cm \tag{13.9}$$

Diese Referenztiefe stimmt für nicht zu kleine Feldgrößen etwa mit der Tiefe des Dosismaximums (d_{max}) überein[2]. Bei Flachkammern ist zur Positionierung in allen Dosimetrieprotokollen der effektive Messort der Sonde zu verwenden. Beim Einsatz von Kompaktkammern unterscheiden sich wieder die Positionierungsvorschriften (DIN und IAEA effektiver Messort, AAPM Kammerachse). Wenn die Ionisationskammern nicht wasserdicht sind, müssen sie wie üblich mit wasserdichten Schutzkappen versehen werden, deren Wandstärke wie bei der Photonendosimetrie 1 mm Plexiglas betragen soll. Diese Aufbaukappen müssen bei der Berechnung der korrekten Positionierung berücksichtigt werden. Die Formeln zur Berechnung der Kenndosisleistungen nach dem Wasserenergiedosiskonzept haben für die Elektronendosimetrie die folgende prinzipielle Form:

$$D_w(E) = k_{rest} \cdot k_E \cdot N_w(Co) \cdot M \tag{13.10}$$

Die Größe M ist die nach (Kap. 12.2) korrigierte Anzeige der Dosimeter, $N_w(Co)$ ist der Kalibrierfaktor der Sonde in Wasserenergiedosis am ^{60}Co-Referenzstrahler. Der Faktor k_E enthält die energieabhängigen Korrekturen (Verhältnisse der Stoßbremsvermögen in Wasser und Luft und die kammerspezifischen Störfaktoren), k_{rest} steht wieder für die unterschiedlichen Zusatzfaktoren je nach nationalem Protokoll.

DIN-Protokoll: Nach dem DIN-Protokoll wird die Kenndosisleistung nach der folgenden Formel berechnet.

$$D_w(E) = k_r \cdot k_E \cdot N_w(Co) \cdot M \tag{13.11}$$

Der Faktor k_r ist wie bei den Photonenstrahlungen die Displacementkorrektur, die von der unterschiedlichen Positionierung der Kompaktkammern bei der Referenzkalibrierung am Co-Strahler und bei der klinischen Dosimetrie herrührt. Bei der Verwendung von Flachkammern entfällt diese Korrektur, k_r hat dann also den Wert 1,0. Für Strahlungsqualitäten $R_{50} > 4$ cm können nach DIN auch Kompaktkammern verwendet werden, für kleinere R_{50}-Werte sind Flachkammern obligatorisch. Die kammerspezifischen Energiekorrekturen k_E können bei geeigneter Ausrüstung des Kalibrierlabors durch den

---

[2] Die Angabe der Messtiefe bei Kenndosisleistungsmessungen ist in DIN für Elektronen nicht ganz einheitlich geregelt. In [DIN 6809-6] wird als Referenztiefe die Tiefe des Dosismaximums gefordert.

Kammerhersteller mit geliefert werden. Alternativ müssen sie nach einer Rechenvorschrift in [DIN 6800-2] für jede Kammer individuell berechnet werden.

IAEA-Protokoll:* Das Kalibrierprotokoll der IAEA ähnelt dem DIN-Verfahren. Die Kalibrierung der Kammern mit ^{60}Co-Strahlung wird als Standard vorausgesetzt. Der Energiekorrekturfaktor wird hier mit k_Q bezeichnet, hat aber die gleiche Bedeutung wie der k_E-Faktor in DIN. Die k_Q-Werte sind in [IAEA 398] kammerspezifisch vorkalkuliert und tabelliert. Die Zahlenwerte unterscheiden sich wieder geringfügig von den DIN-Werten.

$$D_w(Q) = k_Q \cdot N_w(Co) \cdot M \qquad (13.112$$

AAPM-Protokoll:* Das Dosimetrieprotokoll der AAPM geht ebenfalls von einer ^{60}Co-Kalibrierung der Ionisationskammern aus. Anders als bei ultraharten Photonen wird bei Elektronen und der Anwendung von Kompaktkammern die Verschiebung des effektiven Messortes nur um den halben Innenradius der Kompaktkammer 0,5·r unterstellt (bei Photonen sind es bei AAPM 0,6·r). AAPM verwendet die folgende Formel zur Berechnung der Wasserenergiedosis.

$$D_w(Q) = P_{gr}^Q \cdot k'_{R50} \cdot k_{ecal} \cdot N_w(Co) \cdot M \qquad (13.13)$$

Der Faktor P_{gr} ist eine so genannte Gradientenkorrektur beim Einsatz von Kompaktkammern, die die Verschiebung des effektiven Messortes gegen die Kammerachse berücksichtigen soll. Sie wird mit der folgenden unmittelbar einleuchtenden Gleichung berechnet.

$$P_{gr}^Q = \frac{M(d_{ref} + 0,5 \cdot r)}{M(d_{ref})} \qquad (13.14)$$

Da die Referenztiefe in der Regel in der Nähe des Dosismaximums liegt, hat die Gradientenkorrektur für Kompaktkammern Werte dicht bei 1. Bei der Verwendung von Flachkammern entfällt diese Korrektur. Die Größe k_{ecal} enthält die Verhältnisse der Stoßbremsvermögen in Wasser und Luft für ^{60}Co und eine beliebig festgelegte Standardstrahlungsqualität für Elektronen (R_{50} = 7,5 cm Wasser).

Der Faktor k'_{R50} rechnet in die vorliegende Elektronenenergie am Kalibrierort um. Sowohl die Faktoren k_{ecal} als auch die k'_{R50}-Faktoren sind kammerspezifisch und werden im AAPM-Protokoll vorkalkuliert in Tabellen angeboten. Letztere können aber auch je nach Kammerbauart mit einer der beiden folgenden Formeln berechnet werden.

$$k'_{R50}(Flachkammer) = 1,2239 - 0,145 \cdot (R_{50})^{0,214} \qquad (13.15)$$

$$k'_{R50}(Kompaktk.) = 0,9905 + 0,0710 \cdot e^{(-R_{50}/3.67)} \qquad (13.16)$$

Das Verfahren der Kreuzkalibrierung: Bei der Umrechnung der Messanzeige einer in ^{60}Co kalibrierten Flachkammer in die Energiedosis am Referenzort werden in allen Dosimetrieprotokollen in den k_Q-Faktoren kammerspezifische Störkorrekturen berücksichtigt. Da die Berechnung dieser Störfaktoren für Flachkammern teilweise mit großen Unsicherheiten verbunden ist, wird als alternatives Kalibrierverfahren die Kreuzkalibrierung (cross calibration) vorgeschlagen. Man verwendet dazu eine Kompaktkammer mit ^{60}Co-Kalibrierung und misst bei der höchsten verfügbaren Elektronenenergie (R_{50} >7 cm in Wasser, E > etwa 16 MeV) die Dosis am Referenzort. Die Strahlungsqualität der Referenzstrahlung wird mit Q_{cross} bezeichnet. Die Wasserenergiedosis $D_{w,cross}$ wird mit den oben angeführten Kompaktkammerprotokollen berechnet. Anschließend wird die Flachkammer mit der gleichen Strahlungsqualität Q_{cross} und der gleichen Dosis bestrahlt. Die entsprechende wie üblich korrigierte Messanzeige sei $M_{flachkammer}$. Als Kalibrierfaktor erhält man dann für die vorliegende Elektronenstrahlungsqualität den Wert.

$$N_{w,cross} = \frac{D_{w,cross}}{M_{flachkammer}} \qquad (13.17)$$

Soll die Kammer für andere Elektronenstrahlungsqualitäten Q verwendet werden, berechnet man die Energiedosis aus der Messanzeige mit der folgenden Formel

$$D_w(Q) = \frac{k_Q}{k_{Q,cross}} \cdot N_{w,cross} \cdot M \qquad (13.18)$$

Die k_Q-Werte sind die üblichen Strahlungsqualitätsfaktoren der Flachkammer für Q_{cross} und die untersuchte Elektronenenergie Q. Da in dieser Gleichung nur noch der Quotient der k-Faktoren auftritt, erhofft man sich insgesamt kleinere Unsicherheiten als bei der Berechnung der Energiedosis ohne Kreuzkalibrierung.

Zusammenfassung

- **Beim Wasserenergiedosiskonzept für Elektronen nach DIN sollen in der Regel Flachkammern mit Wasserenergiedosiskalibrierung verwendet werden.**

- **Der effektive Messort der Flachkammern (Rückseite der Eingangsmembran) ist in der Referenztiefe (dem Dosismaximum) zu positionieren.**

- **Für praktische Reichweiten in Wasser, die größer als 4 cm sind, können auch zylinderförmige Kompaktkammern eingesetzt werden. In diesen Fällen sind die Anzeigen mit Displacementkorrekturen zu korrigieren.**

13.2.4 Kenndosisleistungsmessungen für Protonen nach dem Luftkerma- oder Wasserenergiedosiskonzept

Für die Protonenreferenzdosimetrie existieren derzeit drei ausgearbeitete Protokolle ([ICRU 59], [IAEA 398] und die stark an die IAEA-Vorgaben angelehnte [DIN 6801-1]). Die Messungen sind in der Referenztiefe z_{ref} auf dem Bragg-Plateau (SOBP: Spread Out Bragg-Peak, s. Fig. 11.6 und Fig. 13.6) im Wasserphantom vorzunehmen. Dabei ist darauf zu achten, dass das Phantom in alle Richtungen die Feldgröße in der Referenztiefe um 5 cm übertrifft (also quasi unendlich ist).

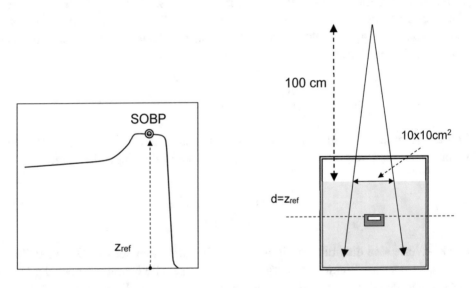

Fig. 13.6: Geometrie zur Messung der Kenndosisleistungen von Protonenstrahlungen (nach IAEA). Links: Typischer Verlauf der Energiedosis eines energiemodulierten Protonenstrahls mit Bragg-Plateau (SOBP: Spread Out Bragg Peak) und einer in der Referenztiefe in der Mitte des Plateaus positionierten Kompaktkammer. Rechts: Positionierung einer Flachkammer in einem kompakten Wasserphantom in der Wassertiefe z_{ref} mit an der Oberfläche definierter Feldgröße von 10x0 cm^2 und einem SSD von 100 cm.

ICRU-Protokoll:* ICRU geht von zwei möglichen Kalibrierungen der Messsonde mit ^{60}Co-Strahlung aus, der Frei-Luft-Kerma-Kalibrierung und einer Wasserenergiedosis-Kalibrierung. Über die Feldgrößen werden keine verbindlichen Festlegungen getroffen. Empfohlen wird die Messung mit Feldgrößen von 10x10 cm^2 an der Phantomoberfläche. Für die Kammern werden Kompaktkammern mit einem Volumen >0,5 cm^3 für

Felder mit einem größeren Felddurchmesser als 5 cm vorgeschlagen. Für eventuelle kleinere Felder sollen zylindrische Kompaktkammern mit einem Messvolumen um 0,1 cm^3 eingesetzt werden.

Symbol	Bedeutung	Wert
M_{korr}	korrigierter Messwert	-
N_K	Luftkerma-Kalibrierfaktor	-
g	relative Bremsstrahlungsverluste in Luft	0,003
A_{wall}	Korrekturfaktor für Schwächung und Streuung in Kammerwand und Aufbaukappe	0,983-0,992
A_{ion}	Rekombinationsverlust bei Exposition im Co-Feld in Luft	1,0
$s_{wall,air}$	Verhältnis der beschränkten Stoßbremsvermögen Wandmaterial/Luft bei ^{60}Co-Kalibrierung	1,145
$(s_{w,air})_p$	Verhältnis der beschränkten Stoßbremsvermögen Wasser/Luft bei p-Messung	1,133
$(s_{w,air})_c$	Verhältnis der beschränkten Stoßbremsvermögen Wasser/Luft bei ^{60}Co-Messung und Wasserenergiedosis-Kalibrierung	1,134
$(W_{air}/e)_c$	Ionisierungskonstante in Luft (feucht/trocken) bei Co-Strahlung	33,77/33,97 (J/C)
(w_{air}/e)	Ionisierungskonstante in Luft für Protonen	34,8 (J/C)
K_{hum}	Korrekturfaktor Luftfeuchte	0,997

Tab. 13.5: Parameter bei der Messung der Kenndosisleistungen von Protonenstrahlungen nach dem ICRU-Konzept.

Für die Luftkerma-Kalibrierung erhält man die Protonenwasserenergiedosis in der Referenztiefe nach dem ICRU-Konzept mit der folgenden Beziehung:

$$D_w(p) = M_{korr} \cdot N_{D,g} \cdot C_p \qquad (13.19)$$

Dabei bedeutet M_{korr} der auf alle Einflüsse wie Temperatur, Luftdruck und sonstige eventuell modifizierende Einflüsse gegenüber den Kalibrierbedingungen korrigierte Dosimetermesswert bei der Protonenmessung. $N_{D,g}$ ist der übliche Umrechnungsfaktor von Luftkerma in Luft zu Wasserenergiedosis in Wasser für ^{60}Co-Strahlung und C_p der verbleibende Korrekturfaktor zur Berechnung der Protonenenergiedosis.

$$N_{D,g} = \frac{N_K \cdot (1-g) \cdot A_{wall} \cdot A_{ion}}{(s_{wall,air}) \cdot (\mu_{en}/\rho)_{air,wall} \cdot K_{hum}} \qquad (13.20)$$

$$C_p = (s_{w,air})_p \cdot \frac{(w_{air}/e)_p}{(W_{air}/e)_c} \qquad (13.21)$$

Ist die verwendete Ionisationskammer in Wasserenergiedosis für ^{60}Co-Strahlung kalibriert, vereinfacht sich der Algorithmus zur folgenden Formel:

$$D_w(p) = M_{korr} \cdot N_{D,w,c} \cdot k_p \qquad (13.22)$$

Dabei bedeuten M_{korr} wieder der auf alle Einflüsse wie Temperatur, Luftdruck und sonstige eventuell modifizierte Einflüsse gegenüber den Kalibrierbedingungen korrigierte Dosimetermesswerte bei der Protonenmessung. $N_{D,w,c}$ ist der Kalibrierfaktor für Wasserenergiedosis für ^{60}Co-Strahlung und k_p der Umrechnungsfaktor der ^{60}Co-Wasserenergiedosis in die Protonenenergiedosis unter Bragg-Gray-Bedingungen.

$$k_p = \frac{(s_{w,air})_p}{(s_{w,air})_c} \cdot \frac{(w_{air}/e)_p}{(W_{air}/e)_c} \qquad (13.23)$$

Die einzelnen Parameter der (Gln. 13.18 bis 13.21) sind in (Tab. 13.4) zusammengefasst.

Dosimetrieprotokoll der IAEA und der DIN: [IAEA TRS 398] geht wie schon bei den anderen Strahlungsarten auch bei Protonenmessungen grundsätzlich von einer Wasserenergiedosis-Kalibrierung der Messsonde mit der Strahlungsqualität Q_0 (^{60}Co-Strahlung) aus. Die Messung mit Feldgrößen von 10x10 cm^2 an der Phantomoberfläche ist verbindlich. Für die Kammern werden Kompaktkammern mit einem Volumen >0,5 cm^3 für Strahlungsqualitäten mit einer Restreichweite $R_{res} \geq 0,5$ g·cm^2, vorgeschrieben. Die Mitte der Zentralelektrode ist in der Tiefe z_{ref} zu positionieren. Für Restreichweiten $R_{res} < 0,5$ g·cm^2 sollen Flachkammern verwendet werden. Als Messort der Ionisationskammer ist dann die Rückseite der Eingangsmembran der Kammer in der Tiefe z_{ref} einzustellen. Die Wasserenergiedosis für Protonen erhält man mit der folgenden Formel.

$$D_w(p) = M_{korr} \cdot N_{D,w,c} \cdot k_{p,c} \qquad (13.24)$$

Dabei bedeuten M_{korr} der auf alle Einflüsse wie Temperatur, Luftdruck und sonstige eventuell modifizierte Einflüsse gegenüber den Kalibrierbedingungen korrigierte Dosimetermesswert bei der Protonenmessung. $N_{D,w,c}$ ist der Kalibrierfaktor für die Wasserenergiedosis für ^{60}Co-Strahlung und $k_{p,c}$ der Umrechnungsfaktor der ^{60}Co-Wasserenergiedosis in die Protonenenergiedosis unter Bragg-Gray-Bedingungen.

$$k_{p,c} = \frac{(s_{w,air})_p}{(s_{w,air})_c} \cdot \frac{(w_{air}/e)_p}{(W_{air}/e)_c} \cdot \frac{p_p}{p_c} \qquad (13.25)$$

In dieser Gleichung bedeutet $(s_{w,air})_p$ wieder das Verhältnis der Stoßbremsvermögen für Protonen in Wasser und Luft, das aus dem Strahlungsqualitätsparameter R_{res} der Protonen nach der folgenden Beziehung berechnet wird:

$$(s_{w,air})_p = a + b \cdot R_{res} + \frac{c}{R_{res}} \qquad (13.26)$$

Die Größen der Parameter sind $a = 1{,}137$, $b = -4{,}265 \cdot 10^{-5}$ und $c = 1{,}840 \cdot$ (nach [IAEA 2000]). Die Größen $(w_{air}/e)_p$ und $(W_{air}/e)_c$ sind wie bei ICRU die Ionisierungskonstanten für Protonen und Luft (Werte s. Tab. 13.5). Die verbleibenden totalen Perturbationfaktoren p sind wie üblich Produkte der einzelnen Korrekturfaktoren für die verschiedenen Kammerbauformen, die das Strahlungsfeld beim Einfügen der Kammern (Luftfüllung, Zentralelektrode usw.) verändern. Numerische Werte und Details dazu finden sich in [IAEA 398].

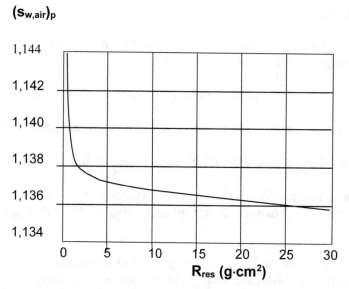

Fig. 13.7: Verhältnisse der Stoßbremsvermögen in Wasser und Luft $s_{w,air}$ für Protonenstrahlung als Funktion der Restreichweite R_{res} berechnet nach (Gl. 13.26), nach [IAEA 2000].

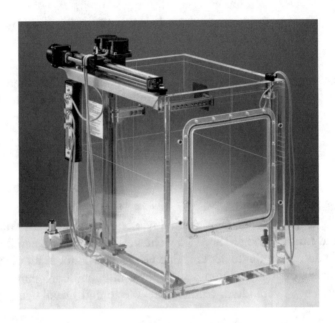

Fig. 13.8: Kleinvolumiges Wasserphantom für die Protonen-Referenzdosimetrie unter Standardbedingungen (mit freundlicher Genehmigung der PTW-Freiburg).

Zusammenfassung

- **Für die Referenzdosimetrie von Protonenstrahlungen existiert mittlerweile ein ausgearbeitetes Konzept der DIN.**

- **Es existieren zwei internationale Protokolle der ICRU und der IAEA.**

- **Alle Protokolle empfehlen dazu das Wasserenergiedosiskonzept.**

- **Die Wahl der Kammerbauform unterscheidet sind je nach Protokoll.**

- **Die Kammern sind mit ihrem effektiven Messort in der Referenztiefe z_{ref}, die sich in der Mitte des Bragg-Plateaus des SOBP befindet, zu positionieren.**

- **Die Messungen sind in einem ausreichend dimensionierten Wasserphantom für eine Feldgröße von 10x10 cm^2 an der Wasseroberfläche bzw. an der Strahleintrittsseite bei seitlicher Bestrahlung vorzunehmen.**

13.2.5 Messung der Kenndosisleistung von Afterloadingstrahlern

Die häufigsten für die Therapie eingesetzten Afterloading-Nuklide sind Co-60, I-125 und Ir-192. Alle Nuklide werden durch thermischen Neutroneneinfang erzeugt. Die entsprechenden Kernreaktionen sind

$$Co-59(n,\gamma)Co-60$$

$$Xe-124(n,\gamma)I-125$$

$$Ir-191(n,\gamma)Ir-192$$

Die Nukliddaten sind in folgenden Tabelle zusammengefasst.

Nuklid	$T_{1/2}$	Zerfall	$E_{\beta,max}$(MeV)	$\overline{E}_\beta$(MeV)	E_γ(keV)	$\overline{E}_\gamma$(keV)
Co-60	5,2711 a	β-	0,331	0,095	1173, 1332	1253
I-125	59,407 d	EC	-	-	35, X-rays	28
Ir-192	73,829 d	K, β+,β-	0,24 – 0,67	0,17	61 -1378	355

Tab. 13.6: Daten einiger wichtiger Radionuklide für die strahlentherapeutische Verwendung. X-rays: charakteristische Röntgenstrahlungen der Tochternuklide. (mittlere Photonenenergien nach [DIN 6803-2] von 2020]).

Alle Nuklide zeigen polyenergetische Photonenspektren aus Gammaquanten und Fluoreszenzstrahlungen (X-rays). Beim Verlassen der Strahler mischen sich Streustrahlungsquanten aus den Strahlern, ihren Umhüllungen und der unmittelbaren Umgebung sowie weitere charakteristische Röntgenstrahlungen bei. Zusätzlich entstehen in den Strahlern und ihrer Umhüllung durch die emittierten Betateilchen nuklidspezifische Anteile an Bremsstrahlung. Sehr niederenergetische Photonen können den Strahler und seine Umhüllung nicht verlassen (sie werden weitgehend absorbiert). Dies wird bei Messungen der Kenndosisleistungen durch einen Energie-cut-off (die sog. Abschneide-Energie) für die Photonen berücksichtigt. Für die praktische Dosimetrie ist man wegen der vielfältigen Photonenenergien auf die Verwendung mittlerer Photonenenergien (Strahlungsqualitäten) angewiesen, die in Tab. (13.6) zusammengestellt sind. Wegen der Einflüsse durch die beigemischten sekundären Photonenstrahlungen muss die primäre Kalibrierung (Eichung) unter festgelegten Bedingungen vorgenommen werden. Die von Co-60 und Ir-192 emittierten Betateilchen werden wegen ihrer geringen Energie in der Regel in den Strahlerumhüllungen absorbiert und tragen deshalb nicht zur Kenndosisleistung bei.

Als Kenndosisleistung der Afterloadingstrahler wird die Luftkermaleistung in 1 m Abstand vom Strahlerschwerpunkt für Photonenstrahlungen mit Energien oberhalb der Abschneide-Energie spezifiziert.

Die Spezifizierung eines Afterloadingstrahlers über seine Luftkermaleistung in 1 m Abstand bedeutet nicht, dass diese auch in dieser Entfernung gemessen werden muss. Eine Messung der Kenndosisleistung in einem Meter Abstand ist wegen der in dieser Entfernung zu niedrigen Dosisleistungen mit den üblichen kleinvolumigen, kommerziellen klinischen Dosimetersonden tatsächlich kaum möglich, da diese unterhalb des vom Hersteller vorgeschriebenen Mindestdosisleistungsbereichs von etwa 10-20 mGy/min betrieben werden müssten. Die Dosisleistung selbst eines high-dose-rate-Iridium-Strahlers mit einer Nennaktivität von 370 GBq beträgt in einem Meter Abstand nur etwa 0,7 mGy/min. Frei-Luftmessungen in 1 m Abstand von der Quelle könnten deshalb bei ausreichender Genauigkeit nur mit besonders großvolumigen, empfindlichen Ionisationskammern mit Volumina bis etwa 30 cm^3 durchgeführt werden. Dies gilt in verstärktem Maß für das "niederenergetische" I-125.

Kenndosisleistungen von Afterloadingstrahlern werden deshalb entweder in großvolumigen Schachtionisationskammern oder bei ausreichend hoher Photonenenergie (Co-60 und Ir-192) auch in rotationssymmetrischen Festkörperphantomen vorgenommen. Bei beiden Methoden werden spezielle Kalibrierfaktoren benötigt, die zur Umrechnung der Messanzeigen dieser Anordnungen in die Kenndosisleistungen verwendet werden müssen. Schachtionisationskammer und Zylinderphantom müssen bei den Messungen der Kenndosisleistungen exakt unter gleichen Bedingungen wie bei der Kalibrierung eingesetzt werden, da sonst die vom Hersteller mitgelieferten Kalibrierfaktoren ungültig sind. Beide Messanordnungen müssen zur Minimierung von Streubeiträgen auf Stativen angebracht werden. Kalibrierfaktoren gelten nur für bestimmte Nuklide und für bestimmte Kammertypen.

Eine Schwierigkeit bei solchen Messungen im Nahbereich der Strahler ist die Bestimmung des tatsächlichen Strahlerortes im Applikator, da schon geringfügige vertikale oder laterale Verschiebungen wegen des Abstandsquadratgesetzes und der Änderungen der Rückstreubeiträge sowie der Schwächungen zu großen Messfehlern führen können. Es werden deshalb verfahrensabhängige empirische Methoden benötigt, um die Lage des untersuchten Strahlers in der jeweiligen Messanordnung festzulegen. Bei Messungen in Schachtionisationskammern wird die Strahlerposition im Applikator vertikal (also in Applikator-Längsrichtung) solange verändert, bis die Dosimeteranzeige maximal ist. Im unten beschriebenen rotationssymmetrischen Festkörperphantom wird wegen einer zusätzlich möglichen horizontalen Lageunsicherheit des Strahlers im Applikator der Mittelwert aus vier in jeweils um 90 Grad versetzten Azimutwinkeln bestimmten Messwerte als tatsächlicher Messwert für die Berechnung der Kenndosisleistung verwendet.

13.2.5.1 Messung der Kenndosisleistung mit dem Zylinderphantom

Das hier beschriebene Zylinderphantom wurde vom Autor ursprünglich entwickelt, um die Kenndosisleistung von HDR-Iridium-192 Strahlern zu bestimmen. Die Kalibrierfaktoren der folgenden Ausführungen gelten daher auch nur für dieses Nuklid. Aktuelle Kalibrierfaktoren für andere Nuklide werden von den Dosimeterherstellern geliefert. Die Verfahren dazu sind in der neuen [DIN 6803-2] zusammengestellt.

Das Zylinderphantom besteht aus PMMA, hat einen Durchmesser von 20 Zentimetern und eine Höhe von 12 cm. Es enthält eine zentrale Bohrung zur Aufnahme von speziellen Adaptern für die unterschiedlichen eingesetzten Applikatoren und Strahler. In einem seitlichen Abstand von 8 cm von der Strahlermitte befinden sich vier periphere Bohrungen zur Aufnahme von Kompaktionisationskammern (Zylinderkammern). Diese Bohrungen sind jeweils um 90 Grad azimutal versetzt. Zur Gewährleistung einer definierten Rückstreuung muss das Phantom auf einem Stativ in ausreichendem Abstand zum Boden (Höhe 1m) oder anderen Streuern befestigt werden.

Der für dieses Phantom bestimmte Phantom-Kalibrierfaktor KF enthält zwei Anteile. Der erste Faktor k_{zp} berücksichtigt die Änderung des Strahlungsfeldes durch die Anwesenheit des Phantoms und trägt der Absorption und Streuung im Phantommaterial bei der vorgegebenen Entfernung von Quelle und Sonde Rechnung. Der zweite Faktor ist

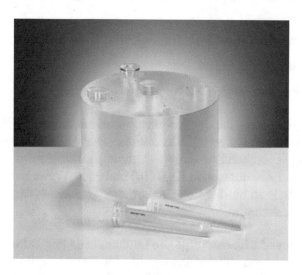

Fig. 13.9: Zylinderphantom (PMMA-Phantom) zur Messung der Kenndosisleistung von HDR-Afterloadingstrahlern mit Einsatzbohrungen für beliebige zentrale Applikatoren mit Strahler und für vier verschiedene Messsonden. (zur Verwendung des Zylinderphantoms s. [Krieger AL2], [DGMP 13], (Foto mit freundlicher Genehmigung der PTW-Freiburg).

eine einfache Abstandskorrektur der Dosisleistung in Luft nach dem Abstandsquadratgesetz vom Messabstand r im Phantom (8 cm) auf die Referenzentfernung (1 m). Das Abstandsquadratgesetz ist in Luft und für kompakte ruhende Afterloadingstrahler gut erfüllt, sofern die Dosisleistungen senkrecht zur Strahlerlängsachse in der Höhe des Quellenschwerpunktes und in ausreichendem Abstand gemessen werden.

$$KF = k_{zp} \cdot (r/1m)^2 \qquad (13.27)$$

Vernachlässigt man den Displacementfaktor für die bei der verwendeten 0,3 cm^3 Ionisationskammer und dem vorgegeben Aufbau und Messabstand von etwa 0,2%, so beträgt die Abstandskorrektur von 8 cm auf 1 m Entfernung:

$$(8cm/1m)^2 = 0,0064 \qquad (13.28)$$

Für das in (Fig. 13.8) dargestellte auf einem Fotostativ befestigte Plexiglas-Zylinderphantom und ^{192}Iridium-Gammastrahlung hat k_{zp} den experimentellen Wert:

$$k_{zp} = (1,187 \pm 0,012) \qquad (13.29)$$

Neben diesen geometrischen Korrekturfaktoren müssen jedoch wieder die Art der bei der Kalibrierung verwendeten Ionisationskammer und die dosimetrisch wirksamen Änderungen des Messaufbaus bei der Kenndosisleistungsmessung gegenüber der Kalibriersituation berücksichtigt werden. Ionisationsdosimeter werden heute üblicherweise auf drei Arten kalibriert:

- **Standardionendosis frei in Luft**

- **Luftkerma in Luft**

- **Wasserenergiedosis im Wasserphantom.**

Die Dosimeteranzeigen M_{zp} der verwendeten Ionisationskammern im Festkörperphantom müssen deshalb auch auf verschiedene Weisen zur Anzeige der für die Angabe der Kenndosisleistung benötigten Luftkerma in Luft umgerechnet werden. In Anlehnung an die Gleichungen und Ableitungen in Kap. (10) und unter Verwendung der obigen Korrekturfaktoren erhält man für diese drei Kalibriermöglichkeiten der Ionisationskammer die folgenden Umrechnungen.

Standardionendosiskalibrierung: Die Luftkermaleistung in Luft einer ^{192}Ir-Quelle in 1 m Abstand erhält man aus der Anzeige M_{zp} im Plexiglaszylinderphantom (in Skalenteilen pro Zeiteinheit: Skt/h), dem Kalibrierfaktor für die Standardionendosis bei ^{60}Co-Strahlung N_C, dem Strahlungsqualitätskorrekturfaktor k_λ, der Bremsstrahlungskorrektur $(1-G_a)$ für Iridiumstrahlung und der Ionisierungskonstanten in Luft W/e zu:

$$(K_a)_a(1m) = k_{zp} \cdot (0,08m/1m)^2 \cdot 1/(1-G_a) \cdot W/e \cdot k_{a \rightarrow p} \cdot k_\lambda \cdot N_C \cdot M_{zp} \qquad (13.30)$$

$k_{a \to p}$ ist der Umgebungskorrekturfaktor für den Übergang vom Umgebungsmedium Luft während der Kalibrierung des Dosimeters in das Umgebungsmedium Plexiglas bei der Messung im Phantom, der für Iridiumstrahlung und zylindrische Kompaktkammern einen Wert dicht bei 1,0 hat und hier deshalb der Einfachheit halber auf 1,0 gesetzt wird. Genauere Werte sind [DIN 6809-2] zu entnehmen. Die Bremsstrahlungskorrektur bei 400 keV Photonenenergie beträgt etwa 0,1%, W/e hat den Wert 33,97V. Die Korrektur mit $1R = 2,58 \cdot 10^{-4}$ C/kg entfällt bei aktueller Kalibrierung direkt in (C/kg). Nach Einsetzen der numerischen Werte für die einzelnen Faktoren erhält man für die Luftkermaleistung in Luft (in mGy/h):

$$(K_a)_a(lm, mGy/h) = 0,0666 \ (mGy/R) \cdot k_\lambda \cdot N_C(R/Skt) \cdot M_{zp}(Skt/h) \tag{13.31}$$

Luftkermakalibrierung: Hier ist die Umrechnung der Dosimeteranzeige in die Luftkermaleistung besonders einfach, da lediglich die beiden Phantomfaktoren und eine Umgebungskorrektur angebracht werden müssen. Mit dem Kalibrierfaktor für die Luftkerma $N_{K,a}$ in mGy/Skt und dem Umgebungskorrekturfaktor $k_{a \to p}$ erhält man:

$$(K_a)_a(1m) = k_{zp} \cdot (0,08m/1m)^2 \cdot k_{a \to p} \cdot k_\lambda \cdot N_{K,a} \cdot M_{zp} \tag{13.32}$$

Mit den gleichen numerischen Werten wie oben erhält man die Luftkermaleistung in Luft in 1m Abstand in der Einheit (mGy/h) aus der Anzeige M_{zp} im Plexiglasphantom zu:

$$(K_a)_a(lm, mGy/h) = 0,00760(mGy/R) \cdot k_\lambda \cdot N_{K,a} \cdot (mGy/Skt) \cdot M_{zp}(Skt/h) \tag{13.33}$$

Wasserenergiedosiskalibrierung: Bei dieser Art der Kalibrierung müssen neben der üblichen Geometriekorrektur k_{zp}, dem Abstandskorrekturfaktor (0,0064, s. o.) und der Korrektur für die Umgebungsänderung (Plexiglas statt Wasser) $k_{w \to p}$ auch der Bremsstrahlungsverlust, dieses Mal aber in Wasser, also $(1-G_w)$ und die Änderung des Massenenergieabsorptionskoeffizienten mit dem Wechsel des Bezugsmediums berücksichtigt werden. Man erhält deshalb zusammen mit dem Wasserenergiedosiskalibrierfaktor N_w bei Kobaltstrahlung und den numerischen Werten für die Phantomkorrekturen folgende Beziehung:

$$(K_a)_a(1m) = k_{zp} \cdot (0,08m/1m)^2 \cdot (\mu_{en}/\rho)_a/(\mu_{en}/\rho)_w \cdot 1/(1-G_w) \cdot k_{w \to p} \cdot k_\lambda \cdot N_w \cdot M_{zp} \tag{13.34}$$

Nimmt man als Bremsstrahlungsverlust wieder den Wert von 0,1% an (vgl. Tabelle 25.4), für die Umgebungskorrektur $k_{w \to p}$ den Wert 1,0 und verwendet für das Verhältnis der Massenenergieabsorptionskoeffizienten bei 400 keV Photonenenergie in Luft und Wasser den Wert $(\mu_{en}/\rho)_a/(\mu_{en}/\rho)_w = 0,899$ (aus Tabelle 25.4), erhält man mit den obigen numerischen Werten für die Luftkermaleistung in 1m Abstand:

$$(K_a)_a(lm, mGy/h) = 0,00684(mGy/R) \cdot k_\lambda \cdot N_w(mGy/Skt) \cdot M_{zp}(Skt/h) \tag{13.35}$$

Die für alle drei Kalibriermethoden benötigten k_λ-Faktoren für Iridiumstrahlung entnimmt man am besten den aktuellen Kalibrierprotokollen der Dosimeterhersteller oder ermittelt sie durch Interpolation der Kalibrierfaktoren für ^{60}Co-Strahlung und harte Röntgenstrahlung bei der höchsten, im Kalibrierprotokoll enthaltenen Röhrenspannung (z. B. 300 kV). Für Details aller drei Kalibrierungen sei nochmals ausdrücklich auf den Bericht [DGMP 13] verwiesen.

13.2.5.2 Messung der Kenndosisleistung mit der Schachtionisations- kammer

Die zweite Möglichkeit, die Kenndosisleistung von Afterloadingstrahlern dosimetrisch zu bestimmen, ist die Messung mit kalibrierten Schachtionisationskammern [DIN 6803-2]. Da die Strahler bei einer solchen Messung allseitig von Messvolumen umgeben sind, ist die Messanzeige unempfindlich gegen kleine laterale Verschiebungen des Strahlers aus der Mitte der Messkammer. Bei ausreichendem Kalibrieraufwand liefern Schachtionisationskammern sehr genaue und reproduzierbare Messergebnisse. Allerdings kann eine solche Messanordnung anders als beim Zylinderphantom natürlich nicht zur Kalibrierung von in-vivo-Sonden verwendet werden, da die Schachtkammer ja keinen Strahler enthält.

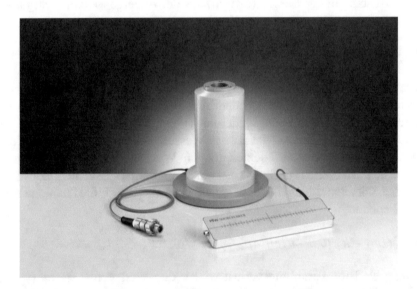

Fig. 13.10: Schachtionisationskammer zur Messung der Kenndosisleistung von Afterloading-strahlern und Flachionisationskammer zur Messung der Kenndosisleistungen von Seeds (mit freundlicher Genehmigung der PTW-Freiburg).

Seit einigen Jahren stehen spezielle kommerzielle Schachtionisationskammern zur Ermittlung der Kenndosisleistung von HDR-Afterloadingstrahlern zur Verfügung. Diese müssen in geeigneter Weise zur Anzeige der Frei-Luft-Kermaleistung für den verwendeten Strahlertyp, das verwendete Radionuklid und den klinischen Applikator kalibriert sein. Bei HDR-Strahlern kann das Ansprechvermögen von Schachtionisationskammern zu hoch sein. Dem kann durch Verwendung eines Einsatzes mit bekannter Schwächung für das verwendete Radionuklid Rechnung getragen werden. Auch bei der Kenndosisleistungsmessung mit Schachtionisationskammern muss zur Vermeidung von Streustrahlungseinflüssen aus der Umgebung ein Mindestabstand (größer als 30 cm) von größeren Streuern eingehalten werden. Dazu wird wie bei dem Zylinderphantom ein freistehendes Stativ empfohlen.

Das Ansprechvermögen der Schachtionisationskammern hängt darüber hinaus deutlich vom Abstand des Strahlers vom Kammerboden ab. Diese Abhängigkeit muss in Form einer Lage-Empfindlichkeitskurve bekannt sein bzw. im Einzelfall experimentell bestimmt werden. Strahler müssen zum Erreichen reproduzierbarer Messergebnisse im Maximum dieser Empfindlichkeitskurven positioniert werden, da nur dort die mitgelieferten Kammerkalibrierfaktoren gelten. Schachtionisationskammern sind als offene Systeme ausgelegt. Die Messergebnisse müssen deshalb wie üblich bezüglich Luftdruck und Temperatur korrigiert werden. Bezüglich des Berechnungsverfahrens der Kenndosisleistung aus der Kammeranzeige sei ebenfalls auf den DGMP-Bericht zur Afterloadingdosimetrie [DGMP 13] und [DIN 6803-2] verwiesen.

Zusammenfassung

- **Die Referenzdosimetrie an Afterloadingstrahlern muss entweder in kalibrierten Festkörperphantomen (Zylinderphantom) oder in geeigneten Schachtionisationskammern vorgenommen werden.**

- **Beide Dosimeter müssen zur Minimierung von Streueinflüssen aus der Umgebung auf Stativen in ausreichender Höhe und Abstand von möglichen streuenden Materialien angebracht werden.**

- **Festkörperphantome sind nicht geeignet zur Messung der Kenndosisleistung von Strahlern mit niederenergetischer Photonenstrahlung.**

- **Bei der Messung der Kenndosisleistung von Afterloadingstrahlern im Zylinderphantom ist die Verwendung von in Luftkerma kalibrierten Messsonden zu bevorzugen, da dann die wenigsten Korrekturen an den Messwerten benötigt werden.**

- **Die Kalibrierfaktoren müssen für das jeweilige Radionuklid, den speziellen Aufbau des Strahlers, die verwendeten Applikatoren und das Messverfahren spezifiziert sein.**

- Wie bei allen anderen dosimetrischen Verfahren sind auch hier die Rohmesswerte strahlungsqualitätsbezogen in geeigneter Form auf alle bei der Ionisationskammerdosimetrie anfallenden Einflüsse zu korrigieren.

- Bei beiden Verfahren muss experimentell sichergestellt werden, dass sich der Strahlerschwerpunkt an der richtigen Stelle im Phantom oder der Schachtionisationskammer befindet.

- Im Zylinderphantom werden dazu die in vier um 90 Grad versetzten seitlichen Positionen erfassten Messwerte gemittelt.

- Beim Schachtionisationsverfahren wird die Längsposition des Strahlers im Applikator solange verändert, bis der maximale Messwert erreicht ist.

Aufgaben

1. Was versteht man unter einem quasi unendlichen Phantom bei der Messung von Kenndosisleistungen ultraharter Photonenstrahlungen?

2. Geben Sie eine Begründung für die Messvorschrift, Kenndosisleistungen ultraharter Photonenstrahlung in der Tiefe eines Wasserphantoms statt in der Maximumstiefe zu messen.

3. Was ist die häufigste Kalibrierungsart einer Ionisationskammer für die Dosimetrie ultraharter Photonenstrahlungen?

4. Ist die folgende Aussage korrekt? Bei der Dosimetrie von Kenndosisleistungen von Elektronenstrahlungen ist die Tiefenposition der Messkammer auf dem breiten Dosismaximum unerheblich, da ganz offensichtlich das Abstandsquadratgesetz hier nicht beachtet werden muss.

5. Kommentieren Sie folgende Aussage zur Messung der Kenndosisleistung von Protonenstrahlungen: "Am besten misst man die Kenndosisleistung gleich zu Beginn der TDK, da dort wegen des flachen Tiefendosisverlaufs Positionierungsungenauigkeiten ohne Belang sind."

6. Welche Verfahren zur Kenndosisleistungsmessung von HDR-Afterloadingstrahlern sollen im Bereich der DIN verwendet werden?

7. Welche Kenndosisleistung muss für Afterloadingstrahler angegeben werden?

Aufgabenlösungen

1. Ein quasi unendliches Phantom hat Abmessungen, die so groß sind, dass bei weiterer Vergrößerung des Phantoms die Messwerte am Messpunkt wegen der Streustrahlungs-Sättigung unverändert bleiben.

2. Nur so kann sichergestellt werden, dass eventuelle Kontaminationen des Strahlenbündels mit weichen Strahlungen (gestreute Photonen, Sekundärelektronen), die im Dosimetrieaufbau und den sonstigen Materialien vor der Phantomoberfläche entstanden sind, nicht an den Messort gelangen (s. Kap. 17.1).

3. Die Wasserenergiedosiskalibrierung mit ^{60}Co-Gammastrahlung.

4. Nein. Zwar ist die Abstandsabhängigkeit nach dem Abstandsquadratgesetz bei einem breiten Maximumsbereich ohne Bedeutung. Allerdings darf die mittlere Energie am Messort für Elektronenstrahlung nicht vernachlässigt werden, da in den Dosimetrieformeln immer das Verhältnis der Stoßbremsvermögen in Wasser und Luft verwendet werden muss. Dieses ist bei einer gegebenen Einschussenergie abhängig von der Tiefe im Phantom (vgl. Tab. 25.9 im Anhang).

5. Die Vorschrift und die Begründung sind unsinnig. Erstens verändern selbstverständlich Verschiebungen die Dosisleistung über den Anstieg der Braggkurve mit der Tiefe im Phantom. Dieser Anstieg ist abhängig von der Primärenergie. Zweitens müssen die Verhältnisse der Stoßbremsvermögen in Wasser und Luft verwendet werden. Dazu sind die Tiefenlage der Sonde und über diese Lage die Restreichweite der Protonen am Messort zu bestimmen.

6. Die Messung der Kenndosisleistung eines HDR-Brachytherapiestrahlers wird in einem zylindrischen Festkörperphantom (Zylinderphantom) oder in geeignet ausgelegten Schachtionisationskammern vorgenommen.

7. Die Luftkermaleistung in 1 m lateralem Abstand vom Strahlerschwerpunkt.

14 Dosimetrische Materialäquivalenz

Da in der praktischen Dosimetrie Ersatzsubstanzen für das zu bestrahlende menschliche Gewebe eingesetzt werden müssen, stellt sich die Frage nach der dosimetrischen Äquivalenz dieser Substanzen. Darunter versteht man nicht nur die Gleichheit der verschiedenen Wechselwirkungsraten für Photonen- und Elektronenstrahlungen sondern auch die Gleichheit bezüglich der Dosisverteilungen an jedem Punkt dieser Phantome. In diesem Kapitel werden die Bedingungen für die dosimetrische Äquivalenz dargestellt.

In vielen dosimetrischen Situationen wie der absoluten Sondendosimetrie oder der Messung von Dosisverteilungen müssen Messergebnisse in Ersatzsubstanzen für die in der medizinischen Anwendung interessierenden Körpergewebe gewonnen werden. Die Resultate der Messungen in dem bei der Dosimetrie benutzten Material können nur dann ohne Einschränkung auf andere Substanzen übertragen werden, wenn diese Materialien in ihrer Wirkung auf das Strahlungsfeld (Schwächung, Streuung, Stoß- und Strahlungsbremsung) und der Energieabsorption im Messmedium identisch sind. Sie müssen also an jedem Punkt des bestrahlten Materials das gleiche Strahlungsfeld wie im interessierenden Körpergewebe aufweisen. Diese Übereinstimmung bezeichnet man als globale dosimetrische Äquivalenz des Ausbreitungsmediums.

Für Photonenstrahlung ist diese Äquivalenz dann streng erfüllt, wenn in jedem Punkt des Materials die Zahl der erzeugten Sekundärelektronen im Massenelement, ihre Energieverteilung, ihre Richtungsverteilung und das totale Bremsvermögen des Absorbers für diese Sekundärelektronen übereinstimmen. Dies ist nur möglich, wenn auch die Wahrscheinlichkeiten für die wichtigsten mit Energieüberträgen verbundenen Wechselwirkungsprozesse (Photoeffekt, Comptoneffekt, Paarbildung) pro Schichtdickenintervall und ihre Energie- und Dichteabhängigkeit gleich sind. Je nach Photonenenergiebereich sind verschiedene Wechselwirkungen für die Schwächung des Strahlungsfeldes überwiegend verantwortlich. Für Elektronenstrahlung muss neben dem die Energiedosis bestimmenden Stoßbremsvermögen das Strahlungsbremsvermögen und das Streuvermögen in den verschiedenen Materialien für alle Elektronenenergien übereinstimmen.

Die Äquivalenzforderung lässt sich quantitativ erfassen, wenn man die mathematische Beschreibung der Wechselwirkungs- und Absorptionskoeffizienten für Photonenstrahlung und des Stoß- und Strahlungsbremsvermögens sowie des Streuvermögens für Elektronenstrahlung miteinander vergleicht (s. Kap. 6 und 9 in [Krieger1]). Sie alle haben die Form:

$$k = \rho \cdot \frac{Z^n}{A} \cdot f(E) \tag{14.1}$$

© Springer Fachmedien Wiesbaden GmbH, ein Teil von Springer Nature 2021
H. Krieger, *Strahlungsmessung und Dosimetrie*,
https://doi.org/10.1007/978-3-658-33389-8_14

wobei k für den verallgemeinerten "Wechselwirkungskoeffizienten" steht, ρ die Dichte, Z die Ordnungszahl und A die Massenzahl (relatives Atomgewicht) des bestrahlten Materials bedeuten. n ist ein von der Wechselwirkung und der Strahlenart abhängiger Exponent der Ordnungszahl, der näherungsweise die in Tabelle (13.1) enthaltenen Werte hat. Die Funktion f(E) enthält die Energieabhängigkeiten einschließlich eventueller absoluter Skalierungsfaktoren der jeweiligen Wechselwirkungskoeffizienten. Eine solche globale dosimetrische Äquivalenz verschiedener Materialien ist allerdings kaum gleichzeitig für alle Strahlungsqualitätsbereiche zu erfüllen.

Dominierende Wechselwirkung	Strahlungsqualität	Exponent n
Photoeffekt	weiche Photonenstrahlung	$\approx 4\text{-}4,5$
Comptoneffekt	harte Photonenstrahlung	1
Paarbildung	ultraharte Photonenstrahlung	2
Stoßbremsung	schnelle Elektronen, Photonen*	1
Strahlungsbremsung	schnelle Elektronen, Sekundärelektronen ultraharter Photonen	2
Elektronenstreuung	schnelle Elektronen, Sekundärelektronen ultraharter Photonen	2

Tab. 14.1: Zuordnung von dominierender Wechselwirkung und Wechselwirkungsexponent n (nach Gl. 14.1) für Photonen- und Elektronenstrahlungen.

Zwei monoatomare (reine) Substanzen a und b sind dann global dosimetrisch äquivalent, wenn alle ihre Wechselwirkungskoeffizienten übereinstimmen, wenn also für alle n gilt:

$$\left[\rho \cdot \frac{Z^n}{A} \cdot f(E)\right]_a = \left[\rho \cdot \frac{Z^n}{A} \cdot f(E)\right]_b \qquad (14.2)$$

Werden chemische Verbindungen (z. B. Plexiglas) oder andere Stoffgemische als Ersatzsubstanzen verwendet, muss Z^n/A durch effektive Werte nach Gleichung (14.3) ersetzt werden.

$$\left(\frac{Z^n}{A}\right)_{eff} = \sum_i p_i \cdot \frac{Z_i^n}{A_i} \qquad (14.3)$$

Der Summationsindex i läuft über die im Stoffgemisch enthaltenen Atomarten mit den relativen Atomgewichten A_i und den Ordnungszahlen Z_i. p_i steht für die relativen

Massenanteile dieser Atomart in der chemischen Verbindung oder Stoffmischung. Diese können dem Schrifttum, beispielsweise [DIN 6809-1], und der dort zitierten Literatur entnommen werden. Für chemische Verbindungen lässt sich Gleichung (14.3) in eine etwas bequemere Form bringen, wenn statt der relativen Massenanteile die chemischen Verbindungszahlen a_i verwendet werden (s. Beispiele 14.1 und 14.2).

$$(\frac{Z^n}{A})_{eff} = \frac{\sum_i a_i \cdot Z_i^n}{\sum_i a_i \cdot A_i} \qquad (14.4)$$

Substanz	Dichte $\rho(g/cm^3)$	$(Z^n/A)_{eff}$		
		n = 1	n = 2	n = 4
Wasser (20°C)	0,9982	0,555	3,66	227
Luft*	0,001204	0,499	3,67	223
Acryl(Plexi)glas, PMMA	1,18**	0,5395	3,16	147
A-150 (Muskel)	1,127	0,549	3,02	182
RW-1 (Wasser)	0,97	0,565	2,98	210
RW-1 (Muskel)	1,03	0,56	3,13	227
Polystyrol	1,06	0,538	2,84	99,6
Polyäthylen (fettäquivalent)	0,92	0,570	2,71	92,5
Paraffin	0,88	0,573	2,70	92,0
Kork	0,3	0,529	3,37	175,4
Muskel (ICRU 10)	1,04	0,550	3,60	230
Lunge	0,3	0,557	3,67	227,7
Fettgewebe (ICRP 23)	0,92	0,558	3,01	137,0
Knochen (cort., ICRP 23)	1,85	0,521	5,30	1147

Tab. 14.2: Dichten und effektive Ordnungszahlabhängigkeiten einiger wichtiger dosimetrischer Substanzen (nach [Reich] und [Jaeger/Hübner]). *: Unter Normalbedingungen (20°C, 1013 hPa). **: Die Dichte von PMMA beträgt nach [NIST] 1,19 g/cm³.

Aus Gleichung (14.2) erhält man mit (Gl. 14.3) als Bedingung der globalen Äquivalenz der Substanzmischungen a und b das Gleichungssystem (14.5), das für alle "beteiligten", durch n gekennzeichneten Wechselwirkungen gelöst werden muss.

$$\left[\rho \cdot f(E) \cdot \sum_i p_i \cdot \frac{Z_i^n}{A_i} \right]_a = \left[\rho \cdot f(E) \cdot \sum_i p_i \cdot \frac{Z_i^n}{A_i} \right]_b \qquad (14.5)$$

Die Gleichungen lassen sich durch Kürzen der f(E)-Faktoren vereinfachen, sofern diese Energieabhängigkeiten weitgehend unabhängig von der atomaren Zusammensetzung der Materialien sind, was bis auf den Bereich der dominierenden Photoeffektwechselwirkung mit seinen individuellen Elektronenbindungsenergien immer zutrifft. Man erhält dann als Äquivalenzbedingung für die Mischungen a und b:

$$\left[\rho \cdot \sum_i p_i \cdot \frac{Z_i^n}{A_i} \right]_a = \left[\rho \cdot \sum_i p_i \cdot \frac{Z_i^n}{A_i} \right]_b \qquad (14.6)$$

Soll die einfache Beziehung (Gl. 14.1) zur Bestimmung des linearen Schwächungskoeffizienten μ bzw. seiner Teilkoeffizienten (Photo-, Compton-, Paarbildungseffekt) von Stoffgemischen eingesetzt werden, ist Z durch eine effektive Ordnungszahl Z_{eff} zu ersetzen. Diese effektive Ordnungszahl erhält man für jede Photonen-Wechselwirkungsart, deren Exponent ungleich 1 ist durch die folgende Beziehung [Spiers 1946].

$$Z_{eff} = \sqrt[n-1]{\sum_i a_{i,rel} \cdot Z^{n-1}} \qquad (14.7)$$

Die Koeffizienten $a_{i,rel}$ sind jetzt die massegewichteten relativen Elektronenanzahlen der Einzelkomponenten, deren Summe gerade 1 (100%) ergibt. Sie können mit folgender Formel berechnet werden.

$$a_{i,rel} = \frac{p_i \cdot (\frac{Z}{A_r})_i}{\sum p_i \cdot (\frac{Z}{A_r})_i} \qquad (14.8)$$

Die Größen p_i sind die jeweiligen relativen Massenanteile der Komponenten. Für nicht zu schwere Elemente mit $1 < Z \leq 30$ in biologischen Geweben oder entsprechenden Ersatzsubstanzen, also für Atome oberhalb vom Wasserstoff (hier gilt Z=A=1), stimmen die a_i mit ausreichender Genauigkeit mit den p_i überein. Die Komponenten des vereinfachten Wechselwirkungskoeffizienten schreibt man entsprechend (Gl. 14.1) mit der effektiven Ordnungszahl dann als:

$$k = \rho \cdot \frac{Z_{eff}^n}{A} \cdot f(E)$$ (14.9)

Beispiel 14.1: (Z^n/A) für Wasser (H_2O) berechnet man nach Gl. (14.4) mit $a_1 = 2$, $a_2 = 1$, $Z_1 = 1$, $Z_2 = 8$, den mittleren relativen Atomgewichten $A_1 = 1,0079$ für Wasserstoff und $A_2 = 15,994$ für Sauerstoff natürlicher Zusammensetzung zu: $(Z^n/A)_{eff} = (2 \cdot 1^n + 1 \cdot 8^n)/(2 \cdot 1,0079 + 1 \cdot 15,994) = (2+8^n)/18,0098$. Für $n = 1$ ergibt dies den Wert $(Z^n/A)_{eff} = 0,555$, für $n = 2$ den Wert $(Z^n/A)_{eff} = 3,66$ (vgl. die Daten in den Tabn. 14.1 und 14.2).

Beispiel 14.2: Für Acrylglas (PMMA; Plexiglas, chemische Summenformel: $C_5H_8O_2$) erhält man mit $A_1 = 12,001$ für natürlichen Kohlenstoff und den sonstigen Zahlenwerten aus Beispiel 14.1: $(Z^n/A)_{eff} = (5 \cdot 6^n + 8 \cdot 1^n + 2 \cdot 8^n)/(5 \cdot 12,001 + 8 \cdot 1,0079 + 2 \cdot 15,994)$. Für $n = 1$ ergibt diese Gleichung den Wert $(Z^n/A)_{eff} = 0,5395$, für $n = 2$ den Wert $(Z^n/A)_{eff} = 3,1566$ und für $n = 4$ $(Z^n/A)_{eff} = 146,6443$.

Tabellierungen der Eigenschaften der wichtigsten dosimetrischen Grundsubstanzen und Stoffgemische sind im einschlägigen Schrifttum ([DIN 6809-1], [Reich], [Jaeger/Hübner]) und den dort zitierten Originalarbeiten sowie auszugsweise in Tabelle (14.2) enthalten. Die numerischen Werte der Tabelle (14.2) können auch für Berechnungen der effektiven äquivalenten Messtiefen in verschiedenen Phantommaterialien verwendet werden. Näherungsweise gilt für zwei Messwerte in den Tiefen z_a und z_b in zwei Materialien (a) und (b) mit jeweils homogenen Dichten dann Äquivalenz, wenn sich die Tiefen umgekehrt wie die Produkte aus Dichte und effektiver Ordnungszahlpotenz verhalten.

$$z_a \cdot \rho_a \cdot (\frac{Z^n}{A})_{eff,a} = z_b \cdot \rho_b \cdot (\frac{Z^n}{A})_{eff,b}$$ (14.10)

Beispiel 14.3: In [DIN 6809-1] wird als Bezugstiefe für die Messung der Kenndosisleistung therapeutischer ultraharter ^{60}Co-Photonenstrahlung in Wasser $z_w = 5$ cm vorgeschlagen. Die dosimetrisch äquivalente Messtiefe in Plexiglas für den Bereich des Comptoneffekts ($n = 1$) beträgt nach Gleichung (14.10) und den Werten aus Tabelle (14.2) $z_{plexi} = z_w \cdot 0,555/0,636 = 0,873 \cdot z_w = 4,36$ cm. Für den Exponenten $n = 2$ wird der Tiefen-Umrechnungsfaktor $3,66/3,16 = 1,158$, für den Photoeffekt sogar $227/173 = 1,312$. Wasser und Plexiglas sind offensichtlich dosimetrisch nur näherungsweise und für bestimmte eingeschränkte Bereiche der Strahlungsqualität äquivalent. Dosisverteilungen in diesen beiden Substanzen sind deshalb nur nach Umrechnungen der Messtiefen halbwegs miteinander vergleichbar.

Dosisverteilungen werden nicht nur durch die Wechselwirkungen des Strahlungsfeldes mit dem Medium sondern, wie das bei realen Verhältnissen immer der Fall ist, auch durch die Bestrahlungsgeometrie, insbesondere durch den Abstand des Strahlers vom Phantom beeinflusst. Deshalb müssen bei der Umrechnung von Doswerten in verschiedenen Materialien wegen der unterschiedlichen Messtiefen nach Gleichung (14.7) entweder rechnerische Korrekturen der Divergenz z. B. nach dem Abstandsquadratgesetz berücksichtigt werden, oder die Messsonde muss immer im gleichen Abstand zur Strahlungsquelle positioniert werden. Bei Messungen in Phantomen bedeutet dies wegen der verschiedenen Messtiefen in unterschiedlichen Phantommaterialien dann verschiedene Abstände der Phantomoberfläche zur Strahlungsquelle. Außerdem müssen geometrische Festkörperphantome in allen Dosimetriesituationen (Klimabedingungen) streng maßhaltig sein. Die Dickenangaben müssen daher in kleinen Toleranzen eingehalten werden.

Beispiel 14.4: Soll die Kenndosisleistung ultraharter Photonenstrahlung aus einem Elektronenbeschleuniger im Fokus-Kammer-Abstand (FKA) von 110 cm gemessen werden, bedeutet dies bei einer Messtiefe von 10 cm Wasser einen Fokus-Phantomoberflächen-Abstand (FPA) von 100 cm. Wird ein Plexiglasphantom verwendet und der Einfachheit halber nur Comptonwechselwirkung ($n = 1$) und identische Rückstreubeiträge in beiden Materialien unterstellt, ist die Messtiefe in Plexiglas analog zu Beispiel (14.3) nur noch 8,72 cm. Bei unverändertem FPA befindet sich die Messsonde dann 13 mm näher an der Strahlungsquelle als bei der Messung in Wasser. Dies führt zu einer Zunahme des Messwertes nach dem Abstandsquadratgesetz um den Faktor $(101,3/100)^2 = 1,026$. Die Dosimeteranzeige muss daher um diesen Faktor verkleinert werden. Alternativ kann die Messung direkt im korrekten FPA von 101,3 cm mit der Kammer in der Plexiglastiefe von 8,72 cm durchgeführt werden.

Dosimetrie-Phantome: Werden Phantome als dosimetrische Stellvertreter für das menschliche Weichteilgewebe eingesetzt, sind neben der dosimetrischen Äquivalenz und der passenden Zusammensetzung noch eine Reihe weiterer geometrischer Bedingungen zu erfüllen. Phantome können inhomogen oder homogen sein, das heißt heterogene oder einheitliche Dichte und Zusammensetzung haben, sie können regelmäßig oder unregelmäßig geformt sein. Sollen direkte Dosisvergleiche mit dem Menschen durchgeführt werden, werden sogar menschenähnliche und menschenäquivalente Phantome benötigt, die in ihrer Form und ihrer Zusammensetzung exakt für den jeweiligen Zweck ausgelegt sind, z. B. Röntgenphantome, Strahlentherapiephantome und Organphantome für die Nuklearmedizin (s. Fig. 14.1).

Für viele grundlegende Dosimetrieaufgaben müssen Phantome so große Abmessungen haben, dass sich bei weiterer Vergrößerung die interessierenden Messgrößen nicht mehr ändern. Man bezeichnet solche Phantomanordnungen nach der Deutschen Norm [DIN 6809-1] als "quasi-unendlich" oder als gesättigte Phantome. Sättigung eines Phantoms ist in der Regel nur für eine bestimmte Strahlungsqualität, eine bestimmte geometrische Anordnung und eine bestimmte Messaufgabe gegeben. So erfordert die Messung von Betastrahlung aus Dermaplatten - das sind ^{90}Sr-Kontaktstrahler - wegen der geringen Reichweite der Betateilchen sicherlich kleinere Phantomabmessungen als die Untersuchung ultraharter Photonenstrahlung aus einem Elektronenbeschleuniger und wieder andere als die Dosimetrie von Strahlern für die Afterloadingtechnik. Beispiele von für die jeweilige Messaufgabe gesättigten Phantomen aber mit sehr unterschiedlichen Abmessungen finden sich in (Fign. 13.1, 13.3, 13.7).

Fig. 14.1: Links: Menschenähnliches Scheibenphantom (Rando-Phantom) mit einem echten menschlichen Skelett und bis zu 10000 Aufnahmen für TL-Detektoren zur Überprüfung dreidimensionaler Dosisverteilungen. Rechts: Plattenphantome aus Plexiglas und dem für einen großen Photonen- und Elektronenenergiebereich wasseräquivalenten weißen RW3-Material (Polystyrol mit TiO_2-Zusatz, mit freundlicher Genehmigung der PTW-Freiburg).

Für die Dosimetrie nach der Sondenmethode kann die Äquivalenzforderung für die Umgebung und die Messsonde gegenüber der globalen Äquivalenz oft stark eingeschränkt werden. Voraussetzung ist nur noch die Äquivalenz des Strahlungsfeldes am Sondenort und als Bedingung für die Sondendosimetrie die Materialäquivalenz der unmittelbaren Umgebung der Sonde. Das ist ein Bereich, der bei Sekundärteilchengleichgewicht etwa der Reichweite der Sekundärteilchen entspricht und bei Hohlraumbedingungen durch den maximal zulässigen Sondenradius gegeben ist. Gewebeäquivalenz des Sondenmaterials bedeutet die Übereinstimmung der Massenenergieübertragungskoeffizienten von Gewebe und Sondenmaterial. Äquivalenz der Sondenwand mit dem strahlenempfindlichen Material der Sonde wird zur Herstellung des Sekundärteilchengleichgewichts benötigt. Ist das Sondenmaterial Luft, bezeichnet man solche Sonden als Kammern mit "luftäquivalenten" Wänden. Die Dichten der Materialien gehen in diese lokale Äquivalenzbedingung nicht unmittelbar ein. Lediglich bei gasförmigen Medien (z. B. Luft in der Dosimetersonde) müssen wegen des Dichteeffektes bei Elektronenstrahlung, also einer restlichen Abhängigkeit des auf die Dichte bezogenen Massenstoßbremsvermögens, kleinere Korrekturen für die Kalibrierfaktoren berücksichtigt werden (vgl. dazu [Krieger1] und in diesem Band die numerischen Werte der Tabelle 25.10 im Anhang).

Weitere detaillierte Ausführungen zur dosimetrischen Materialäquivalenz finden sich in ([Reich], [Jaeger/Hübner], [ICRU 44]).

Zusammenfassung

- **Bei der praktischen Dosimetrie ist man auf äquivalente Ersatzsubstanzen für menschliches Gewebe angewiesen.**

- **Globale Äquivalenz besteht nur, wenn die Eigenschaften des Ersatzmaterials für alle möglichen Wechselwirkungen und Energien mit der Originalsubstanz übereinstimmt.**

- **Äquivalenz wird mit effektiven Ordnungszahlen oder effektiven Z^n/A-Verhältnissen beschrieben.**

- **Wegen der Z-Abhängigkeiten der verschiedenen Wechselwirkungskoeffizienten gelten die so bestimmten Äquivalenzen oft nur für einen eingeschränkten Energiebereich.**

- **Die größten Äquivalenzunterschiede finden sich bei Wechselwirkungen mit starker Z-Abhängigkeit der Wirkungsquerschnitte. Das wichtigste Beispiel ist der Photoeffekt bei niedrigen Energien (Z^{4-5}/A).**

- **Ein Beispiel ist das Phantommaterial RW3 (Göttingen White Water, Fig. 14.1), das "nur" wasseräquivalent ist für ^{60}Co-Gammastrahlung und Photonen bis 50 MeV, also Photonenenergien jenseits der Photoeffekt-Wechselwirkungen, und für Elektronenenergien zwischen 4-25 MeV.**

- **Neben der effektiven Ordnungszahl ist bei geometrischen Überlegungen zur Dosimetrie auch die Dichte der Ersatzmaterialien zu beachten.**

Aufgaben

1. Was versteht man unter der globalen dosimetrischen Äquivalenz zweier monoatomarer Substanzen?

2. Können zwei Substanzen mit gleicher Dichte und Massenzahl aber unterschiedlicher Ordnungszahl dosimetrisch äquivalent für diagnostische Röntgenstrahlung sein?

3. Sie messen den Tiefendosisverlauf ultraharter Photonenstrahlung in Wasser und einem weiteren Phantommaterial, das sich nur in seiner Dichte um 10% unterscheidet, in einer konstanten Geometrie. Dürfen Sie die Tiefendosisdaten aus beiden Messungen gleichsetzen?

Aufgabenlösungen

1. Unter der globalen dosimetrischen Äquivalenz zweier monoatomarer Substanzen versteht man die Gleichheit aller Wechselwirkungskoeffizienten (Schwächung, Stoß- und Strahlungsbremsung, Streuvermögen) für alle Energien und Strahlungsarten.

2. Nein, da im Bereich der diagnostischen Röntgenstrahlung erhebliche Anteile der Wechselwirkungen über den Z-abhängigen Photoeffekt stattfinden.

3. Nein, da wegen der unterschiedlichen Dichten die Schichtdicken entsprechend skaliert werden müssen. Sollte die gleiche Geometrie (Skin Source Distance SSD, auch Surface-Source Distance) verwendet werden, müssen die Skalierungen durch Korrekturrechnungen berücksichtigt werden. Alternativ kann für die Positionierung der Materialien der SSD entsprechend geändert werden. Wichtig bei diesem Verfahren ist die Messung mit konstanter Strahldivergenz, also die korrekte Feldgrößeneinstellung. Die Tiefendosiskorrekturen sind in beiden Fällen vorzunehmen.

15 Thermolumineszenzdosimetrie

Das Kapitel beginnt mit einer Darstellung der Grundlagen des Thermolumineszenzprinzips und der gängigen TL-Materialien. Im zweiten Teil werden praktische Aspekte der Thermolumineszenzdosimetrie beschrieben wie die Detektorformen zur TL-Dosimetrie, die Auswerteeinheit, die verwendeten Heizprofile sowie die Kalibrierverfahren und die Probleme der TL-Dosimetrie.

15.1 Thermolumineszenzdetektoren

Thermolumineszenzdetektoren zählen zur Kategorie der Festkörperdetektoren (vgl. dazu die Ausführungen in Kap. 4). Bei Bestrahlung speichern sie einen geringen Anteil der eingestrahlten Energie in langlebigen Zwischenzuständen (Traps) zwischen dem Leitungsband und dem Valenzband. Beim Erhitzen der Detektoren werden einige Prozent der gespeicherten Energie in Form von Lichtquanten freigesetzt. Diese können mit Hilfe von Photomultipliern quantitativ nachgewiesen werden. Das für die klinische Dosimetrie wichtigste Detektormaterial ist mit Fremdatomen wie Mn, Mg dotiertes Lithiumfluorid. Thermolumineszenzdetektoren können nur als Relativ-Dosimeter verwendet werden, da ihre Anzeige in quantitativ nicht vorhersagbarer Weise von den individuellen Eigenschaften und der Strahlungsvorgeschichte des Detektormaterials abhängt. Die Detektoren müssen also in geeigneten Referenzstrahlungsfeldern individuell kalibriert werden. Bei sorgfältiger Kalibrierung und dem entsprechend Qualitätssicherungsaufwand können mit TL-Detektoren Messgenauigkeiten im Prozentbereich erreicht werden. Die Thermolumineszenzdosimetrie solcher referenzkalibrierten TLDs hat mittlerweile die Eisensulfatdosimetrie der Physikalisch-Technischen Bundesanstalt (PTB) als messtechnisches Kontrollverfahren (MTK) abgelöst, die über viele Jahre die Referenzmethode zur Kalibrierung klinischer Ionisationsdosimeter in der Bundesrepublik war.

Die verschiedenen TL-Materialien zeigen unterschiedliche Speicherfähigkeiten für die Strahlungsenergie und zum Teil erhebliche Abhängigkeiten ihrer Nachweiswahrscheinlichkeit von der Strahlungsqualität. Der Dosismessbereich üblicher Thermolumineszenzdetektoren erstreckt sich von wenigen mGy bis zu einigen Zehntausend Gy. Einige Substanzen sind wegen der empirisch festgestellten LET-Abhängigkeit der Anzeigen einzelner Glowpeaks sogar zur Diskriminierung verschiedener Strahlungsarten geeignet. Sie können also in gemischten Strahlungsfeldern (Neutronen und Photonen) zum quantitativen Nachweis der einzelnen Strahlungsfeldanteile verwendet werden.

Anwendungsbereiche der Thermolumineszenzdosimeter in der klinischen Dosimetrie sind die in-vivo Dosimetrie am Menschen, die Untersuchung von Dosisverteilungen bei der Therapieplanung und mittlerweile die Referenz-Kalibrierung von Ionisationskammern. Dazu werden in der Regel sehr kleinvolumige Detektoren verwendet, die für Zwecke der in-vivo-Dosimetrie auch in Glas eingeschmolzen oder in Teflonhüllen eingeschweißt werden. TLD werden auch im Strahlenschutz verwendet z. B. in Form von Fingerringdosimetern oder als Ersatz für Filmplaketten.

© Springer Fachmedien Wiesbaden GmbH, ein Teil von Springer Nature 2021
H. Krieger, *Strahlungsmessung und Dosimetrie*,
https://doi.org/10.1007/978-3-658-33389-8_15

Glowkurven: Reale thermolumineszierende Materialien haben mehrere metastabile Elektronenniveaus in der Energielücke zwischen Valenz- und Leitungsband, die sich in ihrer energetischen Lage relativ zum Leitungsband unterscheiden (Fig. 15.1a). Elektronen können dem entsprechend nicht nur in einer Art von Traps eingefangen werden; die zu ihrer Befreiung aus den Traps erforderliche Energie ist deshalb je nach energetischer Lage der Traps ("Traptiefe") auch verschieden. Wird die beim Aufheizen eines thermolumineszierenden Materials emittierte Lichtintensität in Abhängigkeit von der Temperatur der Probe aufgetragen, erhält man so genannte Glühkurven (engl.: glow curve, Fig. 15.1b). Glowkurven enthalten aus den oben genannten Gründen in der Regel mehrere Intensitätsmaxima (Peaks), deren Form und Größe neben den Eigenschaften des Kristalls (energetische Lage der Traps, Dotierung) auch von der Heizrate, also dem zeitlichen Verlauf des Temperaturanstiegs im Detektor, und der thermischen und Strahlungs-Vorgeschichte des Detektors abhängt.

Die Höhe der Maxima bzw. die Flächen der Glowpeaks sind ein Maß für die Zahl der während der Bestrahlung besetzten metastabilen Niveaus, ihre Lage auf der Temperaturachse korrespondiert mit der energetischen Tiefe der Traps. Je schneller die Heiztemperatur erhöht wird, umso höher werden die Amplituden der Glowkurven-Peaks. Wegen der für den Wärmeübergang benötigten Zeit scheinen die Maxima zu höheren Temperaturen hin verschoben zu sein. Die Form von Glowkurven ist unter sonst gleichen experimentellen Bedingungen vor allem vom verwendeten Thermolumineszenz-Material abhängig. Wegen der zum Teil komplexen Formen von Glowkurven (Überlagerung einzelner Peaks) werden oft nicht die Amplituden sondern die Flächen unter den

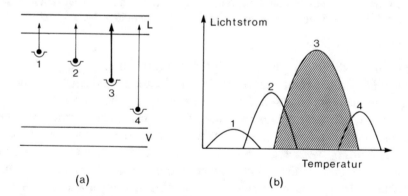

(a) (b)

Fig. 15.1: (a): Darstellung der Lage verschiedener Elektronentraps (1-4) in der Energielücke eines TLDs mit unterschiedlichen Besetzungszahlen (Pfeilstärken). (b): Komponenten der zugehörigen Glowkurve beim Ausheizen eines bestrahlten TLDs. Die zu einer bestimmten Traptiefe gehörige Lichtausbeute entspricht der Fläche unter der entsprechenden Glowkurve. Experimentelle Glowkurven bestehen aus der Summe der Einzelkomponenten. Trap (1) entleert sich schon bei Zimmertemperatur, da der Abstand zum Leitungsband zu gering ist (thermisches Fading). Glowkurve (3) hat die höchste Lichtausbeute, da die Trapzustände (3) am stärksten besetzt waren.

Glowpeaks als Maß für die gespeicherte Energie verwendet. Diese Flächen sind proportional zur Lichtsumme, d. h. dem Zeitintegral über den Lichtstrom im Auswertegerät. Sie sind weniger von der Heizrate abhängig als die Peakhöhen.

TL-Material (:Dotierung)	Dichte (g/cm³)	Z_{eff}	chem. Stabilität	Toxizität	Emissionsmaximum (nm)
LiF:Mg,Ti	2,64	8,2	gut	mittel	400
$Li_2B_4O_7$:Mn	2,3	7,4	hygroskopisch	niedrig	605
$CaSO_4$:Dy	2,61	15,3	gut	niedrig	478, 571
$CaSO_4$:Mn	2,61	15,3	gut	niedrig	500
$CaSO_4$::Sm	2,61	15,3	gut	niedrig	600
BeO	3,01	7,2	gut	hoch (Pulver)	330
CaF_2:Dy	3,18	16,3	gut	niedrig	483, 576
CaF_2:Mn	3,18	16,3	gut	niedrig	500
CaF_2(nat.)	3,18	16,3	gut	niedrig	380

Tab. 15.1: Physikalische und chemische Daten einiger gebräuchlicher Thermolumineszenz-Materialien, Emissionsmaximum: Angabe der Wellenlänge des emittierten Lichts).

Elektronen, die in dicht unter dem Leitungsband liegenden Traps gespeichert sind, können schon bei niedrigen Temperaturen zurück ins Leitungsband angeregt werden und in der Folge Lumineszenz auslösen. Die im Kristall gespeicherte Dosisinformation geht auf diese Weise bei einigen Dosimetermaterialien schon bei Zimmertemperatur teilweise wieder verloren. Dieses unerwünschte Löschen der Dosisinformation wird als **thermisches Fading** bezeichnet (vgl. Tab. 15.2 und 15.3). Die einzelnen Glowpeaks haben dadurch unterschiedliche Lebensdauern, die in der praktischen Dosimetrie beachtet werden müssen. Neben dem Fading bei niedrigen Temperaturen kann es auch zur Signalunterdrückung oder -verminderung durch **thermisches Quenchen** kommen. Darunter versteht man die Verminderung der Lumineszenzausbeute durch den konkurrierenden strahlungsfreien Übergang der Elektronen aus dem Leitungsband, dessen Wahrscheinlichkeit sich mit zunehmender Temperatur erhöht. Der Grund kann der Energieübertrag auf den ganzen Kristall (Phononenerzeugung) oder die Bildung von Augerelektronen sein. Thermisches Fading und Quenchen hängen ebenfalls von den individuellen Eigenschaften der Dosimetersubstanzen ab. Durch geeignete Behandlung der

Dosimeter vor und während der Auswertung kann ihr Einfluss auf die Messgenauigkeit gering gehalten werden.

Dosimetrische Eigenschaften von Thermolumineszenz-Materialien: Wesentliche Eigenschaften von Detektoren für die Dosimetrie sind Linearität der Dosimeteranzeige, die Unabhängigkeit der Dosimeteranzeige von der Dosisleistung (Impulsverhalten), der Strahlungsqualität und Strahlungsart, die Genauigkeit und Reproduzierbarkeit der Anzeige des Dosimeters, seine Kalibrier- und eventuelle Eichfähigkeit und seine Gewebeäquivalenz. Ionisationsdosimeter (luftgefüllte Ionisationskammern) erfüllen diese Eigenschaften in hervorragender Weise und dienen deshalb als Vergleichsmaßstab für andere Dosimeterarten. TLD sind allerdings nicht eichfähig, können aber gut kalibriert werden.

Die meisten Thermolumineszenzdetektoren sind offene Detektoren, die überwiegend aus Detektormaterial bestehen. In der Regel sind sie also von keiner Hülle umgeben. Das Detektormaterial muss neben den oben aufgezählten Eigenschaften daher folgende zusätzliche Forderungen erfüllen: Es muss stabil gegen chemische Einflüsse wie Lösungsmittel, Wasserdampf und sonstige Atmosphärenbedingungen sein und in seinen Eigenschaften nicht durch physikalische Einflüsse wie Temperatur, Druck, Licht u. ä. beeinflussbar sein. Seine Toxizität muss schließlich so gering sein, dass der Anwender auch bei versehentlich unsachgemäßem Umgang gesundheitlich nicht gefährdet werden kann (s. Tab. 15.1).

Emissionsspektren von TLD: Die bei der Auswertung im Lesegerät verwendeten Photomultiplier müssen zum einen an die spektrale Zusammensetzung des von den TLDs emittierten Lichts angepasst sein, zum anderen darf das Thermolumineszenzmaterial selbst nicht zu viele Absorptionsbanden im sichtbaren Bereich aufweisen, da sonst der Eigenabsorptionsanteil im Detektor zu hoch bzw. die Lichtausbeute zu gering ist. Die meisten kommerziellen Photomultiplier haben ihr Empfindlichkeitsmaximum im blauen Spektralbereich (450 bis 350 nm, blau, violett, nahes UV), so dass Phosphore, die solches Licht emittieren, besonders große Signalhöhen ermöglichen (s. Tab. 15.1).

Weniger günstig sind dagegen TL-Materialien mit Emissionen im gelben oder roten bis infraroten Spektralbereich (1000 bis 600 nm). Thermolumineszenzdetektoren werden beim Auswerten bis auf mehrere hundert Grad Celsius aufgeheizt. Die Photomultiplier müssen deshalb durch Infrarotfilter vor Überhitzung geschützt werden. Damit wird gleichzeitig die Signalintensität des roten Lumineszenzlichts aus dem Detektor herabgesetzt. Emittieren die Detektoren überwiegend im ultravioletten Spektralbereich, müssen zum Erreichen einer ausreichenden Signalstärke Photomultiplier mit UV-durchlässigen Eingangsfenstern, z. B. aus Quarz, verwendet werden.

TL-Material (:Dotierung)	Glowpeak (Nummer)	Temperaturen der Peakmaxima (°C)	Traptiefen (eV)	Halbwertzeit (bei 20°C, bzw. Signal-verlustrate)
LiF:Mg,Ti	I	70		5 min
	II	130		10 h
	III	170		0,5 a
	IV	200		7 a
	V	225		80 a
	VI	275		
$Li_2B_4O_7$:Mn	I	50		
	II	90		
	III	200		10% pro Monat
	IV	220		10% pro Monat
$CaSO_4$:Dy	III	220	1,4	120 a
	IV	260	1,54	20300 a
$CaSO_4$:Mn	I	90		40 bis 85% in 10 h
BeO	I	70		
	II	160		
	III	180		0% in 5 Monaten bis
	IV	220		7% in 2 Monaten
CaF_2:Dy	I	120		instabil
	II	140		instabil
	III	200		25% pro Monat
	IV	240		25% pro Monat
CaF_2:Mn	I	260		1% pro Tag
CaF_2(nat.)	I	110	1,2	3 Monate
	II	175	1,65	5 a
	III	263	1,71	$2 \cdot 10^5$ a

Tab. 15.2: Glowkurvendaten verschiedener Thermolumineszenzmaterialien (Halbwertzeiten für Lagerung bei Zimmertemperatur, Daten nach [Portal, Busuoli]).

Struktur der Glowkurven: Die ideale Glowkurve eines Thermolumineszenzdetektors für die klinische Dosimetrie besteht aus einem einzelnen Glowpeak, der zu einer energetisch klar definierten einfachen Trapkonfiguration gehört. Die Tiefe der Traps (ihre energetische Lage unter dem Leitungsband) sollte so groß sein, dass bei den üblichen Umgebungstemperaturen (z. B. Zimmertemperatur) keine Entvölkerung der Traps zu erwarten ist, also auch bei langen Lagerzeiten des Detektors bzw. Tragezeiten des Dosimeters kein Fading auftritt. Sie dürfte aber auch nicht zu groß sein, da sonst beim Ausheizen des Detektors zu hohe Temperaturen benötigt werden, die Probleme durch erhöhte Wärmestrahlung oder thermisch bedingten Signalverlust (thermisches Quenchen) verursachen können. Als günstig werden maximale Lesetemperaturen nicht wesentlich oberhalb 200°C betrachtet. Viele Thermolumineszenz-Materialien haben dagegen recht komplexe Trapkonfigurationen und weisen deshalb auch komplizierte Überlagerungen der zu den einzelnen Traps gehörenden Glowkurven auf (vgl. Fig. 15.1, Tab. 15.2).

TL-Material (:Dotierung)	thermisches Fading bei 20-25°C	optisches Fading (einschl. UV)
LiF:Mg,Ti	5% in 3 Monaten	schwach
$Li_2B_4O_7$:Mn	10% in 2 Monaten	schwach
$CaSO_4$:Dy	1-2% pro Monat	schwach
$CaSO_4$:Mn	36% pro Tag	
BeO	bis 8% in 3 Monaten	stark
CaF_2:Dy	25% im 1. Monat	stark
CaF_2:Mn	10% im 1. Monat	
CaF_2(nat.)	< 3% in 9 Monaten	Trap-Wanderung

Tab. 15.3: Fadingeigenschaften der für die Dosimetrie verwendeten Glowkurven einiger üblicher Thermolumineszenzmaterialien.

Wünschenswert wäre auch eine weitgehende Unempfindlichkeit des Thermolumineszenz-Materials gegen UV-Exposition. Sie kann in den meisten TL-Materialien zu Fading durch UV-induzierte Entleerung der Traps, in manchen Materialien auch zu einer Wanderung von Traps innerhalb des Kristalls mit einer anschließenden Erhöhung der Lichtausbeute ("Antifading") durch Umbesetzung von tiefen Traps führen. Reale TLDs zeigen ein teilweise erhebliches thermisches Fading und sind außerdem unterschiedlich empfindlich gegen den UV-Anteil im Tageslicht (s. Tab. 15.3). In manchen Thermolumineszenz-Materialien werden durch Tageslicht- oder UV-Licht-Bestrahlung einige tiefe Traps umbesetzt oder neu besetzt und täuschen dadurch bei der späteren Auswertung eine Exposition mit ionisierender Strahlung vor. Manchmal sitzen Traps so tief, dass sie bei der Auswertung nicht geleert werden können, da die thermische Energie dazu nicht ausreicht. Ein Teil der Dosisinformation bleibt deshalb im Detektor gespeichert und kann bei späterer Verwendung des Detektors unter Umständen wegen der Trapwanderung oder -umbesetzung zu einer Erhöhung des Untergrundes führen.

15.2 Praktische Aspekte der Thermolumineszenzdosimetrie

Form von Thermolumineszenzdetektoren: Thermolumineszenzdetektoren werden als kleine kreisförmige oder quadratische Scheiben (chips), Stäbchen mit wenigen Millimetern Länge und Durchmesser bei quadratischem oder kreisförmigem Querschnitt (rods), als offenes Pulver, das in Hüllen eingeschweißt wird (Bänder, engl.: ribbons), oder als in Glas eingeschmolzene Detektoren (engl.: bulbs) aus allen gängigen Detektormaterialien hergestellt (Fig. 15.2). Daneben werden die Phosphormaterialien auch in Kunststoffmatrizen eingebracht wie zum Beispiel aus Teflon (PTFE: Polytetrafluoroethylen). Dies erhöht zwar die mechanische Festigkeit der Detektoren, hat aber den entscheidenden Nachteil, dass diese Detektoren bei hohen Temperaturen ihre Form und Größe ändern, da die Kunststoffe nicht ausreichend wärmestabil sind. Durch solche Formänderungen wird der Wärmeübergang von den Detektorträgern auf die Detektoren beim Aufheizen während des Lesevorgangs mit der Zeit verschlechtert, was natürlich Einfluss auf die Genauigkeit und Reproduzierbarkeit der Messergebnisse haben kann. Umhüllungen von TLD können auch dünne Metallschichten enthalten, um so durch spezielle atomare Zusammensetzungen die Energieabhängigkeit der Kalibrierfaktoren zu beeinflussen. Detektoren in reiner kristalliner Form, entweder als Einkristalle, Pulver oder gesinterte und gepresste Formen sind bei angestrebter hoher dosimetrischer Genauigkeit vorzuziehen, wenn die sonstigen Umstände dies erlauben.

Die Auswerteeinheit: Zur Auswertung werden die bestrahlten Thermolumineszenzdetektoren auf Träger aufgebracht, die dann im Lesegerät aufgeheizt werden. Das Auswertegerät besteht aus zwei wesentlichen Funktionseinheiten, der **Leseeinrichtung** und der **Heizeinrichtung**. Zum Lichtnachweis werden Sekundärelektronenvervielfacher (Photomultiplier) benutzt, deren Photokathode selbstverständlich auf die spektrale Zusammensetzung des Lumineszenzlichts abgestimmt sein muss. Der Strom bzw. die im Photomultiplier erzeugte Ladung ist proportional zur emittierten Lichtintensität bzw. Lichtmenge. Um Beschädigungen durch Überhitzen des Photomultipliers zu vermeiden, befinden sich zwischen Detektorträger und Kathode des Photomultipliers Infrarot-Filter, die die von den Detektoren und den Trägerschälchen ausgehende Wärmestrahlung absorbieren. Zusätzlich werden die Photomultiplier durch die zur Vermeidung der Tribo- und Chemolumineszenz in den Detektoren verwendeten Stickstoffspülung gekühlt. Die Form der Detektorträger hängt von der gewählten Heizmethode ab. Diese Träger sollen zum einen eine reproduzierbare Positionierung der Detektoren relativ zum Photomultiplier garantieren, die für eine vollständige Erfassung des emittierten Lumineszenzlichts erforderlich ist. Zum andern muss je nach Heizverfahren auch ein guter Wärmekontakt zum Heizmedium gewährleistet sein, damit reproduzierbare zeitliche

Temperaturprofile in den Detektoren erzeugt werden können, die wichtig für die Höhe und Lage der Peaks der Glowkurven sind. Unabdingbar ist auch ein hohes, zeitlich möglichst unveränderliches Reflexionsvermögen der Träger, da der reflektierte Lichtintensitätsanteil erheblich zum Signal des Photomultipliers beiträgt. Da bei den hohen Temperaturen in den Lesern die Gefahr der Korrosion und Eintrübung der Detektorträger

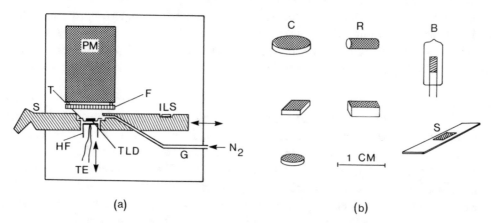

(a)   (b)

Fig. 15.2: (a): Typische Anordnung von Detektor, Heizelement und Photomultiplier bei einem TLD-Leser mit indirekter Trägerheizung (PM: Photomultiplier, F: Infrarotfilter, S: Schieber für den Detektoraustausch, HF: beweglicher Heizfinger mit Thermoelement TE, TLD: Detektor, G: Gaszuführung, ILS: interne Kalibrierlichtquelle, T: Träger aus Platinfolie). (b): Übliche Bauformen kommerzieller Thermolumineszenzdetektoren (C: Chips, R: Rods beide Formen aus gepresstem oder gesintertem TL-Material, B: in Glaskolben eingeschmolzener direkt beheizter TL-Detektor mit externem Anschluss für die Heizung, S: in Teflonstreifen eingeschweißtes TL-Pulver für die physikalische Strahlenschutzkontrolle).

besteht, werden diese am besten aus Edelmetallen, meistens Platin oder Rhodium, gefertigt. Zumindest sollten die Oberflächen der Träger veredelt sein, da die Korrosion bei reinen Edelstahlträgern (Rost) das Reflexionsvermögen bereits nach wenigen hundert Auswertezyklen um mehrere Prozent der Anfangswerte verringern kann.

Zum Aufheizen der Detektoren werden verschiedene Methoden angewendet. In **Heißgaslesern** wird das Spülgas gleichzeitig zum Heizen der Detektoren verwendet. Dieses Verfahren ist besonders günstig, wenn Wert auf große Auswertegeschwindigkeit und gleichmäßige und schnelle Erhitzung der TLD gelegt wird. Ein weiterer Vorteil der Gasheizung ist die Unabhängigkeit der Heizrate (Temperaturanstieg) im Detektor von der Form und Größe der Detektoren, da bei umströmendem Gas keinerlei Probleme mit dem Wärmeübergang zwischen Detektor und Heizmedium auftreten. Nachteilig sind das üblicherweise fest vorgegebene Heizprofil der Gasleser und die damit verbundene mangelnde Flexibilität, die besonders bei Grundlagenuntersuchungen mit ständig wechselnden Heizprofilen hinderlich ist. Bei den **Trägerheizverfahren** (s. Beispiel in Fig. 15.2a) werden die Detektorträger selbst direkt oder indirekt elektrisch geheizt. Bei direkter Heizung werden die metallischen Träger (Planchets, Trays) unmittelbar als Heizkörper verwendet. Sie werden dazu an eine einstellbare und geregelte Spannungsquelle angeschlossen, die einen Heizstrom direkt durch den Träger schickt. Die Temperatur des Trägers wird meistens mit Thermoelementen geregelt, die ebenfalls direkt mit dem Detektorträger verbunden sind. Bei indirekt geheizten Trägern wird ein Heizelement ("Heizfinger") unter das Detektorschälchen gefahren, sobald sich dieses in Auswerteposition unterhalb des Photomultipliers befindet. Die Temperaturregelung übernimmt auch hier ein Thermoelement, das permanent mit dem Heizfinger verbunden ist.

Bei beiden Trägerheizverfahren dürfen die Wärmekapazitäten der Detektorträger nicht zu hoch sein, damit keine unnötigen Verzögerungen des Temperaturanstiegs oder örtliche Temperaturgradienten auftreten. Die Träger sind aus Gründen der Wärmeleitfähigkeit und der Wärmekapazität meistens als dünne Schälchen oder Schiffchen aus Edelstahl, Wolfram, Rhodium oder aus Platin gefertigt. Bei Trägerheizverfahren kann es zu Schwierigkeiten mit dem Wärmeübergang zwischen Träger und Detektor kommen. Dies ist besonders dann der Fall, wenn die Detektoren keine ebenmäßigen Oberflächen haben oder sich Staub in der Auswerteeinheit befindet, der die erforderliche Planlage der Detektoren verhindert. Aus diesen Gründen sollte nicht nur auf peinliche Staubfreiheit des Arbeitsplatzes geachtet werden, sondern auch auf die mechanische Unversehrtheit der Detektoren. TLDs, deren Oberflächen verletzt sind oder bei denen äußere Beschädigungen wie abgebrochene Ecken feststellbar sind, sollten deshalb unbedingt aus dem Verkehr gezogen werden. Wegen der niedrigen Wärmekapazitäten der Detektorhalterung sind die Temperaturen beim Trägerheizverfahren besonders einfach zu regeln. Die leichte Programmierbarkeit der Temperaturregelung ermöglicht die Wahl individueller Heizprofile und macht die Trägerheizverfahren deshalb besonders für Grundlagenuntersuchungen geeignet.

Weitere, weniger verbreitete Heizmethoden sind die Verwendung eines elektrisch geheizten Materialblocks mit großer Wärmekapazität, mit dem die Detektoren bei der Auswertung kurz in Kontakt gebracht werden, die Heizung mittels Infrarot- und Lichtquellen, deren Strahlung über Linsen auf den Detektor fokussiert werden, die Heizung mit Kurzwellensendern oder die direkte Heizung von Detektoren, die in Glasröhren eingeschmolzen sind und ähnlich wie Radioröhren externe Anschlüsse für eine Heizwendel im Inneren haben. Diese Verfahren bieten keine entscheidenden Vorteile im Vergleich zu den anderen Heizverfahren.

Heizprofile: Die Form der Heizprofile (Temperatur als Funktion der Zeit) hängt vom Detektormaterial und den dosimetrischen Randbedingungen und Anforderungen ab. Ein vollständiger Heizzyklus (s. Fig. 15.4) besteht aus einer Vorheizzone, einer Lesezone und einer Nachheizzone. Während der Vorheizung werden der Detektor und der Träger aufgeheizt, ohne dabei das emittierte Lumineszenzlicht auszulesen (Pre-read-heating). Die Vorheizung dient der Unterdrückung von Signalen aus energetisch hoch liegenden Traps, die schon bei niedrigen Temperaturen ein erhebliches Fading zeigen. Man bezeichnet die Vorheizung deshalb auch als **Pre-Annealing** (engl.: ausglühen). Die Höhe der Pre-Annealing-Temperatur hängt vom Detektormaterial und der angestrebten dosimetrischen Genauigkeit ab. Manche Materialien benötigen wegen des geringen Fadings keine Vorheizzone, was die für einen Auswertezyklus benötigte Zeit erheblich verkürzen kann. In der **Lesezone** werden die Detektoren auf die zur Erzeugung der Thermolumineszenz erforderliche Temperatur von ca. 200-300° C aufgeheizt. Gleichzeitig wird das emittierte Licht im Photomultiplier registriert. Die Dauer des Lesevorgangs und die dabei erreichte maximale Temperatur sind wieder vom Detektormaterial (Struktur der Glowkurve), dem zu untersuchenden Dosisbereich und der gewählten Heizrate (dem

Fig. 15.3: Heizofen und Trägerplatten für das Pre- und Postannealing von TLDs verschiedener Bauformen (Chips, Rods) mit programmierbaren Temperaturprofilen (mit freundlicher Genehmigung der PTW-Freiburg).

zeitlichen Temperaturgradienten) abhängig. Als Heizprofile können lineare und nicht lineare Temperaturverläufe gewählt werden. Lineare Heizraten (konstante zeitliche Temperaturgradienten) sind vor allem für Grundlagenuntersuchungen der Trapstrukturen von Thermolumineszenzmaterialien und für die automatisierte Analyse der Glowkurven von Bedeutung.

Die bei linearer Heizung entstehenden Glowkurven ermöglichen die direkte Zuordnung von Glowpeaks zu den Temperaturen des Detektors, da Zeit und Temperatur proportional sind. Bei nicht linearen Heizprofilen ist eine unmittelbare Zuordnung von Glowpeak und Temperatur im Allgemeinen nicht möglich. Für Routinemessaufgaben ist die Wahl der Heizrate ohne Bedeutung, wenn sowohl die Kalibrierung als auch die Auswertung der Detektoren unter gleichen Bedingungen durchgeführt werden. Vorheizzone und Lesezone werden am besten dadurch für die konkrete Messaufgabe optimiert, dass man sowohl Temperaturkurven wie Glowkurven während der Auswertung einer Reihe von üblich bestrahlten Detektoren dokumentiert und dann die gewünschten Heizprofile an Hand dieser Kurven festlegt. Bei manchen kommerziellen TLD-Lesern sind die Heizprofile bereits vom Hersteller fest eingestellt, andere flexiblere Systeme ermöglichen die individuelle Wahl der Heizrate und Heizzeiten am Leser. Für solche Fälle finden sich nützliche Empfehlungen für die Heizzyklen in den Bedienungsanleitungen der Hersteller von Lesern oder Detektoren und außerdem in der einschlägigen

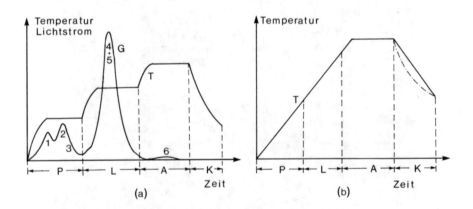

Fig. 15.4: Zeitlicher Verlauf der Heizprofile bei der Auswertung von TLD. (a): Typisches nicht lineares Heizprofil und zugehörige Glowkurve für die Routineauswertung von LiF (P: Preannealzone, L: Lesezone, A: Annealzone, K: Kühlbereich, T: Temperaturverlauf, G: Glowkurve, 1-6: Glowpeaks von LiF). (b): Lineare Heizrate für Grundlagenuntersuchungen (Zonen und Bezeichnungen wie bei a). Der Anstieg der Temperaturkurve im linearen Teil kann ebenso wie die Zonenbreiten individuell eingestellt werden. Zum Abkühlen kann entweder natürliche Kühlung (exponentieller Temperaturverlauf: strichpunktierte Linie) oder ein durch kontrolliertes Nachheizen erzeugter linearer Verlauf verwendet werden.

Literatur (z. B. [Oberhofer/Scharmann]). Der Ausleseprozedur folgt die **Nachheizzone**. Sie dient der Löschung von Restsignalen der Detektoren und der Regeneration der Trapstrukturen der Thermolumineszenzdetektoren und wird deshalb auch als **Post-Read-Annealing** bezeichnet. Auch hier sind die Dauer und die zum Annealing erforderlichen Temperaturen vom verwendeten Detektormaterial abhängig. Einige kommerzielle Auswertegeräte ermöglichen ein kurzes Post-Annealing im unmittelbaren Anschluss an den Lesezyklus. Nach Erfahrungen vieler Autoren werden bessere Konditionierungen der Detektoren erreicht, wenn das Pre- und Post-Annealing in gesonderten Heizöfen durchgeführt wird (Fig. 15.4), deren Heizzyklen (Temperaturprofile und Zeiten) heute über Mikroprozessoren gesteuert und exakt geregelt werden können.

Beispiel 15.1: Heizprofil im Trägerheizverfahren und Annealing-Prozedur von LiF-Rods für die klinische Dosimetrie: Es sollen LiF-Rods für sehr genaue klinische Dosimetrieuntersuchungen z. B. an Phantomen oder am Patienten verwendet werden. Nach der Bestrahlung werden die Detektoren in einem speziellen Ofen auf $100\,°C$ erhitzt und bei dieser Temperatur 10 min vorgeheizt (Pre-Annealing). Nach natürlicher Abkühlung auf $40\,°C$ werden die Detektoren dem Ofen entnommen und im Auswertegerät ausgelesen. Dieser Leser sei ein Gerät mit indirekt geheiztem Träger. Es wird folgendes Heizprofil verwendet. Zunächst wird eine Vorheizzone bis $130\,°C$ für die Dauer von 12 s verwendet. Dieses Vorheizen dient nicht mehr dem Pre-Annealing sondern lediglich zur Vorwärmung von Detektor und Träger. Daran schließt sich ein 40-s-Lesezyklus bei einer maximalen Temperatur von $300\,°C$ an, in dem das emittierte Licht vom Leser registriert wird. Diese relativ lange Lesezeit wird verwendet, um auch bei eventuell schlechtem thermischen Kontakt zwischen Träger und Detektor ausreichend Zeit zum Lichtsammeln zu lassen. Es wird kein Post-Annealing im Lesegerät durchgeführt. Stattdessen wird bis auf etwa $40\,°C$ natürlich gekühlt. Die Rods werden anschließend im Annealing-Ofen 10 min bei $400\,°C$ und weitere 15 min bei $100\,°C$ nachgeheizt. Bei diesem Auswerte- und Regenerierzyklus können bei auch bei mehr als 20-facher Bestrahlung der TLD mit hohen Dosen keine Untergrundsignale mehr nachgewiesen werden. Die Reproduzierbarkeit der Messungen beträgt etwa 1% (einfache Standardabweichung). Die Auswertezeit für einen TL-Detektor beträgt bei diesem Lesezyklus etwa 70s.

Kalibrierung von TLD: Die Kalibrierung von Thermolumineszenzdosimetern muss wie bei den Ionisationsdosimetern sowohl Auswertegerät als auch Detektoren umfassen. Kontrollen der TLD-Leser (Auswertegeräte) können elektronischer Art sein oder mit externen oder internen Kalibrierlichtquellen durchgeführt werden. Diese Kalibrierlichtquellen bestehen meistens aus langlebigen radioaktiven Strahlern (z. B. ^{14}C), die in Szintillatormaterialien eingebettet sind. Sie können als interne Lichtquellen direkt in den Leser eingebaut sein (s. Fig. 15.2a) und werden nach jeder Auswertung automatisch vor den Photomultiplier gebracht. Mit den auf diese Weise erzeugten Referenzlichtsignalen ist es möglich, die Verstärkung von Photomultipliern über die Regelung der Hochspannung konstant zu halten. Externe Lichtquellen können verwendet werden, wenn eine zusätzliche gelegentliche externe Kontrolle der Leseeinrichtung erwünscht wird. Externe Lichtquellen werden anstelle der Detektoren in den Leser gebracht, die dann natürlich keine Heizzyklen durchlaufen dürfen, da die Lichtquellen teilweise in

Kunststoffträgern eingebaut oder mit Glas gekapselt sind. Externe oder interne Lichtquellen entsprechen der Überprüfung von Ionisationsdosimetern mit Hilfe von Strom-
normalen, enthalten also keine Überprüfung oder Kalibrierung der Detektoren.

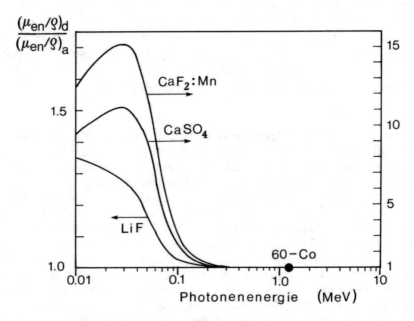

Fig. 15.5: Relatives Ansprechvermögen von TLD, dargestellt als Verhältnis der Massenenergieabsorptionskoeffizienten für verschiedene TL-Materialien (Index d) und Luft (Index
a), (Werte normiert auf ^{60}Co-Gammastrahlung, nach [Fowler/Attix]). Linke Skala
LiF, rechte Skala CaF_2 und $CaSO_4$.

Zur Dosimeterkalibrierung werden externe Strahlungsquellen ausreichender Dosisleistung verwendet. Diese können beispielsweise radioaktive Kontroll- bzw. Kalibriervor-
richtungen sein, die in der Regel ^{90}Sr-Präparate enthalten. In ihrem Strahlungsfeld werden die Detektoren eine vorgegebene Zeit bestrahlt und dann im Leser ausgewertet. Aus
der Kalibrieranzeige können Kalibrierfaktoren für die Detektoren bestimmt werden. Je
nach gewünschter dosimetrischer Präzision werden die Detektoren dann in Gruppen
gleicher Nachweiswahrscheinlichkeit (gleiche Kalibrierfaktorbereiche) eingeteilt. Dieses Verfahren bezeichnet man anschaulich als **"dosimetrische Klasseneinteilung"**.
Man kann auch die **individuellen Kalibrierfaktoren** jedes einzelnen Detektors doku-
mentieren und für die spätere Auswertung z. B. in Rechnern speichern. In diesem Fall
müssen die Detektoren selbstverständlich auf Dauer individuell unterschieden werden.
Da eine individuelle Markierung der kleinvolumigen Thermolumineszenzdetektoren in
der Regel nicht möglich ist, ist man auf ein zuverlässiges Ordnungssystem angewiesen.
TLD sollten deshalb in Trägern aus oberflächenbehandelten, chemisch inerten Metallen

(z. B. hart anodisiertem Aluminium) gelagert werden, in denen jeder Detektor seinen markierten "Stammplatz" hat. Diese Träger können auch bei den hohen Temperaturen während der Ausheizprozedur in den Annealing-Öfen verwendet werden.

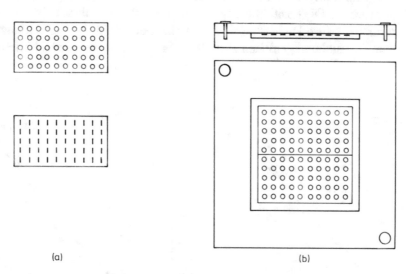

(a)   (b)

Fig. 15.6: Beispiel für Kalibrierphantome für die klinische TL-Dosimetrie. (a): Trägerplatten aus hart anodisiertem Aluminium mit individuellen Plätzen für 50 Rods bzw. Chips. (b): PMMA-Phantom zur Kalibrierung der TLD an einer perkutanen Bestrahlungsanlage (z. B. ^{60}Co-Anlage). Die TLD werden durch Umstürzen aus den Trägerplatten in das Kalibrierphantom gekippt. Jede TLD-Position ist einem bestimmten Detektor individuell zugeordnet. Die Größe der Trägerplatten beträgt 5x10 cm², die Größe des Bestrahlungsfeldes 20x20 cm² (s. auch Fig. 15.4).

Um Schwierigkeiten bei der Anwendung von Thermolumineszenz-Dosimetern bei verschiedenen Strahlungsarten und -qualitäten zu entgehen, empfiehlt sich wie bei den Ionisationsdosimetern die direkte Kalibrierung in der gewünschten Strahlungsart und Strahlungsqualität und in der geeigneten Dosisgröße. Auf diese Weise vermeidet man weitgehend die Probleme der Energie- und Strahlungsartabhängigkeit der Dosimeteranzeigen und eventuell erforderliche Korrekturen. Sollen die TLD für andere abweichende Strahlungsqualitäten verwendet werden, muss wenigstens einmal eine Anschlussmessung der verschiedenen Strahlungsarten und -qualitäten an die Kalibrierstrahlungsart durchgeführt werden. Theoretische Anschlüsse sind wegen der oft nicht ausreichend bekannten Strahlungsqualität und wegen des individuellen Ansprechvermögens der TLD durch nicht quantitativ ausgewiesene Beimengungen von Hoch-Z-Materialien für eine präzise Dosimetrie zu unsicher.

Zur Kalibrierung werden die Detektoren am besten in geometrisch gut definierte und gewebeäquivalente Festkörperphantome eingebracht (Fig. 15.6), die dann an den Bestrahlungsanlagen mit einer bekannten Dosis bestrahlt werden können. Dabei ist neben einer exakten Positionierung im Strahlenbündel auch auf die Homogenität des Strahlungsfeldes zu achten. Die Positionierung wird durch an den Strahlerköpfen montierbare starre Halterungen sehr erleichtert. Sollten innerhalb des Kalibrier-Bestrahlungsfeldes systematische Dosisinhomogenitäten auftreten, muss für eine genaue Kalibrierung zu-

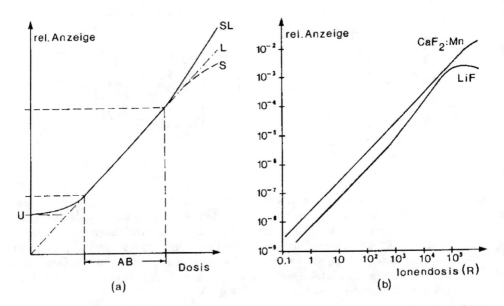

Fig. 15.7: Zur Linearität der Messanzeige von Thermolumineszenzdetektoren. (a): Dosisabhängigkeiten der Dosimeteranzeige (L: linearer Verlauf, SL: supralinearer Verlauf, S: Übergang in die Sättigung, U: Untergrund, AB: linearer Arbeitsbereich, vgl. Tab. 15.4). (b): Experimentelle Empfindlichkeitskurve für das Glowkurven-Maximum von LiF und CaF$_2$:Mn-TLD bei Bestrahlung mit ^{60}Co-Gamma-Strahlung (nach [Fowler/Attix]). Während die Anzeige für CaF$_2$:Mn über den gesamten Dosisbereich bis zur beginnenden Sättigung nahezu linear verläuft, zeigt die Kurve für LiF bereits ab etwa 300-500 R (etwa 3-5 Gy) eine ausgeprägte Supralinearität, die bei etwa 100'000 R (ca. 1000 Gy) in die Sättigung übergeht.

nächst das Strahlenfeld z. B. mit einem Wasserphantom sorgfältig dosimetrisch vermessen werden. Die auf den Zentralstrahldosiswert normierten relativen Isodosen an den Positionen der TLD müssen dann im Rahmen eines Korrekturverfahrens bei der Kalibrierung berücksichtigt werden.

Dosismessbereich und Linearität von TLD: Im Allgemeinen ist ein großer Dosismessbereich und innerhalb dieses Bereiches eine strenge Linearität zwischen applizierter Dosis und Signal des Detektors erwünscht. Thermolumineszenzdetektoren erfüllen diese Bedingungen je nach Zusammensetzung des Detektormaterials für Dosen zwischen wenigen mGy und einigen 10^4 Gy. Die meisten Thermolumineszenzmaterialien zeigen aber ab einer bestimmten Schwellendosis ein überproportionales Anwachsen des Messsignals (s. Fig. 15.7). Dieser Effekt wird als **Supralinearität** bezeichnet. Als Grund für dieses relative Anwachsen des Messsignals wird unter anderem die Erzeugung neuer Traps durch die Bestrahlung (Strahlenschäden im Kristall) und die erhöhte Wechselwirkungsrate der Traps untereinander bei hohen Dosen vermutet [Feist 1988].

TL-Material (: Dotierung)	Dosisbereich (Gy)	lin. Dosisbereich (Gy)	Empfindlichkeit (rel. zu LiF)	Unabhängigkeit von der Dosisleistung bis
LiF:Mg,Ti	10^{-5}-10^3	<3,0	1,0	$1,5 \cdot 10^9$ Gy/s
$Li_2B_4O_7$:Mn	10^{-4}-10^4	<1,0	0,02-0,5	10^{10} Gy/s
$CaSO_4$:Dy	10^{-7}-10^2	<30	30	
$CaSO_4$:Mn	10^{-7}-10^2	<50	70	
BeO	10^{-4}-10^2	<0,5	1,2	$5 \cdot 10^9$ Gy/s
CaF_2:Dy	10^{-6}-10^3	<6	15-30	
CaF_2:Mn	10^{-4}-$3 \cdot 10^3$	<2000	3	
CaF_2(nat.)	10^{-4}-10^2	<50	23	

Tab. 15.4: Dosismessbereich, linearer Messbereich (unterhalb der Supralinearität), Empfindlichkeit (relativ zu LiF) und Dosisleistungsabhängigkeit von Thermolumineszenzmaterialien für ^{60}Co-Strahlung.

Die Supralinearität ist keine Materialkonstante sondern hängt von den individuellen Eigenschaften des Detektors ab. Sie kann auch bei sonst gleicher nomineller Zusammensetzung der TLD sogar bei jeder Herstellungscharge wechseln. Verschiedene Traps innerhalb eines Detektormaterials und die zugehörigen Glowpeaks können nicht nur unterschiedliche Abhängigkeiten ihrer Besetzung vom LET der verwendeten Strahlung aufweisen, die einzelnen Glowpeaks können auch verschiedene Supralinearität zeigen. Die Supralinearität eines einzelnen Glowpeaks kann sich also von der Gesamtsupralinearität des Detektors unterscheiden. Hat ein Detektor einmal den Bereich der Supralinearität erreicht, behält er die erhöhte Empfindlichkeit, auch wenn er beim nächsten Mal nur mit niedrigeren Dosen bestrahlt wird, da eventuelle zusätzliche, durch Strahlung erzeugte Traps durch die normale Auswertung nicht wieder aus dem Detektor entfernt werden. Seine Empfindlichkeit hat sich insgesamt erhöht, der Detektor zeigt eine

scheinbare Supralinearität bereits unterhalb der Schwelle. Um die ursprüngliche Empfindlichkeit der Detektoren wieder herzustellen, müssen sie einer vollständigen Lösch-
Prozedur ("Annealing") bei hohen Temperaturen ausgesetzt werden. Aus Gründen der
dosimetrischen Genauigkeit ist deshalb die individuelle Ermittlung der Supralinearität
für jeden Satz an Detektoren, für den zur Auswertung herangezogenen Anteil der Glowkurven und für die zu untersuchende Strahlungsart und -qualität dringend zu empfehlen.

Oberhalb des Bereichs der Supralinearität können einige Thermolumineszenzdetektoren bei hohen Dosen in die Sättigung geraten, die durch eine vollständige Besetzung
aller verfügbaren Traps erreicht wird (Fig. 15.7). In diesem Dosisbereich sollten Thermolumineszenz-Detektoren nicht mehr verwendet werden, da die dosimetrische Genauigkeit dort zu gering ist. Meistens ist es möglich, stattdessen ein anderes, weniger emp-
findliches Material einzusetzen. Einige Dosimetermaterialien (z. B. Lithiumborat) ver-
färben sich bei hohen Dosen. Da dadurch die nachweisbare Lichtintensität abnimmt,
zeigen diese Materialien bei hohen Dosen einen unterproportionalen Signalanstieg. Diesen Effekt bezeichnet man als **Sublinearität**. Um solche Unsicherheiten zu vermeiden,
sollte die Kalibrierung von TLD vorwiegend im Dosisbereich ausreichender Linearität
vorgenommen werden. Bei höheren Ansprüchen an die dosimetrische Genauigkeit oder
bei Kalibrierung mit Dosen in nichtlinearen Dosisbereich empfiehlt sich schon während
der Kalibrierung die Verwendung von Supralinearitäts-Korrekturfaktoren, die für jedes
verwendete TLD-Kollektiv in einer gesonderten individuellen Supralinearitäts-Kalib-
rierung gewonnen werden müssen. Bei sorgfältiger Behandlung der Detektoren und der
individuellen Kalibrierung von Thermolumineszenz-Dosimetern mit der zu untersuchenden Strahlungsart sind dosimetrische Genauigkeiten und Reproduzierbarkeiten von
unter 1% möglich.

Chemo- und Tribolumineszenz: Die untere Grenze für die quantitative Dosimetrie
mit Thermolumineszenzdetektoren ist durch den Untergrund der Messsignale bei der
Auswertung gegeben (Fig. 15.7a). Untergrundsignale können im Auswertegerät z. B.
durch Rauschen und Infrarotstrahlung oder direkt im Detektor entstehen. Quellen von
Untergrundstrahlung im Detektor sind **Infrarotstrahlung** aus dem Kristall beim Ausheizen, **Chemolumineszenz** (durch Oxidationsprozesse verursachte Photonenemission)
oder **Tribolumineszenz** (Lichteffekte durch innere Reibung, Veränderungen der Ober-
flächenspannungen unter Lichtemission, durch mechanische Effekte oder thermische
Ausdehnung verursachte Photonenemission). Die Beiträge der Chemolumineszenz und
Tribolumineszenz zum Untergrundsignal kann man dadurch verringern, dass man Oxidationsprozesse auf den Oberflächen der Kristalle während der Aufheizphase im Lesegerät durch Umspülen des Detektors mit inerten Schutzgasen (Argon, hochreinem
Stickstoff) verhindert. Die Tribolumineszenz ist am größten bei Thermolumineszenz-
Pulvern, sie ist am kleinsten, wenn das Thermolumineszenzmaterial entweder aus Ein-
kristallen besteht, gesintert ist oder in einer Trägermatrix (z. B. aus Teflon) fest gebunden wurde. Eine weitere Untergrundquelle im Detektor entsteht durch Restsignale aus
vorherigen Bestrahlungen, die nicht durch eine ausreichende Signallöschung nach der

Auswertung beseitigt wurden. Als Kriterium für die Grenze der Verwendbarkeit von TLD im Niedrigdosisbereich kann die Signalhöhe unbestrahlter Detektoren im Auswertegerät herangezogen werden. Ist die zu erwartende Detektoranzeige in der gleichen Größenordnung wie dieser Untergrund, sollte besser die Dosimetersubstanz gegen ein empfindlicheres Material ausgetauscht werden.

Dosisleistungsabhängigkeit von TLD: Die Anzeigen von Dosimetern im Strahlungsfeld gepulster Strahlungsquellen oder bei hohen kontinuierlichen Dosisleistungen sollten idealerweise unabhängig von der Dosisleistung sein. Während bei Ionisationskammern wegen der Rekombinations- und der Sättigungsverluste im Kammervolumen Korrekturen bis in den Prozentbereich hinein erforderlich werden können, ist bei Thermolumineszenzdetektoren bisher keine Abhängigkeit der Detektorsignale von der Dosisleistung bekannt. Ihre Anzeigen sind dosisleistungsunabhängig bis zu Dosisleistungen von einigen 10^9 Gy/s (vgl. Tab. 15.4).

Einsatz der TLD für messtechnische Kontrollen: Die Reproduzierbarkeit und Genauigkeit der TL-Dosimetrie ist mittlerweile so weit fortgeschritten, dass TLDs als Nachfolgedosimeter für die Eisensulfatdosimetrie im Rahmen der messtechnischen Kontrollen (MTK) der klinischen Dosimetrie verwendet werden. Dazu werden TLDs und die zu überprüfende Ionisationssonde in identischer Geometrie in Wasserphan-

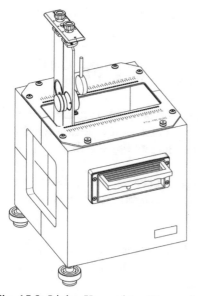

Fig. 15.8: Links: Kompaktes Wasserphantom mit einem austauschbaren dünnen Eintrittsfenster (3 mm Plexiglas) für die messtechnischen Dosimetriekontrollen (MTK) mit TLDs. Rechts: Einsetzbare Kapsel mit 6 kalibrierten TLDs, die an den effektiven Messort der zu überprüfenden Ionisationskammern gebracht werden (mit freundlicher Genehmigung der PTW-Freiburg).

tomen mit dünnwandigem Eintrittsfenster bestrahlt. Die TLDs werden zentral ausgewertet und mit der Ionisationskammeranzeige verglichen.

Weitere praktische Hinweise zum Umgang mit Thermolumineszenzdetektoren finden sich in [Reich], ([Kohlrausch], Bd. II) [Oberhofer/Scharmann], [Robertson], [McKinley 1981] und in [DIN 6800-5].

Zusammenfassung

- **Thermolumineszenzdetektoren (TLD) zählen zu den speichernden Festkörperdosimetern.**

- **Die bei einer Strahlenexposition ins Leitungsband angeregten Elektronen werden beim Abregungsprozess in Traps unterschiedlicher Energielage eingefangen und gespeichert.**

- **Der Speichergrad beträgt je nach TL-Material nur wenige Prozent der ins Leitungsband angeregten Elektronen.**

- **Beim Ausleseprozess werden diese in Traps eingefangenen Elektronen thermisch wieder ins Leitungsband angehoben. Das beim Rücksprung emittierte Licht wird quantitativ durch Photomultiplier nachgewiesen.**

- **Die von der Auslesetemperatur abhängigen Lichtemissionen werden als Glowpeaks bezeichnet.**

- **Die Lichtintensität ist dabei über weite Dosisbereiche dosisproportional und nach heutiger Kenntnis unabhängig von der Dosisleistung.**

- **Abweichung von der Linearität der Dosimeteranzeigen (Sublinearität, Supralinearität) müssen bei höheren Ansprüchen an die dosimetrische Genauigkeit durch Korrekturverfahren berücksichtigt werden.**

- **Die Traps in den höherenergetischen Lagen verlieren einen Teil ihrer Speicherung schon bei üblichen Raumtemperaturen (thermisches Fading).**

- **Die TLD müssen deshalb zum Erreichen einer reproduzierbaren Dosisanzeige thermisch vorbehandelt werden (Pre-Annealing), um diese energetisch hoch liegenden Traps zu leeren.**

- **Nach dem Auslesevorgang müssen TLD mit hohen Temperaturen vollständig gelöscht werden (Post-Annealing). Dabei wird neben dem Leeren tief liegender Traps auch der Kristall reformiert.**

- Die Ansprechwahrscheinlichkeiten und somit die Kalibrierfaktoren müssen durch geeignete Kalibrierungen für einzelne individuelle TL-Detektoren oder beim Zulassen bestimmter Fehlerbreiten für Klassen von Detektoren mit ähnlichen Kalibrierfaktoren experimentell bestimmt werden.

- Für ultraharte Photonenstrahlungen und hochenergetische Elektronen sind die gängigen TLD-Materialien weitgehend gewebeäquivalent. Im Bereich niederenergetischer Röntgen- oder sonstiger Photonenstrahlung müssen die Materialäquivalenzen experimentell überprüft werden oder durch geeignete Kalibrierverfahren mit der zu untersuchenden Strahlungsqualität unmittelbar berücksichtigt werden.

- Gängige Anwendungen der TL-Dosimetrie sind die dosimetrischen Qualitätssicherungen in der klinischen Dosimetrie und die Messungen im Strahlenschutz.

- TLD sind nicht eichfähig. Bei sorgfältiger Kalibrierung und Behandlung von TLD können aber so geringe dosimetrische Fehlerbreiten erreicht werden, dass die TL-Dosimetrie als nationaler Dosimetriestandard zur Überprüfung der klinisch üblichen Ionisationssonden im Rahmen der messtechnischen Kontrollen MTK eingesetzt werden kann.

Aufgaben

1. Erklären sie das Thermolumineszenzprinzip.

2. Nennen Sie wichtige Materialien für TL-Detektoren.

3. Erklären Sie die verschiedenen "thermischen" Vorgänge beim Auslesen und Verwenden von TLD. Was ist thermisches Quenchen?

4. Zeichnen Sie eine typische Glowkurve eines TLD und erklären Sie ihr Aussehen.

5. Was bedeutet Fading im Zusammenhang mit der TL-Dosimetrie?

6. Sind die TLD-Anzeigen dosisproportional?

7. Sind TLD-Anzeigen abhängig von der Dosisleistung?

8. Warum werden TLD unter Schutzgasatmosphäre ausgelesen?

9. Können TLD für die Absolutdosimetrie eingesetzt werden?

10. Erklären Sie die Begriffe Tribo- und Chemolumineszenz

Aufgabenlösungen

1. In TLDs werden bei der Bestrahlung einige aus dem Leitungsband abregende Elektronen in Trapniveaus zwischen den Bändern gespeichert. Sie können daraus bevorzugt durch Zufuhr thermischer Energie befreit werden. TLDs speichern deshalb je nach energetischer Lage der Traps bei normalen Umgebungstemperaturen die bei der Strahlenexposition eingefangenen Trapelektronen bis zu vielen Jahren und müssen dann zum Auslesen des Fluoreszenzlichtes beim Rücksprung aus dem Leitungsband in einer Auswerteeinheit aufgeheizt und ausgelesen werden.

2. Übliche TLD-Materialien sind dotierte Li-Verbindungen wie LiF:Mg,Ti und $Li_2B_4O_7$:MnF oder CaF_2 mit verschiedenen Dotierungen.

3. Da die Traps in TLDs unterschiedliche energetische Lagen zwischen Valenz- und Leitungsband haben, müssen sie mit zunehmenden Temperaturen ausgelesen werden. Vor dem Auslesen müssen zu hoch liegende Traps ohne Signalregistrierung geleert werden, da ihre Signale teilweise schon bei Raumtemperatur verloren gehen (thermisches Fading). Nach der Auswertung müssen die Traps durch Hocherhitzung völlig gelöscht (entleert) werden, um eventuelle Restsignale zu beseitigen. Thermisches Quenchen ist der zunehmende strahlungslose Übergang angeregter Elektronen aus dem Leitungsband zurück ins Valenzband oder in Aktivatorzentren bei hohen Temperaturen.

4. Typische Glowkurven findet man in Fig. 15.4 mit den dortigen Erläuterungen.

5. Fading ist der thermische Signalverlust durch Leeren hoch liegender Traps bereits bei Raumtemperatur.

6. Die Linearität gilt in weiten Bereichen, sie muss für spezielle Substanzen allerdings experimentell überprüft werden, da TLDs teilweise Supralinearität aufweisen.

7. TLD-Anzeigen sind nach heutiger Kenntnis unabhängig von der Dosisleistung.

8. Schutzgas wird benötigt, um Oxidationsprozesse und die damit verbundene Chemolumineszenz bei nicht umhüllten TLDs zu unterbinden. Es dientaußerdem zur Kühlung.

9. TLD sind nicht für die Absolutdosimetrie geeignet. Sie müssen grundsätzlich individuell kalibriert werden. Dabei kann man die TLD entweder nach Genauigkeitsvorgaben (Fehlerbreiten der Kalibrierfaktoren) verschiedenen Klassen zuordnen oder bei höheren Ansprüchen an die Genauigkeit individuelle Einzelkalibrierfaktoren verwenden. Im letzteren Fall müssen TLDs durch ein geeignetes Ordnungssystem vor Verwechslung geschützt werden.

10. Chemolumineszenz ist die durch chemische Prozesse (vorwiegend Oxidation) ausgelöste Lichtemission. Triboluminesezenz ist Lichtemission durch mechanische Einwirkung wie Reibung, Druck oder Verformung.

16 Das Abstandsquadratgesetz

In diesem Kapitel wird zunächst das Abstandsquadratgesetz vorgestellt. Das Abstandsquadratgesetz ist ein einfacher mathematischer Formalismus, der unter festgelegten Bedingungen die Berechnung der räumlichen Ausbreitung von punktförmigen Strahlungsfeldern im Vakuum beschreibt. Im zweiten Teil dieses Kapitels wird die Verwendung des Abstandsquadratgesetzes unter nicht idealen Bedingungen der praktischen Strahlungsmessung und die entsprechenden Grenzen seiner Gültigkeit dargestellt.

Wegen der Erhaltung der Strahlungsenergie und der Teilchenzahl bei der ungestörten Ausbreitung der Strahlung einer Quelle nimmt die Teilchenzahl und die Intensität[1] der Strahlung eines isotrop strahlenden punktförmigen Strahlers im Strahlenbündel mit dem Quadrat der Entfernung ab. Dieser Zusammenhang wird üblicherweise als **Abstandsquadratgesetz** bezeichnet und spielt eine zentrale Rolle für die Messung und Berechnung der Ausbreitung ionisierender Strahlungen und in der Dosimetrie von Strahlungsquellen. Die wichtigsten Bedingungen für die strenge Gültigkeit des Abstandsquadratgesetzes sind:

- **mathematische Punktform der Strahlungsquelle und bekannter Strahlerort,**

- **Isotropie der Abstrahlung,**

- **keine Absorption der Strahlung auf dem Weg zum Aufpunkt im Abstand r,**

- **keine Veränderung der Intensität des Strahlungsfeldes durch Streuung vor, hinter oder seitlich der Quelle oder der Messsonde und kein Zerfall der Teilchen auf dem Weg zum Aufpunkt.**

Bezeichnet man die Entfernung von der Strahlungsquelle mit r, gilt das Abstandsquadratgesetz für die Intensität I im Zentrum des Strahlenbündels in der Form

$$I(r) = \frac{a}{r^2} \tag{16.1}$$

wobei die Konstante a eine charakteristische Größe der untersuchten Strahlungsquelle ist. Gleichung (16.1) wird auch einfacher als **1/r²-Gesetz** bezeichnet. Aus den gleichen Energieerhaltungsgründen wie für die Intensität kann das Abstandsquadratgesetz auch für Dosisleistungen von Strahlungsquellen formuliert werden. Es lautet dann wieder mit einer beliebigen charakteristischen Konstanten a:

---

[1] Intensität = Energie pro durchstrahlter Fläche mal Zeit, I = E/(F·t)

© Springer Fachmedien Wiesbaden GmbH, ein Teil von Springer Nature 2021
H. Krieger, *Strahlungsmessung und Dosimetrie*,
https://doi.org/10.1007/978-3-658-33389-8_16

$$\dot{D}(r) = \frac{a}{r^2} \tag{16.2}$$

Diese Konstante a kann verschiedene Bedeutungen haben. Soll die durch Gammastrahlung oder charakteristische Röntgenstrahlung entstehende Luftkermaleistung einer radioaktiven Punktquelle im Abstand r berechnet werden, hat Gl. (16.2) die Form:

$$\dot{K}(r) = \frac{\Gamma_\delta \cdot A}{r^2} \tag{16.3}$$

Die Konstante a besteht also aus dem Produkt von Aktivität A der Quelle und der Dosisleistungskonstanten Γ_δ. Diese kann für alle Gammastrahler theoretisch berechnet werden, wobei der Index δ für die Photonenenergiegrenze in keV steht, oberhalb derer Photonenstrahlung bei der Berechnung berücksichtigt wird (vgl. dazu [Krieger1], Kap. 13). Wird das Abstandsquadratgesetz zur Beschreibung des Dosisleistungsverlaufs eines punktförmigen Strahlers für Photonenstrahlung (Röntgenröhre, Beschleuniger) verwendet, hat es für die Kermaleistung die Form:

$$\dot{K}(r) = \dot{K}_0 \cdot \frac{R_0^2}{r^2} \tag{16.4}$$

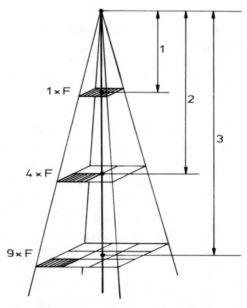

Fig. 16.1: Energieerhaltung beim Abstandsquadratgesetz. Wird aus dem Strahlenbündel keine Energie entfernt, bleibt unter idealen Bedingungen die vom Strahler entsendete und im Strahlenbündel enthaltene Energie unabhängig vom Querschnitt des Strahlenbündels. Da der Strahlquerschnitt aus geometrischen Gründen quadratisch mit dem Abstand zunimmt, muss die Energie pro Flächenelement auf dem Zentralstrahl (dicke Linie) quadratisch mit der Entfernung abnehmen.

In dieser Gleichung bedeutet $\overset{\circ}{K}_0$ die Kermaleistung in der Referenzentfernung R_0. Die Dosisleistung isotrop strahlender, frei im Vakuum befindlicher mathematischer Punktstrahlungsquellen nimmt also exakt mit dem Quadrat des Abstandes zwischen Strahler und Messort ab. Konstante Dosisleistung herrscht deshalb auf den Oberflächen von Kugelschalen um die Quelle, also an allen Orten, die die gleiche Entfernung vom Quellpunkt haben (Fig. 16.5c).

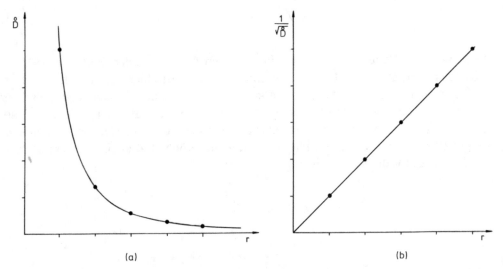

Fig. 16.2: Grafische Darstellungen des Abstandsquadratgesetzes. (a): Die lineare Darstellung der Dosisleistung über der Entfernung r ergibt den Ast einer quadratischen Hyperbel mit sehr steilem Verlauf des Graphen bei kleinen Abständen. (b): Reziproke Wurzeldarstellung: Der Kehrwert der Wurzel aus der Dosisleistung wird linear über der Entfernung r aufgetragen.

Die lineare grafische Darstellung des Abstandsquadratgesetzes, also die Auftragung der Dosisleistung auf dem Zentralstrahl über dem Abstand, ergibt den Ast einer quadratischen Hyperbel. Für kleine Entfernungen werden die Dosisleistungswerte deshalb so groß, dass sie nicht mehr mit ausreichender Genauigkeit in einer linearen Grafik dargestellt werden können (Fig. 16.2a). Eine der Möglichkeiten zur komprimierten Darstellung des Abstandsquadratgesetzes ist die **reziproke Wurzeldarstellung**, bei der der Kehrwert aus der Wurzel der Dosisleistung linear über der Entfernung aufgezeichnet wird. Diese Auftragungsweise ergibt eine Gerade, die ihren Ursprung am Ort des Strahlers hat (Fig. 16.2b). Aus der Steigung dieser Geraden kann die charakteristische Konstante der Gleichungen (16.1 bis 16.4) entnommen werden. Bei der Interpretation experimenteller reziproker Wurzelgraphen ist aber Vorsicht geboten, da die Ausgleichgerade wegen der nichtlinearen Stauchung der Dosisleistungsachse nicht durch einfache Anpassung eingezeichnet werden kann, sondern unter Berücksichtigung der Messfehler korrekt berechnet werden muss. Außerdem sind die Dosiswerte bei kleinen Entfernungen nur schwer korrekt abzulesen.

16.1 Abweichungen vom Abstandsquadratgesetz bei der Dosimetrie

Das Abstandsquadratgesetz gilt an realen Strahlungsquellen nur näherungsweise, da in Regel die oben aufgezählten Bedingungen nicht exakt erfüllt sind. Die meisten realen Strahler sind ausgedehnte Strahlungsquellen. Bei ihnen ist also die Bedingung der Punktquelle nicht erfüllt. Beispiele sind die endliche Brennfleckgröße von Röntgenstrahlern, Linien- oder Flächenstrahler in der Nuklearmedizin, die voluminösen zylinderförmigen Strahler in Kobaltanlagen, die Targets, Ausgleichkörper und Streufolien in Elektronen-Linearbeschleunigern. Bei voluminösen Strahlern kommt es zusätzlich zu Schwächungen und zur Absorption der Teilchen mit eventuellem Energieverlust innerhalb der Strahlungsquelle.

Befinden sich vor oder hinter der Quelle streuende bzw. absorbierende Materialien wie Quellenhalterungen, Kollimatoren, Luft oder Gewebe, wird dem Strahlungsfeld diese an unterschiedlichen Orten erzeugte Streustrahlung beigemischt. Ihr Entstehungsort ist also nicht der Ort des primären Strahlers.

Wird die Strahlung nicht isotrop sondern räumlich gebündelt ausgesendet, erhöhen oder vermindern sich die Dosisleistungen dieser Anordnungen im Vergleich zu den nach dem einfachen Abstandsquadratgesetz berechneten Werten.

Wird nicht im Vakuum sondern in mehr oder weniger dichten Materialien wie Luft, Wasser oder sonstigen Substanzen gemessen, kommt es zu dichteabhängigen Wechselwirkungen, die das Strahlungsfeld verändern. Das ist besonders gravierend in der Tiefe dichter Materie wie gewebeähnlichen Phantomen oder Abschirmungen. Die Dosisverläufe perkutaner Strahlungsquellen können selbst für reine Punktquellen wegen der intensiven Wechselwirkungen mit dem Absorbermaterial (Absorption und Streuung) auch nicht mehr näherungsweise allein durch das Abstandsquadratgesetz beschrieben werden.

16.1.1 Das Abstandsquadratgesetz bei Linien- und Flächenstrahlern

Bei der Bestimmung der Dosisleistungen von dünnen Linien- oder Flächenstrahlern ist wegen der Strahlerausdehnung die Punktquellen-Bedingung nicht mehr erfüllt. Linien- und Flächenstrahler mit homogener Aktivitätsbelegung (Fig. 16.3) zeigen je nach Lage des betrachteten Teilabschnitts unterschiedliche Entfernungen zum Messort. Einer Veränderung der Bezugsentfernung r zwischen Strahlermittelpunkt und Sondenort führt zu unterschiedlichen Änderungen der relativen Entfernung einzelner Abschnitte der Strahler. Mittennahe Punkte der Strahler erfahren größere relative Abstandsänderungen als periphere Punkte. Je größer die Bezugsentfernung r ist, umso weniger wirken sich solche Entfernungsfehler aus. Vor allem im Nahbereich der Strahler kommt deshalb es zu den größten messbaren Abweichungen vom einfachen Abstandsquadratgesetz für die Dosisleistungen.

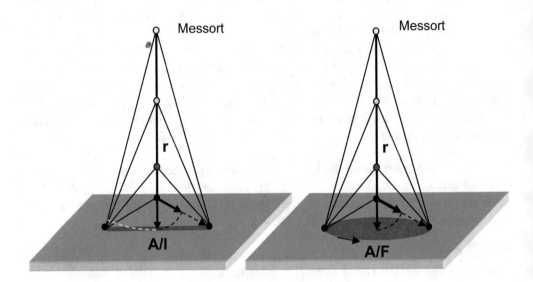

Fig. 16.3: Geometrische Verhältnisse bei Linienstrahlern und Flächenquellen: Der Abstand zu mittennahen Punkten der Strahler erfährt relativ größere Änderungen als periphere Punkte bei einer Veränderung des Bezugsabstandes r. Dadurch kommt es vor allem im Nahbereich der Strahler zu deutlichen Abweichungen vom Abstandsquadratgesetz für die Dosisleistungen. Das Abstandsquadratgesetz gilt exakt nur auf Kreisen oder Kugelschalen mit dem Radius der Zentralstrahlentfernung r.

Die Dosisleistung in einer bestimmten Messentfernung muss bei ausgedehnten Strahlenquellen durch eine Integration über die Ausdehnungen der Linien- oder Flächenquelle berechnet werden.

Das Ergebnis einer solchen Integration über eine Linienquelle zeigt (Fig. 16.4). Für Linienstrahler ist danach bei Abständen, die fünf Mal größer als die maximale Quellenausdehnung sind, das Abstandsquadratgesetz mit einem Fehler < 0,3% anwendbar. Bei Flächenquellen beträgt der Fehler maximal 0,5%. Soll die Dosisleistung von linienförmigen oder flächenförmigen Betastrahlern mit der "Punktquellengleichung" (16.2) abgeschätzt werden, ist daher darauf zu achten, dass der minimal zu verwendende Abstand mindestens dem 5-fachen Wert der Quellenausdehnung (Strahlerlänge bzw. Flächendurchmesser) entspricht.

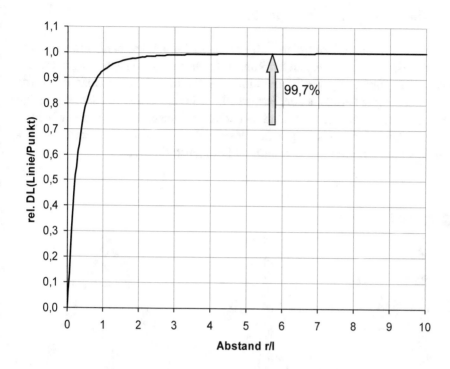

Fig. 16.4: Verhältnis der Äquivalentdosisleistungen eines Linienstrahlers und einer Punktquelle mit gleichen Aktivitäten und homogener Aktivitätsverteilung als Funktion
des Abstandes r in Einheiten der Quellenlänge l. Ab der 5fachen Entfernung ist die
relative Abweichung der Dosisleistungen Linienquelle zu Punktquelle kleiner als
0,3%, für Flächenstrahler beträgt die Abweichung weniger als 0,5%, wenn die maximale Ausdehnung der Flächenquelle als Bezugsgröße verwendet wird.

Für ausreichend große Entfernungen vom Strahler kann der Formalismus für Punktstrahler (Gl. 16.2) also mit vernachlässigbaren Fehlern verwendet werden. Bei kleineren
Messabständen ist man auf andere Verfahren angewiesen.

Der häufigste Fall ausgedehnter radioaktiver Strahler ist die Untersuchung kontaminierter Flächen unterschiedlicher Ausdehnungen. Oft sind die Strahlerdurchmesser mit der
Messentfernung vergleichbar oder sogar größer. Bei flächenhaften Beta- oder Gamma-
strahlern gilt dann wie oben ausgeführt bei geringen Abständen das Abstandsquadratgesetz nicht mehr. Diese Bedingung ist auch gegeben, wenn bei Punktstrahlern ausgedehnte Detektoren statt kleinvolumige Sonden verwendet werden (Beispiel Kontaminationsmonitor). Auch für Strahler in Bestrahlungsanlagen muss die Ausdehnung der
Strahlungsquelle beachtet werden. Ausführliche Informationen finden sich in den Kapiteln (17-19).

16.1.2 Einflüsse umgebender Medien

Werden Messungen an Strahlern frei in Luft gemessen, kommt es bei höheren Teilchen-energien wegen der geringen Wechselwirkungsraten nur zu wenig Streuungen und Ab-sorptionen im Medium Luft, die für die klinische Dosimetrie vernachlässigt werden können und in der Regel bereits bei der Basisdosimetrie mit erfasst wurden. Bei kleinen Änderungen im Quellen-Sonden-Abstand kann dann bei ansonsten konstanter Messge-ometrie das Abstandquadratgesetz gut für Dosisleistungskorrekturen verwendet wer-den. Beispiele sind die harten und ultraharten Photonenstrahlungen.

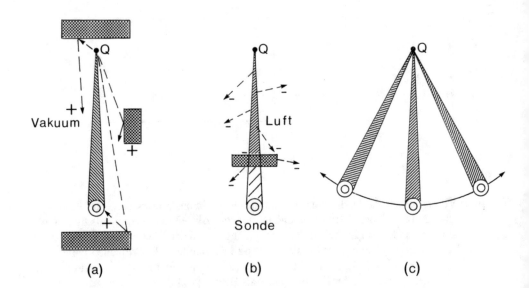

Fig. 16.5: Erhöhung und Verminderung der Messanzeige einer Dosimetersonde im Strahlungs-feld eines Punktstrahlers durch (a): Rückstreuung hinter der Quelle und Sonde und seitliche Einstreuung, (b): Absorption und Streuung durch Luft und Absorber zwi-schen Quelle und Sonde. (c): Orte gleicher Dosisleistung bei isotroper Ausbreitung im Vakuum. Die schraffierten Strahlenkegel zwischen Quelle und Sonde entsprechen den streustrahlungsfreien primären Strahlenbündeln.

Bei niederenergetischen Strahlungsarten kann es dagegen zu spürbaren Wechselwir-kungsraten der Strahlungsteilchen mit dem Medium Luft kommen. Diese führen zur Streuung und zu Energieüberträgen auf das durchstrahlte Medium und zu Teilchen- und Energieverlusten im Strahlenbündel. Beispiele sind niederenergetische Betastrahlung und sehr weiche Röntgenstrahlungen. So kommt es bei 10 kV Röntgenstrahlung für die Weichstrahltherapie schon bei 20 cm durchstrahlter Luft zu Dosisleistungsverlusten von 50%. Bei punktförmigen Betastrahlern wird das Abstandsquadratgesetz mit einer

Äquivalentdosisleistungsfunktion modifiziert, die vom Abstand zwischen Strahler und Messort, vom Luftdruck und der maximalen Betaenergie abhängt und vor allem die bei sehr niederenergetischen Betastrahlern auftretenden erheblichen Abweichungen vom Abstandsquadratgesetz korrigiert (Details s. [Krieger 1], Kap. 13).

Befinden sich in der Umgebung von Messsonde und Strahlungsquelle Medien wie Strahlenschutzabschirmungen, Quellenhalterungen, Folien u. Ä., können durch sie Teilchen außerhalb des Gesichtsfeldes der Sonde in das Strahlenbündel zurückgestreut oder aus dem Strahlenbündel entfernt werden. Dadurch kann es zu Teilchenverlusten oder Erhöhungen der Teilchenzahl im Strahlungsfeld an der Messsonde kommen. Solche Veränderungen können in vielen Fällen durch geeigneten Messaufbau minimiert werden. Ein Beispiel ist die Verwendung von Stativen für Strahler und Sonde. In den meisten Fällen ist eine solche "saubere" Geometrie jedoch nicht möglich. Dann müssen Abweichungen vom Abstandsquadratgesetz empirisch bestimmt werden.

16.1.3 Effektiver Strahlerort bei Volumenstrahlern

Bei räumlich ausgedehnten Strahlern, also Strahler, die auch eine Ausdehnung in der Tiefe aufweisen, sind Dosisabschätzungen bei Veränderung des Abstandes zwischen Strahler und Messsonde wegen des unbekannten Strahlerortes nur unter Einschränkungen mit dem Abstandsquadratgesetz zu beschreiben. Beispiele sind voluminöse Strahler in der Nuklearmedizin (Spritzen, Ampullen) und die für die Therapie oder die Technik eingesetzten voluminösen Kobalt-60-Quellen. Kobaltquellen sind zur Halterung und aus Abschirmungsgründen in Schwermetalle eingebettet. Die von der Umgebung aus dem hinteren Halbraum diffus in Strahlrichtung gestreute Strahlung erhöht die Intensität der vorwärts gerichteten Strahlung deshalb erheblich. Kobaltquellen sind zudem keine Punktstrahler; sie haben Tiefen und Breiten von mehreren Zentimetern. Neben der durch die Selbstabsorption im Strahler verursachten Schwächung der Strahlungsintensität bedeutet dies auch eine "Verschmierung" des Quellenortes in die Tiefe der Quelle. Die Strahlung wird außerdem am Blendensystem, bei therapeutischen Anlagen auch am Spiegel für das Lichtvisier und dem Austrittsfenster des Strahlerkopfes gestreut. Der Streustrahlungsanteil des Nutzstrahlenbündels hat also einen diffusen Entstehungsort, der über den Bereich von der unteren Austrittsfläche der Quelle bis zur patientennahen Unterkante des Strahlerkopfes verteilt ist.

Zur Bestimmung des dosimetrisch wirksamen effektiven Strahlerortes misst man bei konstanter Strahldivergenz die Dosisleistung frei in Luft, also ohne umgebendes Phantommaterial, als Funktion des Abstands. Trägt man die reziproke Quadratwurzel der Messwerte über dem Abstand auf ("reziproke Wurzeldarstellung"), erhält man näherungsweise Geraden. Aus ihrer Steigung kann man die Dosisleistung bzw. die effektive Aktivität der Quelle berechnen. Aus ihrem Schnittpunkt mit der Entfernungsachse erhält man den "effektiven" Strahlerort für die jeweilige Geometrie.

Die Verschiebung Δ des Quellenortes hängt von der Art des Blenden- bzw. des Kollimatorsystems, der verwendeten Form der Quelle und der Feldgröße ab und muss deshalb für jede Kobaltanlage und Quellenbeladung individuell ermittelt werden. Sie beträgt typischerweise etwa 1 bis 3 cm in Strahlrichtung. Wird die Divergenz des Strahlenbündels konstant gehalten und diese Quellenverschiebung berücksichtigt, gilt an den
meisten Kobaltanlagen das Abstandsquadratgesetz für die Luftdosisleistungen und in
ausreichender Näherung auch für die Maximums-Dosisleistungen im Phantom mit nur
geringen Abweichungen zumindest bei den typischen therapeutischen Quelle-Oberflä-
chen-Abständen zwischen 50 und 90 Zentimetern. Erst bei noch größeren Entfernungs-
unterschieden machen sich der Einfluss der Luftstreuung und Luftabsorption und die
mit der Volumenänderung zunehmende Rückstreuung im Phantom auf die Dosislei-
tung so bemerkbar, dass sie für klinische Anwendungen beachtet werden müssen.

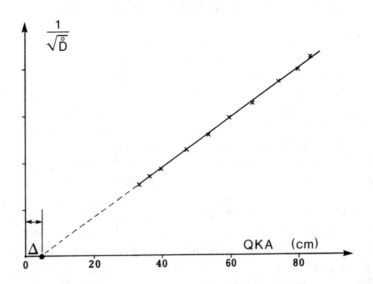

Fig. 16.6: Dosisleistungsgerade und virtuelle Quellenverschiebung Δ einer Kobaltanlage (QKA:
Quelle-Kammerabstand). Die Quellenverschiebung Δ erhält man aus dem Schnitt-
punkt der Ausgleichgeraden an die reziproken Wurzeln der Dosisleistungen mit der
Entfernungsachse.

Zusammenfassung

* Das Abstandsquadratgesetz beschreibt die Veränderung von Dosisleistungen oder der Teilchenfluenz (Teilchenzahl pro Fläche) mit dem Abstand zur Strahlenquelle.

* Bedingungen für die strenge Gültigkeit dieses Gesetzes sind die Isotropie der Abstrahlung, die mathematische Punktform der Strahlungsquelle, die fehlende Absorption von Strahlungsintensität oder der Verminderung der Gesamt-Teilchenzahl auf dem Weg vom Strahler zum Aufpunkt im Abstand r, und keine Veränderung der Intensität des Strahlungsfeldes oder der Teilchenzahl durch Streuung vor, hinter oder seitlich der Quelle oder durch Zerfall der Teilchen.

* Bei Linien- oder Flächenstrahlern kommt es aus geometrischen Gründen zu Abweichungen vom Abstandsquadratgesetz, die ab Entfernungen oberhalb der der 5fachen maximalen Quellenausdehnung vernachlässigt werden können.

* Befinden sich in der Nähe des Strahlenbündels streuende Medien, kommt zur Veränderungen des Strahlungsfeldes. Das Abstandsquadratgesetz ist unter diesen Umständen nur eingeschränkt verwendbar.

* Bei voluminösen Strahlern oder Strahlern in einer Einbettung in Abschirmungen oder Halterungen, die Streustrahlung erzeugen, ist in der Regel der Strahlerort unbekannt.

* Der effektive Strahlerort kann in solchen Fällen näherungsweise experimentell durch Messung der Teilchenzahl bzw. Dosisleistung durch Extrapolation der reziproken Darstellung der Quadratwurzeln der Messwerte als Funktion der Entfernung bestimmt werden.

* Das Abstandsquadratgesetz gilt als geometrisches Gesetz auch in Absorbern, wird dort aber durch Absorption, Energieüberträge und Streuvorgänge überlagert.

Aufgaben

1. Geben Sie die Bedingungen für die exakte Gültigkeit des Abstandsquadratgesetzes an.

2. Berechnen Sie die Dosisleistungsabnahme eines Punktstrahlers im Vakuum bei einer Abstandsveränderung von 1 m auf 4 m.

3. Dürfen Sie das Abstandsquadratgesetz auch für Linien- und Flächenstrahler benutzen?

4. Welche Auswirkungen hat ein Medium zwischen Strahler und Messpunkt?

5. Bei welchen Strahlerarten kann das Konzept des effektiven Strahlerortes verwendet werden?

6. Gilt das Abstandsquadratgesetz auch für gebündelte parallele Strahlenbündel wie beispielsweise Laserstrahlung?

7. Eine offene Strahlungsquelle mit hochenergetischen Photonen befindet sich in einem kompakten Raum mit massiven Wänden zur Abschirmung der Umgebung. Können Sie die räumliche Dosisleistungsverteilung mit dem Abstandsquadratgesetz beschreiben?

8. Sie bestrahlen ein Phantom mit einem 40x40 cm^2 Feld in einem Fokus-Abstand von 1m. Wie sieht das Querprofil bei exakter Gültigkeit des Abstandsquadratgesetzes aus?

9. Sie bestrahlen ein ebenes Festkörperphantom mit einer konstanten Feldgröße von 20x20 cm^2 auf der Phantomoberfläche mit hochenergetischen Photonen in verschiedenen Abständen zum Strahlfokus. Ergibt das Abstandsquadratgesetz bei einer Abstandsveränderung für alle Orte im bestrahlten Feld die gleiche Abstandskorrektur wie in der Feldmitte (Zentralstrahl)?

Aufgabenlösungen

1. Punktform des Strahlers, Isotropie der Abstrahlung, Vakuum, keine Streumedien, kein Teilchenzerfall.

2. 1/16

3. Nur wenn Sie Entfernungen wählen, die das 5fache der maximalen Strahlerausdehnung übertreffen.

4. Es kann durch Absorption und Streuung deutliche Abweichungen vom Abstandsquadratgesetz erzeugen.

5. Bei Volumenstrahlern oder umhüllten eingebetteten Strahlern.

6. Nein, hier ist die Voraussetzung der isotropen Abstrahlung nicht erfüllt.

7. Nein das ist unmöglich, da die massiven Abschirmungen erhebliche Streufelder erzeugen, die sich dem isotropen primären Strahlungsfeld überlagern.

8. Das Dosiswerte im Querprofil nehmen zu den Rändern hin ab, da die Orte einen anderen Abstand zum Fokus als der Zentralstrahl haben. Sie erhalten ein "abgerundetes" Querprofil.

9. Nein, da die Orte außerhalb des Zentralstrahls einen größeren Abstand zum Strahler aufweisen, erhält man für beliebige Orte im bestrahlten Feld kleinere Dosisleistungswerte. Die Korrekturfaktoren sind also größer als in der Feldmitte. Gleiche Dosisleistungen würden nur auf einer Kugelschale mit gleichem Abstand der Aufpunkte vom Strahler erzeugt (Fig. 16.5 c). Bei größeren Abständen vom Fokus nähern sich Abstandskorrekturen allerdings allmählich dem Zentralstrahlfaktor an. Wird der Abstand zum Fokus größer als 1 m beträgt die Abweichung der Korrekturfaktoren weniger als 0,5%.

17 Dosisverteilungen perkutaner Photonenstrahlungen

In diesem Kapitel werden die Dosisverteilungen perkutaner Photonenstrahlungen beschrieben. Zunächst werden die absoluten Dosisleistungen dieser Strahlungsquellen und die benötigten dosimetrischen Verfahren zur Erfassung der Dosisleistungen regulärer und irregulär geformter Felder erläutert. Danach werden die Tiefendosisverteilungen, die Querprofile und die Isodosen dargestellt. Der letzte Teil befasst sich ausführlich mit der Dosimetrie für die verschiedenen Keilfilterarten.

Für die perkutane Strahlentherapie werden heute Photonenstrahlungen mit Energien zwischen etwa 10 keV und 25 MeV verwendet. Die Strahlungsquellen sind entweder radioaktive Gammastrahler, Röntgenröhren oder die Beschleuniger. Je nach Strahlungsqualität und bestrahltem Medium spielen deshalb unterschiedliche Wechselwirkungsprozesse der Photonen eine wesentliche Rolle für die Entstehung der Dosisverteilungen in Materie. Der im menschlichen Gewebe wichtigste Wechselwirkungsprozess von Photonen ist der Comptoneffekt mit der energievermindernden Streuung der primären Photonen und der Freisetzung von Comptonelektronen. Die bei den primären Wechselwirkungen (Photoeffekt, Comptoneffekt, Paarbildung) entstehenden elektrisch geladenen Sekundärteilchen (Elektronen, Positronen) sind für die lokale Energiedeposition, also die "Feinstruktur" der Energieübertragung verantwortlich. Die Strahldivergenz und die von der Strahlungsqualität der Photonen abhängige Schwächung des Photonenstrahlungsfeldes durch Absorption und Streuung bestimmen dagegen den Photonen-Energiefluss und damit die "Grobstruktur" der Energiedosisverteilung.

Unter Dosisverteilungen versteht man die **räumlichen Verteilungen der Energiedosis** in der bestrahlten Materie. Sie hängen in komplizierter Weise von den physikalischen Eigenschaften des Absorbers und von der verwendeten Strahlungsart und Strahlungsqualität ab. Zu ihrer Beschreibung existieren mehrere Möglichkeiten. Vollständige Darstellungen dreidimensionaler Verteilungen sind prinzipiell nur mit Hilfe mathematischer Ausdrücke (also analytischer Formeln, Monte-Carlo Rechnungen) oder Tabellen möglich. Tatsächlich sind sie wegen der vielfältigen Einflüsse nur in wenigen, einfachen Ausnahmefällen analytisch zu berechnen. Üblich sind eindimensionale grafische Darstellungen als Dosisverlaufskurven entlang einer Linie oder anschaulichere, zweidimensionale Isodosenplots in ausgewählten Ebenen. Moderne Planungssysteme bieten auch die Möglichkeit, einzelne Isodosen und das planerische Zielvolumen dreidimensional darzustellen. Durch Wahl einzelner umhüllender Isodosen und Verändern der Transparenz der Darstellungen, kann damit bei korrekten Algorithmen weitgehend überprüft werden, in wie weit das Zielvolumen die tatsächlich vorgesehene Dosis erhält.

Die für die Strahlentherapie interessierenden Dosisverteilungen im Patienten können im Allgemeinen nicht unmittelbar aus in-vivo Messungen abgeleitet werden. Man ist deshalb auf Messergebnisse in Ersatzsubstanzen, den Phantomen, angewiesen, die natürlich für den jeweiligen Zweck speziell ausgelegt werden können. Für die Basisdosi-

© Springer Fachmedien Wiesbaden GmbH, ein Teil von Springer Nature 2021
H. Krieger, *Strahlungsmessung und Dosimetrie*,
https://doi.org/10.1007/978-3-658-33389-8_17

metrie behilft man sich in der Regel mit homogenen, geometrisch geformten Phantomanordnungen. Sie weisen überall die gleiche Dichte auf und stimmen sowohl in ihren
Dichtewerten als auch in der effektiven Ordnungszahl weitgehend mit menschlichem
Weichteilgewebe überein. Die wichtigste Phantomsubstanz ist Wasser, da menschliches
Weichteilgewebe zu etwa 80% aus Wasser besteht. Es werden auch Blöcke oder Platten
aus Plexiglas oder Polystyrol oder sonstigen gewebeähnlichen Substanzen dosimetrisch
eingesetzt. Sie alle zeigen ein dem menschlichen Weichteilgewebe ähnliches Absorpti-
ons- und Streuverhalten, sind also für den Photonenenergiebereich der Strahlentherapie
dosimetrisch nahezu äquivalent.

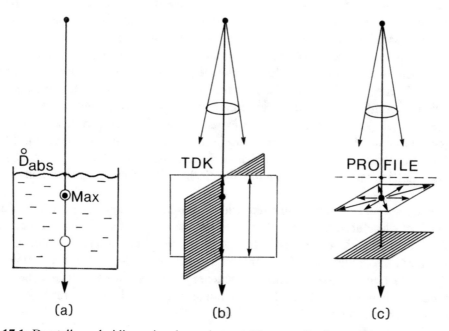

Fig. 17.1: Darstellung dreidimensionaler perkutaner Photonen-Dosisverteilungen durch (a): absolute Dosisleistung an Referenzpunkten (z. B. im Dosismaximum Max oder einer
DIN-Referenztiefe: offener Kreis), (b): Tiefendosiskurven (TDK), (c): und Dosisquerprofile in verschiedenen Phantomtiefen (z. B. x- und y-Profile).

Zur dosimetrischen Simulation realistischer klinischer Bestrahlungstechniken am Patienten existieren auch verschiedene menschenähnliche Phantome, die zum Teil echte
menschliche Skelette und auch alle sonst im Patienten vorkommenden Gewebeinhomogenitäten enthalten. Sie können mit kleinvolumigen Detektoren wie Thermolumineszenzdosimetern bestückt und dann wie Patienten "klinisch" bestrahlt werden. Solche
dosimetrischen Überprüfungen sind zwar sehr zeitaufwendig, sie geben dem Strahlentherapeuten aber die für seine Behandlungen notwendige dosimetrische Sicherheit. Soweit Dosisverteilungen aus Zeitgründen nicht direkt messtechnisch ermittelt werden

können oder sollen, werden sie mit Therapieplanungssystemen näherungsweise berechnet. Diese Berechnungen müssen wegen der oft vereinfachenden Algorithmen in den Planungsprogrammen stichprobenartig für die häufigsten Bestrahlungstechniken und an therapeutisch besonders wichtigen Stellen im Patienten dosimetrisch überprüft werden. Dies gilt insbesondere für die modernen Techniken der intensitätsmodulierten und bildgesteuerten Strahlentherapie (IMRT, IGRT).

Die Photonendosisverteilungen werden in diesem Kapitel an der Ersatzsubstanz Wasser erläutert. Eine für die Analyse räumlicher, perkutaner Dosisverteilungen günstige Methode (s. Fig. 17.1) ist ihre Beschreibung durch **absolute Dosisleistungen** an Referenzpunkten (z. B. in der Referenztiefe oder im Dosismaximum), durch relative **Tiefendosiskurven** auf dem Zentralstrahl oder parallel dazu und durch relative orthogonale **Querprofile** senkrecht zum Zentralstrahl, die auf den jeweiligen Zentralstrahldosiswert normiert wurden. Sehr anschaulich ist auch die Präsentation von Dosisverteilungen in Form von **Isodosen** (Linien oder Flächen gleicher Dosis oder Dosisleistung), die in ausgewählten Ebenen im Phantom oder Patienten berechnet und gezeichnet werden können. Die Isodosenlinien und die Isodosenflächen (Hyperflächen) sind die in Planungsrechnern bevorzugte Darstellung der Patientendosisverteilungen. In den Therapieplanungssystemen werden diese Isodosenverteilungen dazu den anatomischen Strukturen der Patienten überlagert, so dass sich der Strahlentherapeut ein unmittelbares Bild von der Dosis in Risikoorganen und dem therapeutischen Zielvolumen machen kann.

Aus den in den verschiedenen geometrischen Anordnungen gewonnenen Messwerten können über diese absoluten und relativen Dosisleistungsbeschreibungen hinaus eine Reihe weiterer wichtiger dosimetrischer Größen abgeleitet werden. Es sind dies die Streufaktoren Maximum- bzw. Rückstreufaktor, das Gewebe-Luft-Verhältnis unter Sekundärelektronengleichgewicht für Photonenenergien unter 3 MeV, das Gewebe-Maximum-Verhältnis unter BRAGG-GRAY-Bedingungen, einschließlich ihrer Feldgrößenabhängigkeiten und sonstige, ähnlich definierte Größen.

Zusammenfassung

> **Dosisverteilungen werden am günstigsten beschrieben durch Angabe von**
>
> - **absoluten Dosisleistungen an Referenzpunkten**
>
> - **relativen Tiefendosisverteilungen**
>
> - **relativen Dosisquerprofilen**
>
> - **und absoluten bzw. relativen Isodosendarstellungen.**

17.1 Dosisleistungen von Photonenstrahlungsquellen

17.1.1 Feldgrößenabhängigkeit der Zentralstrahldosisleistungen

Absolute Dosisleistungen perkutaner Bestrahlungsanlagen mit variabler Feldgröße müssen nicht nur für die genormte Feldgröße von 10x10 cm² sondern für alle klinisch möglichen quadratischen, rechteckigen und irregulären Bestrahlungsfelder gemessen werden, da die extern gemessenen Dosisleistungen im Allgemeinen ausgeprägte Feldgrößenabhängigkeiten zeigen. Zur Beschreibung der Feldgrößenabhängigkeit der Dosisleistung im Zentralstrahl verwendet man relative Dosisleistungsfaktoren (engl.: output factors), die in der Regel auf die Kenndosisleistung einer Standard-Bestrahlungsfeldgröße (meistens das 10x10 cm² Quadratfeld) in einer standardisierten Tiefe bezogen werden. Beispiele zeigen die Grafiken in (Fig. 17.2, 17.6).

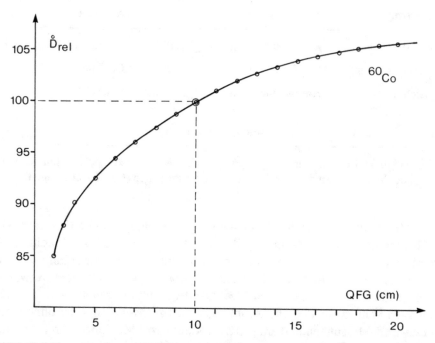

Fig. 17.2: Relative experimentelle Feldgrößenfaktoren (Output-Faktoren) einer alten Kobaltbestrahlungsanlage mit nicht konvergierendem Blockkollimator (mit einem Fehler von ± 1% gültig für Fokus-Oberflächen-Abstände von 50-90 cm, normiert auf 10x10 cm²-Feld, QFG: Quadratfeldgröße = Seitenlänge des quadratischen Feldes).

Die Feldgrößenabhängigkeiten der Absolutdosisleistungen werden durch Streuprozesse sowohl im bestrahlten Medium (Phantomstreuung), sofern die Messungen der Absolutdosisleistung in Phantomen durchgeführt werden, als auch im Bestrahlungsgerät verursacht (Strahlerkopfstreuung). Diese auf die Anlage bezogenen Streuanteile sind die Streuung an der Quellen- bzw. Targethalterungen, am Lichtvisier und an den Primär- und Sekundärkollimatoren.

In Beschleunigern gibt es als zusätzliche Streustrahlungsquellen die Ausgleichskörperstreuung und die Streuung am Dosismonitor und seiner Halterung und je nach Kopfkonstruktion auch Streuung an den Halterungen für den Elektronenfeldausgleich (Streufolienkarusell). Eine Besonderheit in Beschleunigern ist die Monitorrückstreuung, die in Abhängigkeit von den Blendenpositionen die Anzeige im internen Dosismonitor verändern kann. Die Beiträge zur Streustrahlung aus dem Strahlerkopf und damit die Feldgrößenfaktoren (Fig. 17.5) werden sehr von der speziellen Bauform und Geometrie der Bestrahlungsanlage sowie von der Strahlungsart und der Strahlungsqualität beeinflusst. Sie sind deshalb von Anlage zu Anlage verschieden. Insgesamt sind die in (Tab. 17.1) zusammengefassten Einflussgrößen und Abhängigkeiten festzustellen.

Dosisbeitrag	Abhängigkeiten	Anlagen
Phantomstreuung	FG, Volumen, Strahlungsqualität	Co, Linacs, Röntgenröhren
Strahlerkopfstreuung	Kopfgeometrie, Strahlungsart	Co, Linacs
Ausgleichskörperstreuung	Kopfgeometrie, Strahlungsqualität	Linacs
Monitorrückstreuung	Monitorposition, Blenden	Linacs

Tab. 17.1: Mögliche Beiträge zur Feldgrößenabhängigkeit der Absolutdosisleistungen von Bestrahlungsanlagen für verschiedene Strahlungsquellen (Co: Kobaltanlagen).

Phantomstreuung: Die Phantomstreuung hängt vom durchstrahlten Volumen (Feldgröße, Phantomtiefe), den strahlenphysikalischen Eigenschaften des Mediums (Ordnungszahl und Dichte) und der verwendeten Strahlungsart und Strahlungsqualität ab (Fig. 17.3). Sie ist aber weitgehend unabhängig von der Geometrie der verwendeten Strahlungsquelle. Zur experimentellen Trennung der Phantomstreuung von den anderen Streubeiträgen können für Photonenstrahlungen unter 3 MeV (mit oder ohne Aufbaukappe) Frei-Luft-Messungen und am gleichen Kammerort Messungen im Phantom unter sonst identischen Bedingungen durchgeführt werden. Die Abweichung der Dosisleistungsverhältnisse der beiden Messanzeigen von 1,0 (100%) wird als **Streufaktor** bezeichnet. Dieser ist also ist ein direktes Maß für den relativen Streubeitrag durch das bestrahlte Medium (Details s. Abschnitt 17.2.5). Werden die Outputfaktoren im Maximum der Tiefendosiskurve bestimmt, beträgt der Streubeitrag aus dem Phantom für ^{60}Co-Gammastrahlung je nach Feldgröße zwischen 1 und 8 Prozent. Je tiefer im Phantom gemessen wird, umso höher ist der relative Streubeitrag zur Dosisleistung, da der größte Teil der Strahlung unter kleinen Winkeln in Strahlvorwärtsrichtung zur Messsonde hin gestreut wird (vgl. dazu [Krieger1], Kap. 6).

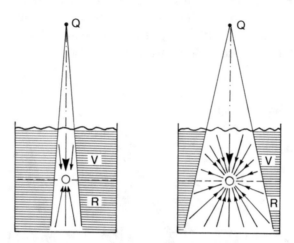

Fig. 17.3: Veränderungen der Dosisleistung auf dem Zentralstrahl durch Phantomstreuung (Vorwärtsstreuung V und Rückstreuung R) sowie Zunahme der Streubeiträge zum Signal in der Sonde mit dem mit der Feldgröße zunehmendem Streuvolumen im Phantom (dicke Pfeile: Primärstrahlung).

Bei sehr hochenergetischen ultraharten Photonenstrahlungen aus Beschleunigern oberhalb von 6 MV kann der vom Phantom herrührende Streustrahlungsbeitrag zur Dosisleistung experimentell aus prinzipiellen dosimetrischen Gründen nicht aus Frei-Luft-Messungen bestimmt werden. Aus den Phantom-Maximum-Verhältnissen können durch Extrapolation der Messwerte zur Feldgröße Null aber auch bei ultraharten Photonen die Streuanteile der Dosisleistungen in beliebigen Phantomtiefen berechnet werden (s. Kap. 17.2.5). Sie betragen wegen der höheren Photonenenergie und der dadurch verringerten Rückstreuung im Dosismaximum nur wenige Prozent und verändern sich auch nur geringfügig mit der Feldgröße. Allerdings erhöhen sich die relativen Streubeiträge zur Dosisleistung wegen des mit der Tiefe zunehmenden Streuvolumens wie bei niederenergetischen Photonenstrahlungsquellen erheblich mit der Tiefe im Phantom. Der experimentell bestimmte Variationsbereich der Gesamtfeldgrößenfaktoren für ultraharte Photonen beträgt je nach Bauform des Strahlerkopfes etwa 20 bis 30 Prozent. Die Phantomstreuung liefert im Vergleich zu den maschinenbedingten Abhängigkeiten daher nur einen geringen Beitrag zur Feldgrößenabhängigkeit der Dosisleistungsanzeige in der externen Messsonde.

Strahlerkopfstreuung in Bestrahlungsanlagen: Der die Strahlungsquelle verlassende Photonen- und Energiefluss von Strahlungsquellen wie Kobaltstrahler oder Bremstargets von Linearbeschleunigern ist völlig unabhängig von der am unteren, beweglichen Kollimator eingestellten Feldgröße. Er wird ausschließlich durch die effektive Aktivität der Quelle bzw. die Photonenfluenz aus den Bremstargets bestimmt. Die Dosisleistung im Nutzstrahlenbündel einer Bestrahlungsanlage setzt sich aus den Beiträgen dieser feldgrößenunabhängigen "Primär-Strahlung" direkt aus der Strahlungsquelle und den zusätzlichen feldgrößenabhängigen Strahlungsanteilen zusammen, die den Strahler zwar in die falsche Richtung verlassen, in der Umgebung der Strahlungsquelle aber wieder in Strahlrichtung zurückgestreut werden.

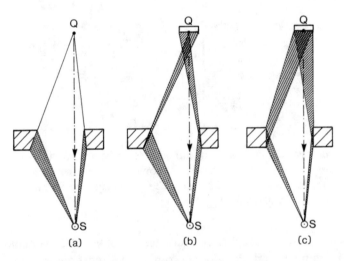

Fig. 17.4: Wechselspiel von streuender Fläche (Trefferfläche für die zu streuende Strahlung) und Sichtwinkel der Messsonde auf die Streuflächen. Schraffierte Flächen: Winkelbereiche, unter denen die Innenflächen der beweglichen Kollimatoren die Quelle sehen. Punktierte Flächen: Winkelbereiche, unter denen die Messsonde die Kollimatorinnenflächen sieht (S: Sonde, Q: Quelle). (a): Punktquelle, konvergierender Kollimator (Streufläche am Kollimator ist Null), (b): Ausgedehnte Quelle, konvergierender Kollimator. (c): Ausgedehnte Quelle, nicht konvergierender Blockkollimator. Die Darstellungen sind nicht maßstäblich.

Sofern die die Streustrahlung erzeugenden, also streuenden Flächen bzw. Materialien von der Messsonde "gesehen" werden können, die von ihnen ausgehende Streustrahlung also die Sonde treffen kann, erhöhen sie auch die Anzeige der Dosimetersonde im Zentralstrahl. Streuende Flächen wirken wie ein reflektierender und die Helligkeit in Vorwärtsrichtung erhöhender Spiegel um eine Lichtquelle, der auch seitlich oder in den hinteren Halbraum abgestrahlte Lichtenergie auf den Betrachter bündelt. In den Strahlerköpfen von Bestrahlungsanlagen befinden sich mehrere wesentliche Streustrahlungsquellen: der feste Primärkollimator, die Quellenhalterung bzw. der Ausgleichskörper mit ihren dominierenden Beiträgen und das bewegliche Blendensystem (der untere Kollimator).

Kollimatorstreuung: Moderne Bestrahlungsanlagen haben in der Regel konvergierende Kollimatorsysteme, deren Flanken bei jeder Feldgrößeneinstellung exakt dem geometrischen Verlauf der Randstrahlen folgen. Eine Streuung von Teilen des Nutzstrahlenbündels an der dem Strahl zugewandten Innenseite konvergierender Kollimatoren ist bei punktförmigen Strahlungsquellen deshalb nicht möglich (Fig. 17.5a). Sind die Strahlungsquellen aber ausgedehnt wie z. B. die realen Kobaltquellen oder die Ausgleichskörper für Photonenstrahlungen in Linacs, entstehen selbst bei konvergierenden Kollimatoren erhebliche Streustrahlungsanteile, die in das Bestrahlungsfeld gestreut werden und die Dosisleistung am Ort der Messsonde erhöhen können. Kollimatorstreuung ist für alle solchen Strahlen möglich, deren Divergenzwinkel größer ist als der Winkel des durch den beweglichen Kollimator definierten Randstrahls. Ausgedehnte Quellen "sehen" die Innenseiten des Kollimators unter einem endlichen Raumwinkel, der umso größer wird, je größer die effektive Quellenfläche ist. Die streuwirksame Kollimatorfläche nimmt also mit der seitlichen Ausdehnung der Strahlungsquelle (Primärkollimator, Quelle und Quellenhalterung) zu, verändert sich aber nur wenig mit der Feldgröße. Der Messsonde erscheinen die streuenden Kollimatorinnenflächen dagegen umso größer, je weiter der Kollimator geöffnet ist und je näher sich die Sonde am Strahlerkopf befindet

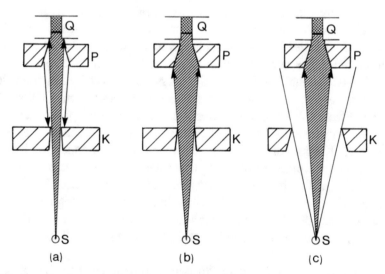

Fig. 17.5: Einfluss der Streustrahlungsbeiträge von Primärkollimator und Quellenhalterung bei ausgedehnten Strahlern in Kobaltanlagen auf die Dosimeteranzeige der Messsonde im Zentralstrahl und ihre Abhängigkeit von der Öffnung des unteren Kollimatorsystems. Die schraffierten Sektoren symbolisieren den von der Blendenöffnung abhängigen Sehwinkelbereich der Messsonde (Pfeile nach oben), aus dem Streustrahlung von Primärkollimator und Quellenhalterung die Sonde erreichen kann. Die beiden nach unten ausgerichteten Pfeile in (a) symbolisieren Streustrahlung, die von den Innenflächen des Primärkollimators herrührt und auf der Oberseite des beweglichen Kollimators auftrifft. (Q: Quelle, P: Primärkollimator, K: beweglicher Kollimator, S: Sonde), (a): Minimum, (b): Maximum, (c): Sättigung dieses Streuanteils.

(Fig. 17.4b). Die vom Kollimator ausgehende Streustrahlung erhöht deshalb feldgrößenabhängig und ohne eine geometrische Sättigung zu erreichen die Dosisleistung auf dem Zentralstrahl.

An älteren Kobaltanlagen wurden wegen der kompakteren und preiswerteren Konstruktion nicht konvergierende Blockkollimatoren verwendet, deren Flanken unabhängig von der jeweiligen Einstellung parallel zum Zentralstrahl verlaufen. Die Projektionen der Kollimatorinnenflächen in Richtung zur Quelle nehmen deshalb deutlich mit der Blendenöffnung zu (Fig. 17.4c). Die Raumwinkel, unter denen die Sonde die Kollimatorinnenseite sieht, verändern sich dagegen etwas weniger mit der Feldgröße als bei konvergierenden Kollimatoren. Insgesamt sind deshalb die Streustrahlungsbeiträge zur Dosisleistung im Bestrahlungsfeld an solchen Anlagen vergleichbar mit denen modernerer Bauart. Dass dennoch die aufwendigen, konvergierenden Kollimatoren in moderneren Bestrahlungsanlagen vorgezogen werden, hat seinen Grund also nicht in der geringeren Feldgrößenabhängigkeit der Dosisleistungen sondern ausschließlich in den besseren Abbildungseigenschaften wie kleinerem Halbschatten und geringeren Transmissionen durch die Kollimatorblenden.

Der von der unmittelbaren Umgebung der Quelle (Primärkollimator, Quellenhalterung bzw. Targethalterung) ausgehende diffuse Streustrahlungsanteil trifft bei geschlossenem beweglichem Kollimator auf die Oberseiten der Blendenschieber (Fig. 17.5a). Mit zunehmender Öffnung des Kollimators, also zunehmender Größe des Bestrahlungsfeldes, mischt er sich mehr und mehr dem primären Strahlenbündel bei. Er erhöht also auch dessen Dosisleistung. Aus der Sicht der Messsonde wirkt die zunehmende Öffnung des Kollimators wie eine Vergrößerung der wirksamen (effektiven) Quellenfläche (Fig. 17.5b). Dieser Effekt tritt bei konvergierenden und nicht konvergierenden Kollimatorsystemen gleichermaßen auf. Er hängt bei einer gegebenen Quellenanordnung (Halterung) nur von der Kollimatoröffnung und dem Abstand der Sonde vom Kollimator ab. Ab einer bestimmten Kollimatoröffnung liegen der gesamte Primärkollimator und die Quellenhalterung im Blickfeld der Messsonde. Der von ihnen durch Streuung bewirkte Dosisleistungsbeitrag erreicht dann einen maximalen Wert (Sättigung), der sich auch bei weiterer Feldvergrößerung nicht mehr ändert (Fig. 17.5c). Dies führt zu einem Abflachen der Outputfaktoren mit der Feldgröße (Beispiele s. Fig. 17.6).

Bezüglich der Photonenstreuung an den Strukturmaterialien im Strahlerkopf (beide Kollimatoren, Halterungen) unterscheiden sich Beschleuniger prinzipiell nicht von den Kobaltanlagen. Wegen der nahezu punktförmigen Primärstrahlungsquelle - ein fast punktförmiger Elektronennadelstrahl trifft auf das Bremstarget - ist allerdings der Primär-Kollimatorstreuanteil bei Linacs deutlich geringer als bei ausgedehnten Kobaltstrahlern, die in der Breite und Tiefe Ausdehnungen von einigen Zentimetern haben. Dies gilt im Prinzip auch für den reinen Elektronenbetrieb von Beschleunigern.

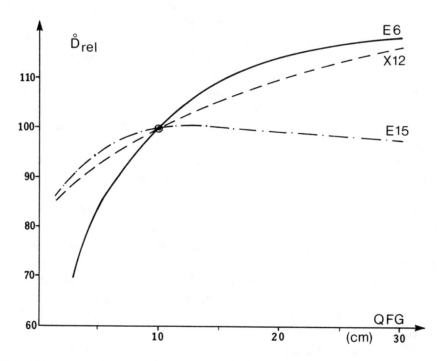

Fig. 17.6: Relative experimentelle Feldgrößenfaktoren (Outputfaktoren) eines Elektronenlinearbeschleunigers mit überlappenden Halbblenden und kontinuierlich einstellbaren
Feldgrößen auch für den Elektronenbetrieb für 12-MV-Photonen (X12) und zum Vergleich von 6-MeV-Elektronen (E6) und 15-MeV-Elektronen (E15). Normiert wurde
auf den Wert der Dosisleistung der 10x10 cm²-Felder (Angaben für Quadratfelder mit
der Seitenlänge QFG in cm).

Ausgleichskörperstreuung bei Linacs: Die Aufgabe der Ausgleichskörper oder
Streufolien der Linearbeschleuniger ist die Verbreiterung der nach vorne gerichteten
Dosisleistungsverteilungen durch Aufstreuung. Streukörper wirken deshalb wie ausge-
dehnte Strahlungsquellen. Ähnlich wie bei der Primärkollimatorstreuung von Kobalt-
anlagen sieht die Messsonde im Zentralstrahl auch am Linearbeschleuniger die von die-
sen Streukörpern ausgehende Streustrahlung durch den Kollimator hindurch unter
Raumwinkeln, deren Größe von der Öffnung der Kollimatoren und dem Abstand der
Messsonde abhängt. Je weiter die Blenden geöffnet sind, umso größer erscheint der effektive Quellendurchmesser und umso größer ist der in der Messsonde nachgewiesene
Streustrahlungsanteil aus dem Ausgleichskörper oder den Elektronenstreufolien. Die
Dosisleistung im Zentralstrahl nimmt durch diese Ausgleichskörperstreuung wiederum
mit wachsender Feldgröße bis zu einem durch die Konstruktion bedingten Sättigungs-
wert zu (Fig. 17.8b).

Das Konzept der virtuellen Flächenquelle*: Die Primärstrahlung aus dem Bremstarget, der Strahlungsanteil aus der Strahlerkopfstreuung in der Umgebung des Bremstargets sowie die Strahlungsbeiträge aus der Ausgleichskörperstreuung und der Kollimatorstreuung können mit einem alternativen Verfahren, der so genannten **virtuellen Flächenquelle** beschrieben werden. Diese virtuelle Flächenquelle stellt eine fiktive ausgedehnte Quelle im Strahlerkopf des Beschleunigers dar, die bei der Messung von einem Punkt außerhalb des Strahlerkopfes je nach Blickwinkel und Kollimatorstellungen vollständig oder nur teilweise gesehen wird. Die Energiedosis am Ort der Sonde ist dann proportional zum jeweils sichtbaren Anteil der Flächenquelle. Die komplexen Abhängigkeiten der Dosisleistung von der Feldgröße werden bei diesem Verfahren dann durch einen einzigen Parameter, dem sichtbaren Anteil der Flächenquelle bzw. dem Öffnungswinkel des Gesichtsfeldes der Sonde, die so genannte **Apertur** beschrieben[1].

Der erfasste Flächenanteil der virtuellen Flächenquelle ändert sich mit der Blickrichtung und dem Abstand der Sonde zur Lage der Flächenquelle. Kann beispielsweise eine Blendeninnenseite nur wenig von der Sonde eingesehen werden, ist der entsprechende Kollimatorstreubeitrag auch nicht messtechnisch nachzuweisen. Der entsprechende Dosisbeitrag aus der virtuellen Flächenquelle muss in diesem Fall verschwinden. Wird ein Feld asymmetrisch z. B. als Halbfeld eingestellt, ist auch bei Anordnung der Messkammer auf dem Zentralstrahl nur die Hälfte der virtuellen Flächenquelle zu sehen. Die Dosisleistung nimmt in diesem Fall entsprechend auf die Hälfte ab. Es wird so auch anschaulich verständlich, warum Messungen in schräger Projektion, also außerhalb des Zentralstrahls, die so genannten off-axis-Messungen, andere Dosiswerte liefern können als diejenigen in der Standardgeometrie. Die verschiedenen Streustrahlungsquellen werden in diesen Fällen mehr oder weniger seitlich betrachtet und zeigen daher andere Aperturen. Die von der Sonde gesehenen Dosisleistungen sind also sowohl von der Feldform als auch vom Blickwinkel der Messsonde abhängig.

Virtuelle Flächenquellen eignen sich besonders für die rechnerische Simulation der Dosisbeiträge in Strahlerköpfen, ihre messtechnische Erfassung ist allerdings nicht unmittelbar möglich. Qualitativ hilft das virtuelle Quellenkonzept, wie in den vorhergehenden Absätzen schon angedeutet, sehr bei der Interpretation der verschiedenen Abhängigkeiten der Dosisleistungen von den geometrischen Bedingungen durch eine Analyse der von der Sonde "gesehenen" Teildosisbeiträge. Das virtuelle Flächenquellenkonzept beinhaltet zwar alle angesprochenen Dosisbeiträge zum Strahlungsfeld im Strahlerkopf, es kann aber keine Streubeiträge im Phantom oder die Monitorrückstreuung beschreiben.

---

[1] Apertur (Öffnungsweite) ist ein Begriff aus der geometrischen Optik. Je größer die Apertur ist, umso mehr Licht einer Lichtquelle kann wahrgenommen werden.

Rückstreuung in den Dosismonitor:* Strahlmonitore medizinischer Beschleuniger befinden sich oberhalb des beweglichen Kollimatorsystems und unterhalb des Primärkollimators. Der feste Primärkollimator begrenzt das Strahlenbündel auf den größten medizinisch verwendbaren Felddurchmesser. Seine Öffnung ist unabhängig vom individuell eingestellten Bestrahlungsfeld. Die Monitorkammern müssen ausreichend groß sein, um das gesamte Primärstrahlenbündel nachzuweisen. Wird der verstellbare Kollimator geschlossen, trifft dieses primäre Strahlenbündel auf die der Strahlungsquelle zugewandte Oberfläche der Kollimatorblöcke. Ein Teil der Strahlung wird in den Dosismonitor zurückgestreut und erzeugt dort ein zusätzliches Signal in der Monitorkammer (Fig. 17.7). Bei der gestreuten Strahlung handelt es sich um niederenergetische Streuphotonen oder um von der primären Strahlung ausgelöste Sekundärelektronen. Das Ausmaß dieser Rückstreuung hängt von der Strahlungsart und -qualität ab (s. Abschnitt 17.2.5). Der vom Monitor gesehene Anteil ist darüber hinaus abhängig von der

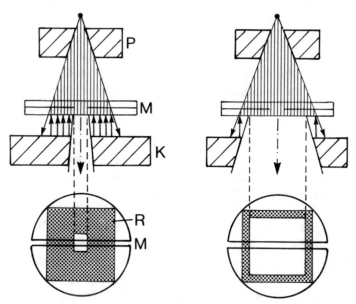

Fig. 17.7: Änderung der Monitoranzeige durch Monitorrückstreuung bei Beschleunigern. Die punktierten Flächen zeigen schematisch die von Rückstreustrahlung getroffenen Monitorflächen R (P: Primärkollimator, M: Durchstrahlmonitor, K: beweglicher Kollimator, untere Zeichnungen: Aufsicht auf den Monitor).

Strahlerkopfgeometrie und dem Abstand Blendenoberkante-Monitor. Es gibt experimentelle Untersuchungen, die wegen der speziellen Kopfgeometrie der untersuchten Beschleuniger keinen Monitorstreubeitrag nachweisen konnten [Janisch]. In anderen Geometrien kann der Rückstreubeitrag dagegen signifikante Werte erreichen [Zrenner]. Der rückgestreute Dosisbeitrag wird umgangssprachlich etwas missverständlich als

Monitorrückstreuung bezeichnet. Mit zunehmender Öffnung der unteren beweglichen Kollimatorblenden verringert sich der Dosisbeitrag durch Streustrahlung in den Monitorkammern, da nur noch ein kleinerer Anteil der unteren Kollimatoroberflächen vom primären Strahlenbündel getroffen wird und dabei dessen Strahlung zurückstreut. Die Monitoranzeige nimmt dadurch auch bei konstanter "interner" Dosisleistung mit der Feldgröße ab. Da das externe Dosimeter gegen diese Monitoranzeige gemessen wird, entsteht der Eindruck einer Zunahme der internen Dosisleistung des Beschleunigers bei kleinen Feldern und eine Abnahme der Dosisleistung bei großen Feldern. Experimentell bestimmte auf das maximale Feld bezogene Variationen der Rückstreubeiträge betragen je nach Nennenergie bis zu 8%, für ältere Linacs bis zu 14%.

Das von der Rückstreuung an den Blenden erzeugte Signal in der Monitorkammer hängt neben der rückstreuenden Fläche auch vom Abstand des verstellbaren Kollimators zum Monitor ab. Die beiden unabhängigen Halbblenden des Kollimators befinden sich aus konstruktiven Gründen in der Regel in verschiedenen Abständen zur Monitorkammer. Die oberen monitornahen Blenden erzeugen unter sonst gleichen Bedingungen einen höheren Streubeitrag zum Monitorsignal als die unteren weiter entfernten Blenden. Die zurück gestreute Strahlung wirkt sich deshalb je nach eingestellter Feldgröße verschieden auf das Monitorkammersignal aus. Dieser Effekt wird besonders deutlich bei der Einstellung von Rechteckfeldern mit stark unterschiedlichen Seitenlängen, d. h. mit sehr asymmetrischer Kollimatoreinstellung. Dosisleistungen für formgleiche Rechteckfelder unterscheiden sich je nach verwendetem Teilkollimator für die Definition der längeren bzw. kürzeren Seite. Werden die oberen Teilblenden mehr geschlossen, ergibt dies eine höhere Monitorrückstreuung. Definieren die unteren Teilblenden die kürzere Seite eines Rechteckfeldes, nimmt der Rückstreubeitrag dagegen ab.

Um die zum Teil erheblichen Rückstreubeiträge durch die Sekundärkollimatoren zu vermindern, kann der Monitor weit entfernt oberhalb des beweglichen Blendensystems angeordnet werden. Dies bedingt allerdings eine sehr kompakte Bauform des Dosismonitors, da der Querschnitt des Strahlenbündels dicht am Target geringer ist als unmittelbar oberhalb der Kollimatoren. Monitore können auch dickwandig ausgeführt werden. Niederenergetische Streustrahlungen, vor allem die Sekundärelektronen, werden dadurch bereits in der Monitorwand absorbiert. Solche "dicken" Monitore können allerdings nicht mehr für den Elektronenbetrieb verwendet werden, da sie wegen ihrer massiven Wände die Energie der Elektronen im Strahlenbündel vermindern und den Strahl aufstreuen würden. Für den Elektronenbetrieb benötigt man dann einen gesonderten Monitor, der beim Umschalten auf den Elektronenmodus eingeschwenkt wird. Das Problem der zwei Monitore kann man umgehen, wenn man den Photonenmonitor dünnwandig genug auch für den Elektronenbetrieb beläst, aber stattdessen die für die Streustrahlungsverminderung benötigte Materialstärke außerhalb des Monitors anbringt. Man verwendet dafür im Photonenbetrieb einschwenkbare Scheiben aus Aluminium, die so genannten **Shutter**. Beide Techniken, also die Wandverstärkung oder der

Shutter verringern zwar den Streustrahlungsbeitrag im Dosismonitor, sie erhöhen aber geringfügig die Oberflächendosis im Phantom oder Patienten.

Neben den Standardkollimatoren werden heute in der Konformationsbestrahlung oder der intensitätsmodulierten Strahlentherapie vor allem Multi-Leaf-Kollimatoren eingesetzt. Im Prinzip ist auch von solchen feldformenden Kollimatoren oder selbst von Absorberblöcken mit Rückstreubeiträgen in den Dosismonitor zu rechnen. Ob tatsächlich wesentliche Beiträge zum Monitorsignal zu erwarten sind, hängt wieder von der individuellen Geometrie (Monitorposition im Strahlerkopf, Entfernung zu den formenden Blenden, Photonenenergie) ab. Um diesbezügliche Unsicherheiten zu vermeiden, kann man mit experimentellen Verfahren den Einfluss der Monitorstreuung an der vorliegenden Bestrahlungsanlage individuell untersuchen [Zrenner].

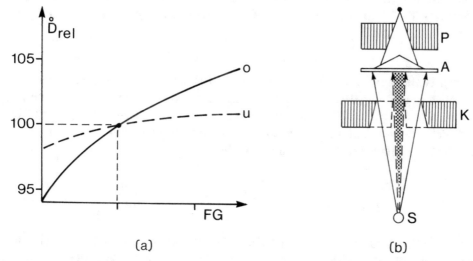

(a) (b)

Fig. 17.8: (a): Rotationsasymmetrie der Photonen-Feldgrößenfaktoren (Outputfaktoren) am Beispiel eines Elektronenlinearbeschleunigers mit überlappenden Halbblenden, o: obere, u: untere Halbblende verstellt, FG: veränderliche Feldlänge der verstellten Halbblende. Die andere Halbblende bleibt unverändert und hat eine konstante Einstellung für 10 cm Feldlänge). (b): Feldgrößenabhängigkeit der Ausgleichskörperstreubeiträge zum Messignal der Sonde bei Linearbeschleunigern (P: Primärkollimator, A: Ausgleichskörper bzw. Streufolie, K: beweglicher Kollimator, punktierte Fläche: Winkelbereich, unter dem die Sonde den Ausgleichskörper bei der kleineren Feldgröße sieht. Äußere Pfeile: maximale Feldöffnung mit Sättigung des Streuanteils, da der Streukörper vollständig im Blickfeld der Sonde liegt, vgl. Text.

Zusätzlich treten je nach Öffnung der oberen oder unteren Kollimatorblenden wie oben beschrieben unterschiedliche Aperturen für die Messsonde auf, die die Dosisleistung bei großen Feldern wieder erhöhen. Die durch die Monitorrückstreung und die veränderten Aperturen bewirkte "Netto-Rotationsasymmetrie" der Outputfaktoren kann dann bis zu ±6% verglichen mit dem Messwert des 10x10 cm² Feldes betragen (Fig. 17.8a).

17.1.2 Die Methode der äquivalenten Quadratfelder für Rechteck-felder bei ultraharter Photonenstrahlung

In der klinischen Routine werden im Allgemeinen keine quadratischen, sondern recht-eckige oder durch Blöcke oder Multi-Leaf-Kollimatoren (MLCs) beliebig geformte, "ir-reguläre" Felder zur Therapie verwendet. Zur Berechnung der Bestrahlungszeiten bzw. Monitoreinheiten und der applizierten Dosis werden die jeweilige absoluten Dosisleis-tungen und der Tiefendosisverlauf benötigt. Da diese nicht in jedem Einzelfall geson-dert gemessen werden können, benutzt man stattdessen die so genannten **äquivalenten Quadratfelder**, deren absolute Dosisverteilungen experimentell bekannt sind. Sie wer-den so definiert, dass sie sowohl gleiche Tiefendosisverteilungen als auch gleiche Be-strahlungszeiten wie das betrachtete, nicht standardisierte Feld aufweisen.

Bestrahlungsfelder gelten als dosimetrisch äquivalent, wenn sowohl der Ver-lauf der Tiefendosis als auch die Maximumsdosisleistung im Zentralstrahl übereinstimmen.

Feldäquivalenz bei Kobaltanlagen: Aus experimentellen und theoretischen Unter-suchungen ist bekannt, dass für Kobaltanlagen die Äquivalenz von Rechteckfeldern und Quadratfeldern in guter Näherung gilt, wenn die Verhältnisse von Umfang und Flächen beider Felder gleich sind. Für das zu einem regulären Rechteckfeld (Seitenlängen a und b) äquivalente Quadratfeld (Seitenlänge q) gilt:

$$\frac{2(a+b)}{a \cdot b} = \frac{4q}{q^2} \qquad \text{bzw.} \qquad q = \frac{2ab}{a+b} \qquad (17.1)$$

Für die Routine sind Tabellen sehr nützlich, die die Ergebnisse solcher Berechnungen bereits für alle möglichen Kombinationen von Feldlängen und Feldbreiten enthalten (s. Tabellenanhang Tab. 25.13).

Beispiel 17.1: An einer Kobaltanlage wird ein Hautfeld von 16x12 cm^2 zur Behandlung verwen-det. Die Seitenlänge des äquivalenten Quadratfeldes ergibt sich nach Gleichung (17.1) zu q = 2·16·12/(16+12) = 13,7 cm. Zeiten und Tiefendosiswerte des Rechteckfeldes sind der an der Bestrahlungsanlage ausliegenden Tabelle für dieses äquivalente Quadratfeld zu entnehmen.

Feldäquivalenz bei Photonenstrahlung aus Beschleunigern: Für ultraharte Photonenstrahlung aus Beschleunigern gilt diese Äquivalenzfeldformel wegen der un-terschiedlichen Erzeugung und Energie der Photonen und der individuellen Geometrie der Strahlerköpfe nur noch näherungsweise. Ihre Gültigkeit muss daher unbedingt do-simetrisch überprüft werden. Die beste Übereinstimmung erhält man für Rechteckfel-der, deren Seitenlängenverhältnis zwischen 1 und 2 liegt (1<a/b<2 bzw. 1<b/a<2). Bei sehr unterschiedlichen Seitenlängen treten dagegen die größten Abweichungen von Gleichung (17.1) auf.

Wegen der begrenzten Reichweite der Streustrahlung sind aus entfernten peripheren Regionen des Feldes keine wesentlichen Beiträge zur Dosis in der Mitte des Feldes zu erwarten. Die Zentralstrahl-Dosisleistung solcher extremer Felder wird vor allem durch die Stellung des enger gestellten Halbkollimators bestimmt. Wegen des unterschiedlichen Abstandes zum Monitor darf die Asymmetrie der Absolutdosisleistungen beim Tausch der die Feldform bestimmenden Halbblenden ("Kollimatorrotation") deshalb nicht außer Acht gelassen werden.

Zone	ÄqQF (cm x cm)	ME/Gy in Zonenmitte in d_{max}	Zonenbereich
1	3,0	113,5	>113-114
2	3,4	112,5	>112-113
3	3,8	111,5	>111-112
4	4,2	110,5	>110-111
5	4,75	109,5	>109-110
6	5,3	108,5	>108-109
7	6,0	107,5	>107-108
8	6,65	106,5	>106-107
9	7,45	105,5	>105-106
10	8,3	104,5	>104-105
11	9,25	103,5	>103-104
12	10,3	102,5	>102-103
13	11,65	101,5	>101-102
14	13,2	100,5	>100-101
15	15,0	99,5	>99-100
16	17,0	98,5	>98-99
17	19,5	97,5	>97-98
18	22,7	96,5	>96-97
19	26,7	95,5	>95-96
20	32,4	94,5	>94-95
21	40,0	94,0	≤94

Tab. 17.2: Experimentelle Zoneneinteilungen der äquivalenten Felder zu den Dosisleistungen in (Fig. 17.9) für X6-Photonenstrahlung. Die ME-Angaben gelten für die Maximumsdosisleistungen für X6-Photonen für den FOA 100 cm. Die Zoneneinteilung entspricht einer Unsicherheit von ±0,5 ME ab der jeweiligen Zonenmitte.

Um die Feldäquivalenz von **Rechteckfeldern** festzulegen, empfiehlt sich das folgende Vorgehen. Man misst zunächst für alle möglichen Quadratfelder und Rechteckfelder die Outputfaktoren sowohl für die isozentrischen Techniken als auch für die Hautfeldtechniken. Diese Outputfaktoren können dann entweder grafisch als Funktion einer Blen-

denposition (im Beispiel der Fig. 17.9 sind es die X-Koordinaten) oder als Matrix numerisch dargestellt werden.

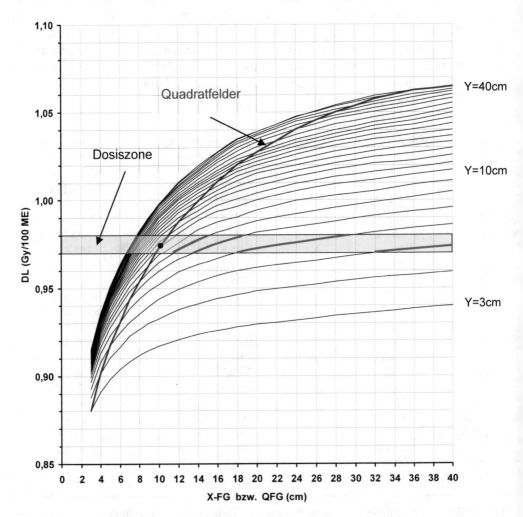

Fig. 17.9: Outputfaktoren für 6-MV-Photonenstrahlung (X6) eines Elektronen-Linearbeschleu-
nigers. Die Abszisse ist die X-Seitenlänge der rechteckigen Felder, Dosisleistungsan-
gaben im Tiefendosismaximum in Gy/100ME. Parameter der Kurvenschar sind die
Y-Seitenlängen der Rechteckfelder (Y: 3-20 cm in 1cm Schritten, 22-30 cm in 2cm
Schritten, 34 und 40 cm, von unten nach oben). (X-FG: X-Feldgröße, Y: Y-Feldgröße,
QFG: Quadratfeldseitenlänge, ME: Monitoreinheiten des Beschleunigers). Die Dosis-
leistungskurven für Rechteckfelder sind der Übersicht halber nur auszugsweise eingezeichnet. Die Breite der eingezeichneten Dosiszone beträgt 1 cGy, was ungefähr
1% der Dosisleistung bzw. 1 ME entspricht. Alle Felder, deren Dosisleistungen innerhalb dieser Dosiszone liegen, werden dosimetrisch dem entsprechenden äquivalenten
Quadratfeld in der Zonenmitte (schwarzer Kreis: QFG 10,3x10,3 cm^2, Zone 12 in Tab.
17.4) zugeordnet.

Dann wird festgelegt, wie groß die akzeptierte Dosisunsicherheit sein soll, innerhalb derer Rechteckfelder als dosimetrisch äquivalent betrachtet werden.

Im dargestellten Beispiel der (Fig. 17.9) wurde als Dosisintervall eine Monitoreinheit verwendet ($\Delta D = 1$ ME). Danach werden alle Felder, deren Dosisleistungen innerhalb der jeweiligen Dosisintervalle liegen, einer bestimmten repräsentativen Dosiszone zugeordnet (Tab. 17.2). Diese Dosiszonen können der Einfachheit halber nummeriert oder

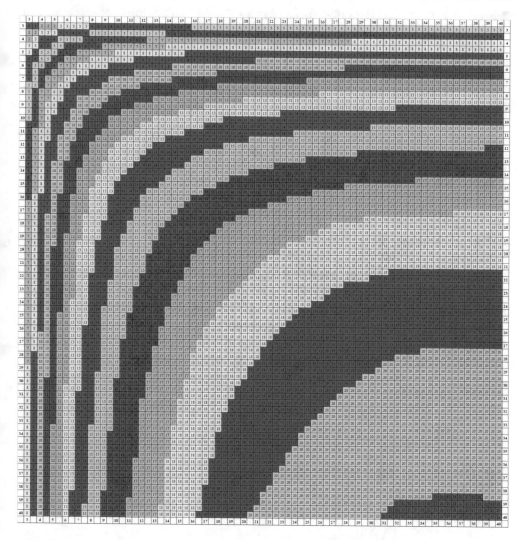

Fig. 17.10: Dosiszonenmatrix zur Entnahme der Äquivalenz von Rechteckfeldern nach den Daten in (Fig. 17.9) und (Tab. 17.2) für 6 MV-Photonenstrahlungen aus einem modernen Elektronenlinearbeschleuniger (X-FG Abszisse, Y-FG Ordinate). Es sind 21 Dosiszonen (Nummerierung in den farbigen Quadraten) dargestellt, deren Dosisunterschied zur nächsten Zone je 1 ME beträgt. Auffällig sind die durch unterschiedliche Entfernungen der Teilblenden bewirkten X-Y-Asymmetrien vor allem für sehr unterschiedliche Seitenlängen, also schmale aber lange Rechteckfelder.

auf andere Art gekennzeichnet werden. Die Referenzdosisleistung dieser Zone entspricht dann wieder einem Äquivalentquadratfeld (s. Fig. 17.10, Tab. 17.2). Die Zuordnung der einzelnen Rechteck- bzw. Quadratfelder zu einer Äquivalentquadratfeld-Dosiszone kann tabellarisch oder am besten grafisch dokumentiert werden. Fig. (17.10) zeigt eine solche Zonenmatrix in grafischer Form, die sich im praktischen Dosimetriebetrieb als sehr geeignet erwiesen hat.

Beispiel 17.2: Ein rechteckiges Bestrahlungsfeld zur Bestrahlung des Rückenmarks eines Patienten mit 6-MV-Photonen habe die Größe y = 4 und x = 36 cm. Nach Gleichung (17.1) errechnet man das Äquivalentquadratfeld zu 7,2x7,2 cm². Dosimetrisch (s. Fig. 17.10, Tab. 17.2) ergibt sich an dem verwendeten Beschleuniger ein Äquivalentquadratfeld von etwa 6,8x6,8 cm² (entsprechend Zone 8). Dreht man den Kollimator aber um 90°, wie es in der klinischen Routine aus Einstellungs- und Lagerungsgründen häufig notwendig ist, vertauscht man also die x- mit der y-Blende, so dass die Feldgröße jetzt y = 36 und x = 4 cm beträgt, erhält man dosimetrisch ein Äquivalentquadratfeld von 8,3x8,3 cm² (entsprechend Zone 10). In diesem konkreten Fall befand sich die x-Halbblende des überlappenden Kollimators weiter entfernt vom Strahlmonitor als die y-Blende. Der Rückstreuanteil der x-Blende ist daher im geschlossenen Zustand wesentlich kleiner als derjenige der y-Blende. Die dadurch erniedrigte Monitoranzeige entspricht der eines erheblich größeren äquivalenten Bestrahlungsfeldes als im ersten Fall.

Die Abdeckung von Teilen des Bestrahlungsfeldes bei irregulären Feldern vermindert sowohl im Photonen- als auch im Elektronenbetrieb wegen des kleineren durchstrahlten Volumens auf alle Fälle den Streubeitrag zur Dosisleistung im Maximum und in der Tiefe des Phantoms. Diese Beiträge sind unabhängig von der Wahl der Teilkollimatoren zur Feldformung. Die Stellung der für die Feldformung verwendeten Teilblenden verändert dagegen wegen der unterschiedlichen Entfernung der formenden Elemente vom Dosismonitor den Beitrag zur Monitorrückstreuung und verändert zudem die Apertur und damit den Blickwinkel auf die Strahlungsquelle im Strahlerkopf. Diese beiden Effekte sind für die X-Y-Asymmetrie bei Rechteckfeldern verantwortlich.

17.1.3 Dosimetrie asymmetrischer Photonenfelder*

Moderne Beschleuniger erlauben die separate Einstellung aller vier Halbblenden des Sekundärkollimators. Die X-Einzelblenden werden als (x_1, x_2), die Y-Blenden als (y_1, y_2) bezeichnet. Dabei ist die Einstellung einzelner Halbblenden auch über die Feldmitte hinaus möglich. Diese Verschiebung auf die andere Feldhälfte wird als Overtravel bezeichnet. Die meisten Beschleuniger erlauben einen Overtravel im Isozentrum bis etwa 10 cm auf die gegenüberliegende Feldseite. Felder, deren geometrische Feldmitte nicht mehr auf dem ursprünglichen Zentralstrahl liegt, werden als **asymmetrische** Felder bezeichnet. Die asymmetrischen Felder haben also nach wie vor Quadrat- oder Rechteckform, ihre Flächenschwerpunkte liegen aber außerhalb des Zentralstrahls der Anlage (Fig. 17.11).

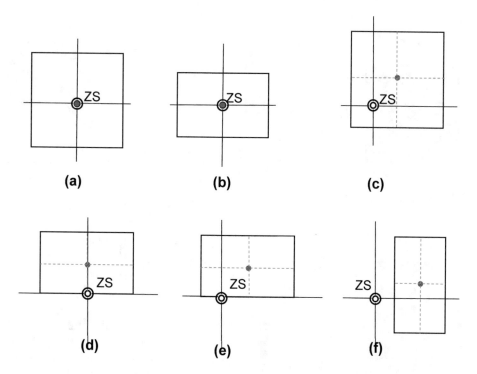

Fig. 17.11: Typische Formen regulärer symmetrischer und asymmetrischer Felder. (a): Symmetrisches Quadratfeld, (b): symmetrisches Rechteckfeld mit Feldmitte jeweils auf dem Zentralstrahl ZS. (c): Asymmetrisches Feld mit Zentralstrahl ZS außerhalb des Halbschattenbereichs, (d): Halbfeld (Y-FG halbiert) mit ZS im Halbschattenbereich, (e): zusätzlich in X-Richtung verschobenes Halbfeld mit ZS im Halbschattenbereich, (f): in X- und Y-Richtung verschobenes Feld mit außerhalb des Feldes liegendem ZS (geometrische Feldmitten: rote Kreisflächen).

Zur Dosimetrie solcher Felder sind zwei Fälle zu unterscheiden. Befindet sich der isozentrische Zentralstrahl ausreichend weit entfernt vom Feldrand des verschobenen Feldes, so dass er mit Sicherheit außerhalb des Halbschattenbereichs liegt, kann wie bei symmetrischen Feldern die Dosis auf dem ursprünglichen Zentralstrahl spezifiziert werden, der natürlich nicht mehr durch die geometrische Feldmitte verläuft. Allerdings kann nicht einfach der entsprechende Outputfaktor des gleich geformten aber nicht verschobenen Feldes verwendet werden, da die Messsonde zwar die ursprüngliche Position wie beim nicht verschobenen Feld hat aber der sichtbare Anteil der Strahlungsquelle im Strahlerkopf durch die Kollimatoreinstellungen verändert ist.

Eine praktikable Methode zur Dosisspezifikation in diesem Fall ohne gesonderte Messungen ist das Verfahren der **Vier-Quadranten-Technik** (Fig. 17.12). Darunter versteht man die Zerlegung des Rechteckfeldes in vier Einzelfelder, deren Feldkanten

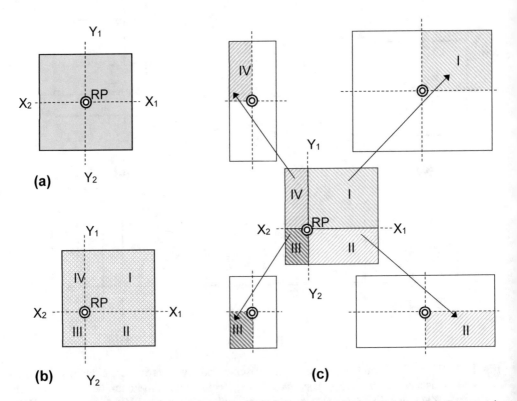

Fig. 17.12: Methode der Vier-Quadranten-Technik bei asymmetrischen Feldern. (a): Symmetrisches Rechteckfeld mit Referenzpunkt RP in der Feldmitte. (b): Asymmetrisches Rechteckfeld mit gleicher Feldgröße wie (a) aber mit Verschiebung relativ zum RP. (c): Zerlegung des asymmetrischen Feldes in vier Quadranten (I-IV) und Erzeugung der ergänzten vier symmetrischen Ersatzfelder mit jeweils verdoppelten Seitenlängen, also der vierfachen Fläche wie die Einzelquadranten.

durch die ursprünglichen (zentralen) x-y-Achsen definiert werden. Man setzt dann die Dosisleistung des asymmetrischen Feldes aus einer gewichteten Summe der Dosisleistungen für die vier Quadranten zusammen. Die Grundidee ist dabei die folgende: Jeder Quadrant sieht ein Viertel der Dosisleistungen des entsprechend erweiterten Quadratfeldes bzw. Rechteckfeldes (s. Fig. 17.12). Also addiert man die Dosisleistungen der erweiterten Felder und viertelt die Summe. Die Feldgrößen der dazu benötigten erweiterten Felder werden für die einzelnen Quadranten berechnet, indem man die betroffenen Halbfeldgrößen (x_i,y_k) für alle 4 Quadranten verwendet (s. Fig. 17.12 c). Dieses Verfahren ist nur so lange anwendbar, wie sichergestellt ist, dass der Referenzpunkt des Zentralstrahls im asymmetrischen Feld ausreichend weit von Randbereich entfernt ist. Dazu sind in der Basisdosimetrie die Querprofile der asymmetrischen Felder sorgfältig zu untersuchen.

$$DL_{tot} = \frac{DL_I + DL_{II} + DL_{III} + DL_{IV}}{4} \tag{17.1}$$

Beispiel 17.3: Es soll die Absolutdosisleistung eines Rechteckfeldes mit folgenden Koordinaten berechnet werden: x1 = 4 cm, x2 =10 cm, y1 = 5 cm, y2 = 7cm. Dies ergibt die folgenden Quadrantengrößen: QI (x1,y1) = (4,5), QII (x1,y2) = (4,7), QIII (x2,y2) = (10,7) und QIV (x2,y1) = (10,5). Die erweiterten Quadrantenfelder haben deshalb die folgenden Feldgrößen: FGI = (8,10), FGII = (8,14), FGIII = (20,14) und FGIV = (20,10). Für diese Felder werden jetzt aus Tabellen die Äquivalentquadratfelder bestimmt. Man erhält nach (Fig. 17.14) folgende Dosiszonen QI = Z10, QII = Z12, QIII = Z15 und QIV = Z14. Die zugehörigen Absolutdosisleistungen werden (Tab. 17.2) oder (Fig. 17.14) entnommen. Da in (Tab. 17.4) die pro Gy erforderlichen ME zusammengestellt sind, muss man die den Kehrwert der entnommenen ME-Werte berechnen und mit 100 multiplizieren. Man erhält so die Dosisleistungswerte DLI = 0,957 Gy/100ME, DLII = 0,9978 Gy/100ME, DLIII = 1,005 Gy/100ME und DLIV = 0,995 Gy/100ME. Die Dosisleistung des asymmetrischen Rechteckfeldes beträgt dann DL$_{tot}$ = (DLI + DLII + DLIII + DLIV)/4. Einsetzen der numerischen Werte ergibt den Mittelwert DL$_{tot}$ = 0,983 Gy/100ME. Die Bestrahlungszeiten für das asymmetrische Rechteckfeld sind also mit Hilfe dieser Ersatzdosisleistung zu bestimmen.

Der zweite Fall tritt ein, wenn die asymmetrischen Felder über die Feldmitte hinaus verschoben werden oder die isozentrische Zentralstrahlachse soweit in den Randbereich des Feldes hineingerät, dass sie sich im Halbschattenbereich des Feldes befindet. In diesem Fall müssen die Outputfaktoren gesondert für jedes einzelne Feld bestimmt werden. Bezieht man diese Messergebnisse auf die zentralen Outputfaktoren, erhält man die so genannten **Off-Axis-Faktoren**. Diese Messungen müssen nicht nur für alle möglichen Feldgrößen und Referenzpositionen der verschobenen Felder sondern auch für alle verwendeten Tiefen im Phantom durchgeführt werden. Andernfalls müssten zusätzlich zu den Absolutdosisleistungen im Referenzpunkt auch Tiefendosisverläufe für alle asymmetrischen Felder gemessen werden. Die Off-Axis-Faktoren hängen neben der Messtiefe im Phantom auch von den eingestellten Feldgrößen und der (zweidimensionalen) X-Y-Verschiebung des Messortes relativ zur Zentralstrahlachse ab. Sie unterscheiden

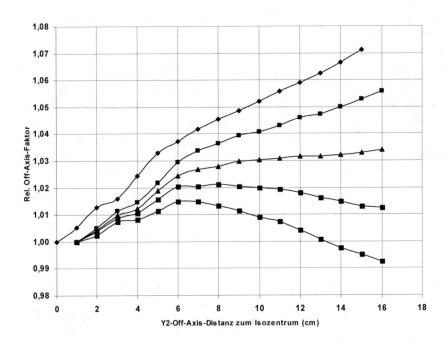

Fig. 17.13: Experimentell ermittelte Off-Axis-Faktoren für X6-Photonenstrahlung in Wasser als Funktion der Messortverschiebung in Y2- oder X2-Richtung für ein 10x10 cm²-Feld in SSD-Technik, also konstantem Fokus-Hautabstand von 100 cm und für verschiedene Messtiefen (von oben nach unten): 1,5 cm (TDK-Maximum), 5 cm, 10 cm, 15 cm und 20 cm.

sich zudem je nach der Strahlerkopfgeometrie und der eingesetzten Photonenenergiestufe. Ein Beispiel für solche experimentellen Off-Axis-Faktoren von X6-Photonenstrahlung zeigt (Fig. 17.13). Je nach seitlicher Messortverschiebung und Tiefe im Phantom können danach Dosisleistungserhöhungen bis 7% erreicht werden. Dies zeigt deutlich, dass der veränderte Blickwinkel und die damit variierende Apertur bei verschobenem Referenzpunkt in der Dosierung von Strahlungsfeldern beachtet werden muss.

Beispiel 17.4: Ein 10x10 cm² Quadratfeld wird um 5 cm in Y2-Richtung nach außen verschoben. Dies bedeutet, dass die isozentrumsnahe Feldkante sich in der ursprünglichen Feldmitte befindet (Halbfeld). Die Dosisleistung in der Tiefe des Dosismaximums der X6-Photonen wird durch den geänderten Sondenblickwinkel nach (Fig. 17.13) um den Faktor 1,034, also um knapp 3,5% erhöht. Um diesen Faktor ist die Anzahl der Monitoreinheiten (ME) zu vermindern.

17.1.4 Dosimetrie irregulärer Photonenfelder*

Unter irregulären Feldern versteht man Bestrahlungsfelder, die von der Quadrat- oder Rechteckform abweichen. Solche Abweichungen wurden früher durch den Einsatz individuell angefertigter Teilabschirmungen (Blöcke aus Schwermetall) bewirkt. Heute dominiert die Feldformung durch Lamellenkollimatoren, den Multileaf-Kollimatoren (MLC). Die irregulären Formen der Felder haben zwei Auswirkungen auf die Dosisverteilungen und auf die Dosis an einem Referenzpunkt. Der eine Dosisunterschied zu einem regulären Bestrahlungsfeld wird durch Verändern der Apertur, also den Blickwinkel einer Sonde am Referenzpunkt auf die virtuelle Strahlungsquelle im Strahlerkopf, bewirkt. Die zweite Änderung ist die Modifikation der Dosis durch unterschiedliche Phantom-Streustrahlungsbeiträge zum geometrischen Punkt im bestrahlten Volumen, an dem die Absolutdosisleistung oder die Referenzdosisleistung bestimmt wird. Beide Einflüsse sorgen bei üblichen Geometrien zu einer Verminderung der Dosisleistung am Referenzpunkt im Vergleich zum freien regulären Feld.

Das Ausmaß dieser Dosisänderungen hängt vom abgedeckten Flächenanteil des Bestrahlungsfeldes, der Position der Feld formenden Elemente im Strahlungsfeld und ihrer relativen Entfernung zur Strahlungsquelle und zum Dosismonitor im Strahlerkopf, der Energie der Strahlungsquelle und natürlich von der Tiefe im bestrahlten Phantom ab. Um dennoch die gleichen Dosen an den interessierenden Punkten im Patienten oder Phantom zu erreichen, müssen die Bestrahlungszeiten bzw. die erforderlichen Monitoreinheiten um die so genannten irregulären Verlängerungsfaktoren erhöht werden. Ihre Ermittlung unterscheidet sich je nach den bei der Bestrahlung angewandten Verfahren.

Werden reguläre Felder bei klinischer Einstellung ohne rechnerische Therapieplanung mit **Schwermetallabsorbern** ausgeblockt, müssen die Reduktionsfaktoren dieser "Blockblenden" individuell messtechnisch ermittelt werden. Man gewinnt die Reduktionsfaktoren durch Dosismessungen im freien (regulären) Feld und im ausgeblockten Feld. Der Reduktionsfaktor RF ist das das Verhältnis der "ausgeblockten" Dosis zur "freien" Dosis. Dabei ist darauf zu achten, dass zum einen die Referenztiefe der jeweiligen Bestrahlungstechnik - also die korrekte Tiefe der Dosisspezifikation - beachtet wird, und zum zweiten die Strahlschwächungen durch die Blockträgerplatten nicht vergessen werden. So schwächt beispielsweise eine 0,5 cm dicke Trägerplatte aus Plexiglas einen X6-Strahl um 3%, bei einem X18-Strahlenbündel sind es immerhin noch fast 2%. Zur Bestrahlungszeitverlängerung muss der Kehrwert der Reduktionsfaktoren, der Verlängerungsfaktor VF, verwendet werden.

$$RF = \frac{D_{block}}{D_{frei}} \qquad\qquad VF = \frac{1}{RF} = \frac{D_{frei}}{D_{block}} \qquad (17.2)$$

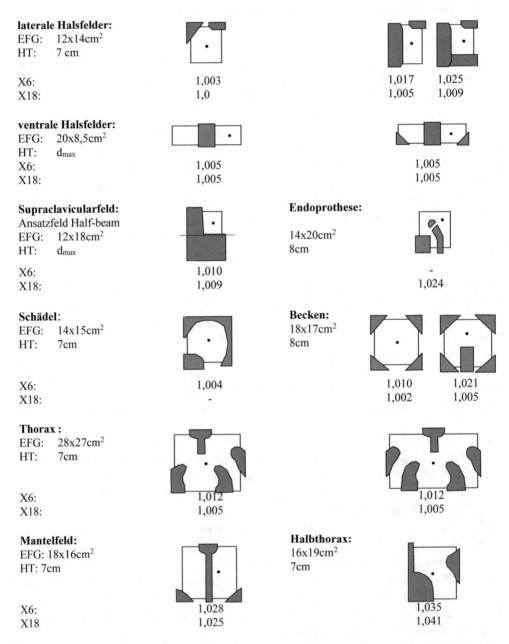

laterale Halsfelder:
EFG: $12 \times 14 cm^2$
HT: 7 cm

X6:	1,003	1,017 1,025
X18:	1,0	1,005 1,009

ventrale Halsfelder:
EFG: $20 \times 8,5 cm^2$
HT: d_{max}
X6:   1,005   1,005
X18:   1,005   1,005

Supraclavicularfeld:
Ansatzfeld Half-beam
EFG: $12 \times 18 cm^2$
HT: d_{max}

X6:   1,010
X18:   1,009

Endoprothese:

$14 \times 20 cm^2$
8cm

-
1,024

Schädel:
EFG: $14 \times 15 cm^2$
HT: 7cm

X6:   1,004
X18:   -

Becken:
$18 \times 17 cm^2$
8cm

1,010   1,021
1,002   1,005

Thorax :
EFG: $28 \times 27 cm^2$
HT: 7cm

X6:   1,012   1,012
X18:   1,005   1,005

Mantelfeld:
EFG: $18 \times 16 cm^2$
HT: 7cm

X6:   1,028
X18   1,025

Halbthorax:
$16 \times 19 cm^2$
7cm

1,035
1,041

Fig. 17.14: Experimentell ermittelte Verlängerungsfaktoren für typische klinische Blockfelder an einem modernen Elektronenlinearbeschleuniger für X6- und X18-Photonenstrahlung. Die Blockblenden wurden in diesen Beispielen etwa 8 cm unterhalb der Unterkante des Strahlerkopfes fixiert (HT: Herdtiefe = Referenzpunkttiefe im Phantom, •: Referenzpunkte, EFG: isozentrische Einstell-Feldgrößen des regulären Backup-Feldes).

Wird die Feldreduktion mit Blöcken in einem Rechnerplan festgelegt, sind die Streude-fizite im bestrahlten Volumen in der Regel bereits berücksichtigt. Ob dies beim verwen-deten Planungssystem der Fall ist, ob das Planungssystem also solche Ausblockungen korrekt berücksichtigen kann, sollte allerdings zumindest während der Basisdosimetrie und dem Einmessen des Planungssystems überprüft werden. Trägerplattenfaktoren und eventuelle Einflüsse der Ausblockungen auf den Monitor-Backscatter können von Pla-nungssystemen jedoch nur schwer erfasst werden.

Ein unerwünschter Nebeneffekt von Feldformungen mit Schwermetallblöcken ist die Erhöhung der Hautdosis der Patienten, die durch in den Trägerplatten und den Blöcken ausgelöste Sekundärelektronen und niederenergetische Streuphotonen bewirkt wird (s. Fig. 17.25). Auch diese Veränderungen der Hautdosis sind von der vorliegenden Geo-metrie, also dem Abstand der Blockunterkanten von der Patientenoberfläche abhängig. Dies wird leicht verständlich, wenn man als Gedankenexperiment die Trägerplatte bis auf die Haut des Patienten absenkt. In einem solchen Fall würde das durch den Dosis-aufbaueffekt bewirkte Dosismaximum auf die Haut des Patienten verschoben.

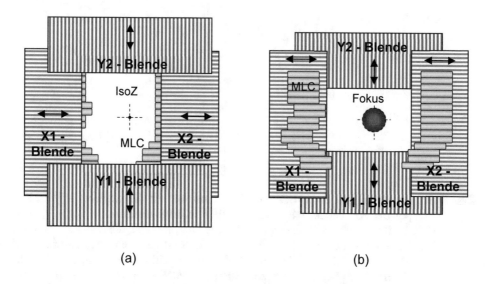

(a)   (b)

Fig. 17.15: Schematischer Aufbau des dreifachen Kollimatorsystems eines modernen Elektro-nenlinearbeschleunigers aus fokusnahem Y-Blendenpaar, fokusferner X-Blende und zusätzlichem MLC. (a): Dargestellt ist die Sicht auf die Kollimatoren vom Fokus aus (IsoZ: Isozentrum). Alle sichtbaren Blendenteile formen das Feld. Der Monitorback-scatter hängt vom Abstand der jeweiligen Kollimatoren vom Dosismonitor ab. Die Gantry befindet sich auf der Seite der Y2-Blende. (b): Blick vom Isozentrum auf den Fokus und den Dosismonitor. Die fokusnahen Blenden dominieren die Apertur (s. Text und Fig. 17.16). Verdeckte MLC-Lamellen haben keinen Einfluss auf den Mo-nitorbackscatter, obwohl sie feldformend wirken.

Materialien im Strahlengang erhöhen zudem die Dosisbeträge außerhalb des geometrischen Strahlungsfeldes, "verbreitern" also die Dosisverteilung.

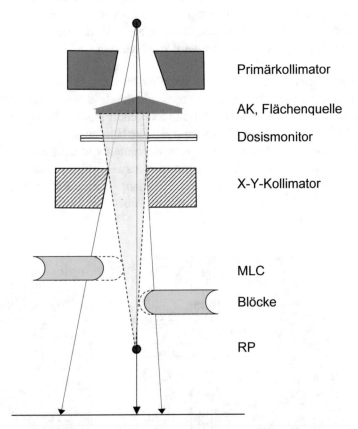

Primärkollimator

AK, Flächenquelle

Dosismonitor

X-Y-Kollimator

MLC

Blöcke

RP

Fig. 17.16: Auswirkungen der MLC- oder Blockposition auf das Gesichtsfeld des Referenzpunktes RP. Blöcke oder MLCs bleiben so lange apertur-unwirksam, wie sie nicht die Randstrahlen Referenzpunkt-Quelle überschreiten, die durch die konventionellen Kollimatorkanten definiert sind. Links: weit geöffnetes Feld: großer "verborgener Bereich" für Abdeckungen. Rechts: Bei geschlossenem Feld ist der "verborgene Bereich" deutlich geringer. In beiden Fällen ergeben sich jedoch Streudefizite im Phantom, die vom abgedeckten Feldbereich im Phantom abhängen.

Werden Bestrahlungsfelder mit MLC geformt, ist ebenfalls mit einer Dosisreduktionen am Referenzpunkt durch Streustrahlungsdefizite im Phantom und Veränderung der Apertur zu rechnen (s. Fign. 17.11 und 17.12). Bei der Vielzahl der klinisch möglichen Feldformen ist eine pauschale messtechnische Erfassung von Reduktionsfaktoren wegen der individuellen Einstellungsmöglichkeiten der 80-120 Einzellamellen moderner

MLCs kaum möglich. Viele Planungssysteme spezifizieren aber äquivalente Ersatzfelder in ihren Ergebnissen, die die irregulären Felder wie bei Rechteckfeldern einem resultierenden Äquivalentquadratfeld zuordnen. Allerdings ist in der Regel auch hier der Einfluss eines möglichen Monitor-Backscatters nicht berücksichtigt. Man sollte also diesbezüglich sehr gründliche Untersuchungen zur Strahlerkopfgeometrie am jeweils verwendeten Linearbeschleuniger vornehmen.

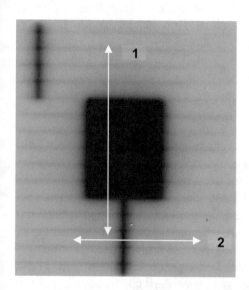
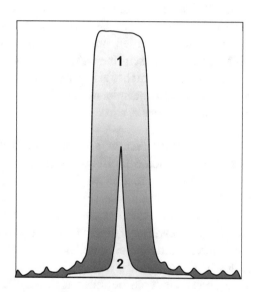

Fig. 17.17: Transmissionen bei MLC-Lamellen. Links: Aufnahme mit einem Verifikationsfilm für X6-Strahlung ohne Backup-Blenden. Rechts: Densitometrische Querprofile in den Scan-Richtungen (1) und (2). Profil (1) zeigt, dass zwischen den Lamellen Transmissionen bis fast 5% wegen der Stufung der Einzellamellen auftreten. Um diese Interleaftransmission zu minimieren, müssen die konventionellen Kollimatoren oder von einigen Herstellern verwendete Zusatzblenden als Back-Up-Blenden soweit wie möglich geschlossen werden. Profil (2) zeigt die Transmission an den gerundeten Lamellenvorderseiten bei einem sorgfältig eingestellten MLC mit engem Lamellenspitzenkontakt von fast 50% der Zentralstrahldosisleistung des freien Feldes.

Die größten Einflüsse auf die Apertur findet man bei fokusnah angeordneten MLCs. Je fokusferner die Strahlformung vorgenommen wird, umso mehr wird der Blickwinkel durch die normalen Standardblenden des Beschleunigers bestimmt. Die ungünstigste Anordnung sind in den Strahlerkopf integrierte hoch liegende MLC-Lamellen, die eine der beiden Standardblendenpaare ersetzen, bei gleichzeitig tief liegendem Dosismonitor. In diesem Fall wird durch den MLC sowohl die Apertur als auch die Monitorrückstreuung deutlich beeinflusst. Die günstigste Situation liegt vor, wenn der MLC unterhalb des vollständigen "normalen" Kollimators angebracht wird und der Dosismonitor sich zudem hoch oben im Strahlerkopf - also fokusnah - befindet.

Die Feldformung irregulärer Felder mit MLCs verändert die Hautdosis des Patienten nicht, man erhält bei modern konstruierten Systemen auch keine Feldverbreiterung durch Streustrahlungen. Allerdings zeigen viele kommerzielle MLC-Systeme eine so genannte Interleaftransmission zwischen den einzelnen Lamellen. Das Ausmaß dieser Transmission hängt von der Bauform der Einzellamellen ab (Flankenstufung, Überlapp dieser Stufen). Es ist bei der Einstellung von MLC-Feldern daher sorgfältig darauf zu achten, dass die Back-up-Blenden der MLCs so dicht wie möglich an den inneren Feldrand verschoben werden, um den zwischen den Lamellen durchtretenden Strahlungsanteil zusätzlich abzuschirmen. Auch hier ist es von Vorteil, wenn der MLC aus Kostenoder Platzgründen nicht als Ersatz für eine oder beide Standard-Kollimatorblenden verwendet wird, also beispielsweise einfach das obere oder untere Kollimatorpaar durch MLC-Blenden ersetzt wird.

Werden die Vorderseiten, also die feldinneren Kanten der MLC-Lamellen nicht konvergierend auf den Strahlfokus ausgerichtet konstruiert, kommt es auch bei völlig geschlossen MLC-Lamellen zu Transmissionen auf der Vorderseite der Lamellen bis zu 50% der Zentralstrahldosis (Fig. 17.17). Solche Transmissionen entstehen aber auch bei nicht exakt geschlossenen Lamellen, da die Einstellungen der Lamellenpositionen natürlich einer gewissen Toleranz unterliegen. Um solche unerwünschten Dosisbeträge zu minimieren, sollten alle Lamellen, die nicht unmittelbar zu Formung des Bestrahlungsfeldes benötigt werden, aus der Mitte des Feldes herausgefahren werden (Fig. 17.17, links oben). Dadurch befinden sich die Stellen hoher Vorderflankentransmission mit etwas Glück im Schatten der Standard- oder Backup-Blenden. Moderne Beschleunigerhersteller haben diese Option bereits in ihre Betriebssoftware integriert.

17.1.5 Gültigkeit des Abstandsquadratgesetzes für die Dosisleistungen perkutaner ultraharter Photonenstrahlungsquellen

In der perkutanen Strahlentherapie müssen aus klinischen Gründen oft Bestrahlungsabstände und Geometrien gewählt werden, die sich von denen bei der Basisdosimetrie der Bestrahlungsanlagen unterscheiden. Absolutdosisleistungen müssen deshalb auf die individuellen Behandlungsabstände umgerechnet werden. Der komplexe Aufbau der Strahlerköpfe medizinischer Bestrahlungsanlagen und der nicht genau bekannte Ort der Strahlungsquelle bewirken, dass Dosisleistungen perkutaner Strahlungsquellen nur näherungsweise durch das Abstandsquadratgesetz beschrieben werden können. Der reale Dosisleistungsverlauf als Funktion der Entfernung von der Strahlungsquelle muss daher an jeder Bestrahlungsanlage experimentell ermittelt werden. Häufig findet man dabei heraus, dass das Abstandsquadratgesetz unter Einhaltung bestimmter Randbedingungen doch eine für klinische Zwecke brauchbare Näherung darstellt.

Werden Dosisleistungen *"frei in Luft"* gemessen, muss zur Untersuchung des Abstands-verlaufs der Dosisleistung bei allen Teletherapieanlagen unbedingt die Divergenz des Strahlenbündels (Öffnungswinkel der Kollimatorblenden) während der Messung konstant gehalten werden. Wegen der Feldgrößenabhängigkeit der Dosisleistung (s. Abschnitt 17.1.2) würden sonst unrealistische Entfernungsabhängigkeiten vorgetäuscht. Es darf also bei Abstandsänderungen auf keinen Fall mit konstanter Feldgröße am Sonden-ort gemessen werden (eine kleine Variation der Dosis entsteht durch die geringfügig verkleinerte Apertur bei Abstandsvergrößerungen). Bei Messungen im Phantom ändert sich dagegen trotz konstanter Strahldivergenz die Rückstreuung aus dem Phantomma-terial mit der Feldgröße am Sondenort. Die Messwerte werden wegen der von der Entfernung abhängigen Vergrößerung des streuenden Volumens um die Zunahme des Phantom-Streufaktors mit zunehmender Entfernung zu hoch ausfallen. Da die Variation der Streufaktoren mit der Bestrahlungsfeldgröße allerdings nur einen kleinen Teil der gesamten Feldgrößenabhängigkeit der Dosisleistungen ausmacht und zudem einen Sättigungswert erreicht, können für klinische Zwecke bei den meisten Teletherapieanlagen eingeschränkte Entfernungsbereiche festgelegt werden, innerhalb derer das Abstandsquadratgesetz auch für die im Phantom gemessenen Dosisleistungen näherungs-weise so gut erfüllt ist, dass Umrechnungen auf andere Abstände mit dem Abstandquad-ratgesetz möglich sind.

Beispiel 17.5: Vergleich der Dosisleistungen im Phantom bei konstanter Strahldivergenz bzw. Feldgröße. An einer Kobaltanlage gelte das Abstandsquadratgesetz in ausreichender Näherung für die Absolutdosisleistungen in Luft. Die Maximumsdosisleistungen unterscheiden sich von diesen nur durch den feldgrößenabhängigen Rückstreufaktor (MSF, vgl. Abschnitt 17.2.5). Wird die Dosisleistung im Tiefendosismaximum eines 10×10 cm^2 Feldes im Phantom vom Quelle-Haut-Abstand (QHA) 70 cm auf den Quelle-Haut-Abstand 80 cm unter Vernachlässi-gung dieses Rückstreufaktors mit dem Abstandsquadratgesetz umgerechnet, ist der Fehler nur das Verhältnis der Rückstreufaktoren für die beiden Feldgrößen am Sondenort. Aus Fig. (17.38) bzw. (Tab. 25.14.5) im Tabellenanhang findet man für das "10er" Feld für den Maximumscat-terfaktor den Wert MSF = 1,054 und für das Feld in 80 cm Entfernung (Feldgröße = 11,4x11,4 cm^2) MSF = 1,058. Der Fehler der berechneten Dosisleistung im Phantom beträgt also -0,4% und liegt damit innerhalb der üblichen Fehlerbreiten der klinischen Dosimetrie. Wird dagegen für eine konstante Feldgröße am Messort korrigiert, also für ein 10×10 cm^2 Feld auch in 80 cm QHA, obwohl das reale Bestrahlungsfeld in diesem Abstand ja die Feldgröße 11,4x11,4 cm^2 hat, ergibt das einen Dosisleistungsfehler durch die Feldgrößenabhängigkeit von -1,5% (nach Fig. 17.6), also deutlich mehr als bei Vernachlässigung der Rückstreuung. Für eine Dosisleistungs-korrektur von 70 cm auf 90 cm Abstand ergibt die gleiche Überlegung einen Fehler durch ver-nachlässigte Rückstreuung von -0,8%, der Fehler durch die Feldgrößenabhängigkeit beträgt dann bereits -2,4%.

Beispiel 17.6: Berechnung einer Bestrahlungszeitkorrektur am Kobaltgerät. An einer Ko-baltanlage liegt eine "Maximumsdosisleistungstabelle" (Maximumstiefe = 0,5 cm Wasser) für den Quelle-Haut-Abstand QHA = 80 cm aus. Ein Patient soll aus medizinischen Gründen in seinem Bett bestrahlt werden, das nur einen QHA von 88 Zentimetern zulässt. Das Hautfeld soll die Größe 11x11 cm^2 haben. Zur Berechnung der Entfernungskorrektur für die Maximumsdosisleistung muss zunächst wegen der obigen Konstanzbedingung für die Strahldivergenz auf die Einstellfeldgröße bei QHA = 80 cm zurückgerechnet werden. Der Strahlensatz ergibt eine Einstellfeldgröße von 10x10 cm^2 bei 80 cm. Aus der Tabelle für diesen Quelle-Haut-Abstand ist die Bestrahlungszeit für diese Einstellfeldgröße bei QHA = 80 cm zu entnehmen. Den Korrekturfaktor KF für die Dosisleistung im Abstand 88 cm berechnet man aus dem Abstandsquadratgesetz zu KF = (80,5/88,5)^2 = 0,827. Die aus der Tabelle entnommene Bestrahlungszeit muss um den Kehrwert dieses Korrekturfaktors 1/KF ≈ 1,2 verlängert werden, um die in der Zeittabelle für den Quelle-Haut-Abstand von 80 cm enthaltene Dosis zu applizieren.

Gültigkeit des Abstandsquadratgesetzes für die Dosisleistungen von Photonenstrahlung aus Elektronenlinearbeschleunigern: Im Photonenbetrieb von Elektronenbeschleunigern entsteht die Photonenstrahlung im Bremstarget, das statt der ersten Elektronenausgleichsfolie in den Elektronenstrahl gebracht wird. Anschließend wird die Photonenstrahlungskeule im Ausgleichskörper homogenisiert. Als virtuellen Strahlfokus für die Photonen findet man daher bei der dosimetrischen Untersuchung einen Ort zwischen Target (reale Strahlungsquelle) und Ausgleichskörper. Die Fokusverschiebung relativ zum Bremstarget ist dabei umso deutlicher, je größer die Ausdehnung des Ausgleichskörpers in Strahlrichtung ist und je niedriger die Nennenergie der Photonen ist. Die größten Fokusverschiebungen findet man bei großvolumigen Low-Z-Filtern (Niedrig-Z-Materialien wie Al), die neben der Aufstreuung auch eine Aufhärtung des Strahls bewirken sollen. Monitorkammer und Lichtvisierspiegel beeinflussen die hochenergetische Photonenstrahlung nur wenig und führen insbesondere zu keiner Verschiebung des Brennflecks.

Der effektive Quellenort ist Messungen nicht direkt zugänglich und kann daher auch nicht zur Berechnung der absoluten Dosisleistung verwendet werden. Durch Messungen der Dosisleistung als Funktion des Abstandes kann aber wie bei Kobaltanlagen der Ort einer virtuellen Photonen-Punktquelle im Strahlerkopf bestimmt werden. Sie ist der dosimetrische Bezugsort für eventuelle Abstandskorrekturrechnungen der Dosisleistungen. Ihre Lage ist abhängig von der individuellen Geometrie des untersuchten Beschleunigers. Virtuelle Fokusverschiebungen für Photonenstrahlung aus Linearbeschleunigern liegen in der Größenordnung von nur wenigen Zentimetern und sind kaum von der Feldgröße abhängig. Änderungen der Dosisleistungen für Photonenstrahlung mit dem Abstand können daher auch bei größeren Variationen der typischen klinischen Fokus-Haut-Abstände in der Regel in guter Näherung mit dem Abstandsquadratgesetz berechnet werden (s. dazu die Ausführungen in Kap. 16, bzgl. der Fokuslage für Elektronen s. Kap. 18).

Die Auswirkungen des Abstandsquadratgesetzes auf die Tiefendosisverteilungen in durchstrahlten Medien werden ausführlich im folgenden Kapitel erläutert.

Zusammenfassung

- Photonendosisverteilungen in Phantomen werden durch die absolute Dosisleistung im Dosismaximum, die relativen Tiefendosisverteilungen und durch relative Dosisquerprofile beschrieben.

- Die absoluten Dosisleistungen von Photonenstrahlern unter Referenzbedingungen werden als Kenndosisleistungen bezeichnet.

- Diese werden in der Regel in 1 m Abstand von der Strahlungsquelle und für eine Quadratfeldgröße von 10x10 cm² in bestimmten von der Strahlungsqualität abhängigen Phantomtiefen spezifiziert.

- Messungen der Kenndosisleistungen können aus praktischen Erwägungen auch für andere Strahlerabstände durchgeführt werden.

- Die Variationen der Dosisleistungen einer Strahlungsquelle mit der Feldgröße werden als Output-Faktoren bezeichnet.

- Diese Feldgrößenabhängigkeiten entstehen vorwiegend aus der Streuung der Photonen im Phantom und in geringerem Maß aus mehreren Streuprozessen in den Strahlerköpfen der Bestrahlungsanlagen.

- Ein auf Beschleuniger beschränkter Streuprozess ist die Monitorrückstreuung. Bei dieser werden Photonen von den Oberseiten der teilweise geschlossenen Kollimatorblenden in den oberhalb angebrachten Dosismonitor zurück gestreut und erhöhen dadurch die Messanzeige des Dosismonitors mit kleiner werdenden Feldern.

- Charakteristische Dosisleistungen nicht quadratischer, asymmetrischer oder irregulärer Felder können mit den Dosisleistungen äquivalenter Quadratfelder beschrieben werden.

- Felder sind dosimetrisch äquivalent, wenn sowohl ihre absoluten Dosisleistungen als auch ihre Tiefendosisverteilungen auf dem Zentralstrahl übereinstimmen.

- Für Rechteckfelder existiert eine analytische Formel zur Berechnung der Äquivalentquadratfelder, die sehr gut für Kobaltanlagen aber nur näherungsweise an Beschleunigern gilt.

- Asymmetrische Bestrahlungsfelder sind Felder, deren Schwerpunkte außerhalb des Zentralstrahls liegen. Ihre Dosisleistungen können je nach Lage ihres Schwerpunktes entweder mit der Vier-Quadranten-Technik oder mit Off-Axis-Faktoren beschrieben werden.

- Irreguläre Felder haben weder Quadrat- noch Rechteckform. Beispiele sind die früher oft verwendeten durch externe Blockblenden teilweise abgedeckten Bestrahlungsfelder oder Felder mit MLC-Formung.

- An den meisten Photonenbestrahlungsanlagen gilt das Abstandsquadratgesetz für die Frei-Luft-Dosisleistungen in sehr guter Näherung, allerdings nur bei konstanter Strahldivergenz, also konstantem Öffnungswinkel des Kollimators.

- Für die charakteristischen Dosisleistungen in Phantomen wird das Abstandsquadratgesetz durch die mit der Feldgröße variierenden Streubeiträge überlagert, es gilt also nur noch näherungsweise.

17.2 Tiefendosisverteilungen von Photonenstrahlungen

Unter Tiefendosisverteilungen versteht man absolute oder auf einen Referenzpunkt normierte relative Energiedosisverteilungen auf dem Zentralstrahl oder auf einer Linie parallel zum Zentralstrahl des therapeutischen Strahlenbündels. Relative Tiefendosisverläufe (Tiefendosiskurven, TDK) werden auch als prozentuale Tiefendosis bezeichnet. Die dosimetrisch wichtigste TDK ist die auf das Dosismaximum normierte prozentuale Tiefendosis entlang des Zentralstrahls. Therapeutisch und dosimetrisch wichtige Kenngrößen (Fig. 17.19) einer Tiefendosiskurve sind die Phantomoberflächendosis, die Tiefenlage und Tiefenausdehnung des Dosismaximums, die erste und eventuell die zweite Halbwerttiefe bzw. die Zehntelwerttiefe und bei endlichen Phantomen die Phantomaustrittsdosis.

Der Verlauf und die Form der Tiefendosiskurve werden von der Strahlungsqualität des Photonenstrahls und der Form des Photonenspektrums geprägt. So befindet sich bis etwa 400 kV das Dosismaximum an der Oberfläche und wandert durch den Aufbaueffekt mit zunehmender Energie in die Tiefe. Die Strahlungsqualität bestimmt neben der Maximumslage auch die Tiefe der Aufbauzone sowie den Wert der Oberflächendosis und legt das Ausmaß von Absorption und Streuung der Photonenstrahlung in Materie fest. Die TDK variiert auch durch energiespezifische Wechselwirkungen mit den Eigenschaften des durchstrahlten Mediums (Dichte, Ordnungszahl). Der Tiefendosisverlauf wird darüber hinaus von der Bestrahlungsgeometrie beeinflusst. Der Fokus-Oberflächen-Abstand (FOA) bestimmt über das Abstandsquadratgesetz zusammen mit der Schwächung und der Streuung der Photonen im Medium die Abnahme der Dosis in der Tiefe des Phantoms. Die Bestrahlungsfeldgröße definiert zusammen mit der Phantomtiefe das durchstrahlte Phantomvolumen und legt damit den Anteil gestreuter Photonen und Sekundärelektronen und deren Beitrag zur Energiedosis fest.

17.2.1 Messung der Photonentiefendosisverläufe

Zur Messung der Tiefendosisverläufe von perkutaner Photonenstrahlung müssen ausreichend dimensionierte Wasserphantome oder wasseräquivalente Festkörperphantome verwendet werden. Die bevorzugten Detektoren sind Flachkammern, deren effektiver Messort zur Koordinatendefinition dient. Flachkammern sind verbindlich zur Messung der Tiefendosisverläufe bei weicher und harter Röntgenstrahlung. Die Tiefendosismessungen liefern primär Ionentiefendosisverläufe. Ihre örtliche Übereinstimmung mit den eigentlich interessierenden Energiedosisverläufen muss in Abhängigkeit von der Strahlungsqualität jeweils individuell überprüft werden.

Für **weiche Röntgenstrahlung** sollten die Tiefendosisverläufe mit den auch für die Absolutdosimetrie verwendeten Weichstrahlkammern und wasseräquivalenten dünnen Phantomplatten aus Plastik vorgenommen werden. Da bei den weichen Strahlungsqualitäten ein erheblicher Anteil der Photonenwechselwirkungen über den Photoeffekt mit

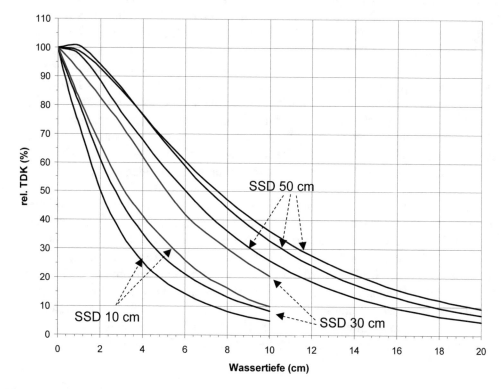

Fig. 17.18 Experimentelle Tiefendosiskurven in Wasser für weiche und harte Röntgenstrahlungen (nach numerischen Daten aus [BJR 25]). Die Strahlungsqualitäten (angegeben als s_1 in mm Al bzw. Cu) und Fokus-Oberflächenabstände von 10, 30 und 50 cm sind von unten nach oben: weiche Röntgenstrahlungen (Rundtubus mit einem Durchmesser von 10 cm, s_1 2 mm Al, SSD 10 cm und 30 cm), (s_1 8 mm Al, SSD 10 cm und 30 cm), harte Röntgenstrahlungen (quadratischer Tubus 10x10 cm², s_1 0,5 mm Cu, 1 mm Cu und 3 mm Cu, SSD 50 cm).

seiner sehr starken Z-Abhängigkeit stattfindet, kann anders als bei der Messung der Kenndosisleistung, bei der es nur auf die gleiche Rückstreuung ankommt, auf keinen Fall Plexiglas mit seiner deutlich vom Wasser abweichenden effektiven Ordnungszahl als Phantommaterial zur Tiefendosismessung verwendet werden (s. Tab. 12.2). Die Konversion der Ionentiefendosis in Energietiefendosis ist problematisch, da sich die weichen Röntgenspektren in ihrer spektralen Zusammensetzung durch Aufhärtung und Beimischung von Streustrahlungen erheblich mit der Tiefe im Phantom verändern. Da bei der Weichstrahltherapie in aller Regel an der Oberfläche des Zielvolumens (Haut) dosiert wird, sind Ungenauigkeiten im relativen Tiefendosisverlauf allerdings klinisch nicht von allzu großer Bedeutung. Man kann also die Ionentiefendosen in guter Näherung als Energietiefendosen verwenden.

Die Tiefendosismessung von **harter Röntgenstrahlung** sollte ebenfalls mit Flachkammern durchgeführt werden. Das geeignete Phantommaterial ist Wasser. Da Weichstrahlkammern nicht in wasserdichten Bauformen im Handel verfügbar sind, müssen die Flachkammern der Elektronendosimetrie (Markuskammern, Rooskammer o. ä.) verwendet werden. Solche Kammern sind allerdings nicht für den Hartstrahlbereich ausgelegt, so dass wegen der spektralen Abhängigkeiten der Dosimeteranzeigen der Elektronenkammern von der Tiefe im Phantom und von der untersuchten Feldgrößen u. U. Probleme bei der Konversion der Ionentiefendosen in Energiedosen auftreten können. Dem kann durch Vergleich einer geeigneten Kompaktkammer mit der Flachkammer Anschlussmessungen in einigen Tiefen deutlich hinter dem Dosismaximum in der Tiefe des Phantoms begegnet werden, also durch so genannte Anschlussmessungen. Für die Genauigkeitsanforderungen der Tiefendosisdaten bei harter Röntgenstrahlung gilt das schon bei den Weichstrahlkammern Gesagte. Eine Zusammenstellung der relativen Tiefendosisdaten für die meisten medizinischen Strahlungsqualitäten enthält [BJR 25].

Fig. (17.18) zeigt eine Auswahl solcher Tiefendosisverläufe in Wasser für weiche und harte Röntgenstrahlungen und verschiedene Fokus-Oberflächenabstände zwischen 10 cm und 50 cm, an denen deutlich das Zusammenwirken von Abstand (Dosisabnahme nach dem Abstandsquadratgesetz) und Strahlungsqualität (energieabhängige Schwächung und Streuung im Phantom) beobachtet werden kann. Wegen der nachlassenden Bedeutung der Weichstrahl- und Orthotherapie werden im Folgenden vor allem die Tiefendosisverteilungen ultraharter Photonenstrahlungen vorgestellt und analysiert. (Fig. 17.19) zeigt schematisch eine solche Photonen-Tiefendosisverteilung aus einem Elektronenlinearbeschleuniger mit den entsprechenden zur Charakterisierung verwendeten Kenngrößen.

Bei **ultraharten Photonenstrahlungen** sollten ebenfalls Flachkammern zur Messung der Tiefendosisverläufe verwendet werden. In Bereichen nicht zu hoher Dosisgradienten, also hinter dem Dosismaximum, können alternativ auch Kompaktkammern zur Tiefendosismessung eingesetzt werden. Allerdings müssen dann wie bei der absoluten Referenzdosimetrie die teilweise erheblichen Verschiebungen des effektiven Messortes relativ zur Kammerachse berücksichtigt werden. Dies geschieht in der Praxis dadurch, dass entweder geeignete Kammerhalterungen verwendet werden, die automatisch die richtige Positionierung garantieren (s. Kap. 12.1), oder indem die experimentellen Kurven im Nachhinein um die übliche Kammerverschiebung in Richtung Fokus verschoben werden, falls zuvor die Kammermitte als Bezugspunkt für die Definition der Messtiefe verwendet wurde. Im Aufbaubereich muss wegen der sehr steilen Dosisgradienten grundsätzlich mit Flachkammern gemessen werden. Sollen auch die Oberflächendosen gemessen werden, können nur Flachkammern verwendet werden, die nicht mit einer Schutzkappe versehen sind. Die Messungen müssen dann in wasseräquivalenten Festkörperphantomen vorgenommen werden.

Die Konversion der Ionentiefendosen in Energietiefendosen ist für ultraharte Photonenstrahlung im Bereich hinter dem Dosismaximum unproblematisch. Die Umrechnung der Messanzeigen der Ionisationskammer in Energiedosen verwendet unter BRAGG-GRAY-Bedingungen die Verhältnisse der Stoßbremsvermögen in Wasser und Luft. Sowohl deren Zahlenwerte als auch die von der Bauart der Ionisationskammern abhängigen Störungskorrekturen sind im ultraharten Photonenenergiebereich weitgehend

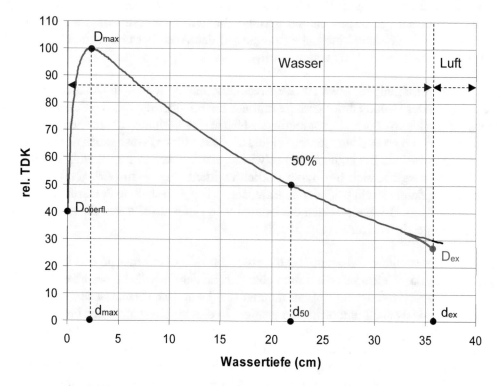

Fig. 17.19 Kenngrößen von perkutanen Tiefendosiskurven ultraharter Photonenstrahlung im Wasserphantom, Aufbaubereich von Tiefe Null bis zum Dosismaximum, hinter d_{ex} Luft, TDK: relative Dosis in % bezogen auf das Dosismaximum; $D_{oberfl.}$: relative Oberflächendosis; d_{max}: Maximumstiefe; d_{50}: Halbwerttiefe; d_{ex}: Dicke des Phantoms; D_{ex}: relative Austrittsdosis, durch Rückstreudefizite aus dem Luftvolumen geringfügig niedriger als die Dosis am gleichen Ort im unendlichen Wasserphantom.

unabhängig von den spektralen Veränderungen in der Tiefe des Phantoms und auch unabhängig von dem bestrahlten Volumen, also der eingestellten Strahlfeldgröße. Man kann für ultraharte Photonenstrahlungen also ohne große Fehler die **relativen** Ionentiefendosisverläufe als relative Energietiefendosisverläufe verwenden.

17.2.2 Der Dosisaufbaueffekt von Photonen in Materie

Der Bereich von der Phantomoberfläche bis zum Dosismaximum wird **Aufbaubereich** genannt. Er entsteht aus dem Wechselspiel der Schwächung des primären Strahlungsfeldes durch Streuung und Absorption und der Übertragung der Bewegungsenergie der dabei entstehenden Sekundärteilchen auf das Phantommaterial (Fig. 17.20). Beim Eintritt in den Absorber nehmen die Fluenz der Primärphotonen und die dadurch verursachte Energiefluenz wegen der Divergenz und der Wechselwirkungen der Photonen mit den Absorberatomen stetig ab. Durch diese Wechselwirkungen entsteht gleichzeitig ein Feld an Sekundärquanten (Streuphotonen, Sekundärelektronen), dessen Entstehungsrate proportional zur örtlichen primären Photonenflussdichte ist und der deshalb wie diese mit zunehmender Eindringtiefe in das Medium kleiner wird. Die geladenen Sekundärteilchen übertragen bis auf geringe Bremsstrahlungsverluste innerhalb ihrer Reichweite ihre gesamte kinetische Energie auf den Absorber und sind daher für die Entstehung der Energiedosis verantwortlich.

Für Röntgenstrahlung bis etwa 100 kV Erzeugerspannung wird kein Dosisaufbaueffekt beobachtet. Der Grund ist der geringe mittlere Energieübertrag auf die Sekundärelektronen eines Photo- oder Comptoneffekts. Neben der geringen Elektronenenergie ist auch die Richtungsverteilung dieser Sekundärteilchen für das Ausbleiben des Dosisaufbaus verantwortlich. Bei beiden Wechselwirkungsarten werden die Sekundärelektronen in diesem Energiebereich bevorzugt seitlich emittiert (vgl. dazu [Krieger1], Kap. 6). Ihre auf den Zentralstrahl projizierten Bahnlängen liegen deshalb in der Größenordnung nur weniger μm. Beispiele zeigen die unteren vier Tiefendosiskurven für weiche Röntgenstrahlungen in Wasser in (Fig. 17.18).

Für Röntgenstrahlung zwischen 100 bis etwa 400 keV Grenzenergie und kleine Feldgrößen liegt das Tiefendosismaximum ebenfalls an der Oberfläche des Phantoms oder in der Kammerwand der Ionisationskammer und kann deshalb messtechnisch von der Oberflächendosis nicht unterschieden werden. In diesem Energiebereich überwiegt der Comptoneffekt in Niedrig-Z-Materialien. Die Comptonelektronen und die gestreuten Comptonphotonen sind etwas stärker nach vorne ausgerichtet als bei niedrigen Photonenenergien. Sie werden also mehr in Vorwärtsrichtung emittiert. Die Comptonphotonen behalten bei der Wechselwirkung aber auch hier den größten Teil der primären Photonenenergie. Die Comptonelektronen sind trotz höherer Photonenenergien immer noch sehr kurzreichweitig und übertragen ihre Bewegungsenergie deshalb in unmittelbarer Nähe des Ortes der Comptonwechselwirkung.

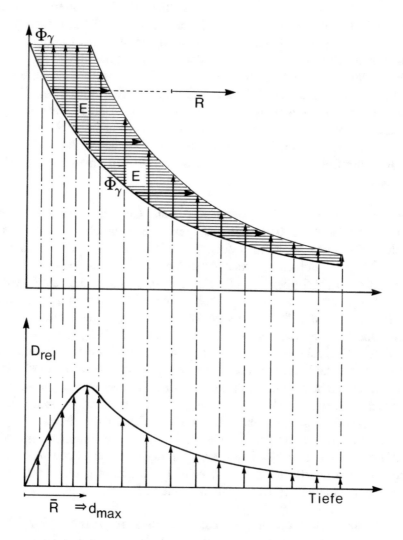

Fig. 17.20: Entstehung des Dosisaufbaueffekts für perkutane ultraharte Photonenstrahlung (schematische Darstellung). Oben: zur Kerma proportionale Photonenfluenz Φ_γ und durch sie ausgelöste Sekundärelektronen (E, horizontale Linien, teilweise mit Pfeilspitze). Die Länge der Linien entspricht der mittleren Reichweite $\overline{R}$ dieser Sekundärelektronen. Unten: Verlauf der durch Sekundärelektronen lokal pro Massenelement auf den Absorber übertragenen und dort absorbierten Energie (Energiedosis D_{rel}) mit der Phantomtiefe. Die absorbierte Energie entsteht durch die Summation der einzelnen Energieüberträge aller lokal existierenden Sekundärelektronen. Dies wird durch die senkrechten Pfeile angedeutet. Sobald die erste Generation der Sekundärelektronen zum Stillstand gekommen ist, ist das Dosismaximum erreicht.

Mit zunehmenden Feldgrößen (ab etwa 7x7 cm^2) nimmt auch die Wahrscheinlichkeit für eine erneute Comptonwechselwirkung der seitlich emittierten Streuphotonen wegen des größeren Volumens spürbar zu. Die dabei entstehende Energiedeposition hängt dann vom räumlichen und energetischen Verteilungsmuster dieser sekundären Comptonphotonen und nicht ausschließlich von der Primärphotonenfluenz ab. Durch diese Mehrfachwechselwirkungen entsteht eine mit der Tiefe zunächst anwachsende Kerma und in der Folge auch eine Energieabgabe, die auf den ersten Blick einem Dosisaufbau ultraharter Photonenstrahlungen ähnelt. Dadurch kann es dann zu einer geringfügigen Dosiserhöhung (1 bis 7%) etwa 0,5 bis 1,5 cm hinter der Phantomoberfläche kommen. Ein Beispiel eines solchen Tiefendosisverlaufs ist die Tiefendosiskurve in (Fig. 17.18) für harte Röntgenstrahlung für eine Feldgröße von 10x10 cm^2 und einer Halbwertschichtdicke von 1 mm Cu.

Bei ultraharter Photonenstrahlung nehmen der auf Comptonelektronen übertragene Energieanteil und damit die Reichweite der Elektronen deutlich zu. Außerdem werden die Comptonelektronen stärker unter Vorwärtswinkeln ausgesendet. Die Bahnen der in aufeinander folgenden Schichten entstandenen und sich in Strahlrichtung bewegenden Sekundärelektronen überlappen deshalb teilweise, so dass sich auch die in den jeweiligen Tiefen abgegebenen Dosisbeiträge überlagern. Unmittelbar an der Oberfläche des Mediums ist die durch das Phantom ausgelöste Sekundärteilchenfluenz noch klein, die Haut- bzw. Oberflächendosis liegt deshalb nahe bei Null. Mit jeder weiteren Schicht entstehen durch Wechselwirkung der Primärphotonen weitere Sekundärteilchen, deren Fluenz dadurch mit der Tiefe zunächst zunimmt. Innerhalb der Reichweite der Sekundärteilchen der ersten Schicht addieren sich die lokalen Energieüberträge aller bis dahin neu entstandenen Sekundärelektronen. Solange die Elektronen der ersten Schicht noch nicht völlig abgebremst sind, erhöht sich also die Teilchenfluenz und die insgesamt in einer Schicht pro Massenelement absorbierte Energie - die Energiedosis - nimmt zu (Fig. 17.20). Sie erreicht ihr Maximum etwa bei der mittleren Reichweite der Sekundärteilchen aus den oberflächennahen Schichten und nimmt dann wegen der kleiner werdenden Sekundärteilchenfluenz stetig mit zunehmender Tiefe ab.

Zusammenhang von Kerma und Energiedosis bei ultraharter Photonenstrahlung: Um die unterschiedlichen Tiefenverläufe der Kerma und der Energiedosis im Phantom beider Bestrahlung mit ultraharten Photonen zu verstehen, stell man sich am besten zunächst einen idealisierten breiten parallelen Photonenstrahl vor, der keiner Schwächung im Phantom unterliegt. Dadurch entsteht eine tiefenunabhängige Kerma K (Fig. 17.21 oben). Die Sekundärteilchen der ersten Generation (Elektronen, Positronen, in Folge einfach auch als Sekundärelektronen bezeichnet) sollen ausschließlich nach vorne emittiert werden und bei der Wechselwirkung mit dem Phantommaterial ihre Energie stetig und ohne Bremsstrahlungsverluste an das durchstrahlte Material abgeben. Ihre gesamten Bewegungsenergieverluste tragen deshalb zur Erzeugung einer Energiedosis bei. Die Energiedosis D beginnt bei Null an der Phantomoberfläche und steigt dann durch Zunahme der geladenen Sekundärteilchen und ihrer kontinuierlichen

Energieüberträge stetig bis zum Dosismaximum an. Ab dort herrscht Sekundärelektronengleichgewicht (SEG), da dann die Elektronen aus den oberflächennahen Schichten des Phantoms abgebremst sind und die Erzeugungsrate neuer Elektronen gerade der Verlustrate der Elektronen aus den vorherigen Schichten entspricht. Anschließend bleibt die Energiedosis wegen der unterstellten fehlenden Schwächung des parallelen Primärstrahls wie die Kerma konstant. Ihr Wert ist gleich dem der Kerma (D = K).

Unter realen Bedingungen wird der Photonenstrahl durch die Wechselwirkungen natürlich geschwächt. Die Zahl der pro Wegstrecke erzeugten sekundären Ladungsträger nimmt daher wie auch die Kerma mit zunehmender Tiefe im Phantom exponentiell ab

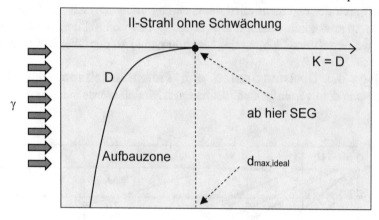

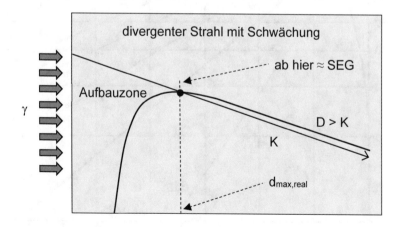

Fig. 16.21: Zusammenhang von Kermaverlauf K und Energiedosisverlauf D im Phantom für ultraharte Photonenstrahlungen, die jeweils von links auf die Phantomoberfläche treffen. Oben: idealisierte Bedingungen mit einem parallelen Photonenstrahl ohne Schwächung (aber dennoch entstehender Sekundärelektronenfluenz) im Phantom. Unten: reale Bedingungen mit divergentem Photonenstrahl, der zudem exponentiell geschwächt wird. Die Ordinatenachsen in dieser Abb. sind versetzt.

(Fig. 17.21 unten). Es wird also in tieferen Schichten ein geringerer Sekundärelektronenstrom erzeugt. Die Energiedosis beginnt an der Phantomoberfläche wieder bei Null. Der Schnittpunkt der ansteigenden Dosiskurve mit der exponentiell abfallenden Kermakurve definiert die Lage des Dosismaximums. Dieses ist im Vergleich zum Idealfall ohne Schwächung deutlich in Richtung Phantomoberfläche verschoben. Perfektes Sekundärelektronengleichgewicht kann im realen Fall also nicht entstehen, da die lokale Erzeugungsrate der Sekundärelektronen wegen der Schwächung des Photonenstrahlenbündels exponentiell abnimmt, die Energieabsorption dagegen von den Sekundärelektronen vorheriger Schichten herrührt. Die Energiedosiskurve verläuft deshalb nach dem Dosismaximum oberhalb der Kermakurve. Ist der Photonenstrahl zudem divergent, überlagert sich der exponentiellen Schwächung außerdem das Abstandsquadratgesetz. Durch die so zusätzlich verringerte Erzeugungsrate von Sekundärelektronen kommt es zu einer weiteren Verschiebung des Maximums hin zu der Oberfläche des Phantoms.

Tiefenlage des Dosismaximums und Tiefenausdehnung des Maximumbereichs: Nach dem vereinfachten idealisierten Modell würde man für monoenergetische

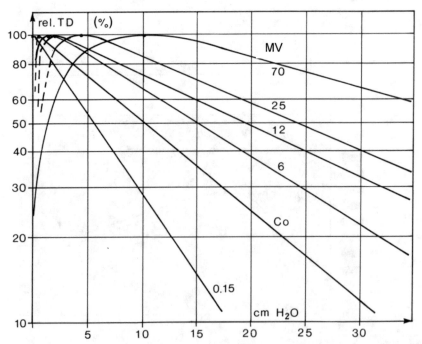

Fig. 17.22 Verschiebung des TDK-Maximums in die Tiefe mit zunehmender Nennenergie ultraharter Photonenstrahlungen. Die relativen Tiefendosiskurven in Wasser für verschiedene Photonen-Nennenergien sind normiert auf das jeweilige Dosismaximum, Nennenergien an den Kurven in MV, Co: ^{60}Co-Strahlung, die Ordinate ist logarithmisch gestaucht. Zum Vergleich ist die TDK eines harten Röntgenspektrums (150 kV) mit dargestellt.

Photonenstrahlung ein scharfes Maximum erwarten. Tatsächlich werden die Sekundärelektronen nicht wie unterstellt exakt in Strahlrichtung emittiert, sondern zeigen eine energieabhängige Winkelverteilung. Da die Tiefendosiskurve die Energieabsorption entlang des Zentralstrahls darstellt, müssen die in Richtung der Elektronenbewegung pro Weglängenelement auf das Medium übertragenen Energiebeträge auf die Zentralstrahlrichtung projiziert werden. Schräge Elektronenbahnen erwecken den Eindruck einer Abbremsung auf kürzeren Weglängen. Der Effekt dieser schrägen Bahnen und des kontinuierlichen Photonenspektrums ist eine Verbreiterung des Dosismaximumbereichs, also eine "Tiefenverschmierung" des Dosismaximums. Durch das mit hohen Energien zunehmende Energiestraggling der Sekundärelektronen und die damit verbundene Variation der Elektronenreichweiten (vgl. dazu [Krieger1], Kap. 9.4) wird der Bereich um das Maximum für höhere Photonenenergien zunehmend breiter. Das Maximum ist dann lokal weniger ausgeprägt (Beispiele in Fig. 17.22).

Da die Maximumslage der Tiefendosiskurve der mittleren Reichweite der Sekundärteilchen aus den oberflächennahen Phantomschichten entspricht, korreliert sie auch ungefähr mit der mittleren Energie des Photonenspektrums. Mit zunehmender Photonenenergie wandert das Maximum dann in die Tiefe. Bei ^{137}Cs-Photonenstrahlung (Gammaenergie 662 keV) liegt das Dosismaximum in ca. 3 mm Wassertiefe, bei Kobaltgammastrahlung mit der mittleren Photonenenergie von 1,25 MeV bereits bei 5 mm. Für hochenergetische ultraharte Röntgenstrahlung aus Beschleunigern beträgt die Maximumstiefe in Wasser je nach Energie bis zu mehreren Zentimetern. Für ultraharte heterogene Röntgenstrahlung bestimmt natürlich die mittlere und nicht die maximale Photonenenergie die Strahlungsqualität und damit die Tiefe der Aufbauzone. Die Maximumstiefen nehmen deshalb im Vergleich zu monoenergetischer Gammastrahlung langsamer zu als die Nennenergien der Photonen (die MV). Sie hängen von der spektralen Verteilung und der Aufhärtung (Filterung) des Photonenspektrums und eventuellen Anreicherungen niederenergetischer Photonenanteile bei großen Feldern ab.

Ein weiterer wichtiger Einfluss auf die Tiefenlage des Dosismaximums sind Streuphotonen aus dem bestrahlten Absorber. Sie führen zu einem mit der Tiefe und der Feldgröße zunehmendem Beitrag an Sekundärelektronen, die sich den Sekundärelektronen der "primären" Photonen überlagern und zu einem Anheben der Tiefendosiskurven in der Tiefe des Absorbers führen. Dadurch kann es auch energieabhängig zu geringfügigen Verlagerungen des Dosismaximums in die Tiefe kommen. Da die Lage des Dosismaximums von der Energieverteilung der Sekundärteilchen im Medium abhängt, führen Kontaminationen des primären Photonenstrahlenbündels mit bereits gestreuten Photonen über die niedrigere Energie deren Sekundärelektronen andererseits wieder zu einer Verringerung der Maximumstiefe. Niederenergetische Sekundärelektronen aus vorhergehenden Wechselwirkungen des Photonenstrahlenbündels mit Strukturmaterialien des Strahlerkopfes, den Feld formenden Elementen wie Blöcken, Blockträgern oder Keilfiltern führen ebenfalls zu einer Erniedrigung der mittleren Sekundärteilchenenergie und damit der Tiefe des Dosismaximums. Die Maximumslage wandert auch beim

Verstellen des Kollimators wegen der sich mit der Feldgröße und Feldform ändernden Streubeiträge durch Photonen und Streuelektronen aus dem Kollimatorsystem und wegen der energetischen Veränderung des Photonenspektrums in den Randbereichen durch den Ausgleichsfilter.

Die Maximumsverschiebung ist bei sehr kleinen und sehr großen Quadratfeldern sowie bei asymmetrischen Öffnungen des Kollimators am größten (Fig. 17.23). Sie hängt auch

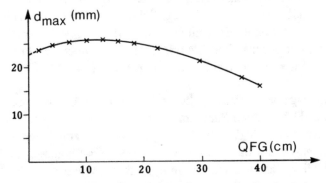

Fig. 17.23: Experimentell festgestellte Wanderung der Lage des Dosismaximums (d_{max}) für 12-MV-Photonenstrahlung (X12) in Wasser mit der Quadratfeldgröße (QFG: Seitenlänge der quadratischen Felder im Isozentrum, am Beispiel der Photonenstrahlung aus einem medizinischen Elektronenlinearbeschleuniger (FOA 100 cm).

von der Entfernung der Phantomoberfläche vom Strahlerkopf ab, da gestreute Photonen und Elektronen im Allgemeinen eine andere Divergenz als nicht gestreute Photonen oder Elektronen haben. Die Vernachlässigung der feldgrößen- und konstruktionsabhängigen Wanderung des Tiefendosismaximums bei der absoluten Photonendosimetrie kann zu Dosisfehlern führen, wenn versehentlich außerhalb des Dosismaximums dosimetriert wird. Für die Messung der absoluten Photonen-Dosisleistungen ist daher in der Regel die Anordnung der Messsonde in der Tiefe des Phantoms vorzuziehen (vgl. dazu Abschnitt 13.2 und [DIN 6800-2]).

Zusammenfassung

- **Bei Röntgenstrahlungen bis etwa 400 kV liegen die Maxima der Tiefendosiskurven auf der Oberfläche des Phantoms.**

- **Der Grund ist der geringe Energieübertrag auf die Sekundärelektronen in diesem Photonenenergiebereich (im Wesentlichen Comptoneffekt) und die breite Winkelverteilung der Sekundärelektronen.**

- **Bei höheren Energien erhöht sich der Energieübertrag auf die Sekundärelektronen, deren Winkelverteilungen dann stärker in Strahlrichtung ausgerichtet sind.**

- **Die Sekundärelektronen werden stetig bis zum Stillstand, also bis zum Erreichen ihrer maximalen Reichweite im Absorber abgebremst.**

- **Durch die Überlagerung der Bahnen der oberflächennahen Elektronenbahnen entsteht ein Dosisanstieg bis zum Erreichen eines Dosismaximums. Dessen Tiefenlage entspricht daher etwa der Reichweite der ersten Sekundärelektronen aus den Photonenwechselwirkungen an der Phantomoberfläche.**

17.2.3 Entstehung der Phantomoberflächendosis

Für weiche Röntgenstrahlung liegt das Dosismaximum an der Oberfläche des Phantoms. Die Oberflächendosis ist also zugleich Maximumsdosis. Bei hochenergetischer Photonenstrahlung ist zumindest nach dem im vorigen Abschnitt verwendeten einfachen Dosisaufbau-Modell unmittelbar an der Phantomoberfläche kein Dosisbeitrag der Sekundärteilchen zu erwarten. Dennoch misst man für reale therapeutische Photonenquellen relative (auf das Dosismaximum bezogene) feldgrößenabhängige Oberflächendosisleistungen zwischen 10 und 60 Prozent an Beschleunigern und zwischen 30 und 80 Prozent an Kobaltanlagen (Fig. 17.24).

Dies hat mehrere Ursachen. Ein Grund ist die Rückwärtsstreuung von Photonen und Sekundärelektronen bei weiteren Wechselwirkungen im Phantom, die natürlich auch zu einer Dosisentstehung in rückwärtigen Schichten des Mediums führt. Ist der primäre Photonenstrahl darüber hinaus bereits beim Eintritt in die Oberfläche mit Elektronen aus vorhergegangenen Wechselwirkungen des Nutzstrahlenbündels kontaminiert, erhöht sich die Oberflächendosis zusätzlich, da eine Energieabgabe durch im Strahlungsfeld enthaltene Sekundärteilchen auch schon an der Phantomoberfläche stattfindet. Diese "Elektronen-Verschmutzung" des Photonenstrahlenbündels ist die Hauptursache für die Entstehung einer Hautdosis bei der therapeutischen Anwendung hochenergetischer Photonenstrahlung. Von den Herstellern der Bestrahlungsanlagen wird deshalb beim Design der Strahlerköpfe sorgfältig darauf geachtet, das Photonennutzstrahlungsbündel nicht unnötig mit Elektronen zu kontaminieren.

Die Hautdosiserhöhung durch sehr niederenergetische Elektronen (δ-Elektronen) im Photonenstrahlenbündel von Kobaltquellen kann bei älteren Strahlerköpfen oder sorglosem Umgang mit Zusatzfiltern bei der Therapie beträchtliche Werte von deutlich über 100% des normalen Tiefendosismaximums annehmen. Sie ist mit den für die Dosimetrie ultraharter Photonenstrahlungen verwendeten Ionisationskammern kaum nachzuweisen, da die Wandstärken dieser Kammern größer sind als die Reichweiten der δ-Elektronen. Ihr Nachweis ist aber mit Weichstrahlkammern für weiche diagnostische oder therapeutische Röntgenstrahlung möglich. δ-Elektronen-Kontaminationen können durch dünne Folien aus niedrigatomigen Materialien (Polyäthylen, Haushaltsfolien, u. ä.) an der Austrittsseite des Strahlerkopfes wieder verringert werden, die die δ-Elektronen zwar absorbieren, wegen ihrer geringen Massenbelegung und Ordnungszahl aber selbst nicht allzu viele neue Elektronen freisetzen.

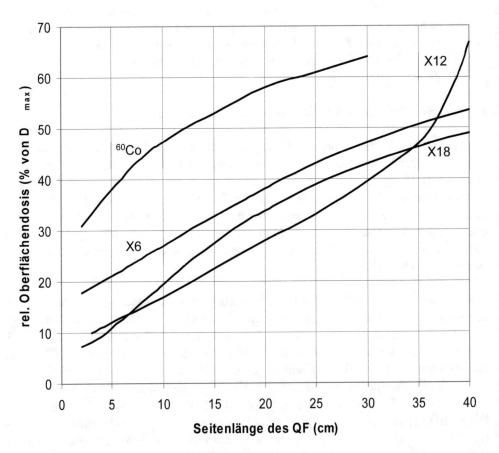

Fig. 17.24: Experimentell ermittelte relative Oberflächendosen für verschiedene perkutane Photonenstrahlungsquellen als Funktion der Quadratfeldgröße. Der FOA betrug bei diesen Messungen 60 cm für den Co-Strahler und 100 cm für die Photonen aus den Linearbeschleunigern. Bei allen Strahlern nimmt die Oberflächendosis erheblich mit der Feldgröße zu. Dies ist durch erhöhte Rückstreuung bei zunehmendem Volumen bedingt. Die extreme Zunahme der Oberflächendosen mit der Feldgröße bei der X12-Strahlungsquelle weist auf besonders große Streuanteile aus dem Strahlerkopf, deutliche spektrale Veränderungen in den für die Messkammer sichtbaren Photonenstrahlungsbündeln und eine erhebliche Elektronenverunreinigung hin (numerische Daten s. Tabellenanhang 25.14 bis 25.16).

Auch bei der Wechselwirkung des Photonenstrahlungsfeldes mit der Luft zwischen Brennfleck bzw. Austrittsfolie und dem Patienten entstehen Sekundär- und δ-Elektronen. Dieser Anteil ist abhängig von der Strahlungsqualität und dem durchstrahlten Luftvolumen. Er nimmt mit der Strahldivergenz und dem Fokus-Oberflächen-Abstand (FOA) zu und verringert sich mit zunehmender Photonenenergie.

Jedes in das Nutzstrahlenbündel gebrachte Material erzeugt durch seine Wechselwirkung mit dem Photonenstrahlenbündel einen Fluss von Sekundärteilchen. Dieser zeigt bereits bei der Entstehung eine typische Winkelverteilung und wird zusätzlich in den Medien, die er durchsetzt, gestreut und zum Teil wieder absorbiert (vgl. [Krieger1], Kap. 6 und 9). Sekundärelektronen zeigen eine größere Divergenz als der sie erzeugende Photonenstrahl (Fig. 17.25). Ihr Energiefluss und die durch sie erzeugte Dosisleistung nehmen daher schneller mit der Entfernung ab als diejenigen des Photonenstrahlenbündels. Zur Verringerung der Hautdosis durch Sekundärteilchen im Nutzstrahlungsfeld braucht also nur der Abstand zwischen Streuer und Haut vergrößert zu werden. Da durch die Streuung allerdings keine Teilchen vernichtet sondern nur in einem breiteren Strahlenkegel verteilt werden, belasten Streuelektronen auch die Haut des Patienten außerhalb des eigentlichen Bestrahlungsfeldes. Damit Sekundärelektronen zur Oberflächen-

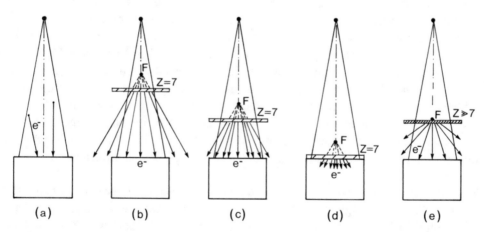

Fig. 17.25: Veränderungen der Oberflächendosis bei ultraharter Photonenstrahlung mit der Bestrahlungs-Geometrie. (a): Nur Luftstreuung. (b-d): Zunahme der Hautdosis durch Elektronenkontamination des Photonenstrahlenbündels für Plexiglasträger mit kleiner werdendem Abstand. Den virtuellen Fokus (F) für die Sekundärelektronen aus den Trägern erhält man durch rückwärtige Verlängerung der stärker als die Primärstrahlung divergierenden Sekundärelektronenstrahlung. (d): Bei Auflage der Plexiglasplatte auf das Phantom (Moulagentechnik) verschiebt sich das Dosismaximum in Richtung Oberfläche, da der Sekundärteilchenfluss vollständig auf das Phantom auftrifft. (e): Geringere Oberflächendosis durch höhere Divergenz der Elektronen aus Streukörpern mit hohem Z. (b, c, e): Entstehung einer Oberflächendosis außerhalb des geometrischen Strahlenfeldes durch Streustrahlung aus den Trägern.

dosis beitragen können, muss ihre Reichweite in Luft größer sein als die Dicke der nach ihrer Entstehung durchstrahlten Luftschicht.

Werden Materieschichten in den Photonenstrahlengang gebracht, die gerade so dick sind wie die mittleren Reichweiten der Sekundärelektronen in diesen Substanzen, kommt es innerhalb dieser Materie zu einem vollständigen Aufbau der Sekundärteilchenfluenz ähnlich wie in der Aufbauzone eines Gewebephantoms. Dickere Materieschichten führen zu keiner weiteren Erhöhung der Sekundärteilchenfluenz. Sie bewirken statt dessen nur eine Schwächung und Aufstreuung des Photonenstrahlenbündels, da nur Elektronen aus der letzten, etwa einer Elektronenreichweite entsprechenden Schicht den Absorber auf der Strahl abgewandten Seite verlassen können. Befindet sich ein Phantom oder ein Patient unmittelbar hinter einem solchen "elektronengesättigten" Absorber (Fig. 17.25d), entsteht die Maximumsdosisleistung direkt auf dessen Oberfläche bzw. Haut. Das Dosismaximum im Patienten ist also an die Oberfläche verlagert, da der Aufbaueffekt ja bereits in den vor gelagerten Materieschichten stattgefunden hat.

Diese Technik wird in der so genannten **Moulagentechnik** verwendet, bei der gewebeähnliche Substanzen direkt auf den Patienten aufgelegt werden, um Gewebedefizite auszugleichen und das Tiefendosismaximum möglichst nahe an die Hautoberfläche zu verschieben. Je größer der Abstand des Patienten zum letzten streuenden Material ist, umso niedriger wird wegen der größeren Divergenz des Sekundärstrahlenbündels die Hautdosis im Strahlungsfeld und umso weiter wandert das Dosismaximum wieder in die Tiefe. Bei genügender Entfernung kommt es auch bei dicken Vorschaltschichten zu einem erneuten Aufbaueffekt im Patienten. Bestrahlungshilfen im Strahlengang wie Keilfilter, Absorberblöcke ("Satelliten"), Plexiglashalterungen und Gewebekompensatoren erhöhen aber in jedem Fall die Hautdosisleistungen im Vergleich zu den "offenen" Feldern. Zur Minimierung der Hautdosis sind sie deshalb immer so patientenfern bzw. so fokusnah wie möglich anzubringen. Allerdings muss dann je nach Geometrie des Strahlerkopfes eventuell mit erhöhter Monitorrückstreuung gerechnet werden.

Sind aus apparativen Gründen keine ausreichenden Abstände zwischen Absorberträgern und dem Patienten möglich, sollten auf ihrer dem Patienten zugewandten Seite Materialien hoher Ordnungszahl wie Folien aus Blei oder Kupfer angebracht werden. Die Satellitenträger können auch direkt durch Bleiglas oder durch das weniger spröde Bleiacrylglas ersetzt werden. Schwere Materialien streuen die Sekundärteilchen nämlich stärker auf als die üblichen Träger- und Kompensator-Materialien niedriger Ordnungszahl wie Plexiglas oder Wachs (s. Fig. 17.25e). Sie führen also im Vergleich zu Niedrig-Z-Substanzen zu einer erhöhten Divergenz der Sekundärelektronen. Die Oberflächendosis im Bestrahlungsfeld kann dadurch trotz kleiner Hautabstände so verringert werden, dass auch bei großen Feldern kaum Strahlenreaktionen der Haut auftreten.

Zusammenfassung

- **Oberflächendosen entstehen bei Photonenfeldern durch Rückstreuung im Phantom und Kontamination des Strahlenbündels mit Sekundärstrahlungen aus dem Strahlerkopf und Trägerplatten.**

- **Die Trägerplattenstrahlung wird bei der Moulagentechnik ausgenutzt.**

17.2.4 Verlauf der Photonenenergiedosis in der Tiefe des Phantoms

Die Form der Tiefendosisverteilung in der Tiefe des durchstrahlten Mediums wird von der Divergenz des Strahlenbündels und von der Absorption und Streuung im Phantom bestimmt. Ihr Verlauf kann wie bei der Charakterisierung von diagnostischer Röntgenstrahlung durch die Angabe von Halbwertschichtdicken beschrieben werden (vgl. aber Kap. 11). Dabei ist es wichtig, dass immer das jeweilige Medium mit genannt wird. Halbwertschichten von 10 cm Blei oder Plexiglas charakterisieren sicherlich nicht die gleiche Strahlungsqualität wie eine HWSD von 10 cm in Wasser. Der Tiefendosisverlauf von Photonenstrahlung hängt sowohl von der Bestrahlungsgeometrie (Fokus-Oberflächen-Abstand, Feldgröße) als auch von der Strahlungsqualität und dem durchstrahlten Volumen ab. Er entsteht also aus der Überlagerung von Abstandsquadratgesetz, Schwächung des Strahlenbündels und volumenabhängiger Streuung im Medium und der dabei übertragenen Energie (Fig. 17.26). Bei sehr niedrigen Photonenenergien und großen Abständen zwischen Strahler und Phantom überwiegt der Einfluss der Strahlungsqualität, bei harter oder ultraharter Strahlung und kleinen Abständen zwischen Strahler und Medium derjenige der Geometrie.

Einfluss des Fokus-Oberflächen-Abstandes: Der wichtigste geometrische Parameter für den Tiefendosisverlauf ist der Abstand zwischen Quelle und Phantomoberfläche (FOA). Perkutane Strahlungsquellen können bei den üblichen Abstanden näherungsweise als Punktquellen beschrieben werden. Ihre Dosisleistung in Luft vermindert sich deshalb ungefähr mit dem Quadrat des Abstandes. Vernachlässigt man zunächst die Wechselwirkung der Photonen mit dem Medium, muss auch für die Tiefendosiskurve (TDK) im Medium die gleiche Abstandsabhängigkeit gelten. Das Abstandsquadratgesetz stellt grafisch eine quadratische Hyperbel dar. Ihr Verlauf ist durch einen sehr steilen Abfall bei kleinen Abständen und eine langsamere Abnahme bei großen Distanzen gekennzeichnet. Zu diesen beiden Entfernungsbereichen gehören zwei klassische Behandlungsmethoden der Strahlentherapie. Die **Brachytherapie** bei kleinen Abständen ist durch eine sehr schnelle geometrisch bedingte Abnahme der Dosisleistung der Strahlungsquelle in der Nachbarschaft der Quelle gekennzeichnet. Die **Teletherapie** bei großen Distanzen ermöglicht wegen des langsameren Dosisleistungsabfalls (geringere Strahldivergenz) die flacheren Tiefendosisverteilungen im Körper des Patienten. Je dichter die Strahlungsquelle an die Haut eines Patienten herangebracht wird, umso steiler wird nach dem Abstandsquadratgesetz der Dosisleistungsgradient. Der Strahlentherapeut kann also durch eine Variation des Fokus-Oberflächen-Abstandes in einem gewissen Ausmaß den Verlauf der Tiefendosiskurve beeinflussen.

Beispiel 17.7: An einem Weichstrahltherapiegerät mit 70-kV-Röntgenstrahlung (Filterung 1,25 mm Al) wird durch Wechsel des Tubus bei etwa gleicher Feldgröße der Fokus-Oberflächen-Abstand (FOA) von 10 cm auf 30 cm vergrößert. Wie verändert sich die relative Tiefendosis (TD) in 2 cm Gewebetiefe, wenn man den Einfluss von Absorption und Streuung vernachlässigt, also nur das Abstandsquadratgesetz berücksichtigt? Bei weicher Röntgenstrahlung sitzt das Dosismaximum auf der Haut (entsprechend einer relativen Dosisleistung von 100%). Die relative Dosisleistung in d = 2cm Gewebetiefe, dies entspricht 12 cm Entfernung von der

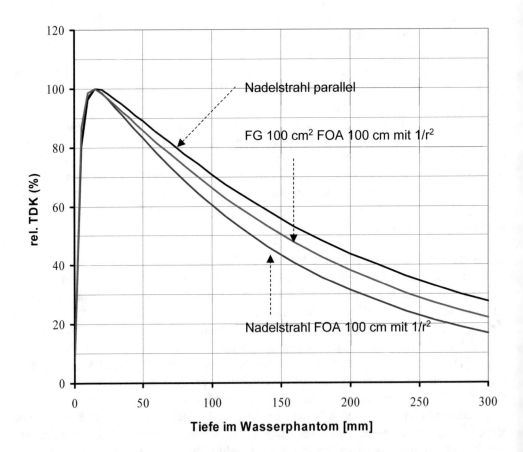

Fig. 17.26: Schematische Darstellung der Einflüsse auf die Tiefendosisverläufe hinter dem Dosismaximum für X6-Photonenstrahlung in Wasser. Die obere Kurve zeigt den Verlauf für einen parallelen Nadelstrahl (virtuelle Fokusentfernung unendlich, FG = 0, daher nur Schwächung). Die untere blaue Kurve zeigt die Modifikation dieses Nadelstrahlverlaufs mit zusätzlichem 1/r²-Einflusss (FOA = 100cm). Die rote Kurve zeigt die realistische TDK für ein 10x10cm² Feld im FOA = 100cm, die durch volumenabhängige Streubeiträge in der Tiefe zunimmt.

Strahlungsquelle) beim FHA = 10 cm beträgt deshalb TD(FHA=10, d = 2) = 100% x (10/12)^2 = 69,4%. Beim FHA = 30 cm ergibt die gleiche Überlegung für die relative Dosisleistung in 2 cm Tiefe im Phantom den Wert TD(FHA=30, d=2) = 100% x (30/32)^2 = 87,9%.

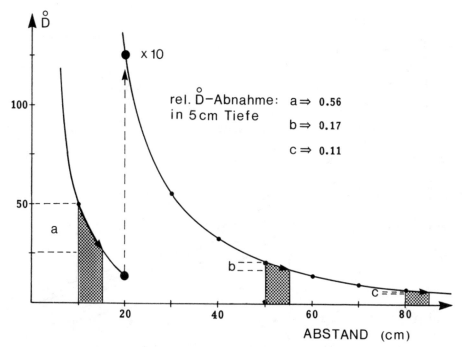

Fig. 17.27 Geometrische Auswirkung des Fokus-Oberflächen-Abstandes auf den durch das Abstandsquadratgesetz beschriebenen Verlauf der Tiefendosiskurven von Photonenstrahlung. (a): Fokus-Oberflächen-Abstand FOA = 10 cm (Bereich der Nahdistanztherapie). (b): FOA = 50 cm. (c): FOA = 80 cm (Teletherapie), schraffiert eingezeichnet ist eine Schichtdicke von je 5 cm ab der Phantomoberfläche (Dosis = 100%). Die relativen Dosisleistungsabnahmen (ohne Absorption und Streuung) nach dem Abstandsquadratgesetz in den Phantomtiefen von 5 cm berechnet betragen 56% für (a), 17% für (b) und 11% für Fall (c).

Beispiel 17.8: Das Dosismaximum (entsprechend 100% der Dosis) von 12-MV-Photonenstrahlung (X12) aus einem Linearbeschleuniger liegt für ein 10x10 cm^2 Feld im FOA 100 cm bei etwa 2,5 cm Wassertiefe. Bei der Behandlung des Patienten wird versehentlich ein FHA von 102 cm eingestellt. Wie verändert sich dadurch unter Vernachlässigung von Absorption und Streuung die relative Tiefendosis in 5 cm Gewebetiefe? Für den FHA = 100 cm gilt TD(FHA=100, d=5) = 100%x(102,5/105)^2 = 95,3%. Für den FHA = 102 cm berechnet man TD(FHA=102, d=5) = 100%x(104,5/107)^2 = 95,4%. Die Änderung der relativen Tiefendosis ist also zu vernachlässigen. Die absolute Maximumsdosis D$_{max}$ ändert sich unter gleichen Verhältnissen allerdings um den Faktor D$_{max}$(d=104,5)/D$_{max}$(d=102,5) = (104,5/101,5)^2 = 0,962, muss also korrigiert werden, um eine Fehldosierung zu vermeiden. Die 1/r^2-Korrektur wurde in diesem

Beispiel für die Dosismaxima berechnet, da für ultraharte Photonen die absoluten Dosisleistungen als Maximumsdosisleistungen angegeben werden können und für diese das Abstandsquadratgesetz in guter Näherung gilt.

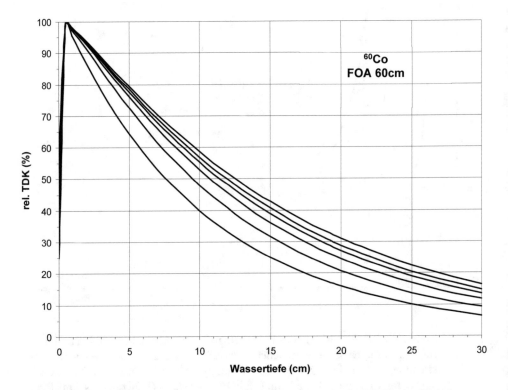

Fig. 17.28: Veränderung des relativen Photonentiefendosisverlaufs (TDK) von Kobaltgamma-strahlung (mittlere Photonenenergie: 1,25 MeV) in Wasser durch die mit der Feldgröße und der Tiefe im Phantom zunehmende Streustrahlung (nach numerischen Daten des Suppl. 25 des BJR). Die Seitenlängen der Quadratfelder sind von unten nach oben: 0, 5, 10, 15, 20 und 30 cm. Die Halbwerttiefen variieren zwischen $d_{1/2} = 7,5$ cm für das minimale Feld und $d_{1/2} = 12,5$ cm für das 30er Quadratfeld. Die Oberflächendosen sind experimentelle Dosiswerte aus Messungen an der Kobaltanlage des Autors (s. dazu Tab. 25.14 im Anhang).

Beispiel 17.9: Wie unterscheidet sich bei gleicher Feldgröße und unter Vernachlässigung der Schwächung die relative Tiefendosis in 10 cm Gewebetiefe für eine Kobaltanlage (FHA = 60 cm) und einen Linearbeschleuniger mit X12-Photonen (FHA = 100 cm), wenn das Dosismaximum jeweils 100% beträgt? Für die Kobaltanlage gilt TD(FHA=60,d=10) = 100%·(60,5/70)² ≈ 75%. Für den Linac erhält man den korrigierten Tiefendosiswert TD(FHA=100,d=10) = 100%x(102,5/110)² = 87%. Die größere Divergenz der Kobaltstrahlung macht die rein geometrisch berechnete relative Tiefendosis in 10 cm Tiefe um etwa 12% kleiner. Um die gleiche Dosis in dieser Tiefe zu erhalten, müsste bei Kobaltstrahlung ohne Berücksichtigung der Schwächung im Phantom die Bestrahlungszeit um den gleichen Anteil erhöht werden.

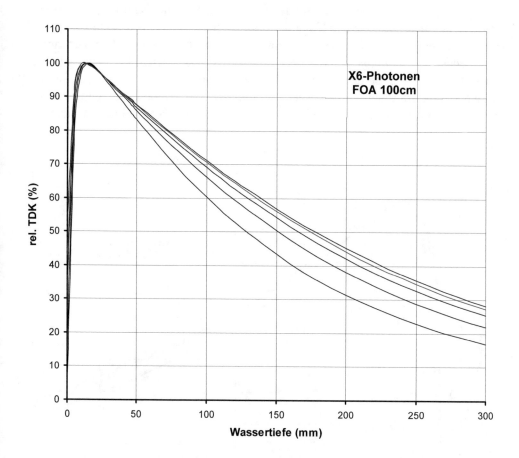

Fig. 17.29: Variation des relativen Tiefenverlaufs von X6-TDKs in Wasser (Fokus-Oberflächen-abstand von 100 cm) mit der Einstellfeldgröße durch zunehmende Streubeiträge aus dem bestrahlten Volumen. Die experimentellen TDKs des Autors mit quadratischen Einstellfeldgrößen von 0, 10, 20, 30 und 40 cm Seitenlänge sind von unten nach oben dargestellt (numerische Daten: Anhang Tab. 25.15).

Einfluss der Strahlungsqualität: Der Einfluss der Strahlungsqualität auf die Photonentiefendosis ist die von der Energie abhängige Absorption und Streuung der Photonen in Materie. Während die Absorption des primären Photonenstrahlenbündels unabhängig vom Wechselwirkungsort im gesamten bestrahlten Volumen zu einer Verminderung des primären Photonenflusses in der Tiefe des Phantoms führt, bewirkt die Streuung einen Transport von Photonenenergie in andere Bereiche des durchstrahlten Volumens.

Durch Streuung entsteht auch in seitlichen Bereichen außerhalb des geometrischen Be-strahlungsvolumens eine Dosisleistung. Beide Effekte verursachen einen mit der Tiefe zunehmenden Dosisleistungsverlust auf dem Zentralstrahl. Je größer die Feldgröße ist, umso geringer sind die Dosisverluste durch Streuung auf dem Zentralstrahl, da die Ein-streuung aus den seitlichen Feldanteilen das zentrale Dosisleistungsdefizit zum Teil wieder kompensiert. Die Richtungsverteilung der Streustrahlung wird mit zunehmender Photonenenergie schmaler (s. [Krieger1], Kap. 6), die seitlichen Streubeiträge nehmen daher ab. Die Zunahme der Zentralstrahl-Tiefendosiskurve (TDK) mit der Feldgröße durch Streuung im Phantom ist deshalb am deutlichsten bei niederenergetischer Strah-lung zu beobachten. Die Tiefendosiskurven von Kobaltstrahlung nehmen bei konstanter

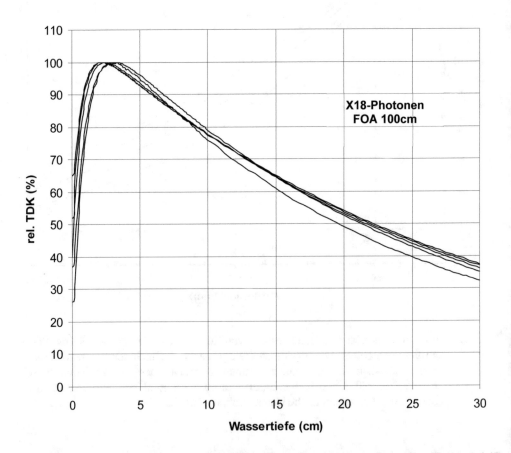

Fig. 17.30: Variation des Tiefenverlaufs von X18-TDKs für Quadratfelder (2, 10, 20, 30 und 40 cm Seitenlänge von unten nach oben) in Wasser mit einem Fokus-Hautabstand von 100 cm nach Messungen des Autors an einem Varian-Beschleuniger. Auffällig ist die deutliche Verschiebung des Maximums in geringere Tiefen mit zunehmender Feldgröße durch Beimischung niederenergetischer Streustrahlung und die ver-gleichsweise geringe Variation der Streubeiträge in der Tiefe.

Gewebetiefe beispielsweise stärker mit der Feldgröße zu (Fig. 17.28) als bei ultraharter Photonenstrahlung aus Beschleunigern (Fig. 17.29, 17.30).

Wie groß der Einfluss der Streuung, vor allem aber der Absorption auf die Tiefendosis-verläufe selbst ultraharter Photonen in Wasser sein kann, zeigt ein Vergleich der experimentellen Tiefendosisleistung mit den nach dem Abstandsquadratgesetz berechneten Werten. Für Kobaltstrahlung in 10 cm Gewebetiefe (bei einem Fokus-Haut-Abstand von 60 cm und der Feldgröße 10x10 cm^2, (Fig. 17.28) erhält man experimentell nur noch eine relative Dosisleistung von etwa 54%. Die nach dem Abstandsquadratgesetz erwartete Dosisleistung beträgt aber immerhin noch 75% (s. Beispiel 17.9). Die Ände-rungen der relativen Zentralstrahl-Dosisleistungen von Kobaltstrahlung mit zunehmen-der Feldgröße liegen bei konstantem Fokus-Oberflächen-Abstand und konstanter Mess-tiefe dagegen in der Größenordnung von nur wenigen Prozent. Ausführliche Daten-sammlungen zu den Abhängigkeiten der Tiefendosisverläufe vieler therapeutisch ver-wendeter Photonenstrahlungen von Fokus-Oberflächen-Abstand, Feldgröße und Strah-lungsqualität finden sich in der Literatur ([Wachsmann], [BJR, Supplement 25]).

Das Ausmaß der Streustrahlungsvariation ist auch in den experimentellen Tiefendosis-kurven der (Fig. 17.29) für X6-Photonenstrahlung gut zu erkennen. Die unterste Kurve ist die TDK für die Feldgröße 0, also ohne laterale Streubeiträge. Die Kurvenschar über dieser TDK zeigt zum einen die allmähliche Streustrahlungssättigung mit zunehmender Feldgröße, der Unterschied zwischen der 30er und der 40er TDK ist nur noch gering. Man sieht allerdings auch deutlich den dominierenden Anteil der Streuung in großen Phantomtiefen, die beim 40cm-Quadratfeld etwa 40% der Dosisbeiträge in der Tiefe beisteuert. Für X18-Photonenstrahlung (Fig. 17.30) ist die Variation der Streubeiträge deutlich geringer. Zusätzlich fällt bei den experimentellen Tiefendosisverläufen für X18-Photonen die deutliche Verschiebung der Maximumslage in geringere Phantom-tiefen und die starke Erhöhung der Oberflächendosis bei zunehmender Feldgröße auf. Der Grund ist die Beimischung niederenergetischer Streustrahlung aus dem Strahler-kopf bei großen Feldern, also eine deutliche Kontamination mit niederenergetischen Photonen und Streuelektronen.

Zusammenfassung

* **Der Dosisabfall hinter dem Dosismaximum entsteht aus dem Wechsel-spiel von Abstandsquadratgesetz, von der Photonenenergie abhängigen Photonenschwächung im Medium und von den volumenabhängigen Streubeiträgen aus dem bestrahlten Volumen.**

17.2.5 Weitere Tiefendosisgrößen*

Zur Beschreibung des Tiefendosisverlaufs perkutaner Photonenstrahlung gibt es neben der relativen Tiefendosiskurve noch eine Reihe weiterer relativer Dosisgrößen. Sie alle können jeweils als Verhältnisse zweier Messgrößen definiert werden, die bei konstanter Strahldivergenz aber sonst unterschiedlichen Bedingungen in Luft oder im Phantom gewonnen wurden. Diese Größen sind die so genannten **Streufaktoren** und die verschiedenen **Gewebeverhältnisse**, die vor allem in der computerunterstützten physikalischen Therapieplanung eine zentrale Rolle spielen.

Für Photonenstrahlungen mit Energien bis 3 MeV können Messungen mit Ionisationskammern unter der Bedingung des Sekundärelektronengleichgewichts durchgeführt werden. Für Messungen solcher Strahlungsquellen frei in Luft müssen allerdings für Photonenenergien oberhalb etwa 400 keV Aufbaukappen zur Herstellung des Elektronengleichgewichts verwendet werden. Für Photonenstrahlungen mit mittleren Energien oberhalb 3 MeV können die Messungen mit Ionisationskammern nur unter BRAGG-GRAY-Bedingungen im Phantommaterial durchgeführt werden. Definitionen von Streufaktoren und Gewebeverhältnissen auf der Basis von Luftmessungen sind deshalb nur für Photonenstrahlungen bis etwa 3 MeV möglich. Wegen der Anschaulichkeit der so definierten Tiefendosisgrößen soll im Folgenden zunächst vor allem dieser Spezialfall diskutiert werden. Fig. (17.31) zeigt die möglichen dosimetrischen Bedingungen zur Untersuchung der Zentralstrahldosisleistungen. Für alle Messaufbauten wird dabei die Strahldivergenz konstant gehalten. Die Frei-Luftmessungen (Fig. 17.31a in den Sondenabständen q, r, t) werden je nach Strahlungsqualität mit oder ohne Aufbaukappen durchgeführt, deren Wandstärken so bemessen sein müssen, dass am Ort der Ionisationssonde Sekundärelektronengleichgewicht herrscht. Die Materialstärke der Aufbaukappen entspricht dabei der Maximumstiefe d_m.

Für Kobaltstrahlung bedeutet das eine wasseräquivalente Schichtdicke von etwa 0,5 cm. Bei den weiteren Aufbauten handelt es sich um die Messung der Maximumsdosisleistung im Phantom, die Messungen der Absolutdosisleistungen in beliebiger Tiefe und Messungen der Dosisleistungen mit festem Sondenort bei variablen Vorschaltschichtdicken. Dazu werden entweder Phantomplatten aufgelegt oder der Wasserspiegel im Wasserphantom angehoben. Anhand der in (Fig. 17.31) skizzierten Messaufbauten können neben den Absolutwerten der Dosis oder Dosisleistung auch relative Dosisgrößen als Verhältnisse je zweier Messwerte definiert werden. Der Einfachheit halber werden diese Messwerte in den Gleichungen (17.7) bis (17.10) mit den entsprechenden Kennbuchstaben X, Y, Z für die Bezugsorte der (Fig. 17.31) bezeichnet und nur für die Dosiswerte nicht aber für Dosisleistungen aufgeführt, was bei konstanter Messzeit (oder Strahlmonitoranzeige des Beschleunigers) wegen der Verhältnisbildung natürlich keinen Einfluss auf die relativen Größen hat. Zusätzlich werden der Strahlensatz für die Veränderung der Feldgrößen mit der Entfernung vom Fokus und das Abstandsquadratgesetz für die Frei-Luft-Dosisleistungen und die TDK dargestellt.

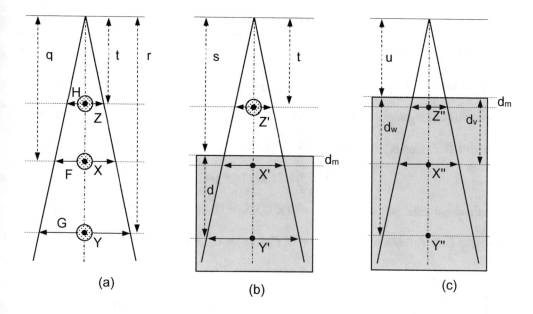

Fig. 17.31: Aufbau und Geometrien zur Messung und Definition relativer und absoluter Dosisgrößen für ^{60}Co-Gammastrahlung (F, G, H: Feldgrößen am Bezugsort, d_m: Maximumstiefe, q, r, s, t, u: Abstände Quelle-Bezugsort bzw. FOA, d, d_v, d_w: Vorschaltschichtdicken bzw. Phantomtiefen, X, Y, Z, X', Y', Z', X", Y", Z": Bezugspunkte frei Luft bzw. im Phantom).

Feldgrößenfaktoren: Verändert man bei konstantem Öffnungswinkel des Strahlenfeldes (konstante Divergenz) den Abstand zum Strahler, variieren die linearen Feldgrößen linear mit dem Abstand, die Feldflächen mit dem Seitenprodukt, also dem Abstandsquadrat. Dies gilt für beliebige Feldformen, also gleichermaßen für Quadrat-, Rechteck- oder Kreisfelder, sowie für alle Abmessungen irregulärer Felder. Dabei ist zu beachten, dass die Feldgrößen am jeweiligen Bezugsort bestimmt werden. Werden Strahlungsfelder beispielsweise auf der Haut definiert, sind die so genannten Hautfeldgrößen zu berechnen. Häufig werden bei der Therapieplanung auch die isozentrischen Feldgrößen oder die Maximums-Feldgrößen verwendet. Bei eventuellen Umrechnungen und der Entnahme von Outputfaktoren oder sonstigen Dosisgrößen ist daher streng auf den Ort der Feldgrößendefinition zu achten.

Abstandsquadratgesetz: Für die Frei-Luftdosisleistungen vieler Strahlungsquellen gilt bei nicht zu großer Nähe zum Strahler und konstanter Strahldivergenz das Abstandsquadratgesetz für die Dosisleistungen. Dabei ist als Bezugsort des Strahlers der Ort der virtuellen Strahlenquelle anzuwenden und wegen der möglichen Flächen- bzw. Volumenausdehnung ein Mindestabstand von mindestens der 5fachen maximalen Strahlerausdehnung einzuhalten.

Bezeichnung	Definition und Berechnung	Gl.
Strahlensatz für FG	$FG(r) = G = F(g)\cdot(r/q)$	(17.4)
Umrechnung Feldflächen	$FF(r) = FG = F(g)\cdot(r/q)^2$	(17.5)
Abstandsquadratgesetz	$D_{luft}(G, r)/D_{luft}(F, q) = q^2/r^2$	(17.6)
Relative Tiefendosen	$TD(Y', X') = D(Y')/D(X') = D(G, d)/D_{max}(F, d_m)$	(17.7)
	$TD(X'', Z'') = D(X'')/D(Z'') = D(H, d_v)/D_{max}(F, d_m)$	(17.7a)
Maximumsstreufaktor	$MSF(F) = D(X')/D(X) = D_{max}(F, d_m)/D_{luft}(F, q)$	(17.8)
Gewebe-Luft-Verhältnis	$TAR(G) = D(Y')/D(Y) = D_{gew}(G, d)/D_{luft}(G, r)$	(17.9)
	$TAR(G) = D(Y'')/D(Y) = D_{gew}(G, d_w)/D_{luft}(G, r)$	(17.9a)
	$TAR(F) = D(X'')/D(X) = D_{gew}(F, d_v)/D_{luft}(F, q)$	(17.9b)
Gewebe-Maximum-Verhältnis	$TMR(F) = D(X'')/D(X') = D_{gew}(F, d_v)/D_{max}(F, d_m)$	(17.10)

Tab. 17.3: Definitionen der verschiedenen relativen Dosisgrößen für Photonenstrahlungen unter 3 MeV nach Fig. (17.31), max: Dosismaximum, gew: Messung im Gewebe, luft: Messung frei in Luft. Die Dosisgrößen sind, sofern sie von der Tiefe im Phantom abhängen, durch "Feldgröße", "Tiefe" gekennzeichnet. Die sonstigen Abkürzungen werden in (Fig. 17.31) bzw. im Text erläutert. Unter Gewebe wird hier wasseräquivalentes Material verstanden.

Tiefendosisverteilungen: Die Tiefendosisverteilungen werden in der Regel als relative Dosiswerte angegeben, die auf die Dosis im Maximum auf dem Zentralstrahl bezogen sind (Gl. 17.7, 7a). Sie können entweder als einfache relative Faktoren oder als prozentuale Dosiswerte angegeben werden. Der Einfachheit halber wird in diesem Kapitel auf die prozentualen Angaben verzichtet, da diese sich durch einfache Multiplikation der relativen Dosiswerte mit 100% berechnen lassen. Werden TD-Werte spezifiziert, sind neben der Tiefe im Phantom (gemessen ab Oberfläche) auch die Feldgrößen anzugeben. Um Verwirrungen zu vermeiden sollten für dosimetrische Vergleiche immer die Feldgrößen im Dosismaximum spezifiziert werden, obwohl nach dem Strahlensatz bei konstanter Divergenz die linearen Feldabmessungen natürlich in der Tiefe linear mit dem Abstand zur Strahlenquelle zunehmen. Bei abweichender Deklaration z. B. Deklaration an der Phantomoberfläche ist der Ort der Feldgrößenangabe explizit zu anzugeben ("Hautfeld").

Maximumsstreufaktoren: Die Dosis in einem Phantom entsteht aus den Wechselwirkungen der primären Photonen und den dabei auf den Absorber übertragenen oder absorbierten Energien und aus den Wechselwirkungen der dabei entstandenen Sekundärteilchen wie den gestreuten Photonen oder deren Sekundärelektronen. Die Photonen können dabei vorwärts, seitwärts oder auch rückwärts gestreut werden. Der jeweilige Anteil der verschiedenen Streurichtungen hängt dabei von der Photonenenergie und den Eigenschaften des bestrahlten Materials ab. Der dominierende Wechselwirkungsprozess in Materialien niedriger Ordnungszahl ist dabei der Comptoneffekt mit seinen charakteristischen Winkelverteilungen der gestreuten Quanten. Ein Teil der bei der Wechselwirkung von Photonenstrahlung mit Gewebe oder Phantommaterialien entstehenden Comptonphotonen wird auch in Rückwärtsrichtung unter Winkeln größer als 90 Grad zur Strahlrichtung gestreut. Der mit ihnen verbundene Energiefluss läuft deshalb entgegen der Strahlrichtung. Bringt man beispielsweise dicht hinter eine frei in Luft aufgestellte Messsonde ein rückstreuendes Phantommaterial, erhöht sich deshalb deren Messanzeige.

Bei Photonen bis zu Energien von 3 MeV wird die Primärdosis z. B. als Kerma oder Energiedosis mit einer Messsonde "frei in Luft" gemessen, also ohne größeres streuendes Material um den Detektor. Dabei muss zwischen niederenergetischen Photonen mit maximalen Energien bis 400 keV und dem Dosismaximum auf der Oberfläche des Phantoms und den höherenergetischen Photonen bis 3 MeV unterschieden werden, bei denen das Dosismaximum in der Tiefe des Phantoms liegt. Die Maximumsdosisleistungen werden für Röntgenstrahlungen mit einer eben in die Oberfläche des Phantoms eingebetteten Flachkammer, für höhere Energien in der Tiefe des Dosismaximums mit beliebig geformten Kammern gemessen. Die Dosisleistungen frei in Luft werden je nach Photonenenergie mit oder ohne Aufbaukappe am gleichen Sondenort und mit gleicher Feldgröße gemessen.

Das Verhältnis der im Maximum der Tiefendosiskurven im rückstreugesättigten Phantom (s. u.) und frei in Luft gemessenen absoluten Dosiswerte oder Dosisleistungen bei festem Kammerabstand von der Quelle bezeichnet man heute als **Maximumsstreufaktor MSF** (engl. Peak-Scatter-Factor PSF). Ein Sonderfall sind die Streufaktoren bei an der Oberfläche des Phantoms liegenden Maxima bei Röntgenstrahlungen bis 400 kV. Die Streubeiträge rühren unter diesen Bedingungen ausschließlich aus der Rückstreuung der Photonen her. Man spricht daher heute nur unter diesen Bedingungen korrekterweise von **Rückstreufaktoren BSF** (vom engl. Ausdruck Backscatter-Factors). Die Streufaktoren der Röntgenstrahlungen oberhalb 400 kV und von Gammas emittierenden Photonenstrahlern wie ^{137}Cs oder ^{60}Co sollten dagegen grundsätzlich als Maximumsstreufaktoren (MSF) gekennzeichnet werden, da die Streubeiträge bei in der Tiefe liegenden Dosismaxima auch von vorwärts und seitwärts gerichteten Streuprozessen herrühren. Diese Unterscheidung der Streufaktoren ist allerdings noch nicht sehr verbreitet, da oft in beiden Fällen salopp von Rückstreufaktoren oder BSF gesprochen wird (s. z. B. Fig. 17.33).

Der theoretische Grenzwert des Streufaktors für verschwindende Streuvolumina ist Eins, da in diesem fiktiven Grenzfall Frei-Luft-Messwert und Maximumsdosisleistung identisch sind. Der Wert der Maximumsdosisleistung erhöht sich mit dem durchstrahlten Phantomvolumen, das etwa quadratisch mit der Feldgröße und linear mit der Dicke der Rückstreuschicht zunimmt. Sowohl bei Erhöhung der Phantomdicke als auch der Feldgröße tritt daher eine allmähliche Sättigung des Streufaktors ein, die durch die endliche Reichweite der Streustrahlung und deren Richtungsverteilung verursacht ist. Streustrahlung aus den Randzonen hinreichend großer Felder oder aus der Tiefe des Mediums können die in der Mitte des Feldes in der Tiefe des Dosismaximums positionierte Messsonde kaum noch erreichen und tragen deshalb auch nicht zur Erhöhung der Messanzeige bei. Die Sättigung wird deshalb bei niedrigen Photonenenergien für kleinere Feldgrößen oder Phantomstärken erreicht als bei hochenergetischer Photonenstrahlung.

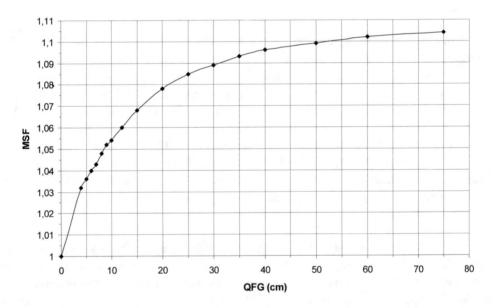

Fig. 17.32: Verlauf des Maximumsstreufaktors (MSF, nach Fig. 17.39) in Wasser mit der Feldgröße für ^{60}Co-Gammastrahlung (QFG: Seitenlänge der quadratischen Felder, Daten nach [BJR 25]).

Für die klinische Dosimetrie müssen außer bei Konstanzprüfungen daher immer "gesättigte" Phantome verwendet werden, die je nach Energie erhebliche Abmessungen aufweisen können. Typische Phantomabmessungen sind 10 cm für die Weichstrahldosimetrie und 40-50 cm bei der Photonendosimetrie ultraharter Strahlungen.

Die Sättigungswerte der Streufaktoren für Photonenstrahlung (Fig. 17.33) steigen wegen der Zunahme der Durchdringungsfähigkeit der gestreuten Photonenstrahlung, die ja durch die Halbwertschichtdicke charakterisiert wird, zunächst leicht mit der Photonenenergie an. Sie erreichen Werte bis 1,5. Dies entspricht einem Rückstreuanteil von 50%. Bei weiterer Erhöhung der Photonenenergie fallen sie trotz jetzt größerer

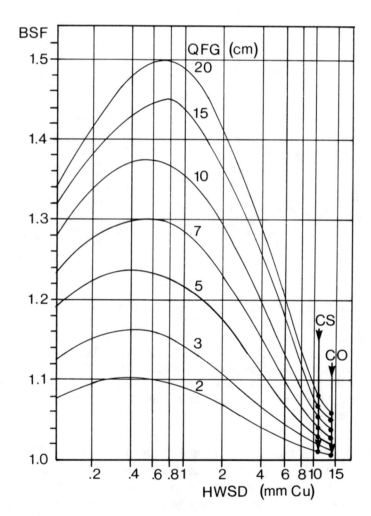

Fig. 17.33: Veränderungen der Rückstreufaktoren für Photonenstrahlungen in Wasser mit der Strahlungsqualität (durch die Halbwertschichtdicke HWSD in Kupfer gekennzeichnet) und der Quadratfeldgröße. Cs: ^{137}Cs, Co: ^{60}Co-Gammastrahlung, QFG: Quadratfeldseitenlänge, (nach [Johns]). Die Sättigungswerte des BSF entsprechen etwa der Kurve für das Quadratfeld mit 20 cm Seitenlänge.

Reichweite der Streustrahlung schnell auf Werte dicht bei Eins ab, da oberhalb von ungefähr 1 MeV der größte Teil der Streustrahlung in Vorwärtsrichtung emittiert wird.

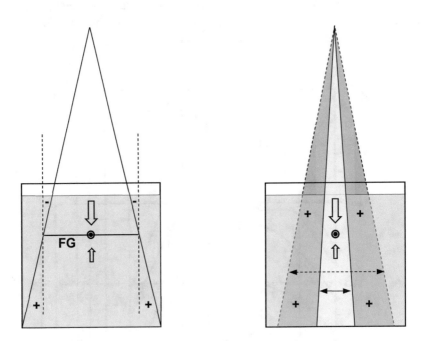

Fig. 17.34: Links: Unterstellte Unabhängigkeit der Streuanteile von der Divergenz des Strahlenbündels für typische klinische Fokusabstände. Die Streudefizite vor der Bezugsebene am Sondenort "-" und die zusätzlichen Streubeiträge hinter der Sonde "+" werden bei parallelem Strahl und bei nicht übermäßiger Strahldivergenz als gleich erachtet. Rechts: Abhängigkeit der Streubeiträge von dem mit der Feldgröße zunehmenden Streuvolumen. Die Vorwärts- bzw. Rückwärts-Streubeiträge hängen wegen der mit der Photonenenergie zunehmenden Vorwärtsstreuung von der Strahlungsqualität ab.

Die Maximumsstreufaktoren sowie die anschließend vorgestellten Verallgemeinerungen, die Gewebe-Luft-Verhältnisse, hängen nach experimentellen Untersuchungen bei hinreichendem Abstand zum Strahler nicht von der Strahldivergenz sondern ausschließlich von der Feldgröße am Bezugsort ab (Fig. 17.34). Sie werden deshalb bei typischen klinischen Geometrien perkutaner Strahlungsquellen als völlig unabhängig vom Quellenabstand betrachtet und unterliegenden insbesondere nicht dem Abstandsquadratgesetz für die Dosisleistungen. Sie variieren bei unterstellter Streustrahlungssättigung also nur mit der vorgeschalteten Gewebeschichtdicke und der Strahlungsqualität. Dies bedeutet eine unterstellte Unabhängigkeit der relativen Vorwärts- und Rückwärtsstreubeiträge von der Strahldivergenz und ist eine große Erleichterung bei der Umrechnung der verschiedenen Tiefendosisgrößen.

Gewebe-Luft-Verhältnisse: Zur Messung der Gewebe-Verhältnisse werden vor die im Maximum der Tiefendosiskurve im streustrahlungsgesättigten Phantom befindliche Messsonde weitere Schichten an Phantommaterial gebracht (Fig. 17.31b,c). Im Wasserphantom geschieht dies durch Anheben des Wasserspiegels, in Festkörperphantomen durch Auflegen weiterer Phantomplatten. In beiden Fällen darf dabei weder der Abstand der Sonde zur Strahlenquelle noch die Feldgröße am Ort der Messsonde verändert werden. Die zusätzlichen vor gelagerten Materieschichten verändern den Messwert der Luft- bzw. Maximumsdosisleistung also lediglich durch Absorption und Streuung des Strahlenbündels, da der Kammerort (Fokus-Kammer-Abstand, FKA) und die Strahldivergenz dabei unverändert bleiben. Das Verhältnis der Dosisleistung im Phantom mit

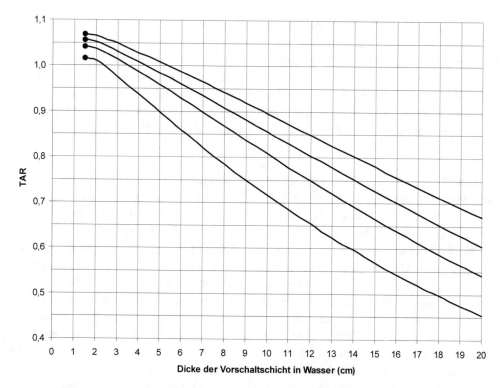

Fig. 17.35: Experimentelle Gewebe-Luft-Verhältnisse aus Messungen des Autors für X6-Photonenstrahlung in Wasser als Funktion der Vorschaltschichtdicke für Quadratfelder mit Seitenlängen von 3, 10, 20 und 40 cm (von unten nach oben, d_{max} =1,5 cm Wasser). •: Maximumstreufaktoren MSF.

vor geschalteter Schicht zur Dosisleistung in Luft unter sonst gleichen geometrischen Bedingungen bezeichnet man als das **Gewebe-Luft-Verhältnis** (engl.: tissue-air-ratio, TAR. Wird als Vorschaltschicht gerade die Maximumstiefe im bestrahlten Medium gewählt, sind Gewebe-Luft-Verhältnis und Maximumsstreufaktor zahlenmäßig gleich.

Gewebe-Luft-Verhältnisse sind also Verallgemeinerungen der nur für eine Messtiefe bzw. Schichtdicke (Maximumstiefe) definierten Streufaktoren. Sie hängen wie diese von der Feldgröße, der Dicke der Vorschaltschicht und der Art des Phantommaterials ab. Wegen der konstanten Strahldivergenz und dem dadurch konstanten streuenden Volumen und der Verhältnisbildung sind die nach Fig. (17.31) definierten Gewebe-Luft-Verhältnisse unabhängig von der Entfernung der Messsonde von der Strahlungsquelle.

Gewebe-Maximum-Verhältnisse: Bezieht man die Dosisleistungen mit vorge-schalteter Schicht nicht auf die Luftdosisleistungen sondern auf die Maximumsdosis-leistungen, erhält man in Analogie zu den Gewebe-Luft-Verhältnissen die **Gewebe-Ma-ximum-Verhältnisse** (engl.: tissue-maximum-ratio). Dieses Vorgehen ist bei Photo-nenenergien oberhalb 3 MeV verbindlich, da dann nicht mehr unter den Bedingungen des Sekundärelektronengleichgewichts gemessen werden kann. Einen Grenzfall für die Spezifikation der Streufaktoren als Gewebe-Luft- oder Gewebe-Maximums-Verhält-nisse stellt X6-Photonenstrahlung aus Beschleunigern dar. Der Grund ist die Faustregel, dass die mittlere Photonenenergie in einem hochenergetischen Bremsspektrum bei üb-licher Aufarbeitung etwa der halben Nennenergie entspricht. Dies wird als "MV/2"-Regel bezeichnet. X6-Bremsstrahlungsphotonen haben demnach eine mittlere Photo-nenenenergie von 3 MeV. TMR und TAR sind dann über die Beziehung in (Gl. 17.12) miteinander verknüpft.

Gewebe-Maximum-Verhältnisse werden bei ultraharter Photonenstrahlung oberhalb von einer mittleren Photonenenergie von 3 MeV (entspricht X6) gemessen und dienen zur Beschreibung der Tiefendosis und der Streuanteile bei ultraharter Photonenstrah-lung aus Beschleunigern. Ihre Abhängigkeiten von der Feldgröße und der Vorschalt-schichtdicke ähneln denen der Gewebe-Luft-Verhältnisse. Zur Berechnung der **Streu-beiträge** ultraharter Photonenstrahlung im Gewebe werden zunächst die Gewebe-Ma-ximum-Verhältnisse für alle erwünschten Messtiefen und Feldgrößen gebildet. Für jede Tiefe werden die Messwerte dann zum Feld Null extrapoliert. Da bei der Feldgröße Null keine Streubeiträge zur Dosisleistung vorhanden sein können, stellen diese extrapolier-ten Gewebe-Maximum-Verhältnisse Werte für den primären von Streustrahlung freien Photonenstrahl dar. Die reinen Streubeiträge erhält man durch Subtraktion der Gewebe-Maximum-Verhältnisse für die Feldgröße Null von den Werten für endliche Felder. Diese Größen haben den anschaulichen Namen **Streu-Maximum-Verhältnisse** (engl.: Scatter-Maximum-Ratios, SMR). Sie werden bei der Dosisintegration ultraharter Pho-tonen-Strahlung in Planungsprogrammen verwendet.

Der Aufwand für die direkte Messung von Gewebe-Maximum-Verhältnissen und Gewebe-Streu-Verhältnissen ist wegen der Vielzahl von Feldgrößen und Phantomtiefen sehr hoch und stellt wegen der bei ultraharter Photonenstrahlung nur geringen Variation der Messanzeigen mit der Feldgröße erhebliche Anforderungen an die Genauigkeit und Reproduzierbarkeit der Dosimetrie. Bei der Messung von Gewebe-Verhältnissen mit

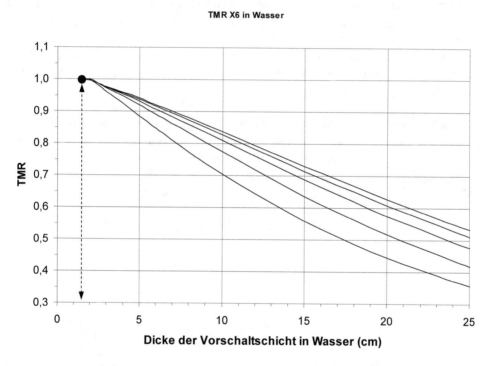

Fig. 17.36: Experimentelle Gewebe-Maximum-Verhältnisse (nach Messungen des Autors) für X6-Photonenstrahlung in Wasser als Funktion der Vorschaltschichtdicke für Quadratfelder mit Seitenlängen von 3, 10, 20, 30 und 40 cm (von unten nach oben, d_{max} = 1,5 cm Wasser) mit dem gleichen Maximalwert 1,0 (•) bei 1,5 cm Wassertiefe. Ausführliche numerische Daten finden sich im Tabellenanhang (Tab. 25.15).

automatischen und ferngesteuerten Wasserphantomen muss zur definierten und präzisen Anhebung des Wasserspiegels ein zusätzlicher apparativer Aufwand betrieben werden, da bisher nur wenige kommerzielle Wasserphantome eine automatisierte und kontrollierte Anhebung des Wasserpegels ermöglichen.

17.2.6 Umrechnung der Tiefendosisgrößen*

Für die praktische Arbeit ist man oft auf die Umrechnung der verschiedenen Tiefendosisgrößen angewiesen. Dies ermöglicht die Erstellung wichtiger Daten für die Planungsrechner und spart oft aufwendige Messreihen. Für einfache Fälle sieht man den rechnerischen Zusammenhang der verschiedenen Dosis- und Tiefendosisgrößen direkt an Hand der der Definitionen der verschiedenen relativen Dosisgrößen in Fig. (17.37). Aufwendiger sind die Umrechnungen von Gewebe-Luftverhältnissen oder von Tiefendosiskurven bei verschiedenen Fokus-Haut-Abständen. Hilfreich bei der Aufstellung der benötigten Gleichungen ist die Orientierung anhand der (Fig. 17.37). Soll die Beziehung zwischen zwei Dosiswerten berechnet werden, müssen die Punkte entsprechend dem zentralen Diagramm miteinander verknüpft werden. Da diese Verknüpfungen immer auf mehreren Wegen möglich sind, erhält man Gleichungssysteme, die man nach der gewünschten Größe auflösen kann (s. unten stehende Beispiele). Dabei ist sorgfältig darauf zu achten, dass die Divergenz des Strahlenbündels konstant gehalten wird, da sonst die Variationen der Dosisleistungen mit der Feldgröße (die Outputfaktoren) vernachlässigt werden.

Frei-Luft-Dosisleistungen bei unterschiedlichem Abstand vom Strahlfokus:
Bei konstanter Strahldivergenz verhalten sich, die Gültigkeit des Abstandquadratgesetzes (AQG) vorausgesetzt, die Frei-Luft-Dosisleistungen umgekehrt wie das Quadrat der Abstände des Sondenortes von der Strahlungsquelle. Für die Luftdosisleistungen "X" und "Y" in Fig. (17.31) gilt deshalb folgender Zusammenhang:

$$D_{luft}(G,r)/D_{luft}(F,q) = q^2/r^2 \tag{17.11}$$

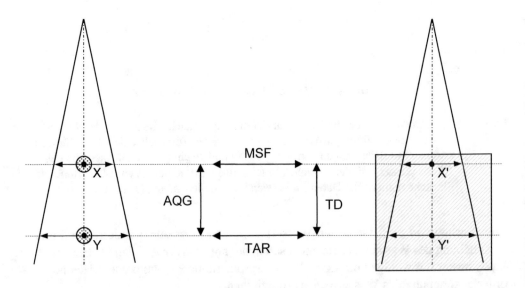

Fig. 17.37: Orientierungshilfe zur Umrechnung der verschiedenen Tiefendosisgrößen nach (Fig. 17.37 und Tab. 17.3). Die Pfeile im zentralen Rechteck zeigen symbolisch die Zusammenhänge der verschiedenen Dosiswerte. Zum Aufstellen der benötigten Gleichungen müssen die jeweiligen Bezugspunkte auf einem beliebigen Weg im Uhrzeiger- oder Gegenuhrzeigersinn verknüpft werden (nach einer Idee von [Cunningham]).

Zusammenhang von Gewebe-Luft-Verhältnis, Gewebe-Maximum-Verhältnis und MSF: Aus den Gleichungen in (Tab. 17.2) und mit (Fig. 17.31) ergibt sich für die Feldgröße F und die Vorschaltschichtdicke d_v für das Gewebe-Maximum-Verhältnis im Abstand $(s+d_m)$ vom Strahler:

$$TMR(F,d_v) = "(X''/X')" = "(X''/X)"/"(X'/X)" = TAR(F,d_v)/MSF(F) \qquad (17.12)$$

also gilt:

$$TMR(F,d_v) = TAR(F,d_v)/MSF(F) \qquad (17.13)$$

oder nach dem Gewebe-Luft-Verhältnis aufgelöst:

$$TAR(F,d_v) = TMR(F,d_v) \cdot MSF(F) \qquad (17.14$$

TD aus TAR und MSF: Die relative Tiefendosis für ein Bestrahlungsfeld der Größe G in der Tiefe d ist nach Fig. (17.31) definiert als das Verhältnis der Dosis D(d) in der Tiefe d und der Dosis im Maximum D_{max}. Mit dem TAR(Y') und der Frei-Luft-Dosis $D_{fl}(G)$ erhält man die Dosis in der Tiefe d zu $D(d) = TAR(s+d) \cdot D_{fl}(r)$. Für die Maximumsdosis $D_{max}(s+d_m)$ erhält man $D_{max}(d) = MSF(s+d_m) \cdot D_{fl}(q)$. Die beiden Frei-Luft-Dosen sind über das Abstandsquadratgesetz miteinander verknüpft $q^2/r^2 = (s+d_m)^2/(s+d)^2$. Das Verhältnis der beiden Dosen ist die gesuchte relative Tiefendosis.

$$TD(G,d) = TAR(G,d)/MSF(F) \cdot (s+d_m)^2/(s+d)^2 \qquad (17.15)$$

Diese Beziehung enthält alle vier Basisgrößen der Fign. (17.31) und (17.37). Aus dieser allgemein gültigen Formel kann daher durch entsprechende Umstellung jede interessierende Größe aus den drei verbleibenden berechnet werden.

TMR aus TD und MSF: Mit Gleichung (17.14) für das Gewebe-Maximum-Verhältnis TMR(G,d) = TAR(G,d)/MSF(F) in der Tiefe d bei der Feldgröße G und nach Einsetzen dieses Ausdrucks in Gleichung (17.15) erhält man $TD(G,d) = TMR(G,d) \cdot (s+d_m)^2/(s+d)^2$ und nach weiterer kurzer Umstellung

$$TMR(G,d) = TD(G,d) \cdot (s+d)^2/(s+d_m)^2 \qquad (17.16)$$

Umrechnung von Tiefendosiswerten für verschiedene FOA: Bei der Planung bzw. Bestrahlung mit isozentrischen Feldern variieren die Oberflächenabstände mit der Außenkontur des Patienten. Dadurch entstehen Tiefendosisverläufe mit unterschiedlicher Tiefe aber konstanter Feldgröße im Isozentrum. Da es nicht möglich ist, TD-Verläufe für beliebige Oberflächenabstände zu messen, benötigt man einen Umrechnungsalgorithmus zur Transformationen dieser Tiefendosisverläufe aus den wenigen TD-Datensätzen, die im Rahmen der Basisdosimetrie erstellt wurden.

Zur Vereinfachung soll zunächst unterstellt werden, dass eine Strahlungsqualität vorliegt, deren Dosismaximum auf der Phantomoberfläche liegt ($d_{max} = 0$). Da die relativen Streubeiträge als unabhängig von der Strahldivergenz, also der Entfernung des Fokus vom Aufpunkt betrachtet werden, unterscheiden sich die absoluten Dosiswerte in der Tiefe d in einem Phantom bei gleicher Feldgröße FG_d am Bezugspunkt nur durch das Abstandsquadratgesetz. Man erhält daher nach (Fig. 17.38) für das Dosisverhältnis in der Tiefe d die Gleichung:

$$D_1(d)/D_2(d) = (f_2+d)^2/(f_1+d)^2 \qquad (17.17)$$

Für das Verhältnis der Maximumsdosen an den Phantomoberflächen $D_1(max, FG_1)$ und $D_2(max, FG_2)$ erhält man mit den entsprechenden Backscatterfaktoren (BSF_1 und BSF_2) und den Freiluftdosiswerten FLD_1 und FLD_2 die Gleichung:

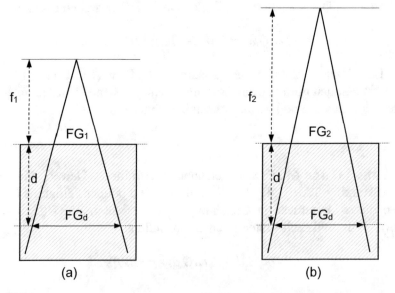

(a)   (b)

Fig. 17.38: Geometrie zur Umrechnung von Tiefendosiswerten bei unterschiedlichen Fokus-Oberflächen-Abständen bei gleicher Feldgröße FG_d in der Phantomtiefe d.

$$D_1(max, FG_1)/D_2(max, FG_1) = BSF_1 \cdot FLD_1/(BSF_2 \cdot FLD_2) \qquad (17.18$$

Da sich die Freiluftdosiswerte FLD nur durch das Abstandsquadratgesetz unterscheiden, also um das Verhältnis $(f_1/f_2)^2$, gilt für das Verhältnis der Maximumsdosen:

$$D_1(max, FG_1)/D_2(max, FG_2) = BSF_1/BSF_2 \cdot (f_2/f_1)^2 \qquad (17.19)$$

Die Tiefendosiswerte sind das Verhältnis der absoluten Dosen in der Tiefe und der Maximumsdosen. Division der beiden Gleichungen (17.17) und (17.19) ergibt:

$$TD_1(d)/TD_2(d) = (f_2+d)^2/(f_1+d)^2/(BSF_1/BSF_2 \cdot (f_2/f_1)^2) \qquad (17.20)$$

und nach leichten Umformungen:

$$TD_1(d) = TD_2(d) \cdot (BSF_2/BSF_1) \cdot (f_1/f_2)^2) \cdot (f_2+d)^2/(f_1+d)^2 \qquad (17.21)$$

Die Verhältnisse der Abstände kann man in einem Geometriefaktor G_o zusammenfassen Index "o" für Oberfläche):

$$G_o = \frac{f_1}{f_1+d} \cdot \frac{f_2+d}{f_2} \qquad (17.21)$$

Dies ergibt die folgende Umrechnungsformel für TD-Werte in der Tiefe d bei unterschiedlichen Fokus-Hautabständen aber gleicher FG in der Tiefe d:

$$TD_1(d) = TD_2(d) \cdot \frac{BSF(FG_2)}{BSF(FG_1)} \cdot G_o^2 \qquad (17.22)$$

Für quadratische oder kreisförmige Felder kann die Größe der Hautfelder (Seitenlänge oder Durchmesser) in den verschiedenen Fokus-Haut-Abständen nach dem Strahlensatz mit dem Geometriefaktor G_o umgerechnet werden. Nach (Fig. 17.38) erhält man:

$$FG_1 = FG_2 \cdot G_o \qquad (17.23)$$

Um die Tiefendosis eines Bestrahlungsfeldes mit der Hautfeldgröße FG_1 im FHA f_1 zu berechnen, berechnet man zunächst die Feldgrößen nach (Gl. 17.27). Dann entnimmt man für das Hautfeld FG_2 im FHA f_2 den TD-Wert einer Tabelle, entnimmt die Backscatterfaktoren für die Feldgrößen FG_1 und FG_2 einer Tabelle, bildet ihr Verhältnis und multipliziert nach (Gl. 17.22) mit dem Quadrat des Geometriefaktors G_o.

Sollen die Tiefendosiswerte für Strahlungsqualitäten umgerechnet werden, deren Dosismaximum nicht auf der Oberfläche sondern in der Tiefe d_{max} liegt, erhält man einen anderen Geometriefaktor G_{max}.

$$G_{max} = \frac{f_1 + d_{max}}{f_1 + d} \cdot \frac{f_2 + d}{f_2 + d_{max}} \tag{17.24}$$

Werden die Feldgrößen auf der Phantomoberfläche bestimmt, ist für ihre Umrechnung nach wie vor der G_0-Faktor nach (Gl. 17.21) zu verwenden. Allerdings sind in (Gl. 17.22) die Backscatterfaktoren BSF durch die entsprechenden Maximumsstreufaktoren MSF zu ersetzen. Dies ergibt:

$$TD_1(d) = TD_2(d) \cdot \frac{MSF(FG_2)}{MSF(FG_1)} \cdot G_{max}^2 \tag{17.25}$$

Umrechnung von Tiefendosiswerten für verschiedene FG bei konstantem FOA: Wird bei der Basisdosimetrie aus Zeitgründen nur ein endlicher Satz an TD-Werten experimentell erfasst, müssen TD-Daten für weitere Feldgrößen rechnerisch bestimmt werden. Eine empfehlenswerte Methode ist die Dateninterpolation, also die Berechnung der gesuchten TD-Daten durch Mittelung der Messwerte "benachbarter" Feldgrößen. Unbekannte TD können aber auch nach (Gl. 17.15) berechnet werden. Bei konstantem FOA = f und der Tiefe d im Phantom erhält man für die TD-Werte unterschiedlicher Hautfeldgrößen FG_1 und FG_2:

$$TD(FG_1,d) = TAR(FG_1,d)/MSF(FG_1) \cdot (f+d_m)^2/(f+d)^2 \tag{17.26}$$

$$TD(FG_2,d) = TAR(FG_2,d)/MSF(FG_2) \cdot (f+d_m)^2/(f+d)^2 \tag{17.27}$$

Nach Verhältnisbildung beider Gleichungen und leichter Umstellung ergibt dies:

$$TD(FG_1,d) = TD(FG_2,d) \cdot \frac{TAR(FG_1,d)}{TAR(FG_2,d)} \cdot \frac{MSF(FG_2)}{MSF(FG_1)} \tag{17.28}$$

Bei Lage des Dosismaximums auf der Phantomoberfläche sind in (Gl. 17.28 lediglich die MSF-Werte gegen die entsprechenden BSF-Werte auszutauschen. Auf diese Weise lassen sich also die relativen Tiefendosisgrößen für beliebige Feldgrößen und Phantomtiefen bei bekannten Streuverhältnissen berechnen. Die Streufaktoren (MSF, TAR, BSF) müssen wegen der Unabhängigkeit von der Strahldivergenz für jede Strahlungsqualität nur einmal experimentell bestimmt werden.

Die unterstellte Unabhängigkeit der Gewebe-Luft-, Gewebe-Maximum-Verhältnisse sowie der Maximumsstreu- bzw. Backscatterfaktoren von der Strahldivergenz, also ihre ausschließliche Abhängigkeit von der Feldgröße am Bezugsort, ist wegen möglicher spektraler Veränderungen im Randbereich von Strahlenbündeln und damit verbundener Änderungen der relativen Vorwärts- und Rückwärtsstreubeiträge von der Strahldivergenz sicherlich nur eine Näherung. Umrechnungsergebnisse nach den oben vorgestellten Gleichungen sollten daher zumindest punktweise dosimetrisch überprüft werden.

Bei der Anwendung aller dieser Umrechnungsformeln sollte auch nicht vergessen werden, dass die in diesem Abschnitt benutzten Dosisgrößen nur auf dem Zentralstrahl definiert wurden und deshalb auch nur hier ihre Gültigkeit haben. Da Streufaktoren vom streuenden Gewebevolumen vor und hinter der Messsonde abhängen, ändern sich ihre Werte auch bei schrägen (irregulären) Oberflächen, wie sie beispielsweise durch die Außenkonturen von Patienten gegeben sind. In solchen Fällen und bei inhomogen zusammengesetzten Medien unterscheiden sich die Gewebeverhältnisse und die Streuverhältnisse zum Teil erheblich von denen für einfache geometrische Anordnungen homogener Phantome.

Zusammenfassung

- **Tiefendosisgrößen, die vor allem für die Therapieplanung benötigt werden sind der Backscatterfaktor BSF, der Maximumsstreufaktor MSF und das Gewebe-Luft-Verhältnis TAR. Sie sind definiert als Verhältnisse der Dosiswerte im Phantom zu den Dosiswerten in Luft unter gleichen geometrischen Bedingungen.**

- **Angaben der auf Luftmesswerte bezogenen relativen Dosisgrößen BSF, MSF und TAR sind wegen der Forderung nach Sekundärelektronengleichgewicht am Messort der Sonde nur für mittlere Photonenenergien bis etwa 3 MeV sinnvoll.**

- **Für höhere Photonenenergien müssen Dosisverhältnisse im Gewebe in verschiedenen Tiefen gebildet werden. Das wichtigste Beispiel ist das Gewebe-Maximum-Verhältnis TMR.**

- **Alle Dosisverhältnisse, also BSF, MSF, TAR und TMR sind feldgrößenabhängig, werden aber als unabhängig von der Strahldivergenz, also vom Abstand des Referenzpunktes zum Strahlfokus unterstellt.**

- **Backscatterfaktoren BSF sind wegen der von der Photonenenergie abhängigen Rückstreubeiträge stark von der Photonenenergie abhängig. Im Bereich der Röntgenstrahlungen treten BSF-Werte bis 1,5 auf, was einem relativen Rückstreubeitrag von 50% entspricht.**

- **Für höhere ultraharte Photonenenergien vermindern sich die Maximumsstreubeiträge auf wenige Prozent, die MSF-Werte dann liegen typisch zwischen 1,01 und 1,08.**

17.3 Dosisquerverteilungen

Unter Dosisquerverteilungen oder Dosisprofilen versteht man die Verteilungen der Energiedosis oder Energiedosisleistung in Ebenen bzw. auf Linien senkrecht zum Zentralstrahl des Strahlenbündels. In der Praxis werden Profile meistens so gemessen, dass sie den Zentralstrahl einschließen. Sie können diagonal oder parallel zu den geometrischen Feldgrenzen verlaufen und in beliebigen Phantomtiefen oder frei in Luft gemessen werden. Messungen der Strahlprofile frei in Luft geben Aufschluss über die primären, aus dem Strahlerkopf herrührenden Strahlenbündel, die für die Therapieplanungsprogramme von zentraler Bedeutung sind. Messungen im Phantommaterial enthalten zusätzlich den Einfluss der Streuung und Absorption durch das bestrahlte Material.

Perkutane Bestrahlungsanlagen enthalten in der Regel Lichtvisiere, mit denen das Bestrahlungsfeld auf die Haut des Patienten projiziert werden kann. Wegen der im Allgemeinen nahezu punktförmigen Lichtquellen zeigen die Lichtfelder einen sehr scharfen Randabfall (Randschatten). Dosimetrisch nimmt das Strahlprofil am Feldrand dagegen

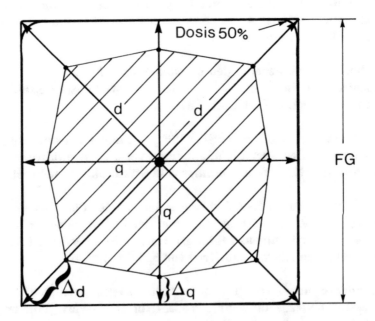

Fig. 17.39: Definition des ausgeglichenen Feldbereichs für Photonenfelder (schraffiert: ausgeglichener Feldbereich, Seitenlänge etwa 80% der geometrischen Seitenlänge, äußere Umrandung: Lichtfeld entsprechend der 50%-Isodose, d: Diagonalprofile, Δd: Abstand des ausgeglichenen Bereichs von der Feldecke, q: Querprofile auf den Hauptdiagonalen, Δq: Abstand des ausgeglichenen Bereichs von der Feldseite (vgl. Tab. 17.4, FG: nominale Feldgröße).

wegen des geometrischen Halbschattens, der Streustrahlung und der Transmission durch die Blendenkanten wesentlich langsamer ab. Auch außerhalb des Lichtfeldes ist also noch eine Dosisleistung zu erwarten, die bei der klinischen Einstellung von Bestrahlungsfeldern am Patienten beachtet werden muss. Die geometrische Übereinstimmung von Lichtfeld und dosimetrischem Bestrahlungsfeld muss in regelmäßigen Abständen durch Feldkontrollaufnahmen mit Filmen oder durch andere dosimetrische Untersuchungen der Querprofile überprüft werden.

Messungen der Querprofile dienen nicht nur zur Festlegung der Feldgrößen. Ebenso wichtige Parameter für die medizinische Anwendung sind die anhand der Strahlprofile definierten Größen **Homogenität** und **Symmetrie** des Bestrahlungsfeldes, die ein Maß für die gleichmäßige Ausleuchtung des Zielvolumens darstellen. Da Bestrahlungsfelder auch bei hohem technischen Aufwand nicht bis in den Randbereich hinein gleichmäßig mit Nutzstrahlung auszuleuchten sind, beschränkt man sich bei der Analyse der Strahlprofile auf den zentralen Bereich, den so genannten "ausgeglichenen Feldbereich", dessen Seitenlängen etwa 80% der geometrischen Feldgröße entsprechen (Fig. 17.39). Für kleine und extrem große Felder ist der Ausgleich am Feldrand schwieriger als für mittlere Feldgrößen. Die Unschärfeparameter Δd und Δq für die Abgrenzung des ausgeglichenen Bereichs von der geometrischen Feldgröße werden deshalb für Röntgenstrahlung nach [DIN 6847-4] nach (Tab. 17.4) an die Feldgröße angepasst).

Quadratfeldgröße QFG (cm)	Δq (cm)	Δd (cm)
5-10	1,0	2,0
> 10-30	0,1 x FG	0,2 x FG
>30	3,0	6,0

Tab. 17.4: Unschärfeparameter zur Definition des ausgeglichenen Feldbereichs nach [DIN 6847-4].

Einflüsse auf das Dosisquerprofil: Der Verlauf der Strahlprofile wird einerseits von den geometrischen Verhältnissen wie Strahldivergenz, Fokus-Oberflächen-Abstand und Quellengröße bestimmt. Zum anderen hängt die Form der Profile vom Feldausgleich durch den Ausgleichskörper oder die Streufolien im Strahlerkopf und von der Streuung im bestrahlten Medium und der dadurch bedingten Aufweitung des Strahlenbündels ab. Primär wird das Strahlprofil durch die geometrische Feldgröße bestimmt, die durch die Kollimatoröffnung oder zusätzliche, am Strahlerkopf befestigte Blenden definiert ist. Die Feldgröße nimmt nach dem Strahlensatz mit der Entfernung von der Strahlungsquelle zu und entspricht auf der Phantomoberfläche der Öffnung des Lichtbündels aus dem Lichtvisier.

Für eine idealisierte, isotrop strahlende mathematische Punktquelle ohne Feldausgleich und ohne Streuung im bestrahlten Medium zeigt das geometrische Strahlprofil den folgenden typischen Verlauf: In der Mitte des Bestrahlungsfeldes ist die Strahlungsintensität maximal. Zum Feldrand hin nimmt sie je nach Abstandsverhältnissen wegen der zunehmenden Entfernung des Messpunktes von der Quelle mehr oder weniger nach dem Abstandsquadratgesetz ab und fällt dann am Feldrand schlagartig auf Null (Fig. 17.40a). Dosiskonstanz besteht nur auf einer Kugelkalotte mit dem Fokus als Zentrum.

Bei endlich ausgedehnten Strahlungsquellen entsteht schon aus geometrischen Gründen dagegen ein Halbschattenbereich, innerhalb dessen die Dosisleistung stetig auf 0% abnimmt (Fig. 17.40b,c linke Hälfte). Der Halbschatten ragt dabei in das vom geometrischen Randstrahl begrenzte Feld hinein. Er verringert also innerhalb des Strahlungs-

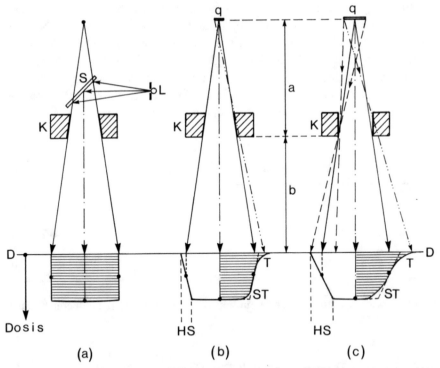

Fig. 17.40: (a): Vom Lichtvisier dargestelltes und vom Kollimator definiertes Bestrahlungsfeld einer Punktquelle. (b): Bestrahlungsfeld eines Photonenstrahlenbündels eines Linearbeschleunigers (linke Hälfte: Feld mit geometrischem Halbschatten HS, rechte Hälfte: realistische Querverteilung mit Transmissionsbereich T und Streustrahlungsverlusten am Feldrand ST. (c): Wie (b), aber mit ausgedehnter Kobaltquelle und nicht konvergierendem Blockkollimator, (Brennfleckgröße q und Halbschattenbereich HS aus Darstellungsgründen übertrieben, L: Lichtquelle des Lichtvisiers, S: Umlenkspiegel, K: Kollimator, a: Fokus-Kollimatorunterkanten-Abstand, b: Kollimator-Detektor-Abstand, D: Detektorebene). Nach unten ist das Dosisquerprofil aufgetragen. Die Punkte an den Flanken der Profile stellen die 50%-Dosiswerte dar.

feldes die Dosisleistung, da nur Teile der ausgedehnten Quelle diesen Feldbereich "sehen" können. Die Mitte des geometrischen Halbschattens liegt auf den durch den Kollimator begrenzten Randstrahlen der Punktquelle, die Intensität ist dort nur noch die Hälfte (50%) des Zentralstrahlwertes. Die Halbschattenbreite HS berechnet man (nach Fig. 17.40) aus Quellengröße q, dem Abstand Quelle-Kollimatorunterkante a und dem Kollimator-Sonden-Abstand b mit dem Strahlensatz zu:

$$HS = q \cdot b/a \qquad (17.29)$$

Der **geometrische** Halbschattenbereich beträgt für Linearbeschleuniger nur wenige Millimeter, für Kobaltgeräte wegen der größeren Quellenausdehnung und der ungünstigeren Entfernungen bis zu einigen Zentimetern. Zusätzlich zum geometrischen Halbschatten kommt es bei ausgedehnten Quellen und hohen Photonenenergien zur teilweisen Transmission der Photonenstrahlung im Randbereich der Kollimatoren, da ein Teil des Photonenstrahlenbündels eine größere Divergenz als der geometrische Randstrahl aufweist (Fig. 17.40b,c). Je nach Energie der Photonen können diese deshalb auch außerhalb des geometrischen Halbschattens eine merkliche Dosisleistung im Phantom oder in der Luft bewirken. Diese Kollimatortransmission ist dann besonders ausgeprägt, wenn nicht konvergierende Blockkollimatoren wie in (Fig. 17.40c), einfach fokussierte Lamellenkollimatoren oder einfache nicht konvergierende Zusatzblenden (Satelliten-Blöcke) verwendet werden. In diesem Fall kann nämlich ein erheblicher Anteil des Strahlenbündels schräg auf die Kollimator- oder Blockinnenseiten treffen und diese teilweise durchsetzen. Wird das Strahlprofil in einem dichten Medium wie Wasser oder Plexiglas gemessen, werden das Strahlenbündel und damit das Strahlprofil durch Streuung zusätzlich aufgeweitet. Durch Streuung kommt es vor allem im Randbereich des Feldes zu einem Dosisleistungsverlust, während sich außerhalb des geometrischen Feldrandes die Dosisleistung entsprechend erhöht (Fig. 17.40c rechte Hälfte).

Transmission und Streuung im Phantom und im Strahlerkopf sind die Hauptursachen für die Verbreiterung und Rundung der Photonenstrahlprofile an Beschleunigern; der geometrische Halbschatten spielt hier nur eine untergeordnete Rolle. Bei Kobaltgeräten sind geometrischer Halbschatten und die anderen Einflüsse etwa zu gleichen Teilen an der Profilformung beteiligt. Es macht deshalb auch keinen Sinn, aus rein geometrischen Überlegungen winzige Quellendurchmesser zu fordern, die sich wegen der verbleibenden Transmission und Streuung kaum noch auf die Verbesserung des Strahlprofils auswirken, wenn dafür gleichzeitig Einbußen an Kenndosisleistung der Quelle oder besonders hohe Kosten in Kauf zu nehmen sind.

Homogenität und Symmetrie der Dosisverteilungen: Der Feldausgleich des Strahlenbündels kann am besten überprüft werden, wenn vollständige Dosisverteilungen in verschiedenen Tiefen im Phantom senkrecht zum Zentralstrahl gemessen werden. Aus Zeitgründen beschränkt man sich in der praktischen Dosimetrie aber meistens auf die Untersuchung einiger repräsentativer Strahlprofile beispielsweise im Dosismaximum oder in 10 cm Wassertiefe. Üblicherweise werden auch nur zentrale Profile untersucht, also Dosisquerverteilungen, die durch den Zentralstrahl verlaufen. Man benutzt zur Untersuchung der Homogenität und Symmetrie außerdem nur den inneren ausgeglichenen Bereich des Bestrahlungsfeldes (zur Definition s. Fig. 17.41). Der Feldausgleich im Randbereich hängt sehr stark von der Geometrie des Primär- und des Sekundärkollimators sowie von der durch sie verursachten Streustrahlung ab. Er ist für den therapeutischen Betrieb von geringerer Bedeutung als der zentrale Feldbereich. Zur Berechnung der Homogenität H des Strahlprofils sucht man sich innerhalb des auf 80% der Feldgröße eingeschränkten Profils den maximalen und den minimalen Dosisleistungswert (Fig. 17.49a) und bezieht deren Differenz auf die Dosisleistung auf dem Zentralstrahl. Für die Homogenität erhält man dann:

$$H = (D_{max} - D_{min})/D_0 \qquad (17.30)$$

Hin und wieder wird auch nur das Verhältnis der beiden Extremwerte H* als Homogenität bezeichnet. Die Gleichung für die Homogenität lautet dann:

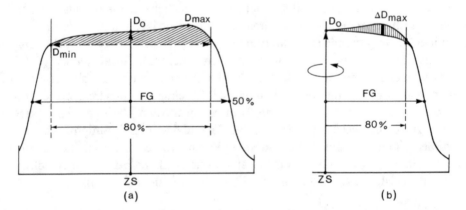

Fig. 17.41: Definition von Feldhomogenität und Symmetrie an Querprofilen. (a): Dosiswerte und verwendeter Profilbereich zur Bestimmung der Homogenität (nach Gl. 17.33 und 17.34). (b): Verfahren zur Bestimmung der Symmetrie an übereinander gezeichneten Profilhälften (nach Gl. 17.35, ZS: Zentralstrahl mit Dosisleistung D_0).

$$H^* = D_{max}/D_{min} \qquad (17.31)$$

Zur Ermittlung der Strahlsymmetrie zeichnet man die beiden Profilhälften übereinander und bestimmt dann innerhalb des 80%-Feldgrößenbereichs die maximale lokale Abweichung der Dosisleistungen ΔD_{max}. Da experimentelle Strahlprofile immer ein bestimmtes Signalrauschen enthalten, müssen die Messkurven zunächst mathematisch geglättet werden. Man kann diese Glättung beispielsweise dadurch erreichen, dass der Dosisleistungsvergleich nicht streng punktweise, sondern über kleine, korrespondierende Kurventeilstücke der beiden Profilhälften (Länge z. B. je 5-10 mm) durchgeführt wird (schwarzer Balken in Fig. 17.41b). Für die Symmetrieberechnung verwendet man die folgende Gleichung.

$$S = \Delta D_{max}/D_0 \qquad (17.32)$$

Werden die Homogenität und die Symmetrie anhand flächenhafter Dosisverteilungen (z. B. Feldkontrollaufnahmen mit Filmen) nach den Gleichungen (17.31) und (17.32) berechnet, müssen die Messwerte analog über bestimmte Flächen im Bestrahlungsfeld gemittelt werden, die aber nicht größer als 1 cm^2 sein sollten [DIN 6847-4]. Für die beiden Größen Homogenität und Symmetrie wurden in den nationalen und internationalen Normen zulässige Grenzwerte für die Herstellung von Beschleunigeranlagen erlassen. Diese Grenzwerte beziehen sich allerdings nicht nur auf einzelne Profile, sondern gelten für den gesamten ausgeglichenen Feldbereich. Das Überprüfen dieser Spezifikationen ist ein Teil der dosimetrischen Abnahmeprüfung bei der Inbetriebnahme einer perkutanen Bestrahlungsanlage und der periodischen Wiederholungsprüfungen ("Checks") während des klinischen Betriebes [DIN 6847-4,5].

Zusammenfassung

* **Dosisquerprofile perkutaner Photonenstrahlungen werden durch die Feldgröße, die 50% Isodose, den Halbschattenbereich sowie die Homogenität und Symmetrie innerhalb der 80%-Feldgröße beschrieben.**

* **Geometrische Halbschattenbereiche werden durch die Größe der virtuellen Flächenquelle, also durch die Strahlerkopfgeometrie und dem Abstand vom Strahlfokus bestimmt.**

* **Durch zusätzliche Streuprozesse im Phantom kommt es zur Rundung der geometrischen Profile.**

* **Bei nicht exakt punktförmigen Strahlungsquellen kann es trotz fokussierter Blenden auch zu geringfügiger Transmission durch die Blendenkanten kommen, die zusätzliche Rundungen der Profile bewirken.**

17.4 Isodosendarstellung perkutaner Photonendosisverteilungen

Eine sehr anschauliche Art, Dosisverteilungen darzustellen, ist ihre Repräsentation als Isodosenkarten mit eingezeichneten Isodosenlinien. Unter Isodosenlinien versteht man die Verbindungslinien gleicher Dosis oder Dosisleistung in einer Ebene. Ihre Darstellung ähnelt der von Höhenlinien auf einer Landkarte oder von Isobaren (Luftdruckverlaufslinien) auf einer Wetterkarte. Isodosen können auch als räumliche Strukturen definiert werden. Aus Isodosenlinien werden dann Isodosenflächen, die alle Punkte mit gleicher Dosisleistung im Raum verbinden. Mathematisch sind diese räumlichen Isodosen beliebig geformte Hyperflächen, die ein bestimmtes Volumen, z. B. das therapeutische Zielvolumen, umhüllen sollen. Ihre Darstellung ist grafisch schwierig und wird leicht unübersichtlich. Therapeutisch sind allerdings ausschließlich solche räumlichen Dosisverteilungen von Interesse, da die therapeutischen Zielvolumina ja auch immer räumliche Ausdehnungen haben.

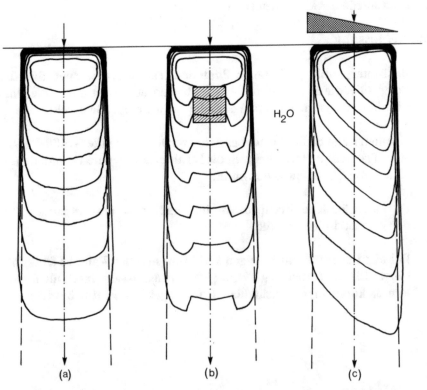

Fig. 17.42: Berechnete Isodosen von Photonenstehfeldern mit ultraharter X12-Röntgenstrahlung in Wasser (Nominalenergie: 12 MeV, Fokus-Oberflächen-Abstand = 1 m). (a): Im homogenen Wasserphantom. (b): Mit eingelagerter Inhomogenität (Dichte 1,5 g/cm³, entsprechend Knochengewebe). Mit Keilfilter (30 Grad Isodosenwinkel in 10 cm Tiefe). Die Isodosen sind (von innen nach außen): 90%, 80%, 70%, 60%, 50%, 40%, 30%, 20% des jeweiligen Zentralstrahl-Dosismaximums.

Die Anschaulichkeit dreidimensionaler Isodosendarstellungen ist besonders überzeugend, wenn Teile des Zielvolumens aus einer Isodosenhyperfläche herausragen, also offensichtlich nicht ausreichend mit Dosis versorgt werden. Der Strahlentherapeut versucht in der Regel, sich anhand zweidimensionaler Isodosenplots ein Bild von der dreidimensionalen Dosisverteilung zu machen. Isodosenkarten (Fig. 17.42) enthalten nicht mehr Information als eindimensionale Darstellungen durch Profile und Tiefendosisverteilungen. Sie haben aber den Vorteil der Datenkonzentration und werden deshalb in der Therapieplanung bevorzugt. Insbesondere ist in solchen anschaulichen Isodosendarstellungen der Einfluss von Profil formenden Filtern wie Keilen, Moulagen oder Gewebekompensatoren unmittelbar ersichtlich.

Anders als lineare Dosisverteilungen können Isodosenkarten grafisch den anatomischen Strukturen der Patienten überlagert werden. Heute ist es Stand der Technik, Therapieplanungen auf der Basis von gezielten Computertomografien (CT-Bildern) mit eventueller Überlagerung von räumlichen Szintigrafien der Patienten (SPECT, PET, PET-CT) oder von MR-Aufnahmen durchzuführen. Dabei werden sowohl die Konturen als auch die durch das gesamte bestrahlte Volumen verursachte Streuung und der Einfluss von Inhomogenitäten im Patienten bei der Berechnung der Dosisverteilungen berücksichtigt. Die Dosisverteilungen und die Bestrahlungstechnik werden anhand dieser CT-Querschnitte optimiert, den Bildern überlagert und vom Planungssystem ausgedruckt. Auf diese Weise können direkt im CT-Bild die radiologischen Belastungen von Risikoorganen durch die Strahlenbehandlung benachbarter Zielvolumina abgeschätzt und die Gleichförmigkeit der Dosisverteilung im therapeutischen Zielvolumen überprüft werden.

17.5 Auswirkungen von Inhomogenitäten auf die Photonendosisverteilungen

Die Energiedosis, die lokal an einem Punkt innerhalb eines Photonenstrahlungsfeldes in zwei unterschiedlichen Medien (med1, med2) erzeugt wird, verhält sich unter sonst gleichen Bedingungen wie die entsprechenden gemittelten Massenenergieabsorptionskoeffizienten für Photonenstrahlung.

$$\frac{D_{med1}}{D_{med2}} = \frac{(\overline{\mu_{en}/\rho})_{med1}}{(\overline{\mu_{en}/\rho})_{med2}} \qquad (17.33)$$

Der bestimmende Parameter für die Energieabsorption von Photonenstrahlung - und damit für die Dosisentstehung im heterogenen Medium - ist der über das Photonenspektrum am Messort gemittelte Massenenergieabsorptionskoeffizient $(\overline{\mu_{en}/\rho})$ mit seiner Energie- und Ordnungszahlabhängigkeit (vgl. [Krieger1], Kap. 6 und dortige Tabelle 20.6 im Anhang). Diese ist am deutlichsten im Bereich niederenergetischer Röntgenstrahlung ausgeprägt, wo sie aus diagnostischen Gründen auch besonders nützlich ist (Beispiel: Kontrastmittel).

Bei den typischen therapeutischen Strahlungsqualitäten harter und ultraharter Photonenstrahlungen spielt dagegen der Comptoneffekt die dominierende Rolle für die Wechselwirkungen mit menschlichem Gewebe. Damit wird auch seine Abhängigkeit von den
Materialeigenschaften dominierend für die Energieabsorption im bestrahlten Medium.

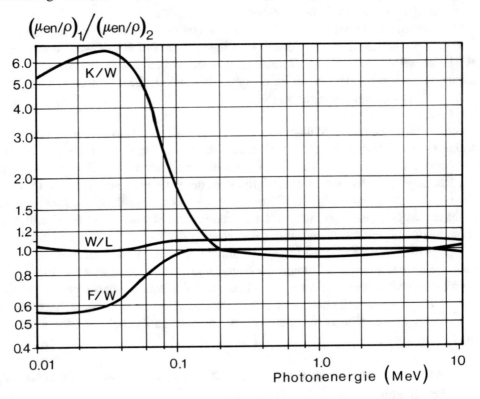

Fig. 17.43: Verhältnisse von Massenenergieabsorptionskoeffizienten für Photonenstrahlung und
verschiedene Substanzen (K/W: Knochen zu Wasser, F/W: Fettgewebe zu Wasser.
W/L: Wasser zu Luft). Luft dient als Referenzsubstanz für die Dosimetrie, da sie das
Füllgas von Ionisationskammern darstellt (nach Daten aus [Krieger1], Tabelle 20.6).

Je dichter das durchstrahlte Medium ist, umso höher sind die Wechselwirkungsrate und
der Energieübertrag, da sowohl Schwächungs- als auch Absorptionskoeffizienten proportional zur Dichte des Mediums sind. Knochen absorbieren deshalb mehr Energie pro
durchstrahlter Weglänge als Weichteilgewebe und dieses wiederum mehr als Fett oder
Luft. Da die Energiedosis aber das Verhältnis absorbierter Energie zur absorbierenden
Masse ist, spielen Dichteunterschiede für die **lokale** Dosisentstehung in erster Näherung
keine Rolle. Dies wird auch in Gl. (17.33) deutlich, in der die von der Dichte unab-

hängigen Massenenergieabsorptionskoeffizienten verwendet werden. Der Massenenergieabsorptionskoeffizient im Bereich der dominierenden Comptonwechselwirkung hängt wie auch der Comptonwechselwirkungskoeffizient darüber hinaus nur wenig von der Energie und der Ordnungszahl des Absorbers ab.

Die Werte der Massenenergieabsorptionskoeffizienten für Luft und verschiedene Gewebearten wie Muskeln, Fett, Knochen und Wasser sind im Bereich der dominierenden Comptonwechselwirkung fast unabhängig von der Gewebeart und deshalb nahezu identisch (s. Fig. 17.43). Im Niedrigenergiebereich, also bei dominierender Photoeffekt-Wechselwirkung, finden sich dagegen wegen der starken Ordnungszahlabhängigkeiten signifikante Unterschiede der Massenenergieabsorptionskoeffizienten für die unterschiedlichen Medien.

Die Massenenergieabsorptionskoeffizienten von Wasser und Muskelgewebe sind für alle Photonenenergien zwischen 10 keV und 10 MeV nahezu identisch, die größte Abweichung beträgt nur etwa 4%. Wasser und Muskelgewebe sind also lokal für alle Energiebereiche dosimetrisch gut äquivalent. Dagegen unterscheiden sich die Werte der Massenenergieabsorptionskoeffizienten für Knochen und Fett erheblich bei Photonenenergien unter 100 keV, während sie im strahlentherapeutisch wichtigen Energiebereich bis auf wenige Prozente wieder übereinstimmen. Hier sind die Werte für Knochen sogar geringfügig kleiner als die für Weichteilgewebe, so dass entsprechend niedrigere Dosiswerte bei der Bestrahlung entstehen. Die Werte für Luft (Füllsubstanz des Lungengewebes oder Ionisationskammern) liegen generell um etwa 10% niedriger als diejenigen der Referenzsubstanz Wasser (es gilt also: "L/W" < 1) außer bei niederenergetischer Röntgenstrahlung unterhalb von 40 keV.

Die Wirkung dieser gewebespezifischen Unterschiede der Massenenergieabsorption sind deutlich am Verlauf von Tiefendosisverteilungen in heterogenen Medien zu erkennen (Fig. 17.44). Wegen der höheren Massenenergieabsorption für Knochengewebe steigt die Tiefendosiskurve für weiche Röntgenstrahlung sprungartig beim Eintritt in das Knochengewebe an und fällt am Ende der Knocheninhomogenität unter die Tiefendosiskurve des homogenen Mediums (Fig. 17.44a). Für ultraharte Photonenstrahlung liegen die Absorptionskoeffizienten für Knochen dagegen unter denen für Weichteilgewebe, die Tiefendosiskurve im Bereich der Knocheneinlagerung ist deshalb trotz höherer Dichte geringer als im Weichteilgewebe (Fig. 17.44b). Die Übergänge an den Mediengrenzen erfolgen bei ultraharter Photonenstrahlung nicht so sprunghaft wie im Energiebereich der weichen Röntgenstrahlung. An den Grenzflächen treten stattdessen Übergangsbereiche auf, die durch die Änderung des Sekundärteilchenflusses (Aufbau, Rückstreuung) verursacht werden.

Bei der Interpretation von Photonentiefendosisverläufen in heterogenen Medien ist zu berücksichtigen, dass die auf die durchstrahlte Absorberschichtdicke bezogene Schwächung eines Photonenstrahlenbündels und damit der die Dosis bestimmende Sekundärteilchenfluss anders als die lokale Energieabsorption sehr wohl von der Dichte des Mediums abhängig ist. Die im Medium in einer bestimmten Tiefe entstehende Dosis hängt also nicht nur vom dichteunabhängigen Massenenergieabsorptionskoeffizienten sondern natürlich auch von der Energie übertragenden Photonenfluenz ab. Der Energie-

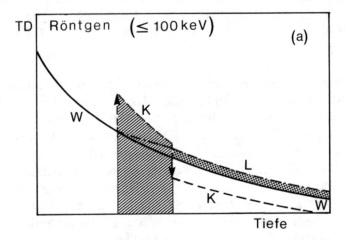

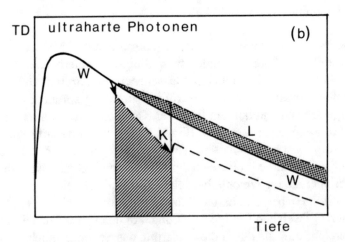

Fig. 17.44: Einfluss von Gewebeinhomogenitäten auf die Tiefendosisverteilung von Photonenstrahlung (schematisch). (a): Tiefendosisverlauf für Röntgenstrahlung unter 100 keV mit einer deutlichen durch den Photoeffektanteil erhöhten Dosis im Knochengewebe. (b): Tiefendosisverlauf bei ultraharter Photonenstrahlung. Durchgezogene Kurven: Wasser, schraffiert: Inhomogenität (Einlagerung von Luft oder Knochengewebe), strichpunktiert: Verlauf der TDK hinter Lufteinschluss, unterbrochene Kurve: Verlauf der TDK bei Knocheneinschluss.

und Sekundärteilchenfluss eines Photonenstrahlenbündels nimmt in dichteren Medien schneller ab als in weniger dichten. Da bei Tiefendosisverläufen üblicherweise die Dosis als Funktion der durchstrahlten Absorberdicke, nicht aber als Funktion der durchstrahlten Massenbelegung aufgetragen wird, werden die Tiefendosiskurven wegen der höheren Schwächung in dichteren Medien steiler. Ein Zentimeter dichter Knochensubstanz (Compacta) entspricht beispielsweise etwa der doppelten Massenbelegung wie die gleiche Strecke Muskelgewebe und bewirkt deshalb auch eine etwa doppelt so große Schwächung des Strahlenbündels und die entsprechende Abnahme des Energieflusses und der Intensität der Photonen. Beim Durchsetzen weniger dichter Gewebe wie beispielsweise der Luft im Lungenbereich, wird der Energiefluss nur wenig verändert, die Tiefendosis wird daher deutlich flacher als in dichterem Gewebe. Ihr Verlauf wird in Luft vor allem von der Strahldivergenz bestimmt.

Zusammenfassung

* **Tiefendosiskurven verlaufen unabhängig von der Strahlungsqualität hinter einer weniger dichten Inhomogenität immer oberhalb, hinter einer Inhomogenität mit höherer Dichte immer unterhalb der Tiefendosis des homogenen Phantoms.**

* **Der Grund ist die unterschiedliche Schwächung des Strahlungsbündels durch Materialien unterschiedlicher Dichte.**

* **Bei ausreichend großen Einlagerungen von Materialien geringer Dichte kann es beim Übergang zu dichteren Geweben zu einem erneuten Dosisanstieg durch einen Dosisaufbaueffekt kommen.**

* **Materialien verschiedener Dichte seitlich vom Zentralstrahl vermindern oder erhöhen die Zentralstrahldosisleistung durch ihre dichteabhängigen Streubeiträge.**

* **Dosisverteilungen in heterogen zusammengesetzten Materialien weichen also je nach Zusammensetzung und der verwendeten Strahlungsqualität deutlich von den Verteilungen im homogenen Medium ab.**

* **Bei der Therapieplanung müssen wegen möglicher Über- oder Unterdosierungen durch Inhomogenitäten diese Abweichungen beachtet werden.**

17.6 Keilfilter für perkutane Photonenstrahlungen

Keilfilter dienen zur Formung des Querprofils von Photonenstrahlungsfeldern. Es werden zwei Arten der Keilfilter unterschieden. Bei den physikalischen Keilfiltern wird ein geeignet geformtes schwächendes Material in den Strahlengang gebracht, um so eine positionsabhängige Schwächung des Strahlquerprofils zu erreichen. Physikalische Keilfilter werden in die so genannten **externen** Keilfilter und in die **motorischen** Keilfilter eingeteilt. Dabei werden die externen Keilfilter außerhalb des Strahlerkopfes der Anlagen, die motorischen Keilfilter im Inneren des Strahlerkopfes angeordnet. Bei den motorischen Keilfiltern wird nur ein bestimmtes Keilfilterprofil verwendet, meistens das für einen 60 Grad Keilfilterwinkel. Unterschiedliche Keilfilterwinkel werden durch eine Summation freier und "abgedeckter" Bestrahlungszeiten bewirkt. Bei der zweiten Gruppe von Keilfiltern, den **dynamischen** oder virtuellen Keilfiltern wird ohne zusätzliches Material im Strahlengang die Querprofilformung durch Verstellen einer Halbblende des Kollimators während der Bestrahlung erreicht.

Die Wirkung aller Keilfilter wird durch den so genannten Keilfilterwinkel beschrieben. Darunter versteht man den Winkel der Isodose in der Standardmesstiefe mit einer Senkrechten zum Zentralstrahl (s. Fig. 17.45). Wie alle Materialien im Strahlengang verändern auch Keilfilter die erforderlichen Bestrahlungszeiten bzw. ME für eine

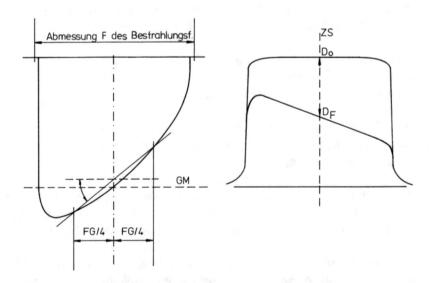

Fig. 17.45: (a): Definition des Keilfilterwinkels als Winkel zwischen Sekante der Isodose in der Standardmesstiefe mit den Schnittpunkten bei je einem Viertel der Feldgröße lateral des Zentralstrahls mit der Senkrechten zum Zentralstrahl nach [DIN 6847-4]. (b): Der Keilfilterfaktor ist das Verhältnis der Wasserenergiedosisleistungen auf dem Zentralstrahl in der Standardmesstiefe. Vorgaben für Standardmesstiefen haben für Photonenstrahlung typische Werte von 5-10 cm und finden sich in [DIN 6800-2].

vorgegebene Dosis im Zielvolumen. Die Verlängerungsfaktoren werden **Keilfilterfaktoren KFF** genannt. Sie sind das Verhältnis der freien Dosisleistung zur Dosisleistung mit Filter auf dem Zentralstrahl.

$$KFF = \frac{DL_{frei}}{DL_{KF}} \qquad (17.34)$$

Keilfilterfaktoren externer oder motorischer Keilfilter: Physikalische Keilfilter bestehen meistens aus Schwermetallen und haben in der Regel ein lineares bzw. logarithmisch geformtes Querprofil. Durch die positionsabhängigen Materialstärken kommt es zu einer Schwächung des primären Strahlenbündels, die am höchsten auf der dicken Keilfilterseite und minimal auf der dünneren Keilfilterseite ist.

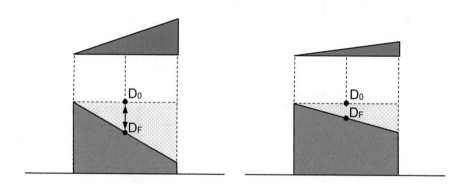

Fig. 17.46: Schematische Darstellung der Wirkungsweise physikalischer Keilfilter. Links: Dicker Keilfilter mit großem Keilfilterwinkel und schrägem Dosisquerprofil (rote Fläche). Der Keilfilterfaktor ist das Verhältnis der freien Dosisleistung D_0 (hellgraues Querprofil) und der Dosisleistung mit Keilfilter D_F auf dem Zentralstrahl. Rechts: Dünner Keilfilter mit geringerem Keilfilterwinkel und entsprechend kleinerem Keilfilterfaktor. Der KFF entspricht dem Kehrwert des Schwächungsfaktors in der Feldmitte.

Keilfilterfaktoren werden auf dem Zentralstrahl, also in der Keilfiltermitte definiert. Da die Schwächung im Wesentlichen durch den Schwächungskoeffizienten des eingebrachten Materials bestimmt wird, erwartet man keine oder nur eine geringfügige Abhängigkeit des Keilfilterfaktors von der Größe des Strahlenbündels bzw. der eingestellten Feldgröße. Tatsächlich variieren die experimentellen Keilfilterfaktoren aber geringfügig mit der Feldgröße, also dem bestrahlten Phantomvolumen (Fign. 17.47, 17.48). Der Grund dafür ist der mit dem Volumen zunehmende Streustrahlungsanteil, also Abweichungen von der beim reinen Schwächungsgesetz unterstellten schmalen Geometrie und Beimischungen von Streustrahlung aus dem bestrahlten Volumen zur Dosis am Referenzpunkt. Keilfilterfaktoren hängen wegen der Energieabhängigkeit der Schwächungskoeffizienten außerdem von der Strahlungsqualität ab. Dabei ist die Variation der Keilfilterfaktoren mit der Nennenergie geringer als zunächst erwartet, da der Schwächungskoeffizient im interessierenden Energiebereich nur wenig Energieabhängigkeit zeigt (vgl. dazu die Daten in Fig. 17.55 und 17.56 und die Ausführungen im Kap. 6 [Krieger1]).

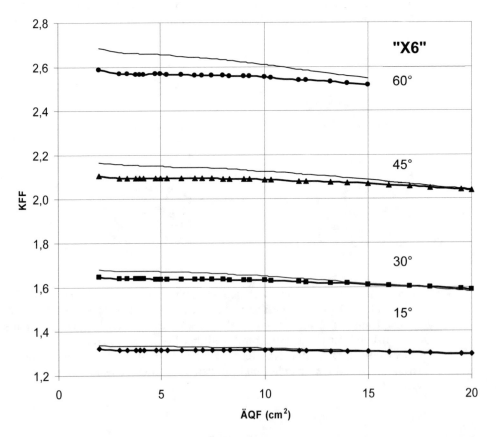

Fig. 17.47: Experimentelle Keilfilterfaktoren (nach Messungen des Autors) für externe physikalische Keilfilter an einem modernen Elektronenlinearbeschleuniger für X6-Photonenstrahlung. Die Winkelangaben beschreiben die Neigung der 50%-Isodose relativ zu einer Senkrechten zum Zentralstrahl (DIN-Definition). Die dünneren Linien oberhalb der mit Messpunkten versehenen Kurven sind die Keilfilterfaktoren für einen zweiten Satz von Keilfiltern, die etwa 10 cm tiefer angebracht wurden, um Raum für Absorberblöcke zu schaffen.

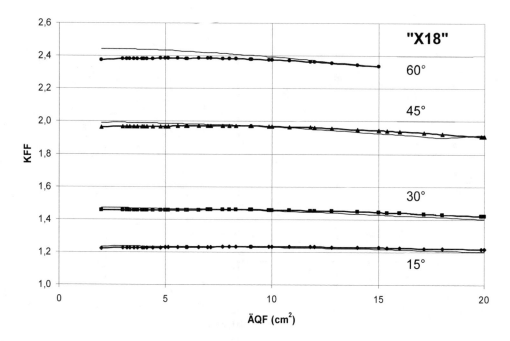

Fig. 17.48: Experimentelle Keilfilterfaktoren für die gleichen Keilfilter wie in (Fig. 17.55), aber für eine höhere Photonen-Nennenergie von 18MV (X18) sowie die Keilfilterfaktoren für einen zweiten Keilfiltersatz, der etwa 10 cm tiefer angebracht wurde, um Raum für Absorberblöcke zu schaffen (dünne Linien).

Moderne Bestrahlungstechniken verwenden oft irreguläre oder asymmetrische Bestrahlungsfelder. In solchen Fällen ist eine Angabe des Keilfilterfaktors, der ja auf dem Zentralstrahl definiert wurde, oft nicht möglich oder sinnvoll. Man muss dann die so genannten Off-Axis-Keilfilterfaktoren verwenden. Sie variieren je nach Referenzpunktlage wegen der dort "gesehenen" unterschiedlichen Keilfilterdicken. Um sie experimentell zu bestimmen werden entweder Isodosenprofile punktweise mit und ohne Keilfilter ausgemessen oder man misst wie auch bei symmetrischer Referenzpunktlage das Dosisleistungsverhältnis freier und gefilterter Felder für unterschiedliche diskrete Off-Axis-Distanzen am gewünschten Referenzpunkt.

Ein Beispiel solcher experimenteller Off-Axis-Keilfilterfaktoren für X18-Photonenstrahlung zeigt (Fig. 17.49). Die größte Lagenvariation der Keilfilterfaktoren findet man bei 60°-Keilfiltern. Die Faktoren variieren zwischen 50% und fast 190% der zentralen Keilfilterfaktorwerte, also beinahe um den Faktor zwei je nach Referenzpunktlage. Werden solche Variationen bei der Therapieplanung nicht korrekt berücksichtigt, können erhebliche Fehlbestrahlungen die Folge sein.

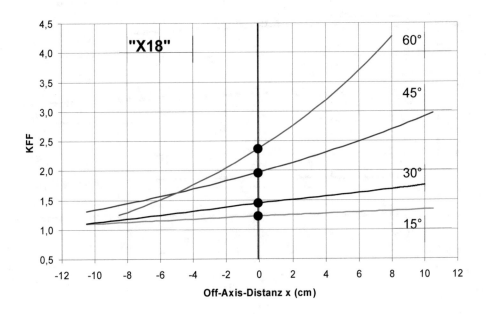

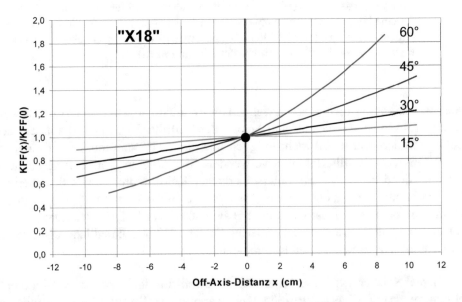

Fig. 17.49: Oben: Experimentelle Off-Axis-Keilfilterfaktoren für X18-Photonen als Funktion der Off-Axis-Distanz des Referenzpunktes zum Zentralstrahl. Unten: Relative Abweichungsfaktoren der Off-Axis-Faktoren von den zentralen Keilfilterfaktoren (aus Messungen des Autors).

Keilfilterfaktoren dynamischer Keilfilter: Bei der Methode der dynamischen oder virtuellen Keilfilter werden überhaupt keine den Strahl formenden Absorber mehr verwendet. Die Formung der Strahlquerprofile geschieht bei diesem Verfahren nur durch dynamisches Verstellen der Halbblenden des Photonenkollimators während der Bestrahlung. Voraussetzung für das Funktionieren dieser Methode sind also einzeln fahrbare Halbblenden, die zudem über die Mitte des Bestrahlungsfeldes, die Zentralstrahlachse, hinaus verstellbar sein müssen. Den Weg über die Feldmitte hinaus bezeichnet man als "Overtravel" einer Blende. Bei modernen Beschleunigern beträgt der Overtravel einzelner Halbblenden maximal 10 cm. Die so mit dynamischen Keilfiltern erreichbare Feldgröße beträgt also 30 cm (z. B. $Y_1 = 10$, $Y_2 = -20$ auf der gegenüberliegenden Seite).

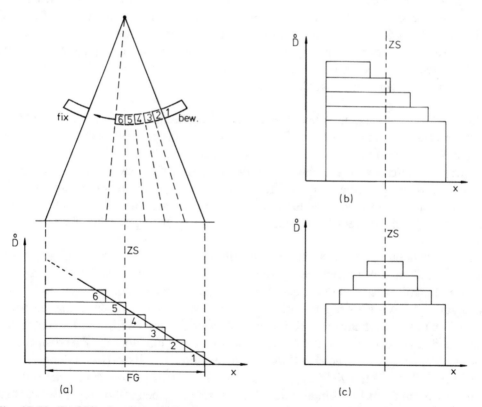

Fig. 17.50: Technik der dynamischen Keilfilter: (a): Erzeugung eines Strahlenquerprofils mit maximaler Dosisleistung links und ohne Dosisleistung am rechten Feldrand durch schrittweises Schließen der rechten Halbblende mit jeweils gleichen Zeitgewichten für die jeweilige Blendenposition. (b): Überlagerung eines freien Feldes mit einem dynamisch geformten Keilfilterquerprofil zur Erzeugung eines kleineren effektiven Keilfilterwinkels. (c): Erzeugung einer pyramidenförmigen Dosisverteilung zur Verminderung der Dosisleistungen an den beiden Feldrändern (Kompensatorwirkung) durch simultanes Schließen beider Halbblenden.

Zum Verständnis der dynamischen Keilfilterwirkung sei der Einfachheit halber angenommen, dass ein Bestrahlungsfeld am linken Feldrand die volle Dosis, auf der anderen, rechten Seite dagegen keinerlei Dosis erhalten soll. Dazu stellt man den linken Feldrand mit der linken Blende ein, die rechte Halbblende wird auf den rechten Feldrand gestellt. Das Feld ist also vollständig geöffnet. Die Bestrahlung wird gestartet und dabei die rechte Halbblende stetig geschlossen, bis sie die Position des linken Feldrandes erreicht hat. Nach Erreichen dieser Position wird die Bestrahlung beendet. Dieser Betriebsmodus erzeugt eine maximale "Schrägung" des Dosisquerprofils, die für den therapeutischen Betrieb allerdings in der Regel nicht sinnvoll ist (Fig. 17.50a).

Sollen mit dieser Technik Isodosenformungen mit beliebigen Keilfilterwinkeln erreicht werden, erzeugt man wie bei den motorischen Keilfiltern zeitliche Überlagerungen eines freien Feldes mit einem virtuellen Keilfilterfeld (vgl. Fig. 17.50b). Ähnlich wie bei den motorischen Keilfiltern werden dazu die relativen Zeitgewichte für das freie Feld und das teilabgedeckte Feld bzw. die Geschwindigkeiten der Blendenbewegungen vom Beschleunigerrechner geeignet gesteuert. Soll beispielsweise ein exponentielles Querprofil erzeugt werden, muss die Geschwindigkeit der schließenden Halbblende beim Zufahren stetig vermindert werden.

Der Keilfilterfaktor ist auch bei dynamischen Keilfiltern über die Zentralstrahldosiswerte im freien und im geformten Feld definiert. Allerdings spielt das Schwächungsgesetz bei dieser Technik keinerlei Rolle, da das Intensitätsprofil bei dynamischen Keilfiltern nicht durch die Strahlschwächung in einem Keilfiltermaterial sondern durch die Blendenbewegungen erzeugt wird. Die dynamischen Keilfilterfaktoren sind also keine physikalischen Schwächungsfaktoren sondern "Erhöhungsfaktoren" für die Monitoreinheiten zum Erreichen derselben Zentralstrahldosis wie im ungeformten Feld.

Um die Entstehung der dynamischen Keilfilterfaktoren und ihre Abhängigkeiten von der Feldgröße und den Strahlungsqualitäten zu verstehen, muss die Steuerungstechnik der Beschleunigerhersteller untersucht werden. Diese Analyse soll exemplarisch an der Steuerungsphilosophie der Fa. Varian dargestellt werden, die als erste eine automatisierte Technik der dynamischen Keilfilter (enhanced dynamic wedge: EDW) entwickelt hat. Bei den Beschleunigern dieses Herstellers wird das monitornahe Blendenpaar, die Y-Blenden, zur dynamischen Keilfiltertechnik eingesetzt. Soll ein Bestrahlungsfeld mit der freien Feldgröße $(X_1, X_2/Y_1, Y_2)$ bestrahlt werden, werden zunächst die vier Teilblenden wie für ein freies Feld eingestellt. Die X-Blenden bleiben während der Bestrahlung unverändert, sie sind also nicht an der Keilfilterwirkung beteiligt. Die Positionen der Y-Blenden dienen zur Strahlprofilformung. Dabei wird wahlweise eine der beiden Y-Teilblenden festgehalten. Diese definiert somit die Y-Größe des Strahlenfeldes auf der entsprechenden Halbblendenseite. Die andere Blende wird auf die gewünschte Startposition - das ist die entsprechende Halbfeldgröße für das freie Feld - eingestellt, aber während der Bestrahlung zur Erzeugung der Keilfilterwirkung stetig geschlossen. Dabei wird die Dosisleistung des Beschleunigers positionsabhängig nach einer festen Monitortabelle variiert (Fig. 17.51 oben). Diese Monitortabelle ist nicht wie üblich eine

Dosisangabe pro ME sondern eine Dosisangabe pro Position der bewegten Halbblende, also ein örtlicher Dosisgradient dD/dy.

Soll ein kleineres Feld bestrahlt werden, müssen die entsprechenden y-Koordinaten Y_1

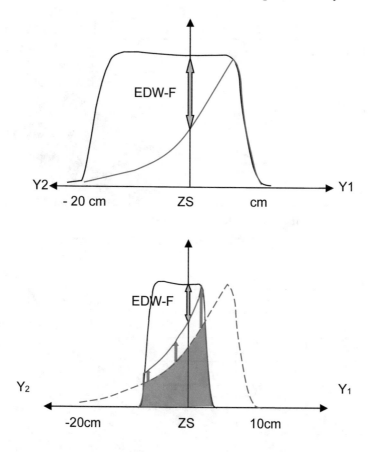

Fig. 17.51: Technik der dynamischen Keilfilter. Oben: Erzeugung eines Strahlquerprofils mit maximaler Dosisleistung rechts durch schrittweises Schließen der linken Y-Halbblende nach dem vom Hersteller vorgegebenen Dosisprofil. Unten: EDW-Technik bei verkleinertem Y-Feld mit unterschiedlichem EDW-Faktor und Neunormierung (s. Text).

und Y_2 verändert werden. Dabei wird aus dem Keilfilterprofil des maximalen Feldes der entsprechende Anteil ausgeschnitten. Der Wert am unbewegten Feldrand (im Beispiel Y_1) wird auf den maximalen Wert normiert (Fig. 17.51 unten, blaue Pfeile). Mit dem gleichen Normierungsfaktor werden die Dosisleistungen der anderen Kurvenpunkte ebenfalls multipliziert.

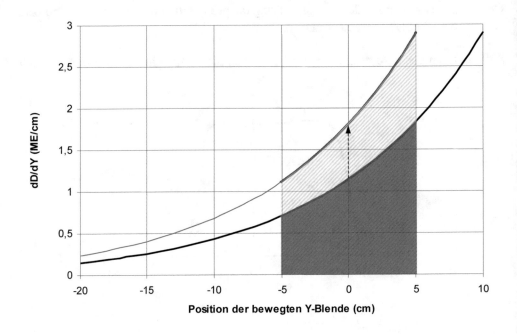

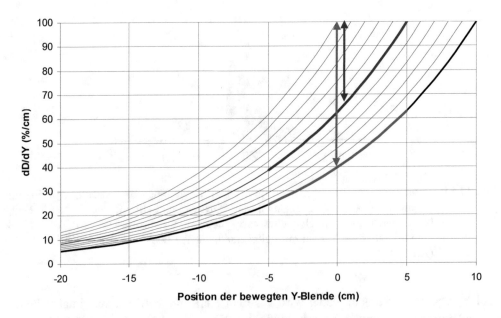

Fig. 17.52: Abhängigkeit des Keilfilterfaktors für dynamische Keilfilter von der Position der unbewegten Y-Blende (im Beispiel Y_1). Roter Doppelpfeil: Keilfilterfaktor für die maximale Y-Feldgröße. Blauer Doppelpfeil: Keilfilterfaktor für das umnormierte Dosisprofil nach Feldverkleinerung durch Verkleinerung von Y_1 auf 5 cm.

Der EDW-Faktor entspricht dem Verhältnis der Dosis im freien Feld ohne Keilfilter und der Dosis im umnormierten Keilfilterprofil auf dem Zentralstrahl. Anders als bei physikalischen Keilfiltern führt dieser Algorithmus zu einer deutlichen Abhängigkeit des Keilfilterfaktors EDW-F von der Feldgröße.

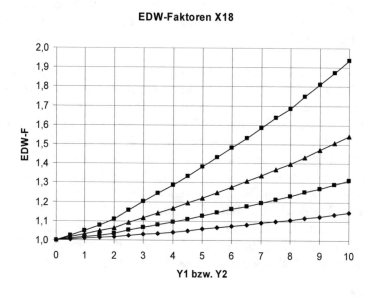

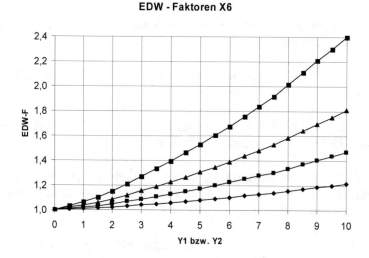

Fig. 17.53: Experimentelle Keilfilterfaktoren für dynamische Keilfilter an einem Varian Beschleuniger. Die gemessenen Faktoren sind unabhängig von der eingestellten X-Feldgröße und variieren ausschließlich mit der Position der jeweils feststehenden Y-Teilblende (s. Text). Sie gelten also sowohl für die bewegte Y_1-Blende als auch für eine bewegte Y_2-Blende.

Der Keilfilterfaktor ist maximal bei der maximal möglichen Feldgröße (im Beispiel Y_1 = 10cm, Y_2 = -20cm). Er verkleinert sich für abnehmendes Y_1 (die Koordinate der feststehenden Y-Teilblende) und erreicht den Wert EDW-F = 1,0 für Y_1 = 0cm (s. Fig. 17.53 unten). Der Keilfilterfaktor ist völlig unabhängig von den Koordinaten der bewegten (dynamischen) Y-Teilblende und hängt wegen der unveränderten X-Feldgröße auch nicht von den X-Koordinaten ab. Eine grafische Darstellung der experimentellen dynamischen Keilfilterfaktoren für X6- und X18-Photonen an einem Varian Beschleuniger zeigt (Fig. 17.53).

Das durch dynamische Keilfilter erzeugte Dosisquerprofil ist weitgehend unabhängig von der Strahlungsqualität. Es verändert sich aber selbstverständlich wegen der Wechselwirkungen des geformten Strahlenbündels mit dem Phantommaterial ebenso wie bei den anderen Keilfiltertechniken mit der Tiefe im Phantom. Ein Vorteil der virtuellen Keilfiltertechnik ist die sehr geringe Abhängigkeit der Form der Tiefendosisverteilungen vom Keilfilterwinkel. Dies hat seinen Grund in der Tatsache, dass die spektrale Zusammensetzung des Strahlenbündels anders als bei echten externen oder motorischen Keilfiltern wegen des Wegfalls absorbierender bzw. schwächender Materialien im Strahlengang im Vergleich zum freien Feld kaum verändert wird. Durch die variablen Streubeiträge aus dem durchstrahlten Phantomvolumen und eventueller kleiner feldgrößenabhängiger Streubeiträge aus dem Strahlerkopf sind geringfügige Variationen der Tiefendosis allerdings auch bei dynamischen Keilfiltern zu erwarten.

Zusammenfassung

- **Keilfilter im Strahlengang von Photonenstrahlenbündeln dienen zur Isodosenformung.**

- **Sie sollen lokale Gewebedefizite wie beispielsweise an gekrümmten Oberflächen kompensieren.**

- **Sie dienen auch als Ersatz für mangelnde oder erhöhte Gewebedichten in der Tiefe der bestrahlten Zielvolumina.**

- **Bei Mehrfelderbestrahlungen unter Winkeln unter 180 Grad können Keilfilter auch zur Minderung der Dosen im Überlappbereich der Felder verwendet werden.**

- **Keilfilter werden durch den Neigungswinkel der 50%-Isodose in der Referenztiefe charakterisiert.**

- **Man unterscheidet die physikalischen und die dynamischen (virtuellen) Keilfilter.**

- Bei den physikalischen Keilfiltern werden geformte Materialien hoher Ordnungszahl (meistens Blei) in den Strahlengang gebracht. Sie schwächen den Strahl abhängig von ihrer lokalen Materialstärke.

- Das Verhältnis der Dosisleistungen auf dem Zentralstrahl ohne Keilfilter und mit Keilfilter wird als Keilfilterfaktor KFF bezeichnet.

- Er hängt bei physikalischen Keilfiltern auf dem Zentralstrahl nur sehr wenig von der Feldgröße ab.

- Er verändert sich aber sehr stark bei Messungen außerhalb des Zentralstrahls (Off-Axis-Faktoren).

- Bei den motorischen Keilfiltern werden unterschiedliche Isodosenwinkel durch zeitgewichtete Überlagerung freier Felder und maximal mit dem Keilfilter geformter Felder erzeugt.

- Bei den dynamischen oder virtuellen Keilfiltern werden die Querprofile durch Verstellen einer Halbblende während der Bestrahlung geformt.

- Die dynamischen Keilfilterfaktoren zeigen eine große Abhängigkeit von der Feldgröße, also letztlich von der Position der verstellbaren Blende.

- Da keine Materialien in den Strahlengang gebracht werden, bleiben die dynamischen Keilfilterfelder frei von niederenergetischer Kontamination der Nutzstrahlungsbündel.

Aufgaben

1. Welche perkutanen Photonenstrahlungsquellen werden in der Radioonkologie verwendet?

2. Wie kann man die Dosisverteilungen perkutaner Photonenstrahlungsquellen beschreiben?

3. Erklären Sie die Feldgrößenabhängigkeit der Maximumsdosisleistungen an einem Kobaltgerät. Welche Einflussparameter sind auch bei Messungen der Frei-Luft-Dosisleistungen wirksam?

4. Erklären Sie den Begriff der Monitorrückstreuung. Bei welchen Bestrahlungsanlagen tritt sie auf? Welche der folgenden Anordnungen erzeugt den höchsten Monitorstreubeitrag: eine unten am Strahlerkopf befestigte Blockblende, ein nach dem unteren Kollimator angebrachter MLC, die fokusnahe Y-Blende oder die fokusferne X-Blende? Begründung?

5. Was versteht man unter der Methode der Äquivalentquadratfelder? Geben Sie die Formel dafür an. Gilt diese Formel streng auch für Elektronenlinearbeschleuniger im Photonenbetrieb?

6. Was versteht man unter einem asymmetrischen, was unter einem irregulären Bestrahlungsfeld?

7. Erklären Sie die Methode der Vier-Quadrantentechnik. Für welche Bestrahlungsfelder kann sie angewendet werden? Begründung.

8. Versuchen Sie eine Erklärung für die abweichenden Dosisleistungen außerhalb des Zentralstrahls. Wie nennt man die relativen Dosisabweichungen zur Zentralstrahldosisleistung? Wann sind diese Abweichungen am größten, in der Tiefe des Dosismaximums oder in 10 cm Gewebetiefe? Geben Sie dafür Gründe an.

9. Beschreiben Sie den Tiefendosisverlauf eines ultraharten Photonenstrahlungsfeldes in Wasser und geben Sie eine Erklärung für den typischen Verlauf.

10. Berechnen Sie den Einfluss des Abstandsquadratgesetzes auf die relative Tiefendosis von X12-Photonen in 12 cm Wassertiefe bei einer Änderung des FOA von 1 m auf 1,1 m. Hängt der Einfluss des Abstandsquadratgesetzes von der Strahlungsqualität ab und wenn ja, wie?

11. Erklären Sie detailliert den Aufbaueffekt ultraharter Photonenstrahlung in Medien. Ab welcher Photonenenergie ist der Aufbaueffekt zu beobachten, also messtechnisch nachzuweisen? Welche Ionisationskammerbauform ist zur Messung im Aufbaubereich zu empfehlen?

12. Um welche Strahlungsqualität (X?) handelt es sich bei folgenden Eigenschaften einer Tiefendosiskurve in Wasser: Oberflächendosis 30%, dmax = 1,5 cm, d1/2 = 15 cm?

13. Was versteht man unter Moulagentechnik?

14. Wieso erhöhen sich die relativen Tiefendosiswerte von X6-Photonenstrahlung in 10 cm Wassertiefe mit der Feldgröße?

15. Sind die Werte der Maximumsstreufaktoren und der Gewebe-Luft-Verhältnisse abhängig vom Fokus-Hautabstand, Begründung?

16. Sie bestrahlen zwei Medien mit gleicher Ordnungszahl aber um den Faktor zwei unterschiedlichen Dichten homogen mit ultraharten hochenergetischen Photonen. In welchem der beiden Volumina entsteht bei Vernachlässigung der Einflüsse der mitbestrahlten Nachbarschaft die höhere Energiedosis?

17. Erklären Sie die Einflüsse einer eingelagerten und durchstrahlten Inhomogenität mit höherer und niedrigerer Dichte auf dem Zentralstrahl eines Bestrahlungsfeldes auf die Tiefendosisverteilung bei ultraharter Photonenstrahlung. Verändert sich die Dosis bei einer seitlich vom untersuchten Zentralstrahlverlauf liegenden Inhomogenität niedriger oder höherer Dichte (Beispiel Luft, Knochen)?

18. Welche Keilfilterarten werden in der perkutanen Photonenstrahlentherapie eingesetzt? Erklären Sie ihre Wirkungen und definieren Sie den Begriff des Keilfilterfaktors für die physikalischen Keilfilter.

Aufgabenlösungen

1. Perkutane Photonen-Quellen sind Elektronenlinearbeschleuniger im Photonenbetrieb, Kobaltanlagen, Röntgentherapieanlagen für die Oberflächentherapie.

2. Dosisverteilungen kann man mit absoluten Dosisleistungen im Referenzpunkt, Tiefendosisverteilungen, Querprofilen und Isodosen beschreiben.

3. Die Maximumsdosisleistungen an Beschleunigern hängen von der Phantomstreuung und der Strahlerkopfstreuung bzw. dem Blickwinkel der Messsonde in den Strahlerkopf (Apertur) ab. Die Strahlerkopfstreuung ist unabhängig von einem eventuell verwendeten Phantom, in dem die Ionisationskammer steckt, tritt also auch bei Frei-Luft-Messungen auf.

4. Die Monitorrückstreuung ist ein Dosisbeitrag in den Dosismonitor, der von der Streuung des primären Strahlenbündels an den dem Fokus zugewandten Seiten der verwendeten Blendensysteme herrührt. Er kann je nach verwendeter Anlage (relativer Lage des Monitors) zu vernachlässigen sein oder bis zu 30% der Feldgrößenabhängigkeit ausmachen. Die höchsten Rückstreubeiträge stammen in abnehmender Reihenfolge von der fokusnahen Y-Blende, der fokusfernen X-Blende, dem Multileafkollimator MLC und von der externen Blockblende. Ähnliche Rückstreubeiträge wie an den Blockblenden entstehen auch in externen Keilfiltern.

5. Äquivalentquadratfelder sind quadratische Felder, die die gleichen absoluten Dosisleistungen und Tiefendosisverteilungen haben wie die untersuchten Rechteckfelder. Die Formel für die Quadratfeldseitenlänge q lautet $q = \dfrac{2ab}{a+b}$, wenn a und b die Seitenlängen der Rechteckfelder sind. Diese Gleichung gilt nicht streng für Linacs im Photonenbetrieb wegen der asymmetrischen Monitorrückstreubeiträge und der unterschiedliche Apertur der X- bzw. Y-Blenden.

6. Asymmetrische Felder sind Rechteckfelder, deren Schwerpunkt gegen den Zentralstrahl des freien Feldes verschoben sein kann. Irreguläre Felder haben weder Quadrat- noch Rechteckform. Sie werden entweder durch MLC oder durch Blockblenden geformt.

7. Die Vier-Quadrantentechnik kann bei asymmetrischen Feldern angewendet werden, wenn mindestens ein Teil des Feldes den Zentralstrahl ausreichend umfasst, also nicht in den abfallenden Teil des Querprofils hinein gerät. Dazu wird das Feld in vier Quadranten eingeteilt, d. h. am "Zentralstrahlkreuz" aufgeteilt. Die Dosisleistung wird dann als Mittel der Dosisleistungen der aus den vier Quadranten gebildeten Quadratfelder berechnet. Wird der Zentralstrahl nicht mehr ausreichend umfasst, müssen Off-Axis-Faktoren gemessen und verwendet werden.

8. Die veränderliche Größe der Dosisleistungen entlang eines Querprofils hängt mit dem unterschiedlichen Blickwinkel der Messsonde in den Strahlerkopf (Apertur) zusammen. Fokusnahe Ionisationskammern haben eine größere Apertur als entfernte Sonden in der Tiefe des Phantoms; sie sehen deshalb die Strahlerkopfstreubeiträge in unterschiedlichen Geometrien. Die höheren Abweichungen in den Querprofilen messen also die Maximumssonden. Zusätzlich zu dem Aperturphänomen sorgt auch der erhöhte Streubeitrag in größeren Tiefen des Phantoms für eine Glättung der Querprofile.

9. Die Tiefendosisverteilungen ultraharter Photonenstrahlungen zeigen den folgenden typischen Verlauf: Anstieg der Dosis in den ersten Millimetern oder Zentimetern (Aufbaubereich), Dosismaximum, abfallender Dosisverlauf hinter dem Dosismaximum. Der Dosisabfall strahlabwärts vom Dosismaximum entsteht durch die Schwächung der Photonen im Phantom, durch Streubeiträge im Phantom und durch das Abstandsquadratgesetz.

10. Zur Berechnung des Abstandsquadratgesetzes verwendet man die beiden Entfernungen vom Fokus, 112 und 122 cm. Das Quadrat ihres Verhältnisses ergibt $(1{,}12/1{,}22)^2 = 0{,}843$. Das Abstandsquadratgesetz ist unabhängig von der Strahlungsqualität, allerdings muss die Fokuslage genau bekannt sein. Im Photonenbetrieb eines Linacs und den üblichen Messabständen ist die Fokuslage in guter Näherung das Zentrum des Bremstargets.

11. Der Aufbaubereich entsteht durch die Überlagerung der Dosisbeiträge von Sekundärelektronenbahnen. Das Dosismaximum ist überschritten, wenn die Sekundärelektronen, die an der Oberfläche des Phantoms produziert wurden, völlig abgebremst sind. Voraussetzung ist eine ausreichende Photonenenergie. Diese wird benötigt, um Comptonelektronen zu erzeugen, deren Emissionswinkel in Strahlrichtung ausgerichtet sind, und deren Energien so groß sind, dass sie ausreichende Reichweiten im bestrahlten Phantommaterial aufweisen. Der Aufbaueffekt tritt für Photonengrenzenergien oberhalb von 400 keV auf. Am besten verwendet man wegen der guten Ortsauflösung in Strahlrichtung Flachkammern.

12. Es handelt sich um X6 Photonen aus einem Linac mit einem FOA von etwa 100 cm (s. die numerischen TDKs im Tabellenanhang).

13. Bei der Moulagentechnik für Photonenstrahlung werden Materialien unmittelbar auf das zu behandelnde Volumen aufgebracht. Sie sorgen dafür, dass der Aufbaueffekt in das Moulagenmaterial verlegt wird und deshalb die Hautoberfläche direkt mit der Maximumsdosis behandelt wird. Bei Elektronenstrahlung können Moulagen zur Verminderung der Elektronenenergie und somit zur Reduktion der Eindringtiefe der Elektronen in das Gewebe verwendet werden, wenn die eigentlich erforderlichen Energien am Beschleuniger nicht eingestellt werden können.

14. Der Grund für die Zunahme der TDK-Werte bei größeren Feldern sind vorwiegend die Streubeiträge aus dem größeren bestrahlten Volumen. Eine gewisse Rolle spielt aber auch der größere Blickwinkel in den Strahlerkopf.

15. Nein, MSF und TAR werden in konstanter Entfernung vom Fokus gemessen werden und deshalb ist das Abstandsquadratgesetz "ausgeschaltet".

16. Die Energiedosis ist in beiden Fällen gleich, da Energiedosis absorbierte Energie/Masse ist. Allerdings ist dieses Experiment schwer durchzuführen, da eine homogene Bestrahlung von Phantomen mit ultraharter Photonenstrahlung in der Praxis kaum möglich ist. Näherungsweise ist eine homogene Bestrahlung nach Inkorporation gleichförmig verteilter hochenergetischer Gammastrahler denkbar.

17. Auf dem abfallenden Teil der Tiefendosiskurven ultraharter Photonenstrahlung hinter dem Dosismaximum eingelagerte Inhomogenitäten auf dem Zentralstrahl erhöhen bzw. erniedrigen die Dosisleistungen hinter ihnen in Abhängigkeit von ihren Dichten (hohe Dichte ergibt steileren Dosisabfall). Das Abstandsquadratgesetz bleibt unverändert. Hinter Inhomogenitäten sehr geringer Dichte (Gaseinschlüssen) kann es sogar zu einem erneuten Aufbaueffekt kommen. Seitlich vom Zentralstrahl angeordnete Inhomogenitäten modifizieren die Zentralstrahldosisleistung durch erhöhte (hohe Dichte) oder durch verminderte (geringere Dichte) Streubeiträge.

18. In der Strahlentherapie werden physikalische externe oder interne Keilfilter aus Materialien hoher Dichte und Ordnungszahl eingesetzt. Sie schwächen das Strahlprofil je nach Form auf der einen Seite stärker als auf der anderen Feldseite. Die Querprofile werden dadurch angeschrägt. Die Keilfilterfaktoren sind die Kehrwerte der relativen Schwächungsfaktoren der verwendeten physikalischen Keile, also die Verhältnisse der Dosisleistungen mit freiem Feld und abgedecktem Feld. Dabei ist zwischen den Zentralstrahlfaktoren und den Off-Axis-Faktoren zu unterscheiden. Die dritte Keilfilterart sind die dynamischen Keilfilter, bei denen die Querprofilschräge durch einseitiges Öffnen oder Schließen einer Halbfeldblende während der Bestrahlung erzeugt wird.

18 Dosisverteilungen perkutaner Elektronenstrahlung

Die in diesem Kapitel dargestellten Dosisverteilungen von perkutanen hochenergetischen Elektronenstrahlungen aus Beschleunigern werden wie bei Photonenstrahlungen durch Angaben der Kenndosisleistungen, den Verlauf der Tiefendosis und die Querprofile beschrieben. Es werden ausführlich die Verschiebungen des virtuellen Quellenortes bei Messung der Maximumsdosisleistungen erläutert. Tiefendosiskurven von Elektronen sind charakterisiert durch hohe Oberflächendosen und einen steilen Dosisabfall nach dem Dosismaximum. Nach einer ausführlichen Analyse dieser Elektronentiefendosisverläufe werden die Isodosenverteilungen und die Einflüsse von Inhomogenitäten auf die Dosisverteilungen diskutiert.

Dosisverteilungen von Elektronenstrahlung unterscheiden sich wegen der typischen Elektronen-Wechselwirkungen mit kontinuierlichem Energieverlust grundsätzlich von denen der Photonenstrahlung. Der augenfälligste Unterschied ist die endliche Reichweite der Elektronen und der damit verbundene scharfe Abfall der Tiefendosiskurven jenseits des Dosismaximums. Die Reichweite der Elektronen in Materie und damit die therapeutische Tiefe lassen sich besser als bei Photonenstrahlung durch geeignete Wahl der Anfangsenergie steuern, was die besondere Eignung der Elektronenstrahlung für die Strahlentherapie oberflächennaher Tumoren ausmacht. Elektronen unterliegen beim Durchgang durch Materie außerdem vielfachen Streuprozessen im Coulombfeld der Kerne und Hüllenelektronen, die neben der Elektronenenergie den wichtigsten Einfluss auf die Dosisverteilungen darstellen. Elektronendosisverteilungen beschreibt man in Analogie zu den Photonenverteilungen eindimensional durch die Absolutdosisleistung an einem Referenzpunkt, die relative Tiefendosisverteilung und die Querprofile sowie zweidimensional durch Isodosenlinien in ausgesuchten Ebenen. Die Charakterisierung der Strahlungsqualität perkutaner Elektronenstrahlungen wird über die mittlere Reichweite unter Referenzbedingungen vorgenommen (Kap. 13).

18.1 Absolute Dosisleistungen von Elektronenstrahlung

Für Elektronenstrahlungen aus Beschleunigern wird als Kenndosisleistung die Wasserenergiedosisleistung im Tiefendosismaximum angegeben. Die absoluten Werte sollen entweder im Nenngebrauchsabstand der Tubusse oder im Isozentrumsabstand gemessen werden. Da die das Feld formenden Elemente (Tubusse, Elektronentrimmer) auf einen bestimmten Abstand hin optimiert wurden, bringen willkürliche Veränderungen des Nenngebrauchsabstandes unter Umständen unerwartete Veränderungen der Dosisverteilungen mit sich. Dies gilt sowohl für die absoluten Dosisleistungen, die wegen der Streuaufsättigung durch die Tubuswände oft nicht mehr dem Abstandsquadratgesetz folgen, als auch für die Dosisprofile, die durch veränderte Streubedingungen die geometrischen Feldgrenzen über- oder unterschreiten können.

Für die Feldgrößenabhängigkeiten der Dosisleistung von Elektronenstrahlenbündeln gelten im Prinzip die gleichen Überlegungen wie beim Photonenbetrieb. Je nach Bauart

© Springer Fachmedien Wiesbaden GmbH, ein Teil von Springer Nature 2021
H. Krieger, *Strahlungsmessung und Dosimetrie*,
https://doi.org/10.1007/978-3-658-33389-8_18

und Strahlerkopfdesign kann es zu deutlichen Feldgrößenabhängigkeiten durch Monitorrückstreuung kommen (s. Kap. 17). Diese Monitorrückstreuung ist durch die beweglichen Photonenblenden dominiert, unterhalb deren die Elektronentubusse oder die beweglichen Elektronentrimmer eingehängt werden. Werden die Einstellungen der Photonenkollimatoren für die verschiedenen Elektronenfeldgrößen nicht verändert, bleibt der Monitorstreubeitrag konstant. Ein merklicher Teil der Elektronen des primären Strahlenbündels wird in der Luft zwischen Ausgleichsfolie und Phantomoberfläche gestreut. Zusätzliche erwünschte Streubeiträge entstammen der Elektronenstreuung an den Blendenträgern der Tubusse. Diese Streubeiträge, die zum Teil auch außerhalb des geometrischen Strahlenverlaufs entstehen und zum Feldausgleich mit verwendet werden, sind am größten für kleine Elektronenenergien und Hoch-Z-Materialien. Sie nehmen natürlich mit zunehmender Feldgröße und Fokusabstand, also zunehmendem Luftvolumen und größerer Apertur der Blenden zu und erhöhen deshalb in gewissem Umfang auch die Anzeige der externen Dosimetersonde auf dem Zentralstrahl. Ein erheblicher Beitrag zur Elektronendosisverteilung entstammt der Elektronenstreuung im Phantom.

Heute werden in der Regel nicht mehr die kontinuierlich verstellbaren Elektronentrimmer sondern Elektronentubusse verwendet, die mit einem typischen Satz an quadratischen und rechteckigen Feldgrößen verfügbar sind. Sie werden unterhalb der Photonenkollimatoren am Strahlerkopf befestigt. Grundsätzlich werden die Photonenkollimatoren im Elektronenbetrieb so eingestellt, dass sie deutlich größere Felder definieren als die Elektronenfelder. Das hat den Zweck, das über das Elektronenfeld hinausragende Luftvolumen als seitliches Streumedium für die Elektronenfelder zu verwenden, und sorgt bei konstanter Divergenz des Photonenkollimators auch nur für nicht zu hohe Dosisleistungsvariationen im Elektronenfeld. Sollen andere Feldformen verwendet werden, können feldformende Zusatzblenden aus Schwermetall in die Standardtubusse eingelegt werden, die entweder als Zubehör von den Beschleunigerherstellern mit geliefert wurden, oder es müssen selbst angefertigte Einsätze eingelegt werden. In allen diesen Fällen weichen die Outputfaktoren durch die Veränderung der Streuaufsättigung durch die Feldblenden und die durch die variierten Volumina veränderten Streubeiträge im bestrahlten Medium von denen der Quadratfelder ab. Dabei kann es auch zu einer Verschiebung des Dosismaximums in Richtung Oberfläche kommen. Maximumstiefen und Dosisleistungen müssen für alle klinisch eingesetzten Feldformen individuell gemessen werden.

Feldäquivalenz für Elektronenstrahlung: Für Elektronenstrahlung existiert wegen der komplizierten Verhältnisse beim Feldausgleich und der Vielfalt möglicher Tubus- oder Kollimatorkonstruktionen anders als bei Photonenstrahlungen keine allgemeingültige Näherungsformel zur Berechnung der Äquivalentfelder. Wegen der dominierenden Einflüsse der Streuung von Elektronen auf die Tiefendosisverteilung verändert sich bei Elektronenstrahlung die Feldäquivalenz auch deutlich mit der Tiefe im Phantom. Hier müssen also auf alle Fälle ausführliche und leider sehr zeitintensive dosimetrische Basisuntersuchungen vorgenommen werden, bevor der therapeutische Betrieb aufgenommen werden kann. Als Methode wird bei kontinuierlich verstellbaren Elektronenfeldern wie bei der Photonendosimetrie die dosimetrische Zoneneinteilung empfohlen. Beim Einsatz von Tubussen mit fester Feldgröße sind Äquivalentfeldeinteilungen weder notwendig noch sinnvoll. Hier sind Bestrahlungszeittabellen (Monitortabellen) für jede Kombination von Elektronenenergie und Tubusgröße vorzuziehen.

Abstandsabhängigkeit der Absolutdosisleistung von Elektronenstrahlung: Wenn Elektronenstrahlung isotrop von einer punktförmigen Quelle ohne weitere Wechselwirkungen ins Vakuum emittiert wird, gilt selbstverständlich wie bei Photonenstrahlung aus Energie- und Teilchenerhaltungsgründen das Abstandsquadratgesetz. Unter realen Bedingungen findet man jedoch erhebliche Abweichungen von dieser einfachen geometrischen Strahlausbreitung. Die Gründe dafür sind vielfältig. Bevor Elektronen

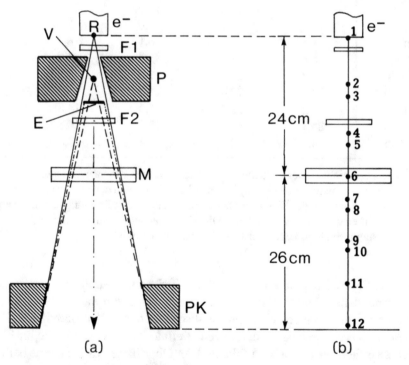

Fig. 18.1: (a): Lage der realen (R), effektiven (E) und virtuellen (V) Elektronenquelle in Linearbeschleunigern mit kontinuierlich verstellbaren Elektronenkollimatoren (F1, F2: primäre und sekundäre Ausgleichsfolien, M: Doppeldosismonitor, P: Primärkollimator, PK: Photonenkollimator). (b): Veränderung der virtuellen Fokuslage für Elektronenstrahlung eines 13-MeV-Linacs mit der Elektronenenergie und der Feldgröße in 100 cm Abstand vom realen Fokusort (R). Die Zahlenangaben bedeuten: (Nr):Energie(MeV)/Quadratfeldgröße(cm²):(1):8/20², (2):13/10², (3):6/20², (4): 10/10², (5):8/10², (6):4/20², (7):6/10², (8):10/5², (9):8/5², (10):4/10², (11):6/5², (12):4/5², (nach numerischen Daten von [Briot]).

als medizinisch nutzbares Elektronenstrahlenbündel den Strahlerkopf verlassen, durchlaufen sie zunächst das Endfenster der Beschleunigersektion, passieren den Energiespalt und das Austrittsfenster des Strahlführungssystems und treffen dann je nach Konstruktion auf die Ausgleichsfolien oder durchlaufen den Scanmagneten. Anschließend durchstrahlen sie den Strahlungsmonitor, treffen eventuell auf den Spiegel des Lichtvisiers und verlassen zuletzt, beeinflusst durch das Kollimatorsystem aus Photonenkollimator und Tubus oder Applikator, den Strahlerkopf. Jede dieser Wechselwirkungen verändert Fluenz und Divergenz des Elektronenstrahlenbündels.

Tubus (cmxcm)	E6	E9	E12	E16	E20
4x4	43,1	27,9	19,6	19,8	25,1
6x6	28,9	18,1	15,6	16,9	23,0
10x10	15,3	10,5	11,9	14,8	18,3
15x15	12,6	8,1	9,0	9,3	9,9
20x20	8,6	6,6	6,1	6,3	6,5
25x25	8,4	5,2	5,5	4,7	3,7
4x8	34,7	22,3	17,0	17,8	22,2
4x10	34,8	22,4	16,7	15,0	15,8
4x12	35,2	22,7	16,4	14,8	15,8
10x6	25,3	14,8	13,8	16,5	21,6
16x6	18,0	12,4	11,4	13,6	15,5

Tab. 18.1: Verschiebung des virtuellen Quellortes von Elektronenstrahlungen vom Ort der ersten Ausgleichsfolie (in cm) in Linearbeschleunigern der Fa. Varian (Clinac 2100CD) mit Formung der Elektronenfelder durch Tubusse in Richtung zum Isozentrum (nach Untersuchungen des Autors). Die Verschiebungen wurden durch Analyse der Abstandsabhängigkeiten der Dosisleistungen bestimmt.

Wegen der vielen Richtungsänderungen der Elektronen durch Streuprozesse und der damit verbundenen Änderungen der Divergenz der Elektronenstrahlenbündel in Beschleunigern fällt es schwer, einen physikalisch klar definierten Brennfleck (Fokus) anzugeben. Man definiert deshalb den Ort einer **effektiven Flächenquelle** für Elektronen, die sich zwischen der ersten Streufolie und der Oberfläche des Phantoms befindet (Fig. 18.1). Sie würde die gleiche Divergenz und den gleichen Strahldurchmesser auf der Oberfläche dieses Phantoms erzeugen wie die reale Elektronenquelle in der ersten Streufolie. Die effektive Flächenquelle ist Messungen nicht direkt zugänglich und ist auch nicht zur Berechnung der absoluten Dosisleistungen geeignet. Durch Messungen der Dosisleistung als Funktion des Abstandes kann aber wie bei Photonenstrahlungsquellen der Ort einer **virtuellen** Elektronen-Punktquelle im Strahlerkopf bestimmt werden. Sie ist der dosimetrische Bezugsort für eventuelle Abstandskorrekturrechnungen der Dosisleistungen. Ihre Lage ist abhängig von der individuellen Geometrie des untersuchten Beschleunigers.

Beispiel 18.1: Eine Vergrößerung des nominellen Fokus-Haut-Abstandes für einen Elektronentubus von 100 auf 105 cm für 6 MeV-Elektronen (E6, d_{max}=1,3 cm) an einem Varian-Beschleuniger bedeutet rechnerisch nach dem Abstandsquadratgesetz eine Veränderung der Monitoreinheiten pro Gy im Maximum um den Faktor $(106,3/101,3)^2 = 1,10$ gegenüber dem in der Bestrahlungszeittabelle aufgeführten Wert. Der reale Fokus für 4x10 Tubus liegt nach (Tab. 18.1) bei etwa 35 cm statt bei 0 cm. Dies bedeutet einen realen Verlängerungsfaktor von $((66,3+5)/66,3)^2$ =1,16. Ohne diese Korrektur erhielte man daher eine Unterdosierung von 6%!

Zusammenfassung

- **Kenndosisleistungen von Elektronenstrahlung werden im Tiefendosismaximum auf dem Zentralstrahl spezifiziert.**

- **Anders als bei Photonenstrahlungsfeldern existiert keine einfache analytische Beziehung zur Berechnung der dosimetrischen Äquivalenz von Elektronenfeldern.**

- **Bei der Basisdosimetrie sind deshalb die absoluten Dosisleistungen für alle Feldformen (Tubusse und Inlays) individuell zu ermitteln.**

- **Vor allem bei deutlicher Reduktion der Feldflächen durch Einsätze sind die Tiefenlagen des Dosismaximums zu überprüfen.**

- **Wegen der vielfachen Streuprozesse bei der Homogenisierung und Formung von Elektronenfeldern kommt es zu teilweise erheblichen Verschiebungen des virtuellen Fokus, also des Bezugsortes für Korrekturen der Bestrahlungszeiten nach dem Abstandsquadratgesetz.**

- **Diese Fokusverschiebungen sind am größten bei kleinen Elektronenenergien und kleinen Feldgrößen und können im Extremfall bis zu einem halben Meter in Richtung Isozentrum betragen.**

- **Die Fokusverschiebungen sind abhängig von der individuellen Bauform der Beschleuniger und der Elektronentubusse oder des verstellbaren Kollimatorsystems und müssen daher an jedem Beschleuniger gesondert untersucht werden.**

- **Vernachlässigungen dieses Sachverhaltes können zu erheblichen Dosisleistungsfehlern und Fehldosierungen bei Änderungen der Fokus-Haut-Abstände führen.**

18.2 Elektronen-Tiefendosisverteilungen

18.2.1 Messung der Tiefendosisverteilungen

Messsonden für die Elektronendosismessung: Die wichtigste Methode zur Messung von Dosisverteilungen von Elektronenstrahlung in Materie ist die Ionisationsdosimetrie mit Ionisationskammern. Teilweise werden auch Halbleitersonden verwendet, die allerdings wegen mangelnder Langzeitstabilität zur absoluten Dosimetrie weniger geeignet sind. Als Phantommaterial für Tiefendosismessungen von Elektronen werden wie bei der Photonendosimetrie entweder Wasser oder, wegen der exakteren Geometrie, auch Plexiglas oder sonstige gewebeäquivalente Festkörper-Substanzen wie RW3 herangezogen. Als Detektoren werden am besten Flachkammern mit dünnen luftäquivalenten oder wasseräquivalenten Strahleintrittsfenstern verwendet, die wegen der geringen Strahlfeldstörungseffekte ("perturbation", s. Kap. 12) gut für Elektronenmessungen geeignet sind. Ihr Messvolumen muss genügend klein sein, um im Bereich der steilen Dosisgradienten eine ausreichende örtliche Auflösung zu garantieren. Kompakte Zylinderkammern sind erst bei höheren Elektronenenergien (etwa ab 20 MeV) und dann nur nach Korrektur auf Messortverschiebung und Strahlfeldstörung zu empfehlen.

Umrechnung von Ionentiefendosis in Energietiefendosis: Ähnlich wie bei der Messung der absoluten Dosisleistungen von Elektronenstrahlung mit Ionisationskammern muss auch bei der Messung der Tiefendosisverläufe beachtet werden, dass sich relative Ionentiefendosen und Energietiefendosen auch bei Normierung auf den Mess-

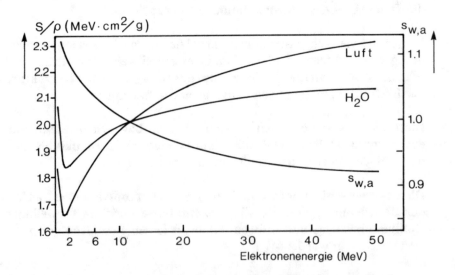

Fig. 18.2: Energieabhängigkeit der Massenstoßbremsvermögen S/ρ für Elektronen in Wasser und Luft (linke Skala: Kurven Luft und H_2O) und des Verhältnisses $s_{w,a}$ der Massenstoßbremsvermögen von Wasser und Luft (rechte Skala), numerische Daten s. Tabelle (25.9) und die entsprechende Gleichung im Anhang (25.10).

wert in der gleichen Referenztiefe prinzipiell voneinander unterscheiden. Wie früher bereits ausführlich begründet (vgl. Kap. 10), muss die Anzeige des Dosimeters in einem Elektronenstrahlungsfeld zur Berechnung der Energiedosis im Medium am gleichen Ort mit dem über das Energiespektrum am Messort gemittelten Verhältnis der Massenstoßbremsvermögen für Luft und Phantommedium $s_{w,a}$ bzw. $s_{m,a}$ multipliziert werden. Dieses Verhältnis der Stoßbremsvermögen für Luft (Kammervolumen) und Phantommaterial (Wasser, Plexiglas) zeigt wegen des Dichteeffekts eine erhebliche Energieabhängigkeit (Fig. 18.2). Bei einer Veränderung der Messorttiefe ändern sich wegen der kontinuierlichen Energieabgabe der Elektronen an ihre Umgebung die mittlere und die wahrscheinlichste Energie E_p der Elektronen im Strahlungsfeld und damit auch dieser Dosisumrechnungsfaktor.

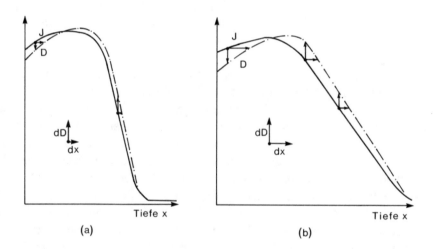

Fig. 18.3: Vergleich von Ionentiefendosiskurve (J) und Energietiefendosiskurve (D) für Elektronenstrahlung oberhalb 10 MeV ($s_{w,a} < 1$) für große Bestrahlungsfelder (dx: Verschiebung der Isodosen, dD: Unterschied zwischen Ionentiefendosiskurve und Energietiefendosiskurve. (a): geringfügig höhere, (b): deutlich höhere Elektroneneintrittsenergien als 10 MeV. Die Umrechnung der Ionendosis in die Energiedosis wirkt sich vor allem im Bereich flacher Dosisgradienten vor dem Dosismaximum und jenseits des Maximums bei hohen Elektronenenergien auf die Isodosenlage aus.

Die mittlere Elektronenenergie am Messort x kann aus der praktischen Reichweite und der wahrscheinlichsten oder mittleren Eintrittsenergie berechnet werden. Es gilt:

$$\overline{E}(x) \approx E_p(x) = E_{p,0} \cdot \left(1 - \frac{x}{R_p}\right) \qquad (18.1)$$

Ist der Umrechnungsfaktor $s_{w,a}$ grundsätzlich größer als 1, kommt es zu einer generellen Anhebung der Energiedosis-TDK relativ zur Ionendosis-TDK. Dies ist der Fall für Elektroneneinschussenergien unterhalb von 10 MeV. Für höhere primäre Elektronenenergien kommt es dagegen zunächst zu einer Absenkung bis zur Elektronenrestenergie von etwa 10 MeV und danach zu einer Anhebung der Ionendosis-TDK. Wegen der stetigen Zunahme des Faktors kommt es dabei in beiden Fällen zu einer Formveränderung der TDK mit zunehmender Tiefe im Phantom. Der Umrechnungsfaktor von Ionendosis in Energiedosis ist am größten für kleine Elektronenenergien, also am Ende der Elektronenbahnen in der Tiefe des Phantoms. Tiefenenergiedosiskurven werden deshalb dort im Vergleich zu den Ionentiefendosiskurven immer zu höheren Werten hin verschoben. Sind die Dosisgradienten auf der abfallenden Flanke der Tiefendosiskurve sehr groß, wie das bei nicht zu hohen Elektronenenergien und bei modernen Beschleunigern mit gutem Feldausgleich in der Regel der Fall ist (s. Fig. 18.4), erhöht sich dadurch zwar die relative Dosis in der Tiefe, die räumliche Verschiebung der Isodosen bleibt aber gering (Fig. 18.3a).

Kurz nach dem Eintritt des Elektronenstrahlenbündels in das Phantom sind die Elektronenenergieverluste noch gering, die mittlere Energie der Elektronen ist deshalb hoch und das Verhältnis der Massenstoßbremsvermögen im Medium und in Luft ist bei Primärenergien oberhalb 10 MeV kleiner als 1. Die Energiedosiskurve verläuft deshalb bei hohen Primärenergien in der Nähe der Phantomoberfläche deutlich unterhalb der Ionisationskurve (Fig. 18.3a,b). Isodosen vor dem Dosismaximum werden wegen der flachen Tiefendosis dann in Richtung größerer Phantomtiefen verschoben. Der Einfluss der $s_{w,a}$-Korrektur und damit die Tiefenverschiebung der Energiedosiskurve relativ zur Ionentiefendosiskurve ist umso größer, je höher die mittlere Energie des Elektronenstrahlenbündels beim Eintritt in das Phantom ist (Fig. 18.3b), da die Elektronen beim Abbremsvorgang im Absorber den gesamten Energiebereich von der Eintrittsenergie bis zum völligen Verlust der Bewegungsenergie durchlaufen. Für 50-MeV-Elektronen beträgt der Korrekturfaktor von der Ionendosis zur Energiedosis beispielsweise ungefähr 0,9 beim Eintritt in das Medium und 1,1 am Ende der Elektronenbahnen (vgl. Fig. 18.2). Dies bedeutet eine Variation des Korrekturfaktors von +10% in der Tiefe bis -10% an der Phantomoberfläche.

Im linearen, flach abfallenden Teil der Elektronentiefendosiskurve für hohe Elektronenenergien bewirkt das eine Isodosenverschiebung in die Tiefe von etwa der gleichen Größenordnung. Die Umrechnung der gemessenen Ionisationskurven in Energiedosiskurven darf deshalb insbesondere für höhere Elektronenenergien nicht vernachlässigt werden, während bei Energien unter 10 MeV der Versatz der Energietiefendosiskurven gegenüber den Ionentiefendosiskurven wegen des sehr steil abfallenden Kurvenverlaufs hinter dem Dosismaximum und der deshalb nur geringfügigen Isodosenverschiebung nur von untergeordneter Bedeutung ist. Erneute Normierung auf das neue Dosismaximum verstärkt die Dosisabnahme vor dem Maximum und mindert die Veränderungen im abfallenden Tiefendosisbereich hinter dem Maximum.

18.2.2 Beschreibung der Elektronentiefendosiskurven

Breite Elektronenstrahlungsfelder aus Elektronenbeschleunigern mit Energien von etwa 4 bis maximal 30 (früher bis 50) MeV, wie sie in der Strahlentherapie üblich sind, zeigen in Phantommaterialien oder menschlichem Gewebe sehr typische Zentralstrahltiefendosisverläufe (s. die Beispiele in Fig. 18.4). Die relative Energiedosis an der Oberfläche von etwa 75% bis 90% steigt stetig bis zum Erreichen des maximalen Wertes an und fällt hinter dem Maximum je nach Energie wieder mehr oder weniger steil ab. Die Tiefendosiskurven gehen dann je nach Beschleunigertyp und durchstrahltem Medium in flache Dosisausläufer über, die durch Bremsstrahlungsentstehung im Medium und im Strahlerkopf verursacht sind ("Bremsstrahlungsschwanz"). Dieser fast "kastenförmige" Verlauf der Tiefendosiskurven macht Elektronen besonders geeignet für die Behandlung oberflächennaher Tumoren.

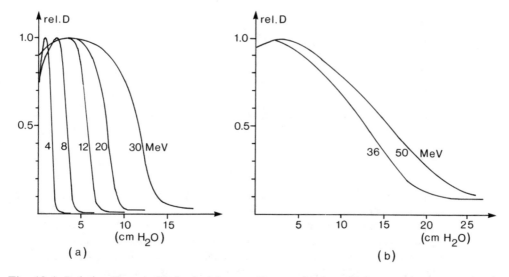

Fig. 18.4: Relative Energie-Tiefendosiskurven für verschiedene Elektroneneintrittsenergien in Wasser (normiert auf das jeweilige Dosismaximum). (a): Elektronen aus Elektronenlinearbeschleunigern (Eintrittsenergien zwischen 4 und 30 MeV); (b): Elektronen aus einem heute nicht mehr verwendeten Betatron mit sehr breitem Energiespektrum (verursacht durch Feldausgleich mit nur einer Streufolie und zusätzliche Tubusaufsättigung sowie höhere Photonenkontamination durch Bremsstrahlung. Die mittleren Reichweiten für 30-MeV-Elektronen aus dem Linearbeschleuniger und 36-MeV-Elektronen aus dem Betatron werden dadurch etwa gleich groß. Der Bremsstrahlungsanteil beim Betatron liegt bei über 10%, die Oberflächendosis ist erhöht.

Charakteristische Größen zur Beschreibung der Elektronen-Tiefendosiskurven: Relative Elektronentiefendosiskurven werden wie bei den Photonen mit der relativen Oberflächendosis D_0 und der Tiefenlage des Maximums d_{max} beschrieben. Zur

Charakterisierung des abfallenden Dosisverlaufs hinter dem Maximum werden in der praktischen klinischen Dosimetrie verschiedene Reichweiten verwendet. Diese werden in Anlehnung an die Definitionen der physikalischen Reichweiten anhand der Trans-

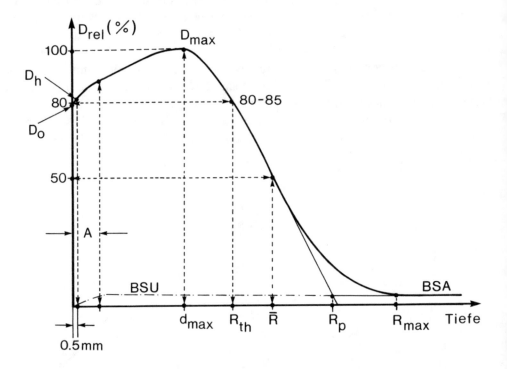

Fig. 18.5: Größen zur Beschreibung von Elektronentiefendosiskurven: $\overline{R}$: mittlere, R_p: praktische, R_{max}: maximale, R_{th}: therapeutische Reichweite, d_{max}: Dosismaximumstiefe, D_o: Oberflächendosis, D_h: Hautdosis (Dosis in 0,5 mm Tiefe), A: Aufbauzone, BSU: Bremsstrahlungsuntergrund (Anteil der durch Bremsstrahlungsphotonen verursachten Energiedosis im Bereich des Dosismaximums), BSA: Bremsstrahlungsausläufer (definiert als Anteil der Bremsstrahlung bei der praktischen Reichweite).

missionskurven definiert (Fig. 18.5). Es sind dies die **therapeutische** Reichweite, die **mittlere** Reichweite, die **praktische** Reichweite und die **maximale** Reichweite. Der Bremsstrahlungsanteil wird bei der praktischen Reichweite bestimmt und wird dort als "Bremsstrahlungsausläufer" bezeichnet.

18.2.3 Entstehung des Dosismaximums

Der Bereich zwischen Phantomoberfläche und Dosismaximum ähnelt formal der Aufbauzone hochenergetischer Photonenstrahlung in dichten Medien, hat jedoch bei Elektronenstrahlung eine völlig andere Ursache. Beim Eindringen in Materie werden die

Elektronen eines parallelen Strahlenbündels durch Vielfachstreuung allmählich aus ihrer ursprünglichen Richtung abgelenkt. Das Strahlenbündel wird aufgestreut und erreicht bei leichten Absorbern bereits nach etwa der Hälfte der mittleren Reichweite den Zustand der vollständigen Diffusion, also ein konstantes mittleres Streuwinkelquadrat (vgl. dazu die Ausführungen in [Krieger1], Kap. 9). Die Elektronenbahnen verlaufen deshalb im Mittel schräg zur Zentralstrahlachse. Die mittlere Bahnneigung nimmt mit der Zahl der durchlaufenen Wechselwirkungen, also mit der verbliebenen Energie der Elektronen, der so genannten Restenergie zu.

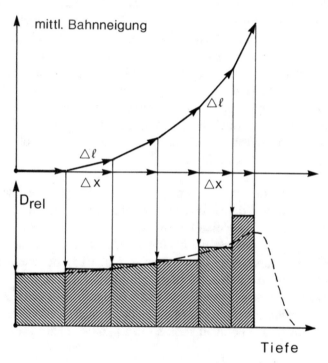

Fig. 18.6: Entstehung der Elektronentiefendosiskurve aus der Projektion der Energieabgaben gestreuter Elektronen entlang der Bahnelemente $\Delta\ell$ auf die Zentralstrahlachse (Δx: Projektion von $\Delta\ell$ auf die Zentralstrahlachse, schraffierte Flächen: Energieabgaben D_{rel} entlang $\Delta\ell$ bzw. Δx).

Die Bahnen der Elektronen sind im Mittel also umso mehr zur Ursprungsrichtung geneigt, je tiefer die Elektronen in den Absorber eingedrungen sind. Die Projektionen Δx der Bahnlängenelemente $\Delta\ell$ eines Elektrons auf die Zentralstrahlachse verkürzen sich deshalb mit der Tiefe im Phantom (s. Fig. 18.6 oben). Bei jeder Wechselwirkung geben die Elektronen einen Teil ihrer Energie an das umgebende Medium ab. Diese Energieüberträge sind wegen der Vielzahl von Wechselwirkungen näherungsweise kontinuierlich, in erster Näherung proportional zur Größe der Bahnlängenelemente $\Delta\ell$, bei konstantem $\Delta\ell$ also ebenfalls konstant. Da Tiefendosiskurven die Dosisverteilungen entlang des Zentralstrahls darstellen, müssen die in Richtung der Elektronenbewegung pro Weglängenelement $\Delta\ell$ auf das Medium übertragenen Energiebeträge auf die Zentralstrahlrichtung projiziert werden. Mit zunehmender Tiefe im Phantom und zunehmender Bahnneigung der Elektronen erhöht sich deshalb die "Energieübertragungsdichte" auf der Zentralstrahlachse. Die Tiefendosis auf dem Zentralstrahl wächst solange an, bis die vollständige Diffusion der Elektronen erreicht ist, also keine weitere Aufstreuung des Elektronenstrahlenbündels mehr möglich ist.

Experimentell stellt man fest, dass die relativen Oberflächendosen umso höher und die Dosisanstiege zum Dosismaximum also geringer sind, je höher die Energie der Elektronen bei Auftreffen auf die Oberfläche des Phantoms ist. Dies ist leicht damit zu erklären, dass hochenergetische Elektronen mit geringerer Wahrscheinlichkeit und in kleineren Winkeln gestreut werden als niederenergetische Elektronen[1]. Sie behalten also bei der Wechselwirkung mit dem Medium ihre ursprüngliche Richtung länger bei. Zurückgelegter Weg (Bahnlänge) und Eindringtiefe stimmen besser überein als bei niederen Bewegungsenergien. Erst bei ausreichendem Energieverlust lassen sich die Elektronen leichter durch das Medium streuen, sie befinden sich dann aber zum großen Teil bereits auf der abfallenden Flanke der Tiefendosis.

Bei Elektronenbeschleunigern mit sehr homogenem Energiespektrum, deren Primärstrahlenbündel also nur wenig durch Wechselwirkungen mit dem Kollimatorsystem oder den Streufolien zum Feldausgleich beeinflusst wurde, ist bei sehr sauberer Geometrie hin und wieder direkt hinter der Phantomoberfläche ein zusätzlicher schwach ausgeprägter Dosisleistungsanstieg zu beobachten (s. Fig. 18.5), der wie bei Photonenstrahlung auf den Dosisaufbau durch Sekundärelektronen zurückzuführen ist. Die Höhe der Oberflächendosis hängt von der Form des Elektronenspektrums und der Winkelverteilung der Elektronen beim Eintritt in das Medium ab. Je mehr niederenergetische und gestreute Elektronen das Strahlenbündel kontaminieren, umso höher wird die Dosis an der Oberfläche.

18.2.4 Tiefendosis hinter dem Dosismaximum und Reichweiten

Je tiefer die Elektronen in das Medium eingedrungen sind, umso niedriger ist ihre Restenergie. Der damit verbundene Anstieg des Bremsvermögens erhöht zusätzlich die Dosis in der Tiefe des Phantoms. Sind die Elektronen am Ende ihrer Bahnen angelangt, haben sie alle Bewegungsenergie verloren. Sie können also keine Energie mehr an das Medium abgeben. Die durch Stoßbremsung der Elektronen bewirkte Tiefendosis fällt dann auf Null.

---

[1] Das Streuvermögen eines Absorbers und das mittlere Streuwinkelquadrat sind proportional zum Quadrat der Ordnungszahl des Absorbers und umgekehrt proportional zum Quadrat der Bewegungsenergie der Elektronen (s. [Krieger1], Kap. 9.3.1).

Die Orte der Elektronenbahnenden sind wegen der "Verschmierung" des Energiespektrums (Energiestraggling, s. [Krieger1], Kap. 9), des statistischen Charakters der Wechselwirkungsakte und der räumlichen Aufstreuung der Elektronen über einen gewissen Tiefenbereich verteilt. Dessen Breite hängt von der mittleren Elektroneneintrittsenergie und dem Energiespektrum des Elektronenstrahlenbündels sowie der Ordnungszahl und Dichte des Mediums ab. Die Tiefendosisverteilungen von Elektronen fallen innerhalb dieser Zone steil ab und münden dann in den Bremsstrahlungsausläufer (s. Fig. 18.4).

Zur Beschreibung der abfallenden Tiefendosis verwendet man die verschiedenen Reichweiten (s. Fig. 18.4). Die mittlere Reichweite ist für Elektronen-Tiefendosiskurven als Tiefe des 50%-Dosisabfalls festgelegt. Sie dient zur Charakterisierung der Strahlungsqualität der Elektronen. Die praktische Reichweite von Elektronenstrahlung wird anhand der Tiefendosiskurven als die Projektion des Schnittpunktes der Wendetangente an die Tiefendosiskurve mit dem Bremsstrahlungsausläufer auf die Tiefenachse definiert. Bei nicht zu hohen Elektronenenergien sind mittlere und praktische Reichweite der Eintrittsenergie der Elektronen näherungsweise proportional. Für höhere Energien weichen die Reichweiten wegen der Zunahme der Bremsstrahlungsverluste der Elektronen besonders bei höheren Ordnungszahlen des Mediums immer mehr vom linearen Verlauf ab.

Für therapeutische Elektronenenergien existieren in der wissenschaftlichen Literatur ([ICRU35], [Reich], [Jaeger/Hübner] und dort zitierte weiterführende Arbeiten) eine Reihe empirischer Energie-Reichweite-Beziehungen, die für dosimetrische Zwecke sehr nützlich sind. Eine häufig verwendete Beziehung ist die halbempirische Formel von Markus für Elektronen von 5 bis 35 MeV für menschliches Gewebe und andere Stoffe mit Z < 8 ([DIN 6809-1], [Markus]), die die Bestimmung der dosimetrisch bedeutsamen **wahrscheinlichsten Eintrittsenergie** der Elektronen in das Medium aus Messungen der praktischen Reichweite erlaubt. Sie lautet:

$$\left(\frac{Z}{A}\right)_{eff} \cdot \rho \cdot R_p = 0{,}285 \cdot E_{p0} - 0{,}137 \tag{18.2}$$

Diese Zahlenwertgleichung gilt mit einer Unsicherheit von ungefähr 2%. Die praktische Reichweite ist in cm, die Energie in MeV und die Dichte in Gramm durch Kubikzentimeter in diese Gleichung einzusetzen. Die für die praktische Anwendung benötigten numerischen Werte der Größen $(Z/A)_{eff}$ und der Dichte ρ sind auszugsweise in Tabelle (18.2) zusammengestellt (s. auch [DIN 6809-1] und dort zitierte Literaturstellen).

Material	$(Z/A)_{eff}$	Dichte ρ (g/cm³)	$(Z/A)_{eff} \cdot \rho$ (g/cm³)
Wasser	0,555	1,00	0,555
Plexiglas	0,540	1,18	0,637
Polystyrol	0,538	1,06	0,570
Polyäthylen	0,571	0,92	0,525
Graphit	0,500	1,70-2,25	0,85-1,125
Muskel	0,541-0,604	0,92-1,07	0,498-0,646
Fett	0,540-0,583	0,88-0,95	0,475-0,554
Knochen	0,530	1,5	0,795

Tab. 18.2: Größen zur Energie-Reichweitenbeziehung Gl. (18.2), nach [DIN 6809-1].

Die zurzeit bei weitem genaueste Formel zur Berechnung der wahrscheinlichsten Elektroneneintrittsenergie [ICRU 35] ist eine quadratische Anpassung experimenteller Wasser-Reichweiten an die wahrscheinlichste Elektronenenergie E_{p0} an der Oberfläche. Sie berücksichtigt auch das bei hohen Elektronenenergien merkliche Strahlungsbremsvermögen. Man erhält mit dieser Formel (Gl. 18.3) die Elektronenenergie in MeV, wenn die Reichweite in cm angegeben wird.

$$E_{p0} = 0,22 \ (MeV) + 1,98 \ (MeV/cm) \cdot R_p + 0,0025 \ (MeV/cm^2) \cdot R_p^2 \qquad (18.3)$$

Sie gilt in Wasser mit einem Fehler von nur ±1% für Elektronenenergien von 1-50 MeV und hat als grobe Faustregel für die praktische Arbeit die Form:

$$R_p(cm) \approx Elektroneneintrittsenergie \ (MeV)/2 \qquad (18.4)$$

Beispiel 18.2: Die aus einer Tiefendosismessung im Wasserphantom bestimmte praktische Reichweite R_p von Elektronenstrahlung in Wasser betrage 7,4 cm. Die wahrscheinlichste Eintrittsenergie E_{p0} (in MeV) berechnet man mit der nach E_{p0} aufgelösten Gl. (18.2) zu $E_{p0} = (R_p \cdot \rho \cdot (Z/A)_{eff} + 0,137)/0,285$ und den Daten für Wasser aus Tabelle (18.1) zu: $E_{p0} = (7,4 \cdot 0,555 + 0,137)/0,285 = 14,89$ MeV. Es handelt sich also um "15-MeV"-Elektronen.

Weitere Möglichkeiten, die für die Dosimetrie wichtige mittlere Eintrittsenergie der Elektronen an der Phantomoberfläche experimentell zu bestimmen, sind die Verwendung von Magnetspektrometern, die Untersuchung der Ausbeute von elektroneninduzierten Kernreaktionen des Typs (e,e'x) mit bekannter Schwellenenergie (x = n oder p) sowie die Spektrometrie mit Szintillationsdetektoren und die Untersuchung von Schwellenenergien für Cerenkovstrahlung. Alle diese Methoden sind mit der klinischen Dosimetrieausrüstung nicht durchführbar und sollen deshalb hier nicht weiter erläutert werden. Ausführliche Hinweise auf diese Methoden sind in der Literatur enthalten (z. B. [ICRU 35], [Reich], [Jaeger/Hübner]). Zur Berechnung der mittleren Elektroneneintrittsenergie in das Phantom aus der mittleren Reichweite existieren eine Reihe empirischer Anpassungsformeln. Eine von ihnen ist die folgende Beziehung aus [Reich] für Elektronenenergien von etwa 1 bis 50 MeV.

$$\overline{E}_0 = 2{,}33(\,MeV\,/\,cm\,)\cdot \overline{R} + 0{,}00007\cdot \overline{R}^4(\,MeV\,/\,cm^4\,) \tag{18.5}$$

Für schmale Elektronenspektren beim Eintritt in das bestrahlte Medium ist der Tiefendosisverlauf hinter dem Maximum einigermaßen steil (vgl. Fig. 18.3a). Praktische und mittlere Reichweite unterscheiden sich daher nur wenig. Dies leuchtet unmittelbar ein bei einem Studium der numerischen Daten in den Tabellen (25.8 und 25.9) im Tabellenanhang oder der Kurven für das Massenstoßbremsvermögen von Elektronen in Materie (z. B. [Krieger1], Kap. 9). Zwischen der mittleren Reichweite von Elektronen in Wasser oder Weichteilgeweben und der mittleren Elektroneneintrittsenergie gilt ein ähnlicher linearer Zusammenhang wie in Gleichung (18.3). Als grobe Faustformel für die mittlere Reichweite von Elektronen in Wasser oder Weichteilgewebe als Funktion der mittleren Elektroneneintrittsenergie erhält man aus Gl. (18.5) und [ICRU 35]:

$$\overline{R}(\,cm\,) \approx \overline{E}_0(\,MeV\,)\,/\,2{,}33 \tag{18.6}$$

Die **maximale Reichweite R_{max}** entspricht der Einmündungstiefe der Tiefendosiskurve in den Bremsstrahlungsausläufer (s. Fig. 18.5). Ihre eindeutige Bestimmung aus experimentellen Tiefendosiskurven ist wegen des am Ende der Tiefendosiskurve nahezu exponentiellen Dosisverlaufs ziemlich schwierig. Bei Linearisierung des Strahlungsausläufers durch halblogarithmische Darstellungen der Tiefendosiskurven ist sie dagegen leichter zu entnehmen. Die maximale Reichweite von Elektronenstrahlung ist bei wenig kontaminierten Elektronenspektren und nicht zu hohen Elektronenenergien wie die anderen physikalischen Reichweiten ebenfalls proportional zur Elektroneneintrittsenergie. Wegen der Unsicherheiten in der praktischen Bestimmung der maximalen Reichweite und der Abhängigkeit von der spektralen Verteilung der Elektronen ist sie allerdings weniger zur Charakterisierung eines Elektronenstrahlenbündels und des gesamten Tiefendosisverlaufs geeignet als die praktische Reichweite. Die maximale Reichweite wird vor allem von hochenergetischen Einzelelektronen bestimmt, die nur wenigen oder keinen Streuprozessen unterlagen.

Für medizinische Zwecke existiert eine weitere Reichweitendefinition, die **therapeutische Reichweite R_{th}**. Ihre Definition ist in der Literatur nicht ganz eindeutig. Manchmal wird die Zentralstrahltiefe der 80%-, 85%- oder 90%-Isodose in Wasser, manchmal die Tiefe derjenigen Isodose, die den gleichen Wert wie die Hautdosis hat, als therapeutische Reichweite bezeichnet. Da die Tiefendosisverteilungen der Elektronenstrahlung aus modernen Beschleunigern jenseits des Dosismaximums bei nicht zu hohen Elektronenenergien sehr steil verlaufen, unterscheiden sich die unterschiedlich definierten therapeutischen Reichweiten bei Energien unter 20 MeV zahlenmäßig kaum. Für die therapeutische 80%-Reichweite in Wasser oder menschlichem Weichteilgewebe findet man bei Elektronenenergien unter 20 MeV eine weitere nützliche Abschätzung, die dem Radioonkologen die Auswahl der geeigneten Elektronenenergie sehr erleichtert. Es gilt die grobe empirische Regel:

$$R_{th}(cm) \approx Eintrittsenergie\ (MeV)/3 \tag{18.7}$$

Neben der physikalisch interessierenden Oberflächendosis einer Elektronenstrahlung wird (nach [ICRU 35]) auch die therapeutisch wichtigere Hautdosis verwendet (s. Fig. 18.5). Sie ist definiert als die Energiedosis in 0,5 mm Gewebetiefe, was etwa dem Tiefenbereich der vitalen Schichten der Haut entspricht.

18.2.5 Kontamination des Elektronenstrahlenbündels mit Bremsstrahlung

Kontaminationen des Elektronenstrahlenbündels mit Bremsstrahlung führen zu einer unerwünschten Strahlenexposition der Gewebe hinter dem eigentlichen Zielvolumen. Sie können wegen der Durchdringungsfähigkeit der ultraharten Photonen zu unerwartet hohen Volumendosen führen und sind deshalb soweit wie möglich zu vermeiden. Bei der therapeutischen oder dosimetrischen Anwendung von hochenergetischer Elektronenstrahlung gibt es zwei mögliche Ursachen für die Entstehung von Bremsstrahlung: erstens die Kontamination mit ultraharten Photonen aus Wechselwirkungen des Elektronenstrahlenbündels mit den Strukturmaterialien und feldformenden Zusatzblenden des Beschleunigers und zweitens die Bremsstrahlungserzeugung im bestrahlten Medium (Gewebe, Phantom) selbst. Der erste Anteil kann durch geschickte Auslegung des Strahlerkopfes der Beschleuniger und geeignete Auswahl der im Strahlengang befindlichen Materialien klein gehalten werden. Erkennbar ist eine Kontamination des Elektronenstrahlenbündels am **Bremsstrahlungsausläufer** (s. Fig. 18.5), der eine Dosisleistung im Phantom auch in größeren Tiefen als der maximalen Reichweite bewirkt.

Zur Kennzeichnung und zum Vergleich der Bremsstrahlungskontamination verwendet man den aus Tiefendosiskurven bei der praktischen Reichweite abgelesenen relativen Photonendosisbeitrag, der natürlich nicht die gesamte Bremsstrahlungsausbeute der Elektronen im Medium darstellt. Die gesamte Bremsstrahlungsausbeute eines Elektronenstrahlenbündels in Materie ist wesentlich höher und kann nach den Angaben in ([Krieger1], Tabelle 20.9) abgeschätzt werden. Der im Phantom oder Gewebe entstehende Anteil kann durch den Anwender selbstverständlich nicht beeinflusst werden.

Sein Beitrag zur Tiefendosis bei der praktischen Reichweite in der Tiefe R_p beträgt in gewebeähnlichen Substanzen je nach Energie wenige Zehntel Prozent bis maximal 5% bei 50 MeV Elektronen. Die Strahlungsbremsung im Phantom ist die an modernen Linearbeschleunigern dominierende Quelle für Bremsstrahlung (vgl. dazu die Tiefendosiskurven in Fig. 18.4). Der gerätebedingte Anteil schwankt in Abhängigkeit von der Elektronenenergie und dem Beschleunigertyp zwischen weniger als 1% bei modernen Linearbeschleunigern und bis zu 10% bei den veralteten Betatrons.

Bei der therapeutischen Anwendung von Elektronenstrahlung auf inhomogene Zielvolumina, die Materialien höherer Ordnungszahl (wie Endoprothesen, Zahnplomben, chirurgische Schrauben oder Nägel u. ä.) enthalten, kann der Bremsstrahlungsanteil der Tiefendosisverteilung wegen der quadratischen Abhängigkeit der Photonenerzeugungsrate von der Ordnungszahl allerdings lokal erheblich anwachsen. Er erhöht sich auch bei sorgloser Anwendung von Materialien hoher Ordnungszahl im Strahlengang wie beispielsweise von Zusatzkollimatoren aus Schwermetall oder selbst gefertigten Abschirmungen aus Blei. Da individuelle Feldformungen klinisch oft nicht vermeidbar sind, werden häufig Zusatzblenden aus Schwermetall verwendet. Diese müssen zunächst sicherstellen, dass ihre Dicke größer ist als die die praktische Reichweite der zur Behandlung eingesetzten Elektronen oder mindestens ein bestimmter klinisch vertretbarer Transmissionsgrad eingehalten wird. Dazu benötigte Materialstärken können aus Tabellen oder Grafiken über den Zusammenhang von Massenreichweite und Elektronenenergie abgeschätzt werden. Am besten verwendet man die Faustformel für die praktische Elektronenreichweite in Wasser (Gl. 18.4) und dividiert den so abgeschätzten Reichweitenwert durch die Dichte von Blei (exakt 11,3 g/cm³). Die Faustregel lautet vereinfacht für die benötigte Bleischichtdicke SD_{pb}.

$$SD_{pb} = R_{p,wasser}/10 \qquad (18.8)$$

Für so berechnete Materialstärken liegt der transmittierte Elektronenanteil bei etwa 5%. Ein solcher Restbeitrag kann wegen der sowieso erheblichen lateralen Elektronenstreuung im bestrahlten Medium in der Regel hingenommen werden.

Beispiel 18.3: Berechnung der Materialstärken bei zugelassener 5% Transmission. An einem Beschleuniger werden Elektronen zwischen 6 und 20 MeV therapeutisch eingesetzt. Die praktischen Wasserreichweiten betragen also 3 bis 10 cm. Erforderliche Bleistärken berechnet man nach (Gl. 18.8) zu 0,3 cm bis 0,5 cm. Aus Sicherheitsgründen sollten immer die maximalen Stärken verwendet werden, also 5 mm dicke Bleiabsorber.

Allerdings haben Schwermetallabdeckungen einen Nachteil. Sie stellen hervorragende Targets für die Bremsstrahlungsproduktion durch die Strahlungsbremsung der Elektronen dar. Da die Bremsstrahlungsausbeute mit der Elektronenenergie ansteigt, wird der höchste Bremsstrahlungsanteil in den Oberflächenschichten der Bleiabdeckungen durch die ungebremsten Elektronen erzeugt. Wird aus Geometriegründen oder Sorglosigkeit mit zu dünnen Feldabdeckungen gearbeitet, kann dieser Bremsstrahlungsanteil wegen der nur unzureichenden nachfolgenden Photonen-Schwächung im dünnen Bleiabsorber den Patienten u. U. mit erheblichen Anteilen durchdringender Bremsstrahlung hinter der Abdeckung exponieren. Im klinischen Alltag ist deshalb zu empfehlen, die Bleiabdeckung immer mit der an die maximale Elektronenenergie angepassten Stärke anzufertigen, die auch die nicht vermeidbare Bremsstrahlung wieder teilweise abschirmt.

18.2.6 Einfluss des Elektronenspektrums auf die Tiefendosiskurve

Bereits beim Eintritt in das Phantommedium verschmierte und energetisch verschobene, breite Energieverteilungen der Elektronen erhöhen nicht nur die Oberflächendosis (s. o.), sie führen auch zur Verschiebung der Reichweiten in Richtung zur Phantomoberfläche, wenn durch Kontamination des Elektronenstrahlenbündels die mittlere und die wahrscheinlichste Energie des Spektrums erniedrigt werden. Darüber hinaus führt die Energieverbreiterung des primären Elektronenspektrums zu einer Verflachung der Tiefendosiskurve hinter dem Dosismaximum (Fig. 18.7).

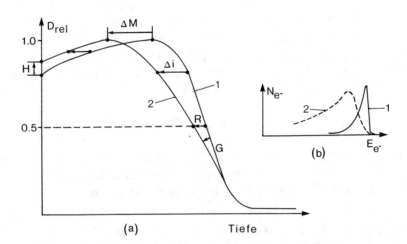

Fig. 18.7: (a): Veränderungen der Elektronentiefendosis mit der Form des Elektronenspektrums. (1): Geringe, (2): große Energieverbreiterung des Primärspektrums bei gleicher Nennenergie der Elektronen (H: Erhöhung der Oberflächendosis, ΔM: Verringerung der Maximumstiefe, Δi: Verschiebung der Isodosen zur Oberfläche, R: Verminderung der mittleren Reichweite, G: Abnahme des Dosisgradienten auf der abfallenden Flanke der Tiefendosiskurve). (b): Zu den Tiefendosiskurven in (a) gehörige Elektronenspektren an der Phantomoberfläche. (1): Schmales Spektrum aus modernen Linearbeschleunigern. (2): Durch vorherige Wechselwirkungen des Elektronenstrahlungsbündels verbreitertes und in der Energie verschobenes Spektrum.

Geringere Dosisgradienten im abfallenden Teil der Tiefendosiskurve verschlechtern die therapeutische Eignung der Elektronenstrahlung. Bei der Konstruktion von Strahlerköpfen moderner Elektronenbeschleuniger wird deshalb der Aufbau der Strahlungsfeld formenden Elemente (Streufolien, Kollimatoren und Elektronen-Applikatoren) besonders sorgfältig durchgeführt (vgl. dazu die Ausführungen in [Krieger2], Kap. 9). Je höher die Eintrittsenergie ist, umso größer ist auch die Reichweitenschwankung am Ende der Elektronenbahnen.

Die Tiefendosiskurven werden deshalb auch bei sorgfältiger Konstruktion des Strahlerkopfes mit zunehmender Energie immer flacher (vgl. Fig. 18.4a). Die Elektronentiefendosiskurven ähneln bei sehr hohen Energien in der Tiefe schon annähernd dem Verlauf von Photonentiefendosiskurven (Fig. 18.4b). Die therapeutische Anwendung von Elektronenstrahlung mit mehr als etwa 30 MeV ist deshalb nicht mehr sehr sinnvoll, da zum einen entsprechend tief liegende Zielvolumina auch mit Photonenstrahlungen verschiedener Strahlungsqualität bei besserer Hautschonung erreicht werden können, und zum anderen auch die Kontamination des Elektronenstrahlenbündels mit Bremsstrahlung und damit die Volumendosis nicht tolerierbar zunehmen (s. u.).

18.2.7 Abhängigkeit der Elektronentiefendosis von der Feldgröße

Die Streuung der Elektronen ist wesentlich an der Formung der typischen Elektronentiefendosiskurven beteiligt. Wird ein Medium mit schmalen Elektronenstrahlenbündeln bestrahlt, kommt es wegen der seitlichen Streuverluste der Elektronen bereits in geringen Phantomtiefen zu einer besonders schnellen Abnahme der Tiefendosis auf dem Zentralstrahl. Mit anwachsender Feldgröße nehmen die Dosisverluste durch Streuung auf der Zentralstrahlachse allmählich ab, da die aus der Feldmitte nach außen weg gestreuten Elektronen durch seitliche Einstreuung teilweise wieder kompensiert werden. Streubeiträge aus der Peripherie des Zentralstrahls sind nicht mehr möglich, wenn der Ort der Streuung weiter vom Zentralstrahl entfernt ist als die maximale Reichweite der gestreuten Elektronen im bestrahlten Medium. Bei einer Vergrößerung des Bestrahlungsfeldes wird sich die Tiefendosiskurve auf dem Zentralstrahl deshalb nur solange in die Tiefe verschieben, wie die seitlichen Feldabmessungen (halbe nominale Feldgröße) kleiner bleiben als die Reichweite der Elektronen (Fig. 18.8a).

Werden die Felder weiter vergrößert, verändert sich der Tiefendosisverlauf hinter dem Dosismaximum nicht mehr. Die aus Tiefendosenkurven ermittelten Reichweiten sind dann weitgehend unabhängig von der Feldgröße. Als praktikable Mindestfeldgröße für die Dosimetrie wurde (in [ICRU 21]) die praktische Reichweite R_p vorgeschlagen, oberhalb derer die Einflüsse der Feldgröße auf die Tiefendosiskurven weitgehend vernachlässigbar sein sollten (Fig. 18.8b). Bei Messungen der Reichweiten zur Bestimmung der mittleren Elektronenenergie an der Phantomoberfläche sollte der Durchmesser des Bestrahlungsfeldes, also mindestens der praktischen Reichweite entsprechen. Die

Referenzdosimetrie wird nach DIN deshalb für Oberflächenfeldgrößen von 20x20cm^2 durchgeführt.

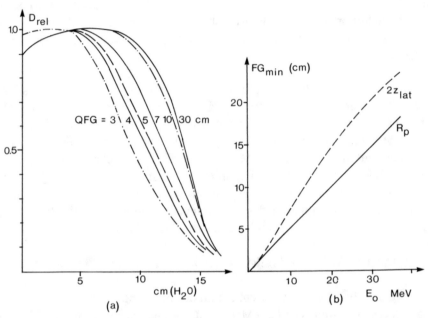

(a)

(b)

Fig. 18.8: (a): Abhängigkeit der Tiefendosiskurve für 32-MeV-Elektronen in Wasser für Quadratfelder (mit der Seitenlänge QFG) (nach [Briot]). Die Reichweiten erhöhen sich mit zunehmender Feldgröße durch seitliche Einstreuung auf den Zentralstrahl. Die Erhöhung der Oberflächendosis für das kleinste Feld ist durch Kollimatorstreuung bei fast geschlossener Blende verursacht. (b): Von [ICRU 21] empfohlene Mindestfeldgrößen R_p bzw. $2z_{lat}$ zur Reichweiten- und Energiebestimmung aus Elektronen-Tiefendosiskurven (R_p: praktische Reichweite, z_{lat} größte seitliche Auslenkung von Elektronen durch Streuung, Daten nach [ICRU 35]).

18.2.8 Abhängigkeit der Elektronentiefendosis vom Fokus-Oberflächenabstand

Bei einer Veränderung des Fokus-Oberflächen-Abstandes ändert sich wegen der unterschiedlichen Divergenz auch der Dosisleistungsverlauf des Strahlenbündels mit zunehmendem Abstand von der Strahlungsquelle und damit auch prinzipiell der Verlauf der Tiefendosis im Medium. Realistische, in endlichen Entfernungen vom Fokus gemessene Tiefendosiskurven von Photonen- oder Elektronenstrahlung sind deshalb immer Faltungen der Wechselwirkungsfunktion der Strahlung (Stoßbremsung, Streuung) im durchstrahlten Medium mit der Abnahme der Dosisleistung durch die Strahldivergenz (Abstandsquadratgesetz). Welche Rolle die Bestrahlungsgeometrie für die Form der

Tiefendosis von Elektronen im konkreten Fall tatsächlich spielt, hängt vom Verhältnis der beiden Einflüsse "Reichweite im bestrahlten Medium" und "Entfernung der Phantomoberfläche vom Strahlfokus" ab. Dies ist leicht am Beispiel (18.4) für hoch- und niederenergetische Elektronen in Wasser einzusehen.

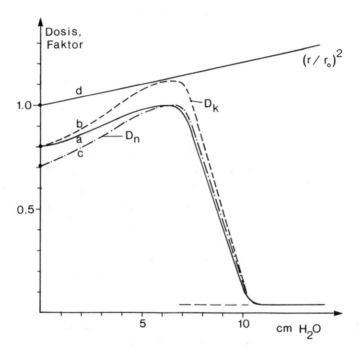

Fig. 18.9: Rechnerischer Einfluss der Divergenzkorrektur nach dem Abstandsquadratgesetz auf die Energietiefendosis von 18-MeV-Elektronen in Wasser für endliche Fokus-Oberflächen-Abstände (FOA), (a): Experimentelle Tiefendosiskurve für den FOA = 100 cm. (b): Auf unendlichen Fokus-Oberflächen-Abstand korrigierte Tiefendosiskurve D_k. Zur Divergenzkorrektur wurde das Quadrat des Verhältnisses der Entfernung der Messpunkte r (= FOA + Tiefe im Phantom) zum Fokus-Oberflächen-Abstand r_0 verwendet (Faktoren siehe (d)). (c): Korrigierte, auf das neue Dosismaximum umnormierte Tiefendosiskurve D_n. Das Dosismaximum wandert etwas in die Tiefe. (d): Verlauf des Divergenzkorrekturfaktors nach (b) mit der Phantomtiefe.

Beispiel 18.4: Die mittlere Reichweite von 9-MeV-Elektronen in Wasser, also der Tiefenbereich der Dosisabnahme von der Oberflächendosis bis auf 50% des Dosismaximumswertes beträgt nach der Faustformel (18.6) etwa 3,9 cm. Der Fokus-Haut-Abstand soll 100 cm betragen. Der Abstandsquadratgesetzfaktor zwischen Oberfläche und Tiefe der mittleren Reichweite beträgt $(1/1{,}039)^2 = 0{,}93$. Dies bedeutet, dass die Divergenz nur zu etwa 7% an der Dosisleistungsabnahme auf 50% (mittlere Reichweite) beteiligt ist. Der Einfluss der Divergenz ist also im

Vergleich zu Veränderungen durch Wechselwirkungen für diese Elektronenenergie weitgehend zu vernachlässigen; dominierend für die Dosisleistungsabnahme ist die Stoßbremsung mit anschließender Absorption und Streuung. Für 30-MeV Elektronen ergibt die gleiche Überlegung für die mittlere Reichweite (ca. 13 cm) einen Divergenzfaktor von 0,78, also eine erheblich höhere rechnerische Verminderung der Tiefendosiskurve durch das Abstandsquadratgesetz um etwa 22%. Für 9-MeV-Elektronen ist die Divergenz des Strahlenbündels also sicher eine Einflussgröße zweiter Ordnung, für hochenergetische Elektronen ist der Divergenzeinfluss auf die Elektronentiefendosiskurve dagegen nicht mehr zu vernachlässigen.

Wie Beispiel (18.4) zeigt, nehmen die Einflüsse der Divergenz mit der Elektronenenergie wegen der anwachsenden Reichweiten im Medium zu. Rechnerische Korrekturen der Strahldivergenz nach dem Abstandsquadratgesetz müssen für jeden einzelnen Messwert auf der Tiefendosiskurve durchgeführt werden. Dabei ist der virtuelle Quellenort und nicht etwa der physikalische Fokusabstand zu verwenden (vgl. dazu Abschnitt. 18.1 und Fig. 18.1). Zur Korrektur muss der Messwert mit dem Kehrwert des Abstandsfaktors multipliziert werden. Da Abstandsfaktoren immer < 1, ihre Kehrwerte also immer > 1 sind (Fig. 18.9d), liegen die korrigierten Tiefendosiswerte immer oberhalb der gemessenen (Fig. 18.9b). Werden die korrigierten Tiefendosiswerte allerdings wieder auf das neue Dosismaximum normiert (Max = 100%), rutschen die korrigierten Dosiswerte vor dem Maximum unter die Messwerte der ursprünglichen Kurve (Fig. 18.9c). Diese Umnormierung mindert also die Wirkung der Divergenzkorrektur auf die Tiefendosiskurve, führt allerdings zu einer deutlichen rechnerischen Herabsetzung der Oberflächendosis.

Solange die Messwerte der Tiefendosiskurve selbst sehr klein sind (d. h. am Ende der Tiefendosiskurven), spielen rechnerische Korrekturen auch bei großen Korrekturfaktoren für die Isodosenverschiebung keine große Rolle. Die praktische Reichweitenbestimmung anhand der Tiefendosiskurven ist deshalb relativ unempfindlich gegenüber Abstandskorrekturen. Die Korrekturfaktoren sind umso höher, je tiefer der Messpunkt im Phantommedium liegt, und wirken sich deshalb und wegen der höheren Eindringtiefe bei hochenergetischen Elektronen stärker auf die Tiefendosis aus (flacherer Dosisabfall hinter dem Maximum bei hochenergetischen Elektronen, vgl. Fig. 18.3b) als bei Elektronen niedrigerer Energie.

Die für die praktische klinische Anwendung von Elektronenstrahlung bedeutsamen therapeutischen und mittleren Reichweiten sind bei höheren Elektronenenergien deutlich vom Fokus-Haut-Abstand abhängig und sollten bei größeren Abstandsänderungen entweder rechnerisch korrigiert oder experimentell neu bestimmt werden. Bei Elektronenenergien unter etwa 15 MeV kann in den meisten Fällen wegen der geringfügigen Veränderungen der Isodosenlage der Einfluss der Divergenz auf die Tiefendosiskurve vernachlässigt werden. Bei höheren Elektronenenergien oder größeren Ansprüchen an die dosimetrische Genauigkeit sollten dagegen Korrekturen der Messwerte nach dem Abstandsquadratgesetz durchgeführt werden. Sollen aus Tiefendosiskurven über die

Reichweiten die Eintrittsenergien an der Oberfläche des Phantoms bestimmt werden, empfiehlt sich auf alle Fälle die Reduktion der experimentellen Tiefendosiskurven auf einen unendlich großen Fokus-Haut-Abstand, also das Herauskorrigieren der Strahldivergenz und die rechnerische Erzeugung einer vom Quellenabstand unabhängigen Tiefendosiskurve.

Bei Elektronenstrahlungsbündeln, die mit niederenergetischen Sekundärelektronen aus Wechselwirkungen vor dem Eintritt in das Phantommedium kontaminiert sind, können Veränderungen des Fokus-Oberflächen-Abstandes ähnlich wie bei kontaminierter hochenergetischer Photonenstrahlung zu einer Veränderung der Hautdosis (Fig. 18.10a) und einer Verlagerung des Dosismaximums oder der gesamten Tiefendosiskurve (Fig. 18.7) führen.

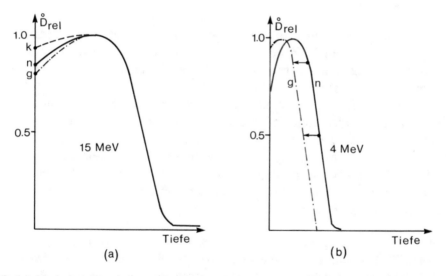

Fig. 18.10: (a): Variation der relativen Oberflächendosisleistung bei geringfügigen Veränderungen des Fokus-Haut-Abstandes (±20cm) für 15-MeV-Elektronenstrahlung. Der Grund ist die höhere Divergenz der an den Elektronenkollimatoren entstehenden Streustrahlung (k: kleinerer, n: normaler FHA = 100 cm, g: größerer FHA). (b): Verschiebung der Tiefendosis und der mittleren und therapeutischen Reichweite (Pfeile) durch Streuung und Energieverluste der Elektronen in Luft bei niedrigen Elektronenenergien (4 MeV) durch eine Änderung des normalen therapeutischen Fokus-Haut-Abstandes (FHA = 100 cm: n) auf den Fokus-Haut-Abstand für die Großfeldertechnik (FHA = 400 cm: g).

Auch hier gilt wie bei den Photonen die einfache Regel, dass wegen der höheren Divergenz der Streustrahlung der durch gestreute Elektronen verursachte Dosisbeitrag schneller mit dem Abstand des Phantoms von der Streustrahlungsquelle abnimmt als die Dosisleistung des Primärstrahlungsbündels. Bei niedrigen Elektronenenergien und großen

Fokus-Oberflächen-Abständen muss allerdings auf die mit der Entfernung von der Strahlungsquelle und dem durchstrahlten Luftvolumen zunehmende Kontamination des Strahlungsbündels mit luftgestreuten Elektronen geachtet werden. Die zunehmende Entfernung kann bei niedrigen Elektronenenergien zu merklichen Veränderungen der spektralen Verteilung der Elektronen und damit zu einer Verschiebung der Tiefendosiskurve in Richtung Oberfläche und zu einer Verkürzung der Reichweiten führen (Fig. 18.10b). Bei therapeutischen Elektronen-Großfeldbestrahlungen mit Fokus-Haut-Abständen von einigen Metern sollten deshalb bei kleinen und mittleren Elektronenenergien unbedingt die absolute Maximumsdosisleistung, die Tiefendosiskurve (insbesondere die Oberflächendosis) und die Querprofile der verwendeten Elektronenstrahlung individuell dosimetrisch überprüft werden.

18.2.9 Veränderungen des Tiefendosisverlaufs bei schrägem Strahleinfall

Alle bisherigen Betrachtungen und Analysen gingen von einem senkrechten Strahleinfall der Elektronen auf das zu bestrahlende Medium aus. Der Zentralstrahl und die Oberfläche bilden also einen rechten Winkel. In vielen klinischen Situationen sind wegen der individuellen Patientenkonturen oder der schlechten Zugänglichkeit des Zielvolumens schräge Einschusswinkel nicht zu vermeiden. Solange die Neigungswinkel unter 30° bleiben, verändern sich die Tiefendosisverläufe und die Absolutdosiswerte im Maximum nur wenig. Die Isodosen richten sich parallel zur Oberfläche des Mediums aus, zeigen also ähnliche Neigungswinkel wie die Oberfläche. Leichte Unterschiede zum senkrechten Einfall entstehen durch das Abstandsquadratgesetz. Elektronen, die dichter am Fokus sind, erzeugen eine etwas stärkere Abnahme mit der Tiefe im Phantom als die im fokusfernen Feldteil.

Bei größeren Neigungswinkeln kommt es zu von der Elektronenenergie abhängigen typischen Veränderungen des Tiefendosisverlaufs auf dem Zentralstrahl. Der Streuwinkel von Elektronen ist abhängig von der Restenergie und somit von der Tiefe im Absorber. Seitlich im fokusnahen Bereich des Absorbers eingestrahlte Elektronen unterliegen, bevor sie den Ort des ursprünglichen Dosismaximums erreichen, bereits der vollständigen Diffusion (Streusättigung). Dies führt zum Aufbau eines zur Oberfläche hin verschobenen neuen Dosismaximums. Die Dosis wird im Maximum zudem erhöht, da am Ort des Maximums geradlinig verlaufende, noch nicht ausreichend gebremste Elektronen und seitlich eingestreute Elektronen nach Erreichen ihres maximalen Streuwinkels ihre Energie abgeben. Die Elektronenfluenz und das Ausmaß des Energietransfers auf dem Zentralstrahl nehmen zu. Der Dosisanstieg im Maximum ist abhängig vom Neigungswinkel des Absorbers und der Elektroneneinschussenergie. Er kann bei hohen Elektronenenergien und großen Neigungswinkeln Werte von über 30% erreichen. Werden solche Dosiserhöhungen im klinischen Betrieb nicht beachtet, können sie deutliche biologische Auswirkungen haben.

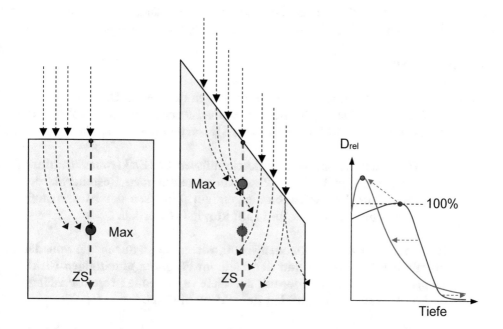

Fig. 18.11: Auswirkung einer deutlich geneigten Absorberoberfläche auf den Tiefendosisverlauf von Elektronen. Links: Verhältnisse bei senkrechten Einfall. Das Maximum entsteht in der Tiefe der vollständigen Diffusion der Elektronen. Mitte: Verschiebung des Dosismaximums zur Oberfläche und Erhöhung der absoluten Maximumsdosiswerte durch erhöhte Dichte der Elektronenbahnen. Verringerung der Dosis auf der abfallenden Flanke durch Streuverluste und durch das Fehlen der Elektronen von der linken Feldhälfte. Tiefenverschiebung der praktischen Reichweite durch versetzten Strahleintritt auf der fokusfernen rechten Seite der geneigten Oberfläche. Rechts: Typische Elektronen-TDK-Änderungen bei großen Neigungswinkeln.

Elektronen von der fokusnahen Seite sind durch den früheren Eintritt in den Absorber bereits in geringeren Tiefen abgebremst. Sie können also nur eingeschränkt zur Dosis auf der abfallenden Tiefendosiskurve beitragen. Elektronen auf der fokusfernen Seite des Absorbers erreichen ihre Streusättigung erst hinter dem Ort des ursprünglichen Dosismaximums. Sie können deshalb wegen ihrer verminderten Divergenz nur wenig zum Aufbau des Zentralstrahl-Dosismaximums beitragen. Ein Teil der gestreuten Elektronen kann die Absorberoberfläche auch seitlich durch die schräge Oberfläche wieder verlassen. Sie bewirken deshalb ebenfalls eine Dosisabnahme im abfallenden Tiefendosisbereich. Dort befinden sich die therapeutische und mittlere Reichweite. Der Effekt der mangelnden Streusättigung und der fehlenden Elektronen von der fokusnahen Feldseite ist der gleiche wie bei einer Verkleinerung der Feldgrößen (s. Fig. 18.8). Elektronen, die weit seitlich vom Zentralstrahl eingestrahlt werden, sind in der ursprünglichen Tiefe der praktischen oder maximalen Reichweite noch nicht völlig abgebremst. Sie geben ihre Energie deshalb erst hinter diesen Referenztiefen ab. Daher erhöht sich die Dosis auf dem Zentralstrahl im Bereich um die praktische und maximale Reichweite. Der Eindruck entsteht, als hätten die Elektronen eine höhere Einschussenergie.

Zusammenfassung

- **Elektronentiefendosiskurven sollten wegen der hohen Dosisgradienten auf der abfallenden Seite der Tiefendosiskurven mit kleinvolumigen Flachkammern mit klar definiertem Messort gemessen werden.**

- **Messwerte der Ionisationsdosimetrie müssen bei Elektronenstrahlung wegen der mit der Tiefe im Phantom abnehmenden Restenergie der Elektronen mit den tiefenabhängigen Verhältnissen der Massenstoßbremsvermögen in Wasser und Luft korrigiert werden.**

- **Das Maximum der Elektronentiefendosis entsteht durch die von der Energie der Elektronen und der Tiefe im Phantom abhängigen Elektronenstreuung, die zur einer mit der Tiefe variierende Projektionslänge der Elektronenbahnen auf den Zentralstrahl führt.**

- **Elektronen-TDKs werden durch Oberflächendosis, Hautdosis, Maximumstiefe, mittlere und praktische Reichweite charakterisiert.**

- **Elektronentiefendosisverläufe sind vor allem durch die von der Elektronenenergie abhängigen Energieüberträge auf den Absorber bzw. dessen Stoßbremsvermögen und das Streuvermögen des bestrahlten Mediums bestimmt.**

- **Die Tiefendosiskurven münden in der Tiefe des Phantoms in den so genannten Bremsstrahlungsausläufer ein, der durch die im bestrahlten Medium stattfindende Strahlungsbremsung der Elektronen bewirkt wird.**

- **Ihr relativer Dosisbeitrag bei der praktischen Reichweite der Elektronen liegt bei sauberer Kopf- und Kollimatorgeometrie je nach Elektronen-Nennenergie zwischen 0,5 und 8% der Dosisleistung im TDK-Maximum.**

- **Bei unvorsichtigem Umgang mit Schwermetallmaterialien im Strahlengang beispielsweise zur Feldformung kann sich der Bremsstrahlungsanteil abhängig von der Kollimatorgeometrie deutlich erhöhen.**

- **Das Abstandsquadratgesetz spielt für den relativen Verlauf der Tiefendosen anders als bei Photonenstrahlungen wegen der im Vergleich zu**

den üblichen klinischen Fokus-Haut-Abständen geringen Eindringtiefe
der Elektronen nur eine nachgeordnete Rolle.

- Bei schrägem Einschuss der Elektronen (geneigte Oberflächen) kommt
es bei Neigungswinkeln oberhalb von etwa 30° zu deutlichen Veränderungen des Tiefendosisverlaufs auf dem Zentralstrahl.

- Das Dosismaximum und die mittlere und therapeutische Reichweite
werden in Richtung zur Oberfläche verschoben. Die absoluten Dosiswerte im Maximum werden erhöht.

- Die Dosis auf der abfallenden Flanke der TDK wird deutlich vermindert; die praktische Reichweite wandert in die Tiefe.

18.3 Isodosenverteilungen von Elektronenstrahlung

Isodosen perkutaner Elektronenfelder dienen wie bei der Photonenstrahlung zur Veranschaulichung der Dosisverläufe in Ebenen parallel oder senkrecht zum Zentralstrahl.
Sie werden für die Therapieplanung und zur Homogenitätskontrolle der Bestrahlungsfelder benötigt. Wegen der hohen Dosisgradienten auf der abfallenden Flanke der

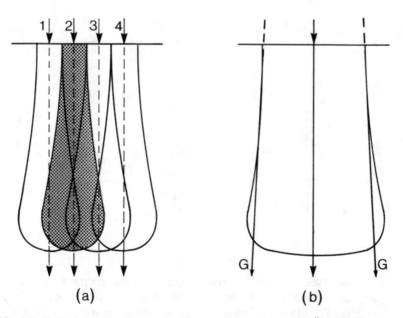

Fig. 18.12: (a): Entstehung eines großen Elektronenfeldes aus der Überlagerung elementarer
Elektronennadelstrahlen (Elementarstrahlen). (b): Breites Elektronenfeld (G: geometrischer Strahlverlauf, der durch den Elektronenkollimator vorgegeben ist). Gezeichnet sind die 50% Isodosen, die wegen der dominierenden Streuung der Elektronen (Diffusion) über die geometrischen Feldgrenzen hinausragen.

Tiefendosiskurven und an den Feldrändern empfehlen sich Messsysteme mit hoher Ortsauflösung, z. B. Filme, Radiochromfilme oder kleinvolumige automatisch gesteuerte Halbleitersonden oder Ionisationskammern. Bei diesen Detektorarten muss natürlich wie bei der absoluten Ionisationsdosimetrie genauestens die Energieabhängigkeit und die Ortsauflösung der Dosimeter für die gegebenen Verhältnisse überprüft werden, da sich das Elektronenspektrum mit der Tiefe im Phantom ändert. Bei den Messungen mit bewegten Messsonden ist darauf zu achten, dass nicht versehentlich kleinvolumige Inhomogenitäten in den Dosisverteilungen wie heiße oder kalte Stellen an den Rändern des Bestrahlungsfeldes übersehen werden, die leicht durch unsaubere geometrische Verhältnisse (Tubusse, Zusatzblenden) entstehen können. Trotz der Kalibrierprobleme bei der densitometrischen Methode sind Aufnahmen mit Filmen oder Radiochromfolien von Elektronenfeldern geeignet, zumindest näherungsweise einen Überblick über die Dosisverteilungen in einem Elektronenfeld zu vermitteln.

Große Elektronenfelder kann man sich aus der Überlagerung vieler kleiner Elementarstrahlen, so genannter Nadelstrahlen, zusammengesetzt denken (Fig. 18.12). Diese Methode wird daher als Nadelstrahltechnik (englisch: "pencil beam method") bezeichnet und ist besonders für die theoretische Behandlung von Elektronendosisverteilungen

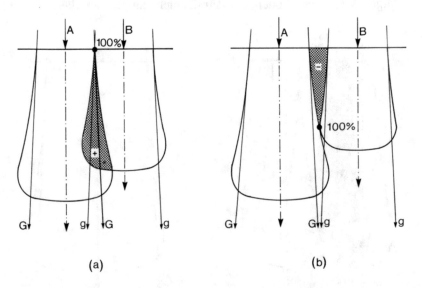

(a)   (b)

Fig. 18.13: Entstehung von Überdosierungen (+) und Unterdosierungen (−) bei der Überlagerung von Elektronenfeldern (beide Flächen punktiert). Gezeichnet sind die 50% Isodosen der Einzelfelder. (a): Feldrand auf der Phantomoberfläche bündig. Die Überlagerung der beiden 50% Isodosen ergibt eine homogene Dosis auf der Haut (100%), aber einen überdosierten Bereich ("hot spot") in der Tiefe. (G: geometrischer Feldverlauf Feld A, g: von Feld B). (b): 50%-Isodosenschluss in der Tiefe ergibt eine homogene Dosisverteilung in der Tiefe, aber eine Unterdosierung auf der Haut ("cold spot").

geeignet, da mit der Nadelstrahltechnik auch leicht Einflüsse von Inhomogenitäten berechnet werden können.

Wie die Elementarstrahlen zeigen auch die Isodosen größerer Elektronenfelder an den Feldrändern die typischen, durch die starke Streuung der Elektronen (vollständige Diffusion) entstehenden Ausläufer der Elektronen. Die seitlichen Ausbuchtungen der Isodosen bei therapeutischer Elektronenstrahlung sind abhängig von der Elektronenenergie und dem Medium (s. Gl. 18.10) und verlaufen außerhalb der geometrischen Feldgrenzen. Dem geometrischen Strahlenverlauf folgen die Isodosen also nur in geringen Tiefen. Grenzen Elektronenfelder bei der therapeutischen Anwendung seitlich an andere Bestrahlungsfelder, müssen diese Ausbuchtungen der Isodosen bei der geometrischen Festlegung der Bestrahlungsbedingungen unbedingt beachtet werden. Die durch Überlagerung eventuell entstehenden heißen oder kalten Stellen ("hot spots, cold spots") im Bereich der Feldüberschneidung können unter Umständen zu radiogenen Schäden durch Überdosierung oder zu Tumorrezidiven durch Unterdosierung führen (Fig. 18.13).

Zusammenfassung

- **Elektronenisodosen weichen durch Streuprozesse vor allem am Ende der Tiefendosen deutlich vom rein geometrischen Verlauf ab.**

- **Diese Ausbeulungen müssen bei Anschlussfeldern mit anderen Elektronen oder Photonenfeldern beachtet werden, um Über- oder Unterdosierungen zu vermeiden.**

18.4 Auswirkungen von Inhomogenitäten auf Elektronendosisverteilungen

Für die Veränderungen des Energieflusses und der Teilchenfluenz von Elektronenstrahlung in heterogen zusammengesetzten Absorbern gelten prinzipiell ähnliche Überlegungen wie bei den Photonenfeldern (vgl. Abschnitt. 16.5). Die Tiefendosis von Elektronen ist also wie bei den Photonentiefendosisverläufen nicht nur von der lokalen Energieabsorption sondern auch von der lokal zur Verfügung stehenden Teilchenfluenz bestimmt, die neben der Strahldivergenz auch von der Minderung der Teilchenzahl des Strahlenbündels in den vor geschalteten Absorberschichten abhängt. Die physikalischen Größen zur Beschreibung der Wechselwirkung und Energieabsorption von Elektronen in Materie sind das Stoßbremsvermögen sowie das mittlere Streuwinkelquadrat und deren Abhängigkeiten von der Ordnungszahl, der Energie und der Dichte des durchstrahlten Mediums (vgl. [Krieger1], Kap. 9). Für nicht zu große Massenzahlen entspricht die Ordnungszahl etwa der halben Massenzahl, so dass sich die exakten Beziehungen für das Stoßbremsvermögen und das mittlere Streuwinkelquadrat für nicht relativistische Elektronen am Ende der Tiefendosis vereinfachen:

$$S_{col} \propto \rho/E \ (\textit{für } E < 500 \ keV) \tag{18.9}$$

für relativistische Elektronenenergien zu Beginn der Tiefendosiskurven erhält man:

$$S_{col} \propto \rho \ (\textit{für } E > 500 \ keV) \tag{18.10}$$

und für das mittlere Streuwinkelquadrat $\overline{\Theta^2}$:

$$\overline{\Theta^2} \propto \rho \cdot \frac{Z^2}{A \cdot E^2} \tag{18.11}$$

Diese drei Näherungsformeln erlauben Vorhersagen der Wirkungen von Inhomogenitäten auf die Elektronendosisverteilungen. Niederenergetische Elektronen finden sich vor allem gegen Ende der Elektronenbahnen, also in den letzten Millimetern der Elektronentiefendosiskurven. Das Stoßbremsvermögen ist dort sehr energieabhängig (Gl. 18.9), hat aber wegen der niedrigen Tiefendosiswerte nur noch wenig Einfluss auf die Dosisverteilung.

In den Schichten davor ist das Stoßbremsvermögen dagegen weitgehend unabhängig von der Elektronenenergie. Da die Energieverluste umgekehrt proportional zu den Reichweiten der Elektronen sind, verhalten sich die Reichweiten von Elektronen in zwei Medien (med1 und med2) unter der Voraussetzung der Gültigkeit von Gleichung (18.10) und bei annähernd gleicher Ordnungszahl Z umgekehrt wie die jeweiligen Dichten.

$$R_{med1}/R_{med2} \approx \rho_2/\rho_1 \tag{18.12}$$

Aus dieser Beziehung folgt, dass Energieabsorptionsunterschiede im Medium näherungsweise durch zentralstrahlparallele Stauchung oder Streckung der Weglängen der Elektronen und der Isodosen im umgekehrten Verhältnis zu den jeweiligen Dichten korrigiert werden können. Wegen der Verschiebung der Isodosen wird dieses Verfahren als **Translationsmethode** bezeichnet. Treffen Elektronenstrahlenbündel in Weichteilgewebe auf weniger dichte Gewebeschichten (z. B. Lungengewebe), kommt es wegen der geringeren Wechselwirkungswahrscheinlichkeit in Luft und der daraus resultierenden Verlängerung der Elektronenreichweite zu einer erheblichen Ausweitung des Strahlenbündels in die Tiefe, was etwas salopp aber anschaulich mit dem Begriff "electron blow up" gekennzeichnet wird (Fig. 18.14a). Befinden sich großvolumige Einlagerungen dichterer Materialien im Weichteilgewebe (z. B. große, kompakte Knochensubstanz), werden die Isodosen durch die Verringerung der Reichweite der Elektronen entsprechend gestaucht (Fig. 18.14b).

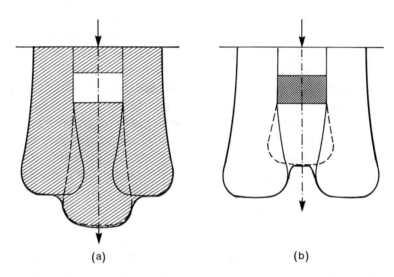

(a)   (b)

Fig. 18.14: Globale Wirkungen großvolumiger Inhomogenitäten auf die Dosisverteilungen von Elektronen. (a): Einlagerung mit geringerer, (b): mit höherer Dichte als die Umgebung. Neben der Reichweitenänderung (Isodosenverschiebung) ist die unterschiedliche Streuwirkung durch die Einlagerungen angedeutet, die zu seitlichen Dosisänderungen durch erhöhte oder verminderte Streuung verursacht ist (unterbrochene Isodosen). Bei a: leicht geringere Divergenz des Teilstrahlenbündels hinter der Einlagerung, bei b: deutlich erhöhte Divergenz im Vergleich zur ursprünglichen Isodose.

Die allein auf der Dichteabhängigkeit des Stoßbremsvermögens beruhende Translationsmethode ist zwar zur globalen rechnerischen Korrektur der Isodosenverschiebung hinter großen Einlagerungen gut geeignet, sie ist aber nicht imstande, kleinere Inhomogenitäten korrekt zu berücksichtigen. Der Grund hierfür ist die vor allem im Nahbereich der Einlagerung dominierende Streuung der Elektronen, die an den Grenzflächen von Inhomogenitäten zu erheblichen Verzerrungen der Dosisverteilungen führen kann. Diese sind umso größer, je höher die Dichteunterschiede von Einlagerung und Umgebung sind. Die Wirkung einer Inhomogenität auf die Dosisverteilung wird außerdem von der Lage im Medium und dem dort vorherrschenden Energiespektrum beeinflusst. Die inverse quadratische Energieabhängigkeit des Streuvermögens (Gl. 18.11) führt normalerweise zu einer nur geringen Aufstreuung des Strahlenbündels nahe der Oberfläche des homogenen Mediums. Oberflächennahe Einlagerungen dichterer Materie stören deshalb das noch stark nach vorne ausgerichtete Strahlenbündel wegen der fehlenden "Glättung durch Streuung" wesentlich mehr als Inhomogenitäten im Bereich der vollständigen Elektronendiffusion am Ende der Tiefendosiskurve. Die dichteabhängige Streuung wirkt sich am stärksten an den Grenzflächen geometrisch geformter Inhomogenitäten aus.

Im Bereich höherer Dichte bilden sich durch fehlende Rückstreuung aus der weniger dichten Nachbarschaft Verarmungszonen, während die Einstreuung aus dem dichteren Medium eine Erhöhung der Dosiswerte im Bereich der geringeren Dichte bewirkt. In Isodosenverteilungen äußern sich diese Verarmungen oder Einstreuungen als kompakte Dosiseinbrüche ("cold spots") oder Dosisüberhöhungen ("hot spots") neben den Einlagerungen (Fig. 18.15). Die Verzerrungen der Isodosen durch Streuung nehmen noch zu, wenn nicht nur Materialien verschiedener Dichte, sondern auch verschiedener Ordnungszahl im Medium eingebettet sind, da das Streuvermögen mit der Ordnungszahl zunimmt. Solche therapeutisch problematischen, kleinvolumigen Inhomogenitäten sehr unterschiedlicher Dichte und Ordnungszahl finden sich vor allem in den knöchernen Lufteinschlüssen im Gesichtsschädel und im Kieferbereich, was in der Regel zu erheblichen Schwierigkeiten und Unsicherheiten in der Dosierung von Elektronenstrahlungsfeldern für diese Zielvolumina führt.

Beispiel 18.5: Abschätzung des electron blow up bei einer Fehlbestrahlung einer Brustwand. Zur Bestrahlung eines Brustwandrezidivs nach Mastektomie (Brustamputation) wegen eines Mammakarzinoms sollen wegen einer unterstellten Dicke der Brustwand von 3 cm nach der MeV/3-Regel für die therapeutische Reichweite 9 MeV-Elektronen verwendet werden. Tatsächlich beträgt die Stärke der Brustwand wegen der Mitentfernung des großen Brustmuskels (pectoralis major) bei der Operation nur noch 1 cm. Das Lungengewebe hinter der Brustwand habe eine Dichte von 0,3 g/cm³. Dies führt zu einer Streckung der Elektronentiefendosiskurve

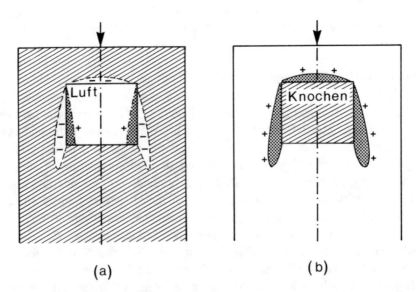

(a)   (b)

Fig. 18.15: Entstehung lokaler Inhomogenitäten durch dichte- und ordnungszahlabhängige Elektronenstreuung. (a): Dosisdefizite (−) seitlich und vor der Inhomogenität durch verminderte Vorwärts- und Rückstreuung im weniger dichten Medium. Einstreuung von Elektronen (+) in das Luftvolumen aus dem dichteren Medium ("perturbation"-Effekt). (b): Lokale Dosiserhöhung (+) durch vermehrte Streuung an der dichteren Inhomogenität.

nach Verlassen der Brustwand um das Verhältnis der Dichten von Wasser zu Lunge (1:0,3 =3,3). Die praktische Reichweite in Wasser beträgt für 9 MeV-Elektronen 3 cm. Nach 1 cm Gewebe haben die Elektronen 2 MeV Bewegungsenergie verloren. Hinter der Brustwand haben die Elektronen also noch eine Restenergie von 7 MeV, entsprechend einer praktischen Reichweite in Wasser von 3,5 cm. Im weniger dichten Lungengewebe wird die praktische Reichweite mit dem Dichteverhältnis Wasser/Lunge vergrößert. Sie beträgt also für die Restelektronen hinter der Brustwand 3,3 x 3,5cm, also 11,5 cm. Der Großteil des betroffenen Lungenflügels wird deshalb ungewollt mit einer therapeutischen Elektronendosis versehen. Dieses Beispiel zeigt, wie sorgfältig das therapeutische Zielvolumen bei dieser Art von Bestrahlungen untersucht und definiert werden muss.

Zusammenfassung

- **Eingelagerte großvolumige Inhomogenitäten führen bei Elektronenbestrahlung zu dichteproportionalen Stauchungen oder Streckungen der Isodosen.**

- **Zusätzlich kommt es durch veränderte Streuung der Elektronen vor allem am Ende der Tiefendosen zu seitlichen Erhöhungen oder Erniedrigungen der Dosiswerte.**

- **Diese Streuprozesse sind ohne große Bedeutung am Beginn der Tiefendosen, da die Streuung wegen der dort bestehenden höheren Elektronenenergien deutlich geringer ist, als am Ende der Elektronenbahnen.**

- **Besonders kritisch sind Einlagerungen von Materialien höherer Ordnungszahl und Dichte sowie kleinvolumige Lufteinschlüsse (klinisches Beispiel: Gesichtsschädel mit Zahnplomben und Nebenhöhlen).**

18.5 Berechnung der Elektronendosisverteilungen*

Die Methoden zur Berechnung der Dosisverteilungen perkutaner Elektronenstrahlung in Materie unterscheiden sich im Prinzip nicht von denjenigen für Photonenfelder. Es werden also auch hier physikalisch fundierte (analytische) Verfahren, Matrixverfahren, Monte-Carlo-Methoden und Näherungsverfahren verwendet, die mit empirischen Funktionen arbeiten. Elektronenverteilungen sind deutlicher als Photonenstrahlungsfelder von den individuellen strahlformenden Eigenschaften der Strahlerköpfe der Bestrahlungsanlagen und der Art der Aufbereitung des therapeutischen Strahlenbündels abhängig. Sie zeigen auch erhebliche Variationen ihrer Eigenschaften bei einer Veränderung ihrer Feldgröße. Die Darstellung der Elektronenfelder in Planungsprogrammen ist deshalb noch weniger standardisierbar als bei Photonenfeldern.

Solange die Berechnungen auf homogene Zielvolumina beschränkt bleiben, ist die Matrixmethode mit ihren individuellen Felddatensätzen sehr gut für Dosisberechnungen geeignet. Schwieriger wird die Anpassung empirischer Funktionen an die gemessenen Daten, also die Berechnung geeigneter Modellparameter für die empirischen Dosisformeln. Bei hohen Ansprüchen an die Genauigkeit der Dosisberechnung muss nicht nur ein sehr großer Aufwand bezüglich des Messumfangs und der Präzision für die Elektronendosimetrie betrieben werden, es ist auch je nach verwendetem Näherungsalgorithmus für die Dosisverteilungen oft nicht einmal möglich, alle Feldgrößen einer Elektronenenergie mit einem einheitlichen Parametersatz zu beschreiben. Der Zeitaufwand für die Anpassungsrechnungen kann in solchen Fällen erheblich werden. Wegen dieser Probleme werden in der Elektronendosisberechnung die Basisdaten auch bei den Näherungsverfahren nicht ausschließlich über analytische Funktionen beschrieben sondern auch mit numerischen Datensätzen, die den empirischen Funktionen überlagert werden.

Globale Verschiebungen der Isodosen durch großvolumige Einlagerungen höherer oder niedrigerer Dichte im sonst homogenen Medium können gut durch die Translationsmethode (s. Abschnitt 18.4) oder verwandte, etwas verfeinerte Verfahren berechnet werden. Oft ist dies die einzige Korrekturmethode, die in kommerziellen Planungsprogrammen verwendet wird. Die Berechnung der durch Streuung auch an kleinen Inhomogenitäten verursachten lokalen Dosiserhöhungen oder Dosiseinbrüche ist mit den globalen Methoden der Isodosentranslation nicht möglich, da bei diesen Methoden nur die Vorwärts- oder Rückwärtsverschiebungen der Isodosen durch die Dichten, nicht aber die Streuungen berücksichtigt werden.

Zur Berechnung der Streuverhältnisse in heterogenen Medien wird das Elektronenstrahlenbündel am besten in sehr schmale Elementarstrahlen (Nadelstrahlen, pencil beams) zerlegt, deren Schicksale beim Durchqueren der inhomogenen Absorber dann rechnerisch individuell verfolgt werden können. Diese Methode der Inhomogenitätskorrektur wird deshalb als Nadelstrahlmethode bezeichnet. Die Streuung und Absorption der einzelnen Elementarstrahlen wird am günstigsten mit Monte-Carlo-Algorithmen in Computern berechnet, die aber wie bei der Photonendosisberechnung wieder den Nachteil haben, sehr rechenzeitintensiv zu sein. Die für diese Berechnungen notwendigen detaillierten Angaben über die Dichten und Strukturen im Patienten erfordern unbedingt die Verwendung von CT-Daten. Zusammenfassende Ausführungen zur Berechnung von Elektronenverteilungen befinden sich u. a. in ([ICRU 35], [Rassow], [Nüsslin]).

Aufgaben

1. Erklären Sie die Aufbereitung eines Elektronenstrahlenbündels im Strahlerkopf nach dem Austritt des Elektronennadelstrahls aus dem Beschleunigungsrohr bis zum Verlassen des Kollimatorsystems des Beschleunigers.

2. Ist es sinnvoll, die Maximumsdosisleistungen für Elektronenfelder mit Tubuskollimation wie bei Photonen mit der Äquivalentfeldmethode zu beschreiben?

3. Wie kommen die zum Teil erheblichen Verschiebungen des virtuellen Quellenortes bei klinischen Elektronenfeldern zustande?

4. Beschreiben Sie den typischen Verlauf einer Elektronenenergietiefendosiskurve in Wasser und geben Sie die charakterisierenden Parameter dieser TDK an.

5. Woher kommen die Unterschiede von Ionentiefendosen und Energietiefendosen bei Elektronenstrahlungen?

6. Erläutern Sie den Dosisanstieg zu Beginn einer Elektronen-Tiefendosiskurve.

7. Woher rührt der Bremsstrahlungsausläufer bei Elektronenstrahlung in Wasser?

8. Tabellieren Sie die verschiedenen Reichweiten eines therapeutischen Elektronenstrahls und geben Sie die Faustformeln zu ihrer Berechnung an.

9. Berechnen Sie die charakterisierenden Reichweiten eines 12 MeV Elektronenstrahlungsbündels in Wasser und in Materialen gleicher Ordnungszahl aber der doppelten und der halben Dichte.

10. Wie verändert sich eine Elektronentiefendosiskurve, wenn Sie einen großflächigen Absorber aus Schwermetall außerhalb des Zentralstrahls in den Strahlengang bringen?

11. Spielt das Abstandsquadratgesetz eine wichtige Rolle für den Verlauf der Elektronentiefendosis? Gründe.

12. Was passiert mit der Elektronentiefendosis von 10 MeV Elektronen, wenn Sie in der unmittelbaren Nähe der Phantomoberfläche eine 1 cm dicke wasseräquivalente Materialschicht in den Strahlengang bringen?

13. Was versteht man unter dem "electron blow up"?

14. Mit welchen Problemen hat man bei Bestrahlung luftgefüllter knöcherner Strukturen wie den Nebenhöhlen am Schädel bei einer Bestrahlung mit Elektronen zu rechnen?

Aufgabenlösungen

1. Die primären Elektronen aus dem Beschleunigerrohr werden zunächst über ein Magnetsystem nach unten umgeleitet. Dabei wird eine Energieanalyse durch geeignete Blenden im Umlenkmagnetsystem vorgenommen. Anschließend werden die Elektronen in einer ersten Streufolie gaußförmig aufgestreut und in einer zweiten energieabhängigen Streufolienanordnung homogenisiert. Darauf folgen die Passage des Dosismonitors und die Vorformung der Elektronenfelder durch die konventionellen X-Y-Blenden, die auch die Monitorrückstreuung dominieren. Die eigentliche Feldgröße wird in der Regel mit unten am Beschleunigerkopf angebrachten beliebig geformten Elektronentubussen mit Einsätzen eingestellt.

2. Nein, da mit Tubussen geformte Elektronenfelder nur eingeschränkt einer analytischen Feldgrößenabhängigkeit ihrer Dosisleistungen folgen.

3. Virtuelle Quellenverschiebungen entstehen durch Streuprozesse der Elektronen an den Innenseiten der Tubusse und der X-Y-Blenden. Durch die höhere Divergenz der Streuelektronen im Vergleich zum primären Elektronenstrahl wird ein anderer Quellort erzeugt.

4. Die Oberflächendosen betragen typisch 80% der Maximumsdosen, danach folgt ein allmählicher Anstieg der TDK bis zum Dosismaximum. Anschließend fallen die TDKs steil ab und münden in den Bremsstrahlungsausläufer.

5. Da Ionendosen nur für das Medium Luft definiert sind, Energiedosis aber in Wasser oder vergleichbaren Medien angegeben werden, sorgen die unterschiedlichen energieabhängigen Verhältnisse der Stoßbremsvermögen in diesen Materialien für verschiedene Ionendosis- bzw. Energiedosisverläufe.

6. Der Dosisanstieg der Elektronen-TDKs vor dem Dosismaximum kommt durch Streuprozesse der primären Elektronen im bestrahlten Medium zustande. Sie werden durch Streuung aus ihrer ursprünglichen Richtung gelenkt und geben dann im Mittel auf "schrägen" Bahnen ihre Energie über das Stoßbremsvermögen an den Absorber ab. Da TDKs aber auf dem Zentralstrahl gemessen werden, sieht die Messkammer die Projektionen dieser schrägen Bahnen und somit "gestauchte" Längen. Der beschriebene Dosisanstieg ist kein Aufbaueffekt.

7. Der Bremsstrahlungsausläufer entsteht durch Strahlungsbremsung der Elektronen im Phantom oder Patienten. Wegen der niedrigen mittleren Ordnungszahl von Wasser sind die Bremsstrahlungsausbeuten gering. Sie betragen energieabhängig einige Zehntel bis zu einigen Prozent der Maximumsdosen. Bremsstrahlungsausbeuten können erheblich zunehmen, wenn im bestrahlten Medium Schwermetalleinlagen wie Zahnplomben vorhanden sind.

8. Es sind dies die therapeutische Reichweite (80% der Maximumsdosis), die mittlere Reichweite (50%) und die praktische Reichweite, bestimmt am Schnittpunkt der Verlängerung der TDK und der Projektion des Bremsstrahlungsausläufers. Für die verschiedenen Reichweiten gibt es Faustregeln in Wasser. R_{th} = MeV/3, R_{50} = MeV/2,33, R_p = MeV/2, wenn "MeV" die jeweiligen Nennenergien sind.

9. Bei E12 erhält man R_{th} = MeV/3= 4 cm, R_{50} = MeV/2,33 = 5,15 cm, R_p = MeV/2 = 6 cm in Wasser. Hat man Materialien anderer Dichten, sind die Wasserreichweiten durch die jeweilige Dichte zu dividieren. Bei der doppelten Dichte halbieren sich die Reichweiten, bei der halben Dichte verdoppeln sie sich. Man kann die Faustformeln modifizieren wenn man folgende Formeln verwendet. R_{th} = MeV/(3·ρ), R_{50} = MeV/(2,33·ρ), R_p = MeV/(2·ρ), also zusätzlich durch die Dichten teilt. Der Grund ist die direkte Proportionalität des Stoßbremsvermögens zur Dichte des Absorbers.

10. Durch die von Dichte und Ordnungszahl abhängigen Streubeiträge entstehen Dosisüberhöhungen in der Nähe des Schwermetalls (hot spots) und durch Strahlungsbremsung u. U. deutliche Bremsstrahlungsausbeuten.

11. Wegen der vergleichsweise geringen Eindringtiefen der Elektronen in die Medien spielt das Abstandsquadratgesetz für die Tiefendosisverläufe von Elektronenstrahlung bei nicht zu hohen Elektronenenergien nur eine nachgeordnete Rolle.

12. Die Elektronentiefendosis wird um die Moulagendicke in Richtung Phantomoberfläche verschoben (s. auch Aufgabe 13 aus Kap. 17).

13. Der "electron blow up" ist die Ausbeulung und Tiefenverlagerung der Isodosen strahlabwärts hinter großvolumigen Einlagerungen geringerer Dichte.

14. Es bilden sich hot und cold spots in den Dosisverteilungen in der Nähe dieser Einlagerungen aus. Diese sind kleinvolumige Dosisüberhöhungen oder Dosiserniedrigungen durch verschiedene laterale Streuprozesse, die entweder zu ungewollten Strahlenschäden wie Schleimhaut oder Epithelzerstörungen oder zu therapeutisch problematischen Unterdosierungen mit Rezidivgefahr führen können.

19 Dosisverteilungen um Afterloadingstrahler

Das Kapitel ist in drei Abschnitte gegliedert. Zunächst werden die Charakterisierung der Kenndosisleistung von Afterloadingstrahlern und die Probleme bei ihrer Messung beschrieben. Numerische Details dazu finden sich im Kapitel zur praktischen Referenzdosimetrie (Kap. 12). Im zweiten Teil werden Messverfahren zur Messung und Analyse von Dosisverteilungen um ruhende Afterloadingstrahler dargestellt. Das dritte Unterkapitel erklärt einige Berechnungsalgorithmen von Dosisverteilungen um Afterloadingstrahler.

Unter Brachytherapie versteht man alle Techniken der Kurzdistanztherapie mit Strahlerabständen kleiner als 10 cm zum Zielvolumen (βραχύς: gr. kurz). Dazu zählen die interstitiellen, die endovasalen und die intrakavitären Anwendungen sowie die Behandlung von Oberflächen mit aufgelegten Strahlungsquellen (Kontakttherapie, Moulagentechnik) oder Röntgenstrahlern. Der historisch bedeutungsvollste Strahler war das durch *M. Curie* entdeckte ^{226}Ra, das sehr früh für alle diese Anwendungsmethoden eingesetzt wurde (s. z. B. [Mould 1994]). Nachdem im zweiten Weltkrieg Kernreaktoren zur Verfügung standen, wurden durch Neutronenaktivierung oder Kernspaltung die Radionuklide ^{60}Co und ^{137}Cs zur therapeutischen Verwendung erzeugt und eingesetzt. Heute sind im Wesentlichen zwei strahlentherapeutische Verfahren von Bedeutung. Die eine Methode ist die Nachladetechnik (Afterloadingtechnik), bei der zunächst leere Quellenträger (Applikatoren) in den Patienten verbracht werden. Die radioaktiven Strahler mit in der Regel gammastrahlenden Radionukliden und meistens hohen Dosisleistungen (HDR: high dose rate) werden anschließend ferngesteuert nachgeladen. Diese Technik ist besonders aus Strahlenschutzgründen sehr viel günstiger als die direkte Manipulation der hoch aktiven Gammastrahler durch den Arzt. Die wichtigsten modernen Afterloadingstrahler sind das vor allem ^{192}Ir und das ^{60}Co, die in der Regel als HDR-Quellen verwendet werden und in ausreichend kompakter Form hergestellt werden können. Die zweite Technik ist die dauerhafte Implantation von radioaktiven Strahlern in Form kleiner gekapselter Strahler (Seeds) mit geringeren Dosisleistungen (LDR: low dose rate). Diese Seeds können entweder manuell oder auch mit moderneren Systemen halbautomatisiert in den Patienten verbracht werden. Als Seeds werden heute vor allem ^{125}I und ^{198}Au verwendet, als reine Betastrahler für die endovasale Therapie werden auch sehr kompakte kurze Linienstrahler aus ^{90}Sr/^{90}Y oder flüssige Strahler mit ^{188}Re eingesetzt, für die Betatherapie von Lebermetastasen Mikrokugeln mit ^{90}Y. Bei den Betapads werden betastrahlende Radionuklide direkt als Auflage auf oberflächennahe Zielvolumina aufgelegt.

Energiedosisverteilungen um HDR-Brachytherapiestrahler werden durch periodische oder nicht periodische Bewegungen eines einzelnen Strahlers, durch Hintereinanderanordnung mehrerer kleinvolumiger Strahler oder durch Linienquellen wie radioaktive Drähte erzeugt. Die Kenntnis der Dosisverteilungen um die ruhenden Brachytherapiequellen ist daher die Voraussetzung zur Konstruktion komplexerer Verteilungen für die

© Springer Fachmedien Wiesbaden GmbH, ein Teil von Springer Nature 2021
H. Krieger, *Strahlungsmessung und Dosimetrie*,
https://doi.org/10.1007/978-3-658-33389-8_19

klinische Anwendung. Die therapeutischen Zielvolumina befinden sich im unmittelbaren Nahbereich um die Strahler. Typische therapeutische Abstände von den Strahlern betragen nur wenige Millimeter bis einige Zentimeter. Die Photonenenergien gammaemittierender Afterloadingstrahler umfassen den Bereich von 355 keV (bei ^{192}Ir) bis 1,33 MeV (bei ^{60}Co). Wegen dieser im Vergleich zur Röntgenstrahlung harten Gammastrahlung und wegen der kleinen Distanzen ist die Bestrahlungsgeometrie dominierend für die Entstehung der Dosisverteilungen. Die Dosisleistungen punktförmiger oder kleiner linienförmiger Strahler im Nahbereich folgen deshalb in erster Näherung dem Abstandsquadratgesetz. Die Entstehung der Dosisverteilungen bei reinen Betastrahlern wird dagegen wegen der geringen Reichweiten der Betateilchen durch die Stoßbremsung der Betas im Gewebe dominiert (s. [Krieger1], Kap. 9). Typische Reichweiten therapeutisch verwendeter Betastrahler in Weichteilgewebe betragen nur einige Millimeter. Seeds und Betastrahler werden in diesem Kapitel nicht weiter dargestellt.

19.1 Kenndosisleistungen von HDR-Afterloadingstrahlern

Dosisverteilungen gammastrahlender Afterloadingquellen werden am besten in eine Absolutdosisleistung an einem Referenzpunkt (absolute Dosisleistung), in radiale Dosisprofile und in Winkelverteilungen relativ zur Applikatorachse zerlegt. Dieses Verfahren entspricht formal der Faktorisierungsmethode zur Berechnung perkutaner Photonendosisverteilungen mit speziellen Funktionen (Referenzdosisleistung, Tiefendosiskurven und Querverteilungen). Die radialen Dosisprofile werden überwiegend durch das Abstandsquadratgesetz dominiert. Absorption und Streuung im umgebenden Gewebe sowie die Selbstabsorption und die spektralen Veränderungen der Photonenstrahlung in den Quellen, ihrer Halterung und den Applikatoren sind in der Brachytherapie für den generellen Dosisverlauf nur von nach geordneter Bedeutung. Winkelanisotropien der Dosisverteilungen entstehen durch richtungsabhängige Schwächung und Streuung des Strahlungsfeldes durch den Strahler selbst und durch die umgebenden Halterungen und Applikatoren.

Messungen der Dosisverteilungen um ruhende Afterloadingquellen sind wegen der hohen Dosisleistungsgradienten im Nahbereich um die Quellen so schwierig und aufwendig, dass oft die rechnerische Bestimmung der Dosisverteilung vorgezogen wird. Dies gilt insbesondere für die Dosismessungen im Patienten während der strahlentherapeutischen Applikation von Afterloadingstrahlern. Berechnungen von Dosisverteilungen nach dem Abstandsquadratgesetz sind mathematisch recht einfach, bei höheren Ansprüchen an die Genauigkeit jedoch keineswegs ausreichend. Die individuellen Einflüsse der Umgebung und der Quelle auf die Dosisverteilungen, insbesondere die Streuung und Absorption in der Quelle selbst, können kaum mit geschlossenen analytischen Formeln beschrieben werden. Es werden deshalb bei der Berechnung von Afterloadingdosisverteilungen entsprechend der obigen Parametrisierung üblicherweise halbempirische Korrekturen zum Abstandsquadratgesetz verwendet, mit deren Hilfe eine für klinische Zwecke ausreichende Genauigkeit der Berechnungen möglich ist.

19.1.1 Charakterisierung der Strahlerstärke

Zur Charakterisierung der Quellstärke von Afterloadingstrahlern benötigt man entweder deren Aktivität oder die Kenndosisleistung in einer Referenzentfernung. Die Kennzeichnung von Strahlungsquellen mit Hilfe ihrer absoluten Aktivität ist allerdings aus mehreren Gründen unzweckmäßig und fragwürdig. Zum einen werden die bisher üblichen Aktivitätsangaben durch die Hersteller wie auch die Kenndosisleistungen nicht mit ausreichender Genauigkeit garantiert. Zum anderen sind medizinische Gamma-Strahler für Afterloadinggeräte aus Sicherheitsgründen und zur Absorption der Betastrahlung gekapselt und am Transportsystem befestigt. Sie werden darüber hinaus in individuell geformten und aus verschiedenen Materialien gefertigten klinischen Applikatoren eingesetzt. Bei der Messung der Aktivität durch die Quellenhersteller können die Veränderungen der Strahlungsintensität durch diese Umhüllungen nur teilweise berücksichtigt werden. Sie müssen deshalb rechnerisch korrigiert werden, was wegen der Unsicherheiten der Schwächungskoeffizienten leicht zu erheblichen Fehlern führen kann. Angaben der absoluten Aktivitäten zur Kennzeichnung der Stärke von Afterloadingstrahlern sind für klinische Zwecke zu ungenau und daher unbrauchbar. Mit den Mitteln der klinischen Dosimetrie sind direkte Aktivitätsmessungen mit Ausnahme der Schachtionisationskammermessungen nicht möglich.

Unter Verwendung des Abstandsquadratgesetzes für Punktquellen und der Dosisleistungskonstanten Γ_δ könnte die therapeutisch wirksame "effektive Aktivität" der Strahlungsquelle jedoch aus Messungen der Ionendosisleistung oder Kermaleistung in Luft abgeleitet werden (s.Gl. 19.3). Werden die Frei-Luftmessungen einschließlich der klinischen Applikatoren durchgeführt, ist die Schwächung durch den Applikator (Applikatorschwächung) bereits ebenfalls in der effektiven Aktivitätsangabe enthalten. Da bei dieser "Aktivitätsmessmethode" sowieso der Umweg über eine Dosisleistungsmessung gemacht wird, und da außerdem die Dosisleistungskonstanten von der spektralen Zusammensetzung der Gammaspektren und damit von den individuellen Umhüllung der Quellen abhängen, ist es günstiger, auf eine Angabe der Aktivität völlig zu verzichten. Stattdessen können die Quellen unmittelbar über ihre Kenndosisleistung charakterisiert werden. Nach nationalen und internationalen Normen ([DIN 6809-2], [ICRU 38], [BCRU], [CFMRI], [AAPM 32]) muss deshalb die Quellstärke von Afterloadingstrahlern heute als Luftkermaleistung frei in Luft ("free in air") in 1 m seitlichem Abstand vom Schwerpunkt des Strahlers angegeben werden.

Da die Kenndosisleistung von Afterloadingstrahlern als Luftkermaleistung in Luft in 1 m Abstand 90° seitlich zum Strahler angegeben werden soll, muss zunächst diese Luftkermaleistung in eine für die Therapie brauchbare Dosisgröße (Wasserenergiedosisleistung in Wasser) und in eine typische Entfernung vom Strahler (z. B. 1 cm) umgewandelt werden. Dies geschieht üblicherweise mit Hilfe einer speziellen Dosisleistungkonstanten Λ nach der folgenden Gleichung.

$$\dot{D}_w(1cm,90°) = \Lambda \cdot \dot{K}_{ref}(1m) \tag{19.1}$$

In der Vergangenheit wurde diese Dosisleistungskonstante durch Monte-Carlo-Rechnungen mit einer relativ großen Unsicherheit von 5% bestimmt. Seit 2009 [Bambynek 2009] gibt es eine wasserkalorimetrische Bestimmung dieser Konstanten für ^{192}Ir mit einem Standardfehler von nur 1,8%. Sie hat den Wert:

$$\Lambda = 1,118 \cdot 10^4 \tag{19.2}$$

Somit kann aus der Referenzkermaleistung mit kleinem Fehler die Wasserenergiedosisleistung in 1 cm Abstand im gesättigten Wasserphantom bestimmt werden.

19.1.2 Messung der Kenndosisleistung von Afterloadingstrahlern

Die Spezifizierung eines Afterloadingstrahlers über seine Luftkermaleistung in 1 m Abstand bedeutet nicht, dass diese auch in dieser Entfernung gemessen werden muss. Eine Messung der Kenndosisleistung in einem Meter Abstand ist wegen der in dieser Entfernung zu niedrigen Dosisleistung mit üblichen kleinvolumigen, kommerziellen klinischen Dosimetersonden tatsächlich kaum möglich, da diese unterhalb des vom Hersteller vorgeschriebenen Mindestdosisleistungsbereichs von etwa 10-20 mGy/min betrieben werden müssten. Die Dosisleistung selbst eines high-dose-rate-Iridium-Strahlers mit einer Nennaktivität von 370 GBq beträgt in einem Meter Abstand nur etwa 0,7 mGy/min. Frei-Luftmessungen in 1 m Abstand von der Quelle könnten deshalb bei ausreichender Genauigkeit nur mit besonders großvolumigen, empfindlichen Ionisationskammern mit Volumina bis etwa 30 cm^3 durchgeführt werden.

Frei-Luftmessungen mit kleinen Messsonden bei Abständen von nur wenigen Zentimetern, in denen die Dosisleistungen ausreichend groß sind, sind wegen der geometrischen Ungenauigkeiten im Nahbereich nicht zuverlässig genug. Bei versehentlichen Verschiebungen des Messortes der Sonde von nur wenigen Zehntel Millimetern treten im Nahbereich der Quelle schon Dosisleistungsfehler zwischen 10 % und 50 % auf (s. Beispielrechnung in Fig. 19.1), die damit noch deutlich größer sind als die Unsicherheiten der üblichen Herstellerangaben zur Kenndosisleistung (typische deklarierte Unsicherheit ± 5%). Außerdem müssen die Strahler in den Applikatoren wegen möglichst reibungsfreier Bewegung und eines eventuellen Kurvenverlaufs ein geringes "Spiel" haben. Deshalb kann ihre Zentrierung in den Applikatoren geringfügig variieren. Messungen der Kenndosisleistungen in kleineren Abständen sind deshalb über mindestens vier Richtungen senkrecht zur Längsachse des Applikators zu ermitteln, da so systematische Positionierungsfehler ausgeglichen werden können. Die Messergebnisse sind außerdem, wenn von der Energie und dem Messverfahren her erforderlich, auf Streuung und Absorption im Umgebungsmedium Luft zu korrigieren.

Zudem muss bei Frei-Luftmessungen streng darauf geachtet werden, durch die Halterungen und den Messaufbau keine zusätzlichen Streustrahlungsquellen in die Nähe der Quelle oder Sonde zu bringen, die die Messanzeige des Dosimeters erhöhen würden. Ohne stabilen Aufbau sind allerdings kaum starre und geometrisch exakte Messaufbauten möglich. Als Routinemethode zur Überprüfung der Kenndosisleistung von Afterloadingquellen sind "Frei-Luftmessungen" daher ungeeignet.

Wenn Frei-Luftmessungen in 1 m Abstand nicht möglich sind, empfiehlt sich die Messung der Kenndosisleistung in Ersatzanordnungen, z. B. in kompakten Festkörperphantomen bei geringen Entfernungen vom Strahler zur Messsonde (Fig. 19.2). Dort sind die Dosisleistungen groß genug, um statistische Messfehler zu vermeiden und die Verwendung üblicher klinischer Dosimeter zu ermöglichen. Bei zu geringen Abständen von Sonde und Strahler gewinnen allerdings die bauartbedingten Messortverschiebungen der Ionisationskammern, die so genannten **Displacementfaktoren** zunehmend an Bedeutung. Die Abstände sind also ohne zusätzliche Korrekturen nicht beliebig zu verringern. Die Anzeigen in Festkörperphantomen werden am besten im Strahlungsfeld einer Quelle gleicher Zusammensetzung aber bekannter Kenndosisleistung kalibriert (Details s. Kap. 12.6).

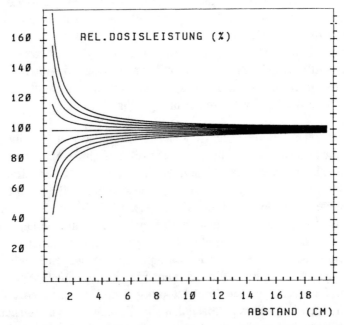

Fig. 19.1: Relative berechnete Abweichungen der Dosimeteranzeige einer punktförmigen Messsonde im Strahlungsfeld einer radioaktiven Punktquelle als Funktion des Positionierungsfehlers Quelle-Sonde (100% = exakter Messort, >100%: Abstand zu klein, <100% Abstand zu groß). Parameter der Kurvenschar ist der Quellen-Sonden-Abstand (Schrittweite 0,5 mm).

Anders als bei der Dosimetrie von Strahlungsquellen für die perkutane Therapie befinden sich bei Phantom- oder Patienten-Messungen an Afterloadingstrahlern sowohl Quelle als auch Messsonde in geringem Abstand eingebettet im Phantommaterial. Die Rückstreuung hinter Quelle und Messkammer beeinflusst daher die Dosisleistung am Messort in Abhängigkeit von der jeweils rückstreuenden Materieschicht. Untersuchungen der Rückstreuung in Plexiglasplattenphantomen (vgl. Beispiel in Fig. 19.3) zeigen, dass der Dosisleistungsverlust in endlichen Phantomen bis zu 10% der Messanzeigen in einer unendlichen, rückstreugesättigten Geometrie betragen kann. Er muss daher auch in der klinischen Dosimetrie berücksichtigt werden. Messungen der Kenndosisleistung in Festkörperphantomen sollten deshalb entweder in immer gleicher Geometrie (Aufbau) durchgeführt werden, oder es müssen gesättigte Phantome verwendet werden, die allerdings erhebliche Abmessungen und damit ein großes Gewicht erreichen können.

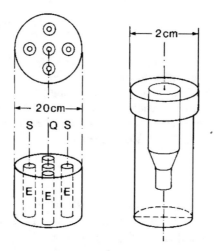

Fig. 19.2: Links: Skizze eines rotations-symmetrischen Zylinderphantoms mit Einsatzbohrungen (E) für beliebige zentrale Applikatoren mit Strahler (Q) und für vier verschiedene Messsonden (S). Rechts: Nicht maßstabsgetreue Detailskizze eines auswechselbaren Ionisationskammereinsatzes.

Für Iridium-Gammastrahlung ist die Rückstreusättigung nach Fig. (19.3) erreicht, wenn Messsonde und Strahlungsquelle allseitig von mindestens 10 cm Phantommaterial umgeben sind. Das Plexiglas-Phantom hätte dann eine Masse von etwa 30 kg und würde somit für die tägliche Routine ziemlich unhandlich. Verwendet man stattdessen kleine, nicht gesättigte Festkörperphantome, müssen diese durch Anschlussmessungen zunächst auf das Rückstreudefizit kalibriert werden.

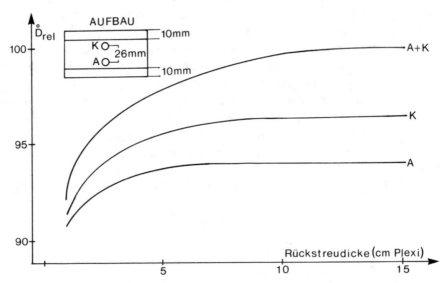

Fig. 19.3: Relative Zunahme der Dosisleistungen einer ^{192}Ir-Quelle am Ort der Ionisationskammer mit der Dicke des rückstreuenden Materials hinter Kammer (K), Applikator (A) oder beiden (A+K). Die kleine Zeichnung zeigt schematisch den Aufbau des Plattenphantoms für eine Rückstreudicke von je 1 cm hinter Kammer und Applikator. Für größere Rückstreuschichten werden zusätzliche Plexiglasplatten aufgelegt (nach [Krieger AL1], Plattenfläche 30x30 cm^2).

"Ungesättigte" Festkörperphantome müssen vor ihrer klinischen Verwendung selbstverständlich durch sorgfältige Vergleichsmessungen in Luft oder Wasser kalibriert werden. Sie können durch spezielle Einsätze an alle Ionisationskammertypen und klinische Applikatoren angepasst werden (Fig. 19.2). Die Dosisleistung der Quelle kann dann einschließlich der klinischen Applikatoren gemessen werden, so dass die durch sie verursachte Absorption und Streuung bereits in der seitlich vom Applikator gemessenen Kenndosisleistung berücksichtigt ist. Solche Phantome können auch für die arbeitstägliche Kalibrierung der Rektum- und Blasensonden für die in-vivo-Dosimetrie eingesetzt werden. Dazu wird der kalibrierte Afterloadingstrahler als Prüfquelle verwendet, da dieser an den Stellen der in-vivo-Sonden die bei der Kenndosisleistungsmessung genau ermittelte Dosisleistung erzeugt. Für die Messungen werden wegen der großen Dosisleistungsgradienten im Nahbereich der Quellen am besten räumlich gut auflösende Messsonden, also vorzugsweise kleinvolumige Ionisationskammern oder die allerdings weniger langzeitstabilen und häufig sehr richtungsabhängigen Halbleitersonden verwendet. Ausführliche Beschreibungen der Kenndosisleistungsmessung mit einem solchem kalibrierten Zylinderphantom befinden sich im (Kap. 13.6) und in ([Krieger AL2], [DGMP 13]).

19.2 Messung der Energiedosisverteilungen um ruhende Afterloadingstrahler

Zur experimentellen Bestimmung der Dosisleistungsverteilungen um ruhende Afterloadingstrahler verwendet man entweder die Matrixmethode (Fig. 19.4a) oder man zerlegt die Dosisverteilungen ähnlich wie in der Dosimetrie von Teletherapieanlagen in repräsentative Teildatensätze (Fig. 19.4b), aus denen die Gesamtverteilung rekonstruiert werden kann. Wegen der zylindrischen Bauform der Strahler sind Dosisverteilungen um ruhende Afterloadingstrahler rotationssymmetrisch zur Quellenlängsachse. Es ist daher ausreichend, die Dosisverteilungen nur in einer zentralen Halbebene durch die Strahlerlängsachse zu messen, was den Messaufwand erheblich verringert.

Matrixmethode: Bei der Matrixmethode wird die Dosis oder die Dosisleistung an jedem interessierenden Raumpunkt dosimetrisch bestimmt (Fig. 19.4a). Meistens verwendet man dazu ein engmaschiges kartesisches Messraster ("Gitter"). Isodosenlinien werden durch Interpolation der Messwerte ermittelt. Wegen der steilen Dosisgradienten in der Nähe der Strahlungsquellen, muss mit kleinvolumigen Detektoren und hoher räumlicher Auflösung gemessen werden. Als Detektoren eignen sich deshalb entweder sehr kleinvolumige Ionisationskammern, Diamantdetektoren, Thermolumineszenzdetektoren und Filme oder Dosimetriefolien. Ionisationskammern sind wegen ihrer endlichen Volumina (einige Zehntel Kubikzentimeter, vgl. Kap. 2) bei der Verwendung im

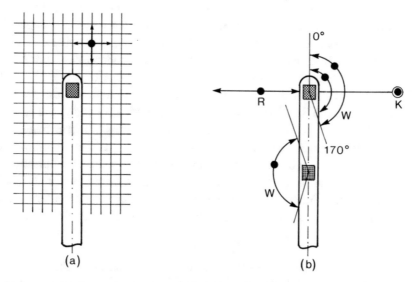

Fig. 19.4: Methoden zur Messung der Dosisverteilungen um Afterloadingstrahler. (a): Matrixverfahren. (b): Zerlegungsmethode (K: Kenndosisleistung im Referenzpunkt, R: radiale Dosisverteilung in Luft oder Wasser unter 90 Grad zur Applikatorachse, W: Winkelverteilungen auf Kreisen um die Quelle in Luft oder dichten Medien, punktierte Flächen: Strahler).

Nahbereich der Quellen aus geometrischen Gründen nicht ganz unproblematisch. Wegen der kleinen Distanzen zwischen Quelle und Ionisationssonde besteht innerhalb des Messvolumens ein großer Gradient für den Sekundärteilchen- und Energiefluss. Das Messsignal entsteht aus der über das Messvolumen integrierten auf das Luftvolumen übertragenen Energie. Dadurch kommt es zu einer räumlichen Mittelung des Messwertes, so dass eine eindeutige Zuordnung von Messwert und Messort nicht ohne weiteres möglich ist.

Das höchste räumliche Auflösungsvermögen bietet die Filmdosimetrie, d. h. die densitometrische Auswertung belichteter Dosimetriefilme. Filme sind aber zum einen als absolute Dosimeter nicht geeignet, zum anderen bereitet die exakte und reproduzierbare Anordnung der Filme um die Quellen besonders in der zentralen Ebene durch den Strahler große Schwierigkeiten. Darüber hinaus zeigen Filme wegen der hohen Ordnungszahl des Silbers eine starke Energieabhängigkeit ihrer Schwärzung (vgl. Abschnitt 5.3). Bei den Strahlungsqualitäten für Afterloadingstrahler verändern sich das Photonenspektrum erheblich mit der Tiefe im Absorber und damit auch die Empfindlichkeit des Films. Filme sind deshalb für die quantitative Dosimetrie an Afterloadingquellen nicht geeignet. Eine moderne Alternative zu Röntgenfilmen sind die eher gewebeäquivalenten Radiochrom-Filme (z. B. Gafchromic), die allerdings die geometrischen Probleme der korrekten Positionierung um Afterloadingstrahler nicht verhindern können.

Thermolumineszenzdetektoren (TLD) bieten wegen ihrer sehr kleinen Abmessungen (Rods oder Chips) ein hervorragendes räumliches Auflösungsvermögen. Alle im Strahlungsfeld einer Quelle untergebrachten Detektoren können zeitsparend simultan bestrahlt werden. Präzise Thermolumineszenz-Dosimetrie ist jedoch wegen des hohen Kalibrieraufwandes und der komplizierten Auswerteprozedur äußerst zeitaufwendig. Für eine Dosisverteilung in einer 25 Quadratzentimeter großen Fläche mit einem Messraster von 2,5 Millimetern werden beispielsweise über 400 Messwerte benötigt. Matrixverfahren mit TLD sind deshalb bei der in der Nähe der Quellen erforderlichen engen Rasterung als klinische Routinemethode in der Regel zu aufwendig. Sie eignen sich jedoch als Dosimeter für die Basisdosimetrie an Afterloadingstrahlern. Insbesondere können sie, da Thermolumineszenzdetektoren integrierende Dosimeter sind, zur Messung von Dosisverteilungen um bewegte Quellen verwendet werden. Mit Ionisationskammern ist dies mit Ausnahme der heute nicht mehr üblichen und wenig verbreiteten Kondensatorkammern nur mit äußerst großem Messaufwand möglich, da bei der Verwendung von Ionisationskammern in der Matrixmethode an bewegten Quellen die über alle Messpunkte summierte Bestrahlungszeit unerträglich lang würde.

Zerlegungsmethode: Eine die Datenmenge reduzierende Alternative der aufwendigen Matrixverfahren ist die Zerlegung der Dosisverteilungen um Afterloadingstrahler in Absolutdosisleistung an einem Referenzpunkt seitlich der Strahlerlängsachse, in radiale Dosisprofile und in Winkelverteilungen relativ zur Applikatorachse, die durch die Messung in Luft oder in gewebeähnlichen Phantomen (Fig. 19.4 b) bestimmt werden.

Messung und Beschreibung der radialen Dosisverteilung: Bei nicht zu kleinen Abständen (größer als etwa 1 bis 2 cm) zwischen der Messsonde und ruhenden, kleinvolumigen Strahlern folgen die seitlichen radialen Dosisverteilungen in Luft trotz Kapselung und Befestigung der Quellen mit hoher Genauigkeit dem Abstandsquadratgesetz (s. Fig. 19.5).

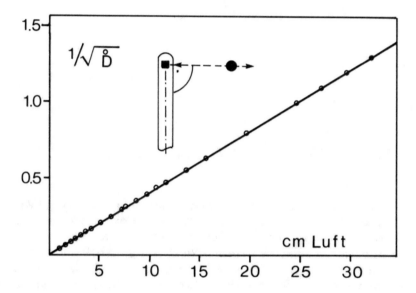

Fig. 19.5: Radiale Dosisleistung einer gynäkologischen ^{192}Ir-Afterloadingquelle in Luft (zur Linearisierung als reziproke Wurzel der Dosisleistung über dem Abstand dargestellt, seitlich unter 90° zur Applikatorlängsachse in der Höhe der Quellenmitte gemessen).

Dieser einfache Zusammenhang für die Dosisleistung gilt nicht mehr im Gewebe oder in gewebeähnlichen Phantomen. Zur Bestimmung der Veränderung der radialen Dosisverteilung durch das den Applikator umgebende Phantommaterial misst man (nach Fig. 19.4b) die Dosisleistungen mit und ohne Phantom (Wasser oder Festkörper) für verschiedene seitliche Abstände von der Strahlungsquelle. Das Verhältnis der Messwerte beider Messreihen (Fig. 19.6) für die gleichen Abstände enthält nur noch die Änderungen der radialen Dosisleistung durch Streuung und Absorption im Phantom als Funktion der Phantomtiefe. Im Entfernungsbereich zwischen 5 und 10 Zentimetern kompensieren sich Absorptions- und Streubeiträge für die Gammastrahlung des ^{192}Ir weitgehend, das Verhältnis der Dosisleistungen liegt deshalb dicht bei 1. Bei Abständen unter 5 Zentimetern und vor allem oberhalb von 10 Zentimetern zwischen Quelle und Messort treten jedoch deutliche Abweichungen von den Luftwerten auf.

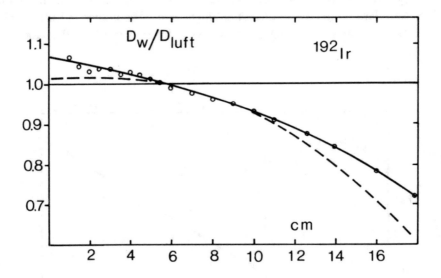

Fig. 19.6: Experimentelle Schwächung von ^{192}Ir-Gammastrahlung in Wasser und Vergleich mit Rechnungen (nach Gl. 19.10). Offene Kreise: Messwertverhältnisse Wasser/Luft. Kurven-Anpassungen von Polynomen dritten Grades an die Messwerte. Durchgezogene Linie: Messungen und Anpassung (nach [Krieger AL3]). Unterbrochene Linie: gemittelter Kurvenverlauf (nach [Meisberger]) für Abstände zwischen 2 und 10 cm. Die verwendeten Koeffizientensätze für die Polynome befinden sich in Tab. (19.1).

Messung der Winkelverteilungen um Afterloadingquellen: Radiale Dosisverteilungen unter anderen Winkeln zur Quellenachse zeigen deutliche Abweichungen von der radialen Dosisverteilung unter 90°. Zur Messung dieser Abweichung, der Winkelanisotropie der Dosisleistungsverteilungen relativ zu 90°, misst man die Dosisleistungen auf repräsentativen Kreisbögen um die Quelle (Fig. 19.4b). Die Messergebnisse normiert man am besten auf den 90°-Messwert, der also zu 100% gesetzt wird, da in dessen Nachbarschaft bei punktförmigen oder kurzen linearen Strahlern die geringsten Abweichungen von der Kugelsymmetrie der Verteilungen auftreten. Man erhält so die relativen Winkelabhängigkeiten der Dosisleistung in Luft oder in Phantommaterialien wie Wasser oder Plexiglas, die von den Einflüssen von Quelle, Kapselung, Halterung und Applikatoren herrühren (Fig. 19.7).

Winkelverteilungen um Afterloadingstrahler zeigen bereits ohne Applikatoren ausgeprägte Anisotropien, die vom Strahler selbst und seiner Halterung herrühren. Winkelverteilungen in dünnwandigen Edelstahlspicknadeln mit massiver Spitze zeigen zusätzliche Dosisleistungseinbrüche im Winkelbereich um die Nadelspitze, die durch erhöhte

Absorption in der Nadelspitze verursacht werden. Bei größeren Winkeln bleiben die Messwerte vergleichbar mit denen ohne Applikator.

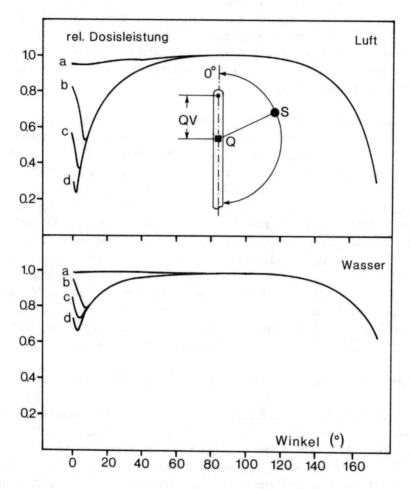

Fig. 19.7: Typische experimentelle Winkelverteilungen einer ^{192}Ir-Quelle in einem Edelstahl-applikator für gynäkologische Anwendungen (Wandstärke 1,5 mm) gemessen in Luft und in Wasser für verschiedene Quellenpositionen im Applikator (Q: Quelle, S: Sonde, QV: Quellenverschiebung gemessen von der Applikatorspitze aus), (a): QV = 0 cm, (b): QV = 1,5 cm, (c): QV = 3 cm, (d): QV = 6 cm (nach [Krieger AL3]).

Bei dickwandigen, gynäkologischen Metallapplikatoren verändert sich die Schwächung und Anisotropie deutlich wegen der mit dem Winkel zunehmenden Transmissionswege in den Applikatorwänden. Je kleiner der Winkel relativ zur Applikatorlängsachse ist, umso stärker ist auch die durch den Applikator verursachte Schwächung. Winkelanisotropien sind nicht nur vom Winkel zur Applikatorlängsachse abhängig, sondern auch von der relativen Position des Strahlers im Applikator (Fig. 19.7). Je weiter die Strahlungsquelle in den Applikator zurückgezogen wird, umso ausgeprägter wird die Kleinwinkelstreuung von Photonen an den inneren Applikatorwänden. Dieser "Kollimatoreffekt" erhöht die Dosisleistung in Richtung der Applikatorlängsachse. Der durch Streuung aus dem Strahlenbündel entfernte Strahlungsanteil steht für die Transmission der seitlichen Applikatorwand nicht mehr zur Verfügung, so dass die Dosisleistung seitlich vom Applikator dadurch geringer wird.

Befinden sich der Applikator und die Sonde während der Messungen in einem gewebeähnlichen Medium (z. B. Wasser oder Plexiglas), werden die Winkelverteilungen für große und kleine Winkel relativ zur Applikatorlängsachse durch die in diesen Medien entstehende Streustrahlung wieder geglättet, die Winkelverteilungen werden also "isotroper" (Fig. 19.7 unten). Je größer der Abstand zwischen Strahler und Messsonde ist, umso ausgeprägter wird dieser Glättungseffekt wegen des mit der Tiefe im Phantom zunehmenden Streuanteils im Strahlungsfeld. Winkelverteilungen der Dosisleistungen sind daher von der Quellenart (Radionuklid, Photonenenergie, Bauform), dem Applikatortyp (Material, Form, Wandstärke), der relativen Position des Strahlers im Applikator (Vorwärtsstreuung, Kollimationseffekte), dem Medium zwischen Quelle und Messort und vom Quellen-Sonden-Abstand abhängig. Sie müssen für jede individuelle Konfiguration von Quellen und Applikatoren experimentell bestimmt werden. Die deutlichen Auswirkungen dieser Winkelabhängigkeiten auf die Isodosen um ruhende Afterloadingstrahler zeigen die berechneten Verteilungen in (Fig. 19.9b-d).

19.3 Berechnung der Afterloading-Dosisverteilungen*

Bei mathematischen Punkt- oder Linienquellen kann man die Verteilungen der Luftkermaleistung um die Strahler im Vakuum exakt mit dem Abstandsquadratgesetz, der Punktaktivität A bzw. der Linien-Aktivitätsverteilung A(z) und der Dosisleistungskonstanten Γ_δ berechnen. Befinden sich zwischen der Strahlungsquelle und dem Aufpunkt für die Berechnung der Kermaleistung im Abstand r keinerlei absorbierende oder streuende Materialien, gilt für Punktquellen bei isotroper Abstrahlung das Abstandsquadratgesetz in der Form:

$$\dot{K}(r) = \Gamma_\delta \cdot \frac{A}{r^2} \tag{19.3}$$

Die Luftkermaleistung um eine mathematische, nicht gekapselte Linienquelle mit der linearen Aktivitätsverteilung A(z) entlang der z-Achse eines Koordinatensystems wird analog zu Gl. (19.3) mit

$$\dot{K}(x,y,z) = \Gamma_\delta \cdot \int_\ell \frac{dA(z)}{r^2} \qquad (19.4)$$

berechnet, wobei ℓ die aktive Länge des Strahlers bedeutet, (x,y,z) die räumlichen Koordinaten des rechnerischen Aufpunkts (Punkt für die Dosisleistungsberechnung) und r der Abstand zwischen diesem Aufpunkt und der Koordinate z auf der Linienquelle, über die das Integral ausgeführt werden muss. Bei einer konstanten Linienbelegung des Strahlers mit der Aktivität A auf der Länge ℓ kann man A(z) durch den von der Koordinate z unabhängigen Wert A/ℓ ersetzen. Man erhält dann:

$$dA(z) = \frac{A}{\ell} \cdot dz \qquad (19.5)$$

und für das Integral in Gleichung (19.4) die etwas einfachere Form:

$$\dot{K}(x,y,z) = \Gamma_\delta \cdot \frac{A}{\ell} \cdot \int_\ell \frac{dz}{r^2} \qquad (19.6)$$

Punkt- oder Linienquellen sind mathematische Idealisierungen der realen Strahler, die endliche aktive Volumina haben. Diese sind darüber hinaus in der Regel gekapselt und an Halterungen befestigt. Für die Berechnung von gekapselten Linienquellen existieren in der Literatur vorkalkulierte Tabellen, die lediglich die Schwächung des Strahlungsfeldes durch die Kapselung und die lineare Verteilung der Aktivität berücksichtigen (Sievert-Integral-Tabellen). Diese Tabellen dienten in der Vergangenheit vor allem zur näherungsweisen Berechnung von Verteilungen um lineare, platingekapselte Radiumapplikatoren, sind aber wegen der Vernachlässigung der Selbstabsorption in den Quellen bei höheren Ansprüchen an die Genauigkeit zur Berechnung von Dosisleistungsverteilungen um Strahler anderer Bauart, anderer Kapselung und mit anderen Radionuklidfüllungen und somit anderer Photonenenergie nicht geeignet.

19.3.1 Die Quantisierungsmethode*

Eine für Computerberechnungen besonders geeignete Methode zur Berechnung von Dosisverteilungen um Afterloadingquellen ist die Quantisierungsmethode. Bei ihr wird der Strahler in kleinvolumige Teilquellen (Quanten) zerlegt. Die Dosisleistungsverteilungen um diese Teilquellen werden mit den Teilaktivitäten A_j im Abstand r_j vom rechnerischen Aufpunkt berechnet. Durch Überlagerung der Einzeldosisverteilungen erhält man die Gesamtdosisverteilung (s. Fig. 19.8). Die Luftkermaleistung im Aufpunkt (x,y,z) erhält man aus der Summe der Teildosisleistungsbeiträge der Volumenelemente. Aus der Gleichung (19.3) für eine einzelne Punktquelle wird dann die Summe:

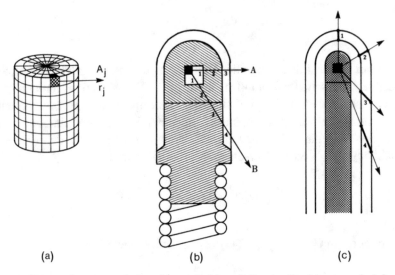

(a)   (b)   (c)

Fig. 19.8: Quellenzerlegung und absorbierende Materialien im Strahlengang bei der Quantisierungsmethode. (a): Quellenzerlegung in Teilaktivitäten und zugehörige Abstände. (b): Materialien im Strahlengang in Quelle und Kapsel (1: Strahler aus ^{192}Ir und ^{192}Pt, 2. Aluminium, 3+4: Wege durch Edelstahl, (A): kurzer Weg unter 90°, (B): langer Weg mit großer Schwächung unter Rückwärtswinkeln). (c): Abhängigkeit der Länge der Schwächungswege (1-4) in der Applikatorwand aus Edelstahl von der Strahlrichtung.

$$\dot{K}(x,y,z) = \Gamma_\delta \cdot \sum_j \frac{A_j}{r_j^2} \qquad (19.7)$$

Wenn die Strahlung eines der infinitesimalen Volumenelemente auf dem Weg zum Aufpunkt (x,y,z) andere Aktivitätselemente der Quelle durchsetzt, kommt es durch Absorption und Streuung zur Änderung des Dosisleistungsbeitrages in dieser Richtung. Ähnliches gilt für sonstige Materialien um die Strahlungsquelle wie Kapselung, Befestigung am Transportsystem sowie die Applikatoren aus Edelstahl oder Kunststoff, die die Dosisleistungen ebenfalls beeinflussen. Räumliche Kermaleistungsverteilungen weichen daher besonders im therapeutisch wichtigen Nahbereich um die Strahlungsquellen vom einfachen Abstandsquadratgesetz (Gl. 19.3) ab. Eine realistische Beschreibung der Formel für die Dosisleistungen um Afterloadingstrahler muss deshalb die folgenden Einflüsse berücksichtigen:

- **Abstandsquadratgesetz (Punktquelle oder Linienintegral),**

- **endliches Volumen der Quelle (Abweichungen von der Punktgeometrie), Selbstabsorption und Streuung in der Quelle,**

- **Absorption und Streuung in Quellenkapsel und Halterung,**

- **Absorption und Streuung in den Applikatoren,**
- **Absorption und Streuung im Gewebe oder Phantom.**

Die Veränderung des Strahlungsfeldes um einen Afterloadingstrahler durch Absorption in verschiedenen im Strahlengang befindlichen Materialien kann bei bekannter Geometrie von Quelle und Umgebung und in Nadelstrahlnäherung prinzipiell für alle Photonenenergien im Strahlungsspektrum nach dem exponentiellen Schwächungsgesetz und den Schwächungskoeffizienten μ berechnet werden. Soll die Kerma bzw. die Kermaleistung in einer offenen Geometrie berechnet werden, müssen statt dessen die entsprechenden Energieumwandlungskoeffizienten μ_{tr}, für die Energiedosisleistung die Energieabsorptionskoeffizienten μ_{en} bzw. die entsprechenden massenbezogenen Größen verwendet werden. Diese Koeffizienten μ_{tr} bzw. μ_{en} müssen für jedes Material und jede vom Strahler emittierte Photonenenergie bekannt sein. Für jeden einzelnen Aufpunkt im Raum müssen die winkelabhängigen Weglängen Δr_{ij} der Strahlung vom Quellpunkt "j" durch alle schwächenden Materialien "i" bestimmt werden. Die Schwächung S_j für eine bestimmte Gammastrahlung der Energie E_k wird dann mit Hilfe der energie- und materialabhängigen Koeffizienten $\mu_{tr,ik}$ bzw. $\mu_{en,ik}$ als Produkt der Einzelschwächungen in jedem der Teilwege Δr_{ij} berechnet. Eine solche Schwächungskorrektur hätte für die Luftkermaleistung durch Strahlung, die mit einer bestimmten Energie E_k von einem Quellpunkt j ausgeht, die Form:

$$S_j(E_k) = \prod_i e^{-\mu_{tr,ik} \cdot \Delta r_{i,j}} = e^{-\sum_i \mu_{tr,ik} \cdot \Delta r_{i,j}} \qquad (19.8)$$

Für heterogene Photonenstrahlung muss diese Rechnung für jede einzelne Photonenenergie wiederholt werden. Die Gesamtschwächung ergibt sich aus einer Faltung der relativen Intensitäten p_k für jede der Photonenenergien E_k mit diesem Einzelausdruck $S_j(E_k)$ zu:

$$S_{tot,j} = \sum_k p_k \cdot S_j(E_k) \qquad (19.9)$$

Verwendet man beispielsweise einen [192]Iridium-Strahler, wie er in Fig. (19.8b) dargestellt ist, erkennt man, dass die Gammastrahlung des Iridiums in der Quelle selbst (bestehend aus etwa 30% [192]Ir und 70% natürlichem Pt), durch das Aluminium, in das die Quelle eingebettet ist, durch die Quellenkapsel aus Edelstahl und die Befestigung der Quelle am Transportsystem (ebenfalls aus Edelstahl) geschwächt wird. Die dabei durchstrahlten Weglängen sind abhängig von der Richtung des jeweiligen Verbindungsvektors zwischen Quellpunkt und Dosisleistungspunkt im Raum und müssen in jedem Einzelfall gesondert aus der Quellengeometrie berechnet werden. [192]Ir emittiert 7 dominierende Photonenintensitäten mit Gammaenergien zwischen 296 keV und 612 keV (s.

dazu [Krieger2], Kap. 14). Die Schwächungsberechnung muss für jede dieser Energien durchgeführt werden.

Wird der Strahler medizinisch angewendet und befindet er sich deshalb in Edelstahl-, Titan- oder Kunststoffapplikatoren, muss deren Absorption gleichfalls als Funktion der durchstrahlten Weglängen berechnet werden. Für alle durchsetzten Materialien muss der Energieabsorptionskoeffizient μ_{en}, bzw. der Energieübertragungskoeffizient μ_{tr} und seine Energieabhängigkeit bekannt sein. Da einige Materialien technische Legierungen oder Stoffmischungen sind, müssen vor der Berechnung der Schwächung die beiden effektiven, also über das Material gemittelten Koeffizienten, berechnet oder experimentell bestimmt werden.

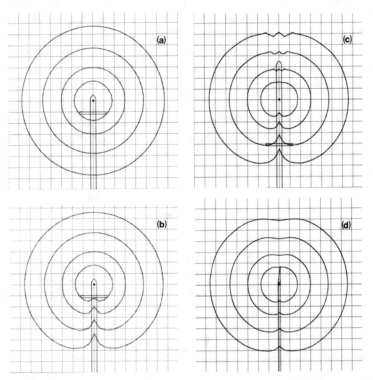

Fig. 19.9: Berechnete Dosisleistungsverteilungen um eine ruhende ^{192}Ir-Al-Quelle. Das unterlegte Raster hat eine Auflösung von 1 cm. Die dargestellten Isodosen sind auf 3 cm Entfernung vom Strahler normiert, ihre Werte betragen von innen nach außen: 300%, 100%, 25%, 15%. (a): Kugelsymmetrische Isodosen nach dem reinen Abstandsquadratgesetz für Punktquellen. (b-d): Berechnungen nach Gl. (19.12); (b): gynäkologischer dickwandiger Edelstahlapplikator in Wasser (Wandstärke 1,5 mm Edelstahl, Quelle in der Applikatorspitze). (c): Wie (b), aber Quelle um 3 cm in den Applikator zurückgezogen. (d): Edelstahlspicknadel in Wasser (Strahler unmittelbar hinter der massiven Stahlspitze, nach [Krieger AL4]).

Der Einfluss des die Quelle umgebenden Phantommaterials oder menschlichen Gewebes auf die Dosisleistung kann wegen der Volumenstreuung durch analytische Formeln nicht berechnet werden. Er wird deshalb, wie in (Abschnitt 19.2) beschrieben, für jedes Radionuklid experimentell bestimmt. Zur mathematischen Beschreibung der Gewebeeinflüsse sind in der Literatur verschiedene Ansätze verwendet worden, die alle auf einer Anpassung von einfachen Formeln an die experimentellen Daten beruhen. Eine mathematisch bevorzugte Methode ist die Anpassung eines Polynoms dritten Grades an die experimentellen Ergebnisse, das dann den obigen Dosisleistungsformeln überlagert wird (vgl. Fig. 19.6). Hierbei bedeutet r_j den Abstand (in cm) des rechnerischen Aufpunkts im Gewebe vom Aktivitätselement "j" in der Quelle.

$$P(r_j) = a_0 + a_1 r_j + a_2 r_j^2 + a_3 r_j^3 \qquad (19.10)$$

Nuklid	Material	Polynomkoeffizienten				Autoren
		a_0	a_1	a_3	a_4	
^{192}Ir	H_2O	1,0128	5,019E-3	-1,178E-3	-2,008E-5	Meisberger
	H_2O	1,0380	1,862E-3	-1,300E-3	1,865E-5	Krieger AL3
	Polystyrol*	0,9970	0,840E-2	1,136E-1	-2,140E-4	Kneschaurek
^{137}Cs	H_2O	1,0091	-9,015E-3	-3,459E-4	-2,817E-5	Meisberger
^{60}Co	H_2O	0,9942	-5,318E-3	-2,610E-3	1,327E-4	Meisberger

Tab. 19.1: Polynomkoeffizienten für die radialen Tiefendosiskurven von Afterloadingstrahlern im Phantom (Exponentialschreibweise: E-4 bedeutet "$\cdot 10^{-4}$", nach Gl. 19.10, *: zusätzliches Exponentialglied $e^{-\mu \cdot r}$ mit $\mu = 0{,}113$ cm^{-1}).

Tabelle (19.1) zeigt einige der Literatur entnommene Koeffizienten solcher empirischen Polynome dritten Grades für die gängigen Afterloading-Radionuklide in Wasser und dem für diese Photonenenergien gut gewebeäquivalenten Polystyrol. Fasst man die Gleichungen (19.3), (19.7-19.9) zusammen und berücksichtigt die empirische Gewebefunktion P (Gl. 19.10) für jedes einzelne Teilvolumen der Quelle, erhält man für die Luftkermaleistung um eine reale ruhende Afterloadingquelle im Gewebe den Ausdruck:

$$\dot{K}(x,y,z) = \sum_j \left[P(r_j) \cdot \frac{A_j}{r_j^2} \cdot \sum_k \left\{ \Gamma_{\delta,k}(E_k) \cdot p_k \cdot e^{-\sum_i \mu_{tr,ik} \cdot \Delta r_{ij}} \right\} \right] \qquad (19.11)$$

Die Summationen werden über j Teilvolumina (Quellpunkte) der Quelle, über k Photonenenergien des Strahlers und i umhüllende Materialien durchgeführt. Die Dosisleistungskonstante $\Gamma_{\delta,k}$ hängt von der Photonenenergie E_k ab und muss deshalb als Faktor unter der Summe über die Energien stehen. Für jeden Quellenpunkt müssen außerdem die Weglängen Δr_j in allen Materialien bestimmt werden. Über diese Materialienwege ist ebenfalls zu summieren (Summe im Exponenten). Um die Dosisverteilung in einer ganzen Ebene zu berechnen, muss diese Formel außerdem für jeden einzelnen Gitterpunkt (Index j) der Ebene angewendet werden. Die Energiedosisleistung im Gewebe erhält man, indem man die Luftkermaleistung (nach Gl. 19.11) mit den entsprechenden in der Dosimetrie üblichen Umrechnungsfaktoren korrigiert (vgl. dazu Kap. 12). Dosisleistungsberechnungen bei heterogener Gammastrahlung und komplexer Quellengeometrie können nach dieser sehr fundamentalen Methode dermaßen aufwendig werden, dass sie in vernünftigen Zeiten nur noch mit Hilfe schneller Computerprogramme auf Großrechnern bewältigt werden können.

Insbesondere können die Kleinwinkelstreuung in Applikatoren und die Glättung der Winkelabhängigkeiten der Dosisleistungsverteilungen durch Streuung in Phantommaterialien experimentell zwar untersucht werden, sie entziehen sich aber wegen der Komplexität der Wechselwirkungen in komplizierten Geometrien einer einfachen formelmäßigen Beschreibung. Sie können daher anders als die Schwächung durch die Quellenkapselung und die Applikatoren auch mit hohem rechnerischem Aufwand analytisch nicht berechnet werden. Dieser Sachverhalt wird anschaulich als "Versagen der Nadelstrahlgeometrie" bezeichnet. Bei Nadelstrahlalgorithmen werden die Wege einzelner Elementarstrahlen durch die Materie verfolgt und ihre Wechselwirkungen und Schwächungen individuell berechnet. Für die Therapieplanungs-Routine benötigt man wesentlich schnellere Algorithmen, die auch auf den in Therapieabteilungen üblicherweise verfügbaren kleineren Rechnern in kurzer Zeit brauchbare Ergebnisse liefern. Man verwendet deshalb weniger rechenzeitintensive Näherungsverfahren, deren Ergebnisse für die Dosisverteilungen um Afterloadingstrahler zwar etwas weniger präzise sind, deren Genauigkeit aber für die therapeutischen Zwecke ausreichend ist.

19.3.2 Eine empirische Näherungsformel zur Dosisleistungsberechnung*

Mit Hilfe der oben dargestellten Parametrisierung der Dosisleistungsverteilungen um ruhende Afterloadingstrahler (Kenndosisleistung im Referenzabstand oder Produkt aus Aktivität, Dosisleistungskonstante und Abstandsquadratfaktor für die Referenzentfernung, Abstandsquadratgesetz, Gewebefunktion, Winkelverteilung) ist es beispielsweise möglich, eine einfache halbempirische Formel zur Berechnung von räumlichen Dosisverteilungen für kleinvolumige ruhende Strahler anzugeben, die sich insbesondere für schnelle Computerberechnungen eignet. Dazu multipliziert man das Abstandsquadratgesetz für die Dosisleistung mit der experimentellen Korrekturfunktion für Absorption und Streuung im Phantom (Gl. 19.10) und einer mehrdimensionalen empirischen Winkelverteilungsfunktion (vgl. Fig. 19.7). Man erhält für Punktquellen folgenden einfachen Ausdruck:

$$\dot{D}(\vec{r}_0) = C \cdot P \left| \vec{r}_0 - \vec{r}_q \right| \cdot W(\alpha, \left| \vec{r}_0 - \vec{r}_q \right|, Q, a, z) \cdot \frac{1}{\left| \vec{r}_0 - \vec{r}_q \right|^2} \qquad (19.12)$$

Die Bedeutungen der Parameter dieser Gleichung sind in Tab. (19.2) aufgelistet. Werden Dosisverteilungen um Punktquellen nur mit dem Abstandsquadratgesetz berechnet, also ohne Berücksichtigung von Absorptionen und Winkelanisotropien, sind die Orte gleicher Dosisleistung Kugelschalen um die Quelle, die auf eine Ebene projizierten Isodosen sind konzentrische Kreislinien (Fig. 19.9a).

Die mit Gleichung (19.12) berechneten realistischen Dosisleistungsverteilungen um ruhende Afterloadingquellen (Fig. 19.9b-d) zeigen jedoch typische Abweichungen der Isodosen von der Kugelsymmetrie, vor allem in Vorwärts- und Rückwärtsrichtung zum Applikator, die durch die Selbstabsorption in der Quelle und in den Applikatoren bedingt sind.

C	das Produkt aus der effektiven Aktivität der Quelle A* (bestimmt unter 90° zur Quellenlängsachse einschließlich Kapselung und Applikator), der Dosisleistungskonstanten Γ_δ für das jeweilige Nuklid und dem Umrechnungsfaktor von Luftkerma in die Energiedosis im Gewebe, oder, bei Verwendung der Kenndosisleistung im Abstand R_0 von der Quelle, das Produkt aus Kenndosisleistung $K(R_0)$, dem Abstandsfaktor R^2 und dem Luftkerma-Energiedosis-Umrechnungsfaktor
P	empirische Korrekturfunktion für Absorption und Streuung im Phantom ($P \equiv 1$ für Luft, vgl. Gl. 19.10 und Tab. 19.1)
W	experimentelle Winkelverteilung (abhängig von Winkel α, Quellenart Q, Applikatortyp a und relativer Position z des Strahlers im Applikator)
r_0	rechnerischer Aufpunkt, an dem die Dosisleistung berechnet werden soll
r_q	Ortsvektor des Mittelpunktes der Strahlungsquelle

Tab. 19.2: Bedeutung der Parameter in Gl. (19.12) zur Berechnung von Dosisverteilungen um AL-Strahler.

Um räumliche Dosisverteilungen zu erhalten, muss die empirische Gleichung (19.12) für jeden einzelnen Punkt im Raum oder im Phantom angewendet werden. Sollen die Verteilungen bewegter Quellen berechnet werden, muss die Dosisverteilung der ruhenden Quellen mit dem Bewegungsprofil gefaltet werden. Für schrittweise fahrende oder

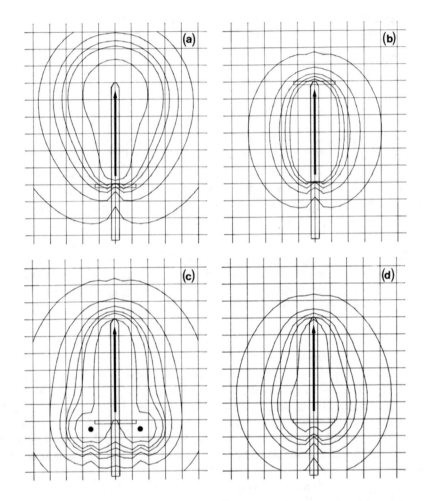

Fig. 19.10: Durch Bewegung einer einzelnen ^{192}Ir-Punktquelle erzeugte intrakavitäre und interstitielle Dosisleistungsverteilungen. (a): Lineare Bewegung mit Haltezeit an der Applikatorspitze. (b): Lineare Bewegung (Pfeil = aktive Länge). (c): Drei-Quellen-Technik für Collumbehandlung (zwei ruhende, eine bewegliche Quelle). (d): Lineare Bewegung mit Haltezeit im unteren Umkehrpunkt. Die Isodosen sind von außen nach innen für (a) und (c): 20%, 40%, 60%, 80%, 100%, 150%, für (b) und (d): 20%, 40%, 60%, 80%, 100%.

multiple Quellenanordnungen wird Gleichung (19.12) für alle Haltepunkte bzw. Strahlerpositionen berechnet und summiert. Kontinuierliche Quellenbewegungen kann man durch rechnerische Zerlegung der Bewegungsamplitude in kleine virtuelle Punktquellen oder Linienquellenstücke annähern. Für diese virtuellen Quellen wird wieder Gleichung (19.18) angewendet, die dann aber zusätzlich über die virtuellen Strahlerpositionen summiert werden muss.

Die Dosisleistungsverteilungen in Fig. (19.10) wurden auf diese Weise für kontinuierlich bewegte Punktquellen berechnet.

Neben der in diesem Abschnitt vorgestellten halbempirischen Methode zur Berechnung von Dosisleistungen um Afterloadingstrahler in Planungsprogrammen gibt es noch eine Vielzahl weiterer Näherungsverfahren, die ebenfalls auf modernen Kleinrechnern programmiert werden können. Sie unterscheiden sich vor allem in den Dosisleistungsformeln, den verwendeten Korrekturen zum Abstandsquadratgesetz und dem dadurch erforderlichen Zeitbedarf. Die Programme sind an die anlagenspezifischen Steuerungen der Quellenbewegung bzw. die Methode der Quellenanordnung im Applikator angepasst. Ein sehr viel versprechender Ansatz wurde mit Hilfe der Monte-Carlo-Methode gemacht [Baltas].

Einige von diesen Programmen erlauben auch die automatische Optimierung von Anordnungen ruhender Strahler, mit denen bestimmte Dosisverteilungen nach Vorgabe von Solldosiswerten an bestimmten anatomischen Punkten berechnet werden können. Eine wichtige Voraussetzung für solche Optimierungsrechnungen ist die exakte Lagebestimmung der anatomischen Referenzpunkte. Es ist daher heute Stand der Technik, vor der eigentlichen Dosisverteilungsberechnung mit Hilfe bildgebender Verfahren wie der Röntgenabbildung in mehreren Ebenen, der Computertomografie, der Magnetresonanz-Bildgebung oder Ultraschalluntersuchungen die exakten Koordinaten der interessierenden Organe, die dreidimensionale Lage der Applikatoren und Strahler sowie die Positionen eventuell eingeführter in-vivo-Messsonden rechnerisch zu rekonstruieren.

Zusammenfassung

- **Das Afterloadingverfahren ist der moderne strahlenschutzgerechte Nachfolger der klassischen Radiumtherapie.**

- **Die heute am häufigsten medizinisch verwendeten Radionuklide sind wegen der hohen technisch erreichbaren spezifischen Aktivitäten ^{192}Ir und ^{60}Co.**

- **Die Kenndosisleistungsmessung von Afterloadingstrahlern (Luftkerma in Luft) sollte entweder mit kalibrierten Festkörperphantomen oder mit speziellen Schachtionisationskammern vorgenommen werden.**

- **Aus der Kenndosisleistung sind die Wasserenergiedosisverteilungen im Phantom oder Patienten zu berechnen.**

- **Dosisverteilungen um HDR-Brachytherapiestrahler sind wegen der geringen Abmessungen der Zielvolumina und der kurzen Distanzen zum Strahler durch das Abstandsquadratgesetz dominiert.**

- Sie zeigen aber wegen ihres Strahleraufbaus und wegen der verwendeten Applikatoren richtungs- und materialabhängige Dosisleistungsvariationen, die so genannten Winkelverteilungen, die bei der Therapieplanung berücksichtigt werden müssen.

- Abweichungen vom Abstandsquadratgesetz in den lateralen Dosisverteilungen können gut und mit ausreichender Genauigkeit durch Gewebeschwächungskorrekturen berücksichtigt werden.

- Moderne Planungsalgorithmen arbeiten auch nach den Monte-Carlo-Verfahren, die diese Einflüsse neben den geometrischer Verläufen berücksichtigen können.

- Wegen des dominierenden Abstandsquadratverlaufs der Dosisleistungen sind in-vivo-Dosismessungen während der Therapien zur Überprüfung der Dosis an Risikoorganen nur bei gleichzeitiger präziser 3D-Bildgebung sinnvoll.

- Mit modernen HDR-Afterloadingstrahlern kann die LDR-Technik durch gepulste Bestrahlung simuliert werden, wenn die Art des Tumors und das Zielvolumen eine Bestrahlung mit niederer mittlerer Dosisleistung dies nahe legen.

Aufgaben

1. Nennen Sie die beiden wichtigsten Radionuklide für die HDR-Brachytherapie.

2. Wie ist die Kenndosisleistung von HDR-Afterloadingstrahlern spezifiziert? Muss die Kenndosisleistung auch nach den geometrischen Bedingungen dieser Spezifikation gemessen werden?

3. Ist die Angabe der Strahleraktivität ausreichend zur Beschreibung der Kenndosisleistung eines üblichen HDR-Afterloadingstrahlers?

4. Was ist der dominierende Einfluss auf die Tiefendosisverteilung um einen im Gewebe befindlichen ruhenden Afterloadingstrahler?

5. Ist die Abstrahlung eines realen Afterloadingstrahlers isotrop?

Aufgabenlösungen

1. ^{192}Ir und ^{60}Co sind die wichtigsten HDR-Afterloadingstrahler.

2. Als Luftkermaleistung in Luft in 1 m seitlichem Abstand 90° zum Strahler. Nein, Kenndosisleistungsmessungen von AL-Strahlern müssen nicht in 1 m Entfernung von Strahler gemessen werden, da die Entfernung von 1 m für die klinisch üblichen Aktivitäten der Afterloadingstrahler zu gering ist für eine dosimetrische Erfassung mit kleinem Fehler.

3. Nein, in der alleinigen Aktivitätsangabe sind nicht die richtungsabhängigen Schwächungen des Strahlungsfeldes durch die verschiedenen Strahlerkonstruktionen, die Halterungen und Applikatoren und eventuelle Streubeiträge enthalten.

4. Dominierend ist das Abstandsquadratgesetz.

5. Nein, die Isodosen zeigen eine ausgeprägte Winkelanisotropie, die durch den Strahler selbst, seine Umhüllung und die Applikatoren verursacht wird.

20 Dosisverteilungen perkutaner Neutronenstrahlung

In diesem Kapitel werden zunächst zwei Verfahren zur Neutronendosimetrie vorgestellt. Anschließend werden die Dosisverteilungen der Neutronen aus Kernreaktionen und von Konverterneutronen aus Kernreaktoren beschrieben. Therapeutische Anwendungen von Neutronenstrahlung sind wegen der beschränkten mittleren Reichweite auf den Fall oberflächennaher Tumoren beschränkt. Neutronenstrahlenbündel enthalten neben den Neutronen immer Kontaminationen mit hochenergetischen Photonen aus Einfangprozessen.

Für den therapeutischen Einsatz von Neutronen in der Strahlentherapie gelten grundsätzlich die gleichen geometrischen Regeln zur Erzeugung therapeutischer Dosisverteilungen wie bei den anderen Strahlungsarten. Die Neutronen müssen vor allem eine ausreichende Eindringtiefe ins Gewebe, d. h. geeignete Tiefendosisverläufe aufweisen. Neutronenquellen benötigen für ihre medizinische Eignung natürlich auch Kollimationssysteme zur Feldbegrenzung und die Möglichkeit, Patienten in geeigneter Form relativ zum Strahl zu lagern. Da Neutronen ungeladene Teilchen sind, sind Ablenkungen und Strahlformungen mittels elektromagnetischer Verfahren nicht möglich. Besonderheiten der Neutronenstrahlungen sind die höhere biologische Wirksamkeit (je nach Neutronenenergie RBW-Werte zwischen 2 und 4), der verminderte Sauerstoffeffekt im Vergleich zu Photonenstrahlung (ein typischer Wert für Konverterneutronen am FRM II in Garching liegt bei OER = 1,33, bei Photonen 2-3) und die geringere Abhängigkeit der biologischen Wirkung von der Zellzyklusphase.

Die wichtigsten Quellen für schnelle Neutronen in der Medizin sind die Generatorneutronen aus (d,d)- und (d,t)-Reaktionen, die Zyklotronneutronen aus (d,Be)- und (p,Be)-Reaktionen sowie die schnellen Konverterneutronen aus Kernreaktoren (s. [Krieger2], Kap. 13). Nur diese Erzeugungsarten erreichen die für therapeutische Anwendungen erforderlichen hohen Neutronen-Energien bei gleichzeitig ausreichenden Dosisleistungen.

Bei der Wechselwirkung schneller Neutronen mit biologischen Geweben kommt es zunächst zur Moderation der Neutronen durch Stöße an den Protonen des Wassers. Da letztere elektrisch geladen sind, geben sie ihre Energie über Stoßbremsung in unmittelbarer Nähe des Wechselwirkungsortes ab. Durch die Moderation verlieren die Neutronen sehr schnell den größten Teil ihrer Bewegungsenergie an die Rückstoßprotonen. Für Reaktorneutronen verbleiben in Wasser nach im Mittel 18 Stößen nur noch thermische Bewegungsenergien (ca. 0,025 eV). Anschließend werden sie mit hoher Wahrscheinlichkeit durch Wasserstoffkerne eingefangen. Die im Absorber entstehenden Einfanggammas (E_γ = 2,225 MeV) mischen sich dem Neutronenfeld bei. Bei der Kollimation therapeutischer Neutronenstrahlenbündel kommt es ebenfalls zur Kontamination des Strahlenbündels mit thermischen Neutronen und Photonen aus Einfangprozessen. Die relativen Anteile sind empfindlich abhängig von den individuellen Bedingungen und Konstruktionsmerkmalen der Neutronenquellen wie Targetform, Kollimation und Filterung.

© Springer Fachmedien Wiesbaden GmbH, ein Teil von Springer Nature 2021
H. Krieger, *Strahlungsmessung und Dosimetrie*,
https://doi.org/10.1007/978-3-658-33389-8_20

Neutronenfelder enthalten also neben den Neutronen unterschiedlicher Energien auch immer Anteile an harten und ultraharten Photonen. Bei der Entstehung der Energiedosisverteilung in einem Absorber müssen daher die jeweiligen Energieüberträge und Energieabsorptionen dieser verschiedenen Strahlungsfeldanteile berücksichtigt werden. Bei der experimentellen Bestimmung der Energiedosen muss durch geeignete Messverfahren die Gammastrahlung von der Neutronenkomponente unterschieden werden, da die meisten Detektoren wegen der unterschiedlichen Ansprechwahrscheinlichkeiten für diese Strahlungsarten keine eindeutigen Messergebnisse liefern. Selbst wenn die experimentelle Trennung gelingt, die jeweiligen Energiedosen also korrekt bestimmt werden können, bleibt bei solchen Mischfeldern aus Niedrig-LET-Strahlung (Gammas) und Hoch-LET-Strahlung (Neutronen) das Problem der unterschiedlichen relativen biologischen Wirksamkeiten der beiden Strahlungskomponenten auf menschliches Gewebe (vgl. dazu [Krieger1], Kap. 14.6).

20.1 Dosimetrie von Neutronenstrahlung

Neutronen zählen wegen ihrer fehlenden elektrischen Ladung zur Kategorie der indirekt ionisierenden Strahlungen. Sie wechselwirken nicht mit Atomhüllen und können deshalb nur über ihre geladenen Sekundärteilchen wie Rückstoß-Protonen oder -Ionen oder über die bei Kernreaktionen entstehenden geladenen Kernbruchstücke nachgewiesen werden. Je nach Absorbermaterial unterscheiden sich die bei der Wechselwirkung gebildeten Sekundärteilchen. Dadurch kommt es zu sehr unterschiedlichen Energieübertragungs- und Energieabsorptionsmustern. Zum Neutronennachweis können im Prinzip alle Detektoren angewendet werden, die auch für locker ionisierende Strahlungen eingesetzt werden. Dabei ist zu unterscheiden, ob Messungen für den Strahlenschutz oder dosimetrische Messungen für die Therapie durchzuführen sind. Als geeignete Detektoren für den Strahlenschutz werden Filme (nur für thermische Neutronen), Kernspuremulsionen (Rückstoßteilchen), Thermolumineszenzdetektoren mit unterschiedlicher atomarer Zusammensetzung, Ionisationskammern und Proportionalzähler für Rückstoßteilchen verwendet. Die Beschreibung aller dieser Methoden sprengt den Rahmen dieses Buches. Details sind in den einschlägigen Normen ([DIN 6802], 1-6), in [ICRU 45] und in [Reich] nachzulesen.

Für die klinische Neutronendosimetrie haben sich wegen der Forderung nach Gewebeäquivalenz der Messsonden und wegen der strahlenbiologisch erforderlichen Trennung der beiden Strahlungsfeldkomponenten im Wesentlichen zwei Verfahren durchgesetzt. Das eine ist die Zweidetektormethode, das andere ist die Methode der Messsignalanalyse. Beide Verfahren ermöglichen die getrennte Erfassung der Dosisbeiträge der einzelnen Strahlungsfeldkomponenten.

Zwei-Detektormethode: Hierbei wird die Dosis mit zwei Detektoren bestimmt, die unterschiedliche Ansprechwahrscheinlichkeiten für Neutronen und Photonen besitzen. Zum Neutronennachweis werden in der Regel gewebeäquivalente Ionisationskammern verwendet, deren Füllgas und Wände so genau wie möglich der atomaren Zusammensetzung menschlichen Gewebes entsprechen. Solche Dosimeter sind für Neutronen und Photonen gleichermaßen empfindlich. Typische Kammermaterialien sind der Kunststoff A150[1] als Wandmaterial und eine dazu äquivalente Gasmischung aus Methan, Kohlendioxid und Stickstoff. Die relativen Anzeigen solcher Dosimeter bezogen auf das Ansprechvermögen für eine Photonenreferenzstrahlung $M_{n,\gamma}$ setzen sich aus dem Neutronen- und dem Photonenanteil zusammen. Im Idealfall ist ein solcher Detektor etwa gleich empfindlich auf Neutronen und auf Photonen. Für die relative Messanzeige erhält man mit den beiden Ansprechvermögen k_n und k_γ:

$$M_{n,\gamma} = k_n \cdot D_n + k_\gamma \cdot D_\gamma \qquad (20.1)$$

Das zweite Messinstrument ist wesentlich unempfindlicher gegen Neutronenstrahlung. Es besteht entweder aus einer Ionisationskammer, die keine Wasserstoffkerne enthält, damit in der Kammerwand und im Messvolumen keine Einfanggammas gebildet werden, oder aus einem geeignet gefüllten Geiger-Müller-Zählrohr. Verwendete wasserstofffreie Materialien sind deshalb Aluminium oder Magnesium für die Kammer und Argon als Füllgas oder die früher gerne verwendeten Graphitkammern mit CO_2-Füllung. Für die relative Messanzeige $N_{n,\gamma}$ einer solchen Kammer erhält man in Analogie zu (Gl. 20.1) mit den Ansprechvermögen c_n und c_γ für die beiden Strahlungskomponenten:

$$N_{n,\gamma} = c_n \cdot D_n + c_\gamma \cdot D_\gamma \qquad (20.2)$$

Die Teildosen für Neutronen D_n bzw. für Photonen D_γ erhält man durch entsprechendes Auflösen dieses linearen Gleichungssystems mit Hilfe der Kalibrierfaktoren k_i und c_i, die in geeigneten Referenzfeldern für die verwendeten Messsonden gewonnen wurden. Damit diese Gleichungen trotz der experimentellen Fehler der Kalibrierfaktoren und Messanzeigen auflösbar (linear unabhängig) sind, müssen sich die jeweiligen Ansprechvermögen deutlich unterscheiden. Einzelheiten der Kalibrierung gewebeäquivalenter Ionisationskammern und der neutronenunempfindlichen zweiten Dosimeter finden sich in [ICRU 45] und [ICRU 26].

Methode der Messsignalanalyse: Dieses Verfahren beruht auf einer Analyse der vom LET abhängigen Messsignalhöhen. In einigen TLD-Materialien wie CaF_2:Tm oder ^{6}LiF:Mg,Ti entstehen Glowkurven, die sich deutlich von denen bei reinem Photonenbeschuss unterscheiden. Durch eine Analyse der Glowpeaks kann deshalb die Neutronenkomponente getrennt bestimmt werden. CaF_2-Detektoren sind für den Nachweis schneller Neutronen, ^{6}LiF-Detektoren für die Messung thermischer Neutronen im Strahlenschutz geeignet. Die zweite Methode verwendet gewebeäquivalente Proportionalkammern, deren Abmessungen etwa einer Gewebekugel mit einem Durchmesser von 1 µm entsprechen. Die im Füllgas durch Photonen oder Neutronen entstehenden Impuls-

---

[1] A150-Plastik besteht aus 10,1% H, 776% C, 3,5% N, 5,2% O und enthält 1,8% Ca sowie 1,7% F.

höhenspektren sind dann proportional zur mikrodosimetrischen stochastischen linearen Energiedichte y (zur Definition s. [Krieger1], Kap. 10.3). Diese lineare Energiedichte ist ungefähr proportional zum makroskopischen LET der Strahlungsquanten und kann deshalb zur Analyse der Strahlungsfeldkomponenten verwendet werden.

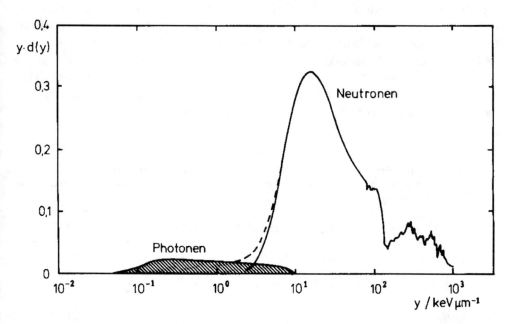

Fig. 20.1: Ein typisches Impulshöhenspektrum bei der Messung von kombinierten Neutronen- und Photonenstrahlungsfeldern mit gewebeäquivalenten Proportionalkammern. Dargestellt ist die Zusammensetzung des Spektrums und die Häufigkeit von Impulsen bei einer bestimmten Impulshöhe als Funktion der linearen Energie y (nach Daten aus [ICRU45]).

Im Impulsspektrum einer solchen Proportionalkammer zeigen sich zwei deutlich unterscheidbare Anteile (Fig. 20.1). Im unteren Anteil befinden sich die Photonenimpulse, im höheren Spektralbereich die Neutronenimpulse. Zur Feldanalyse werden entweder bei der Messung elektronische Impulshöhenschwellen gesetzt oder das gesamte Impulshöhenspektrum wird nachträglich durch mathematische Verfahren analysiert und getrennt. Bei einem anderen Verfahren wird die Kammer gezielt mit einem reinen Photonenfeld bekannter Intensität bestrahlt. Das Impulsspektrum wird dann nach geeigneter Normierung vom Gesamtsignal in einem Photonen-Neutronen-Mischfeld subtrahiert. Beide Signalanalyse-Methoden eignen sich wegen ihrer Komplexität nicht zur klinischen Routinedosimetrie. Sie bleiben daher Grundlagenuntersuchungen vorbehalten.

20.2 Energiedosisverteilungen von Neutronen in Wasser

Dosisverteilungen perkutan angewendeter schneller Neutronen werden wie auch die Dosisverteilungen anderer Strahlungsarten durch absolute Dosisleistungen an Referenzpunkten, Tiefendosiskurven und Querprofile oder als Isodosen beschrieben. Als **Referenzdosisleistung** wird die in 5 cm Gewebetiefe mit gewebeäquivalenten Ionisationskammern gegen den Dosismonitor der Bestrahlungseinrichtung gemessene Energiedosisleistung angegeben. Neutronenfelder zeigen ähnlich wie Photonen- oder Elektronenfelder eine deutliche Feldgrößenabhängigkeit ihrer Dosisleistung, die wie üblich individuell an den einzelnen Neutronenquellen bestimmt werden muss. Die Tiefendosisverteilung hängt neben der Neutronenenergie und dem Photonenanteil auch vom Abstand des Neutronentargets vom Phantom (TPA) und der Feldgröße ab.

Reaktion	mittlere Neutronenenergie	relative Hautdosis	Maximumstiefe	50%-Tiefe	relativer Photonendosisanteil (%) in Phantomtiefe (cm H_2O)		
	(MeV)	(%)	(mm H_2O)	(cm H_2O)	2	10	20
d(0,2)+T	14,8	60	2	10,5	5,5	9,5	12,8
d(8)+D	7,9	45	1,5	9,8	3,5	6	9,8
d(12,5)+Be	5,2	27	1,5	7,7	5,5	13	23,3
d(30)+Be	11,7	35	4,5	11,7	3,2	4,6	14,8
p(42)+Be	ca. 17	33	12	14	-	14,2	9
p(65)+Be	ca. 22	51	16	17,6	2,1	3,5	4,5

Tab. 20.1: Typische Tiefendosisdaten in Wasser und relative Photonen-Energiedosisbeiträge für einige therapeutische Neutronenstrahlungsquellen aus Kernreaktionen für die Feldgröße 10x10 cm^2 (Zahlen in den Klammern sind die Einschussenergien der Projektile in MeV, nach [ICRU 45] und [Reich]).

Generatorneutronen: Neutronenfelder von Neutronen aus Kernreaktionen zeigen in Wasser einen von der Neutronenenergie und der Kontamination mit thermischen Neutronen abhängigen Dosisaufbaueffekt. Das Dosismaximum liegt je nach Neutronenenergie in einer Tiefe von wenigen Millimetern bis etwa 1,6 cm. Der Aufbaueffekt wird im Wesentlichen durch die Rückstoßprotonen und deren mittlere Reichweite im Absorber bestimmt und ist deshalb von der spektralen Verteilung der eingeschossenen Neutronen abhängig. Die Oberflächendosen werden vor allem von niederenergetischen Kontaminationen des primären Strahlenbündels bewirkt. Hautdosen von Neutronen aus Kernreaktionen haben typische Werte von etwa 50% der Maximumsdosen.

Zur Beschreibung der Durchdringungsfähigkeit kann man wie bei perkutaner Photonen- oder Elektronenstrahlung die Tiefe der 50%-Isodosen angeben. Die Tiefendosiswerte Neutronen aus Kernreaktionen ähneln je nach Neutronenenergie denen von ^{60}Co-Gammastrahlung bis etwa 10 MV-Beschleunigerphotonen. Einige experimentelle Neutronentiefendosisverläufe aus Kernreaktionen sind in (Fig. 20.2a) zusammen mit Photonentiefendosiskurven dargestellt, numerische Werte befinden sich in (Tab. 20.1).

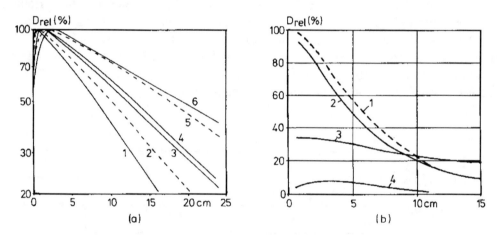

Fig. 20.2: Relative Tiefendosisverläufe von schnellen Neutronen in Wasser. (a): Vergleich von Neutronentiefendosen mit Photonentiefendosiskurven (halblogarithmische Darstellung): (1): d(14)+Be, (2): 14 MeV Neutronen aus (d,t), (3): Co-60, (4): d(50)+Be, (5): p(65 MeV)+Be, (6): 10 MV-Linac-Photonen (nach [Reich]). (b): Konverter-Neutronentiefendosis am alten FRM-Reaktor in Garching. (1): Gesamter Neutronendosisverlauf , (2): Spaltneutronenanteil, (3): Photonendosis, (4): Dosisbeiträge thermischer Neutronen, nach [Kneschaurek2].

Der Photonenenergiedosisbeitrag zur Gesamtenergiedosis ist wegen der mit der Tiefe zunehmenden Zahl an Einfangprozessen abhängig von der Tiefe im Phantom. Er hat bei Kernreaktions-Neutronen auf dem Zentralstrahl in 2 cm Tiefe typische Werte um 3-5% und nimmt in 10-20 cm Tiefe auf Werte um 10% zu. Allerdings wächst der relative Photonenanteil deutlich mit der seitlichen Entfernung vom Zentralstrahl an. Er beträgt am Feldrand eines 10x10 cm²-Feldes in 10 cm Phantomtiefe noch um 10%, steigt dann aber mit zunehmender Entfernung schnell auf Werte bis über 50%. Diese Lageabhängigkeit der relativen Dosisbeiträge der beiden Strahlungskomponenten erschwert zusätzlich die klinische Dosimetrie und die biologische und therapeutische Bewertung von Neutronenfeldern. Für andere Phantomsubstanzen müssen die Tiefendosisverläufe entsprechend der Dichte und Ordnungszahl des Absorbers und nach der Neutronenenergie skaliert werden.

Spaltkonverterneutronen: Werden statt der Neutronen aus Kernreaktionen Neutronen aus Spaltkonvertern verwendet, ändert sich wegen der dann geringeren mittleren Neutronenenergie auch der Tiefendosisverlauf. Die Tiefendosen zeigen keinen Aufbaueffekt mehr, die Halbwerttiefen in Wasser betragen für das Konverterneutronenspektrum des FRM bzw. FRM II in Garching (s. [Krieger2], Kap. 11) beispielsweise nur noch 5,5 cm Wasser (s. Fig. 20.2b). Bezüglich der Photonenkomponente ähneln die Reaktorneutrontiefendosen im Prinzip denen aus Kernreaktionen. Ab 10 cm Wassertiefe überwiegt jedoch bereits der Photonendosisanteil. Durch geeignete Filterverfahren können thermische Neutronen und die Photonenkomponente vermindert werden. Dadurch reduziert sich jedoch auch die Dosisleistung des therapeutischen Strahlenbündels bis zum Faktor 2 im Vergleich mit dem ungefilterten Strahl. Wegen der geringeren Eindringtiefe werden Konverterneutronenfelder vorwiegend zur Behandlung von oberflächennahen Tumoren im Kopf-Halsbereich eingesetzt.

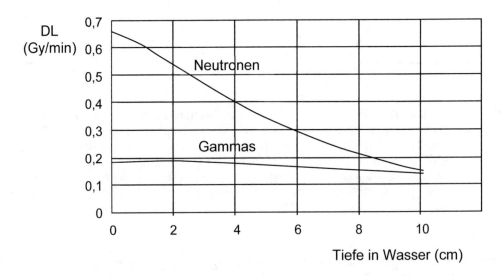

Fig. 20.3: Absolute Tiefendosisverläufe der Neutronen und Photonen am gefilterten Neutronentherapiestrahl des neuen Forschungsreaktors FRM II (in Anlehnung an [Loeber 2009]).

Neutronenfelder können zur Anpassung an Patientenkonturen und Gewebeinhomogenitäten wie Photonenfelder durch Ausgleichsfilter (Keilfilter oder Moulagen) geformt werden. Als Filtersubstanzen verwendet man wasserstoffhaltige Kunststoffmaterialien wie Polyethylen, Polystyren oder Teflon. Sie schwächen den Neutronenstrahl positionsabhängig durch Moderation der Neutronen und anschließende Neutroneneinfangprozesse. Dadurch entsteht allerdings eine zusätzliche Kontamination des primären Strahlenbündels mit Einfangphotonen und sekundären hochenergetischen Rückstoßprotonen, die beim Auftreffen auf den Patienten natürlich die Hautdosis erhöhen. Werden als Keilfilter Kunststoffe mit Zusatz von Bor verwendet, vermindert dies etwas den Anteil an Einfanggammas und geringfügig die Oberflächendosis.

Zusammenfassung

- **Therapeutische Neutronenstrahlungen können entweder über Kernreaktionen oder aus Kernspaltung in Kernreaktoren gewonnen werden.**

- **Da die Neutronen aus Kernspaltung beim Verlassen des Reaktorcores in der Regel durch die Kühlmittel moderiert sind, also verminderte mittlere Bewegungsenergien haben, müssen die Spaltneutronen in speziellen externen Neutronenkonvertern ohne umgebendes Kühlmittel erzeugt werden.**

- **Grundsätzlich sind Neutronenfelder in Phantomen oder Patienten immer mit hochenergetischer Photonenstrahlung (den Einfangsgammas) kontaminiert.**

- **Bei der Dosimetrie von Neutronenstrahlungsfeldern ist deshalb nach der Neutronen- und Photonenkomponente zu unterscheiden.**

- **Die entsprechenden Verfahren sind die Zwei-Detektormethode mit Dosimetersonden, die ein unterschiedliches Ansprechvermögen für die beiden Strahlungsarten zeigen, und das Verfahren der Messsignalanalyse mit beispielsweise Proportionalkammern.**

- **Die relative biologische Wirksamkeit RBW der Neutronenstrahlung hat hohe Werte zwischen 2 und 4.**

- **Der Sauerstoffeffekt ist gegenüber Photonenstrahlung auf einen Wert von OER = 1,33 reduziert. Neutronenstrahlung reduziert deshalb die Schädigung gesunden Gewebes durch den Sauerstoffeffekt und ermöglicht so die ausreichende Behandlung sauerstoffunterversorgter Areale.**

- **Neutronen aus Kernreaktionen zeigen Tiefendosisverläufe mit einem deutlichen Dosisaufbaueffekt, aber steileren Dosisverläufen hinter dem Maximum als ultraharte Photonen.**

- **Neutronenstrahlung aus Neutronenkonvertern an Kernreaktoren zeigt keinen Aufbaueffekt in menschlichem Gewebe. Die therapeutische Anwendung ist deshalb auf oberflächennahe Zielvolumina beschränkt.**

Aufgaben

1. Erklären Sie die Anwesenheit von Gammastrahlung mit einer Photonenenergie von 2,225 MeV in jedem Neutronenstrahlungsbündel, das mit Wasser Kontakt hatte.

2. Was versteht man unter der Moderation von Neutronen?

3. Was ist die Zweidetektormethode zur Dosimetrie von Neutronenstrahlungsfeldern?

4. Warum verwendet man ^{6}LiF als TLDs zum Nachweis von Neutronen und welche Neutronen werden damit nachgewiesen?

5. Erläutern Sie den Begriff und die Methode Konverterneutronen.

6. Was sind Generatorneutronen?

7. Zeigen Reaktorneutronen einen Aufbaueffekt in menschlichem Gewebe?

8. Woher kommt der Aufbaueffekt bei Generatorneutronen?

9. Wie groß ist der Sauerstoffverstärkungsfaktor für Neutronen? Welche Folgen hat der geringere Sauerstoffeffekt von Neutronenstrahlung im Vergleich zur Photonenstrahlung?

10. Können Neutronen unmittelbar mit den Atomhüllen der beschossenen Biomoleküle wechselwirken?

Aufgabenlösungen

1. Dies hängt mit dem dominierenden Einfangsprozess thermischer Neutronen an den Protonen des Wassers zusammen, die dadurch zu Deuteronen werden. Bei dieser Kernreaktion wird die frei werdende Bindungsenergie als hochenergetisches Gamma mit 2,225 MeV emittiert (s. [Krieger1], Kap. 8.3.1).

2. Moderation von Neutronen ist der durch Stoßprozesse der Neutronen mit den Absorberatomen bedingte Energieverlust, der zur Thermalisierung der Neutronen führt. Ist der Stoßpartner etwa gleich schwer wie z. B. die Wasserprotonen oder die Wasserstoffkerne in Kunststoffen, kann ein schnelles Reaktorneutron in nur 18 Stößen auf thermische Energien moderiert werden.

3. Man verwendet dabei zwei Detektoren. Der eine Detektor ist etwa gleich empfindlich für Neutronen und Photonen. Der zweite Detektor ist deutlich unempfindlicher für Photonenstrahlung als für Neutronen. Ein typisches Detektorpaar ist Ionisationskammer (gleich empfindlich) und Geiger Müller Zähler (unempfindlicher gegen Photonen).

4. ^{6}Li fängt über die Kernreaktion ^{6}Li(n,α)t + 4,78 MeV mit hohem Wirkungsquerschnitt thermische Neutronen ein und erzeugt deshalb in TLDs andere Glowkurven als natürliches Li (s. dazu [Krieger1], Kap. 8.3.1). Es ist also ein selektiver Detektor für thermische Neutronen.

5. Konverterneutronen sind Neutronen, die nicht unmittelbar aus einem Kernreaktor ausgeleitet werden, sondern in einem hoch angereicherten ^{235}U-Target durch Spaltung mit aus einem Kernreaktor ausgeleiteten thermischen Neutronen gesondert erzeugt werden. Der Grund ist der dabei auftretende größere Anteil schneller Neutronen, die für die Strahlentherapie besser geeignet sind als die weitgehend moderierten langsamen Neutronen im normalen Kernreaktorbetrieb. Ausführliche Informationen finden sich in [Krieger2].

6. Generatorneutronen werden durch Kernreaktionen mit geeigneten Targets durch Beschuss mit geladenen Teilchen wie Deuteronen oder Protonen erzeugt.

7. Reaktorneutronen zeigen keinen Aufbaueffekt. Dazu müssten geladene Sekundärteilchen mit ausreichender Reichweite erzeugt werden. Da diese geladenen Sekundärteilchen der Neutronenwechselwirkung niederenergetische Protonen sind, wird deren Energie aber sofort wieder lokal absorbiert (s. Kap. 20).

8. Der Aufbaueffekt von Generatorneutronen kommt von ihrer im Mittel deutlich höheren Energie als bei Reaktorneutronen und dem dominierenden Energieübertrag auf Protonen im beschossenen Material. Diese Protonen haben Reichweiten von bis zu 1,6 cm in Wasser.

9. Der Sauerstoffverstärkungsfaktor von Neutronen beträgt nur OER = 1,33. Dadurch eignen sich Neutronen auch zur Bestrahlung von mangeldurchbluteten Tumorgeweben mit höheren Dosen. Bei höherem Sauerstoffverstärkungsfaktor würden die gesunden umgebenden Gewebe erheblich mehr geschädigt würden.

10. Nein, Neutronen zählen wegen ihrer fehlenden elektrischen Ladung zu den indirekt ionisierenden Strahlungsarten. Die Hauptwechselwirkung wird in Wasser oder menschlichen Geweben durch die Rückstoßprotonen bewirkt.

21 Dosisverteilungen von Protonen- und Ionenstrahlungen

Nach einem kurzen Überblick über die Dosisverteilungen von Protonen in menschlichem Ge-webe oder Wasser werden die theoretischen Grundlagen zur Wechselwirkung geladener Teil-chen mit Materie wiederholt. Die entsprechenden Größen sind das Stoßbremsvermögen, das Strahlungsbremsvermögen und das elektronische und nukleare Streuvermögen. Auch Kernreak-tionen sind bei der Protonen- und Ionentherapie von Bedeutung. Besprochen werden zunächst die verschiedenen Reichweitendefinitionen, die Tiefendosisverläufe und Querprofile für Proto-nen. Anschließend werden die Techniken zur Energiemodulation erläutert und die aktiven und passiven Verfahren zur Strahlaufweitung dargestellt. Es folgt eine Erläuterung der Besonder-heiten für Ionenstrahlungen. Im letzten Teil wird der Zusammenhang von Energiedosis und re-lativer biologischer Wirksamkeit (RBW) für Protonen und schwere Ionen diskutiert.

Tiefendosisverläufe monoenergetischer schwerer Teilchen (Protonen, Ionen: im fort-laufenden Text einfach als Teilchen bezeichnet) in Wasser, Plastik oder Weichteilge-weben zeigen wegen der besonderen Wechselwirkungen einen deutlich von Photonen-strahlungen oder Elektronenstrahlung abweichenden Verlauf. Die Oberflächendosen betragen je nach Strahlaufbereitung zwischen 20 und 30%. Danach folgt mit zunehmen-der Tiefe im Phantom ein langsamer Dosisanstieg, das so genannte Dosisplateau, das

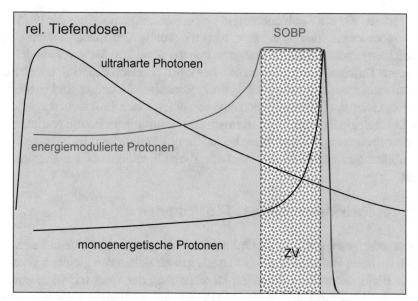

Fig. 21.1: Schematischer Vergleich von Tiefendosisverläufen ultraharter Photonen, monoener-getischer Protonen und energiemodulierter Protonen (mit einem ausgedehnten Bragg-Plateau SOBP) in Wasser. Das rote Rechteck deutet die Lage des Zielvolumens an.

© Springer Fachmedien Wiesbaden GmbH, ein Teil von Springer Nature 2021
H. Krieger, *Strahlungsmessung und Dosimetrie*,
https://doi.org/10.1007/978-3-658-33389-8_21

typische Dosiswerte zwischen 20 und 40% aufweist. Am Ende der Teilchenbahnen kommt es wegen des starken Anwachsens des Stoßbremsvermögens zu einem steilen Dosisanstieg. Die entstehende Dosisspitze wird als **Bragg-Maximum** oder **Bragg-Peak** bezeichnet, der gesamte Tiefendosisverlauf als **Bragg-Kurve**[1]. Hinter dem Dosismaximum fällt die Tiefendosis der Teilchen innerhalb weniger Millimeter Wasser auf vernachlässigbare Werte ab.

Dieser Verlauf macht die Besonderheit der Therapie mit schweren Teilchen für tiefliegende Tumoren aus. Während bei ultraharten Photonenstrahlungen sowohl vor als auch hinter dem Zielvolumen hohe Dosen im gesunden Gewebe zu erwarten sind, konzentriert sich der Hauptdosisbeitrag bei Protonen und Ionen im Bereich um das Bragg-Maximum. Einen schematischen Vergleich der Protonentiefendosis mit der einer ultraharten Photonenstrahlung zeigt (Fig. 21.1). Wegen der endlichen Tiefenausdehnung der meisten Tumoren und des Zielvolumens muss der Bereich maximaler Dosis bei Teilchenbestrahlungen jedoch aufgeweitet werden. Dies wird durch sukzessive Bestrahlungen mit unterschiedlichen primären Teilchenenergien erreicht, die so genannte **Energiemodulation**. Ergebnis dieser Energiemodulation ist eine Verbreiterung des Dosismaximums in der Tiefe, die als "spread out bragg peak" (SOBP) bezeichnet wird.

Werden Protonen für die Strahlentherapie eingesetzt, müssen wegen der typischen Patientendurchmesser bis etwa 40 cm bzw. wegen der entsprechenden Massenbelegungen (Gewebedichten) Protonen bis zu Energien von maximal 250 MeV verwendet werden. Für schwerere Teilchen werden bis zu 600 MeV pro Nukleon benötigt, um tiefliegende Tumoren zu erreichen. Die dazu benötigten Protonenbeschleuniger sind entweder relativistische Zyklotrons (Isochronzyklotrons) mit einer festen Protonenenergie oder entsprechend ausgelegte Synchrotrons, die auch eine unmittelbare Energievariation der beschleunigten Protonen während einer Behandlung ermöglichen. Für schwerere Ionen werden aufwändige Kombinationen von Linearbeschleunigern und Ringbeschleunigern verwendet.

21.1 Wechselwirkungsprozesse für Protonen

Da Protonen und Ionen mit höherer Ordnungszahl Z elektrisch geladene Teilchen sind, unterliegen sie beim Durchgang durch Materie grundsätzlich den gleichen Wechselwirkungen wie Elektronen. Die Größen zur Beschreibung der Wechselwirkungen und der Einwirkung des Absorbers auf geladene Teilchen sind die Ionisierungsdichte, das Ionisierungsvermögen und der Lineare Energie-Transfer LET. Die Einwirkungen der Absorber auf die Teilchenstrahlenbündel sind wie bei den Elektronen das Stoßbremsvermögen, das Strahlungsbremsvermögen und das Streuvermögen der Absorber. Eine Besonderheit der Protonen ist aber ihre 3 Größenordnungen höhere Ruhemasse (bei Protonen beträgt der Faktor 1836) als die der Elektronen. Hüllenelektronen des Absorbers sind die Hauptwechselwirkungspartner der schweren Teilchen. Dies hat zur Folge, dass

---

[1] Ursprünglich wurden nur die Tiefenverläufe der Ionisierungsdichte als Bragg-Kurven bezeichnet.

hochenergetische schwere Teilchen bei elektronischen Wechselwirkungen nur geringfügig aus ihrer Bahn gelenkt werden. Kommt es jedoch zu Streuprozessen am Coulombfeld der Kerne des Absorbers, werden die Protonen und Ionen deutlich stärker aus ihrer
Bahn gelenkt. Dies hat Auswirkungen auf die Halbschattenbereiche der Teilchenvertei-
lungen vor allem am Ende ihrer Bahn, also im Bereich des therapeutischen Zielvolumens (SOBP, s. Kap. 21.4).

21.1.1 Das elektronische Stoßbremsvermögen für Protonen

Protonen verlieren beim Durchgang durch Materie in einer Vielzahl von Stößen mit
Hüllenelektronen (Valenzelektronen) ihre Energie und werden dabei quasi kontinuierlich abgebremst. Dieser Vorgang wird als "continuous-slowing-down" (CSD)

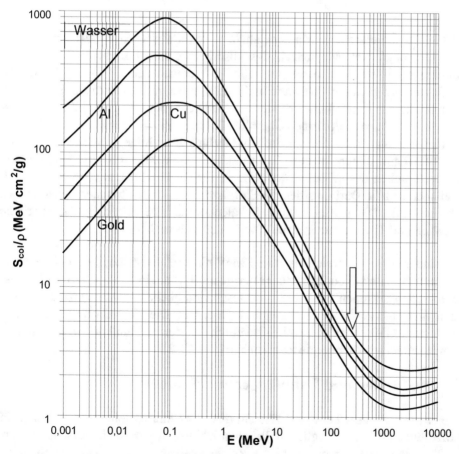

Fig. 21.2: Energetischer Verlauf der Massenstoßbremsvermögen S/ρ für Protonen in verschiedenen Materialien (nach Daten von [NIST]). Der Pfeil deutet die maximale Energie
für die therapeutische Protonennutzung an. Sie liegt bei ungefähr 250 MeV.

bezeichnet. Ein typischer Energieverlust pro Wechselwirkung liegt bei einigen 10 eV. Bis ein Proton mit einer anfänglichen Bewegungsenergie von 100 MeV bis zum Still-stand abgebremst wird, muss es daher mehrere Millionen Stöße mit Hüllenelektronen durchlaufen. Die dabei freigesetzten Elektronen haben wegen ihrer im Mittel geringen Bewegungsenergie nur geringe Reichweiten im Absorbermaterial. In einer ersten Nä-herung sind daher Energieverlustort der schweren Teilchen und Energieabsorptionsort der Elektronen gleich. Tiefendosisverteilungen von schweren geladenen Teilchen kön-nen daher - zumindest bei Sekundärteilchengleichgewicht - mit Hilfe des Verlaufs des Stoßbremsvermögens oder des unbeschränkten LETs erklärt werden. Das Stoßbrems-vermögen zeigt die folgenden Abhängigkeiten von den Teilchen- und Absorbereigen-schaften und der Teilchenenergie.

$$S_{col} = \left(\frac{dE}{dx}\right)_{col} = \rho \cdot 4\pi \cdot r_e^2 \cdot m_0 c^2 \cdot \frac{Z}{u \cdot A} \cdot z^2 \cdot \frac{1}{\beta^2} \cdot R_{col}(\beta) \qquad (21.1)$$

Dabei bedeuten u die atomare Masseneinheit, r_e den klassischen Elektronenradius, Z und A die Ordnungs- bzw. Massenzahl des Absorbers, ρ dessen Dichte, z die Ladungs-zahl des eingeschossenen Teilchens (im Falle der Protonen also z = 1) und β = v/c die relative Geschwindigkeit der Protonen. In Tabellen und Grafiken wird das Stoßbrems-vermögen häufig aus Darstellungsgründen auf die Dichte bezogen und heißt dann Mas-senstoßbremsvermögen S_{col}/ρ. Einen Überblick über den Verlauf des Massenstoßbrems-vermögens von Protonen für dosimetrisch und technisch wichtige Substanzen gibt (Fig. 21.2). $R_{col}(\beta)$ ist eine dimensionslose "Restfunktion", die die komplizierte Energie- und Materialabhängigkeit des Wirkungsquerschnitts für die Stoßbremsung schwerer gela-dener Teilchen enthält. Darin werden die Einflüsse des mittleren Ionisierungspotentials I des Absorbers, der Dichteeffekt und die Schalenkorrektur berücksichtigt (ausführliche Darstellungen und Theorie zur Restfunktion finden sich in [ICRU 49]).

Protonen sind im Energiebereich bis etwa 5 MeV nicht relativistisch, ihr Stoßbremsver-mögen nimmt deshalb mit zunehmender Energie mit $1/v^2$ ab. Bei 145 MeV Bewegungs-energie erreichen Protonen die halbe Lichtgeschwindigkeit. Ihre Massenzunahme be-trägt dann allerdings erst 15% (s. [Krieger1], Kap. 1.2). Die nichtrelativistischen bzw. gering relativistischen Energiebereiche sind durch den steilen Abfall des Stoßbremsver-mögens mit zunehmender Energie zu erkennen (Fig. 21.2).

21.1.2 Reichweiten und Bahnlängen von Protonen

Unter Reichweite R eines Teilchens versteht man die Eindringtiefe eines Teilchens in einem Medium in der ursprünglichen Teilchenrichtung. In der dosimetrischen Praxis und der Theorie werden unterschiedliche Reichweitebegriffe verwendet. In theoreti-schen Untersuchungen wird die mittlere Reichweite aus der kontinuierlichen elektroni-schen Abbremsung des Teilchens berechnet. Diese Reichweite kann aus den Formeln für das Stoßbremsvermögen abgeleitet werden und wird als R_{CSDA} bezeichnet (continuous slowing down approximation). In der praktischen Dosimetrie und zur Kennzeichnung der Strahlungsqualität werden dagegen die praktische Reichweite R_p und die Restreichweite R_{res} verwendet (s. Kap. 8).

Wegen der geringen Abweichungen der Protonen von ihrer Sollbahn kann man die mittlere Reichweite R der Protonen in einem bestimmten Material näherungsweise mit der Bahnlänge L gleichsetzen. Die Bahnlänge der Protonen mit der Anfangsenergie E_0 in einem bestimmten Material erhält man in dieser Näherung durch Integration des Kehrwertes des Stoßbremsvermögens des Absorbers über alle Bewegungsenergien (vgl. dazu [Krieger1], Kap. 9.4).

$$L(E_0) = R(E_0) = \int_0^{R_{max}} dx = \int_{E_0}^0 (-dE/dx)^{-1} dE = \int_{E_0}^0 -1/S_{col} dE \approx \int_{E_0}^0 \frac{-E}{\rho \cdot m \cdot z^2 \cdot e^2} dE \quad (21.2)$$

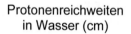

Protonenreichweiten
in Wasser (cm)

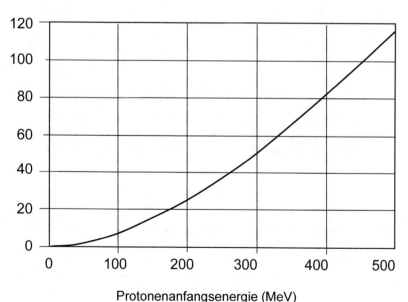

Protonenanfangsenergie (MeV)

Fig. 21.3: Protonenreichweiten in Wasser als Funktion der Protonenanfangsenergie (nach Daten aus [ICRU 49]).

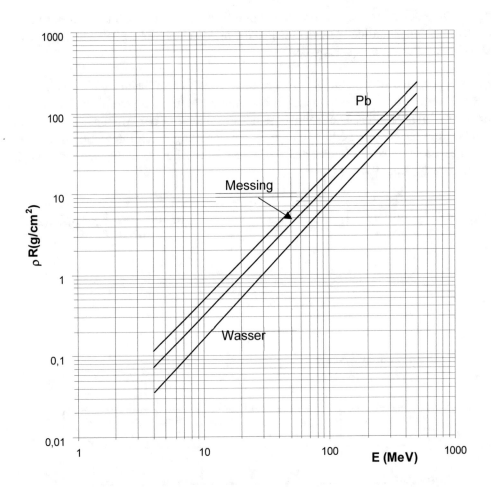

Fig. 21.4: Vergleich der Reichweiten für Protonen nach dem Potenzgesetz (Gl. 21.4) für Wasser, Messing und Blei (nach Daten aus [ICRU 49]). Angegeben sind nicht die Bahnlängen sondern die praktischen Massenreichweiten in der Einheit (g/cm²).

Das Ergebnis dieser Integration ist das Potenzgesetz für die Reichweiten.

$$L(E_0) = R(E_0) \propto \frac{E_0^a}{\rho \cdot m \cdot z^2 \cdot e^2}$$ (21.3)

(a = 1,5 − 2). In Wasser ergibt sich für praktische Rechnungen für Protonen mit Bewegungsenergien bis 200 MeV und in angepassten Einheiten (mittlere Reichweiten in cm, Energie in MeV) die Gleichung [Bortfeld]:

$$L(E_0) = R(E_0) = 0{,}0022 \cdot E_0^{1{,}77} \tag{21.4}$$

In einer doppeltlogarithmischen Darstellung erhält man einen linearen Zusammenhang zwischen Energie und Reichweite (Fig. 21.4). Reichweiten für Protonen mit Energien

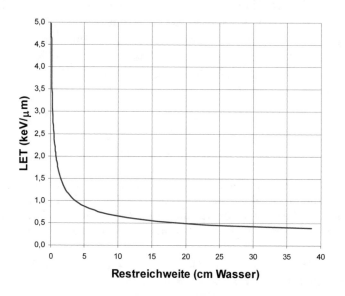

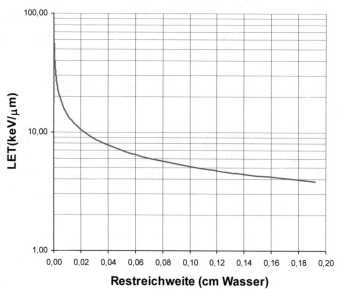

Fig. 21.5: Zunahme des linearen Energietransfers von Protonen in Wasser mit abnehmender Restreichweite. Oben: Die Restreichweite von 35 cm Wasser entspricht einer Anfangsenergie der Protonen von etwa 230 MeV. Unten: LET-Verlauf für die letzten 2 Millimeter (Bereich hinter dem Bragg-Maximum).

unterhalb 1 MeV betragen in Wasser nur noch wenige Mikrometer; diese Entfernung entspricht etwa einem Zelldurchmesser. Verwendet man in den Gleichungen zur Reichweitenberechnung das Massenstoßbremsvermögen, erhält man statt der linearen Reichweiten die so genannten Massenreichweiten, also das Produkt aus Reichweite und Dichte in der praktischen Einheit (g/cm^2). Oft ist man an der Restenergie der Protonen in einer bestimmten Eindringtiefe interessiert. Kennt man die Reichweite zur Energie der eingeschossenen Protonen, erhält man aus der Differenz von Reichweite und Eindringtiefe die verbleibende Reichweite, die Restreichweite R$_{res}$. Mit Hilfe dieser Restreichweite kann durch Umstellen der (Gl. 21.4) näherungsweise die mittlere Restenergie der Protonen abgeschätzt werden.

$$E_{rest} = 1{,}77\sqrt{\frac{R_{res}}{0{,}0022}} = (\frac{R_{res}}{0{,}0022})^{0{,}565} \tag{21.5}$$

Beispiel 21.1: Die Primärenergie der Protonen betrage 200 MeV. In Wasser beträgt die Reichweite nach (Gl. 21.4) 26 cm. Wie groß ist die restliche Energie der Protonen in 18 cm Wassertiefe? Die Restreichweite beträgt (26 − 18) cm = 8 cm. Einsetzen dieser Werte in (Gl. 21.5)liefert eine Restenergie der Protonen in 18 cm Wassertiefe von etwa 103 MeV.

Neben dieser **mittleren** Reichweite (englisch: "mean projected range" oder nur "range") kann man auch die **maximale** Reichweite der Protonen angeben. Sie entspricht der maximalen Weglänge. Die **therapeutische** Reichweite wird bei 80 - 90% der Tiefendosis auf der abfallenden Flanke des Bragg-Peaks definiert. Die zur Definition der Strahlungsqualität und zur Messung der Kenndosisleistung erforderliche Restreichweite wird für Protonen mit der 10% Dosislinie definiert (s. Kap. 8.2.4).

21.1.3 Das Strahlungsbremsvermögen für Protonen

Der Energieverlust geladener Teilchen durch Bremsstrahlungserzeugung ist proportional zur Dichte ρ und zum Quadrat der Ordnungszahl Z des Absorbers. Er ist proportional zur Gesamtenergie E$_{tot}$ des Teilchens und verringert sich wegen der Abnahme der elektrischen Feldstärke mit der Entfernung (dem Stoßparameter) des einlaufenden Teilchens vom Absorberatom. Er ist außerdem proportional zum Quadrat der spezifischen Ladung (z·e/m) des einlaufenden Teilchens.

$$S_{rad} = \left(\frac{dE}{dx}\right)_{rad} \propto \rho \cdot \left(\frac{z \cdot e}{m}\right)^2 \cdot \frac{Z^2}{A} \cdot E_{tot} \tag{21.6}$$

Bei gleicher Teilchenladung und Teilchenenergie unterscheiden sich die Werte des Strahlungsbremsvermögens von Elektronen und Protonen wegen der 1/m^2-Abhängigkeit in (Gl. 21.6) bereits um sechs Zehnerpotenzen ((m_e/m_p)^2 ≈ 0,3·10^{-6}). Die Strahlungsbremsung ist daher für Protonen und erst recht für schwerere Teilchen bei radiologisch üblichen Teilchenenergien und in Niedrig-Z-Materialien wie menschliches Gewebe oder Wasser im Vergleich zu dem Strahlungsbremsvermögen gleichenergetischer Elektronen völlig zu vernachlässigen. Nähert sich die Teilchengeschwindigkeit jedoch der Lichtgeschwindigkeit, gewinnt Strahlungsbremsung auch für schwere Teilchen zunehmend an Bedeutung. Dies ist der Fall, wenn ihre Bewegungsenergie vergleichbar mit der Ruheenergie ($E_0 = m_0 \cdot c^2$) der Teilchen ist oder diese überschreitet. Für Protonen bedeutet dies Energien im GeV-Bereich, die für strahlentherapeutische Zwecke nicht eingesetzt werden. Strahlungsbremsung von Protonen in menschlichem Gewebe muss im Therapiebetrieb deshalb nicht beachtet werden.

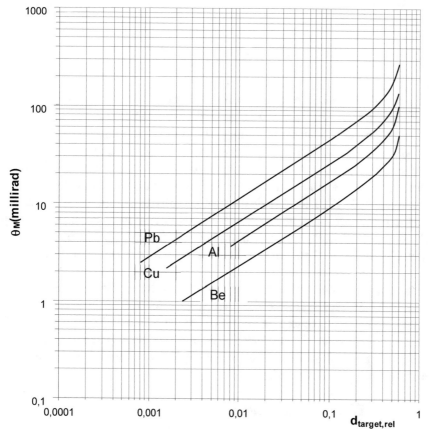

Fig. 21.6: Mittlere charakteristische Streuwinkel (im Bogenmaß[2]) für multiple Streuung beim Durchgang von Protonen durch einige Metalle verschiedener Targetstärken ($d_{targ}= 1$ bedeutet: Dicke ist gleich Reichweite im entsprechenden Material), nach Daten von [Molière] und [Gottschalk].

---

[2] Das Bogenmaß ist definiert als das Verhältnis von Kreisbogen b und Kreisradius r, hat also für den Vollwinkel und den Einheitskreis (Radius = 1) den Wert 2π. Zur Kennzeichnung des Zahlenverhältnisses wird die Bezeichnung rad bzw. millirad verwendet.

Streuung der Protonen am Coulombfeld der Kerne: Bei den üblichen hohen Protonenbewegungsenergien kommt es auch zu Wechselwirkungen der Protonen mit dem Coulombfeld der Atomkerne. Dabei werden die Protonen durch das elektrische Feld der Kerne abgestoßen. Sie werden in Abhängigkeit von ihrem Stoßparameter (dem Abstand vom Kernfeld) statistisch in bestimmten Winkeln gestreut und dabei aus ihrer Bahn gelenkt. Die meisten Streuprozesse geschehen unter kleinen Winkeln, nur wenige Protonen erfahren große Richtungswechsel. Die Winkelverteilung für kleinere Streuwinkel ist gaußförmig. Die Breite der Gaußkurve wird mit dem mittleren Streuwinkel für Einfach- oder Vielfachstreuungen beschrieben. Das mittlere Streuwinkelquadrat für Einfachstreuprozesse (Gl. 21.7) ist proportional zur Ladungszahl z des Einschussteilchens, zum Quadrat der Ordnungszahl Z des Absorbers und umgekehrt proportional zum Quadrat des Produktes aus Protonenimpuls p und Protonengeschwindigkeit v.

$$\theta^2 \propto \rho \cdot z \cdot \frac{Z^2}{A} \cdot \frac{1}{(p \cdot v)^2} \tag{21.7}$$

Die quadratische Abhängigkeit des Streuwinkelquadrates von der Ordnungszahl des Absorbers (Z^2 in Gl. 21.7) hat zur Folge, dass schwere Materialien deutlich stärker streuen als Substanzen mit kleinerer Ordnungszahl. Soll ein Protonenstrahl aufgestreut werden, sind also Hoch-Z-Materialien zu bevorzugen. Die Wahrscheinlichkeit für größere Streuwinkel und für die Vielfachstreuung weicht von der einfachen Gaußform ab. Multiple Streuung kann ebenfalls mit einem charakteristischen Streuwinkel θ_M beschrieben werden (Fig. 21.6). Die Theorie dazu ist kompliziert [Molière]. Auch für multiple Streuung kann für kleinere, in der Praxis bedeutende Streuwinkel in erster Näherung eine Gaußform unterstellt werden. Streuung am durch Hüllenelektronen teilweise abgeschirmten Coulombfeld der Kerne ist der wichtigste Streuprozess für Protonen.

Außer der Richtungsänderung verlieren die Protonen bei diesem Streuprozess auch einen Teil ihrer Bewegungsenergie, die der Kern als Rückstoßenergie übernimmt. Die Gesamtsumme der Bewegungsenergien vor und nach der Streuung bleibt erhalten. Dieser Streuprozess wird deshalb als **elastische** Streuung bezeichnet (nach der Klassifizierung von [ICRU 63]). Bei elastischen Streuprozessen bleibt der betroffene Atomkern in seiner inneren Struktur also unverändert.

21.1.4 Nukleare Wechselwirkungen von Protonen

Protonen können wie andere Teilchen auch direkt mit den Atomkernen des Absorbers wechselwirken. Alle Prozesse, bei denen die Gesamtbewegungsenergie (also des Protons und seines Stoßpartners) durch die Wechselwirkung vermindert wird, werden als **nichtelastisch** (ICRU 63: "non elastic") bezeichnet. Werden die beschossenen Atomkerne lediglich angeregt, aber bis auf diese Anregungen nicht verändert, wird der Prozess zur Unterscheidung von Kernreaktionen mit Korpuskelemission als **inelastisch** (ICRU 63]: "inelastic") klassifiziert. In der Notation der Kernreaktionen erhalten die angeregten Kerne einen Stern (*, s. Beispiel unten). Eine Sonderform der nichtelastischen Kernwechselwirkungen sind Kernreaktionen, bei denen einzelne Nukleonen oder Nukleonencluster aus dem Targetkern herausgeschossen werden. Diese sekundären Teilchen können Protonen, Neutronen, Deuteronen, Tritonen, Helium-3-Kerne oder Alphateilchen sein. Die geladenen Sekundärteilchen übergeben ihre Energie kontinuierlich an den Absorber und führen deshalb wie die energieverminderten primären Protonen nur zu einer Verschiebung der Energieabsorption zu geringeren Tiefen.

Die beteiligten Protonen werden bei allen diesen Wechselwirkungsarten deutlich aus ihrer ursprünglichen Bewegungsrichtung abgelenkt und bewirken ein "spread out" des Strahlenbündels, also eine durch die Kernwechselwirkung ausgelöste Strahlaufweitung (s. o.). Die folgende Aufstellung zeigt typische Kernwechselwirkungen am Beispiel von Sauerstoffkernen und ihre Klassifikation (in Anlehnung an [ICRU 63]).

$$^{16}O + p \rightarrow {}^{16}O + p \qquad \text{oder} \qquad {}^{16}O(p,p){}^{16}O \qquad \text{(elastische Kernstreuung)}$$

$$^{16}O + p \rightarrow {}^{16}O^* + p \qquad \text{oder} \qquad {}^{16}O(p,p){}^{16}O^* \qquad \text{(inelastische Kernstreuung)}$$

$$^{16}O + p \rightarrow {}^{15}N + 2p \qquad \text{oder} \qquad {}^{16}O(p,2p){}^{15}N \qquad \text{(Kernreaktionen)}$$

Sekundärteilchenart	rel. Häufigkeit (%)
Protonen	57
Deuteronen	1,6
Tritonen	0,2
He-3	0,2
Alphas	2,9
Neutronen	20
Rückstoßkerne	1,6
geladene Sekundärteilchen total	*64*
Neutronen	20
Gammas	16

Tab. 21.1: Aufteilung der relativen Häufigkeiten von Energieüberträgen bei nuklearen Wechselwirkungen von 150 MeV Protonen mit Sauerstoffkernen (nach Monte Carlo Berechnungen aus [NISTIR 5221]).

Der therapeutische Strahl wird also mit diesen sekundären Partikeln "kontaminiert". Die relativen Energieüberträge auf diese Teilchen zeigt die Zusammenstellung (Tab. 21.1) für das Beispiel von 150 MeV Protonen bei der Wechselwirkung mit Sauerstoffkernen. Man erhält also bei nuklearen Wechselwirkungen 64% der Energieüberträge auf geladene Partikel, 20% auf Neutronen und 16% auf Gammas. Eine dosimetrische Besonderheit sind die Neutronen. Sie entstehen entweder in den experimentellen Aufbauten wie Strahlblenden, Streukörper u. ä. und werden dann als **externe** Neutronen bezeichnet. Sie werden aber auch im Patienten selbst erzeugt und heißen dann **interne** Neutronen. Durch die fehlende Ladung weisen Neutronen eine verminderte Wechselwirkungsrate mit Absorbern auf. Sie haben wie andere ungeladene Teilchen keine definierten Reichweiten und können deshalb auch außerhalb des Bragg-Peaks und des begrenzten Strahlenbündels Dosis erzeugen. Die geschätzten Dosisbeiträge außerhalb der therapeutischen Volumina hängen dabei vom individuellen therapeutischen Aufbau und der verwendeten Strahlaufweitung und Energiemodulationstechnik ab (s. u.). Die Effektive Dosis durch Neutronen wird im Patientenbetrieb auf etwa 1 Promille der therapeutischen Dosis abgeschätzt (1 mSv/Gy). Da sich in jedem Absorber auch viele "freie" Protonen befinden (die Bindungsenergie der K-Elektronen im Wasserstoff beträgt nur 13,6 eV), kommt es zusätzlich zu Streuprozessen der primären Protonen mit diesen "freien" Absorberprotonen.

$$^1H + p \rightarrow 2p \quad \text{oder} \quad ^1H(p,p)p \qquad \text{(Ionisation)}$$

Nukleare Streuprozesse und Kernreaktionen lenken die Protonen aus ihrer ursprünglichen Bahn ab, so dass Bahnlänge und Reichweite (die Projektion der Bahnlänge auf die

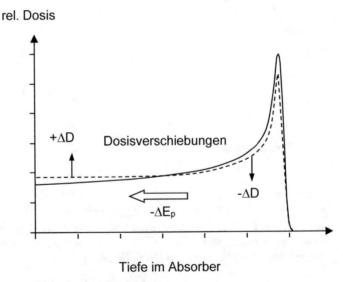

Fig. 21.7: Wirkung der nuklearen Wechselwirkungen auf die Bragg-Kurve. Angedeutet sind die Energieabgaben energieverminderter Protonen in geringeren Phantomtiefen.

Tiefenachse) nicht mehr exakt übereinstimmen. Die erwähnten Prozesse führen daher auch ohne Energieverluste der Protonen bereits zu einer Veränderung der experimentellen Reichweiten im Vergleich zu den theoretisch erwarteten Werten. Alle nuklearen Wechselwirkungen wie auch die elastischen Streuprozesse führen aber je nach Art der Reaktion auch zu einer Energieminderung der primären Protonen. Solche energieverminderten Protonen weisen deshalb ebenfalls kürzere projizierte Reichweiten als die primären Protonen auf, da sie ihre Energieabgabe weg vom Dosismaximum des Bragg-Peaks in Bereiche geringerer Tiefe verschieben (Fig. 21.7). Die Folge ist eine Verbreiterung des Energiespektrums der primären Protonen im Absorber und dadurch bewirkte unterschiedliche Reichweiten (Reichweitenstraggling). Insgesamt unterliegen bei mittleren Protonenenergien etwa 20% der Protonen einer Wechselwirkung mit dem Kernfeld oder direkt mit dem Kern. Die Einflüsse dieser Wechselwirkungen wie Energie- und Richtungsänderungen sowie Veränderung der Protonenfluenz dürfen deshalb in der klinischen Dosimetrie nicht vernachlässigt werden.

21.2 Tiefendosisverteilungen von Protonen

Das zunächst geringe Stoßbremsvermögen und der damit verbundene geringe LET bei hohen Protonenenergien beim Eintritt in das Medium führen zu einem flachen

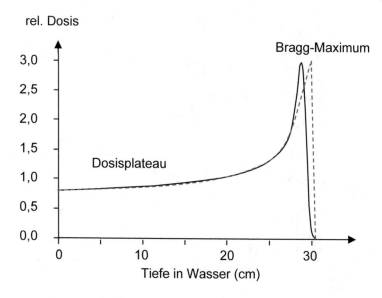

Fig. 21.8: Energie-Tiefendosiskurve (Bragg-Kurve) für monoenergetische Protonen in Wasser mit einer Anfangsenergie von 215 MeV, einem zunächst flachen Dosisverlauf (Dosisplateau) und einem scharfen Dosismaximum, dem Bragg-Maximum, am Ende der Teilchenbahnen. Die gestrichelte Kurve zeigt den hypothetischen Verlauf der TDK ohne Reichweitenstraggling und Sekundärteilchen aus nuklearen Wechselwirkungen der Protonen. Hinter diesem Bragg-Peak sind alle Protonen abgebremst. Dort eventuell erzeugte Dosisbeiträge stammen nicht mehr von den Protonen selbst sondern von Sekundärstrahlungen.

Dosisverlauf mit der Tiefe im Phantom, dem so genannten Dosisplateau. Am Ende der Bahn kommt es zu einem starken Anwachsen des Stoßbremsvermögens (um mehr als 2 Größenordnungen). Simultan nimmt der längenspezifische Energietransfer (LET) der Protonen auf das Absorbermaterial zu (vgl. Fig. 21.5). Dies führt zu einem steilen Anstieg der Energie-Tiefendosis am Ende der Protonenbahnen (s. Beispiele in Fig. 21.8, 21.9). Vernachlässigt man die Streuung der Protonen und die damit verbundene Abweichung von der ursprünglichen Bahn und Energie, müsste die Bragg-Kurve mit einem senkrechten Dosisabfall am Ende der Protonenbahn enden (Grund ist die $1/v^2$-Abhängigkeit des Stoßbremsvermögens beim Übergang zu v = 0). Tatsächlich werden durch Streuprozesse und die Energieverschmierung der Protonen - das Energiestraggling - die individuellen Protonen in etwas unterschiedlichen Tiefen gestoppt. Sie haben also verschiedene individuelle Reichweiten; die Bragg-Kurve wird dadurch am Ende gerundet. Die abfallende Flanke ist wegen des stochastischen Charakters der Wechselwirkungen gaußförmig. Das höchste Stoßbremsvermögen tritt auf der strahlabgewandten Flanke des Bragg-Peaks auf.

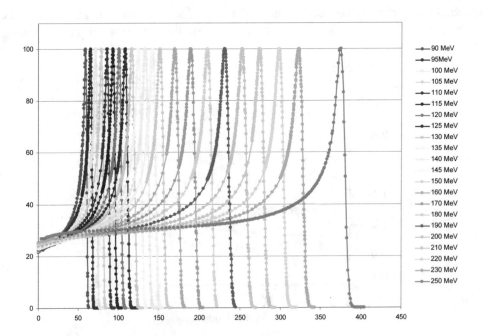

Fig. 21.9: Experimentelle auf das Bragg-Maximum normierte Tiefendosiskurven für Protonen in Wasser mit Anfangsenergien zwischen 90 MeV und 250 MeV. Deutlich sichtbar ist der mit der primären Protonenenergie verbundene relative Dosisanstieg an der Phantomoberfläche durch die oben diskutierten nuklearen Dosisverschiebungen (Daten mit freundlicher Genehmigung von Jörg Hauffe RPTC München).

Die restliche Reichweite der Protonen jenseits des Bragg-Maximums beträgt unter realistischen Bedingungen in Wasser nur noch wenige Millimeter. Werden Bragg-Kurven experimentell bestimmt, sind die Energieüberträge der geladenen Teilchen aus nuklearen Wechselwirkungen bereits mit erfasst. Wie (Fig. 21.9) zeigt, verändert sich die Form der Bragg-Kurven bei konstanter Geometrie mit der Einschussenergie der Protonen. Die Breite des Bragg-Peaks wird geringer mit abnehmender Primärenergie; die relativen Dosen im Oberflächenbereich nehmen wegen der anwachsenden nuklearen Prozesse dagegen mit der Protonenenergie zu. Numerische Tiefendosisdaten befinden sich im Tabellenanhang (Tab. 25.18).

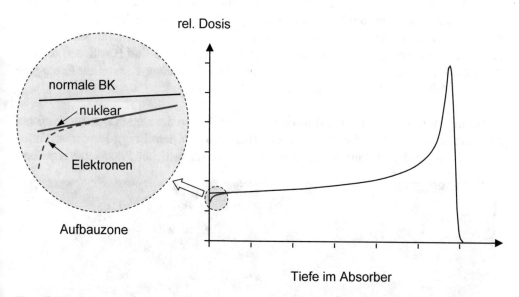

Fig. 21.10: Schematisch dargestellt ist der kurzreichweitige Dosisanstieg durch den nuklearen und den elektronischen Dosisaufbaueffekt. Er kann nur in einer Geometrie nachgewiesen werden, bei der sich ausreichend dünne oder keine Materialien zwischen Messvolumen und Strahl befinden.

Nuklearer Aufbaueffekt: An Grenzschichten zwischen unterschiedlich dichten Medien kommt es wie bei Elektronen- oder Photonenstrahlungen erst allmählich zur Einstellung des Sekundärteilchengleichgewichts. Dabei kommt es zur Überlagerung der Bahnen dieser sekundären Teilchen und ihrer Energieabgaben mit der Folge eines Anstiegs in der Tiefendosiskurve (Fig. 21.10) solange die ersten, also oberflächennahen Sekundärteilchen noch nicht völlig abgebremst sind. Da die Wechselwirkungswahrscheinlichkeiten proportional zur Dichte der Absorber sind, sind die größten Aufbaueffekte beim Übergang von Luft zu Wasser oder sonstigen sehr unterschiedlich dichten

Phantommaterialien zu erwarten. Die Bragg-Kurven zeigen dann einen typischen gerin-gen Dosisanstieg an der Materialgrenze, münden dann aber wegen der begrenzten Reichweite der geladenen Sekundärteilchen schnell in die "normale" Bragg-Kurve ein. Bei genauerer Betrachtung stellt man zwei Komponenten des Aufbaueffektes fest (s. z. B. [Carlsson]). Ein sehr kurzreichweitiger, also nur in den ersten Bruchteilen von Mil-limetern Wasser oder Plastik auftretender Anstieg ist auf die Bildung des Gleichge-wichts der Sekundärelektronen zurückzuführen, die wegen der sehr niedrigen mittleren Energie nur geringe Reichweiten aufweisen. Die zweite Komponente mit einer typi-schen Tiefenausdehnung von wenigen Zentimetern in Wasser ist der nukleare Auf-baueffekt durch die oben geschilderten nuklearen Prozesse und die dabei entstehenden Sekundärprotonen. Werden Tiefendosiskurven durch die Wände eines Phantoms ge-messen, finden diese Effekte bereits in den Wandmaterialien statt, so dass hinter den Phantomwänden bereits das Sekundärteilchengleichgewicht weitgehend erreicht ist. Für die therapeutische Anwendung ist der Aufbaueffekt bei Protonenstrahlungen anders als bei ultraharten Photonen ohne Belang, zumal die Oberflächen- und Hautdosen sowieso durch die Überlagerung der Plateaubereiche der einzelnen Bragg-Kurven zur Erzeugung des ausgedehnten SOBP dominiert werden.

Messungen der Protonentiefendosiskurven: Wegen des steilen Dosisverlaufs auf der strahlabgewandten Seite der Tiefendosiskurve (hinter dem Bragg-Maximum) müs-sen Messungen der Protonentiefendosis mit sehr hoher örtlicher Präzision vorgenom-

Fig. 21.11: Anordnung zur lateral integrierenden Erfassung von Tiefendosisverläufen von schmalen Protonen- oder Schwerionenstrahlenbündeln, bei denen Wassersäulen va-riabler Dicke vor und hinter eine großvolumige, seitliche ausgedehnte Flachkam-mer positioniert werden können. Das System enthält eine zusätzliche Flachkammer als Referenzkammer auf der Strahleintrittsseite (mit freundlicher Genehmigung der PTW-Freiburg).

men werden. Eine Möglichkeit ist die Messung mit Flachkammern in gewebeäquiva-lenten Festkörper-Plattenphantomen oder entsprechende Messungen im herkömmlichen Wasserphantom. Ein zentrales Problem bei Tiefendosismessungen von Protonen (oder auch schwereren Ionen) ist die laterale Ausdehnung des zu untersuchenden Strahlenbündels. Wegen der kleinen Feldgrößen mit Durchmessern von nur wenigen Millimetern, wie sie Nadelstrahlen typischerweise aufweisen, kommt es durch laterale Streustrahlungsverluste zu Veränderungen des zentralen Tiefendosisverlaufs, die bei der klinischen Anwendung durch Scanverfahren oder ähnliche Methoden allerdings keine Rolle mehr spielen (s. Details in Kap. 21.3).

Um die Tiefendosisverläufe ohne Streustrahlungsverformungen zu erfassen, müssen die TDKs deshalb in integrierender Geometrie, also mit ausreichend großflächigen Kammern gemessen werden. Bei diesem Messverfahren werden also die lateralen Dosisbeiträge im Detektor dem Zentralstrahl zugeordnet.

Wegen der unterschiedlichen Energieabhängigkeiten der Stoßbremsvermögen in Wasser und Luft dürfen wie bei den Elektronentiefendosiskurven auch für Protonentiefendosisverläufe bei höheren Ansprüchen an die Genauigkeit ausschließlich die Energiedosis-TDKs und nicht die Ionendosis-Tiefenverläufe betrachtet werden (vgl. die Ausführungen in Kap. 17.2). Vor der Analyse und therapeutischen Verwendung müssen die Ionendosiswerte mit der $s_{w,a}$-Funktion (Fig. 12.14, Gl. 12.40) gefaltet werden.

21.3 Feldgrößenabhängigkeit der Protonentiefendosiskurven

Die bisherigen Darstellungen von Bragg-Kurven entsprachen Feldern mit seitlichen Ausdehnungen, die die Bedingung des **transversalen Gleichgewichts** erfüllten. Darunter versteht man seitliche Abmessungen, die ausreichend groß sind, um die Streustrahlungsverluste an einem Punkt durch die Dosisbeiträge aus den anderen Feldregionen zu

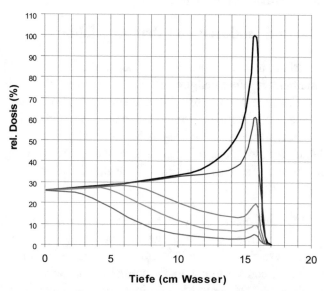

Fig. 21.12: Typische Veränderungen der Bragg-Kurven für kreisförmige Felder in Wasser (in Anlehnung an eine Pencil-beam-Simulation in [ICRU 78]. Felddurchmesser von oben: 20 mm, 10 mm, 5 mm, 2 mm, 1 mm).

ersetzen. Werden Felder dagegen immer mehr verkleinert, kommt es zu Streustrahlungsverlusten, die beispielsweise auf dem Zentralstrahl nicht mehr durch das umgebende Volumen kompensiert werden können. Da die Streudefizite mit abnehmender Feldgröße vor allem bei niedrigen Protonenrestenergien dominieren, führt dies zu einer stetigen Verkleinerung der Dosisbeiträge auf dem Zentralstrahl mit zunehmender Tiefe im Medium (Fig. 21.12). Am deutlichsten sind die Dosisleistungsverluste im Bereich um das Bragg-Maximum. Bei sehr geringen seitlichen Abmessungen der Strahlenfelder im Millimeterbereich verschwinden die Bragg-Maxima fast völlig.

Bei Tiefendosismessungen mit sehr kleinen punktförmigen Sonden können diese Dosisleistungsverluste experimentell bestimmt werden. So zeigt ein schmaler Nadelstrahl (pencil-beam) tatsächlich experimentell und wie auch in rechnerischen Simulationen die beschriebenen Veränderungen der Tiefendosis mit kleiner werdenden Feldern. Werden die Messungen dagegen mit breiten Sonden vorgenommen, die die Feldgröße in ihren transversalen Abmessungen übertreffen (s. Fig. 21.11), wird durch die spezielle integrierende Messgeometrie der Streustrahlungsverlust im zentralen Bereich, in dem die Messung durchgeführt wird, durch die in den seitlichen Teilen der Messkammer nachgewiesenen gestreuten Partikel kompensiert. Die so gemessene Messkurve hat dann wieder den gewohnten Tiefenverlauf.

Wird ein Volumen sequentiell durch lateral verschobene schmale Protonenstrahlungsbündel (pencil beams) bestrahlt, sind die jeweils einzelnen Tiefendosiskurven gaußförmig mit verkleinerten Bragg-Maxima. Durch die seitliche Überlagerung der pencil beams kommt es aber zu Beiträgen der benachbarten schmalen Felder, so dass der gesamte summierte Kurvenverlauf wieder der Tiefendosiskurve eines ausgedehnten Feldes mit transversalem "Streu-Gleichgewicht" entspricht.

21.4 Querprofile und Isodosen von Protonenfeldern

Der seitliche Dosisverlauf, also die Dosisquerprofile, sind in Niedrig Z-Materialien wie Wasser oder menschlichem Weichteilgewebe zunächst durch die geringe Protonenstreuung an Hüllenelektronen des durchstrahlten Mediums bestimmt. Die Folge ist eine nur geringe Variation der Weglängen einzelner Protonen sowie ein steiler Abfall sowohl auf den Flanken der Querprofile als auch wegen der nahezu konstanten Reichweiten der Protonen am Ende des Bragg-Peaks. Allerdings nimmt das Streuvermögen mit abnehmender Protonenenergie zu, so dass am Ende der Protonenbahnen der Strahl stärker aufgeweitet wird.

Die Folge sind steile Dosisflanken im Bereich des Plateaus vor dem Bragg-Maximum und eine deutliche Verbreiterung der Halbschatten am Ende der Teilchenbahnen. Als Halbschatten wird der Bereich zwischen 80% und 20% Dosiswert auf den Flanken des Querprofils spezifiziert. Einen Vergleich experimenteller Halbschattenbereiche für Kobalt-60-Gammastrahlung, 8-MV Photonen aus einem Beschleuniger und 200 MeV Protonenstrahlung als Funktion der Wassertiefe zeigt (Fig. 21.13).

Während die Protonen bis zu einer Wassertiefe von knapp 18 cm geringere Halbschatten als Photonenstrahlungen aufweisen, übertrifft ihr Halbschattenbereich die der 8-MV Photonen ab 18 cm Wassertiefe. Bei dieser Tiefe haben ursprüngliche 200 MeV Protonen eine Restenergie von etwa 103 MeV (s. Beispiel 21.1). Der Grund ist die erhöhte nukleare Streuung der Protonen am Ende ihrer Bahnen bei nur geringen Restenergien.

Diese Verbreiterung des Halbschattens ist auch deutlich an den Isodosenverteilungen der Protonen zu sehen. Ein Beispiel für eine solche Isodosenverteilung monoenergetischer Protonen mit einer Anfangsenergie von 200 MeV in Wasser zeigt (Fig. 21.14). Das "Ausbeulen" der Protonenisodosen - also die Zunahme des Halbschattenbereichs - am Ende der Protonenbahnen erinnert an die verbreiterten Isodosen von Elektronenstrahlung, die ebenfalls durch erhöhte, dort allerdings elektronische Streuung der Elektronen bei geringer Restenergie erzeugt werden (s. z. B. Fig. 17.11 bis 17.13).

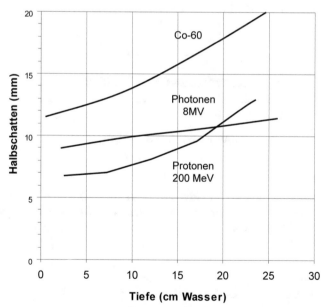

Fig. 21.13: Halbschattenbereiche (80 - 20% Dosis) für ^{60}Co-Gammas, ultraharte 8-MV Photonen und 200 MeV Protonen in Wasser (nach experimentellen Daten aus [ICRU 78]).

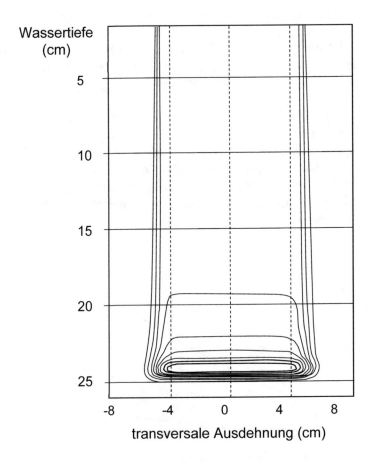

Fig. 21.14: Relative Isodosenlinien eines kreisförmigen Feldes mit 10 cm Durchmesser für monoenergetische 200 MeV Protonen im Wasser (Einschuss von oben, in 10% Schritten zwischen 10-90%, in Anlehnung an eine Darstellung in [ICRU 78]).

21.5 Auswirkungen von Gewebeinhomogenitäten

Befinden sich auf dem Strahlweg der Protonen Substanzen unterschiedlicher Dichte, führt dies zu Änderungen der Reichweiten der Protonen und somit zu Verkürzungen oder Verlängerungen der Bragg-Kurven. Der Grund für dieses Verhalten der Protonen ist die Abhängigkeit des Stoßbremsvermögens von den Dichten der durchstrahlten Substanzen (s. Gl. 21.1). Beispiele für erhebliche Dichteschwankungen in menschlichen Geweben sind Lufteinschlüsse, Lungengewebe oder Knochen. Werden diese unterschiedlichen Massenbelegungen bei der Planung nicht korrekt berücksichtigt, kann dies zu dramatischen Folgen bei einer Protonenstrahlung führen.

Wird die Bragg-Kurve beispielsweise durch Knocheneinlagerungen im Vergleich zum Verlauf in Weichteilgeweben oder Wasser verkürzt, befindet sich ein Teil des therapeutischen Zielvolumens strahlabwärts des Bragg-Maximums oder des SOBP. Das Zielvolumen bleibt dann im Wesentlichen bis auf die geringfügigen distalen Ausläufer der Bragg-Kurve ohne Dosis mit der Folge von möglichen Tumorrezidiven. Befinden sich dagegen Einlagerungen geringerer Dichte auf dem Strahlweg wie beispielsweise Lungengewebe oder Gaseinschlüsse in Darm oder Magen, wird die Tiefendosis über das Zielvolumen hinaus verlängert. Das gesunde Gewebe hinter dem Zielvolumen erhält wegen der speziellen Form der Protonentiefendosiskurven dann maximale Dosisbeiträge (Fig. 21.15 rechts). Bei ultraharter Photonenstrahlung sind Therapieplanungen mit nicht ausreichender Berücksichtigung der Massenbelegungen ebenfalls nicht erwünscht, aber weniger gravierend. Sowohl das therapeutische Zielvolumen als auch die zu schonenden gesunden Gewebe hinter dem Zielvolumen erfahren bei fehlerhafter Planung nur geringfügige Dosisveränderungen (Fig. 21.15 links).

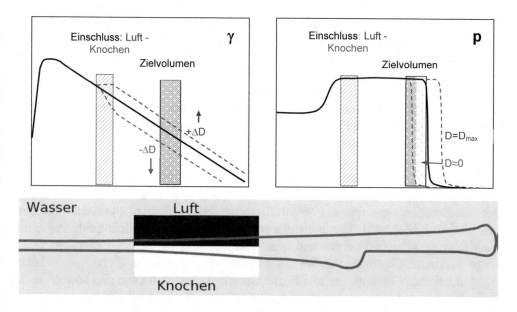

Fig. 21.15: Oben: Auswirkungen von Inhomogenitäten auf die Dosisverteilungen und die Zielvolumendosen für ultraharte Photonen (links) und Protonen (rechts). Bei Photonen kommt es durch Isodosenverschiebungen zu "leichten" Unter- bzw. Überdosierungen ($\pm \Delta D$) im Zielvolumen und im gesunden Gewebe hinter dem Zielvolumen. Bei Protonenstrahlung werden Teile des Zielvolumens völlig ohne Dosis belassen ($D \approx 0$) oder das gesunde Gewebe hinter dem Zielvolumen erhält die maximale Dosis (D_{max}). Unten: Unterschiedliche Protonen-Reichweiten bei partiellen Inhomogenitäten und Auswirkung auf die Isodosen (mit freundlicher Genehmigung von Dagmar Schönenberg).

Werden Inhomogenitäten, also Bereiche niedriger oder höherer Dichte, nur von einem Teil des Strahlenbündels erfasst, kommt es zu einer partiellen Tiefenvariation der Lage des Bragg-Maximums in Teilbereichen des Bestrahlungsfeldes. Dosisquerprofile zeigen in solchen Fällen partielle Erhöhungen oder Erniedrigungen der Dosis. Für einen monoenergetischen schmalen Protonenstrahl führen partielle Inhomogenitäten wie bei der gewollten Energiemodulation zu einer jetzt allerdings unerwünschten und schwer zu korrigierenden Verbreiterung des Bragg-Maximums auf dem Zentralstrahl, da auch Protonen aus den Nachbarregionen zur Zentralstrahl-Tiefendosis beitragen. Je nach bestrahltem Volumen führen solche partiellen Dosisveränderungen ebenfalls zu Überdosierungen im gesunden strahlabwärts gelegenen Umgebungsgewebe oder zu unerwünschten Unterdosierungen im therapeutischen Zielvolumen.

Ähnliche Fehldosierungen können bei Protonenbestrahlungen durch Bewegungen während der Behandlung oder durch unterschiedliche Lagerung der Patienten während der Datenerfassung (Bildgebung mit CT oder MR, Simulation) für die Therapieplanung und während der therapeutischen Bestrahlung entstehen. Beispiele sind Atembewegungen oder sonstige Verschiebungen der Patientengeometrie bei schmerzbehafteten Patienten. Anders als bei modernen Elektronen-Beschleunigern (z. B. Cyberknife) können die Bewegungen der Patienten an Protonenanlagen bisher nicht mit vernünftigem Aufwand durch bildgesteuerte Nachführsysteme während der Bestrahlung kompensiert werden. Protonen-Patienten müssen daher sehr sorgfältig und reproduzierbar in konstanter Lage positioniert werden. Teilweise wird sogar die Atembewegung der Patienten unterdrückt. Dazu werden die Patienten in Narkose versetzt und ihre Lungen mit ausgesetzten Atembewegungen in Narkose mit reinem Sauerstoff versorgt.

21.6 Aufbereitung des therapeutischen Strahlenbündels

Der den Beschleuniger und das Strahlführungssystem verlassende primäre Protonenstrahl ist ein Nadelstrahl (Breite wenige mm) und hat eine je nach Beschleuniger und Strahlführung scharfe Energie und eine entsprechend definierte Tiefenlage seines Bragg-Maximums beim Auftreffen auf Materie. Therapeutische Zielvolumina haben dagegen beliebige Tiefenlagen relativ zur Oberfläche des Patienten und sowohl in der Tiefe als auch zu den Seiten hin ausgedehnte, oft auch irreguläre dreidimensionale Formen. Monoenergetische Protonennadelstrahlenbündel können deshalb in der Regel nicht unmittelbar für die Strahlentherapie eingesetzt werden. Der Protonenstrahl muss daher bezüglich seiner Energie und in seiner seitlichen Ausdehnung verändert werden. Die seitliche Verbreiterung des Nadelstrahls wird entweder durch **passive** Aufstreuung des Nadelstrahls oder durch **Scansysteme** erreicht.

Bei der Veränderung der Protonenenergien ist zwischen der Grundeinstellung der primären Protonenenergie und der Variation der Energien während der Bestrahlung zu unterscheiden. Vor der Behandlung muss zunächst die maximale Protonenenergie so gewählt oder eingestellt werden, dass sich das Bragg-Maximum am distalen Ende des

individuellen Zielvolumens befindet. Da mit einer solchen singulären Bragg-Kurve monoenergetischer Protonen ein endliches therapeutisches Zielvolumen aber nicht homogen ausgeleuchtet werden kann, muss die klinisch erforderliche Tiefendosisverteilung
durch gewichtete Überlagerung mehrerer "monoenergetischer" Tiefendosisverläufe mit
variierender Protonenanfangsenergie erzeugt werden. Während der Behandlung muss
die Protonenenergie daher ausgehend von der Primärenergie so modifiziert werden, dass
die Protonen jeden Teil des Zielvolumens mit ihrem jeweiligen Bragg-Maximum treffen. Insgesamt bilden alle individuellen Bragg-Maxima zusammen ein Dosisplateau
über das Zielvolumen, den "spread out bragg peak" (SOBP). Die Tiefenausdehnung
dieses Dosisplateaus hängt vom verwendeten Protonenenergiebereich ab, die Dosis-Ho-
mogenität des SOBP von der Sorgfalt bei der Wichtung der Bragg-Kurven unterschiedlicher Protonenenergien anhand der im Planungssystem berechneten Massenbelegungen vor und im Zielvolumen. Die an die Form des Zielvolumens und die betroffenen
Massenbelegungen angepasste Kombination der eingeschossenen Energiespektren der
Protonen und deren Energieeinstellungen werden als **Energiemodulation** bezeichnet.

Die Energiedefinition und Energievariation kann bei Synchrotrons prinzipiell unmittelbar im Beschleuniger durch Wahl des Auslenkungszeitpunktes der Protonen aus dem
Beschleunigerring vorgenommen werden. Bei den weiter verbreiteten Zyklotrons kann
anders als bei Protonensynchrotrons die Energie der Protonen vor dem Verlassen des
Beschleunigers mit vernünftigem Aufwand nicht verändert werden. Die Energieänderung muss deshalb außerhalb des Zyklotrons vorgenommen werden.

21.6.1 Strahlaufweitung

Zur Strahlaufweitung werden zwei Verfahren eingesetzt, die passive Strahlaufweitung
mit Streukörpern und die Aufweitung mit gescannten Strahlenbündeln.

Passive Strahlaufweitung durch Streuung: Dabei werden Substanzen in den
Strahl gebracht, die den Strahl durch Streuung so aufweiten, dass er das komplette Zielvolumen abdeckt. Dabei werden zur Definition der lateralen Ausdehnung (Feldgröße)
zusätzliche das Strahlungsfeld formende Blenden benötigt. Der Protonenstrahl wird
dazu in zwei Stufen aufgeweitet, durch einen einfach geformten Primärstreukörper und
durch eine zweite Aufstreuung mit individuell geformten Streuern.

Bei der Primärstreuung werden die Protonen durch Körper konstanter Dicke aus Hoch-
Z-Materialien geschickt, die aus der primären Protonenverteilung im Wesentlichen
gaußförmige Strahlenbündel machen. Mit solchen einfach aufgestreuten Strahlenbündeln können wegen der Gaußform der Dosisquerverteilung ohne weitere Strahlaufbereitung nur Zielvolumina mit geringer seitlicher Ausdehnung homogen bestrahlt werden. Dazu müssen die nur einfach aufgestreuten Felder so stark eingeblendet werden,
dass nur der ausreichend homogene zentrale Anteil des aufgestreuten Strahlenbündels
für die Therapie verwendet wird. Da ein großer Teil des Strahlenbündels ausgeblendet

werden muss, führt dies zu erheblichen Dosisleistungsverlusten mit entsprechend langen Bestrahlungszeiten.

Bei größeren Tumoren muss die primär gaußförmig aufgestreute Querverteilung nach dem ersten Streuer in der seitlichen Intensitätsverteilung zusätzlich modifiziert werden. Dazu wird ein zweites Streusystem benötigt, das den Strahl in der Strahlachse stärker als in den lateralen Bereichen streut. Der zweite Streukörper muss dazu auf der Strahlachse größere Materialstärken als am Feldrand aufweisen (Fig. 21.16). Da alle Materialien im Strahlengang durch Stoßbremsung für Energieverluste der Protonen sorgen, also eine von der lateralen Position abhängige Energieverminderung bewirken, müssen diese Energieverluste durch invers ausgelegte Energiekompensatoren aus Niedrig-Z-Materialien ausgeglichen werden, die den Strahl in der Strahlmitte energetisch unverändert lassen, nach außen hin aber eine zunehmende Reduktion der Energie bewirken. Ziel und Ergebnis dieser Maßnahme ist die Erzeugung eines energiehomogenen Strahlenbündels über den gesamten Strahlquerschnitt. Die an das Zielvolumen angepasste Form des Strahlenfeldes wird durch patientennahe Blenden festgelegt.

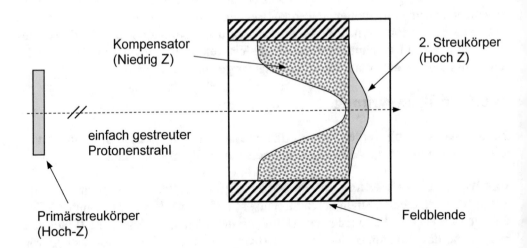

Fig. 21.16: Passive Strahlaufstreuung mit Primärstreuer, geformtem Sekundärstreuer (beide aus Hoch-Z-Material) mit Kompensator aus Niedrig-Z-Material und an die maximale Ausdehnung des Zielvolumens angepasster feldformender Strahlblende.

Eine zweite Methode der passiven Strahlaufweitung ist der Einsatz von kammförmigen Streuern aus Hoch-Z- oder Niedrig-Z-Materialien, den so genannten "ridge filtern". Hierbei wird der primär aufgestreute Protonenstrahl zur sekundären Streuung durch an die Zielvolumina angepasste periodisch gezackte Metallkörper geleitet. Die Breite, der Abstand, die Höhe und die Form der Zacken (gerade oder gekrümmte Flanken) werden an die mit der Protonenenergie veränderliche Streuwirkung angepasst. "ridge filter" können neben der Verbreiterung des Strahls auch die benötigte Energiemodulation bewirken (s. u.). Typische Abstände und Höhen der einzelnen Zacken betragen einige Millimeter. Sie sind gut als passive Filter für gepulste Strahlungen aus Synchrotrons und für schwerere Ionen geeignet, da dann die Probleme mit der Synchronisation der Strahlpulse mit der Rotationsgeschwindigkeit der gedrehten Stufenkeile vermieden werden kann (s. u.).

Fig. 21.17: Passive Strahlaufstreuung mit Primärstreukörper (Hoch-Z-Material) und "ridge filter" aus Hoch-Z- oder Niedrig-Z-Material.

Strahlaufweitung mit Scanverfahren: Dabei ist zwischen den adaptiven Scanverfahren und dem "uniform scanning" zu unterscheiden. Bei beiden Scanverfahren werden die Strahlenbündel nicht durch Streukörper auf die maximale Feldgröße im Isozentrum aufgeweitet. Stattdessen werden schmale Strahlenkeulen verwendet, die aus dem Primär-Nadelstrahl durch einen einfachen Streuer minimal aufgeweitet wurden. Die Strahlenbündel bilden dadurch kleine kreisförmige Areale (Spots) mit wählbaren Durchmessern zwischen typisch 6 mm bis 20 mm am Ende der Teilchenbahn in der jeweils vorgewählten Ebene des Zielvolumens.

Bei den **adaptiven** Rasterscanverfahren zur Strahlaufweitung wird die laterale Auslenkung des Nadelstrahls tiefenabhängig an die jeweiligen seitlichen Ausdehnungen des Zielvolumens angepasst. Die Protonenspots müssen dann durch zwei im Strahlerkopf in der Gantry befindliche schnelle in x- und y-Richtung ablenkende Magnete, die so genannten Sweeper-Magnete, über die vorgewählte Ebene bewegt werden (Fig. 21.18 oben). Die maximalen Scanamplituden, also Ortsablenkungen des Strahlenbündels moderner Protonen-Bestrahlungsanlagen, betragen im Isozentrum der Gantry 30 cm in x-Richtung und 40 cm in y-Richtung. Es können also maximal $(30 \times 40 \text{ cm}^2)$-Felder bestrahlt werden.

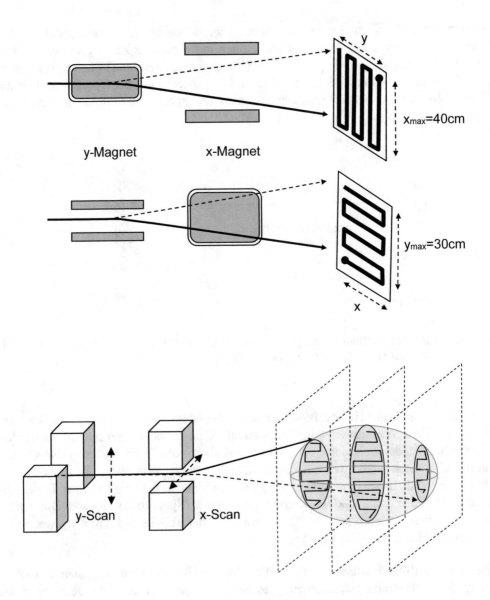

Fig. 21.18: Oben: Prinzip des zweidimensionalen Rasterscanverfahrens an Protonenzyklotrons. Die Scans werden von Sweepermagneten in x- und y-Richtung vorgenommen. Die gescannten gaußförmigen Strahlenbündel überlappen so, dass insgesamt eine homogene Dosisverteilung entsteht. Unten: Adaptive Tiefenmodulation der lateralen und vertikalen Scanamplituden zur homogenen Bestrahlung beliebig geformter therapeutischer Volumina.

Die lateralen und vertikalen Scanamplituden können bei diesem Verfahren tiefenabhängig an die jeweilige Ausdehnung des Tumorvolumens angepasst werden (Fig. 21.18 unten). Anders als bei der passiven Homogenisierung wird die Feldform beim aktiven

Scanning also nicht durch Blenden sondern durch den Scanprozess dreidimensional festgelegt, was durch die mit der Tiefe an das Zielvolumen angepasste variierende Feldgröße zu einer Verringerung der Bestrahlung gesunden Gewebes führt. Die Gesamtbestrahlungszeit für ein Zielvolumen von 1 Liter mit dieser Technik und für therapeutisch übliche Tagesdosen zwischen 1,8 und 2,2 Gy beträgt bei modernen Anlagen für ein einfaches Stehfeld etwa eine Minute, was einer effektiven Dosisleistung von ca. 2 Gy/min entspricht. Dazu sind allerdings Dosisleistungen von 10 Gy/s im Strahlspot erforderlich. Tatsächlich werden bei tief liegenden Tumoren wie in der konventionellen Strahlentherapie mit Photonen auch Mehrfeldertechniken angewandt, um die Hautdosen weiter zu minimieren.

Beim "**uniform scanning**" wird der Strahl grundsätzlich maximal ausgelenkt. Die Anpassung an die seitliche Form des Zielvolumens geschieht wie bei der passiven Aufstreuung durch individuelle Blenden (Aperturen). Da diese Blenden mit vernünftigem Aufwand nicht für jede Scanebene ausgetauscht werden können, kann dieses Verfahren die mit der Tiefe variierenden seitlichen Ausdehnungen des Zielvolumens nicht berücksichtigen. Es ähnelt diesbezüglich den üblichen konventionellen Bestrahlungstechniken mit Photonenstehfeldern.

21.6.2 Energievariation

Bei der Energievariation ist bei Zyklotrons zwischen der Einstellung der maximalen Startenergie und der Energiemodulation während der Bestrahlung zu unterscheiden.

Grundeinstellung der Primärenergie: Zur eventuellen Verminderung der Energie der den Beschleuniger verlassenden Protonen werden Niedrig-Z-Materialien in den Strahlengang gebracht, die durch Stoßbremsung die primäre Protonenenergie so anpassen, dass das Bragg-Maximum in der gewünschten maximalen Tiefe im Patienten erzeugt wird. Niedrig-Z-Materialien haben den Vorteil der geringen Aufstreuung des Protonenstrahlenbündels. Je nach Art und Auslegung der Anlage kann die Grundeinstellung der Energie entweder unmittelbar hinter dem Beschleuniger oder patientennah im Strahlerkopf (nozzle) vorgenommen werden. Wird die Energie direkt hinter dem Zyklotron modifiziert, muss bei jeder Energieänderung das komplette Strahlführungssystem umgeschaltet werden. Dies benötigt selbst bei modernen Anlagen Zeiten im Sekundenbereich. Anordnungen zur gezielten konstanten externen Energieminderung werden als **"range shifter"** oder als **"energy selector"** bezeichnet. Von letzterem wird häufig dann gesprochen, wenn die Strahlführung untere Grenzen der zulässigen Protonenenergien aufweist, die sie passieren lässt. Energie-Selektoren befinden sich dann im Strahlerkopf und bestehen ebenfalls aus einfachen die Energie konstant vermindernden Plastikkörpern z. B. aus Plexiglas. Solche starken Energieminderungen werden vor allem bei der Behandlung oberflächennaher Tumoren wie beispielsweise am Auge benötigt.

Energiemodulation während der Bestrahlung: Eine naheliegende Methode ist das Einschieben von in der Massenbelegung variierenden Stufenkeilen aus Niedrig-Z-Materialien wie Plexiglas oder Graphit, bei denen die gewünschte Materialstärke nach der erforderlichen individuellen Protonenenergie, die Dauer der Exposition nach dem gewünschten lokalen Intensitätsbeitrag gewählt wird. Soll die nächste Tiefe des Zielvolumens bestrahlt werden, wird die entsprechende nächste Stärke des Stufenkeils eingestellt. Anordnungen zur Energiemodulation werden als **"Range Modulatoren"** bezeichnet. Da dieses sequentielle Modulationsverfahren sehr zeitaufwendig ist, werden in der Praxis die linearen Stufenkeile auch durch rotierende Stufenkeilanordnungen ersetzt.

Diese rotieren mit einer typischen Frequenz von 10 Hz, bestrahlen also innerhalb einer Sekunde den Patienten 10 Mal mit allen gewünschten Protonenenergien. Die Lage der Bragg-Maxima variiert in der gleichen zeitlichen Abfolge. Wegen der irregulären dreidimensionalen Ausdehnung der Tumoren müssen eventuell bestimmte Tiefenlagen der Bragg-Maxima ausgespart werden. Dies kann durch angepasste Pulsung des Strahls geschehen, so dass bestimmte Modulatordicken länger oder kürzer bestrahlt oder ganz ausgelassen werden können. Werden mehrere gleich geformte Stufenkeile konzentrisch miteinander verbunden, erhöht sich die Frequenz der Energiemodulation entsprechend. Eine solche Anordnung wird anschaulich als "Propellerrad" bezeichnet (Fig. 21.19).

Es ist auch möglich, unterschiedlich ausgelegte Stufenkeile konzentrisch in einer Anordnung unterzubringen. In diesem Fall kann eine zusätzliche Variation der Energiemodulation durch seitliches Verschieben der Achse des Stufenkeiltellers relativ zum Pro-

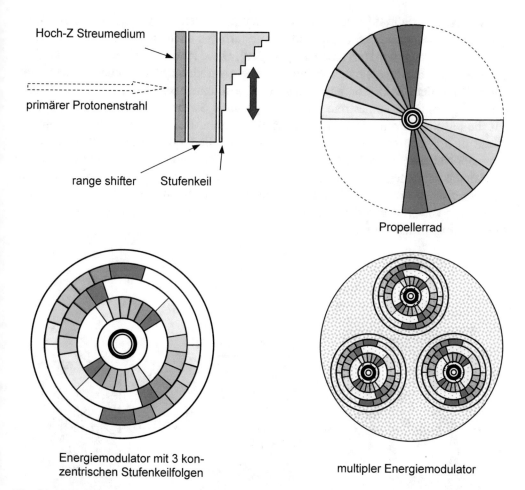

Fig. 21.19: Prinzip der Energiemodulation mit "range Modulatoren": Oben links: Patientenferner Stufenkeil aus Niedrig-Z-Material mit zusätzlicher Schicht konstanter Dicke zur konstanten Energieminderung (range shifter) und Primärstreukörper aus Hoch-Z-Material. Oben rechts: Propellerrad mit 2 identischen rotierenden Plastik-Stufenkeilen. Unten links: range modulator mit mehreren konzentrischen Stufenkeilen. Unten rechts: Anordnungen mit mehreren "Range Modulatoren" zum Umschalten auf 9 verschiedene Energieprofile.

tonenstrahl erreicht werden. Energiemodulatoren können patientenfern vor der maximalen Aufstreuung des Protonenstrahls angebracht werden, so dass ihre Abmessungen klein bleiben. In diesem Fall werden die Energiemodulatoren oft mit Materialien höherer Ordnungszahl kombiniert, so dass sie gleichzeitig als primäre Streumedien dienen. Patientennahe Energiemodulatoren sehen dagegen den bereits aufgestreuten Protonenstrahl und haben deshalb mit dem Tumorvolumen vergleichbare Abmessungen.

Ein weiteres Verfahren ist der Einsatz von antiparallelen Graphitkeilen, bei denen die gewünschte Materialdicke durch zeitlich gestaffeltes Ineinanderschieben der beiden Keilhälften erzeugt wird (s. [Krieger 2], Kap. 9). Diese Anordnung wird beim adaptiven Scanning gleichzeitig als range shifter und Energiemodulator verwendet. Sie ist unmittelbar hinter dem Zyklotron angebracht, sieht also einen sehr kompakten Nadelstrahl, der nur geringfügig aufgestreut wird. Das gesamte Strahlführungssystem muss dabei auf die jeweilige Protonenenergie eingestellt werden. Bei diesem Verfahren wird der Strahl also patientennah nicht mehr energiemoduliert oder aufgestreut sondern als schmaler Nadelstrahl im Scanverfahren zur Bestrahlung von Tumoren eingesetzt. Dazu werden die Schichten sukzessive, beginnend z. B. mit der größten Tiefe, mit einem monoenergetischen Protonenstrahlenbündel bestrahlt. Nach jeder Schicht wird die Protonenenergie entsprechend der Lage und Dicke der zu bestrahlenden Schicht um einige MeV verringert und dann erneut bestrahlt.

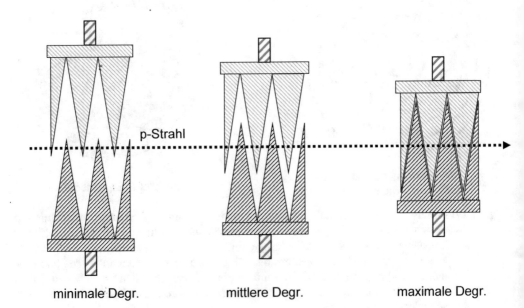

minimale Degr.   mittlere Degr.   maximale Degr.

Fig. 21.20: Prinzip der Energieverminderung (Degradation) eines Protonenstrahls mit antiparallel laufenden Graphitkeilen. Durch die geschickte Konstruktion verändert sich die wirksame Schichtdicke nicht bei geringer vertikaler Verschiebung oder Aufweitung des Protonenstrahlenbündels (nach einer Konstruktion des Paul Scherrer Instituts PSI in Villigen Schweiz).

Eine Möglichkeit, die Bestrahlungszeiten zu verringern, ist der zusätzliche Einsatz von **Ripple-Filtern** unmittelbar nach dem Strahlaustritt aus dem Strahlrohr. Ripple-Filter bestehen aus dünnen Kunststoffscheiben von wenigen mm Dicke, deren Oberflächen

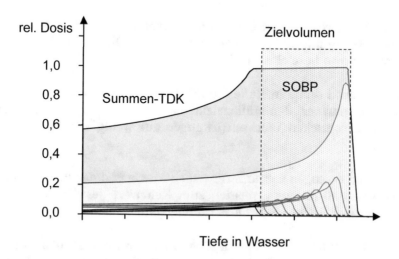

Fig. 21.21: Erzeugung eines breiten Dosisplateaus (SOBP) zur Bestrahlung eines ausgedehnten Tumors durch Überlagerung der Protonen-TDKs mit unterschiedlichen Anfangsenergien, Intensitäten und Dosisbeiträgen. Die Oberflächendosis kann durch diese Modulation relative Werte bis 80% erreichen.

mit feinen Rillen ausgerüstet sind. Dadurch entsteht eine geringfügige Energiemodulation mit einer entsprechenden Verbreiterung der jeweiligen Braggpeaks. Bei der Verwendung von Scanverfahren zur Energiemodulation können deshalb größere Energieschritte verwendet werden. Der Zeitgewinn liegt bei einem Faktor 2 bis 4.

Bei allen Verfahren zur Energiemodulation sind die Dosisbeiträge maximal für die Schicht mit der höchsten Energie, also die primäre Bragg-Kurve. Die weiteren Intensitäten werden dann anhand der Therapieplanungsdaten (Massenbelegungen) so gesteuert, dass in der Summe eine möglichst homogene Dosisverteilung im Zielvolumen entsteht (s. Beispiel in Fig. 21.21). Eine typische Intensitätsverteilung zwischen dem Startfeld mit der höchsten Energie und der Gesamtintensität der nachfolgenden energieverminderten Felder beträgt etwa 1:1.

Zusammenfassung

- Die Hauptwechselwirkung von Protonen sind Ionisationen und Anregungen der Atome oder Moleküle im bestrahlten Medium.

- Protonen verlieren ihre Bewegungsenergie daher in einer Vielzahl von Einzelstößen mit kleinen Energieüberträgen. Dies wird als continuous slowing down bezeichnet (CSD).

- Da Protonen schon in Ruhe die 1836fache Masse ihrer Hauptwechselwirkungspartner, den Hüllenelektronen, haben, werden Protonen bei den elektronischen Wechselwirkungen nur wenig aus ihrer Bahn gelenkt.

- Protonen erzeugen wegen ihrer hohen Masse und der Proportionalität der Bremsstrahlungsausbeuten zum Kehrwert des Massenquadrates nur vernachlässigbare Bremsstrahlungsintensitäten.

- Protonen unterliegen überwiegend am Ende ihrer Bahnen multiplen Streuprozessen vor allem an Protonen und den Coulombfeldern der Atomkerne, die die Isodosen ähnlich wie bei den Isodosenverteilungen von Elektronen im Bereich des Bragg-Maximums seitlich ausbeulen.

- Protonen lösen auch nukleare Wechselwirkungen (Kernreaktionen) aus, bei denen in menschlichen Geweben oder Wasser vorwiegend freie Protonen, Neutronen und Alphateilchen entstehen. Diese Partikel kontaminieren den primären Protonenstrahl.

- Die Tiefenenergiedosisverteilung monoenergetischer Protonen wird als Bragg-Kurve bezeichnet, der Bereich um das Dosismaximum als Bragg-Maximum oder Bragg-Peak.

- Am Ende ihrer Bahn steigt das elektronische Stoßbremsvermögen des Absorbers für die Protonenbremsung um viele Größenordnungen an. Dadurch entsteht das Bragg-Maximum der absorbierten Energie.

- Hinter dem Bragg-Maximum fällt die Bragg-Kurve innerhalb weniger Millimeter auf sehr geringe Dosiswerte ab.

- Da die Tiefendosisverteilung eines monoenergetischen Protonenstrahls in der Regel nicht zur Behandlung ausgedehnter Tumoren taugt, muss der Bereich um das Dosismaximum in der Tiefe ausgedehnt werden.

- Dazu werden Protonen unterschiedlicher Energie und Tiefendosisverläufe mit unterschiedlichen Intensitäten überlagert.

- Da die häufigsten Protonenbeschleuniger, die Zyklotrons, keine Energievariation während einer Behandlung zulassen, müssen die Protonen nach ihrer Erzeugung gezielt energievermindert werden.

- Die Verfahren dazu nennt man Energiemodulation der Protonen.

- Durch die Überlagerung dieser energiemodulierten Protonen entsteht ein ausgeprägtes Dosisplateau vor dem ursprünglichen Bragg-Maximum, der so genannte Spread Out Bragg Peak (SOBP).

- Da Protonenstrahlenbündel nach dem Verlassen des Beschleunigers schmale Strahlenkeulen von wenigen Millimetern Durchmesser sind, muss ein therapeutischer Protonenstrahl seitlich aufgeweitet werden.

- Dies wird entweder durch die Aufstreuung in geeigneten Materialien oder durch das Strahlscanning, aber auch mit Kombinationen dieser beiden Verfahren erreicht.

- Die Strahlquerprofile der Protonenstrahlenbündel sind bei Eintritt in den Absorber an den Rändern steiler ("schärfer") als bei Elektronen- oder Photonenstrahlenbündeln. Im Bereich der therapeutischen Tiefe sind sie vergleichbar.

- Der Grund dafür sind vor allem die nuklearen Streuprozesse bei abnehmender Bewegungsenergie der Protonen.

- Die Form der Protonentiefendosiskurven macht sie besonders geeignet zur Bestrahlung von Tumoren in der Nähe von Risikoorganen. Allerdings muss große Sorgfalt darauf aufgewendet werden, dass die Bragg-Maxima nicht ungewollt durch Gewebeinhomogenitäten in ihrer Tiefenlage verschoben werden.

- Das gleiche gilt für die Präzision und Konstanz der Patientenlagerung während der Behandlung.

21.7 Dosisverteilungen von Ionenstrahlungen

Für die Strahlentherapie verwendete Ionen haben Ordnungszahlen Z zwischen 2 und 10 (He – Ne). Für diese Ionen gibt es folgende Möglichkeiten für einen Energieverlust in einem bestrahlten Medium:

- **Ionisation und Anregungen der Targetatome**

- **Anregung und Ionisation der Projektile**

- **Elektroneneinfang durch die Projektile**

- **Energieverluste durch nukleare Wechselwirkungen wie Streuung und Kernreaktionen**

Der dominierende Prozess sind wie bei Protonen die Energieverluste der Ionen durch Anregung und Ionisation der Targetatome durch kontinuierliche Abbremsung (CSD) der Ionen. Dieses elektronische Stoßbremsvermögen wird daher mit der gleichen Formel wie für Protonen beschrieben.

$$S_{col} = \left(\frac{dE}{dx}\right)_{col} = \rho \cdot 4\pi \cdot r_e^2 \cdot m_0 c^2 \cdot \frac{Z}{u \cdot A} \cdot z^2 \cdot \frac{1}{\beta^2} \cdot R_{col}(\beta) \qquad (21.8)$$

Das elektronische Stoßbremsvermögen zeigt deshalb die gleichen Abhängigkeiten von der mittleren Ordnungszahl und Massenzahl des Mediums, und der relativen Projektilgeschwindigkeit $\beta = v/c$ und der Ladung z der Projektil-Ionen. Ionen zählen zu den dicht ionisierenden Strahlungen. Wegen der stärkeren Zunahme des LET für schwere Teilchen mit abnehmender Geschwindigkeit erhält man einen steileren Anstieg des Stoßbremsvermögens und des Bragg-Peaks am Ende der Teilchenbahnen als bei Protonen.

Das Stoßbremsvermögen ist nach Gleichung (21.8) proportional zum Quadrat der Ladungszahl z des einlaufenden Teilchens. Bei schwereren Teilchen ist die Ladungszahl z allerdings keine Konstante. Stattdessen kommt es durch Ladungsaustausch der Einschussteilchen teilweise zur Änderung der Ladungszahl auf dem Weg durch den Absorber. Bei kleinen Geschwindigkeiten bzw. Teilchenenergien können positiv geladene Teilchen während der Passage durch Materie Hüllenelektronen der Absorberatome einfangen. Dieser **Elektroneneinfang** findet vor allem bei hoch ionisierten Ionen statt, da bei diesen wegen der unabgeschirmten hohen Kernladung die elektrischen Anziehungskräfte und Bindungsenergien der inneren Elektronenschalen entsprechend groß sind. Er ist am häufigsten, wenn die Geschwindigkeiten des schweren Teilchens und der Hüllenelektronen etwa gleich sind. Das betroffene Hüllenelektron wird dabei durch die elektrische Anziehung quasi "mitgezogen". Langsame schwere Teilchen können auch einen Teil ihrer verbliebenen Elektronenhülle bei der Passage anderer Atome abstreifen.

Sie wechseln also beim Durchgang durch Materie häufig ihren Ladungszustand entweder durch Einfang oder Verlust von Elektronen. Wegen der quadratischen Abhängigkeit des Stoßbremsvermögens von der Ladungszahl der Ionen hat dies erhebliche Auswirkungen auf den Verlauf der Tiefendosiskurven. Die theoretische Beschreibung dieser Vorgänge ist kompliziert. Ein guter Überblick findet sich im Report der ICRU [ICRU 73].

Energieverluste der Projektil-Ionen durch Bremsstrahlungserzeugung werden mit der folgenden Formel beschrieben.

$$S_{rad} = \left(\frac{dE}{dx}\right)_{rad} \propto \rho \cdot \left(\frac{z \cdot e}{m}\right)^2 \cdot \frac{Z^2}{A} \cdot E_{tot} \qquad (21.9)$$

Wegen der reziproken Abhängigkeit des Strahlungsbremsvermögens vom Quadrat der Ionenmasse m können Verluste durch Bremsstrahlungserzeugung bei Ionenbestrahlung für den Energiebereich therapeutisch verwendeter Ionenenergien völlig vernachlässigt werden.

Bei Bestrahlung mit Ionen besteht dagegen eine erhöhte Wahrscheinlichkeit für Wechselwirkungen mit den Kernen des bestrahlten Mediums. Diese Reaktionen können entweder elastische und inelastische Stoßprozesse oder Kernreaktionen sein (vgl. dazu Kap. 21.1.4). Stoßprozesse mit Kernen führen zu Richtungswechseln der Projektil-Ionen und verbreitern deshalb den Strahlquerschnitt.

Bei den Kernreaktionen der Projektile mit Targetatomkernen entstehen zwei Arten von Kernfragmenten. Wird das Projektil-Ion in Fragmente zerlegt, entstehen Nuklide kleinerer Ordnungs- und Massenzahlen. Diese **Projektil-Fragmente** bewegen sich mit etwa der gleichen Geschwindigkeit wie die ursprünglichen Ionen aber nicht mehr direkt in Einschussrichtung. Wegen der Verminderung der Ladungszahl z der Fragmente vermindert dies das Stoßbremsvermögen und deren Reichweiten nehmen zu. Sie größer sind als die Reichweite der Projektile. Es ist also zu erwarten, dass diese Projektil-Fragmente hinter dem Bragg-Peak, also nach der völligen Abbremsung der Projektile, noch Dosisbeiträge liefern.

Führen die Kernreaktionen zur Fragmentierung der Targetkerne, entstehen die **Target-Fragmente**. Da diese nur wenig Rückstoß-Energie erhalten und sich deshalb mit geringeren Geschwindigkeiten bewegen, werden sie im Wesentlichen in der unmittelbaren Nähe des Entstehungsortes abgebremst. Sie verändern die Dosisverteilungen nur geringfügig. Alle hier angedeuteten Kernwechselwirkungen können mit der für das elektronische Stoßbremsvermögen verwendeten Formel nicht beschrieben werden.

Die resultierenden Energietiefendosisverteilungen monoenergetischer Ionen ähneln den Verteilungen von Protonen. Sie zeigen allerdings ein flacheres Dosisplateau und einen deutlich schmaleren und steileren Anstieg des Bragg-Peaks. Die abfallende Seite des Bragg-Peaks ist wesentlich steiler als bei Protonen, da Ionen weniger Reichweiten-Straggling als Protonen aufweisen.

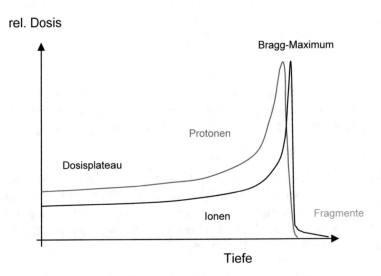

Fig. 21.22: Schematische relative Energie-Tiefendosiskurven (Bragg-Kurve) für monoenergeti-sche Protonen (rot) und Ionen (schwarz) bei gleicher praktischer Reichweite mit ei-nem zunächst flachen Dosisverlauf (Dosisplateau) und einem scharfen Bragg-Maxi-mum für die Ionenstrahlungen am Ende der Teilchenbahnen. Hinter dem Protonen-Bragg-Peak sind alle Protonen abgebremst. Die Energietiefendosiskurve der Ionen zeigt dagegen jenseits der praktischen Reichweite deutliche Dosisbeiträge der bei nuklearen Wechselwirkungen der Ionen entstandenen Fragmente.

Die Dosisbeiträge hinter dem Bragg-Peak entstehen ausschließlich durch die Projektil-Fragmente, die wegen ihres geringeren Stoßbremsvermögens weiter in den Absorber eindringen können.

21.8 RBW von Protonen- und Ionenstrahlungen

Relative biologische Wirksamkeit RBW: Unter RBW versteht man das Verhältnis der für einen bestimmten biologischen Effekt erforderlichen Energiedosis einer Referenzstrahlung D_{ref} und der Energiedosis der untersuchten Strahlungsart D_u für die gleiche biologische Wirkung.

$$RBW = Dosis_{ref}/Dosis_u \quad (für\ gleiche\ Wirkung) \tag{21.10}$$

Als Referenzstrahlung wird meistens eine Niedrig-LET-Strahlung die Gammastrahlung des ^{60}Co (E_γ = 1,17 und 1,33 MeV) verwendet. RBW-Werte sind abhängig vom LET der verwendeten Strahlungsart, der Energiedosis und selbstverständlich auch von der betrachteten Wirkung auf die betroffenen Gewebe.

RBW von Protonen: Der lineare Energietransfer der Protonen auf die durchstrahlte Materie entspricht vom Zahlenwert her dem unbeschränkten Stoßbremsvermögen des Absorbers. LET und S_{col} zeigen deshalb für den größten Energiebereich den gleichen Verlauf (s. Fig. 21.5). Die für die Strahlentherapie wichtige relative biologische Wirksamkeit (RBW) der Protonen wird anhand des LET definiert. Protonen mit LET-Werten kleiner als 3,5 keV/μm zählen zu den locker ionisierenden Strahlungen. Sie haben also einen RBW-Wert von 1. Dieser LET-Wert entspricht einer Protonenenergie von etwa 10 MeV. Protonen mit geringeren Bewegungsenergien haben höhere LET-Werte und zählen daher zu den dichter ionisierenden Strahlungen.

Therapeutische Zielvolumina werden immer mit Protonen im Bereich des Bragg-Maximums behandelt. Im Vergleich zur Einschussenergie haben diese Protonen nur noch eine geringe Bewegungsenergie, die Absorber weisen deshalb in diesem Energiebereich ein deutlich erhöhtes Stoßbremsvermögen auf. Als Wert für die mittlere relative biologische Wirksamkeit der Protonen im Zielvolumen, also im Bereich des SOBP, wird im klinischen Betrieb z. Z. eine konstante relative biologische Wirksamkeit von RBW = 1,1 international akzeptiert [ICRU 78].

RBW von Ionenstrahlungen: Für Ionenstrahlungen gelten die gleichen Überlegungen wie bei Protonen. In der Strahlentherapie verwendete Ionenstrahlungen sind aber von Anfang an dicht ionisierend, haben also LET-Werte größer als 3,5 keV/μm. Der sehr steile Anstieg des LETs am Ende ihrer Bahn erzeugt entsprechend hohe RBW-Werte. In der Therapieplanung können deshalb nicht die Energietiefendosen verwendet werden. Stattdessen müssen RBW-gewichtete Dosisverteilungen betrachtet werden. Die Energiemodulation muss daher mit verminderten Energiedosiswerten im Bereich des SOBP vorgenommen werden. Ein Beispiel dieses Prinzips zeigt die folgende Abbildung (Fig. 21.23).

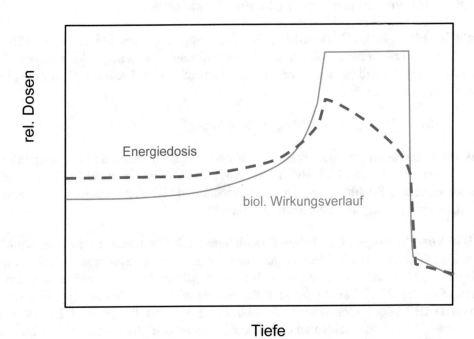

Fig. 21.23: Schematische Darstellung des erforderlichen Energiedosisverlaufs (rot) zur Erzeugung einer im Zielvolumen homogenen biologischen Dosis (blau) für schwere Ionen (C-12) in Anlehnung an eine Darstellung in [IAEA 398].

Aufgaben

1. Geben Sie die Formel für das elektronische Stoßbremsvermögen als Funktion der Protonenenergie an.

2. Begründen Sie die Aussage, dass für strahlentherapeutische Anwendungen Protonen mit einer Maximalenergie von etwa 250 MeV benötigt werden.

3. Warum findet die Streuung von Protonen vor allem bei kleinen Protonenenergien statt?

4. Wie verändert sich der Streuwinkel für Protonen in folgenden Materialien: Wasser, Luft, Kalzium, Eisen und Blei?

5. Definieren Sie die Begriffe Praktische Reichweite und Restreichweite bei einer Protonentiefendosisverteilung mit SOBP.

6. Bestimmen Sie die Restreichweite von Protonen mit einer primären Energie von 200 MeV nach Durchsetzen einer Wassertiefe von 15 cm und berechnen Sie daraus die Restenergie der Protonen.

7. Sie verwenden einen Protonenstrahl mit einer Wasserreichweite von 20 cm. Was passiert, wenn Sie Wasser durch Plexiglas (Dichte 1,19 g/cm^3) oder durch Lungengewebe (Dichte 0,4 g/cm^3) ersetzen?

8. Wie sehr unterscheiden sich die Ionentiefendosiskurven und die Wasserenergietiefendosiskurven eines bestimmten Protonenstrahls?

9. Woher stammen die Neutronen in einem Protonstrahlenbündel? Tragen diese Neutronen wesentlich zur Strahlenexposition des Patienten bei?

10. Erklären Sie das "Zusammenbrechen" der Protonentiefendosisverteilungen im Bereich des Bragg-Maximums für sehr kleine Feldgrößen. Wieso kann man beim Scanverfahren mit solchen schmalen Strahlenbündeln dennoch "ordentliche" normale Bragg-Kurven erzeugen?

11. Warum muss bei der Therapieplanung für eine Protonenbestrahlung ganz besondere Sorgfalt auf die Dichtebestimmung der durchstrahlten Gewebe aufgewendet werden?

Aufgabenlösungen

1. Das Stoßbremsvermögen von Absorbern für geladene Teilchen ist umgekehrt proportional zum Verhältnis $(v/c)^2$. Für den nicht relativistischen Bereich hat man also eine einfache 1/E-Abhängigkeit. Für den relativistischen Bereich (v etwa c) verschwindet die Energieabhängigkeit. Für den Übergangsbereich, dem wichtigsten Energiebereich für therapeutische Protonen, gibt es keinen einfachen einheitlichen Formelzusammenhang. Man ist auf Tabellenwerke oder Diagramme angewiesen.

2. Dazu muss man die Reichweiten und die Abmessungen der Patienten korrelieren. Unterstellt man maximale Tiefen der Zielvolumina und somit erforderliche maximale Reichweiten bis etwa 40 cm, entspricht dies in Wasser einer Protonenanfangsenergie von ca. 250 MeV (s. Fign. 21.3, 21.4). Durchstrahlt man Gewebe höherer Dichten wie Knochengewebe, werden besser die Massenreichweiten verwendet. Unterstellt man vom Material unabhängige Massenreichweiten, bedeutet dies bei höherer Dichte eine geringere lineare Reichweite, bei geringerer Dichte eine höhere lineare Reichweite (s. dazu [Krieger1], Kap.9.4). Um solche Dichteschwankungen ebenfalls zuverlässig erfassen zu können, werden die eigentlich unrealistischen 40 cm benötigt. Üblich ist bei solchen Tiefen des Zielvolumens die Bestrahlung von der Seite mit geringerer ZV-Tiefenlage.

3. Streuung findet auch bei höheren Energien statt. Streuung an Elektronen kann wegen der hohen Protonenmassen die Protonen nicht aus ihrer Bahn lenken. Bleibt also die Streuung am Coulombfeld der Kerne. Aber spürbar als Strahlaufweitung wird dies erst, wenn der mittlere Streuwinkel zunimmt. Dies ist der Fall, wenn Protonen niederenergetisch werden. Der mittlere Streuwinkel ist umgekehrt proportional zum Produkt $(p \cdot v)$ der Protonen und nimmt daher erst bei kleinen Energien größere Werte an (Gl. 21.7).

4. Der Streuwinkel ist abhängig vom Quotienten aus Quadrat der Ordnungszahl Z und der Massenzahl A und zudem proportional zur Dichte der Absorber. Man erhält daher folgende Reihe für die zunehmenden Streuwinkel: Luft (geringe Dichte), Wasser, Ca, Fe, Pb. "Effektive" Streuer haben großes Z und hohe Dichten!

5. Die praktische Reichweite wird bei 10% der Dosis auf der abfallenden Flanke der BRAGG-Kurve bestimmt. Die Restreichweite ist die Tiefendifferenz der praktischen Reichweite und der Mitte des SOBP (s. Fig. 8.4 im Kap. 8.2.4).

6. Zunächst wird die Reichweite von 200 MeV Protonen bestimmt. Sie hat in Wasser den Wert R = 26 cm. Es verbleiben als Restreichweite in 15 cm Tiefe R_{rest} = 11 cm. (Gl. 21.5) liefert als Restenergie dann E_{rest} = 123 MeV (vgl. Beispiel 1).

7. Die Reichweiten sind umgekehrt proportional zu den Dichten. In Plexiglas erhält man deshalb eine Reichweite von 16,8 cm, in Lungengewebe von 50 cm.

8. Ionen- und Wasserenergiedosis-TDKs unterscheiden sich absolut etwa um 13 bis 14 Prozent. Relativ, alo nach Normierung auf das Dosismaximum, allerdings nur maximal knapp 1%, da dies der energetische Variationsbereich des Verhältnisses der Stoßbremsvermögen für Protonen in Wasser und Luft ist (s. dazu Fig. 13.7).

9. Neutronen stammen entweder aus den experimentellen Aufbauten, sie werden dann als externe Neutronen bezeichnet, oder aus dem Patienten (interne Neutronen). Die durch Neutronen ausgelöste Effektive Dosis in klinisch üblichen Anordnungen beträgt etwa 1 mSv pro 1 Gy Protonenenergiedosis.

10. In großen Tiefen, also am Ende der Protonenbahnen, erleiden die Protonen bei Kernstreuung große Streuwinkel. Sie verschwinden deshalb aus dem Zentralstrahl, die TDKs brechen zusammen. Bei Scanverfahren kommt es zu einer räumlichen Integration der gestreuten Protonen. Der hin und her bewegte Strahl addiert sich zu den Streuprotonen der anderen Scanstrahlpositionen. In der Summe erhält man wieder die gewünschten Bragg-Kurven.

11. Da sonst entweder gesunde Gewebe hinter dem Zielvolumen die maximale Dosis erhalten oder das Zielvolumen partiell völlig unbestrahlt bleibt (s. Kap. 21.5).

22 Spektrometrie und Aktivitätsmessungen

In diesem Kapitel werden typische Strahlungsmessaufgaben wie die Spektrometrie und die Aktivitätsmessungen besprochen. Es beginnt mit einer ausführlichen Erläuterung der Entstehung der Impulshöhenspektren in den Detektoren für Photonenstrahlungen. Das zweite Unterkapitel erklärt die wichtigsten Methoden der Aktivitätsmessungen.

22.1 Spektrometrie ionisierender Strahlungen

Unter Energiespektrometrie versteht man die Energieanalyse von Strahlungsquanten, unter Spektroskopie die bildliche Darstellung dieser Energieverteilungen. Soll die energetische Verteilung der Photonenstrahlung untersucht oder die Bewegungsenergie bei Kopuskularstrahlung nachgewiesen werden, müssen die untersuchten Quanten ihre gesamte Energie im Messvolumen des Detektors deponieren. Detektoren müssen dazu Abmessungen aufweisen, die größer als die Reichweite der Korpuskeln oder der Sekundärteilchen der untersuchten Strahlungsart sind. Sie müssen außerdem eine atomare Zusammensetzung haben, die eine ausreichende Wechselwirkungs- und Absorptionsrate gewährleistet. Zur Photonenspektrometrie werden Proportionalzählrohre, Szintillationsdetektoren und Halbleiterdetektoren verwendet. Sie alle erzeugen beim Durchgang eines Photons einen Spannungs- oder Stromimpuls, dessen Höhe proportional zur im Detektor erzeugten Ionisationsladung und bei geeigneter Anordnung auch zur Energie des Photons ist. Aus der Impulshöhenanalyse kann dann auf die Energie der Strahlungsquanten geschlossen werden.

In der Praxis unterscheidet man zwischen Einkanal- und Vielkanalanalysatoren. In einem Einkanalanalysator werden nur Ereignisse gezählt, deren Impulshöhe in einem bestimmten Impulshöhenbereich, dem Impulsfenster, liegen. Da die Impulshöhe mit der Energie korreliert, kann auf diese Weise eine energieanalysierte Quantenzählung durchgeführt werden. Elektronische Anordnungen, bei denen beliebige Impulshöhen simultan registriert werden, heißen Vielkanalanalysatoren. Moderne Vielkanalanalysatoren sind rechnergesteuert und erlauben die simultane Registrierung und Darstellung eines Impulshöhenspektrums in bis zu 8000 Kanälen.

Alle oben genannten Detektoren liefern ausschließlich Impulshöhenspektren. Um auf die Energie der Quanten schließen zu können, muss zunächst analysiert werden, auf welche Weise die Impulshöhen entstehen, und ob diese Signale mit der Teilchen- oder Quantenenergie korrelieren. Eine solche Analyse sei beispielhaft an einem monoenergetischen Gammastrahler, wie dem ^{137}Cs erläutert. Beim Zerfall des ^{137}Cs entsteht im Tochternuklid ^{137}Ba eine Gammastrahlung mit der Energie von 662 keV. Würde die gesamte Energie dieser Photonen im Detektor registriert, erhielte man am Ausgang der Nachweiselektronik einheitliche Impulshöhen. Tatsächlich unterscheiden sich die gemessenen Impulshöhenspektren deutlich von diesem einfachen Modell. Der Grund sind die unterschiedlichen Photonenwechselwirkungen im Detektormaterial.

© Springer Fachmedien Wiesbaden GmbH, ein Teil von Springer Nature 2021
H. Krieger, *Strahlungsmessung und Dosimetrie*,
https://doi.org/10.1007/978-3-658-33389-8_22

Bei einer Photonenenergie unterhalb 1022 keV finden im Detektor Photoeffekt- und Comptonereignisse als Energie übertragende Wechselwirkungen statt. Beim Photoeffekt wird das Photon vollständig absorbiert. Wird die darauf folgende Sekundärstrahlung (charakteristische Strahlung aus Photoelektronen, Hüllenphotonen oder Augerelektronen) ebenfalls vollständig im Detektor absorbiert, entspricht das Ausgangssignal in seiner Impulshöhe der totalen Photonenenergie. Verlässt aber beispielsweise die charakteristische Röntgenstrahlung den Detektor ohne weitere Wechselwirkung, fehlt der entsprechende Energieanteil im Impulshöhenspektrum. Selbst in schweren Detektormaterialien ist der Photoeffekt bei höheren Photonenenergien jedoch wegen seiner $1/E^3$- bis $1/E$-Abhängigkeit eher unwahrscheinlich.

Der dominierende Wechselwirkungsprozess bei mittleren Photonenenergien ist deshalb der Comptoneffekt. Bei ihm wird ein richtungsabhängiger Anteil der primären Photonenenergie auf Sekundärelektronen übertragen. Dieser Anteil wird wegen der geringen Reichweiten der Comptonelektronen in der Regel vollständig im Detektorvolumen absorbiert und durch einen entsprechenden Impuls nachgewiesen. Der beim Streuphoton verbleibende Energieanteil kann das Detektorvolumen jedoch unter Umständen

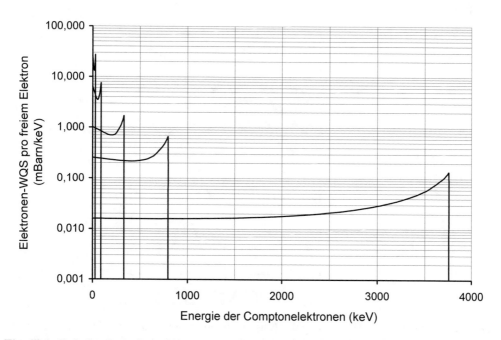

Fig. 22.1: Relative Energieverteilungen von Comptonelektronen für monoenergetische Photonenstrahlung mit Energien zwischen 0,1 und 4 MeV (aus [Krieger1], Kap. 6). Die scharfe obere Grenze des Comptonelektronen-Spektrums, die "Comptonkante", entsteht durch die Comptonelektronen zu den nahezu unter 180° zurück gestreuten Photonen (vgl. Text). Die Energien der eingeschossenen monoenergetischen Photonen zu diesen Comptonspektren sind von links: 100, 200, 500, 1000 und 4000 keV.

verlassen. Dies führt zu einer Form des Impulshöhenspektrums, die der Energieverteilung der Comptonelektronen entspricht (s. Fig. 22.1). Dieser Anteil im Spektrum wird daher als **Comptonkontinuum** bezeichnet. Wird das comptongestreute Photon durch einen weiteren Photoeffekt oder durch mehrfache nachfolgende Comptoneffekte vollständig im Messvolumen absorbiert, entspricht die Impulshöhe am Ausgang der Elektronik der totalen Photonenenergie. Man erhält dann im Spektrum wieder den **Photopeak** oder die Totalabsorptionslinie.

Das vollständige Impulshöhenspektrum (s. Fign. 22.2, 22.3) zeigt dann neben dem Photopeak einen deutlichen kontinuierlichen Untergrund, das Comptonkontinuum. Der Comptonanteil hängt vom Detektormaterial und der Detektormasse und -größe ab. Je größer die Abmessungen eines Detektors, seine Ordnungszahl und seine Dichte sind, umso höher ist die Wahrscheinlichkeit für eine Totalabsorption der Photonenenergie. Je kleiner die Abmessungen eines Detektors und seine effektive Ordnungszahl sind und je höher die Photonenenergie ist, umso unwahrscheinlicher sind Totalabsorptionen. Dies

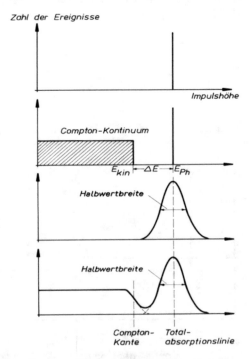

Fig. 22.2: Schematische Darstellung der Entstehung eines Impulshöhenspektrums eines monoenergetischen Gammastrahlers am Ausgang eines die Energie analysierenden Messsystems. Oben: Photoabsorptionslinie bei einem idealen Photonendetektor. Mitte oben: Zusätzliches Comptonkontinuum bei Überwiegen des Comptoneffekts. Mitte unten: Durch stochastische Einflüsse verbreiterte Photoabsorptionslinie. Unten: Schematisiertes aus Comptonkontinuum und Photopeak zusammengesetztes Photonenspektrum bei einem monoenergetischen Photonenstrahler.

kann wie bei vielen Plastikszintillatoren zum völligen Verschwinden der Photopeaks führen. Eine Energiebestimmung der eingestrahlten Photonen ist dann nur noch durch eine Analyse des Comptonspektrums möglich. Das Comptonkontinuum ist zu hohen Energien durch die Comptonkante begrenzt. Sie entspricht der maximal auf ein Elektron beim Comptoneffekt übertragbaren Energie.

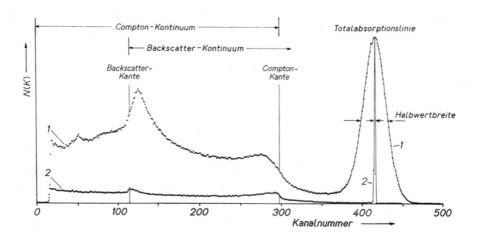

Fig. 22.3: Realistische Impulshöhenspektren für ^{137}Cs-Gammastrahlung. Messkurve (1) wurde mit einem NaI(Tl)-Szintillationskristall gemessen, Messkurve (2) mit einem hochauflösenden Ge(Li)-Detektor. Neben den Photopeaks etwa bei Kanal 400 und den beiden Comptonkanten bei Kanalnummer 300 findet sich im unteren Teil des Spektrums ein breiter Rückstreupeak (Backscatterpeak), der durch in der Detektorumgebung in die Sonde zurückgestreute Photonen entsteht. Die beiden Spektren wurden aus Darstellungsgründen auf das Photopeak-Maximum normiert.

Eine leichte Rechnung zeigt, dass die Energie der Comptonkante E_{CK} eines monoenergetischen Photonenstrahlers in folgender Weise von der Photonenenergie E_γ abhängt. Die maximale Energie würde bei der Rückwärtsstreuung des Photons, also bei einem Streuwinkel von 180° auf das Elektron übertragen. Die Energieformel für Comptonstreuphotonen (s. [Krieger1], Kap. 6)

$$E'_\gamma = \frac{E_\gamma}{1 + \dfrac{E_\gamma}{m_0 c^2} \cdot (1 - \cos\varphi)} \tag{22.1}$$

vereinfacht sich dann wegen cos(180°) = -1 zu:

$$E'_\gamma = E_\gamma / (1 + 2E_\gamma / m_0 c^2) \tag{22.2}$$

Die Differenz von ursprünglicher Photonenenergie und der minimalen Streuquanten-
energie ergibt die maximale Energie E_{CK} des Elektrons in der folgenden Formel (Gl.
22.3).

$$E_{CK} = \frac{2E_\gamma^2}{m_0 c^2 + 2E_\gamma} \tag{22.3}$$

Unterliegen die comptongestreuten Photonen weiteren Comptonstreuungen, kommt es
zur partiellen Absorption der Energien der zugehörigen Comptonelektronen. Im Spektrum führt dies zu einer energetischen Verschmierung der Comptonkante und einem
partiellen Auffüllen des Bereichs zwischen Photopeak und rechnerisch bestimmter
Comptonkante für den singulären Comptoneffekt.

Summenpeaks: Werden von einem Strahler mehrere Photonen zeitgleich oder zumindest so schnell hintereinander emittiert, dass die Detektorelektronik sie zeitlich nicht
unterscheiden kann, kommt es zur Ausbildung des Summenpeaks, also einer Photolinie,
deren energetische Lage der Summe der beiden Einzelphotonenenergien entspricht. Ein
typisches Beispiel für diesen Effekt ist das Impulshöhenspektrum der ^{60}Co-Gammaquan-
ten von 1,173 und 1,332 MeV. In diesem Spektrum taucht ein Summenpeak bei 2,5
MeV auf (Fig. 22.4). Für den Summenpeak entsteht übrigens auch wieder eine Comptonkante.

Escape-Peaks: Bei Photonenenergien oberhalb der Paarbildungsschwelle von 1,022
MeV kann der primäre Wechselwirkungsakt eines Photons die Paarbildung sein. Beide
geladene Teilchen (Elektron und Positron) werden in der Regel im Detektormaterial
abgebremst und am Ende ihrer Flugbahn absorbiert. Bei der Absorption des Antimate-
rieteilchens Positron kommt es jedoch zur Paarvernichtung mit einem Elektron und anschließender Emission von zwei 511 keV-Quanten, der Vernichtungsstrahlung. Werden
die beiden Vernichtungsquanten ebenfalls im Detektor absorbiert, entsteht wie bei einer
Photoabsorption eine der primären Photonenenergie entsprechende Impulshöhe. Verlassen ein oder beide Vernichtungsquanten den Detektor ohne weitere Wechselwirkung,
wird der Rest der Photonenenergie aber total absorbiert, entstehen die Escape-Peaks im
Spektrum. Sie haben Impulshöhen, die um den Anteil eines oder beider 511 keV-Pho-
tonen vermindert sind. Ihre Spektrumslagen entsprechen dann für den Single-Escape-
Peak E_{SE}= E_γ - 511 keV und für den Double-Escape-Peak E_{DE}= E_γ - 1022 keV. Das
vollständige Impulshöhenspektrum zeigt neben dem Photopeak deshalb zwei weitere
Peaks für das Entkommen eines oder beider Vernichtungsphotonen aus dem Detektor.

In den Detektormaterialien entstehen durch Wechselwirkungen der Photonen mit dem
Detektormaterial auch charakteristische Strahlungen wie die charakteristische Röntgenstrahlung. Bei kleinvolumigen Detektoren können im Niederenergiebereich dann Es-
cape-Linien dieser Röntgenstrahlungen auftreten, wenn diese charakteristischen Röntgenstrahlungen das Detektorvolumen ohne weitere Wechselwirkung verlassen können.

Die Lage dieser Röntgen-Escape-Linien entspricht dann der Differenz von primärer Photonenenergie und den jeweiligen charakteristischen Röntgenquanten. Röntgen-Escape-Linien spielen in der Praxis nur bei der Spektroskopie niederenergetischer Photonenstrahlungen in Detektoren mit hoher Ordnungszahl oder entsprechenden Dotierungen eine Rolle, da sie dann u. U. zu Überlagerungen oder Interpretationsproblemen in den Spektren führen können.

Rückstreupeaks: Photonen, die von den Materialien um den Detektor über den Comptoneffekt zurück ins Detektorvolumen gestreut werden, erzeugen einen Rückstreupeak (Backscatter Peak, Fig. 22.3 und 22.4). Seine energetische Lage entspricht der Differenz von ursprünglicher Photonenenergie und der Energie der Comptonelektronen. Für einen Rückstreuwinkel von exakt 180 Grad, wäre dies gerade die Energie der Comptonkante. Da die Rückstreuung nicht immer exakt unter 180 Grad stattfindet, gibt es wieder eine energetische Verschmierung des Backscatterpeaks.

Da die Energie des Photons über viele Einzelprozesse nachgewiesen wird, kommt es zu statistischen Fluktuationen der beim Einzelprozess übertragenen und absorbierten Energieanteile. Reale Spektren zeigen daher keine scharfen Linien sondern statistisch verbreiterte Photopeaks und Comptonkanten. Sie entstehen durch statistische Schwankungen der Signale, die von den Absorbereigenschaften und den dominierenden Wech-

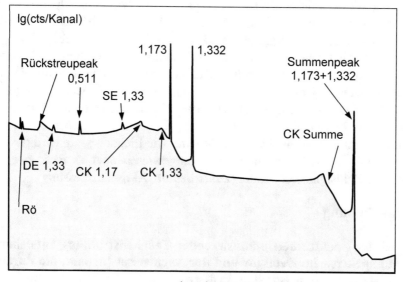

Fig. 22.4: Typisches Impulshöhenspektrum eines ^{60}Co-Strahlers in einem hochauflösenden Germanium-Detektor (halblog. Darstellung, alle Energieangaben in MeV). CK: Comptonkanten, SE: single escape peak, DE: double escape peak beide für das 1. MeV Gamma berechnet, Rö: charakteristische Röntgenstrahlung aus der Bleiabschirmung des Detektormaterials, 0,511: Vernichtungsstrahlung nach Paarerzeugung und anschließender Paarvernichtung in der Detektorumgebung.

selwirkungen abhängen. Die Form des Photopeaks entspricht etwa einer Glockenform (Gaußkurve).

Die Energieauflösung eines Messsystems ist ein Maß für die Fähigkeit des Detektors, dicht beieinander liegende Photopeaks zu unterscheiden. Als charakterisierendes Maß für die Detektorstatistik wird die Halbwertbreite des Photopeaks angegeben. Detektoren mit geringen Halbwertbreiten werden als energetisch **hochauflösend** bezeichnet. Eine der Grundregeln der Spektroskopie lautet, dass Systeme mit hoher Auflösung in der Regel nur eine geringe Nachweiswahrscheinlichkeit haben. Verantwortlich für die Halbwertbreite ist die bei der Quantenabsorption erzeugte Ladungsmenge im Detektor. Je mehr Ladungsträger bei der Quantenabsorption entstehen, umso geringer ist deren statistische Schwankung und umso schmaler werden auch der Photopeak und seine Halbwertbreite. In Szintillationsdetektoren ist die bestimmende Größe die Zahl der Photoelektronen auf der Kathode, in Proportionalzählern die Anzahl der Ionisationen des Füllgases. In Germanium- oder Siliziumdetektoren entsteht das Signal durch die nach Strahlungswechselwirkung ins Leitungsband angeregten Elektronen.

Sollen geladene Teilchen oder sehr niederenergetische Photonen spektrometriert werden, muss sichergestellt sein, dass diese das Messvolumen ohne Energieverlust erreichen. Bei solchen Messungen müssen deshalb sehr dünne Fensterfolien verwendet werden. Möglich ist die Spektroskopie auch, wenn der zu untersuchende Strahler direkt im Gas eines energieanalysierenden Detektors positioniert wird. Die Alphateilchenenergie üblicher Alphastrahler liegt zwischen 4 und 6 MeV. Die zugehörige Massenreichweite in Elementen niedriger Ordnungszahl beträgt deshalb nur etwa 5 mg/cm^2. Die Massenreichweiten der niederenergetischen kontinuierlichen Betastrahlung z. B. von Tritium oder ^{14}C ist von vergleichbarer Größe. Als Detektoren werden deshalb Methandurchflusszähler verwendet. Das sind Proportionalzählrohre, die mit Methangas gespült werden. Es werden auch Flüssigszintillatoren eingesetzt. In ihnen wird die zu untersuchende Probe in organischen Lösungsmitteln wie Benzol oder Toluol gelöst, denen ein geeignetes szintillierendes Material beigemischt wird. Die Lichtausbeute wird für die Spektroskopie quantitativ in Photomultipliern nachgewiesen oder es werden einfach die Lichtblitze als Zählsignal verwendet (Zählerbetrieb, Aktivitätsmessung).

Zusammenfassung

- **Bei der Spektrometrie ionisierender Teilchenstrahlung entstehen Impulsspektren im Detektor und der Nachweiselektronik, die durch Kalibrierung mit geeigneten Prüfstrahlern kalibriert, also bestimmten Teilchenenergien zugeordnet werden müssen.**

- **Die bei der Spektrometrie von Photonenstrahlungen entstehenden Spektren enthalten ein energetisch breites Kontinuum und die Photopeaks. Photopeaks entsprechen der Totalabsorption der gesamten Quantenenergie im Detektor.**

- Das Kontinuum ist durch Comptonwechselwirkungen der primären Photonen geprägt, bei denen ein Teil der Photonenenergie den Detektor verlassen hat.

- Die Grenze des Comptonkontinuums wird als Comptonkante bezeichnet. Sie entspricht der maximal auf Elektronen bei einer singulären Comptonwechselwirkung übertragbaren Energie, also einer Streuung des Photons unter etwa 180 Grad.

- Für die Spektrometrie verwendete Detektoren lösen energetisch umso besser auf, je geringer der Dosisbedarf für die Erzeugung eines Ionenpaares im Detektormaterial ist.

22.2 Aktivitätsmessungen

Aktivitätsmessungen spielen in der medizinischen Radiologie nur noch in der Nuklearmedizin eine Rolle. Strahlerstärken in den anderen Bereichen der medizinischen Radiologie werden stattdessen durch ihre dosimetrisch zu bestimmenden Kenndosisleistungen charakterisiert (s. Kap. 13).

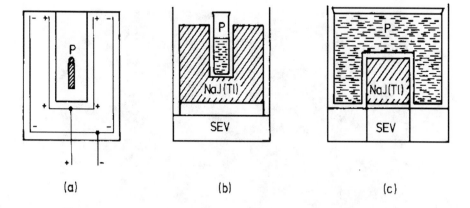

Fig. 22.5: Detektoren zur Aktivitätsmessung. (a): Schachtionisationskammer mit Hochdruck-Argonfüllung, (b): Bohrlochkristall aus NaI(Tl) mit eingebrachtem Reagenzglas, (c): Ringschalenanordnung um einen großvolumigen NaI(Tl)-Szintillationskristall. Unterhalb der NaI(Tl)-Kristalle befinden sich Photomultiplier (SEV: Sekundärelektronen-Vervielfacher) zum Nachweis des Szintillationslichts.

Im Wesentlichen werden für gammaaktive Radionuklide heute drei quantitative Aktivitätsmessmethoden verwendet. Bei ausreichend großer Aktivität eines Präparates verwendet man auf das jeweilige Nuklid kalibrierte Schachtionisationskammern. Bei ihnen wird die Probe ringsum vom Füllgas einer Hochdruckionisationskammer umgeben, die für eine ausreichende Nachweiswahrscheinlichkeit z. B. mit dem Hoch-Z-Material Argon gefüllt ist (Z = 18, Druck 10 bar). Als Maß für die Aktivität gilt der Kammerstrom. Der Bereich der nachzuweisenden Aktivitäten liegt zwischen etwa 100 kBq und 10

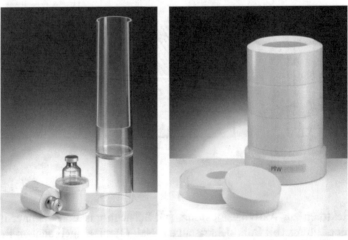

Fig. 22.6: Oben: Schachtionisationskammer mit Hochdruck-Argonfüllung und integrierter Pb-Abschirmung (3,8 mm) zur Aktivitätsmessung in der Nuklearmedizin. Unten links: Präparathalterung und ^{137}Cs-Prüfstrahler zur Konstanzprüfung des Aktivimeters. Unten rechts: zusätzliche externe Bleiabschirmung für die Messkammer (mit freundlicher Genehmigung der PTW-Freiburg).

GBq. Er entspricht den typischen Aktivitätsmengen bei der nuklearmedizinischen Diagnostik oder Therapie. Schachtionisationskammern und ihre Anwendung sind u. a. in [DIN 6852] beschrieben.

Die zweite Form der Aktivitätsmessung an schwachen Präparaten erfordert den Einsatz hoch effektiver Messanordnungen. Als Detektormaterialien werden deshalb anorganische Szintillationsdetektoren, meistens NaI(Tl), verwendet. Durch eine geeignete Geometrie wird außerdem versucht, soviel emittierte Strahlung wie möglich in das Detektorvolumen zu bringen. Die erste Methode verwendet einen Bohrlochdetektor. Er besteht aus einem lichtdicht verpackten NaI-Kristall mit einer zentralen Vertiefung, in die die im Reagenzglas oder einer Spritze enthaltene Probe eingebracht wird. Vor allem niederenergetische Photonen werden in diesem Detektorarray mit hoher Wahrscheinlichkeit nachgewiesen. Angeschlossen ist in der Regel ein Gammaspektrometer, das die Fläche der Photoabsorptionslinien misst.

Bei der dritten Methode wird die Probe in Plastik-Ringschalen untergebracht, die einen großvolumigen NaI(Tl) Kristall nahezu völlig umgeben. Auch dadurch erhält man eine ausreichend hohe Efficiency des Detektoraufbaus. Letztere Methode ist allerdings nur für größere Substanzmengen tauglich. Da die beiden verwendeten Detektoren eine sehr hohe Nachweiswahrscheinlichkeit aufweisen, müssen sie wirkungsvoll gegen Untergrundsignale abgeschirmt werden. Sie sind deshalb mit 5-10 cm dicken Bleiummantelungen umgeben. Soll die Aktivität besonders niederenergetischer Betastrahler wie die des Tritiums ($E_{\beta,max}$ = 18 keV, mittlere Betaenergie 5,5 keV) oder des ^{14}C gemessen werden, bevorzugt man wegen der Probleme der Teilchenabsorption in den Detektorhüllen wie bei der Spektroskopie Flüssigszintillatoren.

Zusammenfassung

- **Aktivitätsmessungen werden im klinischen Betrieb nur noch in der nuklearmedizinischen Anwendung vorgenommen.**

- **Sie können mit Schachtionisationskammern oder in Bohrloch-Kristalldetektoren bzw. mit Ringschalenanordnungen mit NaI-Detektoren ausgeführt werden.**

Aufgaben

1. Erklären Sie die Begriffe Photopeak und Comptonkante.

2. Wie beschreibt man die energetische Auflösung eines Detektorsystems?

3. Was ist ein Escapepeak und unter welchen Bedingungen kann er im Spektrum auftreten?

4. Erklären Sie den Begriff Summenpeak im Photonenspektrum eines Detektors. Kann bei monoenergetischer Photonenstrahlung ein Summenpeak auftreten?

5. Welche sind die häufigsten Detektoren zur Aktivitätsmessung in der Nuklearmedizin?

Aufgabenlösungen

1. Werden in einem Photonendetektor alle bei Wechselwirkungen mit dem Detektor-
    material entstandenen Energieüberträge verlustfrei gesammelt, ergibt dies den so
    genannten Photopeak. Durch statistische Prozesse zeigt er eine materialabhängige
    Breite. Die Comptonkante entspricht der bei einer Comptonwechselwirkung maxi-
    mal auf das Elektron übertragbaren Energie. Diese entsteht bei einer 180-Grad-
    Streuung. Auch die Comptonkante ist statistisch und durch mehrfache sukzessive
    Comptonwechselwirkungen verbreitert.

2. Die Energieauflösung eines Photonendetektors beschreibt man mit der Halbwert-
    breite des Photopeaks, also der Fähigkeit nebeneinander liegende Photopeaks zu
    diskriminieren. Die Definition gilt nicht nur für die Photonendetektion sondern
    selbstverständlich auch für die Korpuskelspektrometrie.

3. Escape-Peaks sind energiegeminderte Versionen des Photopeaks, falls es bei aus-
    reichend hoher Photonenenergie im Detektormaterial zur Paarbildung mit anschlie-
    ßender Paarvernichtung kommt und eines oder beide Vernichtungsquanten den De-
    tektor ohne weitere Wechselwirkung verlassen konnten (escape: engl. fliehen). Ein
    Bedingung ist das Überschreiten der Paarbildungsschwelle bei der Photonenpri-
    märenergie ($E > 1022$ keV).

4. Der Summenpeak ist die zufällige zeitliche Addition der Photonenenergien ver-
    schiedener nachgewiesener Quanten, wenn bei starken Strahlern die zeitliche Auf-
    lösung des Detektors für die angebotene Emissionsrate nicht ausreichend ist. Sum-
    menpeaks sind nicht an "simultane" Quantenemission unterschiedlicher Energien
    (wie beim ^{60}Co) gebunden, sondern können auch bei monoenergetischen Strahlern
    auftreten. Sie liegen dann exakt bei der doppelten Energie des ursprünglichen
    Quants.

5. Die häufigsten Aktivimeter der Nuklearmedizin sind Schachtionisationskammern,
    Ringschalendetektoren und Bohrlochdetektoren mit NaI(Tl)-Detektoren.

23 Strahlenschutzmessungen

In diesem Kapitel werden typische im Strahlenschutz verwendete Messverfahren dargestellt, wie die Personendosimetrie und die Verfahren zur Dosisleistungsmessungen im Strahlenschutz. Außerdem werden die wichtigsten biologischen Methoden zum Strahlungsnachweis dargestellt.

23.1 Personendosimetrie im Strahlenschutz

Die in der Personendosimetrie im Strahlenschutz verwendeten Dosisgrößen sind die Mess-Äquivalentdosen in 10 mm Gewebetiefe $H_p(10)$ (Tiefen-Personendosis), die Oberflächendosis in 0,07 mm Tiefe $H_p(0,07)$, die sogenannte Hautdosis gemittelt über 1 cm^2 Hautfläche, und die Augenlinsendosis in 3 mm Gewebetiefe $H_p(3)$. Die $H_p(10)$ dient zur Abschätzung der effektiven Dosis des Trägers und muss deshalb an einer geeigneten Stelle (in der Regel auf der Vorderseite des Rumpfes) und unter eventuell verwendeten Strahlenschutzkleidungen getragen werden. Die Teilkörperdosiswerte werden an der zur überwachenden Körperstelle getragen und erfassen entweder die Oberflächendosis auf der Haut von Fingern und Händen oder die Augenlinsendosis. Bei der Messung der Augenlinsendosis können die Dosimeter selbstverständlich nicht am Auge befestigt werden. Man verwendet die entsprechenden Dosimeter in Augennähe z. B. in Form von Stirnbändern.

Die für die Personendosimetrie verwendeten Dosimeter werden in amtliche und betriebliche Dosimeter unterteilt. **Amtliche** Dosimeter werden von den zuständigen Behörden ausgeliefert und ausgewertet. **Betriebliche** Dosimeter werden von den Strahlenschutzverantwortlichen oder Strahlenschutzbeauftragten lokal zur Verfügung gestellt und ausgewertet.

Man unterscheidet je nach Funktionsweise **passive** und **aktive** Personendosimeter. Passive Personendosimeter speichern strahleninduzierte Signale, die in einer gesonderten Prozedur ausgelesen und ausgewertet werden müssen. Typische Beispiele sind die Filmplakette und die TL-Dosimeter. Bei der Auswertung dieser Dosimeter werden die Signale in der Regel gelöscht. Bei bestimmten Dosimetern bleibt die gespeicherte Information allerdings bestehen, so dass über längere Zeiträume auch bei zwischenzeitlichen Auswertungen kumulierte Dosiswerte ermittelt werden können.

Aktive Personendosimeter messen die Dosisleistung und kumulierte Dosis im Strahlungsfeld. Sie benötigen eine interne Spannungsquelle (Batterie, Akkumulator). Solche Personendosimeter werden als EPD bezeichnet (elektronische Personen Dosimeter). Ein typische Beispiel sind tragbare elektronische Messgeräte, die entweder kompakte Geigerzähler, Szintillationsdetektoren oder Halbleiterdetektoren enthalten. Sie sind jeweils ausgestattet mit der erforderlichen Elektronik und Anzeigeeinheit. Sie können bei geeigneter Auslegung die Dosisinformationen auch elektronisch speichern und erlauben daher ebenfalls in Echtzeit angezeigte akkumulierte Dosiserfassungen. EPDs haben

© Springer Fachmedien Wiesbaden GmbH, ein Teil von Springer Nature 2021
H. Krieger, *Strahlungsmessung und Dosimetrie*,
https://doi.org/10.1007/978-3-658-33389-8_23

meistens Handyform und werden am Gürtel oder einer anderen repräsentativen Stelle des Rumpfes getragen.

Aktive Dosimeter auf Halbleiterbasis werden heute auch in Kasettenform angeboten. Sie können über Funksignale mit einer zentralen Servereinheit und Terminals verbunden werden. Diese können bei Überschreitung vorgegebener Dosis- und Dosisleistungswerte akustische und optische Alarmsignale aussenden und die das Dosimeter tragende Person live informieren. Solche Einrichtungen sind in der Medizin vor allem bei Röntgendurchleuchtungen (z. B. Angiografien, Herzkatheter) oder bei therapeutischen Einsätzen (z. B. elektrophysiologische Eingriffe EPU) geeignet, das sie durch die Alarmsignale direkt ein geeignetes Strahlenschutzverhalten der Dosismeterträger bewirken können.

23.1.1 Passive Personendosimeter

Das wichtigste passive Personendosimeter für locker ionisierende Strahlungen ist auch heute noch die **Filmplakette**. Sie besteht aus einer Kombination zweier verschieden empfindlicher Filme in einer Plastikkassette, die an der Vorder- und Rückseite mit unterschiedlich dicken Filtern aus Blei und Kupfer versehen ist. Diese Filter sind so angeordnet, dass sowohl die Strahlungsqualität als auch die Einstrahlrichtung abgeschätzt werden kann. Die Kassette enthält außerdem ein Fenster, durch das Strahlung unmittelbar auf die Plakette auftreffen kann. Filmplaketten sind zur Dosismessung in Photo-

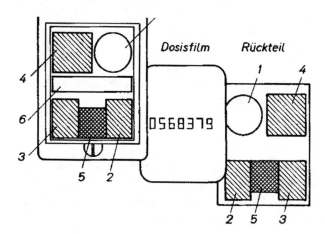

Fig. 23.1: Aufbau eines Filmdosimeters für die Personenüberwachung im Strahlenschutz. Die Filmplakette enthält zwei Filme unterschiedlicher Empfindlichkeit. Die Bedeutung der Ziffern ist wie folgt: (1): offenes Feld, (2): 0,05 mm Cu-Filter, (3): 0,3 mm Cu-Filter, (4): 1,2 mm Cu-Filter, (5): auf Vorder- und Rückseite versetzt angebrachte 0,8 mm Pb-Filter zur Richtungsanalyse, (6): offenes Feld zum Ablesen der Registriernummer auf der Vorderseite.

nenstrahlungsfeldern mit Energien zwischen 20 keV und 3 MeV geeignet. Betastrahlung kann nur bei maximalen Energien von mehr als 300 keV nachgewiesen werden, da sonst die Selbstabsorption der Betas in der Filmumhüllung die Dosimeteranzeige zu unsicher macht.

Um den großen Dosisbereich zwischen 0,1 mSv (Bereich der externen natürlichen monatlichen Strahlenexposition) und etwa 1 Sv (Grenzdosis für die Definition der Mess-Äquivalentdosis) abzudecken, befinden sich in einer Filmkassette zwei unterschiedlich empfindliche Filmemulsionen. Filmplaketten sind wie alle Filmemulsionen integrierende Dosimeter. Sie werden üblicherweise einen Monat an der Vorderseite des Rumpfes getragen und dann zur Auswertung an die nach dem Landesrecht zuständige Stelle verschickt. Ihre Anzeigen werden als repräsentativ für die Strahlenexposition des Plaketteninhabers betrachtet und als Effektive Dosen interpretiert. Wie alle Messungen mit

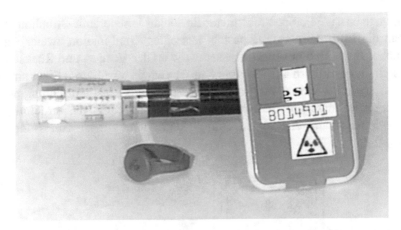

Fig. 23.2: Ein typischer Satz an passiven Personendosimetern aus Filmplakette, Füllhalterdosimeter und TLD-Fingerring.

amtlichen Personendosimetern muss deren Messergebnisse bis zur Vollendung des 75. Lebensjahres, jedoch mindestens für 30 Jahre nach Beendigung der Berufstätigkeit dokumentiert werden. Die Ergebnisse sollen spätestens 100 Jahre nach Geburt der überwachten Person gelöscht werden (§79 [StrlSchG]).

Die in der Kassette angebrachten Filter sind nur bei niedriger Photonenenergie wirksam. Bei höherer Photonenenergie sind sie wegen der nur geringen Schwächung weitgehend wirkungslos. Auf den Filmplaketten sind sie dann nur noch andeutungsweise zu erkennen. Werden Filme durch den Körper der tragenden und überwachten Person hindurch bestrahlt, entspricht die Filmschwärzung natürlich nur dem transmittierten Strahlungsanteil. Bei Röntgenexposition mit etwa 70 kV Nennspannung kommt es durch den

Körper etwa zu einer 1:100 Schwächung. Bei höherer Strahlungsenergie z.B. aus einer ^{60}Co-Anlage nimmt die Schwächung auf unter 50% ab. Filmdosimeter zeigen wie jede fotografische Emulsion einen von den klimatischen Umgebungsbedingungen abhängigen Signalverlust (Fading), der bei der empfindlicheren Filmemulsion höher als beim unempfindlicheren Film ist.

Das zweite, immer noch weit verbreitete passive Personendosimeter ist das jederzeit ablesbare **Stab-** oder **Füllhalterdosimeter** (Details s. Fig. 2.5 in Kap. 2.2.1). Es unterliegt der gesetzlichen Eichpflicht und sollte wegen seines hohen Preises nur bei besonderen Expositionsbedingungen verwendet werden. Die Strahlenschutzverordnung schreibt vor, dass ein solches Dosimeter auf Verlangen der strahlenüberwachten Person und bei Schwangerschaften anzuschaffen und zur Verfügung zu stellen ist. Füllhalterdosimeter werden heute meistens durch EPDs ersetzt.

Eine weitere passive Dosimeterart für die Personenüberwachung sind die **Fingerringdosimeter**. Sie können entweder Thermolumineszenzmaterialien oder Phosphatgläser enthalten. Auch diese Ringdosimeter sind Einzelpersonen zugeordnete persönliche Dosimeter, die in amtlichen Auswertestellen ausgelesen und bewertet werden. Die vierte Personendosimeterart sind die auf der TLD-Technik oder mit Phosphatgläsern beruhenden Dosimeter zur Messung der Augenlinsendosis, die in der Regel mit Stirnbändern befestigt werden. Fingerrindosimeter mit dünnen Umhüllungen dienen zur Messung von Betastrahlungen in der Nuklearmedizin. Beim Tragen dieser Dosimeter müssen die Detektoren unbedingt auf der Handinnenseite getragen werden, da sonst die Betastrahlung nicht den Detektor erreichen kann.

Zu Personendosismessungen in gemischten Photonen-Neutronen-Feldern werden so genannte **Albedodosimeter**[1] verwendet ([DIN 6802-4], s. Fig. 23.3). Sie enthalten zwei neutronenempfindliche TLD (aus ^{6}LiF:Mg,Ti) und zwei gegen Neutronen unempfindliche Thermolumineszenzdetektoren (aus ^{7}LiF). Sie sind von einer ausgeklügelten Kapselung aus borhaltigem Material umgeben, die zum Körper hin ein Fenster (das Albedofenster) und zum Strahlenfeld hin ein "thermisches" Neutronenfenster enthält. Die Borbeimengung absorbiert über den Prozess ^{10}B(n_{th},α)^{7}Li mit hohem Wirkungsquerschnitt thermische Neutronen schirmt also die Detektoren vor thermischen Neutronen weitgehend ab. ^{6}LiF hat ebenfalls einen hohen Einfangquerschnitt für thermische Neutronen in der Reaktion ^{6}Li(n_{th},α)t (s. [Krieger1], Kap. 8). Seine Anzeige entsteht aus dem Neutronen- und Photonenfeld. Die ^{7}Li-Detektoren sind dagegen weitgehend nur für Photonen empfindlich, sie sehen also im Wesentlichen nur das Photonenfeld. Aus dem Verhältnis der richtungsabhängigen Einzeldosimeteranzeigen kann die jeweilige Dosis aus Photonen (niedriger LET) und Neutronen (hohe biologische Wirksamkeit) berechnet werden.

---

[1] Unter Albedo versteht man in der Neutronenphysik den relativen, von einem Medium rückgestreuten thermischen und mittelschnellen Neutronenflussanteil.

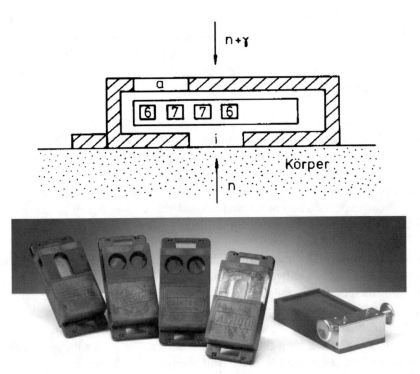

Fig. 23.3: Oben: Prinzipieller Aufbau eines Albedo-Personendosimeters für die Personendosimetrie im Strahlenschutz in gemischten Neutronen-Photonenfeldern. Schraffiert: Borplastikhülle (Boron), a: Außenfenster für thermische Neutronen aus dem Strahlungsfeld, i: Körper-innen-Fenster für thermische Albedo-Neutronen, die im Körper zurückgestreut werden. 6: neutronen- und photonenempfindliche ^{6}Li-TLD, 7: photonenempfindliche ^{7}Li-TLD in Teflonhülle (nach [DIN 6802-4]). Unten: Ausführungsformen verschiedener Hersteller mit beigefügtem Öffnungsgerät für die Boronhüllen (mit freundlicher Genehmigung der PTW-Freiburg).

- **Zusammenfassung**

- **Das wichtigste passive Personendosimeter ist auch heute noch die Filmplakette, die sowohl zum Nachweis von Photonenstrahlungen als auch für Betastrahlungen eingesetzt werden kann.**

- **Daneben werden Füllhalterdosimeter, Fingerringdosimeter und Stirnbanddosimeter zur Messung der Augenlinsendosis mit TLD oder Phosphatgläsern eingesetzt.**

- **In gemischten Photonen-Neutronen-Feldern müssen Albedodosimeter verwendet werden, die zwischen hochenergetischen und thermischen Neutronen sowie Photonen unterscheiden können.**

23.2 Biologischer Nachweis einer Strahlenexposition

Dosismessungen am Menschen nach vollendeter Strahlenexposition sind nur mit biologischen Methoden möglich. In den letzten Jahren wurden dazu zwei quantitative Dosismessverfahren etabliert. Sie werden nach Strahlenunfällen oder versehentlicher Exposition vorgenommen, wenn während der Bestrahlung keine Personendosismessungen durchgeführt werden konnten, oder wenn erhebliche Zweifel an der Richtigkeit der mit amtlichen Personendosimetern oder anderen physikalischen Methoden ermittelten Dosen bestehen. Eines der Verfahren der biologischen Dosimetrie beruht auf dem Nachweis von **Chromosomenaberrationen** in weißen Blutkörperchen. Dazu werden einige Milliliter peripheres Blut entnommen. Die Lymphozyten werden zwei Tage unter Laborbedingungen bis zur nächsten Mitose kultiviert. Anschließend wird unter dem Lichtmikroskop die Zahl der Chromosomendefekte gezählt. Dabei wird vor allem nach **dizentrischen Chromosomen** oder nach **Ringchromosomenbildungen** gesucht. Ringchromosomen oder dizentrische Chromosomen bilden sich durch zufällige Verbindung von durch ionisierende Strahlung erzeugten Chromosomenfragmenten. Sie sind nur während der Zellteilungsphase (der Mitose) deutlich erkennbar. Ringchromosomen-Aberrationen treten spontan nur selten auf. Bei 10000 Zellteilungen findet man im Durchschnitt nur 4-5 spontane dizentrische Chromosomen. Die Zahl der spontanen Dizentriken wird durch eine Zusatzdosis von 50 mSv verdoppelt. Das Verfahren kann deshalb mit statistischer Signifikanz für Dosen ab etwa 0,1 Sv verwendet werden. Um einen Dosiswert bestimmen zu können, müssen je nach Genauigkeitsanforderungen und Dosisbereich bis zu 10^4 Zellen ausgezählt werden, was unbedingt den Einsatz automatisierter rechnerunterstützter Verfahren erfordert.

Eine Voraussetzung der Chromosomen-Methode ist eine nicht zu lange Wartezeit zwischen Strahlenexposition und Blutentnahme. Optimal ist eine Untersuchung innerhalb von 6- 8 Wochen nach der Strahlenexposition. Bis zum Zeitraum von maximal 1 bis 2 Jahren kann mit Hilfe rechnerischer Korrekturen Dosimetrie mit dizentrischen Chromosomen betrieben werden. Je länger die Wartezeit ist, umso größer ist unter den untersuchten Lymphozyten der Anteil von Zellen, die sich zum Bestrahlungszeitpunkt noch im Reifeprozess befanden und daher nach der Bestrahlung noch Zellteilungen durchlaufen mussten, bevor sie in den peripheren Blutkreislauf eintraten. Zellen mit Ringchromosomen oder mehrzentrischen Chromosomen sind aber nur bedingt teilungsfähig. Bereits etwa 50% dermaßen veränderter Zellen überlebt die erste Zellteilung nicht. Die biologische Halbwertzeit für das Vorkommen von Lymphozyten mit mehrzentrischen Chromosomen wird zu etwa 1 Jahr abgeschätzt. Nach einigen Jahren ist der Zusammenhang zwischen der Zahl dizentrischer Chromosomen in Lymphozyten des peripheren Blutkreislaufs und einer früheren Strahlenexposition deshalb nicht mehr eindeutig. Kumulierende Langzeitdosimetrie oder Dosisabschätzungen längere Zeit nach der Exposition sind daher mit der Chromosomen-Methode nicht möglich.

Die zweite Methode beruht auf dem Fluoreszenznachweis von Übertragungen bestimmter Chromosomenstücke auf andere Chromosomen, der so genannten **Translokationsanalyse**. Unter Translokation versteht man den gegenseitigen Austausch von durch Strahlung abgetrennten Stücken verschiedener Chromosomen (Chromosomenbrüche). Dabei wird Erbsubstanz vom ursprünglichen auf ein anderes, "falsches" Chromosom übertragen. Translokationen sind neben den direkt im Lichtmikroskop sichtbaren Chromosomenaberrationen wie numerische Aberrationen, Dizentrik oder Bruchstückbildung eine der zytogenetischen Folgen bei der Exposition von Zellen mit ionisierender Strahlung. Viele Chromosomentranslokationen sind mit malignen Entartungen von Zellen verknüpft; sie sind also strahlenbiologisch von besonderer Relevanz. Da die meisten Translokationen die Teilungs- und Überlebensfähigkeit von Zellen in der Regel nur wenig verringern, sie dagegen sehr oft sogar fördern, können die veränderten Chromosomen über viele Zellgenerationen weitergegeben werden. Die Translokationshäufigkeit ist dosisabhängig und kann wegen ihrer Langlebigkeit auch noch Jahre nach der Strahlenexposition zum quantitativen Nachweis einer Dosis benutzt werden. Translokalisationsanalysen können deshalb auch zu kumulierenden Dosisbestimmungen bei chronischer Strahlenexposition verwendet werden.

Zur Translokationsanalyse wird u. a. die Methode der **Fluoreszenz-in-situ-Hybridisierung** (FISH) verwendet. Mit Hilfe spezifischer DNS-Sonden werden gezielt die zu untersuchenden Chromosomen markiert. Dazu werden geeignete DNS-Sequenzen in vitro markiert oder auch bestimmte bereits mit fluoreszierenden Substanzen verbundene Nukleotidsequenzen hergestellt. Diese Substanzen werden durch Hybridisierung in situ, d. h. in den lebenden Zellen, mit den Chromosomen verbunden. Zunächst muss dazu die DNS-Doppelhelix gespalten werden. Die Marker binden anschließend gezielt an die zu ihnen komplementären DNS-Stücke. Um diese Hybridisierung sichtbar zu machen, werden beispielsweise mit fluoreszierenden Farbstoffen verbundene Antikörper zugefügt, die dann mit den markierten DNS-Stücken binden.

Je nach eingesetzter DNS-Sonde und Fluoreszenzstoff können gezielt unterschiedliche Chromosomen auch mit verschiedenen Farben markiert werden. Im Mikroskop treten dadurch verschiedenfarbige Fluoreszenzen an den Translokationsorten auf, deren Farben dem ursprünglichen Genort entsprechen. Die DNS-Sonden können heute schon für ein oder mehrere vollständige Chromosomen, beliebige Teilstücke von Chromosomen oder auch nur einzelne Gene erzeugt und hybridisiert werden. Eine typische Mehrchromosomenmarkierung ist die der Chromosomen 1, 4 und 12, wie sie am Helmholtz-Zentrum in Neuherberg für die biologische Dosimetrie verwendet wird. Um eine ausreichende Genauigkeit und statistische Signifikanz zu erreichen, müssen bei der Translokationsanalyse wie bei der Ringchromosomenzählung hunderte bis tausende von Zellen während der Mitosephase lichtmikroskopisch analysiert und gezählt werden (s. z. B. [Cremer], [Bauchinger]).

Zur Zeit wird intensiv daran geforscht, biologische Dosimetrie-Methoden zu erschließen, mit deren Hilfe nicht nur auf die Dosis sondern auch aus der Art der Chromosomenschäden spezifisch auf die Ursache dieser Schäden geschlossen werden kann. Spätschäden wie Tumorentstehung oder genetische Defekte könnten dann eindeutig einer früheren Strahlenexposition zugeordnet werden.

Zusammenfassung

- **Zum biologischen Nachweis einer Strahlenexposition werden dizentrische Chromosomen oder Ringchromosomen nachgewiesen. Dieses Verfahren arbeitet quantitativ ab etwa 0,1 mSv Personendosis.**

- **Ein weiteres Verfahren ist die in-situ-Hybridisierung, bei der Translokationen eines Teils der DNS auf andere Chromosomen nachgewiesen werden können.**

23.3 Dosisleistungs- und Kontaminationsmessungen im Strahlenschutz

Bei nicht personengebundenen Messungen im Strahlenschutz unterscheidet man die **Ortsdosisleistungsmessungen** an Strahlungsfeldern und die **Kontaminationsmessungen**. Dosisleistungsmessungen dienen zur Abgrenzung und Überwachung von Strahlenschutzbereichen und zur Überprüfung der Wirksamkeit von Abschirmungen um Strahlungsquellen. Als Detektoren werden entweder Ionisationskammern, einfache Auslösezähler oder Szintillationsdetektoren verwendet. Ist die Art und Energie der von einer Strahlungsquelle emittierten Strahlung bekannt, können auch einfache preiswerte **Auslösezähler** als Dosisleistungsmessgeräte verwendet werden. Aus der im Zähler erzeugten Impulsrate kann direkt auf die Dosisleistung des Strahlungsfeldes geschlossen werden. Solche Auslösezähler enthalten deshalb unmittelbar in Dosisleistungseinheiten kalibrierte Anzeigen. Ihre Anzeigen gelten allerdings nur für die ausgezeichnete Strahlungsart und -qualität. Direkte Dosisleistungsmessungen sind mit **Ionisationskammern** möglich. Ihre Ströme entsprechen bis auf Kalibrierfaktoren direkt der im Messvolumen erzeugten Ionendosisleistung. Sie werden üblicherweise zur Anzeige der Äquivalentdosisleistung kalibriert. Wegen der geringen Nachweiswahrscheinlichkeit (efficiency) von Ionisationskammern sind mit solchen Detektoren jedoch nur Strahlungsfelder quantitativ zu erfassen, deren Intensitäten deutlich über dem natürlichen Strahlungsuntergrund liegen. Da im Strahlenschutz oft gerade in diesem niedrigen Dosisleistungsbereich gemessen werden muss, sind Dosisleistungsmessgeräte mit Ionisationskammern nur bedingt für Strahlenschutzzwecke einsetzbar.

Dosisleistungsmessgeräte mit **Szintillationsdetektoren** umgehen diese Probleme. Als Anzeige dient der an der Anode des Photomultipliers erzeugte Strom, der proportional zur Gammadosisleistung ist. Entweder werden gewebeäquivalente Plastikszintillatoren oder hochatomige anorganische Szintillatoren wie NaI(Tl) verwendet. Die preiswerten Plastikszintillatoren zeigen wegen ihrer niedrigen Ordnungszahl ($Z \approx 7$) und dem deshalb dominierenden Comptoneffekt nur wenig Energieabhängigkeit ihrer Dosisleistungsanzeigen. Sie können in großen Volumina hergestellt werden und sind im Umgang vergleichsweise robust. Wegen ihrer großen Volumina und der daher ausreichend hohen Wechselwirkungsraten sind sie wie die anorganischen Szintillatoren auch für Dosisleistungsmessungen im Bereich der natürlichen Strahlungsfelder geeignet. Sie zeigen wie auch die anderen Dosisleistungsmesser nur die durch Photonenstrahlung erzeugte Ortsdosisleistung an und werden unmittelbar in Äquivalentdosisleistung kalibriert. Der NaI(Tl)-Detektor hat wegen der hohen effektiven Ordnungszahl zwar eine hohe Nachweiswahrscheinlichkeit, weist aber eine deutliche Energieabhängigkeit seiner Anzeige auf, die auf die energieabhängige Photoeffektwahrscheinlichkeit zurückzuführen ist. NaI(Tl)-Detektoren erlauben aber auch die Messung sehr kleiner Dosisleistungen.

Zur Messung von Flächenkontaminationen dienen **Kontaminationsmonitore**, die in der Regel großflächige Proportionalkammern enthalten. Sie sind mit Xenongas gefüllt, um ihre Wechselwirkungswahrscheinlichkeit für Photonenstrahlung zu erhöhen. Die Zählrohre selbst werden als flache Kammern ausgelegt, die aus der Aneinanderreihung einzelner Zylinderhälften mit zentralen Zähldrähten bestehen. Als Eintrittsfenster werden dünne Folien aus aluminiumbedampftem Kunststoff oder Titan verwendet. Typische Folienstärken liegen für Titan bei etwa 7 mg/cm^2 (Dicken um 15 µm), bei dem weniger festen Aluminium bei 16 mg/cm^2 (Dicke um 50 µm). Je nach Massenbelegung der Eintrittsfenster kann außer Gammas auch Betastrahlung nachgewiesen werden. Wegen ihrer Form werden solche Flächenkontaminationsmonitore mit Tragegriff salopp als "Bügeleisen" bezeichnet. Alle Fensterzählrohre zeigen eine vor allem durch die Massenbelegung der Folien bewirkte Energieabhängigkeit ihrer Zählanzeigen. Der energetische Verlauf der Ansprechwahrscheinlichkeiten wird in den Begleitpapieren spezifiziert. Moderne digitale Versionen von Kontaminationsmonitoren erlauben auch die direkte Wahl der nachzuweisenden Nuklide und schalten ihre Anzeigen entsprechend um. Amtlich vorgeschriebene Kontaminationsmonitore haben standardisierte Messflächen von 100 cm^2.

Der Nachweis von Alphastrahlern ist wegen der geringen Massenreichweiten der Alphateilchen mit handelsüblichen Flächenzählrohren mit "dicken" Fensterfolien (s. o.) kaum möglich. Es werden deshalb besondere Flächenmonitore für den Alphanachweis konstruiert, deren Fensterfolien nur noch Massenbelegungen von etwa 0,3-1 mg/cm^2 aufweisen. Sie bestehen aus aluminiumbedampften Kunststofffolien (Hostaphan oder Mylar) mit einer Dicke von weniger als 1 µm. Bei solch dünnen Folien ist die Abdichtung gegen Gasverluste sehr schwierig. Es werden deshalb keine geschlossenen Xenonzähler sondern **Durchflusszähler** verwendet. Sie werden während des Betriebs ständig mit den Füllgasen Butan, Propan oder Methan oder einem hochatomigen Mischgas aus 90% Argon und 10% Methan, dem "Prüfgas", gespült und sind deshalb permanent mit einer externen Gasversorgung verbunden.

Bei manchen dieser Durchflusszähler werden die zu untersuchenden Proben auch unmittelbar in das Zählgas gebracht. Die Strahlungsteilchen treten dann ungehindert in das

Gasvolumen ein und können so ohne Energieverluste nachgewiesen werden. Sollen Kontaminationen nachgewiesen werden, die im Bereich der natürlichen Strahlenpegel liegen, oder soll an unzugänglichen Stellen gemessen werden, führt man statt der direkten Messungen vor Ort **Wischproben** durch. Bei dieser Technik wird mit einer saugfähigen Substanz (Tupfer, Wattebausch, Stoff, Papiertuch) die zu untersuchende Arbeitsfläche an einer repräsentativen Stelle und Fläche definiert gewischt. Die Probe wird anschließend in einem hocheffektiven Gammaspektrometer, z. B. einem Bohrlochdetektor mit angeschlossenem Energiediskriminator, untersucht. Überschreitet die nachgewiesene Aktivität bestimmte nuklidspezifische Grenzwerte (Eingreifschwelle), werden die notwendigen Dekontaminationsmaßnahmen durchgeführt.

Aufgaben

1. Erklären Sie die Begriffe passives und aktives Personendosimeter.

2. Was versteht man unter einem amtlichen Dosimeter?

3. Was ist ein EPD?

4. Nennen Sie zwei Verfahren der "biologischen Dosimetrie".

5. Kann man mit Kontaminationsmonitoren Aktivitäten quantitativ messen?

6. Was ist das häufigste Personendosimeter im Strahlenschutz?

7. Nennen Sie die in der Personendosimetrie verwendeten Dosisgrößen.

8. Kann man mit marktüblichen Kasettendosimetern Alphastrahlung aus radioaktiven Zerfällen nachweisen?

Aufgabenlösungen

1. Passive Personendosimeter speichern strahleninduzierte Signale, die in einer ge-
    sonderten Prozedur ausgelesen und ausgewertet werden müssen. Aktive Personen-
    dosimeter zeigen die Dosisleistung und kumulierte Dosis im Strahlungsfeld live an
    und benötigen deshalb eine interne Spannungsquelle (Batterie, Akkumulator)

2. Amtliche Dosimeter werden von den zuständigen Behörden zur Verfügung gestellt
    und ausgewertet.

3. EPD ist die Abkürzung für "elektronisches Personendosimeter", das eine interne
    Spannungsversorgung enthält und unmittelbar ohne Löschung ausgelesen werden
    kann. Es zählt zu den aktiven Dosimetern.

4. Wichtige biologische Dosimetrieverfahren sind die Ringchromosomenzählung
    und der Nachweis dizentrischer Chromosomen sowie die Fluoreszenz in-situ-Hyb-
    ridisierung (FISH).

5. Aktivitätsmessungen mit Kontaminationsmonitoren sind in der Regel nicht mög-
    lich. Gründe dafür sind die unsichere Geometrie (nur der obere Halbraum wird
    gesehen), die unbekannte Oberfläche des kontaminierten Gegenstands (kann porös,
    rau oder glatt sein) und die unbekannte Strahlungsart und Strahlungsenergie, die
    selbstverständlich Einfluss auf die Nachweiswahrscheinlichkeit des Detektors
    (seine Efficiency) haben. Zudem sind die Anteile rückgestreuter Strahlung in der
    Regel unbekannt. In Ausnahmefällen (bekanntes Nuklid, sehr glatte Oberfläche)
    kann die Anzeige eines Kontaminationsmonitors unter Laborbedingen "kalibriert"
    werden und zur Messung einer Aktivität verwendet werden.

6. Auch heute noch ist die Filmplakette das am häufigsten verwendete Personendosi-
    meter.

7. Die Personendosen sind $H_p(10)$, $H_p(0,07)$ und $H_p(3)$. Die Zahlen in den Klammern
    symbolisieren die Messtiefe im Gewebe (in mm). Alle haben die Einheit Sv.

8. Nein, da die Eindringtiefe von Alphastrahlungen deutlich kleiner ist als Hüllen-
    stärke der Plakettendosimeter.

24 Messsysteme für die Bildgebung mit Röntgenstrahlung

Nach einem kurzen Überblick über die heute verwendeten Detektorsysteme zur Erzeugung von Röntgenbildern in der Projektionsradiografie folgt die ausführliche Darstellung der klassischen Kombination von Röntgenfilm und Verstärkungsfolien. Der nächste Abschnitt befasst sich mit den Ausführungen zu Bildverstärkern, den Speicherfolien und den anderen digitalen Festkörperdetektoren. Der Dosisbedarf eines bildgebenden Systems kann bei Film-Folien-Kombinationen durch die Angabe von Empfindlichkeitsklassen definiert werden, bei den digitalen Detektoren geschieht dies mit Hilfe der Dosisindikatoren (Exposure Indicator EI, Abweichungsindikator DI). Im zweiten großen Abschnitt dieses Kapitels werden die Grundlagen der Computertomografie erläutert. Dazu werden zunächst die CT-Gerätegenerationen und die CT-Detektoren besprochen. Nach einer Erläuterung der Rechenverfahren zur Bilderzeugung folgt die Definition der Hounsfield-Einheiten. Den Abschluss bildet eine ausführliche Darstellung der Bildartefakte bei der Computertomografie.

Die Bildinformation in der bildgebenden Röntgenanwendung steckt unabhängig vom jeweiligen Verfahren immer in der Schwächung des primären Strahlenbündels durch Wechselwirkungen mit den untersuchten Objekten (Patient, Material), die zur Absorption oder Streuung der Röntgenquanten führen können. Dadurch wird das ursprüngliche gleichförmige Röntgenstrahlungsbündel also strukturiert. Die räumliche Anordnung der die Bildinformation liefernden Strukturelemente wird als **Objektverteilung** bezeichnet. Sie enthält verschiedene bildgebende Strukturen mit ihren individuellen Lagen, Formen, Dichten und atomaren Zusammensetzungen (Z, A). Die Bildgebung kann nach zwei prinzipiell unterschiedlichen Verfahren erfolgen, der Projektionsradigrafie und der Computertomografie.

Die klassische Methode ist die **Projektionsradiografie**, bei der das zu untersuchende Objekt einem stehenden Röntgenstrahlenbündel ausgesetzt wird. Auf der der Röntgenröhre gegenüberliegenden Seite wird der den Patienten oder das Objekt verlassende

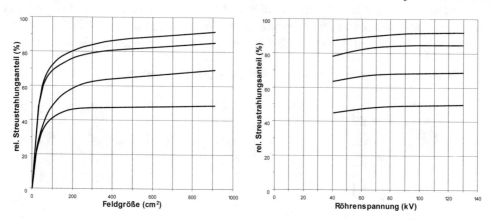

Fig. 24.1: Relative Streustrahlungsbeiträge im Strahlenrelief hinter dem Objekt als Funktion von Feldgröße, Hochspannung und Objektdicke (jeweils von oben: 30, 20, 10 und 5 cm Wasser, nach Daten aus [Krestel2]).

Strahl auf einen Röntgendetektor geleitet. Die Gesamtschwächung des Röntgenstrahlenbündels entsteht durch Überlagerung sämtlicher im Strahlengang befindlichen dreidimensionalen Strukturen. Ein Nadelstrahl des Röntgenstrahlenbündels wird also durch alle in seinem Strahlengang befindlichen Strukturen sukzessiv geschwächt. Ein Bild auf dem Röntgendetektor enthält die Projektionen der dreidimensionalen Objektanordnung in eine zweidimensionale ebene Intensitätsverteilung, das sogenannte **Strahlenrelief**.

Die Überlagerung unterschiedlicher Objektelemente führt durch die Integration der Einzelschwächungen auf dem Weg des Nadelstrahls auch bei deutlich unterschiedlichen lokalen Dichten und atomaren Zusammensetzungen in der Regel zu einem geringen Kontrast im Strahlenrelief. Der Grund ist die eventuelle partielle Kompensation der unterschiedlichen Teilschwächungen in aufeinander folgenden Objektschichten. Die ebenfalls im Strahlenrelief enthaltene Streustrahlung aus dem Patienten, verschleiert zusätzlich die Bildinformation und muss deshalb durch geeignete Maßnahmen so gut wie möglich aus dem Strahlenbündel entfernt werden. Das Verfahren dazu ist der Einsatz von Streustrahlungsrastern unmittelbar vor den Bilddetektoren aus fokussierten oder nicht fokussierten Schwermetalllamellen (meistens Blei), die durch ihre geometrische Auslegung nur direkte Strahlung vom Fokus zum Detektor zulassen, die schräg verlaufende Streustrahlung aber weitgehend eliminieren. Der Streustrahlungsanteil im unbereinigten Strahlenrelief hängt vom bestrahlten Volumen, also von der durchstrahlten Objektdicke (dem Patientendurchmesser) und der verwendeten Feldgröße bei der Röntgenaufnahme ab.

Die Abhängigkeit des Streustrahlungsbeitrages von der Strahlungsqualität ist wegen der ungefähren Konstanz der Compton-Wechselwirkungswahrscheinlichkeit für typische diagnostische Röhrenspannungen nur gering (Fig. 24.1). Das so veränderte und bereinigte Strahlenrelief enthält die Informationen über die Strukturen der durchstrahlten Materie in Form von Intensitätsschwankungen. Wird dieses Strahlenrelief auf einen Bildempfänger eingestrahlt (Fig. 24.2), entsteht ein latentes Abbild des Strahlenreliefs.

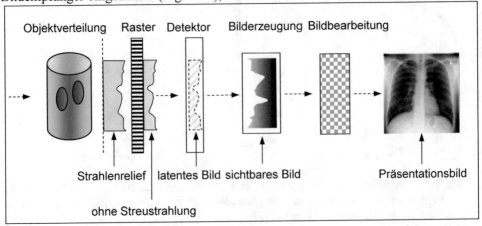

Fig. 24.2: Typische Abläufe bei der Bilderzeugung in der Röntgen-Projektionsradiografie.

Je nach Detektorart wird daraus das eigentliche Röntgenbild erzeugt. Dabei ist zwischen den analogen und den digitalen bildgebenden Verfahren zu unterscheiden. Die Bilderzeugung besteht bei Filmen aus der Entwicklung in der Dunkelkammer, die das endgültige Röntgenfilmbild liefert. Bei digitalen Detektoren besteht die Bilderzeugung zunächst aus dem Auslese- und Umwandlungsprozess der im Detektor entstandenen Informationen in elektronische digitale Signale. Anschließend werden diese Rohdaten bei digitalen Systemen weiter verarbeitet (s. Kap. 24.1.6).

Während mit den konventionellen Röntgentechniken mit Filmen oder den modernen digitalen Nachfolgern in der Regel Projektionsbilder der transmittierten Strahlung erzeugt werden, war es nur mit erheblichem Aufwand möglich, Schichtbilder zu erzeugen. Dazu wurden Bilddetektor und Röntgenröhren simultan gegeneinander verschoben. Die Drehachse dieser Verschiebung wurde in die interessierende Tiefe im Patienten verlagert. Dies führte dazu, dass mit Ausnahme dieser ausgewählten Schicht alle anderen Projektionen und damit die Strahlenreliefs relativ zum Detektor verschoben und somit "verschmiert" wurden. Das Ergebnis dieser Technik waren nach heutigem Maßstab unscharfe Bilder mit hohem Untergrund, also eigentlich bildleerem Schleier.

Abhilfe schaffte die Erfindung der Computertomografie durch den englischen Ingenieur *Godfrey N. Hounsfield*, der für seine Arbeiten 1979 zusammen mit dem amerikanisch-südafrikanischen Physiker *Allan McLeod Cormack* den Nobelpreis für Medizin erhielt. Bei der Computertomografie werden von einem rotierenden System aus Röntgenröhre und Detektoren winkelabhängige Intensitätsverteilungen gemessen. Aus diesen Intensitätsverteilungen werden durch computerunterstützte mathematische Verfahren Schwächungen des Röntgenstrahls durch einzelne Volumenelemente (Voxel) in der jeweils betrachteten oder rekonstruierten Ebene berechnet und den Bildelementen (den Pixels) zugeordnet. Diese Bildelemente enthalten ausschließlich die Schwächungen durch das zugehörige dreidimensionale Voxel, enthalten also anders als in der Projektionsradiografie keine integralen Schwächungsinformationen des gesamten vom Röntgenstrahl durchstrahlten Objekts. Die Bildpunktinhalte sind relative Schwächungskoeffizienten der betrachteten Voxels, die als Hounsfield-Units (HU) bezeichnet werden. Wegen der rechnerischen Separation der Schwächung einzelner Volumenelemente von den anderen schwächenden Strukturen außerhalb des betrachteten Voxels ist die Computertomografie ein Hochkontrast-Bildgebungsverfahren.

24.1 Detektoren für die Projektionsradiografie

Die wichtigsten Röntgenbildempfänger der Projektionsradiografie sind der Röntgenfilm und seine modernen digitalen Nachfolger sowie die elektronischen Bildverstärker. Auf allen Detektoren entsteht ein negatives Abbild des Strahlenreliefs. Moderne Nachfolger der analogen Röntgenfilme und Bildverstärker sind die digitalen Bildempfängersysteme wie die Speicherfolien oder die digitalen Bildverstärkersysteme, die in geeigneten Anordnungen digital ausgelesen werden können. Ihre Daten können dann leicht manipuliert werden. Zu diesen Manipulationen zählt die Wahl geeigneter Normierungen und Skalierungen, die Wahl von "Fenstern", die Festlegung von Graustufen oder Farben, Rauschverminderung durch geeignete Algorithmen, Konturverstärkung an Dichteübergängen (Kantenanhebung), die Zoomtechniken, Bildinversionen u. ä.. Eine Übersicht über die zurzeit eingesetzten Röntgenbilddetektoren zeigt (Tab. 24.1).

Röntgenfilme	
Direkter fotograf. Prozess	Röntgenstrahlung schwärzt Film unmittelbar*
Film-Folien-Kombinationen	Röntgenstrahlung erzeugt Lichtblitze in der Verstärkungsfolie, die im Film Entwicklungskeime erzeugen, die nach Entwicklung den Film schwärzen.
Selendetektoren	
Xeroradiographie	Röntgenstrahlung erzeugt Ladungsmuster auf Detektormaterial (Selen). Übertrag auf Papier und mit Toner sichtbar machen (veraltet).
Selentrommel	Röntgenstrahlung erzeugt Ladungsmuster auf Detektormaterial (Selen), elektronisch auszulesen.
Leuchtschirmverfahren	
Direkte Durchleuchtung	Röntgenstrahlung erzeugt Lichtbild auf fluoreszierender Folie.
Leuchtschirmfotografie	Röntgenstrahlung erzeugt Lichtbild auf fluoreszierender Folie. Dieses Bild wird abfotografiert, konventionell oder mit CCD-Kamera digital.
Röntgenbildverstärker	Röntgenstrahlung erzeugt Lichtbild auf Eingangsleuchtschirm, Verkleinerung und Verstärkung des Lichtbildes auf Ausgangsleuchtschirm. Bildaufnahme durch Fernsehaufnahmeröhre oder CCD-Kamera, mögliche Ausgabe auf Film.
Speicherfolien	Röntgenstrahlung hebt Elektronen der Speicherfolie in einen metastabilen Energiezustand. Auslesen durch Messung des nach lokaler Photostimulation freigesetzten Lichts.
Direkte Festkörperdetektoren	
Opto-direkt	Röntgenstrahlung erzeugt Lichtblitze im Szintillator. Diese erzeugen lichtintensitätsproportionale Ströme in einer angrenzenden Photodioden-Kondensatormatrix.
Elektro-direkt	Röntgenstrahlung erzeugt Ladungen im Halbleiter, die gesammelt und ausgelesen werden.

Tab. 24.1: Überblick über die zur Bildgebung mit Röntgenstrahlung einsetzbaren Detektorsysteme.

24.1.1 Analoge Film-Verstärkungsfolien-Kombinationen

Film-Folienkombinationen bestehen aus einem lichtempfindlichen Film und einer oder zwei Verstärkungsfolien, die bei der Wechselwirkung mit Röntgenstrahlung im sichtbaren Bereich Fluoreszenzlicht emittieren. Dieses Licht ist hauptsächlich verantwortlich für die Belichtung des Films. Verstärkungsfolien zeigen den in der Abbildung (Fig. 24.3 links) dargestellten typischen Schichtaufbau. Als Träger des Leuchtstoffs dienen antistatisch behandelte Polyesterfolien mit einer Stärke von etwa 0,25 mm. Darüber befindet sich eine Reflexionsschicht, die das in Richtung zur Röntgenröhre emittierte Lumineszenzlicht in Richtung zur Leuchtschicht streut. Soll aus Auflösungsgründen das rückwärtige Licht nicht verwendet werden, wird statt der Reflektorschicht eine geschwärzte Folie eingebaut. Als nächstes folgen die eigentliche Leuchtschicht und darüber eine transparente Schutzschicht aus antistatischem Kunstharz.

Anordnung von Filmen und Verstärkungsfolien: Die typische Anordnung einer Verstärkungsfolie in der Röntgenkassette ist die Sandwichanordnung von Vorder- und Rückfolie auf beiden Seiten der doppelt beschichteten Filmemulsion (s. Fig. 24.3 rechts). Bei hochauflösenden Aufnahmen werden aus Gründen der Zeichenschärfe auch einseitige Film-Folien-Kombinationen verwendet (z. B. in der Mammografie), was allerdings den Dosisbedarf erhöht.

Leuchtsubstanzen: Leuchtstoffe (Luminophore) müssen eine hohe Absorptionswahrscheinlichkeit für Röntgenphotonen aufweisen, ohne dabei allzu viele Streustrahlungsquanten zu erzeugen. Die erwünschte Wechselwirkung ist also der **Photoeffekt**. Leuchtstoffe müssen daher neben einer hohen Dichte vor allem eine hohe effektive Ordnungszahl Z haben, da die Photoeffektwahrscheinlichkeit mit der vierten bis fünften

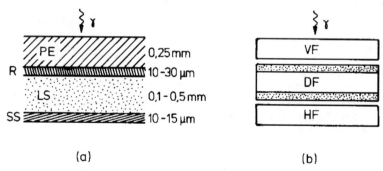

Fig. 24.3: (a): Typischer Schichtaufbau einer Verstärkungsfolie für die Röntgendiagnostik: PE: 250 μm (0,25 mm) dicke Polyesterschicht, R: Reflektorschicht (10-30μm), LS: Leuchtschicht (0,1-0,5 mm), SS: Schutzschicht aus 10-15 μm Kunstharz. (b): Relative Anordnung von Film und Folien in der Röntgenkassette ("Sandwich-Anordnung", VF: Vorderfolie, DF: doppelt beschichteter Film, HF: Hinterfolie). In beiden Skizzen wird die Röntgenstrahlung von oben eingestrahlt.

Potenz der Ordnungszahl zunimmt. Verstärkungsfolien sollen außerdem eine hohe Leuchtdichte (Lichtausbeute) besitzen und in einem Spektralbereich emittieren, der dem Empfindlichkeitsspektrum der Röntgenfilme entspricht. Die verwendeten Luminophore dürfen nicht nachleuchten, also keine Phosphoreszenz zeigen, und müssen darüber hinaus chemisch und physikalisch auch über längere Zeit stabil bleiben.

Als Leuchtstoffe werden deshalb dotierte oder reine Schwermetallverbindungen benutzt. Die historisch erste Verstärkungsfolie wurde bereits 1896 von *Th. A. Edison* entwickelt. Sie enthielt reines, undotiertes Kalziumwolframat ($CaWO_4$), das wegen seiner hohen Langzeitstabilität und seiner sehr guten optischen Eigenschaften auch heute noch ein weit verbreitetes Lumineszenzmaterial ist. Es leuchtet im blauen Bereich des sichtbaren Spektrums. In den letzten Jahren wurde eine Reihe von Leuchtstoffen mit Zugaben seltener Erden entwickelt. Sie haben eine deutlich höhere Lichtausbeute als das Kalziumwolframat und übertreffen mittlerweile sogar dessen optische Abbildungseigenschaften wie Auflösung und Rauschen.

Substanz	Emissionsmaxima (nm)	Farbe	Bemerkung
$CaWO_4$	420	Blau	1896, Edison
$BaPbSO_4$	358	Violett	1940
LaOBr:Tb	418,439	Blau	1969, SE
$BaSrO_4$:Eu	380	Violett	1972, SE
Y_2O_2S:Tb	415,418,436,440,545,622	Blauweiß	1972, SE
BaFlCl:Eu	385	Violett	1975, SE
La_2O_2S:Tb	545	Grün	1972, SE
Gd_2O_2S:Tb	545	Grün	1972, SE
YTa	300	UV	UV-empfindliche Filme

Tab. 24.2: Daten von Leuchtstoffen für Verstärkungsfolien in der bildgebenden Projektionsradiografie. nm: Wellenlänge, SE: Seltene Erden, Jahreszahlen: Entdeckung bzw. Einführung.

Abbildungsfehler bei Film-Folien-Kombinationen: Mit der Verwendung von Verstärkungsfolien ist es zwar gelungen, den Dosisbedarf erheblich herabzusetzen, durch die Folien sind aber eine Reihe von Bild verschlechternden Einflüssen zu beachten. Der mangelhafte Film-Folien-Kontakt durch schlechte Planlage oder gewellte Folien kann zu einer geometrisch bedingten unscharfen Projektion des Folienlichts auf den Film führen. Sind die Folien verschmutzt (Staub, Flecken, Vergilbung), werden die Aufnahmen wolkig, die Lichtausbeute lässt nach. Flecken auf den Folien werden als Strukturen auf den Film übertragen. Auch minimale Kratzer auf den Folien werden auf der

Aufnahme dargestellt (Vorsicht deshalb bei der Folienreinigung). Bei doppelt beschichteten Filmen kommt es zur Überkreuzbelichtung des Folienlichts auf die jeweils gegenüberliegende Filmemulsion, zum so genannten **Cross-Over-Effekt**. Dies führt zu einer Auflösungsverschlechterung, da das Licht auf dem Weg zur gegenüberliegenden Emulsion im Filmträger gestreut wird. In modernen Filmen versucht man dem entweder durch eine für das Folienlicht undurchsichtige farbige Trennschicht zwischen den beiden Emulsionen oder durch einen geeigneten Filmaufbau zu begegnen. Eine Möglichkeit ist auch die Verwendung von UV emittierenden Folien, deren Licht ebenfalls im Trägermaterial des Filmes absorbiert wird. Bei besonders hohen Anforderungen an die Auflösung werden einseitig beschichtete Filme verwendet.

Folienunschärfe: Ein weiterer Einfluss auf die Zeichnungsschärfe von Folien ist die Foliendicke. In dicken Folien mit hoher Lichtausbeute und daher geringerem Dosisbedarf entstehen größere Unterschiede in den Lichtwegen, je nachdem ob der Leuchteffekt nah oder entfernt von der Filmemulsion stattfindet. Licht, das einen längeren Weg zurückzulegen hat, wird stärker gestreut und führt deshalb zu einer verbreiterten Abbildung, dem sogenannten Lichthof. Auch hier versucht man durch Einfärben der Folie (leichter Rotton) den Streuanteil bei schrägem Lichtverlauf zu vermindern. Dies führt allerdings auch zu einer Absorption des Nutzlichts und somit zu einer Dosiserhöhung. In dünneren Folien mit ihrem höheren Dosisbedarf sind die Lichtwege insgesamt kürzer und die Lichtstreuung somit geringer.

Lichthofeffekt durch Reflektorschicht: Die in vielen Folien zur Erhöhung der Lichtausbeute verwendete weiße Reflektorschicht hinter der Leuchtschicht, die wie ein Spiegel wirkt, hat als unerwünschte Nebenwirkung ebenfalls eine zusätzliche Auflösungsverminderung, da das nach hinten emittierte und reflektierte divergente Licht zu einem verstärkten Lichthof um punktförmige Details führt. Die Ursache für diesen Lichthofeffekt ist also die Reflexion des Verstärkungsfolienlichts an der Reflektorschicht der Folie. Die Größe des Lichthofs ist wieder abhängig vom Entstehungsort des Lichtblitzes und der Dicke der Leuchtschicht. Dies kann man verhindern, wenn die Reflektorschicht durch eine geschwärzte Farbschicht ersetzt wird. Allerdings vermindert sich dadurch auch die Lichtausbeute um etwa 40%.

Korn- und Kristallgröße: Je empfindlicher eine Film-Folien-Kombination ist, umso größer ist die Gefahr der Körnigkeit des Bildes und des statistischen Rauschens auf dem Film. Der Grund ist die Verwendung besonders grobkörniger Leuchtschichtkristalle, da deren Lichtausbeute besonders hoch und damit Dosis sparend ist. In den Anfängen der Folientechnik haben die Grobkörnigkeit und das Rauschen erheblich zur Bildverschlechterung beigetragen. Mittlerweile haben die Hersteller aber Leuchtsubstanzen entwickelt, die diese Nachteile weitgehend vermeiden. Dies gilt auch für die modernen, Dosis sparenden Seltene-Erden-Folien (SE-Folien).

Je höher die Empfindlichkeit einer Film-Folien-Kombination ist, umso geringer ist also der Dosisbedarf, umso schlechter ist aber die räumliche Detailauflösung. Beim Wechsel der Film-Folien-Kombinationen von Kalziumwolframat auf die moderneren und emp-findlicheren SE-Folien mussten wegen der Energieabhängigkeit der Seltenen Erden mit zunehmender Hochspannung unter Umständen die Belichtungszeiten geändert werden. Der unterschiedliche Spektralbereich der SE-Folien erfordert auch hin und wieder andere Entwicklung und Dunkelkammerbeleuchtung. Vor dem medizinischen Einsatz ist deshalb eine Reihe von Probeaufnahmen zu empfehlen. Ältere Röntgengeneratoren konnten teilweise die kurzen Belichtungszeiten bei hochverstärkenden Folien der Klassen 200-800 nicht mehr zuverlässig schalten. In solchen Fällen mussten die Kundendiensttechniker zu Rate gezogen werden, die die Schalttische und Schaltzeiten umbauten. Was die Entwicklungsprozeduren neuer Materialien angeht, befragt man am besten die Folien-Hersteller, die ausreichend Informationsmaterial zur Verfügung haben.

Folienlose Radiografie ist unübertroffen in der räumlichen Auflösung und wurde deshalb lange Zeit in der Mammografie verwendet. Heute wird folienlose Radiografie wegen des zu hohen Dosisbedarfs beim Menschen nicht mehr eingesetzt. Sie findet jedoch nach wie vor Anwendung in der Materialprüfung, da es dort weniger auf den Dosisbedarf als auf die Feinzeichnung und die räumliche Auflösung ankommt.

24.1.2 Leuchtschirmverfahren

Leuchtschirmverfahren werden heute entweder mit dem konventionellen Bildverstärker vorgenommen oder mit der neueren rein optischen Methode der digitalen Leuchtschirm-Radiografie. In beiden Fällen dient eine Szintillationsschicht, der Leuchtschirm, als optische Lichtquelle. Das leuchtende Material ist das auch in anderen Detektoren verwendete Cäsiumjodid mit beispielsweise einer Thallium-Dotierung (CsI:Tl). Die Unterschiede der einzelnen Leuchtschirmsysteme liegen in der weiteren Verarbeitung dieser Lichtsignale.

Bei den historisch ersten Leuchtschirmsystemen wurde der fluoreszierende Schirm direkt vom untersuchenden Arzt betrachtet. Der Untersucher musste dazu dunkeladaptiert sein, um ausreichende Details zu erkennen. Die Helligkeit des Schirmbildes führte zu reinem Stäbchensehen mit der damit verbundenen schlechten Auflösung und Kontrastwahrnehmung. Diese Art der Schirmbilduntersuchung ist aus Dosisgründen und wegen der schlechten Treffsicherheit der Diagnosen vor allem bei kleinen Details heute nicht mehr üblich. Sie führte außerdem zu hohen Strahlenexpositionen des untersuchenden Arztes. Schirmbilddurchleuchtungen waren noch bis in die 1960er Jahre bei Reihenuntersuchungen zur Tuberkulose-Vorsorge (TB-Screening) üblich.

Analoge elektronische Röntgenbildverstärker

Ein Röntgenbildverstärker besteht aus einer evakuierten Glas- oder Leichtmetallröhre, in der sich ein Eingangsleuchtschirm, eine Photokathode, eine Elektronenoptik und ein Ausgangsleuchtschirm befinden (Fig. 24.4). Das Eingangsfenster besteht aus Glas oder Leichtmetallen (Aluminium, Titan). Dahinter befindet sich ein Leuchtschirm, in dem

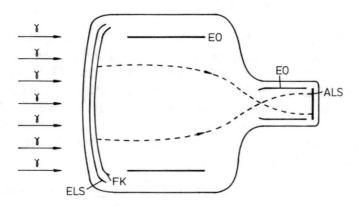

Fig. 24.4: Aufbau eines konventionellen Röntgenbildverstärkers. Die von links einfallende Röntgenstrahlung fällt auf einen Eingangsleuchtschirm ELS. Das in ihm durch Fluoreszenz erzeugte Bild fällt auf die Fotokathode FK. Die in den hinteren Halbraum emittierten Photoelektronen werden durch die Elektronenoptik EO auf den Ausgangsleuchtschirm ALS fokussiert und dabei auf 25-35 keV beschleunigt.

das im durchleuchteten Objekt entstandene Röntgenstrahlenrelief ein Leuchtdichterelief erzeugt. Auf diesem Leuchtschirm entsteht aus dem primären, durch den Patienten modulierten Strahlenrelief also ein Leuchtdichtebild. Der Eingangsleuchtschirm besteht aus mit Silber dotiertem Zink-Kadmiumsulfid (ZnCdS:Ag) oder neuerdings aus mit Natrium dotiertem Cäsiumjodid (CsI:Na), die in einer Stärke von wenigen nm (10^{-9} m) aufgedampft sind. Diese Substanzen weisen wegen der hohen mittleren Ordnungszahl ein ausreichend hohes Absorptionsvermögen für Röntgenstrahlung auf. Da ihre K-Bindungsenergien und damit die K-Kanten des Photoeffektwirkungsquerschnitts gerade bei der mittleren Röntgenenergie liegen, zeigen sie vor allem im diesem Bereich eine besonders hohe Absorptionswahrscheinlichkeit für Röntgenstrahlung. Zum anderen erlauben moderne Fertigungstechniken die gezielte Beschichtung des Eingangsleuchtschirmes mit in Strahlrichtung ausgerichteten, gut das Licht leitenden Kristallen. Dies ermöglicht ähnlich wie bei lichtleitenden Glasfaserbündeln eine besonders hohe Lichtausbeute bei gleichzeitig hoher räumlicher Auflösung.

Dicht hinter dem Eingangsleuchtschirm befindet sich eine halbtransparente Fotokathode, die aus einer Mischung von Antimon mit verschiedenen Alkalimetallen besteht (z. B. SbCs). Sie wird bei modernen CsI-Schirmen direkt mit einer Schichtdicke von etwa 20-30 nm aufgedampft. Bei den älteren ZnCdS-Schirmen mussten Fotokathode und Leuchtschirm aus chemischen Gründen durch eine dünne Glasfolie voneinander getrennt werden. In der Photokathode werden in Abhängigkeit von der lokalen Lichtintensität des Leuchtschirms Elektronen freigesetzt. Sie haben eine mittlere Bewegungsenergie von typisch etwa 0,5 eV.

Die in das Vakuum austretenden Photoelektronen werden von einer Elektronenoptik gesammelt und auf einen Ausgangsleuchtschirm gebündelt. Durch die anliegende Hochspannung von 25-35 kV werden die Elektronen auf 25-35 keV beschleunigt. Sie erzeugen deshalb beim Auftreffen auf dem Ausgangsleuchtschirm ein sehr intensives, allerdings auf dem Kopf stehendes und verkleinertes Leuchtdichtebild. Die Quantenausbeute eines auf 25 keV beschleunigten Elektrons auf dem Ausgangsleuchtschirm beträgt etwa 1:1000. Ein einzelnes auf dem Ausgangsleuchtschirm auftreffendes Elektron erzeugt also etwa 1000 Lichtquanten.

Der Ausgangsleuchtschirm enthält als wirksamen Leuchtstoff eine feinkristalline ZnCdS-Schicht mit Silberdotierung auf einem Glasträger. Um Rückwirkungen des Ausgangslichts auf den Eingangsleuchtschirm zu verhindern, wird der Ausgangsschirm mit einer für Licht undurchsichtigen, für die Elektronen jedoch transparenten dünnen Aluminiumschicht bedampft. Der Ausgangsleuchtschirm wird über ein Linsen- und Spiegelsystem (mit oder ohne Lichtteiler) oder auch direkt über eine kompakte Glasfaseroptik an ein Videosystem gekoppelt.

Das Bild auf dem Ausgangsleuchtschirm wird entweder mit einer Videokamera oder einer moderneren digitalen Halbleiter-Kamera (CCD-Kamera) aufgezeichnet. Der Einsatz von CCD-Kameras erleichtert die nachfolgende Digitalisierung. Zwischen Ausgangsleuchtschirm und Kamera kann eine aufwendige Spiegeloptik eingesetzt werden, die eine Aufteilung des Bildes auf verschiedene Monitore oder Aufzeichnungsgeräte ermöglicht. Werden Lichtleiter als optische Transportmittel verwendet, kann das Lichtbündel nicht mehr geteilt werden. Die Lichtleitertechnik ermöglicht aber besonders kompakte Abmessungen, wie sie beispielsweise in OPs bei beweglichen C-Bögen erforderlich sind.

Digitale Leuchtschirmsysteme

Der moderne Nachfolger des Bildverstärkers ist die **digitale Leuchtschirmradiografie**. Bei dieser Technik wird der Leuchtschirm über ein optisches System mit Spiegeln, Linsen oder Lichtleitersystemen durch mehrere CCD-Kameras simultan betrachtet. Dabei entstehen je nach Sichtwinkel der Spiegel-Kamera-Anordnung mehrere Teilbilder. Diese werden rechnerisch zu einem Gesamtbild zusammengefügt.

Es gibt Ausführungsformen mit bis zu 64 Teilbildern. In einer bestimmten Ausführungsform verwendet man statt der CCD-Kameras ein optisches Linsen-System mit jeweils zugeordnetem kleinen Bildchips in CMOS-Technik. Die entstehenden Teilbilder überlappen teilweise und benötigen einen erheblichen Aufwand zur rechnerischen Zusammenfügung und Rekonstruktion. Trotz der erforderlichen Rechenleistung stehen die Bilder in Echtzeit zur Verfügung.

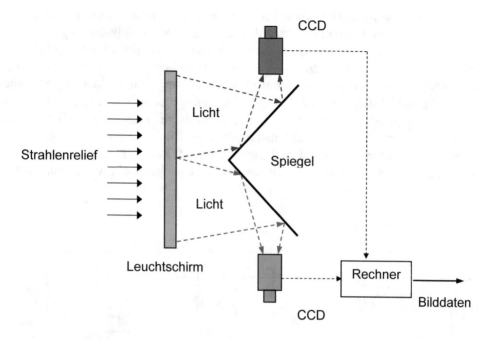

Fig. 24.5: Prinzip der digitalen Leuchtschirmradiografie mit einem Doppelspiegelsystem: Die beiden Teilbilder (obere und untere Bildhälfte) werden durch zwei Spiegel auf die zugeordneten CCD-Kameras geleitet und anschließend in einem Rechner zum Gesamtbild zusammengesetzt.

24.1.3 Speicherfolien

In Leuchtstoffen wird bei Bestrahlung mit Röntgenstrahlung promptes Fluoreszenzlicht erzeugt. Der Grund ist die Rekombination der bei Bestrahlung erzeugten Leitungsband-Elektronen mit Aktivatorzentren. Diese werden dabei angeregt. Bei ihrer Abregung emittieren sie dann dieses Fluoreszenzlicht. In geeignet dotierten Leuchtstoffen beträgt der Elektronenenteil für diesen Prozess etwa 50%. Die andere Hälfte der Leitungsband-Elektronen besetzt langlebige ortsfeste Zwischenzustände zwischen Valenz- und Leitungsband (Traps, Fig. 24.6.a) und speichern somit die Bildinformation. Diese Trapzustände sind sehr langlebig und können nach der Belichtung über mehrere Wochen aufbewahrt werden, ohne entleert zu werden und dabei die Bildinformation zu verlieren. Solche Systeme werden deshalb als Speicherfolien bezeichnet. Zum Auslesen werden sie mit sichtbarem, meistens rotem oder grünem Laserlicht bestrahlt. Bei dieser Lichtexposition werden die besetzten Traps ins Leitungsband entleert. Die dabei freigesetzten Elektronen rekombinieren teilweise mit Aktivatorzentren unter der Emission von Licht im nahen UV-Bereich. Technisch wird dies mit Hilfe von Laserscannern durchgeführt, die die Speicherfolien zeilenweise mit Licht aus dem sichtbaren Bereich belichten und die im UV-Licht steckende Bildinformation dabei ortsgebunden auslesen. Diese kann in Rechnern digital gespeichert und nachbearbeitet werden.

Da beim Auslesevorgang (Fig. 24.6b) ein Teil der Traps erneut besetzt wird (wieder bis 50%), muss die Speicherfolie vor ihrer nächsten Verwendung vollständig gelöscht werden. Dies geschieht durch intensive Laserbelichtung nach Beenden des Auslesevorgangs (Fig. 24.6c). Zur Bilderzeugung mit Speicherfolien wird also kein Röntgenfilm mehr benötigt. Zur Bilddokumentation müssen allerdings andere langlebige Medien, z.B. eine optische Platte verwendet werden. Durch die digitale Nachbearbeitung können zur besseren Beurteilung Dichtefenster, also eine feinere Graustufeneinteilung gesetzt sowie Vergrößerungen oder Verkleinerungen oder Einfärbungen des Originalbildes vorgenommen werden. Die mit dem Scanner erzeugten Rohdaten müssen eventuell auf Inhomogenitäten der Bildmatrix korrigiert werden. Dies geschieht wie üblich mit einer Kalibrierbestrahlung mit offenem Röntgenfeld.

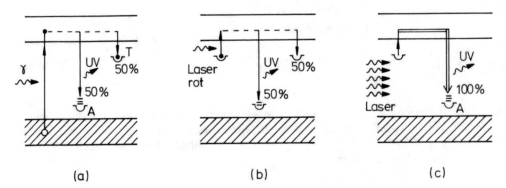

Fig. 24.6: Funktionsweise einer Speicherfolie für die bildgebende Röntgendiagnostik. (a): Belichtung: Anregung von Valenzelektronen in das Leitungsband und entweder prompte Fluoreszenz der rekombinierenden Leitungsbandelektronen in Aktivatorzentren A oder Einfang und Langzeitspeicherung in Traps T. (b): Auslesevorgang: Anregung der in Traps eingefangenen Elektronen in das Leitungsband durch Bestrahlung mit rotem Laserlicht und Rekombination in Aktivatorzentren unter Emission von UV-Licht. (c): Löschen durch kurzzeitige intensive Bestrahlung der Speicherfolie mit Laserlicht.

Materialien für Speicherfolien sind Erdalkali-Halogen-Verbindungen, die mit Europium dotiert sind. Typische Verbindungen sind (SrFBr:Eu) oder (BaFBr:Eu). Sie liegen als Pulver vor und werden in Kunststofffolien eingebettet. Eine neuere Variante verwendet nadelförmige Kristalle aus dotiertem CsI, die durch ihren Aufbau und die parallele Anordnung wie Lichtleiter wirken und so das emittierte Licht gebündelt emittieren und daher eine bessere Ortsauflösung ermöglichen (Fig. 24.7). Im englischen Sprachraum werden Speicherfolien als CR-Detektoren (computed radiography detectors) bezeichnet. Der Dosisbedarf moderner Speicherfolien entspricht etwa dem einer 400er-Film-Folien-Kombination (s. Kap. 24.2).

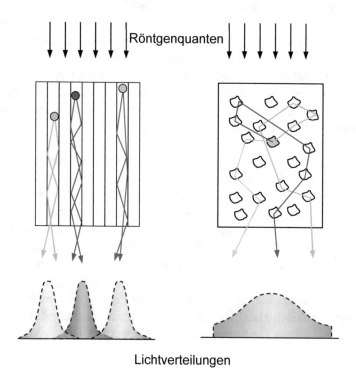

Lichtverteilungen

Fig. 24.7: Unterschiede in den Lichtverteilungen und den Detailauflösungen bei nadelförmigen Kristallstrukturen (CsI-Kristalle, links), die wie Lichtleiter wirken, und den herkömmlichen amorphen Strukturen (rechts), die durch diffuse Lichtstreuung das Bild eines Wechselwirkungspunktes (blau) verbreitern.

24.1.4 Selendetektoren

Selendetektoren bestehen aus einer Selen-Halbleiterschicht, die auf einem leitenden Material wie beispielsweise einer Aluminiumplatte aufgebracht ist. Durch eine geeignete Anordnung wird die Selenoberfläche vor der Belichtung gleichmäßig elektrisch aufgeladen. Bei der Bestrahlung wird die Halbleiterschicht je nach Intensität der Strahlenexposition lokal mehr oder weniger leitend. Dadurch entsteht ein Ladungsmuster. Aus diesem Ladungsmuster kann ein Bild erzeugt werden.

Die Selentrommel: Ein drehbarer mit Selen beschichteter Zylinder wird gleichmäßig aufgeladen (Fig. 24.8 rechts). Die geladene Fläche wird nach vorne auf den Betrachter gedreht und dann der Röntgenstrahlung ausgesetzt. Dies erzeugt ein intensitätsabhängiges Ladungsmuster (Mitte). Dieses Ladungsmuster kann anschließend berührungsfrei von Messelektroden ausgelesen werden (links). Das Messsignal wird dabei spaltenweise erzeugt und örtlich zugeordnet. Wird die Selenschicht wie im Beispiel auf eine zylinderförmige Trommel aufgebracht, führt dies natürlich zu einer Verzerrung der Abbildung. Beim Auslesen der Bildinformation muss daher durch einen geeigneten Algorithmus das Bild entzerrt werden. Selentrommeln werden bei der Thoraxradiografie verwendet. Wegen des üblich hohen Objektkontrastes ist die Verwendung digitaler Verfahren bei **Thoraxaufnahmen** besonders geeignet, da beim Auswerten beliebige Fenster gesetzt werden können. Die Bildinformation liegt also in digitaler Form vor und kann entsprechend der klinischen Fragestellung weiter aufbereitet werden und auch mit Hilfe einer Laserkamera als Hardcopy ausgegeben werden.

Die Xeroradiografie: Die Xeroradiografie ist ein heute veraltetes analoges Belichtungsverfahren, das von der Firma Xerox, einem Kopiergerätehersteller, erfunden wurde. Es beruht auf der Selenplattenmethode, wird aber heute wegen des zu hohen Dosisbedarfs in der medizinischen Radiologie nicht mehr verwendet. Der Einsatz moderner hochempfindlicher Verstärkungsfolien hat die Xeroradiografie ersetzt. In der Xeroradiografie wurde die Selenschicht nach dem Exponieren mit elektrisch geladenem Tonermaterial bestäubt. Die negativen Tonerpartikel haften an den positiven Ladungsresten der Selenplatte und können anschließend auf Papier übertragen werden. Xeroradiografieanlagen bestanden aus einer Ladeeinheit, in der die mit Selen beschichteten Aluminiumplatten elektrisch gleichförmig geladen wurden, und der Entwickleranlage, in der wie in einem Kopierer die Papierbilder erzeugt werden. Dieses Verfahren ähnelt dem Xeroxverfahren von normalen Kopierern.

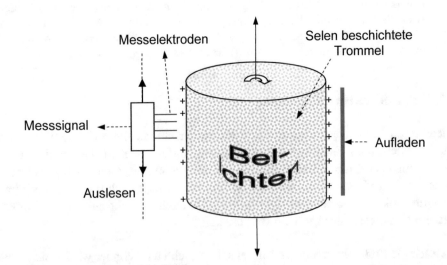

Fig. 24.8: Prinzip des Selentrommelverfahrens: Eine drehbare mit Selen beschichtete Trommel wird positiv elektrisch aufgeladen (rechts), von vorne her mit dem Strahlenrelief belichtet (Mitte) und berührungsfrei mit Messelektroden auf Restladungen untersucht (links). Das Bild wird spaltenweise digital auf einen Rechner übertragen.

Bemerkenswert war der Randverstärkungseffekt, der bei der Tonerdeposition auf dem kunststoffbeschichteten Papier entsteht. Grund ist die vermehrte Anlagerung von Tonerpartikeln in Bereichen hoher Gradienten der senkrechten elektrischen Feldkomponente. Dadurch kommt es zur Erzeugung von Linien bei Dichteübergängen der Objektverteilung. Die Randverstärkungseffekte waren vor allem bei kontrastarmen Objekten sehr hilfreich, da der örtliche Dichteunterschied von Gewebestrukturen durch die erhöhte Toneranlagerung eine bessere Beurteilung der Aufnahme ermöglichte.

Die Xeroradiografie wurde wegen des hohen Bildkontrastes und der Randverstärkungseffekte bevorzugt für die Mammografie und die Knochendarstellung verwendet. Die Strahlenexposition war damals deutlich geringer als bei der Verwendung folienloser Mammografiefilme. Die erzeugten Xeroradiografie-Bilder waren Papierbilder, benötigen also bei gleicher Erkennbarkeit wie Filme keinen Lichtkasten. Sie zeigten einen sehr hohen Kontrast vor allem bei Übergängen in den Dichten des Objekts.

24.1.5 Digitale direkte Flachbild-Festkörper-Detektoren

Neue, noch nicht überall im Klinikbetrieb verwendete Detektoren, sind die digitalen direkten Flachbild-Festkörperdetektoren (FD). Sie liefern die Bilddaten unmittelbar bei der Strahlenexposition an eine nach geschaltete Elektronik, mit der sie deshalb direkt verbunden sein müssen. Die auf Röntgenstrahlung empfindlichen Detektoren bestehen entweder aus einer Szintillatorschicht oder aus elektrisch leitenden Halbleiterkristallen, in denen die Röntgenstrahlung wechselwirkt und absorbiert wird. Darunter befindet sich eine Matrix aus amorphem Silizium mit elektronischen Schaltelementen (Kondensatoren, Photodioden und Dünnschichttransistoren als Schalter). Diese Matrix ist in einzelne Flächen aufgeteilt. Das in diesen Teilflächen durch die Strahlenexposition entstehende elektrische Signal wird beim Auslesen einem einzelnen Bildpunkt (Pixel) zugeordnet. In beiden Detektorprinzipien wird das Detektorsignal (Licht oder elektrische Ladung) unmittelbar auf die mit dem Signal gebenden Material verbundenen Halbleiter-Detektoren übertragen. Diese Anordnungen werden deshalb als "opto-direkte" oder "elektrodirekte" Detektoren bezeichnet. Hin und wieder werden die opto-direkten Methoden wegen des Umweges über die Lichterzeugung auch als indirekte Festkörper-Verfahren bezeichnet, während die elektro-direkten Methoden vereinfacht "direkte" Festkörper-Verfahren genannt werden.

Festkörperdetektoren werden mit Flächen bis zu 43x43 cm^2 angeboten (s. Thoraxbeispiel unten). Die Pixelgrößen liegen zwischen 127x127 μm^2 und 200x200 μm^2. Die Zeit bis zum Auslesen des Bildes beträgt je nach Format 5 bis 30 Sekunden. Man erhält also quasi Sofortbilder und benötigt keine Entwicklungszeit für die Aufnahmen. Die räumliche Auflösung beträgt je nach Pixelgröße bis zu 3,5 LP/mm. Da die Daten in digitaler Form vorliegen, können sie auf den üblichen digitalen Speichermedien archiviert werden. Festkörperdetektoren sind wegen der digitalen Bilder besonders für Netzwerke (PACS, DICOM) geeignet, da die Bilder nicht gesondert digitalisiert werden müssen.

Die unmittelbare digitale Bilderfassung erleichtert auch die Nachbearbeitung der Aufnahmen in Rechnern (Fensterung, Zoom).

Die Vorteile der digitalen Detektoren sind der größere dynamische Bereich durch Linearität der Dosis-Pixelwertfunktion, der nahezu völlige Ausschluss von Fehlbelichtungen, die digitale Verarbeitung, Speicherung und Transfer in Datennetzen und die Abschaffung der "qualitativen" Dunkelkammer. Als Nachteile gelten dagegen die anderen Sehgewohnheiten für den Diagnostiker, der große technische Aufwand und die erforderlichen Investitionen, die Notwendigkeit für Ausfallszenarien (Datensicherung, Rechnerabstürze) und für spezielle Aufnahmeobjekte wie die Mammografie u.U. die Forderung nach höherer räumlicher Auflösung als durch vorgegebene Pixelgrößen.

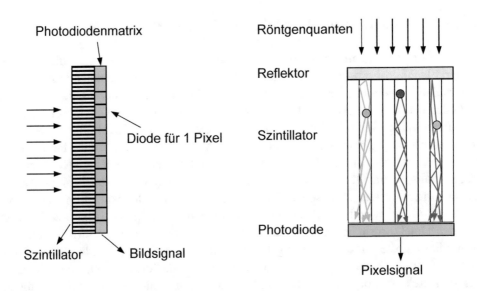

Fig. 24.9: Prinzip eines opto-direkten Bilddetektors mit nadelförmigen Szintillatorkristallen. Links: Bei der Belichtung entstehen Entladungen in der Photodiodenmatrix, die proportional zur Lichtintensität im Szintillatormaterial sind. Rechts: Die Darstellung ist um 90 Grad gedreht. Die Photodiode sieht mehrere CsI-Nadeln gleichzeitig. Die räumliche Auflösung (Pixelgröße) ist durch die Größe dieser Photodioden bestimmt.

Opto-direkte Festkörperdetektoren: Opto-direkte Detektoren bestehen aus einer Szintillatorschicht, in der bei Röntgenexposition Lichtblitze entstehen. Diese Szintillatorschicht enthält meistens mit Thallium dotiertes Cäsium-Jodid (CsI:Tl). Sie ist unmittelbar mit einer Pixelmatrix aus amorphem Silizium verbunden. Jedes Pixel dieser Matrix besteht aus einer Photodiode, die bei Belichtung je nach Lichtintensität mehr oder weniger leitend wird, und einem zugeschalteten Kondensator. Vor der Belichtung wird dieser Kondensator mit einer definierten Ladungsmenge Q_0 aufgeladen. Bei Belichtung des Flachbilddetektors fließt durch die Photodiode ein Teil der Ladung des Kondensators ab. Der Strom ist proportional zur einfallenden Lichtintensität. Nach der Belichtung befindet sich deshalb auf dem Kondensator eine verminderte Restladung. Zum Auslesen des Signals wird der Kondensator wieder auf seine ursprüngliche Ladung Q_0 aufgeladen. Die zufließende Ladung wird gemessen und in ein Bilddichtesignal umgerechnet. Zu jeder Photodiode gehört deshalb ein aktives Schaltelement (Schalter: Dünnfilmdiode oder -transistor), das für das Auslesen der Signale benötigt wird.

Der Detektor kann wegen der Aufladung, die das Bild ja löscht, nach einer Belichtung nur einmal ausgelesen werden. Die räumliche Auflösung kann beträchtlich gesteigert werden, wenn wie bei den Speicherfolien nadelförmige CsI-Kristalle verwendet und kleine Photodioden eingesetzt werden (vgl. Fig. 24.9).

Ein typisches Beispiel dieser Technik ist der flache Szintillationsdetektor für die Thoraxradiologie (Fläche 43x43 cm^2). Er besteht aus einer Szintillationsfolie und einer Detektormatrix. Dabei wird das im Szintillator (dotierte CsI-Schicht) erzeugte Fluoreszenzlicht direkt auf eine lichtempfindliche Schicht amorphen, mit Wasserstoff dotierten Siliziums übertragen (a-Si:H). Dieser Detektor wird durch eine geeignete Elektronik mit einer Auflösung von bis zu 3000x3000 Pixeln ausgelesen. Trotz der hohen Auflösung benötigt dieses Detektorsystem bei den typischen Anwendungen der Thoraxradiologie geringere Dosen als die herkömmlichen Speicherfoliensysteme.

Elektro-direkte Festkörperdetektoren: Elektro-direkte Festkörperdetektoren enthalten amorphes Halbleitermaterial als Detektorsubstanz. Das Material besteht entweder aus amorphem Selen (a-Se, Z=34) mit einer typischen Schichtdicke von etwa 500 µm oder aus dem auch für Szintillatoren benutzten dotierten CsI:Tl mit den für die Röntgenabsorption effizienteren Ordnungszahlen (Cs: Z=55 und I: Z=53). Bei der Bestrahlung werden in diesen Materialien in Abhängigkeit von der Strahlungsintensität freie Ladungen erzeugt. Zum Sammeln dieser Ladungen wird an den Detektor eine Hochspannung angelegt, die die entstandenen Ladungen entlang der Feldlinien dieses elektrischen Feldes absaugt. Typische Spannungen liegen bei ca. 10 kV / mm Schichtdicke.

Strahlabwärts befindet sich eine Matrix aus Sammelelektroden, die die im Halbleiter erzeugte elektrische Ladung lokal nachweisen. Sie bestehen wieder aus einem Kondensator und einem Schalttransistor, mit dem dieser Kondensator ausgelesen wird. Diese Matrix aus Kondensatoren und Dünnschichttransistoren wird ebenfalls aus amorphem Silizium hergestellt. Die abfließenden Ladungen werden auf einem Kondensator gespeichert, der mit der Elektrode verbunden ist (pro Pixel wird eine Elektrode verwendet). Zum Auslesen des Signals wird wieder ein aktives Schaltelement geschlossen und die abfließende Ladung gemessen.

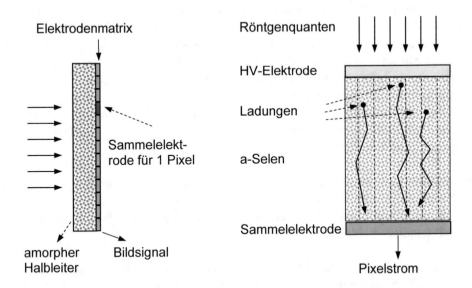

Fig. 24.10: Links: Prinzipieller Aufbau eines elektro-direkten Röntgendetektors mit einer Schicht aus einem amorphen Halbleiter als Ladungserzeuger und einer Sammelelektrodenmatrix. Rechts: Schematisches Bild eines Pixels. Die im Halbleiter erzeugte elektrische Ladung wird durch die parallel zum Röntgenstrahl verlaufenden elektrischen Feldlinien (gestrichelte Linien) weitgehend ortsgenau auf die unter der Halbleiterschicht liegende Sammelelektrode geleitet. Die elektronische Auslesung der Pixel und die örtliche Zuordnung entsprechen dem opto-direkten Verfahren.

Der Vorteil dieses Verfahrens ist, dass wegen der Feldlinienverläufe senkrecht zu den Detektor- und Schalterflächen die Elektronen entlang der Feldlinien ortsgenau auf die Sammelelektrode wandern. Elektro-direkte Detektoren vermeiden also den "Umweg" über die Lichterzeugung in Szintillatoren und zeigen daher auch keine durch Lichtstreuung verschlechterte räumliche Auflösung. Auch elektro-direkte Flachbilddetektoren können nur einmal ausgelesen werden und liefern die Bilder in Echtzeit.

Selenkristalle als Detektormaterial sind wegen der hohen Ortsauflösung und der bei weicher Strahlung ausreichend effektiven Nachweiswahrscheinlichkeit besonders für die Mammografie geeignet. CsI-Detektoren sind dagegen wegen der höheren Ordnungszahl und der damit verbundenen höheren Photoeffektwahrscheinlichkeit besser für die Thoraxradiografie einzusetzen.

24.1.6 Bearbeitung der Rohdaten bei digitalen Systemen

Die Verarbeitung der Intensitätsmatrizen und die Bilderstellung gehen bei allen digitalen Systemen in mehreren Schritten vor sich. Zunächst werden nach der Strahlenexposition des Detektors abhängig von der vorgegebenen Technologie die Daten ausgelesen und digitalisiert. Dieser Ausleseprozess kann ein Scanverfahren wie bei den Speicherfolien oder ein elektronischer Ausleseprozess der Detektormatrix sein. Die Matrix der durch die Digitalisierung erzeugten Pixelwerte wird als Rohdatenverteilung bezeichnet. Diese Rohdaten müssen zunächst unabhängig vom Bildinhalt auf einige systematische Fehler der Detektoren korrigiert werden. Die erste Korrektur ersetzt fehlende Signale **defekter Einzelpixel** durch angemessene Daten der Umgebung, z. B. durch gemittelte Werte der Nachbarpixel.

Dunkelstromkorrekturen einzelner Pixel, also ihres Offsets, sind erforderlich, da die Detektoren auch ohne Belichtung einen additiven Signalbeitrag liefern können. Diese Dunkelströme sind temperaturabhängig und zeigen je nach Detektor auch gewisse räumliche Strukturen. Zu ihrer Berücksichtigung verwendet man Korrekturmatrizen, in denen für jede Zeile und Spalte additive Korrekturwerte angegeben sind. Eventuell müssen auch Ungleichmäßigkeiten des Strahlungsfeldes ausgeglichen werden. Empfindlichkeitskorrekturen sind notwendig, da die Empfindlichkeit der Photodioden und Verstärker über die Detektorfläche variieren kann. Zur Korrektur werden die Detektormatrizen mehrfach ohne Phantom unter festgelegten geometrischen Bedingungen belichtet. Dann werden Abweichungen von der mittleren Signalintensität als multiplikative Korrekturfaktormatrix gespeichert. Unter Umständen muss auch eine Korrektur der Scan-

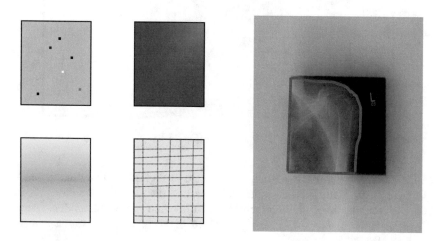

Fig. 24.11: Links: Mögliche korrekturpflichtige Fehler bei digitalen Detektoren. Defekte Pixel, Dunkelstromunterschiede, Homogenitätsschwankungen, also örtlich unterschiedliche Signalintensität bei gleichförmiger Bestrahlung, und geometrische Verzeichnungen. Rechts: Segmentierung bei einer Schulteraufnahme (Röntgenaufnahme mit freundlicher Genehmigung durch Martin Fiebich, AK-DIN).

geschwindigkeit beim Auslesen der Datenmatrix angewendet werden. Die Korrekturen des Dunkelstroms, der individuellen Empfindlichkeit einzelner Pixel, der Ungleichmäßigkeit des Strahlungsfeldes und der Ausleseschwankungen werden zusammen als **Homogenitätskorrekturen** bezeichnet.

Die letzte Korrektur ist eine Korrektur eventueller **geometrischer Verzerrungen** der Signalverteilung, die durch Verzeichnungen der Detektormatrix zustande kommen können. Diese Rohdatenkorrekturen sind unabhängig von den jeweiligen abgebildeten Zielvolumina bzw. Regionen im Körper des Patienten. Aus den korrigierten Pixelinhalten werden jetzt durch meist logarithmische Stauchung und Bezug auf Standarddosiswerte Pixelwerte erzeugt. Die so korrigierten und bearbeiteten Pixelwerte werden als **Originaldaten** (im englischen Sprachraum als Q-Werte) bezeichnet. Üblich ist die Darstellung der betrachteten Pixel in einem Pixelhistogramm (Fig. 24.12), in dem die Häufigkeiten bestimmter Pixelwerte als Funktion des Pixelwertes aufgetragen werden.

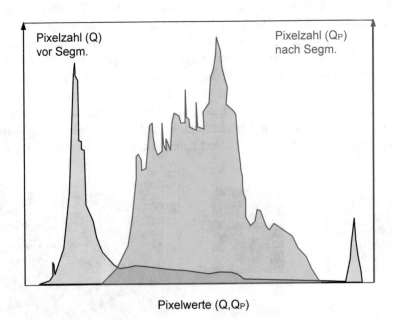

Pixelzahl (Q) vor Segm.

Pixelzahl (Q_P) nach Segm.

Pixelwerte (Q,Q_P)

Fig. 24.12: Pixelhistogramme zur Röntgenaufnahme in Fig. 24.11. Die linke graue Verteilung zeigt die Häufigkeit der aller Pixelwerte in der Originalaufnahme, die rechte rote Verteilung zeigt die relativen Pixelhäufigkeiten des rot umrandeten segmentierten Bereichs in Fig. 24.11. Die jeweiligen Pixelzahl-Achsen zeigen unterschiedliche Maßstäbe.

Anschließend werden in dieser Originaldatenmatrix die **relevanten Bildbereiche** (Regions of Interest ROI) definiert. Solche Bildbereiche sind Regionen mit durch die anatomischen Formen abgedeckten und deshalb geschwächten Bereichen des Strahlenbündels. So werden beispielsweise sowohl durch Blenden abgedeckte völlig unbelichtete Bereiche ebenso wie komplett mit ungeschwächter Intensität belichtete Partien des Detektors (freie Strahlbereiche) von der Weiterverarbeitung ausgeschlossen (Fig. 24.11 rechts). Der Vorgang wird als **Segmentierung** bezeichnet. Diese Segmentierung kann nach Pixelwert pixelweise, also auf Histogrammbasis, durch einfache virtuelle geometrische Einblendung, Konturfindung bzw. durch eine Kombination dieser Maßnahmen durchgeführt werden. Das Ergebnis der Segmentierung ist also eine Beschränkung des Wertebereichs der ursprünglichen Pixelmatrix auf die für die Diagnosestellung wichtigen Bereiche der Röntgenaufnahme.

Im nächsten Schritt werden die verbleibenden Pixelinhalte in geeigneter Weise für die weitere Bildverarbeitung und Bilddarstellung normiert. Dazu zählen die Festlegung von Graustufenbereichen und der Bezug auf Standardbedingungen. Durch diese **Normierung** wird erreicht, dass digitale Bilder weder unterbelichtet noch überbelichtet sein können wie beispielsweise ein fehlbelichteter Röntgenfilm (vgl. dazu Fig. 24.13) und außerdem der Dosisbedarf in vergleichbarer Weise berechnet werden kann. Zum Schluss werden diese normierten Daten für die Präsentation und zur Bestimmung des vom Bildinhalt abhängigen Dosisindikators weiter verarbeitet. Aus Darstellungsgründen können weitere Bildbearbeitungsverfahren auf die Originaldaten angewendet werden, um die Lesbarkeit und die Interpretation der Daten zu erleichtern. Dazu zählen Methoden zur Kantenanhebung, um die lokalen Konturen zu verstärken, die Rauschunterdrückung und der Histogrammausgleich, bei dem die besonders häufig auftretenden Graustufenwerte gespreizt, die selteneren Graustufen dagegen zusammengeschoben werden. Die so bearbeiteten Pixeldaten werden als **Präsentationsdaten** (engl. Q_P-values, P wie presentation) bezeichnet.

24.2 Dosisbedarf von Röntgendetektoren

Die Strahlenexposition des Patienten bei der Projektionsradiografie hängt von der Strahlschwächung durch den Patienten, von den geometrischen Verhältnissen wie Abstand und Feldgröße und natürlich vom Dosisbedarf des Bildempfängersystems ab. Dabei ist zwischen den analogen und den digitalen Systemen zu unterscheiden.

24.2.1 Empfindlichkeitsklassen von Film-Folien-Kombinationen

Der Zusammenhang von Dosis und Messsignal von Film-Folien-Kombinationen wird mit der optischen Dichtekurve (Schwärzungskurve) beschrieben (s. Kap. 5.3 und Fig. 24.14). Bei den analogen Röntgenfilmen liegt eine korrekte Belichtung vor, wenn der interessierende Bildbereich in demjenigen Teil der optischen Dichtekurve liegt, bei der der Untersucher die höchste Auflösung und beste Differenzierung der Graustufen erlebt. Filme haben nur einen geringen Spielraum bei der Belichtung. Ist die Dosis zu niedrig, ist der Film unterbelichtet. Der Film ist dann in weiten Bereichen transparent und zeigt weder in der räumlichen Auflösung noch in der Graustufenunterscheidung ausreichende Details. Die Bildinformation verschwindet bei extremer Unterbelichtung weitgehend im Grundschleier. Ist der Film dagegen überbelichtet, sind die Transmissionswerte zu gering. Der Film zeigt dann nicht mehr die für eine visuelle Beurteilung notwendige Transparenz und wegen des Beginns der Sättigung der optischen Dichtekurve ebenfalls keinen ausreichenden Kontrast und mangelnde Graustufendifferenzierung.

Der Dynamikumfang, das ist der Dosisbereich, der bei Film-Folienkombinationen abgedeckt werden kann, ist daher auf den linearen Teil der Schwärzungskurve beschränkt (s. OD-Kurve in Fig. 24.14). Der optische Dichtebereich (Schwärzungsbereich), bei dem die beste Detailerkennbarkeit und das beste Kontrastauflösungsvermögen für das menschliche Auge besteht, liegt um den Wert OD = 1-2 über dem Grundschleier des Films. Dies entspricht maximal 10% transmittiertem Lichtanteil an einem Röntgenschaukasten. Während früher die Empfindlichkeit von Film-Folien-Kombinationen durch die Bezeichnungen **fein zeichnend, universal** und **hoch verstärkend** charakterisiert wurde, verwendet man heute den Dosisbedarf für eine Standardbelichtung zur Klassifizierung der Folien, die Empfindlichkeitsklasse EK. Ihre Definition lautet:

Die Empfindlichkeitsklasse einer Film-Folienkombination ist das Verhältnis von 1 mGy und dem Dosisbedarf für die optische Dichte 1 über dem Grundschleier.

$$EK = \frac{1\,mGy}{Dosis\ \ f\ddot{u}r\ \ OD\ =\ 1\ \ddot{u}ber\ \ Grundschle\ ier} \tag{24.1}$$

Film-Folien-Kombinationen, die für die optische Dichte 1 im Mittel 10 µGy = 0,01 mGy Dosis auf dem Film benötigen, werden also in die Empfindlichkeitsklasse 100 eingeordnet. Diese entspricht der alten Universalfolienkombination. Verdoppelt sich der Dosisbedarf für die Optische Dichte 1 über Grundschleier, hat die Kombination die Empfindlichkeitsklasse 50, halbiert sich der Dosisbedarf, entspricht dies der Klasse 200, usw. (s. Tabelle 24.3).

EK	rel. Dosis-Faktor	Dosisbedarf in μGy für OD 1	alte Bezeichnung
25	4	40 (27-52)	Mammografie
50	2	20 (13,5-26)	Fein zeichnend
100	1	10 (6,7-13)	Universal
200	1/2	5 (3,4-6,7)	Hoch verstärkend
400	1/4	2,5 (1,7-3,3)	
800	1/8	1,25 (0,85-1,86)	

Tab. 24.3: Empfindlichkeitsklassen für Film-Folien-Kombinationen (nach [DIN 68567-10])

In der Regel zeigen Film-Folienkombinationen mit hohen Empfindlichkeitsklassen eine schlechtere räumliche Auflösung und geringeren Bildkontrast bei gegebenem Objektkontrast (Dichte und atomare Zusammensetzung des abgebildeten Objekts) als solche mit niedriger EK, also hohem Dosisbedarf. In den Kurven der optischen Dichte zeigt sich dann bei hoher Empfindlichkeitsklasse ein flacherer Verlauf mit der Dosis als bei unempfindlichen Film-Folienkombinationen, die steilere OD-Kurven aufweisen.

24.2.2 Dosisindikator bei digitalen Detektorsystemen

Die Nachweiswahrscheinlichkeit, also die Effizienz der Szintillationsdetektoren, ist geringfügig höher als die handelsüblicher Film-Folien-Systeme. Sie hängt ab von der jeweils eingesetzten Detektortechnologie. Diese erhöhte Nachweiswahrscheinlichkeit kann entweder zur Dosisreduktion oder für eine bessere Bildqualität verwendet werden. Für Festkörperdetektoren sind anders als bei Film-Folien-Systemen keine Empfindlichkeitsklassen definiert. Die Angabe von Empfindlichkeitsklassen wäre auch problematisch, da den digitalen Detektoren ja keine Schwärzungskurven (OD) sondern Intensitätsverteilungen unterliegen. Das dosisbestimmende Qualitätskriterium bei digitalen Detektoren ist das **Signal-Rausch-Verhältnis** (SNR vom englischen Signal to Noise Ratio). Es ist für die digitale Bildgebung definiert als das Verhältnis der Amplitude des Nutzsignals und der Standardabweichung des Rauschens.

$$SNR = \frac{Amplitude \; des \; Nutzsignal}{\sigma_R} \tag{24.2}$$

Bei digitalen Techniken ändert sich der Pixelwert PW linear mit dem Logarithmus der Dosis bei der Belichtung (DD-Gerade in Fig. 24.14). Der Kontrast und die Helligkeitsstufen im Bild werden bei digitalen Systemen durch Rechen- und Normierungsprozesse nach der eigentlichen Aufnahme bestimmt. Es ist also anders als bei Film-Folienkombinationen weder eine Unterbelichtung noch eine Überbelichtung der digitalen Detektoren möglich (vgl. Fig. 24.13). Anders als bei Film-Folien-Kombinationen ist bei digitalen Systemen und nicht zu hohem Rauschen, das Details verschwinden lassen kann, auch kein unmittelbarer Zusammenhang zwischen Bildempfängerdosis und Detailauflösung festzustellen. Der Grund ist die Digitalisierung der Daten, die durch die Pixelgröße eindeutig die räumliche Auflösung vorgibt. Die untere Grenze des Dynamikbereichs digitaler Systeme ist durch das elektronische Rauschen des Detektors, die obere Grenze durch beginnende Artefaktbildung und merkliche Sättigung bei sehr hoher

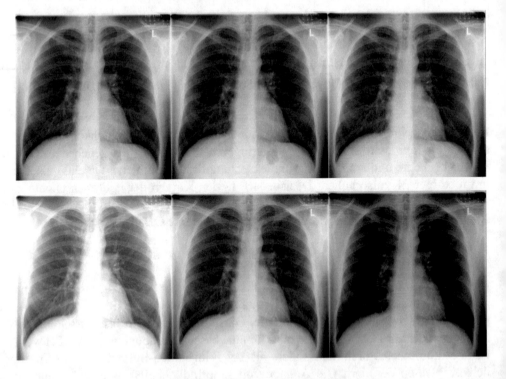

Fig. 24.13: Effekte unterschiedlicher Strahlenexposition bildgebender Detektoren (von links nach rechts zunehmende Dosis, Mitte korrekte "Belichtung"). Oben: Digitale Detektoren, geringfügige Abnahme des Rauschens und dadurch Zunahme der Zeichnungsschärfe mit zunehmender Dosis. Unten: Film-Folien-Kombination, unterbelichtete, korrekt belichtete und überbelichtete Aufnahme bei Film-Foliensystemen (mit freundlicher Genehmigung von Martin Fiebich).

Strahlenexposition bestimmt. Da das Bildrauschen mit zunehmender Dosis abnimmt, also das Signal-Rausch-Verhältnis SNR ansteigt, besteht eine Tendenz zur Verwendung höherer Dosen, da die rauschfreieren Bilder subjektiv als besser empfunden werden. Dieses Phänomen wird als schleichender Dosisanstieg (dose creep) bezeichnet.

Sowohl für den Normierungsprozess der Pixelwerte für die Präsentation als auch für eine Dosisbeurteilung digitaler Röntgenaufnahmen müssen im Bild der relevante Bildbereich und darin die repräsentativen Dosiswerte bestimmt werden. Der repräsentative Bildbereich wird durch das oben beschriebene Segmentierungsverfahren festgelegt. Der

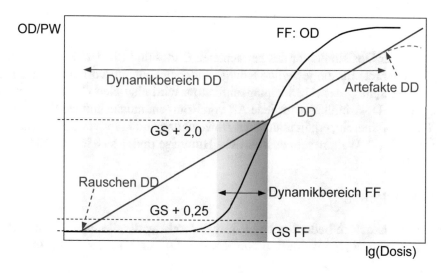

Fig. 24.14: Vergleich der Dosisverhältnisse am Film-Folien-Kombinationen (FF) und am digitalen Detektor (DD, blau). Aufgetragen ist jeweils das Signal (optische Dichte OD beim Film, Pixelwert PW beim DD) über dem Logarithmus der Dosis. Der Dynamikbereich ist der Dosisbereich, der bei den jeweiligen Systemen eingesetzt werden kann. Beim Film ist man etwa auf den linearen OD-Bereich knapp oberhalb des Grundschleiers (GS+ 0,25) und beginnender Sättigung beschränkt (GS +2, graues Feld). Beim digitalen Detektor ist die untere Dosisgrenze durch das elektronische Rauschen bei sehr niedrigen Dosen, die obere Grenze durch beginnende Artefaktbildung oder Sättigungseffekte (gestrichelte blaue Kurve) vorgegeben.

Bezug auf eine Dosis geschieht durch Normierung mit Hilfe einer Standarddosis z. B. der Freiluftkerma auf der Detektoroberfläche unter Kalibrierbedingungen ohne Rückstreubeiträge. Man erhält nach der neuen DIN [EN 62494-1] vom Mai 2010 folgende Beziehung für den Standard-Dosisindikator (EI wie exposure indicator):

$$EI = c_0 \cdot K_{cal} \tag{24.3}$$

Dabei ist K_{cal} die zur richtigen Belichtung des digitalen Detektors benötigte Luftkerma auf der Detektoroberfläche für festgelegte Strahlungsqualitäten und Geometrien, die vom Hersteller spezifiziert werden muss, und c_0 ist eine Konstante mit dem Wert $c_0 = 100\ \mu Gy^{-1}$. Der Wert des Dosisindikators bei einer konkreten Röntgenaufnahme wird durch den betrachteten Luftkerma-Wert innerhalb der inneren 10% der Bildauffangfläche im relevanten Pixelbereich festgelegt. Dieser Luftkerma-Wert ist abhängig vom untersuchten Objekt und von der Art des jeweiligen Röntgendetektors. Abweichungen des Dosisindikators im Fall einer Röntgenuntersuchung vom Standard-Dosisindikator werden mit dem Abweichungsindikator beschrieben DI (deviation indicator). Nach der neuen Norm soll er wie folgt berechnet werden.

$$DI = 10 \cdot log_{10}(\frac{EI}{EI_T}) \tag{24.4}$$

Dabei ist EI der Dosisindikator des betrachteten Bildes und EI_T der Dosisindikatorzielwert (T wie target) für die jeweilige Röntgenuntersuchung am vorliegenden Detektortyp. Zur Berechnung des Abweichungsindikators wird also eine Datenbank mit Zielwerten für den Dosisindikator für jede Art von Röntgenuntersuchungen benötigt. Stimmen EI und EI_T überein, erhält man einen Abweichungsindikator von Null, man hat also richtig "belichtet". Weitere sehr ausführliche Hinweise finden sich in [EN 62494-1] und [AAPM 116].

Zusammenfassung

- **Der historisch bedeutendste Röntgendetektor für die Projektionsradiografie ist die Kombination von Röntgenfilm und Verstärkungsfolie.**

- **Röntgendurchleuchtungen ermöglichen durch Sofortbilder live-Darstellungen des Patienten und eventueller Transport- oder Funktionsvorgänge.**

- **Der wichtigste Vertreter dieser Detektorart ist der analoge elektronische Bildverstärker, der allmählich durch digitale Systeme auf Halbleiterbasis ersetzt wird.**

- **Die Röntgenfilme werden heute ebenfalls zunehmend gegen digitale Systeme ausgetauscht, die zum einen die Dunkelkammer ersparen und zum anderen die rechnerische Nachbearbeitung der Röntgenaufnahmen ermöglichen und außerdem die Datenvernetzung erleichtern.**

- **Digitale Systeme liefern die Bilder in Pixelform, die die mittlere Information des entsprechenden durchstrahlten Volumens darstellen. Pixel ist die gängige Abkürzung für picture element.**

- **Digitale Systeme sind weitgehend unempfindlich gegen Fehlbelichtungen und zeigen einen deutlich erhöhten Dynamikumfang im Vergleich zu den Röntgenfilmen.**

- **Man unterscheidet in der digitalen Projektionsradiografie die unabhängigen, also nicht verdrahteten Systeme und die an eine Verarbeitungselektronik angeschlossenen direkten Systeme.**

- **Der wichtigste moderne Vertreter der nicht vernetzten Systeme ist die Speicherfolie.**

- **Direkte Detektorformen sind der opto-direkte und der elektro-direkte Röntgendetektor.**

- **Der Dosisbedarf von Röntgenfilmen wird mit der Empfindlichkeitsklasse EK beschrieben, die das Verhältnis von 1 mGy und dem mittleren Dosisbedarf für die optische Dichte 1 über dem Grundschleier angibt.**

- **Der Dosisbedarf digitaler Projektionsradiografiesysteme wird mit dem Dosisindikator klassifiziert.**

- **Wegen der subjektiven Verbesserung der Bildqualität bei digitalen Systemen besteht beim Anwender ein Trend zur Verwendung höherer Dosen, die das Signal zu Rausch-Verhältnis verbessern. Dies wird als "dose creep" bezeichnet.**

- **Der Dosisbedarf digitaler Systeme in typischen klinischen Situationen entspricht etwa dem der Empfindlichkeitsklasse 400 von Film-Folienkombinationen.**

24.3 Funktionsprinzip der Computertomografie

Computertomografen bestehen aus einem System aus einer beweglichen, heute rotierenden Röntgenröhre und einem simultan mit bewegten Detektorarray hinter dem Patienten. Benötigt wird unbedingt ein schnelles Computersystem, das dem Verfahren den Namen gegeben hat. Dieses dient dazu mit Hilfe geeigneter Rechenverfahren aus den winkelabhängigen Intensitätsprofilen die Schwächungen der einzelnen Volumenelemente zu berechnen. Die CT-Anlagen werden nach ihrem Ansatz und technischen Entwicklungsstand anschaulich in verschiedene Generationen eingeteilt.

24.3.1 Gerätegenerationen

Die erste CT-Messanordnung im Labor von *G. Hounsfield* bestand aus einem radioaktiven Strahler (^{241}Am, Gammaenergie 60 keV) und einem einzelnen Detektor. Später wurde der Gammastrahler durch eine Röntgenröhre mit Lochkollimator ersetzt. Dadurch entstand ein Nadelstrahl, der simultan mit dem Detektor seitlich verschoben wurde. Sobald das erste Intensitätsprofil erzeugt war, wurde die Anordnung um 1 Grad verdreht und der gesamte Messvorgang wiederholt. Der überstrichene Winkelbereich betrug insgesamt 180°. Dieses Prinzip wird als Translations-Rotations-Scanner der ersten Generation bezeichnet. Der Scan mit der Americium-Quelle an einem anatomischen Hirnpräparat benötigte eine Messzeit von 9 Tagen und eine Rechenzeit von mehr als zwei Stunden pro Schicht. Die ersten Versuche mit der Röntgenröhre wurden an frisch entnommenen Hundehirnen und Schweinenieren durchgeführt und führten zu Bildartefakten durch Faulgasblasen nach Zersetzungsprozessen der Präparate.

Der erste kommerzielle Scanner (1973, Fa. EMI) enthielt eine Röntgenröhre und mehrere nebeneinander angeordnete Detektoren, die den Röhrenfokus unter unterschiedlichen Winkeln betrachteten. Die einzelnen Detektoren sahen also verschiedene Projektionen des Objekts. Dadurch konnten die Winkelschritte vergrößert und die Messzeiten entsprechend verringert werden. Diese Anordnungen waren also immer noch Translations-Rotations-Scanner. Sie werden als Scanner der zweiten Generation bezeichnet. Die ersten klinischen Untersuchungen mit diesen Anlagen waren Computertomografien des Schädels.

Die dritte CT-Generation enthielt eine Röntgenröhre mit einem gegenüber liegenden starr gekoppelten Detektorkranz, die zusammen etwas über 360 Grad rotiert werden konnten. Der Röhrenfokus befindet sich diesen Scannern im Kreiszentrum des Detektorkranzes. Die 300 bis über 700 Detektoren waren deshalb auf den Brennfleck der Röntgenröhre fokussiert und konnten mit Streustrahlungsblenden versehen werden. Der Strahl war kein Nadelstrahl mehr, sondern hatte eine breite Fächerform (fan beam). Die Strahloptik war divergent und erforderte neue mathematische Methoden zur HU-Berechnung. Nach jeder Vollrotation musste die Röhre mit Detektor in die Ausgangsposition zurückgedreht werden, da die mitlaufenden Kabel nicht mehr als eine Vollrotation zuließen.

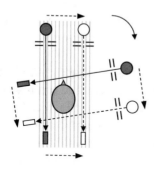

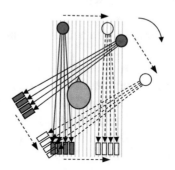

1. Gen. Nadelstrahl   2. Gen. Teilfächerstrahl

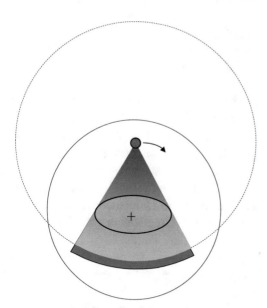

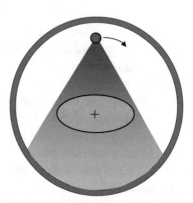

3. +. 5. Gen. Fächerstrahl   4. Gen. feststehender Detektorring

Fig. 24.15: CT-Generationen: Geräte der Generationen 1+2 waren Translations-Rotationsscanner. Scanner der 3. und 5. Generation arbeiten mit starr gekoppelten Detektorarrays (blau), die simultan mit der Röntgenröhre bewegt werden. Durch die spezielle Anordnung sind die Detektoren auf den Röhrenfokus ausgerichtet. Die äußere gestrichelte Kreislinie deutet die Detektorgeometrie an. Scanner der 4. Generation verwenden einen feststehenden Detektorkranz, der aus geometrischen Gründen nicht auf den Brennfleck ausgerichtet sein kann.

Der typische Ablauf war die Aufnahme einer Schicht, das Zurückdrehen der Röntgenröhre und des Detektorkranzes und die Verschiebung des Patienten für den nächsten Schnitt. Scanner dieser Bauart sind reine Rotationsscanner und werden als Computertomografen der dritten Generation bezeichnet. Sie standen seit 1976 kommerziell zur Verfügung und ermöglichten auch Computertomogramme am Körperstamm.

In Scannern der vierten Generation wurde der Detektorkranz stationär auf einem Kreis angebracht, dessen Mittelpunkt dem Drehzentrum der Röntgenröhre entsprach. Er enthielt bis über 4000 stationäre Detektoren. Die Röntgenröhre wurde über Schleifringe mit Signalen und Hochspannung versorgt und ermöglichte so eine kontinuierliche Rotation. Der einzelnen Detektoren sind geometrisch nicht exakt auf den Brennfleck ausgerichtet, da Röhrenbahn und Detektorkranz sich auf konzentrischen Kreisbahnen befinden. Sie konnten daher keine wirksamen Streustrahlungsblenden enthalten.

Der nächste Entwicklungsschritt waren Scanner, bei denen Röhre und Detektorkranz wieder gemeinsam rotierten, aber eine kontinuierliche Rotation ermöglichten. Dazu mussten sowohl die Versorgung der Röntgenröhre als auch die Signalübertragung von den Detektoren zu den Rechnern über Schleifringe vorgenommen werden. Solche Scanner werden oft als Scanner der 5. Generation bezeichnet.

Ein großer Fortschritt war die Entwicklung der Spiral-CT-Technik (helikale Technik, [Kalender 1989]), bei der die Voraussetzung ein Scanbetrieb mit kontinuierlich umlaufender Röntgenröhre war. Die Besonderheit dieser Spiral-CT-Konstruktion ist die stetige Verschiebung des Patienten bei ständig umlaufender Röntgenröhre. Zusammen mit den sehr kurzen Umlaufzeiten (typisch 0,3 bis 0,5 s) - die schnellsten Varianten haben heute Umlaufzeiten von nur noch 0,25s - und der Entwicklung von Hochleistungs-Röntgenröhren ermöglicht diese Scanner-Generation auch die Untersuchung dynamischer Prozesse. Ein spektakuläres Beispiel ist die helikale CT-Untersuchung des Herzens, bei der die Datenerfassung mit dem Herzschlag synchronisiert werden kann. Heute sind alle kommerziellen medizinischen Computertomografen Spiral-Scanner. Einige Anlagen arbeiten mit sogar mit einem doppelten Röhren-Detektor-System, enthalten also zwei unabhängige Röhren und zwei Detektorkränze. Spiral-CT-Aufnahmen erfordern wegen der kontinuierlichen Patientenverschiebung völlig neue Berechnungsmethoden.

24.3.2 CT-Detektoren

Detektoren der dritten CT-Generationen waren entweder Gasionisationskammern, die mit Xenon (Z = 54) bei hohem Druck (bis zu 20 bar) gefüllt waren, oder einzelne Detektorelemente aus einem Szintillator mit nach geschalteter Photodiode. Die einzelnen Detektorelemente waren auf dem Bogen eines Kreissegments mit dem Röhrenfokus als Mittelpunkt angeordnet. Dadurch konnten zwischen den einzelnen Detektorelementen auf den Brennfleck ausgerichtete dünne Streustrahlungsraster aus Schwermetall (Tantal mit Z = 73 oder Wolfram Z = 74, Mindestdicke 0,1 mm) angebracht werden. Scanner der dritten Generation erlaubten nur serielle Aufnahmen jeweils einer einzelnen CT-

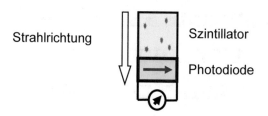

Einzelnes Detektorelement aus Szintillationsmaterial und Photodiode

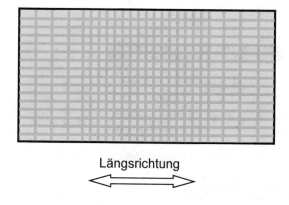

Detektormodul aus 24 Zeilen nach dem adaptive array Design.

Fig. 24.16: Oben: Funktionsprinzip eines einzelnen Detektorelements aus Szintillator und Photodiode. Unten: Design eines adaptive array Detektors (Modul für 24 Zeilen und 16 Kanäle). Für einen kompletten Ringdetektorsatz werden 42 dieser Module benötigt, die nebeneinander in einem Kreissegment angeordnet werden.

Schicht (single slice Technik). Die Rotationszeiten (1-2 s pro Umlauf) erforderten insbesondere bei der Untersuchung größerer Volumina am Körperstamm lange Untersuchungszeiten, die auch durch die sequentielle Technik (step and shoot) mit verursacht waren. Große Fortschritte und Zeitersparnis brachten die Einführung von Mehrzeilendetektoren, die verkürzten Umlaufzeiten (typisch 0,5 s) und die helikale Technik. Der erste Zwei-Zeilendetektor stammt von 1994, der erste kommerzielle klinische Vier-Zeilendetektor von 1998. Anschaulich werden die CT-Anlagen mit mehreren simultan erfassbaren Scheiben als 4-Zeiler, 16-Zeiler, 32-Zeiler oder 64-Zeiler, die Technik als Mehr-Ebenen-CT (multi slice CT) bezeichnet. Heute können durch geeignete technische Detektoranordnungen bis zu 256 Schichten gleichzeitig ausgemessen werden.

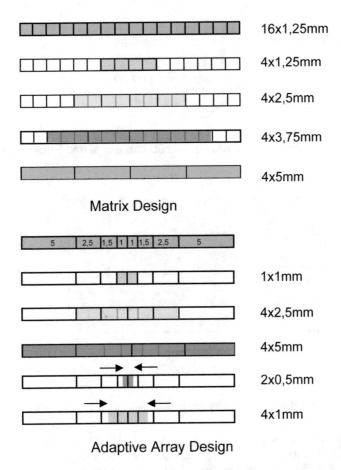

Fig. 24.17: Zeileneinteilungen für Multi-slice-Detektoren und Festlegung der Schnittbreiten. Größere Schnittbreiten werden durch elektronische Zusammenfassung der Signale der Einzeldetektorelemente hinter dem Patienten, schmalere Schnitte als die Detektorelemente durch Einblendung oberhalb des Patienten erreicht (Pfeile). Die Detektorreihen sind in Längsrichtung (z-Koordinate) ausgerichtet. Oben: Matrix Design mit gleich großen Detektorelementen. Unten: Adaptive Array Design mit zunehmender Elementbreite von der Mitte des Detektormoduls aus.

Als Detektoren werden heute in der Computertomografie die gleichen modernen Festkörperdetektoren eingesetzt wie bei der Projektionsradiografie. Die modernsten Varianten sind keramische Szintillatorsubstanzen mit einer Photodiodenmatrix. Sie enthalten Hoch-Z-Materialien wie CsI oder Oxide von Seltenen Erden (meistens Gd-Verbindungen), die wegen der Z-Abhängigkeit des Photoeffekts besonders hohe Strahlungsausbeuten aufweisen. Detektoren mit CsI haben durch die Nadelstruktur der Kristalle zusätzlich den Vorteil, dass diese Nadeln wie Lichtleiter wirken und deshalb eine besonders gute räumliche Auflösung garantieren, da das Licht seitlich nur wenig gestreut wird (vgl. Fig. 24.9).

CT-Detektoren haben Ausdehnungen in der Längsrichtung der Patienten (z-Richtung) von nur wenigen Zentimetern. Ihre Länge ist bestimmt durch die erwünschte simultan erfassbare Zeilenanzahl und Schnittbreite. Sie werden als kompakte Detektormodule gefertigt, die mehrere Reihen von Detektoren nebeneinander enthalten, im Detektorkranz nebeneinander positioniert und auf den Brennfleck ausgerichtet sind. In einigen Scannern sind bis über 50 solcher Elemente auf dem Kreisbogen nebeneinander angebracht. Diese kompakten Detektormodule haben den Vorteil, dass zwischen ihnen in Längsrichtung (üblicherweise als z-Richtung bezeichnet) ähnlich wie bei Einzeilen-Detektoren Streustrahlungsblenden angebracht werden können oder die Wände dieser Detektormodule direkt solche die Streustrahlung ausblendende Materialien enthalten. So kann wenigstens teilweise die Streustrahlung gemindert werden, da jedes Detektorelement nur die seinem eingeschränkten Blickwinkel entsprechende Streustrahlung aus dem Patienten wahrnehmen kann. Es gibt außerdem keinen unmittelbaren Übertrag des Szintillationslichts von einem in das andere Detektormodul.

Heute werden CT-Detektoren auch als großflächige ebene Detektoren gefertigt, wie sie auch in der Projektionsradiografie verwendet werden. Sie werden als "flat panels" bezeichnet. Der Röntgenstrahl muss dazu von einem schmalen Fächerstrahl zu einer breiten quadratischen oder rechteckigen geformten Strahlenkeule verändert werden. Streustrahlungsminderung durch Blenden zwischen Detektorelementen ist bei diesen Anordnungen nicht mehr möglich. Die größten flat panel Detektoren haben Abmessungen von etwa 40x40 cm^2. Die CT-Technik bei solchen Anordnungen erfordert neue Datenübertragungs- und Berechnungsverfahren.

24.3.3 Rechenverfahren

Wie bei allen bildgebenden Verfahren erhält man also auch bei der Computertomografie zunächst integrale Intensitätsverteilungen der durch den Patienten geschwächten Röntgenstrahlung, das Strahlenrelief. Die Besonderheit der CT ist das Auswerteverfahren dieser Intensitätsprofile. Für alle mathematischen Verfahren ist zunächst das ungeschwächte Intensitätsprofil zu bestimmen. Es wird in Folge mit I_0 bezeichnet. Die Projektion einer räumlichen Verteilung in diese Strahlprofile wird als Radon-Transformation bezeichnet. Bei einer unendlichen Anzahl der Projektionswinkel ist diese Radon-Transformation eindeutig. Sie ist also eindeutig der Objektverteilung zuzuordnen [Radon 1917]. Bei einer ausreichenden Anzahl von Projektionswinkeln (mindestens 180 Winkel) sind die projizierten Profile durch geeignete mathematische Verfahren mit ausreichender Genauigkeit in die Objektverteilung zurück zu rechnen. Ein wesentlicher Schritt bei der Berechnung der Schwächungskoeffizienten ist die Diskretisierung der mathematischen Schwächungsfunktionen. Verfahren können zunächst stetig rechnen und das Ergebnis anschließend diskretisieren (digitalisieren). Solche Verfahren werden als analytische Rekonstruktionen bezeichnet. Werden die Messergebnisse von Anfang an digitalisiert (mathematisch bedeutet dies eine Reihenentwicklung der unterstellten stetigen Funktionen), verwendet man algebraische Rekonstruktionsalgorithmen. Die letzte Gruppe verwendet statistische Rekonstruktionstechniken.

Mögliche Verfahren sind das Berechnen einer Matrix von Schwächungskoeffizienten durch das Lösen linearer Gleichungssysteme, die algebraischen Rekonstruktionstechniken mit Iterationsrechnungen und die Rückprojektionsverfahren mit geeigneter Faltung.

Lineare Gleichungssysteme: Das am leichtesten einleuchtende mathematische Verfahren ist die Bildung algebraischer Gleichungen, in denen die mittleren Schwächungskoeffizienten der diskreten Voxel als Unbekannte auftreten. Solche Gleichungssysteme können im Prinzip nach den Schwächungskoeffizienten aufgelöst werden, liefern also als Ergebnis eine Matrix von μ-Werten.

Besteht das zu untersuchende Volumen aus N^2 Voxeln, benötigt man zur eindeutigen Lösung der Gleichungssysteme auch N^2 Gleichungen. Dieses Prinzip soll schematisch und vereinfacht am Beispiel von 4 aus einer jeweils homogenen Masse bestehenden Volumenelementen (Voxel) und einer Bestrahlung aus nur 2 Richtungen erläutert werden (Fig. 24.18). Bei sukzessiver Schwächung durch aufeinander folgende Voxel, werden die einfallenden Intensitäten in jedem Voxel erneut geschwächt. Man erhält für einfache geometrische Anordnungen der Voxel mit der Seitenlänge Δx bei Einstrahlen des Röntgenstrahlenbündels mit der Anfangsintensität I_0 aus zwei zueinander senkrechten Richtungen (von oben und von der Seite) ein System aus vier Schwächungsgleichungen.

$$I_{oben}=I_0 \cdot exp(-\mu_1 \cdot \Delta x) \cdot exp(-\mu_2 \cdot \Delta x) \qquad I_{unten}=I_0 \cdot exp(-\mu_3 \cdot \Delta x) \cdot exp(-\mu_4 \cdot \Delta x) \quad (24.5)$$

$$I_{links}=I_0 \cdot exp(-\mu_1 \cdot \Delta x) \cdot exp(-\mu_3 \cdot \Delta x) \qquad I_{rechts}=I_0 \cdot exp(-\mu_2 \cdot \Delta x) \cdot exp(-\mu_4 \cdot \Delta x)$$

Die Schwächungskoeffizienten sind über die Röntgenenergien und die Materie im jeweiligen Voxel enthaltene Materie gemittelten linearen Schwächungskoeffizienten. Ist

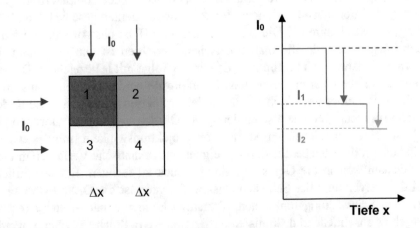

Fig. 24.18: Sukzessive Schwächung der Originalintensität I_0 eines Röntgenstrahls durch hintereinander transmittierte Voxel der Kantenlänge Δx.

man an diesen Schwächungskoeffizienten interessiert, müssen die Gleichungen logarithmiert und nach den μ_i-Werten aufgelöst werden. Das Ergebnis dieser Umrechnung ist ein lineares Gleichungssystem mit vier Unbekannten, aus dem ohne Schwierigkeiten die Schwächungskoeffizienten berechnet werden können.

$$ln(I_0 / I_{oben}) = \Delta x(\mu_1 + \mu_2) \qquad ln(I_0 / I_{unten}) = \Delta x(\mu_3 + \mu_4) \qquad (24.6)$$

$$ln(I_0 / I_{links}) = \Delta x(\mu_1 + \mu_3) \qquad ln(I_0 / I_{rechts}) = \Delta x(\mu_2 + \mu_4)$$

Bereits bei einer Kantenlänge von 3 Voxelseiten (N = 3) benötigt man zusätzlich zu den beiden senkrechten Projektionen eine zusätzliche Projektion aus einer weiteren Blickrichtung, um $N^2 = 9$ Gleichungen zu erhalten (Fig. 24.19). Bei einer Bildauflösung (Voxelanordnung) von nur 80x80 Voxeln in der untersuchten Schicht, wie sie Hounsfield bei den ersten klinischen CT-Untersuchungen verwendet hat, erhält man bereits 6400 Gleichungen, bei 1024x1024 Voxeln pro Schicht wären es bei dieser algebraischen Methode sogar mehr als eine Million Gleichungen.

Erschwerend kommt hinzu, dass zum einen die Messwerte statistischen Schwankungen (Rauschen) unterliegen, so dass diese einfachen Verfahren, Gleichungen aufzulösen, u. U. mit nicht vertretbaren statistischen Fehlern behaftet sind und daher keine eindeutigen Lösungen liefern. Zum anderen legen die Projektionsrichtungen je nach Projektionswinkel unterschiedliche Wege in den einzelnen Voxeln zurück. Als Folge muss also der Weg durch jedes Voxel individuell gewichtet werden. Solche Gleichungssysteme sind

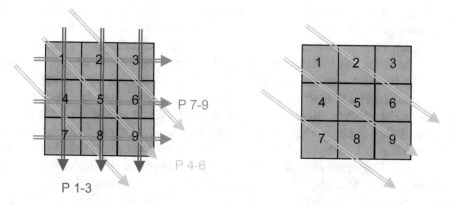

Fig. 24.19: Benötigte Projektionsanzahl bei 3x3 Voxeln. Die schrägen Projektionen (P4 – P6) entstehen durch Schwächungen auf vergrößerten bzw. verkürzten Wegen durch die Voxel. Bei schrägen Projektionswinkeln (rechte Abb.), die nicht direkt durch das Zentrum der Voxel führen, müssen außerdem die individuellen Wege in den Voxeln berücksichtigt werden.

selbst mit schnellen Computern nicht in vertretbaren Rechenzeiten zu lösen. Schon *Hounsfield* hatte daher nach mathematischen Alternativen gesucht und in seinen ersten Berechnungen die Schwächungskoeffizienten mit Iterationsverfahren bestimmt.

Iterationsverfahren: Diese Methode wird als ART (algebraische Rekonstruktions-Technik) bezeichnet. Iterationsverfahren[1] sind mathematische Lösungsmethoden, bei denen eine vermutete Lösung erneut in das Gleichungssystem eingesetzt wird, und das dabei entstehende neue Ergebnis auf Korrektheit überprüft wird. Das Verfahren wird so lange wiederholt, bis die Veränderungen im nächsten Rechenschritt kleiner sind als der zugelassene Fehler des Ergebnisses. Häufig ist der damit verbundene Rechenaufwand geringer als das unmittelbare Lösen der linearen Gleichungssysteme, vor allem, wenn die Ergebnisse mit individuellen Fehlern (Rauschen) versehen sind. Iterationsverfahren werden mit für die Körperregion typischen Startbildern begonnen. Dabei werden drei Methoden angewendet. Das erste Verfahren ändert nach dem ersten Rechenschritt die μ-Werte aller Voxel simultan und rechnet dann mit den so veränderten Schwächungs-koeffizienten erneut das Strahlprofil aus. Die Zweite Methode ändert gezielt nur die Werte einzelner Voxel. Das dritte Verfahren ändert die Werte der Schwächungskoeffi-zienten aller Voxel auf einer Linie (Nadelstrahl) und rechnet dann erneut.

Rückprojektion mit Faltung: Die heute am weitesten verbreitete Methode der μ-Berechnung bei der Computertomografie ist das Verfahren der Rückprojektion mit Fal-tung. Diese Methode ist die mathematische Umkehrung der Radon-Transformation.

Die Absorption der Röntgenstrahlung in einem durch die seitliche Ausdehnung des Strahlenbündels bestimmte Volumen mit seinen nacheinander durchstrahlten Voxeln erzeugt eine bestimmte integrale, also von allen Voxeln erzeugte Gesamtschwächung im Intensitätsprofil. Diese Schwächung wird in das Messvolumen zurück projiziert und der gesamten vom Strahl durchstrahlten Materialsäule einheitlich zugeordnet. Man er-hält also ein Band mit Voxelbreite. Dieses Verfahren ist grafisch in (Fig. 24.20 oben) vereinfacht für ein Voxel mit erhöhter Schwächung relativ zur Umgebung dargestellt. In der Strahlprojektion taucht an der entsprechenden Stelle eine erhöhte Schwächung auf. Bei der Betrachtung aus einem zweiten Winkel entsteht wieder ein ähnliches Strahl-profil ebenfalls mit einer erhöhten lokalen Schwächung. Mit zunehmender Anzahl der Rückprojektionen überlagern sich die einzelnen Bänder vor allem am Ort des betrach-teten Voxels. Wegen der endlichen Voxelbreite ergibt dies aber eine künstlich erzeugte Verbreiterung des Voxelbildes. Insgesamt erhält man bei vielen nebeneinander ange-ordneten Voxeln zusätzlich eine den Kontrast mindernde Grundschwächung im gesam-ten Volumen, die nicht mehr einzelnen Voxeln zuzuordnen ist.

---

[1] Iteration stammt vom lateinischen Wort "iterare" (wiederholen).

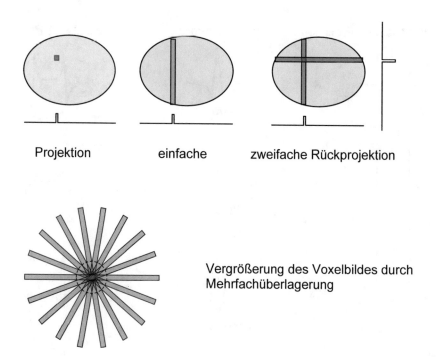

Projektion   einfache   zweifache Rückprojektion

Vergrößerung des Voxelbildes durch
Mehrfachüberlagerung

Fig. 24.20: Methode der Rückprojektion bei der Computertomografie: Oben einfache und doppelte Rückprojektion aus 2 Richtungen. Unten: Entstehung des Untergrundes und des vergrößerten Abbildes (Kreis) des Voxels durch Überlagerung der endlich breiten Projektionsprofile.

Um die Überlagerungen zu minimieren, werden die gemessenen Intensitätsprofile mit geeigneten Funktionen mathematisch gefaltet, die ein Rechteckprofil zu Profilen mit überhöhten aber auch ins Negative verlaufenden Werten aufweisen (Fig. 24.21). Dies führt zum weitgehenden Verschwinden der nicht zum Voxel zuzuordnenden Schwächung. Ohne diese Faltung würde in jedem CT-Bild ein künstlicher "Grundschleier" entstehen. Die verwendeten Faltungskerne können hohe Ortsfrequenzen bevorzugen, was eine verbesserte Ortsauflösung zur Folge hat. Es können auch hohe Ortsfrequenzen unterdrückt werden, was zu einem verminderten Rauschen in den Bildern führt und daher besonders geeignet bei kontrastarmen Objekten ist.

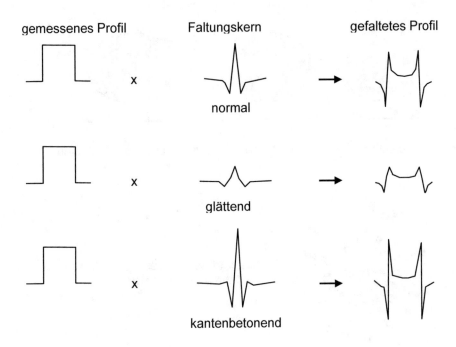

| gemessenes Profil | | Faltungskern | | gefaltetes Profil |

Fig. 24.21: Prinzip der Faltung der gemessenen CT Strahlprofile mit Faltungskernen (in Anlehnung an eine Darstellung in [Kalender]).

24.3.4 Die Hounsfield-Einheiten

Das Ergebnis der verschiedenen Rechenverfahren sind relative mittlere Schwächungskoeffizienten einzelner Volumenelemente (voxels) in der betrachteten Schnittebene, die Hounsfield Einheiten oder "Hounsfield Units" (HU). Diese Schwächungswerte sind auf den mittleren Schwächungskoeffizienten von Wasser bezogen, und werden zur besseren numerischen Auflösung mit 1000 multipliziert. Wegen der individuellen Form der heterogenen kontinuierlichen Röntgenspektren muss der Schwächungskoeffizient von Wasser dazu an jeder Anlage durch Kalibrierung für alle verwendeten Röhrenspannungen und Filterungen experimentell bestimmt werden.

$$HU = \frac{\mu_{gew} - \mu_{Wasser}}{\mu_{Wasser}} \cdot 1000 \tag{24.7}$$

Nach dieser Gleichung hat Wasser definitionsgemäß den Wert HU(H$_2$O) = 0, HU(Luft) = -1000 (exakt -999 HU) und kompakte Knochensubstanz oder Metallimplantate Werte bis 3000 HU. Die meisten Weichteilgewebe haben HUs zwischen -100 und +100. Weil für die Strahlungsqualitäten der Röntgenstrahlung bei der Computertomografie der Schwächungskoeffizient für Weichteilgewebe vorwiegend von dessen Dichte abhängt, spricht man bei den HU im klinischen Alltag etwas inkorrekt einfach von "Dichten". Tatsächlich wirkt sich auch die Ordnungszahl Z der durchstrahlten Materie über den Photoeffektanteil der Photonenwechselwirkungen - extrem bei Kontrastmittelgaben oder Hoch-Z-Implantaten - auf die Hounsfield-Einheiten aus.

Werden andere Röntgenspektren verwendet z. B. durch unterschiedliche Hochspannungen oder geänderte Filterung, ändern sich wegen der unterschiedlichen Schwächungskoeffizienten auch die Hounsfield-Einheiten der verschiedenen Materialien. Durch die Kalibrierung in Luft bei der Bestimmung der Frei-Luft-Intensität I_0 und die experimentelle Festlegung des Wasserschwächungskoeffizienten bei der Kalibrierung hat die Hounsfieldskala jedoch zwei Fixpunkte. Der Wasserwert liegt grundsätzlich bei 0 HU, der Luftwert bei -1000 HU.

24.3.5 Mittlere Schwächungskoeffizienten bei heterogenen Röntgenspektren*

Bei den üblichen Strahlungsqualitäten der Computertomografie dominieren der Photoeffekt mit seiner starken Energieabhängigkeit ($1/E^3$) und der ausgeprägten Abhängigkeit von der Ordnungszahl des Absorbermaterials (Z^{4-5}/A) sowie der Comptoneffekt, der unabhängig von der Ordnungszahl und für klinische Röntgenspektren weitgehend unabhängig von der Photonenenergie ist, also im Wesentlichen nur von der Dichte abhängt. Rayleighstreuung (klassische Streuung) tritt nur bei sehr niedrigen Photonenenergien auf, die durch die harte Filterung der Röntgenspektren bei der CT allerdings weitgehend unterdrückt werden. Der Schwächungskoeffizient bei der CT ist also eine Summe der beiden verbleibenden Wechselwirkungen. Das Schwächungsgesetz in seiner einfachsten Form beschreibt die Schwächung der Primärstrahlungs-Photonen in einem Absorber mit homogener Dichte und konstantem Z. Schreibt man dieses Schwächungsgesetz für die Intensität des Photonenstrahls auf, so erhält man als hinter einer Schichtdicke d die bekannte Exponentialform des Schwächungsgesetzes.

$$I(d) = I_0 \cdot e^{-\mu \cdot d} \tag{24.8}$$

Ist das durchstrahlte Material aus einer Serie n unterschiedlicher hintereinander durchlaufener Substanzen zusammengesetzt, die jeweils ihre eigene Dichte und Ordnungszahl haben, so ergibt sich Gesamtschwächung bei monoenergetischer Photonenstrahlung durch eine Serie von Einzelschwächungen in den einzelnen Massenelementen mit der jeweiligen Teildicke d_i. Das Schwächungsgesetz hat jetzt einen Exponenten, der eine Summe über sämtliche Einzelschwächungen enthält.

$$I(d) = I_0 \cdot e^{-\mu_1 \cdot d_1 - \mu_2 \cdot d_2 - \mu_3 \cdot d_3 - \cdots} = I_0 \cdot e^{-\sum_{i=1}^{n} \mu_i \cdot d_i} \tag{24.9}$$

Für beliebig kleine hintereinander durchstrahlte Massenelemente erhält man statt der Summe im Exponenten ein Integral. Das Schwächungsgesetz hat dann mit der Weglänge ds die folgende Form.

$$I(d) = I_0 \cdot e^{-\int_{s=0}^{d} \mu(s)ds} \tag{24.10}$$

Betrachtet man heterogene Spektren, wie sie im Röntgen verwendet werden, ergibt sich die Gesamtschwächung durch einen homogenen Absorber durch eine Wichtung mit allen Intensitäten im Spektrum. Das einfachste Beispiel ist ein Spektrum mit nur 2 Photonenenergien E_1 und E_2 mit den Teilintensitäten I_1 und I_2. Die Gesamtschwächung besteht dann aus einer Summe der Schwächungen für diese beiden Photonenenergien. Man erhält das Schwächungsgesetz als Summe der Einzelschwächungen in der Form

$$I(d) = I_1(E_1) \cdot e^{-\mu(E_1)\cdot d} + I_2(E_2) \cdot e^{-\mu(E_2)\cdot d} \tag{24.11}$$

Die Verallgemeinerung auf ein kontinuierliches Spektrum mit den relativen energieabhängigen Intensitäten liefert als Schwächungsgesetz für eine homogene Substanz das folgende Integral.

$$I(d) = \int_{E=0}^{E_{max}} I_0(E) \cdot e^{-\mu(E)\cdot d} \tag{24.12}$$

Werden jetzt im nächsten Schritt zusätzlich inhomogene Materialien betrachtet, wird aus dieser Beziehung ein Doppelintegral über das Spektrum und über die verschiedenen Schwächungskoeffizienten der unterschiedlichen Materialien. Man erhält die folgende Beziehung.

$$I(d) = \int_{E=0}^{E_{max}} I_0(E) \cdot e^{-\int_{s=0}^{d} \mu(s)ds} \tag{24.13}$$

Berechnet man aus den gemessen Intensitätsprofilen durch geeignete Verfahren die Schwächungskoeffizienten einzelner Voxel, so erhält man also immer Mittelungen über das verwendete Röntgenspektrum und die im Voxel mit den verschiedenen Massenanteilen enthaltenen Materialien.

Betrachtet man jetzt zusätzlich die Veränderung der spektralen Zusammensetzung des Röntgenspektrums durch Wechselwirkungen mit dem Absorbermaterial (Aufhärtung), so wird das Spektrum außerdem tiefenabhängig. Aus der einfachen Beziehung für die Intensität $I_0(E)$ wird dann eine tiefen- und materialabhängige Funktion $I_0(E,x,y,z)$. Bleiben die Materialien während der Datenerfassung darüber hinaus in ihrer Zusammensetzung und Dichte zeitlich nicht konstant, wie es bei Kontrastmittelgaben oder bei Atmung (Dichteänderungen in der Lunge) der Fall sein kann, sind die berechneten mittleren Schwächungskoeffizienten der Voxel außerdem zeitabhängig. Es gilt also

$$\bar{\mu} = \mu(x,y,z,E,t) \tag{24.14}$$

24.3.6 Artefakte bei der Rückprojektion

Artefakte sind künstlich erzeugte oder veränderte Strukturen im Bild, die keine Entsprechung im Objekt haben. Man kann sie in die technischen Artefakte bei Hardware- oder Software-Störungen und die physikalischen Artefakte einteilen, die ihre Ursache in physikalischen Gesetzmäßigkeiten haben.

Zur Gruppe der technischen Artefakte zählen die **Ringartefakte** und **Linienartefakte**. Wenn ein Detektor überhaupt kein Signal erhält, bedeutet dies für die Auswertesoftware "maximale Absorption". Die Folge sind weiße Strukturen, die wegen der Kreisbewegung des Detektorkranzes zu Kreisen im Bild werden. Die Bildung von Ringen hängt von der Lage des defekten Detektors im Detektorkranz ab. Ein extremes Beispiel ist der Ausfall des zentralen Detektors. In diesem Fall ist das gesamte Bild von Ringartefakten durchsetzt. Bei dezentraler seitlicher Lage des defekten Detektors ist das Bild innerhalb des Ringartefaktes weitgehend unverändert, außerhalb des Blickwinkels des Detektors treten mit abnehmender Intensität weitere unregelmäßig geformte schlierenartige Artefaktstrukturen auf (Fig. 24.22 links). Ringartefakte entstehen auch, wenn ein Detektor

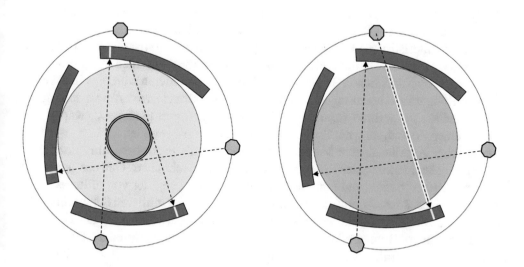

Fig. 24.22: Ring- und Streifenartefakte bei Detektordefekten. Links: Ringartefakt bei Ausfall oder Fehlanzeige eines bestimmten Detektors (gelb) im Detektorkranz führt zu fehlerhaften Signalen außerhalb und zu nahezu korrekten Signalen innerhalb des zentralen grünen Kreises, der durch die Blickrichtungen des defekten Detektors definiert wird. Rechts: Ausfall eines Detektors nur in einem bestimmten Winkel führt zu einem isolierten Linienartefakt mit Mehrstreifencharakter (weiß).

grundsätzlich verminderte oder überhöhte Signale durch falsche Nachweiswahrschein-lichkeit (efficiency) aufweist. In den Sinogrammen[2] tauchen Einzeldefektorausfälle als horizontale weiße Linien auf. Deutlich zu sehen sind Einzeldetektorausfälle als lineare weiße Streifen in den Topogrammen. In den rekonstruierten CT-Bildern entstehen Li-nienartefakte immer dann, wenn ein Detektor nur in einer bestimmten Winkelposition kein Signal erzeugt. In diesem Fall kommt es zu einem durch den verwendeten Fal-tungskern bedingten typischen Drei-Streifenmuster (Fig. 24.22 rechts). Sowohl bei stän-dig auftretenden Ring- als auch bei Streifenartefakten kann nur der technische Service helfen.

Bewegungsartefakte: Sie entstehen, falls sich der Patient während der Untersuchung bewegt. Dadurch werden Strukturen je nach Blickwinkel des Detektorkranzes an unter-schiedlichen Orten im Objekt gesehen. Die winkelabhängigen Datensätze sind in sol-chen Fällen nicht mehr konsistent und führen bei der Bildrekonstruktion zu unscharfen Konturen und verschmierten Strukturgrenzen und je nach Struktur auch zu sternförmi-gen Streifenartefakten. Beispiele sind die Atembewegung oder die Kontraktion des Herzmuskels beim Herzschlag. Beim Herz-CT werden deshalb die Röntgenröhren so mit dem EKG synchronisiert, dass Aufnahmen nur während der Ruhephase des Her-zens, der Diastole, vorgenommen werden.

Strahlaufhärtungsartefakte: Röntgenspektren sind heterogen. Sie bestehen aus ei-ner Überlagerung des Dreieckspektrums aus der Strahlungsbremsung der Elektronen und den charakteristischen Röntgenstrahlungsbeiträgen nach Ionisation der Atomhüllen des Anodenmaterials. Da die weichen Anteile wegen ihrer erhöhten Wechselwirkung vor allem die oberflächlichen Schichten der Patienten exponieren würden, ohne wesent-lich zum Röntgenbild beizutragen, werden Röntgenspektren je nach Anwendungsgebiet unterschiedlich vorgefiltert (s. dazu [Krieger1], Kap. 7 und [Krieger2], Kap.4). Das führt zu einer Veränderung der Spektralform mit der dominierenden Minderung nieder-energetischer Anteile. Dieser Vorgang wird treffend als beam-hardening bezeichnet. Bei der Wechselwirkung der Röntgenspektren mit menschlichem Gewebe, kommt es zu einer weiteren tiefen- und materialabhängigen Aufhärtung der vorgefilterten Spek-tren. Weil aufgehärtete Röntgenspektren wegen des höheren mittleren Schwächungsko-effizienten in der Folge weniger stark absorbiert werden, wird dies bei der Bilderzeu-gung als geringere Röntgendichte der jeweiligen Strukturen interpretiert. Diese Struk-turen zeigen dann erniedrigte Schwächungskoeffizienten bzw. HU-Werte, selbst wenn ihre atomare Zusammensetzung und Dichte konstant über das betrachtete Volumen bleibt (Fig. 24.23 oben und Mitte). Da die Patienten im Wesentlichen aus Weichteilge-webe bestehen, das etwa die atomaren Eigenschaften von Wasser hat, werden in den meisten Computertomografieprogrammen Aufhärtungseffekte für Weichteilgewebe korrigiert.

---

[2] Gesehene "Bilder" eines Detektors als Funktion des Blickwinkels bei der Rotation.

Verbleibende Strahlaufhärtungsartefakte entstehen immer dann, wenn bei der Passage besonders röntgendichter Strukturen wie beispielsweise kompakte Knochen oder Metalle die spektrale Form der Röntgenspektren durch bevorzugte Absorption weicher spektraler Anteile über den Photoeffekt (Hoch Z) stärker als im Weichteilgewebe verändert wird. Sofern aus anderen Blickwinkeln nicht die gleichen Veränderungen des Röntgenspektrums zwischen solchen Strukturen auftreten, sind die winkelabhängigen Datensätze also nicht konsistent. Die Folge sind dunkle Bildbereiche hinter Knochen, die als "Hounsfield-Bars" bezeichnet werden (Fig. 24.23 unten). Starkes Beam-hardening tritt vor allem an der Schädelbasis und an dichten Gelenken (höheres Z und höhere Dichte als Weichteilgewebe) auf. Nicht korrigierbare Strahlaufhärtungsartefakte können durch die Erhöhung der Röhrenspannung gemindert werden, da die Schwächungskoeffizienten bei höheren Energien weniger Unterschiede zeigen. Sie können auch durch die gezielte Verminderung niederenergetischer Anteile im Röntgenspektrum durch stärkere Filterung beispielsweise mit Cu-Filtern gemildert werden.

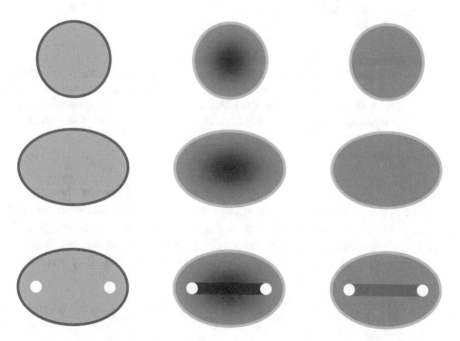

Fig. 24.23: Aufhärtungseffekte bei der Einstrahlung heterogener Röntgenspektren. Links Objekte aus Weichteilgewebe mit einer etwas dichteren Oberfläche (rot) und Knocheneinlagerungen (weiß). Mitte: HU-Wert-Verteilung ohne Aufhärtungskorrektur mit Aufhärtungsartefakt in der Objektmitte. Zwischen den Knochen kommt es zu einem ausgeprägten zusätzlichen massiven Aufhärtungsartefakt. Rechts: korrigierte Dichtestufen im Weichteilgebiet nach Weichteil-Aufhärtungskorrektur mit verbleibendem aber gemildertem "Hounsfield-Bar" zwischen den Knochen.

Teilvolumenartefakte: Befinden sich innerhalb von Voxeln bei bestimmten Blickwinkeln seitliche Materialgrenzen, so wird beim Messvorgang nicht über den Schwächungskoeffizienten sondern über die von beiden Teilvolumina erzeugten Intensitäten gemittelt. Da die Hounsfieldeinheiten erst nach dem Logarithmieren der Intensitäten berechnet werden, erhält man so eine falsche Mittelung über den Schwächungskoeffizienten im Voxelvolumen. Es entstehen unrealistisch niedrige HU-Werte. Dieser Tatbestand wird als **Teilvolumenartefakt** bezeichnet.

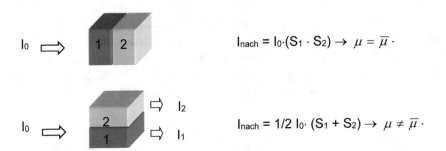

Fig. 24.24: Gesamtintensität I_{nach} bei verschiedener Anordnung von Teilmaterialien im Voxelvolumen. Oben: serielle Anordnung der Teilvolumina führt zu einer Gesamtschwächung als Produkt der Einzelschwächungen S_1 und S_2. Unten: Anordnung der Teilelemente parallel zur Einstrahlrichtung führt zu einer Gesamtintensität I_{nach}, die zu gleichen Anteilen aus I_1 und I_2 besteht, also aus einer gemittelten Intensität I_{nach}.

Man kann sich diesen Effekt an einem einfachen Beispiel klar machen (Fig. 24.24). Innerhalb des Gesichtsfeldes eines Detektors, einem Voxel, sollen sich zwei gleich ausgedehnte Volumina mit unterschiedlichen Teilschwächungskoeffizienten μ_1 und μ_2 befinden. Liegen die Teilvolumina in einem bestimmten Blickwinkel exakt in Sichtlinie hintereinander, so ergibt sich die Gesamtschwächung als Produkt der Einzelschwächungen.

$$I = I_0 \cdot S_1 \cdot S_2 = I_0 \cdot e^{-\mu_1 \Delta x/2} \cdot e^{-\mu_2 \Delta x/2} = I_0 \cdot e^{-\Delta x/2 \cdot (\mu_1 + \mu_2)} \quad (24.15)$$

Logarithmieren liefert jetzt die Summe der Teilschwächungskoeffizienten.

$$ln(I_0 / I) = (\mu_1 + \mu_2) \cdot \Delta x / 2 \quad (24.16)$$

Da das arithmetische Mittel der beiden Teilschwächungskoeffizienten gerade die Hälfte ihrer Summe ist, erhält man

$$ln(I_0 / I) = \overline{\mu} \cdot \Delta x \quad (24.17)$$

Liegen die Teilvolumina dagegen exakt nebeneinander, ist die Strahlintensität hinter dem Voxel die Summe der beiden Teilintensitäten I_1 und I_2. Im angenommen einfachen Fall der exakten Halbierung der Strahleintrittsflächen sieht jede Teilfläche des Voxels nur die halbe Intensität $I_0/2$. Man erhält für die Intensität hinter dem Voxel also die Summe der beiden Teilintensitäten. Die Gesamtintensität I ist das arithmetische Mittel dieser Einzelintensitäten.

$$I = I_1 + I_2 = I_0/2 \cdot (e^{-\mu_1 \Delta x} + e^{-\mu_2 \Delta x}) \tag{24.18}$$

Logarithmieren dieser Gleichung ergibt

$$ln(I/I_0) = ln(1/2) + ln(e^{-\mu_1 \Delta x} + e^{-\mu_2 \Delta x}) \neq \bar{\mu} \cdot \Delta x \tag{24.19}$$

also offensichtlich nicht den mittleren Wert des Schwächungskoeffizienten. Bei der Rückprojektion aus verschiedenen Richtungen erhält man also je nach Blickwinkel unterschiedliche Werte des Schwächungskoeffizienten, also inkonsistente Datensätze.

Besonders häufig sind Teilvolumenartefakte bei sehr feinen Strukturen deutlich unterschiedlicher Dichte und atomarer Zusammensetzung wie im Gesichtsschädel (Kiefer, Nebenhöhlen), bei denen sich im Detektorgesichtsfeld viele Materialgrenzen befinden. Teilvolumenartefakte treten als Streifenstrukturen höherer oder minderer Dichte auf. Dies erweckt den Eindruck, als wären die abgebildeten Strukturen in die jeweilige Blickrichtung "ausgefranst". Zur Verminderung von Teilvolumenartefakten hilft vor allem eine Verringerung der Schnittbreite bei der Aufnahme. Das bedeutet Aufspalten der Voxel in kleinere Elemente und dadurch eine Reduktion der Häufigkeit von Materialgrenzen im Voxel.

Metallartefakte: Bei Metallimplantaten wie künstlichen Gelenken, chirurgischen Schrauben und Zahnfüllungen aus Amalgam oder Goldlegierungen kommt es zu sehr deutlichen Strahlaufhärtungseffekten, die im Wesentlichen über den dominierenden Photoeffekt mit der Z^{4-5}/A-Abhängigkeit ausgelöst werden. Die Folge sind kräftige Streifenartefakte, die bei den üblichen Rückprojektionsverfahren nicht korrigiert werden können. Diese Artefakte sind besonders ausgeprägt, wenn wie im Kieferbereich mehrere Implantate unter bestimmten Detektorsichtwinkeln nacheinander durchstrahlt werden. Da Metallimplantate in der Regel auch scharfe Materialgrenzen (Konturen) und kleine Volumina aufweisen, lösen sie außerdem sehr starke Teilvolumenartefakte aus, die durch Verminderung der Schnittbreite des Fächerstrahls kaum gemindert werden können. Die Folge sind Verstärkungen der Aufhärtungsartefakte durch die zusätzlichen massiven Teilvolumenartefakte in den Metallimplantaten. Insgesamt bewirken die beiden Artefaktarten dichte sternförmige Überlagerungen von weißen und dunklen Streifenmustern. Diese Artefakte füllen den gesamten Bildbereich und machen die CT-Daten in der Regel unbrauchbar.

Metallartefakte sind also eigentliche keine neue Artefaktart sondern nur Verstärkungen der beiden schon dargestellten Effekte Aufhärtungs- und Teilvolumenartefakt. Abhilfe kann die gezielte Vermeidung bestimmter Bildebenen im Kieferbereich und die Mehr-kV-Technik bringen, bei der wegen der verschiedenen Anteile von Photoeffekt- und Compton-Wechselwirkung bei unterschiedlichen Strahlungsqualitäten rechnerische Korrekturen der Bilddaten vorgenommen werden können.

Messfeldüberschreitungsartefakte: Ragen Objektteile über das Messfeld des De-tektorkranzes hinaus, kommt es ohne weitere Korrekturen zu den so genannten Mess-feldartefakten. Der Grund sind die unerwarteten Schwächungen des Strahlenbündels außerhalb des Messfeldes (dort sollte sich nur Luft befinden), die den Oberflächen-schichten des Objekts zugeordnet werden. In diesen Fällen wird also die ungeschwächte Intensität des Strahlenbündels I_0 herabgesetzt. In den Bildern treten dann überdichte Strukturen am Feldrand auf, die wie Verkalkungen in den Oberflächenregionen wirken. Wenn die Messfeldüberschreitungen nur in bestimmten Richtungen auftreten (z. B. in der lateralen Blickrichtung), sind diese Verdichtungen in den Bildern auch nur in diesen Richtungen deutlich ausgeprägt. In der Regel kann man diese Verdichtungen bei der Diagnose hinnehmen, da man ja vor allem an den Informationen im Körperinneren in-teressiert ist. Befinden sich außerhalb des Messfeldes aber sehr dichte Strukturen wie Knochen im Schulterbereich oder Metallimplantate, kommt es außerdem zu den übli-chen Aufhärtungs- und Streifenartefakten, die u. U. das komplette Bild unbrauchbar machen können.

Werden keine Detektorkränze verwendet sondern die modernen aus einer Detektorflä-che bestehenden Flachdetektoren, ist mit einem erhöhten Auftreten solcher Messfeldar-tefakte zu rechnen, da die Flachdetektoren oft schmaler als die Patientendurchmesser sind.

Streustrahlungsprobleme: In allen CT-Messprofilen sind nicht ortsgebundene Streustrahlungsanteile enthalten. Das Ausmaß dieser Streubeiträge hängt von der CT-Generation und dem Aufwand bei der Verwendung oder Konstruktion von Streustrah-lungsblenden ab. CT-Anlagen der vierten Generation können wegen der speziellen Ge-ometrie prinzipiell nicht mit Streustrahlungsblenden zwischen den Detektoren ausge-stattet werden. CT-Anlagen mit Flachdetektoren können ebenfalls aus konstruktiven Gründen nicht mit die Streustrahlung mindernden Blenden im Detektorfeld versehen werden.

Die Streustrahlungsbeiträge sind auf allen Detektoren nahezu gleichmäßig verteilt, da sie im Wesentlichen isotrop vom Patienten abgestrahlt werden. Bei der Auswertung der Messprofile (Rückprojektion mit Faltung) kann daher durch mathematische Verfahren hinter Weichteilgewebe eine Grund-Korrektur dieser isotropen Streustrahlungsbeiträge vorgenommen werden. Sehr röntgendichte Materialien wie Knochen und Metalle (hohe Dichte und Z) absorbieren den Nutzstrahl stärker als Weichteilgewebe. Die Signalin-tensität im Detektormodul kann dadurch so stark vermindert werden, dass die Messsig-nale geringer oder vergleichbar mit dem Streustrahlungsuntergrund werden. Haben diese Materialien in unterschiedlichen Blickrichtungen auch unterschiedliche Ausmaße, so ändert sich die Signalhöhe je nach Detektorwinkel. Die Datensätze zeigen dann unterschiedliche inkonsistente "fehlerhafte" Intensitäten, die zu Fehlberechnungen der entsprechenden Schwächungskoeffizienten führen können. Die dadurch entstehenden Fehler in den HU werden gelegentlich als **Streustrahlungsartefakte** bezeichnet.

Zusammenfassung

- **Neben der Projektionsradiografie mit bildgebenden Detektoren wird die Computertomografie verwendet, bei der aus den Intensitätsprofilen hinter dem Patienten relative Schwächungskoeffizienten des durchstrahlten Gewebes berechnet werden, die so genannten Hounsfield-Einheiten (HU).**

- **Diese Bildinformation wird dann einzelnen endlichen Volumenelementen, den Voxeln zugeordnet.**

- **Vor der Auswertung der Messdaten werden die Logarithmen der relativen Intensitäten gebildet. Dieses Verfahren wird häufig unmittelbar von der Messelektronik durchgeführt.**

- **Das Ergebnis sind die integralen relativen Schwächungsfaktoren ($\ln(I_0/I)$ für jede Projektionsrichtung, die proportional zu den Schwächungskoeffizienten aller durchstrahlter Voxel sind.**

- **Es gibt drei unterschiedliche Berechnungsverfahren, bei denen aus den Messdaten (den Strahlprofilen) die Schwächungskoeffizienten der einzelnen Voxel berechnet werden.**

- **Die naheliegende Methode ist das algebraische Lösen der linearen Gleichungssysteme aus Schwächungsfaktoren und Schwächungskoeffizienten.**

- **Diese Methode ist bei den heute üblichen Pixelzahlen aus rechnerischen Gründen wegen der extremen Anzahl der Gleichungen (etwa 1 Million unbekannte Schwächungswerte) nicht praktikabel. Erschwert wird das ganze durch das Signalrauschen, das unter Umständen keine eindeutigen Lösungen liefern würde.**

- **Das zweite bereits von Hounsfield eingesetzte Rechenverfahren ist die Iterationsmethode, bei der vermutete Lösungen solange in die Gleichungssysteme eingesetzt werden, bis die Ergebnisse innerhalb tolerierbarer Fehlergrenzen konstant bleiben.**

- Dieses Verfahren wird als Algebraische Rekonstruktions-Technik ART bezeichnet. Es ist sehr rechenintensiv und wird heute in der Nuklearmedizin routinemäßig bei den SPECT und PET-Untersuchungen verwendet.

- Das heute am weitesten verbreitete Berechnungsverfahren bei der CT ist die Rückprojektion der gemessenen Intensitätsprofile mit Faltung.

- Diese Methode ist die Umkehrung der Radontransformation, die einen eindeutigen Zusammenhang von gemessenem Strahlprofil bei der Passage eines Nadelstrahls durch Materie und der integralen Schwächung auf dem Weg dieses Nadelstrahls beschreibt.

- Die Faltung der rückprojizierten Strahlprofile mit Faltungskernen (kernels) dient zur Verbesserung der räumlichen Auflösung und zur Minderung eines sonst im ganzen Bild entstehenden "Grundschleiers".

- Die Rückprojektion mit Faltung ist das schnellste Berechnungsverfahren für die Computertomografie.

- Rückprojektionen mit Faltung sind sehr empfindlich gegen Rekonstruktionsartefakte.

- Die wichtigsten Artefakte sind die technischen Artefakte (Ring- und Linienartefakte) bei defekten Detektoren, die Bewegungsartefakte, die Aufhärtungsartefakte, die Teilvolumenartefakte, die Metallartefakte, die Artefakte bei Messfeldüberschreitungen und die Streustrahlungsartefakte.

- Computertomografen werden heute meistens als Spiral-CT (helikale CT) betrieben, mit denen wegen der schnellen Aufnahmezyklen auch gut dynamische Prozesse untersucht werden können.

- Computertomografie ist in der Regel mit höheren Strahlenexpositionen des Patienten verbunden als die Projektionsradiografie.

Aufgaben

1. Wozu benötigt man bei Röntgenaufnahmen mit Filmen die Leuchtfolien und welche Auswirkungen hat ihr Einsatz auf die Bildqualität?

2. Erklären Sie die Funktionsweise von Speicherfolien. Benötigen Speicherfolien bei der Anwendung am Patienten einen elektronischen Anschluss?

3. Welche Korrekturen an den Bilddaten digitaler Systeme sind erforderlich?

4. Für welche Röntgenaufnahmen wird bzw. wurde die Selentrommel bevorzugt eingesetzt?

5. Erklären Sie den Begriff der Empfindlichkeitsklasse. Für welche Röntgendetektoren wird er verwendet?

6. Was versteht man unter "dose creep" bei der digitalen Radiografie?

7. Können digitale Bilddetektoren im Röntgen unter- oder überbelichtet werden?

8. Was wird bei der Computertomografie dargestellt?

9. Was bedeutet helikale CT-Technik?

10. Definieren Sie die Hounsfield-Einheit HU mit Formel. Ist es ausreichend, die HU als relative Dichten zu bezeichnen?

11. Erklären Sie das Prinzip der Rückprojektion mit Faltung.

12. Wodurch ist bei digitalen Röntgensystemen die räumliche Auflösung bestimmt?

13. Ist es möglich bei der CT Objekte darzustellen, die kleiner als die minimale Detektorgröße sind?

Aufgabenlösungen

1. Verstärkungsfolien "übersetzen" das Röntgenlicht in den für Filme effektiveren optischen Bereich. Da die Szintillationswirkung räumlich ausgedehnt und die Lichtverbreitung weitgehend isotrop ist und zudem Streulicht in den Verstärkungsfolien entsteht, verschlechtert eine Verstärkungsfolie immer die räumliche Auflösung im Vergleich zu einem folienlosen Film.

2. In den Materialien der Speicherfolien werden angeregte Leitungsbandzustände zu etwa 50% in Traps entleert, die im Auswertegerät mit Licht aus dem sichtbaren Bereich wieder ins Leitungsband angeregt werden können. Speicherfolien benötigen keinen elektrischen Anschluss, können also wie normale Filmkassetten hantiert werden. Allerdings müssen sie nach jedem Gebrauch gründlich gelöscht werden, da es andernfalls zu einer Überlagerung aller Röntgenaufnahmen kommen würde.

3. Ausschalten defekter Pixel und Ersatz durch interpolierte Daten aus der Nachbarschaft, Dunkelstromkorrekturen, Homogenitätskorrekturen wegen unterschiedlicher Signalhöhen und Korrektur eventueller geometrischer Verzeichnungen.

4. Die Selentrommel wurde für Thoraxaufnahmen konstruiert.

5. Die Empfindlichkeitsklasse ist für Film-Folien-Kombinationen definiert und gibt das Verhältnis von 1 mGy zum mittleren Dosisbedarf für die optische Dichte 1 über Grundschleier an (s. Gl. 24.1).

6. Dose creep ist der schleichende Dosisanstieg bei digitalen Systemen, der durch die Beurteilung der Bildqualität von Bildern mit geringerem Rauschen als subjektiv "besser" und daraus folgender ständiger Dosiserhöhung verursacht wird. Da das Rauschen nur mit der Wurzel des Dosisfaktors abnimmt, kann der dose creep zur Bildverbesserung erhebliche Dosiserhöhungen für den Patienten bedeuten.

7. Unterbelichtungen sind möglich, äußern sich bei digitalen Bilddetektoren nur als starkes Rauschen. Überbelichtungen digitaler Detektoren sind im normalen Radiologiebetrieb dagegen nicht möglich, da die digitalen Signalintensitäten durch geeignete Verfahren normiert und segmentiert werden.

8. Bei der Computertomografie werden die mittleren Schwächungskoeffizienten der untersuchten Voxel dargestellt. Durch geeignete mathematische Verfahren können aus den Messdaten Schnitte in beliebigen Ebenen, einzelne isolierte Organe, Organ- und Oberflächenkonturen und selbst dynamische Prozesse dargestellt werden.

9. Die helikale Technik bei der Computertomografie ist ein anderer Ausdruck für die Spiral-CT-Technik, bei der bei ständig umlaufender Röhre die Patienten stetig relativ zur CT-Gantry verschoben werden.

10. Die Hounsfield-Einheiten (HU) geben mit Tausend multiplizierte Verhältnisse der Differenzen von Schwächungskoeffizienten in Geweben und in Wasser und dem Schwächungskoeffizienten von Wasser an (s. Gl. 24.3). Wegen der Z-Abhängigkeit der Schwächungskoeffizienten (Photoeffekt) ist die Angabe der HU als "Dichten" oder "relative Dichten" eine unzulässige Vereinfachung.

11. Die Rückprojektion mit Faltung ist ein sehr schnelles Auswerteverfahren der CT-Technik. Die in den Strahlprofilen in einer bestimmten Blickrichtung enthaltenen integralen Schwächungswerte werden in das Messvolumen zurück projiziert und mit Faltungsfunktionen, den Kernels, modifiziert. Dieser Vorgang wird aus allen Blickwinkeln wiederholt und ergibt so durch Überlagerung dieser Rückprojektionen eine Verteilung der HU-Werte in der betrachteten Ebene.

12. Die minimale Auflösung digitaler Röntgenbilder ist durch die Pixelgröße gegeben.

13. Ja, wenn durch Blenden auf kleinere Abmessungen als die Detektorgröße eingeblendet wird (s. Fig. 24.17).

25 Tabellenanhang

Wichtiger Hinweis: Die Korrektur- und Umrechnungsfaktoren für die verschiedenen Dosimetrieaufgaben in diesem Tabellenanhang sind vom Autor mit Sorgfalt recherchiert und zusammengestellt. Der Anwender wird darauf hingewiesen, dass er für die Beschaffung und Überprüfung der Richtigkeit der Dosimetriefaktoren selbst die Verantwortung trägt, zumal je nach Normung und internationaler Festlegung von Zeit zu Zeit mit Änderungen zu rechnen ist.

25.1 Referenz-Strahlungsqualitäten und Vorschaltschichten

25.1.1 Strahlungsqualitäten von Referenzstrahlungen

Kennzeichnung	Zusatzfilterung	s_1		
Weichstrahl	**(mm Al)**	**(mm Al)**	**(mm Cu)**	Zusätzliche Eigen-filterung 1 mm Be
TW 15	0,05	0,069	0,007	
TW 30	0,5	0,340	0,012	
TW 50	1,0	0940	0,029	
TW 70	4,0	2,935	0,100	
Hartstrahl	**(mm Al/mm Cu)**	**(mm Al)**	**(mm Cu)**	Zusätzliche Eigen-filterung 3 mm Al
TH 100	0,5/-	4,4	0,17	
TH 120	2,0/-		0,28	
TH 140	5,0/-		0,50	
TH 150	-/0,5		0,85	
TH 200	-/1,0		1,65	
TH 250	-/1,6		2,5	
TH 280	-/3,0		3,4	

Ultraharte Photonen aus Beschleunigern		Elektronenstrahlung aus Beschleunigern		
Nominelle Erzeugerspannung	**Strahlungsqualitäts-index Q**	**Nominelle Energie (MeV)**	**Mittlere Energie an der Phantomoberfläche (MeV)**	**Ersatzanfangsenergie (MeV)**
8 MV	0,713	10	9,5	12,8
10 MV	0,727	12,5	12,0	15,8
16 MV	0,763	16	15,1	19,0
18 MV	0,770	20	19,0	23,6

Tabelle 25.1.1: Charakterisierung von Referenzstrahlungen für die klinische Dosimetrie (nach [DIN 6809-4], [PTB JB 2003]).

© Springer Fachmedien Wiesbaden GmbH, ein Teil von Springer Nature 2021
H. Krieger, *Strahlungsmessung und Dosimetrie*,
https://doi.org/10.1007/978-3-658-33389-8

25.1.2 Vorschaltschichten für die Weichstrahldosimetrie

Vorschaltschichten vor dem Plexiglasphantom für die Weichstrahldosimetrie und Erzeugerspannungen ab 50 kV nach [IAEA 398]. DIN schreibt ab 50 kV Erzeugerspannung eine einheitliche Vorschaltfolie aus wasseräquivalentem Material von 0,1 mm vor [DIN 6809-4].

kV	Polyethylen		PMMA		Mylar	
	$\mu g/cm^2$	μm	$\mu g/cm^2$	μm	$\mu g/cm^2$	μm
50	4,0	45	4,4	40	4,6	35
60	5,5	60	6,1	50	6,4	45
70	7,2	80	8,0	65	8,3	60
80	9,1	100	10,0	85	10,5	75
90	11,1	120	12,2	105	12,9	90
100	13,4	140	14,7	125	15,4	110

Tabelle 25.1.2: Vorschaltschichten für die Weichstrahldosimetrie (Daten nach [IAEA 398], Dez. 2000, Kap. 8).

25.2 Korrekturfaktoren für die Hartstrahldosimetrie (100 – 400 kV)

25.2.1 Korrekturen bei Co-Kalibrierungen

Angaben für die Referenzfeldgröße von 10x10 cm^2 und die Wassertiefe von 5 cm.

Strahlungs-qualität Kennzeich-nung	Korrekturfaktor für die Strahlungsqualität bei Co-60 Kalibrierung				
	PTW 23331	PTW 23332	PTW 31003, 233641	NE 2571	Capintec PR-06
TH 100	1,025			1,069	1,000
TH 120	1,017			1,049	
TH 140	1,008	1,045	1,025	1,048	0,990
TH 150	1,000			1,035	0,987
TH 200	0,998	1,002	0,999	1,025	0,990
TH 250	0,998			1,018	
TH 280	0,996	0,996	0,994	1,014	0,997

Tab. 25.2.1: Daten nach [DIN 6809-5], Codes of Practice PTW D560.210.01/05.

25.2.2 Korrekturen für von 10x10 cm² abweichende Feldgrößen

Strahlungsqualität Kennzeichnung	PTW 23331, 30015 1,0 cm³ Stielkammer		PTW 23332, 30016 0,3 cm³ Stielkammer	
	FG (cm x cm)			
	5x5	15x15	5x5	15x15
TH 100	1,02	1,00	1,00	1,00
TH 140	1,03	1,00	1,02	1,00
TH 200	1,04	0,99	1,03	1,00
TH 280	1,03	0,99	1,02	0,99

Tab. 25.2.2: Daten nach [DIN 6809-5], Codes of Practice PTW D560.210.01/05

25.3 Umgebungskorrekturfaktoren für die Weichstrahl- und Hartstrahldosimetrie für handelsübliche Ionisationskammern

Strahlungsqualität			Korrekturfaktor k_{aw}	
Röhrenspannung (kV)	Filterung (mm Al)	HWSD (mm Al)	Kammervolumen	
			0,2 cm³	0,02 cm³
15	0,05	0,07	1,00	1,00
20	0,15	0,11	1,01	1,01
30	0,50	0,36	1,04	1,03
40	0,80	0,71	1,065	1,05
50	1,0	0,94	1,075	1,06
70	4,0	2,8	1,10	1,075
100	4,5	4,4	1,105	1,08

Tabelle 25.3.1: k_{aw}-Faktoren für die Weichstrahldosimetrie

Die Korrekturfaktoren in Tabelle (25.3.1) dienen zur Berechnung der Wasserenergiedosis und der Wasserkerma in der Weichstrahldosimetrie aus Messwerten im Plexiglasphantom mit in Luftkerma in Luft kalibrierten Flachkammern. Sie gelten für die folgenden Kammertypen: 0,2 ccm (PTW M23344, NE 2536), 0,02 ccm (PTW M23342, NE 2532). Quellen: [DIN 6809-4], Reich in ([Kohlrausch Bd II], 1985).

Strahlungsqualität			Korrekturfaktor k_{aw}	
Röhrenspannung (kV)	Filterung (mm Al+Cu)	HWSD (mm Cu)	Kammervolumen	
			1,0 cm³	0,3 cm³
70	4,0	0,09	1,07	1,085
100	4,5	0,17	1,065	1,08
140	9,0	0,50	1,04	1,07
150	4,0+0,5	0,85	1,02	1,055
200	4,0+1,0	1,65	1,00	1,025
250	4,0+1,6	2,5	0,98	1,00
300	4,0+3,0	3,4	0,965	1,00
^{137}Cs				0,97*
^{60}Co				0,98*

Tabelle 25.3.2: k_{aw}-Faktoren für die Hartstrahldosimetrie

Die Korrekturfaktoren in Tab. (25.3.2) gelten für Röntgenstrahlungen mit Röhrenspannungen zwischen 70 und 300 kV für zwei handelsübliche Zylinderkammern (1,0 ccm: PTW M23331, 0,3 ccm: PTW M23332), Quellen: Reich in [Kohlrausch], Bd. II, 1985, sowie für Kompaktkammern für ^{137}Cs- und ^{60}Co-Strahlung nach [DIN 6802-2].

Hinweis: (*) für Frei-Luft-Kalibrierung mit Aufbaukappe, Angaben pauschal nach DIN, d. h. nicht für spezielle kommerzielle Kammern. PTW: Physikalisch-Technische Werkstätten Dr. Pychlau, NE: Nuclear Enterprises.

25.4 Verhältnisse von Massenenergieabsorptionskoeffizienten für Photonen

Erläuterungen: Verhältnisse der Massenenergieabsorptionskoeffizienten dienen zur Umrechnung der Energiedosis in verschiedenen Medien nach den Gleichungen in Kap. 10 und zur Berechnung der Wirkung von Inhomogenitäten bei Photonenstrahlung (Kap. 17). Dabei ist zu beachten, dass diese Verhältnisse für monoenergetische Photonen berechnet wurden. Für heterogene Photonenspektren ist daher die mittlere Photonenenergie des Spektrums einzusetzen bzw. die Verhältnisse sind über das Spektrum zu mitteln.

Für Luft, Wasser und **Weichteilgewebe** können die Verhältnisse der Massenenergieabsorptionskoeffizienten auch zur Umrechnung der Kerma verwendet werden, obwohl hier eigentlich das Verhältnis der Massenübertragungskoeffizienten in beiden Medien $(\mu_{tr}/\rho)_{medl}/(\mu_{tr}/\rho)_{med2}$ verwendet werden müsste. Der Unterschied zwischen Energieübertragung und Energieabsorption, also den Größen Kerma und Energiedosis, besteht in den Verlusten von Bewegungsenergie der Sekundärelektronen durch Bremsstrahlung. Die Verhältnisse der Koeffizienten für die Massenenergieübertragung bzw. die Massenenergieabsorption für beide Medien unterscheiden sich deshalb nur um den Faktor $(1-G_{medl})/(1-G_{med2})$. Dieses Verhältnis der Bremsstrahlungsverlustfaktoren ist für die Medien mit niedriger Ordnungszahl wie Weichteilgewebe, Luft und Wasser für Energien bis 10 MeV aber in sehr guter Näherung 1 (vgl. dazu beispielsweise die Werte für die Bremsstrahlungsverluste in Wasser und Luft in ([Krieger1], Tabelle 4.3 und die folgende Tabelle 25.5). Wird der Faktor zur Korrektur der Bremsstrahlungsverluste im jeweiligen Medium vernachlässigt, liegt der Fehler für obige Substanzen unter 0,5 Promille für Photonenenergien bis 1 MeV und in der Größenordnung von einem Promille bei 10 MeV Photonen. Für die oben genannten Bedingungen gilt also in guter Näherung:

$$\frac{(\mu_{en}/\rho)_{med}}{(\mu_{en}/\rho)_{w}} = \frac{(\mu_{tr}/\rho)_{med}}{(\mu_{tr}/\rho)_{w}}$$

Die Faktoren zur Umrechnung von Kerma und Energiedosis in andere Medien sind für leichte Materialien also zahlenmäßig gleich.

Photonen-energie (keV)	$(\mu_{en}/\rho)_1/(\mu_{en}/\rho)_2$					
	Substanz$_1$/Substanz$_2$					
	Wasser/ Luft	Lunge/ Wasser	Weichteil/ Wasser	Muskel/ Wasser	Knochen/ Wasser	Fett/ Wasser
10	1,043	1,024	0,922	1,011	5,215	0,561
15	1,031	1,038	0,922	1,023	5,893	0,560
20	1,021	1,046	0,921	1,031	6,315	0,562
30	1,013	1,055	0,924	1,039	6,638	0,584
40	1,016	1,120	0,932	1,039	6,247	0,639
50	1,031	1,044	0,994	1,032	5,312	0,717
60	1,049	1,031	0,957	1,023	4,210	0,798
80	1,079	1,011	0,974	1,007	2,563	0,907
100	1,095	1,001	0,983	1,000	1,760	0,959
150	1,107	0,993	0,989	0,993	1,150	0,995
200	1,110	0,992	0,990	0,992	1,019	1,002
300	1,111	0,991	0,990	0,991	0,961	1,005
400	1,112	0,990	0,990	0,991	0,948	1,006
500	1,112	0,990	0,990	0,991	0,943	1,006
600	1,112	0,990	0,990	0,991	0,941	1,006
^{137}Cs	1,112	0,990	0,990	0,991	0,940	1,006
800	1,112	0,990	0,991	0,991	0,939	1,007
1'000	1,112	0,990	0,991	0,991	0,938	1,007
^{60}Co	1,112	0,990	0,991	0,991	0,938	1,007
1'500	1,112	0,990	0,990	0,991	0,937	1,007
2'000	1,112	0,990	0,990	0,991	0,940	1,006
3'000	1,109	0,990	0,990	0,991	0,950	1,002
4'000	1,106	0,990	0,989	0,990	0,965	0,996
5'000	1,101	0,990	0,989	0,990	0,980	0,990
6'000	1,097	0,989	0,988	0,989	0,996	0,984
8'000	1,089	0,990	0,988	0,989	1,024	0,973
10'000	1,083	0,989	0,987	0,989	1,048	0,963
15'000	1,069	0,989	0,985	0,988	1,091	0,944
20'000	1,060	0,988	0,984	0,986	1,120	0,931

Tabelle 25.4

Hinweise: Zusammensetzung der Gewebe nach [ICRU 10b], [ICRU 26] und [ICRP 23], Quelle für die numerischen Daten: [Hubbell 1982].

25.5 Faktoren zur Umrechnung der Standardionendosis in Luft- und Wasser-Kerma für Photonenenergien bis 3 MeV

Erläuterungen: Die Tabelle dient zur Berechnung der Luft- oder Wasserkerma im Umgebungsmedium Luft aus der unter Sekundärelektronengleichgewicht gemessenen Standardionendosis nach den Gleichungen in (Kap. 10). Die Korrekturfaktoren für die Bremsstrahlungsverluste in Luft (1-G_a) bzw. in Wasser (1-G_w) sind aus Daten von [Roos/Großwendt] und [Reich] berechnet. Für die Ionisierungskonstante in trockener Luft ist der heute gültige Wert (W/e = 33,97 V), zur Berechnung der Wasserkerma sind die in Tabelle (25.4) berechneten Verhältnisse der Massenenergieabsorptionskoeffizienten in Wasser und Luft verwendet worden.

Photonen-energie (keV)	G_a $\cdot 10^{-3}$	1-G_a	$(K_a)_a/J_s$ mGy/R	$(K_a)_a/J_s$ Gy·kg/C	G_w $\cdot 10^{-3}$	1-G_w	$(K_w)_a/J_s$ mGy/R	$(K_w)_a/J_s$ Gy·kg/C
10	0,11	1,000	8,76	33,97	0,09	1,000	9,14	35,43
20	0,19	1,000	8,77	33,99	0,16	1,000	8,96	34,73
30	0,25	1,000	8,77	33,99	0,22	1,000	8,89	34,46
40	0,28	1,000	8,77	33,99	0,24	1,000	8,91	34,53
50	0,28	1,000	8,77	33,99	0,24	1,000	9,04	35,04
60	0,27	1,000	8,77	33,99	0,22	1,000	9,20	35,66
80	0,24	1,000	8,77	33,99	0,20	1,000	9,47	36,71
100	0,24	1,000	8,77	33,99	0,21	1,000	9,61	37,25
150	0,33	1,000	8,77	33,99	0,29	1,000	9,71	37,64
200	0,45	1,000	8,77	33,99	0,40	1,000	9,74	37,75
300	0,71	0,999	8,77	34,00	0,63	0,999	9,75	37,79
400	0,97	0,999	8,77	34,00	0,86	0,999	9,76	37,83
600	1,48	0,999	8,78	34,04	1,31	0,999	9,77	37,87
137Cs	-	0,998	8,78	34,04	-	0,998	9,77	37,87
800	1,98	0,998	8,78	34,04	1,76	0,998	9,77	37,87
1'000	2,49	0,998	8,79	34,04	2,22	0,998	9,77	37,87
60Co	3,15	0,997	8,79	34,07	2,82	0,997	9,78	37,91
1'500	3,84	0,996	8,80	34,07	3,44	0,997	9,78	37,91
2'000	5,25	0,995	8,81	34,14	4,75	0,995	9,79	37,95
3'000	8,2	0,992	8,84	34,24	7,55	0,992	9,80	37,98

Tabelle 25.5

25.6 Faktoren zur Photonendosimetrie nach der C_λ-Methode

Photonen-Energie (MeV*)	J100/J200 (1)	M20/M10 (2)	k_λ (3)	s_{wa} (4)	C_λ (5)	p_λ (6)	$g \cdot k_c$ (7)
^{60}Co	1,97	0,56	1,000	1,150	9,56	0,952	
2,5	1,97	0,56	1,000	1,150	9,56	0,952	
4	1,84	0,65	1,000	1,148	9,56	0,954	0,980
6	1,71	0,70	0,999	1,140	9,55	0,959	0,980
	-	0,711(+)	0,995(+)	-	-	-	
8	1,64	0,72	0,996	1,133	9,52	0,962	
	-	0,725(+)	0,991(+)	-	-	-	
10	1,59	0,74	0,992	1,127	9,48	0,964	0,960
12	1,56	0,74	0,988	1,121	9,45	0,965	
14	1,54	0,75	0,985	1,116	9,42	0,966	
16	1,52	0,76	0,982	1,112	9,39	0,967	
	-	0,764(+)	0,982(+)	-	-		
18	1,505	0,77	0,980	1,108	9,37	0,968	
	-	-	0,772(+)	0,980(+)	-	-	-
20	1,49	0,78	0,977	1,104	9,34	0,969	0,941
22	1,48	0,79	0,975	1,100	9,32	0,970	
25	1,465	0,80	0,971	1,096	9,28	0,970	
30	1,45	0,82	0,964	1,089	9,22	0,969	0,931
35	1,44	0,83	0,959	1,082	9,17	0,970	
40	1,43	0,83	0,954	1,076	9,12	0,971	0,921
45	1,425	0,84	0,950	1,070	9,08	0,972	
50	1,42	0,84	0,945	1,065	9,03	0,971	

Tabelle 25.6

Anmerkungen:

(*) Die Angabe der Photonenenergie (Nominal-Beschleuniger-Energie, Grenzenergie) dient nur zur groben Orientierung über die Strahlungsqualität.

(1) Kennzeichnung der Strahlungsqualität durch das Ionendosis-Verhältnis im Wasserphantom in den Tiefen 100 und 200 mm bei einer Hautfeldgröße von 10x10 cm² im Fokus-Oberflächen-Abstand 100 cm.

(2) Kennzeichnung der Strahlungsqualität durch das Verhältnis der Messanzeigen im Wasserphantom bei konstantem Fokus-Kammerabstand in den Phantomtiefen 20 cm und 10 cm bei einer Feldgröße am Kammerort von 10x10 cm² nach [AAPM 21], Zahlenwerte nach [Cunningham1984], s. Kap. (11).

(3) k_λ-Werte berechnet aus dem Verhältnis $C_\lambda/C_{\lambda,c} = C_\lambda/C_\lambda$(Co-60) entsprechend Gleichung (11.12) für zylindrische Graphitwändekammern mit einem Innenradius von 2,5 mm.

(4) s_{wa}: Verhältnisse der mittleren Massenstoßbremsvermögen von Wasser und Luft für die jeweilige Strahlungsqualität, Zahlenwerte nach [ICRU 14].

(5) Empfohlene Werte für Graphitzylinderkammern (Reich in [Kohlrausch], Bd. II, 1985). Sie gelten mit etwa 0,7% Fehler auch für Zylinderkammern mit Plexiglas- oder Tufnolwänden [Kuszpet 1982].

(6) Werte nach Gleichung (10.12) aus k_λ-Werten mit $p_c = p_\lambda$(Co-60) = 0,952 berechnet.

(7) Produkte nach Werten aus ([DIN 6800-2], 1980, Tabellen 2 + 6) berechnet mit $k_c = 0,98$ für Graphitkammern.

(+) Experimentelle Daten für Kammertyp PTW 23332 (0,3 ccm), nach [Schneider/Trier], 1988.

25.7 Verhältnisse von Massenstoßbremsvermögen für Sekundärelektronen hochenergetischer Photonenstrahlung für verschiedene Phantommaterialien

Photonen-Energie (MeV)	J100/J200	M20/M10[2]	ICRU14 (1969)[3]		AAPM 21 (1983[4], Δ=10 keV)[6]		
			S_{wa}	$S_{pw}{}^{(1)}$	$S_{wa}{}^{(5)}$	$S_{pw}{}^{(1)}$	$S_{pol,w}{}^{(1)}$
^{60}Co(2,5)	1,97	0,56	*1,150*	*1,004*	1,134	0,973	0,981
4	1,84	0,65	*1,148*	*1,001*	1,131	0,972	0,980
6	1,71	0,70	*1,140*	*0,995*	1,127	0,970	0,979
8	1,64	0,72	*1,133*	*0,993*	1,121	0,971	0,979
10	1,59	0,74	*1,127*	*0,992*	1,117	0,971	0,979
12	1,56	0,74	*1,121*	*0,990*	1,113	0,971	0,979
14	1,54	0,75	*1,116*	*0,990*	1,109	0,971	0,979
16	1,52	0,76	*1,112*	*0,990*	1,104	0,971	0,979
18	1,505	0,77	*1,108*	*0,990*	1,100	0,971	0,980
20	1,49	0,78	*1,104*	*0,990*	1,096	0,972	0,980
22	1,48	0,79	*1,100*	*0,990*	1,095	0,972	0,980
25	1,465	0,80	*1,096*	*0,990*	1,093	0,972	0,980
30	1,45	0,82	*1,089*	*0,990*	1,089	0,972	0,980
35	1,44	0,83	*1,082*	*0,990*	1,084	0,971	0,980
40	1,43	0,83	*1,076*	*0,990*	1,078	0,972	0,980
45	1,425	0,84	*1,070*	*0,990*	1,071	0,972	0,979
50	1,42	0,84	*1,065*	*0,990*	1,064	0,972	0,979

Tabelle 25.7

Anmerkungen: Die Angaben zur Photonenenergie entsprechen wieder den Nominalenergien der Beschleuniger. ^{60}Co-Strahlung wird 2,5-MeV-Bremsstrahlung gleichgesetzt.

(1) Indizes: "w" = Wasser, "a" = Luft, "p" = Plexiglas, "pol" = Polystyrol.

(2) Kennzeichnung der Strahlungsqualität wie in Abschnitt (25.6).

(3) ICRU 14: Radiation Dosimetry: X rays and gamma rays with maximum photon energies between 0,6 and 50 MeV (1969), Daten nach Reich in [Kohlrausch], Bd. II,1985)

(4) American Association of Physicists in Medicine (AAPM), Task Group 21, Radiation Therapy Committee, A Protocol for the Determination of Absorbed Dose from High Energy Photon and Electron Beams, Medical Physics 10, p. 741-771 (1983)

(5) Zur Umrechnung der Wasserenergiedosis in die Energiedosis in anderen Phantommaterialien (z.B. nach Gl. 10.24) empfiehlt sich statt der ICRU-Daten in Tab. (25.6) die Verwendung der neueren Verhältnisse für das eingeschränkte Massenstoßbremsvermögen nach AAPM TG 21 aus der obigen Tabelle. Wird nur die Wasserenergiedosis benötigt, sollten bei Messungen nach der C_λ-Methode die experimentell gesicherten C_λ-Faktoren aus Tabelle (25.6) verwendet werden.

(6) Δ= 10 keV: Energiegrenze für das eingeschränkte Massenstoßbremsvermögen (Einschränkung auf Energieverluste unter 10 keV), das (nach [AAPM 21]) der lokalen Energieabsorption und damit der Entstehung der Energiedosis besser Rechnung trägt als das uneingeschränkte Massenstoßbremsvermögen.

25.8 Bestimmung der wahrscheinlichsten Elektronen-Eintrittsenergie aus der Reichweite in Wasser

Erläuterungen: Tabellen der Stoßbremsvermögen oder sonstige wichtige Faktoren zur Elektronendosimetrie sind meistens nach der Elektronenenergie geordnet, die in der Regel nur ungefähr (als Nennenergie der Beschleuniger) bekannt ist. Für die Dosimetrie wird dagegen die mittlere bzw. die wahrscheinlichste Energie der Elektronen beim Eintritt in das Phantommedium benötigt. Diese muss im Rahmen der klinischen Dosimetrie aus der praktischen oder mittleren Reichweite berechnet werden (vgl. dazu Abschnitt 18.2.2), da diese besser als die Nennenergie die Strahlungsqualität der Elektronen kennzeichnet. Die Energien und Reichweiten (für schmale, monoenergetische Elektronenspektren beim Eintritt in das Medium) wurden sowohl mit den Parametersätzen der ICRU 35 (Gl. 18.3 und 18.5) als auch mit der Beziehung von Markus (Gl. 18.2) berechnet. Bezüglich der Genauigkeiten dieser Gleichungen s. Kap. (18.2.2).

R_p (cm)	E_{p0} (MeV) (ICRU35)	E_{p0} (MeV) (Markus)	$\overline{R}$ (cm) (ICRU35)
0,5	1,21	1,45	0,52
1,0	2,20	2,43	0,94
1,5	3,20	3,40	1,37
2,0	4,19	4,38	1,80
2,5	5,19	5,35	2,23
3,0	6,18	6,32	2,65
3,5	7,18	7,30	3,08
4,0	8,18	8,27	3,51
4,5	9,18	9,24	3,94
5,0	10,18	10,22	4,37
5,5	11,19	11,19	4,80
6,0	12,19	12,16	5,23
6,5	13,20	13,14	5,66
7,0	14,20	14,11	6,10
8,0	16,22	16,06	6,96
9,0	18,24	18,01	7,83
10,0	20,27	19,95	8,70
12,0	24,34	23,85	10,45
15,0	30,48	29,69	13,08
18,0	36,67	35,53	15,74
20,0	40,82	39,43	17,52
25,0	51,28	49,16	22,01
30,0	61,87	58,90	26,55

Tabelle 25.8

Hinweise: $\overline{R}$: mittlere Reichweite, E_{p0} wahrscheinlichste Elektronenenergie beim Eintritt in das Medium, R_p: praktische Reichweite.

25.9 Verhältnisse von Massenstoßbremsvermögen für Elektronen in Wasser und Luft

Die Verhältnisse $s_{w,a} = (S_{col}/\rho)_{\Delta,w}/(S_{col}/\rho)_{\Delta,a}$ wurden aus den (auf $\Delta = 10$ keV Energieübertrag) beschränkten Massenstoßbremsvermögen $(S_{col}/\rho)_\Delta$ für Wasser (Index w) und Luft (Index a) berechnet (Quelle: [ICRU 35], 1984), das zur Beschreibung der lokalen Energieübertragung geeigneter ist als das (unbeschränkte) Massenstoßbremsvermögen. Diese Faktoren können zur Umrechnung von Tiefenionendosiskurven in relative Energiedosiskurven verwendet werden. Sie sind außerdem zur Berechnung der Elektronenenergiedosis nach den Gleichungen (10.19 bis 10.24 und 10.27) geeignet.

E_0 (MeV)	1	2	3	4	5	6	7	8	9	10
R_p (cm)	0,30	0,90	1,40	1,90	2,41	2,91	3,41	3,91	4,41	4,91
$\overline{R}$ (cm)	0,43	0,86	1,29	1,72	2,15	2,58	3,00	3,43	3,86	4,29
Tiefe (mm H$_2$O)						$s_{w,a}$				
0	1,122	1,101	1,083	1,066	1,053	1,042	1,032	1,023	1,015	1,008
1	1,128	1,107	1,088	1,068	1,054	1,042	1,032	1,024	1,016	1,009
2	1,133	1,112	1,090	1,071	1,056	1,044	1,034	1,025	1,017	1,010
3	1,136	1,116	1,094	1,074	1,058	1,046	1,035	1,026	1,019	1,012
4	1,137	1,119	1,099	1,079	1,062	1,048	1,037	1,028	1,020	1,013
5		1,123	1,103	1,083	1,065	1,051	1,040	1,030	1,022	1,014
6		1,127	1,107	1,087	1,062	1,054	1,042	1,032	1,024	1,016
8		1,137	1,115	1,096	1,078	1,062	1,048	1,037	1,028	1,020
10		1,153	1,124	1,105	1,086	1,070	1,055	1,043	1,033	1,024
12			1,127	1,114	1,095	1,078	1,062	1,049	1,038	1,029
14			1,130	1,122	1,103	1,086	1,070	1,055	1,044	1,033
16			1,147	1,127	1,111	1,094	1,077	1,062	1,049	1,038
18				1,130	1,119	1,101	1,084	1,069	1,056	1,044
20				1,134	1,125	1,109	1,092	1,076	1,062	1,049
25					1,133	1,125	1,109	1,093	1,078	1,064
30						1,133	1,124	1,109	1,094	1,080
35							1,132	1,124	1,109	1,095
40							1,130	1,130	1,127	1,109
45								1,129	1,129	1,121
50									1,129	1,127
55										1,128

Tabelle 25.9.1

E_0 (MeV)	12	14	16	18	20	25	30	40	50	60
R_p(cm)	5,91	6,90	7,89	8,88	9,87	12,32	14,77	19,61	24,39	29,12
$\overline{R}$ (cm)	5,15	6,01	6,87	7,73	8,58	10,73	12,88	17,17	21,46	25,75

Tiefe (mm H_2O)						$s_{w,a}$				
0	0,996	0,986	0,976	0,968	0,961	0,945	0,933	0,916	0,907	0,903
2	0,998	0,988	0,979	0,971	0,963	0,948	0,935	0,918	0,908	0,904
4	1,001	0,990	0,981	0,973	0,966	0,950	0,937	0,920	0,910	0,906
6	1,003	0,993	0,984	0,976	0,968	0,952	0,940	0,922	0,012	0,907
8	1,007	0,996	0,985	0,978	0,970	0,955	0,942	0,924	0,914	0,909
10	1,010	0,998	0,989	0,980	0,973	0,957	0,944	0,926	0,915	0,910
12	1,013	1,001	0,991	0,983	0,975	0,959	0,946	0,927	0,917	0,911
14	1,017	1,004	0,994	0,985	0,977	0,961	0,948	0,929	0,918	0,913
16	1,021	1,008	0,997	0,988	0,980	0,963	0,950	0,931	0,920	0,914
18	1,025	1,011	1,000	0,990	0,982	0,965	0,952	0,933	0,921	0,915
20	1,030	1,014	1,002	0,993	0,984	0,967	0,953	0,934	0,923	0,916
25	1,041	1,024	1,010	0,999	0,990	0,972	0,958	0,938	0,926	0,919
30	1,054	1,034	1,019	1,006	0,996	0,977	0,962	0,942	0,929	0,922
35	1,068	1,045	1,028	1,014	1,003	0,982	0,967	0,946	0,933	0,925
40	1,082	1,058	1,038	1,023	1,010	0,987	0,971	0,949	0,936	0,928
45	1,096	1,071	1,049	1,032	1,018	0,993	0,976	0,953	0,939	0,930
50	1,109	1,084	1,061	1,042	1,026	0,999	0,980	0,956	0,942	0,933
55	1,119	1,097	1,073	1,053	1,036	1,005	0,986	0,960	0,945	0,935
60	1,124	1,108	1,085	1,064	1,045	1,012	0,991	0,964	0,947	0,938
70	1,126	1,122	1,106	1,086	1,066	1,028	1,002	0,971	0,953	0,942
80		1,125	1,119	1,105	1,087	1,044	1,015	0,980	0,959	0,947
90			1,124	1,117	1,104	1,062	1,029	0,989	0,966	0,952
100				1,121	1,115	1,080	1,043	0,998	0,973	0,957
120						1,107	1,074	1,019	0,987	0,968
140						1,112	1,101	1,041	1,004	0,980
160							1,108	1,066	1,022	0,994
180								1,090	1,041	1,009
200								1,101	1,061	1,025
220								1,096	1,079	1,042
240									1,090	1,058
260									1,092	1,071
280									1,085	1,080
300										1,083
350										1,078

Tabelle 25.9.2

25.10 Kammerfaktoren zur Elektronendosimetrie

Erläuterungen: Dieser Abschnitt enthält die Vorschriften zur Berechnung der k_E-Faktoren für die Berechnung der mit zylindrischen Kompaktkammern oder Flachkammern gemessenen Elektronenenergiedosis in Wasser nach dem Wasserenergiedosiskonzept (Gl. 10.17 bis 10.25) und dem C_E-Konzept (Gl. 10.26 und 10.27).

Zylindrische Kompaktkammern: Für zylindrische Kompaktkammern gilt:

$$k_E = p_e/p_c \cdot (s_{w,a})_e/(s_{w,a})_c$$

mit $p_c = 0{,}952$ für Graphitkammern (nach Reich/Trier in [Kohlrausch] Bd. II, 1985), $(s_{w,a})_c = 1{,}150$ (Tab. 25.7, Wert für ^{60}Co), und den Werten p_e aus der folgenden Tabelle (25.10), (ebenfalls entnommen aus Reich/Trier in [Kohlrausch], Bd. II 1985), die für zylindrische Kompaktkammern mit Innendurchmessern von 4 bis 6 mm und Elektronenenergien oberhalb 10 MeV gültig sind. $(s_{w,a})_c$ ist das Verhältnis der Massenstoßbremsvermögen für Sekundärelektronen aus ^{60}Co-Strahlung (Tab. 25.7), $(s_{w,a})_e$ dasjenige für Elektronenstrahlung (Tab. 25.9).

E_0 (MeV)	10	12	14	16	18	20	22
p_e	0,974	0,978	0,982	0,986	0,989	0,992	0,994

E_0 (MeV)	25	30	35	40	45	50
p_e	0,995	0,996	0,997	0,997	0,998	0,998

(Tabelle 25.10)

Flachkammern: Für Flachkammern, deren Messvolumina die Tiefe von 2 mm nicht überschreiten und deren Kammerwände hinreichend wasseräquivalent sind, sind beide Perturbationfaktoren in guter Näherung 1, es gilt also:

$$p_e = p_c = 1 \text{ und } k_E = (s_{w,a})_e/(s_{w,a})_c$$

Bestimmung der $s_{w,a}$: Die Größen $(s_{w,a})_c$ und $(s_{w,a})_e$ sind wie oben die Verhältnisse der Massenstoßbremsvermögen für ^{60}Co-Strahlung (Tab. 25.7) bzw. Elektronenstrahlung (Tab. 25.9). Nach Reich/Trier (in [Kohlrausch], Bd. II, 1985) können die $(s_{w,a})_e$ genauer durch folgende empirische Beziehung aus [IAEA 398] berechnet und ersetzt werden:

$$(s_{w,a})_e = \frac{(S/\rho)_{e,w}}{(S/\rho)_{e,a}} = 1{,}253 - 0{,}1487 \cdot (R_{50})^{0{,}214}$$

Dabei ist E_r die Elektronen-Restenergie am Messort der Kammer in der Tiefe z im Medium. Sie kann aus der wahrscheinlichsten Elektronenenergie an der Phantomoberfläche E_{p0} berechnet werden.

$$E_r = E_{p0} - 3{,}51 \cdot (Z/A)_{eff} \rho \cdot z$$

$E_{p,0}$ berechnet man aus der experimentell aus der Elektronentiefendosiskurve bestimmten praktischen Reichweite R_p.

$$(Z/A)_{eff} \rho \cdot R_p = 0{,}285 \cdot E_{p0} - 0{,}137$$

(vgl. dazu auch Kap. 18.2.2).

25.11 Verhältnisse von Massenstoßbremsvermögen für monoenergetische Elektronen

Erläuterungen: Die Verhältnisse $(S_{col}/\rho)_1/(S_{col}/\rho)_2 = s_{12}$ für die Medien (1) und (2) (z. B. s_{wa} oder s_{mw}) dienen zur Umrechnung der Energiedosis von Elektronenstrahlung in Wasser oder in Luft in diejenige für andere Phantomsubstanzen oder Gewebe (nach Gl. 10.25 und 10.27).

Elektronen-energie (MeV)	$(S_{col}/\rho)_1/(S_{col}/\rho)_2$					
	Wasser/ Luft	Muskel/ Wasser	Knochen/ Wasser	Fett/ Wasser	PMMA/ Wasser	Polystyr./ Wasser
0,010	1,142	0,992	0,874	1,040	0,974	0,985
0,015	1,140	0,991	0,879	1,038	0,974	0,984
0,020	1,138	0,992	0,882	1,036	0,974	0,984
0,03	1,137	0,992	0,885	1,034	0,974	0,983
0,04	1,152	0,992	0,888	1,033	0,974	0,982
0,05	1,135	0,992	0,889	1,033	0,974	0,982
0,06	1,135	0,991	0,891	1,031	0,974	0,981
0,08	1,133	0,992	0,893	1,031	0,974	0,981
0,10	1,133	0,991	0,894	1,030	0,974	0,980
0,15	1,132	0,991	0,896	1,028	0,973	0,980
0,20	1,131	0,991	0,898	1,028	0,973	0,979
0,30	1,130	0,992	0,900	1,027	0,973	0,979
0,40	1,129	0,991	0,899	1,026	0,973	0,978
0,50	1,129	0,991	0,897	1,023	0,971	0,975
0,60	1,126	0,991	0,897	1,021	0,969	0,974
0,80	1,114	0,989	0,896	1,019	0,968	0,971
1,0	1,113	0,990	0,897	1,107	0,967	0,970
1,5	1,098	0,988	0,898	1,014	0,965	0,969
2,0	1,083	0,989	0,901	1,014	0,966	0,969
3,0	1,061	0,989	0,905	1,014	0,966	0,970
4,0	1,045	0,990	0,907	1,014	0,967	0,971
5,0	1,032	0,990	0,909	1,015	0,968	0,972
6,0	1,022	0,990	0,911	1,015	0,969	0,973
8,0	1,006	0,990	0,913	1,015	0,969	0,974
10,0	0,994	0,990	0,914	1,015	0,970	0,974
15,0	0,973	0,991	0,916	1,014	0,969	0,973
20,0	0,959	0,990	0,916	1,013	0,969	0,972
30,0	0,938	0,990	0,917	1,011	0,968	0,970
40,0	0,928	0,990	0,917	1,011	0,967	0,960
50,0	0,922	0,990	0,917	1,010	0,967	0,969

Tabelle 25.11

Hinweise: Zusammensetzung der Gewebe nach ICRU (10b), ICRU (26) und ICRP (23), atomare Zusammensetzung der Substanzen: s. Tabelle (25.12).

25.12 Atomare Zusammensetzung verschiedener Gewebe, Phantom-materialien und Dosimetersubstanzen

25.12.1 Zusammensetzung der Standardgewebe

Bezeichnung	ρ (g/cm³)	$(Z/A)_{eff}$**	Elementanteile (Massenprozent)
Blut***	1,06	0,5499	H (10,2), C (11,0), N (3,3), O (74,5), P (0,1), Na (0,1), Mg (0,02), S (0,2), Cl (0,3), K (0,2), Fe (0,1)
Brustdrüsenge-webe	1,02	0,55196	H (10,6), C (33,2), N (3,0), O (52,7), P (0,1), Na (0,1), Mg (0,02), S (0,2),Cl (0,1)
Fettgewebe	0,95	0,55579	H (11,4), C (59,8), N (0,7), O (27,8), Na (0,1), S (0,1), Cl (0,1)
Hirn grau/weiß	1,04	0,5524	H (10,7), C (14,5), N (2,2), O (71,2), P (0,4), Na (0,2), Mg (0,02), S (0,2), Cl (0,3,) K (0,3)
Intestinum	1,07	-	H (10,6), C (11,5), N (2,2), O (75,1), P (0,1), Na (0,1), S (0,1), Cl (0,2,) K (0,1)
Knochen, korti-kal (compacta)	1,92	0,51478	H (3,4), C (15,5), N (4,2), O (43,5), P (10,3), Na (0,1), S (0,13), Mg (0,2), Ca (22,5)
Knochen, spon-giosa	1,18	0,530	H (8,5), O (36,7), S (0,2), Fe (0,1), C (40,4), Mg (0,1), Ca (7,4), N (2,8), P (3,4), Na (0,1), Cl (0,1), K (0,1)
Knochen, ge-mischt*	1,41	ca. 0,52	H (6,3), C (29,7), N (3,4), O (39,5), P (6,4), Na (0,1), S (0,2), Mg (0,2), Fe (0,1), Ca (13,9), Cl (0,1), K (0,1)
Leber	1,06	-	H (10,2), C (13,9), N (3,0), O (71,8), P (0,3), Na (0,2), S (0,3), Cl (0,2), K (0,3)
Lunge entlüftet Lunge belüftet	1,05 0,26	0,5505	H (10,3), C (10,5), N (3,1), O (74,9), P (0,2), Na (0,20), S (0,3), Mg (0,04), Cl (0,3), K (0,2)
Muskulatur, ge-streift	1,05	0,549	H (10,2), C (14,3), N (3,4), O (71), P (0,2), Na (0,1), S (0,3), Mg (0,02), Cl (0,1), K (0,4)
Schilddrüse	1,05	-	H (10,4), C (11,9), N 23,4), O (74,5), P (0,1), Na (0,2), S (0,1), Cl (0,2), K (0,1), I (0,1)

Tabelle 25.12.2: Daten nach ICRU 44 und DGMP15, (*): bestehend aus 43% Compacta und 57% Spongiosa, (**): Von Hubbell (1982) zur Berechnung der Absorptionskoeffizienten verwendete effektive Ordnungszahlen, (***): Erythrozyten/Plasma im Massenverhältnis 44/56.

25.12.2 Zusammensetzung einiger Standardphantommaterialien

Bezeichnung	ρ (g/cm^3)	$(Z/A)_{eff}$	Elementanteile (Massenprozent)
A150	1,127	0,54903	H (10,13), C (7,75), N (3,51), O (5,23), F (1,74), Ca (1,84)
Wasser, flüssig	1,0	0,5551	H (11,189), O (88,810)
Luft, trocken	0,001293	0,4992	C (0,0124), N (75,53), O (23,18), Ar (1,283)
PMMA (Plexiglas)	1,19	0,53937	H (8,0541), C (59,9846), O (31,9613)
Polyethylen	0,92	0,57033	H(14,37), O(85,63)
Polystyrol	1,06	0,538	H (7,7421), C (92,2579)
LiF, nat.	2,635	0,46262	Li (26,7585), F (73,2415)
Frickelösung	1,024	0,55334	H (10,8376), Na (0,0022), Cl (0,0035), N (0,0027), S (1,2553), Fe (0,0055), O (87,8959)
Filmemulsion	3,815	0,455	H (1,41), O (6,61), Ag (47,41), C (7,23), S (0,19), I (0,31), N (1,93), Br (34,91)
RW1	0,97		H (13,17), C (79,41), O (3,81), Mg(0,91), Ca(2,00)
RW3	1,045		H (7,59), C (90,41), O (0,80), Ti(1,20)
Weichteil (4 Komp. ICRU)*	1,0	≈0,54996	H (10,2), O (70,8), S (0,3), C (14,3), Na (0,2), Cl (0,2), N (3,4), P (0,3), K (0,3)

Tabelle 25.12.1: Daten nach ICRU 44 und DGMP15, (*): Von Hubbell (1982) zur Berechnung der Absorptionskoeffizienten verwendete Zusammensetzung für Weichteilgewebe.

Zusammensetzungen, Werte für Dichten, Zusammensetzungen und effektive Ordnungszahlen $(Z/A)_{eff}$ unterscheiden sich geringfügig je nach Datenquelle. Für konkrete Messungen mit kommerziellen Phantomen sollten die Herstellerangaben hinterfragt werden.

25.13 Äquivalentfeldgrößen für Rechteckfelder für Anlagen zur Erzeugung ultraharter Photonenstrahlungen

Erläuterungen: Die Äquivalentfeldgrößen q wurden nach (Gl. 17.1) berechnet. Zur einfacheren Verwendung der Tabelle wurden die ÄFGn für alle x-y-Kombinationen tabelliert, obwohl die Werte sich beim Tausch von x- und y-Feldgrößen nicht ändern. Die Tabelle darf wegen dieser unterstellten Symmetrie nur unter Vorbehalt zur Äquivalentfeldbestimmung von mit Dosimonitoren überwachten Anlagen verwendet werden (s. die Ausführungen in Kap. 17.1).

lang (cm)	Äquivalentfeldgrößen für Rechteckfelder kurz (cm)									
	1	2	3	4	5	6	7	8	9	10
1	1,0									
2	1,3	2,0								
3	1,5	2,4	3,0							
4	1,6	2,7	3,4	4,0						
5	1,7	2,9	3,8	4,4	5,0					
6	1,7	3,0	4,0	4,8	5,5	6,0				
7	1,8	3,1	4,2	5,1	5,8	6,5	7,0			
8	1,8	3,2	4,4	5,3	6,2	6,9	7,5	8,0		
9	1,8	3,3	4,5	5,5	6,4	7,2	7,9	8,5	9,0	
10	1,8	3,3	4,6	5,7	6,7	7,5	8,2	8,9	9,5	10,0
11	1,8	3,4	4,7	5,9	6,9	7,8	8,6	9,3	9,9	10,5
12	1,8	3,4	4,8	6,0	7,1	8,0	8,8	9,6	10,3	10,9
13	1,9	3,5	4,9	6,1	7,2	8,2	9,1	9,9	10,6	11,3
14	1,9	3,5	4,9	6,2	7,4	8,4	9,3	10,2	11,0	11,7
15	1,9	3,5	5,0	6,3	7,5	8,6	9,5	10,4	11,3	12,0
16	1,9	3,6	5,1	6,4	7,6	8,7	9,7	10,7	11,5	12,3
17	1,9	3,6	5,1	6,5	7,7	8,9	9,9	10,9	11,8	12,6
18	1,9	3,6	5,1	6,5	7,8	9,0	10,1	11,1	12,0	12,9
19	1,9	3,6	5,2	6,6	7,9	9,1	10,2	11,3	12,2	13,1
20	1,9	3,6	5,2	6,7	8,0	9,2	10,4	11,4	12,4	13,3
22	1,9	3,7	5,3	6,8	8,1	9,4	10,6	11,7	12,8	13,8
24	1,9	3,7	5,3	6,9	8,3	9,6	10,8	12,0	13,1	14,1
26	1,9	3,7	5,4	6,9	8,4	9,8	11,0	12,2	13,4	14,4
28	1,9	3,7	5,4	7,0	8,5	9,9	11,2	12,4	13,6	14,7
30	1,9	3,8	5,5	7,1	8,6	10,0	11,4	12,6	13,8	15,0
32	1,9	3,8	5,5	7,1	8,6	10,1	11,5	12,8	14,0	15,2
34	1,9	3,8	5,5	7,2	8,7	10,2	11,6	13,0	14,2	15,5
36	1,9	3,8	5,5	7,2	8,8	10,3	11,7	13,1	14,4	15,7
38	1,9	3,8	5,6	7,2	8,8	10,4	11,8	13,2	14,6	15,8
40	2,0	3,8	5,6	7,3	8,9	10,4	11,9	13,3	14,7	16,0

Tab. 25.13.1

Äquivalentfeldgrößen für Rechteckfelder
kurz (cm)

lang (cm)	11	12	13	14	15	16	17	18	19	20
11	11,0									
12	11,5	12,0								
13	11,9	12,5	13,0							
14	12,3	12,9	13,5	14,0						
15	12,7	13,3	13,9	14,5	15,0					
16	13,0	13,7	14,3	14,9	15,5	16,0				
17	13,4	14,1	14,7	15,4	15,9	16,5	17,0			
18	13,7	14,4	15,1	15,8	16,4	16,9	17,5	18,0		
19	13,9	14,7	15,4	16,1	16,8	17,4	17,9	18,5	19,0	
20	14,2	15,0	15,8	16,5	17,1	17,8	18,4	18,9	19,5	20,0
22	14,7	15,5	16,3	17,1	17,8	18,5	19,2	19,8	20,4	21,0
24	15,1	16,0	16,9	17,7	18,5	19,2	19,9	20,6	21,2	21,8
26	15,5	16,4	17,3	18,2	19,0	19,8	20,6	21,3	22,0	22,6
28	15,8	16,8	17,8	18,7	19,5	20,4	21,2	21,9	22,6	23,3
30	16,1	17,1	18,1	19,1	20,0	20,9	21,7	22,5	23,3	24,0
32	16,4	17,5	18,5	19,5	20,4	21,3	22,2	23,0	23,8	24,6
34	16,6	17,7	18,8	19,8	20,8	21,8	22,7	23,5	24,4	25,2
36	16,9	18,0	19,1	20,2	21,2	22,2	23,1	24,0	24,9	25,7
38	17,1	18,2	19,4	20,5	21,5	22,5	23,5	24,4	25,3	26,2
40	17,3	18,5	19,6	20,7	21,8	22,9	23,9	24,8	25,8	26,7

lang (cm)	22	24	26	28	30	32	34	36	38	40
22	22,0									
24	23,0	24,0								
26	23,8	25,0	26,0							
28	24,6	25,8	27,0	28,0						
30	25,4	26,7	27,9	29,0	30,0					
32	26,1	27,4	28,7	29,9	31,0	32,0				
34	26,7	28,1	29,5	30,7	31,9	33,0	34,0			
36	27,3	28,8	30,2	31,5	32,7	33,9	35,0	36,0		
38	27,9	29,4	30,9	32,2	33,5	34,7	35,9	37,0	38,0	
40	28,4	30,0	31,5	32,9	34,3	35,6	36,8	37,9	39,0	40,0

Tab. 25.13.2

25.14 Tiefendosisdaten für ^{60}Co-Gammastrahlung in Wasser
25.14.1 Relative Tiefendosisverläufe in Wasser

Wassertiefe (cm)	TDK in Wasser für ^{60}Co-Gammastrahlung für FOA = 60 cm							
	QFG (cm)							
	0	4	5	6	7	8	9	10
0	25,5	35,8	38,0	40,2	42,5	44,2	46,0	47,3
0,5	100,0	100,0	100,0	100,0	100,0	100,0	100,0	100,0
1	95,2	96,8	97,0	97,3	97,5	97,6	97,7	97,8
2	86,3	90,3	91,0	91,5	91,9	92,2	92,4	92,6
3	78,3	83,8	84,7	85,4	86,0	86,3	86,6	87,0
4	71,0	77,6	78,6	79,4	80,1	80,6	81,0	81,5
5	64,4	71,5	72,7	73,7	74,6	75,2	75,7	76,2
6	58,6	65,8	67,0	68,1	69,1	69,8	70,5	71,1
7	53,2	60,4	61,8	63,0	64,0	64,8	65,5	66,2
8	48,4	55,5	56,9	58,1	59,2	60,0	60,7	61,4
9	44,0	50,9	52,4	53,6	54,7	55,6	56,4	57,1
10	40,0	46,7	48,1	49,3	50,5	51,5	52,2	53,0
11	36,5	42,8	44,3	45,4	46,4	47,3	48,2	49,0
12	33,2	39,4	40,7	41,8	42,9	43,9	44,7	45,5
13	30,2	36,1	37,3	38,5	39,6	40,5	41,4	42,2
14	27,5	33,2	34,3	35,6	36,5	37,4	38,2	39,0
15	25,1	30,4	31,6	32,6	33,6	34,5	35,3	36,1
16	22,9	28,0	29,1	30,0	31,0	31,9	32,7	33,5
17	20,9	25,7	26,7	27,7	28,7	29,5	30,3	31,0
18	19,1	23,6	24,6	25,6	26,5	27,3	28,0	28,7
19	17,4	21,6	22,6	23,5	24,4	25,2	25,9	26,6
20	15,9	19,9	20,8	21,6	22,4	23,2	23,9	24,6
22	13,3	16,8	17,7	18,4	19,2	19,9	20,5	21,2
24	11,1	14,3	15,0	15,7	16,4	17,0	17,6	18,2
26	9,3	12,0	12,7	13,4	14,0	14,6	15,1	15,7
28	7,8	10,3	10,8	11,4	12,1	12,5	13,0	13,5
30	6,5	8,7	9,3	9,7	10,2	10,7	11,2	11,7

Tab. 25.14.1: Nach Daten des Supplement 25 des British Institute of Radiology von 1996.

Wassertiefe (cm)	TDK in Wasser für ^{60}Co-Gammastrahlung für FOA = 60 cm				
	QFG (cm)				
	12	15	20	25	30
0	49,8	53,0	58,0	61,0	64,0
0,5	100,0	100,0	100,0	100,0	100,0
1	97,8	97,9	97,9	98,0	98,1
2	92,8	93,0	93,2	93,4	93,6
3	87,3	87,7	88,2	88,5	88,8
4	82,1	82,6	83,3	83,7	84,0
5	76,9	77,7	78,6	79,0	79,4
6	71,9	72,9	73,8	74,5	74,9
7	67,2	68,2	69,3	69,9	70,5
8	62,5	63,7	65,0	65,9	66,4
9	58,2	59,5	60,9	61,8	62,5
10	54,2	55,5	57,0	58,0	58,7
11	50,3	51,6	53,3	54,3	55,1
12	46,8	48,2	49,8	50,9	51,7
13	43,4	44,9	46,6	47,8	48,6
14	40,3	41,8	43,6	44,7	45,6
15	37,4	38,9	40,7	41,9	42,8
16	34,8	36,3	38,1	39,2	40,2
17	32,3	33,7	35,5	36,7	37,6
18	29,9	31,4	33,1	34,3	35,2
19	27,8	29,2	30,9	32,1	33,1
20	25,7	27,2	28,8	30,0	31,0
22	22,2	23,6	25,2	26,4	27,3
24	19,2	20,5	22,0	23,2	24,0
26	16,6	17,8	19,2	20,3	21,1
28	14,4	15,5	16,9	17,9	18,6
30	12,4	13,4	14,8	15,7	16,3

Tab. 25.14.2: Die TDK-Werte entstammen dem aktuellen Supplement 25 des British Institute of Radiology von 1996. Die Oberflächendosen (Tiefe = 0 cm) sind mit einer Flachkammer ermittelte experimentelle Werte an der Kobaltanlage des Autors.

Wassertiefe (cm)	TDK in Wasser für ⁶⁰Co-Gammastrahlung für FOA = 80 cm							
	QFG (cm)							
	0	4	5	6	7	8	9	10
0,5	100,0	100,0	100,0	100,0	100,0	100,0	100,0	100,0
1	95,5	97,2	97,5	97,7	97,8	97,9	98,0	98,1
2	87,3	91,4	92,1	92,6	93,0	93,2	93,4	93,7
3	79,9	85,4	86,3	87,0	87,6	88,0	88,4	88,7
4	73,0	79,7	80,7	81,6	82,3	82,8	83,2	83,7
5	66,7	73,9	75,2	76,2	77,1	77,8	78,3	78,8
6	61,1	68,4	69,7	70,8	71,9	72,6	73,3	73,9
7	55,8	63,3	64,7	66,0	67,0	67,9	68,6	69,3
8	51,1	58,5	59,9	61,2	62,3	63,2	64,0	64,7
9	46,8	53,9	55,5	56,8	57,9	28,8	59,7	60,5
10	42,9	49,7	51,2	52,5	53,8	54,8	55,7	56,4
11	39,3	45,9	47,4	48,7	49,8	50,7	51,6	52,5
12	36,0	42,4	43,8	45,0	46,2	47,2	48,1	48,9
13	33,0	39,1	40,4	41,6	42,8	43,8	44,7	45,6
14	30,2	36,1	37,3	38,7	39,7	40,7	41,6	42,6
15	27,7	33,2	34,5	35,7	36,7	37,6	38,5	39,4
16	25,4	30,8	31,9	33,0	34,0	35,0	35,9	36,8
17	23,3	28,3	29,5	30,5	31,5	32,5	33,3	34,1
18	21,4	26,2	27,3	28,3	29,3	30,2	30,9	31,7
19	19,6	24,1	25,1	26,1	27,1	28,0	28,8	29,5
20	18,0	22,2	23,2	24,1	25,0	25,8	26,6	27,4
22	15,2	19,0	19,9	20,7	21,5	22,3	23,0	23,7
24	12,8	16,2	17,0	17,7	18,5	19,2	19,9	20,5
26	10,8	13,8	14,5	15,2	15,9	16,6	17,2	17,8
28	9,1	11,8	12,5	13,1	13,8	14,4	14,9	15,4
30	7,7	10,1	10,7	11,2	11,8	12,3	12,8	13,3

Tab. 25.14.3: Die TDK-Werte entstammen dem aktuellen Supplement 25 des British Institute of Radiology von 1996.

Wassertiefe (cm)	TDK in Wasser für ^{60}Co-Gammastrahlung für FOA = 80 cm							
	QFG (cm)							
	12	15	20	25	30	35	40	45
0,5	100,0	100,0	100,0	100,0	100,0	100,0	100,0	100,0
1	98,2	98,3	98,3	98,4	98,5	98,5	98,6	98,7
2	93,9	94,1	94,3	94,5	94,7	94,8	94,9	95,0
3	89,1	89,5	90,1	90,3	90,5	90,6	90,7	90,8
4	84,3	84,9	85,6	86,0	86,3	86,5	86,7	86,9
5	79,5	80,3	81,3	81,7	82,1	82,4	82,7	82,9
6	74,9	75,9	76,9	77,5	78,1	78,4	78,7	78,9
7	70,3	71,5	72,6	73,3	73,9	74,3	74,7	74,9
8	65,8	67,1	68,6	69,5	70,1	70,5	70,9	71,2
9	61,7	63,0	64,6	65,6	66,3	66,8	67,2	67,5
10	57,7	59,2	60,8	61,9	62,6	63,2	63,7	64,1
11	53,8	55,3	57,2	58,3	59,1	59,8	60,3	60,7
12	50,3	51,9	53,7	55,0	55,8	56,5	57,0	57,4
13	47,0	48,6	50,5	51,8	52,8	53,4	54,0	54,5
14	43,7	45,4	47,4	48,7	49,8	50,5	51,5	51,6
15	40,8	42,5	44,5	45,9	46,9	47,6	48,2	48,7
16	38,1	39,7	41,8	43,2	44,2	45,0	45,7	46,3
17	35,5	37,1	39,2	40,5	41,6	42,4	43,1	43,7
18	33,1	34,7	36,7	38,1	39,2	39,9	40,6	41,2
19	30,8	32,4	34,4	35,8	36,9	37,7	38,4	39,0
20	28,7	30,2	32,2	33,5	34,7	35,5	36,2	36,8
22	25,0	26,5	28,4	29,8	30,8	31,5	32,1	32,7
24	21,7	23,1	24,9	26,2	27,3	28,1	28,7	29,3
26	18,9	20,2	21,9	23,2	24,2	24,9	25,4	25,9
28	16,4	17,7	19,3	20,6	21,5	22,1	22,6	23,0
30	14,2	15,4	17,0	18,2	19,0	19,6	19,9	20,2

Tab. 25.14.4: Die TDK-Werte entstammen dem aktuellen Supplement 25 des British Institute of Radiology von 1996.

25.14.2 Gewebe-Luft-Verhältnisse für ^{60}Co-Gammastrahlung

Wassertiefe (cm)	Gewebe-Luft-Verhältnisse in Wasser für ^{60}Co-Gammastrahlung							
	QFG (cm)							
	0	4	5	6	7	8	9	10
0,5	**1,000**	**1,032**	**1,036**	**1,040**	**1,043**	**1,048**	**1,052**	**1,054**
1	0,968	1,016	10,22	1,029	1,034	1,039	1,043	1,048
2	0,906	0,978	0,989	0,999	1,006	1,012	1,017	1,023
3	0,849	0,936	0,949	0,961	0,970	0,978	0,985	0,992
4	0,795	0,893	0,908	0,921	0,931	0,942	0,950	0,957
5	0,744	0,847	0,864	0,880	0,892	0,904	0,913	0,921
6	0,697	0,801	0,819	0,835	0,850	0,862	0,873	0,884
7	0,652	0,756	0,777	0,794	0,809	0,823	0,835	0,845
8	0,611	0,715	0,734	0,751	0,768	0,782	0,794	0,805
9	0,572	0,672	0,692	0,712	0,728	0,742	0,755	0,769
10	0,536	0,631	0,654	0,671	0,688	0,704	0,719	0,731
11	0,502	0,596	0,615	0,634	0,651	0,666	0,675	0,692
12	0,470	0,560	0,580	0,598	0,614	0,629	0,643	0,658
13	0,440	0,526	0,546	0,563	0,579	0,595	0,609	0,623
14	0,412	0,496	0,514	0,530	0,549	0,563	0,576	0,589
15	0,386	0,465	0,483	0,500	0,516	0,529	0,543	0,557
16	0,361	0,439	0456	0,471	0,486	0,500	0,514	0,527
17	0,338	0,410	0,428	0,444	0,458	0,471	0,486	0,499
18	0,317	0,387	0,402	0,417	0,433	0,447	0,459	0,471
19	0,297	0,362	0,377	0,392	0,406	0,419	0,433	0,446
20	0,278	0,341	0,354	0,369	0,382	0,394	0,406	0,418
22	0,244	0,302	0,314	0,327	0,339	0,350	0,362	0,374
24	0,214	0,265	0,277	0,289	0,300	0,310	0,322	0,332
26	0,187	0,234	0,243	0,255	0,266	0,275	0,286	0,296
28	0,164	0,207	0,216	0,226	0,235	0,244	0,255	0,265
30	0,144	0,181	0,190	0,200	0,209	0,217	0,225	0,233

Tab. 25.14.5: Die fett gedruckten TAR-Werte in 0,5 cm Wassertiefe (Dosismaximum von ^{60}Co-TDKs) werden als Maximumstreufaktoren MSF (bisher BSF) bezeichnet.

Wassertiefe (cm)	Gewebe-Luft-Verhältnisse in Wasser für ^{60}Co-Gammastrahlung QFG (cm)							
	12	15	20	25	30	35	40	50
0,5	1,060	1,068	1,078	1,085	1,089	1,093	1,096	1,099
1	1,054	1,063	1,073	1,081	1,086	1,090	1,095	1,102
2	1,031	1,042	1,055	1,064	1,070	1,075	1,079	1,086
3	1,002	1,014	1,031	1,040	1,048	1,053	1,057	1,066
4	0,970	0,984	1,003	1,014	1,022	1,028	1,035	1,043
5	0,936	0,953	0,974	0,986	0,996	1,002	1,008	1,020
6	0,900	0,920	0,942	0,957	0,967	0,975	0,981	0,993
7	0,863	0,886	0,909	0,924	0,937	0,945	0,952	0,965
8	0,825	0,849	0,876	0,895	0,908	0,916	0,923	0,939
9	0,789	0,813	0,843	0,862	0,876	0,887	0,895	0,909
10	0,751	0,779	0,809	0,831	0,845	0,856	0,865	0,882
11	0,715	0,742	0,776	0,798	0,814	0,826	0,836	0,852
12	0,680	0,790	0,743	0,767	0,784	0,796	0,806	0,825
13	0,646	0,675	0,712	0,736	0,754	0,769	0,779	0,797
14	0,613	0,641	0,680	0,705	0,724	0,739	0,750	0,770
15	0,581	0,611	0,649	0,676	0,695	0,711	0,723	0,742
16	0,552	0,581	0,620	0,647	0,667	0,683	0,696	0,717
17	0,521	0,552	0,590	0,618	0,638	0,656	0,669	0,690
18	0,494	0,523	0,563	0,590	0,611	0,629	0,641	0,663
19	0,467	0,497	0,535	0,563	0,585	0,603	0,617	0,638
20	0,441	0,470	0,509	0,536	0,558	0,576	0,590	0,613
22	0,395	0,423	0,461	0,490	0,512	0,531	0,545	0,564
24	0,352	0,380	0,416	0,445	0,466	0,486	0,501	0,522
26	0,315	0,341	0,377	0,403	0,425	0,444	0,459	0,480
28	0,281	0,304	0,348	0,366	0,389	0,407	0,421	0,442
30	0,249	0,273	0,305	0,332	0,353	0,372	0,385	0,403

Tab. 25.14.6: Die TAR-Werte entstammen dem aktuellen Supplement 25 des British Institute of Radiology von 1996, die TAR-Werte sind gegenüber den alten Daten aus Supplement 17 deutlich verändert (bis zu 2% erhöht).

25.15 Tiefendosisdaten für X6-Photonenstrahlung in Wasser

25.15.1 Relative Tiefendosisverläufe in Wasser

Wassertiefe (cm)	TDK in Wasser für X6-Photonenstrahlung für FOA = 100 cm							
	QFG (cm)							
	0	2	4	6	8	10	12	14
0,0	18,0	17,9	19,9	22,3	24,6	27,0	29,3	31,6
0,5	82,1	84,8	84,5	85,2	86,1	87,0	87,9	88,9
1,0	97,3	98,1	97,9	97,8	98,1	98,5	98,5	98,9
1,5	100,0	99,9	100,0	99,8	99,9	99,9	99,9	99,8
2,0	98,6	97,7	98,6	98,4	98,4	98,4	98,5	98,5
2,5	96,1	94,9	96,1	96,2	96,4	96,4	96,4	96,4
3,0	93,7	92,2	93,7	93,9	94,2	94,4	94,5	94,5
3,5	91,0	88,9	91,0	91,5	92,0	92,1	92,3	92,4
4,0	88,3	86,1	88,5	89,2	89,6	90,1	90,3	90,4
4,5	85,7	83,4	85,9	86,8	87,3	88,0	88,2	88,4
5	83,2	80,8	83,5	84,6	85,3	85,9	86,2	86,4
6	78,2	75,8	78,8	79,9	81,0	81,6	82,3	82,6
7	73,3	71,0	74,2	75,5	76,9	77,6	78,3	78,6
8	68,6	66,6	69,7	71,3	72,6	73,7	74,4	75,0
9	64,4	62,3	65,7	67,3	68,7	69,8	70,8	71,4
10	60,3	58,5	61,7	63,4	65,1	66,3	67,0	67,8
11	56,4	54,9	58,1	59,8	61,5	62,7	63,8	64,4
12	52,9	51,7	54,7	56,3	58,2	59,4	60,4	61,1
14	46,3	45,6	48,3	50,1	51,9	53,3	54,4	55,2
16	40,6	40,4	42,7	44,5	46,3	47,6	48,7	49,6
18	35,6	35,6	37,9	39,5	41,3	42,6	43,7	44,6
20	31,4	31,5	33,6	35,1	36,8	38,1	39,2	40,0
22	27,7	27,8	29,8	31,4	32,9	34,1	35,2	36,0
24	24,3	24,8	26,5	27,9	29,4	30,5	31,5	32,4
26	21,5	22,1	23,6	24,8	26,2	27,4	28,3	29,1
28	19,0	19,6	21,0	22,1	23,5	24,5	25,5	26,1
30	16,8	17,5	18,8	19,8	21,0	22,0	22,8	23,6

Tab. 25.15.1: Die TDK-Werte sind experimentelle Daten des Autors für X6-Photonen eines Varian Clinac 2100/CD. Sie sind auf das jeweilige Dosismaximum normiert, das geringfügig mit der Feldgröße wandert. Die mittlere Maximumstiefe für die hier untersuchte Strahlungsqualität ist 1,5 cm Wasser.

Wassertiefe (cm)	TDK in Wasser für X6-Photonenstrahlung für FOA = 100 cm							
	QFG (cm)							
	16	18	20	22	24	26	28	30
0,0	33,8	36,0	38,1	40,5	42,1	44,5	45,6	47,5
0,5	89,5	90,2	90,8	91,4	92,0	92,5	92,9	93,3
1,0	98,9	99,1	99,1	99,2	99,3	99,5	99,7	99,7
1,5	99,6	99,8	99,7	99,7	99,6	99,7	99,6	99,6
2,0	98,4	98,2	98,2	98,3	98,3	98,3	98,1	98,1
2,5	96,5	96,5	96,4	96,4	96,4	96,5	96,5	96,5
3,0	94,4	94,5	94,4	94,5	94,6	94,6	94,5	94,6
3,5	92,4	92,6	92,5	92,6	92,7	92,7	92,7	92,7
4,0	90,5	90,7	90,6	90,7	90,8	90,9	90,9	91,0
4,5	88,6	88,8	88,7	88,9	89,0	89,1	89,1	89,2
5	86,7	86,9	86,7	86,9	87,1	87,3	87,3	87,4
6	82,8	83,0	83,1	83,3	83,6	83,7	83,8	83,9
7	79,0	79,4	79,5	79,7	80,0	80,2	80,3	80,5
8	75,4	75,7	75,9	76,2	76,4	76,7	76,8	77,1
9	71,8	72,2	72,5	72,8	73,1	73,3	73,5	73,7
10	68,5	68,9	69,2	69,5	69,8	70,1	70,3	70,5
11	65,2	65,6	66,0	66,3	66,7	66,9	67,2	67,4
12	61,9	62,4	62,8	63,2	63,6	63,9	64,2	64,5
14	56,0	56,6	57,0	57,4	57,9	58,2	58,5	58,7
16	50,5	51,1	51,6	52,1	52,5	52,9	53,2	53,5
18	45,4	46,1	46,6	47,2	47,7	48,1	48,4	48,7
20	40,9	41,6	42,2	42,7	43,2	43,5	43,9	44,2
22	36,9	37,6	38,0	38,5	39,1	39,4	39,8	40,1
24	33,2	33,9	34,4	34,9	35,4	35,8	36,1	36,4
26	29,9	30,6	31,0	31,5	32,0	32,4	32,7	33,0
28	26,8	27,5	28,0	28,5	29,0	29,3	29,6	29,9
30	24,2	25,0	25,4	25,9	26,3	26,7	27,0	27,3

Tab. 25.15.2: Die TDK-Werte sind experimentelle Daten des Autors für X6-Photonen eines Varian Clinac 2100/CD. Sie sind auf das jeweilige Dosismaximum normiert, das geringfügig mit der Feldgröße wandert. Die mittlere Maximumstiefe für die hier untersuchte Strahlungsqualität ist 1,5 cm Wasser.

Wassertiefe (cm)	TDK in Wasser für X6-Photonenstrahlung für FOA = 100 cm				
	QFG (cm)				
	32	34	36	38	40
0,0	48,6	50,5	51,2	52,8	53,5
0,5	93,6	93,8	94,0	94,2	94,4
1,0	99,7	99,7	99,6	99,7	99,7
1,5	99,6	99,6	99,5	99,4	99,3
2,0	98,1	98,2	98,1	98,1	98,1
2,5	96,4	96,4	96,3	96,3	96,3
3,0	94,7	94,6	94,5	94,6	94,7
3,5	92,7	92,8	92,8	92,8	92,9
4,0	91,1	91,1	91,1	91,0	91,0
4,5	89,2	89,3	89,4	89,4	89,4
5	87,4	87,6	87,6	87,6	87,7
6	84,0	84,1	84,1	84,2	84,3
7	80,7	80,7	80,7	80,8	80,8
8	77,3	77,4	77,4	77,4	77,5
9	73,9	74,0	74,1	74,2	74,3
10	70,6	70,9	71,0	71,1	71,2
11	67,6	67,7	67,8	67,9	68,1
12	64,7	64,9	65,0	65,1	65,2
14	59,0	59,2	59,4	59,5	59,7
16	53,7	53,9	54,1	54,2	54,4
18	49,0	49,2	49,3	49,5	49,7
20	44,5	44,8	45,0	45,1	45,2
22	40,3	40,6	40,8	41,1	41,3
24	36,7	36,9	37,1	37,3	37,5
26	33,3	33,5	33,7	33,9	34,1
28	30,2	30,5	30,7	30,8	30,9
30	27,5	27,8	28,0	28,1	28,2

Tab. 25.15.3: Die TDK-Werte sind experimentelle Daten des Autors für X6-Photonen eines Varian Clinac 2100/CD. Sie sind auf das jeweilige Dosismaximum normiert, das geringfügig mit der Feldgröße wandert. Die mittlere Maximumstiefe für die hier untersuchte Strahlungsqualität ist 1,5 cm Wasser.

25.15.2 Gewebe-Maximum-Verhältnisse für X6-Photonenstrahlung

Wassertiefe (cm)	Gewebe-Maximum-Verhältnisse in Wasser für X6-Photonenstrahlung Isozentrische QFG (cm)							
	3	4	6	8	10	12	14	16
1,5	1,000	1,000	1,000	1,000	1,000	1,000	1,000	1,000
2	0,997	1,000	1,001	1,000	0,999	0,998	0,997	0,996
2,5	0,980	0,986	0,987	0,988	0,987	0,987	0,986	0,986
3	0,961	0,966	0,970	0,972	0,973	0,973	0,972	0,973
4	0,923	0,932	0,939	0,944	0,947	0,949	0,950	0,951
5	0,885	0,896	0,908	0,916	0,920	0,923	0,924	0,928
6	0,847	0,859	0,874	0,884	0,890	0,895	0,898	0,901
8	0,773	0,788	0,809	0,822	0,832	0,841	0,846	0,851
10	0,705	0,720	0,745	0,761	0,774	0,785	0,791	0,799
12	0,643	0,658	0,683	0,702	0,717	0,729	0,738	0,747
14	0,587	0,601	0,626	0,647	0,663	0,676	0,687	0,696
16	0,534	0,550	0,575	0,594	0,610	0,625	0,636	0,647
18	0,487	0,502	0,526	0,546	0,563	0,577	0,589	0,601
20	0,446	0,459	0,482	0,498	0,517	0,532	0,545	0,556
22	0,407	0,420	0,441	0,460	0,476	0,490	0,503	0,515
24	0,373	0,384	0,403	0,421	0,437	0,451	0,464	0,475
25,5	0,350	0,359	0,377	0,395	0,410	0,425	0,437	0,448
	18	20	22	24	26	28	30	32
1,5	1,000	1,000	1,000	1,000	1,000	1,000	1,000	1,000
2	0,996	0,996	0,995	0,997	0,996	0,996	0,996	0,995
2,5	0,984	0,985	0,983	0,987	0,986	0,985	0,986	0,986
3	0,973	0,974	0,972	0,976	0,975	0,975	0,975	0,971
4	0,952	0,953	0,952	0,956	0,956	0,956	0,957	0,957
5	0,929	0,931	0,931	0,935	0,935	0,936	0,937	0,938
6	0,904	0,907	0,907	0,912	0,912	0,914	0,915	0,917
8	0,855	0,859	0,861	0,867	0,869	0,870	0,872	0,874
10	0,805	0,809	0,813	0,819	0,822	0,824	0,828	0,830
12	0,754	0,760	0,765	0,772	0,776	0,779	0,782	0,786
14	0,705	0,712	0,717	0,724	0,728	0,733	0,737	0,741
16	0,656	0,664	0,670	0,679	0,684	0,688	0,693	0,697
18	0,611	0,619	0,626	0,634	0,640	0,645	0,650	0,654
20	0,566	0,575	0,582	0,591	0,597	0,603	0,608	0,613
22	0,525	0,534	0,542	0,551	0,557	0,563	0,568	0,574
24	0,485	0,495	0,503	0,512	0,518	0,524	0,529	0,535
25,5	0,458	0,468	0,475	0,485	0,491	0,497	0,503	0,508

Tab. 25.15.4: Die TMR-Werte sind experimentelle Daten des Autors für X6-Photonen eines Varian Clinac 2100/CD. Der Messort war das Isozentrum (Entfernung zum Fokus 100 cm). Im jeweiligen Dosismaximum (im Mittel Wassertiefe 1,5 cm) sind die TMR-Werte definitionsgemäß 1,0.

Wassertiefe (cm)	Gewebe-Maximum-Verhältnisse in Wasser für X6-Photonenstrahlung Isozentrische QFG (cm)			
	34	36	38	40
1,5	1,000	1,000	1,000	1,000
2	0,995	0,996	0,996	0,995
2,5	0,987	0,987	0,987	0,987
3	0,976	0,977	0,977	0,977
4	0,958	0,959	0,960	0,960
5	0,939	0,940	0,941	0,941
6	0,918	0,919	0,919	0,920
8	0,877	0,879	0,880	0,880
10	0,833	0,835	0,837	0,837
12	0,789	0,792	0,794	0,795
14	0,744	0,747	0,750	0,752
16	0,701	0,705	0,708	0,710
18	0,659	0,663	0,666	0,668
20	0,617	0,622	0,625	0,627
22	0,579	0,582	0,587	0,589
24	0,540	0,544	0,548	0,551
25,5	0,513	0,518	0,522	0,525

Tab. 25.15.5: Die TMR-Werte sind experimentelle Daten des Autors für X6-Photonen eines Varian Clinac 2100/CD. Der Messort war das Isozentrum (Entfernung zum Fokus 100 cm). Im jeweiligen Dosismaximum (im Mittel Wassertiefe 1,5 cm) sind die TMR-Werte definitionsgemäß 1,0.

25.16 Tiefendosisdaten für X18-Photonenstrahlung in Wasser
25.16.1 Relative Tiefendosisverläufe in Wasser

Wassertiefe (cm)	TDK in Wasser für X18-Photonenstrahlung für FOA = 100 cm							
	QFG (cm)							
	0	2	4	6	8	10	12	14
0,0	4,9	7,30	9,4	12,5	15,9	19,5	22,9	26,0
0,5	53,5	49,8	51,7	52,9	58,2	59,6	64,4	66,2
1,0	76,6	73,8	73,9	75,6	78,0	80,6	82,6	84,6
1,5	89,3	86,4	86,3	87,5	89,2	91,0	92,5	94,0
2,0	96,3	94,1	93,7	94,5	95,5	96,5	97,4	98,2
2,5	98,7	97,9	98,0	98,0	98,6	99,1	99,4	99,8
3,0	99,5	99,3	99,6	99,6	99,7	99,9	99,9	100,0
3,5	99,5	99,6	99,9	99,9	99,5	99,8	99,5	99,2
4,0	97,8	98,9	99,5	99,4	99,0	98,8	98,4	98,0
4,5	96,3	97,8	98,2	98,4	97,9	97,7	96,9	96,5
5,0	94,7	96,3	97,0	96,9	96,4	96,0	95,5	94,9
5,5	93,2	94,1	95,5	95,2	94,8	94,4	93,9	93,2
6,0	91,0	92,4	93,4	93,6	93,1	92,8	92,0	91,6
6,5	89,2	91,0	91,4	91,7	91,3	91,0	90,5	89,6
7,0	87,3	88,7	89,6	89,9	89,7	89,3	88,7	88,3
7,5	85,6	86,4	87,8	88,2	87,8	87,5	86,9	86,5
8,0	83,4	85,0	86,0	86,2	86,0	85,8	85,3	84,9
8,5	81,8	82,9	84,2	84,5	84,3	84,1	83,6	83,3
9,0	79,9	81,2	82,1	82,7	82,6	82,4	82,1	81,7
9,5	77,9	79,4	80,4	80,9	80,9	80,8	80,3	80,2
10,0	76,0	77,4	78,5	79,1	79,0	78,9	78,7	78,4
11,0	72,8	74,2	75,4	75,9	76,0	76,0	75,8	75,6
12,0	69,4	71,2	72,2	72,8	73,0	73,1	72,8	72,7
13,0	66,6	68,0	68,9	69,7	69,9	70,2	69,9	69,8
14,0	63,9	64,8	66,0	66,8	66,9	67,3	67,2	67,2
15,0	60,9	62,3	63,1	64,0	64,3	64,6	64,6	64,5
16,0	58,1	59,4	60,6	61,3	61,6	62,0	62,1	62,0
17,0	55,9	57,1	57,9	58,6	59,1	59,5	59,6	59,7
18,0	53,4	54,6	55,4	56,3	56,8	57,1	57,2	57,3
19,0	51,3	52,3	53,1	53,9	54,3	54,8	55,0	55,0
20,0	49,1	50,0	50,8	51,6	52,1	52,6	52,7	52,9

Tab. 25.16.1: Die TDK-Werte sind experimentelle Daten des Autors für X18-Photonen eines Varian Clinac 2100/CD. Sie sind auf das jeweilige Dosismaximum normiert, das vor allem für große Felder mit der Feldgröße wandert.

Wassertiefe (cm)	TDK in Wasser für X18-Photonenstrahlung für FOA = 100 cm							
	QFG (cm)							
	16	18	20	22	24	26	28	30
0,0	28,9	31,6	33,9	36,0	37,9	39,6	41,4	43,0
0,5	70,0	72,4	73,7	74,1	76,2	77,9	78,1	78,6
1,0	87,3	89,0	89,7	90,0	91,4	91,8	92,4	92,5
1,5	95,4	96,2	96,6	96,8	97,5	97,6	97,8	97,8
2,0	98,9	99,2	99,5	99,5	99,6	99,7	99,9	99,9
2,5	100,0	99,9	99,9	99,9	100,0	99,9	99,8	99,8
3,0	99,7	99,4	99,4	99,3	99,2	99,2	99,1	99,0
3,5	98,7	98,2	98,2	98,1	98,0	97,7	97,7	97,7
4,0	97,4	96,8	96,7	96,7	96,4	96,3	96,2	96,2
4,5	95,8	95,2	95,1	95,0	94,9	94,7	94,6	94,6
5,0	94,2	93,7	93,3	93,3	93,0	92,9	92,8	92,8
5,5	92,6	91,9	91,8	91,7	91,6	91,4	91,3	91,3
6,0	90,7	90,3	90,1	90,0	90,0	89,8	89,7	89,7
6,5	89,1	88,6	88,4	88,4	88,4	88,1	88,1	88,1
7,0	87,5	86,9	86,9	86,9	86,8	86,6	86,4	86,5
7,5	85,9	85,4	85,2	85,2	85,2	85,0	85,0	84,9
8,0	84,3	83,8	83,7	83,7	83,7	83,6	83,5	83,5
8,5	82,7	82,3	82,2	82,2	82,0	82,2	81,9	81,9
9,0	81,2	80,8	80,8	80,7	80,7	80,5	80,5	80,5
9,5	79,6	79,3	79,2	79,2	79,3	79,1	79,2	79,1
10,0	78,0	77,6	77,6	77,6	77,7	77,5	77,4	77,5
11,0	75,2	75,0	74,8	74,9	75,0	74,8	74,8	74,9
12,0	72,3	72,2	72,2	72,2	72,2	72,1	72,2	72,2
13,0	69,7	69,6	69,5	69,6	69,6	69,5	69,5	69,6
14,0	67,1	66,9	67,0	67,0	67,0	67,0	67,1	67,1
15,0	64,5	64,4	64,5	64,5	64,7	64,6	64,7	64,7
16,0	62,1	61,9	62,1	62,1	62,2	62,2	62,2	62,3
17,0	59,7	59,6	59,8	59,8	60,0	59,9	60,0	60,0
18,0	57,4	57,5	57,5	57,6	57,8	57,8	57,9	57,9
19,0	55,1	55,2	55,2	55,3	55,6	55,7	55,7	55,7
20,0	53,2	53,1	53,4	53,4	53,5	53,7	53,7	53,8

Tab. 25.16.2: Die TDK-Werte sind experimentelle Daten des Autors für X18-Photonen eines Varian Clinac 2100/CD. Sie sind auf das jeweilige Dosismaximum normiert, das vor allem für große Felder mit der Feldgröße wandert.

Wassertiefe (cm)	TDK in Wasser für X18-Photonenstrahlung für FOA = 100 cm				
	QFG (cm)				
	32	34	36	38	40
0,0	44,5	45,5	46,8	48,0	49,0
0,5	79,8	80,5	81,4	80,8	80,6
1,0	92,8	93,0	93,2	93,3	93,3
1,5	98,2	98,1	98,3	98,3	98,3
2,0	100,0	99,8	99,8	99,8	99,9
2,5	99,9	99,7	99,7	99,7	99,7
3,0	99,0	98,9	98,8	98,9	98,9
3,5	97,6	97,5	97,5	97,4	97,4
4,0	95,9	95,9	96,0	96,1	96,1
4,5	94,3	94,5	94,4	94,4	94,4
5,0	92,9	92,7	92,7	92,7	92,7
5,5	91,3	91,2	91,2	91,2	91,2
6,0	89,7	89,5	89,5	89,6	89,7
6,5	88,2	88,1	88,0	88,0	88,0
7,0	86,5	86,4	86,6	86,6	86,5
7,5	85,1	85,0	85,0	85,0	85,0
8,0	83,5	83,5	83,6	83,5	83,5
8,5	82,1	82,0	82,1	82,1	82,1
9,0	80,5	80,6	80,6	80,7	80,7
9,5	79,1	79,2	79,1	79,2	79,3
10,0	77,5	77,6	77,5	77,6	77,6
11,0	74,9	75,0	75,0	75,1	75,1
12,0	72,4	72,4	72,4	72,3	72,3
13,0	69,7	69,7	69,9	69,9	69,8
14,0	67,2	67,2	67,4	67,4	67,4
15,0	64,8	64,8	64,9	65,0	65,0
16,0	62,4	62,5	62,6	62,7	62,7
17,0	60,2	60,2	60,3	60,4	60,4
18,0	58,1	58,1	58,1	58,2	58,3
19,0	56,0	56,0	56,0	56,1	56,1
20,0	54,0	54,0	54,0	54,1	54,2

Tab. 25.16.3: Die TDK-Werte sind experimentelle Daten des Autors für X18-Photonen eines Varian Clinac 2100/CD. Sie sind auf das jeweilige Dosismaximum normiert, das vor allem für große Felder mit der Feldgröße wandert.

Wassertiefe (cm)	TDK in Wasser für X18-Photonenstrahlung für FOA = 100 cm							
	QFG (cm)							
	0	2	4	6	8	10	12	14
21	47,0	47,8	48,7	49,5	50,0	50,5	50,7	51,0
22	45,0	45,8	46,6	47,6	47,9	48,4	48,7	49,0
23	43,0	44,0	44,7	45,5	46,1	46,5	46,8	47,1
24	41,4	42,2	42,8	43,6	44,2	44,7	44,9	45,2
25	39,7	40,3	41,1	41,9	42,3	42,9	43,2	43,4
26	38,2	38,7	39,4	40,2	40,7	41,2	41,5	41,8
27	36,5	37,1	37,8	38,5	39,1	39,6	39,9	40,2
28	35,0	35,4	36,1	36,9	37,5	38,1	38,3	38,6
29	33,8	34,1	34,8	35,5	36,0	36,5	36,9	37,2
30	32,3	32,7	33,3	34,0	34,6	35,1	35,5	35,7
31	31,1	31,4	32,0	32,7	33,2	33,8	34,1	34,3
32	29,7	30,1	30,7	31,4	31,8	32,4	32,7	33,0
33	28,5	28,9	29,5	30,1	30,6	31,2	31,5	31,8
34	27,4	27,8	28,3	28,9	29,4	29,9	30,3	30,5
35	26,4	26,7	27,2	27,8	28,2	28,8	29,2	29,4
36	25,4	25,6	26,2	26,7	27,2	27,7	28,0	28,3
	16	18	20	22	24	26	28	30
21	51,1	51,1	51,4	51,4	51,6	51,7	51,7	51,7
22	49,1	49,3	49,4	49,5	49,6	49,8	49,8	49,9
23	47,3	47,4	47,6	47,6	47,9	47,9	48,0	48,0
24	45,5	45,6	45,7	45,8	46,1	46,1	46,2	46,3
25	43,8	43,9	44,1	44,2	44,4	44,4	44,6	44,6
26	42,0	42,3	42,5	42,5	42,8	42,8	42,9	43,0
27	40,5	40,6	40,8	40,9	41,2	41,2	41,3	41,3
28	38,9	39,1	39,3	39,4	39,7	39,7	39,8	39,9
29	37,4	37,7	37,9	37,9	38,2	38,3	38,3	38,4
30	36,0	36,2	36,5	36,5	36,8	36,9	37,1	37,1
31	34,7	34,9	35,1	35,2	35,4	35,6	35,7	35,7
32	33,4	33,6	33,8	33,9	34,2	34,3	34,4	34,4
33	32,1	32,4	32,6	32,6	32,9	33,0	33,0	33,1
34	30,9	31,2	31,4	31,5	31,8	31,8	31,9	31,9
35	29,8	30,0	30,2	30,3	30,5	30,6	30,7	30,7
36	28,7	28,9	29,1	29,2	29,5	29,5	29,7	29,7

Tab. 25.16.4: Die TDK-Werte sind experimentelle Daten des Autors für X18-Photonen eines Varian Clinac 2100/CD. Sie sind auf das jeweilige Dosismaximum normiert.

Wassertiefe (cm)	TDK in Wasser für X18-Photonenstrahlung für FOA = 100 cm				
	QFG (cm)				
	32	34	36	38	40
21	51,9	52,0	52,2	52,1	52,1
22	50,0	50,1	50,3	50,3	50,3
23	48,2	48,3	48,4	48,5	48,5
24	46,5	46,5	46,6	46,7	46,7
25	44,9	44,9	45,0	45,0	45,0
26	43,2	43,2	43,3	43,3	43,4
27	41,6	41,8	41,8	41,9	41,9
28	40,1	40,2	40,2	40,3	40,4
29	38,6	38,7	38,8	38,9	38,9
30	37,3	37,4	37,3	37,5	37,5
31	36,0	36,0	36,1	36,1	36,2
32	34,6	34,7	34,8	34,8	34,8
33	33,3	33,5	33,5	33,6	33,6
34	32,2	32,3	32,4	32,5	32,5
35	31,0	31,2	31,2	31,3	31,3
36	29,9	30,0	30,0	30,1	30,2

Tab. 25.16.5: Die TDK-Werte sind experimentelle Daten des Autors für X18-Photonen eines Varian Clinac 2100/CD. Sie sind auf das jeweilige Dosismaximum normiert.

25.16.2 Gewebe-Maximum-Verhältnisse für X18-Photonenstrahlung

Wassertiefe (cm)	Gewebe-Maximum-Verhältnisse in Wasser für X18-Photonenstrahlung Isozentrische QFG (cm)							
	2	3	4	5	6	7	8	9
3,5	1,000	0,999	0,999	0,999	0,999	0,999	0,999	0,998
4	0,999	1,004	1,007	1,007	1,006	1,006	1,004	1,003
5	0,982	0,993	1,001	1,002	1,001	1,000	0,997	0,995
6	0,960	0,974	0,983	0,986	0,986	0,985	0,982	0,979
8	0,906	0,923	0,935	0,940	0,942	0,942	0,941	0,939
10	0,855	0,874	0,887	0,895	0,897	0,898	0,898	0,898
12	0,805	0,825	0,840	0,848	0,852	0,854	0,855	0,856
14	0,758	0,779	0,794	0,803	0,808	0,811	0,813	0,814
16	0,714	0,736	0,751	0,760	0,767	0,770	0,773	0,774
18	0,676	0,695	0,710	0,719	0,726	0,730	0,733	0,736
20	0,638	0,657	0,672	0,681	0,688	0,692	0,696	0,698
22	0,600	0,621	0,636	0,645	0,652	0,657	0,660	0,663
24	0,563	0,587	0,602	0,611	0,617	0,622	0,626	0,629
25,5	0,541	0,562	0,576	0,586	0,592	0,597	0,601	0,604
	10	12	14	16	18	20	24	26
3,5	0,998	0,996	0,994	0,990	0,986	0,983	0,980	0,979
4	1,000	0,997	0,993	0,987	0,983	0,980	0,976	0,974
5	0,992	0,986	0,980	0,974	0,968	0,965	0,960	0,959
6	0,976	0,970	0,964	0,958	0,952	0,948	0,945	0,943
8	0,936	0,931	0,927	0,921	0,917	0,914	0,911	0,910
10	0,896	0,893	0,890	0,886	0,883	0,880	0,879	0,878
12	0,855	0,854	0,852	0,849	0,847	0,846	0,846	0,845
14	0,814	0,814	0,814	0,812	0,810	0,810	0,811	0,811
16	0,775	0,776	0,777	0,776	0,775	0,776	0,778	0,779
18	0,737	0,739	0,741	0,741	0,741	0,742	0,745	0,746
20	0,700	0,703	0,706	0,707	0,708	0,709	0,713	0,715
22	0,666	0,670	0,672	0,674	0,675	0,678	0,682	0,684
24	0,632	0,636	0,640	0,642	0,644	0,646	0,652	0,654
25,5	0,607	0,612	0,616	0,618	0,621	0,623	0,629	0,631

Tab. 25.16.7: Die TMR-Werte sind experimentelle Daten des Autors für X18-Photonen eines Varian Clinac 2100/CD. Im jeweiligen Dosismaximum sind die TMR-Werte definitionsgemäß 1,0. Allerdings wandert das Dosismaximum deutlich mit der Feldgröße, so dass die TMR-Werte teilweise bei Werten ungleich 1,0 starten.

Wassertiefe (cm)	Gewebe-Maximum-Verhältnisse in Wasser für X18-Photonenstrahlung				
	Isozentrische QFG (cm)				
	28	30	32	36	40
3,5	0,978	0,977	0,977	0,976	0,975
4	0,972	0,972	0,971	0,971	0,969
5	0,957	0,956	0,956	0,956	0,955
6	0,941	0,941	0,941	0,942	0,940
8	0,909	0,909	0,909	0,910	0,910
10	0,878	0,879	0,879	0,880	0,880
12	0,845	0,846	0,847	0,849	0,849
14	0,812	0,813	0,814	0,817	0,817
16	0,780	0,782	0,783	0,785	0,787
18	0,748	0,750	0,751	0,754	0,755
20	0,716	0,719	0,720	0,724	0,726
22	0,686	0,689	0,691	0,695	0,697
24	0,656	0,659	0,661	0,666	0,669
25,5	0,634	0,637	0,639	0,644	0,647

Tab. 25.16.8: Die TMR-Werte sind experimentelle Daten des Autors für X18-Photonen eines Varian Clinac 2100/CD. Im jeweiligen Dosismaximum sind die TMR-Werte definitionsgemäß 1,0. Allerdings wandert das Dosismaximum deutlich mit der Feldgröße, so dass die TMR-Werte teilweise bei Werten ungleich 1,0 starten.

25.17 Das griechische Alphabet

Zeichen		Beschreibung	Zeichen		Beschreibung
A	α	Alpha	N	ν	Ny
B	β	Beta	Ξ	ξ	Xi
Γ	γ	Gamma	O	o	Omicron
Δ	δ	Delta	Π	π	Pi
E	ε	Epsilon	P	ρ	Rho
Z	ζ	Zeta	Σ	σ	Sigma
H	η	Eta	T	τ	Tau
Θ	θ	Theta	Y	υ	Ypsilon
I	ι	Iota	Φ	φ	Phi
K	κ	Kappa	X	χ	Chi
Λ	λ	Lambda	Ψ	ψ	Psi
M	μ	My	Ω	ω	Omega

Tab. 25.17: Das griechische Alphabet

25.18 Tiefendosisdaten für Protonenstrahlung in Wasser

Die TDK-Werte sind experimentelle Daten des Zyklotrons im Protonentherapiezentrum Essen (mit freundlicher Genehmigung der Fa. IBA). Die Messungen wurden als Relativmessungen mit der Doppel-Monitorkammer IC2/3 als Referenz verwendet, um Schwankungen im Strahlstrom zu kompensieren. Die Daten wurden im unendlichen Wasserphantom mit einer kleinvolumigen IBA-Flachkammer PPC05 mit einem wasseräquivalenten Eintrittsfenster (1,6 mm Stärke) auf dem Zentralstrahl gemessen. Die Gantryposition betrug 0°, der Snout war auf 180° eingestellt. Das Isozentrum befand sich 10 cm unterhalb der Apertur auf der Wasseroberfläche. Die Scanfeldgröße betrug 12x12 cm^2. Der analysierte Strahl war ein durch Uniform Scanning erzeugtes 10x10 cm^2-Feld, die Feldreduktion wurde durch eine Zusatzblende im Snout 10 cm oberhalb der Wasseroberfläche definiert. Die Daten sind Ionentiefendosiswerte, die auf das jeweilige Bragg-Maximum normiert wurden (bezüglich der wegen der Normierung nicht erforderlichen Umrechnung der Messdaten in Energiedosen s. die Ausführungen in Kap. 12.5, Fig. 12.14). Die Oberflächendosen wurden vom Autor aus den Originalmessdaten linear zur Tiefe d=0 mm extrapoliert (Kursivdruck), sind also nicht so präzise wie die eigentlichen Messdaten. Alle Tiefenangaben gelten für das Medium Wasser.

Symbol	E$_{50}$(MeV)	d$_{max}$	R$_{90}$	R$_{80}$	R$_{50}$	R$_{20}$	R$_{20}$-R$_{80}$
R4	70,9	39	40,0	40,5	41,5	42,7	2,2
R6	88,8	59	60,0	60,5	61,8	63,1	2,6
R8	103,8	78	79,7	80,2	81,5	83,0	2,8
R10	117,6	99	100,0	100,5	101,6	102,9	2,4
R12	130,4	119	120,2	120,7	121,9	123,2	2,5
R14	141,9	139	139,9	140,5	141,7	143,2	2,7
R16	152,9	158	159,7	160,3	161,7	163,4	3,1
R18	163,8	179	180,5	181,1	182,7	184,5	3,3
R20	173,8	199	200,4	201,2	202,8	204,7	3,5
R22	183,4	219	220,4	221,3	223,1	225,1	3,8
R24	192,4	239	240,0	240,9	242,9	245,1	4,2
R26	200,8	258	259,0	260,0	261,9	264,3	4,3
R28	209,6	278	279,5	280,5	282,6	284,9	4,4
R30	218,0	297	299,8	300,7	302,9	305,4	4,7
R32	226,4	319	321,0	321,8	324,0	326,4	4,6

Tab. 25.18.1: Kennzeichnung der Protonentiefendosisverteilungen in dieser und den folgenden Tabellen mit den Symbolen "RX", die etwa die 90%-Reichweiten in cm beschreiben. Die Energieangaben E$_{50}$ dienen nur zur Orientierung und wurden bei 50% der Dosis auf der fokusfernen Seite des Bragg-Peaks berechnet (Gl. 21.4). Zur Beschreibung dienen die verschiedenen Reichweiten. Der sehr schnelle und scharfe Dosisabfall kann mit der Reichweitendifferenz R$_{20}$-R$_{80}$ abgeschätzt werden. Alle Tiefenangaben sind "mm in Wasser".

R4		Protonenenergie E_{50} = 71 MeV					
d (mm)	D_{rel} (%)	d (mm)	D_{rel} (%)	d (mm)	D_{rel} (%)	d (mm)	D_{rel} (%)
0,0	31,2	31,0	51,1	37,0	82,2	43,0	13,5
5,0	32,2	31,5	52,3	37,5	87,6	43,5	7,8
10,0	33,8	32,0	53,6	38,0	93,1	44,0	4,2
15,0	35,9	32,5	55,0	38,5	98,0	44,5	1,6
20,0	38,7	33,0	56,6	39,0	100,0	45,0	0,6
20,0	38,7	33,5	58,2	39,5	98,1	45,5	0,3
22,0	40,1	34,0	60,3	40,0	90,6	46,0	0,1
24,0	41,9	34,5	62,3	40,5	80,2		
26,0	43,6	35,0	64,9	41,0	67,1		
28,0	46,2	35,5	68,0	41,5	49,3		
30,0	49,3	36,0	72,2	42,0	35,2		
30,5	50,1	36,5	77,0	42,5	23,4		

Tab. 25.18.2

R6		Protonenenergie E_{50} = 89 MeV					
d (mm)	D_{rel} (%)	d (mm)	D_{rel} (%)	d (mm)	D_{rel} (%)	d (mm)	D_{rel} (%)
0,0	28,5	49,5	51,5	57,5	91,3	55,0	70,2
5,0	30,1	50,0	52,4	58,0	96,0	55,5	73,7
10,0	31,0	50,5	53,4	58,5	99,2	56,0	77,7
15,0	31,9	51,0	54,5	59,0	100,0	56,5	82,3
20,0	33,1	51,5	55,7	59,5	97,3	57,0	86,9
25,0	34,6	52,0	57,1	60,0	91,0	57,5	91,3
30,0	36,3	52,5	58,7	60,5	79,4	58,0	96,0
35,0	38,3	53,0	60,4	61,0	68,9	58,5	99,2
36,0	38,9	53,5	62,4	51,5	55,7	59,0	100,0
38,0	40,1	54,0	64,6	52,0	57,1	59,5	97,3
40,0	41,4	54,5	67,2	52,5	58,7	60,0	91,0
42,0	42,8	55,0	70,2	53,0	60,4	60,5	79,4
44,0	44,3	55,5	73,7	53,5	62,4	61,0	68,9
46,0	46,4	56,0	77,7	54,0	64,6	71,5	0,0
48,0	49,2	56,5	82,3	54,5	67,2	72,0	0,1
49,0	50,7	57,0	86,9	55,0	70,2	72,5	0,1

Tab. 25.18.3

R8		Protonenenergie E_{50} = 104 MeV					
d (mm)	D_{rel} (%)	d (mm)	D_{rel} (%)	d (mm)	D_{rel} (%)	d (mm)	D_{rel} (%)
0,0	28,7	58,0	42,1	71,5	60,1	79,0	97,2
5,0	29,1	60,0	43,4	72,0	61,9	79,5	92,2
10,0	29,6	62,0	44,9	72,5	63,8	80,0	85,7
15,0	30,3	64,0	46,7	73,0	66,0	80,5	73,3
20,0	31,2	66,0	49,1	73,5	68,3	81,0	61,2
25,0	31,9	66,5	49,7	74,0	70,9	81,5	51,0
30,0	32,8	67,0	50,5	74,5	73,9	82,0	40,6
35,0	33,9	67,5	51,4	75,0	77,4	82,5	28,0
40,0	35,0	68,0	52,3	75,5	81,6	83,0	20,4
45,0	36,3	68,5	53,3	76,0	86,1	83,5	13,4
50,0	38,0	69,0	54,3	76,5	89,5	84,0	8,6
50,0	38,0	69,5	55,3	77,0	94,6	84,5	4,8
52,0	38,8	70,0	56,3	77,5	98,0	85,0	2,6
54,0	39,8	70,5	57,3	78,0	100,0	85,5	1,6
56,0	40,9	71,0	58,6	78,5	99,7	86,0	0,8

Tab. 25.18.4

R10		Protonenenergie E_{50} = 118 MeV					
d (mm)	D_{rel} (%)	d (mm)	D_{rel} (%)	d (mm)	D_{rel} (%)	d (mm)	D_{rel} (%)
0,0	25,0	70,0	35,1	92,5	57,2	99,5	97,7
5,0	25,1	75,0	36,9	93,0	58,7	100,0	90,8
10,0	25,7	76,0	37,5	93,5	60,5	100,5	80,8
15,0	25,9	78,0	38,4	94,0	62,3	101,0	65,9
20,0	26,5	80,0	39,7	94,5	64,5	101,5	51,4
25,0	26,9	82,0	41,3	95,0	67,3	102,0	38,3
30,0	27,4	84,0	42,8	95,5	69,9	102,5	27,7
35,0	28,2	86,0	45,3	96,0	73,9	103,0	17,7
40,0	28,6	88,0	47,6	96,5	78,4	103,5	9,7
45,0	29,4	90,0	51,1	97,0	84,0	104,0	5,4
50,0	30,1	90,5	52,2	97,5	88,7	104,5	2,5
55,0	31,2	91,0	53,1	98,0	95,1	105,0	1,2
60,0	32,1	91,5	54,0	98,5	98,6	105,5	0,3
65,0	33,6	92,0	55,5	99,0	100,0	106,0	0,1

Tab. 25.18.5

R12		Protonenenergie E_{50} = 130 MeV					
d (mm)	D_{rel} (%)	d (mm)	D_{rel} (%)	d (mm)	D_{rel} (%)	d (mm)	D_{rel} (%)
0,0	24,0	96,0	37,7	115,5	71,7	125,5	1,3
5,0	24,0	98,0	38,7	116,0	74,5	126,0	0,4
10,0	24,4	100,0	39,9	116,5	80,1	126,5	0,1
15,0	24,8	102,0	41,5	117,0	85,4	127,0	0,0
20,0	25,2	104,0	43,4	117,5	89,3	127,5	0,0
25,0	25,6	106,0	45,7	118,0	94,2	128,0	0,0
30,0	25,9	108,0	48,4	118,5	98,1	128,5	0,1
35,0	26,3	109,0	49,8	119,0	100,0	129,0	0,1
40,0	26,8	109,5	50,6	119,5	99,1		
45,0	27,2	110,0	51,4	120,0	93,6		
50,0	27,6	110,5	52,3	120,5	85,3		
55,0	28,3	111,0	53,2	121,0	74,1		
60,0	28,8	111,5	54,3	121,5	60,9		
65,0	29,4	112,0	56,2	122,0	47,3		
70,0	30,3	112,5	57,5	122,5	34,6		
75,0	31,2	113,0	58,8	123,0	23,1		
80,0	32,4	113,5	60,6	123,5	15,1		
85,0	33,5	114,0	62,4	124,0	9,6		
90,0	35,4	114,5	65,0	124,5	4,6		
95,0	37,3	115,0	68,5	125,0	2,3		

Tab. 25.18.6

R14		Protonenenergie $E_{50} = 142$ MeV					
d (mm)	D_{rel} (%)	d (mm)	D_{rel} (%)	d (mm)	D_{rel} (%)	d (mm)	D_{rel} (%)
0,0	*24,5*	104,0	35,7	128,5	52,4	139,5	95,1
5,0	24,8	106,0	36,2	129,0	53,2	140,0	88,4
10,0	25,2	108,0	36,9	129,5	54,1	140,5	79,1
15,0	25,8	110,0	37,5	130,0	55,1	141,0	67,7
20,0	26,2	112,0	38,3	130,5	56,4	141,5	54,1
25,0	26,4	114,0	39,2	131,0	57,9	142,0	42,2
30,0	26,5	116,0	40,2	131,5	59,4	142,5	32,0
35,0	26,7	118,0	41,3	132,0	61,1	143,0	22,2
40,0	27,1	120,0	42,7	132,5	62,7	143,5	14,9
45,0	27,4	122,0	44,4	133,0	64,5	144,0	9,5
50,0	27,7	122,5	44,9	133,5	66,4	144,5	5,7
55,0	28,1	123,0	45,4	134,0	68,7	145,0	3,1
60,0	28,6	123,5	46,0	134,5	71,4	145,5	1,5
65,0	29,0	124,0	46,5	135,0	74,6	146,0	0,6
70,0	29,5	124,5	47,1	135,5	78,8	146,5	0,2
75,0	30,0	125,0	47,8	136,0	83,2	147,0	0,1
80,0	30,6	125,5	48,4	136,5	87,3	147,5	0,1
85,0	31,3	126,0	49,0	137,0	91,6	148,0	0,1
90,0	32,1	126,5	49,7	137,5	96,4	148,5	0,1
95,0	33,3	127,0	50,4	138,0	99,5	149,0	0,0
100,0	34,6	127,5	51,0	138,5	100,0		
102,0	35,1	128,0	51,7	139,0	99,1		

Tab. 25.18.7

R16	Protonenenergie E_{50} = 153 MeV						
d (mm)	D_{rel} (%)	d (mm)	D_{rel} (%)	d (mm)	D_{rel} (%)	d (mm)	D_{rel} (%)
0,0	25,4	114,0	34,5	146,0	51,5	158,5	99,6
5,0	25,6	116,0	35,0	146,5	52,3	159,0	98,5
10,0	25,9	118,0	35,5	147,0	53,1	159,5	93,5
15,0	26,1	120,0	36,1	147,5	53,9	160,0	85,8
20,0	26,4	122,0	36,7	148,0	54,6	160,5	76,9
25,0	26,8	124,0	37,3	148,5	55,3	161,0	66,4
30,0	27,1	126,0	38,0	149,0	56,1	161,5	54,6
35,0	27,5	128,0	38,7	149,5	57,1	162,0	42,8
40,0	27,7	130,0	39,4	150,0	58,4	162,5	33,8
45,0	28,0	132,0	40,2	150,5	59,7	163,0	25,8
50,0	28,2	134,0	41,0	151,0	61,2	163,5	18,7
55,0	28,4	136,0	42,0	151,5	62,8	164,0	12,6
60,0	28,7	138,0	43,3	152,0	64,4	164,5	8,0
65,0	29,0	140,0	44,7	152,5	66,1	165,0	4,5
70,0	29,3	140,5	45,1	153,0	68,1	165,5	2,0
75,0	29,8	141,0	45,5	153,5	70,6	166,0	0,7
80,0	30,2	141,5	46,0	154,0	73,5	166,5	0,2
85,0	30,7	142,0	46,4	154,5	76,9	167,0	0,2
90,0	31,2	142,5	46,9	155,0	80,5	167,5	0,3
95,0	31,7	143,0	47,4	155,5	84,4	168,0	0,3
100,0	32,2	143,5	48,0	156,0	88,4	168,5	0,2
105,0	32,9	144,0	48,6	156,5	92,3	169,0	0,1
110,0	33,7	144,5	49,3	157,0	95,5	169,5	0,0
110,0	33,7	145,0	50,0	157,5	98,1		
112,0	34,1	145,5	50,7	158,0	100,0		

Tab. 25.18.8

R18		Protonenenergie E_{50} = 164 MeV					
d (mm)	D_{rel} (%)	d (mm)	D_{rel} (%)	d (mm)	D_{rel} (%)	d (mm)	D_{rel} (%)
0,0	26,5	130,0	35,5	165,0	51,8	178,0	98,3
5,0	27,1	135,0	36,8	165,5	52,5	178,5	100,0
10,0	27,5	140,0	38,3	166,0	53,2	179,0	99,7
15,0	27,9	145,0	39,4	166,5	53,9	179,5	99,5
20,0	28,5	146,0	39,6	167,0	54,6	180,0	94,8
25,0	28,4	148,0	40,2	167,5	55,4	180,5	89,7
30,0	28,7	150,0	41,0	168,0	56,3	181,0	81,9
35,0	29,1	152,0	41,9	168,5	57,1	181,5	73,5
40,0	29,2	154,0	42,9	169,0	58,1	182,0	65,6
45,0	29,1	156,0	44,0	169,5	59,1	182,5	54,9
50,0	29,5	157,0	44,6	170,0	60,2	183,0	44,1
55,0	29,4	157,5	44,9	170,5	61,4	183,5	34,7
60,0	29,8	158,0	45,2	171,0	62,7	184,0	27,3
65,0	29,9	158,5	45,6	171,5	64,1	184,5	19,2
70,0	30,2	159,0	45,9	172,0	65,6	185,0	13,1
75,0	30,5	159,5	46,3	172,5	67,2	185,5	9,4
80,0	30,8	160,0	46,7	173,0	69,0	186,0	5,8
85,0	31,2	160,5	47,1	173,5	71,1	186,5	3,4
90,0	31,7	161,0	47,5	174,0	73,5	187,0	2,1
95,0	31,6	161,5	47,9	174,5	76,4	187,5	1,1
100,0	32,3	162,0	48,4	175,0	79,8	188,0	0,5
105,0	32,6	162,5	48,9	175,5	83,1	188,5	0,3
110,0	33,0	163,0	49,4	176,0	85,8	189,0	0,2
115,0	33,6	163,5	49,9	176,5	89,0	189,5	0,1
120,0	34,3	164,0	50,5	177,0	93,3	190,0	0,1
125,0	35,0	164,5	51,1	177,5	96,2	190,5	0,1

Tab. 25.18.9

R20		Protonenenergie E_{50} = 174 MeV					
d (mm)	D_{rel} (%)	d (mm)	D_{rel} (%)	d (mm)	D_{rel} (%)	d (mm)	D_{rel} (%)
0,0	27,8	135,0	34,7	185,0	53,6	198,5	100,0
5,0	27,8	140,0	35,3	185,5	54,3	199,0	99,4
10,0	28,1	145,0	36,1	186,0	55,0	199,5	97,7
15,0	28,3	146,0	36,2	186,5	55,8	200,0	94,1
20,0	28,6	148,0	36,5	187,0	56,5	200,5	89,3
25,0	28,9	150,0	36,9	187,5	57,4	201,0	82,6
30,0	29,2	152,0	37,3	188,0	58,3	201,5	74,4
35,0	29,5	154,0	37,7	188,5	59,2	202,0	65,5
40,0	29,7	156,0	38,2	189,0	60,2	202,5	56,0
45,0	29,9	158,0	38,7	189,5	61,3	203,0	46,5
50,0	30,0	160,0	39,2	190,0	62,5	203,5	38,1
55,0	30,2	162,0	39,8	190,5	63,7	204,0	29,4
60,0	30,3	164,0	40,4	191,0	65,1	204,5	22,4
65,0	30,5	166,0	41,1	191,5	66,7	205,0	16,5
70,0	30,6	168,0	41,8	192,0	68,4	205,5	11,7
75,0	30,8	170,0	42,6	192,5	70,3	206,0	7,6
80,0	31,1	172,0	43,5	193,0	72,3	206,5	5,0
85,0	31,3	174,0	44,5	193,5	74,6	207,0	3,1
90,0	31,5	176,0	45,6	194,0	77,0	207,5	2,0
95,0	31,8	178,0	46,9	194,5	79,7	208,0	1,5
100,0	32,0	180,0	48,4	195,0	82,5	208,5	0,4
105,0	32,2	182,0	50,2	195,5	85,6	209,0	0,3
110,0	32,5	182,5	50,7	196,0	88,9	209,5	0,1
115,0	32,9	183,0	51,2	196,5	92,3	210,0	0,1
120,0	33,3	183,5	51,8	197,0	95,2	210,5	0,0
125,0	33,7	184,0	52,4	197,5	97,3		
130,0	34,2	184,5	53,0	198,0	99,3		

Tab. 25.18.10

R22	Protonenenergie $E_{50} = 183$ MeV						
d (mm)	D_{rel} (%)	d (mm)	D_{rel} (%)	d (mm)	D_{rel} (%)	d (mm)	D_{rel} (%)
0,0	28,5	140,0	35,0	201,5	51,8	215,5	87,4
5,0	29,2	145,0	35,6	202,0	52,5	216,0	90,2
10,0	29,8	150,0	36,2	202,5	53,1	216,5	93,2
15,0	30,2	155,0	36,7	203,0	53,7	217,0	96,2
20,0	30,5	160,0	37,2	203,5	54,2	217,5	98,6
25,0	30,7	165,0	37,7	204,0	54,6	218,0	99,8
30,0	30,8	166,0	37,9	204,5	55,0	218,5	100,0
35,0	30,9	168,0	38,1	205,0	55,5	219,0	99,7
40,0	30,9	170,0	38,5	205,5	56,1	219,5	98,9
45,0	31,0	172,0	38,8	206,0	56,8	220,0	94,5
50,0	31,1	174,0	39,2	206,5	57,6	220,5	89,3
55,0	31,2	176,0	39,6	207,0	58,5	221,0	84,1
60,0	31,4	178,0	40,1	207,5	59,4	221,5	77,0
65,0	31,6	180,0	40,7	208,0	60,3	222,0	69,0
70,0	31,8	182,0	41,3	208,5	61,3	222,5	60,9
75,0	32,0	184,0	41,8	209,0	62,4	223,0	52,6
80,0	32,2	186,0	42,5	209,5	63,5	223,5	43,6
85,0	32,4	188,0	43,2	210,0	64,8	224,0	34,7
90,0	32,5	190,0	44,0	210,5	66,2	224,5	27,0
95,0	32,6	192,0	45,1	211,0	67,7	225,0	20,6
100,0	32,7	194,0	46,0	211,5	69,4	225,5	15,4
105,0	32,7	196,0	47,2	212,0	71,1	226,0	11,1
110,0	32,8	198,0	48,5	212,5	73,0	226,5	7,7
115,0	33,0	199,0	49,1	213,0	75,0	227,0	5,1
120,0	33,2	199,5	49,5	213,5	77,2	227,5	3,2
125,0	33,5	200,0	50,0	214,0	79,5	228,0	1,9
130,0	33,9	200,5	50,5	214,5	82,0	228,5	1,0
135,0	34,5	201,0	51,1	215,0	84,6	229,0	0,5

Tab. 25.18.11

R24	Protonenenergie E_{50} = 192 MeV						
d (mm)	D_{rel} (%)	d (mm)	D_{rel} (%)	d (mm)	D_{rel} (%)	d (mm)	D_{rel} (%)
0,0	28,9	168,0	35,9	223,0	54,0	240,5	84,9
5,0	29,4	170,0	36,2	223,5	54,6	241,0	79,3
10,0	29,8	172,0	36,4	224,0	55,2	241,5	73,2
15,0	30,1	174,0	36,7	224,5	55,9	242,0	65,6
20,0	30,2	176,0	36,9	225,0	56,5	242,5	56,8
25,0	30,4	178,0	37,2	225,5	57,3	243,0	47,8
30,0	30,5	180,0	37,5	226,0	58,1	243,5	40,1
35,0	30,7	182,0	37,8	226,5	58,9	244,0	33,7
40,0	30,9	184,0	38,1	227,0	59,7	244,5	27,5
45,0	31,1	186,0	38,4	227,5	60,6	245,0	21,5
50,0	31,2	188,0	38,8	228,0	61,5	245,5	16,1
55,0	31,3	190,0	39,1	228,5	62,5	246,0	11,5
60,0	31,4	192,0	39,5	229,0	63,6	246,5	8,0
65,0	31,5	194,0	39,9	229,5	64,8	247,0	5,5
70,0	31,6	196,0	40,3	230,0	66,1	247,5	3,7
75,0	31,7	198,0	40,8	230,5	67,6	248,0	2,5
80,0	31,7	200,0	41,3	231,0	69,3	248,5	1,7
85,0	31,8	202,0	41,8	231,5	71,1	249,0	1,1
90,0	31,9	204,0	42,3	232,0	72,9	249,5	0,6
95,0	32,0	206,0	42,9	232,5	75,0	250,0	0,3
100,0	32,2	208,0	43,7	233,0	77,4	250,5	0,2
105,0	32,3	210,0	44,5	233,5	80,0	251,0	0,1
110,0	32,5	212,0	45,6	234,0	82,6	251,5	0,0
115,0	32,7	214,0	46,8	234,5	85,1		
120,0	32,8	216,0	47,9	235,0	88,2		
125,0	33,0	218,0	49,3	235,5	90,5		
130,0	33,2	218,5	49,6	236,0	93,4		
135,0	33,3	219,0	49,9	236,5	95,6		
140,0	33,5	219,5	50,3	237,0	97,8		
145,0	33,7	220,0	50,8	237,5	98,3		
150,0	34,0	220,5	51,3	238,0	99,4		
155,0	34,4	221,0	51,9	238,5	100,0		
160,0	35,0	221,5	52,4	239,0	98,7		
165,0	35,5	222,0	52,9	239,5	95,8		
166,0	35,7	222,5	53,5	240,0	90,5		

Tab. 25.18.12

R26		Protonenenergie $E_{50} = 201$ MeV					
d (mm)	D_{rel} (%)	d (mm)	D_{rel} (%)	d (mm)	D_{rel} (%)	d (mm)	D_{rel} (%)
0,0	30,4	175,0	36,2	240,0	53,0	257,5	100,0
5,0	31,0	180,0	36,4	240,5	53,4	258,0	99,1
10,0	31,3	185,0	36,7	241,0	53,9	258,5	94,9
15,0	31,6	190,0	37,1	241,5	54,5	259,0	90,4
20,0	31,9	190,0	37,1	242,0	55,1	259,5	85,4
25,0	32,1	192,0	37,3	242,5	55,8	260,0	79,8
30,0	32,2	194,0	37,5	243,0	56,6	260,5	73,2
35,0	32,4	196,0	37,8	243,5	57,3	261,0	65,1
40,0	32,4	198,0	38,1	244,0	58,1	261,5	56,7
45,0	32,5	200,0	38,4	244,5	58,9	262,0	49,1
50,0	32,6	202,0	38,8	245,0	59,7	262,5	42,8
55,0	32,8	204,0	39,1	245,5	60,6	263,0	36,0
60,0	32,9	206,0	39,5	246,0	61,4	263,5	29,4
65,0	33,1	208,0	39,8	246,5	62,3	264,0	23,8
70,0	33,2	210,0	40,2	247,0	63,2	264,5	17,9
75,0	33,3	212,0	40,6	247,5	64,1	265,0	13,2
80,0	33,3	214,0	40,9	248,0	65,1	265,5	9,8
85,0	33,3	216,0	41,3	248,5	66,1	266,0	7,3
90,0	33,3	218,0	41,9	249,0	67,3	266,5	5,4
95,0	33,3	220,0	42,4	249,5	68,6	267,0	3,8
100,0	33,4	222,0	43,1	250,0	70,1	267,5	2,6
105,0	33,4	224,0	43,9	250,5	71,8	268,0	1,7
110,0	33,5	226,0	44,5	251,0	73,8	268,5	1,0
115,0	33,6	228,0	45,6	251,5	76,2	269,0	0,5
120,0	33,8	230,0	46,4	252,0	78,8	269,5	0,3
125,0	33,9	232,0	47,2	252,5	81,8	270,0	0,1
130,0	34,0	234,0	48,5	253,0	84,6	270,5	0,1
135,0	34,1	236,0	49,5	253,5	87,1	271,0	0,1
140,0	34,1	236,5	49,9	254,0	89,3		
145,0	34,2	237,0	50,3	254,5	92,4		
150,0	34,4	237,5	50,7	255,0	94,5		
155,0	34,7	238,0	51,2	255,5	96,1		
160,0	35,1	238,5	51,7	256,0	98,2		
165,0	35,6	239,0	52,1	256,5	99,6		
170,0	35,9	239,5	52,6	257,0	99,7		

Tab. 25.18.13

R28	Protonenenergie $E_{50} = 210$ MeV						
d (mm)	D_{rel} (%)	d (mm)	D_{rel} (%)	d (mm)	D_{rel} (%)	d (mm)	D_{rel} (%)
0,3	*31,4*	185,0	36,3	258,5	52,7	277,0	99,9
5,0	32,2	190,0	36,4	259,0	53,1	277,5	100,0
10,0	32,5	195,0	36,7	259,5	53,6	278,0	98,4
15,0	32,8	200,0	37,0	260,0	54,0	278,5	97,0
20,0	33,2	205,0	37,5	260,5	54,5	279,0	94,4
25,0	33,7	210,0	37,9	261,0	54,9	279,5	90,1
30,0	34,0	210,0	37,9	261,5	55,4	280,0	85,4
35,0	34,3	212,0	38,1	262,0	55,9	280,5	80,2
40,0	34,3	214,0	38,4	262,5	56,6	281,0	73,8
45,0	34,3	216,0	38,6	263,0	57,3	281,5	66,2
50,0	34,2	218,0	38,8	263,5	58,0	282,0	58,8
55,0	34,2	220,0	39,1	264,0	58,7	282,5	51,7
60,0	34,1	222,0	39,4	264,5	59,3	283,0	43,2
65,0	34,1	224,0	39,7	265,0	59,9	283,5	36,8
70,0	34,1	226,0	40,0	265,5	60,6	284,0	30,9
75,0	34,1	228,0	40,4	266,0	61,7	284,5	24,7
80,0	34,2	230,0	40,8	266,5	63,1	285,0	19,3
85,0	34,2	232,0	41,3	267,0	64,1	285,5	14,9
90,0	34,3	234,0	41,8	267,5	65,1	286,0	11,4
95,0	34,3	236,0	42,3	268,0	66,8	286,5	8,7
100,0	34,4	238,0	42,6	268,5	67,8	287,0	6,5
105,0	34,5	240,0	43,2	269,0	68,7	287,5	4,7
110,0	34,5	242,0	43,9	269,5	70,2	288,0	3,4
115,0	34,6	244,0	44,6	270,0	71,9	288,5	2,3
120,0	34,6	246,0	45,2	270,5	73,9	289,0	1,6
125,0	34,7	248,0	46,2	271,0	76,0	289,5	1,1
130,0	34,7	250,0	47,1	271,5	78,7	290,0	0,7
135,0	34,7	252,0	48,4	272,0	80,9	290,5	0,5
140,0	34,7	254,0	49,5	272,5	83,0	291,0	0,3
145,0	34,7	254,5	49,7	273,0	85,2	291,5	0,2
150,0	34,8	255,0	50,0	273,5	87,6	292,0	0,2
155,0	35,0	255,5	50,3	274,0	89,8	292,5	0,1
160,0	35,3	256,0	50,7	274,5	91,8	293,0	0,1
165,0	35,6	256,5	51,0	275,0	94,4	293,5	0,1
170,0	35,8	257,0	51,4	275,5	96,4	294,0	0,2
175,0	36,0	257,5	51,8	276,0	98,3		
180,0	36,1	258,0	52,2	276,5	99,6		

Tab. 25.18.14

R30		Protonenenergie E_{50} = 218 MeV					
d (mm)	D_{rel} (%)	d (mm)	D_{rel} (%)	d (mm)	D_{rel} (%)	d (mm)	D_{rel} (%)
0,0	32,7	185,0	35,6	277,0	51,4	295,5	94,6
5,0	33,2	190,0	35,8	277,5	51,8	296,0	96,6
10,0	33,5	195,0	36,0	278,0	52,5	296,5	98,4
15,0	33,7	200,0	36,1	278,5	53,1	297,0	99,5
20,0	33,8	205,0	36,3	279,0	53,6	297,5	100,0
25,0	33,9	210,0	36,5	279,5	53,8	298,0	98,7
30,0	34,0	215,0	36,8	280,0	54,1	298,5	97,2
35,0	34,1	220,0	37,2	280,5	54,5	299,0	95,3
40,0	34,2	225,0	37,6	281,0	54,9	299,5	93,1
45,0	34,4	230,0	38,3	281,5	55,4	300,0	87,4
50,0	34,5	230,0	38,3	282,0	55,9	300,5	82,0
55,0	34,6	232,0	38,5	282,5	56,5	301,0	76,5
60,0	34,7	234,0	38,9	283,0	57,2	301,5	69,4
65,0	34,7	236,0	39,2	283,5	57,8	302,0	64,0
70,0	34,7	238,0	39,6	284,0	58,5	302,5	55,9
75,0	34,7	240,0	39,9	284,5	59,2	303,0	48,9
80,0	34,7	242,0	40,2	285,0	60,1	303,5	41,9
85,0	34,7	244,0	40,6	285,5	61,0	304,0	35,8
90,0	34,7	246,0	40,8	286,0	61,8	304,5	28,0
95,0	34,7	248,0	41,1	286,5	62,7	305,0	23,5
100,0	34,7	250,0	41,3	287,0	63,7	305,5	18,6
105,0	34,7	252,0	41,5	287,5	64,8	306,0	13,8
110,0	34,7	254,0	42,6	288,0	65,9	306,5	11,1
115,0	34,7	256,0	42,6	288,5	67,2	307,0	8,4
120,0	34,7	258,0	42,8	289,0	68,5	307,5	6,4
125,0	34,7	260,0	43,5	289,5	69,9	308,0	4,0
130,0	34,7	262,0	44,3	290,0	71,4	308,5	2,8
135,0	34,7	264,0	44,6	290,5	73,2	309,0	1,9
140,0	34,7	266,0	45,6	291,0	75,2	309,5	1,3
145,0	34,7	268,0	46,6	291,5	77,1	310,0	0,9
150,0	34,7	270,0	47,7	292,0	78,5	310,5	0,5
155,0	34,8	272,0	48,3	292,5	81,3	311,0	0,3
160,0	34,8	274,0	49,4	293,0	83,7	311,5	0,1
165,0	34,9	275,0	50,2	293,5	85,6	312,0	0,0
170,0	35,1	275,5	50,6	294,0	87,8		
175,0	35,2	276,0	50,9	294,5	91,1		
180,0	35,4	276,5	51,1	295,0	93,0		

Tab. 25.18.15

R32		Protonenenergie E$_{50}$ = 226 MeV					
d (mm)	D$_{rel}$ (%)	d (mm)	D$_{rel}$ (%)	d (mm)	D$_{rel}$ (%)	d (mm)	D$_{rel}$ (%)
0,0	*33,2*	195,0	35,7	298,0	51,6	317,5	97,6
5,0	34,0	200,0	36,2	298,5	52,0	318,0	99,1
10,0	34,4	205,0	36,1	299,0	52,4	318,5	100,0
15,0	34,6	210,0	35,9	299,5	52,8	319,0	99,9
20,0	34,8	215,0	36,0	300,0	53,3	319,5	98,5
25,0	34,9	220,0	36,4	300,5	53,7	320,0	96,7
30,0	35,0	225,0	36,5	301,0	54,2	320,5	94,1
35,0	35,2	230,0	36,8	301,5	54,7	321,0	89,8
40,0	35,3	235,0	37,2	302,0	55,3	321,5	83,2
45,0	35,3	240,0	37,5	302,5	55,8	322,0	77,5
50,0	35,3	245,0	37,9	303,0	56,4	322,5	70,3
55,0	35,4	250,0	38,4	303,5	56,9	323,0	64,5
60,0	35,6	255,0	38,8	304,0	57,5	323,5	57,1
65,0	35,6	256,0	38,9	304,5	58,3	324,0	50,4
70,0	35,5	258,0	39,1	305,0	58,7	324,5	43,7
75,0	35,7	260,0	39,4	305,5	59,6	325,0	36,4
80,0	35,5	262,0	39,7	306,0	60,7	325,5	29,4
85,0	35,5	264,0	40,0	306,5	61,5	326,0	23,5
90,0	35,4	266,0	40,4	307,0	62,1	326,5	19,0
95,0	35,5	268,0	40,8	307,5	62,6	327,0	15,7
100,0	35,4	270,0	41,2	308,0	63,4	327,5	12,2
105,0	34,9	272,0	41,6	308,5	64,4	328,0	9,1
110,0	35,4	274,0	42,0	309,0	65,5	328,5	6,7
115,0	35,1	276,0	42,4	309,5	66,6	329,0	4,9
120,0	35,1	278,0	42,8	310,0	68,0	329,5	3,4
125,0	35,2	280,0	43,3	310,5	69,6	330,0	2,3
130,0	35,1	282,0	43,9	311,0	70,9	330,5	1,6
135,0	35,5	284,0	44,7	311,5	72,5	331,0	1,1
140,0	35,5	286,0	45,4	312,0	74,0	331,5	0,7
145,0	35,1	288,0	46,1	312,5	75,9	332,0	0,4
150,0	35,0	290,0	47,0	313,0	78,1	332,5	0,2
155,0	35,1	292,0	48,1	313,5	79,9	333,0	0,1
160,0	35,2	294,0	49,4	314,0	82,2	333,5	0,0
165,0	35,6	295,0	49,9	314,5	84,7		
170,0	35,5	295,5	50,2	315,0	86,8		
175,0	35,2	296,0	50,4	315,5	89,1		
180,0	35,3	296,5	50,7	316,0	92,2		
185,0	35,4	297,0	51,0	316,5	94,3		
190,0	35,4	297,5	51,3	317,0	95,9		

Tab. 25.18.16

26 Literatur

Von den in diesem Buch zitierten Literaturstellen enthalten insbesondere die Deutschen Normen zur Radiologie (DIN) und die Berichte der International Comission on Radiation Units and Measurements (ICRU) wichtige Ausführungen zur praktischen klinischen Dosimetrie und Strahlungsmesstechnik. Sie sollten deshalb unbedingt beschafft und für die konkrete medizinphysikalische Arbeit zu Rate gezogen werden.

26.1 Lehrbücher und Monografien

Aglinzew	K. K. Aglinzew, Dosimetrie ionisierender Strahlung, VEB Berlin (1961)
Attix	Frank Herbert Attix, Introduction to Radiological Physics and Radiation Dosimetry, Wiley (1986, 2004)
Attix/Roesch/Tochilin	F. H. Attix, W. C. Roesch, E. Tochilin, Radiation Dosimetry Vol. I-III, and Supplement, Academic Press New York (1968)
Baltas	D. Baltas, L. Sakelliou, N. Zamboglou, The Physics of Modern Brachytherapy for Oncology, Taylor&Francis London (2007)
Bleehen/Glatstein	N. M. Bleehen, E. Glatstein, J. L. Haybittle, Radiation Therapy Planning, Dekker New York (1983)
Boag 1987	In: Kenneth Kase, Bengt E. Bjärngard, Frank H. Attix, The Dosimetry of Ionizing Radiation, Vol. II, Academic Press (1985-1987)
Buzug CT1	Thorsten M. Buzug, Computed Tomography, Springer (2008)
Buzug CT2	Thorsten M. Buzug, Einführung in die Computertomographie, Springer (2004)
Cunningham	Harold Elford Johns, John Robert Cunningham, The Physics of Radiology, Springfield USA (1983)
DeLaney/Kooy	Thoams F. DeLaney, Hann M. Koy, Proton and Charged Particle Radiotherapy, Philadelphia (2008)
Fowler 1981	J. F. Fowler, Nuclear Particles in Cancer Treatment, in Medical Physics Handbook 8, Adam Hilger Bristol (1981)
Godden 1988	T. J. Godden, Physical Aspects of Brachytherapy, in Medical Physics Handbook 19, Adam Hilger Bristol (1988)
Greening 1981	J. R. Greening, Fundamentals of Radiation Dosimetry, in Medical Physics Handbook 6, Adam Hilger Bristol (1981)
Greening 1985	J. R. Greening, Fundamentals of Radiation Dosimetry, in Medical Physics Handbook 15, Adam Hilger Bristol (1985), 2. Edition
Gremmel	H. Gremmel, H. Wendhausen, Computerunterstützte Bestrah-

© Springer Fachmedien Wiesbaden GmbH, ein Teil von Springer Nature 2021
H. Krieger, *Strahlungsmessung und Dosimetrie*,
https://doi.org/10.1007/978-3-658-33389-8

lungsplanung, Urban & Schwarzenberg München (1985)

Jaeger/Hübner	R. G. Jaeger, H. Hübner, Dosimetrie und Strahlenschutz, Georg Thieme Stuttgart (1974)
Johns/Cunningham	Harald Elford Johns, John Robert Cunningham, The Physics of Radiologie, 4. Auflage Springfield Illinois (1983)
Khan/Potish	Faiz M. Khan, Roger A. Potish, Treatment Planning in Radiation Oncology Philadelphia (2000)
Kalender	Willi Alfred Kalender, Computed Tomography, Publicis (2011)
Kase/Bjärngard/Attix	Kenneth Kase, Bengt E. Bjärngard, Frank H. Attix, The Dosimetry of Ionizing Radiation, Vol. I-III, Academic Press (1985-1987)
Kleinknecht	Konrad Kleinknecht, Detektoren für Teilchenstrahlung, B.G. Teubner (2005)
Klevenhagen 1985	S. C. Klevenhagen, Physics of Electron Beam Therapy, in Medical Physics Handbook 13, Adam Hilger Bristol (1985)
Knoll	Glenn F. Knoll, Radiation Detection and Measurement, John Wiley New York, (2000)
Kohlrausch	F. Kohlrausch, Praktische Physik, Bd. I-III, 23. Auflage, B. G. Teubner Stuttgart (1985), 24. Auflage (1996), 3 Bände und Tabellenband, PTB als ZIP-Files, letzte Kohlrauschausgabe
Krestel1	E. Krestel (Herausg.), Bildgebende Systeme für die medizinische Diagnostik, 1. Auflage, München (1980)
Krestel2	E. Krestel (Herausgeber), Bildgebende Systeme für die medizinische Diagnostik, 2. Auflage, München (1988)
Krieger1	H. Krieger, Grundlagen der Strahlungsphysik und des Strahlenschutzes, 6. Auflage, Springer, Wiesbaden (2019), https://www.springer.com/gp/book/9783662605837
Krieger2	H. Krieger, Strahlungsquellen für Technik und Medizin, Springer Wiesbaden (2018), 3. Auflage, , https://www.springer.com/de/book/9783662558263#otherversion=9783662558270
Lederer	C. M. Lederer, V. S. Shirley, Tables of Isotopes, 7.th Edition, New York (1986)
Lehn	Jürgen Lehn, Helmut Wegmann, Einführung in die Statistik, 4. Auflage B. G. Teubner Wiesbaden (2004)
Leo	William R. Leo, Techniques for Nuclear and Particle Physics Experiments, Springer Berlin (1995)
Leroy/Rancoita	Claude Leroy, Pier-Giorgio Rancoita, Radition Interaction in

	Matter and Detection, New Jersey (2009)
Mahesh	Mahadevappa Mahesh, MDCT Physics - The Basics, Lippincott Williams&Wilkins (2009)
McKinlay 1981	A. F. McKinlay, Thermoluminescence Dosimetry in Medical Physics Handbook 5, Adam Hilger Bristol (1981)
Morneburg	H. Morneburg (Herausgeber), Bildgebende Systeme für die medizinische Diagnostik, 3. Auflage, München (1995)
Mould	R. F. Mould, Treatment Planning, in Medical Physics Handbook 5, Adam Hilger Bristol (1981)
Nachtigall	D. Nachtigall, Physikalische Grundlagen für Dosimetrie und Strahlenschutz, Thiemig München (1971)
Neuert	Hugo Neuert, Kernphysikalische Messverfahren, Braun (1966)
Oberhofer/Scharmann	M. Oberhofer, A. Scharmann, Applied Thermoluminescence Dosimetry, Adam Hilger Bristol (1981)
Price	William J. Price, Nuclear Radiation Detection, McGraw-Hill New York (1958)
Reich 1990	H. Reich, Dosimetrie Ionisierender Strahlung, B. G. Teubner, Stuttgart (1990)
Robertson	Malcolm E.A. Robertson, Thesis: Identification and Reduction of Errors in Thermoluminescence Dosimetry Systems, Pitman University of Surrey England (1975)
Rossi/Staub	Bruno B. Rossi, Hans H. Staub, Ionization Chambers and Counters, McGraw-Hill New York (1949)
Wachsmann	F. Wachsmann, G. Drexler, Graphs and Tables for Use in Radiology, Springer Berlin (1976)
Waksman	Ron Waksman, Patrick W. Serruys, Handbook of Vascular Brachytherapy, London (1999)
Whyte	G. N. Whyte, Principles of Radiation Dosimetry, Wiley, New York (1959)
Wilkinson	D. H. Wilkinson, Ionization Chambers and Counters, Cambridge University Press (1950)

26.2 Wissenschaftliche Einzelarbeiten

| Andreo 1989 | P. Andreo, A. Brahme, A. Nahum, O. Mattson, Influence of energy and angular spread on stopping power ratios for electron beams, Phys. Med. Biol. 36, p. 751-768 (1989) |
| Auxier | J. A. Auxier, S. Snyder, T. D. Jones, Neutron Interactions and |

Penetration in Tissues, in Attix, Roesch, Tochilin, Radiation Dosimetry Vol. 1, (1968)

Bambynek 1972 W. Bambynek, K-Shell Fluorescence Yields, Intern. Conference on Inner Shell Ionization Phenomena, Atlanta (1972)

Bambynek 2009 M. Bambynek, A. Krauss, H. J. Selbach, Calorimetric Determination of Absorbed Dose to Water for an ^{192}Ir HDR Brachytherapy Source in Near Field Geometry, IFMBE Proceedings 25, 89-92 (2009)

Bauchinger Manfred Bauchinger, Quantification of low-level radiation exposure by conventional chromosome aberration analysis, Mutation Research 339, 177-189 (1995)

Berger/Seltzer 1964 M. J. Berger, S. M. Seltzer, Tables of energy losses and ranges of electrons and positrons, in NAS-NRC Publication 1133 and in Nasa Publication SP-3012 (1964)

Berger/Seltzer 1966 M. J. Berger, S. M. Seltzer, Additional stopping power and range tables for protons, mesons and electrons, in Nasa SP 3036 (1966)

Berger/Seltzer 1982 M. J. Berger, S. M. Seltzer, Stopping power and ranges of electrons and positrons, NBSIR 82-2520 National Bureau of Standards Washington D. C. (1982)

Berger/Hubbell 1987 M. J. Berger, J. H. Hubbell, XCOM-Photon cross sections on a personal computer, NBSIR Report 87-3597, Washington (1987)

Bichsel H. Bichsel, Charged-Particle Interactions, in Attix, Roesch, Tochilin, Radiation Dosimetry Vol. 1, (1968)

Böning K. Böning, W. Gläser, U. Hennings, E. Steichele, Neutronenquelle München FRM-II, Atomwirtschaft Atomtechnik 38, 61ff (1993)

Bortfeld Thomas Bortfeld, An analytical approximation of the Bragg curve für therapeutic proton beams, Med Phys. 24 (12) 1997

Brahme 1984 A. Brahme, Dosimetric precision requirements in radiation therapy, Acta Radiol. Oncol. 23, 379 ff (1984)

Briot E. Briot, Etude dosimetrique et comparaison des faisceaux d'électrons de 4 à 32 MeV issus de deux types d'accelerateurs lineaires avec balayage et diffuseurs multiples, Thesis, Paris (1982)

Bruggmoser G. Bruggmoser, R. Saum, A. Schmachtenberg, F. Schmid, E. Schüle, Determination of the recombination correction factor k_S for some specific plane-parallel and cylindrical chambers in pulsed photon and electron beams. Physics in Medicine and Biology 52 N35-N50 (2007)

Busuoli G. Busuoli, General characteristics of TL materials, in M. Oberhofer, A. Scharmann, Applied Thermoluminescence Dosimetry, Bristol (1981)

Carlsson   Carl A. Carlsson, Gudrun Alm Carlsson, Proton Dosimetry with 185 MeV Protons. Dose Buildup from Secondary Protons and Recoil Electrons, Health Physics 33 (1977), 481-484

Christ 2004   G. Christ, O. S. Dohm, E. Schüle, S. Gaupp, M. Martin, Air density correction in ionization dosimetry, Phys. Med. Biol. 2029-2039 (2004)

Cremer   C. Cremer, K. Aldinger, S. Popp, M. Hausmann, Erkennung strahleninduzierter Chromosomenaberrationen mittels Fluoreszenz-Hybridisierung und Bildanalyse, Z. Med. Phys. 5, 9-18 (1995)

Cunningham 1984   J. R. Cunningham, R. J. Schulz, On the selection of stopping-power and mass energy-absorption coefficients ratios for high-energy x-ray dosimetry, Med. Physics, 11, p. 618-623 (1984)

Djouguela 2006   Armand Djouguela, Dietrich Harder, Ralf Kohoff, Antje Rühmann, Kay C. Wilborn, Björn Poppe, The dose area product, a new parameter for the dosimetry of narrow photon beams, Z. Med. Phys. 16, 217-227 (2006)

Evans 1958   R. D. Evans, X-ray and γ-ray interactions, in S. Flügge, Handbuch der Physik Bd. XXXIV Berlin (1958)

Evans 1968   R. D. Evans, X-ray and γ-ray interactions, in Attix, Roesch, Tochilin, Radiation Dosimetry Vol. I, (1968)

Fano   U. Fano, Note on the Bragg-Gray cavity principle for measuring energy dissipation, Rad. Research 1, 237 (1954)

Feist 1988   H. Feist, Einfluss des Regenier- und Auswerteverfahrens auf das supralineare Verhalten von LiF-Thermolumineszenzdosimetern, Strahlentherapie und Onkologie 164, 223-227 (1988)

Fermi 1940   E. Fermi, The ionisation loss of energy in gases and condensed materials, Phys. Rev. 57, 485 (1940)

Fippel 2001   M. Fippel, F. Nüsslin, Grundlagen der Monte-Carlo-Methode für die Dosisberechnung in der Strahlentherapie, Z. Med. Phys. 11 73-82 (2001)

Fowler 1965   P. H. Fowler, Proc. Phys. Soc. 85, 1051-1066 (1965)

Fowler/Attix   J. F. Fowler, F. H. Attix, Solid state integrating dosemeters, in Attix, Roesch, Tochilin, Radiation Dosimetry Vol. II, (1968)

Gottschalk   Gottschalk et al., 'Multiple Coulomb scattering of 160 MeV protons,' Nucl. Instr. Meth. B74 (1993) 467-490

Harder 1965	D. Harder, Energiespektren schneller Elektronen in verschiedenen Tiefen, Symposium in High Energy Electrons, Herausgeber Zuppinger und Poretti, Berlin (1965)
Harder 1966	Harder, D., Spectra of primary and secondary electrons in material irradiated by fast electrons, in Biophysical Aspects of Radiation Quality, IAEA Technical Report Ser. No. 58, Vienna (1966)
Harder 1966b	Harder, D., Physikalische Grundlagen der Dosimetrie, in Sonderband Strahlentherapie 62, S. 254-279 (1966)
Hassenstein/Nüsslin	E. Hassenstein, F. Nüsslin, Medizinische und physikalische Aspekte der Qualitätssicherung in der Radioonkologie, Strahlentherapie 161, 685-693 (1985)
Hinken	J. Hinken, in F. Kohlrausch, Praktische Physik, Bd. II, Teubner Stuttgart (1985)
Hohlfeld 1985	K. Hohlfeld, in F. Kohlrausch, Praktische Physik, Bd. II, Stuttgart (1985)
Hubbell 1982	J. H. Hubbell, Photon Mass Attenuation and Energy-absorption-Coefficients from 1 keV to 20 MeV, Int. J. Appl. Radiat. Isot. 33 1269-1290 (1982)
Hubbell 1996	J. H. Hubbell, S. M. Seltzer, Tables of X-Ray Mass Attenuation Coefficients and Mass Energy-Absorption Coefficients 1 keV to 20 MeV for Elements Z = 1 to 92 and 48 Additional Substances of Dosimetric Interest, NISTIR 5632-Web Version 1.02, Internet-Webadresse: http://www.nist.gov/pml/data/xraycoef/index.cfm
Jaffé	G. Jaffé, On the Theory of Recombination, Phys. Rev. 58, 968-976 (1940)
Janich	Martin Janich, Kai Henkel, Reinhard Gerlach, Experimente zum Monitorrückstreueffekt an Siemens Linearbeschleunigern, DGMP Tagungsband 179 (2006)
Johns	H. E. Johns, x-Rays and Teleisotope x-Rays in Attix, Roesch, Tochilin, Radiation Dosimetry Vol. III, (1968)
Kneschaurek	P. Kneschaurek, H. Lindner, Dosis und Dosisverteilung im Nahfeld von Ir-192-Quellen, Strahlentherapie 161, 706-710 (1985)
Kneschaurek2	private Mitteilung P. Kneschaurek, TU München
Krauss 2006	Achim Krauss, The PTB water calorimeter for the absolute determination of absorbed dose to water in ^{60}Co-radiation, Metrologia 43, 259-272 (2006)

Krieger AL1

H. Krieger., H. Damoune, Physikalische Aspekte der Therapieplanung bei der intrakavitären und interstitiellen High-Dose-Rate Afterloading Therapie, Annual Meeting of Radiooncology, Radiobiology and Medical Radiophysics, Linz Austria, 1986, in "Fortschritte in der interstitiellen und intrakavitären Strahlentherapie", Zuckschwerdt München-Wien, 42-48 (1988)

Krieger AL2

H. Krieger, A new universal solid state phantom for the measurement of the characteristic dose rate of HDR afterloading sources, Proceedings of the International Meeting on Remote Controlled Afterloading in Cancer Treatment, Sept. 6-9, (1988) Wuhan, Peoples Republic of China, Zuckschwerdt München, 187-195 (1990)
H. Krieger, Messung der Kenndosisleistung punkt- und linienförmiger HDR-192-Ir-Afterloadingstrahler mit einem PMMA-Zylinderphantom, Empfehlung des DGMP-Arbeitskreises Afterloading-Dosimetrie, Z. f. Med. Physik, 38-41 (1991)

Krieger AL3

H. Krieger, Fundamental investigations on the dosimetry with high-dose-rate sources for afterloading devices, Proceedings of the International Meeting on Remote Controlled Afterloading in Cancer Treatment, Sept. 6-9, 1988, Wuhan, Peoples Republic of China, Zuckschwerdt München 30-51 (1990)

Krieger AL4

H. Krieger, Ein schnelles Planungsprogramm zur interstitiellen und intrakavitären 192-Ir-Afterloading-Therapie, Strahlentherapie 162 (1986)

H. Krieger, A fast planning program for interstitial and gynaecological use, International Symposium on high dose rate afterloading treatment of the cancer of the uterus, Giessen, July 10-12, 1986, in "High dose rate afterloading in the treatment of cancer of the uterus, breast and rectum", Supplement No. 82 to Strahlentherapie and Onkologie, München 72-77 (1988)

H. Krieger, A semiempirical algorithm for the calculation of dose rate distributions of point like 192-Ir HDR afterloading sources, Proceedings of the International Meeting on Remote Controlled Afterloading in Cancer Treatment, Sept. 6-9, 1988, Wuhan, Peoples Republic of China, Zuckschwerdt München 196-206 (1990)

Kuszpet 1982

M. E. Kuszpet, H. Feist, W. Collin, H. Reich, Determination of C_λ and C_E conversion factors and stopping power ratios using calibrated ferrous sulphate dosemeters, Phys. Med. Biol. 27, 1419-1433 (1982)

Loeber 2009

Birgit Loeber, Neutronentherapie am FRM II, Resultate 1, eposter 210, Degro Bremen 2009

Markus

B. Markus, Energiebestimmung schneller Elektronen aus Tiefendosiskurven, Strahlentherapie 116, S. 280-286 (1961)

Markus 1983	B. Markus, G. Kasten, Zum Konzept des mittleren Bremsvermögens und der mittleren Elektronenenergie in der Elektronendosimetrie, Strahlentherapie 159, 567-571 (1983)
Meisberger	L. L. Meisberger, R. J. Keller, R. J. Shalek, The effective attenuation in Water of the Gamma Rays of Gold 198, Iridium 192, Cesium 137, Radium 226, and Cobalt 60, Radiology 90, p. 953-957 (1968)
Molière	G. Molière, Theorie der Streuung schneller geladener Teilchen I Einzelstreuung am abgeschirmten Coulombfeld, Z. Naturforschung 2a (1947) 133-145 Theorie der Streuung schneller geladener Teilchen II Mehrfach- und Vielfachstreuung, Z. Naturforschung 3a (1948) 78-97
Niatel	Niatel, M. T., Étude expérimentale de l'influence de la vapeur d'eau sur l'ionisation produite dans l'air. Comptes Rendus Sci. Paris 268 -1650, (1969)
Nilsson/Brahme 1983	B. Nilsson, A. Brahme, Relation between Kerma and Absorbed Dose in Photon Beams, Acta Radiol. Oncol. 22, 77-85 (1983)
NISTIR 5221	Stephen M. Seltzer, 'An assessment of the role of charged secondaries from nonelastic nuclear interactions by proton beams in water,' NISTIR 5221 (1993)
Nüsslin	F. Nüsslin, Ein Rechenverfahren für die EDV-gestützte Bestrahlungsplanung in der Therapie mit schnellen Elektronen, Habilitationsschrift, Hannover (1979)
Portal	G. Portal, Preparation and properties of principal TL products, in M. Oberhofer, A. Scharmann, Applied Thermoluminescence Dosimetry, Adam Hilger Bristol (1981)
Rassow	J. Rassow, Grundlagen und Planung der Elektronentiefentherapie mittels Pendelbestrahlung, Habilitationsschrift Essen (1970)
Rassow 1987	J. Rassow, Physikalisch-methodische Grundlagen der Strahlentherapie, in E. Scherer, Strahlentherapie, Thieme Stuttgart (1987)
Reich 1985	H. Reich, in F. Kohlrausch, Praktische Physik, Bd. II, Teubner Stuttgart (1985)
Reich/Trier 1985	J. O. Trier, H. Reich, in F. Kohlrausch, Praktische Physik, Bd. II, Teubner Stuttgart (1985)
Richter	J. Richter, Untersuchung zur Dosisberechnung bei der Fernbestrahlung mit Photonen, Habilitationsschrift, Würzburg (1982)

706   26 Literatur

Röntgen II   Wilhelm Konrad Röntgen, Ueber eine neue Art von Strahlen (II.
                      Mittheilung), Sonderdruck aus den "Sitzungsberichten der Würz-
                      burger Physikal.-medic. Gesellschaft", Würzburg Stahel. (1895)

Roesch   W. C. Roesch, Rad. Research 15 (1958), scattering to complete
                      diffusion of high energy electrons, Proceedings of the Fourth
                      Symposium on Microdosimetry, Commission of the European
                      Communities EUR 5122, Luxembourg (1973)

Roos 1973   H. Roos, P. Drepper, D. Harder, The transition from multiple scat-
                      tering to complete diffusion of high energy electrons, Proceedings
                      of the Fourth Symposium on Microdosimetry, Commission of the
                      European Communities EUR 5122, Luxembourg (1973)

Roos/Großwendt   M. Roos, B. Großwendt, Bremsstrahlungskorrekturen für die Do-
                      simetrie der γ-Strahlung von 60-Co-Therapieanlagen, in Medizini-
                      sche Physik 371-374 (1984)

Schneider/Trier 1988 M. K. H. Schneider, J. O. Trier, Messung der Korrektionsfaktoren
                      k_Q für ultraharte Röntgenstrahlung, Medizinische Physik 320ff
                      (1988)

Sonntag   M. R. Sonntag, Photon Beam Dose Calculations in Regions of
                      Tissue Heterogeneity using Computed Tomography, Thesis, To-
                      ronto (1979)

Spiers 1946   F. W. Spiers, Effective Atomic Number and Energy Absorption in
                      Tissues, Brit. J. Radiol. 19, 52 (1946)

Sternheimer 1971   R. M. Sternheimer, R. F. Peierls, General Expression for the Den-
                      sity Effect for the Ionisation Loss of Charged Particles, Phys. Rev.
                      33, 3681 (1971)

Ulmer 1995   W. Ulmer, D. Harder, A triple Gaussian pencil beam model for
                      photon beam treatment planning, Z. Med. Phys. 5, 25-30 (1995)

Wucherer 1996   M. Wucherer, K. Heuß, M. Baumüller, Charakterisierung der
                      Strahlungsqualität von Röntgenstrahlung im Bereich 100-400 kV
                      durch einen Qualitätsindex; Medizinische Physik 1996

Zrenner   M. Zrenner, H. Krieger, Bestimmung des Monitorstreubeitrages im
                      Photonenbetrieb klinischer Elektronenlinearbeschleuniger, Strah-
                      lenther Onkol 175 (1999)

Karlsruher Nuklidkarte Joseph Magill, Gerda Pfennig, Raymond Dreher, Zsolt Sóti, For-
                      schungszentrum Karlsruhe, 8. Auflage Juni 2012, Bezugsadresse:
                      Marktdienste Haberbeck GmbH, Industriestr. 17, 32791 La-
                      ge/Lippe, Fax 05232/68445

26.3 Gesetze, Verordnungen und Richtlinien zum Strahlenschutz, gültig für die Bundesrepublik Deutschland

Es werden nur die wichtigsten im Buch erwähnten Gesetze, Verordnungen und Richtlinien der Bundesrepublik Deutschland zum Thema Strahlenschutz aufgeführt. Die Texte werden im Bundesgesetzblatt BGBl Teile I und II, im Bundesanzeiger BAnz und im gemeinsamen Ministerialblatt der Bundesregierung GMBl publiziert. Neben den erwähnten Gesetzen und Verordnungen werden für die praktische Strahlenschutzarbeit eine Vielzahl Gesetzes- und Verordnungstexte benötigt. Vollständige Sammlungen des Strahlenschutzrechtes sind beim Deutschen Fachschriften-Verlag Wiesbaden zu erwerben.

GG	Grundgesetz für die Bundesrepublik Deutschland vom 23. Mai 1949, zuletzt geändert durch Art. 1 G v. 21.7.2010 I 944
EU-RL 89/618	Richtlinie 89/618/Euratom vom 27.11.1989 über die Unterrichtung der Bevölkerung in radiologischen Notstandssituationen
EU-RL 96/29	Richtlinie 96/29/Euratom des Rates vom 13. Mai 1996 zur Festlegung der grundlegenden Sicherheitsnormen für den Schutz der Gesundheit der Arbeitskräfte und der Bevölkerung gegen die Gefahren durch ionisierende Strahlung, Amtsblatt der Europäischen Union L 159, 39. Jahrgang, (29. Juli 1996)
EU-RL 97/43	Richtlinie 97/43/Euratom des Rates vom 30. Juni 1997 über den Gesundheitsschutz von Personen gegen die Gefahren ionisierender Strahlung bei medizinischer Exposition und zur Aufhebung der Richtlinie 84/466/Euratom, Amtsblatt Nr. L 180 vom 09/07/1997 S. 22 - 27
EU-RL 2003/122	Richtlinie 2003/122/Euratom des Rates vom 22. Dez. 2003 zur Kontrolle hoch radioaktiver umschlossener Strahlenquellen und herrenloser Strahlenquellen, Amtsblatt Nr. L 346 vom 31/12/2003 S. 63ff
EU RL 2013/59	RICHTLINIE 2013/59/EURATOM DES RATES vom 5. Dezember 2013 zur Festlegung grundlegender Sicherheitsnormen für den Schutz vor den Gefahren einer Exposition gegenüber ionisierender Strahlung und zur Aufhebung der Richtlinien 89/618/Euratom, 90/641/Euratom, 96/29/Euratom, 97/43/Euratom und 2003/122/Euratom
Umsetz-RL	Verordnung für die Umsetzung von Euratomrichtlinien vom 20. 7. 2001 BGBl. I, S. 1714
AtG	Gesetz über die friedliche Verwendung der Kernenergie und den Schutz gegen ihre Gefahren vom 23. 12. 1959 (Atomgesetz) in der Fassung vom 15. 7. 1985, Zuletzt geändert durch Art. 2 G v. 23.6.2017 I 1885

AtDeckV	Verordnung über die Deckungsvorsorge nach dem Atomgesetz (Atomrechtliche Deckungsvorsorgeverordnung) vom 25. Januar 1977, BGBl. I S. 220, zuletzt geändert am 1. April 2015, BGBl. I, 434
StGB	Strafgesetzbuch vom 15. Mai 1871 in der Fassung vom 13. November 1998, zuletzt geändert Art. 5 G v. 10. Dez. 2015 BGBl. I 2218
StrlSchKom	Bekanntmachung der Satzung der Strahlenschutzkommission vom 22. Dez. 1998, Bundesanzeiger Nr. 5 vom 9. Januar 1999, S. 202
StrlVG	Gesetz zum vorsorgenden Schutz der Bevölkerung gegen Strahlenbelastung (Strahlenschutzvorsorgegesetz) vom 19. 12. 1986, BGBl. I S. 2610, Zuletzt geändert durch Art. 91 zum 31.8.2015 BGBl. I, 1474
RöV	Verordnung über den Schutz vor Schäden durch Röntgenstrahlen (Röntgenverordnung - RöV) vom 30. Apr. 2003 BGBl. I, S. 604, (zuletzt geändert zum 11. Dez. 2014, BGBl. Teil 1, 2010)
StrlSchG	Gesetz zur Neuordnung des Rechts zum Schutz vor der schädlichen Wirkung ionisierender Strahlung vom 27. Juni 2017, BGBl Jahrgang 2017 Teil I Nr. 42, ausgegeben zu Bonn am 3. Juli 2017
StrlSchV-2018	Strahlenschutzverordnung zum neuen Strahlenschutzgesetz, BGBl 2018 Teil1 Nr. 41, ausgegeben zu Bonn am 5.12.2018
StrlSchV 2001	Verordnung über den Schutz vor Schäden durch ionisierende Strahlen (Strahlenschutzverordnung) vom 20. 07. 2001, BGBl. I, S. 1714 (zuletzt geändert am 11. Dez. 2014, BGBl. Teil 1, 2010)
StrlSchV-alt	Verordnung über den Schutz vor Schäden durch ionisierende Strahlen (Strahlenschutzverordnung) vom 30. 07. 1989, BGBl. I, S. 943
EichG	Gesetz über das Mess- und Eichwesen (Eichgesetz), in der Fassung vom 23. März 1992, BGBl. I S. 711, zuletzt geändert durch Art. 2 G v. 3.7.2008 I 1185
EichO	Eichordnung vom 12. August 1988 BGBl. I, S. 1657, Zuletzt geändert durch Art. 3 § 14 G v. 13.12.2007 I 2930
EinhGes	Gesetz über Einheiten im Messwesen vom 22. Febr. 1985 , BGBl. I, S. 408, zuletzt geändert durch Art. 1 G v. 3.7.2008 I 1185
EinhV	Ausführungsverordnung zum Gesetz über Einheiten im Messwesen vom 26. 06. 1970, BGBl. 1 S. 981, Zuletzt geändert durch Art. 1 V v. 25.9.2009 I 3169

Deutsche und europäische Richt- und Leitlinien zum Strahlenschutz

RL-StrlSch-Med alt
Strahlenschutz in der Medizin, Richtlinie nach der Verordnung über den Schutz vor Schäden durch ionisierende Strahlen (Strahlenschutzverordnung – StrlSchV) vom 24. Juni 2002

RL-StrlSch-Med neu
Strahlenschutz in der Medizin, Richtlinie nach der Verordnung über den Schutz vor Schäden durch ionisierende Strahlen (Strahlenschutzverordnung – StrlSchV) Okt. 2011, RSII 4-11432/1

RL-PrüfStör
Richtlinie für die Prüfung von Röntgeneinrichtungen und genehmigungsbedürftigen Störstrahlern (RL für Sachverständigenprüfungen nach der RöV SVRL), 27. August 2003

StrlSchKontr
Richtlinie für die physikalische Strahlenschutzkontrolle zur Ermittlung der Körperdosen gem. StrlSchV und RöV vom 2004 (GMBl. 22 S. 410)

PrüfFristen
Richtlinie über Prüffristen bei Dichtheitsprüfungen an umschlossenen radioaktiven Stoffen vom 12. Juni 1996

KontamHaut
Maßnahmen bei radioaktiver Kontamination der Haut, Empfehlung der Strahlenschutzkommission vom 22. Sept. 1989

FachkundeRL-Röntgen
Richtlinie nach der RöV: Fachkunde und Kenntnisse im Strahlenschutz bei dem Betrieb von Röntgeneinrichtungen in der Heilkunde und Zahnheilkunde, März 2006, mit Änderungen Juni 2012

QL-RL-Rö
Richtlinie zur Durchführung der Qualitätssicherung bei Röntgeneinrichtungen zur Untersuchung oder Behandlung von Menschen nach den §§ 16 und 17 der Röntgenverordnung - Qualitätssicherungs-Richtlinie (QS-RL) vom 20. Nov. 2003

RL-Ärztl-Stellen
Richtlinie ärztliche und zahnärztliche Stellen zur StrlSchV und RöV (Jan. 2004)

EUR 16260
Rep. EUR 16260; European Guidelines on Quality Criteria for Diagnostic Radiographic Images, Rep., EN 1, 1996; http://europa.eu.int/comm/dg12/fission/radio-pu.html

EUR 16261
Rep., EN 1, 1996; European Guidelines on Quality Criteria for Diagnostic Radiographic Images in Paediatrics http://europa.eu.int/comm/dg12/ fission/radio-pu.html

LLBÄK 1998
Leitlinien der Bundesärztekammer zur Qualitätssicherung in der Röntgendiagnostik, Prof. Dr. H.-St. Stender, 1998, Ärztekammer Berlin

RöRefWerte
Bekanntmachung der aktualisierten diagnostischen Referenzwerte für diagnostische und interventionelle Röntgenunteruchungen,

BFS 22. Juni 2011

NukRefWerte   Bekanntmachung der diagnostischen Referenzwerte für radiologi-
sche und nuklearmedizinische Untersuchungen, BFS 10. Juli 2003

26.4 Deutsche Normen zu Dosimetrie und Strahlenschutz

Es werden hier auszugsweise die gültigen Normen und Entwürfe zur Radiologie mit dem Stand
Dez. 2020 aufgeführt, um dem Leser eine Überblick über den Normungsstand und die Vielzahl
der einschlägigen Vorschriften zu vermitteln. Für detaillierte Inhalte der Normen sei auf die
Erwerbsmöglichkeit der Normentexte beim Deutschen Institut für Normung verwiesen. Entwürfe sind im Titeltext als solche deklariert. Sofern im Buchtext veraltete Normen zitiert wurden, geschah dies ausschließlich aus didaktischen Gründen, also zur leichteren Vermittlung des
strahlenphysikalischen Wissens. Aktuelle Listen aller Normen und Entwurfe zu Radiologie und
zum Strahlenschutz sind auf der Homepage des DIN einzusehen.

DIN 6800-1	2016-08	Dosismessverfahren nach der Sondenmethode für Photo-nen- und Elektronenstrahlung – Teil 1: Allgemeines
DIN 6800-2	2008-03	Dosismessverfahren nach der Sondenmethode für Photo-nen- und Elektronenstrahlung – Teil 2: Dosimetrie hoch-energetischer Photonen- und Elektronenstrahlung mit Ioni-sationskammern
DIN 6800-2 Berich-tigung 1	2010-04	Dosismessverfahren nach der Sondenmethode für Photo-nen- und Elektronenstrahlung - Teil 2: Dosimetrie hoch-energetischer Photonen- und Elektronenstrahlung mit Ioni-sationskammern
DIN 6800-2	2020-07	Dosismessverfahren nach der Sondenmethode für Photo-nen- und Elektronenstrahlung - Teil 2: Dosimetrie hoch-energetischer Photonen- und Elektronenstrahlung mit Ioni-sationskammern
DIN 6800-4	2000-12	Dosismessverfahren nach der Sondenmethode für Photo-nen- und Elektronenstrahlung - Teil 4: Filmdosimetrie
DIN 6800-5	2005-04	Dosismessverfahren nach der Sondenmethode für Photo-nen- und Elektronenstrahlung - Teil 5: Thermolumines-zenzdosimetrie
DIN 6801-1	2019-11	Dosismessverfahren nach der Sondenmethode für Proto-nen- und Ionenstrahlung, Teil 1 Ionisationskammern
DIN 6802-1	1991-11	Neutronendosimetrie; Spezielle Begriffe und Benennungen
DIN 6802-2	1999-11	Neutronendosimetrie - Teil 2: Konversionsfaktoren zur Berechnung der Orts- und Personendosis aus der Neutro-nenfluenz und Korrektionsfaktoren für Strahlenschutzdo-simeter
DIN 6802-3	2007-06	Neutronendosimetrie - Teil 3: Neutronenmessverfahren im Strahlenschutz

DIN 6802-4	1998-04	Neutronendosimetrie - Teil 4: Verfahren zur Personendosimetrie mit Albedodosimetern
DIN 6802-6	2013-01	Neutronendosimetrie - Teil 6: Verfahren zur Bestimmung der Energiedosis mit Ionisationskammern
DIN 6803-1	2019-05	Dosimetrie für die Photonenbrachytherapie Teil 1: Begriffe
DIN 6803-2	2020-12	Dosimetrie für die Photonenbrachytherapie- Teil 2: Strahler, Strahlerkalibrierung, Strahlerprüfung und Dosisberechnung, Erstz für DIN 6809-2 von 1993-11
DIN 6809-1	2010-03	Klinische Dosimetrie - Teil 1: Strahlungsqualität von Photonen- und Elektronenstrahlung
DIN 6809-2	1993-11	Klinische Dosimetrie; Brachytherapie mit umschlossenen gammastrahlenden radioaktiven Stoffen
DIN 6809-3	2012-09	Klinische Dosimetrie - Teil 3: Röntgendiagnostik
DIN 6809-3	1990-03	Klinische Dosimetrie; Röntgendiagnostik Entwurf 2010-08, Klinische Dosimetrie - Röntgendiagnostik
DIN 6809-4	2020-4	Klinische Dosimetrie; Teil 4: Röntgentherapie mit Röntgenröhrenspannungen zwischen 10 kV und 300
DIN 6809-6	2020-11	Klinische Dosimetrie - Teil 6: Anwendung hochenergetischer Photonen- und Elektronenstrahlung in der Teletherapie
DIN 6809-7	2003-10	Klinische Dosimetrie - Teil 7: Verfahren zur Ermittlung der Patientendosis in der Röntgendiagnostik
DIN 6801-8	2019-02	Klinische Dosimetrie – Teil 8: Dosimetrie kleiner Photonen-Bestrahlungsfelder
DIN 6812	2013-06	Medizinische Röntgenanlagen bis 300 kV - Regeln für die Auslegung des baulichen Strahlenschutzes
DIN 6814-1	2005-11	Begriffe in der radiologischen Technik - Teil 1: Anwendungsgebiete
DIN 6814-2	2000-07	Begriffe in der radiologischen Technik - Teil 2: Strahlenphysik
DIN 6814-3	2016-08	Begriffe in der radiologischen Technik - Teil 3: Dosimetrie
DIN 6814-4	2006-10	Begriffe in der radiologischen Technik - Teil 4: Radioaktivität
DIN 6814-5	2008-12	Begriffe in der radiologischen Technik - Teil 5: Strahlenschutz
DIN 6814-6	2009-05	Begriffe in der radiologischen Technik - Teil 6: Diagnostische Anwendung von Röntgenstrahlung in der Medizin
DIN 6814-8	2016-08	Begriffe in der radiologischen Technik - Teil 8: Strahlentherapie

DIN 6815	2013-06	Medizinische Röntgenanlagen bis 300 kV - Regeln für die Prüfung des Strahlenschutzes nach Errichtung, Instandsetzung und wesentlicher Änderung
DIN 6816	1984-05	Filmdosimetrie nach dem filteranalytischen Verfahren zur Strahlenschutzüberwachung
DIN 6818-1	2004-08	Strahlenschutzdosimeter - Teil 1: Allgemeine Regeln
DIN 6827-1	2020-10	Protokollierung bei der medizinischen Anwendung ionisierender Strahlung - Teil 1: Therapie mit Elektronenbeschleunigern sowie Röntgen- und Gammabestrahlungseinrichtungen
DIN 6827-2	2012-03	Protokollierung bei der medizinischen Anwendung ionisierender Strahlung - Teil 2: Diagnostik und Therapie mit offenen radioaktiven Stoffen
DIN 6827-3	2002-12	Protokollierung bei der medizinischen Anwendung ionisierender Strahlung - Teil 3: Brachytherapie mit umschlossenen Strahlungsquellen
DIN 6827-5	2004-04	Protokollierung bei der medizinischen Anwendung ionisierender Strahlung - Teil 5: Radiologischer Befundbericht
DIN 6834-1	2012-12	Strahlenschutztüren für medizinisch genutzte Räume Teil 1: Anforderungen
DIN 6834-2	1973-09	Strahlenschutztüren für medizinisch genutzte Räume; Drehflügeltüren, einflügelig mit Richtzarge, Maße
DIN 6834-3	1973-09	Strahlenschutztüren für medizinisch genutzte Räume; Drehflügeltüren, zweiflügelig mit Richtzarge, Maße
DIN 6834-4	1973-09	Strahlenschutztüren für medizinisch genutzte Räume; Schiebetüren, einflügelig, Maße
DIN 6834-5	1973-09	Strahlenschutztüren für medizinisch genutzte Räume; Schiebetüren, zweiflügelig, Maße
DIN 6836	1963-04	Röntgenstrahler; Halterungen für medizinische Röntgenstrahlen-Anwendungsgeräte, Anschlußmaße
DIN 6843	2016-11	Strahlenschutzregeln für den Umgang mit offenen radioaktiven Stoffen in der Medizin
DIN 6844-1	2005-01	Nuklearmedizinische Betriebe - Teil 1: Regeln für die Errichtung und Ausstattung von Betrieben zur diagnostischen Anwendung von offenen radioaktiven Stoffen
DIN 6844-2	2020-05	Nuklearmedizinische Betriebe - Teil 2: Regeln für die Errichtung und Ausstattung von Betrieben zur therapeutischen Anwendung von offenen radioaktiven Stoffen
DIN 6844-3	2006-12	Nuklearmedizinische Betriebe - Teil 3: Strahlenschutzberechnungen

DIN 6844-3 Berichtigung 1	2007-05	Nuklearmedizinische Betriebe - Teil 3: Strahlenschutzberechnungen, Berichtigungen zu DIN 6844-3:2006-12
DIN 6846-2	2003-06	Medizinische Gammabestrahlungsanlagen - Teil 2: Strahlenschutzregeln für die Errichtung
DIN 6846-5	1992-03	Medizinische Gammabestrahlungsanlagen; Konstanzprüfungen apparativer Qualitätsmerkmale
DIN 6847-2	2014-10	Medizinische Elektronenbeschleuniger-Anlagen - Teil 2: Regeln für die Auslegung des baulichen Strahlenschutzes
DIN 6847-5	2013-10	Medizinische Elektronenbeschleuniger-Anlagen - Teil 5: Konstanzprüfungen von Kennmerkmalen
DIN 6847-6	2012-09	Medizinische Elektronenbeschleuniger-Anlagen - Teil 6: Elektronische Bildempfänger (EPID) - Konstanzprüfung
DIN 6848-1	2003-02	Kennzeichnung von Untersuchungsergebnissen in der Radiologie - Teil 1: Patientenorientierung bei bildgebenden Verfahren
DIN 6850	2006-12	Strahlenschutzbehälter, Strahlenschutztische und Strahlenschutztresore zur Verwendung in nuklearmedizinischen Betrieben - Anforderungen und Klassifikation
DIN 6853-2	2005-10	Medizinische ferngesteuerte, automatisch betriebene Afterloading-Anlagen - Teil 2: Strahlenschutzregeln für die Errichtung
DIN 6853-3	1992-12	Medizinische ferngesteuerte, automatisch betriebene Afterloading-Anlagen; Anforderungen an die Strahlenquellen
DIN 6848-4	2020-10	Sicherung der Bildqualität in röntgendiagnostischen Verfahren – Teil 4: Konstanzprüfung an medizinischen Röntgeneinrichtungen bei Projektionsradiographie mit digitalen Bildempfänger-Systemen und Durchleuchtung
DIN 6853-5	2012-09	Medizinische ferngesteuerte, automatisch betriebene Afterloading-Anlage - Teil 5: Konstanzprüfung von Kennmerkmalen
DIN 6853-5	1992-02	Medizinische ferngesteuerte, automatisch betriebene Afterloading-Anlagen; Konstanzprüfung apparativer Qualitätsmerkmale Neuer Titel: Medizinische ferngesteuerte, automatisch betriebene Afterloading-Anlage Teil 5: Konstanzprüfung apparativer Qualitätsmerkmale (Jan. 2010)
DIN 6854	2006-12	Technetium-Generatoren - Anforderungen und Betrieb
DIN 6855-1	2009-07	Konstanzprüfung nuklearmedizinischer Messsysteme - Teil 1: In-vivo- und In-vitro-Messplätze (IEC/TR 61948-1:2001, modifiziert)
DIN 6855-2	2013-01	Konstanzprüfung nuklearmedizinischer Messsysteme - Teil 2: Einkristall-Gamma-Kameras zur planaren Szintigraphie

		und zur Einzel-Photonen-Emissions-Tomographie mit Hilfe rotierender Messköpfe
DIN 6855-4	2016-11	Konstanzprüfung nuklearmedizinischer Messsysteme – Teil 4: Positronen-Emissions-Tomographen (PET)
DIN 6855-11	2016-08	Konstanzprüfung nuklearmedizinischer Messsysteme - Teil 11: Aktivimeter (IEC/TR 61948-4:2006, modifiziert)
DIN 6856-1	2007-10	Radiologische Betrachtungsgeräte und -bedingungen - Teil 1: Anforderungen und qualitätssichernde Maßnahmen in der medizinischen Diagnostik
DIN 6856-3	2007-05	Radiologische Betrachtungsgeräte und -bedingungen - Teil 3: Betrachtungsgeräte für die Zahnheilkunde
DIN 6857-1	2009-01	Strahlenschutzzubehör bei medizinischer Anwendung von Röntgenstrahlung - Teil 1: Bestimmung der Abschirmeigenschaften von bleifreier oder bleireduzierter Schutzkleidung
DIN 6860	1996-01	Filmverarbeitung in der Radiologie - Lagerung, Transport, Handhabung und Verarbeitung
DIN 6862-1	1992-12	Identifizierung und Kennzeichnung von Bildaufzeichnungen in der medizinischen Diagnostik; Direkte und indirekte Radiographie
DIN 6862-2	2020-09	Identifizierung und Kennzeichnung von Bildaufzeichnungen in der medizinischen Diagnostik - Teil 2: Weitergabe von Röntgenaufnahmen und zugehörigen Aufzeichnungen in der digitalen Radiographie, digitalen Durchleuchtung und Computertomographie
DIN 6867-2	1992-11	Bildregistrierendes System, bestehend aus Röntgenfilm, Verstärkungsfolien und Kassette zur Verwendung in der medizinischen Röntgendiagnostik; Bestimmung der Modulationsübertragungsfunktion
DIN 6867-3	2000-08	Sensitometrie an Film-Folien-Systemen für die medizinische Radiographie - Teil 3: Verfahren zur Ermittlung des Verlaufs der sensitometrischen Kurve, der Empfindlichkeit und des mittleren Gradienten für die Mammographie , Entwurf 2011-02 neuer Titel
DIN 6867-10	2013-01	Sensitometrie an Film-Foliensystemen für die medizinische Radiographie - Teil 10: Nennwerte der Empfindlichkeit und des mittleren Gradienten
DIN 6868-1	1985-02	Sicherung der Bildqualität in röntgendiagnostischen Betrieben; Allgemeines
DIN 6868-2	1996-07	Sicherung der Bildqualität in röntgendiagnostischen Betrieben - Teil 2: Konstanzprüfung der Filmverarbeitung

DIN 6868-3   2000-09   Sicherung der Bildqualität in röntgendiagnostischen Be-
                          trieben - Teil 3: Konstanzprüfung bei Direktradiographie

DIN 6868-4   2007-10   Sicherung der Bildqualität in röntgendiagnostischen Be-
                          trieben - Teil 4: Konstanzprüfung an medizinischen
                          Röntgeneinrichtungen zur Durchleuchtung

DIN 6868-5   2020-05   Sicherung der Bildqualität in röntgendiagnostischen Be-
                          trieben - Teil 5: Konstanzprüfung in der zahnärztlichen
                          Röntgenaufnahmetechnik ,

DIN 6868-7   2004-04   Sicherung der Bildqualität in röntgendiagnostischen Be-
                          trieben - Teil 7: Konstanzprüfung an Röntgen-
                          Einrichtungen für Mammographie

DIN 6868-12   1996-03   Sicherung der Bildqualität in röntgendiagnostischen Be-
                          trieben - Teil 12: Konstanzprüfung an Bilddokumentations-
                          systemen

DIN 6868-13   2012-03   Sicherung der Bildqualität in röntgendiagnostischen Be-
                          trieben - Teil 13: Konstanzprüfung nach RöV bei Projekti-
                          onsradiographie mit digitalen Bildempfänger-Systemen

DIN 6858-14   2015-06   Sicherung der Bildqualität in röntgendiagnostischen Be-
                          trieben - Teil 14: Konstanzprüfung nach RöV an Röntgen-
                          einrichtungen für digitale Mammographie

DIN 6858-15   2015-06   Sicherung der Bildqualität in röntgendiagnostischen Be-
                          trieben - Teil 15: Konstanzprüfung nach RöV an zahnme-
                          dizinischen Röntgeneinrichtungen zur digitalen Volumen-
                          tomographie

DIN 6868-55   1996-10   Sicherung der Bildqualität in röntgendiagnostischen Be-
                          trieben - Teil 55: Abnahmeprüfung an medizinischen
                          Röntgeneinrichtungen - Funktionsprüfung der Filmverar-
                          beitung

DIN 6868-56   1997-05   Sicherung der Bildqualität in röntgendiagnostischen Be-
                          trieben - Teil 56: Abnahmeprüfung an Bilddokumentati-
                          onssystemen

DIN 6868-150   20123-06   Sicherung der Bildqualität in röntgendiagnostischen Be-
                          trieben - Teil 150: Abnahmeprüfung nach RöV an medizi-
                          nischen Röntgeneinrichtungen für Film-Folien-
                          Mammographie

DIN 6868-151   2020-05   Sicherung der Bildqualität in röntgendiagnostischen Be-
                          trieben - Teil 151: Abnahmeprüfung nach RöV an zahn-
                          ärztlichen Röntgeneinrichtungen - Regeln für die Prüfung
                          der Bildqualität nach Errichtung, Instandsetzung und Ände-
                          rung

DIN 6868-152   2011-01   Sicherung der Bildqualität in röntgendiagnostischen Be-
                          trieben - Teil 152: Annahmeprüfung nach RöV an
                          Röntgeneinrichtungen für Film-Folien-Mammographie,

DIN 6868-157	2014-1	Sicherung der Bildqualität in röntgendiagnostischen Betrieben - Teil 157: Abnahme- und Konstanzprüfung nach RöV an Bildwiedergabesystemen in ihrer Umgebung Entwurf
DIN 6868-159	2017-10	Sicherung der Bildqualität in röntgendiagnostischen Betrieben - Teil 159: Abnahme- und Konstanzprüfung in der Teleradiologie nach RöV
DIN 6868-160	2011-04	Sicherung der Bildqualität in röntgendiagnostischen Betrieben - Teil 160: Qualitätsanforderungen von Befundaufnahmen nichttransparenter Medien in der zahnärztlichen Röntgendiagnostik
DIN 6868-162	2012-01	Sicherung der Bildqualität in röntgendiagnostischen Betrieben - Teil 162: Abnahmeprüfung nach RöV an Röntgeneinrichtungen für digitale Mammografie
DIN 6870-1	2009-02	Qualitätsmanagementsystem in der medizinischen Radiologie - Teil 1: Strahlentherapie
DIN 6870-2	2012-11	Qualitätsmanagementsystem in der medizinischen Radiologie - Teil 2: Radiologische Diagnostik und Intervention
DIN 6870-100	2010-06	Qualitätsmanagementsystem in der medizinischen Radiologie - Teil 100: Allgemeines Entwurf
DIN 6871-1	2003-02	Zyklotron-Anlagen für die Positronen-Emissions-Tomographie - Teil 1: Anforderungen an den baulichen Strahlenschutz
DIN 6871-2	2005-02	Zyklotron-Anlagen für die Positronen-Emissions-Tomographie - Teil 2: Strahlenschutzlabyrinthe und Wanddurchführungen
DIN 6873-5	2015-09	Bestrahlungsplanungssysteme; Konstanzprüfungen von Kennmerkmalen
DIN 6874-5	2003-12	Therapiesimulatoren - Teil 5: Konstanzprüfung von Kennmerkmalen
DIN 6875-1	2004-01	Spezielle Bestrahlungseinrichtungen - Teil 1: Perkutane stereotaktische Bestrahlung, Kennmerkmale und besondere Prüfmethoden
DIN 6875-2	2008-11	Spezielle Bestrahlungseinrichtungen - Teil 2: Perkutane stereotaktische Bestrahlung - Konstanzprüfungen
DIN 6875-3	2008-03	Spezielle Bestrahlungseinrichtungen - Teil 3: Fluenzmodulierte Strahlentherapie - Kennmerkmale, Prüfmethoden und Regeln für den klinischen Einsatz
DIN 6875-4	2011-10	Spezielle Bestrahlungseinrichtungen - Teil 4: Fluenzmodulierte Strahlentherapie - Konstanzprüfung Entwurf
DIN 6877-1	2007-12	Magnetresonanzeinrichtungen für die Anwendung am Menschen - Teil 1: Kennzeichnungsvorschriften für Ge-

genstände im Kontrollbereich Entwurf

DIN 6878-1	2009-03	Digitale Archivierung in der medizinischen Radiologie - Teil 1: Allgemeine Anforderungen an die Archivierung von Bildern Entwurf (Okt. 2011)
DIN 6878-1	2013-01	Digitale Archivierung von Bildern in der medizinischen Radiologie - Teil 1: Allgemeine Anforderungen an die digitale Archivierung von Bildern

26.5 Nationale und internationale Protokolle und Reports zu Dosimetrie und Strahlenschutz

AAPM 1975   American Association of Physicists in Medicine (AAPM), Code of Practice for X-ray Linear Accelerators, Med. Physics 2, 110 (1975)

AAPM 12   American Association of Physicists in Medicine (AAPM), Physical Aspects of Quality Assurance in Radiation Therapy, Monograph No. 12, New York (1984)

AAPM 21   American Association of Physicists in Medicine (AAPM), Task Group 21, Radiation Therapy Committee A Protocol for the Determination of Absorbed Dose from High Energy Photon and Electron Beams, Medical Physics 10, p. 741-771 (1983)

AAPM TG-51   American Association of Physicists in Medicine (AAPM), Task Group 51, Protocol for Clinical Reference Dosimetry for High Energy Photon and Electron Beams, Medical Physics 26 (9), p. 1847 - 1870 (1999)

AAPM 32   American Association of Physicists in Medicine (AAPM), Task Group 32, Radiation Therapy Committee Specification of Brachytherapy Source Strength, American Institute of Physics, New York (1986)

AAPM 43   American Association of Physicists in Medicine (AAPM), Recommendations of the Radiation Therapy Committee Task Group 43, Dosimetry of interstitial brachytherapy sources New York (1994)

AAPM 61   American Association of Physicists in Medicine (AAPM), Task Group 61, AAPM Protocol for 40-300 kV x-ray beam dosimetry in radiotherapy and radiobiology (March 2001)

AAPM 63   American Association of Physicists in Medicine (AAPM), AAPM Report No. 63, Radiochromic Film Dosimetry: Recommendations of AAPM Radiation Therapy Committee Task Group 55 (1998)

AAPM 116   American Association of Physicists in Medicine (AAPM), Task Group 116, AAPM Report No. 116, An Exposure Indicator für Digital Radiography (July 2009)

AAPM 235	TG 235: Radiochromic Film Dosimetry: An update to TG55 (2020)
AAPM CT	Mahadevappa Mahesh, Dianna D. Cody, Physics of Cardiac Imaging with Multiple Row Detector CT, AAPM/RSNA Tutorial for Residents, (2007)
BCRU	British Commission on Radiological Units (BCRU), Specification of Brachytherapy Sources, British Journal of Radiolo'gy, 57, p. 941-942 (1984)
BJR 16	British Institute of Radiology, Report No. 16, Treatment Simulators, London (1981)
BJR 17	British Journal of Radiology, Supplement No. 17, Central Axis Depth Dose Data for Use in Radiotherapy, British Institute of Radiology, London (1983)
BJR 21	British Journal of Radiology, Supplement 21 Radionuclides in Brachytherapy Radium and After, London (1987)
BJR 25	British Journal of Radiology, Supplement No. 25, Central Axis Depth Dose Data for Use in Radiotherapy, British Institute of Radiology, London (1996)
CCEMRI	Bureau International des Poids et Mesures, Report 85-8 Effect of a Change of Stopping Power Values on the W Value recommended by the ICRU for Electrons in Dry Air, Sevres (1985)
CFMRI	Committé Francais Mesure des Rayonnements Ionisants (CFMRI), Rapport No. 1, Bureau national de Metrologie, Monograph 9, Vol.1 (1983)
DGMP 1	Deutsche Gesellschaft für Medizinische Physik, Bericht Nr. 1, Grundsätze zur Bestrahlungsplanung mit Computern, Göttingen (1981)
DGMP 1	Deutsche Gesellschaft für Medizinische Physik, Bericht Nr. 1, Grundsätze zur Bestrahlungsplanung mit Computern, M. Buchgeister, U. Gneveckow, N. Hodapp, J. Salk, O. Sauer (2003)
DGMP 2	Deutsche Gesellschaft für Medizinische Physik, Bericht Nr. 2, Tabellen zur radialen Fluenzverteilung in aufgestreuten Elektronenstrahlenbündeln mit kreisförmigem Querschnitt, Göttingen (1982)
DGMP 3	Physikalisch-Technische Bundesanstalt, Deutsche Gesellschaft für Medizinische Physik, Bericht Nr. 3, Vorschlag für die Zustandsprüfung an Röntgenaufnahmeeinrichtungen im Rahmen der Qualitätssicherung in der Röntgendiagnostik, Berlin (1985)
DGMP 4	Physikalisch-Technische Bundesanstalt, Deutsche Gesellschaft für Medizinische Physik, Bericht Nr. 4, Vorschlag für die Zustandsprüfung an Röntgendurchleuchtungseinrichtungen im Rahmen der Qualitätssicherung in der Röntgendiagnostik, Berlin (1987)
DGMP 5	Deutsche Gesellschaft für Medizinische Physik, Bericht Nr. 5, Praxis der Weichstrahldosimetrie, (1986)

DGMP 6	Deutsche Gesellschaft für Medizinische Physik, Bericht Nr. 6, Praktische Dosimetrie von Elektronenstrahlung und ultraharter Röntgenstrahlung (1989)
DGMP 7	Deutsche Gesellschaft für Medizinische Physik, Bericht Nr. 7, Pränatale Strahlenexposition aus medizinischer Indikation. Dosisermittlung, Folgerungen für Arzt und Schwangere (1990)
DGMP 7	Deutsche Gesellschaft für Medizinische Physik, Bericht Nr. 7, überarbeitete Neuauflage 2002, Pränatale Strahlenexposition aus medizinischer Indikation. Dosisermittlung, Folgerungen für Arzt und Schwangere (1990)
DGMP 9	Deutsche Gesellschaft für Medizinische Physik, Bericht Nr. 9, Anleitung zur Dosimetrie hochenergetischer Photonenstrahlung mit Ionisationskammern (1997)
DGMP 11	Deutsche Gesellschaft für Medizinische Physik, Bericht Nr. 11, Dosisspezifikation für die Teletherapie mit Photonenstrahlung, J. Richter (1998)
DGMP 12	Deutsche Gesellschaft für Medizinische Physik, Bericht Nr. 12, Konstanzprüfungen an Therapiesimulatoren, K. Müller-Sievers (1998)
DGMP 13	Deutsche Gesellschaft für Medizinische Physik, Bericht Nr. 13, Praktische Dosimetrie in der HDR-Brachytherapie, H. Krieger, D. Baltas (1999)
DGMP 14	Deutsche Gesellschaft für Medizinische Physik, Bericht Nr. 14, Dosisspezifikation in der HDR-Brachytherapie H. Krieger, D. Baltas, P. Kneschaurek (1999)
DGMP 15	Deutsche Gesellschaft für Medizinische Physik, Bericht Nr. 15, Messverfahren und Qualitätssicherung bei Therapie-Röntgenanlagen mit Röhrenspannungen zwischen 100 kV und 400 kV, K. Heuß (2000)
DGMP 16	Deutsche Gesellschaft für Medizinische Physik, Bericht Nr. 16, Leitlinie zu Medizinphysikalischen Aspekten der intravaskulären Brachytherapie, U. Quast, T. W. Kaulich, D. Flühs (2001)
DGMP 18	Deutsche Gesellschaft für Medizinische Physik, Bericht Nr. 18, Ganzkörperstrahlenbehandlung, U. Quast, H. Sack
DGMP 19	Deutsche Gesellschaft für Medizinische Physik, Bericht Nr. 19, Leitlinie zur Strahlentherapie mit fluenzmodulierten Feldern (IMRT), F. Nüsslin, J. Bohsung, T. Frenzel, K.-H. Grosser, F. Paulsen, H. Sack
HPA 1969	Hospital Physicists Association (HPA), A Code of Practice for the Dosimetry of 2 to 35 MV X-rays and Cesium-137 and Cobalt-60 Gamma Ray Beams, Phys. Med. Biol. 13, 1 (1969)
HPA 4	Hospital Physicists Association (HPA), A Practical Guide to Electron Dosimetry (5 - 35 MeV), HPA Series Report No. 4 London (1971), Neufassung in Phys. Med. Biol. 30, p. 1169-1194 (1985)

IAEA 110	International Atomic Energy Agency, Technical Report Series No. 110, Manual of Dosimetry in Radiotherapy, Vienna (1970)
IAEA 391	The use of parallel ionization chambers in high energy electron and photon beams. Technical report series 381, IAEA Vienna (1997).
IAEA 398	Absorbed dose determination in external beam radiotherapy: An international code of practice for dosimetry based on standards of absorbed dose to water. Technical report series 398, IAEA Vienna (2000), Corrigendum STI/DOC/010/398.
ICRP 23	International Commission on Radiation Protection, Report of the Task Group on Reference Man, New York (1975)
ICRP 38	International Commission on Radiation Protection, Report No. 38 (1983)
ICRU 10b	International Commission on Radiation Units and Measurements, Report No. 10b, Physical Aspects of Irradiation (1964)
ICRU 14	International Commission on Radiation Units and Measurements, Report No. 14, Radiation Dosimetry X-rays and Gamma-rays with maximum Photon Energies between 0.6 and 50 MeV (1969)
ICRU 16	International Commission on Radiation Units and Measurements, Report No. 16, Linear Energy Transfer (1970)
ICRU 23	International Commission on Radiation Units and Measurements, Report No. 23, Measurement of Absorbed Dose in a Phantom Irradiated by a Single Beam of X or Gamma Rays (1973)
ICRU 26	International Commission on Radiation Units and Measurements, Report No. 26, Neutron Dosimetry for Biology and Medicine (1977)
ICRU 28	International Commission on Radiation Units and Measurements, Report No. 28, Basic Aspects of High Energy Particle Interactions and Radiation Dosimetry (1978)
ICRU 29	International Commission on Radiation Units and Measurements, Report No. 29, Dose Specification for Reporting External Beam Therapy with Photons and Electrons (1978)
ICRU 30	International Commission on Radiation Units and Measurements, Report No. 30, Quantitative Concepts and Dosimetry in Radiobiology (1979)
ICRU 31	International Commission on Radiation Units and Measurements, Report No. 31, Average Energy Required To Produce An Ion Pair (1979)
ICRU 32	International Commission on Radiation Units and Measurements, Report No. 32, Methods of Assessment of Absorbed Dose in Clinical Use of Radionuclides (1979)
ICRU 33	International Commission on Radiation Units and Measurements, Report

No. 33, Radiation Quantities and Units (1980)

ICRU 34   International Commission on Radiation Units and Measurements, Report No. 34, The Dosimetry of Pulsed Radiation (1982)

ICRU 35   International Commission on Radiation Units and Measurements, Report No. 35, Radiation Dosimetry Electron Beams with Energies Between 1 and 50 MeV (1984)

ICRU 36   International Commission on Radiation Units and Measurements Report No. 36, Mikrodosimetry (1983)

ICRU 37   International Commission on Radiation Units and Measurements Report No. 37, Stopping Powers for Electrons and Positrons (1984)

ICRU 38   International Commission on Radiation Units and Measurements, Report No. 38, Dose Specification for Intracavitary Therapy in Gynecology (1985)

ICRU 39   International Commission on Radiation Units and Measurements, Report No. 39, Determination of Dose Equivalents Resulting from External Radiation Sources (1985)

ICRU 40   International Commission on Radiation Units and Measurements, Report No. 40, The Quality Factor in Radiation Protection (1986)

ICRU 42   International Commission on Radiation Units and Measurements, Report No. 42, Use of Computers in External Beam Radiotherapy Procedures with High Energy Photons and Electrons (1988)

ICRU 43   International Commission on Radiation Units and Measurements, Report No. 43, Determination of Dose Equivalents from External Radiation Sources Part 2 (1988)

ICRU 44   International Commission on Radiation Units and Measurements, Report No. 44, Tissue Substitutes in Radiation Dosimetry and Measurement (1989)

ICRU 45   International Commission on Radiation Units and Measurements, Report No. 45, Clinical Neutron Dosimetry Part I Determination of Dose in a Patient Treated by External Beams of Fast Neutrons (1989)

ICRU 46   International Commission on Radiation Units and Measurements, Report No. 46, Photon, Electron, Proton and Neutron Interaction Data for Body Tissues (1992), Version ICRU 46D: with Data Disk (1992)

ICRU 47   International Commission on Radiation Units and Measurements, Report No. 47, Measurements of Dose Equivalents from External Photon and Electron Radiations (1992)

ICRU 48   International Commission on Radiation Units and Measurements, Report No. 48, Phantoms and Computational Models in Therapy, Diagnosis and Protection (19092)

ICRU 50   International Commission on Radiation Units and Measurements, Report No. 50, Prescribing, Recording and Reporting Photon Beam Therapy

(1993)

ICRU 51	International Commission on Radiation Units and Measurements, Report No. 51, Quantities and Units in Radiation Protection Dosimetry (1993)
ICRU 56	International Commission on Radiation Units and Measurements, Report No. 56, Dosimetry of External Beta Rays for Radiation Protection (1997)
ICRU 57	International Commission on Radiation Units and Measurements, Report No. 57, Conversion Coefficients for use in Radiological Protection against External radiation (1998)
ICRU 58	International Commission on Radiation Units and Measurements, Report No. 58, Dose and Volume Specification for Reporting Interstitial Brachytherapy (1997)
ICRU 59	International Commission on Radiation Units and Measurements Report No. 59, Clinical Proton Dosimetry Part 1: Beam Production, Beam Delivery and Measurement of Absorbed Dose (1998)
ICRU 60	International Commission on Radiation Units and Measurements, Report No. 60, Fundamental Quantities and Units for Ionizing Radiation (1998)
ICRU 62	International Commission on Radiation Units and Measurements, Report No. 62, Prescribing, Recording and Reporting Photon Beam Therapy (Supplement to ICRU Report 50) 1999
ICRU 63	International Commission on Radiation Units and Measurements, Report No. 63, Nuclear Data for Neutron and Proton Radiotherapy and for Radiation Protection (2000)
ICRU 64	International Commission on Radiation Units and Measurements, Report No. 64, Dosimetry of High-Energy Photon Beams based on Standards of Absorbed Dose to Water (2001)
ICRU 78	International Commission on Radiation Units and Measurements, Report No. 78, Prescribing, Recording, and Reporting Proton-Beam-Therapy (2007)
SGSMP8	Schweizer Gesellschaft für Strahlenbiologie und Medizinische Physik Report Nr. 8

26.6 Wichtige Internetadressen

AAPM	www.AAPM.org	American Association of Physicist in Medicine
ATI	www.ati.ac.at	Atominstitut d. Österreichischen Universitäten
AWMF	www.uni-duesseldorf-.de/AWMF	Arbeitsgemeinschaft der Wissenschaftlichen Medizinischen Fachgesellschaften AWMF
BFS	www.BFS.de	Bundesamt für Strahlenschutz

BMU	www.BMU.de	Bundesumweltministerium
CERN	www.cern.ch	Forschungszentrum Cern
DDEP	www.nucleide.org/DDEP_WG/DDEPdata.htm	Datenbank des Laboratoire Nationale Henri Becquerel mit Halbwertzeiten und Kommentaren für wichtige Radionuklide
DEGRO	www.Degro.org	Deutsche Gesellschaft für Radioonkologie
DGMP	www.DGMP.de	Dtsch. Gesellschaft für Medizinische Physik
DGN	www.nuklearmedizin.de	Deutsche Gesellschaft für Nuklearmedizin eV.
DIN	www.DIN.de	Deutsches Institut für Normung eV.
Dubna	www.jinr.ru/index.html	Joint Institute for Nuclear Research JINR, Dubna, Russia
EANM	www.EANM.org	European Association of Nuclear Medicine
FZ-Jülich	http://www.fz-juelich.de/portal/	Forschungszentrum Jülich
GSF	www.gsf.de	Gesellschaft für Umwelt und Gesundheit München-Neuherberg
GSI	www.GSI.de	Gesellschaft für Schwerionenforschung Darmstadt
Hubbell	www.physics.nist.gov/pml/data/xraycoef/index.cfm	Photonenschwächungskoeffizienten für Elemente $Z = 1$ to 92 and 48 zusätzliche Substanzen (1996)
HZ München	www.helmholtz-muenchen.de	Helmholtzzentrum München, Nachfolge Organisation der GSF
ICRP	www.ICRP.org	International Commission on Radiological Protection
ICRU	www.icru.org	International Commission on Radiation Units and Measurements
IOP	www.iop.org	Institute of Physics London UK
NCRP	www.NCRP.com	National Council on Radiation Protection
NIST	www.nist.gov	Nist Physics Laboratory
NIST-STAR	http://www.nist.gov/pml/data/star/	Online-Berechnung von Massenstoßbremsvermögen von Elektronen, Protonen und Alphas nach ICRU 37 und ICRU 49
NIST-XCOM	http://www.nist.gov/pml/data/xcom/index.cfm	Online-Berechnung von Photonenschwächungskoeffizienten
NIST Physics	www.physics.nist.gov	National Institute of Standards and Technology, Physikalische Konstanten, SI-System

NNDC	http://www.nndc.bnl.gov/	National Nuclear Data Center Brookhaven
ÖPG	www.öpg.at	Österreichische Physikalische Gesellschaft
PTB	www.ptb.de	Physikalisch-Technische Bundesanstalt
SGSMP	www.sgsmp.ch	Schweizer Gesellschaft für Strahlenbiologie und Medizinische Physik
SSK	www.SSK.de	Strahlenschutzkommission
Springer	www.springer-spektrum.de	Springer Verlag Wiesbaden
UNSCEAR	www.UNSCEAR.org	United Nations Scientific Committee on the Effects of Atomic Radiation
WHO	www.who.int	World Health Organisation
Wikipedia	www.wikipedia.org	Freie Internet Enzyklopädie. Deutsche Ausgabe: http://de.wikipedia.org

Wichtige Abkürzungen

Kürzel	Bedeutung
ÄqQF	Äquivalentquadratfeld
BSF	Back-Scatter-Faktor
CSD	continuous slowing down
CTDI	CT-Dosisindex
DFP	Dosisflächenprodukt
DLP	Dosislängenprodukt
DPP	Dose per pulse-Verfahren
EK	Empfindlichkeitsklasse von Röntgen-Filmen
EPD	Elektronisches Personen Dosimeter
ESR	Elektronenspinresonanz
FISH	Fluoreszenz-in-situ-Hybridisierung
Ge(Li)	Germanium-Lithium Detektor
HDR	High Dose Rate
HWSD	Halbwertschichtdicke
HU	Hounsfield-Unit
KFF	Keilfilterfaktor
MLC	Multi-Leaf-Collimator
MSF	Maximumsstreufaktor
MTK	messtechnische Kontrolle
LDR	Low Dose Rate
LET	Linearer Energietransfer
Pixel	Picture element
PMMA	Polymethylmethacrylat, Plexiglas, Acrylglas
%dd	Percentual depth dose
Q	Strahlungsqualitätsindex
QFG	Quadratfeldgröße

© Springer Fachmedien Wiesbaden GmbH, ein Teil von Springer Nature 2021
H. Krieger, *Strahlungsmessung und Dosimetrie*,
https://doi.org/10.1007/978-3-658-33389-8

QHA	Quelle-Haut-Abstand
QKA	Quelle-Kammer-Abstand
RBW	Relative Biologische Wirksamkeit
SEG	Sekundärelektronen-Gleichgewicht
SEV	Sekundärelektronenvervielfacher
SMR	Scatter-Maximum-Ratio
SNR	Signal-Noise-Ratio
SOBP	Spread out Bragg peak
TAR	Tissue-Air-Ratio, Gewebe-Luft-Verhältnis
TDK	Tiefendosiskurve
TMR	Tissue-Maximum-Ratio, Gewebe-Maximum-Verhältnis
TLD	Thermolumineszenzdetektor
Voxel	Volume element

Sachregister

© Springer Fachmedien Wiesbaden GmbH, ein Teil von Springer Nature 2021
H. Krieger, *Strahlungsmessung und Dosimetrie*,
https://doi.org/10.1007/978-3-658-33389-8

E

F

Printed in the United States
by Baker & Taylor Publisher Services